TURING 图灵计算机科学丛书

Data Mining and Analysis
Fundamental Concepts and Algorithms

数据挖掘与分析
概念与算法

[美] Mohammed J. Zaki [巴西] Wagner Meira Jr. 著
吴诚堃 译

人民邮电出版社
北 京

图书在版编目（CIP）数据

数据挖掘与分析：概念与算法 /（美）穆罕默德·扎基（Mohammed J. Zaki），（巴西）小瓦格纳·梅拉（Wagner Meira Jr.）著；吴诚堃译．——北京：人民邮电出版社，2017.9

（图灵计算机科学丛书）

ISBN 978-7-115-45842-1

Ⅰ．①数…　Ⅱ．①穆…　②小…　③吴…　Ⅲ．①数据采集　Ⅳ．①TP274

中国版本图书馆 CIP 数据核字(2017)第125598号

内 容 提 要

本书是专注于数据挖掘与分析的入门图书，内容分为数据分析基础、频繁模式挖掘、聚类和分类四个部分，每一部分的各个章节兼顾基础知识和前沿话题，例如核方法、高维数据分析、复杂图和网络等。每一章最后均附有参考书目和习题。

本书适合高等院校相关专业的学生和教师阅读，也适合从事数据挖掘与分析相关工作的人员学习参考。

◆ 著　　[美] Mohammed J. Zaki

[巴西] Wagner Meira Jr.

译　　吴诚堃

责任编辑　朱　巍

执行编辑　温　雪

责任印制　彭志环

◆ 人民邮电出版社出版发行　　北京市丰台区成寿寺路11号

邮编 100164　　电子邮件 315@ptpress.com.cn

网址 http://www.ptpress.com.cn

三河市君旺印务有限公司印刷

◆ 开本：787×1092　1/16

印张：32.25　　2017年9月第1版

字数：765千字　　2025年2月河北第18次印刷

著作权合同登记号　图字：01-2015-6180号

定价：129.00元

读者服务热线：(010)84084456-6009　印装质量热线：(010) 81055316

反盗版热线：(010)81055315

前　　言

本书源自美国伦斯勒理工学院（RPI）和巴西米纳斯吉拉斯联邦大学（UFMG）数据挖掘课程讲义。自 1998 年起，RPI 每年秋季都会开设数据挖掘课程，UFMG 自 2002 年起也开设了这门课程。尽管有不少关于数据挖掘及相关话题的好书，但我们感觉大多数书的层次或难度太高。我们的目标是写一本专注于数据挖掘与分析的基本算法的入门书，通过解释所有初次碰到的关键概念，为学习数据挖掘的核心方法打下数学基础，并试图通过直观地阐述各种公式以辅助理解。

本书主要内容包括：探索性数据分析、频繁模式挖掘、聚类和分类。本书既能为以上任务打下良好的基础，又兼顾了前沿话题，例如核方法、高维数据分析、复杂图和网络等。本书融合了相关学科（如机器学习和统计学）中的相关概念，也非常适用于数据分析课程。绝大部分的必备知识都包含在本书之中，尤其是关于线性代数、概率和统计的知识。

本书使用了大量的例子来阐述主要的技术概念，同时每章末尾还附有习题（课上使用过的）。本书中涉及的所有算法作者都实现了一遍。建议读者使用自己喜欢的数据分析和挖掘软件来尝试书中给出的例子，并实现书中所描述的算法；我们推荐使用 R 或者 Python 的 NumPy 包。书中涉及的所有数据集及其他参考材料，如课程项目构思以及课堂讲义等，都可以在以下网址找到：

http://www.dataminingbook.info/pmwiki.php/Main/BookResources

理解了数据挖掘和数据分析的基本原理和算法之后，读者将完全有能力开发自己的方法或者使用更高级的技术。

建议阅读路线

本书各章之间的依赖关系如图 0-1 所示。下面给出阅读本书或在课程中使用本书的几种典型路线图。对于本科生课程，建议讲授第 1~3 章、第 8 章、第 10 章、第 12~15 章、第 17~19 章，以及第 21~22 章。对于不讲探索性数据分析的本科生课程，建议讲授第 1 章、第 8~15 章、第 17~19 章及第 21~22 章。对于研究生课程，可以快速把第一部分过一遍，或将其当作背景知识阅读，然后直接讲授第 9~22 章；本书的其他部分，即频繁模式挖掘（第二部分）、聚类（第三部分）和分类（第四部分），可以按任意顺序讲授。对于讲数据分析的课程，必须讲授第 1~7 章、第 13~14 章、第 15 章的第 2 节，以及第 20 章。最后，对于强调图和核的课程，建议讲授第 4~5 章、第 7 章（第 1~3 节）、第 11~12 章、第 13 章（第 1~2 节）、第 16~17 章和第 20~22 章。

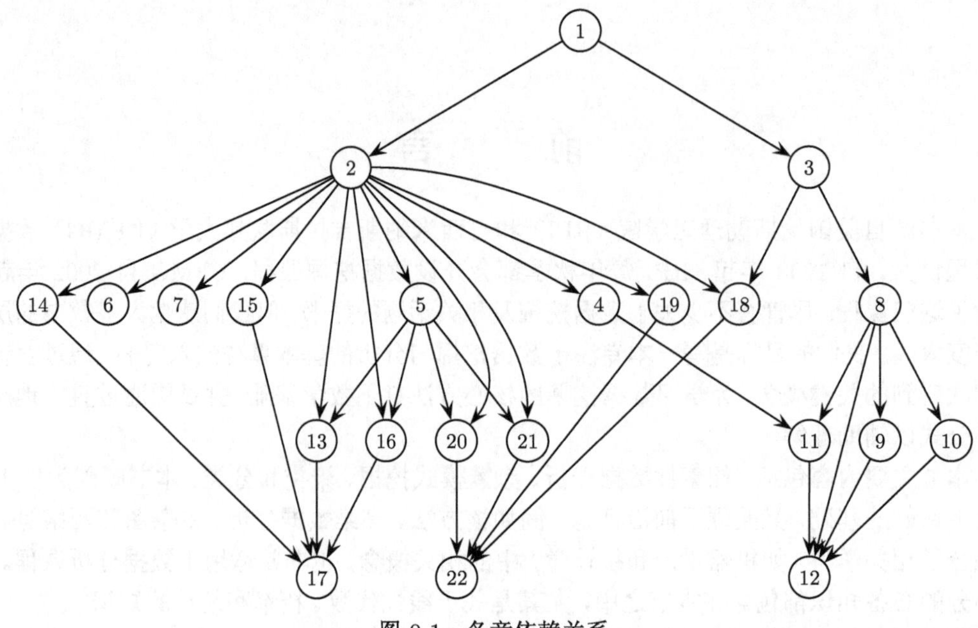

图 0-1 各章依赖关系

致谢

本书的初稿已在若干数据挖掘课程中使用过。参与试用的教师和学生提供了很多宝贵的意见和建议，特此致谢：

- Muhammad Abulaish，印度国立伊斯兰大学
- Mohammad Al Hasan，印第安纳大学与普渡大学印第安纳波里斯联合分校
- Marcio Luiz Bunte de Carvalho，巴西米纳斯吉拉斯联邦大学
- Loïc Cerf，巴西米纳斯吉拉斯联邦大学
- Ayhan Demiriz，土耳其萨卡里亚大学
- Murat Dundar，印第安纳大学与普渡大学印第安纳波里斯联合分校
- Jun Luke Huan，堪萨斯大学
- Ruoming Jin，肯特州立大学
- Latifur Khan，得克萨斯州大学达拉斯分校
- Pauli Miettinen，德国马克斯·普朗克计算机科学研究所
- Suat Ozdemir，土耳其加齐大学
- Naren Ramakrishnan，弗吉尼亚理工学院暨州立大学
- Leonardo Chaves Dutra da Rocha，巴西圣若昂–德尔雷伊联邦大学
- Saeed Salem，北达科塔州立大学
- Ankur Teredesai，华盛顿大学塔科马分校
- Hannu Toivonen，芬兰赫尔辛基大学
- Adriano Alonso Veloso，巴西米纳斯吉拉斯联邦大学
- Jason T.L. Wang，新泽西理工学院

- Jianyong Wang，清华大学
- Jiong Yang，凯斯西储大学
- Jieping Ye，亚利桑那州立大学

我们还要感谢参加了 RPI 和 UFMG 的数据挖掘课程的学生，以及为各章提供了技术性建议的匿名审稿人。感谢 RPI 和 UFMG 的计算机科学系以及卡塔尔计算研究所的合作与支持性氛围。此外，还要感谢美国国家科学基金会、巴西国家科学技术发展委员会、巴西高等教育人员促进会、巴西米纳斯吉拉斯州研究支持基金会、巴西国家网络科技研究所，以及巴西科学无国界计划的支持。特别感谢本书编辑、剑桥大学出版社的 Lauren Cowles 为本书的出版给予的指导和耐心的帮助。

最后，从个人角度而言，Mohammed J. Zaki 将此书献给他的妻子 Amina，以感谢她的爱、耐心与多年来的支持；也献给他的孩子 Abrar 和 Afsah，以及他的父母。Wagner Meira Jr. 将此书献给他的妻子 Patricia、孩子 Gabriel 和 Marina，以及父母 Wagner 和 Marlene，感谢他们的爱、鼓励和启发。

• Jiangang Wang（[illegible]）
• Hong Xiao（[illegible]大学）
• Xiaoqiu Ye（[illegible]）

[illegible]

[illegible] Mohammed [illegible] Zaki [illegible] Amina [illegible] Wagner [illegible] Meira [illegible] Martin [illegible]

目　录

第二部分 频繁模式挖掘

第三部分 聚类

第四部分 分类

第 1 章　数据挖掘与分析

数据挖掘是从大规模数据中发现新颖、深刻、有趣的模式和具有描述性、可理解、能预测的模型的过程。本章首先讨论数据矩阵的基本性质。我们会强调数据的几何和代数描述以及概率解释。接下来讨论数据挖掘的主要任务，包括探索性数据分析、频繁模式挖掘、聚类和分类，从而为本书设定基本的脉络。

1.1　数据矩阵

数据经常可以表示或者抽象为一个 $n \times d$ 的**数据矩阵**，包含 n 行 d 列，其中各行代表数据集中的实体，而各列代表了实体中值得关注的特征或者属性。数据矩阵中的每一行记录了一个给定实体的属性观察值。$n \times d$ 的矩阵如下所示：

$$\boldsymbol{D} = \begin{pmatrix} & X_1 & X_2 & \cdots & X_d \\ \hline \boldsymbol{x}_1 & x_{11} & x_{12} & \cdots & x_{1d} \\ \boldsymbol{x}_2 & x_{21} & x_{22} & \cdots & x_{2d} \\ \vdots & \vdots & \vdots & \vdots & \vdots \\ \boldsymbol{x}_n & x_{n1} & x_{n2} & \cdots & x_{nd} \end{pmatrix}$$

其中 $\boldsymbol{x}_i$ 表示第 i 行的一个如下 d 元组：

$$\boldsymbol{x}_i = (x_{i1}, x_{i2}, \cdots, x_{id})$$

而 X_j 表示第 j 列的一个如下 n 元组：

$$X_j = (x_{1j}, x_{2j}, \cdots, x_{nj})$$

根据应用领域的不同，数据矩阵的行还可以被称作**实体**、**实例**、**样本**、**记录**、**事务**、**对象**、**数据点**、**特征向量**、**元组**，等等。同样，列可以被称作**属性**、**性质**、**特征**、**维度**、**变量**、**域**，等等。实例的数目 n 被称作数据的**大小**，属性的数目 d 被称作数据的**维度**。针对单个属性进行的分析，称作**一元分析**；针对两个属性进行的分析，称作**二元分析**；针对两个以上的属性进行的分析，称作**多元分析**。

例 1.1　表 1-1 列举了鸢尾花（iris）数据集的一部分数据。完整的数据集是一个 150×5 的矩阵。每一行代表一株鸢尾花，包含的属性有：萼片长度、萼片宽度、花瓣长度、花瓣宽度（以厘米计），以及该鸢尾花的类型。第一行是一个如下的五元组：

$$\boldsymbol{x}_1 = (5.9, 3.0, 4.2, 1.5, \texttt{iris-versicolor})$$

并非所有的数据都是以矩阵的形式出现的。复杂一些的数据还可以以序列（例如 DNA 和蛋白质序列）、文本、时间序列、图像、音频、视频等形式出现，这些数据的分析需要专门

表 1-1　鸢尾花数据集的一部分数据

	萼片长度 X_1	萼片宽度 X_2	花瓣长度 X_3	花瓣宽度 X_4	类型 X_5
$\boldsymbol{x}_1$	5.9	3.0	4.2	1.5	iris-versicolor
$\boldsymbol{x}_2$	6.9	3.1	4.9	1.5	iris-versicolor
$\boldsymbol{x}_3$	6.6	2.9	4.6	1.3	iris-versicolor
$\boldsymbol{x}_4$	4.6	3.2	1.4	0.2	iris-setosa
$\boldsymbol{x}_5$	6.0	2.2	4.0	1.0	iris-versicolor
$\boldsymbol{x}_6$	4.7	3.2	1.3	0.2	iris-setosa
$\boldsymbol{x}_7$	6.5	3.0	5.8	2.2	iris-versicolor
$\boldsymbol{x}_8$	5.8	2.7	5.1	1.9	iris-versicolor
⋮	⋮	⋮	⋮	⋮	⋮
$\boldsymbol{x}_{149}$	7.7	3.8	6.7	2.2	iris-virginica
$\boldsymbol{x}_{150}$	5.1	3.4	1.5	0.2	iris-setosa

的技术。然而，在大多数情况下，即使原始数据不是一个数据矩阵，我们还是可以通过特征提取将原始数据转换为一个数据矩阵。例如，给定一个图像数据库，我们可以创建这样一个数据矩阵：每一行代表一幅图像，各列对应图像的特征，如颜色、纹理等。有些时候，某些特定的特征可能蕴含了特殊的语义，处理的时候需要特别对待。比如，时序和空间特征通常都要区别对待。值得指出的是，传统的数据分析假设各个实体或实例之间是相互独立的。但由于我们生活在一个互联的世界里面，这一假设并不总是成立。一个实例可能通过各种各样的关系与其他实例相关联，从而形成一个*数据图*：图的节点代表实例，图的边代表实例间的关联关系。

1.2　属性

属性根据它们所取的值主要可以分为两类。

1. *数值型属性*

*数值型属性*是在实数或者整数域内取值。例如，取值域为 $\mathbb{N}$ 的属性`Age`（年龄），即是一个数值型属性，其中 $\mathbb{N}$ 代表全体的自然数（即所有的非负整数）；表 1-1 中的花瓣长度同样也是一个数值型属性，其取值域为 $\mathbb{R}^+$（代表全体正实数）。取值范围为有限或无限可数集合的数值属性又被称作*离散型的*；取值范围为任意实数的数值属性又被称作*连续型的*。作为离散型的特例，取值限于集合 $\{0,1\}$ 的属性又被称为*二元属性*。数值属性又可以进一步分成如下两类。

- *区间标度类*：对于这一类属性，只有差值（加或减）有明确的意义。例如，属性温度（无论是摄氏温度还是华氏温度）就是属于区间标度型的。假设某一天是 20°C，接下来一天是 10°C，那么谈论温度降了 10°C 是有意义的，却不能说第二天比第一天冷两倍。
- *比例标度类*：对于这一类属性，不同值之间的差值和比例都是有意义的。例如，对于属性年龄，我们可以说一个 20 岁的人的年龄是另一个 10 岁的人的年龄的两倍。

2. 类别型属性

类别型属性的定义域是由一个定值符号集合定义的。例如，Sex（性别）和Education（教育水平）都是类别型属性，它们的定义域如下所示：

$$\text{domain}(\texttt{Sex}) = \{\texttt{M}, \texttt{F}\}$$

$$\text{domain}(\texttt{Education}) = \{\texttt{HighSchool}, \texttt{BS}, \texttt{MS}, \texttt{PhD}\}$$

类别型属性也可分为两种类型。

- **名义类**：这类属性的定义域是无序的，只有相等性比较才有意义。也就是说，我们只能判断两个不同实例的属性值是否相等。例如性别就是一个名义类的属性。表 1-1 中的类别属性也是名义类的，其定义域 domain（class）={iris-setosa，iris-versicolor，iris-virginica}。
- **次序类**：这类属性的定义域是有序的，因此相等性比较（两个值是否相等）与不等性比较（一个值比另一个值大还是小）都是有意义的，尽管有的时候不能够量化不同值之间的差。例如，教育水平是一个次序类属性，因为它的定义域是按受教育水平递增排序的。

1.3 数据的几何和代数描述

若数据矩阵 $\boldsymbol{D}$ 的 d 个属性或者维度都是数值型的，则每一行都可以看作一个 d 维空间的点：

$$\boldsymbol{x}_i = (x_{i1}, x_{i2}, \cdots, x_{id}) \in \mathbb{R}^d$$

或者，每一行可以等价地看作一个 d 维的列向量（所有向量都默认为列向量）：

$$\boldsymbol{x}_i = \begin{pmatrix} x_{i1} \\ x_{i2} \\ \vdots \\ x_{id} \end{pmatrix} = (x_{i1} \quad x_{i2} \quad \cdots \quad x_{id})^{\mathrm{T}} \in \mathbb{R}^d$$

其中 T 是**矩阵转置算子**。

d 维笛卡儿坐标空间是由 d 个单位向量定义的，又被称作标准基，每个轴方向上一个。第 j 个标准基向量 $\boldsymbol{e}_j$ 是一个 d 维的单位向量，该向量的第 j 个分量是 1，其他分量是 0。

$$\boldsymbol{e}_j = (0, \cdots, 1_j, \cdots, 0)^{\mathrm{T}}$$

$\mathbb{R}^d$ 中的任何向量都可以由标准基向量的**线性组合**来表示。例如，每一个点 $\boldsymbol{x}_i$ 都可以用如下的线性组合来表示：

$$\boldsymbol{x}_i = x_{i1}\boldsymbol{e}_1 + x_{i2}\boldsymbol{e}_2 + \cdots + x_{id}\boldsymbol{e}_d = \sum_{j=1}^{d} x_{ij}\boldsymbol{e}_j$$

其中标量 x_{ij} 是沿着第 j 个轴的坐标值或者第 j 个属性。

例 1.2　考虑表 1-1 中的鸢尾花数据。如果我们将所有数据映射到前两个属性，那么每一行都可以看作二维空间中的一个点或是向量。例如，五元组 $\boldsymbol{x}_1$=（5.9, 3.0, 4.2, 1.5, `iris-versicolor`）在前两个属性上的投影如图 1-1a 所示。图 1-2 给出了所有 150 个数据点在由前两个属性构成的二维空间中的散点图。图 1-1b 将 $\boldsymbol{x}_1$ 显示为三维空间中的一个点和向量，该三维空间将数据映射到前三个属性。(5.9，3.0，4.2) 可以看作 $\mathbb{R}^3$ 中标准基线性组合的系数：

$$\boldsymbol{x}_1 = 5.9\boldsymbol{e}_1 + 3.0\boldsymbol{e}_2 + 4.2\boldsymbol{e}_3 = 5.9\begin{pmatrix}1\\0\\0\end{pmatrix} + 3.0\begin{pmatrix}0\\1\\0\end{pmatrix} + 4.2\begin{pmatrix}0\\0\\1\end{pmatrix} = \begin{pmatrix}5.9\\3.0\\4.2\end{pmatrix}$$

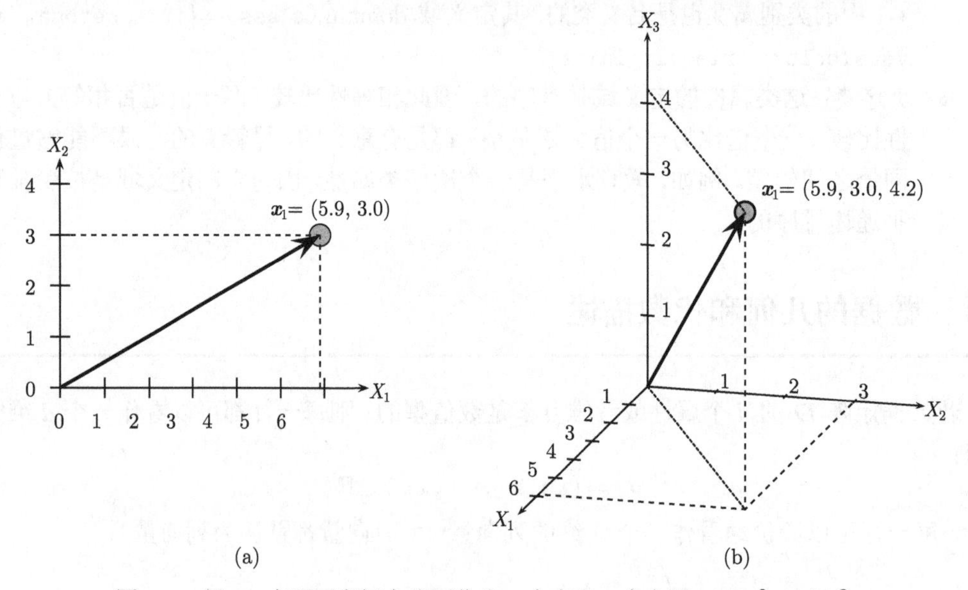

图 1-1　行 $\boldsymbol{x}_1$ 在不同空间中分别作为一个点和一个向量：(a)$\mathbb{R}^2$；(b)$\mathbb{R}^3$

每一个数值型的列或属性还可以看成 n 维空间 $\mathbb{R}^n$ 中的一个向量：

$$X_j = \begin{pmatrix}x_{1j}\\x_{2j}\\\vdots\\x_{nj}\end{pmatrix}$$

如果所有的属性都是数值型的，那么数据矩阵 $\boldsymbol{D}$ 事实上是一个 $n \times d$ 的矩阵，可记作 $\boldsymbol{D} \in \mathbb{R}^{n\times d}$，如以下公式所示：

$$\boldsymbol{D} = \begin{pmatrix}x_{11} & x_{12} & \cdots & x_{1d}\\x_{21} & x_{22} & \cdots & x_{2d}\\\vdots & \vdots & \ddots & \vdots\\x_{n1} & x_{n2} & \cdots & x_{nd}\end{pmatrix} = \begin{pmatrix}—\boldsymbol{x}_1^{\mathrm{T}}—\\—\boldsymbol{x}_2^{\mathrm{T}}—\\\vdots\\—\boldsymbol{x}_n^{\mathrm{T}}—\end{pmatrix} = \begin{pmatrix}| & | & & |\\X_1 & X_2 & \cdots & X_d\\| & | & & |\end{pmatrix}$$

我们可以将整个数据集看成一个 $n \times d$ 的矩阵，或是一组行向量 $\boldsymbol{x}_i^{\mathrm{T}} \in \mathbb{R}^d$，或是一组列向量 $X_j \in \mathbb{R}^n$。

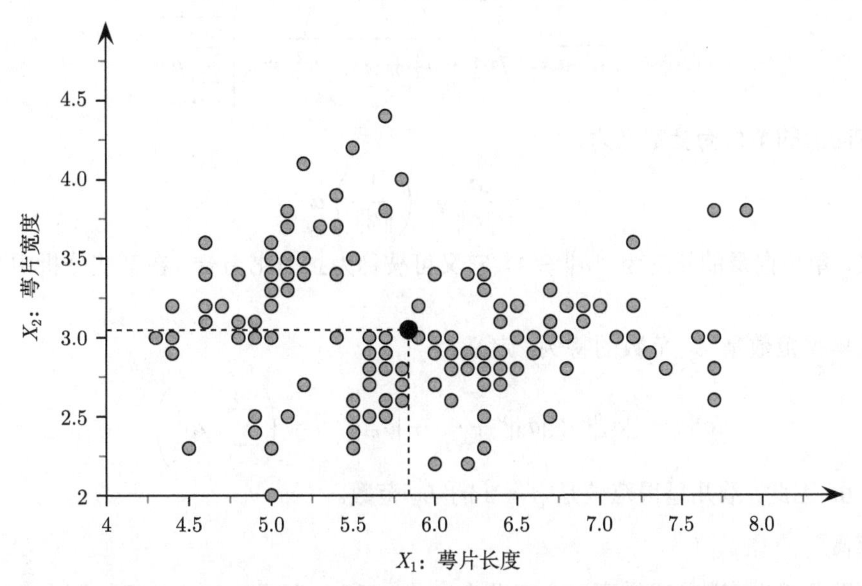

图 1-2 萼片长度与萼片宽度的散点图，实心圈代表平均点

1.3.1 距离和角度

将数据实例和属性用向量来描述或者将整个数据集描述为一个矩阵，可以应用几何与代数的方法来辅助数据挖掘与分析任务。

假设 $\boldsymbol{a}, \boldsymbol{b} \in \mathbb{R}^m$ 是如下的两个 m 维向量：

$$\boldsymbol{a} = \begin{pmatrix} a_1 \\ a_2 \\ \vdots \\ a_m \end{pmatrix} \quad \boldsymbol{b} = \begin{pmatrix} b_1 \\ b_2 \\ \vdots \\ b_m \end{pmatrix}$$

1. 点乘

$\boldsymbol{a}$ 和 $\boldsymbol{b}$ 的点乘定义为如下的标量值：

$$\begin{aligned} \boldsymbol{a}^{\mathrm{T}}\boldsymbol{b} &= (a_1 \quad a_2 \quad \cdots \quad a_m) \times \begin{pmatrix} b_1 \\ b_2 \\ \vdots \\ b_m \end{pmatrix} \\ &= a_1 b_1 + a_2 b_2 + \cdots + a_m b_m \\ &= \sum_{i=1}^{m} a_i b_i \end{aligned}$$

2. 长度

向量 $\boldsymbol{a} \in \mathbb{R}^m$ 的欧几里得范数或长度定义为:

$$\|\boldsymbol{a}\| = \sqrt{\boldsymbol{a}^{\mathrm{T}}\boldsymbol{a}} = \sqrt{a_1^2 + a_2^2 + \cdots + a_m^2} = \sqrt{\sum_{i=1}^{m} a_i^2}$$

$\boldsymbol{a}$ 方向上的单位向量定义为:

$$\boldsymbol{u} = \frac{\boldsymbol{a}}{\|\boldsymbol{a}\|} = \left(\frac{1}{\|\boldsymbol{a}\|}\right)\boldsymbol{a}$$

根据定义，单位向量的长度为 $\|\boldsymbol{u}\| = 1$，它又可被称为正则化向量，在某些分析中可以代替向量 $\boldsymbol{a}$。

欧几里得范数是 L_p 范数的特例，定义为:

$$\|\boldsymbol{a}\|_p = (|a_1|^p + |a_2|^p + \cdots + |a_m|^p)^{\frac{1}{p}} = \left(\sum_{i=1}^{m} |a_i|^p\right)^{\frac{1}{p}}$$

其中 $p \neq 0$。因此，欧几里得范数是 $p = 2$ 的 L_p 范数。

3. 距离

根据欧几里得范数，我们可以定义两个向量 $\boldsymbol{a}$ 和 $\boldsymbol{b}$ 之间的欧氏距离如下:

$$\delta(\boldsymbol{a}, \boldsymbol{b}) = \|\boldsymbol{a} - \boldsymbol{b}\| = \sqrt{(\boldsymbol{a} - \boldsymbol{b})^{\mathrm{T}}(\boldsymbol{a} - \boldsymbol{b})} = \sqrt{\sum_{i=1}^{m}(a_i - b_i)^2} \tag{1.1}$$

因此，向量 $\boldsymbol{a}$ 的长度即是它到零向量 $\boldsymbol{0}$ 的距离（零向量的所有元素都为 0），亦即 $\|\boldsymbol{a}\| = \|\boldsymbol{a} - \boldsymbol{0}\| = \delta(\boldsymbol{a}, \boldsymbol{0})$。

根据 L_p 范数的定义，我们可以定义对应的 L_p 距离函数如下:

$$\delta_p(\boldsymbol{a}, \boldsymbol{b}) = \|\boldsymbol{a} - \boldsymbol{b}\|_p \tag{1.2}$$

若没有指明 p 的具体值，如公式 (1.1)，则默认 $p = 2$。

4. 角度

两个向量 $\boldsymbol{a}$ 和 $\boldsymbol{b}$ 之间的最小角的余弦值，被称作余弦相似度，由如下公式定义:

$$\cos\theta = \frac{\boldsymbol{a}^{\mathrm{T}}\boldsymbol{b}}{\|\boldsymbol{a}\|\|\boldsymbol{b}\|} = \left(\frac{\boldsymbol{a}}{\|\boldsymbol{a}\|}\right)^{\mathrm{T}}\left(\frac{\boldsymbol{b}}{\|\boldsymbol{b}\|}\right) \tag{1.3}$$

因此，向量 $\boldsymbol{a}$ 和 $\boldsymbol{b}$ 间角度的余弦可以通过 $\boldsymbol{a}$ 和 $\boldsymbol{b}$ 的单位向量 $\frac{\boldsymbol{a}}{\|\boldsymbol{a}\|}$ 和 $\frac{\boldsymbol{b}}{\|\boldsymbol{b}\|}$ 的点乘来计算。

柯西–施瓦茨（Cauchy-Schwartz）不等式描述了对于 $\mathbb{R}^m$ 中的任意向量 $\boldsymbol{a}$ 和 $\boldsymbol{b}$，若满足如下关系:

$$|\boldsymbol{a}^{\mathrm{T}}\boldsymbol{b}| \leqslant \|\boldsymbol{a}\| \cdot \|\boldsymbol{b}\|$$

则根据柯西–施瓦茨不等式马上可以得到:

$$-1 \leqslant \cos\theta \leqslant 1$$

由于两个向量之间的最小角 $\theta \in [0°, 180°]$ 且 $\cos\theta \in [-1, 1]$，余弦相似度取值范围为 $+1$（对应 $0°$ 角）到 -1（对应 $180°$ 角，或是 π 弧度）。

5. 正交性

我们说两个向量 $\boldsymbol{a}$ 和 $\boldsymbol{b}$ 是正交的，当且仅当 $\boldsymbol{a}^{\mathrm{T}}\boldsymbol{b}=0$，这意味着 $\cos\theta=0$，即两个向量之间的角度是 $90°$ 或是弧度为 $\dfrac{\pi}{2}$。这种情况下，我们说这两个向量没有相似性。

例 1.3（距离和角度） 图 1-3 所示的两个向量是：

$$\boldsymbol{a}=\begin{pmatrix}5\\3\end{pmatrix} \text{和 } \boldsymbol{b}=\begin{pmatrix}1\\4\end{pmatrix}$$

根据公式 (1.1)，这两个向量间的欧几里得距离是：

$$\delta(\boldsymbol{a},\boldsymbol{b})=\sqrt{(5-1)^2+(3-4)^2}=\sqrt{16+1}=\sqrt{17}=4.12$$

这个距离也可以通过计算如下向量的长度获得：

$$\boldsymbol{a}-\boldsymbol{b}=\begin{pmatrix}5\\3\end{pmatrix}-\begin{pmatrix}1\\4\end{pmatrix}=\begin{pmatrix}4\\-1\end{pmatrix}$$

因为 $\|\boldsymbol{a}-\boldsymbol{b}\|=\sqrt{4^2+(-1)^2}=\sqrt{17}=4.12$。

$\boldsymbol{a}$ 方向上的单位向量为：

$$\boldsymbol{u}_a=\frac{\boldsymbol{a}}{\|\boldsymbol{a}\|}=\frac{1}{\sqrt{5^2+3^2}}\begin{pmatrix}5\\3\end{pmatrix}=\frac{1}{\sqrt{34}}\begin{pmatrix}5\\3\end{pmatrix}=\begin{pmatrix}0.86\\0.51\end{pmatrix}$$

$\boldsymbol{b}$ 方向上的单位向量可以用类似方式计算：

$$\boldsymbol{u}_b=\begin{pmatrix}0.24\\0.97\end{pmatrix}$$

以上单位向量在图 1-3 中以灰色箭头标注。

根据公式 (1.3)，$\boldsymbol{a}$ 和 $\boldsymbol{b}$ 之间角度的余弦值可计算如下：

$$\cos\theta=\frac{\begin{pmatrix}5\\3\end{pmatrix}^{\mathrm{T}}\begin{pmatrix}1\\4\end{pmatrix}}{\sqrt{5^2+3^2}\sqrt{1^2+4^2}}=\frac{17}{\sqrt{34\times 17}}=\frac{1}{\sqrt{2}}$$

通过计算反余弦可以得到角度大小：

$$\theta=\cos^{-1}(1/\sqrt{2})=45°$$

考虑 $p=3$ 时 $\boldsymbol{a}$ 的 L_p 范数，我们有：

$$\|\boldsymbol{a}\|_3=(5^3+3^3)^{1/3}=(153)^{1/3}=5.34$$

根据公式 (1.2)，$\boldsymbol{a}$ 和 $\boldsymbol{b}$ 之间的距离可用 $p=3$ 的 L_p 范数表示为：

$$\|\boldsymbol{a}-\boldsymbol{b}\|_3=\|(4,-1)^{\mathrm{T}}\|_3=(4^3+|-1|^3)^{1/3}=(65)^{1/3}=4.02$$

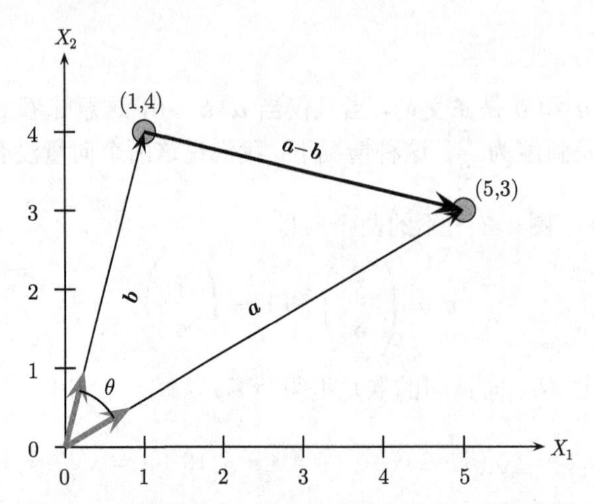

图 1-3　距离和角度。图中的灰色向量代表单位向量

1.3.2　均值与总方差

1. *均值*

数据矩阵 $\boldsymbol{D}$ 的*均值*（mean）由所有点的向量取平均值得到，如下所示：

$$\operatorname{mean}(\boldsymbol{D}) = \boldsymbol{\mu} = \frac{1}{n}\sum_{i=1}^{n}\boldsymbol{x}_i$$

2. *总方差*

数据矩阵 $\boldsymbol{D}$ 的*总方差*（total variance）由每个点到均值的均方距离得到：

$$\operatorname{var}(\boldsymbol{D}) = \frac{1}{n}\sum_{i=1}^{n}\delta(\boldsymbol{x}_i,\boldsymbol{\mu})^2 = \frac{1}{n}\sum_{i=1}^{n}\|\boldsymbol{x}_i-\boldsymbol{\mu}\|^2 \tag{1.4}$$

化简公式 (1.4)，可以得到：

$$\begin{aligned}
\operatorname{var}(\boldsymbol{D}) &= \frac{1}{n}\sum_{i=1}^{n}(\|\boldsymbol{x}_i\|^2 - 2\boldsymbol{x}_i^{\mathrm{T}}\boldsymbol{\mu} + \|\boldsymbol{\mu}\|^2)\\
&= \frac{1}{n}\left(\sum_{i=1}^{n}\|\boldsymbol{x}_i\|^2 - 2n\boldsymbol{\mu}^{\mathrm{T}}\left(\frac{1}{n}\sum_{i=1}^{n}\boldsymbol{x}_i\right) + n\|\boldsymbol{\mu}\|^2\right)\\
&= \frac{1}{n}\left(\sum_{i=1}^{n}\|\boldsymbol{x}_i\|^2 - 2n\boldsymbol{\mu}^{\mathrm{T}}\boldsymbol{\mu} + n\|\boldsymbol{\mu}\|^2\right)\\
&= \frac{1}{n}\left(\sum_{i=1}^{n}\|\boldsymbol{x}_i\|^2\right) - \|\boldsymbol{\mu}\|^2
\end{aligned}$$

因此总方差即是所有数据点的长度平方的平均值减去均值（数据点的平均）长度的平方。

3. *居中数据矩阵*

通常我们需要将数据矩阵居中，以使得矩阵的均值和数据空间的原点相重合。*居中数据矩阵*可以通过将所有数据点减去均值得到：

$$
\boldsymbol{Z}=\boldsymbol{D}-\mathbf{1}\cdot\boldsymbol{\mu}^{\mathrm{T}}=\begin{pmatrix}\boldsymbol{x}_1^{\mathrm{T}}\\\boldsymbol{x}_2^{\mathrm{T}}\\\vdots\\\boldsymbol{x}_n^{\mathrm{T}}\end{pmatrix}-\begin{pmatrix}\boldsymbol{\mu}^{\mathrm{T}}\\\boldsymbol{\mu}^{\mathrm{T}}\\\vdots\\\boldsymbol{\mu}^{\mathrm{T}}\end{pmatrix}=\begin{pmatrix}\boldsymbol{x}_1^{\mathrm{T}}-\boldsymbol{\mu}^{\mathrm{T}}\\\boldsymbol{x}_2^{\mathrm{T}}-\boldsymbol{\mu}^{\mathrm{T}}\\\vdots\\\boldsymbol{x}_n^{\mathrm{T}}-\boldsymbol{\mu}^{\mathrm{T}}\end{pmatrix}=\begin{pmatrix}\boldsymbol{z}_1^{\mathrm{T}}\\\boldsymbol{z}_2^{\mathrm{T}}\\\vdots\\\boldsymbol{z}_n^{\mathrm{T}}\end{pmatrix} \tag{1.5}
$$

其中 $\boldsymbol{z}_i=\boldsymbol{x}_i-\boldsymbol{\mu}$ 代表与 $\boldsymbol{x}_i$ 对应的居中数据点，$\mathbf{1}\in\mathbb{R}^n$ 是所有元素都为 1 的 n 维向量。居中矩阵 $\boldsymbol{Z}$ 的均值是 $\mathbf{0}\in\mathbb{R}^d$，因为原来的均值 $\boldsymbol{\mu}$ 已经从所有的数据点减去了。

1.3.3 正交投影

在数据挖掘中我们经常需要将一个点或向量投影到另一个向量上。例如，在变换基向量之后获取一个新的点坐标。令 $\boldsymbol{a},\boldsymbol{b}\in\mathbb{R}^m$ 为两个 m 维的向量。向量 $\boldsymbol{b}$ 在向量 $\boldsymbol{a}$ 方向上的**正交分解**（orthogonal decomposition），可用下式表示（见图 1-4）：

$$
\boldsymbol{b}=\boldsymbol{b}_{\|}+\boldsymbol{b}_{\perp}=\boldsymbol{p}+\boldsymbol{r} \tag{1.6}
$$

其中 $\boldsymbol{p}=\boldsymbol{b}_{\|}$ 与 $\boldsymbol{a}$ 平行，$\boldsymbol{r}=\boldsymbol{b}_{\perp}$ 与 $\boldsymbol{a}$ 垂直（正交）。向量 $\boldsymbol{p}$ 可成为向量 $\boldsymbol{b}$ 在向量 $\boldsymbol{a}$ 上的**正交投影**（或简称投影）。点 $\boldsymbol{p}\in\mathbb{R}^m$ 是在经过 $\boldsymbol{a}$ 的线上距离 $\boldsymbol{b}$ 最近的点。因此，向量 $\boldsymbol{r}=\boldsymbol{b}-\boldsymbol{p}$ 的长度给出了向量 $\boldsymbol{b}$ 到向量 $\boldsymbol{a}$ 的**垂直距离**。$\boldsymbol{r}$ 也经常被称作点 $\boldsymbol{b}$ 和点 $\boldsymbol{p}$ 间的残差（residual）或误差（error）向量。

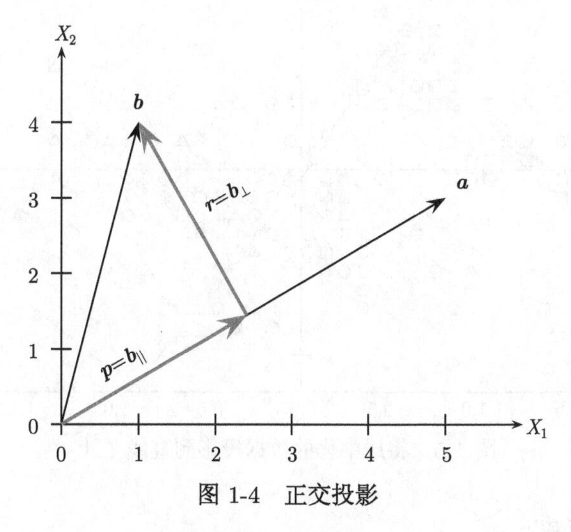

图 1-4 正交投影

向量 $\boldsymbol{p}$ 与向量 $\boldsymbol{a}$ 是平行的，因此对于某个标量 c，我们有 $\boldsymbol{p}=c\boldsymbol{a}$。因此，$\boldsymbol{r}=\boldsymbol{b}-\boldsymbol{p}=\boldsymbol{b}-c\boldsymbol{a}$。由于 $\boldsymbol{p}$ 和 $\boldsymbol{r}$ 是正交的，我们有：

$$
\boldsymbol{p}^{\mathrm{T}}\boldsymbol{r}=(c\boldsymbol{a})^{\mathrm{T}}(\boldsymbol{b}-c\boldsymbol{a})=c\boldsymbol{a}^{\mathrm{T}}\boldsymbol{b}-c^2\boldsymbol{a}^{\mathrm{T}}\boldsymbol{a}=0
$$

这说明：

$$
c=\frac{\boldsymbol{a}^{\mathrm{T}}\boldsymbol{b}}{\boldsymbol{a}^{\mathrm{T}}\boldsymbol{a}}
$$

因此，$\boldsymbol{b}$ 在 $\boldsymbol{a}$ 上的投影又可以表示为：

$$\boldsymbol{p} = \boldsymbol{b}_{||} = c\boldsymbol{a} = \left(\frac{\boldsymbol{a}^{\mathrm{T}}\boldsymbol{b}}{\boldsymbol{a}^{\mathrm{T}}\boldsymbol{a}}\right)\boldsymbol{a} \tag{1.7}$$

例 1.4　取鸢尾花数据集的前两个维度，萼片长度和萼片宽度，平均点是：

$$\mathrm{mean}(\boldsymbol{D}) = \begin{pmatrix} 5.843 \\ 3.054 \end{pmatrix}$$

也就是图 1-2 上的黑圈。对应的居中化的数据显示在图 1-5 中，总方差为 $\mathrm{var}(\boldsymbol{D}) = 0.868$（居中化不会改变这个值）。

图 1-5 给出了每个点在直线 ℓ 上的投影。该直线是能将`iris-setosa`类（方块）与`iris-versicolor`类（圆圈）、`iris-virginica`类（三角形）分得最开的一条直线。ℓ 定义为一组满足如下条件的所有点 $(x_1, x_2)^{\mathrm{T}}$：$\begin{pmatrix} x_1 \\ x_2 \end{pmatrix} = c\begin{pmatrix} -2.15 \\ 2.75 \end{pmatrix}$，其中标量 $c \in \mathbb{R}$。

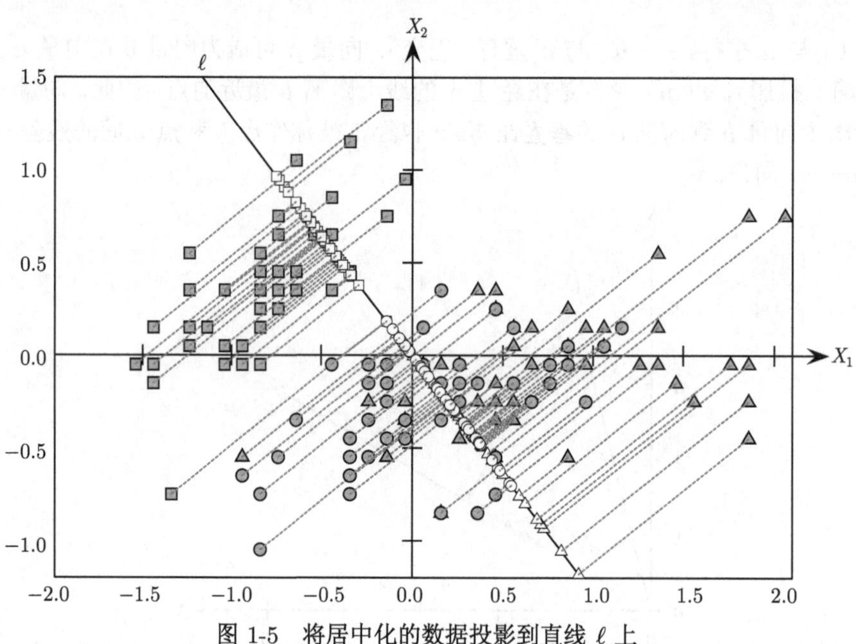

图 1-5　将居中化的数据投影到直线 ℓ 上

1.3.4　线性无关与维数

给定一个数据矩阵

$$\boldsymbol{D} = (\boldsymbol{x}_1 \quad \boldsymbol{x}_2 \quad \cdots \quad \boldsymbol{x}_n)^{\mathrm{T}} = (X_1 \quad X_2 \quad \cdots \quad X_d)$$

我们经常对各行（不同的点）或各列（不同的属性）的线性组合感兴趣。例如，不同的属性之间的线性组合可以产生新的属性，这一做法在特征提取及降维中起到了关键作用。

在 m 维的向量空间 $\mathbb{R}^m$ 中给定任意一组向量 $\boldsymbol{v}_1, \boldsymbol{v}_2, \cdots, \boldsymbol{v}_k$，它们的**线性组合**定义为：

$$c_1\boldsymbol{v}_1 + c_2\boldsymbol{v}_2 + \cdots + c_k\boldsymbol{v}_k$$

其中 $c_i \in \mathbb{R}$ 是标量值。k 个向量的所有可能的线性组合称为空间（span），可表示为 span $(\boldsymbol{v}_1, \cdots, \boldsymbol{v}_k)$，该空间是 $\mathbb{R}^m$ 的一个子向量空间。若 $\text{span}(\boldsymbol{v}_1, \cdots, \boldsymbol{v}_k) = \mathbb{R}^m$，则称 $\boldsymbol{v}_1, \cdots, \boldsymbol{v}_k$ 为 $\mathbb{R}^m$ 的一个生成集合（spanning set）。

1. 行空间和列空间

数据矩阵 $\boldsymbol{D}$ 有几个有趣的向量空间，其中两个是 $\boldsymbol{D}$ 的行空间与列空间。$\boldsymbol{D}$ 的列空间，用 col（$\boldsymbol{D}$）表示，是 d 个属性 $X_j \in \mathbb{R}^n$ 的所有线性组合的集合，即

$$\text{col}(\boldsymbol{D}) = \text{span}(X_1, X_2, \cdots, X_d)$$

根据定义，col（$\boldsymbol{D}$）是 $\mathbb{R}^n$ 的一个子空间。$\boldsymbol{D}$ 的行空间，用 row（$\boldsymbol{D}$）表示，是 n 个点 $\boldsymbol{x}_i \in \mathbb{R}^n$ 的所有线性组合的集合，即

$$\text{row}(\boldsymbol{D}) = \text{span}(\boldsymbol{x}_1, \boldsymbol{x}_2, \cdots, \boldsymbol{x}_n)$$

根据定义，row（$\boldsymbol{D}$）是 $\mathbb{R}^d$ 的一个子空间。注意，$\boldsymbol{D}$ 的行空间是 $\boldsymbol{D}^{\text{T}}$ 的列空间：

$$\text{row}(\boldsymbol{D}) = \text{col}(\boldsymbol{D}^{\text{T}})$$

2. 线性无关

给定一组向量 $\boldsymbol{v}_1, \cdots, \boldsymbol{v}_k$，若其中至少有一个向量可以由其他向量线性表出，则称它们是线性相关的。等价地，若有 k 个标量 $c_1, c_2, \cdots, c_k$，其中至少有一个不为 0 的情况下，可以使得

$$c_1\boldsymbol{v}_1 + c_2\boldsymbol{v}_2 + \cdots + c_k\boldsymbol{v}_k = \boldsymbol{0}$$

成立，则这 k 个向量是线性相关的。

另一方面，这 k 个向量是线性无关的，当且仅当

$$c_1\boldsymbol{v}_1 + c_2\boldsymbol{v}_2 + \cdots + c_k\boldsymbol{v}_k = \boldsymbol{0} \text{ 意味着 } c_1 = c_2 = \cdots = c_k = 0$$

简而言之，给定一组向量，若其中任一向量都无法由该组中其他向量线性表示，则该组向量是线性无关的。

3. 维数和秩

假设 S 是 $\mathbb{R}^m$ 的一个子空间。S 的基（basis）是指 S 中一组线性无关的向量 $\boldsymbol{v}_1, \cdots, \boldsymbol{v}_k$，这组向量生成 S，即 $\text{span}(\boldsymbol{v}_1, \cdots, \boldsymbol{v}_k) = S$。事实上，基是一个最小生成集。若基中的向量两两正交，则称该基是 S 的正交基（orthogonal basis）。此外，若这些向量还是单位向量，则它们构成了 S 的一个标准正交基（orthonormal basis）。例如，$\mathbb{R}^m$ 的标准基是一个由如下向量构成的标准正交基：

$$\boldsymbol{e}_1 = \begin{pmatrix} 1 \\ 0 \\ \vdots \\ 0 \end{pmatrix} \quad \boldsymbol{e}_2 = \begin{pmatrix} 0 \\ 1 \\ \vdots \\ 0 \end{pmatrix} \quad \cdots \quad \boldsymbol{e}_m = \begin{pmatrix} 0 \\ 0 \\ \vdots \\ 1 \end{pmatrix}$$

S 的任意两个基都必须有相同数目的向量，该数目称作 S 的维数，表示为 $\dim(S)$。S 是 $\mathbb{R}^m$ 的一个子空间，因此 $\dim(S) \leqslant m$。

值得注意的是，任意数据矩阵的行空间和列空间的维数都是一样的，维数又可称为矩阵的秩。对于数据矩阵 $\boldsymbol{D} \in \mathbb{R}^{n\times d}$，我们有 $\text{rank}(\boldsymbol{D}) \leqslant \min(n, d)$，因为列空间的维数最多是 d，行空间的维数最多是 n。因此，尽管表面上数据点是在一个 d 维的属性矩阵（*外在维数*）中，若 $\text{rank}(\boldsymbol{D}) < d$，则数据点实际上都处在比 $\mathbb{R}^d$ 更低维的一个子空间里，$\text{rank}(\boldsymbol{D})$ 给出了数据点的*内在维数*。事实上，通过降维方法，是可以用一个导出的数据矩阵 $\boldsymbol{D}' \in \mathbb{R}^{n\times k}$ 来近似数据矩阵 $\boldsymbol{D} \in \mathbb{R}^{n\times d}$ 的，这样维数会大大降低，即 $k \ll d$。在这种情况下，k 能够反映数据的真实内在维度。

例 1.5 图 1-5 中的直线 ℓ 是由 $\ell = \text{span}((-2.15 \quad 2.75)^{\text{T}})$ 定义的，且 $\dim(\ell) = 1$。正则化后，可以获得 ℓ 的标准正交基为如下的单位向量：

$$\frac{1}{\sqrt{12.19}}\begin{pmatrix} -2.15 \\ 2.75 \end{pmatrix} = \begin{pmatrix} -0.615 \\ 0.788 \end{pmatrix}$$

1.4 数据：概率观点

数据的概率观点假设每个数值型的属性 X 都是一个*随机变量*（random variable），是由给一个实验（一个观察或测量的过程）的每个结果赋一个实数值的函数定义的。形式化定义如下：X 是一个函数 $X : \mathcal{O} \to \mathbb{R}$，其中 $\mathcal{O}$ 作为 X 的定义域，是实验所有可能结果的集合，又被称作*样本空间*（sample space）；$\mathbb{R}$ 代表 X 的*值域*，是实数的集合。如果实验结果是数值型的，且与随机变量 X 的观测值相同，则 $X : \mathcal{O} \to \mathcal{O}$ 就是恒等函数：$X(v) = v, v \in \mathcal{O}$。实验结果与随机变量取值之间的区别是很重要，在不同的情况下，我们可能会对观测值采用不同的处理方式，可参见例 1.6。

若随机变量 X 的取值是一组有限或可数无限值，则称作*离散随机变量*（discrete random vairable）；反之，则称作*连续随机变量*（continuous random vairable）。

例 1.6 考虑表 1-1 中的萼片长度属性（X_1）。该属性的所有 $n = 150$ 个取值都列在表 1-2 中，落在 [4.3, 7.9] 的范围之内（测量单位是厘米）。我们假设这个取值范围就是所有可能的实验结果 $\mathcal{O}$。

默认情况下，我们认为 X_1 是一个连续随机变量，表示为 $X_1(v) = v$，因为所有的结果（萼片长度值）都是数值型的。

另一方面，如果要区分长萼片（大于等于 7 厘米）和短萼片的鸢尾花，我们可以定义一个离散随机变量 A 如下：

$$A(v) = \begin{cases} 0 & v < 7 \\ 1 & v \geqslant 7 \end{cases}$$

在这个例子中，A 的定义域是 [4.3,7.9]，值域是{0,1}。因此 A 仅在离散值 0 和 1 上取非零概率。

1. 概率质量函数

若 X 是离散的，则 X 的*概率质量函数*可定义为：

$$f(x)=P(X=x),\quad x\in\mathbb{R}$$

换句话说，函数 f 给出了随机变量 X 取值 x 的概率 $P(X=x)$。“概率质量函数”（probability mass function）这个名字直观地表达了概率聚集在 X 的值域内的几个离散值上，其余值上的概率为 0。f 必须要遵循概率的基本规则，即 f 必须为非负：

$$f(x)\geqslant 0$$

而且所有概率的和必须等于 1，即：

$$\sum_{x}f(x)=1$$

表 1-2　鸢尾花数据集：萼片长度（厘米）

5.9	6.9	6.6	4.6	6.0	4.7	6.5	5.8	6.7	6.7	5.1	5.1	5.7	6.1	4.9
5.0	5.0	5.7	5.0	7.2	5.9	6.5	5.7	5.5	4.9	5.0	5.5	4.6	7.2	6.8
5.4	5.0	5.7	5.8	5.1	5.6	5.8	5.1	6.3	6.3	5.6	6.1	6.8	7.3	5.6
4.8	7.1	5.7	5.3	5.7	5.7	5.6	4.4	6.3	5.4	6.3	6.9	7.7	6.1	5.6
6.1	6.4	5.0	5.1	5.6	5.4	5.8	4.9	4.6	5.2	7.9	7.7	6.1	5.5	4.6
4.7	4.4	6.2	4.8	6.0	6.2	5.0	6.4	6.3	6.7	5.0	5.9	6.7	5.4	6.3
4.8	4.4	6.4	6.2	6.0	7.4	4.9	7.0	5.5	6.3	6.8	6.1	6.5	6.7	6.7
4.8	4.9	6.9	4.5	4.3	5.2	5.0	6.4	5.2	5.8	5.5	7.6	6.3	6.4	6.3
5.8	5.0	6.7	6.0	5.1	4.8	5.7	5.1	6.6	6.4	5.2	6.4	7.7	5.8	4.9
5.4	5.1	6.0	6.5	5.5	7.2	6.9	6.2	6.5	6.0	5.4	5.5	6.7	7.7	5.1

例 1.7（伯努利和二项式分布）　在例 1.6 中，A 被定义为一个离散型的随机变量，用于表示长萼片的长度。根据表 1-2 的萼片长度数据，我们可以看到只有 13 朵鸢尾花的萼片长度大于等于 7 厘米。据此，我们可以估计 A 的概率质量函数如下：

$$f(1)=P(A=1)=\frac{13}{150}=0.087=p$$

以及

$$f(0)=P(A=0)=\frac{137}{150}=0.913=1-p$$

在这个例子中我们可以说 A 服从*伯努利分布*，参数 $p\in[0,1]$，p 代表*成功*的概率，即从所有鸢尾花的数据点中随机挑出一朵是长萼片的概率。另一方面，$1-p$ 是*失败*的概率，即没有挑出长萼片的概率。

让我们考虑另一个离散随机变量 B，代表在 m 次相互独立的以 p 为成功概率的伯努利实验中挑出长萼片鸢尾花的数目。这里，B 可以取 $[0,m]$ 中的离散值，其概率质量函数可由伯努利分布给出如下：

$$f(k)=P(B=k)=\binom{m}{k}p^k(1-p)^{m-k}$$

以上公式可以按照如下方式理解。一共有 $\binom{m}{k}$ 种方法从 m 次尝试中挑出 k 朵长萼片花。k 次选择都成功的概率为 p^k，而其余 $m-k$ 次都失败的概率为 $(1-p)^{m-k}$。例如，由于 $p=0.087$，在 $m=10$ 次尝试中正好观察到 $k=2$ 次长萼片花的概率为：

$$f(2)=P(B=2)=\binom{10}{2}(0.087)^2(0.913)^8=0.164$$

图 1-6 展示了在 $m=10$ 的时候，对应不同的 k 值的概率质量函数。由于 p 值很小，在很有限的几次尝试中获得 k 次成功的概率随着 k 的增大而迅速减小，当 $k \geqslant 6$ 时，几乎为 0。

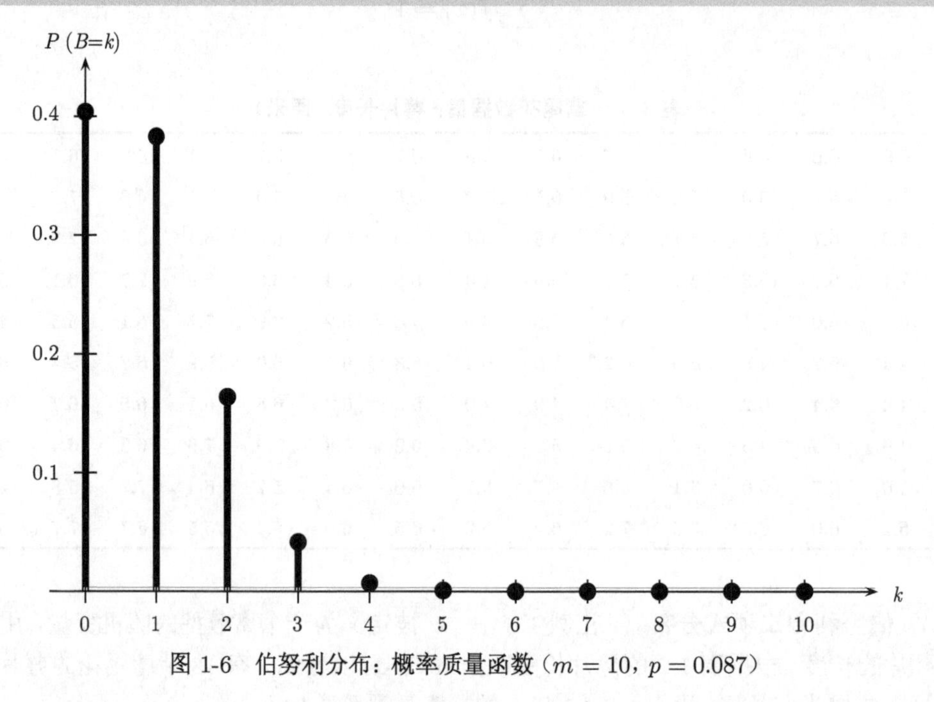

图 1-6　伯努利分布：概率质量函数（$m=10$，$p=0.087$）

2. 概率密度函数

若 X 是连续的，则其取值范围是整个实数集合 $\mathbb{R}$。取任意特定值 x 的概率是 1 除以无穷多种可能，即对所有 $x \in \mathbb{R}$，$P(X=x)=0$。然而，这并不意味着取值 x 是不可能的，否则我们会得出所有取值都不可能的结论！其真正含义是概率质量在可能的取值范围上分布得如此细微，使得它只有在一个区间 $[a,b] \subset \mathbb{R}$ 内而不是若干特定点上才能够衡量。此外，不同于概率质量函数，我们定义*概率密度函数*来表示随机变量 X 在任意区间 $[a,b] \subset \mathbb{R}$ 上取值的概率：

$$P(X \in [a,b])=\int_a^b f(x)\mathrm{d}x$$

跟之前一样，概率密度函数 f 必须满足概率的基本条件：

$$f(x) \geqslant 0, \quad x \in \mathbb{R}$$

且

$$\int_{-\infty}^{\infty} f(x)\mathrm{d}x = 1$$

我们可以通过考虑在一段以 x 为中点的很小的区间 $2\epsilon > 0$ 上的概率密度来获得对密度函数 f 的直观理解，即 $[x-\epsilon, x+\epsilon]$:

$$P(X \in [x-\epsilon, x+\epsilon]) = \int_{x-\epsilon}^{x+\epsilon} f(x)\mathrm{d}x \simeq 2\epsilon \cdot f(x)$$

$$f(x) \simeq \frac{P(X \in [x-\epsilon, x+\epsilon])}{2\epsilon} \tag{1.8}$$

$f(x)$ 给出在 x 处的概率密度，等于概率质量与区间长度的比值，即每个单位距离上的概率质量。因此，需要特别注意 $P(X=x) \neq f(x)$。

尽管概率密度函数 $f(x)$ 不能确定概率 $P(X=x)$，但是它可用于计算一个值 x_1 相对另一个值 x_2 的概率，因为对于 $\epsilon > 0$，根据公式 (1.8)，我们有：

$$\frac{P(X \in [x_1-\epsilon, x_1+\epsilon])}{P(X \in [x_2-\epsilon, x_2+\epsilon])} \simeq \frac{2\epsilon \cdot f(x_1)}{2\epsilon \cdot f(x_2)} = \frac{f(x_1)}{f(x_2)} \tag{1.9}$$

因此，若 $f(x_1)$ 比 $f(x_2)$ 大，则 X 的值靠近 x_1 的概率要大于靠近 x_2 的概率，反之亦然。

例 1.8（正态分布） 再次考虑鸢尾花数据集中的萼片长度值（见表 1-2）。我们假设那些值服从高斯或者正态密度函数，如下所示：

$$f(x) = \frac{1}{\sqrt{2\pi\sigma^2}} \exp\left\{\frac{-(x-\mu)^2}{2\sigma^2}\right\}$$

正态密度分布一共有两个参数，平均值 μ 和方差 σ^2（这两个参数的含义会在第 2 章中讨论）。图 1-7 展现了正态分布的钟形图。图中使用的参数 $\mu = 5.84$，$\sigma^2 - 0.681$ 是从表 1-2 中的萼片长度数据得来的。

尽管 $f(x=\mu) = f(5.84) = \frac{1}{\sqrt{2\pi \cdot 0.681}} \exp\{0\} = 0.483$，我们要强调观察到 $X = \mu$ 的概率是 0，即 $P(X=\mu) = 0$。因此，$P(X=x)$ 不是由 $f(x)$ 给出的，而是由以 x 为中心的一个无限小的区间内（$[x-\epsilon, x+\epsilon]$）的曲线下面积决定的。图 1-7 在 $\mu = 5.84$ 处的阴影部分给出了示例。根据公式 (1.8)，我们有：

$$P(X=\mu) \simeq 2\epsilon \cdot f(\mu) = 2\epsilon \cdot 0.483 = 0.967\epsilon$$

由于 $\epsilon \to 0$，我们有 $P(X=\mu) \to 0$。然而，根据公式 (1.9)，我们可以说观察到值靠近平均值 $\mu = 5.84$ 的概率是观察到值靠近 $x = 7$ 的概率的 2.69 倍，因为：

$$\frac{f(5.84)}{f(7)} = \frac{0.483}{0.18} = 2.69$$

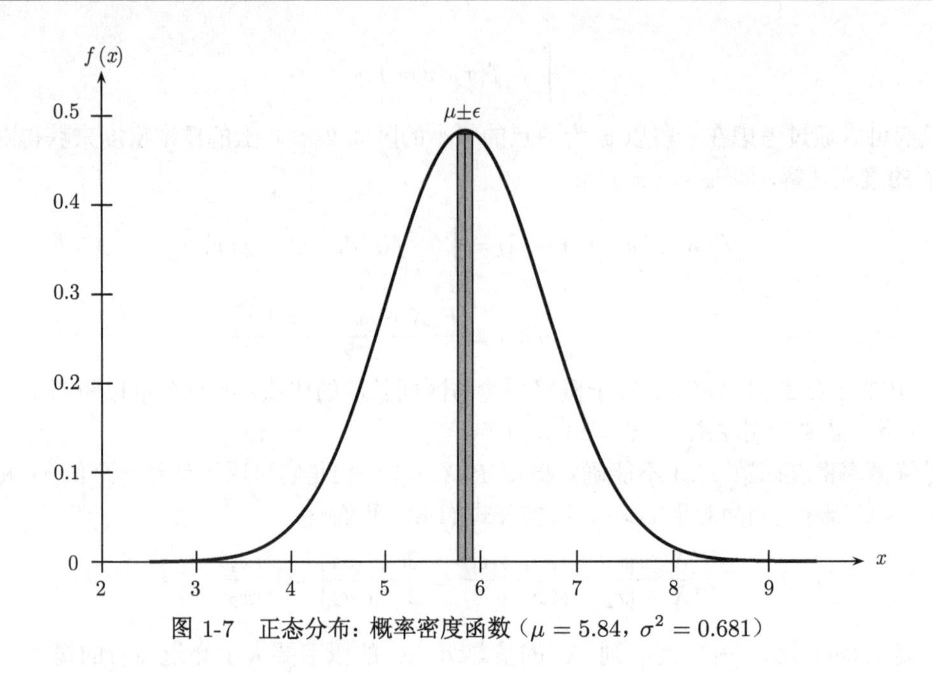

图 1-7 正态分布：概率密度函数（$\mu = 5.84$，$\sigma^2 = 0.681$）

3. 累积分布函数

对于任意的随机变量 X，无论是离散的还是连续的，我们都可以定义累积分布函数（CDF）$F : \mathbb{R} \to [0,1]$，该函数给出了观察到的最大值为某个给定点 x 的概率：

$$F(x) = P(X \leqslant x), \quad -\infty < x < \infty$$

当 X 为离散型时，F 可以表示如下：

$$F(x) = P(X \leqslant x) = \sum_{u \leqslant x} f(u)$$

当 X 为连续型时，F 可以表示如下：

$$F(x) = P(X \leqslant x) = \int_{-\infty}^{x} f(u)\mathrm{d}u$$

例 1.9（累积分布函数） 图 1-8 给出了图 1-6 中的二项式分布的累积分布函数。其图像呈阶梯状（右连续，不递减），这是离散型随机变量所特有的。对于所有的 $x \in [k, k+1]$，在 $0 \leqslant k < m$ 的情况下（其中 m 是实验的次数，k 是成功的次数），$F(x)$ 与 $F(k)$ 相等。图中的实心圈和空心圈分别代表了闭区间和开区间 $[k, k+1)$。例如，对于所有的 $x \in [0, 1)$，$F(X) = 0.404 = F(0)$。

图 1-9 给出了图 1-7 所示的正态密度函数的累积分布函数。连续型随机变量的累积分布函数一样也是连续、不递减的。由于正态分布是关于平均值对称的，我们有 $F(\mu) = P(X \leqslant \mu) = 0.5$。

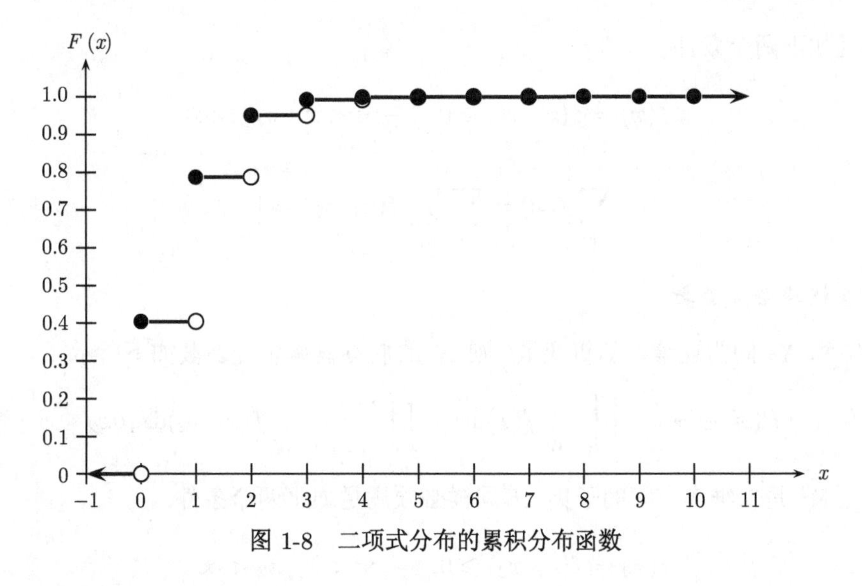

图 1-8 二项式分布的累积分布函数

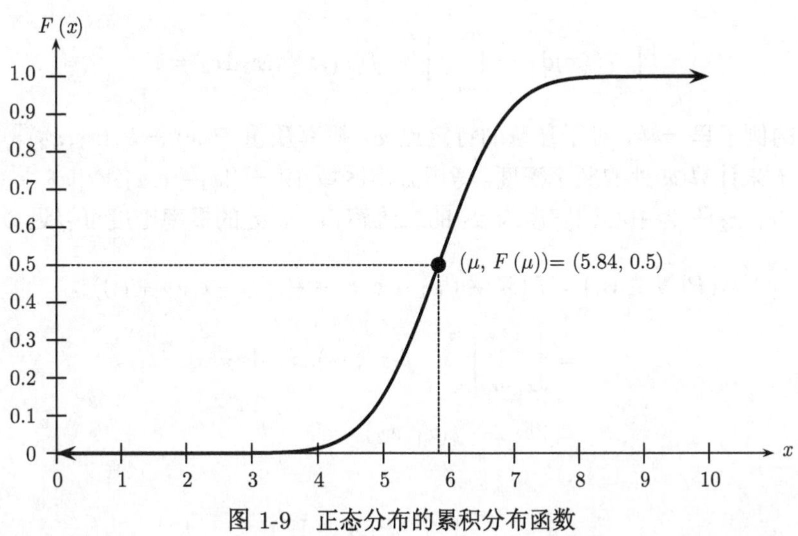

图 1-9 正态分布的累积分布函数

1.4.1 二元随机变量

对于一组属性 X_1 和 X_2，除了将每个属性当作一个随机变量之外，我们还可以把它们当作一个二元随机变量进行成对的分析：

$$\boldsymbol{X} = \begin{pmatrix} X_1 \\ X_2 \end{pmatrix}$$

$\boldsymbol{X} : \mathcal{O} \to \mathbb{R}^2$ 是对样本空间中的每个结果都赋予一对实数，或二维向量 $\binom{x_1}{x_2} \in \mathbb{R}^2$。和一元的情况相似，若结果值为数值型，则默认 $\boldsymbol{X}$ 为恒等函数。

1. 联合概率质量函数

若 X_1 和 X_2 同为离散型随机变量，则 $\boldsymbol{X}$ 的联合概率质量函数如下所示：

$$f(\boldsymbol{x}) = f(x_1, x_2) = P(X_1 = x_1, X_2 = x_2) = P(\boldsymbol{X} = \boldsymbol{x})$$

f 必须满足如下两个条件：

$$f(\boldsymbol{x}) = f(x_1, x_2) \geqslant 0, \quad -\infty < x_1, x_2 < \infty$$

$$\sum_{\boldsymbol{x}} f(\boldsymbol{x}) = \sum_{x_1} \sum_{x_2} f(x_1, x_2) = 1$$

2. 联合概率密度函数

若 X_1 和 X_2 同为连续型随机变量，则 $\boldsymbol{X}$ 的联合概率密度函数如下所示：

$$P(\boldsymbol{X} \in W) = \iint_{\boldsymbol{x} \in W} f(\boldsymbol{x}) \mathrm{d}\boldsymbol{x} = \iint_{(x_1, x_2)^{\mathrm{T}} \in W} f(x_1, x_2) \mathrm{d}x_1 \mathrm{d}x_2$$

其中，$W \subset \mathbb{R}^2$ 是二维实空间的子集。f 同样必须满足如下两个条件：

$$f(\boldsymbol{x}) = f(x_1, x_2) \geqslant 0, \quad -\infty < x_1, x_2 < \infty$$

$$\int_{\mathbb{R}^2} f(\boldsymbol{x}) \mathrm{d}\boldsymbol{x} = \int_{-\infty}^{\infty} \int_{-\infty}^{\infty} f(x_1, x_2) \mathrm{d}x_1 \mathrm{d}x_2 = 1$$

与一元的例子里一样，对于任意的特定点 $\boldsymbol{x}$，概率质量 $P(\boldsymbol{x}) = P((x_1, x_2)^{\mathrm{T}}) = 0$。然而，我们可以用 f 来计算 $\boldsymbol{x}$ 处的概率密度。考虑方形区域 $W = ([x_1 - \epsilon, x_1 + \epsilon][x_2 - \epsilon, x_2 + \epsilon])$，即一个以 $\boldsymbol{x} = (x_1, x_2)^{\mathrm{T}}$ 为中心的宽度为 2ϵ 的二维窗口。$\boldsymbol{x}$ 处的概率密度可以近似地表示为：

$$\begin{aligned} P(\boldsymbol{X} \in W) &= P(\boldsymbol{X} \in ([x_1 - \epsilon, x_1 + \epsilon], [x_2 - \epsilon, x_2 + \epsilon])) \\ &= \int_{x_1 - \epsilon}^{x_1 + \epsilon} \int_{x_2 - \epsilon}^{x_2 + \epsilon} f(x_1, x_2) \mathrm{d}x_1 \ \mathrm{d}x_2 \\ &\simeq 2\epsilon \cdot 2\epsilon \cdot f(x_1, x_2) \end{aligned}$$

这意味着：

$$f(x_1, x_2) = \frac{P(\boldsymbol{X} \in W)}{(2\epsilon)^2}$$

因此，(a_1, a_2) 对 (b_1, b_2) 的相对概率可以通过概率密度函数计算如下：

$$\frac{P(\boldsymbol{X} \in ([a_1 - \epsilon, a_1 + \epsilon], [a_2 - \epsilon, a_2 + \epsilon]))}{P(\boldsymbol{X} \in ([b_1 - \epsilon, b_1 + \epsilon], [b_2 - \epsilon, b_2 + \epsilon]))} \simeq \frac{(2\epsilon)^2 \cdot f(a_1, a_2)}{(2\epsilon)^2 \cdot f(b_1, b_2)} = \frac{f(a_1, a_2)}{f(b_1, b_2)}$$

例 1.10（二元分布）　考虑鸢尾花数据集中的萼片长度和萼片宽度属性（见图 1-2）。用 A 表示和长萼片长度（大于等于 7 厘米）对应的伯努利随机变量，如例 1.7 中所定义。

定义另一个伯努利随机变量 B 对应长萼片宽度（比如大于等于 3.5 厘米）。令 $\boldsymbol{X} = \binom{A}{B}$ 为一个离散型二元随机变量，则 $\boldsymbol{X}$ 的联合概率质量函数可以用如下数据估算出来：

$$f(0,0) = P(A = 0, B = 0) = \frac{116}{150} = 0.773$$

$$f(0,1) = P(A=0, B=1) = \frac{21}{150} = 0.140$$

$$f(1,0) = P(A=1, B=0) = \frac{10}{150} = 0.067$$

$$f(1,1) = P(A=1, B=1) = \frac{3}{150} = 0.020$$

图 1-10 画出了以上概率质量函数。

将鸢尾花数据集（见表 1-1）中的属性 X_1 和 X_2 当作连续型随机变量，我们可以定义一个连续型二元随机变量 $\boldsymbol{X} = \binom{X_1}{X_2}$。假设 $\boldsymbol{X}$ 服从**二元正态分布**，则其联合概率密度函数可以用下式给出：

$$f(\boldsymbol{x}|\boldsymbol{\mu}, \boldsymbol{\Sigma}) = \frac{1}{2\pi\sqrt{|\boldsymbol{\Sigma}|}} \exp\left\{-\frac{(\boldsymbol{x}-\boldsymbol{\mu})^{\mathrm{T}}\boldsymbol{\Sigma}^{-1}(\boldsymbol{x}-\boldsymbol{\mu})}{2}\right\}$$

这里 $\boldsymbol{\mu}$ 和 $\boldsymbol{\Sigma}$ 是二元正态分布的参数，分别代表二维的均值向量和协方差矩阵，具体会在第 2 章详细讨论。$|\boldsymbol{\Sigma}|$ 代表 $\boldsymbol{\Sigma}$ 的行列式。二元正态密度可见图 1-11，其中，均值为

$$\boldsymbol{\mu} = (5.843, 3.054)^{\mathrm{T}}$$

协方差矩阵为

$$\boldsymbol{\Sigma} = \begin{pmatrix} 0.681 & -0.039 \\ -0.039 & 0.187 \end{pmatrix}$$

有一点需要强调：函数 $f(\boldsymbol{x})$ 仅针对 $\boldsymbol{x}$ 处的概率密度，且 $f(\boldsymbol{x}) \neq P(\boldsymbol{X}=\boldsymbol{x})$。如前所述，我们有 $P(\boldsymbol{X}=\boldsymbol{x}) = 0$。

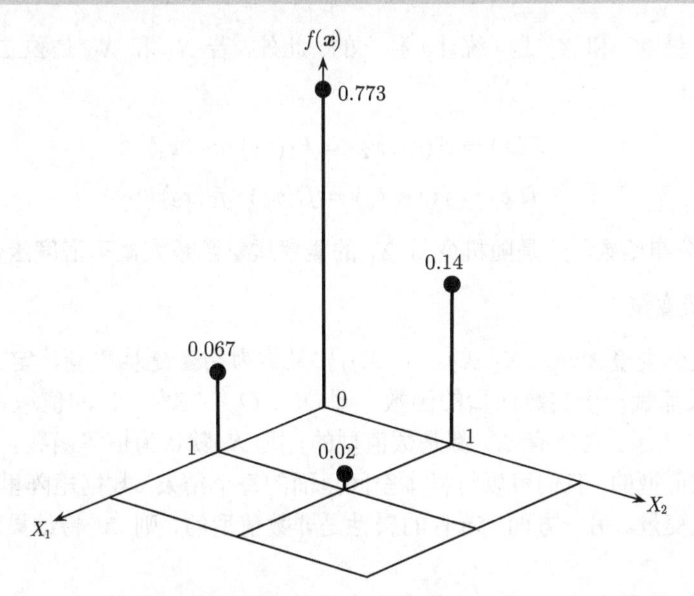

图 1-10 联合概率质量函数：X_1（长萼片长度）；X_2（长萼片宽度）

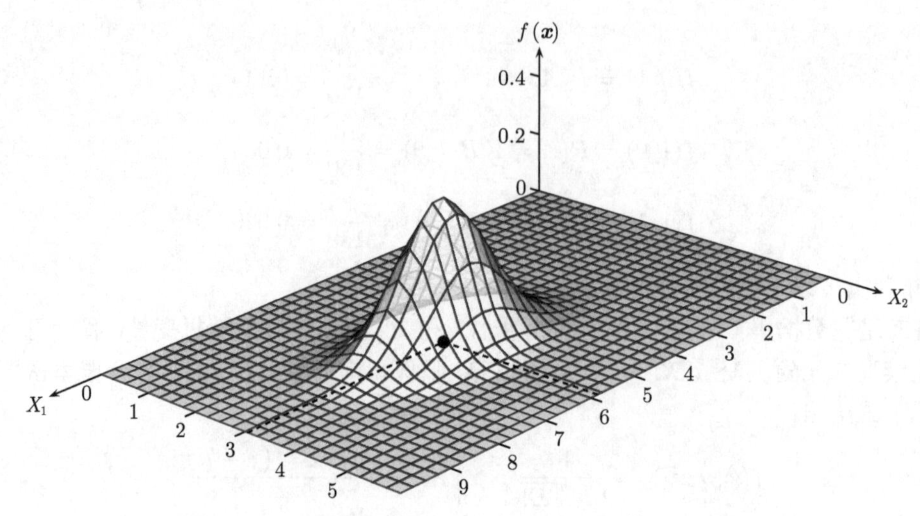

图 1-11 二元正态密度：$\boldsymbol{\mu} = (5.843, 3.054)^{\mathrm{T}}$（实心圈）

3. 联合累积分布函数

两个随机变量 X_1 和 X_2 的联合累积分布函数定义为函数 F，其中，对于所有的 $x_1, x_2 \in (-\infty, \infty)$，有：

$$F(\boldsymbol{x}) = F(x_1, x_2) = P(X_1 \leqslant x_1, X_2 \leqslant x_2) = P(\boldsymbol{X} \leqslant \boldsymbol{x})$$

4. 统计独立性

若对于任意的 $W_1 \subset \mathbb{R}$ 和 $W_2 \subset \mathbb{R}$，都有：

$$P(X_1 \in W_1, X_2 \in W_2) = P(X_1 \in W_1) \cdot P(X_2 \in W_2)$$

则我们称随机变量 X_1 和 X_2 是（统计）独立的。此外，若 X_1 和 X_2 是独立的，则如下两个条件也需要满足：

$$F(\boldsymbol{x}) = F(x_1, x_2) = F_1(x_1) \cdot F_2(x_2)$$
$$f(\boldsymbol{x}) = f(x_1, x_2) = f_1(x_1) \cdot f_2(x_2)$$

其中 F_i 是累积分布函数，f_i 是随机变量 X_i 的概率质量函数或概率密度函数。

1.4.2 多元随机变量

d 维多元随机变量$\boldsymbol{X} = (X_1, X_2, \cdots, X_d)^{\mathrm{T}}$ 又称为向量随机变量，定义为给样本空间中的每一个结果都赋一个实数向量的函数，即 $\boldsymbol{X} : \mathcal{O} \to \mathbb{R}^d$。$\boldsymbol{X}$ 的值域可以用向量 $\boldsymbol{x} = (x_1, x_2, \cdots, x_d)^{\mathrm{T}}$ 表示。若所有 X_j 都是数值型的，则 $\boldsymbol{X}$ 默认为恒等函数。换句话说，若所有的属性都是数值型的，我们可以将样本空间里面的每个结果（数据矩阵里的每一个点）当作一个向量随机变量。另一方面，若有的属性是非数值型的，则 $\boldsymbol{X}$ 将结果映射为其值域上的数值型向量。

若所有的 X_j 都是离散的，则 $\boldsymbol{X}$ 是联合离散的，其联合概率质量函数 f 可以定义如下：

$$f(\boldsymbol{x}) = P(\boldsymbol{X} = \boldsymbol{x})$$
$$f(x_1, x_2, \cdots, x_d) = P(X_1 = x_1, X_2 = x_2, \cdots, X_d = x_d)$$

若所有的 X_j 都是连续的，则 $\boldsymbol{X}$ 是联合连续的，其联合概率密度函数可以定义如下：

$$P(\boldsymbol{X} \in W) = \underset{\boldsymbol{x} \in W}{\int \cdots \int} f(\boldsymbol{x}) \mathrm{d}\boldsymbol{x}$$

$$P((X_1, X_2, \cdots, X_d)^{\mathrm{T}} \in W) = \underset{(x_1, x_2, \cdots, x_d)^{\mathrm{T}} \in W}{\int \cdots \int} f(x_1, x_2, \cdots, x_d) \mathrm{d}x_1 \mathrm{d}x_2 \cdots \mathrm{d}x_d$$

其中 $W \subseteq \mathbb{R}^d$。

概率的基本规则必须要满足，即 $f(x) \geqslant 0$ 且 $\boldsymbol{X}$ 值域内所有 $\boldsymbol{x}$ 的 $f(\boldsymbol{x})$ 之和要为 1。对每一个点 $\boldsymbol{x} \in \mathbb{R}^d$，$\boldsymbol{X} = (x_1, \cdots, x_d)^{\mathrm{T}}$ 的联合累积分布函数为：

$$F(\boldsymbol{x}) = P(\boldsymbol{X} \leqslant \boldsymbol{x})$$

$$F(x_1, x_2, \cdots, x_d) = P(X_1 \leqslant x_1, X_2 \leqslant x_2, \cdots, X_d \leqslant x_d)$$

我们说 $X_1, X_2, \cdots, X_d$ 是独立的随机变量，当且仅当对于任意的区域 $W_i \subset \mathbb{R}$，有：

$$\begin{aligned} & P(X_1 \in W_1, X_2 \in W_2 \cdots, X_d \in W_d) \\ = & P(X_1 \in W_1) \cdot P(X_2 \in W_2) \cdot \cdots \cdot P(X_d \in W_d) \end{aligned} \tag{1.10}$$

若 $X_1, X_2, \cdots, X_d$ 是独立的，则下述条件成立：

$$F(\boldsymbol{x}) = F(x_1, \cdots, x_d) = F_1(x_1) \cdot F_2(x_2) \cdot \cdots \cdot F_d(x_d)$$

$$F(\boldsymbol{x}) = f(x_1, \cdots, x_d) = f_2(x_2) \cdot f_2(x_2) \cdot \cdots \cdot F_d(x_d) \tag{1.11}$$

其中 F_i 是累积分布函数，f_i 是随机变量 X_i 的概率质量函数或概率密度函数。

1.4.3 随机抽样和统计量

随机变量 X 的概率质量函数或概率密度函数可能遵循某种已知的形式，也可能是未知的（数据分析中经常出现这种情况）。当概率函数未知的时候，根据所给数据的特点，假设其服从某种已知分布可能会有好处。然后，即使在这种假设情况之下，分布的参数依然是未知的。因此，通常需要根据数据来估计参数或者是整个分布。

在统计学中，*总体*（population）通常用于表示所研究的所有实体的集合。通常我们对整个总体的特定特征或是参数感兴趣（比如美国所有计算机专业学生的平均年龄）。然而，检视整个总体有时候不可行或代价太高。因此，我们通过对总体进行随机抽样、针对抽样到的样本计算合适的*统计量*来对参数进行推断，从而对总体的真实参数作出近似估计。

1. 一元样本

给定一个随机变量 X，对 X 的大小为 n 的随机抽样样本定义为一组 n 的个*独立同分布*（independent and identically distributed，IID）的随机变量 $S_1, S_2, \cdots, S_n$，即所有 S_i 之间是相互独立的，它们的概率质量或概率密度函数与 X 是一样的。

若将 X 当作一个随机变量，则可以将 X 的每一个观察值 x_i（$1 \leqslant i \leqslant n$）本身当作一个恒等随机变量，并且每一个观察到的数据都可以假设为从 X 中随机抽样到的一个样本。因此，所有的 x_i 都是互相独立的，并且与 X 是同分布的。根据公式 (1.11)，它们的联合概率函数可以按下式给出：

$$f(x_1, \cdots, x_n) = \prod_{i=1}^{n} f_X(x_i)$$

其中 f_X 是 $\boldsymbol{X}$ 的概率质量或概率密度函数。

2. 多元样本

对于多元参数估计，n 个数据点 $\boldsymbol{x}_i$（$1 \leqslant i \leqslant n$）构成了一个从向量随机变量 $\boldsymbol{X} = (X_1, X_2, \cdots, X_d)$ 中取得的 d 维的多元随机样本。即我们假定 $\boldsymbol{x}_i$ 是独立同分布的，且它们的联合分布可以按下式给出：

$$f(\boldsymbol{x}_1, \boldsymbol{x}_2, \cdots, \boldsymbol{x}_n) = \prod_{i=1}^{n} f_{\boldsymbol{X}}(\boldsymbol{X}_i) \tag{1.12}$$

其中 $f_{\boldsymbol{X}}$ 是 $\boldsymbol{X}$ 的概率质量函数或概率密度函数。

估计一个多元联合概率分布的参数通常比较困难而且很耗费计算资源。为了简化，一种常见的假设是 d 个属性 $X_1, X_2, \cdots, X_d$ 在统计上是独立的。然而，我们没有假设它们是同分布的，因为那几乎从不会发生。在这种属性独立假设下，公式 (1.12) 可以重写为

$$f(\boldsymbol{x}_1, \boldsymbol{x}_2, \cdots, \boldsymbol{x}_n) = \prod_{i=1}^{n} f(\boldsymbol{x}_i) = \prod_{i=1}^{n}\prod_{j=1}^{d} f_{X_j}(x_{ij})$$

3. 统计量

我们可以通过一个合适的样本*统计量*来估计总体的一个参数，统计量通常定义为样本的函数。令 $\{\boldsymbol{S}_i\}_{i=1}^m$ 代表从多元随机变量 $\boldsymbol{X}$ 中取出的 m 个随机样本。统计量 $\hat{\theta}$ 是一个函数：$\hat{\theta}: (\boldsymbol{S}_1, \boldsymbol{S}_2, \cdots, \boldsymbol{S}_m) \to \mathbb{R}$。该统计量是对总体参数 θ 的估计。$\hat{\theta}$ 本身也是一个随机变量。若使用一个统计量的值来估计一个总体参数，则该值称作对参数的*点估计*，该统计量被称作对参数的一个*估计量*。在第 2 章，我们会讨论不同总体参数的估计量，这些参数能够反映数据的集中度和离散度。

例 1.11（样本均值） 考虑鸢尾花数据集中的属性 —— 萼片长度（X_1），相关值在表 1-2 中。假设 X_1 的均值未知。我们可以假定观测到的值 $\{x_i\}_{i=1}^n$ 构成一个从 X_1 得到的随机样本。

*样本均值*是一个统计量，定义为：

$$\hat{\mu} = \frac{1}{n}\sum_{i=1}^{n} x_i$$

输入表 1-2 中的值，可以得到：

$$\hat{\mu} = \frac{1}{150}(5.9 + 6.9 + \cdots + 7.7 + 5.1) = \frac{876.5}{150} = 5.84$$

$\hat{\mu} = 5.84$ 是对未知总体参数 μ（随机变量 X_1 的真实平均值）的点估计。

1.5 数据挖掘

数据挖掘是由一系列能够帮助人们从大量数据中获得洞见和知识的核心算法构成的。它是一门融合了数据库系统、统计学、机器学习和模式识别等领域的概念的交叉学科。事实上，

数据挖掘是知识发现过程中的一环；知识发现往往还包括数据提取、数据清洗、数据融合、数据简化和特征构建等预处理过程，以及模式和模型解释，假设确认和生成等后处理过程。这样的知识发现和数据挖掘过程往往是高度迭代和交互的。

数据的代数、几何及概率的视角在数据挖掘中扮演着重要的角色。给定一个 d 维空间中有 n 个数据点的数据集，本书中涵盖的基本的分析和挖掘任务包括：探索性数据分析、频繁模式发现、数据聚类和分类模型。

1.5.1 探索性数据分析

探索性数据分析的目标是分别或者一起研究数据的数值型属性和类别型属性，希望以统计学提供的集中度、离散度等信息来提取数据样本的关键特征。除却关于数据点独立同分布的假设，将数据当作图的处理方式也很重要，在图中，节点表示数据点，加权边代表点之间的连接。从图中可以提取出很重要的拓扑属性，帮助我们理解网络和图的结构及模型。核方法为数据的独立逐点视角及处理数据间两两相似性的视角提供了联系。探索性数据分析和挖掘中的很多任务都可以通过*核技巧*（kernel trick）转化为核问题（kernel problem），即证明只用点对间的点乘操作就可以完成任务。此外，核方法还使得我们可以在包含“非线性”维度的高维空间中利用熟悉的线性代数和统计方法来进行非线性分析。只要两个抽象对象之间的成对相似度是可以衡量的，我们就可以用核方法来帮助挖掘复杂的数据。由于数据挖掘经常要处理包含成千上万属性和百万数据点的大数据集，探索分析的另一个目标是要进行数据约减。例如，特征选择和降维方法经常被用于选择最重要的维度，离散化方法经常被用于减少属性的可能取值，数据抽样方法可以用于减小数据规模，等等。

本书的第一部分以一元和多元数值型数据的基本统计分析开头（第 2 章）。我们描述衡量数据集中度的均值（mean）、中位数（median）、众数（mode）等概念，然后讨论衡量数据离散度的极差（range）、方差（variance）、协方差（covariance）等。我们同时强调代数和概率的观点，并突出对各种度量方法的几何解释。我们尤其关注多元正态分布，因为它在分类和聚类中作为默认的参数模型被广泛使用。第 3 章中，我们展示如何通过多元二项式和多项式分布对类别型数据进行建模。我们描述了如何用列联表（contingency table）分析法来测试类别型属性间的关联性。接着在第 4 章，我们讨论如何分析图数据的拓扑结构，尤其是各种描述图中心度（graph centrality）的方式，比如封闭性（closeness）、中介性（betweenness）、声望（prestige）、PageRank，等等。我们同时还会研究真实世界网络的拓扑性质，例如*小世界网络性质*（small-world property，真实世界中的图节点间的平均路径长度很小）、*群聚效应*（clustering effect，节点间的内部群聚）、*无标度性质*（scale-free property，体现在节点度数按*幂律分布*）。我们描述了一些可以解释现实世界中图的性质的模型，例如 Erdös–Rényi 随机图模型、Watts–Strogatz 模型以及 Barabási–Albert 模型。第 5 章对核方法进行介绍，它们提供了线性、非线性、图和复杂数据挖掘任务之间的内在关联。我们简要介绍了核函数背后的理论，其核心概念是一个正半定核（positive semidefinite kernel）在某个高维特征空间里与一个点乘相对应；因此，只要我们能够计算对象实例的成对相似性核矩阵，就可以用我们熟悉的数值型分析方法来处理非线性的复杂对象分析。我们描述了对于数值型或向量型数据以及序列数据和图数据的不同核。在第 6 章，我们考虑高维空间的独特性（经常又被形象地形容为*维数灾难*，curse of dimensionality）。我们尤其研究了散射效应（scattering effect），即在高维空间中，数据点主要分布在空间表面和高维的角上，而空间的中心几乎是空的。我们展示了正交轴增殖（proliferation of orthogonal axes）和多元正态分布在高维空间中的行为。最后，在第 7 章我们描述了广泛使用的降维方法，例如主成分分析（principal component analysis，PCA）和奇异值分解（singular value decomposition，SVD）。PCA 找到一个能够体现数据最大方差的最优的 k 维子空间。我们还展示了核 PCA 方法可以用于找到使得方差最大的非线性方向。最后，我们讨论强大的 SVD 方法，研究其几何特性及其与 PCA 的关系。

1.5.2　频繁模式挖掘

频繁模式挖掘指从巨大又复杂的数据集中提取富含信息的有用模式。模式由重复出现的属性值的集合（项集）或者复杂的序列集合（考虑显式的先后位置或时序关系）或图的集合（考虑点之间的任意关系）构成。核心目标是发现在数据中隐藏的趋势和行为，以更好地理解数据点和属性之间的关系。

本书的第二部分以第 8 章中介绍的频繁项集挖掘的高效算法开始。主要方法包括逐层的 Apriori 算法、基于“垂直”交集的 Eclat 算法、频繁模式树和基于投影的 FPGrowth 方法。通常来讲，以上挖掘过程会产生太多难以解释的频繁模式。在第 9 章我们论述概述挖掘出的模式的方法，包括最大的（GenMax 算法）、闭合的（Charm 算法）和不可导出的项集。我们在第 10 章讨论频繁序列挖掘的高效方法，包括逐层的 GSP 方法、垂直 SPADE 算法和基于投影的 PrefixSpan 方法。还讨论了如何应用 Ukkonen 的线性时间和空间的后缀树算法高效挖掘连续子序列（或称为子串）。第 11 章讨论用于频繁子图挖掘的高效且流行的 gSpan 算法。图挖掘包括两个关键步骤，即用于在模式枚举的过程中消除重复模式的图同构检测（graph isomorphism check）以及频率计算时进行的子图同构检测（subgraph isomorphism check）。对集合和序列来说，可以在以上操作多项式时间内完成，然而，对于图来说，子图同构问题是 NP 难的，因此除非 P=NP，否则是找不到多项式时间算法的。gSpan 方法提出了一种新的规范化编码（canonical code）和一种进行子图扩张的系统化方法，使得其能够高效地进行重复检测并同时高效地进行多个子图同构检测。模式挖掘可能会产生非常多的输出结果，因此对挖掘出的模式进行评估是非常重要的。第 12 章讨论了评估频繁模式的策略以及能从中挖掘出的规则，强调了显著性检验（significance testing）的方法。

1.5.3　聚类

聚类是指将数据点划分为若干簇，并使得簇内的点尽可能相似，而簇间点尽可能区分开的任务。根据数据和所要的簇的特征，有不同的聚类方法，包括：基于代表的（representative-based）、层次式的（hierarchical）、基于密度的（density-based）、基于图的（graph-based）和谱聚类。

本书第三部分以基于代表的聚类方法开始（第 13 章），包括 K-means 和期望最大（EM）算法。K-means 是能够最小化数据点与其簇均值的方差的一种贪心算法，它进行的是硬聚类，即每个点只会赋给一个簇。我们也说明了核 K-means 算法如何用于非线性簇。作为对 K-means 算法的泛化，EM 将数据建模为正态分布的混合态，并通过最大化数据的似然（likelihood）找出簇参数（均值和方差矩阵）。该方法是一种软聚类方法，即该算法给出每一个点属于每一个簇的概率。在第 14 章，我们考虑不同的聚合型层次聚类方法（agglomerative hierarchical clustering)，从每个点所在的簇开始，先后合并成对的簇，直到找到所要数目的分簇。我们了解不同层次式方法采用的不同簇间邻近性度量。在某些数据集中，来自不同簇的点间的距离可能比同一簇间点的距离更近；这在簇形状为非凸的时候经常发生。第 15 章介绍了基于密度的聚类方法使用密度或连通性性质（connectedness property）来找出这样的非凸簇。两种主要的方法是 DBSCAN 和它的泛化版本 DENCLUE，后者基于核密度估计。第 16 章探讨图聚类方法，这些方法通常都基于对图数据的谱分析。图聚类可以被认为是图上的一个 k 路割优化问题；不同的目标可以转换为不同图矩阵的谱分解，例如（正态）邻接矩阵、拉普拉斯（Laplacian）矩阵等从原始图数据或是从核矩阵中导出的矩阵。最后，由于有多种多样的聚类方法，我们要评估挖掘出的簇是否能够很好地捕捉到数据的自然组（natural group）。第 17 章讨论了不同的聚类验证和评估策略；这些策略生成内部和外部的度量，并将聚类结果与真实值（ground-truth）进行比较（若存在的话），或者比较两个不同的聚类。还讨论了有关聚类稳定性的方法，即聚类对数据扰动的敏感度和聚类趋势（即数据的可聚类性）。我们也介绍了选择参数 k 的方法，这是一个通常由用户指定的簇的数目。

1.5.4 分类

分类是为一个未添加标注的数据点预测其标签或类。分类器就是一个模型或函数 M，对于给定的输入 $\boldsymbol{x}$，能够预测其类标签 $\hat{y}$，即 $\hat{y} = M(\boldsymbol{x}), \hat{y} \in \{c_1, c_2, \cdots, c_k\}$，其中每个 c_i 代表一个类标签（一个类属性值）。为建立这样的模型，我们需要一组带有正确类标签的点，称为*训练集*。学到模型 M 后，对于任意新给定的点我们都可以自动预测其类。现在人们已经提出了许多不同的分类模型，包括决策树、概率型分类器、支持向量机等。

本书的第四部分从强大的贝叶斯分类器开始，该分类器是一种概率型分类方法（见第 18 章）。它应用贝叶斯定理，预测的类会使得后验概率 $P(c_i|\boldsymbol{x})$ 最大。主要任务是要为每一个类估计联合概率密度函数 $f(\boldsymbol{x})$，可以建模为一个多元的正态分布。贝叶斯方法的一个局限性是其需要估计的参数数目与 $O(d^2)$ 成比例增长。朴素贝叶斯分类器作出所有属性相互独立的简化假设，这样仅需要对 $O(d)$ 个参数进行估计。然而朴素贝叶斯分类器在很多数据集上的效果格外好。在第 19 章，我们介绍流行的决策树分类器，其主要优点是产生的模型比其他方法的模型更易于理解。一棵决策树递归地将数据空间划分为“纯粹”区域，使得每个区域仅包含一个类的数据点（使得例外尽可能少）。接下来在第 20 章，我们讨论找一个最优方向将两类数据点分开的线性判别分析方法（linear discriminant analysis）。与 PCA 不同（不考虑类属性），该方法可以看作一种将类标签也考虑在内的降维方法。我们还讨论了从线性判别分析泛化而来的核判别分析（kernel discriminant analysis），它使得我们可以通过核技巧找出非线性的方向来。第 21 章详细讨论支持向量机（SVM）方法，该方法在许多不同的问题领域都是最有效的分类器。SVM 的目标是找到一个最优的超平面使得类间的*间隔*最大。通过核技巧，SVM 可以用于发现非线性边界（在某些高维非线性空间可能体现为一个线性的超平面）。分类的一项重要任务就是评估模型的质量。第 22 章讨论了评估分类模型的各种方法论。我们定义了若干分类性能指标，包括 ROC 分析。我们还描述了自助法和交叉验证等评估分类器的方法。最后，我们讨论分类中偏置–方差的权衡，以及组合方法如何提升分类器的方差或偏置的性能。

1.6 补充阅读

关于线性代数概念的综述，请参见 Strang (2006) 和 Poole (2010)；关于概率论，参见 Evans and Rosenthal (2011)。关于数据挖掘、机器学习和统计学习有不少好书，包括 Hand, Mannila, and Smyth (2001)；Han, Kamber, and Pei (2006)；Witten, Frank，and Hall (2011)；Tan, Steinbach, and Kumar (2013)；Bishop (2006) 以及 Hastie, Tibshirani, and Friedman (2009)。

Bishop, C. (2006). *Pattern Recognition and Machine Learning.* Information Science and Statistics. New York: Springer Science+Business Media.

Evans, M. and Rosenthal, J. (2011). *Probability and Statistics: The Science of Uncertainty,* 2nd ed. New York: W. H. Freeman.

Han, J., Kamber, M., and Pei, J. (2006). *Data Mining: Concepts and Techniques*, 2nd ed. The Morgan Kaufmann Series in Data Management Systems. Philadelphia: Elsevier Science.

Hand, D., Mannila, H., and Smyth, P. (2001). *Principles of Data Mining.* Adaptative Computation and Machine Learning Series. Cambridge, MA: MIT Press.

Hastie, T., Tibshirani, R., and Friedman, J. (2009). *The Elements of Statistical Learning*, 2nd ed. Springer Series in Statistics. NewYork: Springer Science + BusinessMedia.

Poole, D. (2010). *Linear Algebra: A Modern Introduction*, 3rd ed. Independence, KY: Cengage Learning.

Strang, G. (2006). *Linear Algebra and Its Applications*, 4th ed. Independence, KY: Thomson Brooks/Cole, Cengage Learning.

Tan, P., Steinbach, M., and Kumar, V. (2013). *Introduction to Data Mining*, 2nd ed. Upper Saddle River, NJ: Prentice Hall.

Witten, I., Frank, E., and Hall, M. (2011). *Data Mining: Practical Machine Learning Tools and Techniques: Practical Machine Learning Tools and Techniques*, 3rd ed. The Morgan Kaufmann Series in Data Management Systems. Philadelphia: Elsevier Science.

1.7 习题

Q1. 说明公式 (1.5) 中的居中数据矩阵 $\boldsymbol{Z}$ 的均值为**0**。

Q2. 证明对于公式 (1.2) 中的 L_p 距离，有：

$$\delta_\infty(\boldsymbol{x},\boldsymbol{y}) = \lim_{p\to\infty}\delta_p(\boldsymbol{x},\boldsymbol{y}) = \max_{i=1}^{d}\{|x_i - y_i|\}, \quad \boldsymbol{x},\boldsymbol{y}\in\mathbb{R}^d$$

第一部分　数据分析基础

第 2 章　数值型属性

本章将讨论对数值型属性进行探索性数据分析的基本统计方法。我们会讨论衡量数据居中性（或位置）的方法、数据离散度的衡量、线性相关的衡量以及属性之间的关联关系。我们强调数据矩阵的概率、集合及代数视角之间的联系。

2.1　一元变量分析

一元变量分析每次聚焦于一个属性。因此原数据矩阵 $\boldsymbol{D}$ 可以想成是一个 $n \times 1$ 的矩阵或一个简单的列向量，给出如下：

$$\boldsymbol{D} = \begin{pmatrix} X \\ \hline x_1 \\ x_2 \\ \vdots \\ x_n \end{pmatrix}$$

其中 X 是我们感兴趣的数值属性，且 $x_i \in \mathbb{R}$。假设 X 是一个随机变量，其中每一个 x_i（$1 \leqslant i \leqslant n$）本身都当作一个恒等随机变量。我们假设观察到的数据是从 X 得到的一个随机抽样，即每一个变量 x_i 都是和 X 独立同分布的。可以将抽样数据看作一个 n 维的矩阵，写作 $X \in \mathbb{R}^n$。

通常情况下，属性 X 的概率密度或概率质量函数 $f(x)$ 与累积分布函数 $F(x)$ 都是未知的。然而，我们可以直接从数据样本中估计出相关分布，这使得我们可以通过计算统计量估计出若干重要的总体参数。

1. 经验累积分布函数

X 的**经验累积分布函数**（empirical cumulative distribution function，经验 CDF）可以按下式给出：

$$\hat{F}(x) = \frac{1}{n}\sum_{i=1}^{n} I(x_i \leqslant x) \tag{2.1}$$

其中，

$$I(x_i \leqslant x) = \begin{cases} 1 & x_i \leqslant x \\ 0 & x_i > x \end{cases}$$

是一个**二值指示变量**（binary indicator variable），判断给定的条件是否满足。直观来讲，为了计算经验 CDF，我们计算对于每个 $x \in \mathbb{R}$，样本中有多少个点小于等于 x。经验 CDF 给每个点 x_i 赋一个概率质量 $\frac{1}{n}$。注意这里用 $\hat{F}$ 来表示经验 CDF 事实上是对未知总体累积分布函数 F 的估计。

2. 逆累积分布函数

随机变量 X 的逆累积分布函数（inverse cumulative distribution function）或分位函数（quantile function）定义如下：

$$F^{-1}(q)=\min\{x|F(x)\geqslant q\},\quad q\in[0,1] \tag{2.2}$$

即逆 CDF 给出了 X 的最小值，其中比最小值更小的值比例为 q，比最小值更大的值比例为 $1-q$。经验逆累积分布函数（empirical inverse cumulative distribution function）$\hat{F}^{-1}$ 可以从公式 (2.1) 得出。

3. 经验概率质量函数

X 的经验概率质量函数（empirical probability mass function，经验 PMF）可以按下式给出：

$$\hat{f}(x)=P(X=x)=\frac{1}{n}\sum_{i=1}^{n}I(x_i=x) \tag{2.3}$$

其中，

$$I(x_i=x)=\begin{cases}1 & x_i=x\\ 0 & x_i\neq x\end{cases}$$

经验 PMF 同样给每个点 x_i 赋一个概率质量 $\frac{1}{n}$。

2.1.1 数据居中度度量

以下度量标示了概率质量的居中度、“中间”值，等等。

1. 均值

随机变量 X 的均值（mean），也称作期望值（expected value），是 X 所有值的算术平均值。它是一个表示 X 的分布所处的位置或居中度（central tendency）的值。

离散随机变量 X 的均值或期望值定义如下：

$$\mu=E[X]=\sum_{x}xf(x) \tag{2.4}$$

其中 $f(x)$ 是 X 的概率质量函数。

连续随机变量 X 的均值或期望值定义如下：

$$\mu=E[X]=\int_{-\infty}^{\infty}xf(x)\mathrm{d}x$$

其中 $f(x)$ 是 X 的概率密度函数。

样本均值 样本均值（sample mean）是一个统计量，即函数 $\hat{\mu}:\{x_1,x_2,\cdots,x_n\}\rightarrow\mathbb{R}$ 可按下式定义为 x_i 的平均值：

$$\hat{\mu}=\frac{1}{n}\sum_{i=1}^{n}x_i \tag{2.5}$$

样本均值是对未知的 X 均值 μ 的一个估计值。这可以通过公式 (2.4) 中的经验概率质量函数 $\hat{f}(x)$ 推导出来：

$$\hat{\mu}=\sum_{x}x\hat{f}(x)=\sum_{x}x\left(\frac{1}{n}\sum_{i=1}^{n}I(x_i=x)\right)=\frac{1}{n}\sum_{i=1}^{n}x_i$$

样本均值是无偏的 若 $E[\hat{\theta}]=\theta$，则称估计量 $\hat{\theta}$ 是参数 θ 的一个*无偏估计量*（unbiased estimator）。样本均值 $\hat{\mu}$ 是对总体均值 μ 的一个无偏估计，因为：

$$E[\hat{\mu}]=E\left[\frac{1}{n}\sum_{i=1}^{n}x_i\right]=\frac{1}{n}\sum_{i=1}^{n}E[x_i]=\frac{1}{n}\sum_{i=1}^{n}\mu=\mu \tag{2.6}$$

这里我们利用的一个条件是各个随机变量 x_i 和 X 是独立同分布的，这意味着它们与 X 有着同样的均值 μ，即对于所有的 x_i 都有 $E[x_i]=\mu$。我们还用到了另一个条件：期望函数 E 是一个*线性算子*，即对于任意两个随机变量 X 和 Y 及两个实数 a 和 b，有 $E[aX+bY]=aE[x]+bE[Y]$。

健壮性 如果一个统计量不受数据中极端值（如异常值）的影响，我们就说这个统计量是*健壮的*。样本均值是非健壮的，因为一个较大的值（异常值）就能够使均值偏移。一个更健壮的度量为*切尾均值*（trimmed mean），该值是通过去掉两端的一小部分极端值后计算出来的。均值有时候会误导人们，因为均值不一定是在样本中出现的值，也不一定是随机变量能够取到的值（对于离散随机变量来说）。例如，人均拥有汽车的辆数是一个整型随机变量，但是根据美国运输统计局（US Bureau of Transportation Studies）的数据，美国在 2008 年的客用车平均数量为 0.45（共 1.371 亿辆车，人口 3.044 亿）。很显然，一个人不可能拥有 0.45 辆车。可以理解为平均每 100 人里就有 45 辆车。

2. 中位数

一个随机变量的*中位数*（median）可以定义为 m，使得：

$$P(X\leqslant m)\geqslant\frac{1}{2}\text{ 且 }P(X\geqslant m)\geqslant\frac{1}{2}$$

换句话说，中位数是“最中间”的值：X 的一半取值大于 m，另一半取值小于 m。如果考虑（逆）累积分布函数，则中位数 m 满足：

$$F(m)=0.5\text{ 或 }m=F^{-1}(0.5)$$

样本中位数（sample median）可以用经验累积分布函数 [公式 (2.1)] 或者经验逆累积分布函数 [公式 (2.2)] 计算得出：

$$\hat{F}(m)=0.5\text{ 或 }m=\hat{F}^{-1}(0.5)$$

一种计算样本中位数的更简单的方法是先将所有值 x_i（$i\in[1,n]$）递增排序。若 n 是奇数，则中位数是 $\frac{n+1}{2}$ 位置上的值；若 n 是偶数，则 $\frac{n}{2}$ 和 $\frac{n}{2}+1$ 位置上的值都是中位数。

与均值不同，中位数是健壮的，因为它不受极端值的影响。同时，它是在样本中出现的值，也是随机变量能够实际取到的值。

3. 众数

随机变量 X 的*众数*（mode）是对应概率质量函数或概率密度函数（取决于 X 是离散随机变量还是连续随机变量）最大值的 X 取值。

样本众数（sample mode）是经验概率质量函数 [见公式 (2.3)] 取最大值时的 X 取值，可以按下式定义：

$$\text{mode}(X)=\arg\max_x\hat{f}(x)$$

众数可能不是一个很好的表征数据居中性的度量，因为一个不具有代表性的元素可能是最频繁出现的元素。此外，若样本中所有的值都是独一无二的，则所有的值都是众数。

例 2.1（样本均值、中位数和众数） 考虑鸢尾花数据集中的萼片长度属性（X_1），参见表 1-2。样本均值按下式给出：

$$\hat{\mu} = \frac{1}{150}(5.9 + 6.9 + \cdots + 7.7 + 5.1) = \frac{876.5}{150} = 5.843$$

图 2-1 展示了所有 150 个不同的萼片长度值及样本均值。图 2-2a 给出了萼片长度的经验累积分布函数，图 2-2b 给出了萼片长度的经验逆累积分布函数。

由于 $n = 150$ 是偶数，样本中位数是排序后在 $\frac{n}{2} = 75$ 和 $\frac{n}{2} + 1 = 76$ 处的值。萼片长度在这两个位置上的值为 5.8，因此样本中位数是 5.8。根据图 2-2b 中的逆累积分布函数，我们可以看到：

$$\hat{F}(5.8) = 0.5 \text{ 或 } 5.8 = \hat{F}^{-1}(0.5)$$

萼片长度的样本众数是 5，从图 2-1 中 5 的频率就可以看出来。在 $x = 5$ 处的经验概率质量为：

$$\hat{f}(5) = \frac{10}{150} = 0.067$$

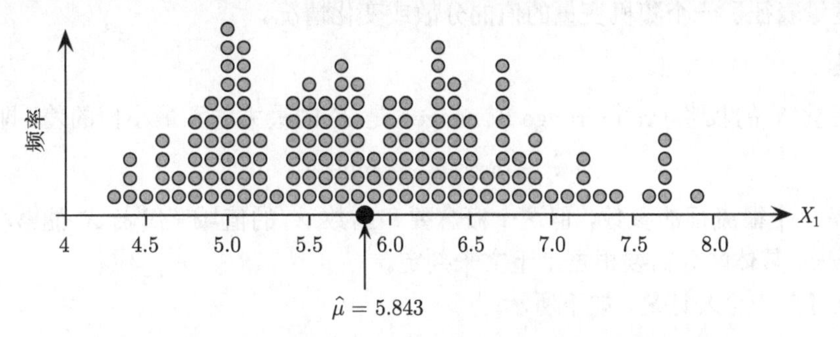

图 2-1 萼片长度的样本均值。同一值的多次出现在图中堆叠显示

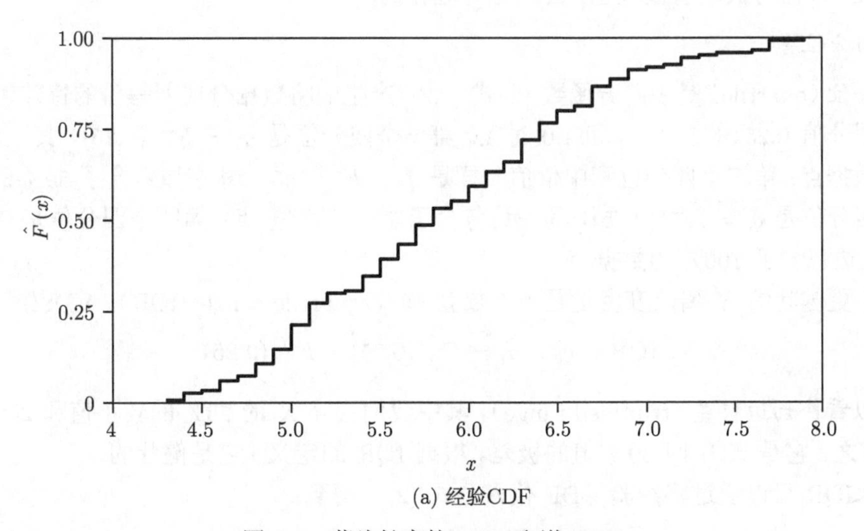

(a) 经验CDF

图 2-2 萼片长度的 CDF 和逆 CDF

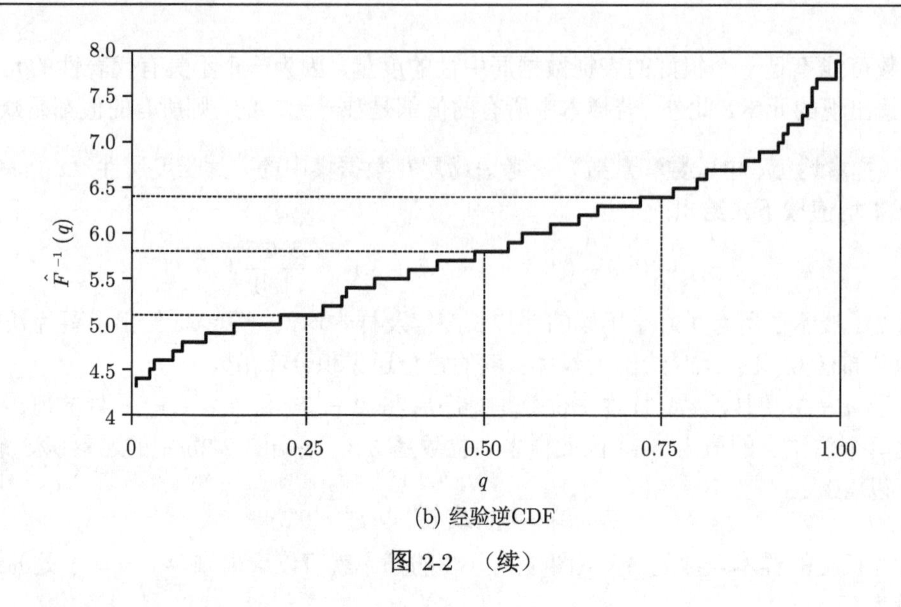

(b) 经验逆CDF

图 2-2 （续）

2.1.2 数据离散度度量

离散度量表征了一个随机变量的值的分散或变化情况。

1. *极差*

随机变量 X 的*极差*（value range 或 range）是 X 的最大值和最小值的差，即：

$$r = \max\{X\} - \min\{X\}$$

X 的极差是一个很流行的参数，但这个概念要和函数 X 的值域（代表 X 能够取到的所有值）区分开来。具体区分需要根据上下文来判定。

*样本极差*是一个统计量，如下所示：

$$\hat{r} = \max_{i=1}^{n}\{x_i\} - \min_{i=1}^{n}\{x_i\}$$

根据定义，极差对极端值很敏感，因此是非健壮的。

2. *四分位差*

四分位（quartile）是由四分函数 [公式 (2.2)] 产生的将数据分成四等份的特殊值。即，四分位与四分值 0.25、0.5、0.75 和 1.0 对应。第一个四分位是 $q_1 = F^{-1}(0.25)$，其左边包含了 25% 的数据点；第二个四分位和中位值一样是 $q_2 = F^{-1}(0.5)$，其左边包含了 50% 的数据点；第三个四分位是 $q_3 = F^{-1}(0.75)$，其左边包含了 75% 的数据点；第四个四分位是 X 的最大值，其左边包含了 100% 的数据点。

一个更健壮的 X 离散度度量是*四分位差*（interquartile range，IQR），定义如下：

$$\text{IQR} = q_3 - q_1 = F^{-1}(0.75) - F^{-1}(0.25) \tag{2.7}$$

IQR 可以看作*切边极差*（trimmed range），其中我们丢弃 X 的 25% 的较小值和 25% 的较大值。换言之，它是 X 中间 50% 值的极差。根据 IQR 的定义，它是健壮的。

*样本*IQR 可以通过将经验 CDF 代入公式 (2.7) 得到：

$$\widehat{\text{IQR}} = \hat{q}_3 - \hat{q}_1 = \hat{F}^{-1}(0.75) - \hat{F}^{-1}(0.25)$$

3. *方差和标准差*

随机变量 X 的*方差*（variance）衡量 X 的不同取值偏离 X 的均值或期望值的程度。方差事实上是 X 所有取值与均值之差的平方的期望值，按下式定义：

$$\sigma^2 = \mathrm{var}(X) = E[(X-\mu)]^2 = \begin{cases} \sum_x (x-\mu)^2 f(x) & X \text{ 是离散的} \\ \int_{\infty}^{\infty} (x-\mu)^2 f(x)\mathrm{d}x & X \text{ 是连续的} \end{cases} \tag{2.8}$$

标准差（standard variation）σ 定义为方差 σ^2 的平方根。

我们还可以将方差表示为 X^2 的期望值与 X 期望值的平方的差：

$$\begin{aligned} \sigma^2 = \mathrm{var}(X) &= E[(X-\mu)^2] = E[X^2 - 2\mu X + \mu^2] \\ &= E[X^2] - 2\mu E[X] + \mu^2 = E[X^2] - 2\mu^2 + \mu^2 \\ &= E[X^2] - (E[X])^2 \end{aligned} \tag{2.9}$$

值得注意的是，方差事实上是**均值的二阶中心矩**（second moment about the mean）。随机变量 X 的 r**阶中心矩**定义为：$E[(\boldsymbol{x}-\mu)^r]$。

样本方差 *样本方差*（sample variance）定义为：

$$\hat{\sigma}^2 = \frac{1}{n}\sum_{i=1}^{n}(x_i - \hat{\mu})^2 \tag{2.10}$$

上式是数据值 x_i 与样本均值 $\hat{\mu}$ 的差的平方的均值，可以通过将公式 (2.3) 中的经验概率函数 $\hat{f}$ 代入公式 (2.8) 来得到，因为：

$$\hat{\sigma}^2 = \sum_x (x-\hat{\mu})^2 \hat{f}(x) = \sum_x (x-\hat{\mu})^2 \left(\frac{1}{n}\sum_{i=1}^{n} I(x_i = x)\right) = \frac{1}{n}\sum_{i=1}^{n}(x_i-\hat{\mu})^2$$

样本标准差（sample standard deviation）是样本方差的正平方根：

$$\hat{\sigma} = \sqrt{\frac{1}{n}\sum_{i=1}^{n}(x_i - \hat{\mu})^2}$$

样本值 x_i 的**标准分数**（standard score），又称为 z**分数**（z-score），是其与均值距离与标准差的比值：

$$z_i = \frac{x_i - \hat{\mu}}{\hat{\sigma}}$$

换言之，x_i 的 z 分数度量了 x_i 偏离均值 $\hat{\mu}$ 的程度（以 $\hat{\sigma}$ 为单位）。

样本方差的几何意义 我们可以将 X 的数据样本当作 n 维空间中的一个向量，其中 n 是样本集的大小。即，可以写成 $X = (x_1, x_2, \cdots, x_n)^{\mathrm{T}} \in \mathbb{R}^n$。进一步，令

$$Z = X - \mathbf{1}\cdot\hat{\mu} = \begin{pmatrix} x_1 - \hat{\mu} \\ x_2 - \hat{\mu} \\ \vdots \\ x_n - \hat{\mu} \end{pmatrix}$$

代表减去均值的属性向量，其中 $\mathbf{1} \in \mathbb{R}^n$ 是所有元素的值均为 1 的 n 维向量。我们可以用 Z 的大小（magnitude）或其与自身的点乘重写公式 (2.10)：

$$\hat{\sigma}^2 = \frac{1}{n}\|Z\|^2 = \frac{1}{n}Z^{\mathrm{T}}Z = \frac{1}{n}\sum_{i=1}^{n}(x_i - \hat{\mu})^2 \tag{2.11}$$

样本方差可以理解为居中属性向量的大小的平方或其与自身的点差，并按照样本大小标准化。

例 2.2 考虑图 2-1 所示的萼片长度数据样本。我们可以看到样本位距是

$$\max_i\{x_i\} - \min_i\{x_i\} = 7.9 - 4.3 = 3.6$$

从图 2-2b 中萼片长度的逆累积分布函数，可以找出样本的 IQR 如下：

$$\hat{q}_1 = \hat{F}^{-1}(0.25) = 5.1$$
$$\hat{q}_3 = \hat{F}^{-1}(0.75) = 6.4$$
$$\widehat{\mathrm{IQR}} = \hat{q}_3 - \hat{q}_1 = 6.4 - 5.1 = 1.3$$

样本方差可以根据公式 (2.11) 从居中数据向量计算出来：

$$\hat{\sigma}^2 = \frac{1}{n}(X - \mathbf{1}\cdot\hat{\mu})^{\mathrm{T}}(X - \mathbf{1}\cdot\hat{\mu}) = 102.168/150 = 0.681$$

样本标准差为：

$$\hat{\sigma} = \sqrt{0.681} = 0.825$$

样本均值方差 由于样本均值 $\hat{\mu}$ 本身也是一个统计量，我们可以计算其均值和方差。样本均值的期望值就是 μ，如公式 (2.6) 所示。所有的随机变量 x_i 都是独立的，因此：

$$\mathrm{var}\left(\sum_{i=1}^{n}x_i\right) = \sum_{i=1}^{n}\mathrm{var}(x_i)$$

更进一步，由于所有的 x_i 和 X 是同分布的，因此它们的方差与 X 相同，即对所有的 i 有：

$$\mathrm{var}(x_i) = \sigma^2$$

将以上两点结合到一起，可以得到：

$$\mathrm{var}\left(\sum_{i=1}^{n}x_i\right) = \sum_{i=1}^{n}\mathrm{var}(x_i) = \sum_{i=1}^{n}\sigma^2 = n\sigma^2 \tag{2.12}$$

此外，还有：

$$E\left[\sum_{i=1}^{n}x_i\right] = n\mu \tag{2.13}$$

利用公式 (2.9)、公式 (2.12) 和公式 (2.13)，样本均值 $\hat{\mu}$ 的方差可以计算如下：

$$\begin{aligned}
\mathrm{var}(\hat{\mu}) &= E[(\hat{\mu}-\mu)^2] = E[\hat{\mu}^2] - \mu^2 = E\left[\left(\frac{1}{n}\sum_{i=1}^{n}x_i\right)^2\right] - \frac{1}{n^2}E\left[\sum_{i=1}^{n}x_i\right]^2 \\
&= \frac{1}{n^2}\left(E\left[\left(\sum_{i=1}^{n}x_i\right)^2\right] - E\left[\sum_{i=1}^{n}x_i\right]^2\right) = \frac{1}{n^2}\mathrm{var}\left(\sum_{i=1}^{n}x_i\right) \\
&= \frac{\sigma^2}{n}
\end{aligned} \tag{2.14}$$

换言之，样本均值 $\hat{\mu}$ 偏离均值 μ 的程度与总体方差 σ^2 成正比。该值可以通过增加样本数量而变小。

样本方差是有偏的，但又是渐近无偏的 公式 (2.10) 中的样本方差是对真实总体方差 σ^2 的*有偏估计*（biased estimator），即 $E[\hat{\sigma}^2] \neq \sigma^2$。为说明这一点，我们利用如下等式：

$$\sum_{i=1}^{n}(x_i-\mu)^2 = n(\hat{\mu}-\mu)^2 + \sum_{i=1}^{n}(x_i-\hat{\mu})^2 \tag{2.15}$$

第一步先利用公式 (2.15) 计算 $\hat{\sigma}^2$ 的期望值，得到：

$$E[\hat{\sigma}^2] = E\Big[\frac{1}{n}\sum_{i=1}^{n}(x_i-\hat{\mu})^2\Big] = E\Big[\frac{1}{n}\sum_{i=1}^{n}(x_i-\mu)^2\Big] - E[(\hat{\mu}-\mu)^2] \tag{2.16}$$

由于所有的随机变量 x_i 和 X 都是独立同分布的，它们和 X 有着一样的均值 μ 和一样的方差 σ^2。这意味着：

$$E[(x_i-\mu)^2] = \sigma^2$$

再者，根据公式 (2.14)，样本均值 $\hat{\mu}$ 的方差是 $E[(\hat{\mu}-\mu)^2] = \frac{\sigma^2}{n}$，代入公式 (2.16)，可以得到：

$$E[\hat{\sigma}^2] = \frac{1}{n}n\sigma^2 - \frac{\sigma^2}{n} = \Big(\frac{n-1}{n}\Big)\sigma^2$$

样本方差 $\hat{\sigma}^2$ 是对 σ^2 的一个有偏估计，因为其期望值是总体方差和 $\frac{n-1}{n}$ 的乘积。然而，它是*渐近无偏的*（asymptotically unbiased），即当 $n\to\infty$ 时：

$$\lim_{n\to\infty}\frac{n-1}{n} = \lim_{n\to\infty} 1-\frac{1}{n} = 1$$

换言之，随着样本数量的增加，我们有：

$$E[\hat{\sigma}^2] \to \sigma^2 \quad 随着 n\to\infty$$

2.2 二元变量分析

在二元分析中，我们同时考虑两个属性。我们尤其对它们之间的关联或相关性感兴趣（如果存在的话）。因此我们将注意力集中在两个数值型属性 X_1 和 X_2 上，数据 $\boldsymbol{D}$ 表示为一个 $n\times 2$ 的矩阵：

$$\boldsymbol{D} = \begin{pmatrix} X_1 & X_2 \\ \hline x_{11} & x_{12} \\ x_{21} & x_{22} \\ \vdots & \vdots \\ x_{n1} & x_{n2} \end{pmatrix}$$

在几何层面，我们可以从两个角度来看待 $\boldsymbol{D}$：可以将其看作二维空间中的 n 个点（或向量），即 $\boldsymbol{x}_i = (x_{i1}, x_{i2})^{\mathrm{T}} \in \mathbb{R}^2$；也可以看作 n 维空间中的两个点（或向量），即矩阵中的每一列都是 $\mathbb{R}^n$ 中的一个向量，即：

$$X_1 = (x_{11}, x_{21}, \cdots, x_{n1})^{\mathrm{T}}$$
$$X_2 = (x_{12}, x_{22}, \cdots, x_{n2})^{\mathrm{T}}$$

从概率角度看，列向量 $\boldsymbol{X} = (X_1, X_2)^{\mathrm{T}}$ 被看作一个二元向量随机变量，$\boldsymbol{x}_i$（$1 \leqslant i \leqslant n$）被看作从 $\boldsymbol{X}$ 中随机抽样得到的 n 个点，即 $\boldsymbol{x}_i$ 和 $\boldsymbol{X}$ 是独立同分布的。

经验联合概率质量函数

X 的*经验联合概率质量函数*（empirical joint probability mass function）可以按下式给出：

$$\hat{f}(\boldsymbol{x}) = P(\boldsymbol{X} = \boldsymbol{x}) = \frac{1}{n} \sum_{i=1}^{n} I(\boldsymbol{x}_i = \boldsymbol{x}) \tag{2.17}$$

$$\hat{f}(x_1, x_2) = P(X_1 = x_1, X_2 = x_2) = \frac{1}{n} \sum_{i=1}^{n} I(x_{i1} = x_1, x_{i2} = x_2)$$

其中 $\boldsymbol{x} = (x_1, x_2)^{\mathrm{T}}$，$I$ 是一个指示变量，当其参数为真的时候，I 的值为 1：

$$I(\boldsymbol{x}_i = \boldsymbol{x}) = \begin{cases} 1 & x_{i1} = x_1 \text{ 且 } x_{i2} = x_2 \\ 0 & \text{其他情况} \end{cases}$$

如同在一元变量中的情况，概率函数给数据样本中的每个点赋予概率质量 $\frac{1}{n}$。

2.2.1　位置和离散度的度量

1. 均值

二元变量均值定义为向量随机变量 $\boldsymbol{X}$ 的期望值，定义如下：

$$\boldsymbol{\mu} = E[\boldsymbol{X}] = E\left[\begin{pmatrix} X_1 \\ X_2 \end{pmatrix}\right] = \begin{pmatrix} E[X_1] \\ E[X_2] \end{pmatrix} = \begin{pmatrix} \mu_1 \\ \mu_2 \end{pmatrix} \tag{2.18}$$

换句话说，二元均值向量是由每个属性的期望值构成的向量。

样本均值向量可以从 $\hat{f}_{X_1}$ 和 $\hat{f}_{X_2}$（分别为 X_1 和 X_2 的经验概率质量函数）得出 [参考公式 (2.5)]。同样也可以从公式 (2.17) 所示的联合经验 PMF 计算出来：

$$\hat{\boldsymbol{\mu}} = \sum_{\boldsymbol{x}} \boldsymbol{x} \hat{f}(\boldsymbol{x}) = \sum_{\boldsymbol{x}} \boldsymbol{x} \left(\frac{1}{n} \sum_{i=1}^{n} I(\boldsymbol{x}_i = \boldsymbol{x}) \right) = \frac{1}{n} \sum_{i=1}^{n} \boldsymbol{x}_i \tag{2.19}$$

2. 方差

利用公式 (2.8) 我们可以分别计算两个属性 X_1 和 X_2 的方差，即 σ_1^2 和 σ_2^2。*总方差*（total variance）[公式 (1.4)] 可表示为：

$$\mathrm{var}(\boldsymbol{D}) = \sigma_1^2 + \sigma_2^2$$

样本方差 $\hat{\sigma}_1^2$ 和 $\hat{\sigma}_2^2$ 可以利用公式 (2.10) 估计出来，*样本总方差*（sample total variance）为 $\hat{\sigma}_1^2 + \hat{\sigma}_2^2$。

2.2.2 相关性度量

1. *协方差*

两个属性 X_1 和 X_2 的*协方差*（covariance）提供了衡量它们之间的线性相关度的方法，定义如下：

$$\sigma_{12} = E[(X_1 - \mu_1)(X_2 - \mu_2)] \tag{2.20}$$

根据期望的线性性，我们可以得到：

$$\begin{aligned}
\sigma_{12} &= E[(X_1 - \mu_1)(X_2 - \mu_2)] \\
&= E[X_1X_2 - X_1\mu_2 - X_2\mu_1 + \mu_1\mu_2)] \\
&= E[X_1X_2] - \mu_2 E[X_1] - \mu_1 E[X_2] + \mu_1\mu_2 \\
&= E[X_1X_2] - \mu_1\mu_2 \\
&= E[X_1X_2] - E[X_1]E[X_2]
\end{aligned} \tag{2.21}$$

公式 (2.21) 可以看作将一元变量方差 [公式 (2.9)] 泛化到二元的情况。

若 X_1 和 X_2 是独立随机变量，则它们的协方差为 0。这是因为，若 X_1 和 X_2 是独立的，则有：

$$E[X_1X_2] = E[X_1] \cdot E[X_2]$$

这意味着

$$\sigma_{12} = 0$$

然而这反过来是不成立的。即，若 $\sigma_{12} = 0$，则不能得出 X_1 和 X_2 是相互独立的。我们只能说它们没有线性相关性，因为不能排除这两个属性之间可能存在高阶关系或相关性。

X_1 和 X_2 的*样本协方差*（sample covariance）可以按下式给出：

$$\hat{\sigma}_{12} = \frac{1}{n}\sum_{i=1}^{n}(x_{i1} - \hat{\mu}_1)(x_{i2} - \hat{\mu}_2) \tag{2.22}$$

将公式 (2.17) 中的经验联合概率质量函数 $\hat{f}(x_1, x_2)$ 代入公式 (2.20)，可以得到：

$$\begin{aligned}
\hat{\sigma}_{12} &= E[(X_1 - \mu_1)(X_2 - \mu_2)] \\
&= \sum_{\boldsymbol{x}=(x_1,x_2)^{\mathrm{T}}} (x_1 - \hat{\mu}_1)(x_2 - \hat{\mu}_2)\hat{f}(x_1, x_2) \\
&= \frac{1}{n}\sum_{\boldsymbol{x}=(x_1,x_2)^{\mathrm{T}}}\sum_{i=1}^{n}(x_1 - \hat{\mu}_1)\cdot(x_2 - \hat{\mu}_2)\cdot I(x_{i1} = x_1, x_{i2} = x_2) \\
&= \frac{1}{n}\sum_{i=1}^{n}(x_1 - \hat{\mu}_1)(x_2 - \hat{\mu}_2)
\end{aligned}$$

注意，样本协方差是对公式 (2.10) 中的样本方差的推广，因为：

$$\hat{\sigma}_{11} = \frac{1}{n}\sum_{i=1}^{n}(x_1 - \mu_1)(x_2 - \mu_2) = \frac{1}{n}\sum_{i=1}^{n}(x_1 - \mu_1)^2 = \hat{\sigma}_1^2$$

类似地，$\hat{\sigma}_{22} = \hat{\sigma}_2^2$。

2. 相关性

属性 X_1 和 X_2 的**相关性**（correlation）是使用每个变量的标准差，对协方差进行标准化得到的，又被称作**标准协方差**（standardized covariance），可由下式给出

$$\rho_{12}=\frac{\sigma_{12}}{\sigma_1\sigma_2}=\frac{\sigma_{12}}{\sqrt{\sigma_1^2\sigma_2^2}} \tag{2.23}$$

属性 X_1 和 X_2 的**样本相关性**（sample correlation）可以由下式给出：

$$\hat{\rho}_{12}=\frac{\hat{\sigma}_{12}}{\hat{\sigma}_1\hat{\sigma}_2}=\frac{\sum_{i=1}^n(x_{i1}-\hat{\mu}_1)(x_{i2}-\hat{\mu}_2)}{\sqrt{\sum_{i=1}^n(x_{i1}-\hat{\mu}_1)^2\sum_{i=1}^n(x_{i2}-\hat{\mu}_2)^2}} \tag{2.24}$$

3. 样本协方差和相关性的几何解释

令 Z_1 和 Z_2 代表 $\mathbb{R}^n$ 中的居中属性向量，如下所示：

$$Z_1=X_1-\mathbf{1}\cdot\hat{\mu}_1=\begin{pmatrix}x_{11}-\hat{\mu}_1\\x_{21}-\hat{\mu}_1\\\vdots\\x_{n1}-\hat{\mu}_1\end{pmatrix}\qquad Z_2=X_2-\mathbf{1}\cdot\hat{\mu}_2=\begin{pmatrix}x_{12}-\hat{\mu}_2\\x_{22}-\hat{\mu}_2\\\vdots\\x_{n2}-\hat{\mu}_2\end{pmatrix}$$

公式 (2.22) 中的样本协方差可以写成：

$$\hat{\sigma}_{12}=\frac{Z_1^{\mathrm{T}}Z_2}{n}$$

换句话说，两个属性的协方差是两个居中属性向量的点乘除以样本大小，可以看作公式 (2.11) 中给出的一元变量样本方差的推广。

样本相关性 [公式 (2.24)] 可以写成：

$$\hat{\rho}_{12}=\frac{Z_1^{\mathrm{T}}Z_2}{\sqrt{Z_1^{\mathrm{T}}Z_1}\sqrt{Z_2^{\mathrm{T}}Z_2}}=\frac{Z_1^{\mathrm{T}}Z_2}{\|Z_1\|\|Z_2\|}=\left(\frac{Z_1}{\|Z_1\|}\right)^{\mathrm{T}}\left(\frac{Z_2}{\|Z_2\|}\right)=\cos\theta \tag{2.25}$$

因此，相关系数即是两个居中属性向量的夹角余弦值 [公式 (1.3)]，如图 2-3 所示。

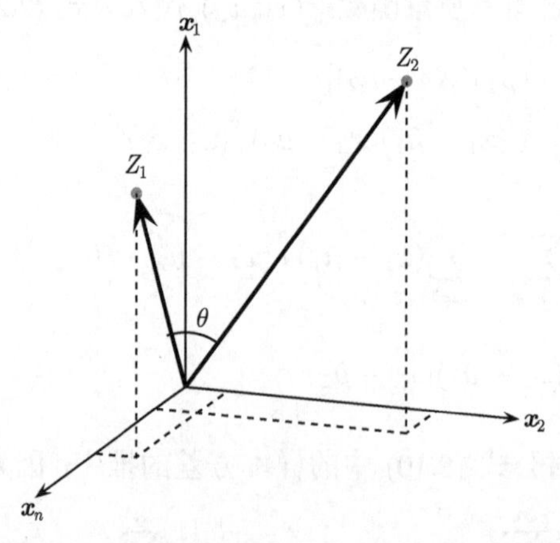

图 2-3　样本协方差和相关性的几何解释。两个居中属性向量（概念性地）显示在由 n 个点生成的 n 维空间 $\mathbb{R}^n$ 里

4. **协方差矩阵**

两个属性 X_1 和 X_2 的方差–协方差信息可以纳入一个 2×2 的**协方差矩阵**（covariance matrix），如下所示：

$$\begin{aligned}\boldsymbol{\Sigma} &= E[(\boldsymbol{X}-\boldsymbol{\mu})(\boldsymbol{X}-\boldsymbol{\mu})^{\mathrm{T}}] \\ &= E\left[\begin{pmatrix} X_1-\mu_1 \\ X_2-\mu_2 \end{pmatrix}\begin{pmatrix} X_1-\mu_1 & X_2-\mu_2 \end{pmatrix}\right] \\ &= \begin{pmatrix} E[(X_1-\mu_1)(X_1-\mu_1)] & E[(X_1-\mu_1)(X_2-\mu_2)] \\ E[(X_2-\mu_2)(X_1-\mu_1)] & E[(X_2-\mu_2)(X_2-\mu_2)] \end{pmatrix} \\ &= \begin{pmatrix} \sigma_1^2 & \sigma_{12} \\ \sigma_{21} & \sigma_2^2 \end{pmatrix}\end{aligned} \tag{2.26}$$

由于 $\sigma_{21} = \sigma_{12}$，$\boldsymbol{\Sigma}$ 是**对称矩阵**。协方差矩阵在对角线上记录属性方差信息，在反对角线上记录协方差信息。

两个属性的*总方差*（total variance）可以由 $\boldsymbol{\Sigma}$ 对角线上元素的和给出，也称作 $\boldsymbol{\Sigma}$ 的**迹**（trace），如下所示：

$$\mathrm{var}(\boldsymbol{D}) = \mathrm{tr}(\boldsymbol{\Sigma}) = \sigma_1^2 + \sigma_2^2$$

我们可以立即得到 $\mathrm{tr}(\boldsymbol{\Sigma}) \geqslant 0$。

两个属性的*广义方差*（generalized variance）既考虑属性方差，又考虑协方差，可以由协方差矩阵 $\boldsymbol{\Sigma}$ 的*行列式*（determinant）给出，记为 $|\boldsymbol{\Sigma}|$ 或 $\det(\boldsymbol{\Sigma})$。广义方差是非负的，因为：

$$|\boldsymbol{\Sigma}| = \det(\boldsymbol{\Sigma}) = \sigma_1^2\sigma_2^2 - \sigma_{12}^2 = \sigma_1^2\sigma_2^2 - \rho_{12}^2\sigma_1^2\sigma_2^2 = (1-\rho_{12}^2)\sigma_1^2\sigma_2^2$$

在上式中，我们使用了公式 (2.23)，即 $\sigma_{12} = \rho_{12}\sigma_1\sigma_2$。注意，若 $|\rho_{12}| \leqslant 1$，则 $\rho_{12}^2 \leqslant 1$，所以 $\det(\boldsymbol{\Sigma}) \geqslant 0$，因此行列式是非负的。

*样本协方差矩阵*可由下式给出：

$$\widehat{\boldsymbol{\Sigma}} = \begin{pmatrix} \hat{\sigma}_1^2 & \hat{\sigma}_{12} \\ \hat{\sigma}_{12} & \hat{\sigma}_2^2 \end{pmatrix}$$

样本协方差矩阵 $\widehat{\boldsymbol{\Sigma}}$ 和 $\boldsymbol{\Sigma}$ 有着相同的性质，即它是一个对称矩阵且 $|\widehat{\boldsymbol{\Sigma}}| \geqslant 0$。它可用于获取样本总方差和广义方差。

例 2.3（样本均值和协方差） 考虑鸢尾花数据集中的萼片长度和萼片宽度属性，参见图 2-4。在二维属性空间中一共有 $n = 150$ 个点。样本均值向量为：

$$\hat{\boldsymbol{\mu}} = \begin{pmatrix} 5.843 \\ 3.054 \end{pmatrix}$$

样本协方差矩阵为：

$$\widehat{\boldsymbol{\Sigma}} = \begin{pmatrix} 0.681 & -0.039 \\ -0.039 & 0.187 \end{pmatrix}$$

萼片长度的样本方差是 $\hat{\sigma}_1^2 = 0.681$，萼片宽度的样本方差是 $\hat{\sigma}_2^2 = 0.187$。两个属性间的协方差为 $\hat{\sigma}_{12} = -0.039$，它们之间的相关性为：

$$\hat{\rho}_{12} = \frac{-0.039}{\sqrt{0.681 \cdot 0.187}} = -0.109$$

因此，两个属性之间只有非常弱的负相关，可以从图 2-4 中的最佳线性拟合线看出来。换一个角度，我们可以将萼片长度和萼片宽度看作 $\mathbb{R}^n$ 中的两个点，它们的相关性为二者夹角的余弦值；我们有：

$$\hat{\rho}_{12} = \cos\theta = -0.109，这意味着\theta = \cos^{-1}(-0.109) = 96.26^\circ$$

这个角度接近 90 度，也就是说两个属性向量几乎是正交的，代表相关性很弱。此外，角度大于 90 度，说明相关性是负的。

样本总体方差为：

$$\mathrm{tr}(\widehat{\boldsymbol{\Sigma}}) = 0.681 + 0.187 = 0.868$$

且样本广义方差为：

$$|\widehat{\boldsymbol{\Sigma}}| = \det(\widehat{\boldsymbol{\Sigma}}) = 0.681 \cdot 0.187 - (-0.039)^2 = 0.126$$

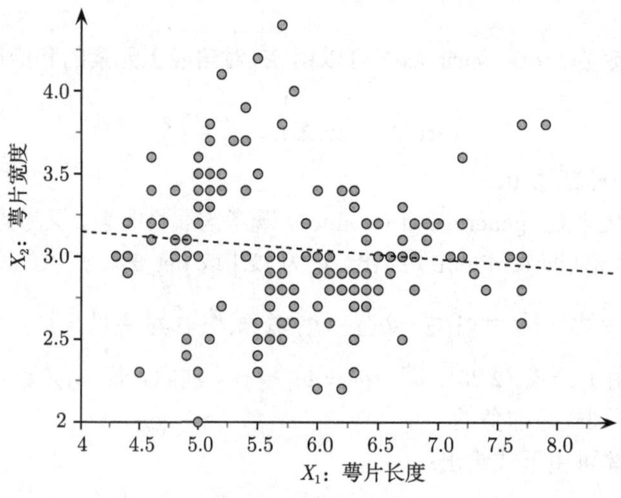

图 2-4　萼片长度和萼片宽度间的相关性

2.3　多元变量分析

在多元变量分析中，我们考虑所有的 d 个数值属性 $X_1, X_2, \cdots, X_d$。整个数据集是一个 $n \times d$ 的矩阵，如下所示：

$$\boldsymbol{D} = \begin{pmatrix} X_1 & X_2 & \cdots & X_d \\ \hline x_{11} & x_{12} & \cdots & x_{1d} \\ x_{21} & x_{22} & \cdots & x_{2d} \\ \vdots & \vdots & \ddots & \vdots \\ x_{n1} & x_{n2} & \cdots & x_{nd} \end{pmatrix}$$

按照行来看，以上数据可以看成 d 维属性空间中的 n 个点或者向量：

$$\boldsymbol{x}_i = (x_{i1}, x_{i2}, \cdots, x_{id})^{\mathrm{T}} \in \mathbb{R}^d$$

按照列来看，以上数据可以看成 n 维空间中的 d 个点或者向量：

$$X_j = (x_{1j}, x_{2j}, \cdots, x_{nj})^{\mathrm{T}} \in \mathbb{R}^n$$

从概率的角度，d 个属性可以建模为一个向量随机变量 $\boldsymbol{X} = (X_1, X_2, \cdots, X_d)^{\mathrm{T}}$，而点 $\boldsymbol{x}_i$ 可以看成从 $\boldsymbol{X}$ 中得到的随机样本，它们和 $\boldsymbol{X}$ 是独立同分布的。

1. 均值

推广公式 (2.18)，**多元变量均值向量**（multivariate mean vector）可以通过对每个属性取均值得到，如下所示：

$$\boldsymbol{\mu} = E[\boldsymbol{X}] = \begin{pmatrix} E[X_1] \\ E[X_2] \\ \vdots \\ E[X_d] \end{pmatrix} = \begin{pmatrix} \mu_1 \\ \mu_2 \\ \vdots \\ \mu_d \end{pmatrix}$$

推广公式 (2.19)，**样本均值**可以按下式计算：

$$\hat{\boldsymbol{\mu}} = \frac{1}{n} \sum_{i=1}^{n} \boldsymbol{x}_i$$

2. 协方差矩阵

对于将公式 (2.26) 推广到 d 维的情况，多元变量的协方差信息可以由 $d \times d$ 的对称**协方差矩阵**（方阵）来表示，该矩阵给出了属性对之间的协方差：

$$\boldsymbol{\Sigma} = E[(\boldsymbol{X} - \boldsymbol{\mu})(\boldsymbol{X} - \boldsymbol{\mu})^{\mathrm{T}}] = \begin{pmatrix} \sigma_1^2 & \sigma_{12} & \cdots & \sigma_{1d} \\ \sigma_{21} & \sigma_2^2 & \cdots & \sigma_{2d} \\ \cdots & \cdots & \cdots & \cdots \\ \sigma_{d1} & \sigma_{d2} & \cdots & \sigma_d^2 \end{pmatrix}$$

对角元素 σ_i^2 表示 X_i 的属性方差，而反对角元素 $\sigma_{ij} = \sigma_{ji}$ 代表了属性对 X_i 和 X_j 之间的协方差。

3. 协方差矩阵是半正定的

值得指出的是 $\boldsymbol{\Sigma}$ 是一个**半正定**（positive semidefinite）矩阵，即：

$$\text{对于任意的 } d \text{ 维向量} \boldsymbol{a}，\boldsymbol{a}^{\mathrm{T}} \boldsymbol{\Sigma} \boldsymbol{a} \geqslant 0$$

原因是：

$$\begin{aligned} \boldsymbol{a}^{\mathrm{T}} \boldsymbol{\Sigma} \boldsymbol{a} &= \boldsymbol{a}^{\mathrm{T}} E[(\boldsymbol{X} - \boldsymbol{\mu})(\boldsymbol{X} - \boldsymbol{\mu})^{\mathrm{T}}] \boldsymbol{a} \\ &= E[\boldsymbol{a}^{\mathrm{T}} (\boldsymbol{X} - \boldsymbol{\mu})(\boldsymbol{X} - \boldsymbol{\mu})^{\mathrm{T}} \boldsymbol{a}] \\ &= E[Y^2] \\ &\geqslant 0 \end{aligned}$$

其中 Y 是随机变量 $Y = \boldsymbol{a}^{\mathrm{T}}(\boldsymbol{X} - \boldsymbol{\mu}) = \sum_{i=1}^{d} a_i (X_i - \mu_i)$；这里利用了随机变量平方的期望非负的性质。

由于 $\boldsymbol{\Sigma}$ 同时也是对称的，这说明 $\boldsymbol{\Sigma}$ 的特征值都是非负实数。换句话说，$\boldsymbol{\Sigma}$ 的 d 个特征值可以按如下的方式从大到小排列：$\lambda_1 \geqslant \lambda_2 \geqslant \cdots \geqslant \lambda_d \geqslant 0$。这就使得 $\boldsymbol{\Sigma}$ 的行列式是非负的：

$$\det(\boldsymbol{\Sigma}) = \prod_{i=1}^{d} \lambda_i \geqslant 0 \tag{2.27}$$

4. *总方差和广义方差*

总方差可以由协方差矩阵的迹来给出：

$$\text{var}(\boldsymbol{D}) = \text{tr}(\boldsymbol{\Sigma}) = \sigma_1^2 + \sigma_2^2 + \cdots + \sigma_d^2 \tag{2.28}$$

由于是一组平方数的和，总方差自然是非负的。

广义方差定义为协方差矩阵的行列式 $\det(\boldsymbol{\Sigma})$，也可以表示为 $|\boldsymbol{\Sigma}|$。它给出了衡量多元变量的分散度的一个值。从公式 (2.27) 可知 $\det(\boldsymbol{\Sigma}) \geqslant 0$。

5. *样本协方差矩阵*

样本协方差矩阵（sample covariance matrix）可按下式给出：

$$\widehat{\boldsymbol{\Sigma}} = E[(\boldsymbol{X} - \hat{\boldsymbol{\mu}})(\boldsymbol{X} - \hat{\boldsymbol{\mu}})^{\mathrm{T}}] = \begin{pmatrix} \hat{\sigma}_1^2 & \hat{\sigma}_{12} & \dots & \hat{\sigma}_{1d} \\ \hat{\sigma}_{21} & \hat{\sigma}_2^2 & \dots & \hat{\sigma}_{2d} \\ \dots & \dots & \dots & \dots \\ \hat{\sigma}_{d1} & \hat{\sigma}_{d2} & \dots & \hat{\sigma}_d^2 \end{pmatrix} \tag{2.29}$$

为了计算上述矩阵，我们不采用逐个元素计算的方法，而是使用矩阵操作。令 $\boldsymbol{Z}$ 为居中数据矩阵，其中 $Z_i = X_i - \mathbf{1} \cdot \hat{\mu}_i$，$\mathbf{1} \in \mathbb{R}^n$：

$$\boldsymbol{Z} = \boldsymbol{D} - \mathbf{1} \cdot \hat{\boldsymbol{\mu}}^{\mathrm{T}} = \begin{pmatrix} | & | & & | \\ Z_1 & Z_2 & \cdots & Z_d \\ | & | & & | \end{pmatrix}$$

居中数据矩阵也可以用居中数据点 $\boldsymbol{z}_i = \boldsymbol{x}_i - \hat{\boldsymbol{\mu}}$ 来表示：

$$\boldsymbol{Z} = \boldsymbol{D} - \mathbf{1} \cdot \hat{\boldsymbol{\mu}}^{\mathrm{T}} = \begin{pmatrix} \boldsymbol{x}_1^{\mathrm{T}} - \hat{\boldsymbol{\mu}}^{\mathrm{T}} \\ \boldsymbol{x}_2^{\mathrm{T}} - \hat{\boldsymbol{\mu}}^{\mathrm{T}} \\ \vdots \\ \boldsymbol{x}_n^{\mathrm{T}} - \hat{\boldsymbol{\mu}}^{\mathrm{T}} \end{pmatrix} = \begin{pmatrix} - & \boldsymbol{z}_1^{\mathrm{T}} & - \\ - & \boldsymbol{z}_2^{\mathrm{T}} & - \\ & \vdots & \\ - & \boldsymbol{z}_n^{\mathrm{T}} & - \end{pmatrix}$$

样本协方差矩阵利用矩阵表示可以写成：

$$\widehat{\boldsymbol{\Sigma}} = \frac{1}{n}(\boldsymbol{Z}^{\mathrm{T}}\boldsymbol{Z}) = \frac{1}{n} \begin{pmatrix} Z_1^{\mathrm{T}} Z_1 & Z_1^{\mathrm{T}} Z_2 & \cdots & Z_1^{\mathrm{T}} Z_d \\ Z_2^{\mathrm{T}} Z_1 & Z_2^{\mathrm{T}} Z_2 & \cdots & Z_2^{\mathrm{T}} Z_d \\ \vdots & \vdots & \ddots & \vdots \\ Z_d^{\mathrm{T}} Z_1 & Z_d^{\mathrm{T}} Z_2 & \cdots & Z_d^{\mathrm{T}} Z_d \end{pmatrix} \tag{2.30}$$

根据上式，样本协方差矩阵是由居中属性向量的两两*内积*或*点乘*得出并按样本大小进行归一化的。

利用居中点 $\boldsymbol{z}_i$，样本协方差矩阵可以用它们的*外积*表示如下：

$$\widehat{\boldsymbol{\Sigma}} = \frac{1}{n}\sum_{i=1}^{n} \boldsymbol{z}_i \cdot \boldsymbol{z}_i^{\mathrm{T}} \tag{2.31}$$

例 2.4（样本均值和协方差矩阵） 接下来考虑鸢尾花数据集中所有的四个数值型属性，即萼片长度、萼片宽度、花瓣长度和花瓣宽度。对应的多元变量均值向量为：

$$\hat{\boldsymbol{\mu}} = (5.843 \quad 3.054 \quad 3.759 \quad 1.199)^{\mathrm{T}}$$

样本协方差矩阵为：

$$\widehat{\boldsymbol{\Sigma}} = \begin{pmatrix} 0.681 & -0.039 & 1.265 & 0.513 \\ -0.039 & 0.187 & -0.320 & -0.117 \\ 1.265 & -0.320 & 3.092 & 1.288 \\ 0.513 & -0.117 & 1.288 & 0.579 \end{pmatrix}$$

样本总体方差为：

$$\mathrm{var}(\boldsymbol{D}) = \mathrm{tr}(\widehat{\boldsymbol{\Sigma}}) = 0.681 + 0.187 + 3.092 + 0.579 = 4.539$$

广义方差为：

$$\det(\widehat{\boldsymbol{\Sigma}}) = 1.853 \times 10^{-3}$$

例 2.5（内积和外积） 本例说明通过内积和外积的计算来得到样本协方差矩阵，考虑如下二维数据集：

$$\boldsymbol{D} = \begin{pmatrix} A_1 & A_2 \\ \hline 1 & 0.8 \\ 5 & 2.4 \\ 9 & 5.5 \end{pmatrix}$$

均值向量为：

$$\hat{\boldsymbol{\mu}} = \begin{pmatrix} \hat{\mu}_1 \\ \hat{\mu}_2 \end{pmatrix} = \begin{pmatrix} 15/3 \\ 8.7/3 \end{pmatrix} = \begin{pmatrix} 5 \\ 2.9 \end{pmatrix}$$

居中数据矩阵为：

$$\boldsymbol{Z} = \boldsymbol{D} - \boldsymbol{1} \cdot \hat{\boldsymbol{\mu}}^{\mathrm{T}} = \begin{pmatrix} 1 & 0.8 \\ 5 & 2.4 \\ 9 & 5.5 \end{pmatrix} - \begin{pmatrix} 1 \\ 1 \\ 1 \end{pmatrix} (5 \quad 2.9) = \begin{pmatrix} -4 & -2.1 \\ 0 & -0.5 \\ 4 & 2.6 \end{pmatrix}$$

用基于内积的方法 [公式 (2.30)] 来计算样本协方差矩阵有：

$$\widehat{\boldsymbol{\Sigma}} = \frac{1}{n}\boldsymbol{Z}^{\mathrm{T}}\boldsymbol{Z} = \frac{1}{3}\begin{pmatrix} -4 & 0 & 4 \\ -2.1 & -0.5 & 2.6 \end{pmatrix}\begin{pmatrix} -4 & -2.1 \\ 0 & -0.5 \\ 4 & 2.6 \end{pmatrix}$$

$$= \frac{1}{3}\begin{pmatrix} 32 & 18.8 \\ 18.8 & 11.42 \end{pmatrix} = \begin{pmatrix} 10.67 & 6.27 \\ 6.27 & 3.81 \end{pmatrix}$$

用基于外积的方法 [公式 (2.31)] 来计算样本协方差矩阵有：

$$\begin{aligned}
\widehat{\boldsymbol{\Sigma}} &= \frac{1}{n}\sum_{i=1}^{n} \boldsymbol{z}_i \cdot \boldsymbol{z}_i^{\mathrm{T}} \\
&= \frac{1}{3}\left[\begin{pmatrix}-4\\-2.1\end{pmatrix}\cdot(-4 \quad -2.1) + \begin{pmatrix}0\\-0.5\end{pmatrix}\cdot(0 \quad -0.5) + \begin{pmatrix}4\\2.6\end{pmatrix}\cdot(4 \quad 2.6)\right] \\
&= \frac{1}{3}\left[\begin{pmatrix}16.0 & 8.4\\8.4 & 4.41\end{pmatrix} + \begin{pmatrix}0.0 & 0.0\\0.0 & 0.25\end{pmatrix} + \begin{pmatrix}16.0 & 10.4\\10.4 & 6.76\end{pmatrix}\right] \\
&= \frac{1}{3}\begin{pmatrix}32.0 & 18.8\\18.8 & 11.42\end{pmatrix} = \begin{pmatrix}10.67 & 6.27\\6.27 & 3.81\end{pmatrix}
\end{aligned}$$

其中，居中点 $\boldsymbol{z}_i$ 是 $\boldsymbol{Z}$ 的各行。我们可以看到，基于内积和外积的方法都可以生成相同的样本协方差矩阵。

2.4　数据规范化

当分析两个或两个以上的属性时，通常需要对属性值进行规范化，尤其在数据值的规模相差很大的情况下。

1. 极差归一化

令 X 为一个属性，$x_1, x_2, \cdots, x_n$ 是对 X 的一次随机抽样。进行*极差归一化*（range normalization）时，每个值都按 X 的样本极差 $\hat{r}$ 处理如下：

$$x_i' = \frac{x_i - \min_i\{x_i\}}{\hat{r}} = \frac{x_i - \min_i\{x_i\}}{\max_i\{x_i\} - \min_i\{x_i\}}$$

变换之后，新属性的值域为 [0,1]。

2. 标准差归一化

标准差归一化（standard score normalization）又称作 z 归一化，每个值都由它的 z 分数替换：

$$x_i' = \frac{x_i - \hat{\mu}}{\hat{\sigma}}$$

其中 $\hat{\mu}$ 是 X 的样本均值，而 $\hat{\sigma}^2$ 是 X 的样本方差。变换之后，新的属性均值 $\hat{\mu}' = 0$, 标准差 $\hat{\sigma}' = 1$。

例 2.6　考虑表 2-1 中所示的样例数据集。属性`Age`（年龄）和`Income`（收入）的取值范围差别很大，后者的取值要远远大于前者。考虑 $\boldsymbol{x}_1$ 和 $\boldsymbol{x}_2$ 之间的距离：

$$\|\boldsymbol{x}_1 - \boldsymbol{x}_2\| = \|(2, 200)^{\mathrm{T}}\| = \sqrt{2^2 + 200^2} = \sqrt{40004} = 200.01$$

可以看出，`Age`的贡献被`Income`的值所掩盖。

`Age`的样本极差为 $\hat{r} = 40 - 12 = 28$，最小值为 12。极差归一化之后，新属性为：

$$\texttt{Age}' = (0, 0.071, 0.214, 0.393, 0.536, 0.571, 0.786, 0.893, 0.964, 1)^{\mathrm{T}}$$

例如，对于点 $\boldsymbol{x}_2 = (x_{21}, x_{22}) = (14, 500)$，$x_{21} = 14$ 被转换为：

$$x_{21}' = \frac{14 - 12}{28} = \frac{2}{28} = 0.071$$

同样，Income的样本极差为 $6000-300=5700$，最小值为 300，因此Income可以转换为：

$$\texttt{Income}'=(0,0.035,0.123,0.298,0.561,0.649,0.702,1,0.386,0.421)^{\mathrm{T}}$$

因此 x_{22} 为 0.035。极差归一化之后 $\boldsymbol{x}_1$ 和 $\boldsymbol{x}_2$ 的距离为：

$$\|\boldsymbol{x}_1'-\boldsymbol{x}_2'\|=\|(0,0)^{\mathrm{T}}-(0.071,0.035)^{\mathrm{T}}\|=\|(-.0.071,-0.035)^{\mathrm{T}}\|=0.079$$

可以看出，变换后极差不再受Income的值的影响。

对于 z 归一化，我们首先计算出两个属性的均值和标准差：

	Age	Income
$\hat{\mu}$	27.2	2689
$\hat{\sigma}$	9.77	1726.15

Age可转换为：

$$\texttt{Age}'=(-1.56,-1.35,-0.94,-0.43,-0.02,0.08,0.70,1.0,1.21,1.31)^{\mathrm{T}}$$

例如，对于点 $\boldsymbol{x}_2=(x_{21},x_{22})=(14,500)$，值 $x_{21}=14$ 可以转换为：

$$x_{21}'=\frac{14-27.2}{9.77}=-1.35$$

同样，Income可以转换为：

$$\texttt{Income}'=(-1.38,-1.26,-0.97,-0.39,0.48,0.77,0.94,1.92,-0.10,0.01)^{\mathrm{T}}$$

因此 $x_{22}=-1.26$。$\boldsymbol{x}_1$ 和 $\boldsymbol{x}_2$ 经过 z 归一化之后的距离为：

$$\|\boldsymbol{x}_1'-\boldsymbol{x}_2'\|=\|(-1.56,-1.38)^{\mathrm{T}}-(1.35,-1.26)^{\mathrm{T}}\|=\|(-0.18,-0.12)^{\mathrm{T}}\|=0.216$$

表 2-1 待归一化的数据集

$\boldsymbol{x}_i$	Age (X_1)	Income (X_2)
$\boldsymbol{x}_1$	12	300
$\boldsymbol{x}_2$	14	500
$\boldsymbol{x}_3$	18	1000
$\boldsymbol{x}_4$	23	2000
$\boldsymbol{x}_5$	27	3500
$\boldsymbol{x}_6$	28	4000
$\boldsymbol{x}_7$	34	4300
$\boldsymbol{x}_8$	37	6000
$\boldsymbol{x}_9$	39	2500
$\boldsymbol{x}_{10}$	40	2700

2.5 正态分布

正态分布是最重要的概率密度函数之一，主要原因是很多实际观察到的变量都近似服从正态分布。此外，任意概率分布的均值抽样分布都服从正态分布。正态分布在聚类、密度估计和分类的参量分布选择中也起到了重要作用。

2.5.1 一元正态分布

随机变量 X 服从正态分布，均值为 μ，方差为 σ^2，其概率密度函数可以描述如下：

$$f(x|\mu,\sigma^2)=\frac{1}{\sqrt{2\pi\sigma^2}}\exp\left\{-\frac{(x-\mu)^2}{2\sigma^2}\right\}$$

$(x-\mu)^2$ 衡量了 x 与分布均值 μ 的距离，因此概率密度随着与均值距离的增加而呈指数式下降。概率密度在 $x=\mu$ 的时候取到最大值 $f(\mu)=\frac{1}{\sqrt{2\pi\sigma^2}}$，与标准差 σ 成反比。

例 2.7 图 2-5 给出了标准正态分布的图像（$\mu=0$，$\sigma^2=1$）。正态分布呈现典型的钟形，并关于均值对称。图像同时展示了不同的标准差对分布形状的影响。较小的值（例如 $\sigma=0.5$）对应的分布更“尖”，概率密度在两边衰减较快；而更大的值（例如 $\sigma=2$）对应的分布更“扁平”，概率密度在两边衰减较慢。由于正态分布是对称的，分布的均值 μ 与中位数及众数相等。

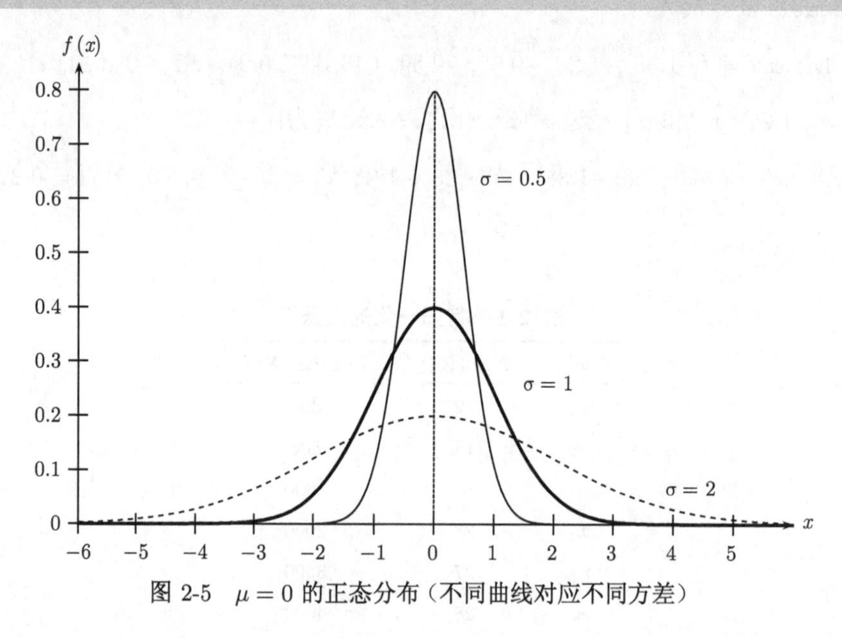

图 2-5 $\mu=0$ 的正态分布（不同曲线对应不同方差）

概率质量

给定区间 $[a,b]$，在该区间上正态分布的概率质量为：

$$P(a\leqslant x\leqslant b)=\int_a^b f(x|\mu,\sigma^2)\mathrm{d}x$$

我们经常会对距离均值 k 个标准差内的概率质量感兴趣，即对于区间 $[\mu-k\sigma,\mu+k\sigma]$ 可以计算如下：

$$P(\mu-k\sigma\leqslant x\leqslant\mu+k\sigma)=\frac{1}{\sqrt{2\pi}\sigma}\int_{\mu-k\sigma}^{\mu+k\sigma}\exp\left\{-\frac{(x-\mu)^2}{2\sigma^2}\right\}\mathrm{d}x$$

通过变量替换 $z=\frac{x-\mu}{\sigma}$，可以等价地得到以标准正态分布表示的公式：

$$\begin{aligned}P(-k\leqslant z\leqslant k)&=\frac{1}{\sqrt{2\pi}}\int_{-k}^{k}\mathrm{e}^{-\frac{1}{2}z^2}\mathrm{d}z\\&=\frac{2}{\sqrt{2\pi}}\int_{0}^{k}\mathrm{e}^{-\frac{1}{2}z^2}\mathrm{d}z\end{aligned}$$

以上公式利用了 $\mathrm{e}^{-\frac{1}{2}z^2}$ 是对称的这一点，因此在 $[-k,k]$ 区间上的积分为 $[0,k]$ 区间上积分的两倍。最后，再通过一次变量变换 $t=\frac{z}{\sqrt{2}}$，可以得到：

$$P(-k\leqslant z\leqslant k)=2\cdot P(0\leqslant t\leqslant k/\sqrt{2})=\frac{2}{\sqrt{\pi}}\int_{0}^{k/\sqrt{2}}\mathrm{e}^{-t^2}\mathrm{d}t=\mathrm{erf}(k/\sqrt{2})\tag{2.32}$$

其中 erf 是**高斯误差函数**（Gauss error function），定义为：

$$\mathrm{erf}(x)=\frac{2}{\sqrt{\pi}}\int_{0}^{x}\mathrm{e}^{-t^2}\mathrm{d}t$$

利用公式 (2.32) 可以计算出距均值 k 个标准差的概率质量。对于 $k=1$，有：

$$P(\mu-\sigma\leqslant x\leqslant\mu+\sigma)=\mathrm{erf}(1/\sqrt{2})=0.6827$$

这意味着 68.27% 的点都处在距均值 1 个标准差的范围内；对于 $k=2$，有 $\mathrm{erf}(2/\sqrt{2})=0.9545$；对于 $k=3$，有 $\mathrm{erf}(3/\sqrt{2})=0.9973$。因此，几乎正态分布的整个概率质量（也就是 99.73%）都在距均值 ±3 个标准差的范围内。

2.5.2 多元正态分布

给定 d 维空间中的向量随机变量 $\boldsymbol{X}=(X_1,X_2,\cdots,X_d)^{\mathrm{T}}$，若 $\boldsymbol{X}$ 服从**多元正态分布**（univariate normal distribution），均值为 $\boldsymbol{\mu}$，协方差矩阵为 $\boldsymbol{\Sigma}$，则其联合多元概率密度函数可以按下式给出：

$$f(\boldsymbol{x}|\boldsymbol{\mu},\boldsymbol{\Sigma})=\frac{1}{(\sqrt{2\pi}^{d}\sqrt{|\boldsymbol{\Sigma}|})}\exp\left\{-\frac{(\boldsymbol{x}-\boldsymbol{\mu})^{\mathrm{T}}\boldsymbol{\Sigma}^{-1}(\boldsymbol{x}-\boldsymbol{\mu})}{2}\right\}\tag{2.33}$$

其中 $|\boldsymbol{\Sigma}|$ 是协方差矩阵的行列式。同一元的情况类似，下式

$$(\boldsymbol{x}_i-\boldsymbol{\mu})^{\mathrm{T}}\boldsymbol{\Sigma}^{-1}(\boldsymbol{x}_i-\boldsymbol{\mu})\tag{2.34}$$

计算点 $\boldsymbol{x}$ 和分布均值 $\boldsymbol{\mu}$ 的距离，称作**马氏距离**（Mahalanobis distance）。该距离考虑了属性间所有的方差-协方差信息。马氏距离是对欧几里得距离的推广，若上式中 $\boldsymbol{\Sigma}=\boldsymbol{I}$，其中 $\boldsymbol{I}$ 是 $d\times d$ 的恒等矩阵（对角线元素全为 1，反对角线元素全为 0），则可以得到：

$$(\boldsymbol{x}_i-\boldsymbol{\mu})^{\mathrm{T}}\boldsymbol{I}^{-1}(\boldsymbol{x}_i-\boldsymbol{\mu})=\|\boldsymbol{x}_i-\boldsymbol{\mu}\|^2$$

欧几里得距离忽略属性间的协方差信息，而马氏距离则显式地将其考虑进去。

标准多元正态分布的参数为 $\boldsymbol{\mu}=\mathbf{0}$ 和 $\boldsymbol{\Sigma}=\boldsymbol{I}$。图 2-6a 画出了标准二元正态分布的概率密度，其中：

$$\boldsymbol{\mu}=\mathbf{0}=\begin{pmatrix}0\\0\end{pmatrix}$$

且

$$\boldsymbol{\Sigma}=\boldsymbol{I}=\begin{pmatrix}1&0\\0&1\end{pmatrix}$$

这事实上代表了两个属性相互独立的情况，且每个属性本身都服从标准正态分布。标准正态分布的对称性可以从图 2-6b 所示的等值线图（contour plot）看出来。每一条等高线代表了一组等概率密度的点 $\boldsymbol{x}$，密度为 $f(\boldsymbol{x})$。

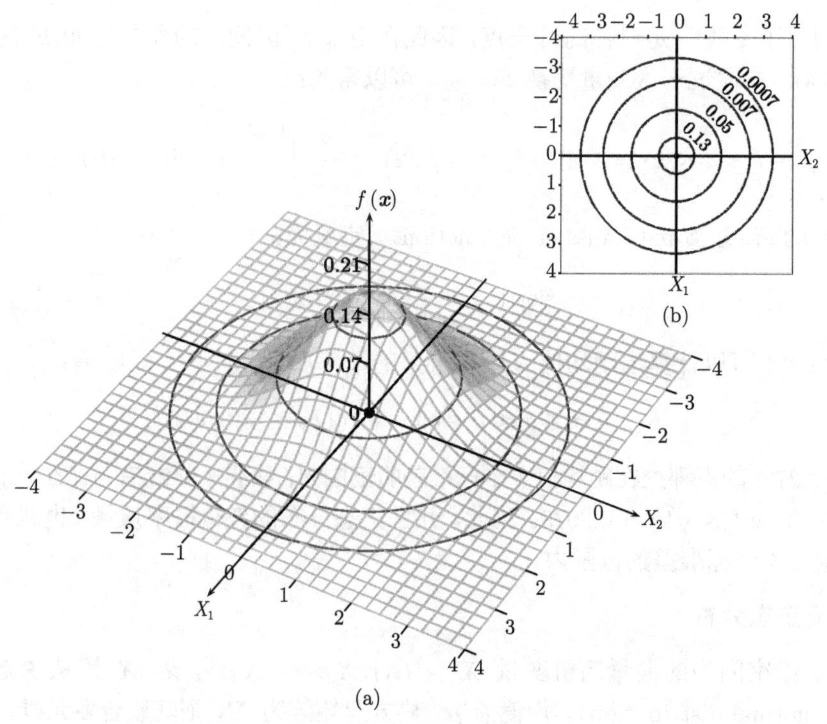

图 2-6　(a) 标准二元正态密度；(b) 等值线图。参数：$\boldsymbol{\mu}=(0,0)^{\mathrm{T}}$，$\boldsymbol{\Sigma}=\boldsymbol{I}$

1. 多元正态分布的几何结构

我们考虑任意均值为 $\boldsymbol{\mu}$、协方差矩阵为 $\boldsymbol{\Sigma}$ 的多元正态分布的几何结构。和标准正态分布相比，我们可以预计概率密度等高线可能会移动、缩放和旋转。当均值 $\boldsymbol{\mu}$ 不为原点 $\mathbf{0}$ 时，会发生移动。缩放是属性方差的结果，旋转是属性间协方差的结果。

正态分布的形状或几何结构可以通过协方差矩阵的特征值分解来分析。由于 $\boldsymbol{\Sigma}$ 是一个 $d\times d$ 的对称半正定矩阵，$\boldsymbol{\Sigma}$ 的特征向量方程可以给定如下：

$$\boldsymbol{\Sigma}\boldsymbol{\mu}_i=\lambda_i\boldsymbol{u}_i$$

其中 λ_i 是 $\boldsymbol{\Sigma}$ 的一个特征值，向量 $\boldsymbol{u}_i\in\mathbb{R}^d$ 是与 λ_i 对应的特征向量。由于 $\boldsymbol{\Sigma}$ 是对称和半正定的，它有 d 个非负的实数特征值，所有的特征值可以按照从大到小的顺序排列如下：$\lambda_1\geqslant\lambda_2\geqslant\ldots\geqslant\lambda_d\geqslant 0$。对角矩阵 $\boldsymbol{\Lambda}$ 可用于记录特征值：

$$\boldsymbol{\Lambda} = \begin{pmatrix} \lambda_1 & 0 & \cdots & 0 \\ 0 & \lambda_2 & \cdots & 0 \\ \vdots & \vdots & \ddots & \vdots \\ 0 & 0 & \cdots & \lambda_d \end{pmatrix}$$

此外，特征向量都是单位向量且两两正交，因此它们是标准正交的：

$$\boldsymbol{\mu}_i^{\mathrm{T}}\boldsymbol{\mu}_i = 1$$

$$\boldsymbol{\mu}_i^{\mathrm{T}}\boldsymbol{\mu}_j = 0,\ i \neq j$$

特征向量可以放到一起组成正交矩阵 $\boldsymbol{U}$，其中任意两列都是标准正交的：

$$\boldsymbol{U} = \begin{pmatrix} | & | & & | \\ \boldsymbol{u}_1 & \boldsymbol{u}_2 & \cdots & \boldsymbol{u}_d \\ | & | & & | \end{pmatrix}$$

$\boldsymbol{\Sigma}$ 的特征值分解可以用下式简洁地表示：

$$\boldsymbol{\Sigma} = \boldsymbol{U}\boldsymbol{\Lambda}\boldsymbol{U}^{\mathrm{T}}$$

上式从几何的角度可以解释为基向量的变换。从原来的对应 d 个属性 X_j 的 d 个维度，我们导出 d 个新的维度 $\boldsymbol{u}_i$。$\boldsymbol{\Sigma}$ 是原空间中的协方差矩阵，其中 $\boldsymbol{\Lambda}$ 是新坐标空间中的协方差矩阵。由于 $\boldsymbol{\Lambda}$ 是对角矩阵，变换后每个新的维度 $\boldsymbol{u}_i$ 的方差为 λ_i，协方差为 0。换句话说，在新的空间里面，正态分布和坐标轴是对齐的（没有旋转分量），但是在各个坐标轴方向上按照特征值 λ_i（代表了该维度上的方差，详见 7.2.4 节）的比例偏斜。

2. *总方差和广义方差*

协方差矩阵的行列式为 $\det(\boldsymbol{\Sigma}) = \prod_{i=1}^{d} \lambda_i$，因此 $\boldsymbol{\Sigma}$ 的广义方差为其特征值的乘积。

由于方阵的迹经过相似变换（例如基变换）后是不变的，我们可以知道数据集 $\boldsymbol{D}$ 的总方差 $\mathrm{var}(\boldsymbol{D})$ 也是不变的，即：

$$\mathrm{var}(\boldsymbol{D}) = \mathrm{tr}(\boldsymbol{\Sigma}) = \sum_{i=1}^{d} \sigma_i^2 = \sum_{i=1}^{d} \lambda_i = \mathrm{tr}(\boldsymbol{\Lambda})$$

亦即：$\sigma_1^2 + \cdots + \sigma_d^2 = \lambda_1 + \cdots + \lambda_d$。

例 2.8（二元正态密度） 将鸢尾花数据集（见表 1-1）的萼片长度（X_1）和萼片宽度（X_2）当作连续型随机变量，我们可以定义一个连续二元随机变量 $\boldsymbol{X} = \begin{pmatrix} X_1 \\ X_2 \end{pmatrix}$。假设 $\boldsymbol{X}$ 服从二元正态分布，我们可以从样本估计出它的参数。样本均值为：

$$\hat{\boldsymbol{\mu}} = (5.843, 3.054)^{\mathrm{T}}$$

样本协方差矩阵为：

$$\hat{\boldsymbol{\Sigma}} = \begin{pmatrix} 0.681 & -0.039 \\ -0.039 & 0.187 \end{pmatrix}$$

两个属性的二元正态概率密度可见图 2-7。该图同时展示了等高线和数据点。

考虑点 $\boldsymbol{x}_2 = (6.9, 3.1)^{\mathrm{T}}$，有：

$$\boldsymbol{x}_2 - \hat{\boldsymbol{\mu}} = \begin{pmatrix} 6.9 \\ 3.1 \end{pmatrix} - \begin{pmatrix} 5.843 \\ 3.054 \end{pmatrix} = \begin{pmatrix} 1.057 \\ 0.046 \end{pmatrix}$$

$\boldsymbol{x}_2$ 和 $\hat{\boldsymbol{\mu}}$ 之间的马氏距离为：

$$
\begin{aligned}
(\boldsymbol{x}_i-\hat{\boldsymbol{\mu}})^{\mathrm{T}}\widehat{\boldsymbol{\Sigma}}^{-1}(\boldsymbol{x}_i-\hat{\boldsymbol{\mu}}) &= (1.057 \quad 0.046)\begin{pmatrix} 0.681 & -0.039 \\ -0.039 & 0.187 \end{pmatrix}^{-1}\begin{pmatrix} 1.057 \\ 0.046 \end{pmatrix} \\
&= (1.057 \quad 0.046)\begin{pmatrix} 1.486 & 0.31 \\ 0.31 & 5.42 \end{pmatrix}\begin{pmatrix} 1.057 \\ 0.046 \end{pmatrix} \\
&= 1.701
\end{aligned}
$$

它们之间的欧几里得距离的平方为：

$$
\|(\boldsymbol{x}_2-\hat{\boldsymbol{\mu}})\|^2 = (1.057 \quad 0.046)\begin{pmatrix} 1.057 \\ 0.046 \end{pmatrix} = 1.119
$$

$\widehat{\boldsymbol{\Sigma}}$ 的特征值和对应的特征向量如下：

$$
\begin{aligned}
\lambda_1 = 0.684 \quad \boldsymbol{u}_1 = (-0.997, 0.078)^{\mathrm{T}} \\
\lambda_2 = 0.184 \quad \boldsymbol{u}_2 = (-0.078, -0.997)^{\mathrm{T}}
\end{aligned}
$$

两个特征向量定义了新的坐标轴。它们的协方差矩阵是：

$$
\boldsymbol{\Lambda} = \begin{pmatrix} 0.684 & 0 \\ 0 & 0.184 \end{pmatrix}
$$

原来的坐标轴 $\boldsymbol{e}_1 = (1,0)^{\mathrm{T}}$ 和 $\boldsymbol{u}_1$ 之间的角度决定了多元正态的旋转角度：

$$
\begin{aligned}
\cos\theta &= \boldsymbol{e}_1^{\mathrm{T}}\boldsymbol{u}_1 = -0.997 \\
\theta &= \cos^{-1}(-0.997) = 175.5^\circ
\end{aligned}
$$

图 2-7 展示了新的坐标轴和新的方差。我们可以看到在原来的坐标轴上，等高线仅仅旋转了 175.5°（或 -4.5°）。

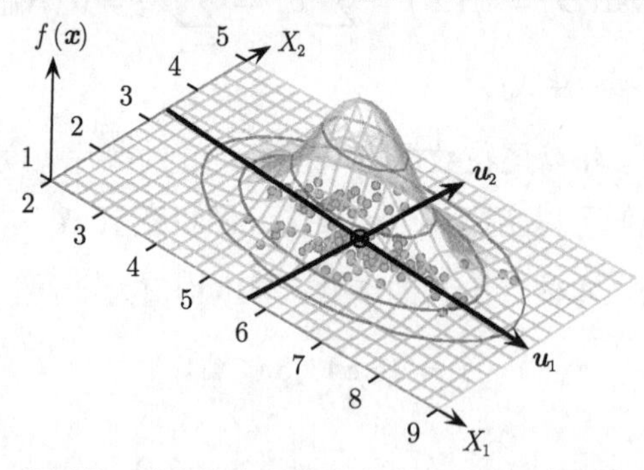

图 2-7 鸢尾花：萼片长度和萼片宽度，二元正态密度和等高线

2.6 补充阅读

关于本章所讨论的内容，还有一些很好的教科书进行了深入探讨，包括 Evans and Rosenthal (2011)、Wasserman (2004)，以及 Rencher and Christensen (2012) 等著作。

Evans, M. and Rosenthal, J. (2011). *Probability and Statistics: The Science of Uncertainty*, 2nd ed. New York: W. H. Freeman.

Rencher, A. C. and Christensen, W. F. (2012). *Methods of Multivariate Analysis*, 3rd ed. Hoboken, NJ: John Wiley & Sons.

Wasserman, L. (2004). *All of Statistics: A Concise Course in Statistical Inference*. New York: Springer Science+Business Media.

2.7 习题

Q1. 判断下列句子的真假。

(a) 均值对于孤立点是健壮的。

(b) 中位数对于孤立点是健壮的。

(c) 标准差对于孤立点是健壮的。

Q2. 令 X 和 Y 为两个随机变量，分别代表年龄和体重。考虑 $n = 20$ 的随机样本：

$$
\begin{aligned}
X =&(69, 74, 68, 70, 72, 67, 66, 70, 76, 68, 72, 79, 74, 67, 66, 71, 74, 75, 75, 76)\\
Y =&(153, 175, 155, 135, 172, 150, 115, 137, 200, 130, 140,\\
&265, 185, 112, 140, 150, 165, 185, 210, 220)
\end{aligned}
$$

(a) 找出 X 的均值、中位数和众数；

(b) 计算 Y 的方差；

(c) 画出 X 的正态分布；

(d) 计算观察到年龄大于等于 80 的概率；

(e) 找出这两个变量的二维均值 $\hat{\boldsymbol{\mu}}$ 和协方差矩阵 $\widehat{\boldsymbol{\Sigma}}$；

(f) 说出年龄和体重之间的相关性；

(g) 画出展示年龄和体重之间关系的散点图。

Q3. 证明公式 (2.15) 的等式是成立的，即：

$$\sum_{i=1}^{n}(x_i - \mu)^2 = n(\hat{\mu} - \mu)^2 + \sum_{i=1}^{n}(x_i - \hat{\mu})^2$$

Q4. 证明若 x_i 是独立的随机变量，则：

$$\operatorname{var}\left(\sum_{i=1}^{n} x_i\right) = \sum_{i=1}^{n} \operatorname{var}(x_i)$$

这一结论在公式 (2.12) 中用到了。

Q5. 对一个随机变量 X，定义*均值绝对偏差*（mean absolute deviation）如下：

$$\frac{1}{n}\sum_{i=1}^{n}|x_i - \mu|$$

这一度量是否是健壮的？为什么？

Q6. 证明向量随机变量 $\boldsymbol{X} = (X_1, X_2)^{\mathrm{T}}$ 的期望值就是由随机变量 X_1 和 X_2 的期望值构成的向量 [如公式 (2.18) 所示]。

Q7. 证明公式 (2.23) 所示的任意两个变量 X_1 和 X_2 的关联度处于区间 [−1,1]。

Q8. 给定表 2-2 中的数据，计算协方差矩阵和广义方差。

表 2-2　Q8 的数据集

	X_1	X_2	X_3
$\boldsymbol{x}_1$	17	17	12
$\boldsymbol{x}_2$	11	9	13
$\boldsymbol{x}_3$	11	8	19

Q9. 证明公式 (2.31) 中关于样本协方差矩阵的外积和公式 (2.29) 等价。

Q10. 假设给定两个一元正态分布 N_A 和 N_B，令其均值和标准差为：$\mu_A = 4$、$\sigma_A = 1$、$\mu_B = 8$、$\sigma_B = 2$。

(a) 对任意的 $x_i \in \{5, 6, 7\}$，这个样本集更可能由哪一个分布产生？

(b) 推导一个点的表达式，满足两个正态分布产生该点的概率相同的条件。

Q11. 考虑表 2-3，假设属性 X 和 Y 都是数值型的，且该表代表了整个总体。若已知 X 和 Y 之间的相关性为 0，如何推断出 Y 的值？

表 2-3　Q11 的数据集

X	Y
1	a
0	b
1	c
0	a
0	c

Q12. 在什么条件下协方差矩阵 $\boldsymbol{\Sigma}$ 会与相关矩阵相等（其中项 (i, j) 给出属性 X_i 和 X_j 之间的关联关系）？对于这两个属性你能得出什么结论？

第3章　类别型属性

本章将讨论类别型属性的分析方法。由于类别型属性只有符号值，许多运算操作都不能直接用于类别型属性，但是我们可以计算这些符号值的频数并将其用于属性分析。

3.1　一元分析

假设数据由一个类别型属性 X 的值构成。令 X 的定义域由 m 个符号值 $\mathrm{dom}(X) = \{a_1, a_2, \cdots, a_m\}$ 构成。数据 $\boldsymbol{D}$ 是一个 $n \times 1$ 的符号数据矩阵，给出如下：

$$\boldsymbol{D} = \begin{pmatrix} X \\ \hline x_1 \\ x_2 \\ \vdots \\ x_n \end{pmatrix}$$

其中 $x_i \in \mathrm{dom}(X)$。

3.1.1　伯努利变量（Bernoulli variable）

首先考虑类别型属性 X 的定义域为 $\{a_1, a_2\}$ 的情况（$m = 2$）。我们可以将 X 建模为一个伯努利随机变量，按照下式取值为 0 或者 1：

$$X(v) = \begin{cases} 1 & v = a_1 \\ 0 & v = a_2 \end{cases}$$

X 的概率质量函数为：

$$P(X = x) = f(x) = \begin{cases} p_1 & x = 1 \\ p_0 & x = 0 \end{cases}$$

其中 p_1 和 p_0 是分布的参数，且满足：

$$p_1 + p_0 = 1$$

由于只有一个自由参数，习惯上写成 $p_1 = p$，则 $p_0 = 1 - p$。伯努利随机变量 X 的概率密度函数可以写为：

$$P(X = x) = f(x) = p^x(1-p)^{1-x}$$

可以看到 $P(X = 1) = p^1(1-p)^0 = p$ 且 $P(X = 0) = p^0(1-p)^1 = 1 - p$，同预期一致。

1. 均值和方差

X 的期望值定义如下：

$$\mu = E[X] = 1 \cdot p + 0 \cdot (1-p) = p$$

X 的方差如下：

$$\begin{aligned}\sigma^2 = \text{var}(X) &= E[X^2] - (E[X])^2 \\ &= (1^2 \cdot p + 0^2 \cdot (1-p)) - p^2 = p - p^2 = p(1-p)\end{aligned} \tag{3.1}$$

2. 样本均值和方差

为估计伯努利变量 X 的参数，我们假设每个符号点都已经被映射到对应的二进制值。因此，假设集合 $\{x_1, x_2, \cdots, x_n\}$ 是从 X 中得到的随机样本（即每一个 x_i 都是和 X 独立同分布的）。

样本均值为：

$$\hat{\mu} = \frac{1}{n}\sum_{i=1}^{n} x_i = \frac{n_1}{n} = \hat{p} \tag{3.2}$$

其中 n_1 是随机样本中 $x_i = 1$ 的数据点数目（和符号 a_1 出现的次数相同）。

令 $n_0 = n - n_1$ 代表随机样本中 $x_i = 0$ 的数据点数目。样本方差为：

$$\begin{aligned}\hat{\sigma}^2 &= \frac{1}{n}\sum_{i=1}^{n}(x_i - \hat{\mu})^2 \\ &= \frac{n_1}{n}(1-\hat{p})^2 + \frac{n-n_1}{n}(-\hat{p})^2 \\ &= \hat{p}(1-\hat{p})^2 + (1-\hat{p})\hat{p}^2 \\ &= \hat{p}(1-\hat{p})(1-\hat{p}+\hat{p}) \\ &= \hat{p}(1-\hat{p})\end{aligned}$$

样本方差也可以通过将公式 (3.1) 中的 p 替换为 $\hat{p}$ 获得。

例 3.1 考虑表 1-1 鸢尾花数据集中的萼片长度属性 X_1。我们将萼片长度在 $[7, \infty]$ 范围内的鸢尾花定义为“长”，萼片长度在 $[-\infty, 7)$ 范围内的鸢尾花为“短”，然后 X_1 就可以看作一个定义域为 {Long（长），Short（短）}的类别型属性。从观察到的 $n = 150$ 的样本，我们找到 13 个类别为“长”的鸢尾花。X_1 的样本均值为：

$$\hat{\mu} = \hat{p} = 13/150 = 0.087$$

其方差为：

$$\hat{\sigma}^2 = \hat{p}(1-\hat{p}) = 0.087(1-0.087) = 0.087 \cdot 0.913 = 0.079$$

3. 二项式分布：出现次数

给定伯努利变量 X，令 $\{x_1, x_2, \cdots, x_n\}$ 代表一个大小为 n 的随机样本。令 N 为代表符号 a_1（$X = 1$）在样本中出现次数的随机变量。N 服从二项式分布：

$$f(N = n_1 | n, p) = \binom{n}{n_1} p^{n_1}(1-p)^{n-n_1} \tag{3.3}$$

事实上，N 是 n 个和 X 独立同分布的独立伯努利随机变量 x_i 的和，即 $N=\sum_{i=1}^{n}x_i$。根据期望的线性性，符号 a_1 的出现次数的均值或期望值为：

$$\mu_N=E[N]=E\left[\sum_{i=1}^{n}x_i\right]=\sum_{i=1}^{n}E[x_i]=\sum_{i=1}^{n}p=np$$

由于 x_i 都是互相独立的，N 的方差为：

$$\sigma_N^2=\operatorname{var}(N)=\sum_{i=1}^{n}\operatorname{var}(x_i)=\sum_{i=1}^{n}p(1-p)=np(1-p)$$

例 3.2 继续例 3.1，我们可以利用估计出的参数 $\hat{p}=0.087$，利用二项式分布来计算长萼片的鸢尾花出现次数 N 的期望值：

$$E[N]=n\hat{p}=150\cdot 0.087=13$$

因为此处 p 是通过 $\hat{p}$ 从样本中估计出来的，所以长鸢尾花的期望出现次数与实际出现次数相符也没什么可惊讶的。然而更有趣的是，我们可以计算出现次数的方差如下：

$$\operatorname{var}(N)=n\hat{p}(1-\hat{p})=150\cdot 0.079=11.9$$

随着样本大小的增加，公式 (3.3) 中的二项式分布会趋向于 $\mu=13$ 和 $\sigma=\sqrt{11.9}=3.45$ 的正态分布。因此，我们可以以大于 95% 的置信度预测 a_1 的出现次数落在区间 $\mu\pm 2\sigma=[9.55,16.45]$ 内，因为一个正态分布中，95.45% 的概率质量会落在距离均值两个标准差的范围之内（参见 2.5.1 节）。

3.1.2 多元伯努利变量

现在考虑一般的情况：X 是一个定义域为 $\{a_1,a_2,\cdots,a_m\}$ 的类别型属性。我们可以将 X 建模为一个 m 维伯努利随机变量 $\boldsymbol{X}=(A_1,A_2,\cdots,A_m)^{\mathrm{T}}$，其中每一个 A_i 是一个参数为 p_i（代表观察到符号 a_i 的概率）的伯努利变量。然而，由于 X 一次只能取一个值，即若 $X=a_i$，则 $A_i=1$，$A_j=0$（$j\neq i$）。随机变量 $\boldsymbol{X}$ 的值域为集合 $\{0,1\}^m$，此外，若 $X=a_i$，则 $\boldsymbol{X}=\boldsymbol{e}_i$，其中 $\boldsymbol{e}_i$ 是第 i 个标准基向量 $\boldsymbol{e}_i\in\mathbb{R}^m$：

$$\boldsymbol{e}_i=(\overbrace{0,\cdots,0}^{i-1},1,\overbrace{0,\cdots,0}^{m-i})^{\mathrm{T}}$$

$\boldsymbol{e}_i$ 中只有第 i 个元素为 1（$e_{ii}=1$），其他元素都为 0（$e_{ij}=0,\forall j\neq i$）。

这正是多元伯努利变量的定义，是对只有两个结果的伯努利变量的推广。因此，我们可以将类别型属性 X 建模为一个多元伯努利随机变量 $\boldsymbol{X}$，如下：

$$\boldsymbol{X}(v)=\boldsymbol{e}_i，若 v=a_i$$

$\boldsymbol{X}$ 的值域由 m 个不同的向量值 $\{\boldsymbol{e}_1,\boldsymbol{e}_2,\cdots,\boldsymbol{e}_m\}$ 构成，且 $\boldsymbol{X}$ 的概率质量函数为：

$$P(\boldsymbol{X}=\boldsymbol{e}_i)=f(\boldsymbol{e}_i)=p_i$$

其中 p_i 是观察到值 a_i 的概率。这些参数必须满足：

$$\sum_{i=1}^{m}p_i=1$$

概率质量函数可以写为以下的紧凑形式：

$$P(\boldsymbol{X}=\boldsymbol{e}_i)=f(\boldsymbol{e}_i)=\prod_{j=1}^{m}p_j^{e_{ij}} \tag{3.4}$$

由于 $e_{ii}=1$ 且 $e_{ij}=0$（$j\neq i$），我们有：

$$f(\boldsymbol{e}_i)=\prod_{j=1}^{m}p_j^{e_{ij}}=p_1^{e_{i0}}\times\cdots p_i^{e_{ii}}\cdots\times p_m^{e_{im}}=p_1^0\times\cdots p_i^1\cdots\times p_m^0=p_i$$

例 3.3　考虑表 1-2 所示的鸢尾花数据集的萼片长度属性 X_1。我们将萼片长度划入 4 个等长的区间，并且给每一个区间命名（如表 3-1 所示）。X_1 变成定义域如下的类别型属性：

$$\{a_1=\texttt{VeryShort},a_2=\texttt{Short},a_3=\texttt{Long},a_4=\texttt{VeryLong}\}$$

我们将 X_1 建模为一个多元伯努利变量 $\boldsymbol{X}$，定义如下：

$$\boldsymbol{X}(v)=\begin{cases}\boldsymbol{e}_1=(1,0,0,0) & 若v=a_1\\ \boldsymbol{e}_2=(0,1,0,0) & 若v=a_2\\ \boldsymbol{e}_3=(0,0,1,0) & 若v=a_3\\ \boldsymbol{e}_4=(0,0,0,1) & 若v=a_4\end{cases}$$

例如，符号点 $x_1=\texttt{Short}=a_2$ 可用向量表示为：$(0,1,0,0)^{\mathrm{T}}=\boldsymbol{e}_2$。

表 3-1　离散化的萼片长度属性

区间	定义域	计数值
[4.3,5.2]	Very Short (a_1)	$n_1=45$
(5.2,6.1]	Short (a_2)	$n_2=50$
(6.1,7.0]	Long (a_3)	$n_3=43$
(7.0,7.9]	Very Long (a_4)	$n_4=12$

1. 均值

$\boldsymbol{X}$ 的均值或期望值为：

$$\boldsymbol{\mu}=E[\boldsymbol{X}]=\sum_{i=1}^{m}\boldsymbol{e}_i f(\boldsymbol{e}_i)=\sum_{i=1}^{m}\boldsymbol{e}_i p_i=\begin{pmatrix}1\\0\\\vdots\\0\end{pmatrix}p_1+\cdots+\begin{pmatrix}0\\0\\\vdots\\1\end{pmatrix}p_m=\begin{pmatrix}p_1\\p_2\\\vdots\\p_m\end{pmatrix}=\boldsymbol{p} \tag{3.5}$$

2. 样本均值

假设每个符号数据点 $x_i\in\boldsymbol{D}$ 可映射到变量 $\boldsymbol{x}_i=\boldsymbol{X}(x_i)$。映射后得到的数据集 $\{\boldsymbol{x}_1,\boldsymbol{x}_2,\cdots,\boldsymbol{x}_n\}$ 可以认为是和 $\boldsymbol{X}$ 独立同分布的。我们可以通过给每一个数据点赋 $\frac{1}{n}$ 的概率质量来计算样本均值：

$$\hat{\boldsymbol{\mu}}=\frac{1}{n}\sum_{i=1}^{n}\boldsymbol{x}_i=\sum_{i=1}^{m}\frac{n_i}{n}\boldsymbol{e}_i=\begin{pmatrix}n_1/n\\n_2/n\\\vdots\\n_m/n\end{pmatrix}=\begin{pmatrix}\hat{p}_1\\\hat{p}_2\\\vdots\\\hat{p}_m\end{pmatrix}=\hat{\boldsymbol{p}} \tag{3.6}$$

其中 n_i 是向量值 $\boldsymbol{e}_i$ 在样本中出现的次数，与符号 a_i 出现的次数相等。此外，我们有 $\sum_{i=1}^{m} n_i = n$，因为 $\boldsymbol{X}$ 只能取 m 个不同的值 $\boldsymbol{e}_i$，且每一个值的出现次数加起来应等于样本大小 n。

例 3.4（样本均值） 考虑每一个离散化的萼片长度属性值 $a_i(\boldsymbol{e}_i)$ 所观察到的次数 n_i（见表 3-1）。由于样本的总大小为 $n = 150$，$\hat{p}_i$ 可以估计如下：

$$\hat{p}_1 = 45/150 = 0.3 \quad \hat{p}_3 = 43/150 = 0.287$$

$$\hat{p}_2 = 50/150 = 0.333 \quad \hat{p}_4 = 12/150 = 0.08$$

图 3-1 中画出了 $\boldsymbol{X}$ 的概率质量函数，$\boldsymbol{X}$ 的样本均值为：

$$\hat{\boldsymbol{\mu}} = \hat{\boldsymbol{p}} = \begin{pmatrix} 0.3 \\ 0.333 \\ 0.287 \\ 0.08 \end{pmatrix}$$

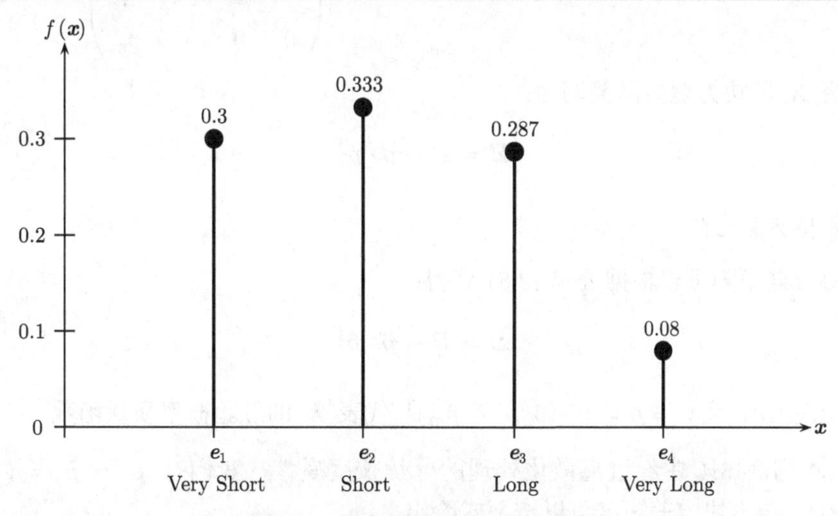

图 3-1 概率质量函数：萼片长度

3. 协方差矩阵

m 维的多元伯努利变量是由 m 个伯努利变量构成的向量。例如，$\boldsymbol{X} = (A_1, A_2, \cdots, A_m)^{\mathrm{T}}$，其中 A_i 为与符号 a_i 相对应的伯努利变量。这些伯努利变量之间的方差-协方差信息构成了 $\boldsymbol{X}$ 的协方差矩阵。

让我们先考虑每一个伯努利变量 A_i 的方差，根据公式 (3.1) 可得：

$$\sigma_i^2 = \mathrm{var}(A_i) = p_i(1 - p_i)$$

接下来考虑 A_i 和 A_j 间的协方差。利用公式 (2.21) 中的等式，可得：

$$\sigma_{ij} = E[A_i A_j] - E[A_i] \cdot E[A_j] = 0 - p_i p_j = -p_i p_j$$

其中用到了 $E[A_i A_j] = 0$ 的情况，因为 A_i 和 A_j 不能同时为 1，所以 $A_i A_j = 0$。这意味着 A_i 和 A_j 之间的关系为负相关。有意思的是，负相关的程度与 A_i 和 A_j 的均值的乘积成正比。

从前面的方差和协方差的表达式，可得 $\boldsymbol{X}$ 的 $m\times m$ 的协方差矩阵为：

$$\boldsymbol{\Sigma}=\begin{pmatrix}\sigma_1^2 & \sigma_{12} & \cdots & \sigma_{1m}\\ \sigma_{12} & \sigma_2^2 & \cdots & \sigma_{2m}\\ \vdots & \vdots & \ddots & \vdots\\ \sigma_{1m} & \sigma_{2m} & \cdots & \sigma_m^2\end{pmatrix}=\begin{pmatrix}p_1(1-p_1) & -p_1p_2 & \cdots & -p_1p_m\\ -p_1p_2 & p_2(1-p_2) & \cdots & -p_2p_m\\ \vdots & \vdots & \ddots & \vdots\\ p_1p_m & -p_2p_m & \cdots & p_m(1-p_m)\end{pmatrix}$$

注意，$\boldsymbol{\Sigma}$ 中的每一行的和均为 0。例如，对于第 i 行，有：

$$-p_ip_1-p_ip_2-\cdots+p_i(1-p_i)-\cdots-p_ip_m=p_i-p_i\sum_{j=1}^{m}p_j=p_i-p_i=0 \tag{3.7}$$

由于 $\boldsymbol{\Sigma}$ 是对称的，可以推出每一列的和也为 0。

定义 $\boldsymbol{P}$ 为一个 $m\times m$ 的对角矩阵：

$$\boldsymbol{P}=\mathrm{diag}(\boldsymbol{p})=\mathrm{diag}(p_1,p_2,\cdots,p_m)=\begin{pmatrix}p_1 & 0 & \cdots & 0\\ 0 & p_2 & \cdots & 0\\ \vdots & \vdots & \ddots & \vdots\\ 0 & 0 & \cdots & p_m\end{pmatrix}$$

我们可以将 $\boldsymbol{X}$ 的协方差矩阵简写为：

$$\boldsymbol{\Sigma}=\boldsymbol{P}-\boldsymbol{p}\cdot\boldsymbol{p}^{\mathrm{T}} \tag{3.8}$$

4. 样本协方差矩阵

样本协方差矩阵可以根据公式 (3.8) 获得：

$$\widehat{\boldsymbol{\Sigma}}=\widehat{\boldsymbol{P}}-\hat{\boldsymbol{p}}\cdot\hat{\boldsymbol{p}}^{\mathrm{T}} \tag{3.9}$$

其中 $\widehat{\boldsymbol{P}}=\mathrm{diag}(\hat{\boldsymbol{p}})$，且 $\hat{\boldsymbol{p}}=\hat{\boldsymbol{\mu}}=(\hat{p}_1,\hat{p}_2,\cdots,\hat{p}_m)^{\mathrm{T}}$ 代表 $\boldsymbol{X}$ 的经验概率质量函数。

例 3.5　回到例 3.4 中经过离散化处理的萼片长度属性，我们有 $\hat{\boldsymbol{\mu}}=\hat{\boldsymbol{p}}=(0.3,0.333,0.287,0.08)^{\mathrm{T}}$。样本协方差矩阵可以按下式给出：

$$\begin{aligned}\widehat{\boldsymbol{\Sigma}}&=\widehat{\boldsymbol{P}}-\hat{\boldsymbol{p}}\cdot\hat{\boldsymbol{p}}^{\mathrm{T}}\\ &=\begin{pmatrix}0.3 & 0 & 0 & 0\\ 0 & 0.333 & 0 & 0\\ 0 & 0 & 0.287 & 0\\ 0 & 0 & 0 & 0.08\end{pmatrix}-\begin{pmatrix}0.3\\ 0.333\\ 0.287\\ 0.08\end{pmatrix}(0.3\quad 0.333\quad 0.287\quad 0.08)\\ &=\begin{pmatrix}0.3 & 0 & 0 & 0\\ 0 & 0.333 & 0 & 0\\ 0 & 0 & 0.287 & 0\\ 0 & 0 & 0 & 0.08\end{pmatrix}-\begin{pmatrix}0.09 & 0.1 & 0.086 & 0.024\\ 0.1 & 0.111 & 0.096 & 0.027\\ 0.086 & 0.096 & 0.082 & 0.023\\ 0.024 & 0.027 & 0.023 & 0.006\end{pmatrix}\end{aligned}$$

$$= \begin{pmatrix} 0.21 & -0.1 & -0.086 & -0.024 \\ -0.1 & 0.222 & -0.096 & -0.027 \\ -0.086 & -0.096 & 0.204 & -0.023 \\ -0.024 & -0.027 & -0.023 & 0.074 \end{pmatrix}$$

可以验证 $\widehat{\boldsymbol{\Sigma}}$ 的每一行（或每一列）的和均为 0。

值得注意的是，这里我们将类别型属性 X 建模为多元伯努利变量 $\boldsymbol{X} = (A_1, A_2, \cdots, A_m)^{\mathrm{T}}$，使得均值和协方差的结构变为显式的；如果我们简单地将映射后的值 $\boldsymbol{X}(x_i)$ 看成一个新的 $n \times m$ 的二值数据矩阵，并应用多元数值型属性分析中的均值和协方差矩阵的定义（见 2.3 节），那么也可以得到一样的结果。本质上来说，从符号 a_i 到二值向量 $\boldsymbol{e}_i$ 的映射是类别型属性分析的核心思想。

例 3.6 考虑鸢尾花数据集中关于萼片长度属性 X_1 的大小为 $n = 5$ 的样本 $\boldsymbol{D}$（如表 3-2a 所示）。同例 3.1 中一样，假设 X_1 只有两个类别值 $\{\texttt{Long}, \texttt{Short}\}$。我们将 X_1 建模为多元伯努利变量 $\boldsymbol{X}_1$ 如下：

$$\boldsymbol{X}_1(v) = \begin{cases} \boldsymbol{e}_1 = (1, 0)^{\mathrm{T}} & 若 v = \texttt{Long}(a_1) \\ \boldsymbol{e}_2 = (0, 1)^{\mathrm{T}} & 若 v = \texttt{Short}(a_2) \end{cases}$$

样本均值 [公式 (3.6)] 为：

$$\hat{\boldsymbol{\mu}} = \hat{\boldsymbol{p}} = (2/5, 3/5)^{\mathrm{T}} = (0.4, 0.6)^{\mathrm{T}}$$

样本协方差矩阵 [公式 (3.9)] 为：

$$\widehat{\boldsymbol{\Sigma}} = \widehat{\boldsymbol{P}} - \hat{\boldsymbol{p}}\hat{\boldsymbol{p}}^{\mathrm{T}} = \begin{pmatrix} 0.4 & 0 \\ 0 & 0.6 \end{pmatrix} - \begin{pmatrix} 0.4 \\ 0.6 \end{pmatrix} (0.4 \quad 0.6)$$

$$= \begin{pmatrix} 0.4 & 0 \\ 0 & 0.6 \end{pmatrix} - \begin{pmatrix} 0.16 & 0.24 \\ 0.24 & 0.36 \end{pmatrix} = \begin{pmatrix} 0.24 & -0.24 \\ -0.24 & 0.24 \end{pmatrix}$$

为证明通过标准数值分析可以得到同样的结果，我们将类别型属性 X 映射为两个伯努利属性 A_1 和 A_2，分别对应符号Long和Short。映射后的数据集参见表 3-2b。样本均值为：

$$\hat{\mu} = \frac{1}{5} \sum_{i=1}^{5} \boldsymbol{x}_i = \frac{1}{5}(2, 3)^{\mathrm{T}} = (0.4, 0.6)^{\mathrm{T}}$$

接下来，通过从每个属性减去均值来实现数据集的居中。居中处理之后映射到表 3-2c 所示的数据集，其中属性 Z_i 为居中属性 A_i。我们可以使用居中列向量的内积 [公式 (2.30)] 来计算协方差矩阵。由此可得：

$$\sigma_1^2 = \frac{1}{5} Z_1^{\mathrm{T}} Z_1 = 1.2/5 = 0.24$$

$$\sigma_2^2 = \frac{1}{5} Z_2^{\mathrm{T}} Z_2 = 1.2/5 = 0.24$$

$$\sigma_{12} = \frac{1}{5} Z_1^{\mathrm{T}} Z_2 = -1.2/5 = -0.24$$

因此, 样本协方差矩阵可以写为:

$$\widehat{\boldsymbol{\Sigma}} = \begin{pmatrix} 0.24 & -0.24 \\ -0.24 & 0.24 \end{pmatrix}$$

这和通过多元伯努利建模得到的结果是一致的。

表 3-2　(a) 类别型数据集; (b) 映射后的二值数据集; (c) 居中数据集

(a)

	X
x_1	Short
x_2	Short
x_3	Long
x_4	Short
x_5	Long

(b)

	A_1	A_2
$\boldsymbol{x}_1$	0	1
$\boldsymbol{x}_2$	0	1
$\boldsymbol{x}_3$	1	0
$\boldsymbol{x}_4$	0	1
$\boldsymbol{x}_5$	1	0

(c)

	Z_1	Z_2
$\boldsymbol{z}_1$	−0.4	0.4
$\boldsymbol{z}_2$	−0.4	0.4
$\boldsymbol{z}_3$	0.6	−0.6
$\boldsymbol{z}_4$	−0.4	0.4
$\boldsymbol{z}_5$	0.6	−0.6

5. 多项式分布: 出现的次数

给定一个多元伯努利变量 $\boldsymbol{X}$ 和从 $\boldsymbol{X}$ 随机抽样得到的样本 $\{\boldsymbol{x}_1, \boldsymbol{x}_2, \cdots, \boldsymbol{x}_n\}$。令 N_i 是代表符号 a_i 在样本中出现次数的随机变量，$\boldsymbol{N} = (N_1, N_2, \cdots, N_m)^{\mathrm{T}}$ 为与所有符号出现次数的联合分布相对应的向量随机变量，则 $\boldsymbol{N}$ 服从多项式分布如下:

$$f(\boldsymbol{N} = (n_1, n_2, \cdots, n_m)|\boldsymbol{p}) = \begin{pmatrix} n \\ n_1 n_2 \cdots n_m \end{pmatrix} \prod_{i=1}^{m} p_i^{n_i}$$

可以看到这是公式 (3.3) 所示的二项式分布的直接推广。下式:

$$\begin{pmatrix} n \\ n_1 n_2 \cdots n_m \end{pmatrix} = \frac{n!}{n_1! n_2! \cdots n_m!}$$

代表符号 a_i 在大小为 n 的样本中出现 n_i 次共有多少种情况，其中 $\sum_{i=1}^{m} n_i = n$。

$\boldsymbol{N}$ 的均值和协方差矩阵是 $\boldsymbol{X}$ 的均值和协方差矩阵的 n 倍，即 $\boldsymbol{N}$ 的均值为:

$$\boldsymbol{\mu}_{\boldsymbol{N}} = E[\boldsymbol{N}] = nE[\boldsymbol{X}] = n \cdot \boldsymbol{\mu} = n \cdot \boldsymbol{p} = \begin{pmatrix} np_1 \\ \vdots \\ np_m \end{pmatrix}$$

其协方差矩阵为:

$$\boldsymbol{\Sigma}_{\boldsymbol{N}} = n \cdot (\boldsymbol{P} - \boldsymbol{p}\boldsymbol{p}^{\mathrm{T}}) = \begin{pmatrix} np_1(1-p_1) & -np_1p_2 & \cdots & -np_1p_m \\ -np_1p_2 & np_2(1-p_2) & \cdots & -np_2p_m \\ \vdots & \vdots & \ddots & \vdots \\ -np_1p_m & -np_2p_m & \cdots & np_m(1-p_m) \end{pmatrix}$$

同样，$\boldsymbol{N}$ 的样本均值和协方差矩阵为:

$$\hat{\boldsymbol{\mu}}_{\boldsymbol{N}} = n\hat{\boldsymbol{p}} \quad \widehat{\boldsymbol{\Sigma}}_{\boldsymbol{N}} = n(\widehat{\boldsymbol{P}} - \hat{\boldsymbol{p}}\hat{\boldsymbol{p}}^{\mathrm{T}})$$

3.2 二元分析

假设数据包含两个类别型属性 X_1 和 X_2，其中：

$$\operatorname{dom}(X_1)=\{a_{11},a_{12},\cdots,a_{1m_1}\}$$
$$\operatorname{dom}(X_2)=\{a_{21},a_{22},\cdots,a_{2m_2}\}$$

给定 n 个类别型点 $\boldsymbol{x}_i=(x_{i1},x_{i2})^{\mathrm{T}}$，其中 $x_{i1}\in\operatorname{dom}(X_1)$，$x_{i2}\in\operatorname{dom}(X_2)$。则数据集 $\boldsymbol{D}$ 可以表示为如下的 $n\times 2$ 符号数据矩阵：

$$\boldsymbol{D}=\begin{pmatrix} X_1 & X_2 \\ \hline x_{11} & x_{12} \\ x_{21} & x_{22} \\ \vdots & \vdots \\ x_{n1} & x_{n2}\end{pmatrix}$$

可以将 X_1 和 X_2 建模为多元伯努利变量 $\boldsymbol{X}_1$ 和 $\boldsymbol{X}_2$，维度分别为 m_1 和 m_2。$\boldsymbol{X}_1$ 和 $\boldsymbol{X}_2$ 的概率质量函数 [公式 (3.4)] 为：

$$P(\boldsymbol{X}_1=\boldsymbol{e}_{1i})=f_1(\boldsymbol{e}_{1i})=p_i^1=\prod_{k=1}^{m_1}(p_i^1)^{e_{ik}^1}$$

$$P(\boldsymbol{X}_2=\boldsymbol{e}_{2j})=f_2(\boldsymbol{e}_{2j})=p_j^2=\prod_{k=1}^{m_2}(p_j^2)^{e_{jk}^2}$$

其中 $\boldsymbol{e}_{1i}$ 是 $\mathbb{R}^{m_1}$ 的第 i 个基向量（对应属性 X_1），其第 k 个分量为 e_{ik}^1；$\boldsymbol{e}_{2j}$ 是 $\mathbb{R}^{m_2}$ 的第 j 个基向量（对应属性 X_2），其第 k 个分量为 e_{jk}^2。此外，参数 p_i^1 代表观察到符号 a_{1i} 的概率，参数 p_j^2 代表观察到符号 a_{2j} 的概率。它们必须满足条件：$\sum_{i=1}^{m_1}p_i^1=1$ 且 $\sum_{j=1}^{m_2}p_j^2=1$。

$\boldsymbol{X}_1$ 和 $\boldsymbol{X}_2$ 的联合分布可以建模为一个 $d'=m_1+m_2$ 维的向量变量 $\boldsymbol{X}=\begin{pmatrix}\boldsymbol{X}_1\\ \boldsymbol{X}_2\end{pmatrix}$，并由以下映射确定：

$$\boldsymbol{X}\big((v_1,v_2)^{\mathrm{T}}\big)=\begin{pmatrix}\boldsymbol{X}_1(v_1)\\ \boldsymbol{X}_2(v_2)\end{pmatrix}=\begin{pmatrix}\boldsymbol{e}_{1i}\\ \boldsymbol{e}_{2j}\end{pmatrix}$$

其中 $v_1=a_{1i}$ 且 $v_2=a_{2j}$。因此 $\boldsymbol{X}$ 的值域由 $m_1\times m_2$ 个不同的向量对 $\{(\boldsymbol{e}_{1i},\boldsymbol{e}_{2j})^{\mathrm{T}}\}$构成，其中 $1\leqslant i\leqslant m_1$ 且 $1\leqslant j\leqslant m_2$。$\boldsymbol{X}$ 的联合概率质量函数为：

$$P(\boldsymbol{X}=(\boldsymbol{e}_{1i},\boldsymbol{e}_{2j})^{\mathrm{T}})=f(\boldsymbol{e}_{1i},\boldsymbol{e}_{2j})=p_{ij}=\prod_{r=1}^{m_1}\prod_{s=1}^{m_2}p_{ij}^{e_{ir}^1\cdot e_{js}^2}$$

其中 p_{ij} 是观察到符号对 (a_{1i},a_{2j}) 的概率。这些概率参数必须满足：$\sum_{i=1}^{m_1}\sum_{j=1}^{m_2}p_{ij}=1$。$\boldsymbol{X}$ 的联合概率质量函数可以表示为 $m_1\times m_2$ 的矩阵：

$$\boldsymbol{P}_{12}=\begin{pmatrix} p_{11} & p_{12} & \cdots & p_{1m_2}\\ p_{21} & p_{22} & \cdots & p_{2m_2}\\ \vdots & \vdots & \ddots & \vdots\\ p_{m_11} & p_{m_12} & \cdots & p_{m_1m_2}\end{pmatrix} \tag{3.10}$$

例 3.7 考虑表 3-1 中的离散化萼片长度属性 X_1。我们同样将萼片宽度属性 X_2 离散化为 3 个值，如表 3-3 所示。因此可得：

$$\mathrm{dom}(X_1)=\{a_{11}=\texttt{VeryShort},a_{12}=\texttt{Short},a_{13}=\texttt{Long},a_{14}=\texttt{VeryLong}\}$$

$$\mathrm{dom}(X_2)=\{a_{21}=\texttt{Short},a_{22}=\texttt{Medium},a_{23}=\texttt{Long}\}$$

符号点 $\boldsymbol{x}=(\texttt{Short},\texttt{Long})=(a_{12},a_{23})$ 被映射到向量：

$$\boldsymbol{X}(\boldsymbol{x})=\begin{pmatrix}\boldsymbol{e}_{12}\\ \boldsymbol{e}_{23}\end{pmatrix}=(0,1,0,0|0,0,1)^{\mathrm{T}}\in\mathbb{R}^7$$

其中用 | 区分两个子向量 $\boldsymbol{e}_{12}=(0,1,0,0)^{\mathrm{T}}\in\mathbb{R}^4$ 和 $\boldsymbol{e}_{23}=(0,0,1)^{\mathrm{T}}\in\mathbb{R}^3$，它们分别代表符号属性萼片长度和萼片宽度。注意，$\boldsymbol{e}_{12}$ 是 $\mathbb{R}^4$ 中的 $\boldsymbol{X}_1$ 的第二个标准基，$\boldsymbol{e}_{23}$ 是 $\mathbb{R}^3$ 中的 $\boldsymbol{X}_1$ 的第三个标准基。

表 3-3 离散化萼片长度属性

区间	定义域	计数值
[2.0,2.8]	Short (a_1)	47
(2.8,3.6]	Medium (a_2)	88
(3.6,4.4]	Long (a_3)	15

1. 均值

二元均值可以从公式 (3.5) 推广得到，如下：

$$\boldsymbol{\mu}=E[\boldsymbol{X}]=E\left[\begin{pmatrix}\boldsymbol{X}_1\\ \boldsymbol{X}_2\end{pmatrix}\right]=\begin{pmatrix}E[\boldsymbol{X}_1]\\ E[\boldsymbol{X}_2]\end{pmatrix}=\begin{pmatrix}\boldsymbol{\mu}_1\\ \boldsymbol{\mu}_2\end{pmatrix}=\begin{pmatrix}\boldsymbol{p}_1\\ \boldsymbol{p}_2\end{pmatrix}$$

其中 $\boldsymbol{\mu}_1=\boldsymbol{p}_1=(p_1^1,\cdots,p_{m_1}^1)^{\mathrm{T}}$ 和 $\boldsymbol{\mu}_2=\boldsymbol{p}_2=(p_1^2,\cdots,p_{m_2}^2)^{\mathrm{T}}$ 是 $\boldsymbol{X}_1$ 和 $\boldsymbol{X}_2$ 的均值向量。向量 $\boldsymbol{p}_1$ 和 $\boldsymbol{p}_2$ 分别代表了 $\boldsymbol{X}_1$ 和 $\boldsymbol{X}_2$ 的概率质量函数。

2. 样本均值

样本均值同样可以从公式 (3.6) 推广而来，给每一个点赋概率质量 $\frac{1}{n}$ 可得：

$$\hat{\boldsymbol{\mu}}=\frac{1}{n}\sum_{i=1}^{n}\boldsymbol{x}_i=\frac{1}{n}\begin{pmatrix}\sum_{i=1}^{m_1}n_i^1\boldsymbol{e}_{1i}\\ \sum_{j=1}^{m_2}n_j^2\boldsymbol{e}_{2j}\end{pmatrix}=\frac{1}{n}\begin{pmatrix}n_1^1\\ \vdots\\ n_{m_1}^1\\ n_1^2\\ \vdots\\ n_{m_2}^2\end{pmatrix}=\begin{pmatrix}\hat{p}_1^1\\ \vdots\\ \hat{p}_{m_1}^1\\ \hat{p}_1^2\\ \vdots\\ \hat{p}_{m_2}^2\end{pmatrix}=\begin{pmatrix}\hat{\boldsymbol{p}}_1\\ \hat{\boldsymbol{p}}_2\end{pmatrix}=\begin{pmatrix}\hat{\boldsymbol{\mu}}_1\\ \hat{\boldsymbol{\mu}}_2\end{pmatrix}$$

其中 n_j^i 是符号 a_{ij} 在大小为 n 的样本中观察到的频数；$\hat{\boldsymbol{\mu}}_i=\hat{\boldsymbol{p}}_i=(p_1^i,p_2^i,\cdots,p_m^i)^{\mathrm{T}}$ 是 $\boldsymbol{X}_i$ 的样本均值向量，同时也是 $\boldsymbol{X}_i$ 的经验概率质量函数。

3. 协方差矩阵

$\boldsymbol{X}$ 的协方差矩阵是一个如下所示的 $d'\times d'=(m_1+m_2)\times(m_1+m_2)$ 的矩阵：

$$\boldsymbol{\Sigma}=\begin{pmatrix}\boldsymbol{\Sigma}_{11} & \boldsymbol{\Sigma}_{12}\\ \boldsymbol{\Sigma}_{12}^{\mathrm{T}} & \boldsymbol{\Sigma}_{22}\end{pmatrix}\tag{3.11}$$

其中 $\boldsymbol{\Sigma}_{11}$ 是 $\boldsymbol{X}_1$ 的 $m_1 \times m_1$ 的协方差矩阵，$\boldsymbol{\Sigma}_{22}$ 是 $\boldsymbol{X}_2$ 的 $m_2 \times m_2$ 的协方差矩阵，由公式 (3.8) 计算可得：

$$\boldsymbol{\Sigma}_{11} = \boldsymbol{P}_1 - \boldsymbol{p}_1\boldsymbol{p}_1^{\mathrm{T}}$$
$$\boldsymbol{\Sigma}_{22} = \boldsymbol{P}_2 - \boldsymbol{p}_2\boldsymbol{p}_2^{\mathrm{T}}$$

其中 $\boldsymbol{P}_1 = \mathrm{diag}(\boldsymbol{p}_1)$，$\boldsymbol{P}_2 = \mathrm{diag}(\boldsymbol{p}_2)$。此外，$\boldsymbol{\Sigma}_{12}$ 是关于 $\boldsymbol{X}_1$ 和 $\boldsymbol{X}_2$ 的 $m_1 \times m_2$ 协方差矩阵，按下式定义：

$$\begin{aligned}
\boldsymbol{\Sigma}_{12} &= E[(\boldsymbol{X}_1 - \boldsymbol{\mu}_1)(\boldsymbol{X}_2 - \boldsymbol{\mu}_2)^{\mathrm{T}}] \\
&= E[\boldsymbol{X}_1\boldsymbol{X}_2^{\mathrm{T}}] - E[\boldsymbol{X}_1]E[\boldsymbol{X}_2]^{\mathrm{T}} \\
&= \boldsymbol{P}_{12} - \boldsymbol{\mu}_1\boldsymbol{\mu}_2^{\mathrm{T}} \\
&= \boldsymbol{P}_{12} - \boldsymbol{p}_1\boldsymbol{p}_2^{\mathrm{T}} \\
&= \begin{pmatrix}
p_{11} - p_1^1 p_1^2 & p_{12} - p_1^1 p_2^2 & \cdots & p_{1m_2} - p_1^1 p_{m_2}^2 \\
p_{21} - p_2^1 p_1^2 & p_{22} - p_2^1 p_2^2 & \cdots & p_{2m_2} - p_2^1 p_{m_2}^2 \\
\vdots & \vdots & \ddots & \vdots \\
p_{m_1 1} - p_{m_1}^1 p_1^2 & p_{m_1 2} - p_{m_1}^1 p_2^2 & \cdots & p_{m_1 m_2} - p_{m_1}^1 p_{m_2}^2
\end{pmatrix}
\end{aligned}$$

其中 $\boldsymbol{P}_{12}$ 代表公式 (3.10) 中的 $\boldsymbol{X}$ 的联合概率质量函数。

与此同时，$\boldsymbol{\Sigma}_{12}$ 的每行和每列的和都为 0。例如，考虑第 i 行和第 j 列：

$$\sum_{k=1}^{m_2}(p_{ik} - p_i^1 p_k^2) = \left(\sum_{k=1}^{m_2} p_{ik}\right) - p_i^1 = p_i^1 - p_i^1 = 0$$
$$\sum_{k=1}^{m_1}(p_{kj} - p_k^1 p_j^2) = \left(\sum_{k=1}^{m_1} p_{kj}\right) - p_j^2 = p_j^2 - p_j^2 = 0$$

这是因为将联合质量函数在所有 $\boldsymbol{X}_2$ 的值上相加，会得到 $\boldsymbol{X}_1$ 的边缘分布；将其在所有 $\boldsymbol{X}_1$ 的值上相加，会得到 $\boldsymbol{X}_2$ 的边缘分布。注意：p_j^2 是观察到符号 a_{2j} 的概率，并不是 p_j 的平方。加之 $\boldsymbol{\Sigma}_{11}$ 和 $\boldsymbol{\Sigma}_{12}$ 的行和与列和也为 0[根据公式 (3.7)]，因此整个协方差矩阵 $\boldsymbol{\Sigma}$ 的行和与列和为 0。

4. 样本协方差矩阵

给定样本协方差矩阵：

$$\widehat{\boldsymbol{\Sigma}} = \begin{pmatrix} \widehat{\boldsymbol{\Sigma}}_{11} & \widehat{\boldsymbol{\Sigma}}_{12} \\ \widehat{\boldsymbol{\Sigma}}_{12}^{\mathrm{T}} & \widehat{\boldsymbol{\Sigma}}_{22} \end{pmatrix} \tag{3.12}$$

其中：

$$\widehat{\boldsymbol{\Sigma}}_{11} = \widehat{\boldsymbol{P}}_1 - \hat{\boldsymbol{p}}_1\hat{\boldsymbol{p}}_1^{\mathrm{T}}$$
$$\widehat{\boldsymbol{\Sigma}}_{22} = \widehat{\boldsymbol{P}}_2 - \hat{\boldsymbol{p}}_2\hat{\boldsymbol{p}}_2^{\mathrm{T}}$$
$$\widehat{\boldsymbol{\Sigma}}_{12} = \widehat{\boldsymbol{P}}_{12} - \hat{\boldsymbol{p}}_1\hat{\boldsymbol{p}}_2^{\mathrm{T}}$$

其中 $\widehat{\boldsymbol{P}}_1 = \text{diag}(\hat{\boldsymbol{p}}_1)$，$\widehat{\boldsymbol{P}}_2 = \text{diag}(\hat{\boldsymbol{p}}_2)$，且 $\hat{\boldsymbol{p}}_1$ 和 $\hat{\boldsymbol{p}}_2$ 分别代表了 $\boldsymbol{X}_1$ 和 $\boldsymbol{X}_2$ 的经验概率质量函数。此外，$\widehat{\boldsymbol{P}}_{12}$ 代表 $\boldsymbol{X}_1$ 和 $\boldsymbol{X}_2$ 的经验联合概率质量函数，表示如下：

$$\widehat{\boldsymbol{P}}_{12}(i,j) = \hat{f}(\boldsymbol{e}_{1i}, \boldsymbol{e}_{2j}) = \frac{1}{n}\sum_{k=1}^{n} I_{ij}(\boldsymbol{x}_k) = \frac{n_{ij}}{n} = \hat{p}_{ij} \tag{3.13}$$

其中 I_{ij} 是指示变量：

$$I_{ij}(\boldsymbol{x}_k) = \begin{cases} 1 & 若\boldsymbol{x}_{k1} = \boldsymbol{e}_{1i}且\boldsymbol{x}_{k2} = \boldsymbol{e}_{2j} \\ 0 & 其他情况 \end{cases}$$

对样本中所有 n 个点的 $I_{ij}(\boldsymbol{x}_k)$ 求和可以得到样本中符号对 (a_{1i}, a_{2j}) 的出现频数 n_{ij}。跨属性协方差矩阵 $\widehat{\boldsymbol{\Sigma}}_{12}$ 的一个问题是需要估计二次数量的参数。即，我们需要获取可靠的计数 n_{ij} 来估计参数 p_{ij}，总计 $O(m_1 \times m_2)$ 的参数需要估计，若类别属性的符号较多，这会是一个大的问题。另一方面，估计 $\widehat{\boldsymbol{\Sigma}}_{11}$ 和 $\widehat{\boldsymbol{\Sigma}}_{22}$ 需要分别估计 m_1 个和 m_2 个参数，分别对应 p_i^1 和 p_j^2。因此，计算 $\boldsymbol{\Sigma}$ 总共需要估计 $m_1 m_2 + m_1 + m_2$ 个参数。

例 3.8 继续考虑例 3.7 中所讨论的二元类别型属性 X_1 和 X_2。根据例 3.4 以及表 3-3 中每个萼片宽度值的出现次数，有：

$$\hat{\boldsymbol{\mu}}_1 = \hat{\boldsymbol{p}}_1 = \begin{pmatrix} 0.3 \\ 0.333 \\ 0.287 \\ 0.08 \end{pmatrix} \qquad \hat{\boldsymbol{\mu}}_2 = \hat{\boldsymbol{p}}_2 = \frac{1}{150}\begin{pmatrix} 47 \\ 88 \\ 15 \end{pmatrix} = \begin{pmatrix} 0.313 \\ 0.587 \\ 0.1 \end{pmatrix}$$

因此，$\boldsymbol{X} = \begin{pmatrix} \boldsymbol{X}_1 \\ \boldsymbol{X}_2 \end{pmatrix}$ 的样本均值为：

$$\hat{\boldsymbol{\mu}} = \begin{pmatrix} \hat{\boldsymbol{\mu}}_1 \\ \hat{\boldsymbol{\mu}}_2 \end{pmatrix} = \begin{pmatrix} \hat{\boldsymbol{p}}_1 \\ \hat{\boldsymbol{p}}_2 \end{pmatrix} = (0.3, 0.333, 0.287, 0.08|0.313, 0.587, 0.1)^{\mathrm{T}}$$

根据例 3.5，我们有：

$$\widehat{\boldsymbol{\Sigma}}_{11} = \begin{pmatrix} 0.21 & -0.1 & -0.086 & -0.024 \\ -0.1 & 0.222 & -0.096 & -0.027 \\ -0.086 & -0.096 & 0.204 & -0.023 \\ -0.024 & -0.027 & -0.023 & 0.074 \end{pmatrix}$$

类似地，我们可以得到：

$$\widehat{\boldsymbol{\Sigma}}_{22} = \begin{pmatrix} 0.215 & -0.184 & -0.031 \\ -0.184 & 0.242 & -0.059 \\ -0.031 & -0.059 & 0.09 \end{pmatrix}$$

接下来，根据公式 (3.13)，我们利用从表 3-4 中观察到的各个值的出现次数来获取 $\boldsymbol{X}_1$ 和 $\boldsymbol{X}_2$ 的经验联合概率质量函数，如图 3-2 所示。从对应的概率我们可以得到：

$$E[\boldsymbol{X}_1\boldsymbol{X}_2^{\mathrm{T}}] = \widehat{\boldsymbol{P}}_{12} = \frac{1}{150}\begin{pmatrix} 7 & 33 & 5 \\ 24 & 18 & 8 \\ 13 & 30 & 0 \\ 3 & 7 & 2 \end{pmatrix} = \begin{pmatrix} 0.047 & 0.22 & 0.033 \\ 0.16 & 0.12 & 0.053 \\ 0.087 & 0.2 & 0 \\ 0.02 & 0.047 & 0.013 \end{pmatrix}$$

更进一步，我们有：

$$\begin{aligned} E[\boldsymbol{X}_1]E[\boldsymbol{X}_2]^{\mathrm{T}} &= \hat{\boldsymbol{\mu}}_1\hat{\boldsymbol{\mu}}_2^{\mathrm{T}} = \hat{\boldsymbol{p}}_1\hat{\boldsymbol{p}}_2^{\mathrm{T}} \\ &= \begin{pmatrix} 0.3 \\ 0.333 \\ 0.287 \\ 0.08 \end{pmatrix}(0.313 \quad 0.587 \quad 0.1) \\ &= \begin{pmatrix} 0.094 & 0.176 & 0.03 \\ 0.104 & 0.196 & 0.033 \\ 0.09 & 0.168 & 0.029 \\ 0.025 & 0.047 & 0.008 \end{pmatrix} \end{aligned}$$

现在可以利用公式 (3.11) 计算 $\boldsymbol{X}_1$ 和 $\boldsymbol{X}_2$ 的跨属性样本协方差矩阵 $\hat{\boldsymbol{\Sigma}}_{12}$ 如下：

$$\begin{aligned} \widehat{\boldsymbol{\Sigma}}_{12} &= \widehat{\boldsymbol{P}}_{12} - \hat{\boldsymbol{p}}_1\hat{\boldsymbol{p}}_2^{\mathrm{T}} \\ &= \begin{pmatrix} -0.047 & 0.044 & 0.003 \\ 0.056 & -0.076 & 0.02 \\ -0.003 & 0.032 & -0.029 \\ -0.005 & 0 & 0.005 \end{pmatrix} \end{aligned}$$

可以看出，$\widehat{\boldsymbol{\Sigma}}_{12}$ 的每行与每列的和均为 0。将 $\widehat{\boldsymbol{\Sigma}}_{11}$、$\widehat{\boldsymbol{\Sigma}}_{22}$、$\widehat{\boldsymbol{\Sigma}}_{12}$ 的所有信息综合起来，可以得到样本协方差矩阵如下：

$$\widehat{\boldsymbol{\Sigma}} = \begin{pmatrix} \widehat{\boldsymbol{\Sigma}}_{11} & \widehat{\boldsymbol{\Sigma}}_{12} \\ \widehat{\boldsymbol{\Sigma}}_{12}^{\mathrm{T}} & \widehat{\boldsymbol{\Sigma}}_{22} \end{pmatrix}$$

$$= \left(\begin{array}{cccc|ccc} 0.21 & -0.1 & -0.086 & -0.024 & -0.047 & 0.044 & 0.003 \\ -0.1 & 0.222 & -0.096 & -0.027 & 0.056 & -0.076 & 0.02 \\ -0.086 & -0.096 & 0.204 & -0.023 & -0.003 & 0.032 & -0.029 \\ -0.024 & -0.027 & -0.023 & 0.074 & -0.005 & 0 & 0.005 \\ \hline -0.047 & 0.056 & -0.003 & -0.005 & 0.215 & -0.184 & -0.031 \\ 0.044 & -0.076 & 0.032 & 0 & -0.184 & 0.242 & -0.059 \\ 0.003 & 0.02 & -0.029 & 0.005 & -0.031 & -0.059 & 0.09 \end{array}\right)$$

$\widehat{\boldsymbol{\Sigma}}$ 中每一行与每一列的和也为 0。

表 3-4　观察到值的频数 (n_{ij})：萼片长度和萼片宽度

		X_2		
		Short(e_{21})	Medium(e_{22})	Long(e_{23})
X_1	Very Short(e_{11})	7	33	5
	Short(e_{22})	24	18	8
	Long(e_{13})	13	30	0
	Very Long (e_{14})	3	7	2

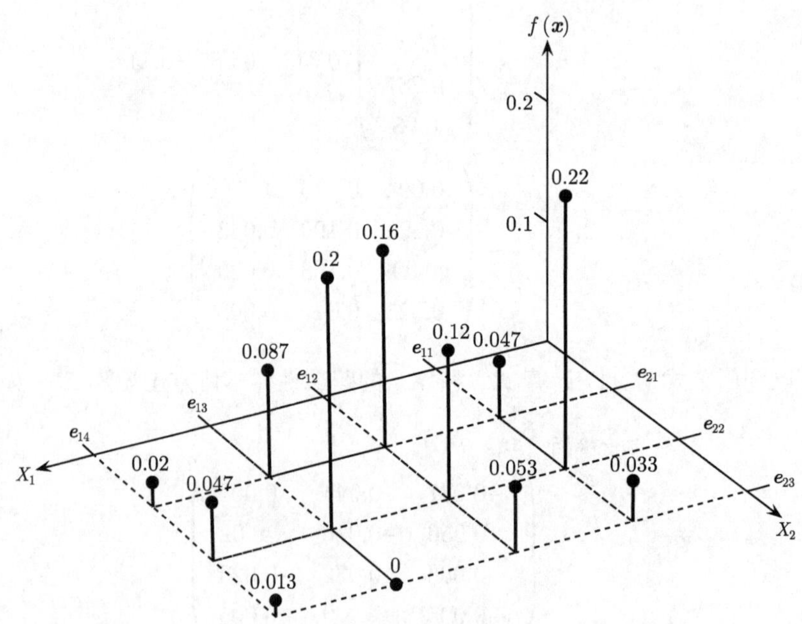

图 3-2　经验联合概率质量函数：萼片长度和萼片宽度

属性依赖：列联分析

判定两个类别型随机变量 X_1 和 X_2 间的独立性，可以通过**列联分析**（contingency table analysis）来完成。其主要思想是建立一个零假设检验框架，其中零假设 H_0 为 $\boldsymbol{X}_1$ 和 $\boldsymbol{X}_2$ 是独立的，备择假设 H_1 为 $\boldsymbol{X}_1$ 和 $\boldsymbol{X}_2$ 是有依赖关系的。我们可以计算在零假设下的卡方统计量（chi-square statistic）χ^2。根据 p 值，我们可以接受或者拒绝零假设；在后一种情况下，两个属性被认为是有依赖关系的。

1. 列联表

$\boldsymbol{X}_1$ 和 $\boldsymbol{X}_2$ 的列联表是一个 $m_1 \times m_2$ 的矩阵，矩阵的元素 n_{ij} 代表各个取值对 $(\boldsymbol{e}_{1i}, \boldsymbol{e}_{2j})$ 在大小为 n 的样本中的出现次数，定义如下：

$$\boldsymbol{N}_{12} = n \cdot \widehat{\boldsymbol{P}}_{12} = \begin{pmatrix} n_{11} & n_{12} & \cdots & n_{1m_2} \\ n_{21} & n_{22} & \cdots & n_{2m_2} \\ \vdots & \vdots & \ddots & \vdots \\ n_{m_11} & n_{m_12} & \cdots & n_{m_1m_2} \end{pmatrix}$$

其中 $\widehat{\boldsymbol{P}}_{12}$ 是 $\boldsymbol{X}_1$ 和 $\boldsymbol{X}_2$ 的经验联合概率质量函数 [公式 (3.13)]。列联表接下来可以用行边缘计数和列边缘计数来扩充：

$$\boldsymbol{N}_1 = n \cdot \hat{\boldsymbol{p}}_1 = \begin{pmatrix} n_1^1 \\ \vdots \\ n_{m_1}^1 \end{pmatrix} \qquad \boldsymbol{N}_2 = n \cdot \hat{\boldsymbol{p}}_2 = \begin{pmatrix} n_1^2 \\ \vdots \\ n_{m_2}^2 \end{pmatrix}$$

行边缘计数和列边缘计数以及样本大小要满足如下约束条件：

$$n_i^1 = \sum_{j=1}^{m_2} n_{ij} \qquad n_j^2 = \sum_{i=1}^{m_1} n_{ij} \qquad n = \sum_{i=1}^{m_1} n_i^1 = \sum_{j=1}^{m_2} n_j^2 = \sum_{i=1}^{m_1}\sum_{j=1}^{m_2} n_{ij}$$

值得注意的是 $\boldsymbol{N}_1$ 和 $\boldsymbol{N}_2$ 都服从多项式分布，参数分别为：$\boldsymbol{p}_1 = (p_1^1, \cdots, p_{m_1}^1)$ 和 $\boldsymbol{p}_2 = (p_1^2, \cdots, p_{m_2}^2)$。此外，$\boldsymbol{N}_{12}$ 同样也服从多项式分布，参数为 $\boldsymbol{P}_{12} = \{p_{ij}\}, 1 \leqslant i \leqslant m_1, 1 \leqslant j \leqslant m_2$。

例 3.9（列联表） 表 3-4 给出了离散化的萼片长度（X_1）和萼片宽度（X_2）属性的值观察次数。添加行边缘计数和列边缘计数及样本大小后就构成了如表 3-5 所示的完整的列联表。

表 3-5 列联表：萼片长度 vs. 萼片宽度

		萼片宽度 (X_2)			
		Short a_{21}	Medium a_{22}	Long a_{23}	行计数
萼片长度 (X_1)	Very Short (a_{11})	7	33	5	$n_1^1 = 45$
	Short (a_{12})	24	18	8	$n_2^1 = 50$
	Long (a_{13})	13	30	0	$n_3^1 = 43$
	Very Long (a_{14})	3	7	2	$n_4^1 = 12$
	列计数	$n_1^2 = 47$	$n_2^2 = 88$	$n_2^3 = 15$	$n = 150$

2. 卡方统计量和假设检验

零假设认为 $\boldsymbol{X}_1$ 和 $\boldsymbol{X}_2$ 是相互独立的，则它们的联合概率质量函数可以写为：

$$\hat{p}_{ij} = \hat{p}_i^1 \cdot \hat{p}_j^2$$

在二者相互独立的假设之下，每一对值的期望出现频率为：

$$e_{ij} = n \cdot \hat{p}_{ij} = n \cdot \hat{p}_i^1 \cdot \hat{p}_j^2 = n \cdot \frac{n_i^1}{n} \cdot \frac{n_j^2}{n} = \frac{n_i^1 n_j^2}{n} \tag{3.14}$$

不过，我们已经从样本得到了每一对值的出现频数 n_{ij}。我们需要确定每一对值出现的观察频数与期望频数之间是否有着显著的差异。若没有显著差异，则独立性假设是有效的，我们接受零假设。反之，若存在显著差异，则我们拒绝零假设并认为属性之间是相互依赖的。

卡方统计量量化了每一对值出现的观察频数与期望频数之间的差异，定义如下：

$$\chi^2 = \sum_{i=1}^{m_1}\sum_{j=1}^{m_2} \frac{(n_{ij} - e_{ij})^2}{e_{ij}} \tag{3.15}$$

至此，我们需要确定获得计算得到的 χ^2 值的概率。通常来讲这是很困难的，因为我们不知道一个给定统计量的分布。幸运的是，对于卡方统计量，我们知道其抽样分布服从卡方密度函数（自由度为 q）：

$$f(x|q) = \frac{1}{2^{q/2}\Gamma(q/2)} x^{\frac{q}{2}-1} e^{-\frac{x}{2}} \tag{3.16}$$

其中 Γ 函数定义为：

$$\Gamma(k > 0) = \int_0^{\infty} x^{k-1} e^{-x} \mathrm{d}x \tag{3.17}$$

自由度 q 代表独立参数的个数。在列联表中，一共有 $m_1 \times m_2$ 个观察频数 n_{ij}。注意，每一行 i 和每一列 j 的和分别必须为 n_i^1 和 n_j^2。此外，行边缘计数和列边缘计数的和都必须等于样本大小 n。因此我们需要从独立参数的数目中减去 $(m_1 + m_2)$。这样会减掉参数（比如 $n_{m_1 m_2}$）两次，所以必须要加一次回来。因此，总的自由度为：

$$\begin{aligned} q &= |\mathrm{dom}(X_1)| \times |\mathrm{dom}(X_2)| - (|\mathrm{dom}(X_1)| + |\mathrm{dom}(X_2)|) + 1 \\ &= m_1 m_2 - m_1 - m_2 + 1 \\ &= (m_1 - 1)(m_2 - 1) \end{aligned}$$

3. p 值

统计量 θ 的 p 值（p-value）定义为当零假设为真时，得到一个至少和观察值 (z) 一样极端的值的概率，如下式所示：

$$p值(z) = P(\theta \geqslant z) = 1 - F(\theta)$$

其中 $F(\theta)$ 是该统计量的累积概率分布。

p 值度量了该统计量的观察值出乎意料的程度。若观察值处于一个低概率的区域，则该观察是更意外的。通常来讲，较低的 p 值代表了更意外的观察值，也就有更充足的理由拒绝零假设。如果 p 值低于某个**显著性水平**（significance level）α，我们就拒绝零假设。例如，若 $\alpha = 0.01$，则当 $p值(z) \leqslant a$ 时拒绝零假设。显著性水平 α 代表了拒绝为真的零假设的概率。对于给定的显著性水平 α，满足 $p值(z) = \alpha$ 的待检统计量的值 z，被称作**临界值**（critical value）。另一种拒绝零假设的检验方式是判断 $\chi^2 > z$ 是否成立，因为 χ^2 的 p 值是以 α 为上界的，即 $p值(\chi^2) \leqslant p值(z) = \alpha$。值 $1 - \alpha$ 又被称为**置信度**（confidence level）。

例 3.10 考虑表 3-5 所示的关于萼片长度和萼片宽度的列联表。利用公式 (3.14) 计算期望计数，如表 3-6 所示。例如，我们有：

$$e_{11} = \frac{n_1^1 n_1^2}{n} = \frac{45 \cdot 47}{150} = \frac{2115}{150} = 14.1$$

利用公式 (3.15) 可以计算出 $\chi^2 = 21.8$。

此外，自由度数目为：

$$q = (m_1 - 1) \cdot (m_2 - 1) = 3 \cdot 2 = 6$$

自由度为 6 的卡方密度函数可见图 3-3。根据累积卡方分布，我们有：

$$p值(21.8) = 1 - F(21.8|6) = 1 - 0.9987 = 0.0013$$

在显著性水平为 $\alpha = 0.01$ 的情况下，我们完全可以拒绝零假设，因为一个较大的 χ^2 值是比较意外的。此外，在 0.01 的显著性水平下，统计量的临界值为：

$$z = F^{-1}(1 - 0.01|6) = F^{-1}(0.99|6) = 16.81$$

这一临界值也显示在图 3-3 中，我们可以清楚地看到观察到的值 21.8 位于拒绝零假设的区域，因为 $21.8 > z = 16.81$。因此，我们拒绝萼片长度和宽度相互独立的零假设，并接受它们是相关的备择假设。

表 3-6 计数期望值

		X_2		
		Short(a_{21})	Medium (a_{22})	Long(a_{23})
X_1	Very Short (a_{11})	14.1	26.4	4.5
	Short (a_{12})	15.67	29.33	5.0
	Long (a_{13})	13.47	25.23	4.3
	Very Long (a_{14})	3.76	7.04	1.2

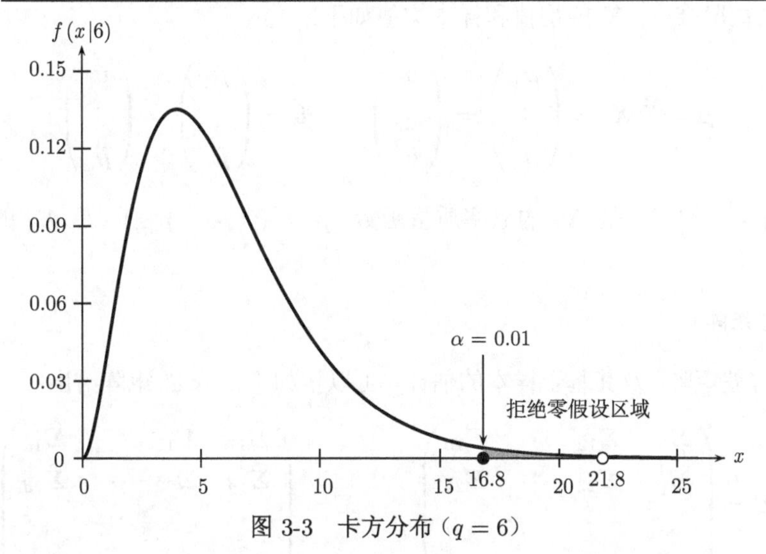

图 3-3 卡方分布（$q = 6$）

3.3 多元分析

假设数据集包含 d 个类别型属性 X_j（$1 \leqslant j \leqslant d$）$\text{dom}(X_j) = a_{j1}, a_{j2}, \cdots, a_{jm_j}$。给定 n 个类别型点 $\boldsymbol{x}_i = (x_{i1}, x_{i2}, \cdots, x_{id})^{\mathrm{T}}$，$x_{ij} \in \text{dom}(X_j)$。整个数据集是一个 $n \times d$ 的符号矩阵，如下所示：

$$\boldsymbol{D} = \begin{pmatrix} X_1 & X_2 & \cdots & X_d \\ \hline x_{11} & x_{12} & \cdots & x_{1d} \\ x_{21} & x_{22} & \cdots & x_{2d} \\ \vdots & \vdots & \ddots & \vdots \\ x_{n1} & x_{n2} & \cdots & x_{nd} \end{pmatrix}$$

每个属性 X_i 都建模为一个 m_i 维的多元伯努利变量 $\boldsymbol{X}_i$，它们的联合分布可建模为一个 $d' = \sum_{j=1}^{d} m_j$ 维的向量随机变量：

$$\boldsymbol{X} = \begin{pmatrix} \boldsymbol{X}_1 \\ \vdots \\ \boldsymbol{X}_d \end{pmatrix}$$

每个类别型数据点 $\boldsymbol{v} = (v_1, v_2, \cdots, v_d)^{\mathrm{T}}$ 则可以表示成为一个 d' 维的二元向量。

$$\boldsymbol{X}(\boldsymbol{v}) = \begin{pmatrix} \boldsymbol{X}_1(\boldsymbol{v}_1) \\ \vdots \\ \boldsymbol{X}_d(\boldsymbol{v}_d) \end{pmatrix} = \begin{pmatrix} \boldsymbol{e}_{1k_1} \\ \vdots \\ \boldsymbol{e}_{dk_d} \end{pmatrix}$$

其中 $v_i = a_{ik_i}$，是 X_i 的第 k_i 个符号。这里 $\boldsymbol{e}_{ik_i}$ 是 $\mathbb{R}^{m_i}$ 中的第 k_i 个标准基向量。

1. 均值

从二元的情况推广，$\boldsymbol{X}$ 的均值和样本均值如下：

$$\boldsymbol{\mu} = E[\boldsymbol{X}] = \begin{pmatrix} \boldsymbol{\mu}_1 \\ \vdots \\ \boldsymbol{\mu}_d \end{pmatrix} = \begin{pmatrix} \boldsymbol{p}_1 \\ \vdots \\ \boldsymbol{p}_d \end{pmatrix} \qquad \hat{\boldsymbol{\mu}} = \begin{pmatrix} \hat{\boldsymbol{\mu}}_1 \\ \vdots \\ \hat{\boldsymbol{\mu}}_d \end{pmatrix} = \begin{pmatrix} \hat{\boldsymbol{p}}_1 \\ \vdots \\ \hat{\boldsymbol{p}}_d \end{pmatrix}$$

其中 $\boldsymbol{p}_i = (p_1^i, \cdots, p_{m_i}^i)^{\mathrm{T}}$ 是 $\boldsymbol{X}_i$ 的概率质量函数，$\hat{\boldsymbol{p}}_i = (\hat{p}_1^i, \cdots, \hat{p}_{m_i}^i)^{\mathrm{T}}$ 是 $\boldsymbol{X}_i$ 的经验概率质量函数。

2. 协方差矩阵

$\boldsymbol{X}$ 的协方差矩阵，及其基于样本的估计，可以按如下 $d' \times d'$ 矩阵给出：

$$\boldsymbol{\Sigma} = \begin{pmatrix} \boldsymbol{\Sigma}_{11} & \boldsymbol{\Sigma}_{12} & \cdots & \boldsymbol{\Sigma}_{1d} \\ \boldsymbol{\Sigma}_{12}^{\mathrm{T}} & \boldsymbol{\Sigma}_{22} & \cdots & \boldsymbol{\Sigma}_{2d} \\ \cdots & \cdots & \ddots & \cdots \\ \boldsymbol{\Sigma}_{1d}^{\mathrm{T}} & \boldsymbol{\Sigma}_{2d}^{\mathrm{T}} & \cdots & \boldsymbol{\Sigma}_{dd} \end{pmatrix} \qquad \widehat{\boldsymbol{\Sigma}} = \begin{pmatrix} \widehat{\boldsymbol{\Sigma}}_{11} & \widehat{\boldsymbol{\Sigma}}_{12} & \cdots & \widehat{\boldsymbol{\Sigma}}_{1d} \\ \widehat{\boldsymbol{\Sigma}}_{12}^{\mathrm{T}} & \widehat{\boldsymbol{\Sigma}}_{22} & \cdots & \widehat{\boldsymbol{\Sigma}}_{2d} \\ \cdots & \cdots & \ddots & \cdots \\ \widehat{\boldsymbol{\Sigma}}_{1d}^{\mathrm{T}} & \widehat{\boldsymbol{\Sigma}}_{2d}^{\mathrm{T}} & \cdots & \widehat{\boldsymbol{\Sigma}}_{dd} \end{pmatrix}$$

其中 $d' = \sum_{i=1}^{d} m_i$，且 $\boldsymbol{\Sigma}_{ij}$ 和 $\widehat{\boldsymbol{\Sigma}}_{ij}$ 是 $\boldsymbol{X}_i$ 和 $\boldsymbol{X}_j$ 的 $m_i \times m_j$ 的协方差矩阵及其估计：

$$\boldsymbol{\Sigma}_{ij} = \boldsymbol{P}_{ij} - \boldsymbol{p}_i \boldsymbol{p}_j^{\mathrm{T}} \qquad \widehat{\boldsymbol{\Sigma}}_{ij} = \widehat{\boldsymbol{P}}_{ij} - \hat{\boldsymbol{p}}_i \hat{\boldsymbol{p}}_j^{\mathrm{T}} \tag{3.18}$$

其中 $\boldsymbol{P}_{ij}$ 是 $\boldsymbol{X}_i$ 和 $\boldsymbol{X}_j$ 的联合概率质量函数，$\widehat{\boldsymbol{P}}_{ij}$ 是 $\boldsymbol{X}_i$ 和 $\boldsymbol{X}_j$ 的经验联合概率质量函数[可用公式 (3.13) 计算]。

例 3.11 （多元分析）　考虑鸢尾花数据集的一个三维子集，包含的属性为萼片长度 X_1、萼片宽度 X_2，还有鸢尾花类型 X_3。X_1 和 X_2 的定义域分别在表 3-1 和表 3-3 中给出。dom(X_3) ={`iris-versicolor`, `iris-setosa`, `iris-virginica`}。X_3 的每个值都出现了 50 次。

类别型数据点 $\boldsymbol{x}=$（Short，Medium，iris-versicolor）可以建模为如下向量：

$$\boldsymbol{X}(\boldsymbol{x})=\begin{pmatrix}\boldsymbol{e}_{12}\\ \boldsymbol{e}_{22}\\ \boldsymbol{e}_{32}\end{pmatrix}=(0,1,0,0|0,1,0|1,0,0)^{\mathrm{T}}\in\mathbb{R}^{10}$$

根据例 3.8，加之 $\mathrm{dom}(X_3)$ 中的每个值都出现 50 次（样本大小为 $n=150$），样本均值为：

$$\hat{\boldsymbol{\mu}}=\begin{pmatrix}\hat{\boldsymbol{\mu}}_1\\ \hat{\boldsymbol{\mu}}_2\\ \hat{\boldsymbol{\mu}}_3\end{pmatrix}=\begin{pmatrix}\hat{\boldsymbol{p}}_1\\ \hat{\boldsymbol{p}}_2\\ \hat{\boldsymbol{p}}_3\end{pmatrix}=(0.3,0.333,0.287,0.08|0.313,0.587,0.1|0.33,0.33,0.33)^{\mathrm{T}}$$

利用 $\hat{\boldsymbol{p}}_3=(0.33,0.33,0.33)^{\mathrm{T}}$ 可以计算 X_3 的样本协方差矩阵 [公式 (3.9)]：

$$\widehat{\boldsymbol{\Sigma}}_{33}=\begin{pmatrix}0.222 & -0.111 & -0.111\\ -0.111 & 0.222 & -0.111\\ -0.111 & -0.111 & 0.222\end{pmatrix}$$

根据公式 (3.18)，有：

$$\widehat{\boldsymbol{\Sigma}}_{13}=\begin{pmatrix}-0.067 & 0.16 & -0.093\\ 0.082 & -0.038 & -0.044\\ 0.011 & -0.096 & 0.084\\ -0.027 & -0.027 & 0.053\end{pmatrix}$$

$$\widehat{\boldsymbol{\Sigma}}_{23}=\begin{pmatrix}0.076 & -0.098 & 0.022\\ -0.042 & 0.044 & -0.002\\ -0.033 & 0.053 & -0.02\end{pmatrix}$$

与例 3.8 中得到的 $\widehat{\boldsymbol{\Sigma}}_{11}$、$\widehat{\boldsymbol{\Sigma}}_{22}$ 和 $\widehat{\boldsymbol{\Sigma}}_{12}$ 相结合，最终的样本协方差矩阵是一个 10×10 的对称矩阵：

$$\widehat{\boldsymbol{\Sigma}}=\begin{pmatrix}\widehat{\boldsymbol{\Sigma}}_{11} & \widehat{\boldsymbol{\Sigma}}_{12} & \widehat{\boldsymbol{\Sigma}}_{13}\\ \widehat{\boldsymbol{\Sigma}}_{12}^{\mathrm{T}} & \widehat{\boldsymbol{\Sigma}}_{22} & \widehat{\boldsymbol{\Sigma}}_{23}\\ \widehat{\boldsymbol{\Sigma}}_{13}^{\mathrm{T}} & \widehat{\boldsymbol{\Sigma}}_{23}^{\mathrm{T}} & \widehat{\boldsymbol{\Sigma}}_{33}\end{pmatrix}$$

多向列联分析

为进行多向列联分析（multiway contingency analysis），首先要确定 $\boldsymbol{X}$ 的经验联合概率质量函数：

$$\hat{f}(\boldsymbol{e}_{1i_1},\boldsymbol{e}_{2i_2},\cdots,\boldsymbol{e}_{di_d})=\frac{1}{n}\sum_{k=1}^{n}I_{i_1i_2\cdots i_d}(\boldsymbol{x}_k)=\frac{n_{i_1i_2\cdots i_d}}{n}=\hat{p}_{i_1i_2\cdots i_d}$$

其中 $I_{i_1i_2\cdots i_d}$ 是指示变量：

$$I_{i_1i_2\cdots i_d}(\boldsymbol{x}_k)=\begin{cases}1 & 若\ x_{k1}=\boldsymbol{e}_{1i_1},x_{k2}=\boldsymbol{e}_{2i_2},\cdots,x_{kd}=\boldsymbol{e}_{di_d}\\ 0 & 其他情况\end{cases}$$

累加 n 个点的 $I_{i_1 i_2 \cdots i_d}$ 可以得到符号向量（$a_{1i_1}, a_{2i_2}, \cdots, a_{di_d}$）的出现频数 $n_{i_1 i_2 \cdots i_d}$。将出现次数除以样本大小可以得到观察到这些符号的概率。利用 $\boldsymbol{i} = i_1 i_2 \cdots i_d$ 表示下标元组，可以将联合经验概率质量函数写为一个 d 维的矩阵 $\widehat{\boldsymbol{P}}$（大小为 $m_1 \times m_2 \times \cdots \times m_d = \prod_{i=1}^d m_i$）：

$$\widehat{\boldsymbol{P}}(\boldsymbol{i}) = \{\hat{p}_{\boldsymbol{i}}\}, \text{对所有的下标元组}\boldsymbol{i}, \text{且} 1 \leqslant i_1 \leqslant m_1, \cdots, 1 \leqslant i_d \leqslant m_d$$

其中 $\hat{p}_{\boldsymbol{i}} = \hat{p}_{i_1 i_2 \ldots i_d}$。$d$ 维的列联表可以表示为：

$$\boldsymbol{N} = n \times \widehat{\boldsymbol{P}} = \{n_{\boldsymbol{i}}\}, \text{对所有的下标元组}\boldsymbol{i}, \text{且} 1 \leqslant i_1 \leqslant m_1, \cdots, 1 \leqslant i_d \leqslant m_d$$

其中 $n_{\boldsymbol{i}} = n_{i_1 i_2 \cdots i_d}$。利用所有 d 个属性 $\boldsymbol{X}_i$ 的边缘计数向量 $\boldsymbol{N}_i$ 来扩充列联表：

$$\boldsymbol{N}_i = n\hat{\boldsymbol{p}}_i = \begin{pmatrix} n_1^i \\ \vdots \\ n_{m_i}^i \end{pmatrix}$$

其中 $\hat{\boldsymbol{p}}_i$ 是 $\boldsymbol{X}_i$ 的经验概率质量函数。

卡方检验

我们可以检验 d 个类别型属性之间的 d 向相关性，零假设 H_0 是这些属性是 d 向不相关的。备择假设 H_1 是这些属性并不是 d 向不相关的，即它们在某种程度上是相关的。注意，d 维列联分析表明的是所有的 d 个属性一起考虑的时候是否相互独立。如果我们要判断 $k \leqslant d$ 个属性的任意子集是否独立，需要进行 k 向的列联分析。

根据零假设，符号元组 $(a_{1i_1}, a_{2i_2}, \cdots, a_{di_d})$ 的期望出现频数为：

$$e_{\boldsymbol{i}} = n \cdot \hat{p}_{\boldsymbol{i}} = n \cdot \prod_{j=1}^d \hat{p}_{i_j}^j = \frac{n_{i_1}^1 n_{i_2}^2 \cdots n_{i_d}^d}{n^{d-1}} \tag{3.19}$$

卡方统计量衡量了观察到的频数 $n_{\boldsymbol{i}}$ 和期望频数 $e_{\boldsymbol{i}}$ 之间的差距：

$$\chi^2 = \sum_{\boldsymbol{i}} \frac{(n_{\boldsymbol{i}} - e_{\boldsymbol{i}})^2}{e_{\boldsymbol{i}}} = \sum_{i_1=1}^{m_1} \sum_{i_2=1}^{m_2} \cdots \sum_{i_d=1}^{m_d} \frac{(n_{i_1,i_2,\cdots,i_d} - e_{i_1,i_2,\cdots,i_d})^2}{e_{i_1,i_2,\cdots,i_d}} \tag{3.20}$$

卡方统计量服从自由度为 q 的卡方密度函数。对于 d 向列联表，表面上共有 $\prod_{i=1}^d |\text{dom}(X_i)|$ 个独立参数。但在计算自由度 q 的时候，我们要减去 $\sum_{i=1}^d |\text{dom}(X_i)|$ 个自由度，因为每个维度 $\boldsymbol{X}_i$ 上的边缘计数向量必须等于 $\boldsymbol{N}_i$。这样减了之后一个参数会被减去 d 次，因此我们还要将这 $d-1$ 加回来。因此，自由度总数为：

$$\begin{aligned} q &= \prod_{i=1}^d |\text{dom}(X_i)| - \sum_{i=1}^d |\text{dom}(X_i)| + (d-1) \\ &= \left(\prod_{i=1}^d m_i\right) - \left(\sum_{i=1}^d m_i\right) + d - 1 \end{aligned} \tag{3.21}$$

要拒绝零假设，我们必须要检查观察到的 χ^2 值的 p 值是否小于设定的显著性水平（不妨令 $\alpha = 0.01$），这其中要用到公式 (3.16) 所示的自由度为 q 的卡方密度。

例 3.12 考虑图 3-4 所示的三向列联表。该图给出了每个对应属性萼片长度（X_1）、萼片宽度（X_2）和分类号（X_3）的符号元组（a_{1i}, a_{2j}, a_{3k}）的观察计数。根据表 3-5 所示的 X_1 和 X_2 的边缘计数，以及 X_3 的每个值都出现了 50 次，可以根据公式 (3.19) 计算每个格的期望计数，例如：

$$e_{(4,1,1)} = \frac{n_4^1 \cdot n_1^2 \cdot n_1^3}{150^2} = \frac{45 \cdot 47 \cdot 50}{150 \cdot 150} = 4.7$$

X_3 的 3 个值的期望计数是相等的（如表 3-7 所示）。

卡方统计量的值 [公式 (3.20)] 为：

$$\chi^2 = 231.06$$

根据公式 (3.21)，自由度数目为：

$$q = 4 \cdot 3 \cdot 3 - (4+3+3) + 2 = 36 - 10 + 2 = 28$$

在图 3-4 中，粗体的计数值都是相关参数。其他计数值是无关的。事实上，任意 8 个不同的单元格都可以选为相关参数。

在显著性水平为 $\alpha = 0.01$ 的情况下，卡方分布的临界值为 $z = 48.28$。观察到的 $\chi^2 = 231.06$ 要远大于 z，因此是极其不可能在零假设的情况下发生的。我们可以得出结论：这三个属性不是三向独立的，它们之间存在某种相关性。然而，本例也体现了多向列联分析的一个缺陷。从图 3-4 我们可以看出许多观察计数为 0。这是因为样本规模较小，我们并不能可靠地估计所有的多向计数。因此，相关性测试也不一定可靠。

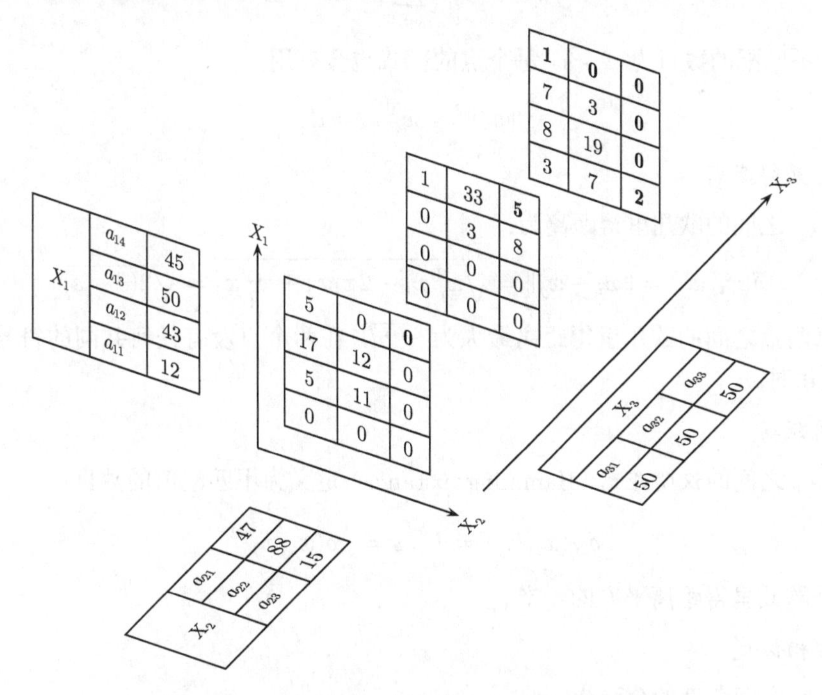

图 3-4 三向列联表（每个维度上都有边缘计数）

表 3-7 三向期望计数

		$X_3(a_{31}/a_{32}/a_{33})$		
		X_2		
		a_{21}	a_{22}	a_{23}
X_1	a_{11}	1.25	2.35	0.40
	a_{12}	4.49	8.41	1.43
	a_{13}	5.22	9.78	1.67
	a_{14}	4.70	8.80	1.50

3.4 距离和角度

将类别型属性建模为多元伯努利变量之后，就可以计算任意两个点 $\boldsymbol{x}_i$ 和 $\boldsymbol{x}_j$ 之间的距离和角度了：

$$\boldsymbol{x}_i = \begin{pmatrix} \boldsymbol{e}_{1i_1} \\ \vdots \\ \boldsymbol{e}_{di_d} \end{pmatrix} \quad \boldsymbol{x}_j = \begin{pmatrix} \boldsymbol{e}_{1j_1} \\ \vdots \\ \boldsymbol{e}_{dj_d} \end{pmatrix}$$

不同的距离或者相似度的度量取决于 $\boldsymbol{X}_k$ 的 d 个属性的匹配与不匹配的值（或符号）的数量。例如，我们可以通过点乘计算匹配的值的数量 s：

$$s = \boldsymbol{x}_i^{\mathrm{T}} \boldsymbol{x}_j = \sum_{k=1}^{d} (\boldsymbol{e}_{ki_k})^{\mathrm{T}} \boldsymbol{e}_{kj_k}$$

另一方面，不匹配的数目为 $d-s$。每个点的范式也会有用：

$$\|\boldsymbol{x}_i\|^2 = \boldsymbol{x}_i^{\mathrm{T}} \boldsymbol{x}_i = d$$

1. 欧几里得距离

$\boldsymbol{x}_i$ 和 $\boldsymbol{x}_j$ 之间的欧几里得距离为：

$$\delta(\boldsymbol{x}_i, \boldsymbol{x}_j) = \|\boldsymbol{x}_i - \boldsymbol{x}_j\| = \sqrt{\boldsymbol{x}_i^{\mathrm{T}} \boldsymbol{x}_i - 2\boldsymbol{x}_i \boldsymbol{x}_j + \boldsymbol{x}_j^{\mathrm{T}} \boldsymbol{x}_j} = \sqrt{2(d-s)}$$

因此，任意两点之间的欧几里得距离最大为 $\sqrt{2d}$，在两个点没有任何共同的符号的时候取到，即 $s=0$ 时。

2. 汉明距离

$\boldsymbol{x}_i$ 和 $\boldsymbol{x}_j$ 之间的汉明距离（Hamming distance）定义为不匹配值的数目：

$$\delta_H(\boldsymbol{x}_i, \boldsymbol{x}_j) = d - s = \frac{1}{2} \delta(\boldsymbol{x}_i, \boldsymbol{x}_j)^2$$

汉明距离是欧几里得距离平方的一半。

3. 余弦相似度

$\boldsymbol{x}_i$ 和 $\boldsymbol{x}_j$ 之间角度的余弦为：

$$\cos\theta = \frac{\boldsymbol{x}_i^{\mathrm{T}} \boldsymbol{x}_j}{\|\boldsymbol{x}_i\| \cdot \|\boldsymbol{x}_j\|} = \frac{s}{d}$$

4. Jaccard 系数

Jaccard 系数（Jaccard Coefficient）是一种常用于两个类别点之间的相似性度量。它定义为 d 个在 $\boldsymbol{x}_i$ 和 $\boldsymbol{x}_j$ 中同时出现的值的数目除以在 $\boldsymbol{x}_i$ 和 $\boldsymbol{x}_j$ 中同时出现的不同值的数量：

$$J(\boldsymbol{x}_i, \boldsymbol{x}_j) = \frac{s}{2(d-s)+s} = \frac{s}{2d-s}$$

可以看出，若两个点在维度 k 上不匹配，则它们给上式的分母贡献 2；反之，分母只增加 1。若有 $d-s$ 个不匹配和 s 个匹配，则不同符号的总数为 $2(d-s)+s$。

例 3.13 考虑例 3.11 中的三维类别型数据。符号点（`Short`, `Medium`, `iris-versicolor`）可以建模为向量：

$$\boldsymbol{x}_1 = \begin{pmatrix} \boldsymbol{e}_{12} \\ \boldsymbol{e}_{22} \\ \boldsymbol{e}_{31} \end{pmatrix} = (0,1,0,0|0,1,0|1,0,0)^{\mathrm{T}} \in \mathbb{R}^{10}$$

符号点（`VeryShort`, `Medium`, `iris-setosa`）建模为：

$$\boldsymbol{x}_2 = \begin{pmatrix} \boldsymbol{e}_{11} \\ \boldsymbol{e}_{22} \\ \boldsymbol{e}_{32} \end{pmatrix} = (1,0,0,0|0,1,0|0,1,0)^{\mathrm{T}} \in \mathbb{R}^{10}$$

匹配的符号数是：

$$\begin{aligned} s = \boldsymbol{x}_1^{\mathrm{T}}\boldsymbol{x}_2 &= (\boldsymbol{e}_{12})^{\mathrm{T}}\boldsymbol{e}_{11} + (\boldsymbol{e}_{22})^{\mathrm{T}}\boldsymbol{e}_{22} + (\boldsymbol{e}_{31})^{\mathrm{T}}\boldsymbol{e}_{32} \\ &= \begin{pmatrix} 0 & 1 & 0 & 0 \end{pmatrix} \begin{pmatrix} 1 \\ 0 \\ 0 \\ 0 \end{pmatrix} + \begin{pmatrix} 0 & 1 & 0 \end{pmatrix} \begin{pmatrix} 0 \\ 1 \\ 0 \end{pmatrix} + \begin{pmatrix} 1 & 0 & 0 \end{pmatrix} \begin{pmatrix} 0 \\ 1 \\ 0 \end{pmatrix} \\ &= 0 + 1 + 0 = 1 \end{aligned}$$

对应的欧几里得距离和汉明距离为：

$$\delta(\boldsymbol{x}_1, \boldsymbol{x}_2) = \sqrt{2(d-s)} = \sqrt{2 \cdot 2} = \sqrt{4} = 2$$
$$\delta_H(\boldsymbol{x}_1, \boldsymbol{x}_2) = d - s = 3 - 1 = 2$$

对应的余弦相似度和 Jaccard 系数为：

$$\cos\theta = \frac{s}{d} = \frac{1}{3} = 0.333$$
$$J(\boldsymbol{x}_1, \boldsymbol{x}_2) = \frac{s}{2d-s} = \frac{1}{5} = 0.2$$

3.5 离散化

离散化（discretization），又称为**级距切割**（binning），是指将数值型属性转换为类别型属性。该方法常用于不能处理数值型属性的数据挖掘方法。该方法也能够帮助减少属性的取值数目，尤其在数值测量有噪声的情况下；离散化能够忽略一些细微的、不太相关的数值差别。

给定一个数值属性 X 及从 X 获得的大小为 n 的随机抽样样本 $\{x_i\}_{i=1}^n$，离散化的目标是要将 X 的极差划分为 k 个连续的区间，或称作**级距**（bin），通过找到 $k-1$ 个边界值 $v_1, v_2, \cdots, v_{k-1}$ 来产生 k 个区间：

$$[x_{\min}, v_1], (v_1, v_2], \cdots, (v_{k-1}, x_{\max}]$$

其中 X 的极差端点取值为：

$$x_{\min} = \min_i \{x_i\} \qquad x_{\max} = \max_i \{x_i\}$$

生成的 k 个区间或级距，覆盖 X 的全部极差，通常映射到新的类别型属性 X 的域中的符号值。

1. 等宽区间

进行级距切割最简单的方法就是将 X 的极差划分为 k 个**等宽区间**（equal-width interval）。区间的宽度就是 X 的极差除以 k：

$$w = \frac{x_{\max} - x_{\min}}{k}$$

第 i 个区间的边界为：

$$v_i = x_{\min} + iw, \quad i = 1, \cdots, k-1$$

2. 等频区间

在**等频**（equal-frequency）级距切割中，我们将 X 的极差划分为若干个区间，使得每个区间包含的点的数目相等或大致相等（在有重复值的情况下，有时候无法保证每个区间的频率完全相等）。这些区间可以根据 X 的经验分位数（empirical quantile）或者逆累积分布函数（inverse cumulative distribution function）$\hat{F}^{-1}(q)$ 计算出来 [公式 (2.2)]，其中 $\hat{F}^{-1}(q) = \min\{x_1 P(X \leqslant x) \geqslant q\}, q \in [0,1]$。具体来说，我们要求每个区间包含 $1/k$ 的概率质量，因此对应的区间边界为：

$$v_i = \hat{F}^{-1}(i/k), \quad i = 1, \cdots, k-1$$

例 3.14　考虑鸢尾花数据集中的萼片长度属性。其最小值和最大值分别为：

$$x_{\min} = 4.3 \qquad x_{\max} = 7.9$$

我们将其离散化为 $k = 4$ 个区间（使用等宽级距切割）。每个区间的宽度为：

$$w = \frac{7.9 - 4.3}{4} = \frac{3.6}{4} = 0.9$$

因此区间边界为：

$$v_1 = 4.3 + 0.9 = 5.2 \qquad v_2 = 4.3 + 2 \cdot 0.9 = 6.1 \qquad v_3 = 4.3 + 3 \cdot 0.9 = 7.0$$

四个区间见表 3-1。表 3-1 还列出了每个区间中点的数目 n_i。可以看到，每个区间内点的数目是不均衡的。

而对于等频离散化，考虑图 3-5 所示的萼片长度的经验逆累积分布函数。当分为 $k = 4$ 个区间的时候，各个边界即是四分位数（图中以虚线表示）：

$$v_1 = \hat{F}^{-1}(0.25) = 5.1 \qquad v_2 = \hat{F}^{-1}(0.50) = 5.8 \qquad v_3 = \hat{F}^{-1}(0.75) = 6.4$$

四个区间列在表 3-8 中。可以看到不同区间的宽度各异，但是每个区间包含的点的数目是大致相同的。之所以不是完全相同，是因为包含了很多重复值，例如，一共有 9 个值为 5.1，7 个值为 5.8。

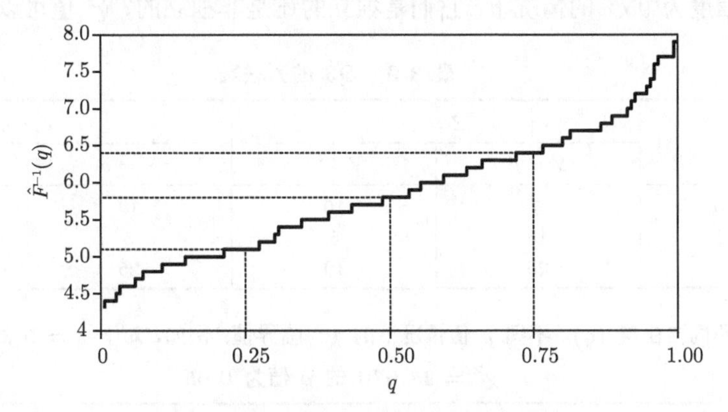

图 3-5 经验逆累积分布函数：萼片长度

表 3-8 等频离散化：萼片长度

区间	宽度	计数值
[4.3,5.1]	0.8	$n_1 = 41$
(5.1,5.8]	0.7	$n_2 = 39$
(5.8,6.4]	0.6	$n_3 = 35$
(6.4,7.9]	1.5	$n_4 = 35$

3.6 补充阅读

关于类别型数据分析的更全面的介绍，请参见 Agresti (2012)。Wasserman (2004) 中也有一些相关的内容。将类别属性考虑在内的基于熵的有监督离散化方法可参见 Fayyad and Irani (1993)。

Agresti, A. (2012). *Categorical Data Analysis*, 3rd ed. Hoboken, NJ: John Wiley & Sons.

Fayyad, U. M. and Irani, K. B. (1993). Multi-interval Discretization of Continuous-valued Attributes for Classification Learning. *In Proceedings of the 13th International Joint Conference on Artificial Intelligence.* Morgan-Kaufmann, pp. 1022-1027.

Wasserman, L. (2004). *All of Statistics: A Concise Course in Statistical Inference.* New York: Springer Science + Business Media.

3.7　习题

Q1. 说明对于类别型数据点来说，任意两个向量的余弦相似度都满足 $\cos\theta \in [0,1]$，即 $\theta \in [0°, 90°]$。

Q2. 证明 $E[(\boldsymbol{X}_1-\boldsymbol{\mu}_1)(\boldsymbol{X}_2-\boldsymbol{\mu}_2)^{\mathrm{T}}] = E[\boldsymbol{X}_1\boldsymbol{X}_2^{\mathrm{T}}] - E[\boldsymbol{X}_1]E[\boldsymbol{X}_2]^{\mathrm{T}}$。

Q3. 考虑表 3-9 所示的关于属性 X、Y、Z 的三向列联表。计算代表 Y 和 Z 之间的相关性的 χ^2。在置信度为 95% 的情况下，它们是独立的还是非独立的？χ^2 值可以参见表 3-10。

表 3-9　Q3 的列联表

	$Z=f$		$Z=g$	
	$Y=d$	$Y=e$	$Y=d$	$Y=e$
$X=a$	5	10	10	5
$X=b$	15	5	5	20
$X=c$	20	10	25	10

表 3-10　不同自由度 (q)、不同 p 值情况下的 χ^2 临界值：例如，对于 $q=5$ 的自由度，临界值 $\chi^2=11.070$ 的 p 值为 0.05

q	0.995	0.99	0.975	0.95	0.90	0.10	0.05	0.025	0.01	0.005
1	—	—	0.001	0.004	0.016	2.706	3.841	5.024	6.635	7.879
2	0.010	0.020	0.051	0.103	0.211	4.605	5.991	7.378	9.210	10.597
3	0.072	0.115	0.216	0.352	0.584	6.251	7.815	9.348	11.345	12.838
4	0.207	0.297	0.484	0.711	1.064	7.779	9.488	11.143	13.277	14.860
5	0.412	0.554	0.831	1.145	1.610	9.236	11.070	12.833	15.086	16.750
6	0.676	0.872	1.237	1.635	2.204	10.645	12.592	14.449	16.812	18.548

Q4. 考虑表 3-11 中给出的“混合型”数据。其中 X_1 是一个数值型属性，X_2 是一个类别型属性。假设 X_2 的定义域为 $\mathrm{dom}(X_2)=\{a,b\}$。回答下列问题。

(a) 该数据集的均值向量为？

(b) 协方差矩阵为？

Q5. 在表 3-11 中，假设 X_1 离散化为 3 个区间，即：$c_1=(-2,-0.5]$；$c_2=(-0.5,0.5]$；$c_3=(0.5,2]$。

回答下列问题。

(a) 建立离散化后的 X_1 和 X_2 的列联表（包括边缘计数值）。

(b) 计算它们之间的 χ^2 值。

(c) 在显著性水平为 5% 的情况下，确定它们之间是否相关。利用表 3-10 中的 χ^2 临界值。

表 3-11　Q4 和 Q5 的数据集

X_1	X_2
0.3	a
−0.3	b
0.44	a
−0.60	a
0.40	a
1.20	b
−0.12	a
−1.60	b
1.60	b
−1.32	a

第4章 图 数 据

在传统的数据分析中，通常会假设数据实例（data instance）之间是相互独立的。然而，实际上数据实例之间经常会通过各种各样的关系连接起来。数据实例自身可以用各种属性来描述。实例之间的连接关系（边）可以用实例（或节点）的网络或图来表示。图中的节点和边都可以用多个数值型或类别型的属性，或者更复杂的类型（如时间序列数据）来表示。现如今，越来越多的海量数据是以图或网络的形式出现的。典型的例子包括：万维网（网页和超链接）、社交网络（维基、博客、推文以及其他社交媒体数据）、语义网（知识本体）、生物网络（蛋白质相互作用、基因调控网络、代谢途径）、科学文献的引用网络，等等。本章讨论这些网络中引申出来的图的链接结构。我们会学习基本的拓扑性质，以及能够生成对应的图的模型。

4.1 图的概念

1. 图

一个图$G = (V, E)$ 是一种如下的数学结构：包含一个非空的有限*顶点/节点*集合 V，一个由*无序*节点对构成的*边*集合 $E \subseteq V \times V$。节点到其自身的边 (v_i, v_i) 称作一个*自环*（loop）。一个没有自环的无向图称作*简单图*（simple graph）。除非特别说明，否则此处只考虑简单图。我们称 v_i 和 v_j 之间的边 $e = (v_i, v_j)$*附着于*节点 v_i 和 v_j；称 v_i 和 v_j *是邻接的*（adjacent），或称它们为*邻居*。图 G 中的节点数目 $|V| = n$，称为图的*阶*（order）；图中边的数目 $|E| = m$，称为图的*尺寸*（size）。

一个*有向图*（directed graph 或 digraph）的边集 E 是由一组*有序*的节点对构成的。一条有向边 (v_i, v_j) 也称作一条从 v_i 到 v_j 的*弧*（arc）。我们说 v_i 是弧的*尾节点*（tail），v_j 是弧的*头节点*（head）。

一个*带权图*（weighted graph）由一个图及每条边 $(v_i, v_j) \in E$ 的权值 w_{ij} 构成。每个图都可以看作一个边的权值为 1 的带权图。

2. 子图

图 $H = (V_H, E_H)$ 称作图 $G = (V, E)$ 的*子图*（subgraph），若满足 $V_H \subseteq V$ 且 $E_H \subseteq E$。我们也称 G 是 H 的母图（supergraph）。给定一个顶点的子集 $V' \subseteq V$，则*导出子图*（induced subgraph）$G' = (V', E')$ 包含了图 G 中所有两个端点都在 V' 中的边。即对所有的 $v_i, v_j \in V', (v_i, v_j) \in E' \Leftrightarrow (v_i, v_j) \in E$。换言之，图 G' 中的两个顶点相邻，当且仅当这两个顶点在 G 中也相邻。若一个（子）图中所有节点对之间都有边，则称其为*完全图*（complete graph）或团（clique）。

3. 度

一个节点 $v_i \in V$ 的**度**（degree）是与之相连的边的数目，表示为 $d(v_i)$ 或 d_i。一个图的**度序列**（degree sequence）是所有节点的度以非增顺序排列的列表。

令 N_k 代表度为 k 的节点数目。图的**度频率分布**（degree frequency distribution）为：

$$(N_0, N_1, \cdots, N_t)$$

其中 t 是一个节点在图 G 中的最大度数。令 X 为代表节点度数的随机变量。图的**度数分布**（degree distribution）给出了 X 的概率质量函数 f 如下：

$$(f(0), f(1), \cdots, f(t))$$

其中 $f(k) = P(X = k) = \frac{N_k}{n}$ 是一个节点度数为 k 的概率，其值等于度数为 k 的节点数目 N_k 除以总的节点数目 n。图的分析中经常假设输入的图代表一个总体，因此，我们用 f 来代替 $\hat{f}$ 表示概率分布。

有向图中，节点 v_i 的**入度**（indegree）表示为 $\mathrm{id}(v_i)$，是以 v_i 为头结点的边的数目，即 v_i 的入边的数目。节点 v_i 的**出度**（outdegree）表示为 $\mathrm{od}(v_i)$，是以 v_i 为尾结点的边的数目，即 v_i 的出边的数目。

4. 路径和距离

图 G 的顶点 x 和 y 之间的一次**通路**（walk）为一个有序顶点序列，x 为起点，y 为终点：

$$x = v_0, v_1, \cdots, v_{t-1}, v_t = y$$

序列中紧挨着的两个顶点之间都有一条边，即 $(v_{i-1}, v_i) \in E$，$i = 1, 2, \cdots, t$。通路的长度 t 是以**跳**（hop）来计算的，即路径所包含的边的数目。在一次通路中，并不限制同一个节点在序列中出现的次数，因此，节点和边在通路中都是可以重复出现的。起点与终点重合的通路（即 $y = x$）称作**闭通路**。边两两不同的通路称为**迹**（trail）；节点**两两不同**的通路称为路径（path，起点和终点例外）。一条长度 $t \geqslant 3$ 的闭路径称为一个**圈**（cycle），即一个圈的起点和终点相同，其他点两两不同。

节点 x 和 y 之间的最小路径长度称作**最短路**。最短路的长度称作 x 和 y 之间的**距离**，表示为 $d(x, y)$。若两个节点之间不存在路径，则 $d(x, y) = \infty$。

5. 连通性

若两个节点 v_i 和 v_j 间有一条路径，则称它们是**连通的**（connected）。一个图是连通的，若其所有顶点对之间都有路径。**连通分支**（connected component），或**分支**（component），是一个最大连通子图。若一个图只有一个分支，则该图是连通的；否则它是非连通的，因为根据定义，两个不同的分支之间是没有路径的。

对于一个有向图，若所有有序顶点对之间都存在一条有向路径，则称之为**强连通的**（strongly connected）。若只有将边看作无向时，所有节点间才存在路径，则称该图是**弱连通的**（weakly connected）。

例 4.1 图 4-1a 给出了一个顶点数目 $|V| = 8$ 和边数目 $|E| = 11$ 的图。由于 $(v_1, v_5) \in E$，我们说 v_1 和 v_5 是邻接的。v_1 的度为 $d(v_1) = d_1 = 4$。图的度序列为：

$$(4, 4, 4, 3, 2, 2, 2, 1)$$

其度频率分布为：

$$(N_0, N_1, N_2, N_3, N_4) = (0, 1, 3, 1, 3)$$

$N_0 = 0$，因为图中没有孤立的顶点；$N_4 = 3$，因为一共有 3 个顶点（v_1、v_4、v_5）的度为 $k = 4$；其余数值可以通过类似方法获得。度分布为：

$$(f(0), f(1), f(2), f(3), f(4)) = (0, 0.125, 0.375, 0.125, 0.375)$$

顶点序列 $(v_3, v_1, v_2, v_5, v_1, v_2, v_6)$ 是一个 v_3 和 v_6 之间长度为 6 的通路。可以看到，v_1 和 v_2 被访问了不止一次。另一方面，顶点序列 $(v_3, v_4, v_7, v_8, v_5, v_2, v_6)$ 是 v_3 和 v_6 之间长度为 6 的一个通路。然而，这并不是两者之间的最短路。最短路是长度为 3 的通路 (v_3, v_1, v_2, v_6)。因此，它们之间的距离为 $d(v_3, v_6) = 3$。

图 4-1b 给出了一个 8 个顶点 12 条边的有向图。可以看到 (v_5, v_8) 和 (v_8, v_5) 是不同的。v_7 的入度为 $\mathrm{id}(v_7) = 2$，出度为 $\mathrm{od}(v_7) = 0$。因此，没有从 v_7 到其他任何顶点的（有向）路径。

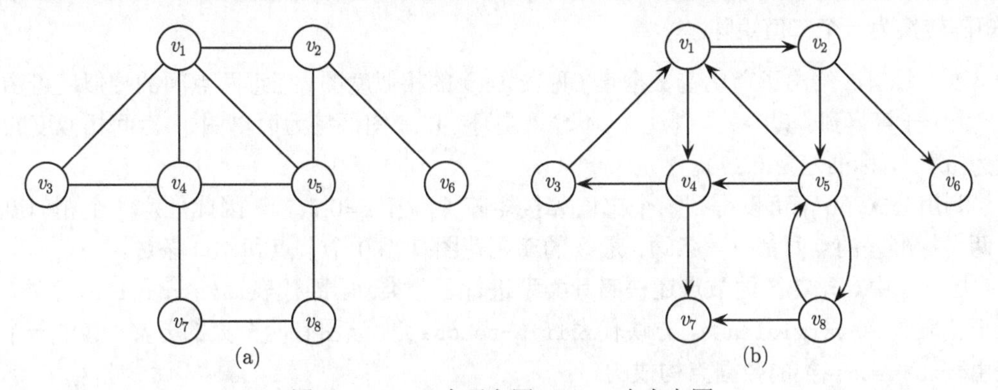

图 4-1 (a) 一个无向图；(b) 一个有向图

6. 邻接矩阵

一个图 $G = (V, E)$，包含 $|V| = n$ 个节点，可以方便地表示为一个 $n \times n$ 的对称二值邻接矩阵（adjacency matrix）$\boldsymbol{A}$：

$$\boldsymbol{A}(i, j) = \begin{cases} 1 & 若v_i与v_j邻接 \\ 0 & 其他情况 \end{cases}$$

若该图为有向图，则邻接矩阵 $\boldsymbol{A}$ 是非对称的，因为 $(v_i, v_j) \in E$ 并不意味着 $(v_j, v_i) \in E$。

若该图为带权图，则可以得到一个 $n \times n$ 的带权邻接矩阵（weighted adjacency matrix）$\boldsymbol{A}$，定义为：

$$\boldsymbol{A}(i, j) = \begin{cases} w_{ij} & 若v_i与v_j邻接 \\ 0 & 其他情况 \end{cases}$$

其中 w_{ij} 是边 $(v_i, v_j) \in E$ 的权值。一个带权邻接矩阵总是可以转换为一个二值矩阵（通过在边权值上使用某个阈值 τ)：

$$\boldsymbol{A}(i,j)=\begin{cases}1 & 若 w_{ij}\geqslant\tau\\ 0 & 其他情况\end{cases} \tag{4.1}$$

7. 数据矩阵的图

许多不以图的形式出现的数据集可以转换为图的形式。令 $\boldsymbol{D}=\{\boldsymbol{x}_i\}_{i=1}^n$（$\boldsymbol{x}_i\in\mathbb{R}^d$）为一个包含 d 维空间中 n 个点的数据集。可以定义一个带权图 $G=(V,E)$，其中 $\boldsymbol{D}$ 中的每一个数据点都对应着一个顶点，每一对数据点都对应着图中的一条边，且权值为：

$$w_{ij}=\text{sim}(\boldsymbol{x}_i,\boldsymbol{x}_j)$$

其中 $\text{sim}(\boldsymbol{x}_i,\boldsymbol{x}_j)$ 代表 $\boldsymbol{x}_i$ 和 $\boldsymbol{x}_j$ 之间的相似度。例如，相似度可以定义为与两个点间的欧几里得距离逆相关，如下式所定义：

$$w_{ij}=\text{sim}(\boldsymbol{x}_i,\boldsymbol{x}_j)=\exp\left\{-\frac{\|\boldsymbol{x}_i-\boldsymbol{x}_j\|^2}{2\sigma^2}\right\} \tag{4.2}$$

其中 σ 为与正态密度函数中的标准差等价的一个参数。这样的变换限制了相似性函数 sim() 的值位于 [0,1] 区间范围内。通过公式 (4.1)，可以选择一个恰当的阈值 τ，并将一个带权邻接矩阵转换为一个二值矩阵。

例 4.2　图 4-2 给出了鸢尾花数据集（见表 1-1）的相似度图。任意两点间的相似度可由公式 (4.2) 计算得到，其中 $\sigma=1/\sqrt{2}$（不允许自环，以使图保持为简单图）。点间相似度的均值为 0.197，标准差为 0.290。

利用公式 (4.1) 可以得到一个二值邻接矩阵（阈值 τ=0.777），因此任意两个相似度大于两个标准差的点间都有一条边。最终的鸢尾花图有 150 个节点和 753 条边。

图 4-2 中鸢尾花图的节点还按照其类型进行了分类。圆圈代表`iris-versicolor`类，三角形代表`iris-virginica`类，方块代表`iris-setosa`类。该图有两个大的分支，其中一个都是由`iris-setosa`类的数据点构成的。

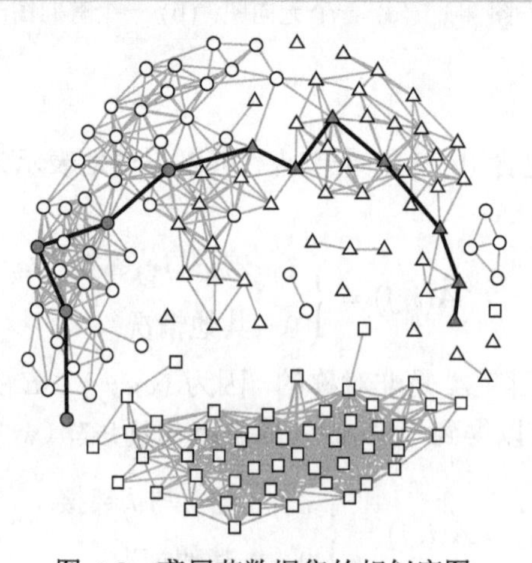

图 4-2　鸢尾花数据集的相似度图

4.2 拓扑属性

本节讨论一些纯拓扑的（基于边的、结构的）图属性。这些属性可以分为**局部的**（适用于某个特定的顶点或某一条边）和**全局的**（适用于整个图）。

1. **度数**

我们已经定义了节点 v_i 的度为其邻居的数目。一个更通用的定义（即便在图带权的时候也成立）为：

$$d_i = \sum_j \boldsymbol{A}(i,j)$$

度数很明显是每个节点的局部属性。一个最简单的全局属性是**平均度数**：

$$\mu_d = \frac{\sum_i d_i}{n}$$

上述定义可以推广到（带权）有向图。例如，我们可以获取出度和入度如下：

$$\mathrm{id}(v_i) = \sum_j \boldsymbol{A}(j,i)$$

$$\mathrm{od}(v_i) = \sum_j \boldsymbol{A}(i,j)$$

平均入度和平均出度也很容易获得。

2. **平均路径长度**

一个连通图的**平均路径长度**（average path length）或**特征路径长度**（characteristic path length）定义为：

$$\mu_L = \frac{\sum_i \sum_{j>i} d(v_i,v_j)}{\binom{n}{2}} = \frac{2}{n(n-1)} \sum_i \sum_{j>i} d(v_i,v_j)$$

其中 n 是图中顶点的数目，且 $d(v_i,v_j)$ 是 v_i 和 v_j 之间的距离。对于一个有向图来说，平均路径长度是对所有有序顶点对而言的：

$$\mu_L = \frac{1}{n(n-1)} \sum_i \sum_j d(v_i,v_j)$$

对于一个非连通图，平均路径长度只考虑能够连接的顶点对。

3. **离心率**

节点 v_i 的**离心率**（eccentricity）是从 v_i 到图中任意其他节点的最大距离：

$$e(v_i) = \max_j \{d(v_i,v_j)\}$$

若图是非连通的，则只针对有限距离的节点对，即通过某个路径连接的节点对。

4. **半径和直径**

一个连通图的**半径**$r(G)$，是图中任意节点的最小离心率：

$$r(G) = \min_i \{e(v_i)\} = \min_i \{\max_j \{d(v_i,v_j)\}\}$$

直径$d(G)$ 是图中任意节点的最大离心率：

$$d(G)=\max_{i}\{e(v_i)\}=\max_{i,j}\{d(v_i,v_j)\}$$

对于非连通图，其直径为图的所有连通分支的最大离心率。

图的直径对奇异点非常敏感。一个更健壮的性质是**有效直径**（effective diameter），定义为大部分（通常是 90%）的连通节点对互达的最小跳数。令 $H(k)$ 为能够在 k 跳或更少跳内互达的节点对的数目。有效直径定义为最小的 k 值，使得 $H(k)\geqslant 0.9\times H(d(G))$。

例 4.3 对于图 4-1a 中给定的图，v_4 的离心率为 $e(v_4)=3$，因为离它最远的节点为 v_6 且 $d(v_4,v_6)=3$。图的半径为 $r(G)=2$；v_1 和 v_5 都有着最小的离心率值 2。图的直径为 $d(G)=4$，因为所有节点对间最大的距离为 $d(v_6,v_7)=4$。

鸢尾花图的直径为 $d(G)=11$，对应图 4-2 中连接灰色节点的加粗路径。鸢尾花图的度分布请见图 4-3。图中每一个柱顶端的数值表示频率。例如，一共有 13 个节点的度为 7，对应概率 $f(7)=\frac{13}{150}=0.0867$。

鸢尾花图的路径长度直方图如图 4-4 所示。例如，1044 个节点对之间的距离为 2 跳。个数为节点 $n=150$，共有 $\binom{n}{2}=11\ 175$ 个节点对。其中 6502 个节点对是不连通的，4673 个节点对是连通的。其中 $\frac{4175}{4673}=0.89$ 比例的节点在 6 跳内可互达，$\frac{4415}{4673}=0.94$ 比例的节点对在 7 跳内可互达。因此，可以确定有效直径为 7，平均路径长度为 3.58。

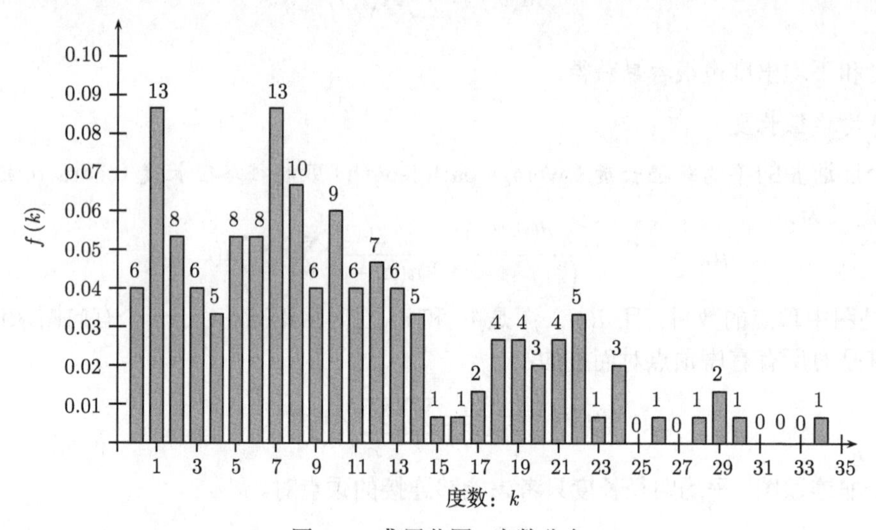

图 4-3 鸢尾花图：度数分布

5. **聚类系数**

节点 v_i 的**聚类系数**（clustering coefficient）是对 v_i 相邻边数目的度量。令 $G_i=(V_i,E_i)$ 为由 v_i 的邻居导出的子图。假设 G 是简单图，因此 $v_i\notin V_i$。令 $|V_i|=n_i$ 为 v_i 的邻居数目，$|E_i|=m_i$ 为与 v_i 的邻居相连的 4 个边的数目。v_i 的聚类系数定义为：

$$C(v_i)=\frac{G_i\text{中边的数目}}{G_i\text{中最大边数}}=\frac{m_i}{\binom{n_i}{2}}=\frac{2\cdot m_i}{n_i(n_i-1)}$$

聚类系数给出了一个节点的邻居“聚团”的程度，因为上式中的分母代表 G_i 为完全子图的情况。

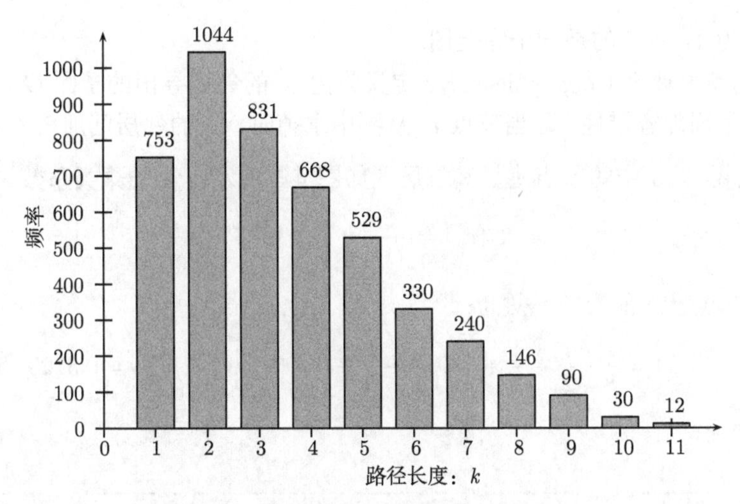

图 4-4 鸢尾花图：路径长度直方图

图 G 的**聚类系数**是所有节点聚类系数的平均值：

$$C(G)=\frac{1}{n}\sum_{i}C(v_i)$$

由于 $C(v_i)$ 仅对度数大于等于 2 的节点是良定义的，对度数小于 2 的节点，定义 $C(v_i)=0$。也可以只加 $d(v_i)\geqslant 2$ 的节点的聚类系数。

一个节点的聚类系数 $C(v_i)$ 与图或网络中的传递关系有着密切的联系。即，若 v_i 和 v_j 之间存在一条边，v_i 和 v_k 之间也存在一条边，则 v_j 与 v_k 之间有边连接的可能性有多大？定义一个子图由边 (v_i,v_j) 和 (v_i,v_k) 构成，称其为以 v_i 为中心的**连通三元组**（connected triple）。以 v_i 为中心且包含 (v_j,v_k) 的连通三元组称为**三角形**（triangle），是一个大小为 3 的完全子图。节点 v_i 的聚类系数可表示为：

$$C(v_i)=\frac{\text{包含}v_i\text{的三角形数目}}{\text{以}v_i\text{为中心的连通三元组的数目}}$$

注意，以 v_i 为中心的连通三元组的数目为 $\binom{d_i}{2}=\frac{n_i(n_i-1)}{2}$，其中 $d_i=n_i$ 是 v_i 的邻居的数目。

将前述记号推广到整个图，可得到图的**传递性**（transitivity），定义为：

$$T(G)=\frac{G\text{中三角形的数目乘以 }3}{G\text{中连通三元组的数目}}$$

分子中带有因子 3，是因为每个三角形会贡献 3 个分别以其顶点为中心的连通三元组。通俗地讲，传递性度量了你朋友的朋友也是你朋友的程度（比如在社交网络中）。

6. 效率

节点对 (v_i,v_j) 的**效率**（efficiency）为 $\frac{1}{d(v_i,v_j)}$。若 v_i 和 v_j 是不连通的，则 $d(v_i,v_j)=\infty$ 且效率为 $1/\infty=0$。因此，节点间的距离越小，它们之间的通信就越有效。图 G 的效率是所有节点对的平均效率（无论节点间是否连通）：

$$\frac{2}{n(n-1)}\sum_{i}\sum_{j>i}\frac{1}{d(v_i,v_j)}$$

效率的最大值为 1，对应的是一个完全图。

节点 v_i 的**局部效率**（local efficiency）定义为由 v_i 的邻居导出的子图 G_i。由于 $v_i \notin G_i$，局部效率表示了局部容错性，即当节点 v_i 从图中拿掉时，v_i 的邻居间通信的效率。

例 4.4 考虑图 4-1a 中的节点 v_4。其邻居图如图 4-5 所示。v_4 的聚类系数为：

$$C(v_4) = \frac{2}{\binom{4}{2}} = \frac{2}{6} = 0.33$$

整个图（所有节点上）的聚类系数为：

$$C(G) = \frac{1}{8}\left(\frac{1}{2} + \frac{1}{3} + 1 + \frac{1}{3} + \frac{1}{3} + 0 + 0 + 0\right) = \frac{2.5}{8} = 0.3125$$

v_4 的局部效率为：

$$\begin{aligned}&\frac{2}{4\cdot 3}\left(\frac{1}{d(v_1,v_3)} + \frac{1}{d(v_1,v_5)} + \frac{1}{d(v_1,v_7)} + \frac{1}{d(v_3,v_5)} + \frac{1}{d(v_3,v_7)} + \frac{1}{d(v_5,v_7)}\right)\\ =&\frac{1}{6}(1+1+0+0.5+0+0) = \frac{2.5}{6} = 0.417\end{aligned}$$

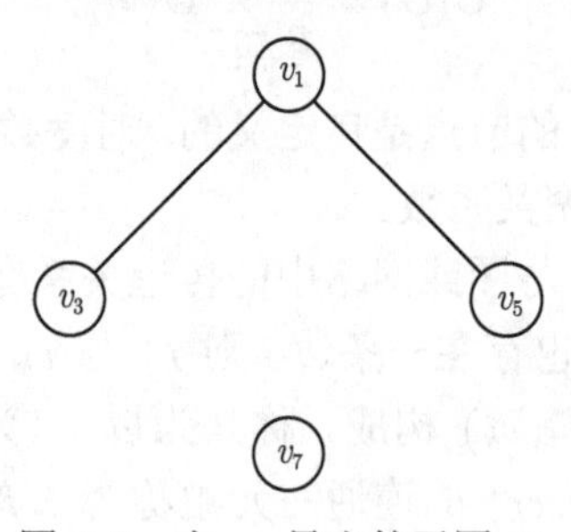

图 4-5 由 v_4 导出的子图 G_4

4.3 中心度分析

中心度（centrality）用于表示图中的顶点的“居中度”或重要性。中心度可以形式化地定义为一个函数 $c: V \to \mathbb{R}$，该函数引入 V 上的一个全序。若 $c(v_i) \geqslant c(v_j)$，则可以说 v_i 至少和 v_j 一样重要。

4.3.1 基本中心度

1. **度数中心度**（degree centrality）

中心度的最简单表示是顶点 v_i 的度数 d_i—— 度数越高，顶点就越重要。对于有向图，可以进一步考虑顶点的入度中心度和出度中心度。

2. **离心率中心度**（eccentricity centrality）

其含义是，一个节点的离心率越小，就越重要。离心率中心度可以定义为：

$$c(v_i) = \frac{1}{e(v_i)} = \frac{1}{\max_j\{d(v_i, v_j)\}}$$

有最小离心率的节点 v_i（即离心率等于图半径 $e(v_i)=r(G)$）称作**中心节点**（center node）；而有最大离心率的节点（离心率等于图直径，$e(v_i)=d(G)$），称作**边缘节点**（periphery node）。

离心率中心度与与**设施选址**（facility location）问题密切相关，即选择某个资源或设施的最佳地点。中心节点到网络中其他任意节点的最大距离是最小的，因此中心节点是理想的选址地点，例如医院，可以使任意病人离医院的最大距离尽可能最短，从而快速赶到医院。

3. **接近中心度**（closeness centrality）

与离心率中心度表示与给定节点的最大距离不同，接近中心度用所有距离之和来表征节点的重要性：

$$c(v_i)=\frac{1}{\sum_j d(v_i,v_j)}$$

总距离 $\sum_j d(v_i,v_j)$ 最小的节点 v_i 称为**中位节点**（median node）。

接近中心度为设施选址问题提出了一个不同的目标函数。它想要最小化到所有节点的总距离，因此一个中位节点（有着最高的接近中心度）是选址问题在某些场景下的最佳选择，比如在大商场中选定一个新咖啡店的位置，因为这种情况下，最小化离最远的节点的距离并不是那么重要。

4. **介数中心度**（betweenness centrality）

对于给定的顶点 v_i，介数中心度衡量了包含 v_i 的所有顶点对之间的最短路径的数目。这标示了 v_i 在不同的节点对中扮演的居中"监控"角色。令 η_{jk} 代表顶点 v_j 与 v_k 之间的最短路径，$\eta_{jk}(v_i)$ 表示这些最短路径中包含 v_i 的数目，则经过 v_i 的最短路径的比例可表示为：

$$\gamma_{jk}(v_i)=\frac{\eta_{jk}(v_i)}{\eta_{jk}}$$

若两个顶点 v_j 与 v_k 不连通，则令 $\gamma_{jk}(v_i)=0$。

节点 v_i 的介数中心度为：

$$c(v_i)=\sum_{j\neq i}\sum_{\substack{k\neq j\\ k>j}}\gamma_{jk}(v_i)=\sum_{j\neq i}\sum_{\substack{k\neq j\\ k>j}}\frac{\eta_{jk}(v_i)}{\eta_{jk}} \tag{4.3}$$

例 4.5 考虑图 4-1a。不同节点的中心度度量在表 4-1 中给出。根据度数中心度，v_1、v_4 和 v_5 是最中心的。离心率中心度最高的为 v_1 和 v_5，最低的为边缘节点 v_6 和 v_7。

v_1 和 v_5 有着最大的介数中心度。以介数而言，v_5 是最中心的，其介数中心度为 6.5。计算这个值的时候，可以只考虑之间至少有一条最短路径经过 v_5 的节点对 v_j 和 v_k，因为只有这些节点对的 $\gamma_{jk}>0$ [公式 (4.3)]。于是可得：

$$\begin{aligned}c(v_5)&=\gamma_{18}(v_5)+\gamma_{24}(v_5)+\gamma_{27}(v_5)+\gamma_{28}(v_5)+\gamma_{38}(v_5)+\gamma_{46}(v_5)+\gamma_{48}(v_5)+\gamma_{67}(v_5)+\gamma_{68}(v_5)\\&=1+\frac{1}{2}+\frac{2}{3}+1+\frac{2}{3}+\frac{1}{2}+\frac{1}{2}+\frac{2}{3}+1=6.5\end{aligned}$$

表 4-1 中心度值

中心度	v_1	v_2	v_3	v_4	v_5	v_6	v_7	v_8
度数中心度	4	3	2	4	4	1	2	2
离心率中心度	0.5	0.33	0.33	0.33	0.5	0.25	0.25	0.33
$e(v_i)$	2	3	3	3	2	4	4	3
接近中心度	0.100	0.083	0.071	0.091	0.100	0.056	0.067	0.071
$\sum_j d(v_i, v_j)$	10	12	14	11	10	18	15	14
介数中心度	4.5	6	0	5	6.5	0	0.83	1.17

4.3.2 Web 中心度

现在考虑有向图，尤其是在 Web 的场景中。例如，超链接文档包含指向其他文档的有向连接，科学文献的引用网络包含从一篇论文到被引用论文的有向边，等等。这里考虑适合 Web 规模的图的中心度表示。

1. *声望*

我们首先看一看在有向图中一个节点的*声望*（prestige）或*特征向量中心度*（eigenvector centrality）的表示。作为一种中心度，声望同样被认为是一种度量节点重要性的方式。直观来讲，有越多的连接指向一个给定节点，则该节点的声望就越高。然而，声望并不仅仅由入度决定，它还（递归地）与指向它的节点的声望有关。

令 $G=(V,E)$ 为一个有向图，且 $|V|=n$。图 G 的邻接矩阵 $\boldsymbol{A}$ 是一个 $n\times n$ 的不对称矩阵：

$$\boldsymbol{A}(u,v)=\begin{cases}1 & (u,v)\in E\\ 0 & (u,v)\notin E\end{cases}$$

令 $p(u)$ 为一正实数，称作节点 u 的*声望*分数。直观来讲，一个节点的声望与指向它的节点的声望相关，所以我们可以定义一个节点 v 的声望分数如下：

$$\begin{aligned}p(v)&=\sum_u \boldsymbol{A}(u,v)\cdot p(u)\\ &=\sum_u \boldsymbol{A}^{\mathrm{T}}(v,u)\cdot p(u)\end{aligned}$$

例如在图 4-6 中，v_5 的声望取决于 v_2 和 v_4 的声望。

对所有节点，我们可以递归地表示声望分数为：

$$\boldsymbol{p}'=\boldsymbol{A}^{\mathrm{T}}\boldsymbol{p} \tag{4.4}$$

其中 $\boldsymbol{p}$ 为一个 n 维的列向量（对应每一个顶点的声望分数）。

从一个初始声望向量开始，我们可以利用公式 (4.4) 迭代地更新声望向量。换句话说，若 $\boldsymbol{p}_{k-1}$ 是所有节点在第 $k-1$ 次迭代的声望向量，则第 k 次迭代的声望向量为：

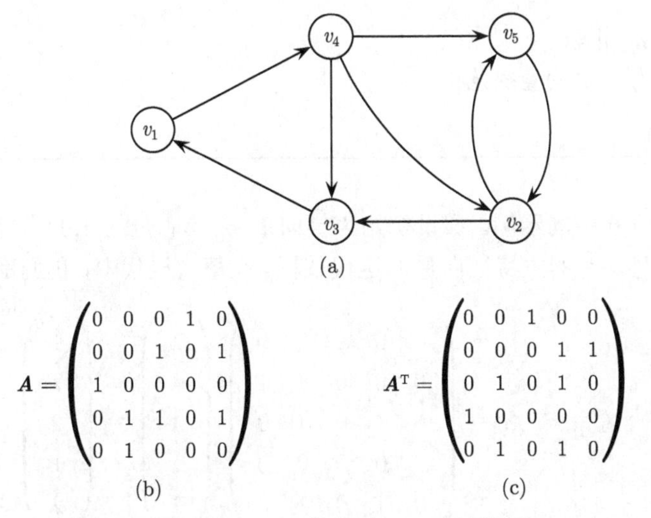

图 4-6 样例图 (a)；邻接矩阵 (b)；转置矩阵 (c)

$$\begin{aligned}\boldsymbol{p}_k &= \boldsymbol{A}^{\mathrm{T}}\boldsymbol{p}_{k-1}\\ &= \boldsymbol{A}^{\mathrm{T}}(\boldsymbol{A}^{\mathrm{T}}\boldsymbol{p}_{k-2}) = (\boldsymbol{A}^{\mathrm{T}})^2\boldsymbol{p}_{k-2}\\ &= (\boldsymbol{A}^{\mathrm{T}})^2(\boldsymbol{A}^{\mathrm{T}}\boldsymbol{p}_{k-3}) = (\boldsymbol{A}^{\mathrm{T}})^3\boldsymbol{p}_{k-3}\\ &= \vdots\\ &= (\boldsymbol{A}^{\mathrm{T}})^k\boldsymbol{p}_0\end{aligned}$$

其中 $\boldsymbol{p}_0$ 是初始声望向量。随着 k 的增大，向量 $\boldsymbol{p}_k$ 会收敛到 $\boldsymbol{A}^{\mathrm{T}}$ 的**主特征向量**（dominant eigenvector）。

$\boldsymbol{A}^{\mathrm{T}}$ 的主特征向量及其对应的特征值可以通过**幂迭代**（power iteration）方法来计算，该方法的伪代码如算法 4.1 所示。该方法从 $\boldsymbol{p}_0$ 开始（初始化为向量 $(1,1,\cdots,1)^{\mathrm{T}} \in \mathbb{R}^n$）。每一次迭代中，我们在左边乘以 $\boldsymbol{A}^{\mathrm{T}}$，并将中间向量 $\boldsymbol{p}_k$ 的每一个分量除以其最大的元素 $\boldsymbol{p}_k[i]$，以防止数值溢出。第 k 次迭代与第 $k-1$ 次迭代的最大分量的比值记为 $\lambda = \frac{\boldsymbol{p}_k[i]}{\boldsymbol{p}_{k-1}[i]}$，给出了对特征值的近似估计。迭代一直进行到相邻的特征向量估计之间的差别小于某个阈值 $\epsilon > 0$。

算法4.1 幂迭代方法：主特征向量

PowerIteration $(\boldsymbol{A}, \epsilon)$

1 $k \leftarrow 0$ //迭代

2 $\boldsymbol{p}_0 \leftarrow \mathbf{1} \in \mathbb{R}^n$ // 初始向量

3 **repeat**

4 $\quad k \leftarrow k+1$

5 $\quad \boldsymbol{p}_k \leftarrow \boldsymbol{A}^{\mathrm{T}}\boldsymbol{p}_{k-1}$ // 特征向量估计

6 $\quad i \leftarrow \mathrm{argmax}_j\{\boldsymbol{p}_k[j]\}$ // 最大值索引

7 $\quad \lambda \leftarrow \boldsymbol{p}_k[i]/\boldsymbol{p}_{k-1}[i]$ // 特征值估计

8 $\quad \boldsymbol{p}_k \leftarrow \frac{1}{\boldsymbol{p}_k[i]}\boldsymbol{p}_k$ // 缩放向量

9 **until** $||\boldsymbol{p}_k - \boldsymbol{p}_{k-1}|| \leqslant \epsilon$
10 $\boldsymbol{p} \leftarrow \frac{1}{||\boldsymbol{p}_k||}\boldsymbol{p}_k$ //特征向量规范化
11 **return** $\boldsymbol{p}$, λ

例 4.6 考虑图 4-6 中的示例。假设初始声望向量 $\boldsymbol{p}_0 = (1,1,1,1,1)^{\mathrm{T}}$，在表 4-2 中我们列出了用幂方法计算 $\boldsymbol{A}^{\mathrm{T}}$ 的主特征向量的迭代过程。在每次迭代中，我们都有 $\boldsymbol{p}_k = \boldsymbol{A}^{\mathrm{T}}\boldsymbol{p}_{k-1}$，例如：

$$\boldsymbol{p}_1 = \boldsymbol{A}^{\mathrm{T}}\boldsymbol{p}_0 = \begin{pmatrix} 0 & 0 & 1 & 0 & 0 \\ 0 & 0 & 0 & 1 & 1 \\ 0 & 1 & 0 & 1 & 0 \\ 1 & 0 & 0 & 0 & 0 \\ 0 & 1 & 0 & 1 & 0 \end{pmatrix} \begin{pmatrix} 1 \\ 1 \\ 1 \\ 1 \\ 1 \end{pmatrix} = \begin{pmatrix} 1 \\ 2 \\ 2 \\ 1 \\ 2 \end{pmatrix}$$

在进行下一次迭代之前，我们先对 $\boldsymbol{p}_1$ 进行缩放（每个分量都除以该向量的最大分量，在这里为 2），得到：

$$\boldsymbol{p}_1 = \frac{1}{2}\begin{pmatrix} 1 \\ 2 \\ 2 \\ 1 \\ 2 \end{pmatrix} = \begin{pmatrix} 0.5 \\ 1 \\ 1 \\ 0.5 \\ 1 \end{pmatrix}$$

当 k 变大时，我们有：

$$\boldsymbol{p}_k = \boldsymbol{A}^{\mathrm{T}}\boldsymbol{p}_{k-1} \simeq \lambda\boldsymbol{p}_{k-1}$$

这意味着 $\boldsymbol{p}_k$ 与 $\boldsymbol{p}_{k-1}$ 的最大分量的比值应趋近于 λ。表 4-2 列出了每次迭代的这个比值。可以从图 4-7 看出来，10 次迭代之后，这一比例就收敛到了 $\lambda = 1.466$。缩放后的主特征向量收敛为：

$$\boldsymbol{p}_k = \begin{pmatrix} 1 \\ 1.466 \\ 1.466 \\ 0.682 \\ 1.466 \end{pmatrix}$$

将其规范化为单位向量，则主特征向量为：

$$\boldsymbol{p} = \begin{pmatrix} 0.356 \\ 0.521 \\ 0.521 \\ 0.243 \\ 0.521 \end{pmatrix}$$

因此，就声望而言，v_2、v_3、v_5 的声望值最高，它们的入度均为 2，且均被声望值较高的节点所指。另一方面，尽管 v_1 和 v_4 有着相同的入度，但 v_1 的声望更高，因为 v_3 给 v_1 贡献了它的声望，而 v_4 仅能从 v_1 中得到声望。

表 4-2 基于缩放的幂方法

$\boldsymbol{p}_0$	$\boldsymbol{p}_1$	$\boldsymbol{p}_2$	$\boldsymbol{p}_3$
$\begin{pmatrix}1\\1\\1\\1\\1\end{pmatrix}$	$\begin{pmatrix}1\\2\\2\\1\\2\end{pmatrix}\rightarrow\begin{pmatrix}0.5\\1\\1\\0.5\\1\end{pmatrix}$	$\begin{pmatrix}1\\1.5\\1.5\\0.5\\1.5\end{pmatrix}\rightarrow\begin{pmatrix}0.67\\1\\1\\0.33\\1\end{pmatrix}$	$\begin{pmatrix}1\\1.33\\1.33\\0.67\\1.33\end{pmatrix}\rightarrow\begin{pmatrix}0.75\\1\\1\\0.5\\1\end{pmatrix}$
λ	2	1.5	1.33

$\boldsymbol{p}_4$	$\boldsymbol{p}_5$	$\boldsymbol{p}_6$	$\boldsymbol{p}_7$
$\begin{pmatrix}1\\1.5\\1.5\\0.75\\1.5\end{pmatrix}\rightarrow\begin{pmatrix}0.67\\1\\1\\0.5\\1\end{pmatrix}$	$\begin{pmatrix}1\\1.5\\1.5\\0.67\\1.5\end{pmatrix}\rightarrow\begin{pmatrix}0.67\\1\\1\\0.44\\1\end{pmatrix}$	$\begin{pmatrix}1\\1.44\\1.44\\0.67\\1.44\end{pmatrix}\rightarrow\begin{pmatrix}0.69\\1\\1\\0.46\\1\end{pmatrix}$	$\begin{pmatrix}1\\1.46\\1.46\\0.69\\1.46\end{pmatrix}\rightarrow\begin{pmatrix}0.68\\1\\1\\0.47\\1\end{pmatrix}$
1.5	1.5	1.444	1.462

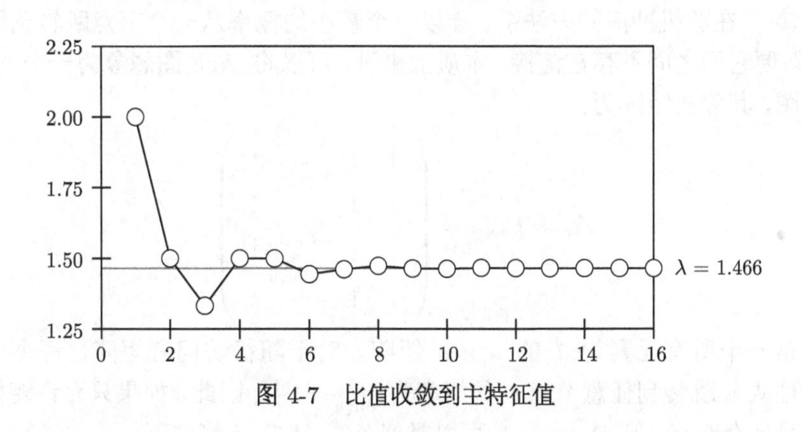

图 4-7 比值收敛到主特征值

2. PageRank

PageRank（网页排名）是一种在 Web 环境下计算声望或节点中心度的方法。Web 图由页面（节点）和页面之间的超链接（边）构成。该方法采用一种所谓的“随机冲浪”（random surfing）假设，即一个人在浏览网页的时候，会从当前页面中随机选择一个向外的链接，或在很小的概率下随机跳转到 Web 图中任意其他页面。一个 Web 页面的 PageRank 定义为一个随机的页面浏览者访问到该页面的概率。和声望类似，节点 v 的 PageRank 递归地依赖于指向该页面的其他页面的 PageRank。

规范化声望 假设当前每个节点 u 的出度至少为 1。稍后我们再讨论如何处理节点没有出边的情况。令 $\mathrm{od}(u)=\sum_v \boldsymbol{A}(u,v)$ 代表节点 u 的出度。由于一个随机的页面浏览者可以选择任意一条出边，若有一个从 u 指向 v 的链接，则从 u 访问 v 的概率为 $\frac{1}{\mathrm{od}(u)}$。

每个节点的初始概率或 PageRank $p_0(u)$ 要满足：

$$\sum_u p_0(u) = 1$$

我们可以按如下方式更新 PageRank 向量：

$$\begin{aligned} p(v) &= \sum_u \frac{\boldsymbol{A}(u,v)}{\mathrm{od}(u)} \cdot p(u) \\ &= \sum_u \boldsymbol{N}(u,v) \cdot p(u) \\ &= \sum_u \boldsymbol{N}^{\mathrm{T}}(v,u) \cdot p(u) \end{aligned} \tag{4.5}$$

其中 $\boldsymbol{N}$ 是图的规范化邻接矩阵，定义如下：

$$\boldsymbol{N}(u,v) = \begin{cases} \dfrac{1}{\mathrm{od}(u)} & (u,v) \in E \\ 0 & (u,v) \notin E \end{cases}$$

对所有节点，我们可以将 PageRank 向量表示为：

$$\boldsymbol{p}' = \boldsymbol{N}^{\mathrm{T}} \boldsymbol{p} \tag{4.6}$$

至此，PageRank 向量事实上是一个规范化的声望向量。

随机跳转　在随机冲浪的方法中，会以一个较小的概率从一个节点跳转到图中的任意其他节点，即便它们之间不存在链接。本质上来讲，可以将 Web 图想象为一个（虚拟的）完全连接有向图，其邻接矩阵为：

$$\boldsymbol{A}_r = \mathbf{1}_{n\times n} = \begin{pmatrix} 1 & 1 & \cdots & 1 \\ 1 & 1 & \cdots & 1 \\ \vdots & \vdots & \ddots & \vdots \\ 1 & 1 & \cdots & 1 \end{pmatrix}$$

这里 $\mathbf{1}_{n\times n}$ 是一个所有元素为 1 的 $n \times n$ 矩阵。对于随机访问者矩阵，每个节点的出度 $\mathrm{od}(u) = n$，且从 u 跳转到任意节点 v 的概率为 $\frac{1}{\mathrm{od}(u)} = \frac{1}{n}$。因此，如果只允许随机地从一个节点跳转到另一个节点，则 PageRank 可以类似公式 (4.5) 计算如下：

$$\begin{aligned} p(v) &= \sum_u \frac{\boldsymbol{A}_r(u,v)}{\mathrm{od}(u)} \cdot p(u) \\ &= \sum_u \boldsymbol{N}_r(u,v) \cdot p(u) \\ &= \sum_u \boldsymbol{N}_r^{\mathrm{T}}(v,u) \cdot p(u) \end{aligned}$$

其中 $\boldsymbol{N}_r$ 是全连接的 Web 图的规范化邻接矩阵：

$$\boldsymbol{N}_r = \begin{pmatrix} \frac{1}{n} & \frac{1}{n} & \cdots & \frac{1}{n} \\ \frac{1}{n} & \frac{1}{n} & \cdots & \frac{1}{n} \\ \vdots & \vdots & \ddots & \vdots \\ \frac{1}{n} & \frac{1}{n} & \cdots & \frac{1}{n} \end{pmatrix} = \frac{1}{n}\boldsymbol{A}_r = \frac{1}{n}\mathbf{1}_{n\times n}$$

对所有节点，我们可以将随机跳转 PageRank 向量表示为：

$$\boldsymbol{p}' = \boldsymbol{N}_r^{\mathrm{T}} \boldsymbol{p}$$

PageRank 完整的 PageRank 的计算依赖于一个小概率 α，该概率代表一个随机的网页浏览者从当前节点 u 跳转到任意其他随机节点 v 的概率，$1-\alpha$ 代表用户顺着当前存在的 u 到 v 的链接访问的概率。换句话说，我们将规范化声望向量和随机跳转向量结合起来得到最终的 PageRank 向量，表示如下：

$$\begin{aligned}\boldsymbol{p}' &= (1-\alpha)\boldsymbol{N}^{\mathrm{T}}\boldsymbol{p} + \alpha \boldsymbol{N}_r^{\mathrm{T}}\boldsymbol{p} \\ &= \left((1-\alpha)\boldsymbol{N}^{\mathrm{T}} + \alpha \boldsymbol{N}_r^{\mathrm{T}}\right)\boldsymbol{p} \\ &= \boldsymbol{M}^{\mathrm{T}}\boldsymbol{p}\end{aligned} \tag{4.7}$$

其中 $\boldsymbol{M} = (1-\alpha)\boldsymbol{N} + \alpha\boldsymbol{N}_r$ 是合成的规范化邻接矩阵。PageRank 向量可以迭代地计算，从一个初始赋值 $\boldsymbol{p}_0$ 开始，并在每一次迭代中使用公式 (4.7) 来更新它的值。一个小问题是有的节点 u 可能没有出度，即 $\mathrm{od}(u)=0$。这样的节点像是规范化期望分数的一个汇点（sink）。由于从 u 出发没有边，u 只能随机跳转到其他随机节点。因此我们需要保证，若 $\mathrm{od}(u)=0$，则对于在 $\boldsymbol{M}$ 中对应 u 的行（表示为 $\boldsymbol{M}_u$），α 要设为 1，即：

$$\boldsymbol{M}_u = \begin{cases} \boldsymbol{M}_u & \mathrm{od}(u) > 0 \\ \dfrac{1}{n}\boldsymbol{1}_n^{\mathrm{T}} & \mathrm{od}(u) = 0 \end{cases}$$

其中$\boldsymbol{1}_n$ 是 n 维的全 1 向量。我们可以使用幂迭代方法（算法 4.1）来计算 $\boldsymbol{M}^{\mathrm{T}}$ 的主特征向量。

例 4.7 考虑图 4-6 中的图，其规范化邻接矩阵为：

$$\boldsymbol{N} = \begin{pmatrix} 0 & 0 & 0 & 1 & 0 \\ 0 & 0 & 0.5 & 0 & 0.5 \\ 1 & 0 & 0 & 0 & 0 \\ 0 & 0.33 & 0.33 & 0 & 0.33 \\ 0 & 1 & 0 & 0 & 0 \end{pmatrix}$$

由于图中一共有 $n=5$ 个节点，规范化随机跳转邻接矩阵为：

$$\boldsymbol{N}_r = \begin{pmatrix} 0.2 & 0.2 & 0.2 & 0.2 & 0.2 \\ 0.2 & 0.2 & 0.2 & 0.2 & 0.2 \\ 0.2 & 0.2 & 0.2 & 0.2 & 0.2 \\ 0.2 & 0.2 & 0.2 & 0.2 & 0.2 \\ 0.2 & 0.2 & 0.2 & 0.2 & 0.2 \end{pmatrix}$$

假设 $\alpha = 0.1$，则合成的规范化邻接矩阵为：

$$\boldsymbol{M} = 0.9\boldsymbol{N} + 0.1\boldsymbol{N}_r = \begin{pmatrix} 0.02 & 0.02 & 0.02 & 0.92 & 0.02 \\ 0.02 & 0.02 & 0.47 & 0.02 & 0.47 \\ 0.92 & 0.02 & 0.02 & 0.02 & 0.02 \\ 0.02 & 0.32 & 0.32 & 0.02 & 0.32 \\ 0.02 & 0.92 & 0.02 & 0.02 & 0.02 \end{pmatrix}$$

计算 $\boldsymbol{M}^{\mathrm{T}}$ 的主特征向量和主特征值，我们可以得到 $\lambda=1$，且

$$\boldsymbol{p}=\begin{pmatrix}0.419\\0.546\\0.417\\0.422\\0.417\end{pmatrix}$$

节点 v_2 有最高的 PageRank 值。

3. hub 和权威分数

注意，一个节点的 PageRank 值和用户可能发起的查询是无关的，因为它是页面的一个全局值。然而，对于一个特定的用户查询，一个 PageRank 值很高的页面不一定是相关的。因此我们想知道一种与查询相关的页面 PageRank 值或声望值表示。HITS（Hyperlink Induced Topic Search，超链引导的主题搜索）方法可以达到这样的目标。事实上，该方法通过计算两个值来判断一个页面的重要性。某个给定页面的**权威分数**（authority score）与 PageRank 和声望类似，它的取值依赖于有多少“好”页面指向该页面。另一方面，hub 分数表示该页面指向多少“好”页面。换言之，一个高权威分数的页面有多个 hub 页面指向它，而一个高 hub 分数的页面指向了许多高权威分数的页面。

给定一个用户查询，HITS 方法首先使用搜索引擎获得一组相关的页面，然后它通过引入所有指向该集合或被该集合的页面指向的页面来扩充该集合。来自同一主机的页面只保留一份。HITS 只应用在这个扩充后的查询图 G 上。

用 $a(u)$ 表示权威分数，$h(u)$ 表示 hub 分数。权威分数与 hub 分数相关，反之亦然，并存在如下关系：

$$a(v)=\sum_u \boldsymbol{A}^{\mathrm{T}}(v,u)\cdot h(u)$$
$$h(v)=\sum_u \boldsymbol{A}(v,u)\cdot a(u)$$

用矩阵表示可得：

$$\boldsymbol{a}'=\boldsymbol{A}^{\mathrm{T}}\boldsymbol{h}$$
$$\boldsymbol{h}'=\boldsymbol{A}\boldsymbol{a}$$

事实上，我们可以将以上公式递归地写为：

$$\boldsymbol{a}_k=\boldsymbol{A}^{\mathrm{T}}\boldsymbol{h}_{k-1}=\boldsymbol{A}^{\mathrm{T}}(\boldsymbol{A}\boldsymbol{a}_{k-1})=(\boldsymbol{A}^{\mathrm{T}}\boldsymbol{A})\boldsymbol{a}_{k-1}$$
$$\boldsymbol{h}_k=\boldsymbol{A}\boldsymbol{a}_{k-1}=\boldsymbol{A}(\boldsymbol{A}^{\mathrm{T}}\boldsymbol{h}_{k-1})=(\boldsymbol{A}\boldsymbol{A}^{\mathrm{T}})\boldsymbol{h}_{k-1}$$

换言之，当 $k\to\infty$，权威分数收敛到 $\boldsymbol{A}^{\mathrm{T}}\boldsymbol{A}$ 的主特征向量，hub 分数收敛到 $\boldsymbol{A}\boldsymbol{A}^{\mathrm{T}}$ 的主特征向量。两种情况下都可以使用幂迭代方法来计算特征向量。从初始权威向量 $\boldsymbol{a}=\boldsymbol{1}_n$，我们可以计算 $\boldsymbol{h}=\boldsymbol{A}\boldsymbol{a}$。为避免数值溢出，我们可以通过除以最大元素来缩放向量。接下来，我们可以计算 $\boldsymbol{a}=\boldsymbol{A}^{\mathrm{T}}\boldsymbol{h}$，同样对其进行缩放，这样就完成了一次迭代。重复这一过程，直到 $\boldsymbol{a}$ 和 $\boldsymbol{h}$ 都收敛。

例 4.8 对于图 4-6，我们可以迭代地计算权威和 hub 分数向量，从 $\boldsymbol{a}=(1,1,1,1,1)^{\mathrm{T}}$ 开始。在第一次迭代中，我们有：

$$\boldsymbol{h}=\boldsymbol{A}\boldsymbol{a}=\begin{pmatrix}0&0&0&1&0\\0&0&1&0&1\\1&0&0&0&0\\0&1&1&0&1\\0&1&0&0&0\end{pmatrix}\begin{pmatrix}1\\1\\1\\1\\1\end{pmatrix}\begin{pmatrix}1\\2\\1\\3\\1\end{pmatrix}$$

除以最大元素 3 进行缩放，得到：

$$\boldsymbol{h}'=\begin{pmatrix}0.33\\0.67\\0.33\\1\\0.33\end{pmatrix}$$

接下来更新 $\boldsymbol{a}$ 如下：

$$\boldsymbol{a}=\boldsymbol{A}^{\mathrm{T}}\boldsymbol{h}'=\begin{pmatrix}0&0&1&0&0\\0&0&0&1&1\\0&1&0&1&0\\1&0&0&0&0\\0&1&0&1&0\end{pmatrix}\begin{pmatrix}0.33\\0.67\\0.33\\1\\0.33\end{pmatrix}\begin{pmatrix}0.33\\1.33\\1.67\\0.33\\1.67\end{pmatrix}$$

除以最大元素 1.67 进行缩放，得到：

$$\boldsymbol{a}'=\begin{pmatrix}0.2\\0.8\\1\\0.2\\1\end{pmatrix}$$

这就完成了一次迭代。迭代过程一直持续到 $\boldsymbol{a}$ 和 $\boldsymbol{h}$ 分别收敛到 $\boldsymbol{A}^{\mathrm{T}}\boldsymbol{A}$ 和 $\boldsymbol{A}\boldsymbol{A}^{\mathrm{T}}$ 的主特征向量，如下式所示：

$$\boldsymbol{a}=\begin{pmatrix}0\\0.46\\0.63\\0\\0.63\end{pmatrix}\quad\boldsymbol{h}=\begin{pmatrix}0\\0.58\\0\\0.79\\0.21\end{pmatrix}$$

从这些分数可以得出结论：v_4 有着最高的 hub 分数，因为它指向了 3 个高权威分数的节点 v_2、v_3 和 v_5。另一方面，v_3 和 v_5 都有着高权威分数，因为两个有着最高 hub 分数的节点 v_4 和 v_2 指向了它们。

4.4 图的模型

令人惊异的是，尽管底层的数据源于极其不同的领域，例如社交网络、生物网络、电信网络等，许多真实世界的网络都显示出了一定的共性。一个自然的问题是如何理解产生这些网络的底层机制和过程。本节会讨论若干网络性质，这些性质使得我们能够对不同的图的模型进行比较。真实世界的网络通常都是十分*庞大*和*稀疏*的。庞大是指节点的数量级和数目都很大，稀疏是指图的大小或是边的数目 $m = O(n)$。接下来要讨论的模型都假设这些图是庞大和稀疏的。

1. *小世界性质*

人们通过观察，已经发现许多真实世界的图都展现出了所谓“*小世界*”（small-world）性质，即对于任意一对节点，都能找到它们之间一条较短的路径。我们说一个图 G 具有小世界性质，若其平均路径长度 μ_L 与图中节点数目的对数成正比，即：

$$\mu_L \propto \log n$$

其中 n 是图中节点的数目。若一个图的平均路径长度远远小于 $\log n$，即 $\mu_L \ll \log n$，则称其具有*超小世界*（ultra-small-world）性质。

2. *无标度性质*

许多真实世界的网络的经验度数分布 $f(k)$ 具有*无标度*（scale-free）性质，即与 k 呈现一种幂律（power-law）关系。换言之，一个节点度数为 k 的概率满足：

$$f(k) \propto k^{-\gamma} \tag{4.8}$$

直观来讲，幂律的主要特点是大多数的节点度数都较小，然而有一些 hub 节点有着很高的度数，即它们与大量节点互连。幂律关系会体现出无标度的行为，因为公式 (4.8) 的两边都乘上一个常数 c 并不会改变成比例性质。为证明这一点，我们引入一个与 k 无关的比例常数 α，将公式 (4.8) 重写为一个等式，如下：

$$f(k) = \alpha k^{-\gamma} \tag{4.9}$$

然后得到：

$$f(ck) = \alpha(ck)^{-\gamma} = (\alpha c^{-\gamma})k^{-\gamma} \propto k^{-\gamma}$$

同时对公式 (4.9) 两边取对数，可以得到：

$$\log f(k) = \log(\alpha k^{-\gamma}) \text{ 或 } \log f(k) = -\gamma \log k + \log \alpha$$

在 k 与 $f(k)$ 的双对数曲线图中，上式是一条直线的方程，其中 $-\gamma$ 给出了直线的斜率。因此，一个常用的检查一个图是否具有无标度性质的方法，就是将所有的 $(\log k, \log f(k))$ 点用最小二乘拟合到一条直线上，如图 4-8a 所示。

实际上，在估计一个图的度数分布的时候，有一个问题是较高度数的部分噪声会比较大，因为该部分的频数较低。解决这个问题的一个方法是使用累积度数分布函数 $F(k)$，该函数能够消除噪声。具体来说，我们使用 $F^c(k) = 1 - F(k)$，给出一个随机选中的度数大于 k 的节点的概率。若 $f(k) \propto k^{-\gamma}$ 且假设 $\gamma > 1$，则有：

$$
\begin{aligned}
F^c(k) &= 1 - F(k) = 1 - \sum_0^k f(x) = \sum_k^\infty f(x) = \sum_k^\infty x^{-\gamma} \\
&\simeq \int_k^\infty x^{-\gamma} \mathrm{d}x = \left. \frac{x^{-\gamma+1}}{-\gamma+1} \right|_k^\infty = \frac{1}{(\gamma-1)} \cdot k^{-(\gamma-1)} \\
&\propto k^{-(\gamma-1)}
\end{aligned}
$$

换言之，$F^c(k)$ 关于 k 的双对数曲线图一样会体现出幂律（直线）的特性，只不过斜率是 $-(\gamma-1)$ 而不是 $-\gamma$。由于平滑作用，作 $F^c(k)$ 关于 k 的图，观察斜率可以更好地估计幂律，如图 4-8b 所示。

3. **聚类效应**

真实世界的图通常会表现出**聚类效应**（clustering effect），即两个节点若有共同的邻居，则它们很有可能直接连通。聚类效应在图 G 中体现为较高的聚类系数。令 $C(k)$ 代表所有度数为 k 的节点的平均聚类系数，则 $C(k)$ 与 k 之间也是一种幂律关系：

$$
C(k) \propto k^{-\gamma}
$$

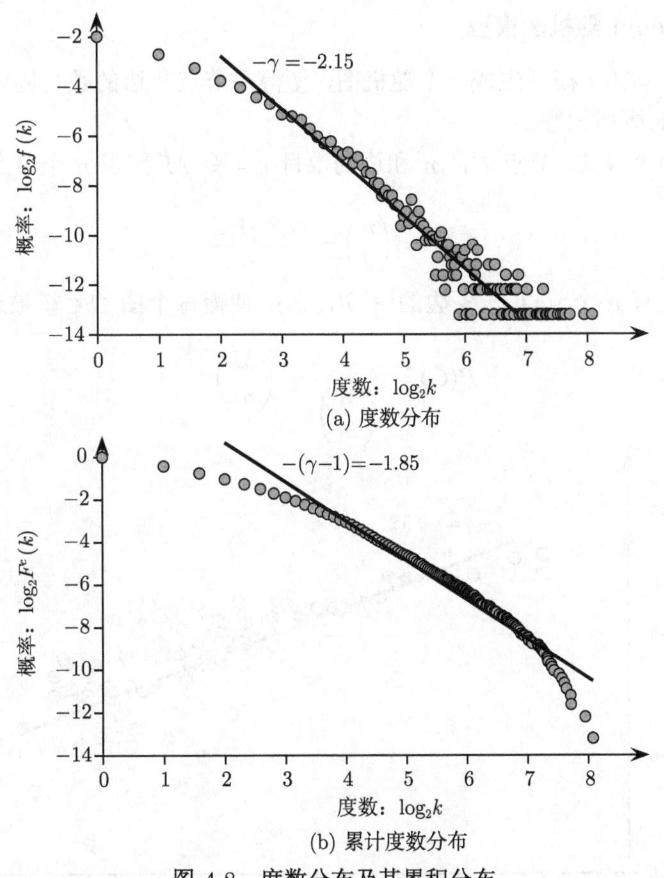

图 4-8 度数分布及其累积分布

也就是说，$C(k)$ 关于 k 的双对数曲线图会给出一条斜率为 $-\gamma$ 的直线。直观来讲，这里的幂律关系体现了节点之间的层次式聚类，即稀疏地连接在一起的节点（较小的度数）是高度聚合的区域的一部分（有较高的聚类系数）。更进一步，只有一部分 hub 节点（较大的度数）会将这些聚合的区域连接起来（hub 节点有较小的聚类系数）。

例 4.9 图 4-8a 展示了一个人类蛋白质相互作用图的度数分布，其中每一个节点是一个蛋白质分子，每一条边表示涉及的两个蛋白质分子经过实验验证是相互作用的。该图共有 $n = 9521$ 个节点和 $m = 37\,060$ 条边。$\log k$ 和 $\log f(k)$ 之间有着很明显的线性关系，尽管度数很小或者度数很大的值与该线性趋势拟合得并不是很好。去掉极限的度数后，最优的拟合直线给出 $\gamma = 2.15$。作 $\log F^c(k)$ 关于 $\log k$ 的图以凸显该线性拟合。这里获得的斜率是 $-(\gamma-1) = 1.85$，即 $\gamma = 2.85$。由此可以得出该图有无标度性质的结论（除了一些极限度数），其中 γ 的值介于 2 与 3 之间，这在许多真实世界的图中是典型的。

该图的直径为 $d(G) = 14$，非常接近 $\log_2 n = \log_2(9521) = 13.22$。因此该网络也是小世界网络。

图 4-9 画出了平均聚类系数与度数的关系。该双对数曲线图只有微弱的线性趋势，最优的拟合直线斜率为 $-\gamma = -0.55$。由此可以得出结论：该图只有很弱的层次式聚类现象。

4.4.1 Erdös-Rényi 随机图模型

Erdös-Rényi（ER）模型生成一个随机图，使得在节点和边的数目固定的情况下，任意可能的图被选中的概率相等。

ER 模型有两个参数：节点数目 n 和边的数目 m。令 M 代表 n 个节点间可能的最大边数，则：

$$M = \binom{n}{2} = \frac{n(n-1)}{2}$$

ER 模型给出一组有 n 个节点 m 条边的图 $\mathcal{G}(n,m)$，使得每个图 $G \in \mathcal{G}$ 被选中的概率均等：

$$P(G) = \frac{1}{\binom{M}{m}} = \binom{M}{m}^{-1}$$

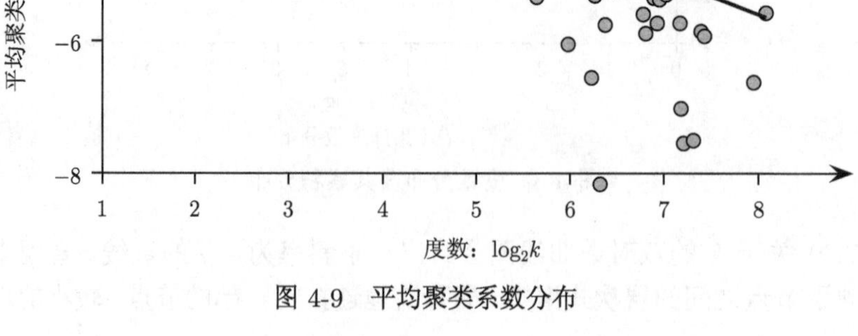

图 4-9 平均聚类系数分布

其中 $\binom{M}{m}$ 为从 M（n 个节点）条可能的边中挑出 m 条边，包含这 m 条边的可能的图的数目。

令 $V=\{v_1,v_2,\cdots,v_n\}$ 代表 n 个节点的集合。ER 方法通过一个生成式的过程选择一个随机图 $G=(V,E)\in\mathcal{G}$。在每一步，ER 方法随机选择两个不同的顶点 $v_i,v_j\in V$，并加一条边 (v_i,v_j) 到 E 中（前提是这条边尚未被加到图 G 中）。重复这一过程，直到恰好有 m 条边加到图中。

令 X 为代表 $G\in\mathcal{G}$ 中一个节点的度数的随机变量。令 p 代表图 G 中一条边的概率，则 p 可以计算如下：

$$p=\frac{m}{M}=\frac{m}{\begin{pmatrix}n\\2\end{pmatrix}}=\frac{2m}{n(n-1)}$$

1. 平均度数

对于图 G 中的任意给定节点，其度数最大为 $n-1$（因为不允许有自环）。由于 p 是任意节点的一条边的概率，代表一个节点的度数的随机变量 X 服从成功概率为 p 的二项式分布：

$$f(k)=P(X=k)=\begin{pmatrix}n-1\\k\end{pmatrix}p^k(1-p)^{n-1-k}$$

平均度数 μ_d 可以由 X 的期望值给出：

$$\mu_d=E[X]=(n-1)p$$

还可以通过计算 X 的方差来计算节点度数的方差：

$$\sigma_d^2=\text{var}(X)=(n-1)p(1-p)$$

2. 度数分布

为了获得庞大而稀疏的随机图的度数分布，需要推导出当 $n\to\infty$ 时 $f(k)=P(X=k)$ 的表达式。假设 $m=O(n)$，可得 $p=\frac{m}{n(n-1)/2}=\frac{O(n)}{n(n-1)/2}=\frac{1}{O(n)}\to 0$。换句话说，我们对 $n\to\infty$ 和 $p\to 0$ 的时候图的渐近行为感兴趣。

根据以上两个趋势，X 的期望值和方差可以重写为：

$$E[X]=(n-1)p\simeq np,\quad \text{当 } n\to\infty$$
$$\text{var}[X]=(n-1)p(1-p)\simeq np,\quad \text{当 } n\to\infty \text{ 且 } p\to 0$$

换句话说，对于庞大且稀疏的随机图，X 的期望值和方差是一样的：

$$E[X]=\text{var}(X)=np$$

二项式分布可以用参数为 λ 的泊松分布来给出近似值如下：

$$f(k)=\frac{\lambda^k\mathrm{e}^{-\lambda}}{k!}$$

其中 $\lambda=np$ 同时代表了分布的期望值和方差。利用阶乘的斯特林近似（Sterling's approximation）$k!\simeq k^k\mathrm{e}^{-k}\sqrt{2\pi k}$ 可以得到：

$$f(k)=\frac{\lambda^k\mathrm{e}^{-\lambda}}{k!}\simeq\frac{\lambda^k\mathrm{e}^{-\lambda}}{k^k\mathrm{e}^{-k}\sqrt{2\pi k}}=\frac{\mathrm{e}^{-\lambda}}{\sqrt{2\pi}}\frac{(\lambda e)^k}{\sqrt{k}k^k}$$

也就是说，可得：

$$f(k) \propto \alpha^k k^{-\frac{1}{2}} k^{-k}$$

其中 $\alpha = \lambda \mathrm{e} = np\mathrm{e}$。由此可以得出结论：大型且稀疏的随机图的度数服从泊松分布，并不会体现出幂律的性质。因此，ER 随机图模型不能够描述真实世界的无标度图。

3. 聚类系数

考虑图 G 中的一个度数为 k 的节点 v_i。v_i 的聚类系数为：

$$C(v_i) = \frac{2m_i}{k(k-1)}$$

其中 $k = n_i$ 和 m_i 分别代表由 v_i 的邻居所导出的子图的节点的数目和边的数目。由于 p 是一条边的概率，v_i 的邻居之间的边数 m_i 的期望值为：

$$m_i = \frac{pk(k-1)}{2}$$

因此可得：

$$C(v_i) = \frac{2m_i}{k(k-1)} = p$$

换句话说，各种度数的所有节点的期望聚类系数是一致的，因此图的整体聚类系数也是一致的：

$$C(G) = \frac{1}{n}\sum_i C(v_i) = p$$

更进一步，对于稀疏图，我们有 $p \to 0$，这说明 $C(G) = C(v_i) \to 0$。因此，大型随机图是没有什么聚类现象的，这与真实世界的许多网络不符。

4. 直径

前文中已经看到一个节点的期望度数为 $\mu_d = \lambda$，意思是在一跳之内从一个节点可以到达 λ 个其他节点。由于初始节点的每一个邻居的平均度数也为 λ，可以估计在两跳内能够到达的节点数目为 λ^2。在进行粗略估计的情况下（忽略共享的邻居），可以将与一个起始节点 v_i 距离为 k 跳的节点的数目估计为 λ^k。由于图中一共只有 n 个不同的节点，因此可得：

$$\sum_{k=1}^{t} \lambda^k = n$$

其中 t 代表从 v_i 出发可能的最大跳数。于是可得：

$$\sum_{k=1}^{t} \lambda^k = \frac{\lambda^{t+1}-1}{\lambda-1} \simeq \lambda^t$$

代入之前的公式，可得：

$$\lambda^t \simeq n \text{ 或}$$

$$t\log\lambda \simeq \log n\text{，意味着}$$

$$t \simeq \frac{\log n}{\log\lambda} \propto \log n$$

因为从一个节点到最远的节点的路径长度不能超过 t，所以图的直径也要受限于该值，即：

$$d(G) \propto \log n$$

假定期望的度数 λ 是固定的，结论是随机图满足真实世界图的一个性质：小世界行为。

4.4.2 Watts-Strogatz 小世界图模型

随机图模型不能够获得较高的聚类系数，但它具有小世界性质。为了建模系数较高的局部聚类，Watts-Strogatz（WS）模型从一个正则网络（regular network）开始，其中每一个节点都和它左右的 k 个邻居连接（假设初始的 n 个顶点分布在一个大的环形骨架上）。这样的网络会有较高的聚类系数，却不具备小世界性质。然而，通过在正则网络上添加一些随机性（随机重连一些边或者随机添加一小部分边），就能够产生小世界现象。

WS 模型从排成圆圈的 n 个节点开始，每一个节点都与其左边和右边直接相邻的邻居相连。初始设定中的边被称作*骨干边*（backbone edge）。每一个节点与它左边和右边的另外 $k-1$ 个邻居也有边。因此，WS 模型从一个度数为 $2k$ 的正则图（regular graph）开始，每一个节点与其左右各 k 个邻居都相连，如图 4-10 所示。

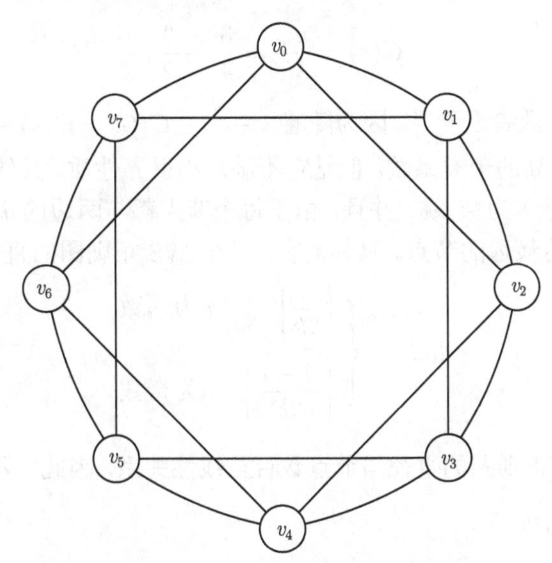

图 4-10 Watts-Strogatz 正则图：$n=8$，$k=2$

1. 正则图的聚类系数和直径

考虑由节点 v 的 $2k$ 个邻居导出的子图 G_v。v 的聚类系数为：

$$C(v)=\frac{m_v}{M_v} \tag{4.10}$$

其中，m_v 是 v 的邻居间实际的边的数目，M_v 是 v 的邻居间可能的最大边数目。

要计算 m_v，首先考虑某个节点 r_i，它是 v 右侧与其距离为 i 跳（$1 \leqslant i \leqslant k$，只考虑骨干边）的节点。节点 r_i 与它右侧直接相邻的 $k-i$ 个邻居有边（仅限于 v 的右邻居）；与它左侧直接相邻的 $k-1$ 个邻居有边（所有的 k 个左邻居，不包括 v）。由于关于 v 存在对称性，v 左侧与其距离为 i 跳（$1 \leqslant i \leqslant k$，只考虑骨干边）的节点 l_i 有着相同数目的边。因此，G_v 中距离 v 为 i 条骨干边的节点的度数为：

$$d_i=(k-i)+(k-1)=2k-i-1$$

由于每一条边会给两个节点同时引入度数，v 的所有邻居节点的度数之和为：

$$
\begin{aligned}
2m_v &= 2\left(\sum_{i=1}^{k} 2k-i-1\right) \\
m_v &= 2k^2-\frac{k(k+1)}{2}-k \\
m_v &= \frac{3}{2}k(k-1)
\end{aligned} \tag{4.11}
$$

另一方面，v 的 $2k$ 个邻居间可能的边的数目为：

$$
M_v=\binom{2k}{2}=\frac{2k(2k-1)}{2}=k(2k-1)
$$

将上述有关 m_v 和 M_v 的公式代入公式 (4.10)，节点 v 的聚类系数可以给出如下：

$$
C(v)=\frac{m_v}{M_v}=\frac{3k-3}{4k-2}
$$

随着 k 的增加，聚类系数趋近于 $\frac{3}{4}$，因为随着 $k\to\infty$，$C(G)=C(v)\to\frac{3}{4}$。

WS 正则图有着较高的聚类系数。但是它不满足小世界性质。具体表现为，沿着骨干边，与 v 相距最远的节点最多为 $\frac{n}{2}$ 跳。并且，由于每个节点都与两边的 k 个邻居相连，事实上最多 $\frac{n/2}{k}$ 跳就可以到达最远的节点。具体而言，一个 WS 正则图的直径为：

$$
d(G)=\begin{cases}\left\lceil\dfrac{n}{2k}\right\rceil & n\text{为偶数}\\[2ex] \left\lceil\dfrac{n-1}{2k}\right\rceil & n\text{为奇数}\end{cases}
$$

从上式可以看出，正则图的直径与节点数目呈线性关系，因此它不具有小世界性质。

2. 正则图的随机扰动

边重连　从度数为 $2k$ 的正则图开始，WS 模型通过增加一些随机性对网络的正则结构进行一定的扰动。其中一个方法是以概率 r 随机重连一些边，即对图 G 中任意的边 (u,v)，以概率 r 将 v 替换为另一个随机选择的节点（要避免自环和重复边的出现）。WS 正则图一共有 $m=kn$ 条边，因此在重连之后，rm 条边是随机调整过的，$(1-r)m$ 条边是正则的。

快捷边　除了进行边重连之外，另一种方法是在一些随机的节点对之间添加快捷边（shortcut edge），如图 4-11 所示。添加到网络的快捷边的总数为 $mr=knr$，其中 r 是每条边添加一个快捷边的概率。添加之后，图中边的总数为：$m+mr=(1+r)m=(1+r)kn$。由于 $r\in[0,1]$，边的总数位于区间 $[kn,2kn]$。

在上述两种方法中，若重连或者添加快捷边的概率 $r=0$，则我们得到的还是原来的正则图，带有较高的聚类系数，没有小世界性质。若 $r=1$，则原来的正则图被打乱，接近于随机图，没有什么聚类效应，但是能够体现出小世界性质。令人意想不到的是，只需要引入一点点随机性，就能够给正则网络带来巨大的变化。正如图 4-11 所示，一些长距离的快捷边能够大大缩小网络的直径。因此，即便 r 的值很小，WS 模型在保持正则局部聚类结构的同时，也能够体现出小世界的性质。

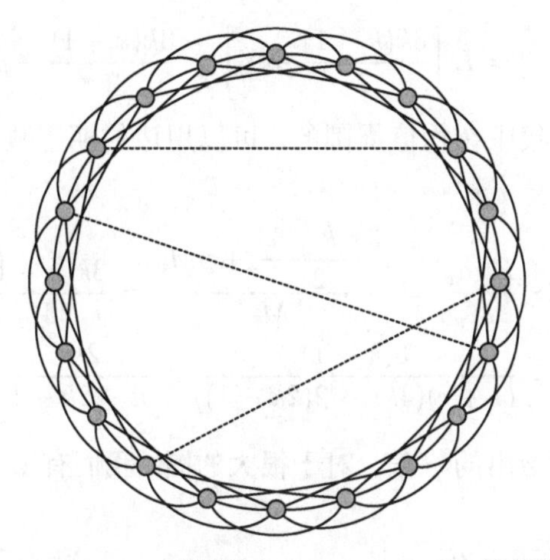

图 4-11 Watts-Strogatz 正则图（$n=20$，$k=3$）：快捷边以虚线显示

3. Watts-Strogatz 图的性质

度数分布 下面考虑添加快捷边的方法，因其易于分析。在这种方法里，每一个顶点的度数至少为 $2k$，此外还有一些快捷边存在，它们服从二项式分布。每一个节点可以有 $n'=n-2k-1$ 条附加的快捷边，因此我们将 n' 看作添加边的独立试验的次数。由于一个节点的度数为 $2k$，带快捷边的概率为 r，我们大致可以期望 $2kr$ 条快捷边会连到该节点上，但每一个节点最多有 $n-2k-1$ 条边。因此，成功添加快捷边的概率为：

$$p=\frac{2kr}{n-2k-1}=\frac{2kr}{n'} \tag{4.12}$$

令 X 为一个代表每个节点的快捷边数目的随机变量，则一个节点分配到 j 条快捷边的概率为：

$$f(j)=P(X=j)=\binom{n'}{j}p^j(1-p)^{n'-j}$$

其中 $E[X]=n'p=2kr$。于是网络中每一个节点的期望度数为：

$$2k+E[X]=2k+2kr=2k(1+r)$$

很明显，WS 图的度数分布不服从幂律，因此这样的网络不是无标度的。

聚类系数 加入快捷边之后，每个节点 v 的期望度数为 $2k(1+r)$，即每个节点平均会和 $2kr$ 个新邻居连接（除了原来的 $2k$ 个之外）。v 的邻居间的可能边数为：

$$M_v=\frac{2k(1+r)(2k(1+r)-1)}{2}=(1+r)k(4kr+2k-1)$$

WS 正则图在添加快捷边之后依然是完整的，因此 v 的邻居会保留所有的 $\frac{3k(k-1)}{2}$ 条初始边，如公式 (4.11) 所示。此外，某些快捷边可能连接 v 的邻居间的某些节点对。令 Y 为代表 v 的 $2k(1+r)$ 个邻居间的快捷边的数目的随机变量，则 Y 以成功概率 p 服从二项式分布，如公式 (4.12) 所示。因此，邻居间快捷边的期望数目为：

$$E[Y]=pM_v$$

令 m_v 代表 v 的邻居间的实际边的数目的随机变量（既包括正则边也包括快捷边）。v 的邻居间的边的期望数目为：

$$E[m_v] = E\left[\frac{3k(k-1)}{2} + Y\right] = \frac{3k(k-1)}{2} + pM_v$$

由于二项式分布本质上是集中在均值周围的，可以用边的期望数目来计算聚类系数的近似值如下：

$$\begin{aligned} C(v) \simeq \frac{E[m_v]}{M_v} &= \frac{\frac{3k(k-1)}{2} + pM_v}{M_v} = \frac{3k(k-1)}{2M_v} + p \\ &= \frac{3(k-1)}{(1+r)(4kr+2(2k-1))} + \frac{2kr}{n-2k-1} \end{aligned}$$

上式利用了公式 (4.12) 中给出的 p 值。对于很大的图，我们有 $n \to \infty$，因此可以将上式的第二项去掉，得到：

$$C(v) \simeq \frac{3(k-1)}{(1+r)(4kr+2(2k-1))} = \frac{3k-3}{4k-2+2r(2kr+4k-1)} \tag{4.13}$$

若 $r \to 0$，则上式会变得与公式 (4.10) 等价。因此，对于较小的 r，聚类系数依然较大。

直径　推导出带随机快捷边的 WS 模型的直径的解析表达式比较困难。因此，我们对 WS 模型在较少数量的随机快捷边加入时的行为进行实证研究。在例 4.10 中，我们知道较小的快捷边概率 r 可以将直径从 $O(n)$ 降为 $O(\log n)$。这样 WS 模型生成的图既具有小世界的性质，又显示出了聚类效应。然而，WS 图的度数分布不是无标度的。

例 4.10　图 4-12 给出了 WS 模型的一个模拟（$n = 1000$，$k = 3$）。x 轴给出了添加快捷边的概率 r 的不同值。直径的值以圆圈的形式给出（对应左 y 轴），聚类值以三角形的形式给出（对应右 y 轴）。这些值都是 10 次 WS 模型运行结果的平均值。实线给出了用公式 (4.13) 的解析方程得出的聚类系数，和模拟值非常吻合。

初始的正则图的直径为：

$$d(G) = \left\lceil \frac{n}{2k} \right\rceil = \left\lceil \frac{1000}{6} \right\rceil = 167$$

其聚类系数为：

$$C(G) = \frac{3(k-1)}{2(2k-1)} = \frac{6}{10} = 0.6$$

可以观察到，即便添加随机边的概率很小，图的直径也会迅速减小。$r = 0.005$ 时，直径为 61。$r = 0.1$ 时，直径减为 11，几乎和 $O(\log_2 n)$ 在同一个水平上，因为 $\log_2 1000 \simeq 10$。另一方面，可以看到聚类系数的值依然很高。$r = 0.1$ 时，聚类系数为 0.48。因此，以上的模拟研究证实，即便加入少数几条随机快捷边，也能够将 WS 正则图的直径从 $O(n)$（大世界）减小为 $O(\log n)$（小世界）。与此同时，图的局部聚类性质保持得比较好。

4.4.3　Barabási-Albert 无标度模型

Barabási-Albert（BA）无标度模型希望通过生成式的过程，来为每个时间步添加新的节点和新的边，从而构建真实世界网络所具有的无标度度数分布。在该模型中，边的增长遵循**优先连接**（preferential attachment），即从新的顶点引出的边更容易连接到具有较高度数的节点上。因此，BA 模型也经常被称为“富者更富”的方法。BA 模型模拟图的动态增长，每

个时间步 $t=1,2,\cdots$ 都添加新的节点和新的边。令 G_t 表示在时刻 t 的图，n_t 代表节点的数目，m_t 代表 G_t 中边的数目。

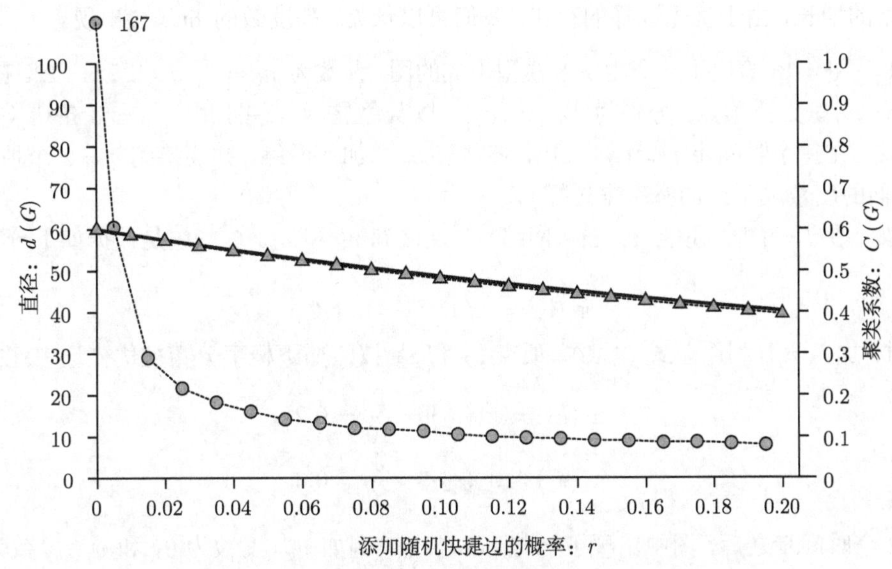

图 4-12 Watts-Strogatz 模型：直径（圆圈）和聚类系数（三角形）

1. 初始化

在 $t=0$ 的时候，BA 模型初始化为一个初始图 G_0，带有 n_0 个节点和 m_0 条边。G_0 中的每个节点的度数至少为 1，否则它永远不会被优先连接选中。这里假设每个节点的初始度数为 2，分别连接到它在一个环形的结构里面的左右邻居，因此，$m_0=n_0$。

2. 图的增长和优先连接

BA 模型按如下方式从 G_t 导出新的图 G_{t+1}：增加一个节点 u；增加 $q \leqslant n_0$ 条从 u 到 q 个不同的节点 $v_j \in G_t$ 的边，其中选中节点 v_j 的概率为 $\pi_t(v_j)$（与其在 G_t 中的度数成正比）。给出如下：

$$\pi_t(v_j)=\frac{d_j}{\sum\limits_{v_i \in G_t} d_i} \tag{4.14}$$

因为每步只添加一个顶点，所以 G_t 中顶点的数目为：

$$n_t=n_0+t$$

此外，因为每个时间步都会新加 q 条边，所以 G_t 中边的数目为：

$$m_t=m_0+qt$$

由于节点的总度数是图中边的总数的两倍，可得：

$$\sum_{v_i \in G_t} d(v_i)=2m_t=2(m_0+qt)$$

因此可以将公式 (4.14) 重写为：

$$\pi_t(v_j) = \frac{d_j}{2(m_0 + qt)} \tag{4.15}$$

随着网络的增长，由于优先选择的存在，我们可以预见，高度数的 hub 会出现。

例 4.11 图 4-13 给出了一个由 BA 模型生成的图，参数为 $n_0 = 3$、$q = 2$、$t = 12$。在 $t = 0$ 时，图有 $n_0 = 3$ 个顶点，分别为 $\{v_0, v_1, v_2\}$（以灰色显示），并且由 $m_0 = 3$ 条边（加粗显示）连接。在每个时间步 $t = 1, \cdots, 12$，将顶点 v_{t+2} 加入网络，并连接到 $q = 2$ 个顶点（按照与它们的度数成正比的概率来选择）。

例如，在 $t = 1$ 时，顶点 v_3 加入网络，并连接到 v_1 和 v_2。这些边是根据如下分布来选择的：

$$\pi_0(v_i) = 1/3, \quad i = 0, 1, 2$$

$t = 2$ 时，加入 v_4。利用公式 (4.15)，顶点 v_2 和 v_3 按照如下概率分布被优先选中连接：

$$\pi_1(v_0) = \pi_1(v_3) = \frac{2}{10} = 0.2$$

$$\pi_1(v_1) = \pi_1(v_2) = \frac{3}{10} = 0.3$$

经过 12 个时间步之后，图中出现了一些 hub 节点，例如 v_1（度数为 9）和 v_3（度数为 6）。

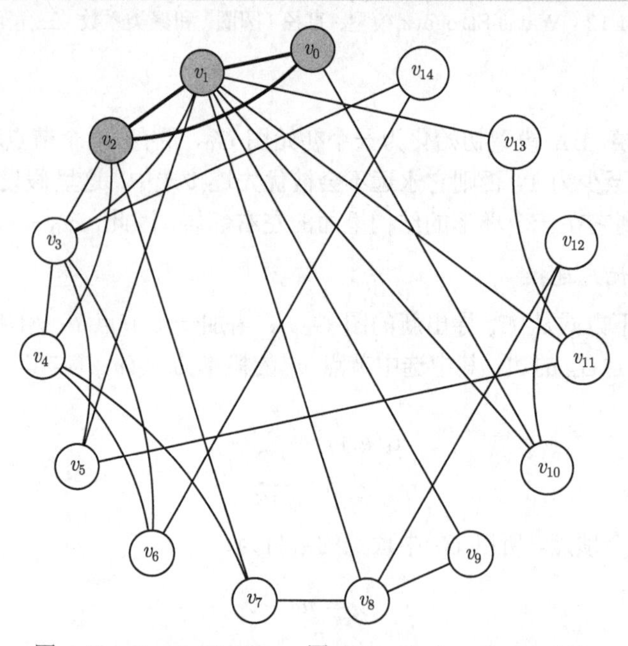

图 4-13 Barabási-Albert 图（$n_0 = 3$，$q = 2$，$t = 12$）

3. *度数分布*

接下来研究两种不同的估计 BA 模型的度数分布的方法：离散方法和连续方法。

离散方法 离散方法又被称作*主方程方法*（master-equation method）。令 X_t 为代表 G_t 中节点度数的随机变量，令 $f_t(k)$ 为 X_t 的概率质量函数。即，$f_t(k)$ 是 G_t 在时间步 t 时的度数分布。简言之，$f_t(k)$ 是在时间 t 时度数为 k 的节点所占的比例。令 n_t 代表节点数目，m_t

代表边的数目。此外，令 $n_t(k)$ 代表 G_t 中度数为 k 的节点的数目，因此可得：

$$f_t(k) = \frac{n_t(k)}{n_t}$$

我们对大规模的真实世界图感兴趣。当 $t \to \infty$ 时，G_t 中节点数目和边的数目可以取近似值为：

$$n_t = n_0 + t \simeq t$$

$$m_t = m_0 + qt \simeq qt \tag{4.16}$$

根据公式 (4.14)，在 $t+1$ 时，某些度数为 k 的节点被选中进行优先连接的概率 $\pi_t(k)$ 可以写为：

$$\pi_t(k) = \frac{k \cdot n_t(k)}{\sum_i i \cdot n_t(i)}$$

将分子分母同时除以 n_t，可得：

$$\pi_t(k) = \frac{k \cdot \frac{n_t(k)}{n_t}}{\sum_i i \cdot \frac{n_t(i)}{n_t}} = \frac{k \cdot f_t(k)}{\sum_i i \cdot f_t(i)} \tag{4.17}$$

注意，分母正是 X_t 的期望值，即 G_t 中的平均度数，因为：

$$E[X_t] = \mu_d(G_t) = \sum_i i \cdot f_t(i) \tag{4.18}$$

同时注意，任意图中的平均度数为：

$$\mu_d(G_t) = \frac{\sum_i d_i}{n_t} = \frac{2m_t}{n_t} \simeq \frac{2qt}{t} = 2q \tag{4.19}$$

这里用了公式 (4.16)，即 $m_t = qt$。结合公式 (4.18) 和公式 (4.19)，可以将某个度数为 k 的节点的优先连接概率 [公式 (4.17)] 重写为：

$$\pi_t(k) = \frac{k \cdot f_t(k)}{2q} \tag{4.20}$$

现在考虑当一个新的顶点 u 在 $t+1$ 时刻加入网络后，度数为 k 的节点数目的变化。净变化数目等于 $t+1$ 时刻度数为 k 的节点数目减去 t 时刻度数为 k 的节点数目：

$$(n_t + 1) \cdot f_{t+1}(k) - n_t \cdot f_t(k)$$

利用公式 (4.16) 中 $n_t \simeq t$ 的近似，上式可以表示为：

$$(n_t + 1) \cdot f_{t+1}(k) - n_t \cdot f_t(k) = (t+1) \cdot f_{t+1}(k) - t \cdot f_t(k) \tag{4.21}$$

若 u 与 G_t 中度数为 $k-1$ 的顶点 v_i 连接，则度数为 k 的节点的数目会增加，因为 G_{t+1} 中 v_i 的度数会变为 k。关于 $t+1$ 时刻加入的 q 条边，G_t 中度数为 $k-1$ 的节点被选中与 u 进行连接的数目为：

$$q\pi_t(k-1) = \frac{q \cdot (k-1) \cdot f_t(k-1)}{2q} = \frac{1}{2} \cdot (k-1) \cdot f_t(k-1) \tag{4.22}$$

其中对 $\pi_t(k-1)$ 使用了公式 (4.20)。注意公式 (4.22) 只有在 $k > q$ 时才成立。这是因为 v_i 的度数至少要为 q，因为每个在 $t \geqslant 1$ 时刻加入的节点的初始度数都为 q。因此，若 $d_i = k-1$，

则 $k-1 \geqslant q$ 意味着 $k>q$（通过设定 $n_0=q+1$，我们同样可以保证初始的 n_0 个节点度数为 q）。

与此同时，当 u 与 G_t 中度数为 k 的顶点 v_i 连接时，度数为 k 的节点数目会减少，因为在 G_{t+1} 中 v_i 的度数会变成 $k+1$。利用公式 (4.20)，关于 $t+1$ 时刻加入的 q 条边，G_t 中度数为 k 的节点被选中与 u 进行连接的数目为：

$$q \cdot \pi_t(k) = \frac{q \cdot k \cdot f_t(k)}{2q} = \frac{1}{2} \cdot k \cdot f_t(k) \tag{4.23}$$

根据以上讨论，当 $k>q$ 时，度数为 k 的节点数目的净变化是公式 (4.22) 和公式 (4.23) 的差：

$$q \cdot \pi_t(k-1) - q \cdot \pi_t(k) = \frac{1}{2} \cdot (k-1) \cdot f_t(k-1) - \frac{1}{2} k \cdot f_t(k) \tag{4.24}$$

令公式 (4.21) 与公式 (4.24) 相等，可得 $k>q$ 的主方程为：

$$(t+1) \cdot f_{t+1}(k) - t \cdot f_t(k) = \frac{1}{2} \cdot (k-1) \cdot f_t(k-1) - \frac{1}{2} \cdot k \cdot f_t(k) \tag{4.25}$$

另一方面，当 $k=q$ 时，假设图中没有任何节点的度数小于 q，则只有新加入的节点会使得度数为 $k=q$ 的节点数目加 1。然而，若 u 连接到一个现有的度数为 k 的节点 v_i，则度数为 k 的节点数目会减 1，因为在 G_{t+1} 中 v_i 的度数会变为 $k+1$。因此度数为 k 的节点数目的净变化为：

$$1 - q \cdot \pi_t(k) = 1 - \frac{1}{2} \cdot k \cdot f_t(k) \tag{4.26}$$

令公式 (4.21) 与公式 (4.26) 相等，可得边界条件为 $k=q$ 的主方程：

$$(t+1) \cdot f_{t+1}(k) - t \cdot f_t(k) = 1 - \frac{1}{2} \cdot k \cdot f_t(k) \tag{4.27}$$

我们的目标是找到静态的或与时间无关的主方程的解。也就是说，要找到满足如下条件的解：

$$f_{t+1}(k) = f_t(k) = f(k) \tag{4.28}$$

静态解给出了与时间无关的度数分布。

先推导出 $k=q$ 时的静态解。将公式 (4.28) 代入公式 (4.27)，并令 $k=q$，得：

$$\begin{aligned}(t+1) \cdot f(q) - t \cdot f(q) &= 1 - \frac{1}{2} \cdot q \cdot f(q) \\ 2f(q) &= 2 - q \cdot f(q)\text{，这意味着} \\ f(q) &= \frac{2}{q+2}\end{aligned} \tag{4.29}$$

$k>q$ 时的静态解提供了一个基于 $f(k-1)$ 的 $f(k)$ 的递归形式：

$$\begin{aligned}(t+1) \cdot f(k) - t \cdot f(k) &= \frac{1}{2} \cdot (k-1) \cdot f(k-1) - \frac{1}{2} \cdot k \cdot f(k) \\ 2f(k) &= (k-1) \cdot f(k-1) - k \cdot f(k)\text{，这意味着} \\ f(k) &= \left(\frac{k-1}{k+2}\right) \cdot f(k-1)\end{aligned} \tag{4.30}$$

将公式 (4.30) 不断展开，直到遇到边界条件 $k=q$：

$$f(k) = \left(\frac{k-1}{k+2}\right) \cdot f(k-1)$$

$$
\begin{aligned}
&= \frac{(k-1)(k-2)}{(k+2)(k+1)} \cdot f(k-2) \\
&\quad \vdots \\
&= \frac{(k-1)(k-2)(k-3)(k-4)\cdots(q+3)(q+2)(q+1)(q)}{(k+2)(k+1)(k)(k-1)\cdots(q+6)(q+5)(q+4)(q+3)} \cdot f(q) \\
&= \frac{(q+2)(q+1)q}{(k+2)(k+1)k} \cdot f(q)
\end{aligned}
$$

将公式 (4.29) 中关于 $f(q)$ 的静态解代入，可以得到一个通常解：

$$f(k) = \frac{(q+2)(q+1)q}{(k+2)(k+1)k} \cdot \frac{2}{(q+2)} = \frac{2q(q+1)}{k(k+1)(k+2)}$$

对于常数 q 和较大的 k，很容易看出度数分布满足：

$$f(k) \propto k^{-3} \tag{4.31}$$

也就是说 BA 模型生成了一个 $\gamma = 3$ 的幂律度数分布，尤其对于较大的度数而言。

连续方法 连续方法通常又称为*平均场方法*（mean-field method）。在 BA 模型中，较早添加的节点往往度数更高，因为它们有更多的机会从后加入的顶点中得到连接。顶点度数的时间相关度可以用一个连续随机变量来近似给出。令 $k_i = d_t(i)$ 代表顶点 v_i 在时刻 t 的度数。在时刻 t，新加入的节点 u 与 v_i 相连的概率为 $\pi_t(i)$。此外，v_i 的度数在每个时间步的变化为 $q \cdot \pi_t(i)$。利用公式 (4.16) 中的近似值 $n_t \simeq t$ 和 $m_t \simeq qt$，可得 k_i 随时间的变化率为：

$$\frac{\mathrm{d}k_i}{\mathrm{d}t} = q \cdot \pi_t(i) = q \cdot \frac{k_i}{2qt} = \frac{k_i}{2t}$$

重新排列前面的公式 $\frac{\mathrm{d}k_i}{\mathrm{d}t} = \frac{k_i}{2t}$ 中的项，并对两边取积分，可得：

$$
\begin{aligned}
\int \frac{1}{k_i} \mathrm{d}k_i &= \int \frac{1}{2t} \mathrm{d}t \\
\ln k_i &= \frac{1}{2} \ln t + C \\
\mathrm{e}^{\ln k_i} &= \mathrm{e}^{\ln t^{1/2}} \cdot \mathrm{e}^C\text{，这意味着} \\
k_i &= \alpha \cdot t^{1/2}
\end{aligned} \tag{4.32}
$$

其中 C 是积分常数，因此 $\alpha = \mathrm{e}^C$ 也是一个常数。

令 t_i 代表节点 i 加入到网络中的时刻。因为任意节点的初始度数均为 q，所以要获取 $t = t_i$ 时刻的边界条件 $k_i = q$。将这些代入公式 (4.32)，得：

$$
\begin{aligned}
k_i &= \alpha \cdot t_i^{1/2} = q\text{，这意味着} \\
\alpha &= \frac{q}{\sqrt{t_i}}
\end{aligned} \tag{4.33}
$$

将公式 (4.33) 代入公式 (4.32)，可以得到奇异解：

$$k_i = \alpha \cdot \sqrt{t} = q \cdot \sqrt{t/t_i} \tag{4.34}$$

直观来看，这个解证实了“富者更富”的现象。若一个节点 v_i 很早被加入网络（即 t_i 比较小），则随着时间的增长（即 t 变大），v_i 的度数会不断增加（与 t 的平方根成正比）。

现在考虑在 t 时刻 v_i 的度数小于某个值 k 的概率，即 $P(k_i < k)$。若 $k_i < k$，则根据公式 (4.34) 可得：

$$\begin{aligned}k_i &< k\\ q\cdot\sqrt{\frac{t}{t_i}} &< k\\ \frac{t}{t_i} &< \frac{k^2}{q^2}\text{，这意味着}\\ t_i &> \frac{q^2t}{k^2}\end{aligned}$$

因此，可以写为：

$$P(k_i < k) = P\left(t_i > \frac{q^2t}{k^2}\right) = 1 - P\left(t_i \leqslant \frac{q^2t}{k^2}\right)$$

也就是说，节点 v_i 的度数小于 k 的概率与其被加入图的时刻 t_i 大于 $\frac{q^2}{k^2}t$ 的概率相同，也与 1 减去 t_i 小于等于 $\frac{q^2}{k^2}t$ 的概率相同。

注意，节点是按照每个时间步加一个的均匀速率加入图的，即 $\frac{1}{n_t} \simeq \frac{1}{t}$。因此，$t_i$ 小于等于 $\frac{q^2}{k^2}t$ 的概率为：

$$\begin{aligned}P(k_i < k) &= 1 - P\left(t_i \leqslant \frac{q^2t}{k^2}\right)\\ &= 1 - \frac{q^2t}{k^2}\cdot\frac{1}{t}\\ &= 1 - \frac{q^2}{k^2}\end{aligned}$$

由于 v_i 是图中的任意节点，$P(k_i < k)$ 可以看作时刻 t 的累积度数分布 $F_t(k)$。将 $F_t(k)$ 对 k 求导，可以得到度数分布 $f_t(k)$：

$$\begin{aligned}f_t(k) = \frac{\mathrm{d}}{\mathrm{d}k}F_t(k) &= \frac{\mathrm{d}}{\mathrm{d}k}P(k_i < k)\\ &= \frac{\mathrm{d}}{\mathrm{d}k}\left(1 - \frac{q^2}{k^2}\right)\\ &= 0 - \left(\frac{k^2\cdot 0 - q^2\cdot 2k}{k^4}\right)\\ &= \frac{2q^2}{k^3}\\ &\propto k^{-3}\end{aligned} \tag{4.35}$$

公式 (4.35) 中利用了计算 $f(k) = \frac{g(k)}{h(k)}$ 的导数的商法则：

$$\frac{\mathrm{d}f(k)}{\mathrm{d}k} = \frac{h(k)\cdot\dfrac{\mathrm{d}g(k)}{\mathrm{d}k} - g(k)\cdot\dfrac{\mathrm{d}h(k)}{\mathrm{d}k}}{h(k)^2}$$

其中 $g(k) = q^2$ 且 $h(k) = k^2$，$\frac{\mathrm{d}g(k)}{\mathrm{d}k} = 0$ 且 $\frac{\mathrm{d}h(k)}{\mathrm{d}k} = 2k$。

注意，利用连续方法得到的度数分布 [公式 (4.35)] 与离散方法 [公式 (4.31)] 得到的非常相近。两种解都说明了度数分布是与 k^{-3} 成正比的，并服从 $\gamma = 3$ 的幂律行为。

4. 聚类系数和直径

BA 模型的聚类系数和直径的封闭式解是很难得到的。我们已经证明 BA 图的直径满足：

$$d(G_t) = O\left(\frac{\log n_t}{\log\log n_t}\right)$$

这说明当 $q > 1$ 时，它们是具有**超小世界**（ultra-small-world）性质的。此外，BA 图的期望聚类系数满足：

$$E[C(G_t)] = O\left(\frac{(\log n_t)^2}{n_t}\right)$$

这仅仅比随机图的聚类系数（比如 $O(n_t^{-1})$）稍好。在例 4.12 中，我们用实例来研究 BA 模型的随机实例的聚类系数和直径（给定参数）。

例 4.12 图 4-14 给出了以 10 个不同 BA 图的平均构成的经验度数分布（$n_0 = 3$，$q = 3$，$t = 997$）。最终的图共有 1000 个顶点。双对数曲线图中的直线说明了幂律的存在，其中斜率为 $-\gamma = -2.64$。

10 个图的平均聚类系数为 $C(G) = 0.019$，不是很高，说明 BA 模型并不会产生很强的聚类效应。另一方面，平均直径为 $d(G) = 6$，显示出超小世界的性质。

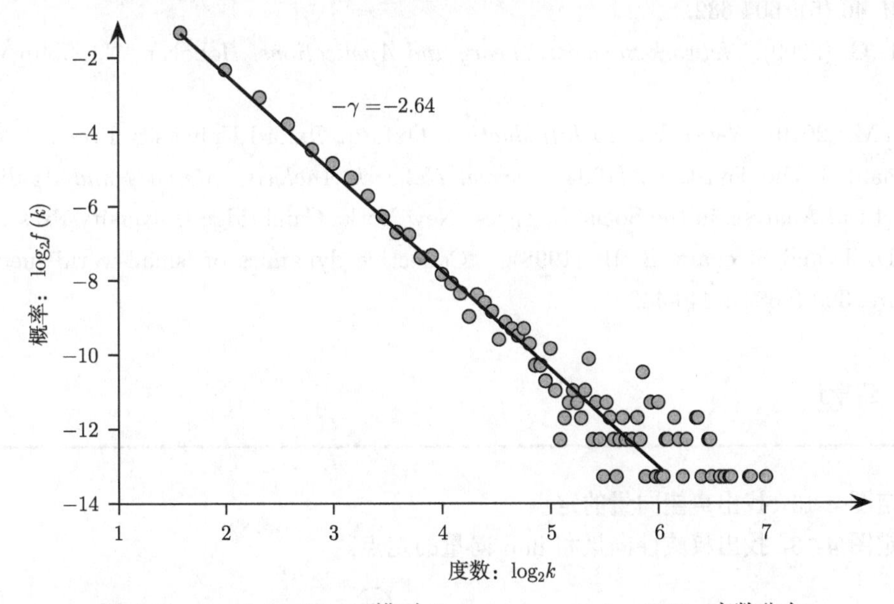

图 4-14 Barabási-Albert 模型（$n_0 = 3$，$q = 3$，$t = 997$）：度数分布

4.5 补充阅读

随机图理论是由 Erdös and Rényi (1959) 创立的；关于该话题的详细讨论，参见 Bollobás (2001)。其他关于真实世界网络的图模型由 Watts and Strogatz (1998) 和 Barabási and Albert (1999) 提出。最早全面讨论图数据分析的著作之一是 Wasserman and Faust (1994)。最近有不少关于网络科学的书，如 Lewis (2009) 和 Newman (2010)。关于 PageRank，可以参考 Brin and Page (1998)。关于 hub 和权威性方法，可以参考 Kleinberg (1999)。关于真实世界网络的模式、法则和模型（包括 RMat 生成器）的最新研究，可以参考 Chakrabarti and Faloutsos (2012)。

Barabási, A.-L. and Albert, R. (1999). "Emergence of scaling in random networks." *Science*, 286 (5439): 509-512.

Bollobás, B. (2001). *Random Graphs*, 2nd ed. Vol. 73. New York: Cambridge University Press.

Brin, S. and Page, L. (1998). "The anatomy of a large-scale hypertextual Web search engine." *Computer Networks and ISDN Systems*, 30 (1): 107-117.

Chakrabarti, D. and Faloutsos, C. (2012). "Graph Mining: Laws, Tools, and Case Studies." *Synthesis Lectures on Data Mining and Knowledge Discovery*, 7(1): 1-207. San Rafael, CA: Morgan & Claypool Publishers.

Erdős, P. and Rényi, A. (1959). "On random graphs." *Publicationes Mathematicae Debrecen*, 6, 290-297.

Kleinberg, J. M. (1999). "Authoritative sources in a hyperlinked environment." *Journal of the ACM*, 46 (5): 604-632.

Lewis, T. G. (2009). *Network Science: Theory and Applications.* Hoboken. NJ: John Wiley & Sons.

Newman,M. (2010). *Networks: An Introduction.* Oxford: Oxford University Press.

Wasserman, S. and Faust, K. (1994). *Social Network Analysis: Methods and Applications.* Structural Analysis in the Social Sciences. New York: Cambridge University Press.

Watts, D. J. and Strogatz, S. H. (1998). "Collective dynamics of 'small-world' networks." *Nature*, 393 (6684): 440-442.

4.6 习题

Q1. 给定图 4-15，找出声望向量的定点。

Q2. 给定图 4-16，找出权威性向量和 hub 向量的定点。

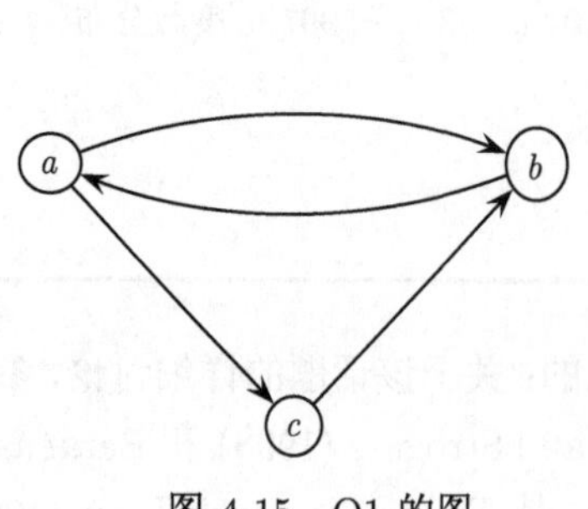

图 4-15 Q1 的图

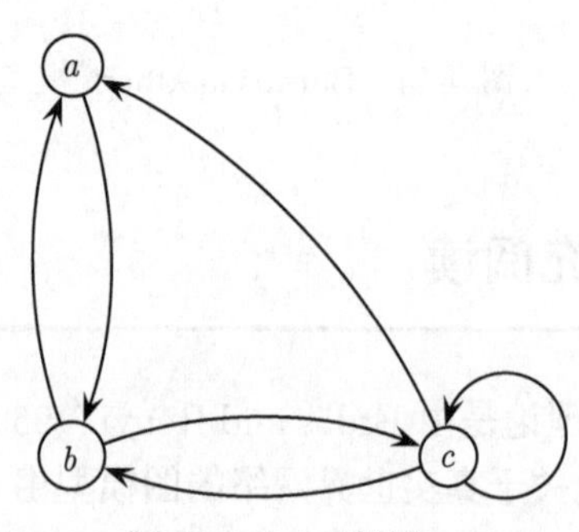

图 4-16 Q2 的图

Q3. 考虑图 4-17 所示的有 n 个节点的双星图，其中节点 1、节点 2 和其他所有节点都相连，除此之外，没有其他边。回答以下问题（将 n 当作一个变量）。

(a) 该图的度数分布是什么？

(b) 度数均值是什么？

(c) 顶点 1 和顶点 3 的聚类系数是多少？

(d) 整个图的聚类系数 $C(G)$ 是多少？该聚类系数在 $n \to \infty$ 时会发生什么样的变化？

(e) 该图的传递性 $T(G)$ 是多少？在 $n \to \infty$ 时会发生什么样的变化？

(f) 该图的平均路径长度是多少？

(g) 节点 1 的介数是多少？

(h) 该图的度数方差是多少？

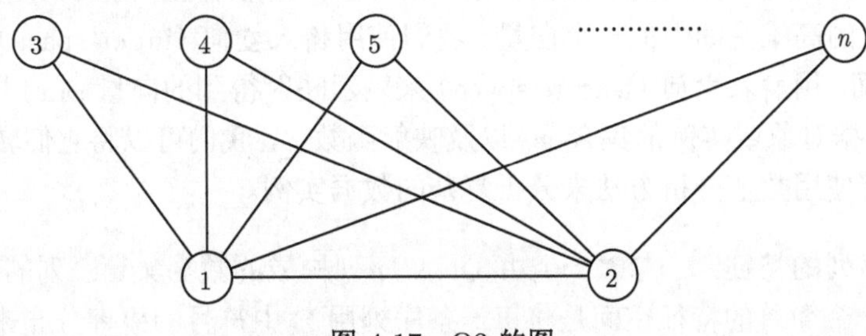

图 4-17　Q3 的图

Q4. 考虑图 4-18。计算 hub 和权威性分数向量。哪些节点是 hub 节点？哪些节点是权威节点？

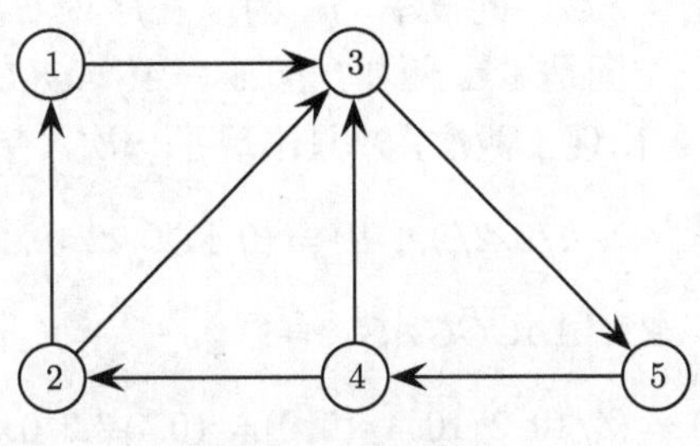

图 4-18　Q4 的图

Q5. 证明 BA 模型在 $t+1$ 时间步的时候，G_t 中某个度数为 k 的节点被选中进行优先连接的概率 $\pi_t(k)$ 为：

$$\pi_t(k) = \frac{k \cdot n_t(k)}{\sum_i i \cdot n_t(i)}$$

第5章 核 方 法

在我们能够对数据进行挖掘之前，还有一件重要的事情，那就是要找到合理的数据表示，以促进数据分析。例如，对于复杂的数据，如文本、序列、图像等，通常需要提取或建立属性或者特征的集合，从而将数据实例表示为多元向量。也就是说，给定一个数据实例 $\boldsymbol{x}$（例如一个序列），我们需要找到一个映射 ϕ，使得 $\phi(\boldsymbol{x})$ 是 $\boldsymbol{x}$ 的向量表示。即便输入数据是一个数值矩阵，若想要发现属性间的非线性关系，也可以使用非线性映射 ϕ，使得 $\phi(\boldsymbol{x})$ 代表包含了非线性属性的高维空间中的一个向量。我们使用**输入空间**（input space）来表示输入数据 $\boldsymbol{x}$ 的数据空间，用**特征空间**（feature space）来表示映射得到的向量 $\phi(\boldsymbol{x})$ 所在的空间。因此，给定一个数据对象或实例的集合 $\boldsymbol{x}_i$ 以及映射函数 ϕ，我们可以将它们转换为特征向量 $\phi(\boldsymbol{x}_i)$，从而能够使用数值分析方法来分析复杂的数据实例。

例 5.1（基于序列的特征） 考虑一个由 DNA 序列构成的数据集，序列的字母表为 $\Sigma = \{A, C, G, T\}$。一个简单的特征空间是将每一条序列用 Σ 中符号的概率分布来表示。即给定一个序列 $\boldsymbol{x}$，长度为 $|\boldsymbol{x}| = m$，则从 $\boldsymbol{x}$ 到特征空间的映射为：

$$\phi(\boldsymbol{x}) = \{P(A), P(C), P(G), P(T)\}$$

其中 $P(s) = \frac{n_s}{m}$ 是观察到符号 $s \in \Sigma$ 的概率，n_s 为 s 在序列 $\boldsymbol{x}$ 中出现的次数。这里，输入空间是序列的集合 Σ^*，特征空间是 $\mathbb{R}^4$。例如，若 $\boldsymbol{x} = ACAGCAGTA$，则 $m = |\boldsymbol{x}| = 9$，由于 A 出现了 4 次，C 和 G 各出现了两次，T 只出现了一次，有：

$$\phi(\boldsymbol{x}) = (4/9, 2/9, 2/9, 1/9) = (0.44, 0.22, 0.22, 0.11)$$

同样，对于另一个序列 $\boldsymbol{y} = AGCAAGCGAG$，有：

$$\phi(\boldsymbol{y}) = (4/10, 2/10, 4/10, 0) = (0.4, 0.2, 0.4, 0)$$

映射 ϕ 允许我们计算数据样本统计量，从而对总体作出推断。例如，我们可以计算符号构成的均值。我们同样可以定义任意两个序列之间的距离，比如：

$$\begin{aligned}\delta(\boldsymbol{x}, \boldsymbol{y}) &= \|\phi(\boldsymbol{x}) - \phi(\boldsymbol{y})\| \\ &= \sqrt{(0.44 - 0.4)^2 + (0.22 - 0.2)^2 + (0.22 - 0.4)^2 + (0.11 - 0)^2} = 0.22\end{aligned}$$

我们还可以计算更大的特征空间，例如，所有长度小于等于 k 的子串或词的概率分布等。

例 5.2 （非线性特征） 作为非线性映射的一个例子，考虑映射 ϕ 以一个向量 $\boldsymbol{x} = (x_1, x_2)^{\mathrm{T}} \in \mathbb{R}^2$ 作为输入，并将其映射到一个“二次”（quadratic）的特征空间：

$$\phi(\boldsymbol{x}) = (x_1^2, x_2^2, \sqrt{2}x_1x_2)^{\mathrm{T}} \in \mathbb{R}^3$$

例如，点 $\boldsymbol{x}=(5.9,3)^{\mathrm{T}}$ 被映射为如下向量：

$$\phi(\boldsymbol{x})=(5.9^2,3^2,\sqrt{2}\cdot 5.9\cdot 3)^{\mathrm{T}}=(34.81,9,25.03)^{\mathrm{T}}$$

进行这种变换的主要好处在于：原本我们能够在特征空间上应用一些常用的线性分析方法；然而，由于现在的特征是原始属性的非线性组合，我们还可以挖掘非线性的模式和关系。

尽管映射到特征空间使得我们可以对数据进行代数和概率建模，然而我们得到的特征空间通常是非常高维，甚至是无限维的。因此，将所有的输入点都变换到特征空间可能代价过高，甚至是不可能实现的。高维数会使我们遇到“维数灾难”（curse of dimensionality），第 6 章会详细讨论。

核方法避免显式地将输入空间中的每一个点 $\boldsymbol{x}$ 变换到特征空间中的映射点 $\phi(\boldsymbol{x})$。相反，输入对象用它们之间的 $n\times n$ 成对相似度值来表示。相似度函数，称为**核**（kernel），代表高维特征空间中的一个点乘；不需要直接构造 $\phi(\boldsymbol{x})$ 就可以计算核。令 $\mathcal{I}$ 表示输入空间，该空间可由任意对象集合构成。令 $\boldsymbol{D}=\{\boldsymbol{x}_i\}_{i=1}^n\subset\mathcal{I}$ 为输入空间中包含 n 个对象的数据集。我们可以将 $\boldsymbol{D}$ 中点之间的成对相似性值表示为一个 $n\times n$ 的**核矩阵**（kernel matrix），定义为：

$$\boldsymbol{K}=\begin{pmatrix} K(\boldsymbol{x}_1,\boldsymbol{x}_1) & K(\boldsymbol{x}_1,\boldsymbol{x}_2) & \cdots & K(\boldsymbol{x}_1,\boldsymbol{x}_n)\\ K(\boldsymbol{x}_2,\boldsymbol{x}_1) & K(\boldsymbol{x}_2,\boldsymbol{x}_2) & \cdots & K(\boldsymbol{x}_2,\boldsymbol{x}_n)\\ \vdots & \vdots & \ddots & \vdots\\ K(\boldsymbol{x}_n,\boldsymbol{x}_1) & K(\boldsymbol{x}_n,\boldsymbol{x}_2) & \cdots & K(\boldsymbol{x}_n,\boldsymbol{x}_n)\end{pmatrix}$$

其中 $K:\mathcal{I}\times\mathcal{I}\to\mathbb{R}$ 是输入空间中任意两点的一个**核函数**（kernel function）。然而，我们要求 K 对应特征空间中的某一个点乘。即，对所有 $\boldsymbol{x}_i,\boldsymbol{x}_j\in\mathcal{I}$，核函数应当满足条件：

$$K(\boldsymbol{x}_i,\boldsymbol{x}_j)=\phi(\boldsymbol{x}_i)^{\mathrm{T}}\phi(\boldsymbol{x}_j) \tag{5.1}$$

其中 $\phi:\mathcal{I}\to\mathcal{F}$ 是一个从输入空间 $\mathcal{I}$ 到特征空间 $\mathcal{F}$ 的一个映射。直观来讲，这说明我们可以使用原始的输入表示 $\boldsymbol{x}$ 计算点乘的值，而不用去求解映射 $\phi(\boldsymbol{x})$。显然，不是任意函数都可以用作核函数的；一个有效的核函数必须满足一定的条件，使得公式 (5.1) 成立，5.1 节将会讨论相关问题。

值得指出的是，点乘的转置算子只有在 $\mathcal{F}$ 是向量空间的情况下才是有效的。当 $\mathcal{F}$ 是一个带内积的抽象向量空间时，核函数可以写成 $K(\boldsymbol{x}_i,\boldsymbol{x}_j)=\langle\phi(\boldsymbol{x}_i),\phi(\boldsymbol{x}_j)\rangle$。为了方便起见，本章中会一直使用转置算子；当 $\mathcal{F}$ 是一个内积空间时，可以认为：

$$\phi(\boldsymbol{x}_i)^{\mathrm{T}}\phi(\boldsymbol{x}_j)\equiv\langle\phi(\boldsymbol{x}_i),\phi(\boldsymbol{x}_j)\rangle$$

例 5.3（线性和二次核） 考虑恒等映射 $\phi(\boldsymbol{x})\to\boldsymbol{x}$。这很自然地产生一个**线性核**（linear kernel），即两个输入向量的点乘，并满足公式 (5.1)：

$$\phi(\boldsymbol{x})^{\mathrm{T}}\phi(\boldsymbol{y})=\boldsymbol{x}^{\mathrm{T}}\boldsymbol{y}=K(\boldsymbol{x},\boldsymbol{y})$$

例如，考虑二维鸢尾花数据集（见图 5-1a）的前 5 个点：

$$\boldsymbol{x}_1=\begin{pmatrix}5.9\\3\end{pmatrix}\quad \boldsymbol{x}_2=\begin{pmatrix}6.9\\3.1\end{pmatrix}\quad \boldsymbol{x}_3=\begin{pmatrix}6.5\\2.9\end{pmatrix}\quad \boldsymbol{x}_4=\begin{pmatrix}4.6\\3.2\end{pmatrix}\quad \boldsymbol{x}_5=\begin{pmatrix}6\\2.2\end{pmatrix}$$

线性核的核矩阵如图 5-1b 所示。例如：

$$K(\boldsymbol{x}_1,\boldsymbol{x}_2)=\boldsymbol{x}_1^{\mathrm{T}}\boldsymbol{x}_2=5.9\times 6.9+3\times 3.1=40.71+9.3=50.01$$

考虑例 5.2 中的二次映射 $\phi:\mathbb{R}^2\rightarrow\mathbb{R}^3$，该映射将 $\boldsymbol{x}=(x_1,x_2)^{\mathrm{T}}$ 映射为：

$$\phi(\boldsymbol{x})=(x_1^2,x_2^2,\sqrt{2}x_1x_2)^{\mathrm{T}}$$

两个输入点的 $\boldsymbol{x},\boldsymbol{y}\in\mathbb{R}^2$ 的映射的点乘为：

$$\phi(\boldsymbol{x})^{\mathrm{T}}\phi(\boldsymbol{y})=x_1^2y_1^2+x_2^2y_2^2+2x_1y_1x_2y_2$$

上式可以重写获得（同质）**二次核函数**如下：

$$\begin{aligned}\phi(\boldsymbol{x})^{\mathrm{T}}\phi(\boldsymbol{y})&=x_1^2y_1^2+x_2^2y_2^2+2x_1y_1x_2y_2\\&=(x_1y_1+x_2y_2)^2\\&=(\boldsymbol{x}^{\mathrm{T}}\boldsymbol{y})^2\\&=K(\boldsymbol{x},\boldsymbol{y})\end{aligned}$$

于是可以看出，特征空间中的点乘可以通过在评估输入空间中核的值来计算，而不需要显式地将点映射到特征空间中。例如，有：

$$\begin{aligned}\phi(\boldsymbol{x}_1)&=(5.9^2,3^2,\sqrt{2}\cdot 5.9\cdot 3)^{\mathrm{T}}=(34.81,9,25.03)^{\mathrm{T}}\\\phi(\boldsymbol{x}_2)&=(6.9^2,3.1^2,\sqrt{2}\cdot 6.9\cdot 3.1)^{\mathrm{T}}=(47.61,9.61,30.25)^{\mathrm{T}}\\\phi(\boldsymbol{x}_1)^{\mathrm{T}}\phi(\boldsymbol{x}_2)&=34.81\times 47.61+9\times 9.61+25.03\times 30.25=2501\end{aligned}$$

可以验证，同质二次核给出了同样的值：

$$K(\boldsymbol{x}_1,\boldsymbol{x}_2)=(\boldsymbol{x}_1^{\mathrm{T}}\boldsymbol{x}_2)^2=(50.01)^2=2501$$

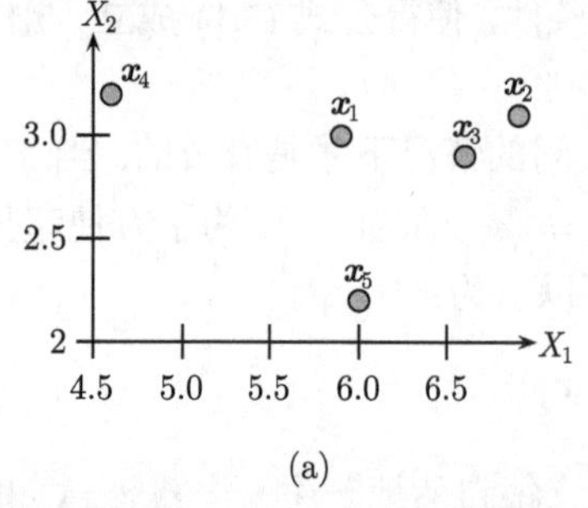

(a)

$\boldsymbol{K}$	$\boldsymbol{x}_1$	$\boldsymbol{x}_2$	$\boldsymbol{x}_3$	$\boldsymbol{x}_4$	$\boldsymbol{x}_5$
$\boldsymbol{x}_1$	43.81	50.01	47.64	36.74	42.00
$\boldsymbol{x}_2$	50.01	57.22	54.53	41.66	48.22
$\boldsymbol{x}_3$	47.64	54.53	51.97	39.64	45.98
$\boldsymbol{x}_4$	36.74	41.66	39.64	31.40	34.64
$\boldsymbol{x}_5$	42.00	48.22	45.98	34.64	40.84

(b)

图 5-1 (a) 样例点；(b) 线性核矩阵

可以看到，许多数据挖掘方法都可以**核化**（kernelized），即不把输入点映射到特征空间，而是将数据表示为 $n\times n$ 的核矩阵 $\boldsymbol{K}$，然后所有相关的分析都可以在 $\boldsymbol{K}$ 上进行。这通常是通过所谓的**核技巧**（kernel trick）来完成的，即证明分析任务只需要用到特征空间中的点乘 $\phi(\boldsymbol{x}_i)^{\mathrm{T}}\phi(\boldsymbol{x}_i)$，而点乘又可以用对应的核 $K(\boldsymbol{x}_i,\boldsymbol{x}_j)=\phi(\boldsymbol{x}_i)^{\mathrm{T}}\phi(\boldsymbol{x}_i)$ 来代替，该核可以很容易在输入空间计算得到。计算出核矩阵以后，我们甚至也不再需要输入点 $\boldsymbol{x}_i$ 了，因为所有只涉及特征空间中点乘的操作都可以在 $n \times n$ 的核矩阵 $\boldsymbol{K}$ 上进行。一个直接的结果就是，当输入数据是一个 $n \times d$ 的数值矩阵 $\boldsymbol{D}$ 时，若采用线性核，则分析 $\boldsymbol{K}$ 得到的结果与分析 $\boldsymbol{D}$ 得到的结果是等价的（只要分析中只涉及点乘）。当然，核方法允许更多的灵活性，因为我们可以通过引入非线性核来进行非线性分析，也可以在不显式构造映射 $\phi(\boldsymbol{x})$ 的情况下分析（非数值的）复杂对象。

例 5.4 考虑例 5.3 中的 5 个点及图 5-1 所示的线性核矩阵。5 个点在特征空间中的均值就是它们在输入空间中的均值，因为 ϕ 是该线性核的恒等函数：

$$\boldsymbol{\mu}_\phi = \frac{1}{5}\sum_{i=1}^{5}\phi(\boldsymbol{x}_i) = \frac{1}{5}\sum_{i=1}^{5}\boldsymbol{x}_i = (6.00, 2.88)^{\mathrm{T}}$$

接下来考虑特征空间中均值大小的平方：

$$\|\boldsymbol{\mu}_\phi\|^2 = \boldsymbol{\mu}_\phi^{\mathrm{T}}\boldsymbol{\mu}_\phi = (6.0^2 + 2.88^2) = 44.29$$

这里只涉及特征空间中的一个点乘，均值大小的平方可以直接从核矩阵 $\boldsymbol{K}$ 计算出来。稍后我们会看到 [公式 (5.12)]，均值向量在特征空间中的平方范数与核矩阵 $\boldsymbol{K}$ 的平均值等价。根据图 5-1b 的核矩阵，有：

$$\frac{1}{5^2}\sum_{i=1}^{5}\sum_{j=1}^{5}K(\boldsymbol{x}_i, \boldsymbol{x}_j) = \frac{1107.36}{25} = 44.29$$

这与之前计算的 $\|\boldsymbol{\mu}_\phi\|^2$ 相符。本例说明了特征空间中的点乘操作可以转换为核矩阵 $\boldsymbol{K}$ 上的操作。

核方法提供了一种根本上不同的数据视角。我们不再将数据看作输入空间或者是特征空间中的向量，而是仅仅考虑点对之间的核值。核矩阵同样可以看作对应 n 个输入点的完全图的带权邻接矩阵。因此，核分析和图分析之间有着很强的联系，尤其是在代数图论中。

5.1 核矩阵

令 $\mathcal{I}$ 代表输入空间，可以表示任意数据对象的集合。令 $\boldsymbol{D} = \{\boldsymbol{x}_1, \boldsymbol{x}_2, \cdots, \boldsymbol{x}_n\} \subset \mathcal{I}$ 是输入空间中一个包含 n 个对象的子集。令 $\phi: \mathcal{I} \to \mathcal{F}$ 为一个从输入空间到特征空间 $\mathcal{F}$ 的一个映射。特征空间上定义了点乘和范数。令 $K: \mathcal{I} \times \mathcal{I} \to \mathbb{R}$ 为一个将输入对象对映射到它们在特征空间中的点乘值的函数，即 $K(\boldsymbol{x}_i, \boldsymbol{x}_j) = \phi(\boldsymbol{x}_i)^{\mathrm{T}}\phi(\boldsymbol{x}_j)$，令 $\boldsymbol{K}$ 为与子集 $\boldsymbol{D}$ 对应的 $n \times n$ 核矩阵。

函数 K 又称作**半正定核**（positive semidefinite kernel），当且仅当它是对称的：

$$K(\boldsymbol{x}_i, \boldsymbol{x}_j) = K(\boldsymbol{x}_j, \boldsymbol{x}_i)$$

且对应的任意子集 $\boldsymbol{D} \subset \mathcal{I}$ 的核矩阵 $\boldsymbol{K}$ 是半正定的，即：

$$\boldsymbol{a}^{\mathrm{T}}\boldsymbol{K}\boldsymbol{a} \geqslant 0, \quad \boldsymbol{a} \in \mathbb{R}^n$$

这意味着：

$$\sum_{i=1}^{n}\sum_{j=1}^{n}a_ia_jK(\boldsymbol{x}_i,\boldsymbol{x}_j)\geqslant 0,\quad a_i\in\mathbb{R},i\in[1,n] \tag{5.2}$$

我们首先确认 $K(\boldsymbol{x}_i,\boldsymbol{x}_j)$ 是否在某个特征空间中代表点乘 $\phi(\boldsymbol{x}_i)^{\mathrm{T}}\phi(\boldsymbol{x}_j)$，然后再确认 K 是个半正定核。考虑任意数据集 $\boldsymbol{D}$，令 $\boldsymbol{K}=\{K(\boldsymbol{x}_i,\boldsymbol{x}_j)\}$ 为对应的核矩阵。首先，K 是对称的，因为点乘是对称的，因此 $\boldsymbol{K}$ 也是对称的。此外，$\boldsymbol{K}$ 是半正定的，因为：

$$\begin{aligned}\boldsymbol{a}^{\mathrm{T}}\boldsymbol{K}\boldsymbol{a}&=\sum_{i=1}^{n}\sum_{j=1}^{n}a_ia_jK(\boldsymbol{x}_i,\boldsymbol{x}_j)\\&=\sum_{i=1}^{n}\sum_{j=1}^{n}a_ia_j\phi(\boldsymbol{x})_i^{\mathrm{T}}\phi(\boldsymbol{x}_j)\\&=\left(\sum_{i=1}^{n}a_i\phi(\boldsymbol{x})_i\right)^{\mathrm{T}}\left(\sum_{j=1}^{n}a_j\phi(\boldsymbol{x}_j)\right)\\&=\left\|\sum_{i=1}^{n}a_i\phi(\boldsymbol{x})_i\right\|^2\geqslant 0\end{aligned}$$

因此 K 是半正定核。

我们现在知道，若给定一个半正定核 $K:\mathcal{I}\times\mathcal{I}\to\mathbb{R}$，则它对应了某个特征空间 $\mathcal{F}$ 中的一个点乘。

5.1.1 再生核映射

对于再生核映射 ϕ，我们将每一个点 $\boldsymbol{x}\in\mathcal{I}$ 映射一个到函数空间$\{f:\mathcal{I}\to\mathbb{R}\}$ 中的一个函数。该函数空间包含了将 $\mathcal{I}$ 中的点映射到 $\mathbb{R}$ 的函数。从代数上讲，这一函数空间是一个抽象向量空间，其中每一个点都是一个函数。具体而言，输入空间中的任一 $\boldsymbol{x}\in\mathcal{I}$ 都被映射到如下函数：

$$\phi(\boldsymbol{x})=K(\boldsymbol{x},\cdot)$$

其中 $\cdot$ 代表 $\mathcal{I}$ 中的任一参数。这意味着输入空间中的每一个对象 $\boldsymbol{x}$ 都映射到一个特征点$\phi(\boldsymbol{x})$，该特征点事实上是一个函数 $K(\boldsymbol{x},\cdot)$，代表了该点和输入空间 $\mathcal{I}$ 中其他点的相似度。

令 $\mathcal{F}$ 代表能够由特征点的任意子集的线性组合得到的所有函数或点的集合，定义为：

$$\begin{aligned}\mathcal{F}&=\operatorname{span}\{K(\boldsymbol{x},\cdot)|\boldsymbol{x}\in\mathcal{I}\}\\&=\left\{\boldsymbol{f}=f(\cdot)=\sum_{i=1}^{m}\alpha_iK(\boldsymbol{x}_i,\cdot)|m\in\mathbb{N},\alpha_i\in\mathbb{R},\{\boldsymbol{x}_1,\cdots,\boldsymbol{x}_m\}\subseteq\mathcal{I}\right\}\end{aligned}$$

我们等价地使用 $\boldsymbol{f}$ 和 $f(\cdot)$，以强调特征空间中的每一个点 $\boldsymbol{f}$ 事实上是一个函数 $f(\cdot)$。注意根据定义，特征点 $\phi(\boldsymbol{x})=K(\boldsymbol{x},\cdot)$ 属于 $\mathcal{F}$。

令 $\boldsymbol{f},\boldsymbol{g}\in\mathcal{F}$ 为特征空间中的任意两个点：

$$\boldsymbol{f}=f(\cdot)=\sum_{i=1}^{m_a}\alpha_iK(\boldsymbol{x}_i,\cdot)\qquad\boldsymbol{g}=g(\cdot)=\sum_{j=1}^{m_b}\beta_jK(\boldsymbol{x}_j,\cdot)$$

定义这两个点的点乘为：

$$\boldsymbol{f}^{\mathrm{T}}\boldsymbol{g} = f(\cdot)^{\mathrm{T}}g(\cdot) = \sum_{i=1}^{m_a}\sum_{j=1}^{m_b}\alpha_i\beta_j K(\boldsymbol{x}_i, \boldsymbol{x}_j) \tag{5.3}$$

这里要强调的是记法 $\boldsymbol{f}^{\mathrm{T}}\boldsymbol{g}$ 是为了方便起见；它代表了内积 $\langle \boldsymbol{f}, \boldsymbol{g}\rangle$，因为 $\mathcal{F}$ 是一个抽象向量空间，其中向量的内积定义如上。

我们可以确认以上点乘是**双线性的**（bilinear），即关于两个参数都是线性的，因为：

$$\boldsymbol{f}^{\mathrm{T}}\boldsymbol{g} = \sum_{i=1}^{m_a}\sum_{j=1}^{m_b}\alpha_i\beta_j K(\boldsymbol{x}_i, \boldsymbol{x}_j) = \sum_{i=1}^{m_a}\alpha_i g(\boldsymbol{x}_i) = \sum_{j=1}^{m_b}\beta_j f(\boldsymbol{x}_j)$$

由于 K 是半正定的，这意味着：

$$\|\boldsymbol{f}\|^2 = \boldsymbol{f}^{\mathrm{T}}\boldsymbol{f} = \sum_{i=1}^{m_a}\sum_{j=1}^{m_a}\alpha_i\alpha_j K(\boldsymbol{x}_i, \boldsymbol{x}_j) \geqslant 0$$

因此，空间 $\mathcal{F}$ 是一个**准希尔伯特空间**（pre-Hilbert space），定义为一个赋范内积空间（normed inner product space），因为在其上定义了一个对称双线性点乘和一个范数。通过加入所有收敛柯西序列的极限点，$\mathcal{F}$ 可以变成一个**希尔伯特空间**，定义为一个完备的赋范内积空间。这一点已经超出了本章的内容，就不深入阐述了。

$\mathcal{F}$ 有所谓的**再生性质**（reproducing property），即可以通过取 $\boldsymbol{f}$ 和 $\phi(\boldsymbol{x})$ 的点乘来计算一个函数 $f(\cdot) = \boldsymbol{f}$ 在一个点 $\boldsymbol{x} \in \mathcal{I}$ 上的值，也就是：

$$\boldsymbol{f}^{\mathrm{T}}\phi(\boldsymbol{x}) = f(\cdot)^{\mathrm{T}}K(\boldsymbol{x}, \cdot) = \sum_{i=1}^{m_a}\alpha_i K(\boldsymbol{x}_i, \boldsymbol{x}) = f(\boldsymbol{x})$$

由于这一点，空间 $\mathcal{F}$ 也被称作**再生核希尔伯特空间**。

我们现在要做的是证明 $K(\boldsymbol{x}_i, \boldsymbol{x}_j)$ 对应特征空间 $\mathcal{F}$ 中的一个点乘。这确实是成立的，因为根据公式 (5.3)，对于任意两个特征点 $\phi(\boldsymbol{x}_i), \phi(\boldsymbol{x}_j) \in \mathcal{F}$ 的点乘为：

$$\phi(\boldsymbol{x}_i)^{\mathrm{T}}\phi(\boldsymbol{x}_j) = K(\boldsymbol{x}_i, \cdot)^{\mathrm{T}}K(\boldsymbol{x}_j, \cdot) = K(\boldsymbol{x}_i, \boldsymbol{x}_j)$$

再生核映射显示，任意的半正定核都与某个特征空间中的一个点乘相对应。这说明我们可以使用常见的代数和几何方法来理解和分析那些空间中的数据。

经验核映射

再生核映射 ϕ 将输入空间映射到一个可能是无限维的特征空间中。然而，给定一个数据集 $\boldsymbol{D} = \{\boldsymbol{x}\}_{i=1}^n$，我们可以只计算 $\boldsymbol{D}$ 中点的核，从而得到一个有限维的映射，即定义映射 ϕ 如下：

$$\phi(\boldsymbol{x}) = \Big(K(\boldsymbol{x}_1, \boldsymbol{x}), K(\boldsymbol{x}_2, \boldsymbol{x}), \cdots, K(\boldsymbol{x}_n, \boldsymbol{x})\Big)^{\mathrm{T}} \in \mathbb{R}^n$$

该映射将每一个点 $\boldsymbol{x} \in \mathcal{I}$ 映射到一个 n 维向量，该向量由 $\boldsymbol{x}$ 与每一个对象 $\boldsymbol{x}_i \in \boldsymbol{D}$ 的核值构成。可以定义特征空间中的点乘为：

$$\phi(\boldsymbol{x}_i)^{\mathrm{T}}\phi(\boldsymbol{x}_j) = \sum_{k=1}^{n} K(\boldsymbol{x}_k, \boldsymbol{x}_i)K(\boldsymbol{x}_k, \boldsymbol{x}_j) = \boldsymbol{K}_i^{\mathrm{T}}\boldsymbol{K}_j \tag{5.4}$$

其中 $\boldsymbol{K}_i$ 代表 $\boldsymbol{K}$ 的第 i 列，也是 $\boldsymbol{K}$ 的第 i 行（看作列向量），因为 $\boldsymbol{K}$ 是对称的。然而，要使得 ϕ 为一个有效的映射，我们要求 $\phi(\boldsymbol{x}_i)^{\mathrm{T}}\phi(\boldsymbol{x}_j) = K(\boldsymbol{x}_i, \boldsymbol{x}_j)$，公式 (5.4) 是不满足这一点

的。一个解决方案是将公式 (5.4) 中的 $\boldsymbol{K}_i^{\mathrm{T}}\boldsymbol{K}_j$ 替换为 $\boldsymbol{K}_i^{\mathrm{T}}\boldsymbol{A}\boldsymbol{K}_j$，其中 $\boldsymbol{A}$ 是一个半正定矩阵，使得：

$$\boldsymbol{K}_i^{\mathrm{T}}\boldsymbol{A}\boldsymbol{K}_j = K(\boldsymbol{x}_i, \boldsymbol{x}_j)$$

若能够找到这样的矩阵 $\boldsymbol{A}$，那么对于所有的映射点对，都有：

$$\left\{\boldsymbol{K}_i^{\mathrm{T}}\boldsymbol{A}\boldsymbol{K}_j\right\}_{i,j=1}^{n} = \left\{K(\boldsymbol{x}_i, \boldsymbol{x}_j)\right\}_{i,j=1}^{n}$$

可以紧凑地表示为：

$$\boldsymbol{K}\boldsymbol{A}\boldsymbol{K} = \boldsymbol{K}$$

于是马上可以得到 $\boldsymbol{A} = \boldsymbol{K}^{-1}$，即核矩阵 $\boldsymbol{K}$ 的（伪）逆矩阵。修改后的映射 ϕ 称作经验核映射（empirical kernel map），定义为：

$$\phi(\boldsymbol{x}) = \boldsymbol{K}^{-1/2} \cdot \Big(K(\boldsymbol{x}_1, \boldsymbol{x}), K(\boldsymbol{x}_2, \boldsymbol{x}), \cdots, K(\boldsymbol{x}_n, \boldsymbol{x})\Big)^{\mathrm{T}} \in \mathbb{R}^n$$

因此点乘会得到：

$$\begin{aligned}
\phi(\boldsymbol{x}_i)^{\mathrm{T}}\phi(\boldsymbol{x}_j) &= (\boldsymbol{K}^{-1/2}\boldsymbol{K}_i)^{\mathrm{T}}(\boldsymbol{K}^{-1/2}\boldsymbol{K}_j) \\
&= \boldsymbol{K}_i^{\mathrm{T}}(\boldsymbol{K}^{-1/2}\boldsymbol{K}^{-1/2})\boldsymbol{K}_j \\
&= \boldsymbol{K}_i^{\mathrm{T}}\boldsymbol{K}^{-1}\boldsymbol{K}_j
\end{aligned}$$

对于所有的映射点对，可得：

$$\{\boldsymbol{K}_i^{\mathrm{T}}\boldsymbol{K}^{-1}\boldsymbol{K}_j\}_{i,j=1}^{n} = \boldsymbol{K}\boldsymbol{K}^{-1}\boldsymbol{K} = \boldsymbol{K}$$

这个结果同期望的一样。然而值得注意的是，这一经验特征表示只对 $\boldsymbol{D}$ 中的 n 个点有效。若有点的添加或者删除，则核映射必须要针对所有的点进行更新。

5.1.2 Mercer 核映射

通常，对于同一个核 K，可以构造多个不同的特征空间。接下来描述如何构造 Mercer 核映射。

1. 数据相关的核映射

从输入空间中的数据集 $\boldsymbol{D}$ 的核矩阵开始最容易理解 Mercer 核映射。由于 $\boldsymbol{K}$ 是一个对称的半正定矩阵，它的特征值是非负实数，并且可以按如下方式分解：

$$\boldsymbol{K} = \boldsymbol{U}\boldsymbol{\Lambda}\boldsymbol{U}^{\mathrm{T}}$$

其中 $\boldsymbol{U}$ 是由特征向量 $u_i = (u_{i1}, u_{i2}, \cdots, u_{in})^{\mathrm{T}} \in \mathbb{R}^n$（$i = 1, \cdots, n$）构成的标准正交矩阵，$\boldsymbol{\Lambda}$ 是由特征值构成的对角矩阵；$\boldsymbol{U}$ 和 $\boldsymbol{\Lambda}$ 都按照特征值的非递增顺序排列：$\lambda_1 \geqslant \lambda_2 \geqslant \cdots \geqslant \lambda_n \geqslant 0$：

$$\boldsymbol{U} = \begin{pmatrix} | & | & & | \\ \boldsymbol{u}_1 & \boldsymbol{u}_2 & \cdots & \boldsymbol{u}_n \\ | & | & & | \end{pmatrix} \qquad \boldsymbol{\Lambda} = \begin{pmatrix} \lambda_1 & 0 & \cdots & 0 \\ 0 & \lambda_2 & \cdots & 0 \\ \vdots & \vdots & \ddots & \vdots \\ 0 & 0 & \cdots & \lambda_n \end{pmatrix}$$

核矩阵 $\boldsymbol{K}$ 因此可以重写为谱和：

$$\boldsymbol{K} = \lambda_1\boldsymbol{u}_1\boldsymbol{u}_1^{\mathrm{T}} + \lambda_2\boldsymbol{u}_2\boldsymbol{u}_2^{\mathrm{T}} + \cdots + \lambda_n\boldsymbol{u}_n\boldsymbol{u}_n^{\mathrm{T}}$$

具体而言，$\boldsymbol{x}_i$ 和 $\boldsymbol{x}_j$ 之间的核函数为：

$$\begin{aligned}\boldsymbol{K}(\boldsymbol{x}_i,\boldsymbol{x}_j)&=\lambda_1u_{1i}u_{1j}+\lambda_2u_{2i}u_{2j}\cdots+\lambda_nu_{ni}u_{nj}\\&=\sum_{k=1}^{n}\lambda_ku_{ki}u_{kj}\end{aligned}\tag{5.5}$$

其中 u_{ki} 代表特征向量 $\boldsymbol{u}_k$ 的第 i 个分量。若将 Mercer 映射 ϕ 定义为：

$$\phi(\boldsymbol{x}_i)=\left(\sqrt{\lambda_1}u_{1i},\sqrt{\lambda_2}u_{2i},\cdots,\sqrt{\lambda_n}u_{ni}\right)^{\mathrm{T}}\tag{5.6}$$

则 $\boldsymbol{K}(\boldsymbol{x}_i,\boldsymbol{x}_j)$ 是特征空间中的映射点 $\phi(\boldsymbol{x}_i)$ 和 $\phi(\boldsymbol{x}_j)$ 之间的点乘，因为：

$$\begin{aligned}\phi(\boldsymbol{x}_i)^{\mathrm{T}}\phi(\boldsymbol{x}_j)&=\left(\sqrt{\lambda_1}u_{1i},\cdots,\sqrt{\lambda_n}u_{ni}\right)\left(\sqrt{\lambda_1}u_{1j},\cdots,\sqrt{\lambda_n}u_{nj}\right)^{\mathrm{T}}\\&=\lambda_1u_{1i}u_{1j}+\cdots+\lambda_nu_{ni}u_{nj}=\boldsymbol{K}(\boldsymbol{x}_i,\boldsymbol{x}_j)\end{aligned}$$

注意到 $\boldsymbol{U}_i=(u_{1i},u_{2i},\cdots,u_{ni})^{\mathrm{T}}$ 是 $\boldsymbol{U}$ 的第 i 行，我们可以将 Mercer 映射 ϕ 重写为：

$$\phi(\boldsymbol{x}_i)=\sqrt{\boldsymbol{\Lambda}}\boldsymbol{U}_i\tag{5.7}$$

因此，核值即是 $\boldsymbol{U}$ 伸缩了的各行之间的点乘：

$$\phi(\boldsymbol{x}_i)^{\mathrm{T}}\phi(\boldsymbol{x}_j)=\left(\sqrt{\boldsymbol{\Lambda}}\boldsymbol{U}_i\right)^{\mathrm{T}}\left(\sqrt{\boldsymbol{\Lambda}}\boldsymbol{U}_j\right)=\boldsymbol{U}_i^{\mathrm{T}}\boldsymbol{\Lambda}\boldsymbol{U}_j$$

在公式 (5.6) 和公式 (5.7) 中等价地定义了 Mercer 映射，很明显是限制于输入数据集 $\boldsymbol{D}$，正如经验核映射一样，因此又被称作**数据相关的** Mercer **核映射**（data-specific Mercer kernel map）。它定义了一个维数最多为 n 的数据相关特征空间，构成 $\boldsymbol{K}$ 的特征向量。

例 5.5 令输入数据集由图 5-1a 中的 5 个点构成，令对应的核矩阵如图 5-1b 所示。计算 $\boldsymbol{K}$ 的特征分解，可得 $\lambda_1=223.95$，$\lambda_2=1.29$，且 $\lambda_3=\lambda_4=\lambda_5=0$。特征空间的有效维度为 2，包含特征向量 $\boldsymbol{u}_1$ 和 $\boldsymbol{u}_2$。因此，矩阵 $\boldsymbol{U}$ 可以给出如下：

$$\boldsymbol{U}=\left(\begin{array}{c|cc} & \boldsymbol{u}_1 & \boldsymbol{u}_2\\\hline \boldsymbol{U}_1 & -0.442 & 0.163\\ \boldsymbol{U}_2 & -0.505 & -0.134\\ \boldsymbol{U}_3 & -0.482 & -0.181\\ \boldsymbol{U}_4 & -0.369 & 0.813\\ \boldsymbol{U}_5 & -0.425 & -0.512\end{array}\right)$$

并且有：

$$\boldsymbol{\Lambda}=\begin{pmatrix}223.95 & 0\\0 & 1.29\end{pmatrix}\quad\sqrt{\boldsymbol{\Lambda}}=\begin{pmatrix}\sqrt{223.95} & 0\\0 & \sqrt{1.29}\end{pmatrix}=\begin{pmatrix}14.965 & 0\\0 & 1.135\end{pmatrix}$$

核映射可以通过公式 (5.7) 确定。例如，对于 $\boldsymbol{x}_1=(5.9,3)^{\mathrm{T}}$ 和 $\boldsymbol{x}_2=(6.9,3.1)^{\mathrm{T}}$，有：

$$\phi(\boldsymbol{x}_1)=\sqrt{\boldsymbol{\Lambda}}\boldsymbol{U}_1=\begin{pmatrix}14.965 & 0\\ 0 & 1.135\end{pmatrix}\begin{pmatrix}-0.442\\ 0.163\end{pmatrix}=\begin{pmatrix}-6.616\\ 0.185\end{pmatrix}$$

$$\phi(\boldsymbol{x}_2)=\sqrt{\boldsymbol{\Lambda}}\boldsymbol{U}_2=\begin{pmatrix}14.965 & 0\\ 0 & 1.135\end{pmatrix}\begin{pmatrix}-0.505\\ -0.134\end{pmatrix}=\begin{pmatrix}-7.563\\ -0.153\end{pmatrix}$$

它们的点乘为：

$$\begin{aligned}\phi(\boldsymbol{x}_1)^{\mathrm{T}}\phi(\boldsymbol{x}_2)&=6.161\times 7.563-0.185\times 0.153\\&=50.038-0.028=50.01\end{aligned}$$

这与图 5-1b 中所给出的核值 $K(\boldsymbol{x}_1,\boldsymbol{x}_2)$ 相符。

2. Mercer 核映射

对于紧凑连续空间，类似于公式 (5.5) 中的离散情况，两点之间的核值可以写为无限谱分解：

$$K(\boldsymbol{x}_i,\boldsymbol{x}_j)=\sum_{k=1}^{\infty}\lambda_k\boldsymbol{u}_k(\boldsymbol{x}_i)\boldsymbol{u}_k(\boldsymbol{x}_j)$$

其中 $\{\lambda_1,\lambda_2,\cdots\}$ 是特征值的无限集合，且 $\{\boldsymbol{u}_1(\cdot),\boldsymbol{u}_2(\cdot),\cdots\}$ 是对应的标准正交**特征函数**（eigenfunction）的集合，即每个函数 $\boldsymbol{u}_i(\cdot)$ 是以下积分方程的解：

$$\int K(\boldsymbol{x},\boldsymbol{y})\boldsymbol{u}_i(\boldsymbol{y})\mathrm{d}\boldsymbol{y}=\lambda_i\boldsymbol{u}_i(\boldsymbol{x})$$

且 K 是一个连续的半正定核，即对于所有带有优先平方积分的函数 $a(\cdot)$（即 $\int a(\boldsymbol{x})^2\mathrm{d}\boldsymbol{x}<\infty$），$K$ 满足条件：

$$\int\int K(\boldsymbol{x}_1,\boldsymbol{x}_2)a(\boldsymbol{x}_1)a(\boldsymbol{x}_2)\mathrm{d}\boldsymbol{x}_1\mathrm{d}\boldsymbol{x}_2\geqslant 0$$

可以看到，这个紧凑连续空间的半正定核与公式 (5.2) 所示的离散核很类似。此外，与公式 (5.6) 中数据相关的 Mercer 映射类似，通用的 Mercer 核映射为：

$$\phi(\boldsymbol{x}_i)=\left(\sqrt{\lambda_1}\boldsymbol{u}_1(\boldsymbol{x}_i),\sqrt{\lambda_2}\boldsymbol{u}_2(\boldsymbol{x}_i),\cdots\right)^{\mathrm{T}}$$

其中核值与两个映射点之间的点乘等价：

$$K(\boldsymbol{x}_i,\boldsymbol{x}_j)=\phi(\boldsymbol{x}_i)^{\mathrm{T}}\phi(\boldsymbol{x}_j)$$

5.2 向量核

现在讨论两个在实践中最常用的向量核。将一个输入向量空间映射到另一个特征向量空间的核称为**向量核**（vector kernel）。对于多元输入数据，输入向量空间是 d 维的实空间 $\mathbb{R}^d$。令 $\boldsymbol{D}$ 包含 n 个输入点 $\boldsymbol{x}_i\in\mathbb{R}^d$，$i=1,2,\cdots,n$。常用于向量数据之上的（非线性）核函数包括多项式和高斯核，以下详述。

1. 多项式核

多项式核包括两类：齐次的和非齐次的。令 $\boldsymbol{x}, \boldsymbol{y} \in \mathbb{R}^d$。**齐次多项式核**（homogeneous polynomial kernel）定义为：

$$K_q(\boldsymbol{x}, \boldsymbol{y}) = \phi(\boldsymbol{x})^{\mathrm{T}}\phi(\boldsymbol{y}) = (\boldsymbol{x}^{\mathrm{T}}\boldsymbol{y})^q \tag{5.8}$$

其中 q 是多项式的度数。该核对应了一个恰好由 q 个属性所有的积生成的特征空间。

最常见的情况是线性的（$q = 1$）和二次的（$q = 2$）核，给出如下：

$$K_1(\boldsymbol{x}, \boldsymbol{y}) = \boldsymbol{x}^{\mathrm{T}}\boldsymbol{y}$$
$$K_2(\boldsymbol{x}, \boldsymbol{y}) = (\boldsymbol{x}^{\mathrm{T}}\boldsymbol{y})^2$$

非齐次多项式核（inhomogeneous polynomial kernel）定义为：

$$K_q(\boldsymbol{x}, \boldsymbol{y}) = \phi(\boldsymbol{x})^{\mathrm{T}}\phi(\boldsymbol{y}) = (c + \boldsymbol{x}^{\mathrm{T}}\boldsymbol{y})^q \tag{5.9}$$

其中 q 是多项式的度数，且 $c \geqslant 0$ 是某个常数。当 $c = 0$ 时，我们得到的是齐次核。当 $c > 0$ 时，该核对应了一个最多由 q 个属性的积生成的特征空间。这一点可以从二项式展开看出来：

$$K_q(\boldsymbol{x}, \boldsymbol{y}) = (c + \boldsymbol{x}^{\mathrm{T}}\boldsymbol{y})^q = \sum_{k=1}^{q} \binom{q}{k} c^{q-k} (\boldsymbol{x}^{\mathrm{T}}\boldsymbol{y})^k$$

例如，对于典型的值 $c = 1$，非齐次核是所有次数为 0 到 q 的齐次多项式核的带权和，即：

$$(1 + \boldsymbol{x}^{\mathrm{T}}\boldsymbol{y})^q = 1 + q\boldsymbol{x}^{\mathrm{T}}\boldsymbol{y} + \binom{q}{2}(\boldsymbol{x}^{\mathrm{T}}\boldsymbol{y})^2 + \cdots + q(\boldsymbol{x}^{\mathrm{T}}\boldsymbol{y})^{q-1} + (\boldsymbol{x}^{\mathrm{T}}\boldsymbol{y})^q$$

例 5.6 考虑图 5-1 中的点 $\boldsymbol{x}_1$ 和 $\boldsymbol{x}_2$：

$$\boldsymbol{x}_1 = \begin{pmatrix} 5.9 \\ 3 \end{pmatrix} \qquad \boldsymbol{x}_2 = \begin{pmatrix} 6.9 \\ 3.1 \end{pmatrix}$$

对应的齐次二次核为：

$$K(\boldsymbol{x}_1, \boldsymbol{x}_2) = (\boldsymbol{x}_1^{\mathrm{T}}\boldsymbol{x}_2)^2 = 50.01^2 = 2501$$

对应的非齐次二次核为：

$$K(\boldsymbol{x}_1, \boldsymbol{x}_2) = (1 + \boldsymbol{x}_1^{\mathrm{T}}\boldsymbol{x}_2)^2 = (1 + 50.01)^2 = 51.01^2 = 2602.02$$

对于多项式核，我们可以构造一个从输入空间到特征空间的映射 ϕ。令 $n_0, n_1, \cdots, n_d$ 代表非负整数，且 $\sum_{i=0}^{d} n_i = q$。此外，令 $\boldsymbol{n} = (n_0, n_1, \cdots, n_d)$，且 $|\boldsymbol{n}| = \sum_{i=0}^{d} n_i = q$。同时，令 $\binom{q}{\boldsymbol{n}}$ 代表多项式系数：

$$\binom{q}{\boldsymbol{n}} = \binom{q}{n_0, n_1, \cdots, n_d} = \frac{q!}{n_0! n_1! \cdots n_d!}$$

非齐次核的多项式展开为：

$$K_q(\boldsymbol{x}, \boldsymbol{y}) = (c + \boldsymbol{x}^{\mathrm{T}}\boldsymbol{y})^q = \left(c + \sum_{k=1}^{d} x_k y_k\right)^q = (c + x_1 y_1 + \cdots + x_d y_d)^q$$
$$= \sum_{|\boldsymbol{n}|=q} \binom{q}{\boldsymbol{n}} c^{n_0} (x_1 y_1)^{n_1} (x_2 y_2)^{n_2} \ldots (x_d y_d)^{n_d}$$

$$
\begin{aligned}
&= \sum_{|\boldsymbol{n}|=q} \binom{q}{\boldsymbol{n}} c^{n_0} (x_1^{n_1} x_2^{n_2} \dots x_d^{n_d})(y_1^{n_1} y_2^{n_2} \dots y_d^{n_d}) \\
&= \sum_{|\boldsymbol{n}|=q} \left(\sqrt{a_{\boldsymbol{n}}} \prod_{k=1}^{d} x_k^{n_k} \right) \left(\sqrt{a_{\boldsymbol{n}}} \prod_{k=1}^{d} y_k^{n_k} \right) \\
&= \phi(\boldsymbol{x})^{\mathrm{T}} \phi(\boldsymbol{y})
\end{aligned}
$$

其中 $a_{\boldsymbol{n}} = \binom{q}{\boldsymbol{n}} c^{n_0}$，求和是在所有的 $\boldsymbol{n} = (n_0, n_1, \cdots, n_d)$ 上进行的，且 $|\boldsymbol{n}| = n_0 + n_1 + \cdots + n_d = q$。利用记号 $\boldsymbol{x}^{\boldsymbol{n}} = \prod_{k=1}^{d} x_k^{n_k}$，映射 $\phi: \mathbb{R}^d \to \mathbb{R}^m$ 可以以向量的形式给出：

$$
\phi(\boldsymbol{x}) = (\cdots, a_{\boldsymbol{n}} \boldsymbol{x}^{\boldsymbol{n}}, \cdots)^{\mathrm{T}} = \left(\cdots, \sqrt{\binom{q}{\boldsymbol{n}} c^{n_0}} \prod_{k=1}^{d} x_k^{n_k}, \cdots \right)^{\mathrm{T}}
$$

其中变量 $\boldsymbol{n} = (n_0, \cdots, n_d)$ 包括了所有使得 $|\boldsymbol{n}| = q$ 的可能赋值。可以证明，特征空间的维数为：

$$
m = \binom{d+q}{q}
$$

例 5.7（二次多项式核）　令 $\boldsymbol{x}, \boldsymbol{y} \in \mathbb{R}^2$，$c = 1$。对应的非齐次多项式核为：

$$
K(\boldsymbol{x}, \boldsymbol{y}) = (1 + \boldsymbol{x}^{\mathrm{T}} \boldsymbol{y})^2 = (1 + x_1 y_1 + x_2 y_2)^2
$$

所有使得 $|\boldsymbol{n}| = q = 2$ 的 $\boldsymbol{n} = (n_0, n_1, n_2)$ 的赋值集合及其对应的多项式展开项如下所示：

赋值 $\boldsymbol{n} = (n_0, n_1, n_2)$	系数 $a_{\boldsymbol{n}} = \binom{q}{\boldsymbol{n}} c^{n_0}$	变量 $\boldsymbol{x}^{\boldsymbol{n}} \boldsymbol{y}^{\boldsymbol{n}} = \prod_{k=1}^{d} (x_i y_i)^{n_i}$
(1,1,0)	2	$x_1 y_1$
(1,0,1)	2	$x_2 y_2$
(0,1,1)	2	$x_1 y_1 x_2 y_2$
(2,0,0)	1	1
(0,2,0)	1	$(x_1 y_1)^2$
(0,0,2)	1	$(x_2 y_2)^2$

因此，核可以重写为：

$$
\begin{aligned}
K(\boldsymbol{x}, \boldsymbol{y}) &= 1 + 2x_1 y_1 + 2x_2 y_2 + 2x_1 y_1 x_2 y_2 + x_1^2 y_1^2 + x_2^2 y_2^2 \\
&= (1, \sqrt{2}x_1, \sqrt{2}x_2, \sqrt{2}x_1 x_2, x_1^2, x_2^2)(1, \sqrt{2}y_1, \sqrt{2}y_2, \sqrt{2}y_1 y_2, y_1^2, y_2^2)^{\mathrm{T}} \\
&= \phi(\boldsymbol{x})^{\mathrm{T}} \phi(\boldsymbol{y})
\end{aligned}
$$

当输入空间为 $\mathbb{R}^2$ 时，特征空间的维数为：

$$
m = \binom{d+q}{q} = \binom{2+2}{2} = \binom{4}{2} = 6
$$

在这里，$c = 1$ 的非齐次二次核对应映射 $\phi: \mathbb{R}^2 \to \mathbb{R}^6$，给出如下：

$$
\phi(\boldsymbol{x}) = (1, \sqrt{2}x_1, \sqrt{2}x_2, \sqrt{2}x_1 x_2, x_1^2, x_2^2)^{\mathrm{T}}
$$

例如，对于 $\boldsymbol{x}_1 = (5.9, 3)^{\mathrm{T}}$ 和 $\boldsymbol{x}_2 = (6.9, 3.1)^{\mathrm{T}}$，有：

$$\begin{aligned}\phi(\boldsymbol{x}_1) &= (1, \sqrt{2}\cdot 5.9, \sqrt{2}\cdot 3, \sqrt{2}\cdot 5.9\cdot 3, 5.9^2, 3^2)^{\mathrm{T}}\\ &= (1, 8.34, 4.24, 25.03, 34.81.9)^{\mathrm{T}}\\ \phi(\boldsymbol{x}_2) &= (1, \sqrt{2}\cdot 6.9, \sqrt{2}\cdot 3.1, \sqrt{2}\cdot 6.9\cdot 3.1, 6.9^2, 3.1^2)^{\mathrm{T}}\\ &= (1, 9.76, 4.38, 30.25.47.61, 9.61)^{\mathrm{T}}\end{aligned}$$

因此，非齐次核值为：

$$\phi(\boldsymbol{x}_1)^{\mathrm{T}}\phi(\boldsymbol{x}_2) = 1 + 81.40 + 18.57 + 757.16 + 1657.30 + 86.49 = 2601.92$$

另一方面，当输入空间为 $\mathbb{R}^2$ 时，齐次二次核与映射 $\phi:\mathbb{R}^2\to\mathbb{R}^3$ 对应，定义为：

$$\phi(\boldsymbol{x}) = (\sqrt{2}x_1x_2, x_1^2, x_2^2)^{\mathrm{T}}$$

只有度数为 2 的项才考虑。例如，对于 $\boldsymbol{x}_1$ 和 $\boldsymbol{x}_2$，我们有：

$$\begin{aligned}\phi(\boldsymbol{x}_1) &= (\sqrt{2}\cdot 5.9\cdot 3, 5.9^2, 3^2)^{\mathrm{T}} = (25.03, 34.81, 9)^{\mathrm{T}}\\ \phi(\boldsymbol{x}_2) &= (\sqrt{2}\cdot 6.9\cdot 3.1, 6.9^2, 3.1^2)^{\mathrm{T}} = (30.25, 47.61, 9.61)^{\mathrm{T}}\end{aligned}$$

因此

$$K(\boldsymbol{x}_1, \boldsymbol{x}_2) = \phi(\boldsymbol{x}_1)^{\mathrm{T}}\phi(\boldsymbol{x}_2) = 757.16 + 1657.3 + 86.49 = 2500.95$$

这些值与例 5.6 中所示的是相符的（四位有效数字）。

2. 高斯核

高斯核（Gaussian kernel），又称作高斯径向基函数（radial basis function，RBF）核，定义为：

$$K(\boldsymbol{x}, \boldsymbol{y}) = \exp\left\{-\frac{\|\boldsymbol{x}-\boldsymbol{y}\|^2}{2\sigma^2}\right\} \tag{5.10}$$

其中 $\sigma > 0$ 是和正态密度函数中的标准差功能一样的扩散参数。注意 $K(\boldsymbol{x}, \boldsymbol{x}) = 1$，并且核值是与 $\boldsymbol{x}$ 和 $\boldsymbol{y}$ 两个点之间的距离负相关的。

例 5.8 考虑图 5-1 中的两个点 $\boldsymbol{x}_1$ 和 $\boldsymbol{x}_2$：

$$\boldsymbol{x}_1 = \begin{pmatrix}5.9\\3\end{pmatrix} \qquad \boldsymbol{x}_2 = \begin{pmatrix}6.9\\3.1\end{pmatrix}$$

它们之间的距离的平方为：

$$\|\boldsymbol{x}_1 - \boldsymbol{x}_2\|^2 = \|(-1, -0.1)^{\mathrm{T}}\|^2 = 1^2 + 0.1^2 = 1.01$$

若 $\sigma = 1$，则高斯核为：

$$K(\boldsymbol{x}_1, \boldsymbol{x}_2) = \exp\left\{-\frac{1.01^2}{2}\right\} = \exp\{-0.51\} = 0.6$$

值得注意的是，高斯核的特征空间具有无限维度。这是因为其中的指数函数可以用无限展开重写：

$$\exp\{a\}=\sum_{n=0}^{\infty}\frac{a^n}{n!}=1+a+\frac{1}{2!}a^2+\frac{1}{3!}a^3+\cdots$$

此外，利用 $\gamma=\frac{1}{2\sigma^2}$，并注意 $\|\boldsymbol{x}-\boldsymbol{y}\|^2=\|\boldsymbol{x}\|^2+\|\boldsymbol{y}\|^2-2\boldsymbol{x}^{\mathrm{T}}\boldsymbol{y}$，可以将高斯核重写为：

$$\begin{aligned}K(\boldsymbol{x},\boldsymbol{y})&=\exp\Big\{-\gamma\|\boldsymbol{x}-\boldsymbol{y}\|^2\Big\}\\&=\exp\Big\{-\gamma\|\boldsymbol{x}\|^2\Big\}\cdot\exp\Big\{-\gamma\|\boldsymbol{y}\|^2\Big\}\cdot\exp\Big\{2\gamma\boldsymbol{x}^{\mathrm{T}}\boldsymbol{y}\Big\}\end{aligned}$$

具体而言，最后一项可以由无限展开的形式给出：

$$\exp\Big\{2\gamma\boldsymbol{x}^{\mathrm{T}}\boldsymbol{y}\Big\}=\sum_{q=0}^{\infty}\frac{(2\gamma)^q}{q!}(\boldsymbol{x}^{\mathrm{T}}\boldsymbol{y})^q=1+(2\gamma)\boldsymbol{x}^{\mathrm{T}}\boldsymbol{y}+\frac{(2\gamma)^2}{2!}(\boldsymbol{x}^{\mathrm{T}}\boldsymbol{y})^2+\cdots$$

使用 $(\boldsymbol{x}^{\mathrm{T}}\boldsymbol{y})^q$ 的多项式展开，可以将高斯核写为：

$$\begin{aligned}K(\boldsymbol{x},\boldsymbol{y})&=\exp\Big\{-\gamma\|\boldsymbol{x}\|^2\Big\}\exp\Big\{-\gamma\|\boldsymbol{y}\|^2\Big\}\sum_{q=0}^{\infty}\frac{(2\gamma)^q}{q!}\left(\sum_{|\boldsymbol{n}|=q}\begin{pmatrix}q\\\boldsymbol{n}\end{pmatrix}\prod_{k=1}^{d}(x_ky_k)^{n_k}\right)\\&=\sum_{q=0}^{\infty}\sum_{|\boldsymbol{n}|=q}\left(\sqrt{a_{q,\boldsymbol{n}}}\exp\Big\{-\gamma\|\boldsymbol{x}\|^2\Big\}\prod_{k=1}^{d}x_k^{n_k}\right)\left(\sqrt{a_{q,\boldsymbol{n}}}\exp\Big\{-\gamma\|\boldsymbol{y}\|^2\Big\}\prod_{k=1}^{d}y_k^{n_k}\right)\\&=\phi(\boldsymbol{x})^{\mathrm{T}}\phi(\boldsymbol{y})\end{aligned}$$

其中 $a_{q,\boldsymbol{n}}=\frac{(2\gamma)^q}{q!}\binom{q}{\boldsymbol{n}}$ 且 $\boldsymbol{n}=(n_1,n_2,\cdots,n_d)$，$|\boldsymbol{n}|=n_1+n_2+\cdots+n_d=q$。从输入空间到特征空间的映射对应函数 $\phi:\mathbb{R}^d\to\mathbb{R}^\infty$

$$\phi(\boldsymbol{x})=\left(\ldots,\sqrt{\frac{(2\gamma)^q}{q!}\begin{pmatrix}q\\\boldsymbol{n}\end{pmatrix}}\exp\Big\{-\gamma\|\boldsymbol{x}\|^2\Big\}\prod_{k=1}^{d}x_k^{n_k},\cdots\right)^{\mathrm{T}}$$

其中维度包含所有度数 $q=0,\cdots,\infty$，且 $\boldsymbol{n}=(n_1,\cdots,n_d)$ 包含所有满足 $|\boldsymbol{n}|=q$ 的赋值（对每一个 q 的值）。由于 ϕ 将输入空间映射到一个无限维的特征空间，很明显我们无法显式地将 $\boldsymbol{x}$ 变换为 $\phi(\boldsymbol{x})$，但计算高斯核 $K(\boldsymbol{x},\boldsymbol{y})$ 是很直观的。

5.3　特征空间中的基本核操作

现在来看一些可以直接通过核来进行，无需将 $\phi(\boldsymbol{x})$ 实例化的数据分析任务。

1. 点的范数

我们可以计算一个点 $\phi(\boldsymbol{x})$ 在特征空间中的范数如下：

$$\|\phi(\boldsymbol{x})\|^2=\phi(\boldsymbol{x})^{\mathrm{T}}\phi(\boldsymbol{x})=K(\boldsymbol{x},\boldsymbol{x})$$

这说明：$\|\phi(\boldsymbol{x})\|=\sqrt{K(\boldsymbol{x},\boldsymbol{x})}$。

2. 点之间的距离

两个点 $\phi(\boldsymbol{x}_i)$ 和 $\phi(\boldsymbol{x}_j)$ 之间的距离可以计算如下：

$$\|\phi(\boldsymbol{x}_i)-\phi(\boldsymbol{x}_j)\|^2=\|\phi(\boldsymbol{x}_i)\|^2+\|\phi(\boldsymbol{x}_j)\|^2-2\phi(\boldsymbol{x}_i)^{\mathrm{T}}\phi(\boldsymbol{x}_j)$$

$$= K(\boldsymbol{x}_i, \boldsymbol{x}_i) + K(\boldsymbol{x}_j, \boldsymbol{x}_j) - 2K(\boldsymbol{x}_i, \boldsymbol{x}_j) \tag{5.11}$$

这意味着：

$$\delta(\phi(\boldsymbol{x}_i), \phi(\boldsymbol{x}_j)) = \|\phi(\boldsymbol{x}_i) - \phi(\boldsymbol{x}_j)\| = \sqrt{K(\boldsymbol{x}_i, \boldsymbol{x}_i) + K(\boldsymbol{x}_j, \boldsymbol{x}_j) - 2K(\boldsymbol{x}_i, \boldsymbol{x}_j)}$$

重新排列公式 (5.11)，能看到核值可以看作一种两点之间的相似性度量，因为：

$$\frac{1}{2}\Big(\|\phi(\boldsymbol{x}_i)\|^2 + \|\phi(\boldsymbol{x}_j)\|^2 - \|\phi(\boldsymbol{x}_i) - \phi(\boldsymbol{x}_j)\|^2\Big) = K(\boldsymbol{x}_i, \boldsymbol{x}_j) = \phi(\boldsymbol{x}_i)^{\mathrm{T}}\phi(\boldsymbol{x}_j)$$

因此，两个点在特征空间中的距离 $\|\phi(\boldsymbol{x}_i) - \phi(\boldsymbol{x}_j)\|$ 越大，核值就越小，也就意味着相似度越低。

例 5.9 考虑图 5-1 中的两个点 $\boldsymbol{x}_1$ 和 $\boldsymbol{x}_2$：

$$\boldsymbol{x}_1 = \begin{pmatrix} 5.9 \\ 3 \end{pmatrix} \qquad \boldsymbol{x}_2 = \begin{pmatrix} 6.9 \\ 3.1 \end{pmatrix}$$

使用齐次二次核，$\phi(\boldsymbol{x}_1)$ 的范数可以计算为：

$$\|\phi(\boldsymbol{x}_1)\|^2 = K(\boldsymbol{x}_1, \boldsymbol{x}_1) = (\boldsymbol{x}_1^{\mathrm{T}}\boldsymbol{x}_1)^2 = 43.81^2 = 1919.32$$

这说明变换后的点的范数为 $\|\phi(\boldsymbol{x}_1)\| = \sqrt{43.81^2} = 43.81$。

特征空间中的 $\phi(\boldsymbol{x}_1)$ 和 $\phi(\boldsymbol{x}_2)$ 两点之间的距离为：

$$\begin{aligned}\delta\Big(\phi(\boldsymbol{x}_1), \phi(\boldsymbol{x}_2)\Big) &= \sqrt{K(\boldsymbol{x}_1, \boldsymbol{x}_1) + K(\boldsymbol{x}_2, \boldsymbol{x}_2) - 2K(\boldsymbol{x}_1, \boldsymbol{x}_2)} \\ &= \sqrt{1919.32 + 3274.13?2 \cdot 2501} = \sqrt{191.45} = 13.84\end{aligned}$$

3. 特征空间中的均值

特征空间中的点的均值为：

$$\boldsymbol{\mu}_\phi = \frac{1}{n}\sum_{i=1}^{n}\phi(\boldsymbol{x}_i)$$

由于我们通常不知道 $\phi(\boldsymbol{x}_i)$，无法显式地计算特征空间中的均值点。

不过，可以计算均值的范数的平方如下：

$$\begin{aligned}\|\boldsymbol{\mu}_\phi\|^2 &= \boldsymbol{\mu}_\phi^{\mathrm{T}}\boldsymbol{\mu}_\phi \\ &= \left(\frac{1}{n}\sum_{i=1}^{n}\phi(\boldsymbol{x}_i)\right)^{\mathrm{T}}\left(\frac{1}{n}\sum_{j=1}^{n}\phi(\boldsymbol{x}_j)\right) \\ &= \frac{1}{n^2}\sum_{i=1}^{n}\sum_{j=1}^{n}\phi(\boldsymbol{x}_i)^{\mathrm{T}}\phi(\boldsymbol{x}_j) \\ &= \frac{1}{n^2}\sum_{i=1}^{n}\sum_{j=1}^{n}K(\boldsymbol{x}_i, \boldsymbol{x}_j)\end{aligned} \tag{5.12}$$

以上推导说明，特征空间中的均值的平方范数就是核矩阵 $\boldsymbol{K}$ 中数值的平均数。

例 5.10 考虑例 5.3 中的 5 个点（见图 5-1）。例 5.4 给出了线性核的均值的范数。现在考虑 $\sigma = 1$ 的高斯核。给定高斯核矩阵为：

$$\boldsymbol{K} = \begin{pmatrix} 1.00 & 0.60 & 0.78 & 0.42 & 0.72 \\ 0.60 & 1.00 & 0.94 & 0.07 & 0.44 \\ 0.78 & 0.94 & 1.00 & 0.13 & 0.65 \\ 0.42 & 0.07 & 0.13 & 1.00 & 0.23 \\ 0.72 & 0.44 & 0.65 & 0.23 & 1.00 \end{pmatrix}$$

特征空间中均值范数的平方因此为：

$$\|\boldsymbol{\mu}_\phi\|^2 = \frac{1}{25}\sum_{i=1}^{5}\sum_{j=1}^{5} K(\boldsymbol{x}_i, \boldsymbol{x}_j) = \frac{14.98}{25} = 0.599$$

因此 $\boldsymbol{\mu}_\phi = \sqrt{0.599} = 0.774$。

4. **特征空间中的总方差**

先导出在特征空间中点 $\phi(\boldsymbol{x}_i)$ 到均值 $\boldsymbol{\mu}_\phi$ 的距离的平方：

$$\begin{aligned}\|\phi(\boldsymbol{x}_i) - \boldsymbol{\mu}_\phi\|^2 &= \|\phi(\boldsymbol{x}_i)\|^2 - 2\phi(\boldsymbol{x}_i)^{\mathrm{T}}\boldsymbol{\mu}_\phi + \|\boldsymbol{\mu}_\phi\|^2 \\ &= K(\boldsymbol{x}_i, \boldsymbol{x}_i) - \frac{2}{n}\sum_{j=1}^{n} K(\boldsymbol{x}_i, \boldsymbol{x}_j) + \frac{1}{n^2}\sum_{a=1}^{n}\sum_{b=1}^{n} K(\boldsymbol{x}_a, \boldsymbol{x}_b)\end{aligned}$$

特征空间中的总方差 [公式 (1.4)] 可以通过对特征空间中的点与均值之间的距离的平方的均值来计算：

$$\begin{aligned}\sigma_\phi^2 &= \frac{1}{n}\sum_{i=1}^{n}\|\phi(\boldsymbol{x}_i) - \boldsymbol{\mu}_\phi\|^2 \\ &= \frac{1}{n}\sum_{i=1}^{n}\left(K(\boldsymbol{x}_i, \boldsymbol{x}_i) - \frac{2}{n}\sum_{j=1}^{n} K(\boldsymbol{x}_i, \boldsymbol{x}_j) + \frac{1}{n^2}\sum_{a=1}^{n}\sum_{b=1}^{n} K(\boldsymbol{x}_a, \boldsymbol{x}_b)\right) \\ &= \frac{1}{n}\sum_{i=1}^{n} K(\boldsymbol{x}_i, \boldsymbol{x}_i) - \frac{2}{n^2}\sum_{i=1}^{n}\sum_{j=1}^{n} K(\boldsymbol{x}_i, \boldsymbol{x}_j) + \frac{n}{n^3}\sum_{a=1}^{n}\sum_{b=1}^{n} K(\boldsymbol{x}_a, \boldsymbol{x}_b) \\ &= \frac{1}{n}\sum_{i=1}^{n} K(\boldsymbol{x}_i, \boldsymbol{x}_i) - \frac{1}{n^2}\sum_{i=1}^{n}\sum_{j=1}^{n} K(\boldsymbol{x}_i, \boldsymbol{x}_j) \end{aligned} \tag{5.13}$$

也就是说特征空间中的总方差是核矩阵 $\boldsymbol{K}$ 中的对角线元素的均值与矩阵所有元素的均值的差。注意公式 (5.12)，上式的第二项正是 $\|\boldsymbol{\mu}_\phi\|^2$。

例 5.11　继续例 5.10，特征空间中 5 个点的总方差（高斯核）为：

$$\sigma_\phi^2 = \left(\frac{1}{n}\sum_{i=1}^{n} K(\boldsymbol{x}_i, \boldsymbol{x}_i)\right) - \|\boldsymbol{\mu}_\phi\|^2 = \frac{1}{5}\times 5 - 0.599 = 0.401$$

特征空间中 $\phi(\boldsymbol{x}_1)$ 和均值 $\boldsymbol{\mu}_\phi$ 之间的距离为：

$$\|\phi(\boldsymbol{x}_1) - \boldsymbol{\mu}_\phi\|^2 = K(\boldsymbol{x}_1, \boldsymbol{x}_1) - \frac{2}{5}\sum_{j=1}^{5} K(\boldsymbol{x}_1, \boldsymbol{x}_j) + \|\boldsymbol{\mu}_\phi\|^2$$

$$
\begin{aligned}
&= 1 - \frac{2}{5}(1 + 0.6 + 0.78 + 0.42 + 0.72) + 0.599 \\
&= 1 - 1.410 + 0.599 = 0.189
\end{aligned}
$$

5. 特征空间的居中

可以通过减去均值的方式，将特征空间中的每一个点都居中：

$$\hat{\phi}(\boldsymbol{x}_i) = \phi(\boldsymbol{x}_i) - \boldsymbol{\mu}_\phi$$

由于不知道 $\phi(\boldsymbol{x}_i)$ 和 $\boldsymbol{\mu}_\phi$ 的显式表示，我们不能够显式地将各个点居中。然而，我们可以计算**居中核矩阵**（centered kernel matrix），即居中点的核矩阵。

居中核矩阵为：

$$\hat{\boldsymbol{K}} = \left\{\hat{K}(\boldsymbol{x}_i, \boldsymbol{x}_j)\right\}_{i,j=1}^n$$

其中每一个元素代表居中点之间的核，即：

$$
\begin{aligned}
\hat{K}(\boldsymbol{x}_i, \boldsymbol{x}_j) &= \hat{\phi}(\boldsymbol{x}_i)^{\mathrm{T}} \hat{\phi}(\boldsymbol{x}_j) \\
&= (\phi(\boldsymbol{x}_i) - \boldsymbol{\mu}_\phi)^{\mathrm{T}} (\phi(\boldsymbol{x}_j) - \boldsymbol{\mu}_\phi) \\
&= \phi(\boldsymbol{x}_i)^{\mathrm{T}} \phi(\boldsymbol{x}_j) - \phi(\boldsymbol{x}_i)^{\mathrm{T}} \boldsymbol{\mu}_\phi - \phi(\boldsymbol{x}_j)^{\mathrm{T}} \boldsymbol{\mu}_\phi + \boldsymbol{\mu}_\phi^{\mathrm{T}} \boldsymbol{\mu}_\phi \\
&= K(\boldsymbol{x}_i, \boldsymbol{x}_j) - \frac{1}{n} \sum_{k=1}^n \phi(\boldsymbol{x}_i)^{\mathrm{T}} \phi(\boldsymbol{x}_k) - \frac{1}{n} \sum_{k=1}^n \phi(\boldsymbol{x}_j)^{\mathrm{T}} \phi(\boldsymbol{x}_k) + \|\boldsymbol{\mu}_\phi\|^2 \\
&= K(\boldsymbol{x}_i, \boldsymbol{x}_j) - \frac{1}{n} \sum_{k=1}^n K(\boldsymbol{x}_i, \boldsymbol{x}_k) - \frac{1}{n} \sum_{k=1}^n K(\boldsymbol{x}_j, \boldsymbol{x}_k) + \frac{1}{n^2} \sum_{a=1}^n \sum_{b=1}^n K(\boldsymbol{x}_a, \boldsymbol{x}_b)
\end{aligned}
$$

也就是说，可以只使用核函数来计算居中核矩阵。对于所有点对，居中核矩阵可以紧凑地写为：

$$
\begin{aligned}
\hat{\boldsymbol{K}} &= \boldsymbol{K} - \frac{1}{n} \mathbf{1}_{n \times n} \boldsymbol{K} - \frac{1}{n} \boldsymbol{K} \mathbf{1}_{n \times n} + \frac{1}{n^2} \mathbf{1}_{n \times n} \boldsymbol{K} \mathbf{1}_{n \times n} \\
&= \left(\boldsymbol{I} - \frac{1}{n} \mathbf{1}_{n \times n}\right) \boldsymbol{K} \left(\boldsymbol{I} - \frac{1}{n} \mathbf{1}_{n \times n}\right) \qquad (5.14)
\end{aligned}
$$

其中 $\mathbf{1}_{n \times n}$ 是 $n \times n$ 的奇异矩阵，其所有元素均为 1。

例 5.12 考虑图 5-1a 中所示的二维鸢尾花数据集的前 5 个点：

$$\boldsymbol{x}_1 = \begin{pmatrix} 5.9 \\ 3 \end{pmatrix} \quad \boldsymbol{x}_2 = \begin{pmatrix} 6.9 \\ 3.1 \end{pmatrix} \quad \boldsymbol{x}_3 = \begin{pmatrix} 6.6 \\ 2.9 \end{pmatrix} \quad \boldsymbol{x}_4 = \begin{pmatrix} 4.6 \\ 3.2 \end{pmatrix} \quad \boldsymbol{x}_5 = \begin{pmatrix} 6 \\ 2.2 \end{pmatrix}$$

考虑图 5-1b 中所示的线性核矩阵。为将其居中，首先计算：

$$\boldsymbol{I} - \frac{1}{5} \mathbf{1}_{5 \times 5} = \begin{pmatrix} 0.8 & -0.2 & -0.2 & -0.2 & -0.2 \\ -0.2 & 0.8 & -0.2 & -0.2 & -0.2 \\ -0.2 & -0.2 & 0.8 & -0.2 & -0.2 \\ -0.2 & -0.2 & -0.2 & 0.8 & -0.2 \\ -0.2 & -0.2 & -0.2 & -0.2 & 0.8 \end{pmatrix}$$

居中核矩阵 [公式 (5.14)] 为：

$$\hat{\boldsymbol{K}} = \left(\boldsymbol{I} - \frac{1}{5}\mathbf{1}_{5\times5}\right) \cdot \begin{pmatrix} 43.81 & 50.01 & 47.64 & 36.74 & 42.00 \\ 50.01 & 57.22 & 54.53 & 41.66 & 48.22 \\ 47.64 & 54.53 & 51.97 & 39.64 & 45.98 \\ 36.74 & 41.66 & 39.64 & 31.40 & 34.64 \\ 42.00 & 48.22 & 45.98 & 34.64 & 40.84 \end{pmatrix} \cdot \left(\boldsymbol{I} - \frac{1}{5}\mathbf{1}_{5\times5}\right)$$

$$= \begin{pmatrix} 0.02 & -0.06 & -0.06 & 0.18 & -0.08 \\ -0.06 & 0.86 & 0.54 & -1.19 & -0.15 \\ -0.06 & 0.54 & 0.36 & -0.83 & -0.01 \\ 0.18 & -1.19 & -0.83 & 2.06 & -0.22 \\ -0.08 & -0.15 & -0.01 & -0.22 & 0.46 \end{pmatrix}$$

为验证 $\hat{\boldsymbol{K}}$ 确实为居中点的核矩阵，首先通过减去均值 $\boldsymbol{\mu} = (6.0, 2.88)^{\mathrm{T}}$ 将各点居中。特征空间中的居中点为：

$$\boldsymbol{z}_1 = \begin{pmatrix} -0.1 \\ 0.12 \end{pmatrix} \quad \boldsymbol{z}_2 = \begin{pmatrix} 0.9 \\ 0.22 \end{pmatrix} \quad \boldsymbol{z}_3 = \begin{pmatrix} 0.6 \\ 0.02 \end{pmatrix} \quad \boldsymbol{z}_4 = \begin{pmatrix} -1.4 \\ 1.32 \end{pmatrix} \quad \boldsymbol{z}_5 = \begin{pmatrix} 0.0 \\ -0.68 \end{pmatrix}$$

例如，$\phi(\boldsymbol{z}_1)$ 和 $\phi(\boldsymbol{z}_2)$ 之间的核为：

$$\phi(\boldsymbol{z}_1)^{\mathrm{T}}\phi(\boldsymbol{z}_2) = \boldsymbol{z}_1^{\mathrm{T}}\boldsymbol{z}_2 = -0.09 + 0.03 = -0.06$$

不出所料，这与 $\hat{\boldsymbol{K}}(\boldsymbol{x}_1, \boldsymbol{x}_2)$ 相符。其余项可以用类似的方式进行验证。因此，通过数据居中获得的核矩阵和公式 (5.14) 中的核是一致的。

6. 特征空间的规范化

一种规范化的通常形式是将 $\phi(\boldsymbol{x}_i)$ 替换为对应的单位向量 $\phi_n(\boldsymbol{x}_i) = \frac{\phi(\boldsymbol{x}_i)}{\|\phi(\boldsymbol{x}_i)\|}$，从而使得特征空间中的点的长度均为单位长度。特征空间中的点乘因此与两个映射点之间的角度的余弦相等，因为：

$$\phi_n(\boldsymbol{x}_i)^{\mathrm{T}}\phi_n(\boldsymbol{x}_j) = \frac{\phi(\boldsymbol{x}_i)^{\mathrm{T}}\phi(\boldsymbol{x}_j)}{\|\phi(\boldsymbol{x}_i)\| \cdot \|\phi(\boldsymbol{x}_j)\|} = \cos\theta$$

若映射点都是居中且规范化的，则两点在特征空间中的相关性与它们间的点乘对应。

规范化的核矩阵 $\boldsymbol{K}_n$ 可以只使用核函数 K 计算出来：

$$\boldsymbol{K}_n(\boldsymbol{x}_i, \boldsymbol{x}_j) = \frac{\phi(\boldsymbol{x}_i)^{\mathrm{T}}\phi(\boldsymbol{x}_j)}{\|\phi(\boldsymbol{x}_i)\| \cdot \|\phi(\boldsymbol{x}_j)\|} = \frac{K(\boldsymbol{x}_i, \boldsymbol{x}_j)}{\sqrt{K(\boldsymbol{x}_i, \boldsymbol{x}_i) \cdot K(\boldsymbol{x}_j, \boldsymbol{x}_j)}}$$

$\boldsymbol{K}_n$ 的所有对角元素均为 1。

令 $\boldsymbol{W}$ 代表由 $\boldsymbol{K}$ 的对角元素构成的对角矩阵：

$$\boldsymbol{W} = \operatorname{diag}(\boldsymbol{K}) = \begin{pmatrix} K(\boldsymbol{x}_1, \boldsymbol{x}_1) & 0 & \cdots & 0 \\ 0 & K(\boldsymbol{x}_2, \boldsymbol{x}_2) & \cdots & 0 \\ \vdots & \vdots & \ddots & \vdots \\ 0 & 0 & \cdots & K(\boldsymbol{x}_n, \boldsymbol{x}_n) \end{pmatrix}$$

规范化的核矩阵可以紧凑地表示为：

$$\boldsymbol{K}_n = \boldsymbol{W}^{-1/2} \cdot \boldsymbol{K} \cdot \boldsymbol{W}^{-1/2}$$

其中 $\boldsymbol{W}^{-1/2}$ 是对角矩阵，定义为 $\boldsymbol{W}^{-1/2}(\boldsymbol{x}_i, \boldsymbol{x}_i) = \frac{1}{\sqrt{K(\boldsymbol{x}_i, \boldsymbol{x}_i)}}$，其他元素均为 0。

例 5.13 考虑图 5-1 中所示的 5 个点及线性核矩阵，有：

$$\boldsymbol{W} = \begin{pmatrix} 43.81 & 0 & 0 & 0 & 0 \\ 0 & 57.22 & 0 & 0 & 0 \\ 0 & 0 & 51.97 & 0 & 0 \\ 0 & 0 & 0 & 31.40 & 0 \\ 0 & 0 & 0 & 0 & 40.84 \end{pmatrix}$$

规范化核为：

$$\boldsymbol{K}_n = \boldsymbol{W}^{-1/2} \cdot \boldsymbol{K} \cdot \boldsymbol{W}^{-1/2} = \begin{pmatrix} 1.0000 & 0.9988 & 0.9984 & 0.9906 & 0.9929 \\ 0.9988 & 1.0000 & 0.9999 & 0.9828 & 0.9975 \\ 0.9984 & 0.9999 & 1.0000 & 0.9812 & 0.9980 \\ 0.9906 & 0.9828 & 0.9812 & 1.0000 & 0.9673 \\ 0.9929 & 0.9975 & 0.9980 & 0.9673 & 1.0000 \end{pmatrix}$$

如果先对特征向量做规范化，使得它们长度均为 1，那么再做点乘得到的核与上面所示的是一样的。例如，在线性核的情况下，规范化的点 $\phi_n(\boldsymbol{x}_1)$ 为：

$$\phi_n(\boldsymbol{x}_1) = \frac{\phi(\boldsymbol{x}_1)}{\|\phi(\boldsymbol{x}_1)\|} = \frac{\boldsymbol{x}_1}{\|\boldsymbol{x}_1\|} = \frac{1}{\sqrt{43.81}} \begin{pmatrix} 5.9 \\ 3 \end{pmatrix} = \begin{pmatrix} 0.8914 \\ 0.4532 \end{pmatrix}$$

同样可得：$\phi_n(\boldsymbol{x}_2) = \frac{1}{\sqrt{57.22}} \begin{pmatrix} 6.9 \\ 3.1 \end{pmatrix} = \begin{pmatrix} 0.9122 \\ 0.4098 \end{pmatrix}$。它们的点乘为：

$$\phi_n(\boldsymbol{x}_1)^{\mathrm{T}} \phi_n(\boldsymbol{x}_2) = 0.8914 \cdot 0.9122 + 0.4532 \cdot 0.4098 = 0.9988$$

这和 $\boldsymbol{K}_n(\boldsymbol{x}_1, \boldsymbol{x}_2)$ 是一致的。

如果从例 5.12 中的居中核矩阵 $\hat{\boldsymbol{K}}$ 出发，再进行规范化，那么可以得到如下的居中核矩阵 $\hat{\boldsymbol{K}}_n$：

$$\hat{\boldsymbol{K}}_n = \begin{pmatrix} 1.00 & -0.44 & -0.61 & 0.80 & -0.77 \\ -0.44 & 1.00 & 0.98 & -0.89 & -0.24 \\ -0.61 & 0.98 & 1.00 & -0.97 & -0.03 \\ 0.80 & -0.89 & -0.97 & 1.00 & -0.22 \\ -0.77 & -0.24 & -0.03 & -0.22 & 1.00 \end{pmatrix}$$

如前所述，核值 $\hat{\boldsymbol{K}}_n(\boldsymbol{x}_i, \boldsymbol{x}_j)$ 代表了 $\phi(\boldsymbol{x}_i)$ 和 $\phi(\boldsymbol{x}_j)$ 在特征空间中的相关性，即居中点 $\phi(\boldsymbol{x}_i)$ 和 $\phi(\boldsymbol{x}_j)$ 之间角度的余弦。

5.4 复杂对象的核

本章的末尾讨论一些为复杂数据（如字符串或图）而定义的核的例子。使用核进行降维参见 7.3 节，使用核进行聚类参见 13.2 节和第 16 章，用核进行判别分析参见 20.2 节，用核进行分类参见 21.4 节和 21.5 节。

5.4.1 字符串的谱核

考虑在字母表 Σ 上定义的文本或序列数据。l-谱特征映射是 $\phi:\Sigma^*\to\mathbb{R}^{|\Sigma|^l}$，该映射是一个从 Σ 上的子串的集合到 $|\Sigma|^l$ 维空间的映射（代表所有长度为 l 的子串的出现次数），定义如下：

$$\phi(\boldsymbol{x})=(\cdots,\#(\alpha),\cdots)^{\mathrm{T}}_{\alpha\in\Sigma^l}$$

其中 $\#(\alpha)$ 是 $\boldsymbol{x}$ 中长度为 l 的字符串 α 的出现次数。

（全）谱映射是 l-谱映射的扩展，可以通过考虑所有的长度 $l=0$ 到 $l=\infty$，得到一个无限维度的特征映射 $\phi:\Sigma^*\to\mathbb{R}^\infty$：

$$\phi(\boldsymbol{x})=(\cdots,\#(\alpha),\cdots)^{\mathrm{T}}_{\alpha\in\Sigma^*}$$

其中 $\#(\alpha)$ 是 $\boldsymbol{x}$ 中字符串 α 的出现次数。

两个字符串 $\boldsymbol{x}_i$ 和 $\boldsymbol{x}_j$ 之间的（l-）谱核就是它们的（l-）谱映射之间的点乘：

$$K(\boldsymbol{x}_i,\boldsymbol{x}_j)=\phi(\boldsymbol{x}_i)^{\mathrm{T}}\phi(\boldsymbol{x}_j)$$

l-谱核的一种朴素计算方法需要 $O(|\Sigma|^l)$ 的时间。然而，对于一个给定的长度为 n 的字符串 $\boldsymbol{x}$，大部分长度为 l 的子串的出现次数为 0（可以忽略）。对于一个长度为 n 的字符串（假设 $n\gg l$），l-谱映射可以高效地在 $O(n)$ 的时间内计算得到，因为最多有 $n-l+1$ 个长度为 l 的子串；对于任意两个长度为 n 和 m 的字符串，l-谱核可以在 $O(n+m)$ 的时间内计算出来。

（全）谱核的特征映射是无限维的，但对于一个给定的长度为 n 的字符串 $\boldsymbol{x}$，绝大多数的子串的出现次数为 0。长度为 n 的字符串 $\boldsymbol{x}$ 的谱映射可以直接在 $O(n^2)$ 的时间内计算出来，因为 $\boldsymbol{x}$ 最多有 $\sum_{l=1}^n n-l+1=n(n+1)/2$ 个不同的非空子串。任意长度分别为 n 和 m 的两个子串对应的谱核可以在 $O(n^2+m^2)$ 的时间内计算出来。然而，一个更高效的算法可以利用后缀树在 $O(n+m)$ 的时间内算出来（参见第 10 章）。

例 5.14 考虑 DNA 字母表 $\Sigma=\{A,C,G,T\}$ 上的序列。令 $\boldsymbol{x}_1=ACAGCAGTA$，$\boldsymbol{x}_2=AGCAAGCGAG$。若 $l=3$，则特征空间的维度为 $|\Sigma|^l=4^3=64$。然而，我们不需要将输入点映射到整个特征空间；我们可以计算精简的 3-谱映射（只计算长度为 3 的子串在每个输入序列中的出现次数）如下：

$$\phi(\boldsymbol{x}_1)=(ACA:1,AGC:1,AGT:1,CAG:2,GCA:1,GTA:1)$$
$$\phi(\boldsymbol{x}_2)=(AAG:1,AGC:2,CAA:1,CGA:1,GAG:1,GCA:1,GCG:1)$$

其中记号 $\alpha:\#(\alpha)$ 表示子串 α 在 $\boldsymbol{x}_i$ 中出现了 $\#(\alpha)$ 次。计算点乘的时候可以只考虑公共子串如下：

$$K(\boldsymbol{x}_1, \boldsymbol{x}_2) = 1 \times 2 + 1 \times 1 = 2 + 1 = 3$$

点乘的第一项对应子串 AGC，第二项对应 GCA。这两个是 $\boldsymbol{x}_1$ 和 $\boldsymbol{x}_2$ 之间仅有的长度为 3 的公共子串。

全谱可以通过考虑各种可能长度的公共子串的出现次数来计算。对于 $\boldsymbol{x}_1$ 和 $\boldsymbol{x}_2$，它们的公共子串及出现次数为：

α	A	C	G	AG	CA	AGC	GCA	$AGCA$
$\boldsymbol{x}_1$ 中的 $\#(\alpha)$	4	2	2	2	2	1	1	1
$\boldsymbol{x}_2$ 中的 $\#(\alpha)$	4	2	4	3	1	2	1	1

因此，全谱核值为：

$$K(\boldsymbol{x}_1, \boldsymbol{x}_2) = 16 + 4 + 8 + 6 + 2 + 2 + 1 + 1 = 40$$

5.4.2 图节点的扩散核

令 $\boldsymbol{S}$ 为图 $G = (V, E)$ 的节点的对称相似性矩阵。例如，$\boldsymbol{S}$ 可以是（带权）邻接矩阵 $\boldsymbol{A}$ [公式 (4.1)] 或拉普拉斯矩阵 $\boldsymbol{L} = \boldsymbol{A} - \boldsymbol{\Delta}$（或其负），其中 $\boldsymbol{\Delta}$ 是无向图 G 的度数矩阵，定义为 $\boldsymbol{\Delta}(i, i) = d_i$ 且 $\boldsymbol{\Delta}(i, j) = 0$（$i \neq j$），$d_i$ 是节点 i 的度数。

考虑任意两个节点间的相似性，可以通过通路（walk）长度为 2 的节点相似性的乘积之和得到：

$$S^{(2)}(\boldsymbol{x}_i, \boldsymbol{x}_j) = \sum_{a=1}^{n} S(\boldsymbol{x}_i, \boldsymbol{x}_a) S(\boldsymbol{x}_a, \boldsymbol{x}_j) = \boldsymbol{S}_i^{\mathrm{T}} \boldsymbol{S}_j$$

其中

$$\boldsymbol{S}_i = \Big(S(\boldsymbol{x}_i, \boldsymbol{x}_1), S(\boldsymbol{x}_i, \boldsymbol{x}_2), \cdots, S(\boldsymbol{x}_i, \boldsymbol{x}_n) \Big)^{\mathrm{T}}$$

是对应 $\boldsymbol{S}$ 的第 i 行的（列）向量（$\boldsymbol{S}$ 是对称的，因此同样代表了第 i 列）。对所有的节点对，通路长度为 2 的相似性矩阵（$\boldsymbol{S}^{(2)}$），可以用基本相似性矩阵 $\boldsymbol{S}$ 的平方给出：

$$\boldsymbol{S}^{(2)} = \boldsymbol{S} \times \boldsymbol{S} = \boldsymbol{S}^2$$

通常来讲，如果将两个节点间所有长度为 l 的通路的基础相似性积累加起来，那么会得到 l 长度的相似性矩阵 $\boldsymbol{S}^{(l)}$，正是 $\boldsymbol{S}$ 的 l 次方，即：

$$\boldsymbol{S}^{(l)} = \boldsymbol{S}^l$$

1. 幂核

若通路长度为偶数，则一定会生成半正定核；若通路长度为奇数，则不一定，除非基矩阵 $\boldsymbol{S}$ 本身是一个半正定矩阵，具体而言，$\boldsymbol{K} = \boldsymbol{S}^2$ 是一个有效核。为说明这一点，假设 $\boldsymbol{S}$ 的第 i 行代表 $\boldsymbol{x}_i$ 的特征映射，即 $\phi(\boldsymbol{x}_i) = \boldsymbol{S}_i$。任意两点间的核值就是特征空间中的一个点乘：

$$K(\boldsymbol{x}_i, \boldsymbol{x}_j) = S^{(2)}(\boldsymbol{x}_i, \boldsymbol{x}_j) = \boldsymbol{S}_i^{\mathrm{T}} \boldsymbol{S}_j = \phi(\boldsymbol{x}_i)^{\mathrm{T}} \phi(\boldsymbol{x}_j)$$

若通路长度为 l，令 $\boldsymbol{K} = \boldsymbol{S}^l$。考虑 $\boldsymbol{S}$ 的特征值分解：

$$\boldsymbol{S} = \boldsymbol{U} \boldsymbol{\Lambda} \boldsymbol{U}^{\mathrm{T}} = \sum_{i=1}^{n} \boldsymbol{u}_i \lambda_i \boldsymbol{u}_i^{\mathrm{T}}$$

其中 $\boldsymbol{U}$ 是特征向量构成的正交矩阵，且 $\boldsymbol{\Lambda}$ 是 $\boldsymbol{S}$ 的特征值构成的对角矩阵：

$$\boldsymbol{U}=\begin{pmatrix} | & | & & | \\ \boldsymbol{u}_1 & \boldsymbol{u}_2 & \cdots & \boldsymbol{u}_n \\ | & | & & | \end{pmatrix} \quad \boldsymbol{\Lambda}=\begin{pmatrix} \lambda_1 & 0 & \cdots & 0 \\ 0 & \lambda_2 & \cdots & 0 \\ \vdots & \vdots & \ddots & 0 \\ 0 & 0 & \cdots & \lambda_n \end{pmatrix}$$

$\boldsymbol{K}$ 的特征分解为：

$$\boldsymbol{K}=\boldsymbol{S}^l=(\boldsymbol{U}\boldsymbol{\Lambda}\boldsymbol{U}^{\mathrm{T}})^l=\boldsymbol{U}(\boldsymbol{\Lambda}^l)\boldsymbol{U}^{\mathrm{T}}$$

其中利用了 $\boldsymbol{S}$ 与 $\boldsymbol{S}^l$ 的特征向量相同的特性，因此 $\boldsymbol{S}^l$ 的特征值为 $(\lambda_i)^l$ $(i=1,\cdots,n)$，其中 λ_i 是 $\boldsymbol{S}$ 的特征值。若要使 $\boldsymbol{K}=\boldsymbol{S}^l$ 为一个半正定矩阵，它的所有特征值都必须是非负的（在通路长度为偶数的情况下必然成立）。由于 $(\lambda_i)^l$ 在 l 为奇数且 λ_i 为负数的情况下是负的，只有 $\boldsymbol{S}$ 为半正定时，通路长度为奇数的核才是半正定的。

2. 指数扩散核

为了得到图中节点之间的新核，我们考虑所有可能的通路长度，而不是将通路长度固定为一个先验值。在扩散核中，如果对通路较长的部分的贡献进行阻尼，那么可以得到**指数扩散核**（exponential diffusion kernel），定义为：

$$\begin{aligned}\boldsymbol{K}&=\sum_{l=0}^{\infty}\frac{1}{l!}\beta^l\boldsymbol{S}^l\\&=\boldsymbol{I}+\beta\boldsymbol{S}+\frac{1}{2!}\beta^2\boldsymbol{S}^2+\frac{1}{3!}\beta^3\boldsymbol{S}^3+\cdots\\&=\exp\{\beta\boldsymbol{S}\}\end{aligned}\tag{5.15}$$

其中 β 是阻尼系数，$\exp\{\beta\boldsymbol{S}\}$ 是矩阵的指数。上式右边的级数在 $\beta\geqslant 0$ 时收敛。

将 $\boldsymbol{S}=\boldsymbol{U}\boldsymbol{\Lambda}\boldsymbol{U}^{\mathrm{T}}=\sum_{i=1}^n\boldsymbol{u}_i\lambda_i\boldsymbol{u}_i^{\mathrm{T}}$ 代入公式 (5.15)，并利用 $\boldsymbol{U}\boldsymbol{U}^{\mathrm{T}}=\sum_{i=1}^n\boldsymbol{u}_i\boldsymbol{u}_i^{\mathrm{T}}=\boldsymbol{I}$，可得：

$$\begin{aligned}\boldsymbol{K}&=\boldsymbol{I}+\beta\boldsymbol{S}+\frac{1}{2!}\beta^2\boldsymbol{S}^2+\cdots\\&=\left(\sum_{i=1}^n\boldsymbol{u}_i\boldsymbol{u}_i^{\mathrm{T}}\right)+\left(\sum_{i=1}^n\boldsymbol{u}_i\beta\lambda_i\boldsymbol{u}_i^{\mathrm{T}}\right)+\left(\sum_{i=1}^n\boldsymbol{u}_i\frac{1}{2!}\beta^2\lambda_i^2\boldsymbol{u}_i^{\mathrm{T}}\right)+\cdots\\&=\sum_{i=1}^n\boldsymbol{u}_i(1+\beta\lambda_i+\frac{1}{2!}\beta^2\lambda_i^2+\cdots)\boldsymbol{u}_i^{\mathrm{T}}\\&=\sum_{i=1}^n\boldsymbol{u}_i\exp\{\beta\lambda_i\}\boldsymbol{u}_i^{\mathrm{T}}\\&=\boldsymbol{U}\begin{pmatrix}\exp\{\beta\lambda_1\} & 0 & \cdots & 0\\ 0 & \exp\{\beta\lambda_2\} & \cdots & 0\\ \vdots & \vdots & \ddots & 0\\ 0 & 0 & \cdots & \exp\{\beta\lambda_n\}\end{pmatrix}\boldsymbol{U}^{\mathrm{T}}\end{aligned}\tag{5.16}$$

因此 $\boldsymbol{K}$ 的特征向量与 $\boldsymbol{S}$ 的特征向量相同，但其特征值为 $\exp\{\beta\lambda_i\}$，其中 λ_i 是 $\boldsymbol{S}$ 的特征值。此外，$\boldsymbol{K}$ 是对称的，因为 $\boldsymbol{S}$ 是对称的，且其特征值是非负的实数（实数的非负指数也是非负的）。$\boldsymbol{K}$ 因此是一个半正定的核矩阵。计算扩散核的复杂度为 $O(n^3)$（对应计算特征分解的复杂度）。

3. 冯 · 诺依曼扩散核

一个基于 $\boldsymbol{S}$ 的幂的核为冯 · 诺依曼扩散核（von Neumann diffusion kernel），定义为：

$$\boldsymbol{K}=\sum_{l=0}^{\infty}\beta^l\boldsymbol{S}^l \tag{5.17}$$

其中 $\beta\geqslant 0$。展开公式 (5.17)，得：

$$\begin{aligned}\boldsymbol{K}&=\boldsymbol{I}+\beta\boldsymbol{S}+\beta^2\boldsymbol{S}^2+\beta^3\boldsymbol{S}^3+\cdots\\&=\boldsymbol{I}+\beta\boldsymbol{S}(\boldsymbol{I}+\beta\boldsymbol{S}+\beta^2\boldsymbol{S}^2+\cdots)\\&=\boldsymbol{I}+\beta\boldsymbol{S}\boldsymbol{K}\end{aligned}$$

调整上式，可得冯 · 诺依曼核的闭型（closed form）表达式：

$$\begin{aligned}\boldsymbol{K}-\beta\boldsymbol{S}\boldsymbol{K}&=\boldsymbol{I}\\(\boldsymbol{I}-\beta\boldsymbol{S})\boldsymbol{K}&=\boldsymbol{I}\\\boldsymbol{K}&=(\boldsymbol{I}-\beta\boldsymbol{S})^{-1}\end{aligned} \tag{5.18}$$

代入特征分解 $\boldsymbol{S}=\boldsymbol{U}\boldsymbol{\Lambda}\boldsymbol{U}^{\mathrm{T}}$，并且重写 $\boldsymbol{I}=\boldsymbol{U}\boldsymbol{U}^{\mathrm{T}}$，可得：

$$\begin{aligned}\boldsymbol{K}&=(\boldsymbol{U}\boldsymbol{U}^{\mathrm{T}}-\boldsymbol{U}(\beta\boldsymbol{\Lambda})\boldsymbol{U}^{\mathrm{T}})^{-1}\\&=(\boldsymbol{U}(\boldsymbol{I}-\beta\boldsymbol{\Lambda})\boldsymbol{U}^{\mathrm{T}})^{-1}\\&=\boldsymbol{U}(\boldsymbol{I}-\beta\boldsymbol{\Lambda})^{-1}\boldsymbol{U}^{\mathrm{T}})\end{aligned}$$

其中 $(\boldsymbol{I}-\beta\boldsymbol{\Lambda})^{-1}$ 是一个对角矩阵，第 i 个对角项为 $(1-\beta\lambda_i)^{-1}$。$\boldsymbol{K}$ 和 $\boldsymbol{S}$ 的特征向量是相同的，但 $\boldsymbol{K}$ 的特征值为 $1/(1-\beta\lambda_i)$。若要 $\boldsymbol{K}$ 为一个半正定核，则它的所有特征值都应该是非负的，这说明：

$$\begin{aligned}(1-\beta\lambda_i)^{-1}&\geqslant 0\\1-\beta\lambda_i&\geqslant 0\\\beta&\leqslant 1/\lambda_i\end{aligned}$$

此外，逆矩阵 $(\boldsymbol{I}-\beta\boldsymbol{\Lambda})^{-1}$ 存在，仅当：

$$\det(\boldsymbol{I}-\beta\boldsymbol{\Lambda})=\prod_{i=1}^{n}(1-\beta\lambda_i)\neq 0$$

也就是说对于所有 i 而言，$\beta\neq 1/\lambda_i$。因此，若要 $\boldsymbol{K}$ 是一个有效核，则要求 $\beta<1/\lambda_i$（$i=1,\cdots,n$）。冯 · 诺依曼核是半正定的，若 $|\beta|<1/\rho(\boldsymbol{S})$，其中 $\rho(\boldsymbol{S})=\max_i\{|\lambda_i|\}$ 称作 $\boldsymbol{S}$ 的谱半径（spectral radius），定义为 $\boldsymbol{S}$ 绝对值最大的特征值。

例 5.15 考虑图 5-2，其邻接和度数矩阵为：

$$\boldsymbol{A}=\begin{pmatrix}0&0&1&1&0\\0&0&1&0&1\\1&1&0&1&0\\1&0&1&0&1\\0&1&0&1&0\end{pmatrix}\qquad\boldsymbol{\Delta}=\begin{pmatrix}2&0&0&0&0\\0&2&0&0&0\\0&0&3&0&0\\0&0&0&3&0\\0&0&0&0&2\end{pmatrix}$$

该图的负拉普拉斯矩阵为：

$$\boldsymbol{S}=-\boldsymbol{L}=\boldsymbol{A}-\boldsymbol{D}=\begin{pmatrix}-2&0&1&1&0\\0&-2&1&0&1\\1&1&-3&1&0\\1&0&1&-3&1\\0&1&0&1&-2\end{pmatrix}$$

$\boldsymbol{S}$ 的特征值为：

$$\lambda_1=0\quad\lambda_2=-1.38\quad\lambda_3=-2.38\quad\lambda_4=-3.62\quad\lambda_5=-4.62$$

$\boldsymbol{S}$ 的特征向量为：

$$\boldsymbol{U}=\begin{pmatrix}\boldsymbol{u}_1&\boldsymbol{u}_2&\boldsymbol{u}_3&\boldsymbol{u}_4&\boldsymbol{u}_5\\\hline 0.45&-0.63&0.00&0.63&0.00\\0.45&0.51&-0.60&0.20&-0.37\\0.45&-0.20&-0.37&-0.51&0.60\\0.45&-0.20&0.37&-0.51&-0.60\\0.45&0.51&0.60&0.20&0.37\end{pmatrix}$$

假设 $\beta=0.2$，指数扩散核矩阵为：

$$\boldsymbol{K}=\exp\{0.2\boldsymbol{S}\}=\boldsymbol{U}\begin{pmatrix}\exp\{0.2\lambda_1\}&0&\cdots&0\\0&\exp\{0.2\lambda_2\}&\cdots&0\\\vdots&\vdots&\ddots&0\\0&0&\cdots&\exp\{0.2\lambda_n\}\end{pmatrix}\boldsymbol{U}^{\mathrm{T}}$$

$$=\begin{pmatrix}0.70&0.01&0.14&0.14&0.01\\0.01&0.70&0.13&0.03&0.14\\0.14&0.13&0.59&0.13&0.03\\0.14&0.03&0.13&0.59&0.13\\0.01&0.14&0.03&0.13&0.70\end{pmatrix}$$

对于冯 · 诺依曼扩散核，有：

$$(\boldsymbol{I}-0.2\boldsymbol{\Lambda})^{-1}=\begin{pmatrix}1&0.00&0.00&0.00&0.00\\0&0.78&0.00&0.00&0.00\\0&0.00&0.68&0.00&0.00\\0&0.00&0.00&0.58&0.00\\0&0.00&0.00&0.00&0.52\end{pmatrix}$$

例如，由于 $\lambda_2=-1.38$，可得 $1-\beta\lambda_2=1+0.2\times1.38=1.28$。因此，第二个对角项为 $(1-\beta\lambda_2)^{-1}=1/1.28=0.78$。冯 · 诺依曼核为：

$$K = U(I - 0.2\Lambda)^{-1}U^{\mathrm{T}} = \begin{pmatrix} 0.75 & 0.02 & 0.11 & 0.11 & 0.02 \\ 0.02 & 0.74 & 0.10 & 0.03 & 0.11 \\ 0.11 & 0.10 & 0.66 & 0.10 & 0.03 \\ 0.11 & 0.03 & 0.10 & 0.66 & 0.10 \\ 0.02 & 0.11 & 0.03 & 0.10 & 0.74 \end{pmatrix}$$

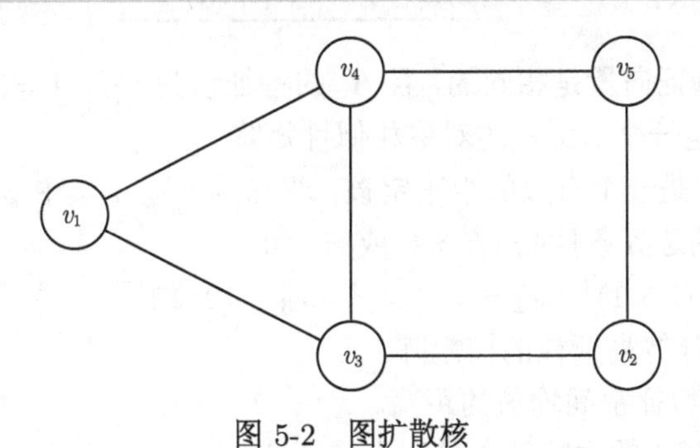

图 5-2 图扩散核

5.5 补充阅读

核方法在机器学习和数据挖掘领域有大量的研究。想了解更为深入和进阶的话题，请参考 Schölkopf and Smola (2002) 和 Shawe-Taylor and Cristianini (2004)。关于生物信息学中核方法的应用，请参考 Schölkopf, Tsuda, and Vert (2004)。

Schölkopf, B. and Smola, A. J. (2002). *Learning with Kernels: Support Vector Machines, Regularization, Optimization, and Beyond.* Cambridge, MA: MIT Press.

Schölkopf, B., Tsuda, K., and Vert, J.-P. (2004). *Kernel Methods in Computational Biology.* Cambridge, MA: MIT Press.

Shawe-Taylor, J. and Cristianini, N. (2004). *Kernel Methods for Pattern Analysis.* New York: Cambridge University Press.

5.6 习题

Q1. 证明度数为 q 的非齐次多项式核的特征空间的维数是：

$$m = \binom{d+q}{q}$$

Q2. 考虑表 5-1 所示的数据。若使用如下核函数：$K(\boldsymbol{x}_i, \boldsymbol{x}_j) = \|\boldsymbol{x}_i - \boldsymbol{x}_j\|^2$，计算对应的核矩阵 $\boldsymbol{K}$。

表 5-1 Q2 的数据集

i	$\boldsymbol{x}_i$
$\boldsymbol{x}_1$	(4, 2.9)
$\boldsymbol{x}_2$	(2.5, 1)
$\boldsymbol{x}_3$	(3.5, 4)
$\boldsymbol{x}_4$	(2, 2.1)

Q3. 证明 $\boldsymbol{S}$ 和 $\boldsymbol{S}^l$ 的特征向量是相同的，且 $\boldsymbol{S}^l$ 的特征值为 $(\lambda_i)^l(i=1,\cdots,n)$，其中 λ_i 是 $\boldsymbol{S}$ 的特征值，且 $\boldsymbol{S}$ 是一个 $n \times n$ 的对称相似性矩阵。

Q4. 冯 · 诺依曼扩散核是一个有效的半正定核，若 $|\beta| < \frac{1}{\rho(\boldsymbol{S})}$，其中 $\rho(\boldsymbol{S})$ 是 $\boldsymbol{S}$ 的谱半径。你能够推导出更好的边界条件吗（$\beta > 0$ 或 $\beta < 0$）？

Q5. 给定 3 个点 $\boldsymbol{x}_1 = (2.5, 1)^{\mathrm{T}}$、$\boldsymbol{x}_2 = (3.5, 4)^{\mathrm{T}}$、$\boldsymbol{x}_3 = (2, 2.1)^{\mathrm{T}}$。

(a) 假设 $\sigma^2 = 5$，计算高斯核的核矩阵。

(b) 计算 $\phi(\boldsymbol{x}_1)$ 与特征空间均值的距离。

(c) 计算 (a) 中核矩阵的主特征向量和主特征值。

第6章　高维数据

在数据挖掘中，数据通常是很高维的，属性的数目经常是成百上千。理解高维空间 [又称作**超空间**（hyperspace）] 的性质是非常重要的，这是因为超空间与我们所熟悉的二维或三维空间的几何有着较大的差异。

6.1　高维对象

考虑 $n \times n$ 的数据矩阵：

$$\boldsymbol{D} = \begin{pmatrix} & X_1 & X_2 & \cdots & X_d \\ \boldsymbol{x}_1 & x_{11} & x_{12} & \cdots & x_{1d} \\ \boldsymbol{x}_2 & x_{21} & x_{22} & \cdots & x_{2d} \\ \vdots & \vdots & \vdots & \ddots & \vdots \\ \boldsymbol{x}_n & x_{n1} & x_{n2} & \cdots & x_{nd} \end{pmatrix}$$

其中每个点 $\boldsymbol{x}_i \in \mathbb{R}^d$ 且每一个属性 $X_j \in \mathbb{R}^n$。

1. **超立方体**

令每个属性 X_j 的最小值和最大值分别为：

$$\min(X_j) = \min_i\{x_{ij}\} \qquad \max(X_j) = \max_i\{x_{ij}\}$$

数据超空间可以看作一个 d 维的**超矩形**（hyper-rectangle），定义为：

$$\begin{aligned} R_d &= \prod_{j=1}^{d}[\min(X_j), \max(X_j)] \\ &= \left\{\boldsymbol{x} = (x_1, x_2, \cdots, x_d)^{\mathrm{T}} | x_j \in [\min(X_j), \max(X_j)], j = 1, \cdots, d\right\} \end{aligned}$$

假设数据是居中的（均值 $\boldsymbol{\mu} = \boldsymbol{0}$）。令 m 表示 $\boldsymbol{D}$ 中的最大绝对值：

$$m = \max_{j=1}^{d} \max_{i=1}^{n} \{|x_{ij}|\}$$

数据超空间可以表示为一个居中的**超立方体**（hypercube），各面的长度 $l = 2m$，则超立方体定义如下：

$$H_d(l) = \left\{\boldsymbol{x} = (x_1, x_2, \cdots, x_d)^{\mathrm{T}} | \forall i, x_i \in [-l/2, l/2]\right\}$$

超立方体在一维上（$H_1(l)$）表示一个区间；在二维上（$H_2(l)$）表示一个正方形；在三维上（$H_3(l)$）表示一个立方体，以此类推。**单位超立方体**（unit hypercube）每一面的长度 $l = 1$，表示为 $H_d(1)$。

2. **超球面**

假设数据已经居中，即 $\boldsymbol{\mu}=\mathbf{0}$。令 r 对应所有点最大的模：

$$r=\max_i\{\|\boldsymbol{x}_i\|\}$$

数据超空间也可以表示为一个以 $\mathbf{0}$ 为中心、半径为 r 的 d 维的超球体，定义为：

$$B_d(r)=\{\boldsymbol{x}|\ \|\boldsymbol{x}\|\leqslant r\}$$

$$\text{或}\quad B_d(r)=\left\{\boldsymbol{x}=(x_1,x_2,\cdots,x_d)^{\mathrm{T}}|\sum_{j=1}^{d}x_j^2\leqslant r^2\right\}$$

超球的表面也称作一个**超球面**（hypersphere），且它由与超球体中心距离为 r 的所有点构成，定义为：

$$S_d(r)=\{\boldsymbol{x}|\ \|\boldsymbol{x}\|=r\}$$

$$\text{或}\quad S_d(r)=\left\{\boldsymbol{x}=(x_1,x_2,\cdots,x_d)^{\mathrm{T}}|\sum_{j=1}^{d}(x_j)^2=r^2\right\}$$

超球体由所有表面和内部的点构成，因此也可以称作一个**闭超球面**（closed hypersphere）。

例 6.1　考虑图 6-1 所示的二维居中鸢尾花数据集。所有维度上最大的绝对值为 $m=2.06$，且模最大的点为 $(2.06,0.75)$，半径为 $r=2.19$。在两个维度上，代表数据空间的超立方体是一个边长为 $l=2m=4.12$ 的正方形。超球面在图中用半径为 $r=2.19$ 的虚线圆圈表示。

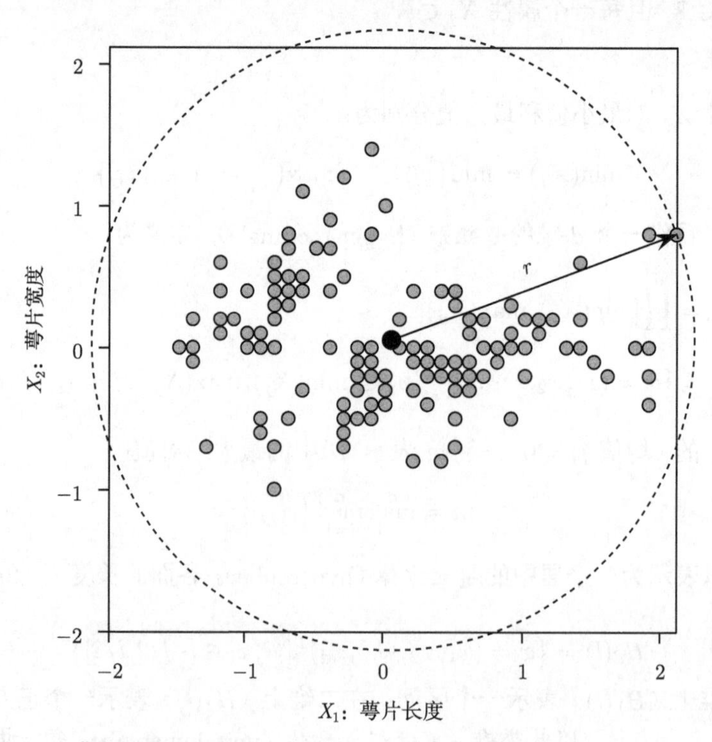

图 6-1　鸢尾花数据超空间（实线，$l=4.12$）和超球面（虚线，$r=2.19$）

6.2 高维体积

1. 超立方体

一个边长为 l 的超立方体的体积为：

$$\mathrm{vol}(H_d(l)) = l^d$$

2. 超球面

超球体及其对应的超球面的体积是相同的，因为体积涵盖了整个对象的全部，包括其内部空间。考虑低维空间中超球面体积的公式：

$$\mathrm{vol}(S_1(r)) = 2r \tag{6.1}$$

$$\mathrm{vol}(S_2(r)) = \pi r^2 \tag{6.2}$$

$$\mathrm{vol}(S_3(r)) = \frac{4}{3}\pi r^3 \tag{6.3}$$

根据附录 6.7 中的推导，一个 d 维的超球面的体积的通用公式为：

$$\mathrm{vol}(S_d(r)) = K_d r^d = \left(\frac{\pi^{\frac{d}{2}}}{\Gamma\left(\frac{d}{2}+1\right)}\right) r^d \tag{6.4}$$

其中

$$K_d = \frac{\pi^{\frac{d}{2}}}{\Gamma\left(\frac{d}{2}+1\right)} \tag{6.5}$$

是一个依赖于维度 d 的标量，Γ 是 gamma 函数 [公式 (3.17)]，定义为（$\alpha > 0$）：

$$\Gamma(\alpha) = \int_0^{\infty} x^{\alpha-1} \mathrm{e}^{-x} \mathrm{d}x \tag{6.6}$$

根据公式 (6.6)，可得：

$$\Gamma(1) = 1 \quad \text{以及} \quad \Gamma\left(\frac{1}{2}\right) = \sqrt{\pi} \tag{6.7}$$

对于任意的 $\alpha > 1$，gamma 函数还有如下的性质：

$$\Gamma(\alpha) = (\alpha - 1)\Gamma(\alpha - 1) \tag{6.8}$$

对于任意整数 $n \geqslant 1$，马上可得：

$$\Gamma(n) = (n-1)! \tag{6.9}$$

回到公式 (6.4)，若 d 是偶数，则 $\frac{d}{2}+1$ 是一个整数，根据公式 (6.9)，可得：

$$\Gamma\left(\frac{d}{2}+1\right) = \left(\frac{d}{2}\right)!$$

若 d 是奇数，根据公式 (6.7) 和公式 (6.8)，则有：

$$\Gamma\left(\frac{d}{2}+1\right) = \left(\frac{d}{2}\right)\left(\frac{d-2}{2}\right)\left(\frac{d-4}{2}\right)\cdots\left(\frac{d-(d-1)}{2}\right)\Gamma\left(\frac{1}{2}\right) = \left(\frac{d!!}{2^{(d+1)/2}}\right)\sqrt{\pi}$$

其中 $d!!$ 代表双阶乘或多阶乘，定义如下：

$$d!! = \begin{cases} 1 & d = 0 \quad \text{或} \quad d = 1 \\ d \cdot (d-2)!! & d \geqslant 2 \end{cases}$$

将以上结合到一起可得：

$$\Gamma\left(\frac{d}{2}+1\right) = \begin{cases} \left(\frac{d}{2}\right)! & d\text{是偶数} \\ \sqrt{\pi}\left(\frac{d!!}{2^{(d+1)/2}}\right) & d\text{是奇数} \end{cases} \tag{6.10}$$

将 $\Gamma(\frac{d}{2}+1)$ 的值代入公式 (6.4) 中，可以得到不同维度下超球面的体积公式。

例 6.2　根据公式 (6.10)，$d=1$、$d=2$、$d=3$ 的情况分别为：

$$\Gamma\left(\frac{1}{2}+1\right) = \frac{1}{2}\sqrt{\pi}$$

$$\Gamma\left(\frac{2}{2}+1\right) = 1! = 1$$

$$\Gamma\left(\frac{3}{2}+1\right) = \frac{3}{4}\sqrt{\pi}$$

因此可以验证一维、二维、三维的超球面的体积：

$$\text{vol}(S_1(r)) = \frac{\sqrt{\pi}}{\frac{1}{2}\sqrt{\pi}}r = 2r$$

$$\text{vol}(S_2(r)) = \frac{\pi}{1}r^2 = \pi r^2$$

$$\text{vol}(S_3(r)) = \frac{\pi^{3/2}}{\frac{3}{4}\sqrt{\pi}}r^3 = \frac{4}{3}\pi r^3$$

三者分别与公式 (6.1)、公式 (6.2)、公式 (6.3) 相对应。

表面面积　超球面的*表面面积*可以利用其体积对 r 求微分来计算，给出如下：

$$\text{area}(S_d(r)) = \frac{d}{dr}\text{vol}(S_d(r)) = \left(\frac{\pi^{\frac{d}{2}}}{\Gamma\left(\frac{d}{2}+1\right)}\right) dr^{d-1} = \left(\frac{2\pi^{\frac{d}{2}}}{\Gamma\left(\frac{d}{2}\right)}\right) r^{d-1}$$

我们可以快速验证：二维的情况下，圆的表面面积为 $2\pi r$；三维的情况下，球体的表面面积为 $4\pi r^2$。

渐近体积　球面体积的一个有趣的现象是，随着维数的增加，体积先增加到一个最高点，然后开始下降，最终会消失。具体来说，对于 $r=1$ 的单位球面：

$$\lim_{d\to\infty} \text{vol}(S_d(1)) = \lim_{d\to\infty} \frac{\pi^{\frac{d}{2}}}{\Gamma\left(\frac{d}{2}+1\right)} \to 0$$

例 6.3　图 6-2 展示了公式 (6.4) 中的单位超球面的体积随维度增加的变化情况。我们可以看到，一开始体积会增加，并在 $d=5$ 的时候得到最大的体积 $\text{vol}(S_5(1)) = 5.263$。之后，体积迅速下降，最后在 $d=30$ 的时候变为 0。

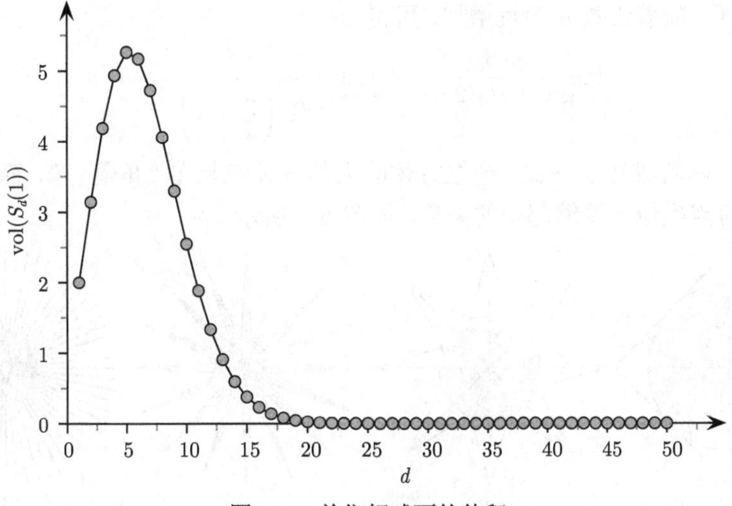

图 6-2 单位超球面的体积

6.3 超立方体的内接超球面

接下来看一个超立方体（数据空间）所能容纳的最大的超球面。考虑与一个边长为 $2r$ 的超立方体内接的、半径为 r 的超球面。考虑超球面的体积与超立方体的体积比，我们可以观察到如下趋势。

在二维的情况下有：

$$\frac{\text{vol}(S_2(r))}{\text{vol}(H_2(2r))}=\frac{\pi r^2}{4r^2}=\frac{\pi}{4}=78.5\%$$

因此，一个内接的圆占据了包含它的正方形的 $\frac{\pi}{4}$ 的体积，如图 6-3a 所示。

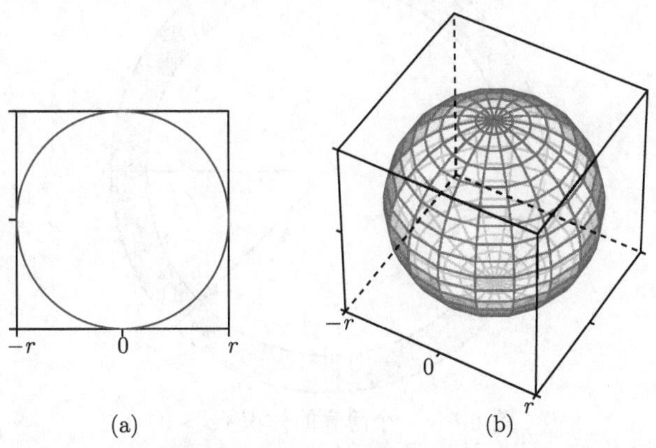

图 6-3 内接在超立方体里的超球面：(a) 二维；(b) 三维

在三维的情况下，这一比例为：

$$\frac{\text{vol}(S_3(r))}{\text{vol}(H_3(2r))}=\frac{\frac{4}{3}\pi r^3}{8r^3}=\frac{\pi}{6}=52.4\%$$

内接的球面仅占包含它的立方体的体积的 $\frac{\pi}{6}$，如图 6-3b 所示，相比之下远远低于二维的情况。

通常情况下，随着维数 d 渐近增加，可得：

$$\lim_{d\to\infty}\frac{\mathrm{vol}(S_d(r))}{\mathrm{vol}(H_d(2r))}=\lim_{d\to\infty}\frac{\pi^{d/2}}{2^d\Gamma\left(\frac{d}{2}+1\right)}\to 0$$

上式表明，随着维数的增加，超立方体的大部分体积都在“角落里”，而中间几乎是空的。高维空间有点类似于蜷缩起来的豪猪，如图 6-4 所示。

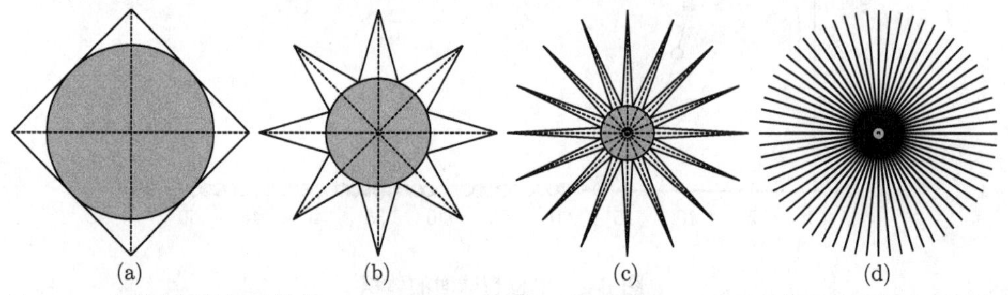

图 6-4　高维空间的概念视图：(a) 二维；(b) 三维；(c) 四维；(d) 高维。在 d 维空间中，一共有 2^d 个“角落”和 2^{d-1} 个对角线。内接圆的半径准确地反映了超立方体和内接超球面之间的体积差距

6.4　薄超球面壳的体积

现在考虑一个厚度为 ϵ 的薄超球面壳的体积，夹在半径为 r 的外层超球面和半径为 $r-\epsilon$ 的内层超球面之间。壳的体积等于外层超球面的体积与内层超球面的体积之差，如图 6-5 所示。

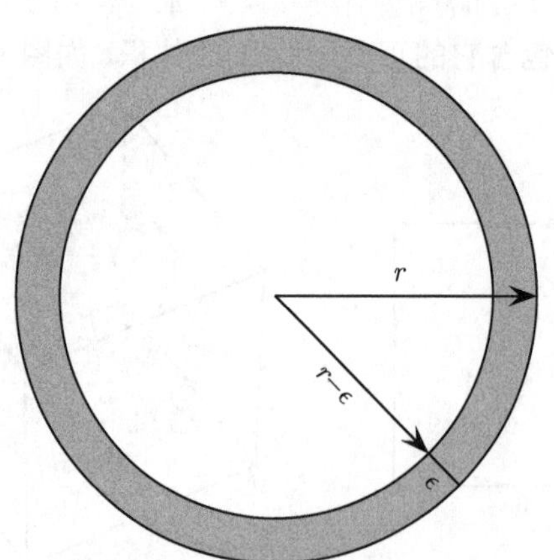

图 6-5　一个薄壳的体积（$\epsilon>0$）

令 $S_d(r,\epsilon)$ 表示厚度为 ϵ 的球面壳。其体积为：

$$\mathrm{vol}(S_d(r,\epsilon))=\mathrm{vol}(S_d(r))-\mathrm{vol}(S_d(r-\epsilon))=K_dr^d-K_d(r-\epsilon)^d$$

考虑薄壳的体积与外层球面的体积之间的比值：

$$\frac{\mathrm{vol}(S_d(r,\epsilon))}{\mathrm{vol}(S_d(r))}=\frac{K_dr^d-K_d(r-\epsilon)^d}{K_dr^d}=1-(1-\frac{\epsilon}{r})^d$$

例 6.4 例如，对于二维空间中的一个圆圈 $r=1$，$\epsilon=0.01$，薄壳的体积为 $1-(0.99)^2=0.0199\simeq 2\%$。正如我们所料，在二维空间中，薄壳仅仅占了原始的超球面的体积的一小部分。在三维空间中，这一比例变为 $1-(0.99)^3=0.0297\simeq 3\%$，依然只是很小的一部分。

渐近体积

随着 d 的增加，可得：

$$\lim_{d\to\infty}\frac{\mathrm{vol}(S_d(r,\epsilon))}{\mathrm{vol}(S_d(r))}=\lim_{d\to\infty}1-\left(1-\frac{\epsilon}{r}\right)^d\to 1$$

即当 $d\to\infty$ 时，超球面的几乎所有体积都包含在了薄壳里。这意味着与低维空间不同，在高维空间中，大部分体积都聚集在超球面的表面（ϵ 的厚度内），而中心基本是空的。换句话说，若数据在 d 维空间中是均匀分布的，则几乎所有的点都在空间的边界上（是一个 $d-1$ 维的对象）。考虑到大部分的超立方体的体积都在角上，我们可以发现在高维空间中，数据倾向于散落在空间的边界和角落上。

6.5 超空间的对角线

高维空间另一个反直觉的行为与对角线相关。假设有一个 d 维的超立方体，原点为 $\mathbf{0}_d=(0_1,0_2,\cdots,0_d)^{\mathrm{T}}$ 且每个维度都在 $[-1,1]$ 的范围内。这样超空间的每个“角落”都是一个形式为 $(\pm 1_1,\pm 1_2,\cdots,\pm 1_d)^{\mathrm{T}}$ 的 d 维向量。令 $\boldsymbol{e}_i=(0_1,\cdots,1_i,\cdots,0_d)^{\mathrm{T}}$ 表示在第 i 个维度上的 d 维正则单位向量，令 $\mathbf{1}$ 表示 d 维对角向量 $(1_1,1_2,\cdots,1_d)^{\mathrm{T}}$。

考虑在 d 维空间中对角向量 $\mathbf{1}$ 和第一个轴 $\boldsymbol{e}_1$ 之间的角度 θ_d：

$$\cos\theta_d=\frac{\boldsymbol{e}_1^{\mathrm{T}}\mathbf{1}}{\|\boldsymbol{e}_1\|\|\mathbf{1}\|}=\frac{\boldsymbol{e}_1^{\mathrm{T}}\mathbf{1}}{\sqrt{\boldsymbol{e}_1{}^{\mathrm{T}}\boldsymbol{e}_1}\sqrt{\mathbf{1}^{\mathrm{T}}\mathbf{1}}}=\frac{1}{\sqrt{1}\sqrt{d}}=\frac{1}{\sqrt{d}}$$

例 6.5 图 6-6 给出了 $d=2$ 和 $d=3$ 的情况下，对角向量 $\mathbf{1}$ 和 $\boldsymbol{e}_1$ 之间的角度。在二维空间中有 $\cos\theta_2=\frac{1}{\sqrt{2}}$，在三维空间中有 $\cos\theta_3=\frac{1}{\sqrt{3}}$。

渐近角度

随着 d 的增加，d 维对角向量 $\mathbf{1}$ 和第一个轴向量 $\boldsymbol{e}_1$ 之间的角度可表示为：

$$\lim_{d\to\infty}\cos\theta_d=\lim_{d\to\infty}\frac{1}{\sqrt{d}}\to 0$$

也就是说：

$$\lim_{d\to\infty}\theta_d\to\frac{\pi}{2}=90^\circ$$

以上分析的结论对任意对角向量 $\mathbf{1}_d$ 和 d 个主轴向量 $\boldsymbol{e}_i$（$i\in[1,d]$）之间的角度均成立。事实上，任意的对角向量和任意的主轴向量之间的角度都有类似的结果（在两个方向上）。这说明在高维空间中所有的对角向量是与所有的坐标轴互相垂直（或正交）的！由于 d 维的超空间一共有 2^d 个角落，一共有 2^d 个从原点到每个角落的对角向量。相反方向的两个对角向量定义一个坐标轴，因此一共有 2^{d-1} 个新的坐标轴，每一个都是和所有的 d 个主坐标轴正交的。因此，事实上，高维空间的正交轴数目是指数式的。高维空间这一奇异的性质导致：若有一个点或一组点（比如一个簇）在一个对角附近，则这些点会被投影到原点，因而在更低维的空间中不可见。

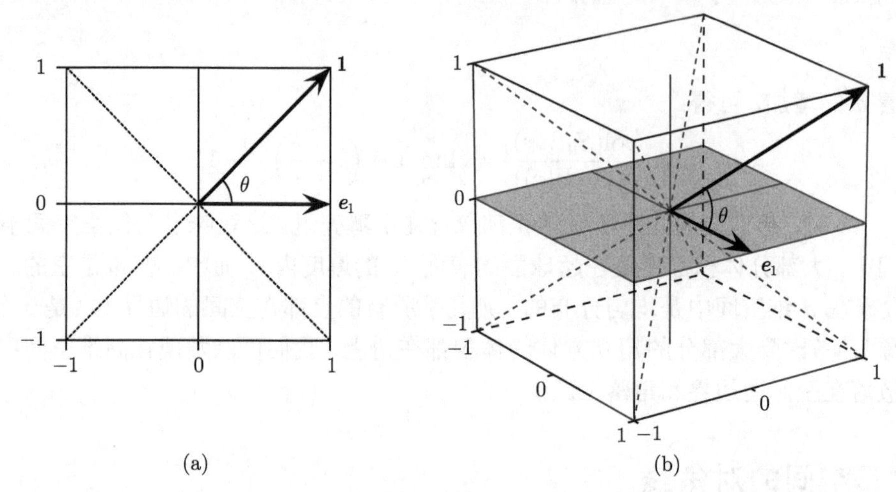

图 6-6　对角向量 $\mathbf{1}$ 和 $\boldsymbol{e}_1$ 之间的角度：(a) 二维空间中；(b) 三维空间中

6.6　多元正态的密度

接下来考虑对于标准的多元正态分布，均值周围的点的密度在 d 维空间中的变化，具体来说就是考虑一个点位于均值的最高密度的 $\alpha > 0$ 的部分的概率。

对于一个多元正态分布 [公式 (2.33)]，$\boldsymbol{\mu} = \mathbf{0}_d$（$d$ 维零向量），且 $\boldsymbol{\Sigma} = \boldsymbol{I}_d$（$d \times d$ 单位矩阵），有：

$$f(\boldsymbol{x}) = \frac{1}{(\sqrt{2\pi})^d} \exp\left\{-\frac{\boldsymbol{x}^{\mathrm{T}}\boldsymbol{x}}{2}\right\} \tag{6.11}$$

在均值 $\mu = \mathbf{0}_d$ 处，最大密度为 $f(\mathbf{0}_d) = \frac{1}{(\sqrt{2\pi})^d}$。因此，一个点 $\boldsymbol{x}$ 的密度是均值处密度的 α 倍（$0 < \alpha < 1$）的集合表示为：

$$\frac{f(\boldsymbol{x})}{f(\mathbf{0})} \geqslant \alpha$$

这说明：

$$\exp\left\{-\frac{\boldsymbol{x}^{\mathrm{T}}\boldsymbol{x}}{2}\right\} \geqslant \alpha$$

$$\text{或}\quad \boldsymbol{x}^{\mathrm{T}}\boldsymbol{x} \leqslant -2\ln(\alpha)$$

$$\text{因此}\quad \sum_{i=1}^{d}(x_i)^2 \leqslant -2\ln(\alpha) \tag{6.12}$$

我们知道，若 $X_1, X_2, \cdots, X_k$ 是独立同分布的，且每一个变量都服从标准正态分布，则它们的平方和 $X_1^2 + X_2^2 + \cdots + X_k^2$ 服从自由度为 k 的 χ^2 分布，表示为 χ_k^2。由于标准多元正态分布在任意属性 X_j 上的投影为一个一元标准正态分布，可以得出结论：$\boldsymbol{x}^{\mathrm{T}}\boldsymbol{x} = \sum_{i=1}^{d}(x_i)^2$

服从自由度为 d 的 χ^2 分布。一个点 $\boldsymbol{x}$ 的密度是均值处密度 α 倍的概率，可以根据公式 (6.12) 从 χ_d^2 的密度函数计算出来，表示如下：

$$\begin{aligned}P\Big(\frac{f(\boldsymbol{x})}{f(\boldsymbol{0})} \geqslant \alpha\Big) &= P\left(\boldsymbol{x}^{\mathrm{T}}\boldsymbol{x} \leqslant -2\ln(\alpha)\right) \\ &= \int_0^{-2\ln(\alpha)} f_{\chi_d^2}(\boldsymbol{x}^{\mathrm{T}}\boldsymbol{x}) \\ &= F_{\chi_d^2}(-2\ln(\alpha))\end{aligned} \tag{6.13}$$

其中 $f_{\chi_q^2}(x)$ 是自由度为 q 的卡方概率密度函数 [公式 (3.16)]：

$$f_{\chi_q^2}(x) = \frac{1}{2^{q/2}\Gamma(q/2)} x^{\frac{q}{2}-1}\mathrm{e}^{-\frac{x}{2}}$$

且 $F_{\chi_q^2}(x)$ 是它的累积分布函数。

随着维度的增加，上述概率会迅速减小，最终变为 0，即：

$$\lim_{d\to\infty} P(\boldsymbol{x}^{\mathrm{T}}\boldsymbol{x} \leqslant -2\ln(\alpha)) \to 0 \tag{6.14}$$

因此，在高维空间中，离开均值时概率密度会迅速减小。实际上整个概率质量会迁移到尾部区域。

例 6.6 考虑一个点 $\boldsymbol{x}$ 的密度是均值处密度的 50% 的情况，即 $\alpha = 0.5$。根据公式 (6.13)，可得：

$$P(\boldsymbol{x}^{\mathrm{T}}\boldsymbol{x} \leqslant -2\ln(0.5)) = F_{\chi_d^2}(1.386)$$

可以通过计算累积 χ^2 分布在不同自由度（维数）情况，来计算一个点的密度是均值处密度的 50% 的概率。$d = 1$ 时，概率为 $F_{\chi_1^2}(1.386) = 76.1\%$；$d = 2$ 时，概率减小为 $F_{\chi_2^2}(1.386) = 50\%$；$d = 3$ 时，进一步减小为 29.12%。观察图 6-7，可以看到一维时只有大约 24% 的密度位于尾部区域；而在二维时超过 50% 的密度位于尾部区域。

图 6-8 展示了 χ_d^2 的分布，并给出了二维和三维时的概率 $P(\boldsymbol{x}^{\mathrm{T}}\boldsymbol{x} \leqslant 1.386)$。概率随着维数的增加而迅速减小，在 $d = 10$ 时，仅为 0.075%，即 99.925% 的点都位于尾部区域。

点与均值的距离

现在考虑一个点 $\boldsymbol{x}$ 与标准多元正态分布的中点的平均距离。令 r^2 表示点 $\boldsymbol{x}$ 与中心 $\boldsymbol{\mu} = \boldsymbol{0}$ 的距离的平方：

$$r^2 = \|\boldsymbol{x} - \boldsymbol{0}\|^2 = \boldsymbol{x}^{\mathrm{T}}\boldsymbol{x} = \sum_{i=1}^{d} x_i^2$$

$\boldsymbol{x}^{\mathrm{T}}\boldsymbol{x}$ 服从自由度为 d 的 χ^2 分布，其均值为 d，方差为 $2d$。因此随机变量 r^2 的均值和方差为：

$$\mu_{r^2} = d \qquad \sigma_{r^2}^2 = 2d$$

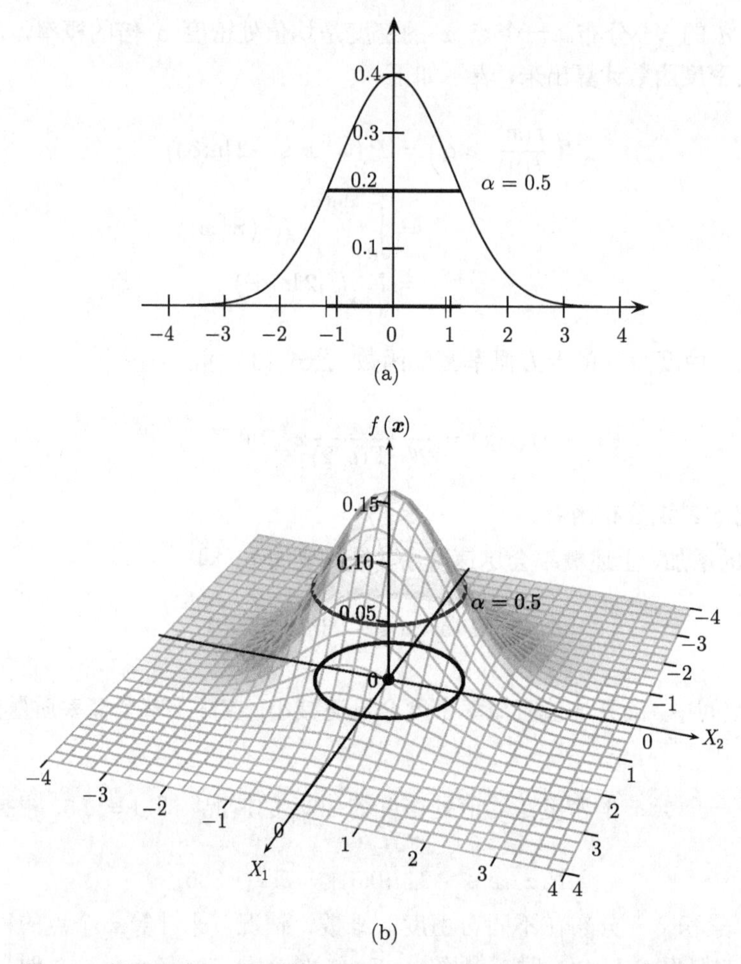

图 6-7 均值密度 α 倍的等高线图：(a) 一维空间中；(b) 二维空间中

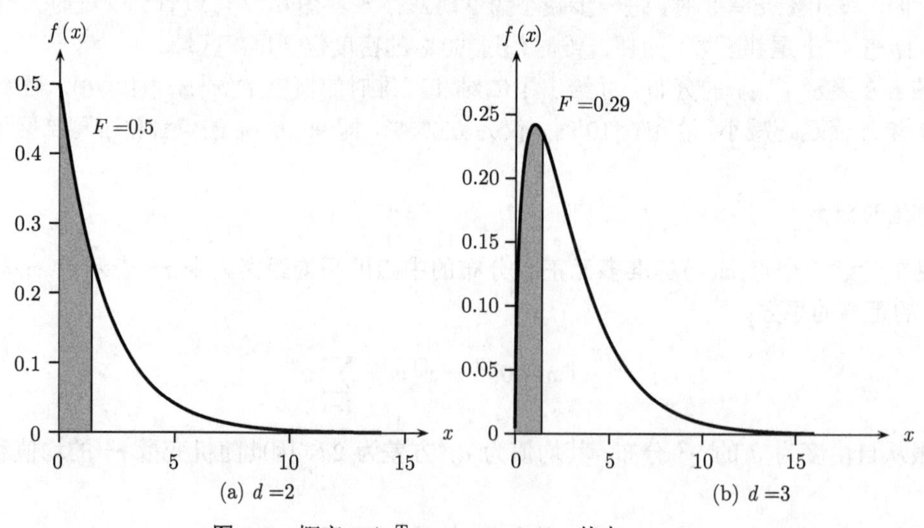

图 6-8 概率 $P(\boldsymbol{x}^{\mathrm{T}}\boldsymbol{x} \leqslant -2\ln(\alpha))$，其中 $\alpha = 0.5$

根据中心极限定理（central limit theorem），随着 $d \to \infty$，r^2 是近似正态的，均值为 d，方差为 $2d$，这意味着 r^2 是集中在其均值 d 周围的。因此点 $\boldsymbol{x}$ 与标准多元正态的中心的距离 r 近似地聚集在其均值 $\sqrt{d}$ 周围。

接下来，为估计距离 r 在其均值两端的延展，我们需要根据 r^2 的标准差推导出 r 的标准差。假设 σ_r 要比 r 小得多，由于 $\frac{d\log r}{dr} = \frac{1}{r}$，可得：

$$\begin{aligned}\frac{dr}{r} &= d\log r \\ &= \frac{1}{2}d\log r^2\end{aligned}$$

由于 $\frac{d\log r^2}{dr^2} = \frac{1}{r^2}$，可得：

$$\frac{dr}{r} = \frac{1}{2}\frac{dr^2}{r^2}$$

这说明 $dr = \frac{1}{2r}dr^2$。令 r^2 的变化等于 r^2 的标准差，可得 $dr^2 = \sigma_{r^2} = \sqrt{2d}$，令均值半径 $r = \sqrt{d}$，继而得到：

$$\sigma_r = dr = \frac{1}{2\sqrt{d}}\sqrt{2d} = \frac{1}{\sqrt{2}}$$

因此可以得出结论，对于较大的 d，半径 r（或点 $\boldsymbol{x}$ 到原点 $\mathbf{0}$ 的距离）服从正态分布，均值为 $\sqrt{d}$，标准差为 $1/\sqrt{2}$。然而，在平均距离 $\sqrt{d}$ 上的密度，与最大密度相比是指数式减小的，因为：

$$\frac{f(\boldsymbol{x})}{f(\mathbf{0})} = \exp\{-\boldsymbol{x}^{\mathrm{T}}\boldsymbol{x}/2\} = \exp\{-d/2\}$$

我们观察到一个很有趣的现象：尽管标准多元正态的密度在中点 $\mathbf{0}$ 处取到最大值，绝大部分概率质量（点）是集中在距离中点平均距离为 $\sqrt{d}$ 的一个小范围内。

6.7 附录：球面体积的推导

球面的体积可以通过球面极坐标的方式推导出来。首先考虑二维和三维空间中的推导，然后再考虑通用的维度 d。

1. 二维空间中的体积

如图 6-9 所示，在二维空间中，点 $\boldsymbol{x} = (x_1, x_2) \in \mathbb{R}^2$ 可以用极坐标表示如下：

$$\begin{aligned}x_1 &= r\cos\theta_1 = rc_1 \\ x_2 &= r\sin\theta_1 = rs_1\end{aligned}$$

其中 $r = \|\boldsymbol{x}\|$，为方便起见，我们使用 $\cos\theta_1 = c_1$ 和 $\sin\theta_1 = s_1$ 来表示。

以上变换的**雅可比矩阵**（Jacobian matrix）为：

$$J(\theta_1) = \begin{pmatrix} \frac{\partial x_1}{\partial r} & \frac{\partial x_1}{\partial \theta_1} \\ \frac{\partial x_2}{\partial r} & \frac{\partial x_2}{\partial \theta_1} \end{pmatrix} = \begin{pmatrix} c_1 & -rs_1 \\ s_1 & rc_1 \end{pmatrix}$$

雅可比矩阵的行列式称作**雅可比行列式**。对于 $J(\theta_1)$，雅可比行列式为：

$$\det(J(\theta_1)) = rc_1^2 + rs_1^2 = r(c_1^2 + s_1^2) = r \tag{6.15}$$

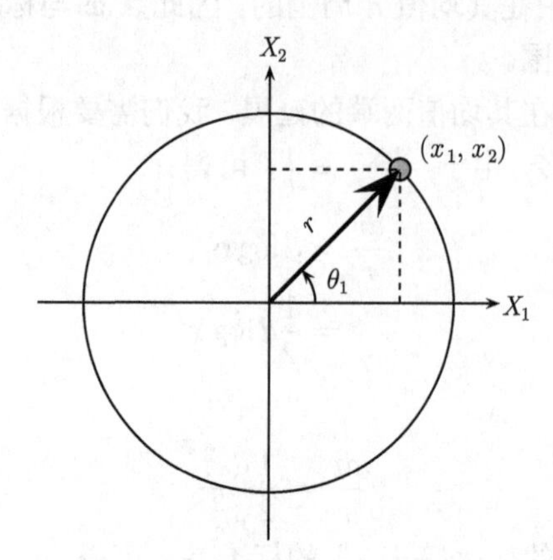

图 6-9　二维空间中的极坐标

利用公式 (6.15) 的雅可比行列式，二维空间的球面体积可以通过对 r 和 θ_1 求积分来得到（$r > 0, 0 \leqslant \theta_1 \leqslant 2\pi$）：

$$\begin{aligned}
\text{vol}(S_2(r)) &= \int_r \int_{\theta_1} |\det(J(\theta_1))| \mathrm{d}r \ \mathrm{d}\theta_1 \\
&= \int_0^r \int_0^{2\pi} r \ \mathrm{d}r \ \mathrm{d}\theta_1 = \int_0^r r \ \mathrm{d}r \int_0^{2\pi} \mathrm{d}\theta_1 \\
&= \frac{r^2}{2}\bigg|_0^r \cdot \theta_1 \bigg|_0^{2\pi} = \pi r^2
\end{aligned}$$

2. 三维空间中的体积

如图 6-10 所示，在三维空间中，点 $\boldsymbol{x} = (x_1, x_2, x_3) \in \mathbb{R}^3$ 可以用极坐标表示如下：

$$\begin{aligned}
x_1 &= r\cos\theta_1\cos\theta_2 = rc_1c_2 \\
x_2 &= r\cos\theta_1\sin\theta_2 = rc_1s_2 \\
x_3 &= r\sin\theta_1 = rs_1
\end{aligned}$$

其中 $r = \|\boldsymbol{x}\|$，而且在图 6-10 中，位于 $X_1 - X_2$ 平面的虚线向量的模为 $r\cos\theta_1$。

雅可比矩阵为：

$$J(\theta_1, \theta_2) = \begin{pmatrix} \frac{\partial x_1}{\partial r} & \frac{\partial x_1}{\partial \theta_1} & \frac{\partial x_1}{\partial \theta_2} \\ \frac{\partial x_2}{\partial r} & \frac{\partial x_2}{\partial \theta_1} & \frac{\partial x_2}{\partial \theta_2} \\ \frac{\partial x_3}{\partial r} & \frac{\partial x_3}{\partial \theta_1} & \frac{\partial x_3}{\partial \theta_2} \end{pmatrix} = \begin{pmatrix} c_1c_2 & -rs_1c_2 & -rc_1s_2 \\ c_1s_2 & -rs_1s_2 & rc_1c_2 \\ s_1 & rc_1 & 0 \end{pmatrix}$$

雅可比行列式为：

$$\begin{aligned}
\det(J(\theta_1, \theta_2)) &= s_1(-rs_1)(c_1)\det(J(\theta_2)) - rc_1c_1c_1\det(J(\theta_2)) \\
&= -r^2c_1(s_1^2 + c_2^2) = -r^2c_1
\end{aligned} \tag{6.16}$$

计算行列式的时候，利用了如下性质：若一个矩阵 $\boldsymbol{A}$ 的一列乘以一个标量 s，则其行列式变为 $s\det(\boldsymbol{A})$。我们还利用了 $J(\theta_1,\theta_2)$ 的 (3,1) 余子阵（minor，即删去 $J(\theta_1,\theta_2)$ 的第三行和第一列所得到的矩阵）事实上等于 $J(\theta_2)$ 的第一列乘以 $-rs_1$、第二列乘以 c_1。同样，$J(\theta_1,\theta_2)$ 的 (3,2) 余子阵等于 $J(\theta_2)$ 的两列同乘以 c_1。

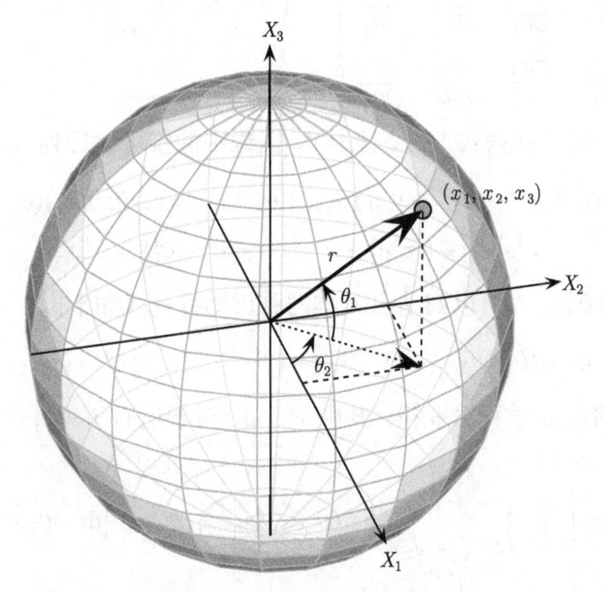

图 6-10　三维空间中的极坐标

$d=3$ 的超球面的体积可以通过三重积分获得（其中 $r>0$，$-\pi/2\leqslant\theta_1\leqslant\pi/2$，$0\leqslant\theta_2\leqslant 2\pi$）：

$$\begin{aligned}\operatorname{vol}(S_3(r)) &= \int_r\int_{\theta_1}\int_{\theta_2}\Big|\det(J(\theta_1,\theta_2))\Big|\mathrm{d}r\ \mathrm{d}\theta_1\ \mathrm{d}\theta_2 \\ &= \int_0^r\int_{-\pi/2}^{\pi/2}\int_0^{2\pi} r^2\cos\theta_1\ \mathrm{d}r\ \mathrm{d}\theta_1\ \mathrm{d}\theta_2 = \int_0^r r^2\ \mathrm{d}r\int_{-\pi/2}^{\pi/2}\cos\theta_1\mathrm{d}\theta_1\int_0^{2\pi}\mathrm{d}\theta_2 \\ &= \frac{r^3}{3}\Bigg|_0^r\cdot\sin\theta_1\Bigg|_{-\pi/2}^{\pi/2}\cdot\theta_2\Bigg|_0^{2\pi} = \frac{r^2}{3}\cdot 2\cdot 2\pi = \frac{4}{3}\pi r^3 \end{aligned}\tag{6.17}$$

3. d 维空间中的体积

在推导 d 维空间中超球面体积的通用表达式之前，先考虑四维的雅可比行列式。将图 6-10 中的三维极坐标推广到四维的情况，可得：

$$\begin{aligned} x_1 &= r\cos\theta_1\cos\theta_2\cos\theta_3 = rc_1c_2c_3 \\ x_2 &= r\cos\theta_1\cos\theta_2\sin\theta_3 = rc_1c_2s_3 \\ x_3 &= r\cos\theta_1\sin\theta_2 = rc_1s_2 \\ x_4 &= r\sin\theta_1 = rs_1 \end{aligned}$$

雅可比矩阵为：

$$J(\theta_1,\theta_2,\theta_3)=\begin{pmatrix}\frac{\partial x_1}{\partial r} & \frac{\partial x_1}{\partial \theta_1} & \frac{\partial x_1}{\partial \theta_2} & \frac{\partial x_1}{\partial \theta_3}\\ \frac{\partial x_2}{\partial r} & \frac{\partial x_2}{\partial \theta_1} & \frac{\partial x_2}{\partial \theta_2} & \frac{\partial x_2}{\partial \theta_3}\\ \frac{\partial x_3}{\partial r} & \frac{\partial x_3}{\partial \theta_1} & \frac{\partial x_3}{\partial \theta_2} & \frac{\partial x_3}{\partial \theta_3}\\ \frac{\partial x_4}{\partial r} & \frac{\partial x_4}{\partial \theta_1} & \frac{\partial x_4}{\partial \theta_2} & \frac{\partial x_4}{\partial \theta_3}\end{pmatrix}=\begin{pmatrix}c_1c_2c_3 & -rs_1c_2c_3 & -rc_1s_2c_3 & -rc_1c_2s_3\\ c_1c_2s_3 & -rs_1c_2s_3 & -rc_1s_2s_3 & rc_1c_2c_3\\ c_1s_2 & -rs_1s_2 & rc_1c_2 & 0\\ s_1 & rc_1 & 0 & 0\end{pmatrix}$$

借鉴三维空间中的雅可比行列式 [公式 (6.16)]，四维中的雅可比行列式为：

$$\begin{aligned}\det(J(\theta_1,\theta_2,\theta_3)) &= s_1(-rs_1)(c_1)(c_1)\det(J(\theta_2,\theta_3)) - rc_1(c_1)(c_1)(c_1)\det(J(\theta_2,\theta_3))\\ &= r^3s_1^2c_1^2c_2 + r^3c_1^4c_2 = r^3c_1^2c_2(s_1^2+c_1^2) = r^3c_1^2c_2\end{aligned}$$

d 维的雅可比行列式 可以归纳出 d 维的雅可比行列式如下：

$$\det(J(\theta_1,\theta_2,\cdots,\theta_d)) = (-1)^d r^{d-1} c_1^{d-2} c_2^{d-3}\cdots c_{d-2}$$

超球面的体积可以通过 d 重积分获得（其中 $r>0$，对于所有 $i=1,\cdots,d-2$，有 $-\pi/2\leqslant\theta_i\leqslant\pi/2$，且$0\leqslant\theta_{d-1}\leqslant 2\pi$）：

$$\begin{aligned}\mathrm{vol}(S_d(r)) &= \int_r\int_{\theta_1}\int_{\theta_2}\cdots\int_{\theta_{d-1}}\left|\det(J(\theta_1,\theta_2,\cdots,\theta_{d-1}))\right|\mathrm{d}r\ \mathrm{d}\theta_1\ \mathrm{d}\theta_2\cdots\mathrm{d}\theta_{d-1}\\ &= \int_0^r r^{d-1}\mathrm{d}r\int_{-\pi/2}^{\pi/2}c_1^{d-2}\mathrm{d}\theta_1\cdots\int_{-\pi/2}^{\pi/2}c_{d-2}\mathrm{d}\theta_{d-2}\int_0^{2\pi}\mathrm{d}\theta_{d-1}\end{aligned}\tag{6.18}$$

考虑中间的积分：

$$\int_{-\pi/2}^{\pi/2}(\cos\theta)^k\mathrm{d}\theta = 2\int_0^{\pi/2}\cos^k\theta\mathrm{d}\theta\tag{6.19}$$

令 $u=\cos^2\theta$，则有 $\theta=\cos^{-1}(u^{1/2})$，雅可比行列式为：

$$J=\frac{\partial\theta}{\partial u}=-\frac{1}{2}u^{-1/2}(1-u)^{-1/2}\tag{6.20}$$

将公式 (6.20) 代入公式 (6.19)，可以得到新的积分：

$$\begin{aligned}2\int_0^{\pi/2}\cos^k\theta\mathrm{d}\theta &= \int_0^1 u^{(k-1)/2}(1-u)^{-1/2}\mathrm{d}u\\ &= B\left(\frac{k+1}{2},\frac{1}{2}\right)=\frac{\Gamma\left(\frac{k+1}{2}\right)\Gamma\left(\frac{1}{2}\right)}{\Gamma\left(\frac{k}{2}+1\right)}\end{aligned}\tag{6.21}$$

其中 $B(\alpha,\beta)$ 称作beta 函数，表示为：

$$B(\alpha,\beta)=\int_0^1 u^{\alpha-1}(1-u)^{\beta-1}\mathrm{d}u$$

它可用公式 (6.6) 中的 gamma 函数来表达：

$$B(\alpha,\beta)=\frac{\Gamma(\alpha)\Gamma(\beta)}{\Gamma(\alpha+\beta)}$$

由于 $\Gamma(1/2)=\sqrt{\pi}$，且 $\Gamma(1)=1$，将公式 (6.21) 代入公式 (6.18)，可得：

$$\begin{aligned}\mathrm{vol}(S_d(r)) &= \frac{r^d}{d}\frac{\Gamma\left(\frac{d-1}{2}\right)\Gamma\left(\frac{1}{2}\right)}{\Gamma\left(\frac{d}{2}\right)}\frac{\Gamma\left(\frac{d-2}{2}\right)\Gamma\left(\frac{1}{2}\right)}{\Gamma\left(\frac{(d-1)}{2}\right)}\cdots\frac{\Gamma(1)\Gamma\left(\frac{1}{2}\right)}{\Gamma\left(\frac{3}{2}\right)}2\pi \\ &= \frac{\pi\Gamma\left(\frac{1}{2}\right)^{d/2-1}r^d}{\frac{d}{2}\Gamma\left(\frac{d}{2}\right)} \\ &= \left(\frac{\pi^{d/2}}{\Gamma\left(\frac{d}{2}+1\right)}\right)r^d\end{aligned}$$

上式与公式 (6.4) 是相符的。

6.8 补充阅读

关于 d 维空间的几何的概述，请参考 Kendall(1961) 和 Scott（1992，1.5 节）。多元正态的平均距离的推导请见 MacKay（2003，第 130 页）。

Kendall, M. G. (1961). *A Course in the Geometry of n Dimensions.* New York: Hafner.

MacKay, D. J. (2003). *Information Theory, Inference and Learning Algorithms.* New York: Cambridge University Press.

Scott, D. W. (1992). *Multivariate Density Estimation: Theory, Practice, and Visualization.* New York: John Wiley & Sons.

6.9 习题

Q1. 给定公式 (6.6) 中的 gamma 函数，证明以下结论：

(a) $\Gamma(1)=1$

(b) $\Gamma(\frac{1}{2})=\sqrt{\pi}$

(c) $\Gamma(\alpha)=(\alpha-1)\Gamma(\alpha-1)$

Q2. 证明超球面 $S_d(r)$ 的渐近体积对任意半径值 r 在 d 增加的时候均趋向于 0。

Q3. 中心为 $\boldsymbol{c}\in\mathbb{R}^d$，半径为 r 的球体定义为：

$$B_d(\boldsymbol{c},r)=\{\boldsymbol{x}\in\mathbb{R}^d|\delta(\boldsymbol{x},\boldsymbol{c})\leqslant r\}$$

其中 $\delta(\boldsymbol{x},\boldsymbol{c})$ 是 $\boldsymbol{x}$ 和 $\boldsymbol{c}$ 之间的距离，可以用 L_p 范数来表示：

$$L_p(\boldsymbol{x},\boldsymbol{c})=\left(\sum_{i=1}^{d}|x_i-c_i|^p\right)^{\frac{1}{p}}$$

其中 $p \neq 0$ 是任意实数。该距离还可以用 L_∞ 范数来表示：

$$L_\infty(\boldsymbol{x}, \boldsymbol{c}) = \max_i\{|x_i - c_i|\}$$

回答如下问题。

(a) 对于 $d = 2$，画出内接在单位正方形内的超球体，使用 L_p 距离（$p = 0.5$）以及中心 $\boldsymbol{c} = (0.5, 0.5)^{\mathrm{T}}$。

(b) $d = 2$、$\boldsymbol{c} = (0.5, 0.5)^{\mathrm{T}}$，使用 L_∞ 范数，在单位正方形内画出半径 $r = 0.25$ 的球体形状。

(c) 计算 d 维空间中的超立方体内任意两点的最大距离的公式，距离使用 L_p 范数。$p = 0.5$ 和 $d = 2$ 时的最大距离是多少？若使用 L_∞ 范数，最大距离是多少？

Q4. 考虑单位超立方体内的角落超立方体 $\epsilon \leqslant 1$。二维的例子可见图 6-11。回答如下问题。

(a) 令 $\epsilon = 0.1$。在二维情况下，角落部分占总体积的比例是多少？

(b) 推导出长度为 $\epsilon < 1$ 的角落超立方体所占的体积。角落的体积的比例在 $d \to \infty$ 的时候会如何变化？

(c) 宽度为 $\epsilon < 1$ 的超立方体薄壳的体积占外层单位超立方体的体积比例，在 $d \to \infty$ 的时候会如何变化？例如，在二维空间中，薄壳是由外层正方形（实线）和内层正方形（虚线）之间的部分。

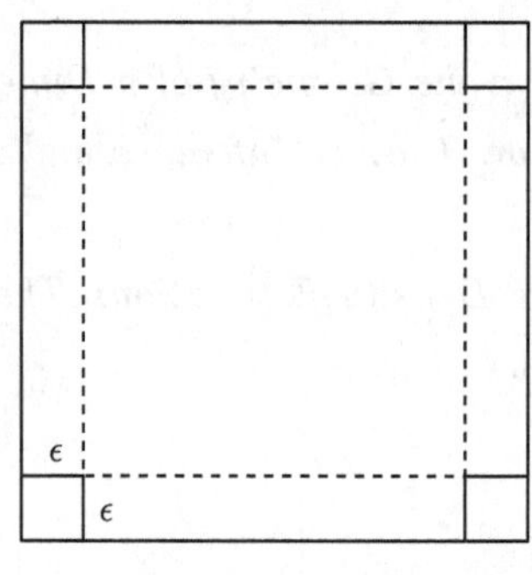

图 6-11　Q4 的图

Q5. 证明公式 (6.14)，即对于所有 $\alpha \in (0,1)$和$\boldsymbol{x} \in \mathbb{R}^d$，$\lim_{d\to\infty} P(\boldsymbol{x}^{\mathrm{T}}\boldsymbol{x} \leqslant -2\ln(\alpha)) \to 0$。

Q6. 考虑图 6-4 中的高维空间的示意图。推导出内接圆的半径，使得辐条部分的面积能够代表 d 维空间中超立方体与内接超球面的体积之差。例如，若一个半对角线的长度固定为 1，则图 6-4a 中内接圆的半径为 $\frac{1}{\sqrt{2}}$。

Q7. 考虑单位超球面（半径 $r = 1$）内接了一个超立方体（即你能在超球面内放下的最大超立方体）。二维的例子见图 6-12。回答如下问题。

(a) 推导出任意给定维度 d 的内接超立方体的体积的表达式。先给出一、二、三维的表达式，然后推广到高维的情况。

(b) 内接超立方体与包含其在内的超球面的体积的比例，在 $d \to \infty$ 的时候会如何变化？同样，先给出一维、二维、三维的表达式，然后推广到高维的情况。

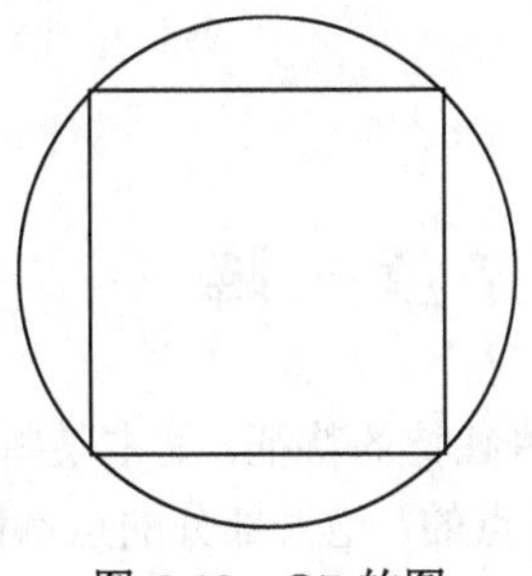

图 6-12 Q7 的图

Q8. 假设单位超立方体为 $[0,1]^d$，即每个维度上的取值范围是 [0,1]。超立方体的主对角线定义为从 $(\mathbf{0},0)=(\overbrace{0,\cdots,0}^{d-1},0)$ 到 $(\mathbf{1},1)=(\overbrace{1,\cdots,1}^{d-1},1)$ 的向量。例如，当 $d=2$ 时，主对角线对应从 (0,0) 到 (1,1) 的向量。另一方面，主反对角线定义为从 $(\mathbf{1},0)=(\overbrace{1,\cdots,1}^{d-1},0)$ 到 $(\mathbf{0},1)=(\overbrace{0,\cdots,0}^{d-1},1)$ 的向量。例如，当 $d=2$ 时，主对角线对应 (1,0) 到 (0,1) 的向量。

(a) 画出三维空间中的对角线和反对角线，并计算它们之间的角度。

(b) 当 $d\to\infty$ 时，主对角线和反对角线之间的角度如何变化？先计算出 d 维空间的通用表达式，然后再求 $d\to\infty$ 时的极限。

Q9. 画出一个四维空间中的超球面的草图。

第7章　降　　维

第 6 章展示了高维数据的一些独特的特征，其中某些特征是与直觉相反的。例如，在高维情况下，空间的中心几乎是没有点的，绝大部分的点都散落在空间的表面或角落中，同时也会有大量的正交轴。因此，高维数据给数据挖掘和分析带来了挑战（尽管在某些情况下，高维的特性可以帮助进行挖掘和分析，例如非线性分类）。在保留整个数据矩阵的关键特性的前提下，如何能够进行降维是非常重要的，因其有利于进行数据的可视化和数据挖掘。本章将探讨获取数据的最佳低维投影的方法。

7.1　背景知识

令数据 $\boldsymbol{D}$ 由 n 个含 d 个属性的点构成，即一个 $n \times d$ 的矩阵：

$$\boldsymbol{D} = \left\{ \begin{array}{c|cccc} & X_1 & X_2 & \cdots & X_d \\ \hline \boldsymbol{x}_1 & x_{11} & x_{12} & \cdots & x_{1d} \\ \boldsymbol{x}_2 & x_{21} & x_{22} & \cdots & x_{2d} \\ \vdots & \vdots & \vdots & \ddots & \vdots \\ \boldsymbol{x}_n & x_{n1} & x_{n2} & \cdots & x_{nd} \end{array} \right\}$$

其中每个点 $\boldsymbol{x}_i = (x_{i1}, x_{i2}, \cdots, x_{id})^{\mathrm{T}}$ 是 d 维向量空间中的一个向量。该空间由 d 个标准基向量 $\boldsymbol{e}_1, \boldsymbol{e}_2, \cdots, \boldsymbol{e}_d$ 生成，其中 $\boldsymbol{e}_i$ 对应第 i 个属性 X_i。由于标准基是数据空间中的规范正交基，即基向量是两两正交的，$\boldsymbol{e}_i^{\mathrm{T}}\boldsymbol{e}_j = 0$，且 $\|\boldsymbol{e}_i\| = 1$。

因此，给定任意一组其他的 d 个规范正交向量 $\boldsymbol{u}_i, \boldsymbol{u}_2, \cdots, \boldsymbol{u}_d$，其中 $\boldsymbol{u}_i^{\mathrm{T}}\boldsymbol{u}_j = 0$ 且 $\|\boldsymbol{u}_i\| = 1$（或 $\boldsymbol{u}_i^{\mathrm{T}}\boldsymbol{u}_i = 1$）。我们可以将每一个点 $\boldsymbol{x}$ 重新线性表出为：

$$\boldsymbol{x} = a_1\boldsymbol{u}_1 + a_2\boldsymbol{u}_2 + \cdots + a_d\boldsymbol{u}_d \tag{7.1}$$

其中向量 $\boldsymbol{a} = (a_1, a_2, \cdots, a_d)^{\mathrm{T}}$ 代表 $\boldsymbol{x}$ 在新的基下的坐标。以上线性表出可以用矩阵乘来表示：

$$\boldsymbol{x} = \boldsymbol{U}\boldsymbol{a} \tag{7.2}$$

其中 $\boldsymbol{U}$ 是 $d \times d$ 矩阵，第 i 列由第 i 个基向量 $\boldsymbol{u}_i$ 构成：

$$\boldsymbol{U} = \begin{pmatrix} | & | & & | \\ \boldsymbol{u}_1 & \boldsymbol{u}_2 & \cdots & \boldsymbol{u}_d \\ | & | & & | \end{pmatrix}$$

矩阵 $\boldsymbol{U}$ 是一个**正交矩阵**，它的各列（基向量）是**规范正交**的，即两两正交且长度为 1：

$$\boldsymbol{u}_i^{\mathrm{T}}\boldsymbol{u}_j = \begin{cases} 1 & i = j \\ 0 & i \neq j \end{cases}$$

由于 $\boldsymbol{U}$ 是正交的，它的逆矩阵与其转置矩阵相等：

$$\boldsymbol{U}^{-1} = \boldsymbol{U}^{\mathrm{T}}$$

也就是说：$\boldsymbol{U}^{\mathrm{T}}\boldsymbol{U} = \boldsymbol{I}$，其中 $\boldsymbol{I}$ 是 $d \times d$ 的恒等矩阵。

公式 (7.2) 两边同乘以 $\boldsymbol{U}^{\mathrm{T}}$, 可以得到 $\boldsymbol{x}$ 在新的基下面的坐标：

$$\boldsymbol{U}^{\mathrm{T}}\boldsymbol{x} = \boldsymbol{U}^{\mathrm{T}}\boldsymbol{U}\boldsymbol{a}$$

$$\boldsymbol{a} = \boldsymbol{U}^{\mathrm{T}}\boldsymbol{x} \tag{7.3}$$

例 7.1 图 7-1a 给出了三维空间中居中的鸢尾花数据集（共有 $n = 150$ 个点），属性包含萼片长度（X_1）、萼片宽度（X_2）和花瓣长度（X_3）。该空间由如下标准基向量生成：

$$\boldsymbol{e}_1 = \begin{pmatrix} 1 \\ 0 \\ 0 \end{pmatrix} \qquad \boldsymbol{e}_2 = \begin{pmatrix} 0 \\ 1 \\ 0 \end{pmatrix} \qquad \boldsymbol{e}_3 = \begin{pmatrix} 0 \\ 0 \\ 1 \end{pmatrix}$$

图 7-1b 在由新的基向量构成的空间中显示了同样的点：

$$\boldsymbol{u}_1 = \begin{pmatrix} -0.390 \\ 0.089 \\ -0.916 \end{pmatrix} \qquad \boldsymbol{u}_2 = \begin{pmatrix} -0.639 \\ -0.742 \\ 0.200 \end{pmatrix} \qquad \boldsymbol{u}_3 = \begin{pmatrix} -0.663 \\ 0.664 \\ 0.346 \end{pmatrix}$$

例如，居中化之后的点 $\boldsymbol{x} = (-0.343, -0.754, 0.241)^{\mathrm{T}}$ 可以计算为：

$$\boldsymbol{a} = \boldsymbol{U}^{\mathrm{T}}\boldsymbol{x} = \begin{pmatrix} -0.390 & 0.089 & -0.916 \\ -0.639 & -0.742 & 0.200 \\ -0.663 & 0.664 & 0.346 \end{pmatrix} \begin{pmatrix} -0.343 \\ -0.754 \\ 0.241 \end{pmatrix} = \begin{pmatrix} -0.154 \\ 0.828 \\ -0.190 \end{pmatrix}$$

可以证明，$\boldsymbol{x}$ 可以按如下方式线性表出：

$$\boldsymbol{x} = -0.154\boldsymbol{u}_1 + 0.828\boldsymbol{u}_2 - 0.190\boldsymbol{u}_3$$

由于规范正交基可以有无穷多种选择，自然会想到是否存在一个**最优的基**（在给定最优性表示的情况下）。此外，输入维数 d 通常非常大，这可能会导致各种各样的问题（参见第 6 章）。我们自然要问，是否能够找到一个维数约减了的子空间，并且该子空间依然保留数据的本质特征。也就是说，我们感兴趣的是找到 $\boldsymbol{D}$ 的最优 r 维表示，其中 $r \ll d$。换言之，给定一个点 $\boldsymbol{x}$，假设基向量已按照重要性降序排序，我们可以截取它的线性展开的前 r 项，从而得到：

$$\boldsymbol{x}' = a_1\boldsymbol{u}_1 + a_2\boldsymbol{u}_2 + \cdots + a_r\boldsymbol{u}_r = \sum_{i=1}^{r} a_i\boldsymbol{u}_i \tag{7.4}$$

这里 $\boldsymbol{x}'$ 是 $\boldsymbol{x}$ 在前 r 个基向量上的投影，上式可以用矩阵表示重写如下：

$$\boldsymbol{x}' = \begin{pmatrix} | & | & & | \\ \boldsymbol{u}_1 & \boldsymbol{u}_2 & \cdots & \boldsymbol{u}_r \\ | & | & & | \end{pmatrix} \begin{pmatrix} a_1 \\ a_2 \\ \vdots \\ a_r \end{pmatrix} = \boldsymbol{U}_r\boldsymbol{a}_r \tag{7.5}$$

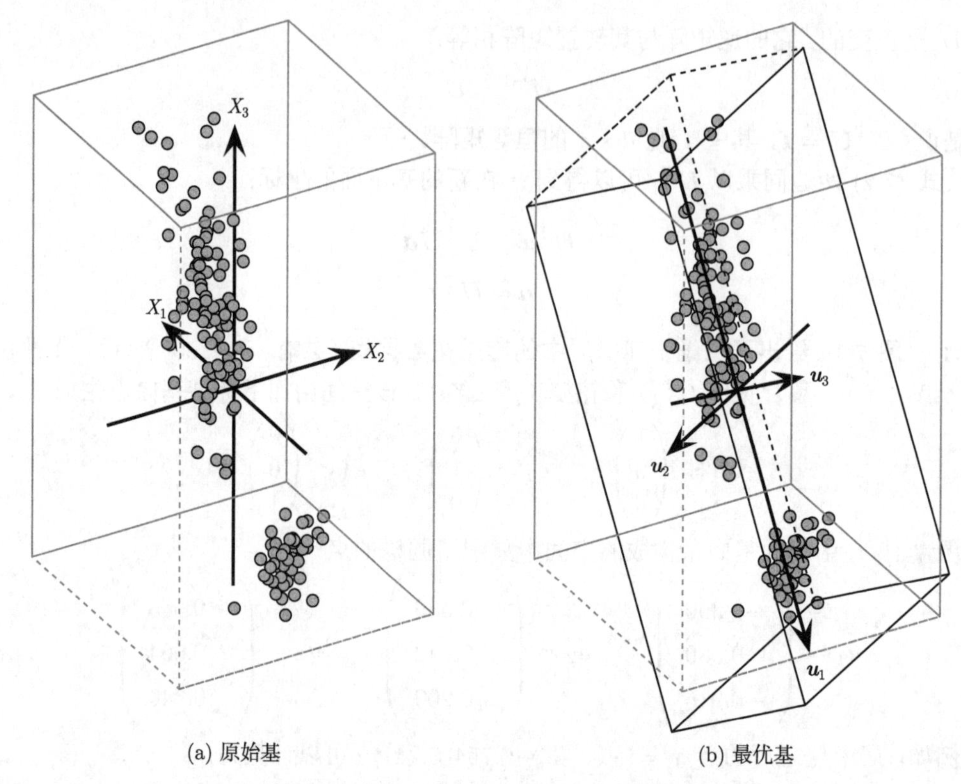

(a) 原始基 (b) 最优基

图 7-1 鸢尾花数据：三维空间中的最优基

其中 $\boldsymbol{U}_r$ 是由前 r 个基向量构成的矩阵，$\boldsymbol{a}_r$ 是由前 r 个坐标构成的向量。此外，根据公式 (7.3)，$\boldsymbol{a} = \boldsymbol{U}^{\mathrm{T}}\boldsymbol{x}$，取前 r 项，有：

$$\boldsymbol{a}_r = \boldsymbol{U}_r^{\mathrm{T}}\boldsymbol{x} \tag{7.6}$$

将上式代入公式 (7.5)，$\boldsymbol{x}$ 在前 r 个基向量上的投影可以简洁地重写为：

$$\boldsymbol{x}' = \boldsymbol{U}_r\boldsymbol{U}_r^{\mathrm{T}}\boldsymbol{x} = \boldsymbol{P}_r\boldsymbol{x} \tag{7.7}$$

其中 $\boldsymbol{P}_r = \boldsymbol{U}_r\boldsymbol{U}_r^{\mathrm{T}}$ 是由前 r 个基向量产生式子空间的**正交投影矩阵**（orthogonal projection matrix），即 $\boldsymbol{P}_r$ 是对称的且 $\boldsymbol{P}_r^2 = \boldsymbol{P}_r$。这很容易证明，因为 $\boldsymbol{P}_r^{\mathrm{T}} = (\boldsymbol{U}_r\boldsymbol{U}_r^{\mathrm{T}})^{\mathrm{T}} = \boldsymbol{U}_r\boldsymbol{U}_r^{\mathrm{T}} = \boldsymbol{P}_r$，且 $\boldsymbol{P}_r^2 = (\boldsymbol{U}_r\boldsymbol{U}_r^{\mathrm{T}})(\boldsymbol{U}_r\boldsymbol{U}_r^{\mathrm{T}}) = \boldsymbol{U}_r\boldsymbol{U}_r^{\mathrm{T}} = \boldsymbol{P}_r$，其中用到了 $\boldsymbol{U}_r^{\mathrm{T}}\boldsymbol{U}_r = \boldsymbol{I}_{r\times r}$（$r \times r$ 的恒等矩阵）。投影矩阵 $\boldsymbol{P}_r$ 也可以表示为如下分解：

$$\boldsymbol{P}_r = \boldsymbol{U}_r\boldsymbol{U}_r^{\mathrm{T}} = \sum_{i=1}^{r} \boldsymbol{u}_i\boldsymbol{u}_i^{\mathrm{T}} \tag{7.8}$$

根据公式 (7.1) 和公式 (7.4)，$\boldsymbol{x}$ 投影到剩余的维度上可以得到**误差向量**（error vector）：

$$\boldsymbol{\epsilon} = \sum_{i=r+1}^{d} a_i\boldsymbol{u}_i = \boldsymbol{x} - \boldsymbol{x}'$$

值得注意的是 $\boldsymbol{x}'$ 和 $\boldsymbol{\epsilon}$ 都是正交向量：

$$\boldsymbol{x}'^{\mathrm{T}}\boldsymbol{\epsilon} = \sum_{i=1}^{r}\sum_{j=r+1}^{d} a_i a_j \boldsymbol{u}_i^{\mathrm{T}}\boldsymbol{u}_j = 0$$

这是基为规范正交基的结果。事实上，我们可以有更强的论断。由前 r 个基向量构成的子空间

$$S_r = \text{span}(\boldsymbol{u}_1, \cdots, \boldsymbol{u}_r)$$

以及剩余的基向量产生式子空间

$$S_{d-r} = \text{span}(\boldsymbol{u}_{r+1}, \cdots, \boldsymbol{u}_d)$$

均为**正交子空间**，即所有的向量对 $\boldsymbol{x} \in S_r$ 和 $\boldsymbol{y} \in S_{d-r}$ 都是正交的。子空间 S_{d-r} 又称作 S_r 的**正交补**（orthogonal complement）。

例 7.2 继续例 7.1，只用第一个基向量 $\boldsymbol{u}_1 = (-0.390, 0.089, -0.916)^{\mathrm{T}}$ 来估计居中化之后的点 $\boldsymbol{x} = (-0.343, -0.754, 0.241)^{\mathrm{T}}$，有：

$$\boldsymbol{x}' = a_1\boldsymbol{u}_1 = -0.154\boldsymbol{u}_1 = \begin{pmatrix} 0.060 \\ -0.014 \\ 0.141 \end{pmatrix}$$

$\boldsymbol{x}$ 在 $\boldsymbol{u}_1$ 上的投影可以直接从投影矩阵得到：

$$\boldsymbol{P}_1 = \boldsymbol{u}_1\boldsymbol{u}_1^{\mathrm{T}} = \begin{pmatrix} -0.390 \\ 0.089 \\ -0.916 \end{pmatrix} \begin{pmatrix} -0.390 & 0.089 & -0.916 \end{pmatrix} = \begin{pmatrix} 0.152 & -0.035 & 0.357 \\ -0.035 & 0.008 & -0.082 \\ 0.357 & -0.082 & 0.839 \end{pmatrix}$$

即

$$\boldsymbol{x}' = \boldsymbol{P}_1\boldsymbol{x} = \begin{pmatrix} 0.060 \\ -0.014 \\ 0.141 \end{pmatrix}$$

误差向量为

$$\boldsymbol{\epsilon} = a_2\boldsymbol{u}_2 + a_3\boldsymbol{u}_3 = \boldsymbol{x} - \boldsymbol{x}' = \begin{pmatrix} -0.40 \\ -0.74 \\ 0.10 \end{pmatrix}$$

可以验证 $\boldsymbol{x}'$ 和 $\boldsymbol{\epsilon}$ 是正交的, 即：

$$\boldsymbol{x}'^{\mathrm{T}}\boldsymbol{\epsilon} = \begin{pmatrix} 0.060 & -0.014 & 0.141 \end{pmatrix} \begin{pmatrix} -0.40 \\ -0.74 \\ 0.10 \end{pmatrix} = 0$$

降维的目标是找到一个 r 维的基，从而在所有的点 $\boldsymbol{x}_i \in \boldsymbol{D}$ 上得到一个最佳的近似 $\boldsymbol{x}_i'$。同样，我们可以找出对于所有点最小的误差 $\boldsymbol{\epsilon}_i = \boldsymbol{x}_i - \boldsymbol{x}_i'$。

7.2　主成分分析

主成分分析（Principal Component Analysis，PCA）是一种寻找最能体现数据差异的 r 维基的方法。具有最大投影方差的方向称为第一主成分，与其正交的具有第二大方差的投影为第二主成分，以此类推。可以看到，具有最大方差的方向也是使得均方误差最小的方向。

7.2.1　最优线近似

本节从 $r=1$ 的情况开始讨论，即一维子空间，或者最能够体现投影点的差异的近似 $\boldsymbol{D}$ 的直线 $\boldsymbol{u}$。由此可以推广到通用的 PCA 方法，继而求出 $\boldsymbol{D}$ 的 $1 \leqslant r \leqslant d$ 维基。

保持一般性的情况下，假设 $\boldsymbol{u}$ 的模为 $\|\boldsymbol{u}\|^2 = \boldsymbol{u}^{\mathrm{T}}\boldsymbol{u} = 1$（否则可以通过增加 $\boldsymbol{u}$ 的长度来不断增加投影方差）。同样，假设数据点都是经过居中处理的，即均值 $\boldsymbol{\mu} = \boldsymbol{0}$。

$\boldsymbol{x}_i$ 在向量 $\boldsymbol{u}$ 上的投影为：

$$\boldsymbol{x}_i' = \left(\frac{\boldsymbol{u}^{\mathrm{T}}\boldsymbol{x}_i}{\boldsymbol{u}^{\mathrm{T}}\boldsymbol{u}}\right)\boldsymbol{u} = (\boldsymbol{u}^{\mathrm{T}}\boldsymbol{x}_i)\boldsymbol{u} = a_i\boldsymbol{u}$$

其中标量

$$a_i = \boldsymbol{u}^{\mathrm{T}}\boldsymbol{x}_i$$

给出了 $\boldsymbol{x}_i'$ 在 $\boldsymbol{u}$ 上的坐标。注意，由于均值点 $\boldsymbol{\mu} = \boldsymbol{0}$，它在 $\boldsymbol{u}$ 上的坐标是 $\mu_{\boldsymbol{u}} = 0$。

$\boldsymbol{u}$ 的方向要使得投影点的方差最大。在 $\boldsymbol{u}$ 方向上的投影方差为：

$$\begin{aligned}
\sigma_{\boldsymbol{u}}^2 &= \frac{1}{n}\sum_{i=1}^{n}(a_i - \mu_{\boldsymbol{u}})^2 \\
&= \frac{1}{n}\sum_{i=1}^{n}(\boldsymbol{u}^{\mathrm{T}}\boldsymbol{x}_i)^2 \\
&= \frac{1}{n}\sum_{i=1}^{n}\boldsymbol{u}^{\mathrm{T}}(\boldsymbol{x}_i\boldsymbol{x}_i^{\mathrm{T}})\boldsymbol{u} \\
&= \boldsymbol{u}^{\mathrm{T}}\left(\frac{1}{n}\sum_{i=1}^{n}\boldsymbol{x}_i\boldsymbol{x}_i^{\mathrm{T}}\right)\boldsymbol{u} \\
&= \boldsymbol{u}^{\mathrm{T}}\boldsymbol{\Sigma}\boldsymbol{u}
\end{aligned} \tag{7.9}$$

其中 $\boldsymbol{\Sigma}$ 是数据 $\boldsymbol{D}$ 的协方差矩阵。

要使得投影后的方差为最大，我们要求解一个约束优化问题（constrained optimization problem），即要在满足 $\boldsymbol{u}^{\mathrm{T}}\boldsymbol{u} = 1$ 的条件下使得 $\sigma_{\boldsymbol{u}}^2$ 最大。这一问题可以通过引入一个拉格朗日乘子 α 来表示约束，从而得到如下非约束最大化问题：

$$\max_{\boldsymbol{u}} J(\boldsymbol{u}) = \boldsymbol{u}^{\mathrm{T}}\boldsymbol{\Sigma}\boldsymbol{u} - \alpha(\boldsymbol{u}^{\mathrm{T}}\boldsymbol{u} - 1) \tag{7.10}$$

令 $J(\boldsymbol{u})$ 对 $\boldsymbol{u}$ 的导数为零向量，可得：

$$\frac{\partial}{\partial \boldsymbol{u}}J(\boldsymbol{u}) = \boldsymbol{0}$$

$$
\begin{aligned}
\frac{\partial}{\partial \boldsymbol{u}}\left(\boldsymbol{u}^{\mathrm{T}}\boldsymbol{\Sigma}\boldsymbol{u}-\alpha(\boldsymbol{u}^{\mathrm{T}}\boldsymbol{u}-1)\right) &= \boldsymbol{0} \\
2\boldsymbol{\Sigma}\boldsymbol{u}-2\alpha\boldsymbol{u} &= \boldsymbol{0} \\
\boldsymbol{\Sigma}\boldsymbol{u} &= \alpha\boldsymbol{u}
\end{aligned} \tag{7.11}
$$

上式说明 α 是协方差矩阵 $\boldsymbol{\Sigma}$ 的一个特征值，对应的特征向量为 $\boldsymbol{u}$。此外，在公式 (7.11) 两边同乘以 $\boldsymbol{u}^{\mathrm{T}}$，可得：

$$\boldsymbol{u}^{\mathrm{T}}\boldsymbol{\Sigma}\boldsymbol{u}=\boldsymbol{u}^{\mathrm{T}}\alpha\boldsymbol{u}$$

根据公式 (7.9)，可得：

$$
\begin{aligned}
\sigma_{\boldsymbol{u}}^2 &= \alpha\boldsymbol{u}^{\mathrm{T}}\boldsymbol{u} \\
\text{或}\quad \sigma_{\boldsymbol{u}}^2 &= \alpha
\end{aligned} \tag{7.12}
$$

因此，要使投影方差 $\sigma_{\boldsymbol{u}}^2$ 最大，就要选择 $\boldsymbol{\Sigma}$ 的最大特征值。换句话说，主特征向量 $\boldsymbol{u}_1$ 给出了最大方差的方向，亦称作*第一主成分*（first principal component），即 $\boldsymbol{u}=\boldsymbol{u}_1$。此外，最大的特征值 λ_1 给出了投影方差，即 $\sigma_{\boldsymbol{u}}^2=\alpha=\lambda_1$。

最小平方误差方法

现在我们来证明投影方差最大的方向会使得平均平方误差最小。和前面一样，假设数据集 $\boldsymbol{D}$ 已经做过居中化处理。对于一个点 $\boldsymbol{x}_i\in\boldsymbol{D}$，令 $\boldsymbol{x}_i'$ 代表其在 $\boldsymbol{u}$ 方向上的投影，令 $\boldsymbol{\epsilon}_i=\boldsymbol{x}_i-\boldsymbol{x}_i'$ 代表误差向量。均方误差（mean squared error，MSE）优化条件定义如下：

$$\mathrm{MSE}(\boldsymbol{u})=\frac{1}{n}\sum_{i=1}^{n}\|\boldsymbol{\epsilon}_i\|^2 \tag{7.13}$$

$$
\begin{aligned}
&=\frac{1}{n}\sum_{i=1}^{n}\|\boldsymbol{x}_i-\boldsymbol{x}_i'\|^2 \\
&=\frac{1}{n}\sum_{i=1}^{n}(\boldsymbol{x}_i-\boldsymbol{x}_i')^{\mathrm{T}}(\boldsymbol{x}_i-\boldsymbol{x}_i') \\
&=\frac{1}{n}\sum_{i=1}^{n}\left(\|\boldsymbol{x}_i\|^2-2\boldsymbol{x}_i^{\mathrm{T}}\boldsymbol{x}_i'+(\boldsymbol{x}_i')^{\mathrm{T}}\boldsymbol{x}_i'\right)
\end{aligned} \tag{7.14}
$$

注意到$\boldsymbol{x}_i'=(\boldsymbol{u}^{\mathrm{T}}\boldsymbol{x}_i)\boldsymbol{u}$，有：

$$
\begin{aligned}
&=\frac{1}{n}\sum_{i=1}^{n}\left(\|\boldsymbol{x}_i\|^2-2\boldsymbol{x}_i^{\mathrm{T}}(\boldsymbol{u}^{\mathrm{T}}\boldsymbol{x}_i)\boldsymbol{u}+\left((\boldsymbol{u}^{\mathrm{T}}\boldsymbol{x}_i)\boldsymbol{u}\right)^{\mathrm{T}}(\boldsymbol{u}^{\mathrm{T}}\boldsymbol{x}_i)\boldsymbol{u}\right) \\
&=\frac{1}{n}\sum_{i=1}^{n}\left(\|\boldsymbol{x}_i\|^2-2(\boldsymbol{u}^{\mathrm{T}}\boldsymbol{x}_i)(\boldsymbol{x}_i^{\mathrm{T}}\boldsymbol{u})+(\boldsymbol{u}^{\mathrm{T}}\boldsymbol{x}_i)(\boldsymbol{x}_i^{\mathrm{T}}\boldsymbol{u})\boldsymbol{u}^{\mathrm{T}}\boldsymbol{u}\right) \\
&=\frac{1}{n}\sum_{i=1}^{n}\left(\|\boldsymbol{x}_i\|^2-(\boldsymbol{u}^{\mathrm{T}}\boldsymbol{x}_i)(\boldsymbol{x}_i^{\mathrm{T}}\boldsymbol{u})\right)
\end{aligned}
$$

$$
\begin{aligned}
&= \frac{1}{n}\sum_{i=1}^{n}\|\boldsymbol{x}_i\|^2 - \frac{1}{n}\sum_{i=1}^{n}\boldsymbol{u}^{\mathrm{T}}(\boldsymbol{x}_i\boldsymbol{x}_i^{\mathrm{T}})\boldsymbol{u} \\
&= \frac{1}{n}\sum_{i=1}^{n}\|\boldsymbol{x}_i\|^2 - \boldsymbol{u}^{\mathrm{T}}\left(\frac{1}{n}\sum_{i=1}^{n}\boldsymbol{x}_i\boldsymbol{x}_i^{\mathrm{T}}\right)\boldsymbol{u} \\
&= \sum_{i=1}^{n}\frac{\|\boldsymbol{x}_i\|^2}{n} - \boldsymbol{u}^{\mathrm{T}}\boldsymbol{\Sigma}\boldsymbol{u} \qquad (7.15)
\end{aligned}
$$

根据公式 (1.4)，居中数据（$\boldsymbol{\mu}=\mathbf{0}$）的总方差为：

$$
\operatorname{var}(\boldsymbol{D}) = \frac{1}{n}\sum_{i=1}^{n}\|\boldsymbol{x}_i-\mathbf{0}\|^2 = \frac{1}{n}\sum_{i=1}^{n}\|\boldsymbol{x}_i\|^2
$$

此外，根据公式 (2.28)，有：

$$
\operatorname{var}(\boldsymbol{D}) = \operatorname{tr}(\boldsymbol{\Sigma}) = \sum_{i=1}^{d}\sigma_i^2
$$

因此，公式 (7.15) 可以重写为：

$$
\operatorname{MSE}(\boldsymbol{u}) = \operatorname{var}(\boldsymbol{D}) - \boldsymbol{u}^{\mathrm{T}}\boldsymbol{\Sigma}\boldsymbol{u} = \sum_{i=1}^{d}\sigma_i^2 - \boldsymbol{u}^{\mathrm{T}}\boldsymbol{\Sigma}\boldsymbol{u}
$$

对于一个给定的数据集 $\boldsymbol{D}$，上式的第一项 $\operatorname{var}(\boldsymbol{D})$ 是一个常数。因此，使得 $\operatorname{MSE}(\boldsymbol{u})$ 最小的向量 $\boldsymbol{u}$ 即使得上式第二项（投影方差 $\boldsymbol{u}^{\mathrm{T}}\boldsymbol{\Sigma}\mathbf{u}$）最大的向量。已知 $\boldsymbol{\Sigma}$ 的主特征向量 $\boldsymbol{u}_1$ 能使投影方差最大，可得：

$$
\operatorname{MSE}(\boldsymbol{u}_1) = \operatorname{var}(\boldsymbol{D}) - \boldsymbol{u}_1^{\mathrm{T}}\boldsymbol{\Sigma}\boldsymbol{u}_1 = \operatorname{var}(\boldsymbol{D}) - \boldsymbol{u}_1^{\mathrm{T}}\lambda_1\boldsymbol{u}_1 = \operatorname{var}(\boldsymbol{D}) - \lambda_1 \qquad (7.16)
$$

因此，主成分 $\boldsymbol{u}_1$ 既使其方向上的投影方差最大，又使其方向上的均方误差最小。

例 7.3 图 7-2 画出了图 7-1a 所示的三维鸢尾花数据集的第一主成分，即最优的一维近似。该数据集的协方差矩阵为：

$$
\boldsymbol{\Sigma} = \begin{pmatrix} 0.681 & -0.039 & 1.265 \\ -0.039 & 0.187 & -0.320 \\ 1.265 & -0.320 & 3.092 \end{pmatrix}
$$

每一个维度上的方差 σ_i^2 在 $\boldsymbol{\Sigma}$ 的主对角线给出。例如，$\sigma_1^2=0.681$，$\sigma_2^2=0.187, \sigma_3^2=3.092$。$\boldsymbol{\Sigma}$ 最大的特征值为 $\lambda_1=3.662$，对应的主特征向量为 $\boldsymbol{u}_1=(-0.390,0.089,-0.916)^{\mathrm{T}}$。单位向量 $\boldsymbol{u}_1$ 使得投影方差最大，投影方差为 $J(\boldsymbol{u}_1)=\alpha=\lambda_1=3.662$。图 7-2 画出了主成分 $\boldsymbol{u}_1$。它还展示了误差向量 $\boldsymbol{\epsilon}_i$，在图中以灰色线段表示。

该数据的总方差为：

$$
\operatorname{var}(\boldsymbol{D}) = \frac{1}{n}\sum_{i=1}^{n}\|\boldsymbol{x}\|^2 = \frac{1}{150}\cdot 594.04 = 3.96
$$

同样，可以直接从协方差矩阵的迹（trace）得到总方差：

$$\mathrm{var}(\boldsymbol{D}) = \mathrm{tr}(\boldsymbol{\Sigma}) = \sigma_1^2 + \sigma_2^2 + \sigma_3^2 = 0.681 + 0.187 + 3.092 = 3.96$$

因此，利用公式 (7.16)，可得均方误差的最小值为：

$$\mathrm{MSE}(\boldsymbol{u}_1) = \mathrm{var}(\boldsymbol{D}) - \lambda_1 = 3.96 - 3.662 = 0.298$$

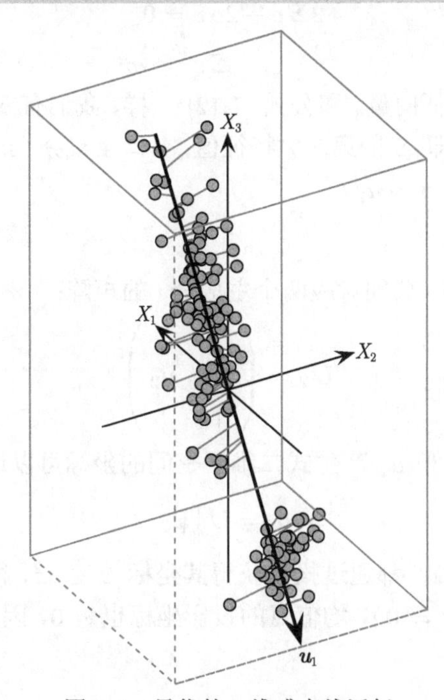

图 7-2 最优的一维或直线近似

7.2.2 最优二维近似

现在来考虑 $\boldsymbol{D}$ 的二维近似。和之前一样，假设 $\boldsymbol{D}$ 已经做过居中化处理，即 $\boldsymbol{\mu} = \boldsymbol{0}$。我们已经计算出了方差最大的方向 $\boldsymbol{u}_1$，也就是对应 $\boldsymbol{\Sigma}$ 的最大特征值 λ_1 的特征向量。现在要找到另一个方向 $\boldsymbol{v}$，在与 $\boldsymbol{u}_1$ 正交的前提下，使得投影方差最大。根据公式 (7.9)，方向 $\boldsymbol{v}$ 上的投影方差为：

$$\sigma_{\boldsymbol{v}}^2 = \boldsymbol{v}^{\mathrm{T}} \boldsymbol{\Sigma} \boldsymbol{v}$$

我们进一步要求 $\boldsymbol{v}$ 是和 $\boldsymbol{u}_1$ 正交的单位向量，即：

$$\boldsymbol{v}^{\mathrm{T}} \boldsymbol{u}_1 = 0$$

$$\boldsymbol{v}^{\mathrm{T}} \boldsymbol{v} = 1$$

因此优化条件变为：

$$\max_{\boldsymbol{v}} J(\boldsymbol{v}) = \boldsymbol{v}^{\mathrm{T}} \boldsymbol{\Sigma} \boldsymbol{v} - \alpha(\boldsymbol{v}^{\mathrm{T}} \boldsymbol{v} - 1) - \beta(\boldsymbol{v}^{\mathrm{T}} \boldsymbol{u}_1 - 0) \tag{7.17}$$

将 $J(\boldsymbol{v})$ 对 $\boldsymbol{v}$ 求导，并令其等于零向量，可得：

$$2\boldsymbol{\Sigma} \boldsymbol{v} - 2\alpha \boldsymbol{v} - \beta \boldsymbol{u}_1 = \boldsymbol{0} \tag{7.18}$$

左边乘以 $\boldsymbol{u}_1^{\mathrm{T}}$，可得：

$$
\begin{aligned}
2\boldsymbol{u}_1^{\mathrm{T}}\boldsymbol{\Sigma}\boldsymbol{v}-2\alpha\boldsymbol{u}_1^{\mathrm{T}}\boldsymbol{v}-\beta\boldsymbol{u}_1^{\mathrm{T}}\boldsymbol{u}_1&=0\\
2\boldsymbol{v}^{\mathrm{T}}\boldsymbol{\Sigma}\boldsymbol{u}_1-\beta&=0\text{，因此}\\
\beta=2\boldsymbol{v}^{\mathrm{T}}\lambda_1\boldsymbol{u}_1&=2\lambda_1\boldsymbol{v}^{\mathrm{T}}\boldsymbol{u}_1=0
\end{aligned}
$$

上式的推导中用到了 $\boldsymbol{u}_1^{\mathrm{T}}\boldsymbol{\Sigma}\boldsymbol{v}=\boldsymbol{v}^{\mathrm{T}}\boldsymbol{\Sigma}\boldsymbol{u}_1$，这是因为 $\boldsymbol{v}$ 是和 $\boldsymbol{u}_1$ 正交的。将 $\beta=0$ 代入公式 (7.18) 中，可得：

$$
\begin{aligned}
2\boldsymbol{\Sigma}\boldsymbol{v}-2\alpha\boldsymbol{v}&=\mathbf{0}\\
\boldsymbol{\Sigma}\boldsymbol{v}&=\alpha\boldsymbol{v}
\end{aligned}
$$

这说明 $\boldsymbol{v}$ 是 $\boldsymbol{\Sigma}$ 的另一个特征向量。和公式 (7.12) 一样，我们有 $\sigma_{\boldsymbol{v}}^2=\alpha$。要使得 $\boldsymbol{v}$ 方向上的方差最大，应选择 $\alpha=\lambda_2$，即 $\boldsymbol{\Sigma}$ 的第二大特征值；**第二主成分**（second principal component）由对应的特征向量给出，即 $\boldsymbol{v}=\boldsymbol{u}_2$。

1. *总投影方差*

令 $\boldsymbol{U}_2$ 为一个包含两列（分别对应两个主成分）的矩阵：

$$
\boldsymbol{U}_2=\begin{pmatrix}|&|\\\boldsymbol{u}_1&\boldsymbol{u}_2\\|&|\end{pmatrix}
$$

给定点 $\boldsymbol{x}_i\in\boldsymbol{D}$，它在由 $\boldsymbol{u}_1$ 和 $\boldsymbol{u}_2$ 产生式二维子空间的坐标可以通过公式 (7.6) 计算如下：

$$
\boldsymbol{a}_i=\boldsymbol{U}_2^{\mathrm{T}}\boldsymbol{x}_i
$$

假设 $\boldsymbol{D}$ 中每个点 $\boldsymbol{x}_i\in\mathbb{R}^d$ 都通过投影获得其坐标 $\boldsymbol{a}_i\in\mathbb{R}^2$，得到一个新的数据集 $\boldsymbol{A}$。由于我们假设 $\boldsymbol{D}$ 是居中的（$\boldsymbol{\mu}=\mathbf{0}$），均值点的投影坐标也是 $\mathbf{0}$，因为 $\boldsymbol{U}_2^{\mathrm{T}}\boldsymbol{\mu}=\boldsymbol{U}_2^{\mathrm{T}}\mathbf{0}=\mathbf{0}$。$\boldsymbol{A}$ 的总方差为：

$$
\begin{aligned}
\operatorname{var}(\boldsymbol{A})&=\frac{1}{n}\sum_{i=1}^{n}\|\boldsymbol{a}_i-\mathbf{0}\|^2\\
&=\frac{1}{n}\sum_{i=1}^{n}(\boldsymbol{U}_2^{\mathrm{T}}\boldsymbol{x}_i)^{\mathrm{T}}(\boldsymbol{U}_2^{\mathrm{T}}\boldsymbol{x}_i)\\
&=\frac{1}{n}\sum_{i=1}^{n}\boldsymbol{x}_i^{\mathrm{T}}(\boldsymbol{U}_2\boldsymbol{U}_2^{\mathrm{T}})\boldsymbol{x}_i\\
&=\frac{1}{n}\sum_{i=1}^{n}\boldsymbol{x}_i^{\mathrm{T}}\boldsymbol{P}_2\boldsymbol{x}_i
\end{aligned}\tag{7.19}
$$

其中 $\boldsymbol{P}_2$ 是正交投影矩阵 [公式 (7.8)]：

$$
\boldsymbol{P}_2=\boldsymbol{U}_2\boldsymbol{U}_2^{\mathrm{T}}=\boldsymbol{u}_1\boldsymbol{u}_1^{\mathrm{T}}+\boldsymbol{u}_2\boldsymbol{u}_2^{\mathrm{T}}
$$

代入公式 (7.19)，投影总方差可表示为：

$$
\operatorname{var}(\boldsymbol{A})=\frac{1}{n}\sum_{i=1}^{n}\boldsymbol{x}_i^{\mathrm{T}}\boldsymbol{P}_2\boldsymbol{x}_i\tag{7.20}
$$

$$
\begin{aligned}
&= \frac{1}{n}\sum_{i=1}^{n} \boldsymbol{x}_i^{\mathrm{T}}(\boldsymbol{u}_1\boldsymbol{u}_1^{\mathrm{T}} + \boldsymbol{u}_2\boldsymbol{u}_2^{\mathrm{T}})\boldsymbol{x}_i \\
&= \frac{1}{n}\sum_{i=1}^{n}(\boldsymbol{u}_1^{\mathrm{T}}\boldsymbol{x}_i)(\boldsymbol{x}_i^{\mathrm{T}}\boldsymbol{u}_1) + \frac{1}{n}\sum_{i=1}^{n}(\boldsymbol{u}_2^{\mathrm{T}}\boldsymbol{x}_i)(\boldsymbol{x}_i^{\mathrm{T}}\boldsymbol{u}_2) \\
&= \boldsymbol{u}_1^{\mathrm{T}}\boldsymbol{\Sigma}\boldsymbol{u}_1 + \boldsymbol{u}_2^{\mathrm{T}}\boldsymbol{\Sigma}\boldsymbol{u}_2
\end{aligned} \tag{7.21}
$$

因为 $\boldsymbol{u}_1$ 和 $\boldsymbol{u}_2$ 是 $\boldsymbol{\Sigma}$ 的特征向量，我们有 $\boldsymbol{\Sigma}\boldsymbol{u}_1 = \lambda_1\boldsymbol{u}_1$ 且 $\boldsymbol{\Sigma}\boldsymbol{u}_2 = \lambda_2\boldsymbol{u}_2$，所以

$$
\mathrm{var}(\boldsymbol{A}) = \boldsymbol{u}_1^{\mathrm{T}}\boldsymbol{\Sigma}\boldsymbol{u}_1 + \boldsymbol{u}_2^{\mathrm{T}}\boldsymbol{\Sigma}\boldsymbol{u}_2 = \boldsymbol{u}_1^{\mathrm{T}}\lambda_1\boldsymbol{u}_1 + \boldsymbol{u}_2^{\mathrm{T}}\lambda_2\boldsymbol{u}_2 = \lambda_1 + \lambda_2 \tag{7.22}
$$

因此，特征值之和等于投影点的方差，而前两个主成分会使得这个方差最大。

2. *均方误差*

下面说明前两个主成分同样可以使得均方误差（MSE）目标最小。均方误差目标为：

$$
\begin{aligned}
\mathrm{MSE} &= \frac{1}{n}\sum_{i=1}^{n}\|\boldsymbol{x}_i - \boldsymbol{x}_i'\|^2 \\
&= \frac{1}{n}\sum_{i=1}^{n}\left(\|\boldsymbol{x}_i\|^2 - 2\boldsymbol{x}_i^{\mathrm{T}}\boldsymbol{x}_i' + (\boldsymbol{x}_i')^{\mathrm{T}}\boldsymbol{x}_i'\right)\text{，根据公式 (7.14)} \\
&= \mathrm{var}(\boldsymbol{D}) + \frac{1}{n}\sum_{i=1}^{n}\left(-2\boldsymbol{x}_i^{\mathrm{T}}\boldsymbol{P}_2\boldsymbol{x}_i + (\boldsymbol{P}_2\boldsymbol{x}_i)^{\mathrm{T}}\boldsymbol{P}_2\boldsymbol{x}_i\right)\text{，根据公式 (7.7) 有 } \boldsymbol{x}_i' = \boldsymbol{P}_2\boldsymbol{x}_i \\
&= \mathrm{var}(\boldsymbol{D}) - \frac{1}{n}\sum_{i=1}^{n}(\boldsymbol{x}_i^{\mathrm{T}}\boldsymbol{P}_2\boldsymbol{x}_i) \\
&= \mathrm{var}(\boldsymbol{D}) - \mathrm{var}(\boldsymbol{A})\text{，根据公式 (7.20)}
\end{aligned} \tag{7.23}
$$

因此 MSE 目标恰好在总投影方差 $\mathrm{var}(\boldsymbol{A})$ 最大时取到最小值。根据公式 (7.22)，可得：

$$
\mathrm{MSE} = \mathrm{var}(\boldsymbol{D}) - \lambda_1 - \lambda_2
$$

例 7.4 例 7.1 中的鸢尾花数据集中，最大的两个特征值为 $\lambda_1 = 3.662$ 和 $\lambda_2 = 0.239$，对应的特征向量为：

$$
\boldsymbol{u}_1 = \begin{pmatrix} -0.390 \\ 0.089 \\ -0.916 \end{pmatrix} \qquad \boldsymbol{u}_2 = \begin{pmatrix} -0.639 \\ -0.742 \\ 0.200 \end{pmatrix}
$$

投影矩阵给出如下：

$$
\begin{aligned}
\boldsymbol{P}_2 = \boldsymbol{U}_2\boldsymbol{U}_2^{\mathrm{T}} &= \begin{pmatrix} | & | \\ \boldsymbol{u}_1 & \boldsymbol{u}_2 \\ | & | \end{pmatrix}\begin{pmatrix} - & \boldsymbol{u}_1^{\mathrm{T}} & - \\ - & \boldsymbol{u}_2^{\mathrm{T}} & - \end{pmatrix} = \boldsymbol{u}_1\boldsymbol{u}_1^{\mathrm{T}} + \boldsymbol{u}_2\boldsymbol{u}_2^{\mathrm{T}} \\
&= \begin{pmatrix} 0.152 & -0.035 & 0.357 \\ -0.035 & 0.008 & -0.082 \\ 0.357 & -0.082 & 0.839 \end{pmatrix} + \begin{pmatrix} 0.408 & 0.474 & -0.128 \\ 0.474 & 0.551 & -0.148 \\ -0.128 & -0.148 & 0.04 \end{pmatrix}
\end{aligned}
$$

$$
= \begin{pmatrix} 0.560 & 0.439 & 0.229 \\ 0.439 & 0.558 & -0.230 \\ 0.229 & -0.230 & 0.879 \end{pmatrix}
$$

因此，每一个点 $\boldsymbol{x}_i$ 可以用它在两个主成分上的投影来近似，即 $\boldsymbol{x}_i' = \boldsymbol{P}_2\boldsymbol{x}_i$。图 7-3a 画出了由 $\boldsymbol{u}_1$ 和 $\boldsymbol{u}_2$ 产生式最优二维子空间。每一个点的误差向量 $\boldsymbol{\epsilon}_i$ 都表示为一个细线段。灰色点在二维子空间的后面，而白色的点在前面。子空间上的总方差为：

$$
\lambda_1 + \lambda_2 = 3.662 + 0.239 = 3.901
$$

均方误差为：

$$
\text{MSE} = \text{var}(\boldsymbol{D}) - \lambda_1 - \lambda_2 = 3.96 - 3.662 - 0.239 = 0.059
$$

图 7-3b 给出了一个非最优二维子空间。可以看到，最优子空间使得方差最大，而均方误差最小。相比之下，非最优子空间只能捕捉到优先的方差，均方误差值更高，这可以直观地从误差向量（线段）的长度看出来。事实上，该非最优子空间是最差的二维子空间，其 MSE 值为 3.662。

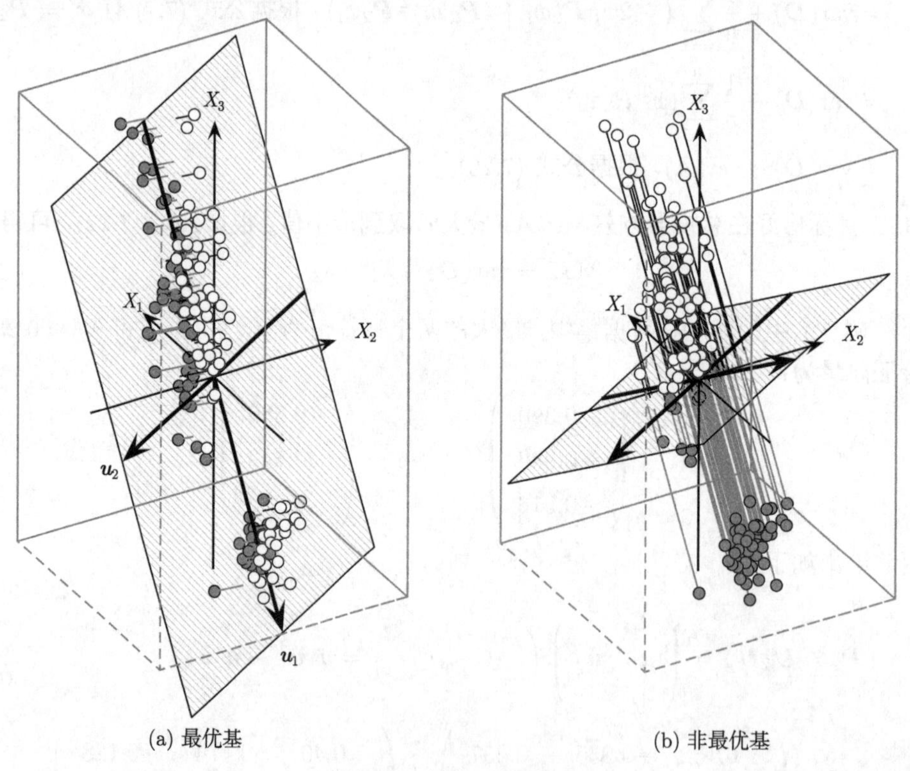

(a) 最优基　　(b) 非最优基

图 7-3　最优二维近似

7.2.3 最优 r 维近似

现在来考虑 $\boldsymbol{D}$ 的 r 维近似，其中 $2<r\leqslant d$。假设我们已经计算出了前 $j-1$ 个主成分或者特征向量 $\boldsymbol{u}_1,\boldsymbol{u}_2,\cdots,\boldsymbol{u}_{j-1}$，分别对应 $\boldsymbol{\Sigma}$ 前 $j-1$ 个最大的特征值，$1\leqslant j\leqslant r$。为计算第 j 个新的基向量 $\boldsymbol{v}$，我们必须保证它要规范化为单位向量，即 $\boldsymbol{v}^{\mathrm{T}}\boldsymbol{v}=1$ 且它与之前的所有成分 $\boldsymbol{u}_i$ 都是正交的，即 $\boldsymbol{u}_i^{\mathrm{T}}\boldsymbol{v}=0$，$1\leqslant i<j$。在 $\boldsymbol{v}$ 方向上的投影方差为：

$$\sigma_{\boldsymbol{v}}^2=\boldsymbol{v}^{\mathrm{T}}\boldsymbol{\Sigma}\boldsymbol{v}$$

结合对 $\boldsymbol{v}$ 的限制，可以得到如下带拉格朗日乘子的最大化问题：

$$\max_{\boldsymbol{v}} J(\boldsymbol{v})=\boldsymbol{v}^{\mathrm{T}}\boldsymbol{\Sigma}\boldsymbol{v}-\alpha(\boldsymbol{v}^{\mathrm{T}}\boldsymbol{v}-1)-\sum_{i=1}^{j-1}\beta_i(\boldsymbol{u}_i^{\mathrm{T}}\boldsymbol{v}-0)$$

求 $J(\boldsymbol{v})$ 对于 $\boldsymbol{v}$ 的导数，并令其等于零向量，可以得到：

$$2\boldsymbol{\Sigma}\boldsymbol{v}-2\alpha\boldsymbol{v}-\sum_{i=1}^{j-1}\beta_i\boldsymbol{u}_i=\boldsymbol{0} \tag{7.24}$$

上式左边乘以 $\boldsymbol{u}_k^{\mathrm{T}}$，$1\leqslant k<j$，可得：

$$\begin{aligned}2\boldsymbol{u}_k^{\mathrm{T}}\boldsymbol{\Sigma}\boldsymbol{v}-2\alpha\boldsymbol{u}_k^{\mathrm{T}}\boldsymbol{v}-\beta_k\boldsymbol{u}_k^{\mathrm{T}}\boldsymbol{u}_k-\sum_{\substack{i=1\\i\neq k}}^{j-1}\beta_i\boldsymbol{u}_k^{\mathrm{T}}\boldsymbol{u}_i=0\\2\boldsymbol{v}^{\mathrm{T}}\boldsymbol{\Sigma}\boldsymbol{u}_k-\beta_k=0\\\beta_k=2\boldsymbol{v}^{\mathrm{T}}\lambda_k\boldsymbol{u}_k=2\lambda_k\boldsymbol{v}^{\mathrm{T}}\boldsymbol{u}_k=0\end{aligned}$$

其中用到了 $\boldsymbol{\Sigma}\boldsymbol{u}_k=\lambda_k\boldsymbol{u}_k$，因为 $\boldsymbol{u}_k$ 是对应于 $\boldsymbol{\Sigma}$ 第 k 大的特征值的特征向量。因此，可以发现在公式 (7.24) 中，$\beta_i=0$ 对所有的 $i<j$ 成立，这说明：

$$\boldsymbol{\Sigma}\boldsymbol{v}=\alpha\boldsymbol{v}$$

为使得 $\boldsymbol{v}$ 方向上的方差最大，令 $\alpha=\lambda_j$，即 $\boldsymbol{\Sigma}$ 的第 j 个最大特征值，同时令 $\boldsymbol{v}=\boldsymbol{u}_j$ 为第 j 个主成分。

总结一下，为找到 $\boldsymbol{D}$ 的最优 r 维近似，我们要计算 $\boldsymbol{\Sigma}$ 的特征值。$\boldsymbol{\Sigma}$ 是半正定的，其特征值必为非负数，因此可以将这些特征值按降序排序如下：

$$\lambda_1\geqslant\lambda_2\geqslant\cdots\lambda_r\geqslant\lambda_{r+1}\cdots\geqslant\lambda_d\geqslant 0$$

然后选择最大的 r 个特征值，它们对应的特征向量就构成了最优的 r 维近似。

1. *总投影方差*

令 $\boldsymbol{U}_r$ 为 r 维的基向量矩阵：

$$\boldsymbol{U}_r=\begin{pmatrix}| & | & & |\\\boldsymbol{u}_1 & \boldsymbol{u}_2 & \cdots & \boldsymbol{u}_r\\| & | & & |\end{pmatrix}$$

它的投影矩阵为：

$$\boldsymbol{P}_r = \boldsymbol{U}_r\boldsymbol{U}_r^{\mathrm{T}} = \sum_{i=1}^{r}\boldsymbol{u}_i\boldsymbol{u}_i^{\mathrm{T}}$$

令 $\boldsymbol{A}$ 表示在 r 维子空间上的投影点的坐标构成的数据集，即 $\boldsymbol{a}_i = \boldsymbol{U}_r^{\mathrm{T}}\boldsymbol{x}_i$；令 $\boldsymbol{x}_i' = \boldsymbol{P}_r\boldsymbol{x}_i$ 表示在原始的 d 维空间上的投影点。按照公式 (7.19)、公式 (7.21) 和公式 (7.22) 的推导，投影方差为：

$$\operatorname{var}(\boldsymbol{A}) = \frac{1}{n}\sum_{i=1}^{n}\boldsymbol{x}_i^{\mathrm{T}}\boldsymbol{P}_r\boldsymbol{x}_i = \sum_{i=1}^{r}\boldsymbol{u}_i^{\mathrm{T}}\boldsymbol{\Sigma}\boldsymbol{u}_i = \sum_{i=1}^{r}\lambda_i$$

因此，总投影方差即 $\boldsymbol{\Sigma}$ 的前 r 个最大的特征值之和。

2. *均方误差*

根据公式 (7.23) 的推导，r 维的均方误差（MSE）目标值可以写为：

$$\begin{aligned}\mathrm{MSE} &= \frac{1}{n}\sum_{i=1}^{n}\|\boldsymbol{x}_i - \boldsymbol{x}_i'\|^2 \\ &= \operatorname{var}(\boldsymbol{D}) - \operatorname{var}(\boldsymbol{A}) \\ &= \operatorname{var}(\boldsymbol{D}) - \sum_{i=1}^{r}\boldsymbol{u}_i^{\mathrm{T}}\boldsymbol{\Sigma}\boldsymbol{u}_i \\ &= \operatorname{var}(\boldsymbol{D}) - \sum_{i=1}^{r}\lambda_i\end{aligned}$$

前 r 个主成分使得投影方差 $\operatorname{var}(\boldsymbol{A})$ 最大，从而使得 MSE 最小。

3. *总方差*

注意到 $\boldsymbol{D}$ 的总方差是不会随着基向量的变化而变化的，因此有如下等式：

$$\operatorname{var}(\boldsymbol{D}) = \sum_{i=1}^{d}\sigma_i^2 = \sum_{i=1}^{d}\lambda_i$$

4. *维数选择*

通常我们可能不知道多大的维数 r 用来做近似比较好。一个选择 r 的标准是用前 r 个主成分捕捉到的方差，计算如下：

$$f(r) = \frac{\lambda_1 + \lambda_2 + \cdots + \lambda_r}{\lambda_1 + \lambda_2 + \cdots + \lambda_d} = \frac{\sum_{i=1}^{r}\lambda_i}{\sum_{i=1}^{d}\lambda_i} = \frac{\sum_{i=1}^{r}\lambda_i}{\operatorname{var}(\boldsymbol{D})} \tag{7.25}$$

给定一个期望的方差阈值，假设为 α，则从第一个主成分开始，依次添加成分，在 $f(r) \geqslant \alpha$ 的时候停止。换句话说，选择尽可能小的维数 r，使得由 r 个维度产生式子空间能够捕捉到比例至少为 α 的总方差。实践中，我们通常将 α 设为 0.9 或更大的值，使得约减后的数据集能够保留至少 90% 的总方差。

算法 7.1 给出了主成分分析算法的伪代码。给定输入数据 $\boldsymbol{D} \in \mathbb{R}^{n\times d}$，首先对数据进行居中化处理，将每个点减去均值。接下来，它计算协方差矩阵 $\boldsymbol{\Sigma}$ 的特征向量和特征值。给定

期望的方差阈值 α，算法选择能够保留的总方差比例至少为 α 的最小的维数 r。最后，算法计算每个点在新的 r 维主成分子空间中的坐标，从而得到新的数据矩阵 $\boldsymbol{A} \in \mathbb{R}^{n \times r}$。

算法7.1 主成分分析

PCA $(\boldsymbol{D}, \alpha)$:
1 $\boldsymbol{\mu} = \frac{1}{n}\sum_{i=1}^{n} \boldsymbol{x}_i$ // 计算均值
2 $\boldsymbol{Z} = \boldsymbol{D} - \boldsymbol{1} \cdot \boldsymbol{\mu}^{\mathrm{T}}$ // 将数据居中
3 $\boldsymbol{\Sigma} = \frac{1}{n}\left(\boldsymbol{Z}^{\mathrm{T}}\boldsymbol{Z}\right)$ // 计算协方差矩阵
4 $(\lambda_1, \lambda_2, \cdots, \lambda_d) =$ 特征值 $(\boldsymbol{\Sigma})$ // 计算特征值
5 $\boldsymbol{U} = \begin{pmatrix} \boldsymbol{u}_1 & \boldsymbol{u}_2 & \cdots & \boldsymbol{u}_d \end{pmatrix} =$ 特征向量 $(\boldsymbol{\Sigma})$ // 计算特征向量
6 $f(r) = \frac{\sum_{i=1}^{r} \lambda_i}{\sum_{i=1}^{d} \lambda_i}\ (r = 1, 2, \cdots, d)$ // 总方差的比例
7 选择最小的 r，使得 $f(r) \geqslant \alpha$ // 选择维数
8 $\boldsymbol{U}_r = \begin{pmatrix} \boldsymbol{u}_1 & \boldsymbol{u}_2 & \cdots & \boldsymbol{u}_r \end{pmatrix}$ // 降维后的基
9 $\boldsymbol{A} = \{\boldsymbol{a}_i \mid \boldsymbol{a}_i = \boldsymbol{U}_r^{\mathrm{T}} \boldsymbol{x}_i, i = 1, \cdots, n\}$ // 降维后的数据

例 7.5 给定图 7-1a 中的三维鸢尾花数据集，其协方差矩阵为：

$$\boldsymbol{\Sigma} = \begin{pmatrix} 0.681 & -0.039 & 1.265 \\ -0.039 & 0.187 & -0.320 \\ 1.265 & -0.32 & 3.092 \end{pmatrix}$$

$\boldsymbol{\Sigma}$ 的特征值和特征向量为：

$$\lambda_1 = 3.662 \qquad \lambda_2 = 0.239 \qquad \lambda_3 = 0.059$$

$$\boldsymbol{u}_1 = \begin{pmatrix} -0.390 \\ 0.089 \\ -0.916 \end{pmatrix} \quad \boldsymbol{u}_2 = \begin{pmatrix} -0.639 \\ -0.742 \\ 0.200 \end{pmatrix} \quad \boldsymbol{u}_3 = \begin{pmatrix} -0.663 \\ 0.664 \\ 0.346 \end{pmatrix}$$

因此总方差为：$\lambda_1 + \lambda_2 + \lambda_3 = 3.662 + 0.239 + 0.059 = 3.96$。最优的三维基如图 7-1b 所示。为找到更低维数的近似，令 $\alpha = 0.95$。不同 r 值对应的总方差比例为：

r	1	2	3
$f(r)$	0.925	0.985	1.0

例如，在 $r = 1$ 时，总方差的比例为 $f(1) = \frac{3.662}{3.96} = 0.925$。因此，至少需要 $r = 2$ 个维数来获得 95% 以上的总方差。这一最优二维子空间在图 7-3a 中以阴影平面的形式给出。降维后的数据集 $\boldsymbol{A}$ 在图 7-4 中给出。它包含了在以 $\boldsymbol{u}_1$ 和 $\boldsymbol{u}_2$ 为基的新二维主成分下点的坐标 $\boldsymbol{a}_i = \boldsymbol{U}_2^{\mathrm{T}} \boldsymbol{x}_i$。

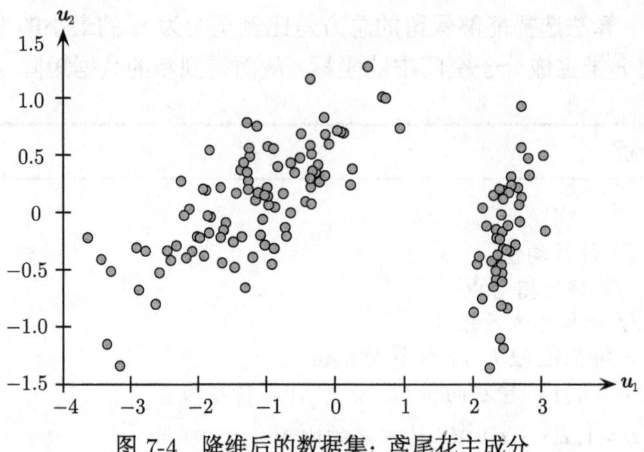

图 7-4 降维后的数据集：鸢尾花主成分

7.2.4 主成分分析的几何意义

从几何层面来说，当 $r = d$ 时，主成分分析（PCA）对应与一个正交基变换，使得总方差由每个主方向 $\boldsymbol{u}_1, \boldsymbol{u}_2, \cdots, \boldsymbol{u}_d$ 上的方差的和构成，且所有的协方差为 0。将所有主成分合在一起考虑，可以得出以上结论。所有的主成分可以构成一个 $d \times d$ 的正交矩阵：

$$\boldsymbol{U} = \begin{pmatrix} | & | & & | \\ \boldsymbol{u}_1 & \boldsymbol{u}_2 & \cdots & \boldsymbol{u}_d \\ | & | & & | \end{pmatrix}$$

其中 $\boldsymbol{U}^{-1} = \boldsymbol{U}^{\mathrm{T}}$。

每一个主成分 $\boldsymbol{u}_i$ 对应协方差矩阵 $\boldsymbol{\Sigma}$ 的一个特征向量，即：

$$\boldsymbol{\Sigma}\boldsymbol{u}_i = \lambda_i \boldsymbol{u}_i (1 \leqslant i \leqslant d)$$

上式可以用矩阵表示重写为：

$$\boldsymbol{\Sigma} \begin{pmatrix} | & | & & | \\ \boldsymbol{u}_1 & \boldsymbol{u}_2 & \cdots & \boldsymbol{u}_d \\ | & | & & | \end{pmatrix} = \begin{pmatrix} | & | & & | \\ \lambda_1\boldsymbol{u}_1 & \lambda_2\boldsymbol{u}_2 & \cdots & \lambda_d\boldsymbol{u}_d \\ | & | & & | \end{pmatrix}$$

$$\boldsymbol{\Sigma}\boldsymbol{U} = \boldsymbol{U} \begin{pmatrix} \lambda_1 & 0 & \cdots & 0 \\ 0 & \lambda_2 & \cdots & 0 \\ \vdots & \vdots & \ddots & \vdots \\ 0 & 0 & \cdots & \lambda_d \end{pmatrix}$$

$$\boldsymbol{\Sigma}\boldsymbol{U} = \boldsymbol{U}\boldsymbol{\Lambda} \tag{7.26}$$

若在公式 (7.26) 中左边乘以 $\boldsymbol{U}^{-1} = \boldsymbol{U}^{\mathrm{T}}$，可得：

$$\boldsymbol{U}^{\mathrm{T}}\boldsymbol{\Sigma}\boldsymbol{U} = \boldsymbol{U}^{\mathrm{T}}\boldsymbol{U}\boldsymbol{\Lambda} = \boldsymbol{\Lambda} = \begin{pmatrix} \lambda_1 & 0 & \cdots & 0 \\ 0 & \lambda_2 & \cdots & 0 \\ \vdots & \vdots & \ddots & \vdots \\ 0 & 0 & \cdots & \lambda_d \end{pmatrix}$$

这说明，如果我们将基变换为 $\boldsymbol{U}$，协方差矩阵 $\boldsymbol{\Sigma}$ 会变换为一个类似的矩阵 $\boldsymbol{\Lambda}$，它正是在新的基下的协方差矩阵。$\boldsymbol{\Lambda}$ 是对角矩阵，这说明在基变换之后，所有的协方差都消失了，只在各个主成分方向上有方差，每个新方向 $\boldsymbol{u}_i$ 上的方差由对应的特征值 λ_i 给出。

值得注意的是，在新的基下，下式

$$\boldsymbol{x}^{\mathrm{T}}\boldsymbol{\Sigma}^{-1}\boldsymbol{x}=1 \tag{7.27}$$

定义了一个 d 维的椭球体（或超–椭圆）。$\boldsymbol{\Sigma}$ 的特征向量 $\boldsymbol{u}_i$（即主成分）是椭球体的主轴的方向。特征值的平方根 $\sqrt{\lambda_i}$ 给出了半轴的长度。

公式 (7.26) 中右边乘以 $\boldsymbol{U}^{-1}=\boldsymbol{U}^{\mathrm{T}}$，可得：

$$\boldsymbol{\Sigma U}=\boldsymbol{U\Lambda U}^{\mathrm{T}} \tag{7.28}$$

假设 $\boldsymbol{\Sigma}$ 是可逆的或非奇异的，有：

$$\boldsymbol{\Sigma}^{-1}=(\boldsymbol{U\Lambda U}^{\mathrm{T}})^{-1}=(\boldsymbol{U}^{-1})^{\mathrm{T}}\boldsymbol{\Lambda}^{-1}\boldsymbol{U}^{-1}=\boldsymbol{U\Lambda}^{-1}\boldsymbol{U}^{\mathrm{T}}$$

其中

$$\boldsymbol{\Lambda}^{-1}=\begin{pmatrix}\dfrac{1}{\lambda_1} & 0 & \cdots & 0\\ 0 & \dfrac{1}{\lambda_2} & \cdots & 0\\ \vdots & \vdots & \ddots & \vdots\\ 0 & 0 & \cdots & \dfrac{1}{\lambda_d}\end{pmatrix}$$

将上式代入公式 (7.27)，且根据公式 (7.2)，有 $\boldsymbol{x}=\boldsymbol{Ua}$，其中 $\boldsymbol{a}=(a_1,a_2,\cdots,a_d)^{\mathrm{T}}$ 代表 $\boldsymbol{x}$ 在新的基下的坐标，可得：

$$\begin{aligned}&\boldsymbol{x}^{\mathrm{T}}\boldsymbol{\Sigma}^{-1}\boldsymbol{x}=1\\&(\boldsymbol{a}^{\mathrm{T}}\boldsymbol{U}^{\mathrm{T}})\boldsymbol{U\Lambda}^{-1}\boldsymbol{U}^{\mathrm{T}}(\boldsymbol{Ua})=1\\&\boldsymbol{a}^{\mathrm{T}}\boldsymbol{\Lambda}^{-1}\boldsymbol{a}=1\\&\sum_{i=1}^{d}\frac{a_i^2}{\lambda_i}=1\end{aligned}$$

这正是一个位于 $\mathbf{0}$ 处的椭球体，且半轴长度为 $\sqrt{\lambda_i}$。由于 $\boldsymbol{x}^{\mathrm{T}}\boldsymbol{\Sigma}^{-1}\boldsymbol{x}=1$，或在新的主成分基中 $\boldsymbol{a}^{\mathrm{T}}\boldsymbol{\Lambda}^{-1}\boldsymbol{a}=1$，定义了一个 d 维的椭球体，其中半轴长度等于每个轴方向上的标准差（方差的平方根,$\sqrt{\lambda_i}$）。同样，对于标量 s，$\boldsymbol{x}^{\mathrm{T}}\boldsymbol{\Sigma}^{-1}\boldsymbol{x}=s$，或在新的主成分基中 $\boldsymbol{a}^{\mathrm{T}}\boldsymbol{\Lambda}^{-1}\boldsymbol{a}=s$ 代表了同心椭球体。

例 7.6 图 7-5b 展示了在新的主成分基下的椭球体 $\boldsymbol{x}^{\mathrm{T}}\boldsymbol{\Sigma}^{-1}\boldsymbol{x}=\boldsymbol{a}^{\mathrm{T}}\boldsymbol{\Lambda}^{-1}\boldsymbol{a}=1$。每一个半轴的长度对应于该轴方向上的标准差 $\sqrt{\lambda_i}$。由于在主成分基下所有的两两协方差都为 0，椭球体是轴平行的，即每一个轴都和一个基向量重合。

另一方面，在原始的 d 维基中，椭球体不是与轴平行的，如图 7-5a 的等值线图所示。这里，半轴的长度等于每个方向上的值域长度的一半；所选择的长度使得椭球体能够包含绝大多数的点。

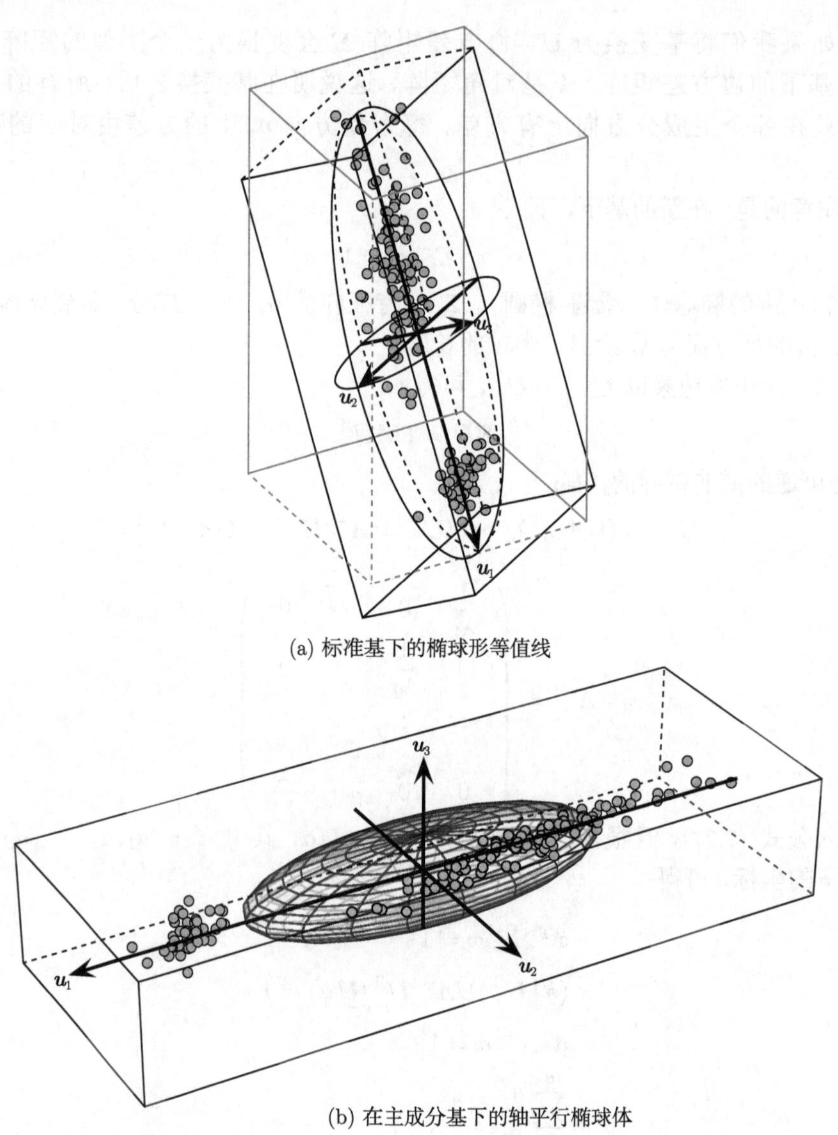

(a) 标准基下的椭球形等值线

(b) 在主成分基下的轴平行椭球体

图 7-5　鸢尾花数据：三维空间中的标准基和主成分基

7.3　核主成分分析

我们可以对主成分分析方法进行扩展，利用核方法找出数据中的非线性“方向”。核 PCA 找出特征空间（而不是输入空间）中方差最大的方向，即核 PCA 不是去找输入维度的线性组合，而是去找高维特征空间（通过输入空间的非线性变换得到）中的线性组合。因此，特征空间中的线性主成分对应输入空间中的非线性方向。下面会看到，通过使用**核技巧**（kernel trick），所有的操作都可以用输入空间上的核函数来完成，而不需要将数据变换到特征空间上。

例 7.7 考虑图 7-6 所示的非线性鸢尾花数据集。该数据集是通过对居中鸢尾花数据施加非线性变换得来的。具体来说，萼片长度（A_1）和萼片宽度（A_2）属性被变换为：

$$X_1 = 0.2A_1^2 + A_2^2 + 0.1A_1A_2$$
$$X_2 = A_2$$

变换后的数据点清楚地展示出了两个变量间的二次（非线性）关系。线性 PCA 可以得到以下两个方差最大的方向：

$$\lambda_1 = 0.197 \qquad \lambda_2 = 0.087$$
$$\boldsymbol{u}_1 = \begin{pmatrix} 0.301 \\ 0.953 \end{pmatrix} \qquad \boldsymbol{u}_2 = \begin{pmatrix} -0.953 \\ 0.301 \end{pmatrix}$$

两个主成分都展示在图 7-6 中。图中的直线表示主成分上的常数投影，即输入空间中分别投影到 $\boldsymbol{u}_1$ 和 $\boldsymbol{u}_2$ 上之后的坐标相同的点的集合。例如，图 7-6a 中的直线对应不同的 s 值下 $\boldsymbol{u}_1^{\mathrm{T}}\boldsymbol{x} = s$ 的解。图 7-7 给出了由 $\boldsymbol{u}_1$ 和 $\boldsymbol{u}_2$ 构成的主成分空间中每个点的坐标。从图中可以清楚地看到，$\boldsymbol{u}_1$ 和 $\boldsymbol{u}_2$ 并不能完全反映 X_1 和 X_2 之间的非线性关系。稍后可以看到核 PCA 可以更好地把握这种非线性关系。

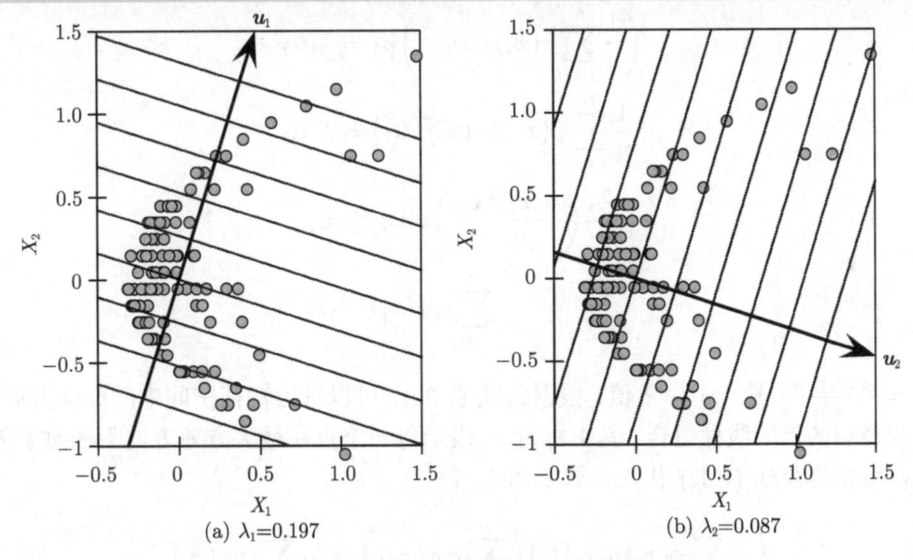

(a) λ_1=0.197 (b) λ_2=0.087

图 7-6 非线性鸢尾花数据集：输入空间中的 PCA

令 ϕ 表示从输入空间到特征空间的一个映射。特征空间中的每一个点为输入空间中点 $\boldsymbol{x}_i$ 的映像 $\phi(\boldsymbol{x}_i)$。在输入空间中，第一主成分代表了投影后方差最大的方向；它是与协方差矩阵的最大特征值对应的特征向量。同样，在特征空间中，为找到第一核主成分 $\boldsymbol{u}_1$（满足 $\boldsymbol{u}_1^{\mathrm{T}}\boldsymbol{u}_1 = 1$），可以求解对应特征空间中的协方差矩阵最大特征值的特征向量：

$$\boldsymbol{\Sigma}_\phi \boldsymbol{u}_1 = \lambda_1 \boldsymbol{u}_1 \tag{7.29}$$

其中 $\boldsymbol{\Sigma}_\phi$ 是特征空间中的协方差矩阵，给出如下：

$$\boldsymbol{\Sigma}_\phi = \frac{1}{n}\sum_{i=1}^{n} \phi(\boldsymbol{x}_i)\phi(\boldsymbol{x}_i)^{\mathrm{T}} \tag{7.30}$$

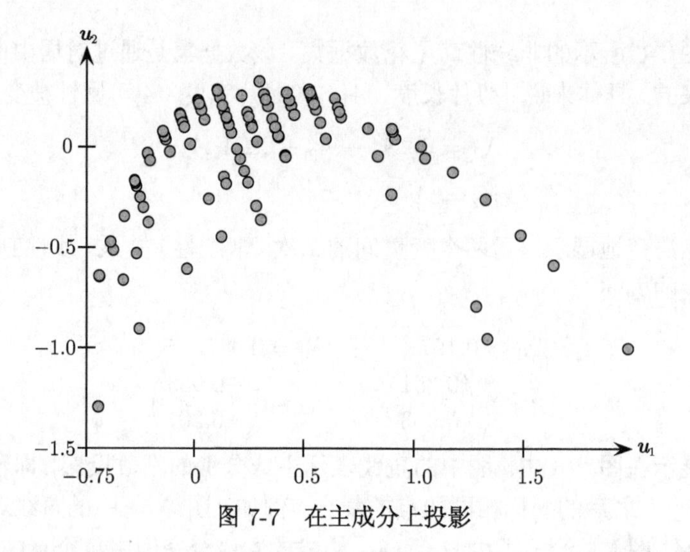

图 7-7　在主成分上投影

这里假设所有的点都是居中的，即 $\phi(\boldsymbol{x}_i) = \phi(\boldsymbol{x}_i) - \boldsymbol{\mu}_\phi$，其中 $\boldsymbol{\mu}_\phi$ 是特征空间中的均值。

将公式 (7.30) 代入公式 (7.29)，可得：

$$\left(\frac{1}{n}\sum_{i=1}^{n}\phi(\boldsymbol{x}_i)\phi(\boldsymbol{x}_i)^{\mathrm{T}}\right)\boldsymbol{u}_1 = \lambda_1\boldsymbol{u}_1 \tag{7.31}$$

$$\frac{1}{n}\sum_{i=1}^{n}\phi(\boldsymbol{x}_i)\left(\phi(\boldsymbol{x}_i)^{\mathrm{T}}\boldsymbol{u}_1\right) = \lambda_1\boldsymbol{u}_1$$

$$\sum_{i=1}^{n}\left(\frac{\phi(\boldsymbol{x}_i)^{\mathrm{T}}\boldsymbol{u}_1}{n\lambda_1}\right)\phi(\boldsymbol{x}_i) = \boldsymbol{u}_1$$

$$\sum_{i=1}^{n}c_i\phi(\boldsymbol{x}_i) = \boldsymbol{u}_1 \tag{7.32}$$

其中 $c_i = \frac{\phi(\boldsymbol{x}_i)^{\mathrm{T}}\boldsymbol{u}_1}{n\lambda_1}$ 是一个标量值。根据公式 (7.32)，可以看出特征空间中的最优方向 $\boldsymbol{u}_1$ 事实上是变换后的点的线性组合，其中标量 c_i 表示每一个点在最大方差方向上的重要程度。

现在可以将公式 (7.32) 代入公式 (7.31)，得：

$$\left(\frac{1}{n}\sum_{i=1}^{n}\phi(\boldsymbol{x}_i)\phi(\boldsymbol{x}_i)^{\mathrm{T}}\right)\left(\sum_{i=1}^{n}c_i\phi(\boldsymbol{x}_j)\right) = \lambda_1\sum_{i=1}^{n}c_i\phi(\boldsymbol{x}_i)$$

$$\frac{1}{n}\sum_{i=1}^{n}\sum_{j=1}^{n}c_j\phi(\boldsymbol{x}_i)\phi(\boldsymbol{x}_i)^{\mathrm{T}}\phi(\boldsymbol{x}_j) = \lambda_1\sum_{i=1}^{n}c_i\phi(\boldsymbol{x}_i)$$

$$\sum_{i=1}^{n}\left(\phi(\boldsymbol{x}_i)\sum_{j=1}^{n}c_j\phi(\boldsymbol{x}_i)^{\mathrm{T}}\phi(\boldsymbol{x}_j)\right) = n\lambda_1\sum_{i=1}^{n}c_i\phi(\boldsymbol{x}_i)$$

在前面的公式中，我们可以将特征空间中的点乘，即 $\phi(\boldsymbol{x}_i)^{\mathrm{T}}\phi(\boldsymbol{x}_j)$ 替换为输入空间上的核函数，即 $K(\boldsymbol{x}_i, \boldsymbol{x}_j)$，得：

$$\sum_{i=1}^{n}\left(\phi(\boldsymbol{x}_i)\sum_{j=1}^{n}c_jK(\boldsymbol{x}_i, \boldsymbol{x}_j)\right) = n\lambda_1\sum_{i=1}^{n}c_i\phi(\boldsymbol{x}_i) \tag{7.33}$$

注意，我们假设特征空间中所有的点都是居中的，即假设核矩阵 $\boldsymbol{K}$ 已经用公式 (5.14) 居中化了：

$$\boldsymbol{K}=\left(\boldsymbol{I}-\frac{1}{n}\mathbf{1}_{n\times n}\right)\boldsymbol{K}\left(\boldsymbol{I}-\frac{1}{n}\mathbf{1}_{n\times n}\right)$$

其中 $\boldsymbol{I}$ 是 $n\times n$ 的恒等矩阵，$\mathbf{1}_{n\times n}$ 是所有元素都为 1 的 $n\times n$ 矩阵。

至此，我们已经将一个点乘替换为核函数。为保证特征空间中的所有计算只包括点乘，我们任取一个点，假设是 $\phi(\boldsymbol{x}_k)$，并在公式 (7.33) 两边同乘以 $\phi(\boldsymbol{x}_k)^{\mathrm{T}}$，得到：

$$\begin{aligned}\sum_{i=1}^{n}\left(\phi(\boldsymbol{x}_k)^{\mathrm{T}}\phi(\boldsymbol{x}_i)\sum_{j=1}^{n}c_jK(\boldsymbol{x}_i,\boldsymbol{x}_j)\right)&=n\lambda_1\sum_{i=1}^{n}c_i\phi(\boldsymbol{x}_k)^{\mathrm{T}}\phi(\boldsymbol{x}_i)\\ \sum_{i=1}^{n}\left(K(\boldsymbol{x}_k,\boldsymbol{x}_i)\sum_{j=1}^{n}c_jK(\boldsymbol{x}_i,\boldsymbol{x}_j)\right)&=n\lambda_1\sum_{i=1}^{n}c_iK(\boldsymbol{x}_k,\boldsymbol{x}_i)\end{aligned}\tag{7.34}$$

更进一步，令 $\boldsymbol{K}_i$ 代表居中核矩阵的第 i 行，写成列向量：

$$\boldsymbol{K}_i=(K(\boldsymbol{x}_i,\boldsymbol{x}_1)K(\boldsymbol{x}_i,\boldsymbol{x}_2)\cdots K(\boldsymbol{x}_i,\boldsymbol{x}_n))^{\mathrm{T}}$$

令 $\boldsymbol{c}$ 代表以上列向量的权值：

$$\boldsymbol{c}=(c_1\quad c_2\quad\cdots\quad c_n)^{\mathrm{T}}$$

我们可以将 $\boldsymbol{K}_i$ 和 $\boldsymbol{c}$ 代入公式 (7.34)，并将其重写为：

$$\sum_{i=1}^{n}K(\boldsymbol{x}_k,\boldsymbol{x}_i)\boldsymbol{K}_i^{\mathrm{T}}\boldsymbol{c}=n\lambda_1\boldsymbol{K}_k^{\mathrm{T}}\boldsymbol{c}$$

事实上，由于我们可以选择特征空间中的任意 n 个点中的一个，即 $\phi(\boldsymbol{x}_k)$，以获得公式 (7.34)，我们有以下一组 n 个公式：

$$\begin{aligned}\sum_{i=1}^{n}K(\boldsymbol{x}_1,\boldsymbol{x}_i)\boldsymbol{K}_i^{\mathrm{T}}\boldsymbol{c}&=n\lambda_1\boldsymbol{K}_1^{\mathrm{T}}\boldsymbol{c}\\ \sum_{i=1}^{n}K(\boldsymbol{x}_2,\boldsymbol{x}_i)\boldsymbol{K}_i^{\mathrm{T}}\boldsymbol{c}&=n\lambda_1\boldsymbol{K}_2^{\mathrm{T}}\boldsymbol{c}\\ \vdots\quad&=\quad\vdots\\ \sum_{i=1}^{n}K(\boldsymbol{x}_n,\boldsymbol{x}_i)\boldsymbol{K}_i^{\mathrm{T}}\boldsymbol{c}&=n\lambda_1\boldsymbol{K}_n^{\mathrm{T}}\boldsymbol{c}\end{aligned}$$

可以紧凑地将以上 n 个公式表示为：

$$\boldsymbol{K}^2\boldsymbol{c}=n\lambda_1\boldsymbol{K}\boldsymbol{c}$$

其中 $\boldsymbol{K}$ 是居中核矩阵。上式两边同乘以 $\boldsymbol{K}^{-1}$，得：

$$\begin{aligned}\boldsymbol{K}^{-1}\boldsymbol{K}^2\boldsymbol{c}&=n\lambda_1\boldsymbol{K}^{-1}\boldsymbol{K}\boldsymbol{c}\\ \boldsymbol{K}\boldsymbol{c}&=n\lambda_1\boldsymbol{c}\\ \boldsymbol{K}\boldsymbol{c}&=\eta_1\boldsymbol{c}\end{aligned}\tag{7.35}$$

其中 $\eta_1 = n\lambda_1$。因此，权向量 $\boldsymbol{c}$ 是对应核矩阵 $\boldsymbol{K}$ 的最大特征值 η_1 的特征向量。

求出 $\boldsymbol{c}$ 之后，我们可以将其代回公式 (7.32)，得到第一个核主成分 $\boldsymbol{u}_1$。我们附加的唯一约束是 $\boldsymbol{u}_1$ 必须是一个单位向量，如下所示：

$$\boldsymbol{u}_1^{\mathrm{T}}\boldsymbol{u}_1 = 1$$

$$\sum_{i=1}^{n}\sum_{j=1}^{n} c_i c_j \phi(\boldsymbol{x}_i)^{\mathrm{T}}\phi(\boldsymbol{x}_j) = 1$$

$$\boldsymbol{c}^{\mathrm{T}}\boldsymbol{K}\boldsymbol{c} = 1$$

而根据公式 (7.35)，$\boldsymbol{K}\boldsymbol{c} = \eta_1\boldsymbol{c}$，得：

$$\boldsymbol{c}^{\mathrm{T}}(\eta_1\boldsymbol{c}) = 1$$

$$\eta_1\boldsymbol{c}^{\mathrm{T}}\boldsymbol{c} = 1$$

$$\|\boldsymbol{c}\|^2 = \frac{1}{\eta_1}$$

然而，由于 $\boldsymbol{c}$ 是 $\boldsymbol{K}$ 的一个特征向量，它的范数为 1。因此，为保证 $\boldsymbol{u}_1$ 是一个单位向量，我们必须要缩放权向量 $\boldsymbol{c}$，使其范数为 $\|\boldsymbol{c}\| = \sqrt{\frac{1}{\eta_1}}$，这可以通过将 $\boldsymbol{c}$ 乘以 $\sqrt{\frac{1}{\eta_1}}$ 来实现。

通常来讲，由于我们不会将输入点通过 ϕ 映射到特征空间，也就几乎不可能直接计算出主方向来，主方向是由 $\phi(\boldsymbol{x}_i)$ 来计算的，如公式 (7.32) 所示。不过，可以将任意点 $\phi(\boldsymbol{x})$ 投影到主方向 $\boldsymbol{u}_1$ 上，如下所示：

$$\boldsymbol{u}_1^{\mathrm{T}}\phi(\boldsymbol{x}) = \sum_{i=1}^{n} c_i\phi(\boldsymbol{x}_i)^{\mathrm{T}}\phi(\boldsymbol{x}) = \sum_{i=1}^{n} c_i K(\boldsymbol{x}_i, \boldsymbol{x})$$

上式只要求进行核操作。当 $\boldsymbol{x} = \boldsymbol{x}_i$ 是其中一个输入点时，$\phi(\boldsymbol{x}_i)$ 在主成分 $\boldsymbol{u}_1$ 上的投影可以写为如下点乘：

$$\boldsymbol{a}_i = \boldsymbol{u}_1^{\mathrm{T}}\phi(\boldsymbol{x}_i) = \boldsymbol{K}_i^{\mathrm{T}}\boldsymbol{c} \tag{7.36}$$

其中 $\boldsymbol{K}_i$ 是对应核矩阵第 i 行的列向量。至此已证明，所有的计算，无论是主成分的求解还是点的投影，都可以只用核函数完成。最后，可以通过求解公式 (7.35) 中的其他特征值和特征向量来获得剩余的主成分。换句话说，若将 $\boldsymbol{K}$ 的特征值按降序排序，即 $\eta_1 \geqslant \eta_2 \geqslant \cdots \geqslant \eta_n \geqslant 0$，可以由特征向量 $\boldsymbol{c}_j$ 得到第 j 个主成分（$\boldsymbol{c}_j$ 需要满足 $\|\boldsymbol{c}_j\| = \sqrt{\frac{1}{\eta_j}}$，$\eta_j > 0$）。同样，由于 $\eta_j = n\lambda_j$，沿着第 j 个主成分方向的方差为 $\lambda_j = \frac{\eta_j}{n}$。算法 7.2 给出了核 PCA 方法的伪代码。

算法7.2　核主成分分析

```
KERNELPCA (D, K, α):
1 K = {K(x_i, x_j)}_{i,j=1,…,n}   // 计算n × n 核矩阵
2 K = (I − (1/n)1_{n×n}) K (I − (1/n)1_{n×n})   // 将核矩阵居中
3 (η_1, η_2, …, η_d) = 特征值 (K)   // 计算特征值
4 (c_1  c_2  …  c_n) = 特征向量 (K)   // 计算特征向量
5 λ_i = η_i / n (i = 1, …, n)   // 计算每个成分的方向上的方差
6 c_i = sqrt(1/η_i) · c_i (i = 1, …, n)   // 保证 u_i^T u_i = 1
```

7 $f(r)=\frac{\sum_{i=1}^{r}\lambda_i}{\sum_{i=1}^{d}\lambda_i}\left(r=1,2,\cdots,d\right)$ //占总方差的比例
8 选择最小的 r, 使得 $f(r)\geqslant\alpha$ //选择维数
9 $\boldsymbol{C}_r=\left(\boldsymbol{c}_1\quad \boldsymbol{c}_2\quad \cdots\quad \boldsymbol{c}_r\right)$ //约减后的基
10 $\boldsymbol{A}=\{\boldsymbol{a}_i\mid \boldsymbol{a}_i=\boldsymbol{C}_r^T\boldsymbol{K}_i, i=1,\cdots,n\}$ //降维后的数据

例 7.8 考虑例 7.7 中的非线性鸢尾花数据集（共有 $n=150$ 个点）。使用公式 (5.8) 中的齐次二次多项式核：

$$K(\boldsymbol{x}_i,\boldsymbol{x}_j)=(\boldsymbol{x}_i^{\mathrm{T}}\boldsymbol{x}_j)^2$$

核矩阵 $\boldsymbol{K}$ 有 3 个非零特征值：

$$\begin{aligned}&\eta_1=31.0 &&\eta_2=8.94 &&\eta_3=2.76\\ &\lambda_1=\frac{\eta_1}{150}=0.2067 &&\lambda_2=\frac{\eta_2}{150}=0.0596 &&\lambda_3=\frac{\eta_3}{150}=0.0184\end{aligned}$$

这里没有列出对应的特征向量 $\boldsymbol{c}_1$、$\boldsymbol{c}_2$、$\boldsymbol{c}_3$，因为它们在 $\mathbb{R}^{150}$ 中。

图 7-8 画出了在前 3 个主成分上有常投影的等值线。这些线是通过求解方程 $\boldsymbol{u}_i^{\mathrm{T}}\boldsymbol{x}=\sum_{j=1}^{n}c_{ij}K(\boldsymbol{x}_j,\boldsymbol{x})=s$ 得到的（对不同的投影值 s 及核矩阵的每一个特征向量 $\boldsymbol{c}_i=(c_{i1},c_{i2},\cdots,c_{in})^{\mathrm{T}}$）。例如第一个主成分对应于解 $\boldsymbol{x}=(x_1,x_2)^{\mathrm{T}}$，显示为如下方程的等值线：

$$1.0426x_1^2+0.995x_2^2+0.914x_1x_2=s$$

对于每一个选定的值 s，主成分在图中没有显示，因为通常无法将点映射到特征空间中，所以无法推导出 $\boldsymbol{u}_i$ 的一个显式表达式。不过，由于在主成分上的投影可以通过核操作 [公式 (7.36)] 得到，图 7-9 给出了所有点在前两个核主成分上的投影，可以捕捉到 $\frac{\lambda_1+\lambda_2}{\lambda_1+\lambda_2+\lambda_3}=\frac{0.2663}{0.2847}=93.5\%$ 的总方差。

巧合的是，使用线性核 $K(\boldsymbol{x}_i,\boldsymbol{x}_j)=\boldsymbol{x}_i^{\mathrm{T}}\boldsymbol{x}_j$ 给出了同样的主成分，如图 7-7 所示。

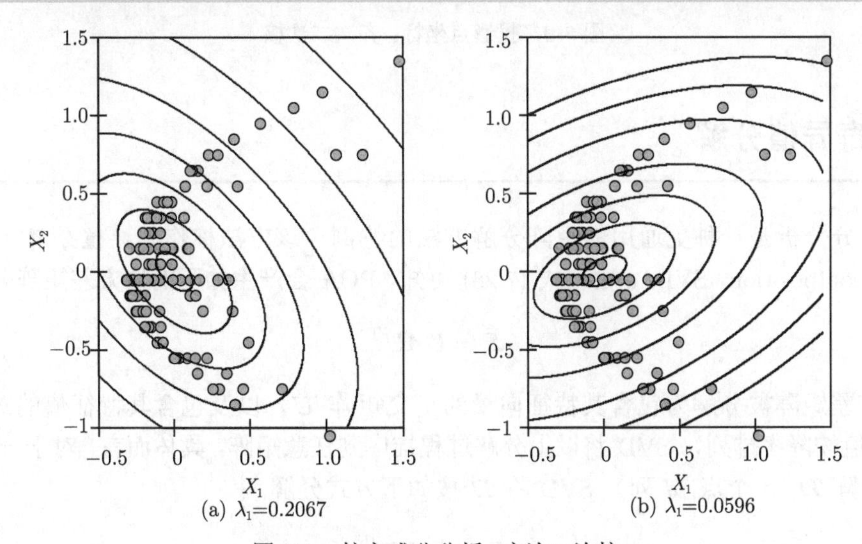

(a) λ_1=0.2067　(b) λ_1=0.0596

图 7-8 核主成分分析：齐次二次核

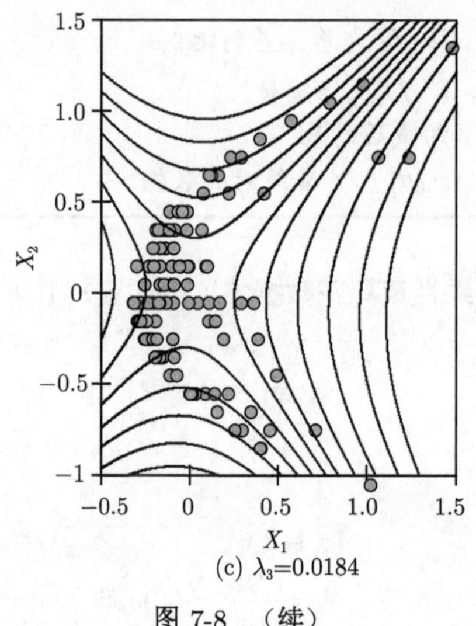

(c) λ_3=0.0184

图 7-8　（续）

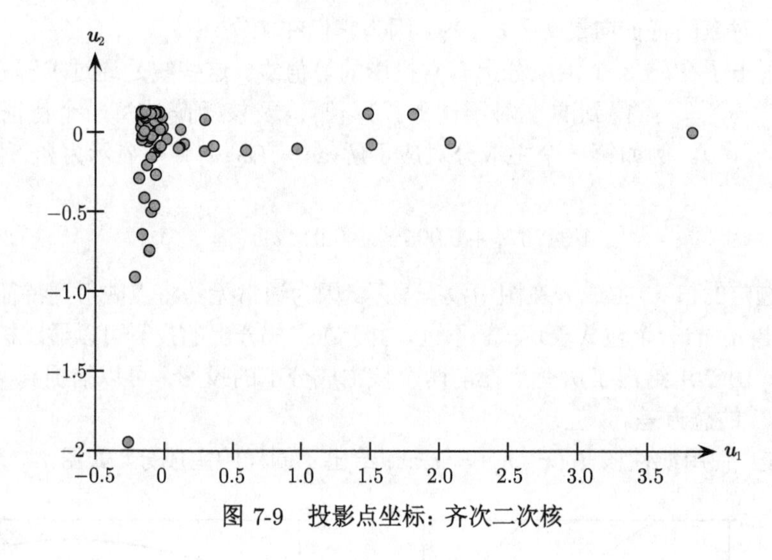

图 7-9　投影点坐标：齐次二次核

7.4　奇异值分解

主成分分析是一种更通用的矩阵分解方法的特例，该方法称作**奇异值分解**（Singular Value Decomposition，SVD）。由公式 (7.28) 可知，PCA 会产生如下的协方差矩阵分解：

$$\boldsymbol{\Sigma} = \boldsymbol{U}\boldsymbol{\Lambda}\boldsymbol{U}^{\mathrm{T}} \tag{7.37}$$

其中协方差矩阵被分解为包含其特征向量的正交矩阵 $\boldsymbol{U}$，以及包含其特征值的对角矩阵 $\boldsymbol{\Sigma}$（特征值按降序排列）。SVD 将以上分解过程推广到任意矩阵。具体而言，对于一个 $n \times d$ 的数据矩阵 $\boldsymbol{D}$（n 个点，d 列），SVD 将 $\boldsymbol{D}$ 按如下方式分解：

$$\boldsymbol{D} = \boldsymbol{L}\boldsymbol{\Delta}\boldsymbol{R}^{\mathrm{T}} \tag{7.38}$$

其中 $\boldsymbol{L}$ 是一个正交的 $n\times n$ 矩阵，$\boldsymbol{R}$ 是一个正交的 $d\times d$ 矩阵，$\boldsymbol{\Delta}$ 是一个 $n\times d$ 的"对角"矩阵。$\boldsymbol{L}$ 的各列称为**左奇异向量**，$\boldsymbol{R}$ 的各列（或 $\boldsymbol{R}^{\mathrm{T}}$ 的各行）称为**右奇异向量**。矩阵 $\boldsymbol{\Delta}$ 定义为：

$$\boldsymbol{\Delta}(i,j)=\begin{cases}\delta_i & i=j\\ 0 & i\neq j\end{cases}$$

其中 $i=1,\cdots,n$ 且 $j=1,\cdots,d$。沿 $\boldsymbol{\Delta}$ 主对角线方向的值 $\boldsymbol{\Delta}(i,i)=\delta_i$ 称作 $\boldsymbol{D}$ 的**奇异值**，且它们都是非负的。若 $\boldsymbol{D}$ 的秩 $r\leqslant\min(n,d)$，则一共只有 r 个非零的奇异值，假设它们按下式排列：

$$\delta_1\geqslant\delta_2\geqslant\cdots\geqslant\delta_r>0$$

我们可以舍去对应于 0 奇异值的左、右奇异向量，并得到**简化 SVD**（reduced SVD）为：

$$\boldsymbol{D}=\boldsymbol{L}_r\boldsymbol{\Delta}_r\boldsymbol{R}_r^{\mathrm{T}} \tag{7.39}$$

其中 $\boldsymbol{L}_r$ 是一个由左奇异向量构成的 $n\times r$ 矩阵，$\boldsymbol{R}_r$ 是一个由右奇异向量构成的 $d\times r$ 矩阵，$\boldsymbol{\Delta}_r$ 是由正奇异向量构成的 $r\times r$ 对角矩阵。从简化 SVD 可以直接得到 $\boldsymbol{D}$ 的**谱分解**（spectral decomposition），给出为：

$$\begin{aligned}\boldsymbol{D}&=\boldsymbol{L}_r\boldsymbol{\Delta}_r\boldsymbol{R}_r^{\mathrm{T}}\\&=\begin{pmatrix}| & | & & |\\ \boldsymbol{l}_1 & \boldsymbol{l}_2 & \cdots & \boldsymbol{l}_r\\ | & | & & |\end{pmatrix}\begin{pmatrix}\delta_1 & 0 & \cdots & 0\\ 0 & \delta_2 & \cdots & 0\\ \vdots & \vdots & \ddots & \vdots\\ 0 & 0 & \cdots & \delta_r\end{pmatrix}\begin{pmatrix}- & \boldsymbol{r}_1^{\mathrm{T}} & -\\ - & \boldsymbol{r}_2^{\mathrm{T}} & -\\ - & \vdots & -\\ - & \boldsymbol{r}_r^{\mathrm{T}} & -\end{pmatrix}\\&=\delta_1\boldsymbol{l}_1\boldsymbol{r}_1^{\mathrm{T}}+\delta_2\boldsymbol{l}_2\boldsymbol{r}_2^{\mathrm{T}}+\cdots+\delta_r\boldsymbol{l}_r\boldsymbol{r}_r^{\mathrm{T}}\\&=\sum_{i=1}^{r}\delta_i\boldsymbol{l}_i\boldsymbol{r}_i^{\mathrm{T}}\end{aligned}$$

谱分解将 $\boldsymbol{D}$ 表示为一阶矩阵 $\delta_i\boldsymbol{l}_i\boldsymbol{r}_i^{\mathrm{T}}$ 的和。通过选择最大的 q 个奇异值 $\delta_1,\delta_2,\cdots,\delta_q$ 及对应的左、右奇异向量，可以得到对原始矩阵 $\boldsymbol{D}$ 的 q 阶最优近似。即，若矩阵 $\boldsymbol{D}_q$ 定义为：

$$\boldsymbol{D}_q=\sum_{i=1}^{q}\delta_i\boldsymbol{l}_i\boldsymbol{r}_i^{\mathrm{T}}$$

可以证明 $\boldsymbol{D}$ 是使得如下表达式最小的 q 阶矩阵：

$$\|\boldsymbol{D}-\boldsymbol{D}_q\|_F$$

其中 $\|\boldsymbol{A}\|_F$ 称作一个 $n\times d$ 矩阵 $\boldsymbol{A}$ 上的**弗罗贝尼乌斯范数**（Frobenius Norm），定义为：

$$\|\boldsymbol{A}\|_F=\sqrt{\sum_{i=1}^{n}\sum_{j=1}^{d}\boldsymbol{A}(i,j)^2}$$

7.4.1 奇异值分解的几何意义

通常来讲，任意的 $n\times d$ 矩阵都代表一个**线性变换**（linear transformation），即 $\boldsymbol{D}:\mathbb{R}^d\to\mathbb{R}^n$，从 d 维向量的空间到 n 维向量的空间；因为对于任意的 $\boldsymbol{x}\in\mathbb{R}^d$，都存在 $\boldsymbol{y}\in\mathbb{R}^n$，使得：

$$\boldsymbol{D}\boldsymbol{x}=\boldsymbol{y}$$

所有满足 $\boldsymbol{Dx}=\boldsymbol{y}$ 的向量 $\boldsymbol{y}$（对每一个可能的 $\boldsymbol{x}\in\mathbb{R}^d$）的集合称作 $\boldsymbol{D}$ 的**列空间**（column space）；所有满足 $\boldsymbol{D}^{\mathrm{T}}\boldsymbol{y}=\boldsymbol{x}$ 的向量 $\boldsymbol{x}$（对每一个可能的 $\boldsymbol{y}\in\mathbb{R}^n$）的集合称作 $\boldsymbol{D}$ 的**行空间**（row space），它与 $\boldsymbol{D}^{\mathrm{T}}$ 的列空间是等价的。换句话说，$\boldsymbol{D}$ 的列空间是所有可以通过 $\boldsymbol{D}$ 的列的线性组合得到的向量的集合，$\boldsymbol{D}$ 的行空间是所有可以通过 $\boldsymbol{D}$ 的行（或 $\boldsymbol{D}^{\mathrm{T}}$ 的列）的线性组合得到的向量的集合。所有使得 $\boldsymbol{Dx}=\boldsymbol{0}$ 的向量 $\boldsymbol{x}\in\mathbb{R}^d$ 的集合称作 $\boldsymbol{D}$ 的**零空间**（null space）；所有使得 $\boldsymbol{D}^{\mathrm{T}}\boldsymbol{y}=\boldsymbol{0}$ 的向量 $\boldsymbol{y}\in\mathbb{R}^n$ 的集合称作 $\boldsymbol{D}$ 的**左零空间**（left null space）。

SVD 的一个特点是它给出了与矩阵 $\boldsymbol{D}$ 相关的四个基本空间的基。若 $\boldsymbol{D}$ 的秩为 r，则说明它只有 r 个独立的列，和 r 个独立的行。因此，对应公式 (7.38) 中 $\boldsymbol{D}$ 的 r 个非零奇异值的 r 个左奇异向量 $\boldsymbol{l}_1,\boldsymbol{l}_2,\cdots,\boldsymbol{l}_r$ 代表了 $\boldsymbol{D}$ 的列空间的一个基。剩余的 $n-r$ 个左奇异向量 $\boldsymbol{l}_{r+1},\cdots,\boldsymbol{l}_n$ 代表了 $\boldsymbol{D}$ 的左零空间。对于行空间，$\boldsymbol{D}$ 的 r 个非零奇异值的 r 个右奇异向量 $\boldsymbol{r}_1,\boldsymbol{r}_2,\cdots,\boldsymbol{r}_r$ 代表了 $\boldsymbol{D}$ 的行空间的一个基，剩余的 $d-r$ 个右奇异向量 $\boldsymbol{r}_j(j=r+1,\cdots,d)$ 代表了 $\boldsymbol{D}$ 的零空间的一个基。

考虑公式 (7.39) 中的简化 SVD。公式两边同乘以 $\boldsymbol{R}_r$，由于 $\boldsymbol{R}_r^{\mathrm{T}}\boldsymbol{R}_r=\boldsymbol{I}_r$，其中 $\boldsymbol{I}_r$ 是 $r\times r$ 的单位矩阵，可得：

$$
\begin{aligned}
\boldsymbol{DR}_r &= \boldsymbol{L}_r\boldsymbol{\Delta}_r\boldsymbol{R}_r^{\mathrm{T}}\boldsymbol{R}_r\\
\boldsymbol{DR}_r &= \boldsymbol{L}_r\boldsymbol{\Delta}_r\\
\boldsymbol{DR}_r &= \boldsymbol{L}_r\begin{pmatrix}\delta_1 & 0 & \cdots & 0\\ 0 & \delta_2 & \cdots & 0\\ \vdots & \vdots & \ddots & \vdots\\ 0 & 0 & \cdots & \delta_r\end{pmatrix}
\end{aligned}
$$

$$
\boldsymbol{D}\begin{pmatrix}| & | & & |\\ \boldsymbol{r}_1 & \boldsymbol{r}_2 & \cdots & \boldsymbol{r}_r\\ | & | & & |\end{pmatrix}=\begin{pmatrix}| & | & & |\\ \delta_1\boldsymbol{l}_1 & \delta_2\boldsymbol{l}_2 & \cdots & \delta_r\boldsymbol{l}_r\\ | & | & & |\end{pmatrix}
$$

从上式可得：

$$
\boldsymbol{Dr}_i=\delta_i\boldsymbol{l}_i,\quad i=1,\cdots,r
$$

换句话说，SVD 是矩阵 $\boldsymbol{D}$ 的一种特殊分解，使得行空间中的任意基向量 $\boldsymbol{r}_i$ 都映射到列空间中对应的基向量 $\boldsymbol{l}_i$（按奇异值 δ_i 进行缩放）。因此，我们可以将 SVD 看作从 $\mathbb{R}^d$（行空间）中的一个规范正交基 $(\boldsymbol{r}_1,\boldsymbol{r}_2,\cdots,\boldsymbol{r}_r)$ 到 $\mathbb{R}^n$（列空间）中的规范正交基 $(\boldsymbol{l}_1,\boldsymbol{l}_2,\cdots,\boldsymbol{l}_r)$，对应的轴均按照奇异值 $\delta_1,\delta_2,\cdots,\delta_r$ 缩放。

7.4.2 奇异值分解和主成分分析之间的联系

假设矩阵 $\boldsymbol{D}$ 已经居中了，且其 SVD[根据公式 (7.38)] 为 $\boldsymbol{D}=\boldsymbol{L\Delta R}^{\mathrm{T}}$。考虑 $\boldsymbol{D}$ 的**散布矩阵**，定义为 $\boldsymbol{D}^{\mathrm{T}}\boldsymbol{D}$，有：

$$
\begin{aligned}
\boldsymbol{D}^{\mathrm{T}}\boldsymbol{D} &= (\boldsymbol{L\Delta R}^{\mathrm{T}})^{\mathrm{T}}(\boldsymbol{L\Delta R}^{\mathrm{T}})\\
&= \boldsymbol{R\Delta}^{\mathrm{T}}\boldsymbol{L}^{\mathrm{T}}\boldsymbol{L\Delta R}^{\mathrm{T}}\\
&= \boldsymbol{R}(\boldsymbol{\Delta}^{\mathrm{T}}\boldsymbol{\Delta})\boldsymbol{R}^{\mathrm{T}}\\
&= \boldsymbol{R\Delta}_d^2\boldsymbol{R}^{\mathrm{T}}
\end{aligned}\tag{7.40}
$$

其中 $\boldsymbol{\Delta}_d^2$ 是一个 $d\times d$ 的对角矩阵，定义为 $\boldsymbol{\Delta}_d^2(i,i)=\delta_i^2$（$i=1,\cdots,d$）。其中只有 $r\leqslant \min(d,n)$ 个特征值是正的，其余的都为 0。

由于居中矩阵 $\boldsymbol{D}$ 的协方差矩阵为 $\boldsymbol{\Sigma}=\frac{1}{n}\boldsymbol{D}^{\mathrm{T}}\boldsymbol{D}$，且 $\boldsymbol{\Sigma}=\boldsymbol{U}\boldsymbol{\Lambda}\boldsymbol{U}^{\mathrm{T}}$[用 PCA，公式 (7.37)]，有：

$$
\begin{aligned}
\boldsymbol{D}^{\mathrm{T}}\boldsymbol{D}&=n\boldsymbol{\Sigma}\\
&=n\boldsymbol{U}\boldsymbol{\Lambda}\boldsymbol{U}^{\mathrm{T}}\\
&=\boldsymbol{U}(n\boldsymbol{\Lambda})\boldsymbol{U}^{\mathrm{T}}
\end{aligned}
\tag{7.41}
$$

结合公式 (7.40) 与公式 (7.41)，可以得出结论：右奇异向量 $\boldsymbol{R}$ 与 $\boldsymbol{\Sigma}$ 的特征向量相等。此外，$\boldsymbol{D}$ 对应的奇异值与 $\boldsymbol{\Sigma}$ 的特征值有如下关系：

$$
\begin{aligned}
&n\lambda_i=\delta_i^2\\
\text{或}\quad &\lambda_i=\frac{\delta_i^2}{n},\quad i=1,\cdots,d
\end{aligned}
\tag{7.42}
$$

现在考虑矩阵 $\boldsymbol{D}\boldsymbol{D}^{\mathrm{T}}$，有：

$$
\begin{aligned}
\boldsymbol{D}\boldsymbol{D}^{\mathrm{T}}&=(\boldsymbol{L}\boldsymbol{\Delta}\boldsymbol{R}^{\mathrm{T}})(\boldsymbol{L}\boldsymbol{\Delta}\boldsymbol{R}^{\mathrm{T}})^{\mathrm{T}}\\
&=\boldsymbol{L}\boldsymbol{\Delta}\boldsymbol{R}^{\mathrm{T}}\boldsymbol{R}\boldsymbol{\Delta}^{\mathrm{T}}\boldsymbol{L}^{\mathrm{T}}\\
&=\boldsymbol{L}(\boldsymbol{\Delta}\boldsymbol{\Delta}^{\mathrm{T}})\boldsymbol{L}^{\mathrm{T}}\\
&=\boldsymbol{L}\boldsymbol{\Delta}_n^2\boldsymbol{L}^{\mathrm{T}}
\end{aligned}
$$

其中 $\boldsymbol{\Delta}_n^2$ 是一个 $n\times n$ 的对角矩阵，满足 $\boldsymbol{\Delta}_n^2(i,i)=\delta_i^2$（$i=1,\cdots,n$）。其中只有 r 个奇异值为正，其余的都为 0。因此，$\boldsymbol{L}$ 中的左奇异向量是 $n\times n$ 矩阵 $\boldsymbol{D}\boldsymbol{D}^{\mathrm{T}}$ 的特征向量，对应的特征值为 δ_i^2。

例 7.9 接下来考虑例 7.1 中的 $n\times d$ 居中鸢尾花数据矩阵 $\boldsymbol{D}$，$n=150$，$d=3$。在例 7.5 中，计算协方差矩阵 $\boldsymbol{\Sigma}$ 的特征值和特征向量如下：

$$
\begin{array}{lll}
\lambda_1=3.662 & \lambda_2=0.239 & \lambda_3=0.059\\
\boldsymbol{u}_1=\begin{pmatrix}-0.390\\0.089\\-0.916\end{pmatrix} & \boldsymbol{u}_2=\begin{pmatrix}-0.639\\-0.742\\0.200\end{pmatrix} & \boldsymbol{u}_3=\begin{pmatrix}-0.663\\0.664\\0.346\end{pmatrix}
\end{array}
$$

计算 $\boldsymbol{D}$ 的 SVD，可以得到如下的非零奇异值和对应的右奇异向量：

$$
\begin{array}{lll}
\delta_1=23.437 & \delta_2=5.992 & \delta_3=2.974\\
\boldsymbol{r}_1=\begin{pmatrix}-0.390\\0.089\\-0.916\end{pmatrix} & \boldsymbol{r}_2=\begin{pmatrix}0.639\\0.742\\-0.200\end{pmatrix} & \boldsymbol{r}_3=\begin{pmatrix}-0.663\\0.664\\0.346\end{pmatrix}
\end{array}
$$

此处没有列出左奇异向量 $\boldsymbol{l}_1$、$\boldsymbol{l}_2$、$\boldsymbol{l}_3$，因为它们在 $\mathbb{R}^{150}$ 里面。用公式 (7.42) 可以验证 $\lambda_i=\frac{\delta_i^2}{n}$。例如：

$$
\lambda_1=\frac{\delta_1^2}{n}=\frac{23.437^2}{150}=\frac{549.29}{150}=3.662
$$

注意右奇异向量与 $\boldsymbol{\Sigma}$ 的主成分或特征向量相等，也就是具有同构性，即二者的方向也许是可逆的。鸢尾花数据集中有 $\boldsymbol{r}_1 = \boldsymbol{u}_1$、$\boldsymbol{r}_2 = -\boldsymbol{u}_2$ 和 $\boldsymbol{r}_3 = \mathbf{u}_3$。这里第二个右奇异向量变号了。

7.5 补充阅读

主成分分析由 Pearson (1991) 首先提出。关于 PCA 的全面描述，请参考 Jolliffe (2002)。核 PCA 是由 Schölkopf，Smola，and Müller (1998) 首先提出的。关于非线性降维方法的进一步讨论，请参考 Lee and Verleysen (2007)。所需的线性代数背景知识可以在 Strang (2006) 中找到。

Jolliffe, I. (2002). *Principal Component Analysis*, 2nd ed. Springer Series in Statistics. New York: Springer Science + Business Media.

Lee, J. A. and Verleysen, M. (2007). *Nonlinear Dimensionality Reduction.* New York: Springer Science + Business Media.

Pearson, K. (1901). "On lines and planes of closest fit to systems of points in space." *The London, Edinburgh, and Dublin Philosophical Magazine and Journal of Science*, 2 (11): 559–572.

Schölkopf, B., Smola, A. J., and Müller, K.-R. (1998). "Nonlinear component analysis as a kernel eigenvalue problem." *Neural Computation*, 10 (5): 1299–1319.

Strang, G. (2006). *Linear Algebra and Its Applications*, 4th ed. Independence, KY: Thomson Brooks/Cole, Cengage Learning.

7.6 习题

Q1. 考虑如下数据矩阵 $\boldsymbol{D}$。

X_1	X_2
8	−20
0	−1
10	−19
10	−20
2	0

(a) 计算 $\boldsymbol{D}$ 的均值 $\boldsymbol{\mu}$ 和协方差矩阵 $\boldsymbol{\Sigma}$。

(b) 计算 $\boldsymbol{\Sigma}$ 的特征值。

(c) 这个数据集的“本质”维数是多少（只去掉一小部分方差）？

(d) 计算第一主成分。

(e) 若 $\boldsymbol{\mu}$ 和 $\boldsymbol{\Sigma}$ 刻画了生成以上点的正态分布，画出二维正态分布密度函数的方向和范围的草图。

Q2. 给定协方差矩阵 $\boldsymbol{\Sigma} = \begin{pmatrix} 5 & 4 \\ 4 & 5 \end{pmatrix}$，回答下列问题。

(a) 通过求解方程 $\det(\boldsymbol{\Sigma} - \lambda \boldsymbol{I}) = 0$ 计算 $\boldsymbol{\Sigma}$ 的特征值。

(b) 通过求解方程 $\boldsymbol{\Sigma}\boldsymbol{u}_i = \lambda_i \boldsymbol{u}_i$ 求出对应的特征向量。

Q3. 计算以下矩阵的奇异值以及左、右奇异向量：

$$\boldsymbol{A} = \begin{pmatrix} 1 & 1 & 0 \\ 0 & 0 & 1 \end{pmatrix}$$

Q4. 考虑表 7-1 中的数据。定义如下核函数：$K(\boldsymbol{x}_i, \boldsymbol{x}_j) = \|\boldsymbol{x}_i - \boldsymbol{x}_j\|^2$。回答下列问题。

(a) 计算核矩阵 $\boldsymbol{K}$。

(b) 找出第一个主成分。

表 7-1 Q4 的数据集

i	$\boldsymbol{x}_i$
$\boldsymbol{x}_1$	(4, 2.9)
$\boldsymbol{x}_4$	(2.5, 1)
$\boldsymbol{x}_7$	(3.5, 4)
$\boldsymbol{x}_9$	(2, 2.1)

Q5. 给定两个点 $\boldsymbol{x}_1 = (1, 2)^{\mathrm{T}}$ 和 $\boldsymbol{x}_2 = (2, 1)^{\mathrm{T}}$，使用核函数。

$$K(\boldsymbol{x}_i, \boldsymbol{x}_j) = (\boldsymbol{x}_i^{\mathrm{T}} \boldsymbol{x}_j)^2$$

通过求解方程 $\boldsymbol{K}\boldsymbol{c} = \eta_1 \boldsymbol{c}$ 找到核主成分。

第二部分　频繁模式挖掘

第8章　项集挖掘

在许多应用中，我们会关注两个或更多的对象同时出现的频率。例如，考虑一个很流行的网站，所有访问该网站的流量都以网络日志（Weblog）的形式记录下来。网络日志通常记录某个用户请求的源页面和目的页面，以及访问时间、标志访问成功与否的返回代码，等等。给定这样的网络日志，我们可以寻找是否存在这样一个页面的集合，许多用户无论何时访问网络都会访问该集合中的页面。这样的“频繁”网页子集提供了用户浏览习惯的线索，可以用于提升浏览体验。

挖掘频繁模式的要求可见于许多其他领域。一个典型的应用是**购物篮分析**（market basket analysis），即通过分析超市客户的的购物车（或购物篮），挖掘出经常一起买的物品的集合，即频繁集。之后，我们就可以提取出这些物品间的**关联规则**（association rule），这些规则描述了两个物品的集合同时出现，或在一定条件下同时出现的可能性。例如，在网络日志的场景中，我们可以从频繁集中提取出如下规则：“访问主页、笔记本电脑和打折页面的用户也会访问购物车和结算页面。”该规则说明，特价活动使得笔记本的销量增加。在超市购物篮的例子中，可以发现如“买牛奶和谷物的客户也倾向于买香蕉”这样的规则，告诉我们百货商店应当将香蕉和谷物放在邻近的地方销售。本章将以挖掘频繁项集的算法开始，并说明如何使用这些算法来提取关联规则。

8.1　频繁项集和关联规则

1. **项集和事务标识符集**

令 $\mathcal{I} = \{x_1, x_2, \cdots, x_m\}$ 为一组称作**项**（item）的元素的集合。集合 $X \subseteq \mathcal{I}$ 称为**项集**（itemset）。$\mathcal{I}$ 可以表示超市中售卖的所有产品的集合、一个网站所有页面的集合、等等。一个基数或大小为 k 的项集称为 k 项集。我们用 $\mathcal{I}^{(k)}$ 表示所有 k 项集的集合，即所有大小为 k 的 $\mathcal{I}$ 的子集。令 $\mathcal{T} = \{t_1, t_2, \cdots, t_n\}$ 为另一个由所谓的**事务标识符**（tid）构成的集合。集合 $T \subseteq \mathcal{T}$ 称为一个**事务标识符集**。我们假设项集和事务标识符集都是按照字母顺序排序的。

事务（transaction）是一个形如 $\langle t, X\rangle$ 的元组，其中 $t \in \mathcal{T}$ 是一个独一的标识符，X 是一个项集。事务的集合 $\mathcal{T}$ 可以代表超市中所有客户、网站的所有访问者，等等。为方便起见，我们用其标识符 t 来指代一个事务 $\langle t, X\rangle$。

2. **数据库表示**

一个二元数据库 $\boldsymbol{D}$ 表示了事务标识符集和项集之间的二元关系，即 $\boldsymbol{D} \subseteq \mathcal{T} \times \mathcal{I}$。我们说事务标识符集 $t \in \mathcal{T}$ **包含**项 $x \in \mathcal{I}$，当且仅当 $(t, x) \in \boldsymbol{D}$。换句话说，$(t, x) \in \mathbf{D}$，当且仅当 $x \in X$ 在元组 $\langle t, X\rangle$ 中。我们说事务标识符集 t **包含**项集 $X = \{x_1, x_2, \cdots, x_k\}$，当且仅当

$\langle t, x_i\rangle \in \boldsymbol{D}$（$i=1,2,\cdots,k$）。

例 8.1 图 8-1a 给出了一个二进制数据库的示例。这里 $\mathcal{I}=\{A,B,C,D,E\}$，且 $\mathcal{T}=\{1,2,3,4,5,6\}$。在二进制数据库中，第 t 行和第 x 列的单元为 1，当且仅当 $(t,x)\in\boldsymbol{D}$，否则为 0。我们可以看到事务 1 包含项 B，它同样包含项集 BE，等等。

对于一个集合 X，我们用 2^X 表示 X 的幂集，即 X 所有子集的集合。令 $\boldsymbol{i}:2^{\mathcal{T}}\rightarrow 2^{\mathcal{I}}$ 为一个函数，定义如下：

$$\boldsymbol{i}(T)=\{x|\forall t\in T,\ t\text{包含}x\} \tag{8.1}$$

其中 $T\subseteq\mathcal{T}$, 且 $\boldsymbol{i}(T)$ 是事务标识符集 T 中所有事务的公共项的集合。具体来说，$\boldsymbol{i}(t)$ 是事务标识符 $t\in\mathcal{T}$ 中包含的项的集合。注意，在本章中为了方便起见，没有严格使用集合的表示（例如，我们用 $\boldsymbol{i}(t)$ 表示 $\boldsymbol{i}(\{t\})$）。有时候将二进制数据库 $\boldsymbol{D}$ 看作由形如 $\langle t,\boldsymbol{i}(t)\rangle$（$t\in\mathcal{T}$）的元组构成的*事务数据库*（transaction database）会很方便。该事务或项集数据库可以看作二进制数据库的一种水平表示，其中我们忽略了不含包在一个给定事务标识符中的项。

令 $\boldsymbol{t}:2^{\mathcal{I}}\rightarrow 2^{\mathcal{T}}$ 为一个函数，定义如下：

$$\boldsymbol{t}(X)=\{t|t\in\mathcal{T},\ t\text{包含}x\} \tag{8.2}$$

其中 $X\subseteq\mathcal{I}$，且 $\boldsymbol{t}(X)$ 是包含了项集 X 中所有项的事务标识符的集合。具体来说，$\boldsymbol{t}(x)$ 是包含了单个项 x 的事务标识符的集合。有时候将二进制数据库 $\boldsymbol{D}$ 看作一个包含形如 $\langle x,\boldsymbol{t}(x)\rangle, x\in\mathcal{I}$ 的元组的事务标识符集数据库也是很方便的。事务标识符集数据库是二进制数据库的一种垂直表示，其中我们忽略了没有包含给定项的事务标识符。

例 8.2 图 8-1b 给出了对应图 8-1a 的二进制数据库的事务数据库。例如，若第一个事务为 $\langle 1,\{A,B,D,E\}\rangle$，其中略去 C，因为 $(1,C)\notin\boldsymbol{D}$。为方便起见，在不引起混淆的前提下，我们不使用项集和事务标识符集的集合表示。因此，我们将 $\langle 1,\{A,B,D,E\}\rangle$ 写为 $\langle 1,ABDE\rangle$。

图 8-1c 给出了对应图 8-1a 的二进制数据库的垂直数据库。例如，对应第一个项的元组（第一列）为 $\langle A,\{1,3,4,5\}\rangle$，为方便起见，将其写为 $\langle A,1345\rangle$；此处略过事务标识符 2 和 6，因为 $(2,A)\notin\boldsymbol{D}$ 且 $(6,A)\notin\boldsymbol{D}$。

$\boldsymbol{D}$	A	B	C	D	E
1	1	1	0	1	1
2	0	1	1	0	1
3	1	1	0	1	1
4	1	1	1	0	1
5	1	1	1	1	1
6	0	1	1	1	0

(a) 二进制数据库

t	$\boldsymbol{i}(t)$
1	$ABDE$
2	BCE
3	$ABDE$
4	$ABCE$
5	$ABCDE$
6	BCD

(b) 事务数据库

x	A	B	C	D	E
$\boldsymbol{t}(x)$	1	1	2	1	1
	3	2	4	3	2
	4	3	5	5	3
	5	4	6	6	4
		5			5
		6			

(c) 垂直数据库

图 8-1 一个样例数据库

3. 支撑和频繁项集

数据集 $\boldsymbol{D}$ 的一个项集 X 的*支撑*（support），表示为 $\sup(X,\boldsymbol{D})$，即 $\boldsymbol{D}$ 中所有包含 X 的事务的数目：

$$\sup(X,\boldsymbol{D})=\left|\{t|\langle t,\boldsymbol{i}(t)\rangle\in\boldsymbol{D}\text{且}X\subseteq\boldsymbol{i}(t)\}\right|=|\boldsymbol{t}(X)|$$

X 的**相对支撑**（relative support）即包含 X 的事务的比例：

$$\text{rsup}(X, \boldsymbol{D}) = \frac{\text{sup}(X, \boldsymbol{D})}{|\boldsymbol{D}|}$$

它是对包含 X 的项的联合概率的一个估计。

若 $\text{sup}(X, \boldsymbol{D}) \geqslant \text{minsup}$，则称一个项集 X 在 $\boldsymbol{D}$ 中是**频繁的**，其中 minsup 是用户定义的**最小支撑阈值**（minimum support threshold）。当不会引起关于数据集 $\boldsymbol{D}$ 的混淆时，我们将支撑表示为 $\text{sup}(X)$，相对支撑为 $\text{rsup}(X)$。若 minsup 为一个比例，则默认使用相对支撑。我们使用集合 $\mathcal{F}$ 来表示所有频繁项集的集合，$\mathcal{F}^{(k)}$ 来表示频繁 k-项集的集合。

例 8.3 给定图 8-1 中的示例数据集，令$\text{minsup} = 3$（在相对支撑项中，则 $\text{minsup} = 0.5$）。表 8-1 给出了数据库中所有的 19 个频繁项集，并按它们的支撑值分组。例如，事务 2、4 和 5 包含了项集 BCE，即 $\boldsymbol{t}(BCE) = 245$，且 $\text{sup}(BCE) = |\boldsymbol{t}(BCE)| = 3$。因此，$BCE$ 是一个频繁项集。表中所示的 19 个频繁项集构成了集合 $\mathcal{F}$。所有的频繁 k-项集为：

$$\mathcal{F}^{(1)} = \{A, B, C, D, E\}$$
$$\mathcal{F}^{(2)} = \{AB, AD, AE, BC, BD, BE, CE, DE\}$$
$$\mathcal{F}^{(3)} = \{ABD, ABE, ADE, BCE, BDE\}$$
$$\mathcal{F}^{(4)} = \{ABDE\}$$

表 8-1 minsup = 3 时的频繁项集

sup	项集
6	B
5	E, BE
4	$A, C, D, AB, AE, BC, BD, ABE$
3	$AD, CE, DE, ABD, ADE, BCE, BDE, ABDE$

4. **关联规则**

关联规则（association rule）是一个表达式 $X \xrightarrow{s,c} Y$，其中 X 和 Y 是项集且不相交，即 $X, Y \subseteq \mathcal{I}$ 且 $X \cap Y = \varnothing$。此处用 XY 表示项集 $X \cup Y$。规则的**支撑**是指 X 和 Y 同时出现的事务的总数：

$$s = \text{sup}(X \longrightarrow Y) = |\boldsymbol{t}(XY)| = \text{sup}(XY)$$

规则的**相对支撑**（relative support）定义为 X 和 Y 同时出现的事务的比例，它提供了对 X 和 Y 的联合概率的估计：

$$\text{rsup}(X \longrightarrow Y) = \frac{\text{sup}(XY)}{|\boldsymbol{D}|} = P(X \wedge Y)$$

一条规则的**置信度**（confidence）是一个事务包含 X 的情况下也包含 Y 的条件概率：

$$c = \text{conf}(X \longrightarrow Y) = P(Y|X) = \frac{P(X \wedge Y)}{P(X)} = \frac{\text{sup}(XY)}{\text{sup}(X)}$$

我们称一条规则是**频繁的**，若其对应的项集 XY 是频繁的，即 $\sup(XY) \geqslant \text{minsup}$；我们称一条规则是**强的**，若 $\text{conf} \geqslant \text{minconf}$，其中 minconf 是用户定义的最小置信度阈值。

例 8.4 考虑关联规则 $BC \to E$。根据表 8-1 所示的项集支撑值，规则的支撑和置信度为：

$$s = \sup(BC \longrightarrow E) = \sup(BCE) = 3$$

$$c = \text{conf}(BC \longrightarrow E) = \frac{\sup(BCE)}{\sup(BC)} = 3/4 = 0.75$$

5. 项集和规则挖掘

根据规则支撑和置信度的定义，可以观察到，为了生成频繁且高置信度的关联规则，首先要枚举所有的频繁项集及其支撑值。给定一个数据库 $\boldsymbol{D}$ 和用户定义的最小支撑阈值 minsup，频繁项集挖掘的任务是枚举所有的频繁项集（支撑大于等于 minsup）；其次，给定频繁项集的集合 $\mathcal{F}$ 和最小置信度 minconf，关联规则挖掘的任务是找出所有频繁且置信度高的规则。

8.2 频繁项集挖掘算法

本节从讨论一种朴素或蛮力的算法开始。该算法枚举所有可能的项集 $X \subseteq \mathcal{I}$，并对每个子集确定其在输入数据 $\boldsymbol{D}$ 中的支撑。这种方法包含两个主要步骤：(1) 候选生成；(2) 支撑计算。

1. 候选生成

这一步生成 $\mathcal{I}$ 的所有子集，也称为**候选**（candidate），因为每一个项集都可能是一个候选的频繁模式。候选项集的搜索空间是指数式的，因为一共有 $2^{|\mathcal{I}|}$ 个可能的频繁项集。项集的搜索空间的结构也值得注意；所有项集的集合构成了一个格栅结构，其中任意两个项集 X 和 Y 由一条链接连接，当且仅当 X 是 Y 的一个**直接子集**，即 $X \subseteq Y$ 且 $|X| = |Y| - 1$。考虑实际可行的搜索策略，格栅中的项集可以使用宽度优先（breath-first，BFS）或深度优先（depth-first，DFS）的方法搜索**前缀树**（prefix tree）来枚举。在前缀树中，两个项集 X、Y 通过一条边连接，当且仅当 X 是 Y 的直接子集和前缀。这样我们可以从空集开始枚举项集，每次加入一个项。

2. 支撑计算

这一步计算每个候选模式 X 并判定它是否为频繁的。对于数据库中的每一个事务 $\langle t, \boldsymbol{i}(t)\rangle$，若 X 是 $\boldsymbol{i}(t)$ 的一个子集，则 X 的支撑加 1。

以上方法的伪代码参见算法 8.1，它枚举每一个项集 $X \subseteq \mathcal{I}$，并通过检查对于所有 $t \in \mathcal{T}$，$X \subseteq \boldsymbol{i}(t)$ 是否成立来计算其支撑。

算法8.1 BRUTEFORCE 算法

```
BRUTEFORCE (D, I, minsup):
1 F ← ∅ // 频繁项集的集合
```

```
2  foreach X ⊆ 𝓘 do
3  |   sup(X) ← ComputeSupport(X, D)
4  |   if sup(X) ⩾ minsup then
5  |   |_ 𝓕 ← 𝓕 ∪ {(X, sup(X))}
6  return 𝓕

   ComputeSupport (X, D):
7  sup(X) ← 0
8  foreach ⟨t, i(t)⟩ ∈ D do
9  |   if X ⊆ i(t) then
10 |   |_ sup(X) ← sup(X) + 1
11 return sup(X)
```

例 8.5　图 8-2 给出了项集 $\mathcal{I}=\{A,B,C,D,E\}$ 的项集格栅。一共有 $2^{|\mathcal{I}|}=2^5=32$ 个可能的项集（包括空集）。对应的前缀搜索树在图中加粗表示。蛮力方法会搜索整个项集搜索空间，无论阈值 minsup 的值是多少。若 minsup = 3，则蛮力方法会给出表 8-1 中所示的所有频繁项集。

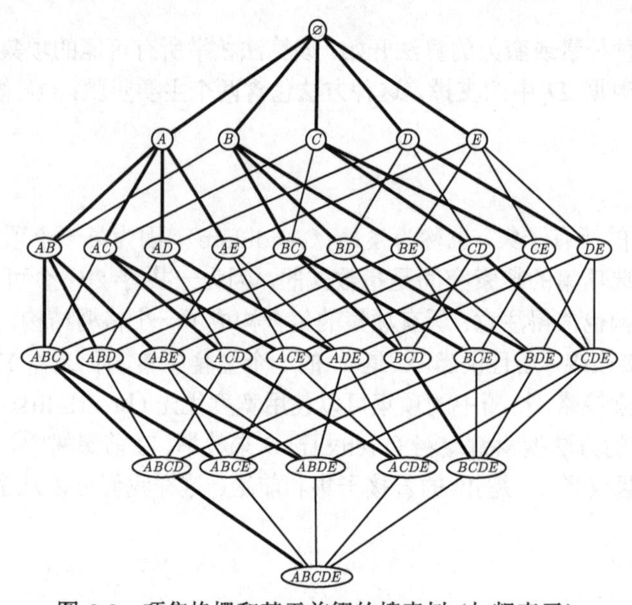

图 8-2　项集格栅和基于前缀的搜索树（加粗表示）

3. 计算复杂度

支撑的计算在最坏情况下需要 $O(|\mathcal{I}|\cdot|\boldsymbol{D}|)$ 的时间。由于一共有 $O(2^{|\mathcal{I}|})$ 个可能的候选，蛮力方法的计算复杂度为 $O(|\mathcal{I}|\cdot|\boldsymbol{D}|\cdot 2^{|\mathcal{I}|})$。数据库 $\boldsymbol{D}$ 可能会非常大，因此也需要衡量输入/输出（I/O）的复杂度。由于会对数据库进行一次完全扫描以计算每一个候选的支撑，BruteForce的 I/O 复杂度为 $O(2^{|\mathcal{I}|})$ 次数据库扫描。因此，即便是对于很小的数据集，蛮力算法在计算上也是不可行的。鉴于在现实中 $\mathcal{I}$ 可以很大（例如，超市中有成千上万种物品），从 I/O 的角度来说，这种方法也是不可行的。

接下来看如何通过提升候选生成和支撑计算来系统地改进蛮力方法。

8.2.1 逐层的方法：Apriori 算法

蛮力方法枚举所有可能的项集并找出那些频繁的项集。其中有很多无用的计算，因为很多候选都不是频繁的。令 $X, Y \subseteq \mathcal{I}$ 为任意两个项集。注意，若 $X \subseteq Y$，则 $\sup(X) \geqslant \sup(Y)$。由此可得：(1) 若 X 是频繁的，则其任意子集 $Y \subseteq X$ 也是频繁的；(2) 若 X 不是频繁的，则任意超集 $Y \supseteq X$ 都不是频繁的。Apriori 算法利用这两个性质来显著改进蛮力方法。它采用逐层或宽度优先的方法来访问项集搜索空间，并修剪掉所有非频繁候选的超集，因为非频繁项集的超集都是非频繁的。这就避免了生成含有非频繁子集的候选。除了通过项集剪枝来改进候选生成步骤，Apriori 方法同样大大降低了 I/O 复杂性。它对前缀树进行深度优先搜索，并计算所有大小为 k 的有效候选（即构成了前缀树的第 k 层）的支撑。

例 8.6 考虑图 8-1 中的示例数据集；令 minsup = 3。图 8-3 给出了 Apriori 方法的项集搜索空间，该空间以前缀树的形式展现，其中，若一个项集是另一个项集的前缀或是直接子集，则这两个项集在前缀树中是互连的。每个节点都显示了一个项集及其支撑，因此 $AC(2)$ 代表 $\sup(AC) = 2$。如图所示，Apriori 以逐层的方式枚举候选模式，并利用了两个 Apriori 性质进行剪枝。例如，若判定 AC 是非频繁的，则我们可以剪去所有包含 AC 为子集的项集；也就是说，AC 之下的整个子树都可以剪掉。对 CD 也一样。同时，从 BC 扩展得到的 BCD 也可以剪掉，因为它包含了一个非频繁子集 CD。

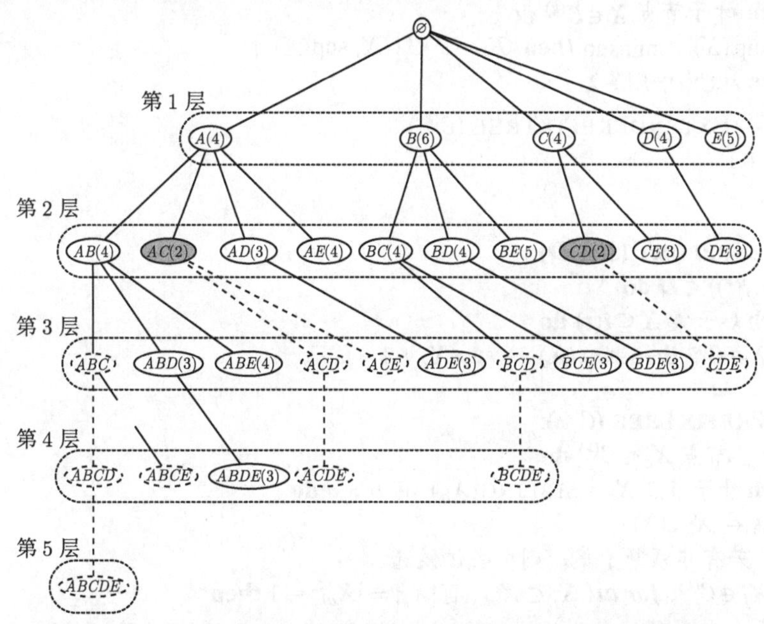

图 8-3 Apriori 算法：前缀搜索树和剪枝效果。加阴影的节点代表非频繁项集，虚线的节点和连线代表所有被剪枝的节点和分枝。实线节点代表频繁项集

算法 8.2 给出了 Apriori 方法的伪代码。令 $\mathcal{C}^{(k)}$ 代表包含所有候选 k-项集的前缀树。Apriori 方法首先将单个项插入一个初始为空的前缀树，得到 $\mathcal{C}^{(1)}$。while 循环（第 5~11 行）首先通过ComputeSupport生成数据库 $\boldsymbol{D}$ 中每个事务的 k-子集，对每个这样的子集，对

$\mathcal{C}^{(k)}$ 中的对应候选（若存在）的支撑加 1，从而实现第 k 层的候选的支撑。通过这种方式，在每一层都只会扫描数据库一次，并且在扫描的过程中对所有候选 k-项集的支撑进行增量。接下来移除任意的非频繁候选（第 9 行）。剩余的前缀树的叶子就构成了频繁 k-项集的集合 $\mathcal{F}^{(k)}$，可以用于生成下一层的候选 $(k+1)$-项集（第 10 行）。EXTENDPREFIXTREE过程采用了基于前缀的扩充方法来进行候选生成。给定两个有长为 $k-1$ 的公共前缀的频繁 k-项集 X_a 和 X_b，即给定有共同父节点的兄弟叶子节点，生成长度为 $(k+1)$ 的候选 $X_{ab}=X_a \cup X_b$。仅当该候选没有非频繁子集时保留该候选。最后，若一个 k-项集 X_a 无法再扩展，则将其从前缀树中剪去；同时我们递归地剪去其没有 k-项集扩展的祖先，这样使得 $\mathcal{C}^{(k)}$ 中的所有叶子都是第 k 层的。若添加了新的候选，则对下一层重复以上过程。整个过程进行到没有新的候选加入为止。

算法8.2　APRIORI算法

```
   APRIORI (D, 𝓘, minsup):
1  𝓕 ← ∅
2  𝓒^(1) ← {∅}  // 用单个项初始化前缀树
3  foreach i ∈ 𝓘 do 通过sup(i)←0, 使得i成为𝓒^(1)中的子集的子节点
4  k ← 1  // k 代表层数
5  while 𝓒^(k) ≠ ∅ do
6      COMPUTESUPPORT (𝓒^(k), D)
7      foreach 叶子节点 X ∈ 𝓒^(k) do
8          if sup (X) ⩾ minsup then 𝓕 ← 𝓕 ∪ {(X, sup(X))}
9          else 从𝓒^(k)中删除X
10     𝓒^(k+1) ← EXTENDPREFIXTREE (𝓒^(k))
11     k ← k + 1
12 return 𝓕^(k)

   COMPUTESUPPORT (𝓒^(k), D):
13 foreach ⟨t, i(t)⟩ ∈ D do
14     foreach k-子集 X ⊆ i(t) do
15         if X ∈ 𝓒^(k) then sup (X) ← sup(X) + 1

   EXTENDPREFIXTREE (𝓒^(k)):
16 foreach 叶子节点 X_a ∈ 𝓒^(k) do
17     foreach 叶子节点 X_b ∈ SIBLING(X_a), 有 b > a do
18         X_ab ← X_a ∪ X_b
           // 若有非频繁子集，则剪去该候选
19         if X_j ∈ 𝓒^(k), for all X_j ⊂ X_ab, 有|X_j| = |X_ab| − 1 then
20             通过sup(X_ab)←0, 将X_ab添加为X_a的子节点
21     if X_a处不再扩展 then
22         从𝓒^(k)中删除X_a以及X_a所有无扩展的祖先
23 return 𝓒^(k)
```

例 8.7 图 8-4 演示了图 8-1 所示的样例数据集上运行 Apriori 算法的情况（minsup = 3）。所有的 $\mathcal{C}^{(1)}$ 候选都是频繁的（见图 8-4a）。在扩展的过程中，考虑所有的成对组合，因为它们都以空集作为共同的父节点。这些组合构成了图 8-4b 中的新前缀树 $\mathcal{C}^{(2)}$；由于 E 没有基于前缀的扩展，故将其从前缀树中剪去。经过支撑计算，$AC(2)$ 和 $CD(2)$ 被去除（以灰色显示），因为它们是非频繁的。前缀树的下一层如图 8-4c 所示。候选 BCD 被去除，因为 CD 是一个非频繁子集。所有第 3 层的候选都是频繁的。最后 $\mathcal{C}^{(4)}$（如图 8-4d 所示）只有一个候选 $X_{ab} = ABDE$，它是由 $X_a = ABD$ 和 $X_b = ABE$ 产生式，因为它们是唯一的一对兄弟节点。挖掘过程在这一步之后停止，因为没有更多可能的扩展了。

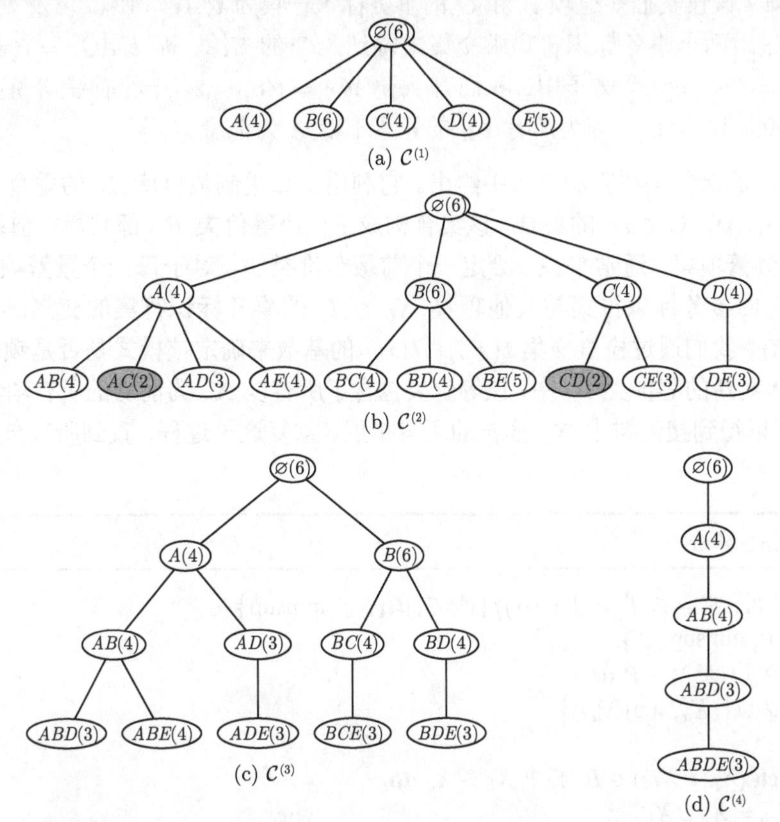

图 8-4　项集挖掘：Apriori 算法。图中给出了每一层的前缀树 $\mathcal{C}^{(k)}$。叶子节点（无阴影）构成了频繁 k-项集 $\mathcal{F}^{(k)}$

Apriori 算法最坏情况下的计算复杂度仍为 $O(|\mathcal{I}| \cdot |\boldsymbol{D}| \cdot 2^{|\mathcal{I}|})$，因为所有的项集都可能是频繁的。在实际情况中，由于对搜索空间有剪枝，开销会大大降低。然而，关于 I/O 开销，最坏情况下 Apriori 算法一共需要 $O(|\mathcal{I}|)$ 次的数据库扫描，远比蛮力方法需要的 $O(2^{|\mathcal{I}|})$ 次扫描要小。实际上，Apriori 算法只需要进行 l 次数据库扫描，其中 l 为最长频繁项集的长度。

8.2.2 事务标识符集的交集方法：Eclat 算法

如果可以对数据库进行索引，使其支持快速频率计算，那么就可以大大提高支撑计算的步骤的效率。在逐层的方法中，为了计算支撑，我们要生成每个事务的子集，并检查它们是否存在于前缀树中。这样做是很耗时的，因为可能会生成许多并不在前缀树中出现的子集。

Eclat 算法利用事务标识符集直接进行支撑计算。它的基本思路是一个候选项集的支撑可以通过对合适的子集的事务标识符集求交集计算出来。通常来讲，给定任意两个频繁项集 X 和 Y 的 $\boldsymbol{t}(X)$ 和 $\boldsymbol{t}(Y)$，有：

$$\boldsymbol{t}(XY) = \boldsymbol{t}(X) \cap \boldsymbol{t}(Y)$$

候选 XY 的支撑就是 $\boldsymbol{t}(XY)$ 的基数，即 $\sup(XY) = |\boldsymbol{t}(XY)|$。Eclat 只对有公共前缀的频繁项集求交集，它以一种类似 DFS 的方式遍历前缀搜索树，并处理一组具有同样前缀的项集，又称为**前缀等价类**（prefix equivalence class）。

例 8.8 例如，假设我们知道项 A 和 C 的事务标识符集为 $\boldsymbol{t}(A) = 1345$ 以及 $\boldsymbol{t}(C) = 2456$，我们可以通过对两个事务标识符集求交集来得到 AC 的支撑，即 $\boldsymbol{t}(AC) = \boldsymbol{t}(A) \cap \boldsymbol{t}(C) = 1345 \cap 2456 = 45$。在这个例子中，我们有 $\sup(AC) = |45| = 2$。一个前缀等价类的例子是 $P_A = \{AB, AC, AD, AE\}$，因为所有 P_A 的元素都以 A 为前缀。

Eclat 算法的伪代码在算法 8.3 中给出。它利用了二进制数据库 $\boldsymbol{D}$ 的垂直表示。因此，输入是元组 $\langle i, \boldsymbol{t}(i)\rangle$（$i \in \mathcal{I}$）的集合，该集合构成了一个等价类 P（都共享空前缀）；我们假设 P 只包含频繁项集。通常来说，给定一个前缀等价类 P，对于每一个频繁项集 $X_a \in P$，我们尝试求它的事务标识符集与其他项集 $X_b \in P$ 的事务标识符集的交集。候选模式为 $X_{ab} = X_a \cup X_b$。我们通过检查交集 $\boldsymbol{t}(X_a) \cap \boldsymbol{t}(x_b)$ 的基数来确定该模式是否是频繁的。若是，则将 X_{ab} 加入到新的等价类 P_a 中，该等价类包含了所有以 X_a 为前缀的所有项集。对 Eclat 递归调用，可以得到搜索树中 X_a 分枝的所有扩展。重复这一过程，直到所有分枝上都无法再扩展。

算法8.3 ECLAT 算法

```
// 初始调用: F ← ∅, P ← {⟨i, t(i)⟩ | i ∈ I, |t(i)| ⩾ minsup}
ECLAT (P, minsup, F):
1 foreach ⟨X_a, t(X_a)⟩ ∈ P do
2     F ← F ∪ {(X_a, sup(X_a))}
3     P_a ← ∅
4     foreach ⟨X_b, t(X_b)⟩ ∈ P, 其中 X_b > X_a do
5         X_ab = X_a ∪ X_b
6         t(X_ab) = t(X_a) ∩ t(X_b)
7         if sup(X_ab) ⩾ minsup then
8             P_a ← P_a ∪ {⟨X_ab, t(X_ab)⟩}
9     if P_a ≠ ∅ then ECLAT (P_a, minsup, F)
```

例 8.9 图 8-5 演示了 Eclat 算法，其中 minsup = 3，初始的前缀等价类为：

$$P_{\varnothing} = \{\langle A, 1345\rangle, \langle B, 123456\rangle, \langle C, 2456\rangle, \langle D, 1356\rangle, \langle E, 12345\rangle\}$$

Eclat 将 $\boldsymbol{t}(A)$ 与 $\boldsymbol{t}(B)$、$\boldsymbol{t}(C)$、$\boldsymbol{t}(D)$、$\boldsymbol{t}(E)$ 分别相交，可以得到 AB、AC、AD、AE 的事务标识符集。其中，AC 是非频繁的，于是被剪除（用灰色表示）。频繁项集和它们的事务标

识符集构成了新的前缀等价类：

$$P_A = \{\langle AB, 1345\rangle, \langle AD, 135\rangle, \langle AE, 1345\rangle\}$$

然后依次递归处理。调用返回后，Eclat 将 $\boldsymbol{t}(B)$ 与 $\boldsymbol{t}(C)$、$\boldsymbol{t}(D)$、$\boldsymbol{t}(E)$ 分别相交，得到如下等价类：

$$P_B = \{\langle BC, 2456\rangle, \langle BD, 1356\rangle, \langle BE, 12345\rangle\}$$

以类似的方式处理其他分枝；Eclat 处理的整个搜索空间如图 8-5 所示。灰色的节点表示非频繁项集，其余为频繁项集的集合。

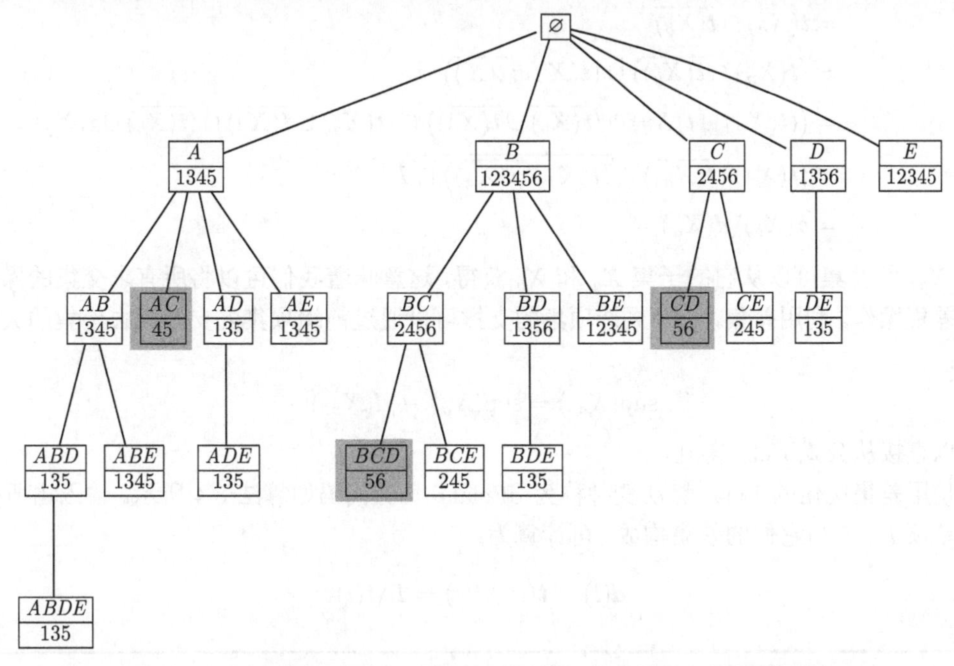

图 8-5 Eclat 算法：事务标识符列表的交集（灰色框表示非频繁项集）

最坏情况下，Eclat 算法的计算复杂度为 $O(|\boldsymbol{D}| \cdot 2^{|\mathcal{I}|})$，因为最多可以有 $2^{|\mathcal{I}|}$ 个频繁项集，且对两个事务标识符集求交集最多需要 $O(|\boldsymbol{D}|)$ 的时间。Eclat 的 I/O 复杂度较难描述，因为它依赖于中间事务标识符集的大小。假设事务标识符集的平均大小为 t，则初始的数据库大小为 $O(t \cdot |\mathcal{I}|)$，且所有的中间事务标识符集的大小为 $O(t \cdot 2^{|\mathcal{I}|})$。因此，Eclat 算法在最坏情况下需要 $\frac{t \cdot 2^{|\mathcal{I}|}}{t \cdot |\mathcal{I}|} = O(2^{|\mathcal{I}|}/|\mathcal{I}|)$ 次数据库扫描。

差集：事务标识符集的差

如果能够缩小中间事务标识符集的大小，那就能够大大提升 Eclat 算法的效率。我们可以通过保留事务标识符集的差（而不是所有完整的事务标识符集）来达到这一目的。令 $X_k = \{x_1, x_2, \cdots, x_{k-1}, x_k\}$ 为一个 k-项集。定义 X_k 的**差集**（diffset）为包含前缀 $X_{k-1} = \{x_1, \cdots, x_{k-1}\}$ 但不包含项 x_k 的事务标识符集，给出如下：

$$\boldsymbol{d}(X_k) = \boldsymbol{t}(X_{k-1}) \backslash \boldsymbol{t}(X_k)$$

考虑两个 k-项集 $X_a = \{x_1, \cdots, x_{k-1}, x_a\}$ 和 $X_b = \{x_1, \cdots, x_{k-1}, x_b\}$，它们的前缀均为 $X =$

$\{x_1, x_2, \cdots, x_{k-1}\}$。$X_{ab} = X_a \cup X_b = \{x_1, \cdots, x_{k-1}, x_a, x_b\}$ 的差集为：

$$\boldsymbol{d}(X_{ab}) = \boldsymbol{t}(X_a) \backslash \boldsymbol{t}(X_{ab}) = \boldsymbol{t}(X_a) \backslash \boldsymbol{t}(X_b) \tag{8.3}$$

然而，注意到：

$$\boldsymbol{t}(X_a) \backslash \boldsymbol{t}(X_b) = \boldsymbol{t}(X_a) \cap \overline{\boldsymbol{t}(X_b)}$$

将上式与空集 $\boldsymbol{t}(X) \cap \overline{\boldsymbol{t}(X)}$ 求并集，可以得到通过 $\boldsymbol{d}(X_a)$ 和 $\boldsymbol{d}(X_b)$ 表示 $\boldsymbol{d}(X_{ab})$ 的如下表达式：

$$\begin{aligned}
\boldsymbol{d}(X_{ab}) &= \boldsymbol{t}(X_a) \backslash \boldsymbol{t}(X_b) \\
&= \boldsymbol{t}(X_a) \cap \overline{\boldsymbol{t}(X_b)} \\
&= \left(\boldsymbol{t}(X_a) \cap \overline{\boldsymbol{t}(X_b)}\right) \cup \left(\boldsymbol{t}(X) \cap \overline{\boldsymbol{t}(X)}\right) \\
&= \left(\left(\boldsymbol{t}(X_a) \cup \boldsymbol{t}(X)\right) \cap \left(\overline{\boldsymbol{t}(X_b)} \cup \overline{\boldsymbol{t}(X)}\right)\right) \cap \left(\boldsymbol{t}(X_a) \cup \overline{\boldsymbol{t}(X)}\right) \cap \left(\overline{\boldsymbol{t}(X_b)} \cup \boldsymbol{t}(X)\right) \\
&= \left(\boldsymbol{t}(X) \cap \overline{\boldsymbol{t}(X_b)}\right) \cap \overline{\left(\boldsymbol{t}(X) \cap \overline{\boldsymbol{t}(X_a)}\right)} \cap \mathcal{T} \\
&= \boldsymbol{d}(X_b) \backslash \boldsymbol{d}(X_a)
\end{aligned}$$

因此 X_{ab} 的差集可以从它的子集 X_a 和 X_b 获得，这意味着我们可以将所有求交集的操作替换为差集操作。利用差集，一个候选项集的支撑可以通过前缀项集的支撑减去差集的大小来得到：

$$\sup(X_{ab}) = \sup(X_a) - |\boldsymbol{d}(X_{ab})|$$

这可以直接从公式 (8.3) 得到。

使用差集优化的 Eclat 算法变种称为 dEclat，其伪代码如算法 8.4 所示。输入由所有的频繁单项 $i \in \mathcal{I}$ 与它们的差集构成，可计算为：

$$\boldsymbol{d}(i) = \boldsymbol{t}(\varnothing) \backslash \boldsymbol{t}(i) = \mathcal{T} \backslash \boldsymbol{t}(i)$$

算法8.4　dECLAT 算法

// 初始调用：$\mathcal{F} \leftarrow \varnothing$,
$P \leftarrow \left\{\langle i, \boldsymbol{d}(i), \sup(i)\rangle \mid i \in \mathcal{I}, \boldsymbol{d}(i) = \mathcal{T} \setminus \boldsymbol{t}(i), \sup(i) \geqslant \text{minsup}\right\}$

dECLAT (P, minsup, $\mathcal{F}$):

1 **foreach** $\langle X_a, \boldsymbol{d}(X_a), \sup(X_a)\rangle \in P$ **do**
2 　$\mathcal{F} \leftarrow \mathcal{F} \cup \left\{(X_a, \sup(X_a))\right\}$
3 　$P_a \leftarrow \varnothing$
4 　**foreach** $\langle X_b, \boldsymbol{d}(X_b), \sup(X_b)\rangle \in P$, 其中 $X_b > X_a$ **do**
5 　　$X_{ab} = X_a \cup X_b$
6 　　$\boldsymbol{d}(X_{ab}) = \boldsymbol{d}(X_b) \setminus \boldsymbol{d}(X_a)$
7 　　$\sup(X_{ab}) = \sup(X_a) - |\boldsymbol{d}(X_{ab})|$
8 　　**if** $\sup(X_{ab}) \geqslant \text{minsup}$ **then**
9 　　　$P_a \leftarrow P_a \cup \left\{\langle X_{ab}, \boldsymbol{d}(X_{ab}), \sup(X_{ab})\rangle\right\}$
10 　**if** $P_a \neq \varnothing$ **then** dECLAT (P_a, minsup, $\mathcal{F}$)

给定一个等价类 P，对于每一对不同的项集 X_a 和 X_b，我们生成候选模式 $X_{ab}=X_a\cup X_b$，并利用差集检查其是否是频繁的（第 6~7 行）。递归调用以找到可能的扩展。值得注意的是，从事务标识符集到差集的切换可以在方法中的任意递归调用中进行。具体来说，若初始的事务标识符集基数比较小，则初始调用可以使用事务标识符集的交集，然后在 2-项集的时候切换到差集。为简明起见，这样的优化没有在伪代码中体现。

例 8.10 图 8-6 演示了 dEclat 算法。其中 minsup = 3，且初始前缀等价类包含所有频繁项及它们的差集，计算如下：

$$\boldsymbol{d}(A)=\mathcal{T}\backslash 1345=26$$

$$\boldsymbol{d}(B)=\mathcal{T}\backslash 123456=\varnothing$$

$$\boldsymbol{d}(C)=\mathcal{T}\backslash 2456=13$$

$$\boldsymbol{d}(D)=\mathcal{T}\backslash 1356=24$$

$$\boldsymbol{d}(E)=\mathcal{T}\backslash 12345=6$$

其中 $\mathcal{T}=123456$。为处理以 A 为前缀的候选，dEclat 计算 AB、AC、AD、AE 的差集。例如，AB 和 AC 的差集为：

$$\boldsymbol{d}(AB)=\boldsymbol{d}(B)\backslash\boldsymbol{d}(A)=\varnothing\backslash\{2,6\}=\varnothing$$

$$\boldsymbol{d}(AC)=\boldsymbol{d}(C)\backslash\boldsymbol{d}(A)=\{1,3\}\backslash\{2,6\}=13$$

且它们的支撑值为：

$$\sup(AB)=\sup(A)-|\boldsymbol{d}(AB)|=4-0=4$$

$$\sup(AC)=\sup(A)-|\boldsymbol{d}(AC)|=4-2=2$$

其中，AB 是频繁的。AC 是非频繁的，因此可以剪去。频繁项集及它们的差集和支撑值构成了新的前缀等价类：

$$P_A=\{\langle AB,\varnothing,4\rangle,\langle AD,4,3\rangle,\langle AE,\varnothing,4\rangle\}$$

接下来对其递归进行处理。其他分枝也进行类似处理。dEclat 的整个搜索空间如图 8-6 所示。项集的支撑在括号中显示。例如，A 的支撑为 4，且它的差集 $\boldsymbol{d}(A)=26$。

8.2.3 频繁模式树方法：FPGrowth 算法

FPGrowth 方法使用一种增强的前缀树——**频繁模式树**（Frequent pattern tree，FP 树）对数据库进行索引，以实现快速的支撑计算。树中的每一个节点都用单个项标注，每一个子节点代表一个不同的项。每个节点同时存储了从根节点到它的路径上的项构成的项集的支撑信息。FP 树按照如下方式构建。树的根初始化为空项 $\varnothing$。对于每一个 $\langle t,X\rangle\in\boldsymbol{D}$，其中 $X=\boldsymbol{i}(t)$，将项集 X 插入到 FP 树，代表 X 的路径上的所有节点的计数值都加 1。若 X 与某些之前插入的事务共享前缀，则在整个共同前缀上，X 会遵循与之相同的路径。对于 X 中剩余的项，在共同前缀下创建新的节点（计数初始化为 1）。当所有事务都插入以后，FP 树的构建就完成了。

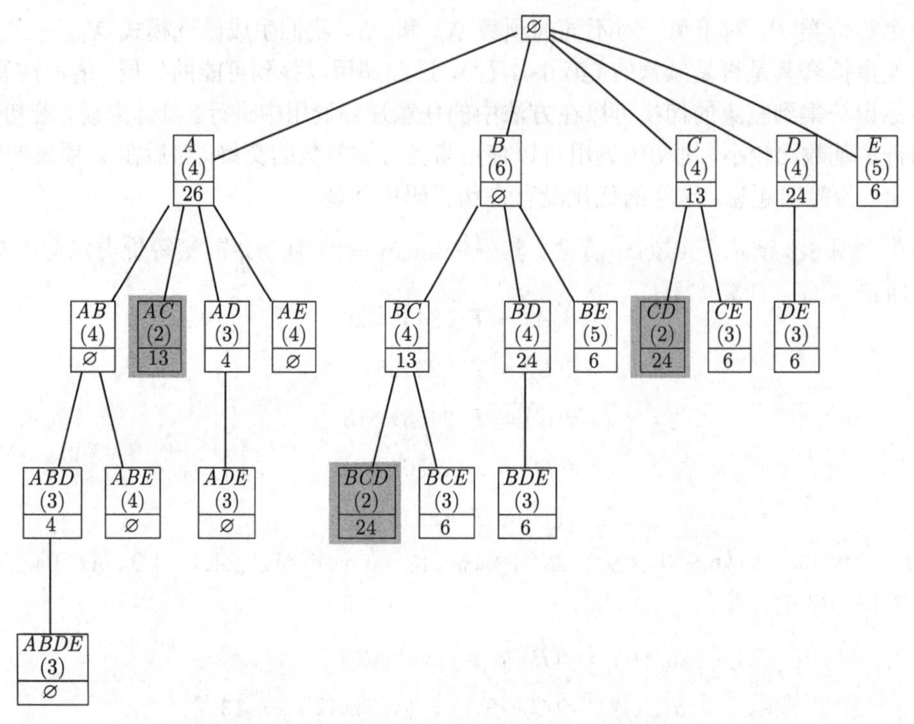

图 8-6　dEclat 算法：差集（灰色框表示非频繁项集）

FP 树可以看作 $\boldsymbol{D}$ 的一种前缀压缩表示。由于我们想要该树尽可能紧凑，应使最频繁的项位于树的顶部。FPGrowth 因此将所有的项按照支撑的降序排列，即在初始的数据库中，首先计算所有单项 $i \in \mathcal{I}$ 的支撑。接下来，丢弃非频繁的项，并对频繁项按支撑值降序排列。最后，每个元组 $\langle t, X\rangle \in \boldsymbol{D}$ 都插入到 FP 树中（X 中的项按照支撑值降序重新排列）。

例 8.11　考虑图 8-1 中的示例数据库。我们逐次将每个事务加入到 FP 树中，并记录每个节点的计数值。对于示例数据库，排序后的项顺序为 $\{B(6), E(5), A(4), C(4), D(4)\}$。接下来，每一个事务都按这个顺序重新排列；例如，$\langle 1, ABDE\rangle$ 变为 $\langle 1, BEAD\rangle$。图 8-7 展示了 FP 树构建的每一步。最终产生式 FP 树在图 8-7f 中给出。

FP 树构建完成之后，就成为了替代原始数据库的一个索引。所有的频繁项集可以直接用FPGrowth方法从树中挖掘出来，该方法对应的伪代码参见算法 8.5。该方法以一个 FP 树 R 和当前的项集前缀 P（初始为空）作为输入。

给定一个 FP 树 R，按照支撑的升序为其中的每一个频繁项 i 建立投影 FP 树（projected FP-tree）。为将 R 投影到项 i 上，找到树中所有 i 的出现，对每一个出现，确定其对应的从根到 i 的路径（第 13 行）。一个给定路径中的项 i 的计数存在于 $\text{cnt}(i)$ 中（第 14 行），并将该路径插入到新的投影树 R_X 中，其中 X 是对前缀 P 新增项 i 得到的项集。在插入路径的时候，沿着给定的路径，R_X 中每个节点的计数值都增加路径的计数值 $\text{cnt}(i)$。忽略路径中的项 i，因为它现在是前缀的一部分。产生式 FP 树是当前前缀和项 i 的项集 X 的投影（第 9 行）。然后以 FP 树 R_X 和新的前缀项集 X 作为参数，递归地调用FPGrowth（第 16 行）。递归的基本条件是 FP 树 R 是一个单路径的时候。当 FP 树为多

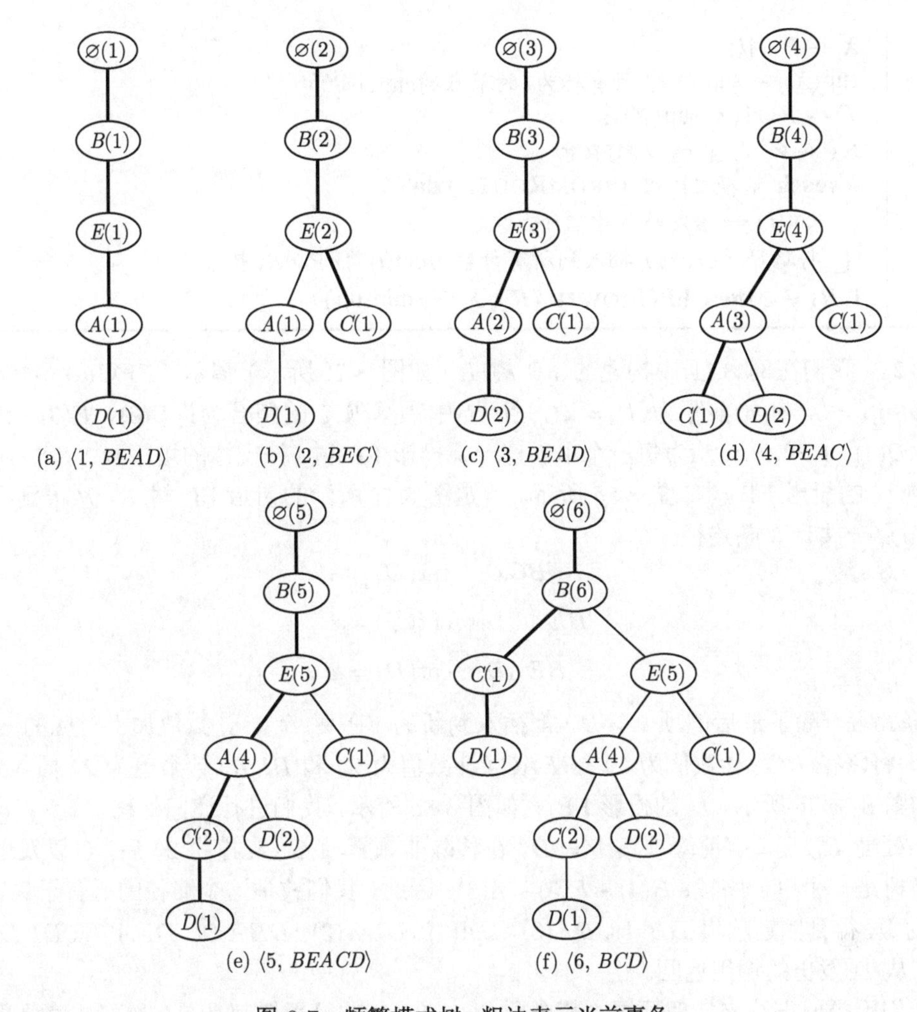

图 8-7 频繁模式树：粗边表示当前事务

条路径时，枚举所有路径子集的项集，且每个项集的支撑等于其中最不频繁的项的支撑值（第2~6 行）。

算法8.5 FPGROWTH算法

```
  // 初始调用: R ← FP-tree(D), P ← ∅, F ← ∅
  FPGROWTH (R, P, F, minsup):
1 删除R中所有的非频繁项
2 if ISPATH(R) then  // 将 R 的子集插入F
3 |  foreach Y ⊆ R do
4 |  |  X ← P ∪ Y
5 |  |  sup(X) ← min_{x∈Y}{cnt(x)}
6 |  |  F ← F ∪ {(X, sup(X))}
7 else  // 对每一个频繁项i, 处理其投影FP树
8 |  foreach i ∈ R 按照sup(i)的升序 do
```

```
9          X ← P ∪ {i}
10         sup(X) ← sup(i) // 所有标为i的节点的cnt(i)的和
11         F ← F ∪ {(X, sup(X))}
12         R_X ← ∅ //X 的投影FP树
13         foreach 路径 ∈ PATHFROMROOT(i) do
14             cnt(i) ← 给定路径中项i的计数
15             将路径（去除i）插入到所有计数为cnt(i)的FP树R_X中
16         if R_X ≠ ∅ then FPGROWTH (R_X, X, F, minsup)
```

例 8.12　我们在例 8.11 中构建的 FP 树 R（如图 8-7f 所示）演示了FPGROWTH方法。令 minsup = 3。初始前缀为 $P = \varnothing$，且 R 中频繁项 i 的集合为：$B(6)$、$E(5)$、$A(4)$、$C(4)$、$D(4)$。FPGROWTH为每一个项创建一棵投影 FP 树（按支撑的增序）。

项 D 的投影 FP 树如图 8-8c 所示。给定图 8-7f 所示的初始 FP 树 R，从根到标号为 D 的节点一共有 3 条路径：

$$BCD,\quad \text{cnt}(D) = 1$$

$$BEACD,\quad \text{cnt}(D) = 1$$

$$BEAD,\quad \text{cnt}(D) = 2$$

这 3 条路径，除了最后的项 $i = D$，都插入到新的 FP 树 R_D（计数值加上对应的 cnt(D) 值），即将路径 BC（计数值为 1）、$BEAC$（计数值为 1）和 BEA（计数值为 2）插入到 R_D 中，如图 8-8a~c 所示。D 的投影 FP 树如图 8-8c 所示，我们进行递归处理。

当处理 R_D 时，有前缀项集 $P = D$，在移除非频繁项 C（支撑为 2）后，可以发现产生式 FP 树是一个单一路径：$B(4) - E(3) - A(3)$。因此，我们枚举这个路径的所有子集，并以 D 为前缀，得到频繁项集 $DB(4)$、$DE(3)$、$DA(3)$、$DBE(3)$、$DBA(3)$、$DEA(3)$、$DBEA(3)$。至此，从 D 发出的调用返回。

我们用类似方法来处理顶层的其余项。C、A、E 的投影树都是单一路径，使得我们可以分别生成频繁项集 $\{CB(4), CE(3), CBE(3)\}$、$\{AE(4), AB(4), AEB(4)\}$、$\{EB(5)\}$。过程如图 8-9 所示。

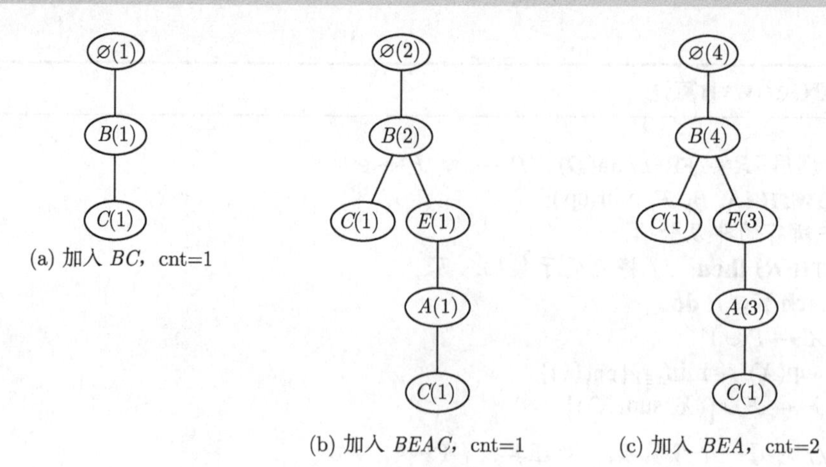

图 8-8　D 的投影频繁模式树

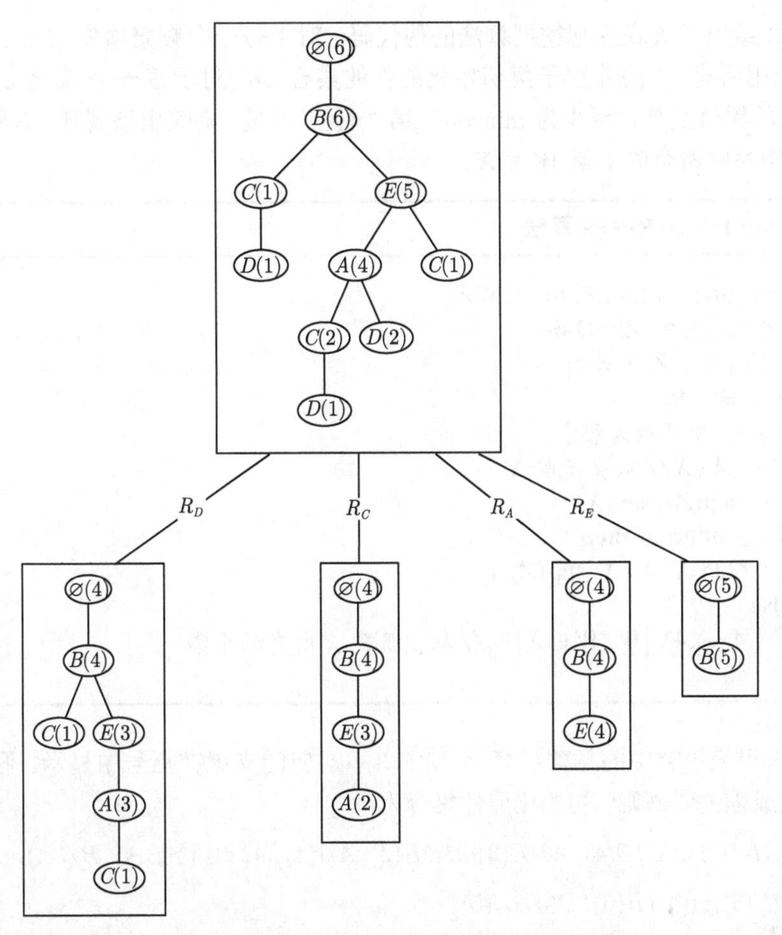

图 8-9 FPGrowth 算法：频繁模式树的投影

8.3 生成关联规则

给定一组频繁项集 $\mathcal{F}$，我们遍历所有的项集 $Z \in \mathcal{F}$ 来生成关联规则，并计算由项集导出的各种规则的置信度。形式上来说，给定一个频繁项集 $Z \in \mathcal{F}$，考虑所有真子集 $X \subset Z$ 以计算如下形式的规则：

$$X \xrightarrow{s,c} Y\text{，其中}Y = Z \backslash X$$

其中 $Z \backslash X = Z - X$。该规则必为频繁的，因为：

$$s = \sup(XY) = \sup(Z) \geqslant \text{minsup}$$

因此，只需要检查规则的置信度是否达到了 minconf 阈值。置信度计算如下：

$$c = \frac{\sup(X \cup Y)}{\sup(X)} = \frac{\sup(Z)}{\sup(X)}$$

若 $c \geqslant \text{minconf}$，则该规则为一个强规则。反之，若 $\text{conf}(X \longrightarrow Y) < c$，则对所有的子集 $W \subset X$，有 $\text{conf}(W \longrightarrow Z \backslash W) < c$，因为 $\sup(W) \geqslant \sup(X)$。因此我们可以不用检查 X 的子集。

算法 8.6 给出了关联规则挖掘算法的伪代码。对于每一个频繁项集 $Z \in \mathcal{F}$（大小至少为 2），我们用所有 Z 的非空子集初始化前件的集合 $\mathcal{A}$。对于每一个 $X \in \mathcal{A}$，检查规则 $X \longrightarrow Z\backslash X$ 的置信度是否至少为 minconf（第 7 行）。若是，则输出该规则。否则，从可能的前件的集合中移除所有的子集 $W \subset X$。

算法 8.6　ASSOCIATIONRULES 算法

```
   ASSOCIATIONRULES (F, minconf):
1  foreach Z ∈ F, 其中 |Z| ⩾ 2 do
2  |  A ← {X | X ⊂ Z, X ≠ ∅}
3  |  while A ≠ ∅ do
4  |  |  X ← A 中的最大元素
5  |  |  A ← A \ X // 从 A 删除 X
6  |  |  c ← sup(Z)/sup(X)
7  |  |  if c ⩾ minconf then
8  |  |  |  输出 X ⟶ Y, sup(Z), c
9  |  |  else
10 |  |  |  A ← A \ {W | W ⊂ X}   // 从 A 删除 X 所有的子集
```

例 8.13　考虑表 8-1 中的频繁项集 $ABDE(3)$，对应的支撑在括号中显示。假设 minconf $= 0.9$。为生成强关联规则，初始化前件集合为：

$$\mathcal{A} = \{ABD(3), ABE(4), ADE(3), BDE(3), AB(4), AD(3), AE(4), BD(4), BE(5), DE(3), A(4), B(6), D(4), E(5)\}$$

第一个子集是 $X = ABD$、$ABD \longrightarrow E$ 的置信度为 $3/3 = 1.0$，因此将其输出。下一个子集是 $X = ABE$，但其对应的规则 $ABE \longrightarrow D$ 不是强的，因为 $\text{conf}(ABE \longrightarrow D) = 3/4 = 0.75$。因此可以从 $\mathcal{A}$ 中移除所有 ABE 的子集。更新后的前件集合为：

$$\mathcal{A} = \{ADE(3), BDE(3), AD(3), BD(4), DE(3), D(4)\}$$

接下来，选择 $X = ADE$，这会生成一个强规则；$X = BDE$ 和 $X = AD$ 也是如此。然而，在处理 $X = BD$ 时，我们发现 $\text{conf}(BD \longrightarrow AE) = 3/4 = 0.75$，因此可以从 $\mathcal{A}$ 中剪去所有 BD 的子集，从而得到：

$$\mathcal{A} = \{DE(3)\}$$

最后一条尝试的规则是 $DE \longrightarrow AB$，它也是强规则。强规则的最终集合输出如下：

$$ABD \longrightarrow E, \quad \text{conf} = 1.0$$
$$ADE \longrightarrow B, \quad \text{conf} = 1.0$$
$$BDE \longrightarrow A, \quad \text{conf} = 1.0$$
$$AD \longrightarrow BE, \quad \text{conf} = 1.0$$
$$DE \longrightarrow AB, \quad \text{conf} = 1.0$$

8.4 补充阅读

关联规则的挖掘问题是由 Agrawal, Imieliński, and Swami (1993) 引入的。Apriori 方法由 Agrawal, and Srikant (1994) 提出；Mannila, Toivonen, and Verkamo (1994) 独立提出了类似的方法。基于事务标识符列表交集的 Eclat 方法由 Zaki 等人 (1997) 提出；使用差集的 dEclat 方法由 Zaki and Gouda (2003) 提出。最后，FPGrowth 算法由 Han, Pei, and Yin (2000) 提出。关于不同的频繁项集挖掘算法的实验比较，可以参见 Goethals and Zaki (2004)。Ganter, Wille, and Franzke (1997) 将频繁项集挖掘和关联规则挖掘直接建立了密切的联系，并进行了形式化概念分析。例如，关联规则可以看成是带频率约束的部分蕴涵（partial implication，Luxenburger，1991）。

Agrawal, R., Imieliński, T., and Swami, A. (May 1993). "Mining association rules between sets of items in large databases." *In Proceedings of the ACM SIGMOD International Conference on Management of Data.* ACM.

Agrawal, R. and Srikant, R. (Sept. 1994). "Fast algorithms for mining association rules." *In Proceedings of the 20th International Conference on Very Large Data Bases*, pp. 487–499.

Ganter, B., Wille, R., and Franzke, C. (1997). *Formal Concept Analysis: Mathematical Foundations.* New York: Springer-Verlag.

Goethals, B. and Zaki, M. J. (2004). "Advances in frequent itemset mining implementations: report on FIMI'03." *ACM SIGKDD Explorations*, 6 (1): 109–117.

Han, J., Pei, J., and Yin, Y. (May 2000). "Mining frequent patterns without candidate generation." *In Proceedings of the ACM SIGMOD International Conference on Management of Data*, ACM.

Luxenburger, M. (1991). "Implications partielles dans un contexte." *Mathématiques et Sciences Humaines*, 113: 35–55.

Mannila, H., Toivonen, H., and Verkamo, I. A. (1994). Efficient algorithms for discovering association rules. *In Proceedings of the AAAI Workshop on Knowledge Discovery in Databases*, AAAI Press.

Zaki, M. J. and Gouda, K. (2003). "Fast vertical mining using diffsets." *In Proceedings of the 9th ACM SIGKDD International Conference on Knowledge Discovery and Data Mining.* ACM, pp. 326–335.

Zaki, M. J., Parthasarathy, S., Ogihara, M., and Li, W. (1997). "New algorithms for fast discovery of association rules." *In Proceedings of the 3rd International Conference on Knowledge Discovery and Data Mining*, pp. 283–286.

8.5 习题

Q1. 给定表 8-2 所示的数据库。

(a) 使用 minsup = 3/8，说明 Apriori 算法如何枚举数据集中的所有频繁模式。

(b) 使用 minsup = 2/8，说明 FPGrowth 如何枚举频繁项集。

表 8-2 Q1 的事务数据库

事务标识符	项集
t_1	$ABCD$
t_2	$ACDF$
t_3	$ACDEG$
t_4	$ABDF$
t_5	BCG
t_6	DFG
t_7	ABG
t_8	$CDFG$

Q2. 考虑表 8-3 中所示的垂直数据库。假设 minsup = 3，使用 Eclat 方法列举所有的频繁项集。

表 8-3 Q2 的数据集

A	B	C	D	E
1	2	1	1	2
3	3	2	6	3
5	4	3		4
6	5	5		5
	6	6		

Q3. 给定两个 k-项集 $X_a = \{x_1, \cdots, x_{k-1}, x_a\}$ 和 $X_b = \{x_1, \cdots, x_{k-1}, x_b\}$，它们都以相同的 $(k-1)$-项集 $X = \{x_1, x_2, \cdots, x_{k-1}\}$ 作为前缀，证明：

$$\sup(X_{ab}) = \sup(X_a) - |\boldsymbol{d}(X_{ab})|$$

其中 $X_{ab} = X_a \cup X_b$，且 $\boldsymbol{d}(X_{ab})$ 是 X_{ab} 的差集。

Q4. 给定表 8-4 所示的数据集。给出所有可以从集合 ABE 生成的规则。

表 8-4 Q4 的数据集

事务标识符	项集
t_1	ACD
t_2	BCE
t_3	$ABCE$
t_4	BDE
t_5	$ABCE$
t_6	$ABCD$

Q5. 考虑项集挖掘的划分算法。它将数据库分为 k 份（每一份不一定均等），使得 $\boldsymbol{D} = \cup_{i=1}^{k} \boldsymbol{D}_i$，其中 $\boldsymbol{D}_i$ 是第 i 份，且对于任意的 $i \neq j$，有 $\boldsymbol{D}_i \cap \boldsymbol{D}_j = \varnothing$。令 $n_i = |\boldsymbol{D}_i|$ 表示在划分 $\boldsymbol{D}_i$ 中的事务的数目。算法首先挖掘出局部频繁的项集，即相对支撑大于 minsup 阈值（比例）的项集。然后，对所有局部频繁的项集取并集，并计算它们在整个数据库 $\boldsymbol{D}$ 中的支撑，并判断它们是否是全局频繁的。证明：若一个模式在数据库中是全局频繁

的，则它必然在某一个划分中是局部频繁的。

Q6. 考虑图 8-10，它展示了一些食品项的简单分类。每一个叶子节点都是一个简单项，而一个内部节点代表一个更高层次的类别或物品。每一个项（单一物品或高层次类别）都有一个唯一的证书标签。考虑表 8-5 所示的数据库。回答下列问题。

(a) 若只允许项集包含单一物品项，则项集的搜索空间有多大？

(b) 令 $X=\{x_1,x_2,\cdots,x_k\}$ 为一个频繁项集。我们将某些 $x_i\in X$ 替换为它在分类树中的父节点（若存在）从而得到 X'，则新项集 X' 的支撑：

i. 大于 X 的支撑；

ii. 小于 X 的支撑；

iii. 不等于 X 的支撑；

iv. 大于等于 X 的支撑；

v. 小于等于 X 的支撑。

(c) 对于 minsup $=7/8$，找出所有仅包含分类结构中高层项的频繁项集。注意，若一个单一物品项出现在一个事务中，则它的所有高层祖先都视为在该事务中出现。

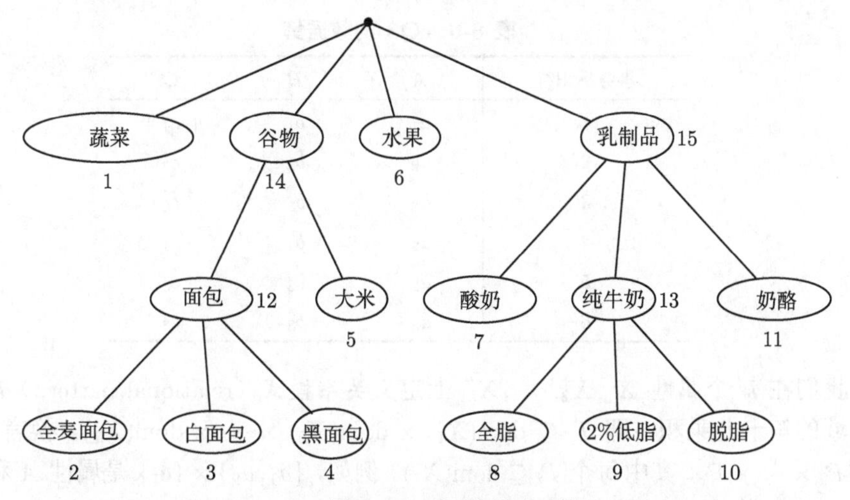

图 8-10 Q6 的物品分类

表 8-5 Q6 的数据集

事务标识符	项集
1	2 3 6 7
2	1 3 4 8 11
3	3 9 11
4	1 5 6 7
5	1 3 8 10 11
6	3 5 7 9 11
7	4 6 8 10 11
8	1 3 5 8 11

Q7. 令 $\boldsymbol{D}$ 为一个有 n 个事务的数据库。考虑利用抽样的方法进行频繁模式挖掘，需要提取一个随机样本 $\boldsymbol{S} \subset \boldsymbol{D}$，其中含 m 个事务。我们挖掘样本中的所有频繁项集，表示为 $\mathcal{F}_S$。接下来对 $\boldsymbol{D}$ 进行一次完全扫描，且找到任一 $X \in \mathcal{F}_S$ 在整个数据库中的实际支撑。样本中的某些项集在数据库中不一定是频繁的，称为假阳性（false postive）。同样，某些在原数据库中确为频繁的项集甚至可能不在样本中出现，称为假阴性（false negative）。

证明：若 X 是一个假阴性项集，可以通过计算 $\boldsymbol{D}$ 中每个属于 $\mathcal{F}_S$ 的**负边界**（negative border，表示为 $Bd^-(\mathcal{F}_S)$）的项集的支撑来检测。负边界定义为样本 $\boldsymbol{S}$ 中的最小非频繁项集的集合。表达式如下：

$$Bd^-(\mathcal{F}_S) = \inf\{Y \mid \sup(Y) < \text{minsup 且 } \forall Z \subset Y, \sup(Z) \geqslant \text{minsup}\}$$

其中 inf 返回集合的最小元素。

Q8. 假设我们需要从关系表中挖掘出频繁模式。例如，考虑表 8-6，其中包含 3 个属性 A、B、C，共有 6 条记录。每一个属性都有其定义域，例如 A 的定义域为 $\text{dom}(A) = \{a_1, a_2, a_3\}$。注意，所有记录的属性都只有一个取值。

表 8-6 Q8 的数据集

事务标识符	A	B	C
1	a_1	b_1	c_1
2	a_2	b_3	c_2
3	a_2	b_3	c_3
4	a_2	b_1	c_1
5	a_2	b_3	c_3
6	a_3	b_3	c_3

我们在 k 个属性 $X_1, X_2, \cdots, X_k$ 上定义**关系模式**（relational pattern）P 为属性定义域的笛卡儿乘积，即 $P \subseteq \text{dom}(X_1) \times \text{dom}(X_2) \times \cdots \times \text{dom}(X_k)$。换言之，$P = P_1 \times P_2 \times \cdots \times P_k$，其中每个 $P_i \subseteq \text{dom}(X_i)$。例如，$\{a_1, a_2\} \times \{c_1\}$ 是属性 A 和 C 之上的一个可能模式；$\{a_1\} \times \{b_1\} \times \{c_1\}$ 是属性 A、B、C 之上的一个可能模式。

关系模式 $P = P_1 \times P_2 \times \cdots \times P_k$ 在数据集 $\boldsymbol{D}$ 中的支撑定义为属于数据集的记录的条数，给出如下：

$$\sup(P) = |\{r = (r_1, r_2, \cdots, r_n) \in \boldsymbol{D} : r_i \in P_i (P_i \in P)\}|$$

例如，$\sup(\{a_1, a_2\} \times \{c_1\}) = 2$，因为记录 1 和记录 4 分别贡献了支撑。注意，$\{a_1\} \times \{c_1\}$ 的支撑为 1，因为只有一条记录与之对应。因此，关系模式并不满足用于频繁项集的 Apriori 性质，即一个频繁关系模式的子集可能是非频繁的。

属性 $X_1, \cdots, X_k$ 上的关系模式 $P = P_1 \times P_2 \times \cdots \times P_k$ 称为**有效的**，当且仅当对于所有 $u \in P_i$ 和所有 $v \in P_j$，值对 $(X_i = u, X_j = v)$ 在某个记录中共同出现。例如，$\{a_1, a_2\} \times \{c_1\}$ 是有效的模式，因为 $(A = a_1, C = c_1)$ 和 $(A = a_2, C = c_1)$ 分别在记录 1 和记录 4 中出现，而 $\{a_1, a_2\} \times \{c_2\}$ 不是有效的模式，因为没有记录有值 $(A = a_1, C = c_2)$。因此，若一个模式为有效，则每一对 P 中的不同属性的值必须要属

于某条记录。

设 minsup = 2，找出表 8-6 中所有频繁且有效的关系模式。

Q9. 给定如下多集数据集：

事务标识符	多集
1	$ABCA$
2	$ABABA$
3	$CABBA$

设 minsup = 2，回答下列问题。

(a) 找出所有的频繁多集。多集仍然是一个集合（即顺序是不重要的），但它允许一个项的多次出现。

(b) 找出所有的最小非频繁多集，即没有非频繁子多集的多集。

第9章　项集概述

频繁项集的搜索空间通常是非常巨大的，且空间大小会随着项集数目的增长而呈指数式增长。尤其在支撑值阈值较小的情况下，可能会导致多达难以计数的频繁项集。本章讨论在保持关键特性的前提下的频繁项集的紧凑表示。使用紧凑表示，不但能够减少计算和存储的需求，还能使得挖掘出的模式更加容易分析。本章讨论其中的 3 种表示：闭项集、最大项集和非可导项集。

9.1　最大频繁项集和闭频繁项集

给定一个二进制数据库 $\boldsymbol{D} \subseteq \mathcal{T} \times \mathcal{I}$，定义在事务标识符集 $\mathcal{T}$ 和项集 $\mathcal{I}$ 上。令 $\mathcal{F}$ 表示所有频繁项集的集合，即：

$$\mathcal{F} = \{X | X \subseteq \mathcal{I} \text{ 且 } \sup(X) \geqslant \text{minsup}\}$$

1. **最大频繁项集**

如果一个频繁项集 $X \in \mathcal{F}$ 没有频繁超集，那么称其为**最大的**（maximal）。令 $\mathcal{M}$ 为所有最大频繁项集的集合，定义如下：

$$\mathcal{M} = \{X | X \in \mathcal{F} \text{ 且 } \nexists Y \supset X, \text{使得} Y \in \mathcal{F}\}$$

集合 $\mathcal{M}$ 是所有频繁项集的集合 $\mathcal{F}$ 的一个紧凑表示，因为我们可以使用 $\mathcal{M}$ 确定任意一个项集 X 是否是频繁的。若存在一个最大项集 Z 使得 $X \subseteq Z$，则 X 一定是频繁的；否则 X 不是频繁的。另一方面，不能只通过 $\mathcal{M}$ 确定 $\sup(X)$，尽管我们可以确定出它的下界，即若 $X \subseteq Z \in \mathcal{M}$，则 $\sup(X) \geqslant \sup(Z)$。

例 9.1　考虑图 9-1a 给定的数据集。使用第 8 章中讨论的任意算法，并使用 $\text{minsup} = 3$，可以得到图 9-1b 所示的频繁项集。注意在 $2^5 - 1 = 31$ 个可能的非空项集中，一共有 19 个频繁项集。在这些频繁项集之中，仅有两个最大项集 $ABDE$ 和 BCE。任意其他的频繁项集都必须是某个最大项集的子集。例如，我们可以确定 ABE 是频繁的，因为 $ABE \subset ABDE$，且进一步可以知道 $\sup(ABE) \geqslant \sup(ABDE) = 3$。

2. **闭频繁项集**

前文提到了函数 $\boldsymbol{t}: 2^{\mathcal{I}} \to 2^{\mathcal{T}}$ [公式 (8.2)] 将项集映射到事务标识符集，且函数 $\boldsymbol{i}: 2^{\mathcal{T}} \to 2^{\mathcal{I}}$ [公式 (8.1)] 将事务标识符集映射到项集。即，给定 $T \subseteq \mathcal{T}$，$X \subseteq \mathcal{I}$，有：

$$\boldsymbol{t}(X) = \{t \in \mathcal{T} | t\text{包含}X\}$$
$$\boldsymbol{i}(T) = \{x \in \mathcal{I} | \forall t \in T, \ t\text{包含}x\}$$

事务标识符	项集
1	*ABDE*
2	*BCE*
3	*ABDE*
4	*ABCE*
5	*ABCDE*
6	*BCD*

(a) 事务数据库

sup	项集
6	*B*
5	*E*, *BE*
4	*A*, *C*, *D*, *AB*, *AE*, *BC*, *BD*, *ABE*
3	*AD*, *CE*, *DE*, *ABD*, *ADE*, *BCE*, *BDE*, *ABDE*

(b) 频繁项集（minsup=3）

图 9-1 样例数据库

令**闭包算子**（closure operator）为 $\boldsymbol{c}: 2^{\mathcal{I}} \to 2^{\mathcal{I}}$，定义如下：

$$\boldsymbol{c}(X) = \boldsymbol{i} \circ \boldsymbol{t}(X) = \boldsymbol{i}(\boldsymbol{t}(X))$$

闭包算子 $\boldsymbol{c}$ 将项集映射到项集，且满足如下 3 个特性。

- **递增**（extensive）：$X \subseteq \boldsymbol{c}(X)$
- **单调**（monotonic）：若 $X_i \subseteq X_j$，则 $\boldsymbol{c}(X_i) \subseteq \boldsymbol{c}(X_j)$
- **幂等**（idempotent）：$\boldsymbol{c}(\boldsymbol{c}(X)) = \boldsymbol{c}(X)$

若项集 X 满足 $\boldsymbol{c}(X) = X$，则称其为**封闭的**（closed），即 X 是闭包算子 $\boldsymbol{c}$ 的一个定点。另一方面，若 $\boldsymbol{c}(X) \neq X$，则 X 是不封闭的，但集合 $\boldsymbol{c}(X)$ 称为 X 的闭包。根据闭包算子的性质，可以知道 X 和 $\boldsymbol{c}(X)$ 有相同的事务标识符集。由此可知，若频繁集 $X \in \mathcal{F}$ 没有**与之频率相同的频繁超集**，则它是封闭的；因为根据定义，它是事务标识符集 $\boldsymbol{t}(X)$ 中所有事务标识符的最大公共项集。所有封闭频繁项集的集合定义如下：

$$\mathcal{C} = \{X | X \in \mathcal{F} \text{ 且 } \nexists Y \supset X\text{，使得} \operatorname{sup}(X) = \operatorname{sup}(Y)\} \tag{9.1}$$

换句话说，X 是封闭的，若所有 X 的超集的支撑都更小，即对于所有的 $Y \supset X$，都有 $\operatorname{sup}(X) > \operatorname{sup}(Y)$。

所有闭频繁项集的集合 $\mathcal{C}$ 是一种紧凑的表示，可以只用 $\mathcal{C}$ 就能判断一个项集 X 是否是频繁的，还能得出其确切的“支撑值”。若存在一个闭频繁项集 $Z \in \mathcal{C}$ 使得项集 X 满足 $X \subseteq Z$，则 X 是频繁的。更进一步，X 的支撑为：

$$\operatorname{sup}(X) = \max\{\operatorname{sup}(Z) | Z \in \mathcal{C}, X \subseteq Z\}$$

所有频繁项集、闭频繁项集和最大频繁项集之间关系如下：

$$\mathcal{M} \subseteq \mathcal{C} \subseteq \mathcal{F}$$

3. **最小生成子**

若频繁项集 X 没有子集有相同的支撑，则称其为**最小生成子**（minimal generator）：

$$\mathcal{G} = \{X | X \in \mathcal{F} \text{ 且 } \nexists Y \subset X\text{，使得}\sup(X) = \sup(Y)\}$$

换句话说，X 的所有子集都有更大的支撑，即对于所有 $Y \subset X$，都有 $\sup(X) < \sup(Y)$。最小生成子的概念是和闭项集紧密相连的。给定一个有相同事务标识符集的项集的等价类，该类的唯一最大元素是一个闭项集，而该类的最小元素是最小生成子。

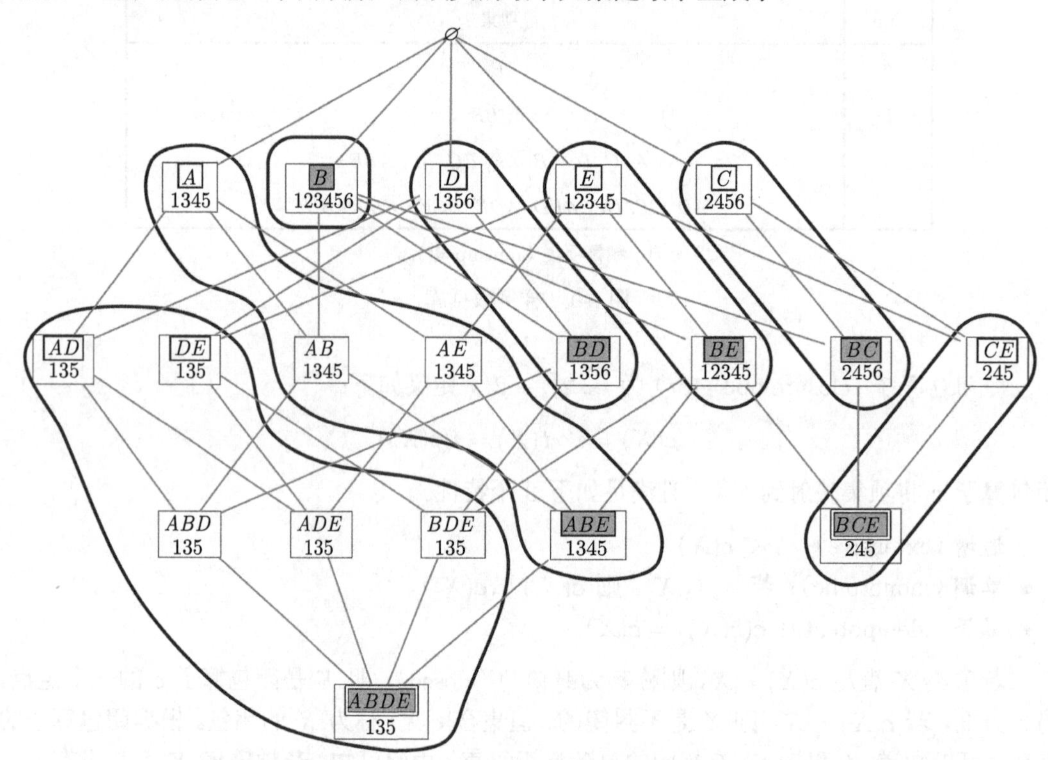

图 9-2 频繁项集、闭项集、最小生成子和最大频繁项集。项集以方框表示；带阴影的为闭项集，带方框但无阴影的为最小生成子；双线框的为最大项集

例 9.2 考虑图 9-1a 中所示的样例数据集。频繁闭项集（也包括最大项集）如图 9-2 所示（minsup = 3）。可以看到，举例来说，项集 AD、DE、ABD、ADE、BDE、$ABDE$ 在 3 个相同的事务中出现（即 135），因此构成了一个等价类。其中最大的项集 $ABDE$ 是闭项集。使用闭包算子可以得到相同的结果；我们有 $\boldsymbol{c}(AD) = \boldsymbol{i}(\boldsymbol{t}(AD)) = \boldsymbol{i}(135) = ABDE$，即 AD 的闭包是 $ABDE$。等价类的最小元素 AD 和 DE 是最小生成子。这些项集的子集的事务标识符集都互不相同。

所有闭频繁项集的集合，及其对应的最小生成子的集合，给出如下：

事务标识符集	$\mathcal{C}$	$\mathcal{G}$
1345	ABE	A
123456	B	B
1356	BD	D
12345	BE	E
2456	BC	C
135	$ABDE$	AD, DE
245	BCE	CE

在这些闭项集中，最大的为 $ABDE$ 和 BCE。考虑项集 AB。利用 $\mathcal{C}$ 可以得到:

$$\sup(AB) = \max\{\sup(ABE), \sup(ABDE)\} = \max\{4, 3\} = 4$$

9.2 挖掘最大频繁项集: GenMax 算法

挖掘最大频繁项集要在挖掘频繁项集的基础之上添加几个步骤。假设最大频繁项集的集合初始为空集，即 $\mathcal{M} = \varnothing$，那么每生成一个新的频繁项集，都要进行如下的最大性检查。

- **子集检验**: $\nexists Y \in \mathcal{M}$，使得 $X \subset Y$；若存在这样一个 Y，则 X 显然不是最大的，否则我们将 X 加入 $\mathcal{M}$，$\mathcal{M}$ 为一个可能的最大项集。
- **超集检验**: $\nexists Y \in \mathcal{M}$，使得 $Y \subset X$；若存在这样一个 Y，则 Y 肯定不是最大的，我们将其从 $\mathcal{M}$ 中删除。

这样两个最大性检查需要耗费 $O(|\mathcal{M}|)$ 的时间，尤其在 $\mathcal{M}$ 增大的情况下会很耗时。因此，为了保证效率，我们要让检查的次数尽可能少。我们可以通过添加最大性检查来扩展第 8 章中任意的频繁项集挖掘算法，从而实现最大频繁项集的挖掘。在这里，我们考虑 GenMax 方法，它基于 Eclat 的事务标识符集交集方法（参见 8.2.2 节）。接下来会看到，该方法从不将非最大项集插入 $\mathcal{M}$，因此也就避免了超集检验，只需要进行子集检验就可以判定最大性。

算法 9.1 给出了 GenMax 的伪代码。初始调用的输入是频繁项集的集合及其事务标识符集 $\langle i, \boldsymbol{t}(i)\rangle$，以及初始为空的最大项集集合 $\mathcal{M}$。给定一组项集事务标识符集对，称作 IT 对，形如 $\langle X, \boldsymbol{t}(X)\rangle$，递归的 GenMax 方法步骤工作如下。第 1~3 行中，我们检查所有项集的并集 $Y = \cup X_i$ 是否已经包含于某个最大模式 $Z \in \mathcal{M}$，并以此判断是否整个分枝都可以剪掉。若是，则当前分枝不会产生最大项集，故可剪除。若否，则将每个 IT 对 $\langle X_i, \boldsymbol{t}(X_i)\rangle$ 与其他的 IT 对 $\langle X_j, \boldsymbol{t}(X_j)\rangle$ 求交集（$j > i$），以产生新的候选 X_{ij}，并将其添加到 IT 对集合 P_i 中（第 6~9 行）。若 P_i 不为空，则递归地调用GenMax 以寻找 X_i 的其他可能扩展。另一方面，若 P_i 为空，则说明 X_i 不能扩展，那么它可能是最大的。在这种情况下，若 X_i 未被包含于之前添加的最大集 $Z \in \mathcal{M}$（第 12 行），就将 X_i 添加到集合 $\mathcal{M}$ 中。注意，因为所

有的项集在插入 $\mathcal{M}$ 之前都要进行最大性检查，所以我们不用从中删除项集。换句话说，$\mathcal{M}$ 中的所有项集都是最大的。GenMax 结束时，集合 $\mathcal{M}$ 包含所有最大频繁项集。GenMax 方法还包括其他一些关于最大性检验和支撑计算的优化。此外，GenMax 还利用了差集（事务标识符集的差）来进行快速支撑计算（参见 8.2.2 节的描述）。为简明起见，此处略过这些优化。

算法9.1　GENMAX 算法

```
   // 初始调用: M ← ∅, P ← {⟨i, t(i)⟩ | i ∈ I, sup(i) ⩾ minsup}
   GENMAX (P, minsup, M):
1  Y ← ⋃X_i
2  if ∃Z ∈ M, 其中 Y ⊆ Z then
3  └ return   //剪去整个分枝
4  foreach ⟨X_i, t(X_i)⟩ ∈ P do
5  │ P_i ← ∅
6  │ foreach ⟨X_j, t(X_j)⟩ ∈ P, j > i do
7  │ │ X_ij ← X_i ∪ X_j
8  │ │ t(X_ij) = t(X_i) ∩ t(X_j)
9  │ └ if sup(X_ij) ⩾ minsup then  P_i ← P_i ∪ {⟨X_ij, t(X_ij)⟩}
10 │ if P_i ≠ ∅ then GENMAX (P_i, minsup, M)
11 │ else if ∄Z ∈ M, X_i ⊆ Z then
12 └ └ M = M ∪ X_i    //将X_i加入最大集
```

例 9.3　图 9-3 给出了 GenMax 在图 9-1a 所示的样例数据库上的执行过程（minsup = 3）。最大项集初始化为空集。树的根表示以所有由单频繁项和它们的事务标识符集构成的 IT 对为输入的初始调用。首先求 $t(A)$ 和其他项集的事务标识符集。从 A 得到的频繁扩展为：

$$P_A = \{\langle AB, 1345\rangle, \langle AD, 135\rangle, \langle AE, 1345\rangle\}$$

选择 $X_i = AB$，可以得到下一组扩展，即：

$$P_{AB} = \{\langle ABD, 135\rangle, \langle ABE, 1345\rangle\}$$

最终，我们到达最左边的叶子节点，对应于 $P_{ABD} = \{\langle ABDE, 135\rangle\}$。在这个点上，我们将 $ABDE$ 添加到最大频繁项集的集合中，因为它无法再扩展了，此时 $\mathcal{M} = \{ABDE\}$。

搜索回溯一层，我们试着处理 ABE，同样也是一个最大项集的候选。然而，它包含在 $ABDE$ 中，故将其剪去。同样，当我们试着处理 $P_{AD} = \{\langle ADE, 135\rangle\}$ 时，它也会被剪去，因为它同样包含在 $ABDE$ 中，AE 也是类似的情况。在这一步，所有以 A 开头的最大项集都已经找到，接下来处理 B 分枝。最左的 B 分枝（即 BCE）不能再扩展。由于 BCE 不是 $\mathcal{M}$ 中任意最大项集的子集，我们将其作为一个最大项集插入，至此 $\mathcal{M} = \{ABDE, BCE\}$。接下来，其余所有的分枝都是其中两个最大项集的子集，因此被剪除。

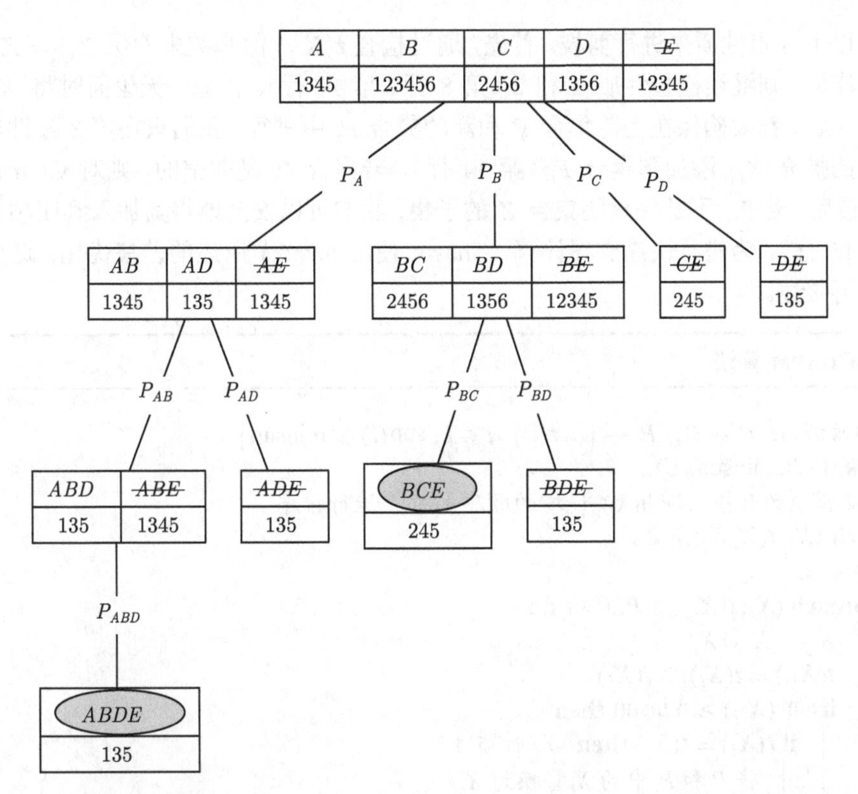

图 9-3 挖掘最大频繁项集。最大项集以带阴影的椭圆形表示，剪掉的分枝用删除线表示。非频繁项集在图中未显示

9.3 挖掘闭频繁项集：Charm 算法

挖掘闭频繁项集需要进行闭包检验，即 $X = \boldsymbol{c}(X)$ 是否成立。直接进行闭包检验代价很大，因为必须要确认 X 是 $\boldsymbol{t}(X)$ 中所有事务标识符的最大公共项集，即 $X = \cap_{t \in \boldsymbol{t}(X)} \boldsymbol{i}(t)$。因此，我们讨论另一种基于垂直事务标识符集交集的方法 Charm，来进行更高效的闭包检验。给定一组 IT 对 $\{\langle X_i, \boldsymbol{t}(X_i)\rangle\}$，满足如下 3 个性质。

性质 (1) 若 $\boldsymbol{t}(X_i) = \boldsymbol{t}(X_j)$，则 $\boldsymbol{c}(X_i) = \boldsymbol{c}(X_j) = \boldsymbol{c}(X_i \cup X_j)$，意味着可以用 $X_i \cup X_j$ 替换 X_i 的所有出现，并剪去 X_j 之下的分枝，因为它的闭包与 $X_i \cup X_j$ 的闭包相等。

性质 (2) 若 $\boldsymbol{t}(X_i) \subset \boldsymbol{t}(X_j)$，则 $\boldsymbol{c}(X_i) \neq \boldsymbol{c}(X_j)$，但 $\boldsymbol{c}(X_i) = \boldsymbol{c}(X_i \cup X_j)$，意味着可以用 $X_i \cup X_j$ 替换 X_i 的所有出现，但不能剪去 X_j 的分枝，因为二者产生式闭包不同。注意，若 $\boldsymbol{t}(X_i) \supset \boldsymbol{t}(X_j)$，则可以简单交换 X_i 和 X_j 的角色。

性质 (3) 若 $\boldsymbol{t}(X_i) \neq \boldsymbol{t}(X_j)$，则 $\boldsymbol{c}(X_i) \neq \boldsymbol{c}(X_j) \neq \boldsymbol{c}(X_i \cup X_j)$。这种情况下，不能剪除 X_i 和 X_j，因为二者产生的闭包不同。

算法 9.2 给出了 Charm 方法的伪代码，该方法也是基于 8.2.2 节所描述的 Eclat 算法的，它以所有频繁单项及其事务标识符集的集合为输入。同时，所有闭项集的集合 $\mathcal{C}$ 初始化为空集。给定任意 IT 对集合 $P = \{\langle X_i, \boldsymbol{t}(X_i)\rangle\}$，该方法首先将它们按照支撑值以升序排序，然后应用以上 3 点性质来进行剪枝。首先，通过检查 $t(X_{ij})$ 的基数来确保 $X_{ij}=X_i\cup X_j$ 是频繁的。若是，则继续检验性质 1 和 2（第 8 行、第 12 行）。注意，无论何时将 X_i 替换为 $X_{ij}=X_i\cup X_j$，都要确保在当前集合 P 和新的集合 P_i 中进行。我们只在第 3 条性质成立的时候将新的扩充 X_{ij} 添加到集合 P_i（第 14 行）。若集合 P_i 是非空的，则对 Charm 进行递归调用。最后，若 X_i 不是任意闭集合 Z 的子集，我们可以安全地将其加入到闭项集的集合 $\mathcal{C}$ 中（第 18 行）。为进行快速支撑计算，Charm 使用 8.2.2 节所述的差集优化；这里为简明起见就不再赘述。

算法9.2　CHARM 算法

```
   // 初始调用: C ← ∅, P ← {⟨i, t(i)⟩ : i ∈ I, sup(i) ≥ minsup}
   CHARM (P, minsup, C):
1  按照支撑值的升序（即 |t(X_i)| 递增的顺序）对 P 进行排序
2  foreach ⟨X_i, t(X_i)⟩ ∈ P do
3      P_i ← ∅
4      foreach ⟨X_j, t(X_j)⟩ ∈ P, j > i do
5          X_ij = X_i ∪ X_j
6          t(X_ij) = t(X_i) ∩ t(X_j)
7          if sup(X_ij) ≥ minsup then
8              if t(X_i) = t(X_j) then  //性质 1
9                  将 P 和 P_i 中的 X_i 替换为 X_ij
10                 将 ⟨X_j, t(X_j)⟩ 从 P 中删除
11             else
12                 if t(X_i) ⊂ t(X_j) then  // 性质 2
13                     将 P 和 P_i 中的 X_i 替换为 X_ij
14                 else // 性质 3
15                     P_i ← P_i ∪ {⟨X_ij, t(X_ij)⟩}
16     if P_i ≠ ∅ then CHARM (P_i, minsup, C)
17     if ∄Z ∈ C, 其中 X_i ⊆ Z 且 t(X_i) = t(Z) then
18         C = C ∪ X_i   // 将X_i加入闭集
```

例 9.4　我们使用图 9-1a 中所示的样例数据库，演示 Charm 算法挖掘闭项集的过程（$\text{minsup}=3$）。图 9-4 给出了执行步骤。经过基于支撑的排序之后，初始的 IT 对的集合位于搜索树的根。排序后的顺序为 A、C、D、E、B。首先处理从 A 出发的扩展，如图 9-4a 所示。由于 AC 是非频繁的，故将其剪去。AD 是频繁的且 $t(A)\neq t(D)$，我们将 $\langle AD,135\rangle$ 添加到集合 P_A[性质 (3)]。当 A 和 E 结合到一起时，性质 (2) 成立，我们简单地将 A，在 P 和 P_A 中的出现替换为 AE，用删除线表示。同样，由于 $t(A)\subset t(B)$，所有 A 在 P 和 P_A 中的出现（实际上是 AE）可以替换为 AEB。集合 P_A 因此仅包含一个项集 $\{\langle ADEB,135\rangle\}$。以 P_A 为 IT 对调用CHARM时，它直接跳转到第 18 行，并且将 $ADEB$ 添加到闭项集 $\mathcal{C}$。当调用返回时，检查 AEB 是否可以作为闭项集添加。AEB 是 $ADEB$ 的一个子集，但它们的支撑不同，因此 AEB 也添加到 $\mathcal{C}$ 中。至此，所有包含 A 的闭项集都已找到。

在图 9-4b 中，Charm 算法处理剩余的分枝。例如，接下来处理 C。CD 是非频繁的，因此被剪去。CE 是频繁的，且它被添加到 P_C 中作为一个新的扩展 [通过性质 (3)]。由于 $\boldsymbol{t}(C) \subset \boldsymbol{t}(B)$，所有 C 的出现都替换为 CB，且 $P_C = \{\langle CEB, 245\rangle\}$。$CEB$ 和 CB 都是闭集。按照这样的方式继续计算，直到所有的频繁项集都枚举完毕。注意到当到达 DEB 并进行闭包检验时，我们发现它是 $ADEB$ 的一个子集，且它们的支撑相同；因此 DEB 不是闭集。

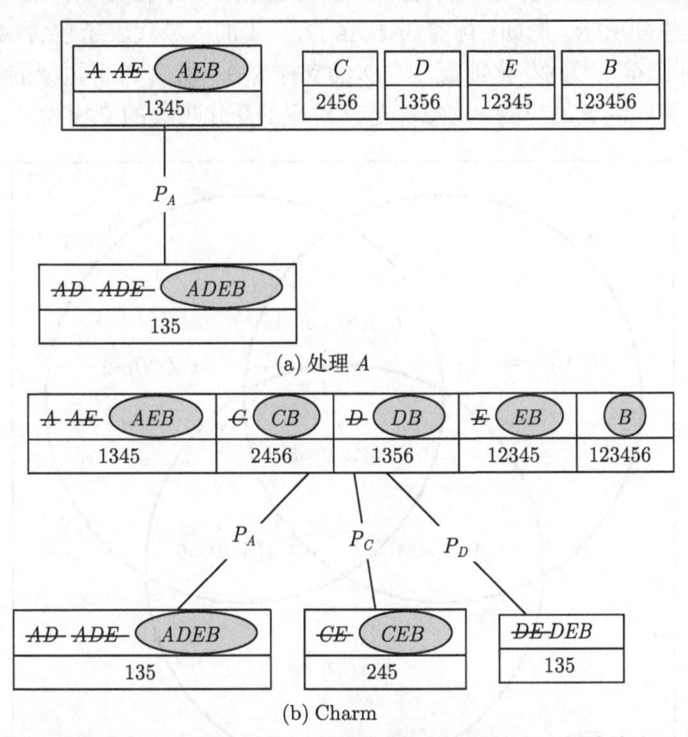

(a) 处理 A

(b) Charm

图 9-4 挖掘闭频繁项集。闭项集在图中以带阴影的椭圆形表示。删除线表示在算法执行的过程中项集 X_i 被替换为 $X_i \cup X_j$。非频繁项集在图中未显示

9.4 非可导项集

若一个项集的支撑不能由其子集的支撑推导出来，则称该项集为**非可导的**（nonderivable）。所有频繁非可导项集的集合是频繁项集的集合的一种概述或紧凑表示。此外，其他所有频繁项集的支撑确切值可以从它计算出来。

1. **泛化项集**

令 $\mathcal{T}$ 为事务标识符的集合，$\mathcal{I}$ 为一个项集，X 为一个 k-项集，即 $X = \{x_1, x_2, \cdots, x_k\}$。考虑事务标识符集 $\boldsymbol{t}(x_i)$ $(x_i \in X)$。这些 k 个事务标识符集可以将所有的事务标识符划分入 2^k 的区域（其中某些可能为空）；其中每个划分包含了某个项子集 $Y \subseteq X$ 的所有事务标识符，但不包含剩余的项 $Z = X \backslash Z$ 的事务标识符。每一个这样的划分区域都对应了一个包含 X 中项或负项（negation）的**泛化项集**（generalized itemset）的事务标识符集。这样一个泛化

项集可以表示为 $Y\overline{Z}$，其中 Y 包含正常项，Z 包含负项。一个泛化项集 $Y\overline{Z}$ 的支撑定义为包含 Y 中所有项且不含 Z 中项的事务的数目：

$$\sup(Y\overline{Z}) = |\{t \in \mathcal{T} | Y \subseteq \boldsymbol{i}(t) \text{ 且 } Z \cap \boldsymbol{i}(t) = \varnothing\}|$$

例 9.5　考虑图 9-1a 中的样例数据集。令 $X = ACD$。我们有 $\boldsymbol{t}(A) = 1345$、$\boldsymbol{t}(C) = 2456$、$\boldsymbol{t}(D) = 1356$。这些事务标识符集引入了对包含所有事务标识符的空间的一个划分，如图 9-5 中的维恩图所示。例如，标签为 $\boldsymbol{t}(AC\overline{D}) = 4$ 的区域代表了包含 A 和 C 但不包含 D 的所有事务标识符，因此泛化项集 $AC\overline{D}$ 的支撑为 1。所有 8 个区域的事务标识符归属都在图中给出。某些区域是空的，这意味着其对应的泛化项集的支撑为 0。

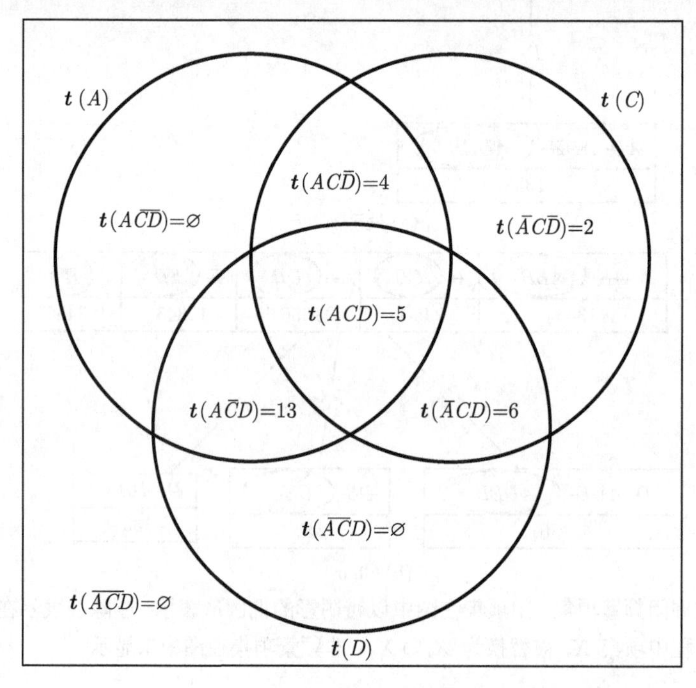

图 9-5　由 $\boldsymbol{t}(A)$、$\boldsymbol{t}(C)$、$\boldsymbol{t}(D)$ 导入的事务标识符集划分

2. 容斥原理

令 $Y\overline{Z}$ 为一个泛化项集，$X = Y \cup Z = YZ$。容斥原理（inclusion-exclusion principle）使得我们可以用所有满足 $Y \subseteq W \subseteq X$ 的项集 W 的支撑值的组合来直接计算 $Y\overline{Z}$ 的支撑：

$$\sup(Y\overline{Z}) = \sum_{Y \subseteq W \subseteq X} -1^{|W \setminus Y|} \cdot \sup(W) \tag{9.2}$$

例 9.6　接下来计算泛化项集 $\overline{A}C\overline{D} = C\overline{AD}$ 的支撑，其中 $Y = C$、$Z = AD$ 且 $X = YZ = ACD$。在图 9-5 所示的维恩图中，我们从 $\boldsymbol{t}(C)$ 中的所有事务标识符开始，并移除包含在 $\boldsymbol{t}(AC)$ 和 $\boldsymbol{t}(CD)$ 中的事务标识符。然而，$\sup(ACD)$ 的支撑被减去了两次，因此我们要加回一次。换句话说，$C\overline{AD}$ 的支撑给出为：

$$\begin{aligned}\sup(C\overline{AD}) &= \sup(C) - \sup(AC) - \sup(CD) + \sup(ACD)\\ &= 4 - 2 - 2 + 1 = 1\end{aligned}$$

这与容斥公式所给出的相符：

$$\begin{aligned}\sup(C\overline{AD}) = &(-1)^0 \sup(C)+ && W = C, |W\backslash Y| = 0\\ &(-1)^1 \sup(AC)+ && W = AC, |W\backslash Y| = 1\\ &(-1)^1 \sup(CD)+ && W = CD, |W\backslash Y| = 1\\ &(-1)^2 \sup(ACD)+ && W = ACD, |W\backslash Y| = 2\\ = &\sup(C) - \sup(AC) - \sup(CD) + \sup(ACD)\end{aligned}$$

可以看到 $C\overline{AD}$ 的支撑是所有满足 $C \subseteq W \subseteq ACD$ 的项集 W 的支撑值的组合。

3. 项集的支撑边界

可以看到，公式 (9.2) 中计算 $Y\overline{Z}$ 的支撑的容斥公式包含了 Y 和 $X = YZ$ 之间的所有子集的项。换句话说，给定一个 k-项集，一共有 2^k 个 $Y\overline{Z}$ 形式的泛化项集，其中 $Y \subseteq X$ 且 $Z = X\backslash Y$，且每个泛化项集在容斥公式中都有一个对应 $\sup(X)$ 的项（对应于 $W = X$）的情况。由于任意（泛化）项集的支撑都是非负的，我们可以从所有 2^k 个泛化项集得到 X 的支撑的上界（令 $\sup(Y\overline{Z}) \geqslant 0$）。注意，当 $|X\backslash Y|$ 是偶数的时候，$\sup(X)$ 的系数为 $+1$；不过当 $|X\backslash Y|$ 为奇数时，公式 (9.2) 中 $\sup(X)$ 的系数为 -1。因此，从 2^k 个可能的子集 $Y \subseteq X$，我们导出 $\sup(X)$ 的 2^{k-1} 个下界和 2^{k-1} 个上界（要求 $\sup(Y\overline{Z}) \geqslant 0$），并将容斥公式中的项重新组织，使得 $\sup(X)$ 在公式的左边，剩余的项在右边：

$$\textbf{上界}（|X\backslash Y|\text{是奇数}）：\sup(X) \leqslant \sum_{Y\subseteq W\subset X} -1^{(|X\backslash W+1|)}\sup(W) \tag{9.3}$$

$$\textbf{下界}（|X\backslash Y|\text{是偶数}）：\sup(X) \geqslant \sum_{Y\subseteq W\subset X} -1^{(|X\backslash W+1|)}\sup(W) \tag{9.4}$$

注意上述两式唯一的区别在于不等式的方向，这取决于起始子集 Y。

例 9.7 考虑图 9-5 中由 A、C、D 的事务标识符集引入的划分。我们希望能够使用每个泛化子集 $Y\overline{Z}$（其中 $Y \subseteq X$）来确定 $X = ACD$ 的支撑边界。例如，若 $Y = C$，则根据容斥原理，可得：

$$\sup(C\overline{AD}) = \sup(C) - \sup(AC) - \sup(CD) + \sup(ACD)$$

令 $\sup(C\overline{AD}) \geqslant 0$，重新排列各项，得到：

$$\sup(ACD) \geqslant -\sup(C) + \sup(AC) + \sup(CD)$$

这正好符合公式 (9.4) 中的下界公式。因为 $|X\backslash Y| = |ACD - C| = |AD| = 2$ 是偶数。

作为另一个例子，令 $Y = \varnothing$ 且 $\sup(\overline{ACD}) \geqslant 0$，可得：

$$\sup(\overline{ACD}) = \sup(\varnothing) - \sup(A) - \sup(C) - \sup(D)+$$

$$\begin{aligned} & \sup(AC)+\sup(AD)+\sup(CD)-\sup(ACD)\geqslant 0 \\ \Rightarrow \sup(ACD)\leqslant & \sup(\varnothing)-\sup(A)-\sup(C)-\sup(D)+ \\ & \sup(AC)+\sup(AD)+\sup(CD) \end{aligned}$$

以上给出了 ACD 的支撑的一个上界，这和公式 (9.3) 是相符的（$|X\backslash Y|=3$ 是奇数）。

事实上，对于图 9-5 中的每一个区域，都可以得到一个界；在所有可能的 8 个区域中，对于 ACD 的支撑，恰好有 4 个给出上界，而其他 4 个给出下界：

$$\begin{aligned} \sup(ACD) & \geqslant 0 && Y=ACD \\ & \leqslant \sup(AC) && Y=AC \\ & \leqslant \sup(AD) && Y=AD \\ & \leqslant \sup(CD) && Y=CD \\ & \geqslant \sup(AC)+\sup(AD)-\sup(A) && Y=A \\ & \geqslant \sup(AC)+\sup(CD)-\sup(C) && Y=C \\ & \geqslant \sup(AD)+\sup(CD)-\sup(D) && Y=D \\ & \leqslant \sup(AC)+\sup(AD)+\sup(CD)- \\ & \quad \sup(A)-\sup(C)-\sup(D)+\sup(\varnothing) && Y=\varnothing \end{aligned}$$

上述界的推导的直观表示参见图 9-6。例如在第 2 层，不等式为 $\geqslant$，说明若 Y 是这一层的任意项集，则都会得到一个下界。不同层上的符号表示了对应的项集在通过公式 (9.3) 或 (9.4) 进行上界或下界计算时的系数。最后，子集格栅给出了在进行求和的过程中需要考虑的中间项 W。例如，若 $Y=A$，则中间项为 $W\in\{AC,AD,A\}$，对应符号为 $\{+1,+1,-1\}$，由此可以得到如下下界规则：

$$\sup(ACD)\geqslant\sup(AC)+\sup(AD)-\sup(A)$$

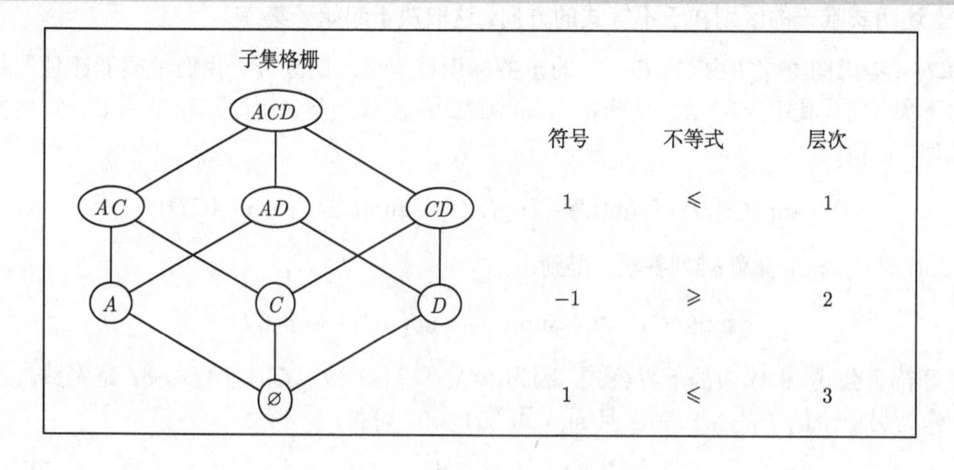

图 9-6 由子集得到的支撑上下界

4. **非可导项集**

给定项集 X 和 $Y \subseteq X$，令 $IE(Y)$ 代表如下的求和：

$$IE(Y) = \sum_{Y \subseteq W \subset X} -1^{(|X \setminus W|+1)} \cdot \sup(W)$$

则所有 $\sup(X)$ 的上界和下界的集合为：

$$UB(X) = \{IE(Y) | Y \subseteq X, |X \setminus Y| \text{是奇数}\}$$
$$LB(X) = \{IE(Y) | Y \subseteq X, |X \setminus Y| \text{是偶数}\}$$

我们称一个项集 X 是**非可导的**，若 $\max\{LB(X)\} \neq \min\{UB(X)\}$，这意味着 X 的支撑不能从它的子集的支撑值导出；我们只知道可能的值的范围，即：

$$\sup(X) \in [\max\{LB(X)\}, \min\{UB(X)\}]$$

另一方面，若 $\sup(X) = \max\{LB(X)\} = \min\{UB(X)\}$，则 X 是可导的，因为这种情况下 $\sup(X)$ 可以准确地从它的子集的支撑推导出来。因此，所有的频繁非可导项集为：

$$\mathcal{N} = \{X \in \mathcal{F} | \max\{LB(X)\} \neq \min\{UB(X)\}\}$$

其中 $\mathcal{F}$ 是所有频繁项集的集合。

例 9.8 考虑例 9.7 中给出的 $\sup(ACD)$ 的上界和下界的公式。利用图 9-5 中的事务标识符集信息，支撑下界为：

$$\begin{aligned}\sup(ACD) &\geqslant 0 \\ &\geqslant \sup(AC) + \sup(AD) - \sup(A) = 2 + 3 - 4 = 1 \\ &\geqslant \sup(AC) + \sup(CD) - \sup(C) = 2 + 2 - 4 = 0 \\ &\geqslant \sup(AD) + \sup(CD) - \sup(D) = 3 + 2 - 4 = 1\end{aligned}$$

上界为：

$$\begin{aligned}\sup(ACD) &\leqslant \sup(AC) = 2 \\ &\leqslant \sup(AD) = 3 \\ &\leqslant \sup(CD) = 2 \\ &\leqslant \sup(AC) + \sup(AD) + \sup(CD) - \sup(A) - \sup(C) - \\ &\quad \sup(D) + \sup(\varnothing) = 2 + 3 + 2 - 4 - 4 - 4 + 6 = 1\end{aligned}$$

因此可得：

$$\begin{aligned}LB(ACD) &= \{0, 1\} \qquad \max\{LB(ACD)\} = 1 \\ UB(ACD) &= \{1, 2, 3\} \qquad \min\{UB(ACD)\} = 1\end{aligned}$$

由于 $\max\{LB(ACD)\} = \min\{UB(ACD)\}$，可知 ACD 是可导的。

注意，要判断一个项集是否为可导的，并不需要算出所有的上界和下界。例如，令 $X = ABDE$。考虑其直接子集，可以获得上界值如下：

$$\begin{aligned}\sup(ABDE) &\leqslant \sup(ABD) = 3\\ &\leqslant \sup(ABE) = 4\\ &\leqslant \sup(ADE) = 3\\ &\leqslant \sup(BDE) = 3\end{aligned}$$

根据这些上界值，可知 $\sup(ABDE) \leqslant 3$。现在考虑从 $Y = AB$ 得到的下界：

$$\sup(ABDE) \geqslant \sup(ABD) + \sup(ABE) - \sup(AB) = 3 + 4 - 4 = 3$$

至此，我们知道 $\sup(ABDE) \geqslant 3$，因此不用继续处理其他上下界，就可以知道 $\sup(ABDE) \in [3, 3]$，这就意味着 $ABDE$ 是可导的。

对于图 9-1a 中给定的样例数据库，所有频繁非可导项集的集合及其支撑上下界为：

$$\begin{aligned}\mathcal{N} = \{&A[0,6], B[0,6], C[0,6], D[0,6], E[0,6],\\ &AD[2,4], AE[3,4], CE[3,4], DE[3,4]\}\end{aligned}$$

注意，根据定义，单个项总是非可导的。

9.5 补充阅读

闭项集的概念是基于正则概念分析的优雅的格栅理论框架而来的 (Ganter, Wille, and Franzke, 1997)。挖掘频繁闭项集的 Charm 算法由 Zaki and Hsiao (2005) 提出；挖掘最大频繁项集的 GenMax 方法参见 Gouda and Zaki (2005)。挖掘最大模式的类 Apriori 算法 MaxMiner，使用了高效的基于支撑下界的项集剪枝，可参见 Bayardo (1998)。最小生成子的想法是由 Bastide 等人 (2000) 提出的；他们将这些算子称作**关键模式**（key pattern）。非可导项集挖掘在 Calders and Goethals (2007) 的论述中有介绍。

Bastide, Y., Taouil, R., Pasquier, N., Stumme, G., and Lakhal, L. (2000). “Mining frequent patterns with counting inference.” *ACM SIGKDD Explorations*, 2 (2): 66–75.

Bayardo R. J., Jr. (1998). “Efficiently mining long patterns from databases.” *In Proceedings of the ACM SIGMOD International Conference on Management of Data*. ACM, pp. 85–93.

Calders, T. and Goethals, B. (2007). “Non-derivable itemset mining.” *DataMining and Knowledge Discovery*, 14 (1): 171–206.

Ganter, B., Wille, R., and Franzke, C. (1997). *Formal Concept Analysis: Mathematical Foundations*. New York: Springer-Verlag.

Gouda, K. and Zaki, M. J. (2005). “Genmax: An efficient algorithm for mining maximal frequent itemsets.” *Data Mining and Knowledge Discovery*, 11 (3): 223–242.

Zaki, M. J. and Hsiao, C.-J. (2005). “Efficient algorithms formining closed itemsets and their lattice structure.” *IEEE Transactions on Knowledge and Data Engineering*, 17 (4): 462–478.

9.6 习题

Q1. 判断下列句子的对错。

(a) 仅用最大频繁项集就可以确定所有的频繁项集及其支撑。

(b) 一个项集与其闭包有着相同的事务集合。

(c) 所有最大频繁集的集合是所有封闭频繁集的集合的子集。

(d) 所有最大频繁集的集合是最长的可能频繁项集的集合。

Q2. 给定表 9-1 所示的数据库。

(a) 计算 AE 的闭包 $\boldsymbol{c}(AE)$。AE 是封闭的吗?

(b) 找出所有的频繁、封闭和最大项集(使用 minsup = 2/6)。

表 9-1 Q2 的数据集

事务标识符	项集
t_1	ACD
t_2	BCE
t_3	$ABCE$
t_4	BDE
t_5	$ABCE$
t_6	$ABCD$

Q3. 给定表 9-2 所示的数据库,找到所有的生成子(使用 minsup = 1)。

表 9-2 Q3 的数据集

事务标识符	项集
1	ACD
2	BCD
3	AC
4	ABD
5	$ABCD$
6	BCD

Q4. 考虑图 9-7 中的频繁闭项集格栅。假设项空间为 $\mathcal{I} = \{A, B, C, D, E\}$。回答下列问题。

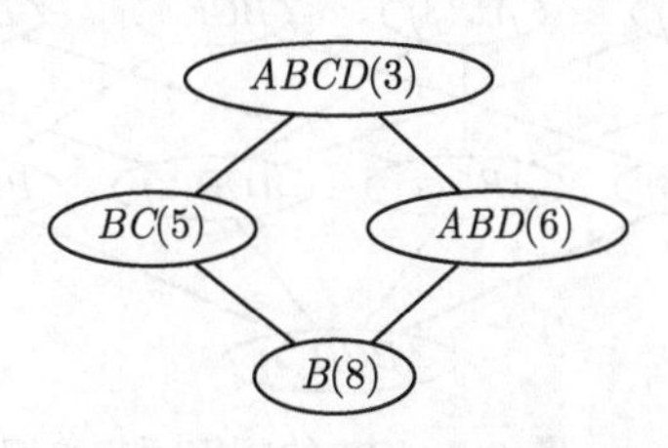

图 9-7 Q4 的闭项集格栅

(a) CD 的频率是多少?

(b) 在子集区间 $[B, ABD]$ 的项集内,找出所有的频繁项集及其频率。

(c) ADE 是频繁的吗？若是，给出它的支撑；若否，为什么？

Q5. 对于某个给定的数据库，令 $\mathcal{C}$ 为所有封闭频繁项集的集合、$\mathcal{M}$ 为所有最大频繁项集的集合。证明：$\mathcal{M} \subseteq \mathcal{C}$。

Q6. 证明闭包算子 $\boldsymbol{c} = \boldsymbol{i} \circ \boldsymbol{t}$ 满足如下性质（X 和 Y 都是某个项集）。

(a) 递增：$X \subseteq \boldsymbol{c}(X)$。

(b) 单调：若$X \subseteq Y$，则 $\boldsymbol{c}(X) \subseteq \boldsymbol{c}(Y)$。

(c) 幂等：$\boldsymbol{c}(X) = \boldsymbol{c}(\boldsymbol{c}(X))$。

Q7. 令 δ 为一个整数。一个项集被称为δ-自由项集，当且仅当对于所有的子集 $Y \subset X$，有 $\sup(Y) - \sup(X) > \delta$。对于任意项集 X，定义 X 的 δ-闭包如下：

$$\delta\text{-闭包}(X) = \{Y | X \subset Y, \sup(X) - \sup(Y) \leqslant \delta, \text{ 且 } Y \text{ 是最大项集}\}$$

考虑表 9-3 所示的数据库。回答下列问题。

(a) 给定 $\delta = 1$，计算所有的 δ-自由项集。

(b) 对每一个 δ-自由项集，计算其 δ-闭包（$\delta = 1$）。

表 9-3 Q7 的数据集

事务标识符	项集
1	ACD
2	BCD
3	ACD
4	ABD
5	$ABCD$
6	BC

Q8. 给定图 9-8 所示的频繁项集格栅（及对应的支撑），回答下列问题。

(a) 列出所有的闭项集。

(b) BCD 是否可导？$ABCD$ 呢？它们的支撑的上下界是什么？

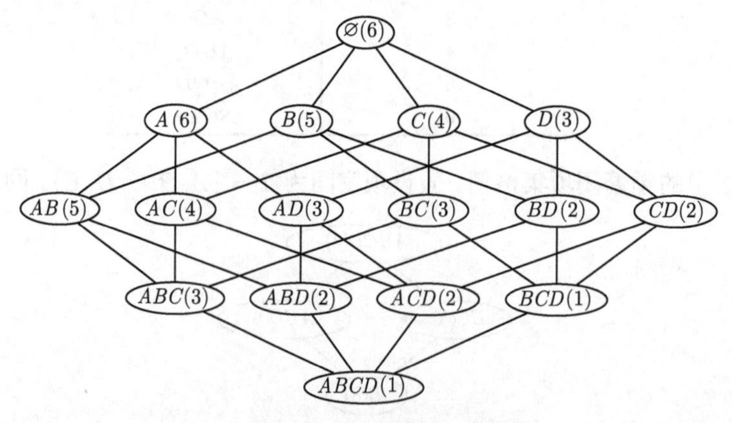

图 9-8 Q8 的频繁项集格栅

Q9. 证明：若一个项集 X 是可导的，则任意超集 $Y \supset X$ 也是可导的。利用这一特点给出一个挖掘所有非可导项集的算法。

第10章 序列挖掘

现实世界中的许多应用，如生物信息学、Web挖掘和文本挖掘等，都需要处理序列和时序数据。序列挖掘可以从给定的数据集发现跨时间和位置的模式。本章将考虑挖掘频繁序列的方法（允许元素之间有空隙），以及挖掘频繁子串的方法（不允许两个连续元素之间有空隙）。

10.1 频繁序列

令 Σ 代表一个**字母表**（alphabet），定义为一个字符和符号的有限集合，令 $|\Sigma|$ 表示其基数。一条**序列**（sequence）或一个**字符串**（string）定义为一个有序的符号列表，可写为 $\boldsymbol{s} = s_1 s_2 \cdots s_k$，其中 $s_i \in \Sigma$ 是位置 i 上的符号，也可以表示为 $\boldsymbol{s}[i]$。这里 $|\boldsymbol{s}| = k$ 表示序列的长度。一条长度为 k 的序列也称作 k-序列。我们用 $\boldsymbol{s}[i:j] = s_i s_{i+1} \cdots s_{j-1} s_j$ 来表示**子串**（substring）或从位置 i 到位置 j 的连续符号序列（$j > i$）。序列 $\boldsymbol{s}$ 的**前缀**（prefix）定义为任意形如 $\boldsymbol{s}[1:i] = s_1 s_2 \cdots s_i$（$0 \leqslant i \leqslant n$）的子串。同样，序列 $\boldsymbol{s}$ 的**后缀**（suffix）定义为任意形如 $\boldsymbol{s}[i:n] = s_i s_{i+1} \cdots s_n$（$1 \leqslant i \leqslant n+1$）的子串。注意 $\boldsymbol{s}[1:0]$ 是空前缀，$\boldsymbol{s}[n+1:n]$ 是空后缀。令 Σ^* 为所有用 Σ 中字符可能构建的序列的集合，包括空序列 $\varnothing$（长度为 0）。

令 $\boldsymbol{s} = s_1 s_2 \cdots s_n$ 和 $\boldsymbol{r} = r_1 r_2 \cdots r_k$ 为 Σ 之上的两个序列。若存在一一映射 $\phi: [1,m] \to [1,n]$，使得 $\boldsymbol{r}[i] = \boldsymbol{s}[\phi(i)]$，且对 $\boldsymbol{r}$ 中任意两个位置 i 和 j，有 $i < j \Rightarrow \phi(i) < \phi(j)$，则称 $\boldsymbol{r}$ 是 $\boldsymbol{s}$ 的一个**子序列**（subsequence），表示为 $\boldsymbol{r} \subseteq \boldsymbol{s}$。换句话说，$\boldsymbol{r}$ 中的每个位置都被映射到 $\boldsymbol{s}$ 中的一个不同的位置，且符号的顺序得以保留，但映射之后 $\boldsymbol{r}$ 中元素之间可能会存在空隙。若 $\boldsymbol{r} \subseteq \boldsymbol{s}$，则称 $\boldsymbol{s}$**包含**$\boldsymbol{r}$。若 $r_1 r_2 \cdots r_m = s_j s_{j+1} \cdots s_{j+m-1}$，即 $\boldsymbol{r}[1:m] = \boldsymbol{s}[j:j+m.1]$（$1 \leqslant j \leqslant n-m+1$），则序列 $\boldsymbol{r}$ 称为 $\boldsymbol{s}$ 的**连续子序列**（consecutive subsequence）或子串。子串 $\boldsymbol{r}$ 中的元素在映射中不允许有空隙。

例 10.1 令 $\Sigma = \{A, C, G, T\}$，$\boldsymbol{s} = ACTGAACG$。则 $\boldsymbol{r}_1 = CGAAG$ 是 $\boldsymbol{s}$ 的一个子序列，而 $\boldsymbol{r}_2 = CTGA$ 是 $\boldsymbol{s}$ 的一个子串。序列 $\boldsymbol{r}_3 = ACT$ 是 $\boldsymbol{s}$ 的一个前缀；$\boldsymbol{r}_4 = ACTGA$ 也是 $\boldsymbol{s}$ 的一个前缀。$\boldsymbol{r}_5 = GAACG$ 是 $\boldsymbol{s}$ 的一个后缀。

给定一个包含 N 条序列的数据库 $\boldsymbol{D} = \{\boldsymbol{s}_1, \boldsymbol{s}_2, \cdots, \boldsymbol{s}_N\}$ 及某个序列 $\boldsymbol{r}$，$\boldsymbol{r}$ 在数据库 $\boldsymbol{D}$ 中的**支撑**（support）定义为 $\boldsymbol{D}$ 中包含 $\boldsymbol{r}$ 的序列的总数：

$$\sup(\boldsymbol{r}) = |\{\boldsymbol{s}_i \in \boldsymbol{D} | \boldsymbol{r} \subseteq \boldsymbol{s}_i\}|$$

$\boldsymbol{r}$ 的**相对支撑**（relative support）是含有 $\boldsymbol{r}$ 的序列的比例：

$$\text{rsup}(\boldsymbol{r}) = \sup(\boldsymbol{r})/N$$

给定一个用户指定的阈值 minsup，若 $\sup(\boldsymbol{r}) \geqslant \text{minsup}$，则称序列 $\boldsymbol{r}$ 在数据库 $\boldsymbol{D}$ 中是**频**

繁的 (frequent)。若一个频繁序列不是任意其他频繁序列的子序列，则它是**最大的** (maximal)；若它不是任意其他有着相同支撑的序列的子序列，则它是**封闭的** (closed)。

10.2　挖掘频繁序列

对于序列挖掘而言，符号的顺序是很重要的，因此必须考虑所有符号的**排列** (permutation) 作为可能的频繁序列候选。这是与项集挖掘不同的，因为项集挖掘只需要考虑项的**组合**。序列搜索空间可以组织为一棵前缀搜索树的形式。树的根（第 0 层）对应的是空序列，每一个符号 $x \in \Sigma$ 是根的一个子节点。因此，第 k 层标识为 $\boldsymbol{s} = s_1 s_2 \cdots s_k$ 的序列的子节点，在第 $k+1$ 层有形如 $\boldsymbol{s}' = s_1 s_2 \cdots s_k s_{k+1}$ 的序列。换句话说，$\boldsymbol{s}$ 是每一个子节点 $\boldsymbol{s}'$ 的前缀，该子节点也称作 $\boldsymbol{s}$ 的**扩展** (extension)。

例 10.2　令 $\Sigma = \{A, C, G, T\}$ 且数据库 $\boldsymbol{D}$ 包含了表 10-1 所示的 3 个序列。序列搜索空间表示为前缀搜索，如图 10-1 所示。每一个序列的支撑都用括号内的数值表示构成。例如，标号为 A 的节点有 3 个扩展 AA、AG 和 AT，其中，若 minsup = 3，则 AT 是非频繁的。

表 10-1　样例序列数据库

标识符	序列
$\boldsymbol{s}_1$	$CAGAAGT$
$\boldsymbol{s}_2$	$TGACAG$
$\boldsymbol{s}_3$	$GAAGT$

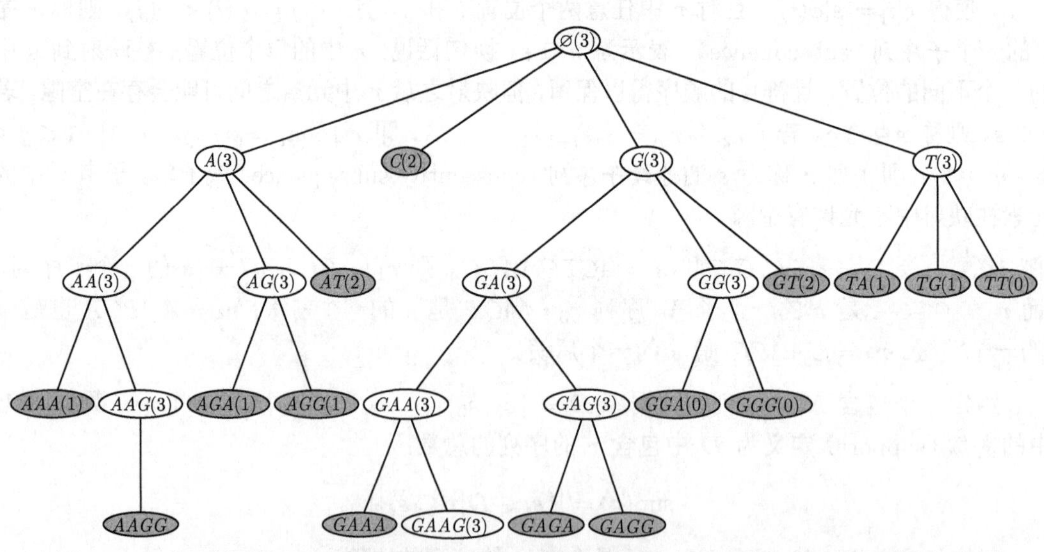

图 10-1　序列搜索空间：带阴影的椭圆表示非频繁的候选；可以剪去没有置于括号内的支撑的椭圆（因其含有非频繁子序列）；无阴影的椭圆表示频繁序列

子序列搜索空间在概念上可以是无限的，因为它包含了 Σ^* 中的所有序列，即所有可用

Σ 中符号构成的长度大于或等于 0 的序列。在实践中，数据库中的序列长度是有上界的。令 l 表示数据库中的最长序列长度，则在最坏情况下，我们要考虑所有长度最大为 l 的候选序列，由此可以导出搜索空间大小的界：

$$|\Sigma|^1 + |\Sigma|^2 + \cdots + |\Sigma|^l = O(|\Sigma|^l) \tag{10.1}$$

因为在第 k 层，一共可能有 $|\Sigma|^k$ 个长度为 k 的子序列。

10.2.1 逐层挖掘：GSP

我们可以用一种逐层或宽度优先的策略，构建一个高效的序列挖掘算法来搜索序列前缀树。给定第 k 层的频繁序列的集合，我们生成所有可能的序列扩展或第 $k+1$ 层的候选（candidate）。接下来计算每个候选的支撑并剪去非频繁的那些，当不再产生频繁扩展时，算法停止。

逐层通用序列模式（GSP）挖掘算法的伪代码如算法 10.1 所示。该算法利用了支撑的反单调（antimonotonic）性质对候选模式进行剪枝，即一个非频繁序列的超序列不可能是频繁的，且一个频繁序列的所有子序列都必然是频繁的。第 k 层的前缀搜索树表示为 $\mathcal{C}^{(k)}$。初始化时，$\mathcal{C}^{(1)}$ 由 Σ 中所有的符号构成。给定当前 k 序列候选的集合 $\mathcal{C}^{(k)}$，该算法首先计算它们的支撑（第 6 行）。对于数据库中的每一个序列 $\boldsymbol{s}_i \in \boldsymbol{D}$，检查候选序列 $\boldsymbol{r} \in \mathcal{C}^{(k)}$ 是否是 $\boldsymbol{s}_i$ 的子序列。若是，则将 $\boldsymbol{r}$ 的支撑增 1。当第 k 层的频繁序列都找到时，就生成第 $k+1$ 层的候选（第 10 行）。对于扩展而言，每一个叶子节点 $\boldsymbol{r}_a$ 都用任意其他有共同前缀（即有相同的父节点）的叶子节点 $\boldsymbol{r}_b$ 的最后一个字符进行扩展，以获得新的 $(k+1)$-序列 $\boldsymbol{r}_{ab} = \boldsymbol{r}_a + \boldsymbol{r}_b[k]$（第 18 行）。若新的候选 $\boldsymbol{r}_{ab}$ 包含任意的非频繁 k-序列，则将其剪去。

算法10.1 GSP 算法

```
GSP (D, Σ, minsup):
1  F ← ∅
2  C(1) ← {∅}  //用单个字符初始化前缀树
3  foreach s ∈ Σ do 通过sup(s)←0, 使得s成为C(1)中的空集的子节点
4  k ← 1  //k代表层数
5  while C(k) ≠ ∅ do
6      COMPUTESUPPORT (C(k), D)
7      foreach 叶子节点 s ∈ C(k) do
8          if sup(r) ⩾ minsup then F ← F ∪ {(r, sup(r))}
9          else 从C(k)中删除 s
10     C(k+1) ← EXTENDPREFIXTREE (C(k))
11     k ← k+1
12 return F(k)

COMPUTESUPPORT (C(k), D):
13 foreach s_i ∈ D do
14     foreach r ∈ C(k) do
15         if r ⊆ s_i then sup(r) ← sup(r)+1
```

```
EXTENDPREFIXTREE (C^(k)):
16 foreach 叶子节点 r_a ∈ C^(k) do
17     foreach 叶子节点 r_b ∈ CHILDREN(PARENT(r_a)) do
18         r_ab ← r_a + r_b[k]  // 用 r_b 的最后一个字符扩展 r_a
           // 若有非频繁的子序列，则进行剪枝
19         if r_c ∈ C^(k), 对于所有 r_c ⊂ r_ab, 其中 |r_c| = |r_ab| − 1 then
20             通过sup(r_ab)←0, 使得 r_ab 成为 r_a 的子节点
21     if r_a 处不再扩展 then
22         从C^(k)中删除 r_a 以及 r_a 所有无扩展的祖先
23 return C^(k)
```

例 10.3　以挖掘表 10-1 所示的数据库为例（minsup =3）。我们要找出在 3 个数据库序列中都出现过的子序列。图 10-1 展示了从第 0 层扩展空序列 $\varnothing$ 开始，在第 1 层得到候选 A、C、G、T 的过程。其中 C 可以被剪去，因为它是非频繁的。接下来生成第 2 层所有可能的候选。用 A 作为前缀，可以生成扩展 AA、AG、AT。对 G 和 T 进行类似的处理。某些候选扩展可以不需要计数就直接剪去。例如，由 GAA 得到的扩展 $GAAA$ 可以剪去，因为它含有一个非频繁子序列 AAA。图中给出了所有的频繁序列（无阴影），其中 $GAAG(3)$ 和 $T(3)$ 是最大的。

GSP 算法的计算复杂度为 $O(|\Sigma|^l)$，正如公式 (10.1) 所示，其中 l 是最长频繁序列的长度。I/O 的复杂度为 $O(l \cdot \boldsymbol{D})$，这是因为我们通过对数据库的一次扫描来计算一层的所有支撑。

10.2.2　垂直序列挖掘：Spade

Spade 算法使用数据库的垂直表示来进行序列挖掘，其主要思想是记录每个字符在序列中的出现位置。对于一个符号 $s \in \Sigma$，我们记录一个元组 $\langle i, \mathrm{pos}(s)\rangle$ 的集合，其中 $\mathrm{pos}(s)$ 是符号 s 在数据库序列 $\boldsymbol{s}_i \in \boldsymbol{D}$ 中出现的位置的集合。令 $\mathcal{L}(s)$ 表示 s 的序列–位置元组的集合，我们称之为 poslist。所有 $s \in \Sigma$ 的 poslist 的集合构成了输入数据库的一个垂直表示。通常来说，给定 k-序列 $\boldsymbol{r}$，它的 poslist $\mathcal{L}(\boldsymbol{r})$ 维护了其最后一个字符 $\boldsymbol{r}[k]$ 在每个数据库序列 $\boldsymbol{s}_i$ 中的出现位置的列表，其中 $\boldsymbol{r} \subseteq \boldsymbol{s}_i$。序列 $\boldsymbol{r}$ 的支撑即包含 $\boldsymbol{r}$ 的所有不同序列的数目，即 $\mathrm{sup}(\boldsymbol{r}) = |\mathcal{L}(\boldsymbol{r})|$。

例 10.4　在表 10-1 中，符号 A 出现在 $\boldsymbol{s}_1$ 的 2、4、5 位置。因此，我们将元组 $\langle 1, \{2,4,5\}\rangle$ 加入 $\mathcal{L}(A)$。由于 A 同样在序列 $\boldsymbol{s}_2$ 的 3、5 位置和序列 $\boldsymbol{s}_3$ 的 2、3 位置出现，A 的完整 poslist 为 $\{\langle 1, \{2,4,5\}\rangle, \langle 2, \{3,5\}\rangle, \langle 1, \{2,3\}\rangle\}$。由此可得 $\mathrm{sup}(A) = 3$，因为其 poslist 包含 3 个元组。图 10-2 给出了每一个符号及其他序列的 poslist。例如序列 GT，可以知道它是 $\boldsymbol{s}_1$ 和 $\boldsymbol{s}_3$ 的一个子序列。尽管在 $\boldsymbol{s}_1$ 中 GT 出现了两次，最后一个符号 T 皆出现在位置 7，因此 GT 的 poslist 为元组 $\langle 1, 7\rangle$。GT 的完整 poslist 为 $\mathcal{L}(GT) = \{\langle 1,7\rangle, \langle 3,5\rangle\}$。$GT$ 的支撑为 $\mathrm{sup}(GT) = |\mathcal{L}(GT)| = 2$。

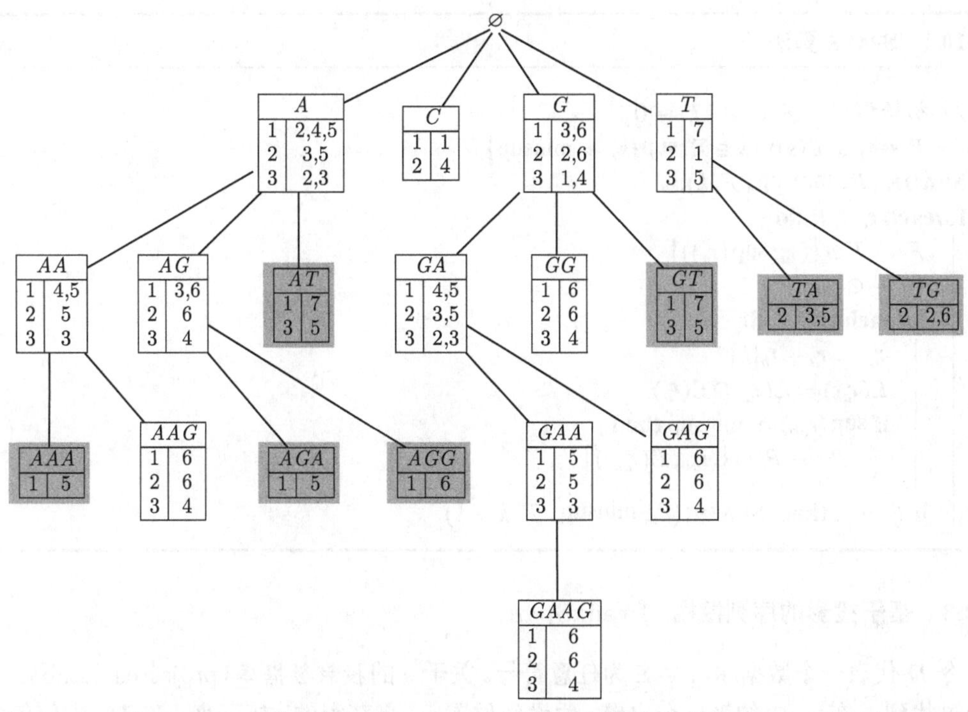

图 10-2　基于 Spade 的序列挖掘：出现至少一次的非频繁序列以阴影表示；支撑为 0 的序列没有显示

Spade 中的支撑计算是通过**序列联合**（sequential join）操作来完成的。给定任意两个共享长度为 $(k-1)$ 的前缀的 k-序列 $\boldsymbol{r}_a$ 和 $\boldsymbol{r}_b$ 的 poslist，主要思想是对 poslist 进行序列联合，以计算新的长度为 $(k+1)$ 的候选序列 $\boldsymbol{r}_{ab} = \boldsymbol{r}_a + \boldsymbol{r}_b[k]$ 的支撑。给定元组 $\langle i, \mathrm{pos}(\boldsymbol{r}_b[k])\rangle \in \mathcal{L}(\boldsymbol{r}_b)$，先检查是否存在元组 $\langle i, \mathrm{pos}(\boldsymbol{r}_a[k])\rangle \in \mathcal{L}(\boldsymbol{r}_a)$，即两个序列都在同一个数据库序列 $\boldsymbol{s}_i$ 中出现。接下来，对于每一个位置 $p \in \mathrm{pos}(\boldsymbol{r}_b[k])$，检查是否存在位置 $q \in \mathrm{pos}(\boldsymbol{r}_a[k])$ 使得 $q < p$。若是，则说明 $\boldsymbol{r}_b[k]$ 出现在 $\boldsymbol{r}_a[k]$ 的最后一个位置之后，因此我们保留 p 作为 $\boldsymbol{r}_{ab}$ 的一个有效出现。poslist $\mathcal{L}(\boldsymbol{r}_{ab})$ 包括了所有这样的有效出现。注意，我们只记录候选序列中最后一个符号的位置。因为我们是从一个共同前缀扩展得到序列的，所以没有必要保留前缀中符号的全部出现位置。序列联合表示为 $\mathcal{L}(\boldsymbol{r}_{ab}) = \mathcal{L}(\boldsymbol{r}_a) \cap \mathcal{L}(\boldsymbol{r}_b)$。

垂直方法的主要优势在于它可以在序列搜索空间上采用不同的搜索策略，包括深度和宽度优先搜索。算法 10.2 给出了 Spade 的伪代码。给定一个有共同前缀的序列集合 P 及其 poslist，通过与每个序列 $\boldsymbol{r}_b \in P$ 进行序列联合，Spade 方法为每一个 $\boldsymbol{r}_a \in P$ 创建一个新的前缀等价类 P_a（包括自联合）。移除非频繁扩展后，对新的等价类 P_a 进行递归处理。

例 10.5　考虑图 10-2 中 A 和 G 的 poslist。为获得 $\mathcal{L}(AG)$，我们对 $\mathcal{L}(A)$ 和 $\mathcal{L}(G)$ 进行序列联合。对于元组 $\langle 1, \{2,4,5\}\rangle \in \mathcal{L}(A)$ 和 $\langle 1, \{3,6\}\rangle \in \mathcal{L}(G)$，$G$ 出现在 3、6 位置，都是在 A 的某个出现位置之后，例如位置 2。因此，我们将元组 $\langle 1, \{3,6\}\rangle$ 加入 $\mathcal{L}(AG)$。AG 的完整 poslist 为 $\mathcal{L}(AG) = \{\langle 1, \{3,6\}\rangle, \langle 2, 6\rangle, \langle 3, 4\rangle\}$。

图 10-2 给出了 Spade 算法的整个工作流程，以及所有的候选及其 poslist。

算法10.2　SPADE 算法

```
// 初始调用: F ← ∅, k ← 0,
   P ← {⟨s, L(s)⟩ | s ∈ Σ, sup(s) ≥ minsup}
SPADE (P, minsup, F, k):
1 foreach r_a ∈ P do
2   F ← F ∪ {(r_a, sup(r_a))}
3   P_a ← ∅
4   foreach r_b ∈ P do
5     r_ab = r_a + r_b[k]
6     L(r_ab) = L(r_a) ∩ L(r_b)
7     if sup(r_ab) ≥ minsup then
8       P_a ← P_a ∪ {⟨r_ab, L(r_ab)⟩}
9   if P_a ≠ ∅ then SPADE(P_a, minsup, F, k+1)
```

10.2.3　基于投影的序列挖掘：PrefixSpan

令 $\boldsymbol{D}$ 代表一个数据库，$s \in \Sigma$ 为任意符号。关于 s 的**投影数据库**（projected database）$\boldsymbol{D}_s$ 是通过找到 s 在 $\boldsymbol{s}_i$ 中的第一个出现（假设为位置 p）来获得的。接下来，在 $\boldsymbol{D}_s$ 中仅仅保留始于位置 $p+1$ 的 $\boldsymbol{s}_i$ 的后缀。此外，任何的非频繁符号都从后缀中移除。对每一个 $\boldsymbol{s}_i \in \boldsymbol{D}$ 都进行这样的操作。

例 10.6　考虑表 10-1 中的 3 个数据库序列。设符号 G 在 $\boldsymbol{s}_1 = CAGAAGT$ 中第一次出现在位置 3；$\boldsymbol{s}_1$ 关于 G 的投影为后缀 $AAGT$。关于 G 的投影数据库表示为 $\boldsymbol{D}_G$，可以给出为 $\{\boldsymbol{s}_1 : AAGT, \boldsymbol{s}_2 : AAG, \boldsymbol{s}_3 : AAGT\}$。

PrefixSpan 的主要思想是只计算投影数据库 $\boldsymbol{D}_x$ 中单个符号的支撑，然后以深度优先的方式对频繁符号递归地进行投影。该方法的详细步骤参见算法 10.3。其中 $\boldsymbol{r}$ 是一个频繁子序列，而 $\boldsymbol{D_r}$ 是 $\boldsymbol{r}$ 的投影数据集。$\boldsymbol{r}$ 初始为空，$\boldsymbol{D_r}$ 初始是整个输入数据集 $\boldsymbol{D}$。给定一个投影序列的数据库 $\boldsymbol{D_r}$, PrefixSpan 首先找到投影数据集中所有的频繁符号。对于每一个这样的符号 s，我们将 s 附加到 $\boldsymbol{r}$ 进行扩展，获得新的频繁子序列 $\boldsymbol{r}_s$。接下来，我们通过将 $\boldsymbol{D_r}$ 投影到符号 s 上获得投影数据集 $\boldsymbol{D}_s$。然后，对 $\boldsymbol{r}_s$ 和 $\boldsymbol{D}_s$ 递归调用 PrefixSpan。

例 10.7　图 10-3 展示了基于投影的 PrefixSpan 挖掘方法应用于表 10-1 所示的样例数据集（minsup=3）的情况。我们由整个数据库 $\boldsymbol{D}$ 开始，表示为 $\boldsymbol{D}_\varnothing$。计算每一个符号的支撑值，可以发现 C 是非频繁的（用删除线划去）。在频繁符号中，先建立一个投影数据集 $\boldsymbol{D}_A$。对于 $\boldsymbol{s}_1$，我们发现第一个 A 出现在位置 2，因此只保留后缀 $GAAGT$。在 $\boldsymbol{s}_2$ 中，第一个 A 出现在位置 3，故后缀为 CAG。删除 C 之后（它是非频繁的），$\boldsymbol{s}_2$ 在 A 上的投影是 AG。可以用类似方法得到 $\boldsymbol{s}_3$ 的投影 AGT。根节点的左子节点给出了最终的投影数据集 $\boldsymbol{D}_A$。至此，挖掘递归地进行。给定 $\boldsymbol{D}_A$，计算 $\boldsymbol{D}_A$ 中的符号的支撑，发现只有 A 和 G 是频繁的，可以生成投影 $\boldsymbol{D}_{AA}$ 和 $\boldsymbol{D}_{AG}$，以此类推。完整的基于投影的步骤如图 10-3 所示。

算法10.3 PrefixSpan 算法

```
   //初始调用: D_r ← D, r←∅, F ← ∅
   PrefixSpan (D_r, r, minsup, F):
1  foreach s ∈ Σ 其中 sup(s, D_r) ≥ minsup do
2  |  r_s = r + s  //用符号 s 对 r 进行扩展
3  |  F ← F ∪ {(r_s, sup(s, D_r))}
4  |  D_s ← ∅  //为符号 s 创建投影数据
5  |  foreach s_i ∈ D_r do
6  |  |  s'_i ← s_i 关于符号s的投影
7  |  |  将所有的非频繁符号从 s'_i 中删去
8  |  |  若 s'_i 不为空集, 则将其添加到 D_s 中
9  |  if D_s ≠ ∅ then PrefixSpan (D_s, r_s, minsup, F)
```

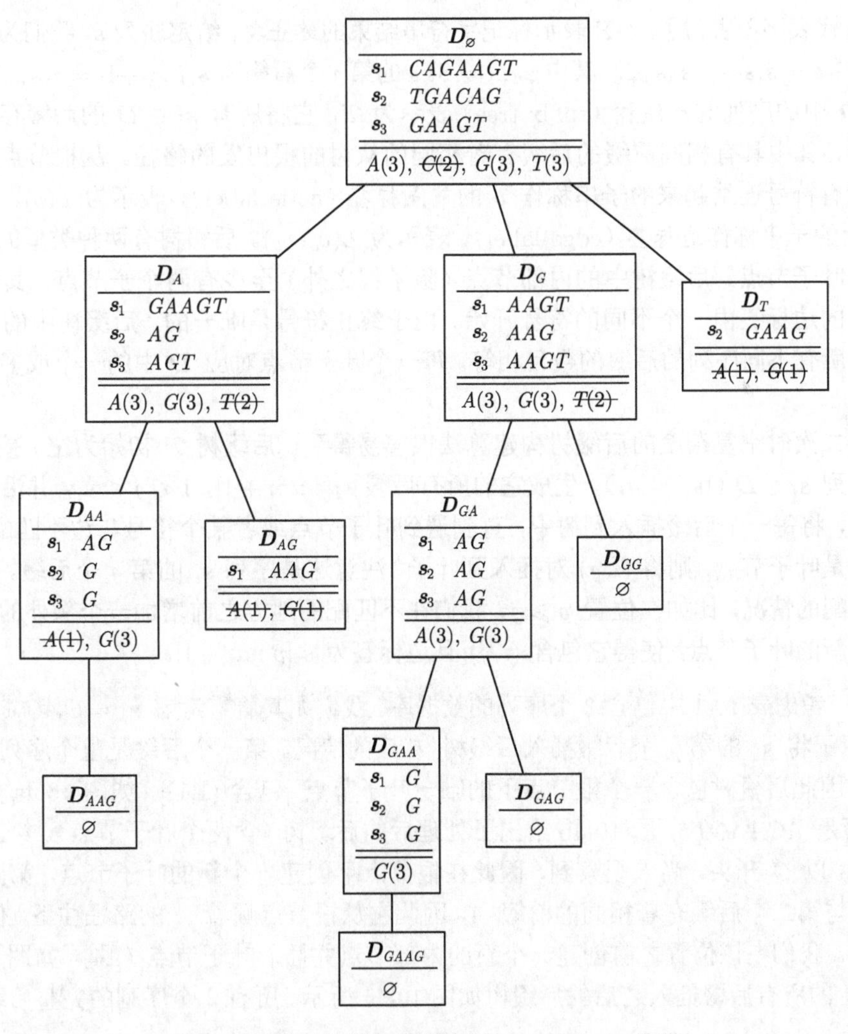

图 10-3 基于投影的序列挖掘：PrefixSpan 算法

10.3　基于后缀树的子串挖掘

现在来看高效挖掘频繁子串的方法。令 $\boldsymbol{s}$ 为一个长度为 n 的序列，则它最多可能有 $O(n^2)$ 个不同的子串。考虑长度为 w 的子串，一共有 $n-w+1$ 种可能的子串。将所有可能的子串长度加起来，可得：

$$\sum_{w=1}^{n}(n-w+1)=n+(n-1)+\cdots+2+1=O(n^2)$$

与子序列相比，这是一个小得多的搜索空间，因此可以设计更为高效的算法来解决频繁子串挖掘的问题。事实上，在最坏情况下，我们可以在 $O(Nn^2)$ 的时间内挖掘出给定数据集 $\boldsymbol{D}=\{\boldsymbol{s}_1,\boldsymbol{s}_2,\cdots,\boldsymbol{s}_N\}$ 中的所有频繁子串。

10.3.1　后缀树

令 Σ 代表字母表，用 $\$\notin\Sigma$ 表示标记字符串结束的*终止符*。给定序列 $\boldsymbol{s}$，我们为其添加终止符，使得 $\boldsymbol{s}=s_1s_2\cdots s_ns_{n+1}$，其中 $s_{n+1}=\$$。s 的第 j 个后缀为 $\boldsymbol{s}[j:n+1]=s_js_{j+1}\cdots s_{n+1}$。数据库 $\boldsymbol{D}$ 中的序列的*后缀树*（suffix tree）表示为 $\mathcal{T}$，它将所有 $\boldsymbol{s}_i\in\boldsymbol{D}$ 的后缀存在一个树形结构中，其中具有相同前缀的后缀有着相同的从树的根出发的路径。从根节点到节点 v 经过的所有符号连结起来的子串称作 v 的*节点标签*（node label），表示为 $L(v)$。出现在边 (v_a,v_b) 上的子串称作*边标签*（edge label），表示为 $L(v_a,v_b)$。后缀树有两种类型的节点：内部节点和叶子节点。后缀树中的内部节点（除了根之外）至少有两个子节点，其中指向每个子节点的边标签由一个不同的符号开始。由于终止符号是唯一的，后缀树中的叶子节点的数目与所有不同序列的后缀的数目相等。每一个叶子节点对应 $\boldsymbol{D}$ 中的一个或多个序列的后缀。

一个二次时空复杂度的后缀树构建算法很容易得到。后缀树 $\mathcal{T}$ 初始为空。接下来，对每一个序列 $\boldsymbol{s}_i\in\boldsymbol{D}$（$|\boldsymbol{s}_i|=n_i$），生成它的所有后缀 $\boldsymbol{s}_i[j:n_i+1]$，$1\leqslant j\leqslant n_i$，并沿着从根开始的路径，将每一个后缀插入到树中，直到遇到叶子节点或者某个符号与边不匹配的情况。若遇到的是叶子节点，则将 (i,j) 对插入到叶子，注意这是序列 $\boldsymbol{s}_i$ 的第 j 个后缀。若是某个符号不匹配的情况，比如在位置 $p\geqslant j$，我们在不匹配的地方之前增加一个额外的定点，并创建一个新的叶子节点，使得它包含 (i,j) 且边标签为 $\boldsymbol{s}_i[p:n_i+1]$。

例 10.8　考虑表 10-1 中包含 3 个序列的数据库。我们尤其着重考虑 $\boldsymbol{s}_1=CAGAAGT$。图 10-4 展示了将 $\boldsymbol{s}_1$ 的第 j 个后缀插入后缀树 $\mathcal{T}$ 后的情况。第一个后缀是整个序列 $\boldsymbol{s}_1$ 加上终止符；因此后缀树包含一个根节点下的唯一叶子节点 [包含 (1,1)]，如图 10-4a 所示。第二个后缀是 $AGAAGT\$$，图 10-4b 给出了处理后的后缀树（含两个叶子节点）。第三个后缀 $GAAGT\$$ 以 G 开头，尚未观察到，因此在根节点下创建一个新的叶子节点。第四个后缀 $AAGT\$$ 与第二个后缀有着相同的前缀 A，因此它从根节点顺着 A 的路径往下，但在位置 2 不匹配。我们在该位置之前创建一个新的内部节点并插入叶子节点 (1,4)，如图 10-4d 所示。将 $\boldsymbol{s}_1$ 的所有后缀插入之后的后缀树如图 10-4g 所示。所有 3 个序列的完整后缀树如图 10-5 所示。

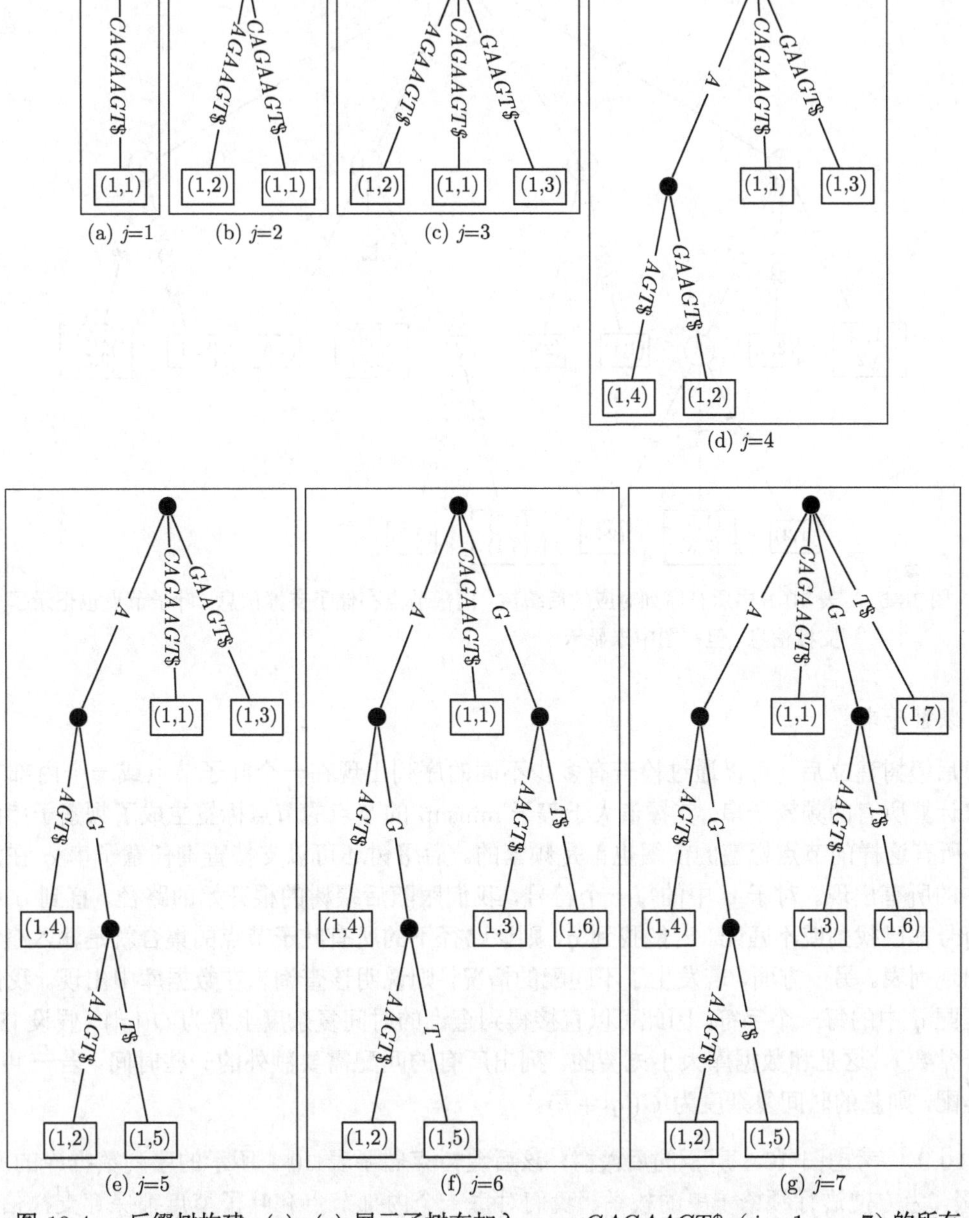

图 10-4　后缀树构建：(a)~(g) 展示了树在加入 $\boldsymbol{s}_1 = CAGAAGT\$$（$j = 1, \cdots, 7$）的所有后缀过程中的逐步变化

以上算法的时空复杂度为 $O(Nn^2)$，其中 N 为 $\boldsymbol{D}$ 中序列的数目，n 为最长序列的长度。时间复杂度的计算依据是：该算法每次都从后缀树的根开始，插入一个新的后缀；这意味着在最坏的情况下，每次后缀的插入都需要比较 $O(n)$ 个符号，故插入 n 个后缀的最坏情况下需要进行 $O(n^2)$ 次比较。空间复杂度的计算依据是：每一个后缀都是显式地表示在后缀树中，需要 $n + (n-1) + \cdots + 1 = O(n^2)$ 的空间。此外，数据库中共有 N 个序列，因此最坏情况下的时空复杂度为 $O(Nn^2)$。

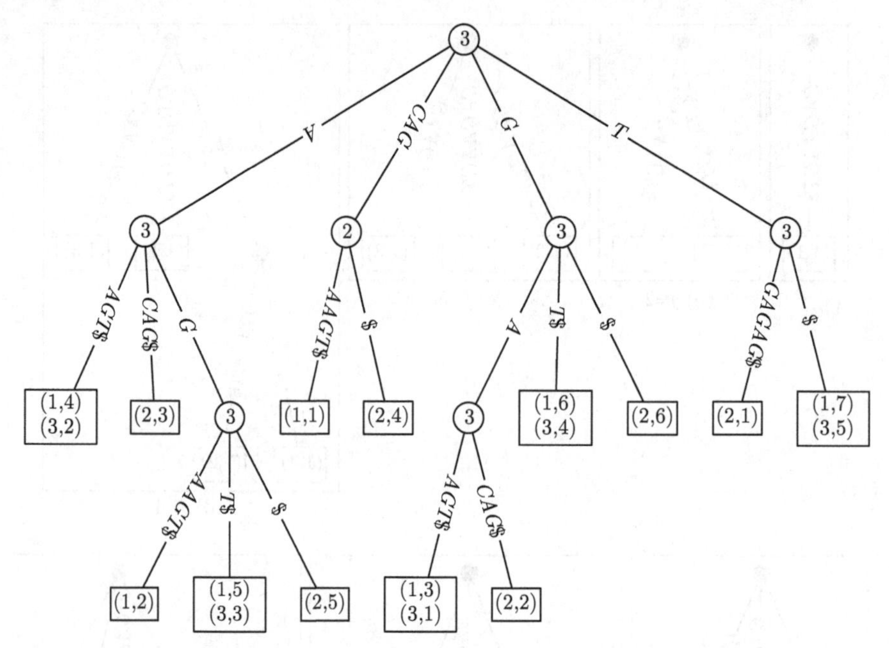

图 10-5 表 10-1 中所有序列对应的后缀树。内部节点存储了支撑信息。叶子节点也记录了支撑信息，但在图中未显示

频繁子串

后缀树建立后，可以通过检查有多少不同的序列出现在一个叶子节点或一个内部节点上来计算所有的频繁子串。支撑值大于等于 minsup 的节点的节点标签生成了频繁子串的集合；所有这样的节点标签的前缀也都是频繁的。后缀树还可以支持查询任意子串 $\boldsymbol{q}$ 在数据库中的所有出现。对于 $\boldsymbol{q}$ 中的每一个符号，我们跟随后缀树的根开始的路径，直到 $\boldsymbol{q}$ 中所有符号都已找到或不匹配。若能找到 $\boldsymbol{q}$，则该路径下的所有叶子节点的集合就是输入查询 $\boldsymbol{q}$ 的出现列表。另一方面，若发生了不匹配的情况，则说明该查询未在数据库中出现。我们需要匹配 $\boldsymbol{q}$ 中的每一个字符，因此可以直接得到查询的时间复杂度上界为 $O(|\boldsymbol{q}|)$（假设 $|\Sigma|$ 是一个常数），这是和数据库大小无关的。列出所有的匹配需要额外的一些时间：若一共有 k 个匹配，则总的时间复杂度为 $O(|\boldsymbol{q}|+k)$。

例 10.9 考虑图 10-5 所示的后缀树，该后缀树存储了表 10-1 所示的序列数据库的所有后缀。为方便进行频繁子串的枚举，我们对每一个内部节点和叶子节点都保存支撑信息，即保存出现在每个节点及其之下的不同序列的标识符。例如，从根节点出发沿着标识为 A 的路径的最左端子节点的支撑为 3，因为该子树下一共有 3 个不同的序列。若 minsup = 3，则频繁子串为 A、AG、G、GA、T。若 minsup = 2，则最大频繁子串为 $GAAGT$ 和 CAG。

假设现在查询 $\boldsymbol{q}=GAA$。从根开始查询 $\boldsymbol{q}$ 中的字符可以到达包含 (1,3) 和 (3,1) 为出现的叶子节点，这说明 GAA 在 $\boldsymbol{s}_1$ 的位置 3 和 $\boldsymbol{s}_3$ 的位置 1 都出现了。若 $\boldsymbol{q}=CAA$，则在第 3 个字符出现了不匹配（从根到标签为 CAG 的分支）。这说明 $\boldsymbol{q}$ 并未出现在数据库中。

10.3.2 Ukkonen 线性时间算法

现在来看一个时空复杂度为线性的构建后缀树的算法。首先考虑如何构造单个序列 $\boldsymbol{s} = s_1 s_2 \cdots s_n s_{n+1}$ 的后缀树，其中 $s_{n+1} = \$$。对应整个数据集的 N 个序列的数据库可以通过依次插入序列来获得。

1. **线性空间**

接下来看看如何降低后缀树的空间需求。若一个算法将所有的符号都存在每一个边标签上，则空间复杂度为 $O(n^2)$，自然也无法做到用线性方式构造时间。一个妙招是不显式存储所有边标签，而是采用所谓的**边压缩**（edge-compression）技术：只存储边标签在输入字符串 $\boldsymbol{s}$ 中的起止位置。也就是说，若一个边标签为 $\boldsymbol{s}[i:j]$，则将其表示为区间 $[i, j]$。

例 10.10 考虑对应图 10-4g 所示的序列 $\boldsymbol{s}_1 = CAGAAGT\$$ 的后缀树。对应后缀 (1,1) 的边标签 $CAGAAGT\$$ 可用区间 [1, 8] 来表示，因为该边标签对应子串 $\boldsymbol{s}_1[1:8]$。同样，对应后缀 (1,2) 的边标签 $AAGT\$$ 可以压缩为 [4,8]，因为 $AAGT\$ = \boldsymbol{s}_1[4:8]$。$\boldsymbol{s}_1$ 对应的带压缩边标签的完整后缀树如图 10-6 所示。

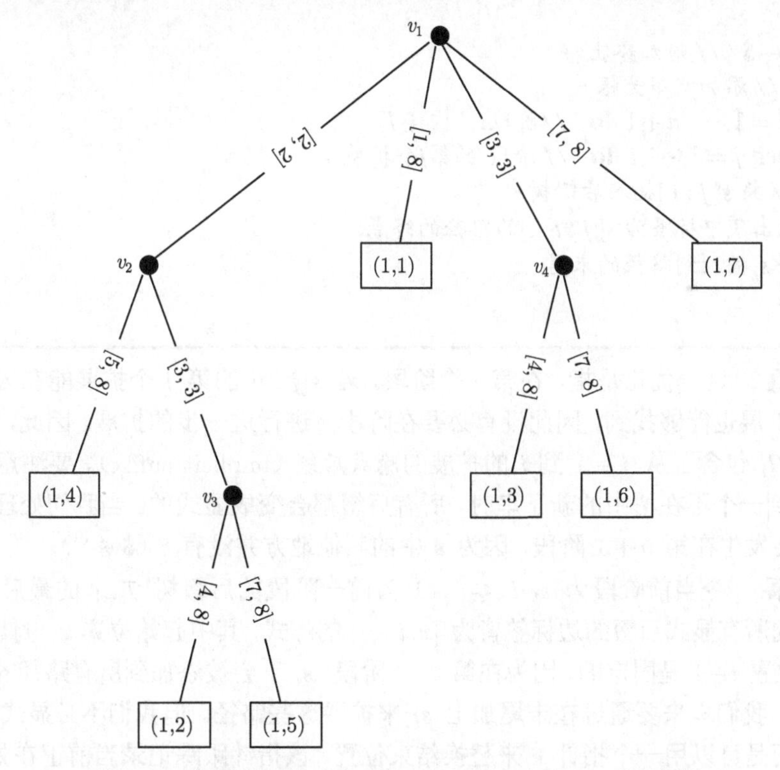

图 10-6 使用边压缩后，对应 $\boldsymbol{s}_1 = CAGAAGT\$$ 的后缀树

关于空间复杂度，注意当我们往 $\mathcal{T}$ 中新加入一个后缀的时候，最多只会创建一个新的内部节点。由于一共有 n 个后缀，$\mathcal{T}$ 中有 n 个叶子，最多有 n 个内部节点。总共最多有 $2n$ 个节点。整棵树最多有 $2n-1$ 条边，因此存储每条边对应的区间需要的空间总量为 $2(2n-1) = 4n-2 = O(n)$。

2. 线性时间

Ukkonen 算法是一个*在线算法*（online algorithm），即给定一个字符串 $\boldsymbol{s} = s_1 s_2 \cdots s_n \$$，该方法会分阶段构造整个后缀树。到第 i 步为止，所构建的树最多包含到 $\boldsymbol{s}$ 中的第 i 个符号，也就是说，每一个阶段加入下一个字符 s_i 并对前一阶段形成的后缀树进行更新。令 $\mathcal{T}_i$ 表示对应第 i 个前缀 $\boldsymbol{s}[1:i]$ 的后缀树（$1 \leqslant i \leqslant n$）。为了由 $\mathcal{T}_{i-1}$ 构造 $\mathcal{T}_i$，Ukkonen 算法要确保所有包含*当前*字符 s_i 的后缀都在新的临时树 $\mathcal{T}_i$ 中。换句话说，在第 i 个阶段，该算法要将从 $j = 1$ 到 $j = i$ 的所有后缀 $\boldsymbol{s}[j:i]$ 插入到 $\mathcal{T}_i$ 中。每一个插入都称作第 i 个*阶段的第 j 次扩展*。一旦处理完 $n+1$ 位置的终止符，我们就获得了对应 $\boldsymbol{s}$ 的最终后缀树 $\mathcal{T}_i$。

算法 10.4 给出了 Ukkonen 算法的一个朴素实现。该实现的时间复杂度是 3 次的，因为从 $\mathcal{T}_{i-1}$ 获得 $\mathcal{T}_i$ 需要 $O(i^2)$ 的时间，且最后一个阶段需要 $O(n^2)$ 的时间。一共有 n 个阶段的情况下，总时间为 $O(n^3)$。我们的目标是通过以下所述的优化将其减少到 $O(n)$。

算法10.4 NAIVEUKKONEN 算法

```
NAIVEUKKONEN (s):
1 n ← |s|
2 s[n+1] ← $  //附加终止符
3 T ← ∅  //添加空串为根
4 foreach i = 1,···,n+1 do  //阶段i，构建T_i
5     foreach j = 1,···,i do  //阶段i的第j个扩展
          //将s[j:i]插入后缀树中
6         找出T中标签为s[j:i-1]的路径的终点
7         将s_i插入到路径的末尾
8 return T
```

隐式后缀　这一优化是指，在第 i 个阶段，若 $\boldsymbol{s}[j:i]$ 的第 j 个扩展能在树中找到，则任意后续的扩展也能够找到，因此没有必要在阶段 i 进行进一步的扩展。因此，阶段 i 结束时的后缀树 $\mathcal{T}_i$ 包含了从 $j+1$ 到 i 的扩展的*隐式后缀*（implicit suffix）。要注意的是，当我们第一次遇到一个不在树中的新子串时，所有后缀都会变成显式的。当我们处理终止符号 \$ 时，这一定会发生在第 $n+1$ 阶段，因为 $\boldsymbol{s}$ 中的其他地方并没有 \$（$\$ \notin \Sigma$）。

隐式扩展　令当前阶段为 i，$l \leqslant i-1$ 为前一阶段的后缀树 $\mathcal{T}_{i-1}$ 的最后一个显式后缀。$\mathcal{T}_{i-1}$ 中的所有显式后缀的边标签皆为 $[x, i-1]$ 的形式，其中起始位置 x 与具体的节点相关，而结束位置 $i-1$ 是固定的，因为在第 $i-1$ 阶段，s_{i-1} 会被添加到所有路径的末尾。在当前阶段 i 中，我们本来要通过在末尾加上 s_i 来扩展这些路径。但我们不必显式地递增所有结束位置，而是可以用一个指针 e 来替换结束位置，该指针跟踪记录当前正在处理的阶段。若将 $[x, i-1]$ 替换为 $[x, e]$，则在阶段 i，若令 $e = i$，则所有的 l 个已有的后缀马上都会被*隐式地扩展*到 $[x, i]$。因此，在递增 e 的一次操作中，我们就已经处理了阶段 i 中从 1 到 l 的扩展。

例 10.11　令 $s_1 = CAGAAGT\$$。假设我们已经完成了前 6 个阶段的操作，得到了图 10-7a 所示的树 $\mathcal{T}_6$。$\mathcal{T}_6$ 中的最后一个显式后缀为 $l = 4$。在第 7 阶段，我们要执行如下扩展：

$CAGAAGT$ 扩展1

$AGAAGT$ 扩展2

$GAAGT$ 扩展3

$AAGT$ 扩展4

AGT 扩展5

GT 扩展6

T 扩展7

在第 7 个阶段开始时，令 $e = 7$，这会显式地生成树中所有后缀的隐式扩展，如图 10-7b 所示。注意符号 $s_7 = T$ 现在隐式地出现在所有的叶子边上，例如 T_6 中的标签 $[5, e] = AG$，在 T_7 变为 $[5, e] = AGT$。因此，列在它之上的 4 个扩展都通过对 e 加 1 实现了。为完成第 7 阶段，我们要处理剩余的扩展。

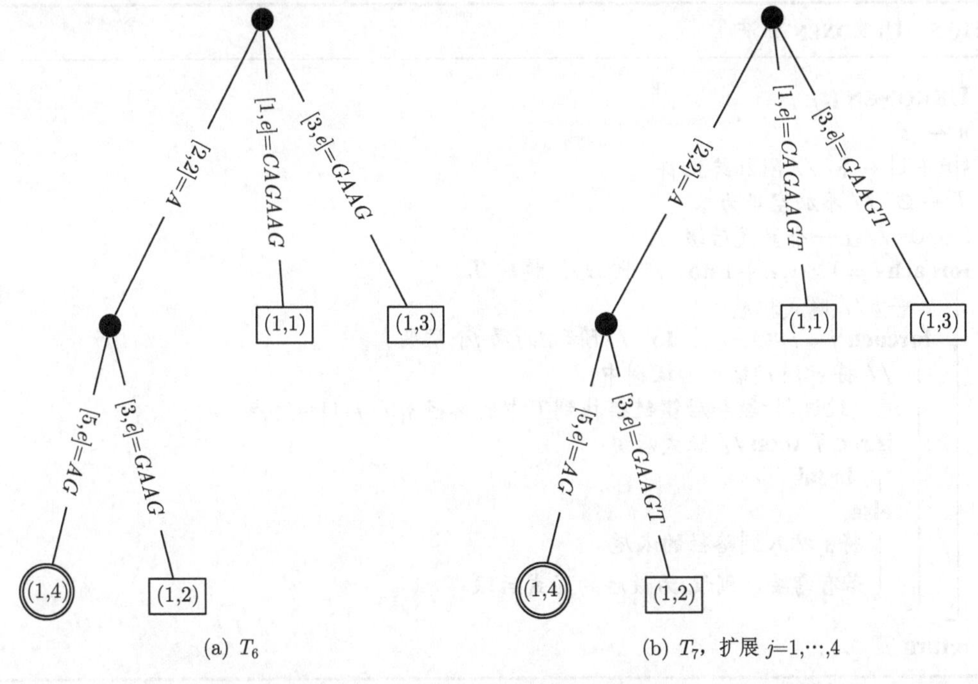

图 10-7 第 7 阶段的隐式扩展。T_6 中的最后一个显式后缀为 $l = 4$（双圈显示）。为方便起见，边标签在图中给出；实际只存储了区间

跳过/计数技巧 对于阶段 i 的第 j 个扩展，我们要搜索子串 $s[j : i-1]$ 以便将 s_i 添加到末尾。然而，注意这个子串必须存在于 T_{i-1} 中，因为已经在前一阶段处理过符号 s_{i-1} 了。因此，我们不从根开始搜索 $s[j : i-1]$ 中的每一个字符，而是先计数以 s_j 开头的边上的符号的数目；同时令该长度为 m。若 m 大于子串的长度（即，若 $m > i-j$），则该子串必然在此边上终止，因此可以简单地跳转到位置 $i-j$ 并插入 s_i。另一方面，若 $m \leqslant i-j$，则可以直接跳跃到子节点 v_c，并使用相同的跳过/计数（skip/count）方法，从 v_c 开始搜索剩余

串 $s[j+m:i-1]$。经过这一优化，扩展的代价变得与路径上节点的数目成正比，而不是与 $s[j:i-1]$ 中字符的数目成正比。

后缀链接 可以看到，经过以上的跳过/计数优化，我们可以从父节点到子节点搜索子串 $s[j:i-1]$。不过，每次搜索还是要从根节点开始。为避免这一点，我们使用后缀链接（suffix link）。对于每一个内部节点 v_a，我们维护一个到内部节点 v_b 的链接，其中 $L(v_b)$ 是 $L(v_a)$ 的直接后缀。在第 $j-1$ 个扩展中，令 v_p 代表在 $s[j:i-1]$ 找到的内部节点，m 为 v_p 的节点标签的长度。为了插入第 j 个扩展 $s[j:i]$，我们沿着从 v_p 到另一个节点 v_s 的后缀链接，并从 v_s 开始搜索剩余子串 $s[j+m-1:i-1]$。使用后缀链接让我们可以在树的内部进行跳转以进行不同的扩展，而不必每次都从树的根节点开始搜索。还有一点，若扩展 j 建立了一个新的内部节点，则它的后缀链接会指向扩展 $j+1$ 中创建的新内部节点。

优化 Ukkonen 算法的伪代码如算法 10.5 所示。值得注意的是，只有使用上述全部优化后才能够达到线性时空复杂度，即隐式扩展（第 6 行）、隐式后缀（第 9 行）、$\mathcal{T}$ 中插入扩展的跳过/计数和后缀链接（第 8 行）。

算法10.5 UKKONEN 算法

```
   UKKONEN (s):
1  n ← |s|
2  s[n+1] ← $  // 附加终止符
3  T ← ∅  // 添加空串为根
4  l ← 0  // 上一个显式后缀
5  foreach i = 1,···,n+1 do  // 阶段i，构建T_i
6      e ← i // 隐式扩展
7      foreach j = l+1,···,i do  // 阶段i的第j个扩展
           // 将s[j:i]插入后缀树中
8          通过跳过/计数和后缀链接找到T中的路径s[j:i-1]的终点
9          if s_i ∈ T then // 隐式后缀
10             break
11         else
12             将s_i插入到路径的末尾
13             若有需要，则设l为最后的显式后缀
14 return T
```

例 10.12 现在来看 Ukkonen 算法在序列 $s_1 = CAGAAGT\$$ 上的执行情况，如图 10-8 所示。第 1 阶段处理字符 $s_1 = C$，并将后缀 (1,1) 插入到树中对应的边标签 $[1,e]$（见图 10-8a）。在第 2 阶段和第 3 阶段，分别添加新的后缀 (1,2) 和 (1,3)（见图 10-8b 和图 10-8c）。第 4 阶段要处理 $s_4 = A$ 时，注意到所有长度最大为 $l=3$ 的后缀都已经是显式的。令 $e=4$ 隐式地对它们进行扩展，因此只需要保证由单个字母 A 构成的扩展（$j=4$）出现在树中。从树的根开始搜索，可以隐式地找到 A，因此进入下一个阶段。设 $e=5$，当我们要加入扩展 AA 的时候，后缀 (1,4) 变为隐式的，它也并不在树中。对于 $e=6$，我们发现扩展 AG 已经在树中，因此跳到下一个阶段。此时，最后一个显式的后缀依然是 (1,4)。对于

$e=7$，T 是一个之前没有遇见过的字符，因此所有的后缀都变为显式的，如图 10-8g 所示。

看一看最后一个阶段的扩展（$i=7$）。如例 10.11 中所描述的一样，最初的 4 个扩展都会隐式地完成。图 10-9a 展示了这四个扩展之后的后缀树。对于第 5 个扩展，我们从最后一个显式叶子节点开始，跟随它的父节点的后缀链接，并开始搜索剩余的符号。在我们的例子中，后缀链接指向根节点，因此我们从根开始搜索 $\boldsymbol{s}[5:7]=AGT$。我们跳到节点 v_A，并查找剩余的字符串 GT，它在边 $[3,e]$ 出现不匹配的情况。因此在 G 之后创建一个新的内部节点，并将显式后缀 (1,5) 插入，如图 10-9b 所示。下一个扩展 $\boldsymbol{s}[6:7]=GT$ 在新建立的叶子节点 (1,5) 处开始。跟随最近的后缀链接回到根节点，在从根到叶子 (1,3) 的边上搜索 GT 会出现一次不匹配的情况。因此，我们在该处创建一个新的内部节点 v_G，添加一个从之前的内部节点 v_{AG} 到 v_G 的后缀链接，并添加一个新的显式叶子节点 (1,6)，如图 10-9c 所示。最后一个扩展，即 $j=7$，对应于 $\boldsymbol{s}[7:7]=T$，这使得所有的后缀都会变成显式的，因为 T 是第一次遇到。产生式树如图 10-8g 所示。

处理完 $\boldsymbol{s}_1$ 之后，可以将数据 $\boldsymbol{D}$ 中剩余的序列插入到当前的后缀树中。对应所有序列的后缀树的最终形态如图 10-5 所示，其中所有的内部节点都加上了后缀链接（图中未显示）。

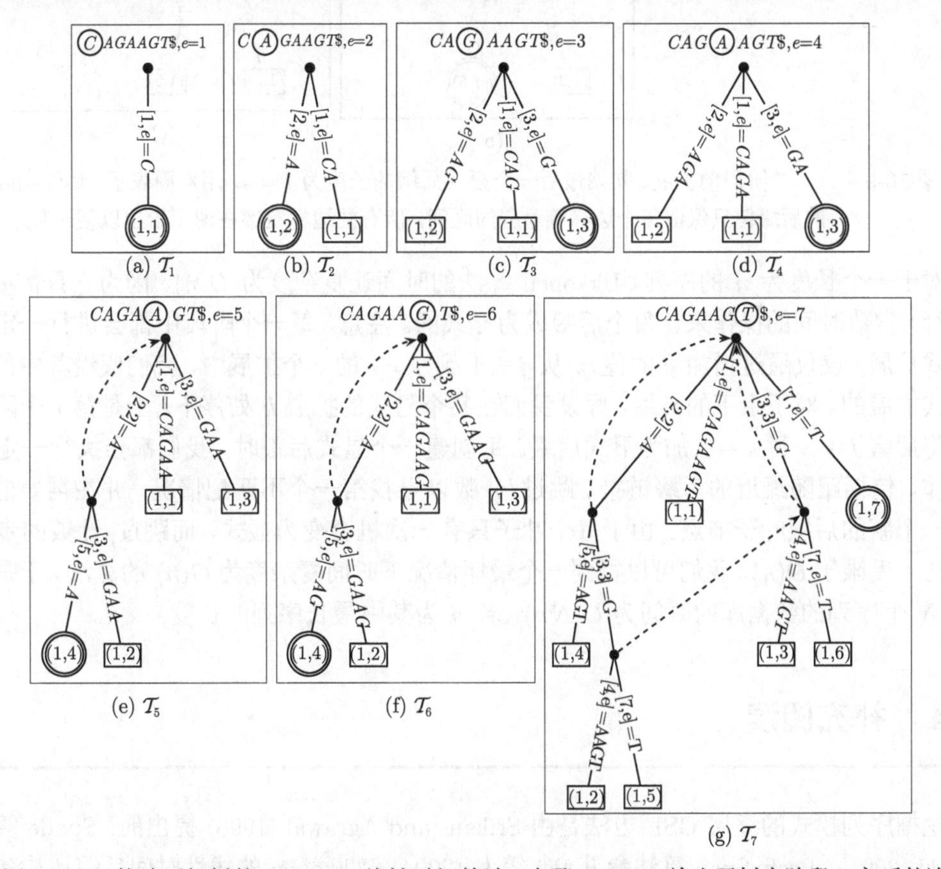

图 10-8 构建后缀树的 Ukkonen 线性时间算法。步骤 (a)~(g) 给出了树在阶段 i 之后的连续变化。后缀链接以虚线显示。双圈表示树中最后的显式后缀。最后一步未显示，因为当 $e=8$ 时，终止符 \$ 并不会改变树。尽管实际的后缀树只保留每个边标签对应的区间，所有的边标签都在图中标出以便于理解

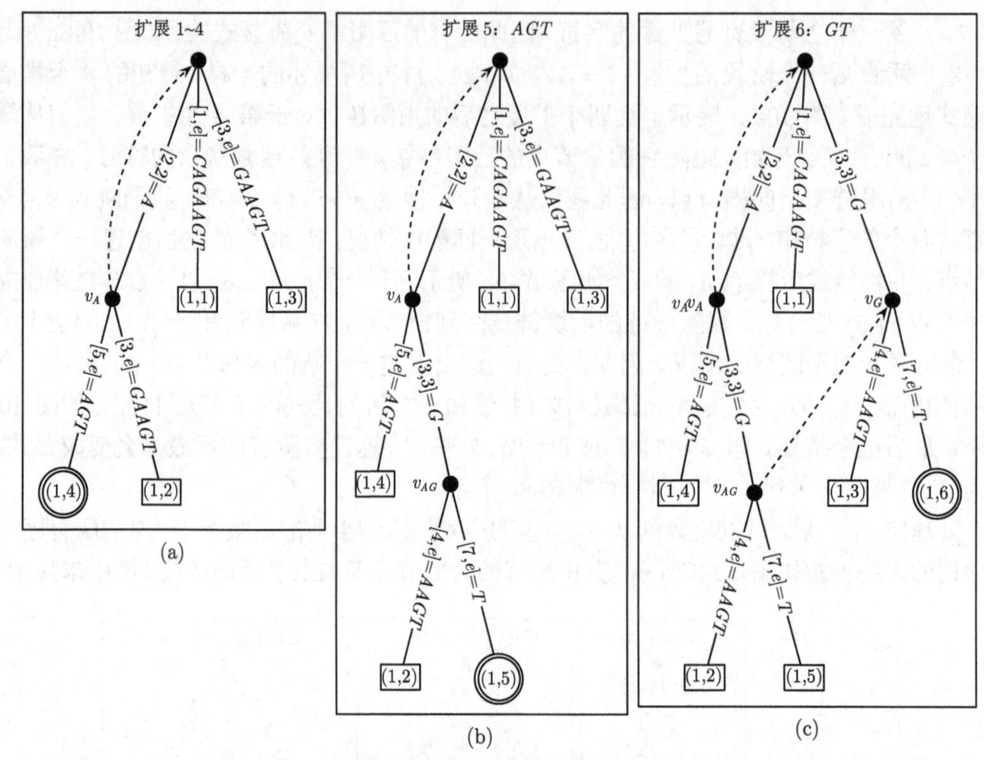

图 10-9　$i=7$ 阶段的扩展。初始最后一个显式后缀的长度为 $l=4$，用双圈表示。尽管实际的后缀树只保留每个边标签对应的区间，所有的边标签都在图中给出以便于理解

对于一个长度为 n 的序列，Ukkonen 算法的时间让复杂度为 $O(n)$，因为它只需要（分期进行）常数时间的操作来让每个后缀成为显式的。注意，每一个阶段中都会进行一定数量的隐式扩展（仅仅通过增加 e 的值）。从 $j=1$ 到 $j=i$ 的 i 个扩展中，我们假设其中的 l 个是隐式扩展的。对于余下的扩展，假设我们在某个隐式的扩展 k 处停下。于是第 i 个阶段只需要将后缀 $l+1$ 到 $k-1$ 加为显式后缀。每创建一个显式后缀时，我们都会执行一定数量的操作，包括跟随最近的后缀链接、跳过/计数以寻找第一个不匹配情况，并在需要的时候插入一个新的后缀叶子节点。由于每个叶子只有一次机会变为显式，而跳过/计数的步数在整棵树上受限于 $O(n)$，我们可以得到一个最坏情况下时间复杂度为 $O(n)$ 的算法。于是整个包含 N 个序列的数据库的时间为 $O(Nn)$，若 n 为其中最长序列的长度。

10.4　补充阅读

挖掘序列模式的逐层 GSP 方法是由 Srikant and Agrawal (1996) 提出的。Spade 算法参见 Zaki (2001)，PrefixSpan 算法参见 Pei 等人 (2004)。Ukkonen 的线性时间后缀树构建方法参见 Ukknonen(1995)。关于后缀树的出色的介绍以及多种应用，请参见 Gusfield (1997)；本章中描述的后缀树的内容深受其影响。

Gusfield, D. (1997). *Algorithms on Strings, Trees and Sequences: Computer Science and Computational Biology*. New York: Cambridge University Press.

Pei, J., Han, J., Mortazavi-Asl, B., Wang, J., Pinto, H., Chen, Q., Dayal, U., and Hsu, M.-C. (2004). "Mining sequential patterns by pattern-growth: The PrefixSpan approach." *IEEE Transactions on Knowledge and Data Engineering*, 16 (11): 1424–1440.

Srikant, R. and Agrawal, R. (March 1996). "Mining sequential patterns: Generalizations and performance improvements." *In Proceedings of the 5th International Conference on Extending Database Technology*. New York: Springer-Verlag.

Ukkonen, E. (1995). "On-line construction of suffix trees." *Algorithmica*, 14 (3): 249–260.

Zaki, M. J. (2001). "SPADE: An efficient algorithm for mining frequent sequences." *Machine Learning*, 42 (1–2): 31–60.

10.5 习题

Q1. 考虑表 10-2 所示的数据库。回答下列问题。

(a) 令 minsup = 4，找出所有的频繁序列。

(b) 设字母表为 $\Sigma=\{A,C,G,T\}$。一共有多少种长度为 k 的可能的序列？

表 10-2 Q1 的序列数据库

标识符	序列
s_1	$AATACAAGAAC$
s_2	$GTATGGTGAT$
s_3	$AACATGGCCAA$
s_4	$AAGCGTGGTCAA$

Q2. 考虑表 10-3 所示 DNA 序列的数据库。设 minsup=4，回答下列问题。

表 10-3 Q2 的序列数据库

标识符	序列
s_1	$ACGTCACG$
s_2	$TCGA$
s_3	$GACTGCA$
s_4	$CAGTC$
s_5	$AGCT$
s_6	$TGCAGCTC$
s_7	$AGTCAG$

(a) 找出所有的最大频繁序列。

(b) 找出所有的封闭频繁序列。

(c) 找出所有的最大频繁子串。

(d) 说明 Spade 方法如何在此数据集上工作。

(e) 说明 PrefixSpan 算法的步骤。

Q3. 给定 $\boldsymbol{s} = AABBACBBAA$，以及 $\Sigma = \{A, B, C\}$。支撑定义为子序列在 $\boldsymbol{s}$ 中的出现次数。设 minsup = 2，回答下列问题。

(a) 说明如何扩展垂直 Spade 方法来挖掘 $\boldsymbol{s}$ 中所有的频繁子串（即连续子序列）。

(b) 使用 Ukkonen 算法构建 $\boldsymbol{s}$ 的后缀树。给出所有的中间步骤，包括后缀链接。

(c) 使用前一步产生式后缀树，找出在最多允许两次不匹配的情况下，查询 $\boldsymbol{q} = ABBA$ 的出现次数。

(d) 若在终止符前再加入一个字符 A，给出对应的后缀树。也就是说，你必须要消除加入 $ 符号所带来的影响，加入新的符号 A，然后再加入 $ 符号。

(e) 描述一个从后缀树中提取所有最大频繁子串的算法。给出 $\boldsymbol{s}$ 的所有最大频繁子串。

Q4. 考虑一种基于位向量的频繁子序列挖掘方法。例如，在表 10-2 中，$\boldsymbol{s}_1$ 中符号 C 出现在位置 5 和 11 上。因此，$\boldsymbol{s}_1$ 对应 C 的位向量为 00001000001。由于 C 没有在 $\boldsymbol{s}_2$ 中出现，该处位向量可以忽略。符号 C 的完整位向量集合为：

$$(\boldsymbol{s}_1, 00001000001)$$
$$(\boldsymbol{s}_3, 00100001100)$$
$$(\boldsymbol{s}_4, 000100000100)$$

给定每一个符号所对应的位向量，说明如何能够通过位向量上的位操作挖掘出所有的子序列。给出所有的频繁子序列及其对应的位向量（minsup = 4）。

Q5. 考虑图 10-4 所示的数据库。每个序列都包含了同时发生的项集事件。例如，序列 $\boldsymbol{s}_1$ 可以看作一个项集的序列 $(AB)_{10}(B)_{20}(AB)_{30}(AC)_{40}$，其中括号内的符号可看作同时出现的，时间则以下标显示。给出一个能够从项集事件中挖掘出所有频繁子序列的算法。只要是频繁的，项集的长度不限。设 minsup = 3，找出所有的频繁项集序列。

Q6. 图 10-5 中所示的后缀树包含表 10-1 所示的 3 个序列（$\boldsymbol{s}_1$、$\boldsymbol{s}_2$、$\boldsymbol{s}_3$）的所有后缀。注意一个叶子中的 (i, j) 代表序列 $\boldsymbol{s}_i$ 的第 j 个后缀。

(a) 利用 Ukkonen 算法往已有的后缀树中添加一个新的序列 $\boldsymbol{s}_4 = GAAGCAGAA$。给出最后一个字符位置（$e$），以及 $\boldsymbol{s}_4$ 中所有变为显式的后缀（l），以及最终的后缀树。

(b) 利用最终得到的后缀树，找出所有的封闭频繁子串（minsup = 2）。

Q7. 给定如下序列。

$$\boldsymbol{s}_1 : GAAGT$$
$$\boldsymbol{s}_2 : CAGAT$$
$$\boldsymbol{s}_3 : ACGT$$

找出所有的频繁子序列（minsup = 2），其中允许连续的序列元素之间有一个位置差。

表 10-4 Q5 的序列

标识符	时间	项
s_1	10	A, B
	20	B
	30	A, B
	40	A, C
s_2	20	A, C
	30	A, B, C
	50	B
s_3	10	A
	30	B
	40	A
	50	C
	60	B
s_4	30	A, B
	40	A
	50	B
	60	C

第 11 章　图模式挖掘

图数据在如今的互联网世界中越来越普遍，例如社交网络、移动电话网络和博客。因特网，也就是万维网（World Wide Web，WWW）的超链接结构，是图数据的另一个例子。生物信息学，尤其是系统生物学，需要理解各种不同类型的生物分子之间的相互作用网络，例如蛋白质–蛋白质相互作用网络、代谢网络、基因网络，等等。另一类突出的图数据来源是语义网（Semantic Web）和开放互联数据，其中图是以资源描述框架（Resource Description Framework，RDF）数据模型来表示的。

图挖掘的目标是从一个单一的大图（例如，一个社交网络）或一个包含很多图的数据库中提取出感兴趣的子图。在不同的应用中，我们可能会对不同类型的子图模式感兴趣，例如子树、完全图（complete graph）或团（clique）、二分团（bipartite clique）、密集子图（dense subgraph），等等。这些模式可对应于现实世界，例如社交网络中的社区、万维网中的 hub 和权威页面（authority page）、具有类似生物化学功能的蛋白质簇，等等。本章将讨论从一个图的数据库中挖掘所有频繁子图的方法。

11.1　同形和支撑

一个图定义为 $G = (V, E)$，其中 V 是一组顶点，$E \subseteq V \times V$ 是一组边。假设所有的边都是无序的，因此该图是无向图。若 (u, v) 是一条边，则称 u 和 v 为**邻接的**，且 v 是 u 的一个**邻居**，反之亦然。u 的所有邻居的集合定义为 $N(u) = \{v \in V | (u, v) \in E\}$。**标定图**（labeled graph）是指图的顶点和边带有标签。我们使用 $L(u)$ 来代表顶点 u 的标签，$L(u, v)$ 来代表边 (u, v) 的标签；Σ_V 表示所有顶点的标签集合，Σ_E 表示所有边的标签集合。给定边 $(u, v) \in G$，元组 $\langle u, v, L(u), L(v), L(u, v)\rangle$ 以边标签和顶点标签将其增强，该边称为扩展边（extened edge）。

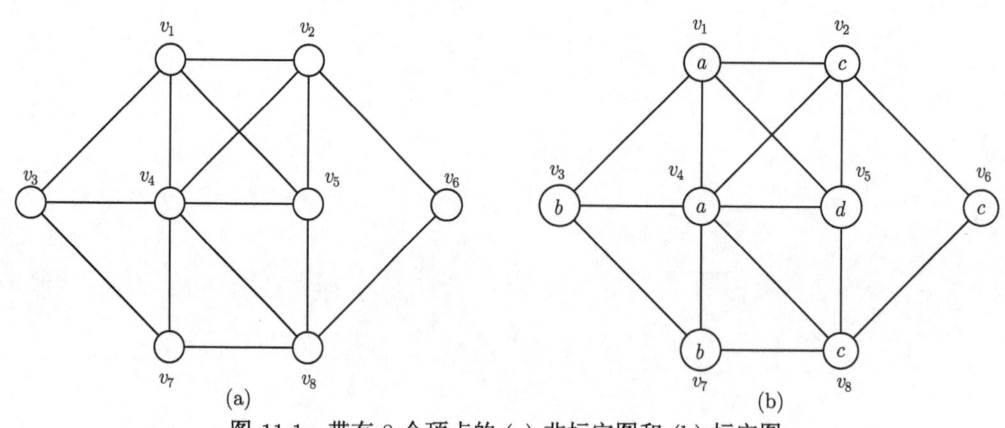

图 11-1　带有 8 个顶点的 (a) 非标定图和 (b) 标定图

例 11.1 图 11-1a 给出了一个非标定图的例子，图 11-1b 给出了相同的图，但带顶点标签，顶点标签集合为 $\Sigma_V = \{a, b, c, d\}$。在本例中，假设所有的边都是无标签的，因此边的标签没有给出。考虑图 11-1b，顶点 v_4 的标签为 $L(v_4) = a$，且它的邻居为 $N(v_4) = \{v_1, v_2, v_3, v_5, v_7, v_8\}$。由边 (v_4, v_1) 可得到扩展边 $\langle v_4, v_1, a, a\rangle$，其中忽略了边标签 $L(v_4, v_1)$，因为它是空的。

1. **子图**

若 $V' \subseteq V$ 且 $E' \subseteq E$，则称图 $G' = (V', E')$ 是图 $G = (V, E)$ 的一个**子图**（subgraph）。注意，这一定义是允许非连通子图的。然而，在数据挖掘应用中，通常考虑的是**连通子图**（connected subgraph），定义为一个子图 G'，满足 $V' \subseteq V$ 和 $E' \subseteq E$，且对于任意两个节点 $u, v \in V'$，在图 G' 中都有从 u 到 v 的一条**路径**。

例 11.2 图 11-2a 中加粗的边所构成的图是完整图的一个子图；其顶点集合为 $V' = \{v_1, v_2, v_4, v_5, v_6, v_8\}$，但它是一个非连通子图。图 11-2b 给出了在同样的顶点集 V' 上的一个连通子图的例子。

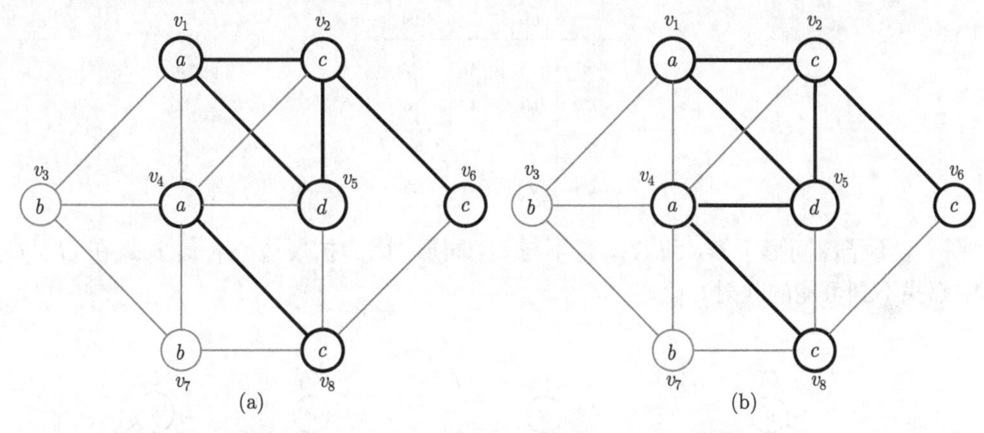

图 11-2 (a) 一个非连通子图和 (b) 一个连通子图

2. **图和子图的同形**

我们称图 $G' = (V', E')$ 和图 $G = (V, E)$ 是**同形的**（isomorphic），若存在一个双射（既是内射又是满射）函数 $\phi : V' \to V$，使得：

(1) $(u, v) \in E' \iff (\phi(u), \phi(v)) \in E$

(2) $\forall u \in V', L(u) = L(\phi(u))$

(3) $\forall (u, v) \in E', L(u, v) = L(\phi(u), \phi(v))$

换句话说，**同形映射** ϕ 保持了边的邻接性以及顶点标签和边标签不变。也就是说，扩展元组 $\langle u, v, L(u), L(v), L(u, v)\rangle \in G'$ 当且仅当 $\langle \phi(u), \phi(v), L(\phi(u)), L(\phi(v)), L(\phi(u), \phi(v))\rangle \in G$。

若函数 ϕ 仅仅是内射而不是满射，则称映射 ϕ 是从 G' 到 G 的一个**子图同形**（subgraph isomorphism）。这种情况下，我们说 G' 与 G 的某个子图同形，即 G'**子图同形于**G，表示为 $G' \subseteq G$；我们也说 G**包含**G'。

例 11.3　在图 11-3 中，$G_1=(V_1,E_1)$ 和 $G_2=(V_2,E_2)$ 是同形图。G_1 和 G_2 之间有几种可能的同形。一个同形的例子 $\phi:V_2\to V_1$ 为：

$$\phi(v_1)=u_1\quad \phi(v_2)=u_3\quad \phi(v_3)=u_2\quad \phi(v_4)=u_4$$

逆映射 ϕ^{-1} 定义了从 G_1 到 G_2 的同形。例如，$\phi^{-1}(u_1)=v_1$、$\phi^{-1}(u_2)=v_3$，等等。所有从 G_2 到 G_1 可能的同形如下：

	v_1	v_2	v_3	v_4
ϕ_1	u_1	u_3	u_2	v_4
ϕ_2	u_1	u_4	u_2	v_3
ϕ_3	u_2	u_3	u_1	v_4
ϕ_4	u_2	u_5	u_1	v_3

图 G_3 子图同形于 G_1 和 G_2。所有从 G_3 到 G_1 的可能的子图同形如下：

	w_1	w_2	w_3
ϕ_1	u_1	u_2	u_3
ϕ_2	u_1	u_2	u_4
ϕ_3	u_2	u_1	u_3
ϕ_4	u_2	u_1	u_4

图 G_4 不子图同形于 G_1 和 G_2，也不与 G_3 同形，因为扩展边 $\langle x_1,x_3,b,b\rangle$ 在 G_1、G_2、G_3 中都找不到可能的映射。

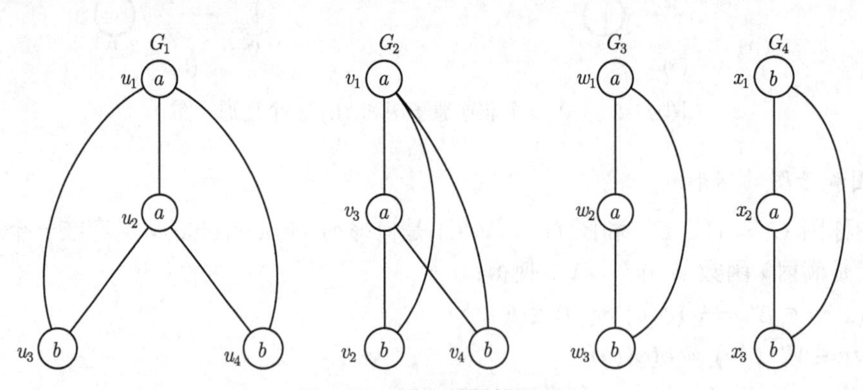

图 11-3　图和子图的同形

3. 子图支撑

给定一个图的数据库 $\boldsymbol{D}=\{G_1,G_2,\cdots,G_n\}$ 以及某个图 G，G 在 $\boldsymbol{D}$ 中的支撑定义如下：

$$\sup(G)=|\{G_i\in\boldsymbol{D}|G\subseteq G_i\}|$$

支撑即数据库中包含 G 的图的数目。给定一个阈值 minsup，图挖掘的目标是要挖掘出所有满足 $\sup(G) \geqslant \text{minsup}$ 的频繁连通子图。

为挖掘出所有的频繁子图，我们全面搜索包含所有可能的图模式的空间，而该空间的大小是指数式的。若考虑有 m 个顶点的子图，则一共有 $\binom{m}{2} = O(m^2)$ 条可能的边。于是所有包含 m 个节点的子图数目为 $O(2^{m^2})$，因为我们可以决定加入或排除任意一条边。尽管大部分的子图都会是非连通的，但 $O(2^{m^2})$ 是一个很方便的上界表示。当我们给顶点和边添加标签的时候，标定图的数目会更多。假设 $|\Sigma_V| = |\Sigma_E| = s$，则一共有 s^m 种可能的顶点标注方式，以及 s^{m^2} 种边的标注方式。因此，所有可能的含 m 个顶点的标定子图的数目为 $2^{m^2}s^m s^{m^2} = O\left((2s)^{m^2}\right)$。这是最坏情况下的上界，因为这些子图很多都是互为同形的，而互不相同的子图的数目会大大减小。然而，搜索空间依然是巨大的，因为我们通常要找出所有的频繁子图，这些子图的顶点数目可以是从 1 到最大的频繁子图的节点数目不等。

频繁子图挖掘主要面临两个挑战。第一个挑战是系统地产生候选子图。我们使用*边生长*（edge-growth）作为扩展候选的基本机制。挖掘过程可以采用宽度优先（逐层）或是深度优先的方式，从一个空子图开始（即没有边），每次加入一条边。新加入的边可能连接已有的两个节点，也可能引入一个新的顶点。关键是要进行非冗余的子图枚举，这样我们就不会重复生成已有的子图。这意味着必须要进行图同形的检验以移除重复的图。第二个挑战是要计算一个图在数据库中的支撑。这需要进行子图同形检验，因为我们要找到包含一个给定候选的图的集合。

11.2 候选生成

一种高效的枚举子图模式的策略叫作*最右路径扩展*（rightmost path extension）。给定一个图 G，对其顶点进行深度优先搜索（depth-first search，DFS），并建立一棵 DFS 支撑树，该树要覆盖所有的顶点。包含在 DFS 树中的边称作*前向边*（forward edge），其余边称作*后向边*（backward edge）。后向边会在图中产生圈（cycle）。一旦有了 DFS 树，就可以定义*最右路径*（rightmost path）为从根到最右端叶子（即按 DFS 下标顺序最大的叶子）的路径。

例 11.4 考虑图 11-4a 所示的图。一个可能的 DFS 支撑树如图 11-4b 所示（以加粗边显示），该树从 v_1 出发，每一步选择下标最小的节点。图 11-5 显示的是同一个图（忽略虚线边），只不过进行了重新组织以强调 DFS 树的结构。例如，边 (v_1, v_2) 和 (v_2, v_3) 是前向边，而 (v_3, v_1)、(v_4, v_1)、(v_6, v_1) 都是后向边。加粗的边 (v_1, v_5)、(v_5, v_7)、(v_7, v_8) 构成了最右路径。

要从一个给定的图 G 中生成新的候选，我们添加一条新边，该边与最右路径中的顶点相连。我们可以添加从*最右顶点*（rightmost vertex）到最右路径中某个顶点的后向边（不允许自环和多边）来扩展 G；我们也可以添加来自最右路径中的任意节点的前向边来扩展 G。后向扩展不会引入新的顶点，而前向扩展会引入新的顶点。

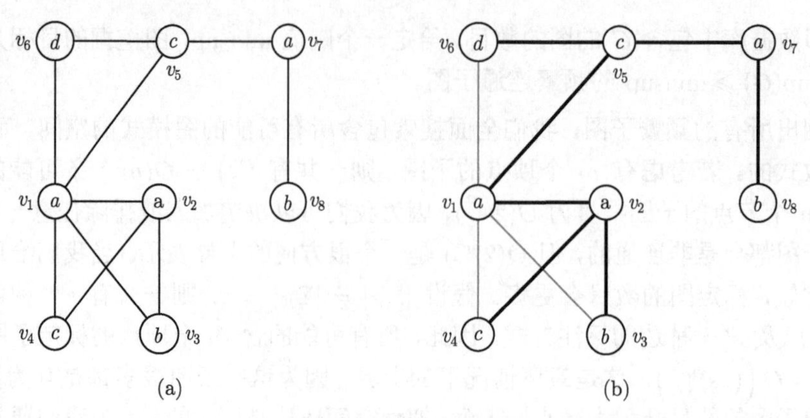

图 11-4　图 (a) 及其可能的深度优先的支撑树 (b)

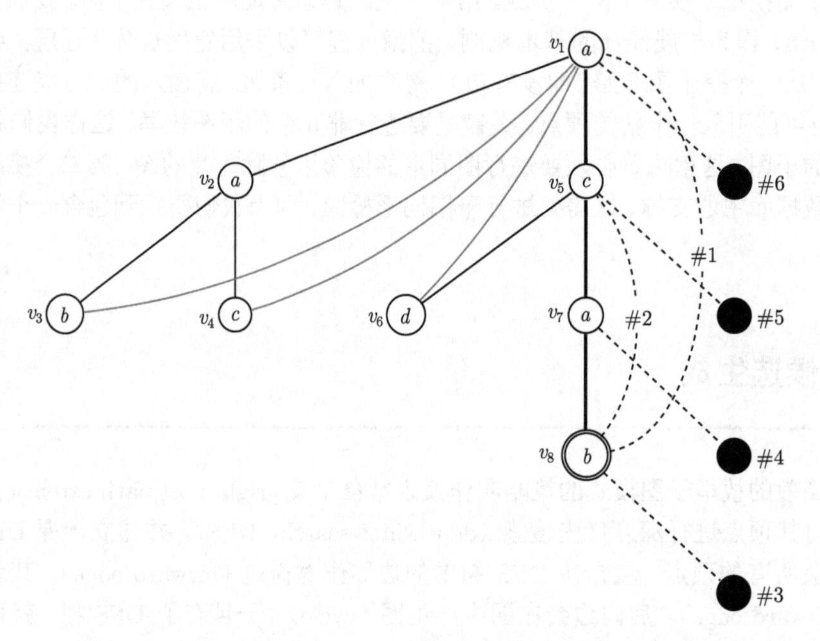

图 11-5　最右路径扩展。加粗的路径是 DFS 树中的最右路径。图中**最右顶点**是 v_8，以双圈显示。黑色实线（粗细都有）表示**前向边**，是 DFS 树的一部分。**后向边**不是 DFS 的一部分，以灰色显示。最右路径上的所有可能扩展都以虚线显示。扩展的优先顺序也在图中显示

为系统地生成候选，规定引入一个扩展的全序如下：首先，对最右顶点尝试所有的后向扩展，然后对所有最右路径上的顶点尝试前向扩展。在后向边扩展中，若 u_r 是最右顶点，则先尝试扩展 (u_r, v_i)，再尝试扩展 (u_r, v_j) $(i < j)$。换句话说，先考虑靠近根节点的后向扩展，再考虑沿最右路径离根节点较远的扩展。在前向扩展中，若 v_x 是要加入的新顶点，则先尝试扩展 (v_i, v_x)，再尝试扩展 (v_j, v_x) $(i < j)$。换句话说，离根较远的顶点（深度较大的）先扩展，离根较近的顶点后扩展。同时注意：新的顶点编号为 $x = r + 1$，因为扩展之后，它会成为新的最右顶点。

例 11.5 考虑图 11-5 所示的扩展顺序。节点 v_8 是最右节点，因此我们只尝试从 v_8 出发的后向扩展。第一个扩展，即图 11-5 中的 #1，是连接 v_8 与根的后向边 (v_8, v_1)。下一个扩展是 (v_8, v_5)，表示为 # 2，也是后向的。其他的后向扩展都会引入多边（即一对顶点之间有多条边）。前向扩展按照相反的顺序进行，从最右顶点 v_8 开始（#3），到根节点结束（#6）。因此，前向扩展 (v_8, v_x)（#3）在前向扩展 (v_7, v_x)（#4）之前，以此类推。

权威编码

在使用最右路径扩展生成候选时，我们可能通过不同的扩展生成重复的（同形）图。在同形的候选当中，我们应当只保留一个来进行进一步的扩展，其他的都可以剪去，以避免重复冗余计算。这样做的主体思路是，如果可以对同形图进行排序，就可以选出*权威代表*（canonical representative），比如序号最小的图，并只对该图进行扩展。

令 G 为一个图，T_G 为其对应的 DFS 支撑树。T_G 定义了 G 中节点和边的一个序。DFS 的节点序按照 DFS 的访问顺序进行连续编号。假设对于一个模式图 G，顶点是按照它们在 DFS 序中的位置来编号的，因此 $i < j$ 意味着 DFS 先访问 v_i 再访问 v_j。DFS 的边序是根据访问 DFS 序中的连续节点间的边的顺序来的，其中要求所有 v_i 处的后向边要列在它的前向边之前。图 G 的DFS *编码* DFScode(G)，定义为按照 DFS 边序列出的扩展边元组 $\langle v_i, v_j, L(v_i), L(v_j), L(v_i, v_j)\rangle$ 的序列。

例 11.6 图 11-6 给出了 3 个图的 DFS 编码，它们是互为同形的。它们的节点和边标签来自标签集 $\Sigma_V = \{a, b\}$ 和 $\Sigma_E = \{q, r\}$。边标签在边上居中显示。加粗的边构成了每个图的 DFS 树。G_1 的 DFS 节点序为 v_1、v_2、v_3、v_4，DFS 边序为 (v_1, v_2)、(v_2, v_3)、(v_3, v_1)、(v_2, v_4)。根据 DFS 边序，G_1 的 DFS 编码中的第一个元组为 $\langle v_1, v_2, a, a, q\rangle$，接下来是 $\langle v_2, v_3, a, a, r\rangle$，以此类推。每个图的 DFS 编码都在图下方的框中给出。

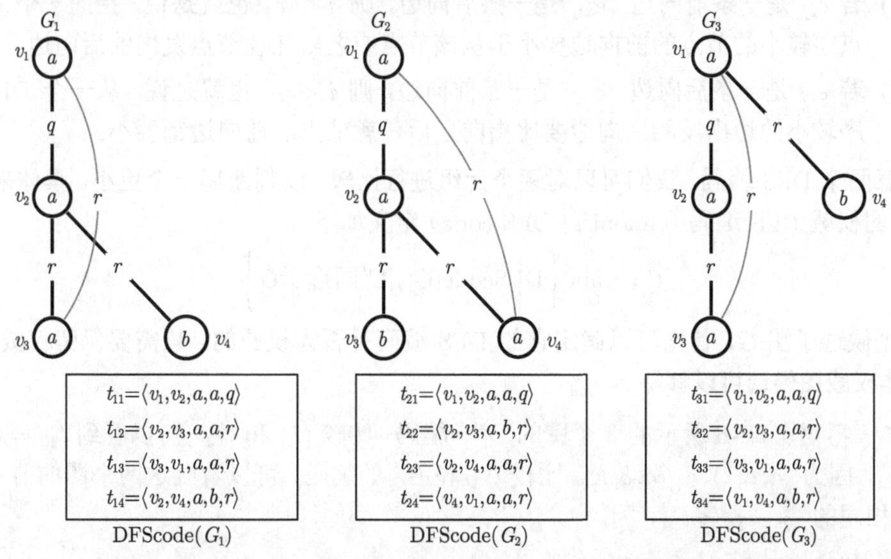

图 11-6 权威 DFS 编码。G_1 是权威的，而 G_2 和 G_3 是非权威的。顶点标签集 $\Sigma_V = \{a, b\}$，边标签集 $\Sigma_E = \{q, r\}$。顶点按照 DFS 的顺序编号

权威 DFS 编码

所有可能的同形图中，DFS 编码最小的子图称为权威的（canonical）。其中，不同编码间的序定义如下。令 t_1 和 t_2 为任意两个 DFS 编码元组：

$$t_1 = \langle v_i, v_j, L(v_i), L(v_j), L(v_i, v_j)\rangle$$
$$t_2 = \langle v_x, v_y, L(v_x), L(v_y), L(v_x, v_y)\rangle$$

我们说 t_1 小于 t_2（即 $t_1 < t_2$），当且仅当：

$$\begin{aligned}&\text{i)}(v_i, v_j) <_e (v_x, v_y)\text{，或}\\&\text{ii)}(v_i, v_j) = (v_x, v_y) \quad \text{且}\\&\langle L(v_i), L(v_j), L(v_i, v_j)\rangle\langle_l< L(v_x), L(v_y), L(v_x, v_y)\rangle\end{aligned} \tag{11.1}$$

其中 $<_e$ 是边序，$<_l$ 是顶点标签序和边标签序。标签序$<_l$ 是顶点和边标签上的标准字典序。边序$<_e$ 是从最右路径扩展的规则中推导出来的，即某个节点的所有后向扩展必须要在该节点的前向边之前进行，且较深的 DFS 要优于多叶的 DFS 树。令 $e_{ij} = (v_i, v_j)$，$e_{xy} = (v_x, v_y)$ 为任意两条边。我们说 $e_{ij} <_e e_{xy}$，当且仅当：

条件 (1) 若 e_{ij} 和 e_{xy} 均为前向边，则 (a) $j < y$，或 (b) $j = y$ 且 $i > x$。也就是说，(a) 指向某个 DFS 节点序较小的节点的前向扩展较小；或 (b) 若两条前向边指向 DFS 节点序相同的节点，则从 DFS 树中更深的节点出发的前向扩展更小。

条件 (2) 若 e_{ij} 和 e_{xy} 均为后向边，则 (a) $i < x$，或 (b) $i = x$ 且 $j < y$。也就是说，(a) 从某个 DFS 节点序较小的节点出发的后向边较小；或 (b) 若两条后向边从 DFS 节点序相同的节点发出，则指向 DFS 节点序较小的节点（即更靠近根节点）的后向边更小。

条件 (3) 若 e_{ij} 是一条前向边，e_{xy} 是一条后向边，则 $j \leqslant x$。也就是说，指向一个 DFS 节点序较小的节点的前向边要小于从该节点或之后任意节点发出的后向边。

条件 (4) 若 e_{ij} 是一条后向边，e_{xy} 是一条前向边，则 $i < y$。也就是说，从一个 DFS 节点序较小的边出发的后向边要比指向之后任意节点的前向边都要小。

给定任意两个 DFS 编码，我们可以对逐个元组进行比较，以判断哪一个更小。具体来说，某个图 G 的权威 DFS 编码（canonical DFS code）定义如下：

$$\mathcal{C} = \min_{G'} \left\{ \text{DFScode}(G') | G' \text{同形于} G \right\}$$

给定一个候选子图 G，首先可以确定它的 DFS 编码是否为权威的。只需要保留权威图进行扩展，非权威图候选可以移除。

例 11.7　考虑图 11-6 所示的 3 个图的 DFS 编码。比较 G_1 和 G_2，可以看到 $t_{11} = t_{21}$，但 $t_{12} < t_{22}$，因为 $\langle a, a, r\rangle <_l \langle a, b, r\rangle$。比较 G_1 和 G_3 的编码，可以看到这两个图的前 3 个元组都是相同的，但 $t_{14} < t_{34}$，因为：

$$(v_i, v_j) = (v_2, v_4) <_e (v_1, v_4) = (v_x, v_y)$$

这是由于以上的条件 (1)，即两个都是前向边，因此有 $v_j = v_4 = v_y$，且 $v_i = v_2 > v_1 = v_x$。事实上，可以证明图 G_1 的编码是所有与 G_1 同形的图的 DFS 编码。因此，G_1 是权威候选。

11.3 gSpan 算法

接下来描述从一个图的数据库中挖掘所有频繁子图的 gSpan 算法。给定一个包含 n 个图的数据库 $\boldsymbol{D} = \{G_1, G_2, \cdots, G_n\}$ 及一个最小支撑阈值 minsup，目标是列举出所有的频繁（连通）子图 G，即 $\text{sup}(G) \geqslant \text{minsup}$。在 gSpan 中，每个图都由它的权威 DFS 编码表示，因此枚举频繁子图与生成所有频繁子图的权威编码等价。算法 11.1 给出了 gSpan 的伪代码。

算法11.1 GSPAN 算法

```
   // 初始调用: C ← ∅
   GSPAN (C, D, minsup):
1  ℰ ← RIGHTMOSTPATH-EXTENSIONS(C, D)   // 扩展与支撑
2  foreach (t, sup(t)) ∈ ℰ do
3  |  C′ ← C ∪ t   // 用扩展边元组t扩展编码
4  |  sup(C′) ← sup(t)   // 记录新扩展的支撑
   |  // 若编码是频繁且权威的，则递归调用GSPAN
5  |  if sup(C′) ⩾ minsup and ISCANONICAL (C′) then
6  |  |  GSPAN (C′, D, minsup)
```

gSpan 从空编码开始，以深度优先的方式枚举模式。给定一个权威且频繁的编码 C，gSpan 首先确定沿着最右路径可能的边扩展的集合（第 1 行）。函数RIGHTMOSTPATH-EXTENSIONS返回边扩展（包括它们的支撑值）的集合 ε。ε 中每一条扩展边 t 都给出一个新的候选 DFS 编码 $C' = C \cup \{t\}$，且支撑值 $\text{sup}(C') = \text{sup}(t)$（第 3~4 行）。对于每一个新的候选编码，gSpan 检查它是否是频繁且权威的，若是，则 gSpan 递归扩展 C'（第 5~6 行）。当不再有可能的频繁和权威扩展时，算法终止。

例 11.8 考虑图 11-7 中由 G_1 和 G_2 构成的样例图数据库。令 minsup=2，即假设我们只对在数据库里两个图中都出现的子图感兴趣。每一个节点的节点标签和节点号都显示在图中，例如图 G_1 中的节点 a^{10} 表示节点 10 的标签为 a。

图 11-8 显示了 gSpan 所枚举的候选模式。每一个候选的节点都按照 DFS 树的序编号。实线框表示频繁子图，点线框表示非频繁子图，虚线框表示非权威子图。一次都没有出现过的子图在图中并未显示。图中给出了 DFS 编码及对应的图。

挖掘过程从对应空子图的空 DFS 编码 C_0 开始。可能的 1-边扩展的集合构成了候选的集合。其中，C_3 被剪去，因为它是非权威的（与 C_2 同形）；C_4 也被剪去，因为它是非频

繁的。剩余的两个候选 C_1 和 C_2，既是频繁的又是权威的，因此可以继续扩展。深度优先搜索先考虑 C_1 再考虑 C_2，其中 C_1 的最右路径扩展是 C_5 和 C_6。然而，C_6 不是权威的；它与 C_5 同形。C_5 对应着权威 DFS 编码，递归处理对它的进一步扩展。一旦从 C_1 出发的递归处理完毕，gSpan 接着处理 C_2，同样会对其进行递归的最右路径扩展（如 C_2 之下的子树所示）。处理完 C_2 之后，gSpan 结束，因为没有更多的频繁且权威的扩展。在本例中，C_{12} 是一个最大频繁子图，即 C_{12} 的所有超图都是非频繁的。

本例同样展示了通过权威性检查来去重的重要性。gSpan 执行过程中遇到的同形子图组列出如下：$\{C_2, C_3\}$、$\{C_5, C_6, C_{17}\}$、$\{C_7, C_{19}\}$、$\{C_9, C_{25}\}$、$\{C_{20}, C_{21}, C_{22}, C_{24}\}$，以及 $\{C_{12}, C_{13}, C_{14}\}$。每个组中的第一个图都是权威的，因此剩余的编码都可去除。

为完整描述 gSpan，我们需要确定枚举最右路径扩展及其支撑的算法，从而消除非频繁模式；还需要确定检查给定的 DFS 编码是否权威的步骤，从而可以移除重复的模式。这些将在后面详述。

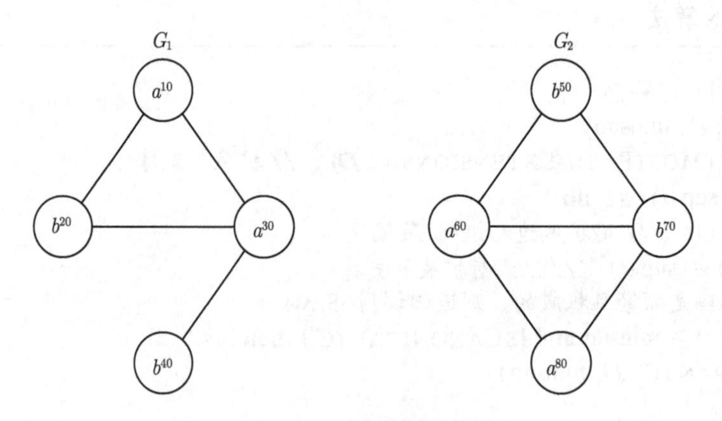

图 11-7　样例图数据库

11.3.1　扩展和支撑计算

支撑计算的任务是要找出数据库 $\boldsymbol{D}$ 中包含某个候选子图的图的数目，这是代价很高的一种操作，因为它涉及子图同形检验。gSpan 将枚举候选扩展和支撑计算结合起来。

假设 $\boldsymbol{D} = \{G_1, G_2, \cdots, G_n\}$ 包含 n 个图。令 $C = \{t_1, t_2, \cdots, t_k\}$ 代表一个包含 k 条边的频繁权威 DFS 编码，令 $G(C)$ 代表对应于编码 C 的图。我们要计算从 C 出发的可能的最右路径扩展的集合及对应的支撑值。伪代码如算法 11.2 所示。

给定编码 C，gSpan 首先记录最右路径（R）上的节点以及最右子节点（u_r）。接下来，gSpan 考虑每一个 $G_i \in \boldsymbol{D}$。若 $C = \varnothing$，则 G_i 中的相邻节点 x 和 y 的标签元组 $\langle L(x), L(y), L(x,y)\rangle$ 可贡献一个前向扩展 $\langle 0, 1, L(x), L(y), L(x,y)\rangle$（第 6~8 行）。另一方面，若 C 是非空的，则 gSpan 通过函数SubgraphIsomorphisms（第 10 行）枚举编码 C 与 G_i 间所有可能的子图同形 Φ_i。给定子图同形 $\phi \in \Phi_i$，gSpan 会找出所有可能的前向和后向边扩展，并将它们存入扩展集合 $\mathcal{E}$ 中。

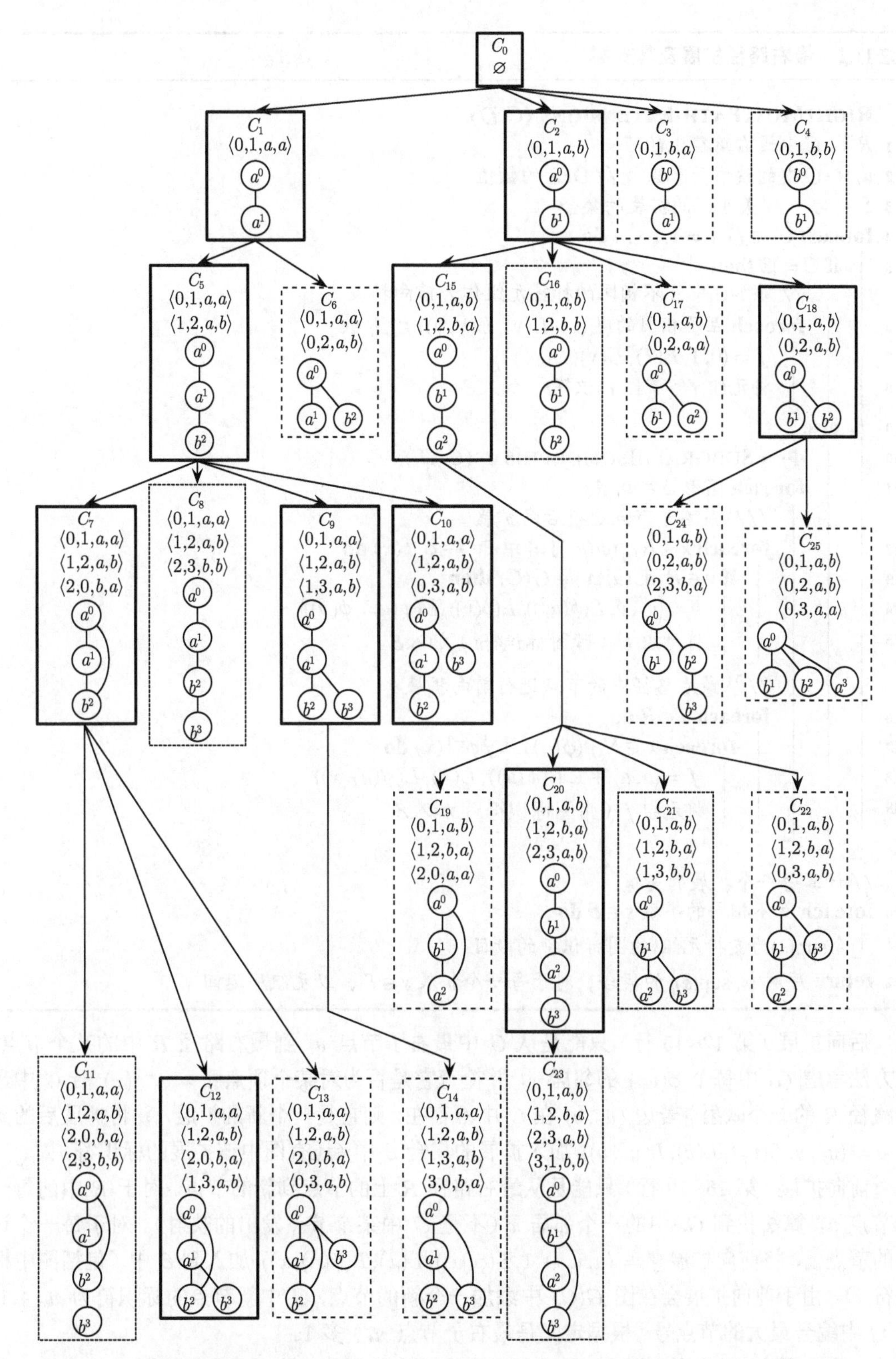

图 11-8 频繁图挖掘：minsup=2。实线框表示频繁子图，点线框表示非频繁子图，虚线框表示非权威子图

算法11.2 最右路径扩展及其支撑

RIGHTMOSTPATH-EXTENSIONS $(C, \boldsymbol{D})$:

1 $R \leftarrow C$ 中最右路径上的节点
2 $u_r \leftarrow C$ 中的最右子节点 // DFS 的数值
3 $\mathcal{E} \leftarrow \varnothing$ // 关于 C 的扩展的集合
4 **foreach** $G_i \in \boldsymbol{D}, i = 1, \cdots, n$ **do**
5   **if** $C = \varnothing$ **then**
    // 添加 G_i 中互不相同的标签元组作为前向扩展
6   **foreach** 互不相同的 $\langle L(x), L(y), L(x,y)\rangle \in G_i$ **do**
7       $f = \langle 0, 1, L(x), L(y), L(x,y)\rangle$
8   将元组 f（带图标识符 i）加入 $\mathcal{E}$
9   **else**
10     $\Phi_i = \text{SUBGRAPHISOMORPHISMS}(C, G_i)$
11   **foreach** 同形 $\phi \in \Phi_i$ **do**
      // 从最右子节点进行后向扩展
12   **foreach** $x \in N_{G_i}(\phi(u_r))$ 其中 $\exists v \leftarrow \phi^{-1}(x)$ **do**
13   **if** $v \in R$ 且 $(u_r, v) \notin G(C)$ **then**
14           $b = \langle u_r, v, L(\phi(u_r)), L(\phi(v)), L(\phi(u_r), \phi(v))\rangle$
15   将元组 b（带图标识符 i）加入 $\mathcal{E}$
      // 从最右路径中的节点进行前向扩展
16   **foreach** $u \in R$ **do**
17   **foreach** $x \in N_{G_i}(\phi(u))$ 且 $\nexists \phi^{-1}(x)$ **do**
18           $f = \langle u, u_r + 1, L(\phi(u)), L(x), L(\phi(u), x)\rangle$
19   将元组 f（带图标识符 i）加入 $\mathcal{E}$

// 计算每一个扩展的支撑
20 **foreach** 互不相同的扩展 $s \in \mathcal{E}$ **do**
21   令 $\sup(s)$ 为支持元组 s 的图标识符的数目
22 **return** 序对 $\langle s, \sup(s)\rangle$ 的集合，对于每一个扩展 $s \in \mathcal{E}$，以元组序返回

后向扩展（第 12~15 行）只能是从 C 中最右子节点 u_r 到最右路径 R 中的某个节点。该方法考虑 G_i 中每个 $\phi(u_r)$ 的邻居 x，并检查它是否为对某个顶点 $v = \phi^{-1}(x)$ 沿 C 中最右路径 R 的一个映射。若边 (u_r, v) 在 C 中不存在，则它是一个新的扩展，并将扩展后的元组 $b = \langle u_r, v, L(u_r), L(v), L(u_r, v)\rangle$ 加入扩展的集合 $\mathcal{E}$ 中（还有图中该扩展的标识符 i）。

前向扩展（第 16~19 行）只能是从最右路径 R 上的节点到新的节点。对于 R 中的每一个节点 u，算法找到 G_i 中的一个邻居 x（不是 C 中某个节点发出的映射）。对于每一个这样的节点 x，将前向扩展 $f = \langle u, u_r + 1, L(\phi(u)), L(x), L(\phi(u), x)\rangle$ 加入到 $\mathcal{E}$ 中（包括图中标识符 i）。由于前向扩展会在图 $G(C)$ 中添加一个新的节点，C 中新节点的标识符为 $u_r + 1$，比 C 中编号最大的节点号（根据定义是最右子节点 u_r）多 1。

一旦数据库 $\boldsymbol{D}$ 中所有图 G_i 的全部后向和前向扩展都已生成，我们就通过计算每一个扩展包含的不同图标识符的数目来计算它们的支撑。最后，该方法返回所有扩展及其支撑的

集合 [根据公式 (11.1) 中的元组比较算子，按降序排列]。

例 11.9 考虑图 11-9a 所示的权威编码 C 和对应的图 $G(C)$。对于这一编码，所有的顶点都在最右路径上，即 $R=\{0,1,2\}$，最右子节点是 $u_r=2$。

C 到图 G_1 和 G_2（见图 11-7）的所有可能的同形的集合展示在图 11-9b 中，分别为 Φ_1 和 Φ_2。例如，第一个同形 $\phi_1: G(C)\rightarrow G_1$ 定义为：

$$\phi_1(0)=10 \qquad \phi_1(1)=30 \qquad \phi_1(2)=20$$

对每一个同形的后向扩展和前向扩展如图 11-9c 所示。例如，同形 ϕ_1 有两个可能的边扩展。第一个是一个后向边扩展 $\langle 2,0,b,a\rangle$，因为 (20,10) 是 G_1 的一个有效后向边，即在 G_1 中，节点 $x=10$ 是 $\phi(2)=20$ 的一个邻居，$\phi^{-1}(10)=0=v$ 在最右路径上，(2,0) 还不在 $G(C)$ 中，这满足算法 11.2 中第 12~15 行的后向扩展步骤。第二个扩展是一个前向扩展 $\langle 1,3,a,b\rangle$，因为 $\langle 30,40,a,b\rangle$ 是 G_1 中一个有效的扩展边，即 G_1 中 $x=40$ 是 $\phi(1)=30$ 的一个邻居，节点 40 尚未被映射到 $G(C)$ 中的任何节点，即 $\phi^{-1}(40)$ 不存在。以上满足算法 11.2 中的前向扩展步骤（第 16~19 行）。

给定所有边扩展的集合以及对应的图标识符，可以通过计算每个扩展对应的图标识符数来获取支撑值。最终的扩展集合（排序后）及其对应的支撑值如图 11-9d 所示。设 minsup=2，唯一的非频繁扩展是 $\langle 2,3,b,b\rangle$。

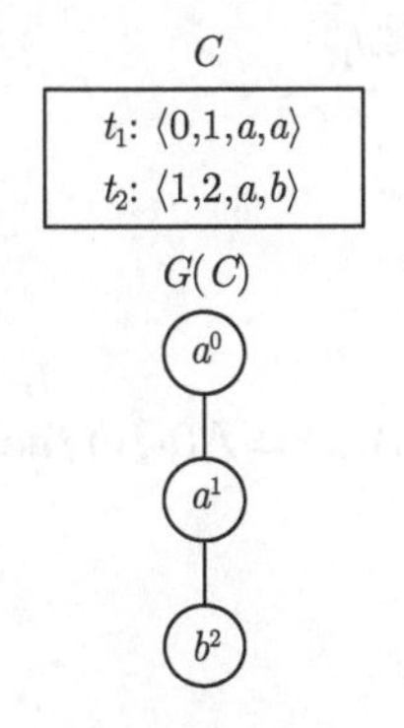

(a) 编码 C 和图 $G(C)$

Φ	ϕ	0	1	2
Φ_1	ϕ_1	10	30	20
	ϕ_2	10	30	40
	ϕ_3	30	10	20
Φ_2	ϕ_4	60	80	70
	ϕ_5	80	60	50
	ϕ_6	80	60	70

(b) 子图同形

标识符	ϕ	扩展
G_1	ϕ_1	$\{\langle 2,0,b,a\rangle, \langle 1,3,a,b\rangle\}$
	ϕ_2	$\{\langle 1,3,a,b\rangle, \langle 0,3,a,b\rangle\}$
	ϕ_3	$\{\langle 2,0,b,a\rangle, \langle 0,3,a,b\rangle\}$
G_2	ϕ_4	$\{\langle 2,0,b,a\rangle, \langle 2,3,b,b\rangle, \langle 0,3,a,b\rangle\}$
	ϕ_5	$\{\langle 2,3,b,b\rangle, \langle 1,3,a,b\rangle, \langle 0,3,a,b\rangle\}$
	ϕ_6	$\{\langle 2,0,b,a\rangle, \langle 2,3,b,b\rangle, \langle 1,3,a,b\rangle\}$

(c) 边扩展

扩展	支撑
$\langle 2,0,b,a\rangle$	2
$\langle 2,3,b,a\rangle$	1
$\langle 1,3,a,b\rangle$	2
$\langle 0,3,a,b\rangle$	2

(d) 扩展（已排序）和支撑

图 11-9 最右路径扩展

子图同形

给定编码 C，列出对应的边扩展的关键步骤是，要枚举所有与 C 同形的图 $G_i \in \boldsymbol{D}$。算法 11.3 中所示的函数SUBGRAPHISOMORPHISMS，以编码 C 和图 G 作为输入，返回 C 和 G 之间的所有同形。同形集合 Φ 的初始化，是通过将 C 中的顶点 0 映射到 G 中的每一个有相同标签的顶点 x 进行的，即 $L(x) = L(0)$（第 1 行）。该方法考虑 C 中的每个元组 t_i 并扩展当前的部分同形的集合。令 $t_i = \langle u, v, L(u), L(v), L(u,v)\rangle$。我们要检验每个同形 $\phi \in \Phi$ 在 G 中是否可以利用 t_i 的信息进行扩展（第 5~12 行）。若 t_i 是个前向边，则我们要在 G 中找到一个 $\phi(u)$ 的邻居 x，使得 x 尚未被映射到 C 中的某个顶点，即应当不存在 $\phi^{-1}(x)$，且节点和边的标签要匹配：$L(x) = L(v)$，且 $L(\phi(u), x) = L(u, v)$。若是，则可用映射 $\phi(v) \to x$ 扩展 ϕ。将新扩展的同形表示为 ϕ'，加入到初始为空的同形集合 Φ'。若 t_i 是一个后向边，则必须要检验在 G 中 $\phi(v)$ 是否为 $\phi(u)$ 的邻居。若是，则将当前同形 ϕ 加入 Φ'。因此，只有在前向情况下可扩展的或满足后向边的同形会被保留，并进一步检查。一旦 C 中所有的扩展边都处理完毕，集合 Φ 就包含所有从 C 到 G 的有效同形。

算法11.3　枚举子图同形

```
SUBGRAPHISOMORPHISMS (C = {t_1, t_2, ···, t_k}, G):
1  Φ ← {φ(0) → x | x ∈ G 且 L(x) = L(0)}
2  foreach t_i ∈ C, i = 1, ···, k do
3      ⟨u, v, L(u), L(v), L(u, v)⟩ ← t_i    //展开扩展边t_i
4      Φ' ← ∅   //包含t_i的部分同形
5      foreach 部分同形 φ ∈ Φ do
6          if v > u then
               //前向边
7              foreach x ∈ N_G(φ(u)) do
8                  if ∄φ^{-1}(x) 且 L(x) = L(v) 且 L(φ(u), x) = L(u, v) then
9                      φ' ← φ ∪ {φ(v) → x}
10                     Add φ' to Φ'
11         else
               //后向边
12             if φ(v) ∈ N_G (φ(u)) then 将φ加入Φ'    //有效同形
13     Φ ← Φ'   //更新部分同形
14 return Φ
```

例 11.10　图 11-10 展示了子图同形枚举算法在编码 C 和图 11-7 所示的图上执行的情况。

对于 G_1，同形集合 Φ 通过把 C 中第一个节点映射到 G_1 中所有标签为 a 的节点进行初始化，因为 $L(0) = a$。因此，$\Phi = \{\phi_1(0) \to 10, \phi_2(0) \to 30\}$。接下来考虑 C 中的每一个元组，看看哪些同形可以扩展。第一个元组 $t_1 = \langle 0, 1, a, a\rangle$ 是一个前向边，因此对于 ϕ_1，我们考虑 10 的邻居 x 中标签为 a 且尚未被包含在同形中的顶点。满足以上条件的唯一顶点为 30，因此用映射 $\phi_1(1) \to 30$ 扩展同形。与此类似，用映射 $\phi_2(1) \to 10$ 扩展第二个同形 ϕ_2，如图 11-10 所示。对于第二个元组 $t_2 = \langle 1, 2, a, b \rangle$，同形 ϕ_1 有两种可能的扩展，因为 30 有两个标签为 b 的邻居，即 20 和 40。扩展后的映射分别表示为 ϕ_1' 和 ϕ_1''。ϕ_2 只有一个扩展。

C 在 G_2 中的同形可以用类似方法找到。每个数据库中的图对应的同形的完整集合如图 11-10 所示。

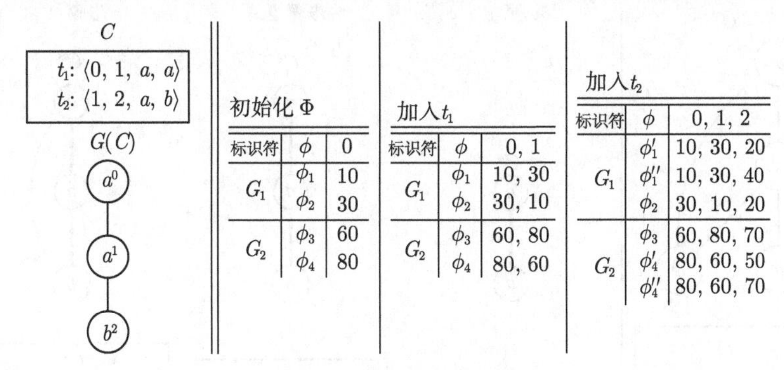

图 11-10 子图同形

11.3.2 权威性测试

给定由 k 个扩展边元组构成的 DFS 编码 $C = \{t_1, t_2, \cdots, t_k\}$ 及其对应的图 $G(C)$，我们要测试编码 C 是否为权威的。为达到这一目标，可以尝试重构 $G(C)$ 的权威编码 C^*：从空编码开始，迭代地选择最小的最右路径扩展，其中最小边扩展基于公式 (11.1) 中的扩展元组比较算子。若在任意步骤中，当前（部分）权威 DFS 编码 C^* 小于 C，则可知 C 不是权威的，可以被剪去。另一方面，若在 k 次扩展之后，没有比 C 更小的编码，则说明 C 是权威的。对应权威性检查的伪代码如算法 11.4 所示。该方法可以看作 gSpan 的一个受限版本，其中 $G(C)$ 相当于图数据库，C^* 相当于候选扩展。关键的不同在于，在所有可能的候选扩展中，我们只考虑最小的最右路径边扩展。

算法11.4 权威性测试：IsCanonical 算法

IsCanonical ($C = \{t_1, t_2, \cdots, t_k\}$):
1 $D_C \leftarrow \{G(C)\}$ //对应编码C的图
2 $C^* \leftarrow \emptyset$ //初始化权威DFS 编码
3 **for** $i = 1 \cdots k$ **do**
4 $\mathcal{E} =$ RightMostPath-Extensions(C^*, D_C) // C^*的扩展
5 $(s_i, \text{sup}(s_i)) \leftarrow \min\{\mathcal{E}\}$ // C^*的最小最右边扩展
6 **if** $s_i < t_i$ **then**
7 **return** *false* // C^*更小，因此C不是权威的
8 $C^* \leftarrow C^* \cup s_i$
9 **return** *true* //没有更小的编码，因此C是权威的

例 11.11 考虑图 11-8 中的子图候选 C_{14}，在图 11-11 中表示为图 G 及其 DFS 编码 C。从初始的权威编码 $C^* = \varnothing$ 开始，在第一步中添加最小的最右边扩展 s_1。由于 $s_1 = t_1$，我们可以进行到下一步，找到最小的边扩展 s_2。$s_2 = t_2$，因此我们进行到第三步。图 G^* 最小的可能边扩展为扩展边 s_3。然而，我们发现 $s_3 < t_3$，这说明 C 不是权威的，因此不用再尝试更多的边扩展。

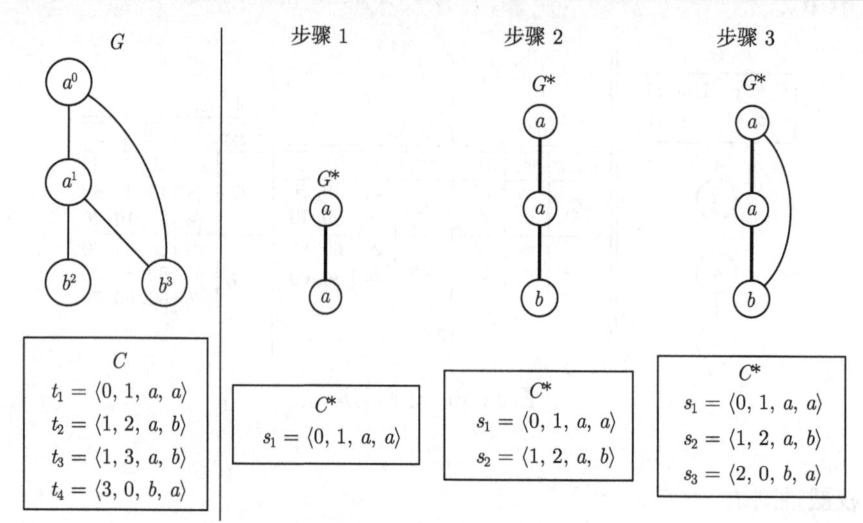

图 11-11 权威性检验

11.4 补充阅读

Yan and Han(2002) 详细描述了 gSpan 算法以及权威 DFS 编码的表示。权威邻接矩阵（权威图的一种不同表示）在 Huan, Wang, and Prins (2003) 中有所阐述。挖掘频繁子图的逐层算法参见 Kuramochi and Karypis (2001) 以及 Inokuchi, Washio, and Motoda (2000)。Al Hasan and Zaki (2009) 提出了用于抽样代表性图模式的马尔可夫链蒙特卡罗方法。挖掘频繁树模式的一种高效算法参见 Zaki (2002)。

Al Hasan, M. and Zaki, M. J. (2009). "Output space sampling for graph patterns." *Proceedings of the VLDB Endowment*, 2 (1): 730–741.

Huan, J.,Wang,W., and Prins, J. (2003). "Efficient mining of frequent subgraphs in the presence of isomorphism." *In Proceedings of the IEEE International Conference on Data Mining*. IEEE, pp. 549–552.

Inokuchi, A., Washio, T., and Motoda, H. (2000). "An apriori-based algorithm for mining frequent substructures from graph data." *In Proceedings of the European Conference on Principles of Data Mining and Knowledge Discovery*. Springer, pp. 13–23.

Kuramochi, M. and Karypis, G. (2001). "Frequent subgraph discovery." *In Proceedings of the*

IEEE International Conference on Data Mining. IEEE, pp. 313–320.

Yan, X. and Han, J. (2002). "gSpan: Graph-based substructure pattern mining." *In Proceedings of the IEEE International Conference on Data Mining.* IEEE, pp. 721–724.

Zaki, M. J. (2002). "Efficiently mining frequent trees in a forest." *In Proceedings of the 8th ACM SIGKDD International Conference on Knowledge Discovery and Data Mining.* ACM, pp. 71–80.

11.5 习题

Q1. 找出图 11-12 所示的图的权威 DFS 编码。尽可能删除某些编码，以避免生成完整的搜索树。例如，你可以删除某个比已知编码大的编码。

Q2. 给定图 11-13 所示的图，用 minsup=1 挖掘出所有的频繁子图。对每一个频繁子图，给出它对应的权威编码。

Q3. 给定图 11-14 所示的图，给出它的所有同形图及其对应的 DFS 编码，并且找出权威代表（可以忽略那些你知道肯定没有权威编码的同形图）。

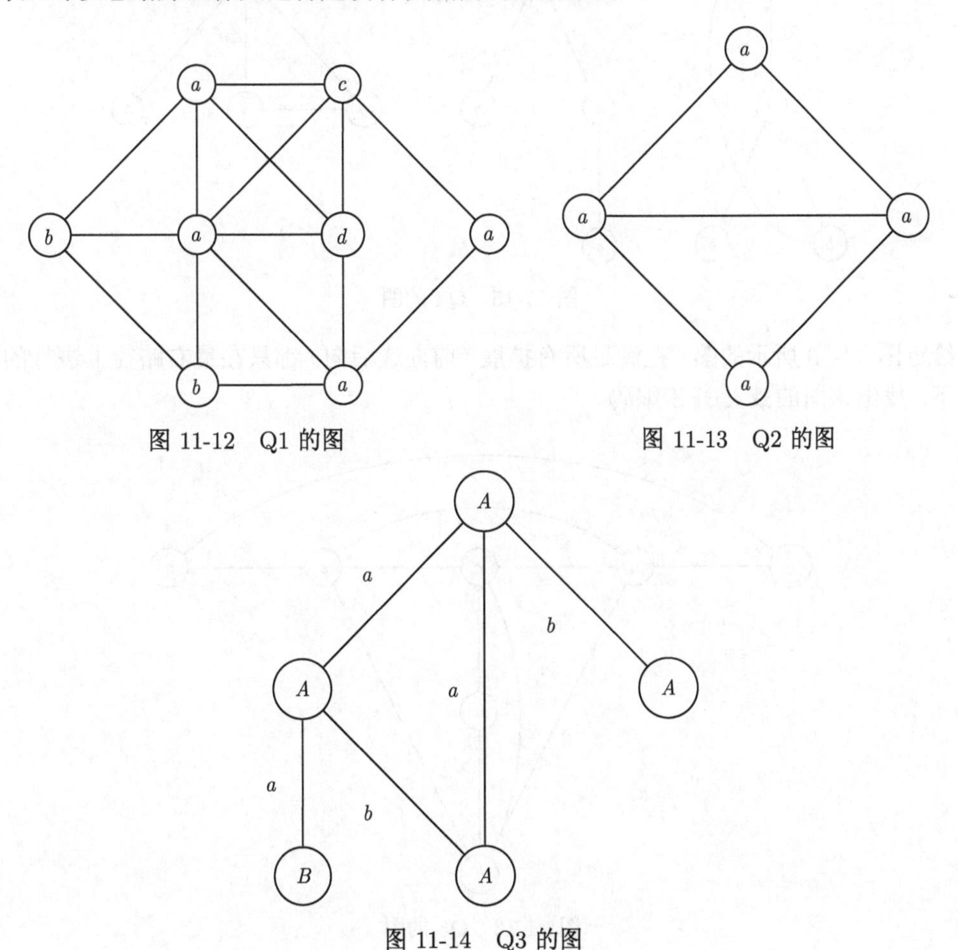

图 11-12 Q1 的图

图 11-13 Q2 的图

图 11-14 Q3 的图

Q4. 给定图 11-15 所示的图，将这些图分为同形组。

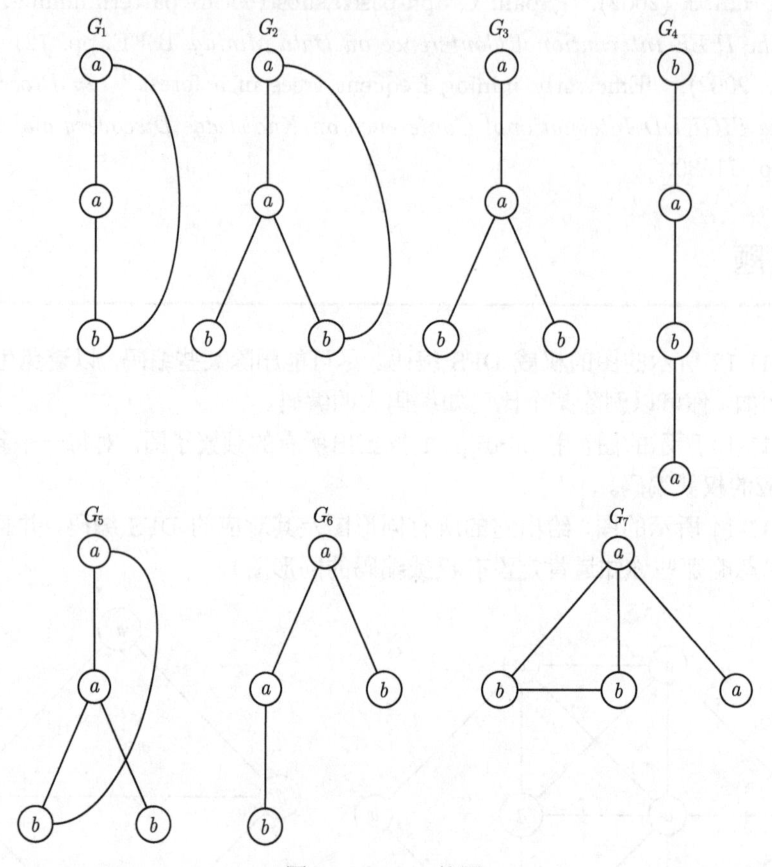

图 11-15　Q4 的图

Q5. 给定图 11-16 所示的图。在满足所有扩展（前向或后向）都只在最右路径上进行的限制下，找出该图的*最大*DFS 编码。

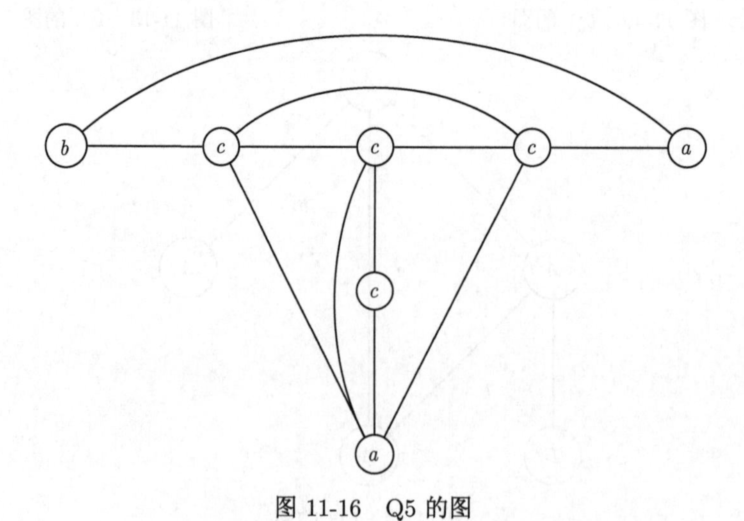

图 11-16　Q5 的图

Q6. 对于一个带边标签的无向图 $G=(V,E)$，定义其标签邻接矩阵 $\boldsymbol{A}$ 为：

$$\boldsymbol{A}_{(i,j)}=\begin{cases}L(v_i) & i=j\\ L(v_i,v_j) & (v_i,v_j)\in E\\ 0 & \text{其他情况}\end{cases}$$

其中 $L(v_i)$ 是顶点 v_i 的标签，$L(v_i,v_j)$ 是边的标签。换句话说，标签邻接矩阵在主对角线上是节点标签，在 $\boldsymbol{A}(i,j)$ 处是边 (v_i,v_j) 的标签。最后，$\boldsymbol{A}(i,j)$ 处为 0，表示在 v_i 和 v_j 之间没有边。

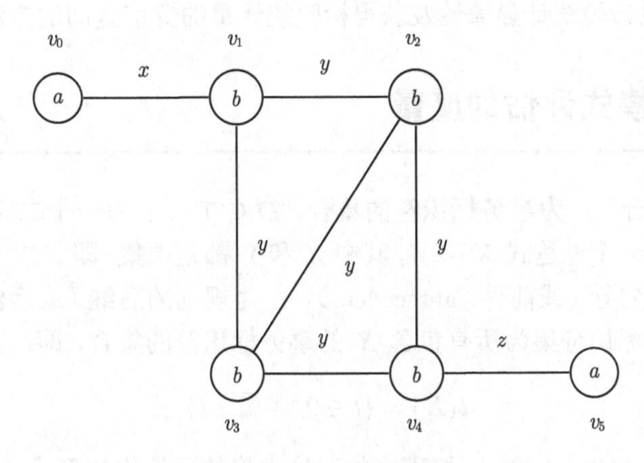

图 11-17　Q6 的图

给定一个特定的顶点排列，图对应的**矩阵编码**（matrix code）可以通过逐行连接 $\boldsymbol{A}$ 的下三角子矩阵获得。例如，对于图 11-17 中的图，对应顶点排列 $v_0v_1v_2v_3v_4v_5$ 的矩阵为：

a					
x	b				
0	y	b			
0	y	y	b		
0	0	y	y	b	
0	0	0	0	z	a

对应的矩阵编码为：$axb0yb0yyb00yyb0000za$。给定标签的全序为：

$$0<a<b<x<y<z$$

找出图 11-17 中的最大矩阵编码，即在所有可能的顶点排列和对应的矩阵编码中，要找出按字典序最大的编码。

第12章　模式与规则评估

本章将讨论如何评估挖掘得到的频繁模式，以及由它们导出的关联规则。理想情况下，挖掘得到的模式及规则应当满足一定的特性，如简洁性、新颖性和实用性，等等。本章会给出若干规则和模式的评估度量，以量化挖掘结果的不同特性。通常，判断一个模式或规则是否有意义，很大程度上带有主观性。当然，我们完全可以排除无明显统计意义的规则和模式。因此，本章也会讨论检验统计显著性及获得检验统计量的置信区间的方法。

12.1　规则和模式评估的度量

令 $\mathcal{I}$ 为项的集合，$\mathcal{T}$ 为事务标识符的集合，$\boldsymbol{D} \subseteq \mathcal{T} \times \mathcal{I}$ 为一个二元数据库。**关联规则**（association rule）是一个表达式 $X \to Y$，其中 X 和 Y 都是项集，即 $X, Y \subseteq \mathcal{I}$，且 $X \cap Y = \varnothing$。我们称 X 为规则的先导（或前件，antecedent），Y 为规则的后继（或后件，consequent）。

项集 X 的事务标识符集为所有包含 X 的事务标识符的集合，即：

$$\boldsymbol{t}(X) = \{t \in \mathcal{T} | X属于t\}$$

X 的支撑因此为 $\sup(X) = |\boldsymbol{t}(X)|$。接下来的讨论中将使用简化的形式 XY 来表示两个集合的并集 $X \cup Y$。

给定一个频繁项集 $Z \in \mathcal{F}$，其中 $\mathcal{F}$ 是所有频繁项集的集合，我们可以将 Z 的每一个真子集都当成先导，并将剩余项当作后继，从而导出不同的关联规则，即对于任意 $Z \in \mathcal{F}$，我们可以导出一组形如 $X \longrightarrow Y$ 的规则，其中 $X \subset Z$ 且 $Y = Z \backslash X$。

12.1.1　规则评估度量

规则的兴趣度度量旨在量化后继和先导之间的依赖关系。下面回顾一些常见的规则评估度量，从支撑和置信度开始。

1. **支撑**

某个规则的**支撑**定义为同时包含 X 和 Y 的事务的数目，即：

$$\sup(X \longrightarrow Y) = \sup(XY) = |\boldsymbol{t}(XY)| \tag{12.1}$$

相对支撑定义为同时包含 X 和 Y 的事务的比例，即如下规则所包含的项的经验联合概率：

$$\text{rsup}(X \longrightarrow Y) = P(XY) = \text{rsup}(XY) = \frac{\sup(XY)}{|\boldsymbol{D}|}$$

通常我们对频繁规则感兴趣，即 $\sup(X \longrightarrow Y) \geqslant \text{minsup}$，其中 minsup 是用户定义的最小支撑阈值。若最小支撑以比例的形式给出，则意味着使用相对支撑。注意，（相对）支撑是一个对称的度量，因为 $\sup(X \longrightarrow Y) = \sup(Y \longrightarrow X)$。

例 12.1 此处用表 12-1 中的样例二元数据库 $\boldsymbol{D}$（以事务形式给出）来说明规则评估度量。该数据库一共包含 6 个事务，定义在包含 5 个项的集合 $\mathcal{I}=\{A,B,C,D,E\}$ 之上。所有频繁项集（minsup=3）都列在表 12-2 中。该表给出了每一个频繁项集的支撑和相对支撑。从项集 $ABDE$ 导出的关联规则 $AB\longrightarrow DE$ 的支撑为 $\sup(AB\longrightarrow DE)=\sup(ABDE)=3$，它的相对支撑为 $\text{rsup}(AB\longrightarrow DE)=\sup(ABDE)/|\boldsymbol{D}|=3/6=0.5$。

表 12-1 样例数据集

事务标识符	项
1	$ABDE$
2	BCE
3	ABDE
4	$ABCE$
5	$ABCDE$
6	BCD

表 12-2 minsup=3 时的频繁项集（相对最小支撑 50%）

sup	rsup	项集
3	0.5	$ABD, ABDE, AD, ADE, BCE, BDE, CE, DE$
4	0.67	$A, C, D, AB, ABE, AE, BC, BD$
5	0.83	E, BE
6	1.0	B

2. *置信度*

一条规则的*置信度*定义为在给定先导 X 的情况下，一个事务包含后继 Y 的条件概率：

$$\text{conf}(X\longrightarrow Y)=P(Y|X)=\frac{P(XY)}{P(X)}=\frac{\text{rsup}(XY)}{\text{rsup}(X)}=\frac{\sup(XY)}{\sup(X)}$$

通常我们对具有较高置信度的规则感兴趣，即 $\text{conf}(X\longrightarrow Y)\geqslant \text{minconf}$。其中 minconf 是用户定义的最小置信度。置信度不是一种对称的度量，因为根据定义，它是以先导为条件的。

例 12.2 表 12-3 给出了由表 12-1 中的样例数据集生成的关联规则及对应的置信度。例如，规则 $A\longrightarrow E$ 的置信度为：$\sup(AE)/\sup(A)=4/4=1.0$。注意置信度的非对称性，例如规则 $E\longrightarrow A$ 的置信度为：$\sup(AE)/\sup(E)=4/5=0.8$。

在判定规则的好坏时要谨慎。例如，规则 $E\longrightarrow BC$ 的置信度为 $P(BC|E)=0.60$，即给定 E 的情况下，有 60% 的可能得到 BC。然而，BC 无条件出现的概率为 $P(BC)=4/6=0.67$，这说明 E 实际上对 BC 有负面作用。

表 12-3　规则置信度

规则			conf
A	$\longrightarrow$	E	1.00
E	$\longrightarrow$	A	0.80
B	$\longrightarrow$	E	0.83
E	$\longrightarrow$	B	1.00
E	$\longrightarrow$	BC	0.60
BC	$\longrightarrow$	E	0.75

3. 提升度

提升度（lift）定义为观察到的 X 与 Y 的联合概率与期望联合概率的比值（假设它们在统计上是独立的），即：

$$\text{lift}(X \longrightarrow Y) = \frac{P(XY)}{P(X) \cdot P(Y)} = \frac{\text{rsup}(XY)}{\text{rsup}(X) \cdot \text{rsup}(Y)} = \frac{\text{conf}(X \longrightarrow Y)}{\text{rsup}(Y)}$$

提升度的一个常见用法是度量一条规则出乎意料的程度。接近 1 的提升度值表示一条规则的支撑期望是由其两个分量的支撑的乘积决定的。我们通常会寻找远大于 1（即超出预期）或小于 1（即低于预期）的提升度值。

提升度是一种对称的度量，它总是大于或等于置信度，因为它等于置信度除以后继的概率。提升度也不是向下封闭的，即假设 $X' \subset X$ 且 $Y' \subset Y$，$\text{lift}(X' \longrightarrow Y')$ 可能大于 $\text{lift}(X \longrightarrow Y)$。提升度对小数据集中的噪声非常敏感，因为稀有或非频繁项集的提升度可能很大。

例 12.3　表 12-4 给出了在表 12-1 的样例数据库中，由项集 $ABCE$（$\text{sup}(ABCE) = 2$）导出的三条规则及其对应的提升度值。

规则 $AE \longrightarrow BC$ 的提升度为：

$$\text{lift}(AE \longrightarrow BC) = \frac{\text{rsup}(ABCE)}{\text{rsup}(AE) \cdot \text{rsup}(BC)} = \frac{2/6}{4/6 \times 4/6} = 6/8 = 0.75$$

该提升度小于 1，因此观察到的规则支撑要小于预期。另一方面，规则 $BE \longrightarrow AC$ 的提升度为：

$$\text{lift}(BE \longrightarrow AC) = \frac{2/6}{2/6 \times 5/6} = 6/5 = 1.2$$

这说明该规则的出现要比预期更为频繁。最后，规则 $CE \longrightarrow AB$ 的提升度为 1，说明观察到的支撑和期望支撑是吻合的。

表 12-4　规则提升度

规则			lift
AE	$\longrightarrow$	BC	0.75
CE	$\longrightarrow$	AB	1.00
BE	$\longrightarrow$	AC	1.20

例 12.4 比较置信度和提升度可以得到有趣的结论。考虑表 12-5 中所示的三条规则及其相对支撑、置信度和提升度值。比较前两条规则，我们可以看到尽管提升度大于 1，但它们提供了不同的信息。$E \longrightarrow AC$ 是一条弱规则（conf= 0.4），$E \longrightarrow AB$ 不仅置信度更强，支撑也更大。比较第二条和第三条规则，可以看到尽管 $B \longrightarrow E$ 的提升度为 1，也就是说 B 和 E 是独立事件，它的置信度和支撑却较高。本例说明了在分析关联规则的时候，必须要使用多个度量进行评估。

表 12-5 比较支撑、置信度和提升度

规则			rsup	conf	lift
E	$\longrightarrow$	AC	0.33	0.40	1.20
E	$\longrightarrow$	AB	0.67	0.80	1.20
B	$\longrightarrow$	E	0.83	0.83	1.00

4. 杠杆率

杠杆率（leverage）衡量观察到的 XY 的联合概率和期望联合概率之间的差异，假设 X 和 Y 是相互独立的：

$$\text{leverage}(X \longrightarrow Y) = P(XY) - P(X) \cdot P(Y) = \text{rsup}(XY) - \text{rsup}(X) \cdot \text{rsup}(Y)$$

杠杆率给出了规则出乎意料程度的“绝对”度量，它应和提升度一起使用。和提升度一样，杠杆率也是对称的。

例 12.5 考虑表 12-6 中所示的规则（基于表 12-1 中的样例数据集）。规则 $ACD \longrightarrow E$ 的杠杆率为：

$$\text{leverage}(ACD \longrightarrow E) = P(ACDE) - P(ACD) \cdot P(E) = 1/6 - 1/6 \times 5/6 = 0.03$$

我们可以类似地计算其他规则的杠杆率。前两条规则的提升度相同；然而，第一条规则的杠杆率仅为第二条规则的杠杆率的一半，主要是由于 ACE 的支撑更大。因此，仅考虑提升度很容易被误导，因为在支撑不同的情况下提升度也可能相同。另一方面，第二条和第三条规则虽然提升度不同，但它们有着相同的杠杆率。最后，通过比较第一、第二和第四条规则来说明将杠杆率与其他度量一起考虑的必要性：它们的提升度相同，但是杠杆率不同。事实上，第四条规则 $A \longrightarrow E$ 可能优于前两条规则，因为它更为简洁，杠杆率也更高。

表 12-6 规则杠杆率

规则			rsup	lift	leverage
ACD	$\longrightarrow$	E	0.17	1.20	0.03
AC	$\longrightarrow$	E	0.33	1.20	0.06
AB	$\longrightarrow$	D	0.50	1.12	0.06
A	$\longrightarrow$	E	0.67	1.20	0.11

5. Jaccard 系数

Jaccard 系数度量两个集合的相似度。当用作规则评估度量时，它计算 X 和 Y 的事务标识符集的相似度：

$$\begin{aligned}\text{jaccard}(X \longrightarrow Y) &= \frac{|\boldsymbol{t}(X) \cap \boldsymbol{t}(Y)|}{|\boldsymbol{t}(X) \cup \boldsymbol{t}(Y)|} \\ &= \frac{\sup(XY)}{\sup(X) + \sup(Y) - \sup(XY)} \\ &= \frac{P(XY)}{P(X) + P(Y) - P(XY)}\end{aligned}$$

Jaccard 度量是对称的。

例 12.6　考虑表 12-7 中的三条规则及对应的 Jaccard 系数值。例如，我们有：

$$\text{jaccard}(A \longrightarrow C) = \frac{\sup(AC)}{\sup(A) + \sup(C) - \sup(AC)} = \frac{2}{4+4-2} = 2/6 = 0.33$$

表 12-7　Jaccard 系数

规则	rsup	lift	jaccard
$A \longrightarrow C$	0.33	0.75	0.33
$A \longrightarrow E$	0.67	1.20	0.80
$A \longrightarrow B$	0.67	1.00	0.67

6. 确信度

以上考虑的所有规则度量都只使用了 X 和 Y 的联合分布。定义 $\neg X$ 为 X 不出现在事务中的事件，即 $X \not\subseteq t \in \mathcal{T}$，$\neg Y$ 也依此定义。因此，表 12-8 中的列联表中给出了四种可能的事件，分别对应项集 X 和 Y 出现或不出现的情况。

确信度（conviction）衡量了规则的期望错误数，即 X 出现的时候 Y 不在同一事务中的次数。因此，它是对关于后继的补集的规则强度的度量，定义如下：

$$\text{conv}(X \longrightarrow Y) = \frac{P(X) \cdot P(\neg Y)}{P(X\neg Y)} = \frac{1}{\text{lift}(X \longrightarrow \neg Y)}$$

若 $X\neg Y$ 的联合概率小于 X 和 $\neg Y$ 相互独立情况下的期望，则确信度较高，反之亦然。它是一种非对称的度量。

从表 12-8 可以观察到 $P(X) = P(XY) + P(X\neg Y)$，这意味着 $P(X\neg Y) = P(X) - P(XY)$，以及 $P(\neg Y) = 1 - P(Y)$。因此可得：

$$\text{conv}(X \longrightarrow Y) = \frac{P(X) \cdot P(\neg Y)}{P(X) - P(XY)} = \frac{P(\neg Y)}{1 - P(XY)/P(X)} = \frac{1 - \text{rsup}(Y)}{1 - \text{conf}(X \longrightarrow Y)}$$

于是可以得出结论：若置信度为 1，则确信度是无穷。若 X 和 Y 是彼此独立的，则确信度为 1。

表 12-8 X 和 Y 的列联表

	Y	$\neg Y$	
X	$\sup(XY)$	$\sup(X\neg Y)$	$\sup(X)$
$\neg X$	$\sup(\neg XY)$	$\sup(\neg X\neg Y)$	$\sup(\neg X)$
	$\sup(Y)$	$\sup(\neg Y)$	$\lvert \boldsymbol{D} \rvert$

例 12.7 对于规则 $A \longrightarrow DE$，我们有：

$$\text{conv}(A \longrightarrow DE) = \frac{1 - \text{rsup}(DE)}{1 - \text{conf}(A)} = 2.0$$

表 12-9 列出了这条及其他一些规则的确信度、支撑、置信度和提升度。

表 12-9 规则确信度

规则			rsup	conf	lift	conv
A	$\longrightarrow$	DE	0.50	0.75	1.50	2.00
DE	$\longrightarrow$	A	0.50	1.00	1.50	∞
E	$\longrightarrow$	C	0.50	0.60	0.90	0.83
C	$\longrightarrow$	E	0.50	0.75	0.90	0.68

7. **比值比**

比值比（odds ratio）的计算利用了表 12-8 中的列联表中的四个项。我们将数据集分为两组事务：包含 X 的和不包含 X 的。定义 Y 出现在这两组中的比值：

$$\text{odds}(Y|X) = \frac{P(XY)/P(X)}{P(X\neg Y)/P(X)} = \frac{P(XY)}{P(X\neg Y)}$$

$$\text{odds}(Y|\neg X) = \frac{P(\neg XY)/P(\neg X)}{P(\neg X\neg Y)/P(\neg X)} = \frac{P(\neg XY)}{P(\neg X\neg Y)}$$

比值比定义为以上两个比值之间的比：

$$\begin{aligned}\text{oddsratio}(X \longrightarrow Y) &= \frac{\text{odds}(Y|X)}{\text{odds}(Y|\neg X)}\\ &= \frac{P(XY) \cdot P(\neg X\neg Y)}{P(X\neg Y) \cdot P(\neg XY)}\\ &= \frac{\sup(XY) \cdot \sup(\neg X\neg Y)}{\sup(X\neg Y) \cdot \sup(\neg XY)}\end{aligned}$$

比值比是一个对称的度量，且若 X 和 Y 是独立的，则它的值为 1。因此，接近 1 的值说明 X 和 Y 之间的依赖性很低。大于 1 的比值比意味着在有 X 的情况下，Y 出现的概率比 $\neg X$ 出现的概率要大；小于 1 的概率比说明给定 $\neg X$ 的情况下，Y 出现的概率更大。

例 12.8 我们比较两条规则 $C \longrightarrow A$ 和 $D \longrightarrow A$ 的比值比，使用表 12-1 中的样例数据。A 和 C 以及 A 和 D 的列联表给出如下：

	C	$\neg C$
A	2	2
$\neg A$	2	0

	D	$\neg D$
A	3	1
$\neg A$	1	1

两条规则的比值比分别为：

$$\text{oddsratio}(C \longrightarrow A) = \frac{\sup(AC) \cdot \sup(\neg A \neg C)}{\sup(A \neg C) \cdot \sup(\neg A C)} = \frac{2 \times 0}{2 \times 2} = 0$$

$$\text{oddsratio}(D \longrightarrow A) = \frac{\sup(AD) \cdot \sup(\neg A \neg D)}{\sup(A \neg D) \cdot \sup(\neg A D)} = \frac{3 \times 1}{1 \times 1} = 3$$

因此，$D \longrightarrow A$ 是比 $C \longrightarrow A$ 更强的规则，这可以通过其他度量（如提升度和置信度）来确认：

$$\text{conf}(C \longrightarrow A) = 2/4 = 0.5 \qquad \text{conf}(D \longrightarrow A) = 3/4 = 0.75$$

$$\text{lift}(C \longrightarrow A) = \frac{2/6}{4/6 \times 4/6} = 0.75 \qquad \text{lift}(D \longrightarrow A) = \frac{3/6}{4/6 \times 4/6} = 1.125$$

因此 $C \longrightarrow A$ 的置信度和提升度要小于 $D \longrightarrow A$。

例 12.9 我们对鸢尾花数据集（包含 $n = 150$ 个样本）的一个类别属性（class）和 4 个数值属性（萼片长度、萼片宽度、花瓣长度、花瓣宽度）应用不同的规则评估度量。为生成关联规则，首先对数值属性进行离散化处理，如表 12-10 所示。我们尤其想要确定每一类鸢尾花（iris setosa、iris virginica和iris versicolor）的代表性规则，即生成形如 $X \longrightarrow y$ 的规则，其中 X 是离散化数值属性之上的项集，y 是一个代表鸢尾花类的单个项。我们首先设定 $\text{minsup} = 10$ 以及最小的提升度值为 0.1，于是生成与各类对应的关联规则共 79 条。图 12-1a 画出了 79 条规则的相对支撑和置信度，三个类用不同的符号来表示。为找到最出乎意料的规则，图 12-1b 给出了这 79 条规则的提升度和确信度。针对每一类，我们选择有最高相对支撑和置信度，即最高确信度和提升度的最具体（以及有最大的后继）的规则。选中的规则分别列在表 12-11 和表 12-12 中。它们在图 12-1 中用较大的白底符号标示。相比较于支撑及置信度较高的规则，可以发现 c_1 的最佳规则是一样的，但 c_2 和 c_3 的不同，这表明了这些规则在支撑和新颖度之间的一种取舍。

表 12-10 鸢尾花数据集的离散化及对应的标签

属性	极差或取值	标签
萼片长度	$4.30 \sim 5.55$	sl_1
	$5.55 \sim 6.15$	sl_2
	$6.15 \sim 7.90$	sl_3
萼片宽度	$2.00 \sim 2.95$	sw_1
	$2.95 \sim 3.35$	sw_2
	$3.35 \sim 4.40$	sw_3

(续)

属性	极差或取值	标签
花瓣长度	$1.00 \sim 2.45$	pl_1
	$2.45 \sim 4.75$	pl_2
	$4.75 \sim 6.90$	pl_3
花瓣宽度	$0.10 \sim 0.80$	pw_1
	$0.80 \sim 1.75$	pw_2
	$1.75 \sim 2.50$	pw_3
种类	iris-setosa	c_1
	iris-versicolor	c_2
	iris-virginica	c_3

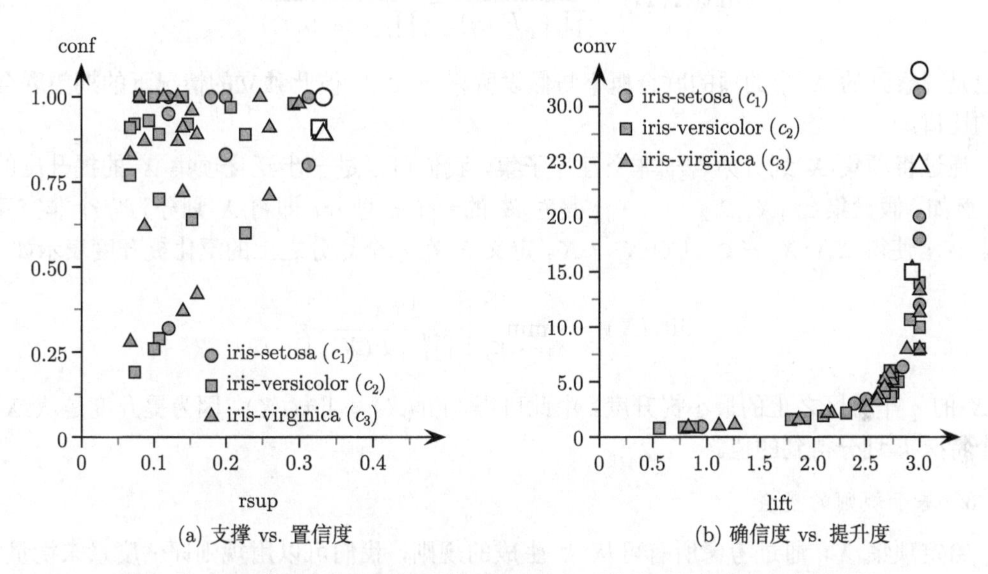

(a) 支撑 vs. 置信度 (b) 确信度 vs. 提升度

图 12-1 鸢尾花：对不同类的规则，支撑 vs. 置信度，确信度 vs. 提升度。每类的最佳规则以白底符号显示

表 12-11 鸢尾花：根据支撑和置信度得到的每一类的最佳规则

规则	rsup	conf	lift	conv
$\{pl_1, pw_1\} \longrightarrow c_1$	0.333	1.00	3.00	33.33
$pw_2 \longrightarrow c_2$	0.327	0.91	2.72	6.00
$pl_3 \longrightarrow c_3$	0.327	0.89	2.67	5.24

表 12-12 鸢尾花：根据提升度和确信度得到的每一类的最佳规则

规则	rsup	conf	lift	conv
$\{pl_1, pw_1\} \longrightarrow c_1$	0.33	1.00	3.00	33.33
$\{pl_2, pw_2\} \longrightarrow c_2$	0.29	0.98	2.93	15.00
$\{sl_3, pl_3, pw_3\} \longrightarrow c_3$	0.25	1.00	3.00	24.67

12.1.2　模式评估度量

现在来讨论模式评估度量。

1. **支撑**

最基本的度量是支撑和相对支撑，它们给出数据库 $\boldsymbol{D}$ 中包含项集 X 的事务的数目和比例：

$$\text{sup}(X) = |\boldsymbol{t}(X)| \qquad \text{rsup}(X) = \frac{\text{sup}(X)}{|\boldsymbol{D}|}$$

2. **提升度**

数据集 $\boldsymbol{D}$ 中一个 k-项集 $X = \{x_1, x_2, \cdots, x_k\}$ 的**提升度**为：

$$\text{lift}(X, \boldsymbol{D}) = \frac{P(X)}{\prod_{i=1}^{k} P(x_i)} = \frac{\text{rsup}(X)}{\prod_{i=1}^{k} \text{rsup}(x_i)} \tag{12.2}$$

这也是观察到的 X 中的项的联合概率与假设所有 $x_i \in X$ 彼此独立的情况下的期望联合概率的比值。

通过将项集 X 划分为若干非空互斥子集，我们可以进一步泛化项集 X 的提升度的表示。例如，假设集合 $\{X_1, X_2, \cdots, X_q\}$ 是对 X 的一个 q-划分，即将 X 划分为 q 个非空互斥子集 X_i，使得 $X_i \cap X_j = \varnothing$ 且 $\cup_i X_i = X$。定义 X 在 q 个划分之上的泛化提升度表示如下：

$$\text{lift}_q(X) = \min_{X_1, \cdots, X_q} \left\{ \frac{P(X)}{\prod_{i=1}^{q} P(X_i)} \right\}$$

即 X 的 q 个分区之上的最小提升度。由此可得，$\text{lift}(X) = \text{lift}_k(X)$，因为提升度是从 X 的一个特殊 k-划分得到的值。

3. **基于规则的度量**

给定项集 X，通过考虑所有可从 X 生成的规则，我们可以用规则评估度量来衡量它。令 Θ 为某个规则评估度量。我们从 X 生成所有可能的规则，形如 $X_1 \longrightarrow X_2$ 和 $X_2 \longrightarrow X_1$，其中 $\{X_1, X_2\}$ 是 X 的一个 2-划分或二部划分（bipartition）。接下来对每一条这样的规则计算 Θ，并使用概述性的统计量（如均值、最大值和最小值）来刻画 X。若 Θ 是对称度量，则 $\Theta(X_1 \longrightarrow X_2) = \Theta(X_2 \longrightarrow X_1)$，因此只需要考虑一半的规则。例如，若 Θ 是规则提升度，则可以定义 X 的平均、最大、最小提升度如下：

$$\text{AvgLift}(X) = \underset{X_1, X_2}{\text{avg}} \left\{ \text{lift}(X_1 \longrightarrow X_2) \right\}$$

$$\text{MaxLift}(X) = \max_{X_1, X_2} \left\{ \text{lift}(X_1 \longrightarrow X_2) \right\}$$

$$\text{MinLift}(X) = \min_{X_1, X_2} \left\{ \text{lift}(X_1 \longrightarrow X_2) \right\}$$

同样可以用其他规则度量（如杠杆率、置信度等）来进行同样的处理。具体而言，当使用规则提升度时，$\text{MinLift}(X)$ 和 X 上所有二部划分上的泛化提升度 $\text{lift}_2(X)$ 是一致的。

例 12.10 考虑项集 $X=\{pl_2,pw_2,c_2\}$，它在离散化鸢尾花数据集中的支撑列于表 12-13 中，其子集的支撑也一并给出。注意数据库的大小为 $|\boldsymbol{D}|=n=150$。

根据公式 (12.2)，X 的提升度为：

$$\text{lift}(X)=\frac{\text{rsup}(X)}{\text{rsup}(pl_2)\cdot \text{r}\,\text{sup}(pw_2)\cdot \text{r}\,\text{sup}(c_2)}=\frac{0.293}{0.3\cdot 0.36\cdot 0.333}=8.16$$

表 12-14 给出了从 X 可能生成的所有规则，以及对应的规则提升度和杠杆率。由于这两个度量都是对称的，我们只需要考虑不同的二部划分（一共有 3 个），如表所示。最大、最小和平均提升度如下：

$$\text{MaxLift}(X)=\max\{2.993,2.778,2.933\}=2.998$$
$$\text{MinLift}(X)=\min\{2.993,2.778,2.933\}=2.778$$
$$\text{AvgLift}(X)=\text{avg}\{2.993,2.778,2.933\}=2.901$$

也可以使用其他度量。例如，X 的平均杠杆率为：

$$\text{AvgLeverage}(X)=\text{avg}\{0.195,0.188,0.193\}=0.192$$

然而，由于置信度不是对称的度量，我们要考虑所有的 6 条规则及其对应的置信度值，如表 12-14 所示。X 的平均置信度为：

$$\text{AvgConf}(X)=\text{avg}\{0.978,0.898,0.815,1.0,0.88,0.978\}=5.549/6=0.925$$

表 12-13 $\{pl_2,pw_2,c_2\}$ 及其子集的支撑

项集	sup	rsup
$\{pl_2,pw_2,c_2\}$	44	0.293
$\{pl_2,pw_2\}$	45	0.300
$\{pl_2,c_2\}$	44	0.293
$\{pw_2,c_2\}$	49	0.327
$\{pl_2\}$	45	0.300
$\{pw_2\}$	54	0.360
$\{c_2\}$	50	0.333

表 12-14 由项集 $\{pl_2,pw_2,c_2\}$ 导出的规则

二部划分	规则	lift	leverage	conf
$\{\{pl_2\},\{pw_2,c_2\}\}$	$pl_2\longrightarrow\{pw_2,c_2\}$	2.993	0.195	0.978
	$\{pw_2,c_2\}\longrightarrow pl_2$	2.993	0.195	0.898
$\{\{pw_2\},\{pl_2,c_2\}\}$	$pw_2\longrightarrow\{pl_2,c_2\}$	2.778	0.188	0.815
	$\{pl_2,c_2\}\longrightarrow pw_2$	2.778	0.188	1.000
$\{\{c_2\},\{pl_2,pw_2\}\}$	$c_2\longrightarrow\{pl_2,pw_2\}$	2.933	0.193	0.880
	$\{pl_2,pw_2\}\longrightarrow c_2$	2.933	0.193	0.978

例 12.11　考虑例 12.9 中离散化鸢尾花数据集的所有频繁项集（minsup = 1）。我们分析从这些频繁项集中生成的所有可能的规则。图 12-2 绘出了所有 306 个频繁模式（大小至少为 2，因为只有大于 2 的项集生成的规则才是有意义的）的相对支撑和平均提升度。可以看到除了低支撑的项集之外，平均提升度在 3.0 以下。我们可以找出其中支撑最高的来进行进一步分析。例如，项集 $X = \{pl_1, pw_1, c_1\}$ 是一个支撑为 $\text{rsup}(X) = 0.33$ 的最大项集，它的所有子集的支撑都为 rsup = 0.33。于是，所有从它导出的规则的提升度均为 3，因此 X 的最小提升度为 3。

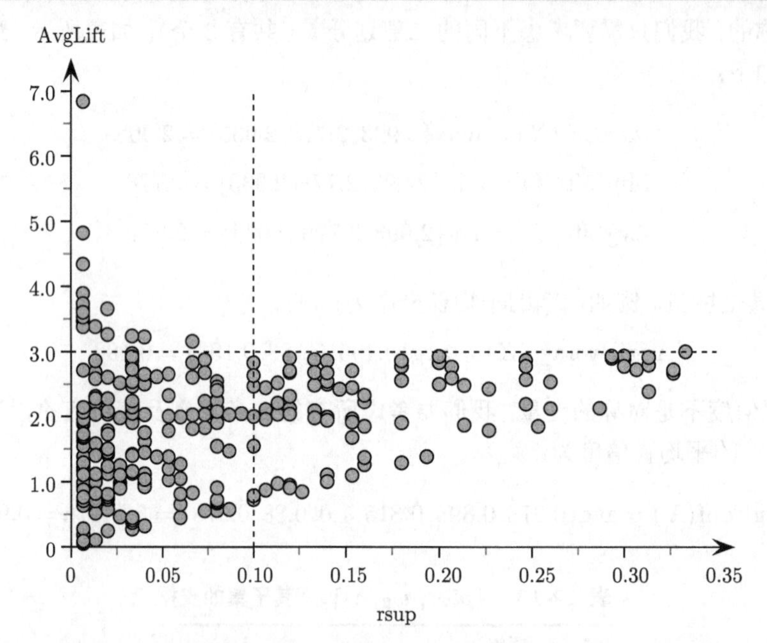

图 12-2　鸢尾花数据集：所评估模式的相对支撑和平均提升度

12.1.3　比较多条规则和模式

接下来对不同的规则和模式进行比较。通常来讲，频繁项集的数目和关联规则的数目可能非常庞大，但是其中许多都不是很相关的。我们重点关注可以剪除某些模式和规则的情况，因为它们包含的信息可能在其他的相关模式和规则中体现。

1. 比较项集

比较多个项集的时候，可以只关注满足某个性质的最大项集，或者可以考虑包含了所有支撑信息的封闭项集。接下来考虑这些限制及其他度量。

最大项集　若一个频繁项集 X 的任意超集都不是频繁的，则称其是**最大的**（maximal）。也就是说，X 是最大的，当且仅当：

$$\text{sup}(X) \geqslant \text{minsup}\text{，且对于所有}Y \supset X\text{，}\text{sup}(Y) < \text{minsup}$$

给定一组频繁项集，我们可以只保留最大的，尤其是那些已经满足了其他约束或模式评估度量（如提升度和杠杆率）的。

例 12.12 考虑例 12.9 中的离散化鸢尾花数据集。为对每一类鸢尾花相关的最大项集有深入的认识，我们重点考虑与类相关的项集，即包含一个类作为项的项集。根据图 12-2 中的项集，令 $\text{minsup}(X) \geqslant 15$（对应相对支撑为 10%）并只保留平均提升度大于等于 2.5 的项集，最后得到 37 个与类相关的项集。其中最大的项集列于表 12-15 中，突出了 3 个类的相关特征。例如，对于 c_1 类（iris-setosa），关键的项为 sl_1、pl_1、pw_1，以及 sw_2 或 sw_3。参照表 12-10，可以得出结论：iris-setosa类的萼片长度在范围 $sl_1 = [4.30, 5.55]$ 内，花瓣长度在范围 $pl_1 = [1, 2.45]$ 内，以此类推。对其他两类的鸢尾花可以进行类似的解释。

表 12-15 根据平均提升度得到的最大模式

模式	平均提升度
$\{sl_1, sw_2, pl_1, pw_1, c_1\}$	2.90
$\{sl_1, sw_3, pl_1, pw_1, c_1\}$	2.86
$\{sl_2, sw_1, pl_2, pw_2, c_2\}$	2.83
$\{sl_3, sw_2, pl_3, pw_3, c_3\}$	2.88
$\{sw_1, pl_3, pw_3, c_3\}$	2.52

封闭项集和最小生成子 若一个项集 X 的所有超集的支撑都更小，则称 X 是封闭的，即：

$$\text{sup}(X) > \text{sup}(Y)\text{，对于所有}Y \supset X$$

若一个项集 X 的所有子集的支撑都更大，则称 X 是最小生成子（minimal generator），即：

$$\text{sup}(X) < \text{sup}(Y)\text{，对于所有}Y \subset X$$

若一个项集 X 不是最小生成子，则说明它包含了某些冗余的项，即可以找到某个子集 $Y \subset X$，将该子集替换为某个更小的子集 $W \subset Y$，而不会改变 X 的支撑。也就是说，存在 $W \subset Y$，使得：

$$\text{sup}(X) = \text{sup}(Y \cup (X \backslash Y)) = \text{sup}(W \cup (X \backslash Y))$$

可以证明，一个最小生成子的所有子集自身必然都是最小生成子。

例 12.13 考虑表 12-1 中的数据集及表 12-2 所示的频繁项集的集合（minsup=3）。其中只有两个最大频繁项集，$ABDE$ 和 BCE。它们包含了其他项集是否频繁的关键信息：一个项集是频繁的，当且仅当它是这两个项集中某一个的子集。

表 12-16 给出了 7 个封闭的项集及对应的最小生成子。这两类信息使得我们可以推断任意其他频繁项集的准确支撑值。项集 X 的支撑为所有包含它的封闭项集的最大支撑值。此外，X 的支撑是 X 子集的所有最小生成子的最小支撑值。例如，项集 AE 是封闭集合 ABE 和 $ABDE$ 的子集，它同时又是最小生成子 A 和 E 的超集；可以观察到：

$$\text{sup}(AE) = \max\{\text{sup}(ABE), \text{sup}(ABDE)\} = 4$$

$$\text{sup}(AE) = \min\{\text{sup}(A), \text{sup}(E)\} = 4$$

表 12-16　封闭项集和最小生成子

sup	封闭项集	最小生成子
3	$ABDE$	AD, DE
3	BCE	CE
4	ABE	A
4	BC	C
4	BD	D
5	BE	E
6	B	B

产生式的项集　项集 X 是产生式的（productive），若其相对支撑高于它所有二部划分的期望相对支撑（假设它们是彼此独立的）。更形式化的表达是，令 $|X| \geqslant 2$，$\{X_1, X_2\}$ 为 X 的二部划分。若满足如下条件，则称 X 是产生式的：

$$\text{rsup}(X) > \text{rsup}(X_1) \times \text{rsup}(X_2)\text{，对于 } X \text{ 的所有二部划分}\{X_1, X_2\} \tag{12.3}$$

由此，马上可知，若 X 的最小提升度大于 1，则 X 是产生式的，因为：

$$\text{MinLift}(X) = \min_{X_1, X_2} \left\{ \frac{\text{rsup}(X)}{\text{rsup}(X_1) \cdot \text{rsup}(X_2)} \right\} > 1$$

此外，若 X 的最小杠杆率大于 0，则 X 是产生式的，因为：

$$\text{MinLeverage}(X) = \min_{X_1, X_2} \{\text{rsup}(X) - \text{rsup}(X_1) \times \text{rsup}(X_2)\} > 0$$

例 12.14　考虑表 12-2 中的频繁项集，集合 $ABDE$ 不是产生式的，因为有一个二部划分的提升度为 1。例如，对于二部划分 $\{B，ADE\}$，我们有：

$$\text{lift}(B \longrightarrow ADE) = \frac{\text{rsup}(ABDE)}{\text{rsup}(B) \cdot \text{rsup}(ADE)} = \frac{3/6}{6/6 \cdot 3/6} = 1$$

另一方面，ADE 是产生式的，因为它的 3 个不同二部划分的提升度都大于 1：

$$\text{lift}(A \longrightarrow DE) = \frac{\text{rsup}(ADE)}{\text{rsup}(A) \cdot \text{rsup}(DE)} = \frac{3/6}{4/6 \cdot 3/6} = 1.5$$

$$\text{lift}(D \longrightarrow AE) = \frac{\text{rsup}(ADE)}{\text{rsup}(D) \cdot \text{rsup}(AE)} = \frac{3/6}{4/6 \cdot 4/6} = 1.125$$

$$\text{lift}(E \longrightarrow AD) = \frac{\text{rsup}(ADE)}{\text{rsup}(E) \cdot \text{rsup}(AD)} = \frac{3/6}{5/6 \cdot 3/6} = 1.2$$

2. 比较规则

给定两条后继相同的规则 $R : X \longrightarrow Y$ 和 $R' : W \longrightarrow Y$，若 $W \subset X$，则称 R 比 R' 更具体（specific），或 R' 比 R 更泛化（general）。

非冗余规则 给定规则 $R: X \longrightarrow Y$，若存在一个支撑相同的更泛化规则 $R': W \longrightarrow Y$，即 $W \subset X$，$\sup(R) = \sup(R')$，则称 R 是冗余的（redundant）。换句话说，若对 R 所有的泛化 R'，都满足 $\sup(R) < \sup(R')$，则 R 是非冗余的。

改进度和产生式规则 定义规则 $X \longrightarrow Y$ 的改进度（improvement）如下：

$$\text{imp}(X \longrightarrow Y) = \text{conf}(X \longrightarrow Y) - \max_{W \subset X}\{\text{conf}(W \longrightarrow Y)\}$$

改进度量化了规则的置信度和它的任意泛化之间的最小差距。我们称一条规则 $R: X \longrightarrow Y$ 是产生式，若它的改进度大于 0，这意味着对于所有更泛化的规则 $R': W \longrightarrow Y$，我们有 $\text{conf}(R) \geqslant \text{conf}(R')$。另一方面，若存在一个更泛化的规则 R'，使得 $\text{conf}(R') \geqslant \text{conf}(R)$，则 R 是非产生式（unproductive）。若规则是冗余的，则它必然是非产生式，因为它的改进度为 0。

一条规则 $R: X \longrightarrow Y$ 的改进度越小，就越可能是非产生式。我们可以推广这一想法，并考虑改进度大于某一最低水平的规则，即可以要求 $\text{imp}(X \longrightarrow Y) \geqslant t$，其中 t 是用户定义的最小改进度阈值。

例 12.15 考虑表 12-1 所示的样例数据库和表 12-2 所示的频繁项集集合。考虑规则 $R: BE \longrightarrow C$，它的支撑为 3，置信度为 3/5=0.60。它的两个泛化分别为：

$$R_1': E \longrightarrow C,\ \sup = 3,\ \text{conf} = 3/5 = 0.6$$
$$R_2': B \longrightarrow C,\ \sup = 4,\ \text{conf} = 4/6 = 0.67$$

因此，$BE \longrightarrow C$ 对于 $E \longrightarrow C$ 是冗余的，因为它们的支撑相同，即 $\sup(BCE) = \sup(BC)$。此外，$BE \longrightarrow C$ 也是非产生式，因为 $\text{imp}(BE \longrightarrow C) = 0.6 - \max\{0.6, 0.67\} = -0.07$；它的泛化规则 R_2' 的置信度更高。

12.2 显著性检验和置信区间

现在考虑如何评估模式和规则的统计显著性，以及如何针对给定的评估度量推导出置信区间。

12.2.1 产生式规则的费希尔精确检验

本节首先讨论规则改进度的费希尔精确检验（Fisher exact test），即通过与每一个泛化 $R': W \longrightarrow Y$（包括默认规则 $\varnothing \longrightarrow Y$）的置信度进行比较，来直接检验规则 $R: X \longrightarrow Y$ 是否是生产的。

令 $R: X \longrightarrow Y$ 为一条关联规则。考虑其泛化 $R': W \longrightarrow Y$，其中 $W = X \backslash Z$ 是将子集 $Z \subseteq X$ 从 X 中移去后得到的新的先导。给定输入数据集 $\boldsymbol{D}$（假设 W 出现），我们可以建立一个关于 Z 和后继 Y 的 2×2 的列联表，如表 12-17 所示。每一单元格的值计算如下：

$$a = \sup(WZY) = \sup(XY) \quad b = \sup(WZ\neg Y) = \sup(X\neg Y)$$
$$c = \sup(W\neg ZY) \quad d = \sup(W\neg Z\neg Y)$$

这里 a 表示同时包含 X 和 Y 的事务数量，b 代表包含 X 但不包含 Y 的事务数量，c 代表包含 W 和 Y 但不包含 Z 的事务数量，d 表示包含 W 但不包含 Y 和 Z 的事务数量。边缘计数给出如下。

$$\text{行边缘计数：} a+b=\sup(WZ)=\sup(X), \quad c+d=\sup(W\neg Z)$$

$$\text{列边缘计数：} a+c=\sup(WY), \quad b+d=\sup(W\neg Y)$$

其中行边缘计数给出了有 Z 和无 Z 情况下 W 的出现频率，列边缘计数给出了有 Y 和无 Y 的情况下 W 的出现频率。可以观察到，所有单元格的和为 $n=a+b+c+d=\sup(W)$。注意，当 $Z=X$ 时，有 $W=\varnothing$，列联表默认为表 12-8 所示的列联表。

对一个给定 W 的列联表，我们关注 Z 出现和不出现的比值比，即：

$$\text{oddsratio}=\frac{a/(a+b)}{b/(a+b)}\bigg/\frac{c/(c+d)}{d/(c+d)}=\frac{ad}{bc} \tag{12.4}$$

比值比衡量的是 X（即 W 和 Z）与 Y 同时出现的概率与它的子集 W（不包含 Z）与 Y 同时出现的概率。在给定 W 时，Z 和 Y 彼此独立的零假设 H_0 下，该比值比为 1。为理解这一点，要注意，在独立性假设下，列联表中每一个单元格的值等于对应的行边缘计数和列边缘计数的乘积除以 n，即在 H_0 下：

$$a=(a+b)(a+c)/n \qquad b=(a+b)(b+d)/n$$

$$c=(c+d)(a+c)/n \qquad d=(c+d)(b+d)/n$$

将以上值代入公式 (12.4)，可得：

$$\text{oddsratio}=\frac{ad}{bc}=\frac{(a+b)(c+d)(b+d)(a+c)}{(a+c)(b+d)(a+b)(c+d)}=1$$

因此，零假设对应 $H_0:\text{oddsratio}=1$，且备择假设为 $H_a:\text{oddsratio}>1$。在零假设之下，若进一步假设行边缘计数和列边缘计数是固定的，则 a 可以唯一地确定其他 3 个值 b、c、d，且在列联表中观察 a 值的概率质量函数可以由超几何分布给出。超几何分布给出在 t 次试验中成功 s 次的概率（无放回抽样，总体大小为 T，最大可能成功次数为 S），给出如下：

$$P(s|t,S,T)=\binom{S}{s}\cdot\binom{T-S}{t-s}\bigg/\binom{T}{t}$$

这里将 Z 的出现看作一次成功。总体大小为 $T=\sup(W)=n$，因为我们假设 W 总是出现，最大可能的成功次数为给定 W 时 Z 的支撑，即 $S=a+b$。在 $t=a+c$ 次尝试中，超几何分布给出 $s=a$ 次成功的概率：

$$\begin{aligned}P\left(a\middle|(a+c),(a+b),n\right)&=\frac{\binom{a+b}{a}\cdot\binom{n-(a+b)}{(a+c)-a}}{\binom{n}{a+c}}=\frac{\binom{a+b}{a}\cdot\binom{c+d}{c}}{\binom{n}{a+c}}\\&=\frac{(a+b)!(c+d)!}{a!b!c!d!}\bigg/\frac{n!}{(a+c)!(n-(a+c))!}\\&=\frac{(a+b)!(c+d)!(a+c)!(b+d)!}{n!a!b!c!d!}\end{aligned} \tag{12.5}$$

我们要对比零假设 H_0 : oddsratio $= 1$ 和备择假设 H_a : oddsration > 1。由于在给定行边缘计数和列边缘计数的情况下，a 可以决定列联表中其他单元格的值，根据公式 (12.4) 可知 a 越大，比值比越大，因此 H_a 成立的证据更充分。通过公式 (12.5) 在所有可能的 a 值上求和，可以得到如同表 12-17 一样极端的列联表的 p 值：

$$\begin{aligned} p\text{ 值}(a) &= \sum_{i=0}^{\min(b,c)} P(a+i|(a+c),(a+b),n) \\ &= \sum_{i=0}^{\min(b,c)} \frac{(a+b)!(c+d)!(a+c)!(b+d)!}{n!(a+i)!(b-i)!(c-i)!(d+i)!} \end{aligned}$$

表 12-17　关于 Z 和 Y 的列联表，给定 $W = X \backslash Z$

W	Y	$\neg Y$	
Z	a	b	$a+b$
$\neg Z$	c	d	$c+d$
	$a+c$	$b+d$	$n=\sup(W)$

其中要考虑这样一个事实，由于给定了行边缘计数和列边缘计数，若将 a 增加 i，则 b 和 c 必定减少 i，而 d 增加 i，如表 12-18 所示。p 值越小，说明比值比大于 1 的证据越强。因此，我们可以拒绝零假设 H_0（若 p 值 $\leqslant \alpha$），其中 α 是显著性阈值（例如 $\alpha = 0.01$）。以上检验就是我们所熟知的**费希尔精确检验**（Fisher exact test）。

表 12-18　将 a 增加 i 后的列联表

W	Y	$\neg Y$	
Z	$a+i$	$b-i$	$a+b$
$\neg Z$	$c-i$	$d+i$	$c+d$
	$a+c$	$b+d$	$n=\sup(W)$

小结一下，为检验一条规则 $R: X \longrightarrow Y$ 是否为产生式，我们要计算从每一个泛化 $R': W \longrightarrow Y$（$W = X \backslash Z$，$Z \subseteq X$）得到的列联表的 p 值$(a) = p$ 值$(\sup(XY))$。若以上每一个比较都满足 p 值$(\sup(XY)) > \alpha$，则可以拒绝规则 $R: X \longrightarrow Y$ 为非产生式的假设。另一方面，若对所有泛化都有 p 值$(\sup(XY)) \leqslant \alpha$，则 R 是产生式。然而，若 $|X| = k$，则一共有 $2^k - 1$ 个可能的泛化；为避免对于较大先导集合的指数式复杂度，我们通常只考虑形如 $R': X \backslash z \longrightarrow Y$ 的直接泛化，其中 $z \in X$ 是先导中的一个属性值。不过，我们将无意义的规则 $\varnothing \longrightarrow Y$ 也包含在内，因为条件概率 $P(Y|X) = \text{conf}(X \longrightarrow Y)$ 应当比先验概率 $P(Y) = \text{conf}(\varnothing \longrightarrow Y)$ 要大。

例 12.16　考虑从离散化鸢尾花数据集所得到的规则 $R: pw_2 \longrightarrow c_2$。现在测试它是否为产生式。由于先导中只有一个单项，只需要将它和默认规则 $\varnothing \longrightarrow c_2$ 进行比较。根据

表 12-17，各个单元格的值为：

$$a = \sup(pw_2, c_2) = 49 \qquad b = \sup(pw_2, \neg c_2) = 5$$
$$c = \sup(\neg pw_2, c_2) = 1 \qquad d = \sup(\neg pw_2, \neg c_2) = 95$$

其列联表为：

	c_2	$\neg c_2$	
pw_2	49	5	54
$\neg pw_2$	1	95	96
	50	100	150

因此 p 值为：

$$\begin{aligned}
p\text{ 值} &= \sum_{i=0}^{\min(b,c)} P(a+i|(a+c),(a+b),n) \\
&= P(49|50,54,150) + P(50|50,54,150) \\
&= \binom{54}{49}\cdot\binom{96}{95}\Big/\binom{150}{50} + \binom{54}{50}\cdot\binom{96}{96}\Big/\binom{150}{50} \\
&= 1.51\times 10^{-32} + 1.57\times 10^{-35} = 1.51\times 10^{-32}
\end{aligned}$$

由于 p 值非常小，可以安全地拒绝比值比为 1 的零假设。此外，在 $X = pw_2$ 和 $Y = c_2$ 之间有着较强的关系，可以得出结论：$R: pw_2 \longrightarrow c_2$ 是一条产生式规则。

例 12.17 考虑另一条规则 $\{sw_1, pw_2\} \longrightarrow c_2$，$(X = \{sw_1, pw_2\}, Y = c_2)$。考虑它的 3 个泛化和对应的列联表及 p 值。

$R'_1: pw_2 \longrightarrow c_2$

$Z = \{sw_1\}$

$W = X \backslash Z = \{pw_2\}$

p 值 =0.84

$W = pw_2$	c_2	$\neg c_2$	
sw_1	34	4	38
$\neg sw_1$	15	1	16
	49	5	54

$R'_2: sw_1 \longrightarrow c_2$

$Z = \{pw_2\}$

$W = X \backslash Z = \{sw_1\}$

p 值 =1.39×10^{-11}

$W = sw_1$	c_2	$\neg c_2$	
pw_2	34	4	38
$\neg pw_2$	0	19	19
	34	23	57

$R'_3: \varnothing \longrightarrow c_2$

$Z = \{sw_1, pw_2\}$

$W = X \backslash Z = \varnothing$

p 值 =3.55×10^{-17}

$W = \varnothing$	c_2	$\neg c_2$	
$\{sw_1, pw_2\}$	34	4	38
$\neg\{sw_1, pw_2\}$	16	96	112
	50	100	150

可以看到，R_2' 和 R_3' 的 p 值比较小，而 R_1' 的 p 值高达 0.84，这使得我们难以拒绝零假设。因此，可以得出结论：$R:\{sw_1, pw_2\} \longrightarrow c_2$ 是非产生式。事实上，它的泛化 R_1' 是产生式，如例 12.16 所示。

多重假设检验

给定输入数据集 $\boldsymbol{D}$，可能有指数式数量的规则有待判断是否为产生式。因此，接下来要面对的是多重假设检验问题，即仅考虑假设检验的绝对数量，某些非产生式规则有随机通过 p 值$\leqslant \alpha$ 的可能性。克服这一问题的一种策略是对显著性水平进行Bonferroni **校正**，该方法显式地考虑在假设检验的过程中进行实验的数量，并不直接使用给定的阈值 α，而是使用调整过的阈值 $\alpha' = \frac{\alpha}{\#r}$，其中 $\#r$ 是要检验的规则的数量（或估计量）。这一校正保证了规则的错误发现率（false discovery rate）不高于 α，其中错误发现是指一条规则不是产生式却被判定为产生式。

例 12.18 考虑表 12-10 所示的离散鸢尾花数据集。此处仅考虑与类型相关的规则，即形如 $X \longrightarrow c_i$ 的规则。每个样本中某一个指定的属性只能取一个值，因此最大的先导长度为 4，与类型相关的规则的最大数目为：

$$\#r = c \times \left(\sum_{i=1}^{4} \binom{4}{i} b^i \right)$$

其中 c 是鸢尾花的类型的数目，b 是任意其他属性对应的最大可取值数目。对先导的数目 i 求和，即先导中使用的属性的数量。对 i 个属性的集合，一共有 b^i 种可能的组合。由于一共有 3 个鸢尾花类型，每个类型可能取 3 个不同的值，我们有 $c=3$ 和 $b=3$，因此可能的规则数目为：

$$\#r = 3 \times \left(\sum_{i=1}^{4} \binom{4}{i} 3^i \right) = 3(12+54+108+81) = 3 \cdot 255 = 765$$

因此，若输入的显著性水平为 $\alpha = 0.01$，则经过 Bonferroni 校正调整后的显著性水平为 $\alpha' = \alpha/\#r = 0.01/765 = 1.31 \times 10^{-5}$。例 12.16 中的规则 $pw_2 \longrightarrow c_2$ 的 p 值为 1.51×10^{-32}，因此即使使用 α'，该规则也依然是产生式。

12.2.2 显著性的置换检验

置换检验（permutation test）或**随机化检验**（randomization test）通过随机多次修改观察到的数据以获得数据集的随机采样，从而确定给定检验统计量 Θ 的分布，也可以用于显著性检验。在模式评估中，给定输入数据集 $\boldsymbol{D}$，首先生成 k 个随机置换了的数据集 $\boldsymbol{D}_1, \boldsymbol{D}_2, \cdots, \boldsymbol{D}_k$。然后可以进行不同类型的显著性检验。例如，给定一个模式或者规则，检验其是否具有统计显著性：首先计算检验统计量 Θ 的经验概率质量函数（empirical probability mass function，EPMF），可以通过计算它在第 i 个随机化的数据集 $\boldsymbol{D}_i$（$i \in [1,k]$）中的值 θ_i

来得到。从这些值可以得到经验累积分布函数：

$$\hat{F}(x) = \hat{P}(\Theta \leqslant x) = \frac{1}{k}\sum_{i=1}^{k} I(\theta_i \leqslant x)$$

其中 I 是指示变量，当其参数为真时，它的值为 1，否则为 0。令 θ 为输入数据集 $\boldsymbol{D}$ 的检验统计量的值，则在随机情况下得到和 θ 一样大的值的概率可计算为：

$$p\text{ 值}(\theta) = 1 - F(\theta)$$

给定显著性水平 α，若 p 值$(\theta) > \alpha$，则接受该模式/规则在统计上不显著的零假设。若 p 值$(\theta) \leqslant \alpha$，则可以拒绝零假设，并得出模式是显著的结论，因为和 θ 一样高的值基本上是不可能的。置换检验方法同样可以用于评估一组规则或模式。例如，我们可以对一组频繁项集进行如下检验：将 $\boldsymbol{D}$ 中的频繁项集的数目与从置换数据集 $\boldsymbol{D}_i$ 中经验导出的频繁项集的数目的分布进行比较。我们还可以用关于 minsup 的函数进行分析，以及其他应用。

交换随机化

生成置换数据集 $\boldsymbol{D}_i$ 的一个关键问题是，应当保留输入数据集 $\boldsymbol{D}$ 的哪些特性。**交换随机化**（swap randomization）方法保持给定数据集的行边缘计数和列边缘计数不变，即置换后的数据集保留每一个项的支撑（列边缘）和每个事务中的项的数目（行边缘）。给定数据集 $\boldsymbol{D}$，我们随机创建 k 个有着相同行边缘和列边缘的数据集。然后，从 $\boldsymbol{D}$ 中挖掘频繁模式，并检查该模式的统计量是否与那些随机创建的数据集的统计量不同。若它们之间的差异不显著，则可以说该模式仅仅是从行边缘和列边缘得到的，而不是从数据的某些有趣的特性得到的。

给定二元矩阵 $\boldsymbol{D} \subseteq \mathcal{T} \times \mathcal{I}$，交换随机化方法通过一次不改变行边缘和列边缘的操作来**交换**（swap）矩阵的两个非零单元格。为说明交换如何进行，考虑任意两个事务 $t_a, t_b \in \mathcal{T}$ 和任意两个项 $i_a, i_b \in \mathcal{I}$，满足 $(t_a, i_a), (t_b, i_b) \in \boldsymbol{D}$ 且 $(t_a, i_b), (t_b, i_a) \notin \boldsymbol{D}$，它们对应 $\boldsymbol{D}$ 的 2×2 子矩阵：

$$\boldsymbol{D}(t_a, i_a; t_b, i_b) = \begin{pmatrix} 1 & 0 \\ 0 & 1 \end{pmatrix}$$

进行一次交换操作之后，得到新的子矩阵：

$$\boldsymbol{D}(t_a, i_b; t_b, i_a) = \begin{pmatrix} 0 & 1 \\ 1 & 0 \end{pmatrix}$$

其中我们交换了 $\boldsymbol{D}$ 中的元素，使得 $(t_a, i_b), (t_b, i_a) \in \boldsymbol{D}$ 且 $(t_a, i_a), (t_b, i_b) \notin \boldsymbol{D}$。我们将此操作表示为 $\text{Swap}(t_a, i_a; t_b, i_b)$。注意，一次交换并不影响行边缘和列边缘，因此我们可以通过一系列的交换来生成行和、列和与 $\boldsymbol{D}$ 相同的一个置换数据集。算法 12.1 给出了生成随机交换数据集的伪代码。算法执行 t 次交换，随机选择 $(t_a, i_a), (t_b, i_b) \in \boldsymbol{D}$；我们称一次交换是成功的，如果满足 $(t_a, i_b), (t_b, i_a) \notin \boldsymbol{D}$。

算法12.1 生成随机交换数据

```
SwapRandomization(t, D ⊆ T × I):
1 while t > 0 do
2     随机选择 (t_a, i_a), (t_b, i_b) ∈ D
3     if (t_a, i_b) ∉ D 且 (t_b, i_a) ∉ D then
4         D ← D \ {(t_a, i_a), (t_b, i_b)} ∪ {(t_a, i_b), (t_b, i_a)}
5     t ← t − 1
6 return D
```

例 12.19 考虑表 12-19a 所示的二值输入数据集 $\boldsymbol{D}$，其中各行与各列的和都已给出。表 12-19b 给出了在一次交换操作 $\mathrm{Swap}(1, D; 4, C)$ 后的结果，对应的单元格以灰色表示。再进行一次交换，$\mathrm{Swap}(2, C; 4, A)$，我们得到表 12-19c 中的数据。可以看到，边缘计数不变。

从表 12-19a 中的输入数据集 $\boldsymbol{D}$，我们生成 $k = 100$ 个进行交换随机化的数据集，其中每一个数据集都是通过进行 150 次交换得来的（所有可能的事务对和项对的数目的乘积 $\binom{6}{2} \cdot \binom{5}{2} = 150$）。令检验统计量为 $\min\sup = 3$ 的频繁项集的总数目。挖掘 $\boldsymbol{D}$ 可以得到 $|\mathcal{F}| = 19$ 个频繁项集。同样，对 $k = 100$ 个置换数据集中的每一个进行挖掘，可以得到如下关于 $|\mathcal{F}|$ 的经验 PMF：

$$P(|\mathcal{F}| = 19) = 0.67 \qquad P(|\mathcal{F}| = 17) = 0.33$$

由于 p 值 $(19) = 0.67$，可以得出结论：频繁项集的集合事实上可以由行边缘计数与列边缘计数决定。

重点来看一个特定的项集 $ABDE$，它是 $\boldsymbol{D}$ 中的一个最大频繁项集，$\sup(ABDE) = 3$。$ABDE$ 为频繁的概率是 $17/100 = 0.17$，因为它在 100 个置换数据集中的 17 个中是频繁的。由于这一概率很低，因此可以说 $ABDE$ 不是一个统计上显著的模式；它在随机数据集中也有很大的可能为频繁的。考虑另一个项集 BCD，它在 $\boldsymbol{D}$ 中不是频繁的，因为 $\sup(BCD) = 2$。BCD 的支撑的经验 PMF 为：

$$P(\sup = 2) = 0.54 \qquad P(\sup = 3) = 0.44 \qquad P(\sup = 4) = 0.02$$

在大部分的数据集中，BCD 都是非频繁的，若 $\min\sup = 4$，则 p 值 $(\sup = 4) = 0.02$ 意味着 BCD 很可能不是一个频繁模式。

例 12.20 我们对离散鸢尾花数据集应用交换随机化的方法。图 12-3 给出了 $\boldsymbol{D}$ 中在不同最小支撑值的水平下频繁项集数目的累积分布。当选择 $\mathrm{minsup} = 10$ 时，我们有 $\hat{F}(10) = P(\sup < 10) = 0.517$。也就是说 $P(\sup \geqslant 10) = 1 - 0.517 = 0.483$，因此 48.3% 的项集（出现至少一次）是频繁的（在 $\mathrm{minsup} = 10$ 的情况下）。

定义检验统计量为**相对提升度**（relative lift），即项集 X 的提升度值在输入数据集 $\boldsymbol{D}$ 中和在随机化数据集 $\boldsymbol{D}_i$ 中的相对变化：

$$\text{rlift}(X, \boldsymbol{D}, \boldsymbol{D}_i) = \frac{\text{lift}(X, \boldsymbol{D}) - \text{lift}(X, \boldsymbol{D}_i)}{\text{lift}(X, \boldsymbol{D})}$$

$$\text{rlift}(X, \boldsymbol{D}, \boldsymbol{D}_i) = \frac{\text{sup}(X, \boldsymbol{D}) - \text{sup}(X, \boldsymbol{D}_i)}{\text{sup}(X, \boldsymbol{D})} = 1 - \frac{\text{sup}(X, \boldsymbol{D}_i)}{\text{sup}(X, \boldsymbol{D})}$$

对于公式 (12.2) 中给定的一个 m-项集 $X = \{x_1, \cdots, x_m\}$，注意到：

$$\text{lift}(X, \boldsymbol{D}) = \text{rsup}(X, \boldsymbol{D}) / \prod_{j=1}^{m} \text{rsup}(x_j, \boldsymbol{D})$$

由于交换随机化过程不改变项的支撑值（列边缘计数），也不改变事务的数目，我们有 $\text{rsup}(x_j, \boldsymbol{D}) = \text{rsup}(x_j, \boldsymbol{D}_i)$，且 $|\boldsymbol{D}| = |\boldsymbol{D}_i|$。因此，可以将相对提升度重写为：我们生成 $k = 100$ 个随机化数据集，并计算 140 个大于等于 2 的频繁项集在输入数据集中的平均相对提升度（单个项无提升度定义）。图 12-4 给出了平均相对提升度的累积分布，从 -0.55 到 0.998。接近 1 的平均提升度意味着对应的频繁模式几乎不在随机化数据集中出现。另一方面，一个绝对值较大的负平均提升度意味着在随机数据集中的支撑大于在输入数据集中的支撑。最后，一个接近 0 的值表示该项集的支撑在原始输入数据集和随机化数据集中是相同的，这主要是由边缘计数产生的，因此没有什么可关注的。

表 12-19　输入数据 $\boldsymbol{D}$ 和交换随机化

事务标识符	项					和
	A	B	C	D	E	
1	1	1	0	1	1	4
2	0	1	1	0	1	3
3	1	1	0	1	1	4
4	1	1	1	0	1	4
5	1	1	1	1	1	5
6	0	1	1	1	0	3
和	4	6	4	4	5	

(a)　二值输入数据集 $\boldsymbol{D}$

事务标识符	项					和
	A	B	C	D	E	
1	1	1	1	0	1	4
2	0	1	1	0	1	3
3	1	1	0	1	1	4
4	1	1	0	1	1	4
5	1	1	1	1	1	5
6	0	1	1	1	0	3
和	4	6	4	4	5	

(b) Swap(1,D; 4,C)

事务标识符	项					和
	A	B	C	D	E	
1	1	1	1	0	1	4
2	1	1	0	0	1	3
3	1	1	0	1	1	4
4	0	1	1	1	1	4
5	1	1	1	1	1	5
6	0	1	1	1	0	3
和	4	6	4	4	5	

(c) Swap(2,C; 4,A)

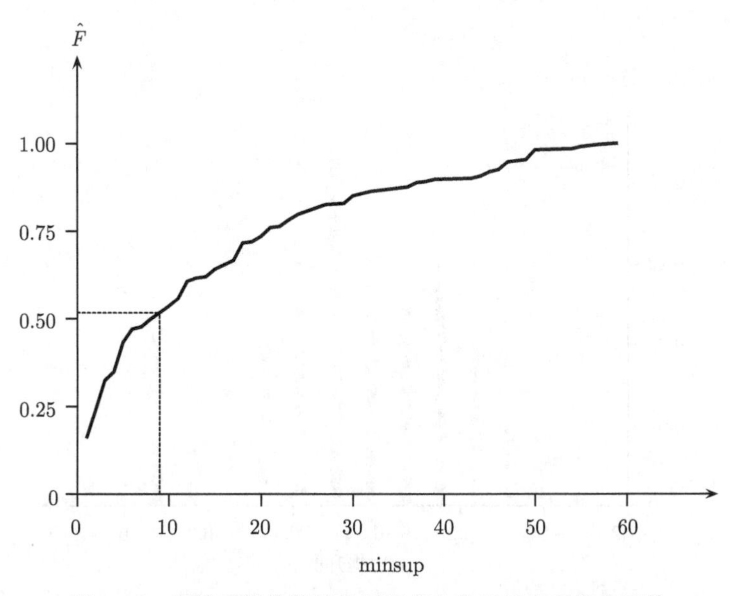

图 12-3 频繁项集的数目的累积分布关于最小支撑的函数

图 12-4 说明 44% 的频繁项集的平均提升度值大于 0.8。这些模式比较值得关注。具有最高提升度值 0.998 的模式是 $\{sl_1, sw_3, pl_1, pw_1, c_1\}$。在输入数据集和随机数据集中具有接近的支撑值的项集是 $\{sl_2, c_3\}$；它的平均相对提升度是 -0.002。另一方面，5% 的频繁项集具有小于 -0.2 的平均相对提升度。这些也值得关注，因为它们显示出了一些分离的项，即在随机情况下更频繁的项集。一个这样的模式是 $\{sl_1, pw_2\}$。图 12-5 给出了它在 100 个交换随机化数据集中的相对提升度的经验概率质量函数。它的平均相对提升度为 -0.55，p 值 $(-0.2) = 0.069$，这说明该项集很有可能是分离的。

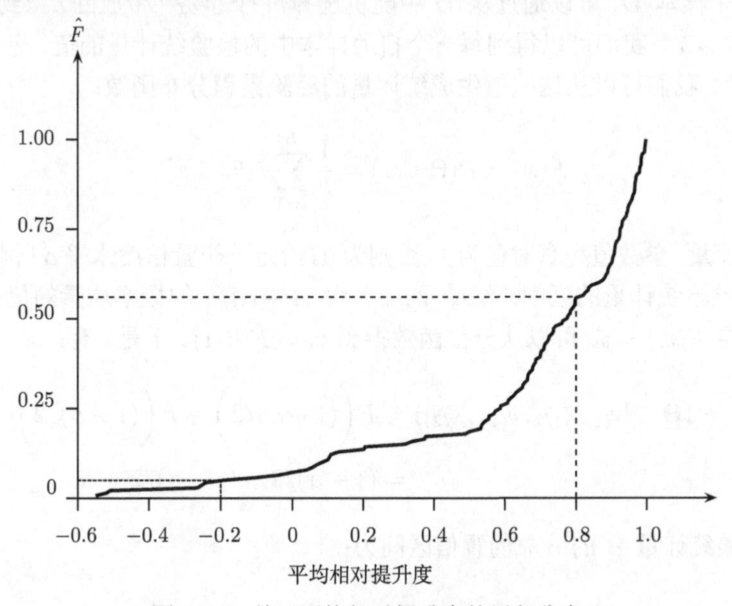

图 12-4 关于平均相对提升度的累积分布

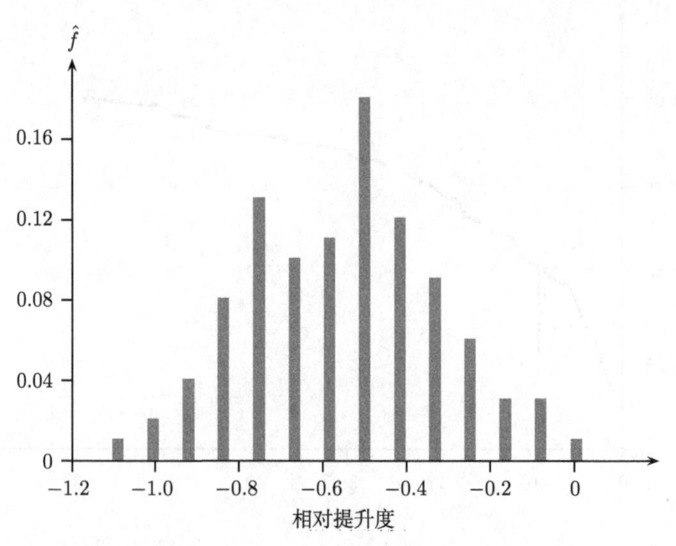

图 12-5 $\{sl_1, pw_2\}$ 相对提升度的PMF

12.2.3 置信区间内的自助抽样

通常输入事务数据集 $\boldsymbol{D}$ 只是对总体的抽样，因此不足以声称模式 X 在 $\boldsymbol{D}$ 中是频繁的（支撑为 $\sup(X)$）。那么对于 X 的可能的支撑值的范围，我们可以有什么样的结论？同样，对于 $\boldsymbol{D}$ 中一个给定提升度值的规则 R，对于 R 在不同样本中提升度值的范围，我们应如何判断？通常情况下，给定一个检验评估统计量 Θ，**自助抽样**（bootstrap sampling）使得我们可以在给定置信度水平 α 的情况下推断 Θ 取值范围的置信区间。

自助抽样的主要思想是利用**放回**（replacement），从 $\boldsymbol{D}$ 生成 k 个自助样本，即假设 $|\boldsymbol{D}| = n$，每一个样本 $\boldsymbol{D}_i$ 可以通过从 $\boldsymbol{D}$ 中随机选择 n 个事务（带放回）得到。给定模式 X 或规则 $R: X \longrightarrow Y$，我们可以得到每一个自助样本中的检验统计量的值，令 θ_i 表示在样本 $\boldsymbol{D}_i$ 中的对应值。我们可以从这些值生成统计量的经验累积分布函数：

$$\hat{F}(x) = \hat{P}(\Theta \leqslant x) = \frac{1}{k}\sum_{i=1}^{k} I(\theta_i \leqslant x)$$

其中 I 是指示变量：参数值为真时值为 1，否则为 0。给定一个置信度水平 α（例如，$\alpha = 0.95$），我们可以计算检验统计量的区间：将 $\hat{F}$ 两端包含 $(1-\alpha)/2$ 的概率质量的值丢弃。令 v_t 代表临界值，使得 $\hat{F}(v_t) = t$，可以从分位函数得到 $v_t = \hat{F}^{-1}(t)$。于是，有：

$$\begin{aligned} P\left(\Theta \in [v_{(1-\alpha)/2}, v_{(1+\alpha)/2}]\right) &= \hat{F}\Big((1+\alpha)/2\Big) - \hat{F}\Big((1-\alpha)/2\Big) \\ &= (1+\alpha)/2 - (1-\alpha)/2 = \alpha \end{aligned}$$

因此，给定检验统计量 Θ 的 $\alpha\%$ 的置信区间为：

$$[v_{(1-\alpha)/2}, v_{(1+\alpha)/2}]$$

用于估计自助抽样置信区间的伪代码在算法 12.2 中给出。

算法12.2 自助抽样方法

BOOTSTRAP-CONFIDENCEINTERVAL$(X, \alpha, k, \boldsymbol{D})$:

1 **for** $i \in [1, k]$ **do**
2   $\boldsymbol{D}_i \leftarrow$ 从 $\boldsymbol{D}$ 中选择大小为 n 的样本（带放回）
3   $\theta_i \leftarrow$ 计算模式 X 在样本 $\boldsymbol{D}_i$ 上的检验统计量
4 $\hat{F}(x) \leftarrow P(\Theta \leqslant x) \leftarrow \frac{1}{k}\sum_{i=1}^{k} I(\theta_i \leqslant x)$
5 $v_{(1-\alpha)/2} \leftarrow \hat{F}^{-1}\big((1-\alpha)/2\big)$
6 $v_{(1+\alpha)/2} \leftarrow \hat{F}^{-1}\big((1+\alpha)/2\big)$
7 **return** $[v_{(1-\alpha)/2}, v_{(1+\alpha)/2}]$

例 12.21 令相对支撑 rsup 为检验统计量。考虑项集 $X = \{sw_1, pl_3, pw_3, cl_3\}$，它在鸢尾花数据集中的相对支撑 $\text{rsup}(X, \boldsymbol{D}) = 0.113$（或 $\text{sup}(X, \boldsymbol{D}) = 17$）。

使用 $k = 100$ 个自助样本，首先计算 X 在每一个样本中的相对支撑（$\text{rsup}(X, \boldsymbol{D}_i)$）。关于 X 的相对支撑的经验概率质量函数在图 12-6 中给出，对应的经验累积分布在图 12-7 中给出。令置信度水平为 $\alpha = 0.9$。为获得置信度区间，我们要丢弃相对支撑值两端各对应 0.05 的概率质量的值。左端和右端的临界关键值为：

$$v_{(1-\alpha)/2} = v_{0.05} = 0.073$$

$$v_{(1+\alpha)/2} = v_{0.95} = 0.16$$

因此，关于 X 的相对支撑的 90% 的置信区间为 [0.073, 0.16]，对应支撑值区间 [11, 24]。注意，X 在输入数据集中的相对支撑为 0.113，p 值 (0.113) = 0.45，期望的相对支撑值为 $\mu_{\text{rsup}} = 0.115$。

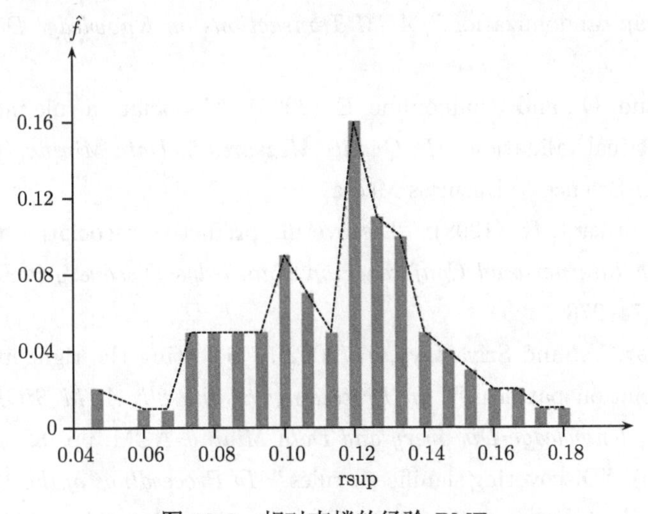

图 12-6 相对支撑的经验 PMF

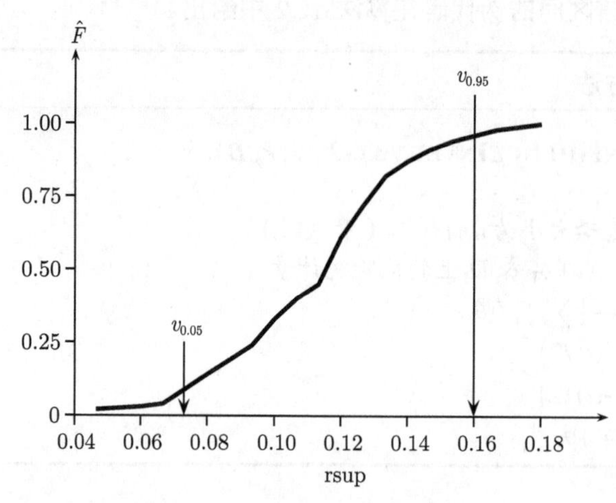

图 12-7　相对支撑的经验累积分布

12.3　补充阅读

关于规则和模式的兴趣度的不同度量的综述，参见 Tan，Kumar，and Srivastava (2002)；Geng and Hamilton (2006) 以及 Lallich，Teytaud，and Prudhomme (2007)。显著性检验和置信区间估计的随机化和再抽样方法，参见 Megiddo and Srikant (1998) 和 Gionis 等人 (2007)。统计检验和验证方法可以参考 Webb (2006) 和 Lallich，Teytaud，and Prudhomme (2007)。

Geng, L. and Hamilton, H. J. (2006). "Interestingness measures for data mining: A survey." *ACM Computing Surveys*, 38 (3): 9.

Gionis, A., Mannila, H., Mielikäinen, T., and Tsaparas, P. (2007). "Assessing data mining results via swap randomization." *ACM Transactions on Knowledge Discovery from Data*, 1 (3): 14.

Lallich, S., Teytaud, O., and Prudhomme, E. (2007). "Association rule interestingness: measure and statistical validation." *In Quality Measures in Data Mining*, (pp. 251–275). New York: Springer Science + Business Media.

Megiddo, N. and Srikant, R. (1998). "Discovering predictive association rules." *In Proceedings of the 4th International Conference on Knowledge Discovery in Databases and Data Mining*, pp. 274–278.

Tan, P.-N., Kumar, V., and Srivastava, J. (2002). "Selecting the right interestingness measure for association patterns." *In Proceedings of the 8th ACM SIGKDD International Conference on Knowledge Discovery and Data Mining*, ACM, pp. 32–41.

Webb, G. I. (2006). "Discovering significant rules." *In Proceedings of the 12th ACM SIGKDD International Conference on Knowledge Discovery and Data Mining*, ACM, pp. 434–443.

12.4 习题

Q1. 证明若 X 和 Y 是独立的，则 $\text{conv}(X \longrightarrow Y) = 1$。

Q2. 证明若 X 和 Y 是独立的，则 $\text{oddsratio}(X \longrightarrow Y) = 1$。

Q3. 证明对于频繁项集 X，例 12.20 中定义的相对提升度统计量的取值范围如下：

$$\left[1 - |\boldsymbol{D}| / \text{minsup}, 1\right]$$

Q4. 证明一个最小生成子的所有子集也必然为最小生成子。

Q5. 令 $\boldsymbol{D}$ 为一个包含 10^9 个事务的二元数据库。直接挖掘耗时太长，我们使用蒙特卡罗抽样方法来找出给定项集 X 的频率的界。运行 200 次抽样 $\boldsymbol{D}_i$（$i = 1 \cdots 200$），其中每个样本的大小为 100 000，我们可以获得 X 在不同样本中的支撑值，如表 12-20 所示。表格给出了在给定支撑值情况下样本的数量。例如，有 5 个样本的支撑为 10 000。回答下列问题。

(a) 根据表格画出直方图，并计算不同样本的支撑值的均值和方差。

(b) 找出 X 的支撑值在 95% 置信度水平情况下的上下界。给定的支撑值应针对整体的数据库 $\boldsymbol{D}$。

(c) 假设 $\text{minsup} = 0.25$，令 X 在某个样本中的支撑值为 $\text{sup}(X) = 32\,500$。建立一个假设检验框架，测试 X 的支撑是否显著大于 minsup。p 值是多少？

Q6. 令 A 和 B 为两个二元属性。当以 30% 的最小支撑值和 60% 的最小置信度挖掘关联规则时，得到如下规则：$A \longrightarrow B$，对应的 $\text{sup} = 0.4$，$\text{conf} = 0.66$。假设一共有 10 000 个客户，其中 4000 个同时买了 A 和 B；2000 个买了 A 但没有买 B，3500 个买了 B 但没有买 A，500 个既没有买 A 也没有买 B。

根据对应的列联表，利用卡方统计量计算 A 和 B 之间的相关度。你是否认为所得到的关联是一条强规则，即 A 可以很强地预测 B？建立一个假设检验框架，写下零假设和备择假设，回答以上问题（置信度水平为 95%）。下表（表 12-20 右侧）中给出了不同自由度下的卡方统计量。

表 12-20　Q5 的数据

支撑值	样本数量
10 000	5
15 000	20
20 000	40
25 000	50
30 000	20
35 000	50
40 000	5
45 000	10

自由度	卡方统计量
1	3.84
2	5.99
3	7.82
4	9.49
5	11.07
6	12.59

第三部分 聚 类

第13章　基于代表的聚类

给定 d 维空间中一个包含 n 个点的数据集 $\boldsymbol{D}=\{\boldsymbol{x}_i\}_{i=1}^n$，以及期望的聚类数 k，基于代表的聚类的目标是将数据分为 k 组或 k 个簇（cluster），这种方法称为**聚类**（clustering），并表示为 $\mathcal{C}=\{C_1,C_2,\cdots,C_k\}$。更进一步，对于每一个簇 C_i，存在一个代表点，也称为**中心点**（centroid），通常可以取其为簇内所有点的均值 $\boldsymbol{\mu}_i$，即：

$$\boldsymbol{\mu}_i=\frac{1}{n_i}\sum_{x_j\in C_i}\boldsymbol{x}_j$$

其中 $n_i=|C_i|$ 是簇 C_i 中点的数目。

找到一个好的聚类的蛮力或穷举算法，简单地生成所有将 n 个点划分为 k 个簇的可能的划分方法，对每一种划分都评估某种优化分数，并保留得分最高的聚类。将 n 个点分为 k 个非空互斥集合的方法的**确切**数目可由**第二类斯特林数**（Stirling number of the second kind）给出如下：

$$S(n,k)=\frac{1}{k!}\sum_{t=0}^{k}(-1)^t\binom{k}{t}(k-t)^n$$

非正式地，每一个点都可以赋给 k 个簇中的任意一个，故最多一共可能有 k^n 种聚类方法。然而，在一个给定的聚类中，交换任意两簇都会得到等价的聚类；因此，一共有 $O(k^n/k!)$ 种将 n 个点分成 k 组的聚类方式。显然，枚举所有可能的聚类并逐一评分实际上是不可行的。本章描述两种基于代表的聚类方法：K-means 和期望最大算法。

13.1　K-means 算法

给定一个聚类 $\mathcal{C}=\{C_1,C_2,\cdots,C_k\}$，我们需要某个评分函数来评估它的质量。**平方差和**（sum of squared error，SSE）评分函数定义如下：

$$\mathrm{SSE}(\mathcal{C})=\sum_{i=1}^{k}\sum_{\boldsymbol{x}_j\in C_i}||\boldsymbol{x}_j-\boldsymbol{\mu}_i||^2 \tag{13.1}$$

目标是找到使得 SSE 分数最小的聚类：

$$\mathcal{C}^*=\arg\min_{\mathcal{C}}\{\mathrm{SSE}(\mathcal{C})\}$$

K-means 算法采用一种贪心的迭代方法来找到使得 SSE 目标函数值 [公式 (13.1)] 最小的聚类。因此，它会收敛到局部最优点，而不是全局最优点。

K-means 的簇均值初始化通过在数据空间中随机生成 k 个点进行。这通常是由在每个维度上随机均匀地生成一个该维度内的值来完成。K-means 的每一次迭代都包含两个步骤：(1) 簇赋值；(2) 中心点更新。给定 k 个聚类均值，在簇赋值步骤里，每一个点 $\boldsymbol{x}_j\in\boldsymbol{D}$ 被赋给最近的均值，从而对应一种聚类方式，其中每一个簇 C_i 包含距离 $\boldsymbol{\mu}_i$ 更近的点，即每一个点 $\boldsymbol{x}_j$ 都赋给簇 C_{j*}，其中：

$$j^* = \arg\min_{i=1}^{k} \left\{ \left\| \boldsymbol{x}_j - \boldsymbol{\mu}_i \right\|^2 \right\} \tag{13.2}$$

给定一个簇的集合 $C_i\ (i = 1, \cdots, k)$，在中心点更新时，每个簇的新均值都根据 C_i 中的点来计算。簇赋值和中心点更新的过程迭代地进行，直到到达一个固定点或局部最小点。实践层面来说，当迭代不再改变中心点时，可以假设 K-means 已收敛。例如，若 $\sum_{i=1}^{k} \|\boldsymbol{\mu}_i^t - \boldsymbol{\mu}_i^{t-1}\|^2 \leqslant \epsilon$，则迭代可以停止。其中 $\epsilon > 0$ 是收敛阈值，t 代表当前的迭代，$\boldsymbol{\mu}_i^t$ 表示迭代 t 中簇 C_i 的均值。

K-means 算法的伪代码在算法 13.1 中给出。由于 K-means 算法开始时以随机猜测的中心点进行初始化，我们通常多次执行 K-means 算法，取 SSE 值最低的一次运行结果作为最后的聚类。值得注意的是，K-means 生成的是凸状的簇，因为数据空间中对应每一个簇的区域可以通过半空间（缘于平分且正交于连接中心点对的线段的超平面）的交集得到。

关于 K-means 的计算复杂度，可以看到簇赋值需要 $O(nkd)$ 的时间，因为要计算每一个点（共 n 个）与 k 个簇之间的距离，在 d 维空间中需要 d 次操作。中心点重计算需要 $O(nd)$ 的时间，因为总共需要处理 n 个 d 维的点。假设一共进行了 t 次迭代，则 K-means 算法的总时间为 $O(tnkd)$。关于 I/O 开销，一共需要进行 $O(t)$ 次全数据库扫描，因为每次迭代都需要读取整个数据库。

算法13.1 K-means 算法

```
K-MEANS (D, k, ε):
1  t = 0
2  通过随机生成k个点进行初始化: μ_1^t, μ_2^t, ···, μ_k^t ∈ R^d
3  repeat
4      t ← t + 1
5      C_j ← ∅ (j = 1, ···, k)
       // 簇赋值
6      foreach x_j ∈ D do
7          j* ← argmin_i { ‖x_j − μ_i^{t−1}‖² }   // 将x_j赋给最近的中心点
8          C_{j*} ← C_{j*} ∪ {x_j}
       // 中心点更新
9      foreach i = 1, ···, k do
10         μ_i^t ← (1/|C_i|) Σ_{x_j ∈ C_i} x_j
11 until Σ_{i=1}^k ‖μ_i^t − μ_i^{t−1}‖² ≤ ε
```

例 13.1 考虑图 13-1a 所示的一维数据。假设我们要将该数据集分为 $k = 2$ 组。令初始中心点为 $\mu_1 = 2$ 和 $\mu_2 = 4$。在第一次迭代中，首先计算簇，将每个点赋给离它最近的均值对应的簇，得到：

$$C_1 = \{2,3\} \qquad C_2 = \{4,10,11,12,20,25,30\}$$

接下来更新均值如下：

$$\mu_1 = \frac{2+3}{2} = \frac{5}{2} = 2.5$$
$$\mu_2 = \frac{4+10+11+12+20+25+30}{7} = \frac{112}{7} = 16$$

首次迭代后的新的中心点和簇如图 13-1b 所示。对于第二次迭代，我们重复簇赋值和中心点更新的步骤，如图 13-1c 所示，得到如下的新簇：

$$C_1 = \{2,3,4\} \qquad C_2 = \{10,11,12,20,25,30\}$$

还有新的均值：

$$\mu_1 = \frac{2+3+4}{3} = \frac{9}{3} = 3$$
$$\mu_2 = \frac{10+11+12+20+25+30}{6} = \frac{108}{6} = 18$$

到收敛时的完整过程如图 13-1 所示。最终的簇为：

$$C_1 = \{2,3,4,10,11,12\} \qquad C_2 = \{20,25,30\}$$

代表点分别为 $\mu_1 = 7$ 和 $\mu_2 = 25$。

例 13.2（**二维空间上的 K-means**）　在图 13-2 中，我们演示了 K-means 算法在鸢尾花数据集上的运行情况（使用前两个主成分作为两个维度）。该数据集一共有 $n = 150$ 个点，我们想要找出 $k = 3$ 个簇，对应鸢尾花的 3 种类型。对簇均值的随机初始化可以得到：

$$\boldsymbol{\mu}_1 = (-0.98, -1.24)^{\mathrm{T}} \quad \boldsymbol{\mu}_2 = (-2.96, 1.16)^{\mathrm{T}} \quad \boldsymbol{\mu}_3 = (-1.69, -0.80)^{\mathrm{T}}$$

如图 13-2a 所示。利用以上的初始簇，K-means 迭代 8 次后收敛。图 13-2b 给出了一次迭代后的簇及其均值：

$$\boldsymbol{\mu}_1 = (1.56, -0.08)^{\mathrm{T}} \quad \boldsymbol{\mu}_2 = (-2.86, 0.53)^{\mathrm{T}} \quad \boldsymbol{\mu}_3 = (-1.50, -0.05)^{\mathrm{T}}$$

图 13-2c 给出了收敛后得到的簇。最终的均值为：

$$\boldsymbol{\mu}_1 = (2.64, 0.19)^{\mathrm{T}} \quad \boldsymbol{\mu}_2 = (-2.35, 0.27)^{\mathrm{T}} \quad \boldsymbol{\mu}_3 = (-0.66, -0.33)^{\mathrm{T}}$$

图 13-2 中簇均值显示为黑点，并给出了与每一个簇对应的数据空间的凸区域。虚线（超平面）是连接两个簇中心的线段的垂直等分线。对应的点的凸划分构成了聚类的划分结果。

图 13-2c 给出了最后的 3 个簇：C_1 是圆圈，C_2 是方块，C_3 是三角形。白点表示与已知类型不符。因此可以看到，C_1 与`iris-setosa`完美匹配，C_2 的绝大部分点对应`iris-virginica`，C_3 的绝大部分点对应`iris-versicolor`。其中，3 个`iris-versicolor`点（白方块）被误分到 C_2 中，14 个`iris-virginica`点被误分到 C_3 中。由于鸢尾花类别标签未在聚类中使用，我们没有获得一个完美的聚类也是很正常的。

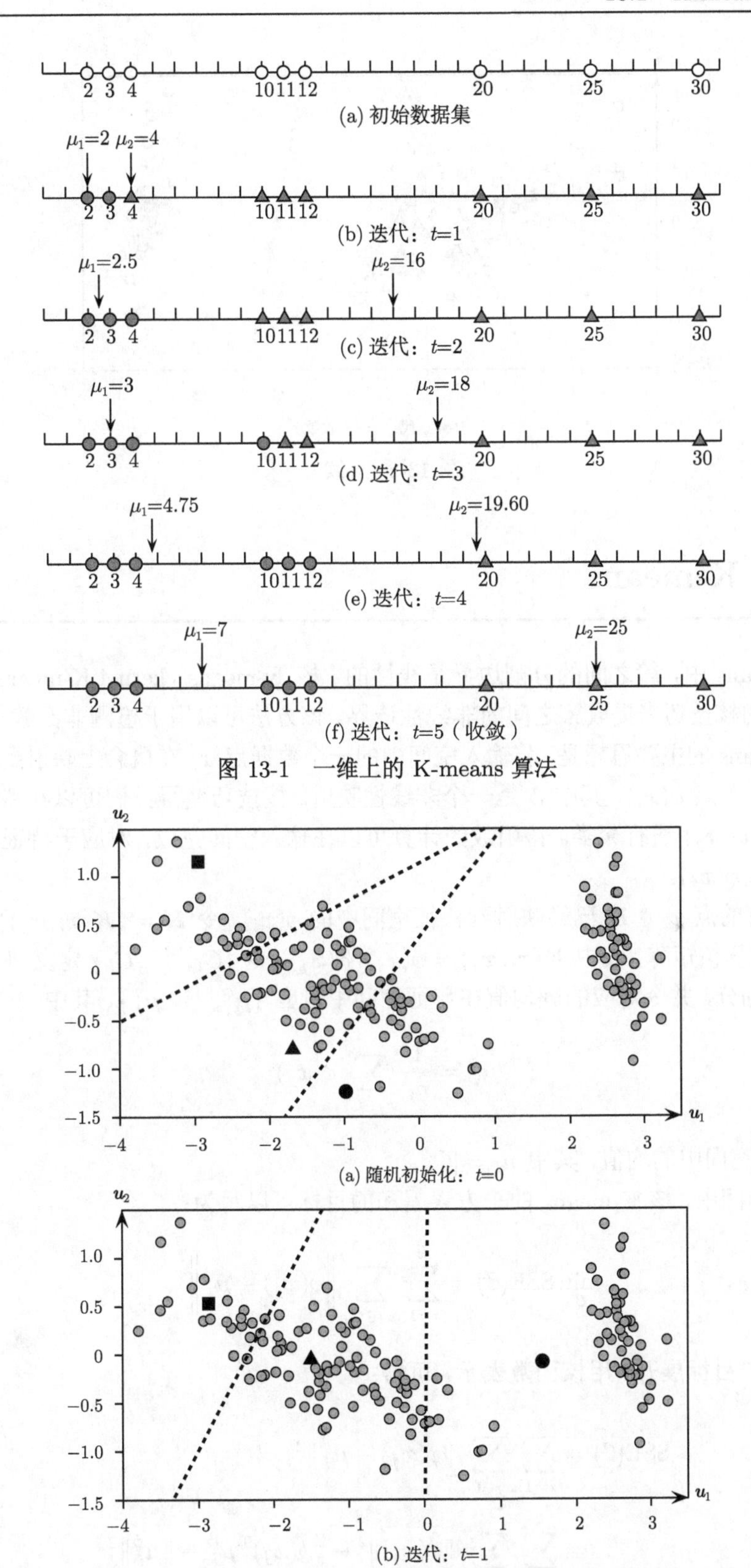

图 13-1 一维上的 K-means 算法

图 13-2 二维上的 K-means 算法：鸢尾花主成分数据集

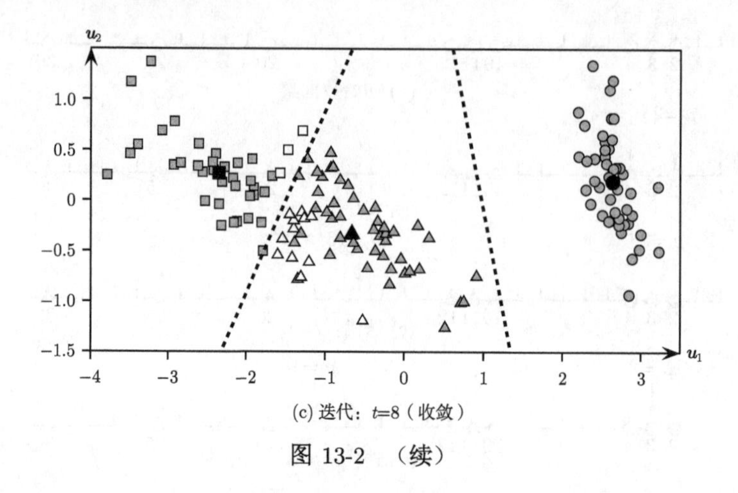

(c) 迭代：t=8（收敛）

图 13-2 （续）

13.2 核 K-means

在 K-means 中，簇之间的分割边界是线性的。核 K-means（kernel K-means）可以通过第 5 章所述的核技巧来提取簇之间的非线性边界。该方法可以用于检测非凸簇。

核 K-means 的主要思想是，将输入空间中的一个数据点 $\boldsymbol{x}_i$ 在概念上映射到某个高维特征空间中的一个点 $\phi(\boldsymbol{x}_i)$，其中 ϕ 是一个非线性映射。核技巧使得我们可以在特征空间仅使用核函数 $K(\boldsymbol{x}_i, \boldsymbol{x}_j)$ 进行聚类。该函数的计算可以在输入空间完成，对应于特征空间中的一个内积 $\phi(\boldsymbol{x}_i)^{\mathrm{T}}\phi(\boldsymbol{x}_j)$。

假设所有的点 $\boldsymbol{x}_i \in \boldsymbol{D}$ 已经映射到特征空间中的 $\phi(\boldsymbol{x}_i)$。令 $\boldsymbol{K} = \{K(\boldsymbol{x}_i, \boldsymbol{x}_j)\}_{i,j=1,\cdots,n}$ 代表 $n \times n$ 的对称核矩阵，其中 $K(\boldsymbol{x}_i, \boldsymbol{x}_j) = \phi(\boldsymbol{x}_i)^{\mathrm{T}}\phi(\boldsymbol{x}_j)$。令 $\{C_1, \cdots, C_k\}$ 定义将 n 个点聚类为 k 个簇的划分，并令对应的簇均值在特征空间中对应 $\{\boldsymbol{\mu}_1^{\phi}, \cdots, \boldsymbol{\mu}_k^{\phi}\}$，其中

$$\boldsymbol{\mu}_i^{\phi} = \frac{1}{n_i} \sum_{\boldsymbol{x}_j \in C_i} \phi(\boldsymbol{x}_j)$$

是 C_i 在特征空间中的均值，其中 $n_i = |C_i|$。

在特征空间中，核 K-means 的平方误差和的目标可以写为：

$$\min_{\mathcal{C}} \mathrm{SSE}(\mathcal{C}) = \sum_{i=1}^{k} \sum_{\boldsymbol{x}_j \in C_i} \left\| \phi(\boldsymbol{x}_j) - \boldsymbol{\mu}_i^{\phi} \right\|^2$$

将核 SSE 目标展开，用核函数表示，可得：

$$\begin{aligned}
\mathrm{SSE}(\mathcal{C}) &= \sum_{i=1}^{k} \sum_{\boldsymbol{x}_j \in C_i} \|\phi(\boldsymbol{x}_j) - \boldsymbol{\mu}_i^{\phi}\|^2 \\
&= \sum_{i=1}^{k} \sum_{\boldsymbol{x}_j \in C_i} \|\phi(\boldsymbol{x}_j)\|^2 - 2\phi(\boldsymbol{x}_j)^{\mathrm{T}}\boldsymbol{\mu}_i^{\phi} + \|\boldsymbol{\mu}_i^{\phi}\|^2
\end{aligned}$$

$$
\begin{aligned}
&= \sum_{i=1}^{k}\left(\left(\sum_{\boldsymbol{x}_j\in C_i}\|\phi(\boldsymbol{x}_j)\|^2\right) - 2n_i\left(\frac{1}{n_i}\sum_{\boldsymbol{x}_j\in C_i}\phi(\boldsymbol{x}_j)\right)^{\mathrm{T}}\boldsymbol{\mu}_i^{\phi} + n_i\|\boldsymbol{\mu}_i^{\phi}\|^2\right)\\
&= \left(\sum_{i=1}^{k}\sum_{\boldsymbol{x}_j\in C_i}\phi(\boldsymbol{x}_j)^{\mathrm{T}}\phi(\boldsymbol{x}_j)\right) - \left(\sum_{i=1}^{k} n_i\|\boldsymbol{\mu}_i^{\phi}\|^2\right)\\
&= \sum_{i=1}^{k}\sum_{\boldsymbol{x}_j\in C_i}K(\boldsymbol{x}_j,\boldsymbol{x}_j) - \sum_{i=1}^{k}\frac{1}{n_i}\sum_{\boldsymbol{x}_a\in C_i}\sum_{\boldsymbol{x}_b\in C_i}K(\boldsymbol{x}_a,\boldsymbol{x}_b)\\
&= \sum_{j=1}^{n}K(\boldsymbol{x}_j,\boldsymbol{x}_j) - \sum_{i=1}^{k}\frac{1}{n_i}\sum_{\boldsymbol{x}_a\in C_i}\sum_{\boldsymbol{x}_b\in C_i}K(\boldsymbol{x}_a,\boldsymbol{x}_b) \qquad (13.3)
\end{aligned}
$$

因此，核 K-means 的 SSE 目标函数可以仅用核函数来表示。同 K-means 一样，为最小化 SSE 的目标，我们采用贪心迭代的算法。这一算法的基本思想是在特征空间中将每个点赋给最近的均值，从而得到一个新的聚类，并用于估计新的簇均值。这里主要的难点在于：在特征空间中，我们无法显式地计算每一个簇的均值。幸运的是，显式地计算簇均值并不是必需的；所有的操作都可以通过核函数 $K(\boldsymbol{x}_i,\boldsymbol{x}_j)=\phi(\boldsymbol{x}_i)^{\mathrm{T}}\phi(\boldsymbol{x}_j)$ 来完成。

特征空间中，点 $\phi(\boldsymbol{x}_j)$ 到均值 $\boldsymbol{\mu}_i^{\phi}$ 的距离可以计算为：

$$
\begin{aligned}
\|\phi(\boldsymbol{x}_j)-\boldsymbol{\mu}_i^{\phi}\|^2 &= \|\phi(\boldsymbol{x}_j)\|^2 - 2\phi(\boldsymbol{x}_j)^{\mathrm{T}}\boldsymbol{\mu}_i^{\phi} + \|\boldsymbol{\mu}_i^{\phi}\|^2\\
&= \phi(\boldsymbol{x}_j)^{\mathrm{T}}\phi(\boldsymbol{x}_i) - \frac{2}{n_i}\sum_{\boldsymbol{x}_a\in C_i}\phi(\boldsymbol{x}_j)^{\mathrm{T}}\phi(\boldsymbol{x}_a) + \frac{1}{n_i^2}\sum_{\boldsymbol{x}_a\in C_i}\sum_{\boldsymbol{x}_b\in C_i}\phi(\boldsymbol{x}_a)^{\mathrm{T}}\phi(\boldsymbol{x}_b)\\
&= K(\boldsymbol{x}_j,\boldsymbol{x}_j) - \frac{2}{n_i}\sum_{\boldsymbol{x}_a\in C_i}K(\boldsymbol{x}_a,\boldsymbol{x}_j) + \frac{1}{n_i^2}\sum_{\boldsymbol{x}_a\in C_i}\sum_{\boldsymbol{x}_b\in C_i}K(\boldsymbol{x}_a,\boldsymbol{x}_b) \qquad (13.4)
\end{aligned}
$$

因此，特征空间中的一个点到簇均值的距离仅用核函数就可以计算出来。在核 K-means 算法的簇赋值步骤中，我们按如下方式将一个点赋给最近的簇均值：

$$
\begin{aligned}
C^*(\boldsymbol{x}_j) &= \arg\min_i\left\{\|\phi(\boldsymbol{x}_j)-\boldsymbol{\mu}_i^{\phi}\|^2\right\}\\
&= \arg\min_i\left\{K(\boldsymbol{x}_j,\boldsymbol{x}_j) - \frac{2}{n_i}\sum_{\boldsymbol{x}_a\in C_i}K(\boldsymbol{x}_a,\boldsymbol{x}_j) + \frac{1}{n_i^2}\sum_{\boldsymbol{x}_a\in C_i}\sum_{\boldsymbol{x}_b\in C_i}K(\boldsymbol{x}_a,\boldsymbol{x}_b)\right\}\\
&= \arg\min_i\left\{\frac{1}{n_i^2}\sum_{\boldsymbol{x}_a\in C_i}\sum_{\boldsymbol{x}_b\in C_i}K(\boldsymbol{x}_a,\boldsymbol{x}_b) - \frac{2}{n_i}\sum_{\boldsymbol{x}_a\in C_i}K(\boldsymbol{x}_a,\boldsymbol{x}_j)\right\} \qquad (13.5)
\end{aligned}
$$

其中我们去掉了项 $K(\boldsymbol{x}_j,\boldsymbol{x}_j)$，因为它对所有的 k 个簇保持不变，且不影响簇赋值。此外，第一项是簇 C_i 的成对核值的平均值，与数据点 $\boldsymbol{x}_j$ 无关，它事实上是簇均值在特征空间中的平方范数。第二项是 C_i 中所有点关于 $\boldsymbol{x}_j$ 核值的平均值的两倍。

算法 13.2 给出了核 K-means 方法的伪代码。在初始化阶段将所有点随机划分为 k 簇，然后根据公式 (13.5)，在特征空间中将每个点赋给最近的均值，从而迭代地更新簇赋值。为便于进行距离计算，首先计算平均核值，即每个簇的簇均值的平方范数（第 5 行的 for 循环）。接下来，算法计算每一个点 $\boldsymbol{x}_j$ 和簇 C_i 中的点的核值（第 7 行的 for 循环）。簇赋值步骤需用这些值来计算 $\boldsymbol{x}_j$ 与每个簇 C_i 之间的距离，并将 $\boldsymbol{x}_j$ 赋给最近的均值。以上步骤将点重新分配给一组新的簇，即所有距离 C_i 均值更近的点 $\boldsymbol{x}_j$ 构成了进行下一次迭代的簇。重复这一迭代过程直到收敛。

算法13.2 核 K-means 算法

```
KERNEL-KMEANS(K, k, ϵ):
1  t ← 0
2  C^t ← {C_1^t, ···, C_k^t}  //将所有点随机分成 k 个簇
3  repeat
4      t ← t+1
5      foreach C_i ∈ C^{t-1} do   //计算分簇均值的平方范数
6          sqnorm_i ← (1/n_i^2) Σ_{x_a∈C_i} Σ_{x_b∈C_i} K(x_a, x_b)
7      foreach x_j ∈ D do   //对应 x_j 和 C_i 的平均核值
8          foreach C_i ∈ C^{t-1} do
9              avg_ji ← (1/n_i) Σ_{x_a∈C_i} K(x_a, x_j)
       // 找出距离每个点最近的分簇
10     foreach x_j ∈ D do
11         foreach C_i ∈ C^{t-1} do
12             d(x_j, C_i) ← sqnorm_i − 2·avg_ji
13         j* ← argmin_i {d(x_j, C_i)}
14         C_{j*}^t ← C_{j*}^t ∪ {x_j}   // 重新赋分簇
15     C^t ← {C_1^t, ···, C_k^t}
16 until 1 − (1/n) Σ_{i=1}^k |C_i^t ∩ C_i^{t-1}| ⩽ ϵ
```

通过检查所有点的簇赋值，可以判定是否收敛。未发生簇变化的点的数目为 $\sum_{i=1}^{k}|C_i^t \cap C_i^{t-1}|$，其中 t 表示当前迭代。被赋予新簇的点的比例为：

$$\frac{n-\sum_{i=1}^{k}|C_i^t \cap C_i^{t-1}|}{n} = 1-\frac{1}{n}\sum_{i=1}^{k}|C_i^t \cap C_i^{t-1}|$$

当以上比例小于某一阈值 $\epsilon \geqslant 0$ 时，核 K-means 方法终止。例如，当没有点的簇赋值变化时，终止迭代。

计算复杂度

计算每个簇 C_i 的平均核值需要 $O(n^2)$ 的时间。计算每个点与 k 个簇的平均核值也需要 $O(n^2)$ 的时间。最后，计算每个点的最近均值和簇重赋值需要 $O(kn)$ 的时间。因此，核 K-means 方法的总计算复杂度为 $O(tn^2)$，其中 t 为收敛时迭代的次数。I/O 复杂度为 $O(t)$ 次对核矩阵 $\boldsymbol{K}$ 的扫描。

例 13.3 图 13-3 展示了将核 K-means 方法应用于一个合成的数据集（包含 3 个簇）上的情况。每个簇有 100 个点，数据集总共有 $n=300$ 个点。

使用线性核 $K(\boldsymbol{x}_i,\boldsymbol{x}_j)=\boldsymbol{x}_i^{\mathrm{T}}\boldsymbol{x}_j$ 是与 K-means 算法等价的，因为在此种情况下，公式 (13.5) 与公式 (13.2) 也是一样的。图 13-3a 给出了聚类的结果：C_1 中的点显示为方块，C_2 中的点显示为三角形，C_3 中的点显示为圆圈。可以看到，由于抛物线状的簇的存在，K-means 无法区分这 3 个簇。白点表示分簇错误的点（与预设值比较）。

使用公式 (5.10) 中的高斯核 $K(\boldsymbol{x}_i,\boldsymbol{x}_j)=\exp\left\{-\frac{\|\boldsymbol{x}_i-\boldsymbol{x}_j\|^2}{2\sigma^2}\right\}$，其中 $\sigma=1.5$，可以生成一个近似完美的聚类，如图 13-3b 所示。只有四个本属于簇 C_1 的点（白底三角形）被错误地分到了簇 C_2。从这个例子可以看出，核 K-means 可以处理非线性簇边界。要注意的一点是，必须要通过不断尝试来设置参数 σ。

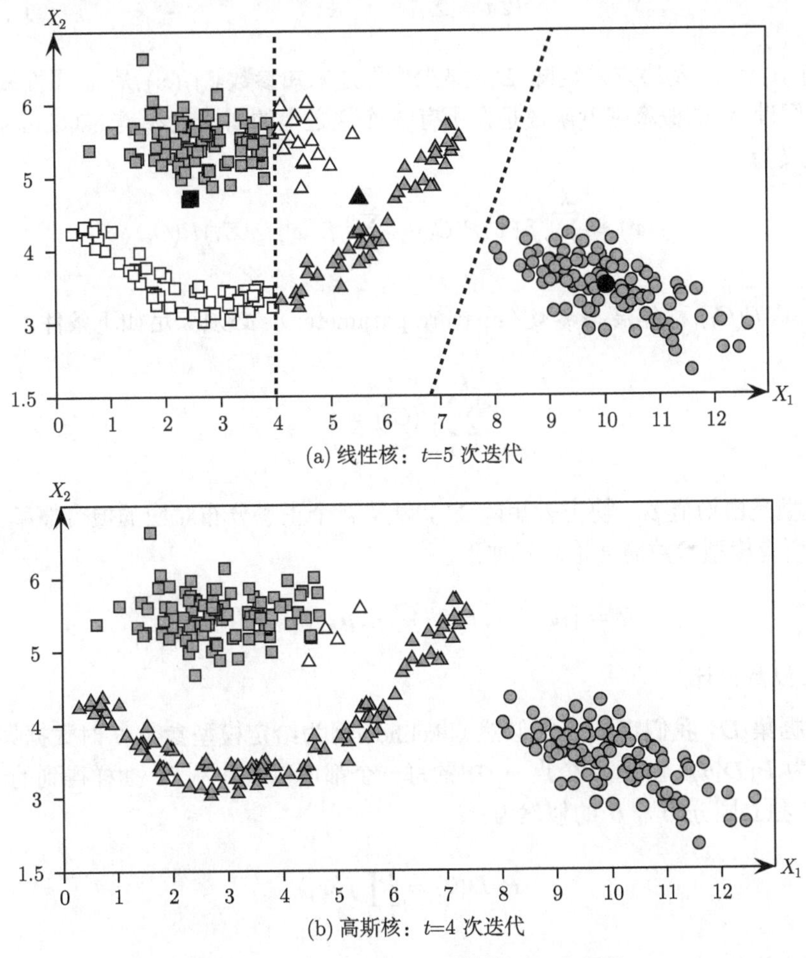

图 13-3 核 K-means：线性核 vs. 高斯核

13.3 期望最大聚类

K-means 方法是*硬分*（hard assignment）的聚类方法的一种，其中每个点只能属于一个簇。我们现在进行推广，对点进行*软分*（soft assignment），从而使得每个点都有属于每个簇的概率。

令 $\boldsymbol{D}$ 为 d 维空间 $\mathbb{R}^d$ 中一个包含 n 个点 $\boldsymbol{x}_j$ 的数据集。令 X_a 表示对应第 a 个属性的随机变量。X_a 同时也表示第 a 个列向量，对应从 X_a 得到的 n 个数据样本。令 $\boldsymbol{X}=(X_1, X_2, \cdots, X_d)$ 代表对应 d 个属性的向量随机变量，其中 $\boldsymbol{x}_j$ 为来自 $\boldsymbol{X}$ 的一个数据样本。

1. **高斯混合模型**

假设每一个簇 C_i 都由一个多元正态分布刻画，即：

$$f_i(\boldsymbol{x})=f(\boldsymbol{x}|\boldsymbol{\mu}_i,\boldsymbol{\Sigma}_i)=\frac{1}{(2\pi)^{\frac{d}{2}}|\boldsymbol{\Sigma}_i|^{\frac{1}{2}}}\exp\left\{-\frac{(\boldsymbol{x}-\boldsymbol{\mu}_i)^{\mathrm{T}}\boldsymbol{\Sigma}_i^{-1}(\boldsymbol{x}-\boldsymbol{\mu}_i)}{2}\right\} \tag{13.6}$$

其中簇均值 $\boldsymbol{\mu}_i \in \mathbb{R}^d$ 及协方差矩阵 $\boldsymbol{\Sigma}_i \in \mathbb{R}^{d\times d}$ 均是未知参数。$f_i(\boldsymbol{x})$ 是 $\boldsymbol{x}$ 属性属于簇 C_i 的概率密度。假设 $\boldsymbol{X}$ 的概率密度函数是在所有 k 个簇之上的**高斯混合模型**（Gaussian mixture model），定义为：

$$f(\boldsymbol{x})=\sum_{i=1}^{k} f_i(\boldsymbol{x})P(C_i)=\sum_{i=1}^{k} f_i(\boldsymbol{x}|\boldsymbol{\mu}_i,\boldsymbol{\Sigma}_i)P(C_i) \tag{13.7}$$

其中先验概率 $P(C_i)$ 称作**混合参数**（mixture parameter），必须满足如下条件：

$$\sum_{i=1}^{k} P(C_i)=1$$

高斯混合模型是由均值 $\boldsymbol{\mu}_i$、协方差矩阵 $\boldsymbol{\Sigma}_i$，以及 k 个正态分布对应的混合概率 $P(C_i)$ 刻画的，我们将所有模型参数简洁地表示如下：

$$\boldsymbol{\theta}=\{\boldsymbol{\mu}_1,\boldsymbol{\Sigma}_1,P(C_1)\cdots,\boldsymbol{\mu}_k,\boldsymbol{\Sigma}_k,P(C_k)\}$$

2. **极大似然估计**

给定数据集 $\boldsymbol{D}$，我们定义 $\boldsymbol{\theta}$ 的似然（likelihood）为给定模型参数 $\boldsymbol{\theta}$ 时数据集 $\boldsymbol{D}$ 的条件概率，表示为 $P(\boldsymbol{D}|\boldsymbol{\theta})$。由于 n 个点 $\boldsymbol{x}_j$ 中的每一个都可以看作从 $\boldsymbol{X}$ 抽样得到的一个随机样本（即与 $\boldsymbol{X}$ 独立同分布），$\boldsymbol{\theta}$ 的似然为：

$$P(\boldsymbol{D}|\boldsymbol{\theta})=\prod_{j=1}^{n} f(\boldsymbol{x}_j)$$

极大似然估计（maximum likelihood estimation，MLE）的目标是选择合适的参数 $\boldsymbol{\theta}$ 使得似然最大，即：

$$\boldsymbol{\theta}^*=\arg\max_{\boldsymbol{\theta}}\{P(\boldsymbol{D}|\boldsymbol{\theta})\}$$

通常我们会求使得似然函数的对数最大的参数值，因为对数运算将点之间的乘法转换为加法，且最大似然值和最大似然对数值是对应的。即，MLE 最大化

$$\boldsymbol{\theta}^*=\arg\max_{\boldsymbol{\theta}}\{\ln P(\boldsymbol{D}|\boldsymbol{\theta})\}$$

其中对数似然函数（log-likelihood function）为：

$$\ln P(\boldsymbol{D}|\boldsymbol{\theta}) = \sum_{j=1}^{n} \ln f(\boldsymbol{x}_j) = \sum_{j=1}^{n} \ln \left(\sum_{i=1}^{k} f(\boldsymbol{x}_j|\boldsymbol{\mu}_i, \boldsymbol{\Sigma}_i) P(C_i) \right) \tag{13.8}$$

直接求使得对数似然最大的 $\boldsymbol{\theta}$ 是很困难的。因此，我们采用期望最大（expectation-maximization，EM）的方法来找针对参数 $\boldsymbol{\theta}$ 的最大似然估计。EM 是一种两步迭代的方法，初始化对参数 $\boldsymbol{\theta}$ 进行一次猜测。给定当前的猜测，EM 算法在*期望步骤*利用贝叶斯定理计算簇后验概率 $P(C_i|\boldsymbol{x}_j)$：

$$P(C_i|\boldsymbol{x}_j) = \frac{P(C_i, \boldsymbol{x}_j)}{P(\boldsymbol{x}_j)} = \frac{P(\boldsymbol{x}_j|C_i)P(C_i)}{\sum_{a=1}^{k} P(\boldsymbol{x}_j|C_a)P(C_a)}$$

由于每一个簇都建模为一个多元正态分布 [公式 (13.6)]，给定簇 C_i 时 $\boldsymbol{x}_j$ 的概率可以通过一个小的区间（$\epsilon \in 0$，以 $\boldsymbol{x}_j$ 为中心）来计算如下：

$$P(\boldsymbol{x}_j|C_i) \simeq 2\epsilon \cdot f(\boldsymbol{x}_j|\boldsymbol{\mu}_i, \boldsymbol{\Sigma}_i) = 2\epsilon \cdot f_i(\boldsymbol{x}_j)$$

因此，给定 $\boldsymbol{x}_j$ 时，簇 C_i 的后验概率为：

$$P(C_i|\boldsymbol{x}_j) = \frac{f_i(\boldsymbol{x}_j) \cdot P(C_i)}{\sum_{a=1}^{k} f_a(\boldsymbol{x}_j) \cdot P(C_a)} \tag{13.9}$$

$P(C_i|\boldsymbol{x}_j)$ 可以看作点 $\boldsymbol{x}_j$ 在簇 C_i 中的权值或贡献。接下来，在*最大化步骤*中，EM 使用权值 $P(C_i|\boldsymbol{x}_j)$ 重新估计 $\boldsymbol{\theta}$，即为每个簇 C_i 重新估计参数 $\boldsymbol{\mu}_i$、$\boldsymbol{\Sigma}_i$ 和 $P(C_i)$。重新估计的均值是所有点的带权平均值，重估计的协方差矩阵是所有维数对的带权协方差，重估计的簇先验概率是对该簇有贡献的权值的比例。13.3.3 节会形式化地推导 MLE 估计簇参数的相关公式，13.3.4 节会对通用的 EM 方法进行更详细的阐述。下面先来看将 EM 聚类算法应用于一维并推广到 d 维的情况。

13.3.1 一维中的 EM

考虑包含单个属性 $\boldsymbol{X}$ 的数据集 $\boldsymbol{D}$，其中每个点 $x_j \in \mathbb{R}$（$j = 1, \cdots, n$）是对 $\boldsymbol{X}$ 的一个随机抽样。根据混合模型 [公式 (13.7)]，对每个簇应用一元正态分布：

$$f_i(x) = f(x|\mu_i, \sigma_i^2) = \frac{1}{\sqrt{2\pi}\sigma_i} \exp\left\{-\frac{(x-\mu_i)^2}{2\sigma_i^2}\right\}$$

其中簇参数为 μ_i、σ_i^2 和 $P(C_i)$。EM 方法包含 3 个步骤：初始化、期望步骤和最大化步骤。

1. 初始化

对每一个簇 C_i（$i = 1, 2, \cdots, k$），我们可以随机地初始化簇参数 μ_i、σ_i^2 和 $P(C_i)$。均值 μ_i 按照均匀分布随机地从 X 的可能值中选择。通常假设初始方差为 $\sigma_i^2 = 1$。最后，簇先验概率初始化为 $P(C_i) = \frac{1}{k}$，使得每个簇都有相等的概率。

2. 期望步骤

假设每个簇都有对其参数的一个估计，即 μ_i、σ_i^2 和 $P(C_i)$。给定这些值，簇的后验概率可以根据公式 (13.9) 计算如下：

$$P(C_i|x_j) = \frac{f(x_j|\mu_i, \sigma_i^2) \cdot P(C_i)}{\sum_{a=1}^{k} f(x_j|\mu_a, \sigma_a^2) \cdot P(C_a)}$$

为方便起见，我们令 $w_{ij} = P(C_j|x_j)$，将后验概率看作点 x_j 对簇 C_i 的权值或贡献。此外，令

$$\boldsymbol{w}_i = (w_{i1}, \cdots, w_{in})^{\mathrm{T}}$$

表示所有 n 个点对应簇 C_i 的权向量。

3. 最大化步骤

假设所有的后验概率值或权值 $w_{ij} = P(C_i|x_j)$ 都是已知的。最大化步骤，顾名思义，计算簇参数的最大似然估计，通过重新估计 μ_i、σ_i^2 和 $P(C_i)$。

重新估计的簇均值 μ_i，按所有点的带权均值计算如下：

$$\mu_i = \frac{\sum_{j=1}^{n} w_{ij} \cdot x_j}{\sum_{j=1}^{n} w_{ij}}$$

可以用权向量 $\boldsymbol{w}_i$ 和属性向量 $\boldsymbol{X} = (x_1, x_2, \cdots, x_n)^{\mathrm{T}}$ 将上式重写为：

$$\mu_i = \frac{\boldsymbol{w}_i^{\mathrm{T}} \boldsymbol{X}}{\boldsymbol{w}_i^{\mathrm{T}} \mathbf{1}}$$

簇方差重新估计后，计算为所有点上的带权方差：

$$\sigma_i^2 = \frac{\sum_{i=1}^{n} w_{ij}(x_j - \mu_i)^2}{\sum_{j=1}^{n} w_{ij}}$$

令 $\boldsymbol{Z}_i = \boldsymbol{X} - \mu_i \mathbf{1} = (x_1 - \mu_i, x_2 - \mu_2, \cdots, x_n - \mu_i)^{\mathrm{T}} = (z_{i1}, z_{i2}, \cdots, z_{in})^{\mathrm{T}}$ 为簇 C_i 的居中属性向量，令 $\boldsymbol{Z}_i^s$ 为平方向量 $\boldsymbol{Z}_i^s = (z_{i1}^2, \cdots, z_{in}^2)^{\mathrm{T}}$。方差可以简洁地用权向量和平方居中向量的点乘来表示：

$$\sigma^2 = \frac{\boldsymbol{w}_i^{\mathrm{T}} \boldsymbol{Z}_i^s}{\boldsymbol{w}_i^{\mathrm{T}} \mathbf{1}}$$

最后，簇 C_i 的先验概率重新估计为属于 C_i 的总体权值的比例，计算如下：

$$P(C_i) = \frac{\sum_{j=1}^{n} w_{ij}}{\sum_{a=1}^{k} \sum_{j=1}^{n} w_{aj}} = \frac{\sum_{j=1}^{n} w_{ij}}{\sum_{j=1}^{n} 1} = \frac{\sum_{j=1}^{n} w_{ij}}{n} \tag{13.10}$$

其中用到了以下结论：

$$\sum_{i=1}^{k} w_{ij} = \sum_{i=1}^{k} P(C_i|x_j) = 1$$

使用向量表示，先验概率可以写为：

$$P(C_i) = \frac{\boldsymbol{w}_i^{\mathrm{T}} \mathbf{1}}{n}$$

4. 迭代

EM 算法从一组初始的簇参数值开始：μ_i、σ_i^2 和 $P(C_i), i = (1, \cdots, k)$，然后应用期望步骤来计算权值 $w_{ij} = P(C_i|x_j)$。在最大化步骤中，应用这些值来计算更新后的簇参数值 μ_i、σ_i^2 和 $P(C_i)$。期望步骤和最大化步骤迭代执行直到收敛为止，例如，直到均值在两次迭代间几乎不发生变化。

例 13.4（一维中的 EM） 图 13-4 给出了 EM 算法在一维数据集上的运行情况：

$$x_1 = 1.0 \quad x_2 = 1.3 \quad x_3 = 2.2 \quad x_4 = 2.6 \quad x_5 = 2.8$$
$$x_6 = 5.0 \quad x_7 = 7.3 \quad x_8 = 7.4 \quad x_9 = 7.5 \quad x_{10} = 7.7 \quad x_{11} = 7.9$$

假设 $k = 2$。初始的随机均值如图 13-4a 所示，初始参数为：

$$\mu_1 = 6.63 \quad \sigma_1^2 = 1 \quad P(C_1) = 0.5$$
$$\mu_2 = 7.57 \quad \sigma_2^2 = 1 \quad P(C_2) = 0.5$$

重复期望和最大化步骤，EM 算法在 5 次迭代后收敛。迭代一次（$t = 1$）后得到（如图 13-4b 所示）：

$$\mu_1 = 3.72 \quad \sigma_1^2 = 6.13 \quad P(C_1) = 0.71$$
$$\mu_2 = 7.4 \quad \sigma_2^2 = 0.69 \quad P(C_2) = 0.29$$

最后一次迭代（$t = 5$）后，如图 13-4c 所示，可得：

$$\mu_1 = 2.48 \quad \sigma_1^2 = 1.69 \quad P(C_1) = 0.55$$
$$\mu_2 = 7.56 \quad \sigma_2^2 = 0.05 \quad P(C_2) = 0.45$$

EM 算法与 K-means 相比的一个主要优势在于，它返回每个点 $\boldsymbol{x}_j$ 属于每个簇 C_i 的概率 $P(C_i|\boldsymbol{x}_j)$。在这个一维的例子中，这些值几乎是二分的；将每个点赋给后验概率最大的簇，可以得到以下硬分：

$$C_1 = \{x_1, x_2, x_3, x_4, x_5, x_6\} \text{（白点）}$$
$$C_2 = \{x_7, x_8, x_9, x_{10}, x_{11}\} \text{（灰点）}$$

如图 13-4c 所示。

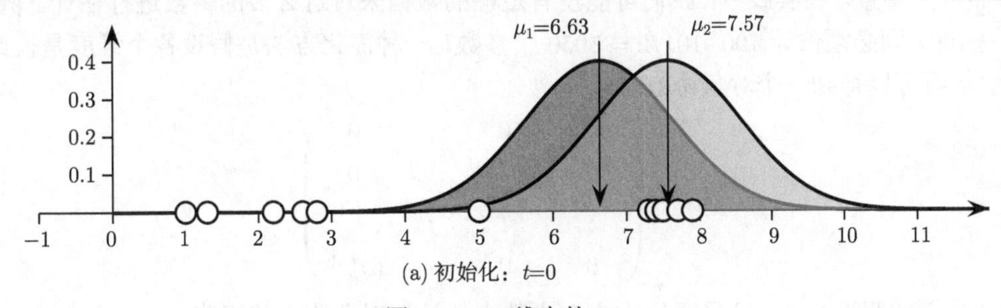

(a) 初始化：t=0

图 13-4 一维中的 EM

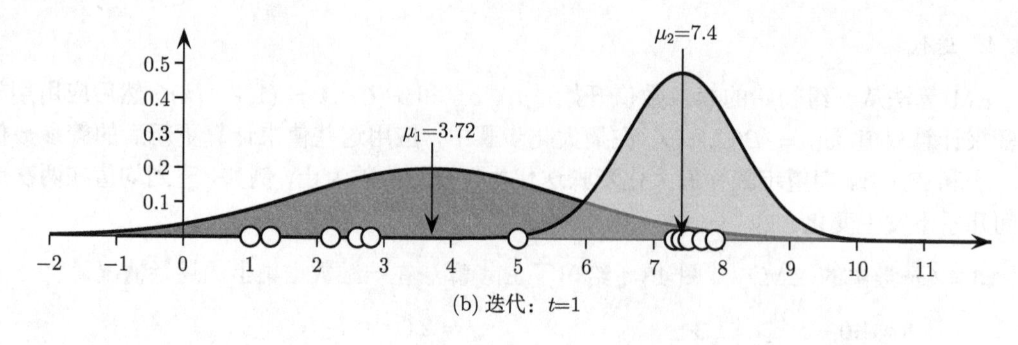

(b) 迭代：t=1

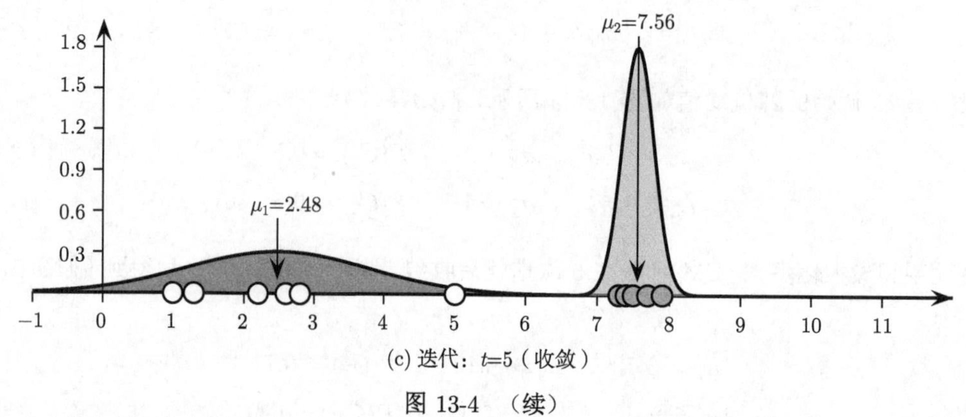

(c) 迭代：t=5（收敛）

图 13-4　（续）

13.3.2　d 维中的 EM

现在来考虑 d 维中的 EM 方法，其中每一个簇由一个多元正态分布刻画 [公式 (13.6)]，参数为 $\boldsymbol{\mu}_i$、$\boldsymbol{\Sigma}_i$ 和 $P(C_i)$。对每一个簇 C_i，我们需要估计 d 维的均值向量：

$$\boldsymbol{\mu}_i = (\mu_{i1}, \mu_{i2}, \cdots, \mu_{id})^{\mathrm{T}}$$

以及 $d \times d$ 的协方差矩阵：

$$\boldsymbol{\Sigma}_i = \begin{pmatrix} (\sigma_1^i)^2 & \sigma_{12}^i & \cdots & \sigma_{1d}^i \\ \sigma_{21}^i & (\sigma_2^i)^2 & \cdots & \sigma_{2d}^i \\ \vdots & \vdots & \ddots & \\ \sigma_{d1}^i & \sigma_{d2}^i & \cdots & (\sigma_d^i)^2 \end{pmatrix}$$

由于协方差矩阵是对称的，我们需要估计 $\binom{d}{2} = \frac{d(d-1)}{2}$ 对协方差和 d 个方差，因此 $\boldsymbol{\Sigma}_i$ 一共有 $\frac{d(d+1)}{2}$ 个参数。在实践中，我们可能没有足够的数据来对这么多的参数进行估计。例如，若 $d = 100$，则必须估计 $100 \cdot 101/2 = 5050$ 个参数！一种简化方法是假设各个维度是彼此独立的，从而可以得到一个对角协方差矩阵：

$$\boldsymbol{\Sigma}_i = \begin{pmatrix} (\sigma_1^i)^2 & 0 & \cdots & 0 \\ 0 & (\sigma_2^i)^2 & \cdots & 0 \\ \vdots & \vdots & \ddots & \\ 0 & 0 & \cdots & (\sigma_d^i)^2 \end{pmatrix}$$

在这一独立性假设之下，只需要估计 d 个参数来估计该对角协方差矩阵。

1. 初始化

对每一个簇 C_i（$i=1,2,\cdots,k$），随机地初始化均值 $\boldsymbol{\mu}_i$ 如下：从每个维度 X_a 中，在其取值范围内均匀地随机选取一个值 μ_{ia}。协方差矩阵初始化为 $d\times d$ 的单位矩阵 $\boldsymbol{\Sigma}_i=\boldsymbol{I}$。簇的先验概率初始化为 $P(C_i)=\frac{1}{k}$，使得每一个簇的概率相等。

2. 期望步骤

在期望步骤中，给定点 $\boldsymbol{x}_j$（$j=1,\cdots,n$）的情况下，根据公式 (13.9) 来计算簇 C_i（$i=1,\cdots,k$）的后验概率。如前，我们使用简化的记法 $w_{ij}=P(C_i|\boldsymbol{x}_j)$，以表明 $P(C_i|\boldsymbol{x}_j)$ 可看作点 $\boldsymbol{x}_j$ 对簇 C_i 的权值或贡献，并使用记法 $\boldsymbol{w}_i=(w_{i1},w_{i2},\cdots,w_{in})^{\mathrm{T}}$ 来表示簇 C_i 在所有 n 个点上的权向量。

3. 最大化步骤

给定权值 w_{ij}，在最大化步骤中，我们重新估计 $\boldsymbol{\Sigma}_i$、$\boldsymbol{\mu}_i$ 和 $P(C_i)$。簇 C_i 的均值 $\boldsymbol{\mu}_i$ 可以估计为：

$$\boldsymbol{\mu}_i=\frac{\sum_{j=1}^{n}w_{ij}\cdot\boldsymbol{x}_j}{\sum_{j=1}^{n}w_{ij}} \tag{13.11}$$

可以简洁地用矩阵形式表示为：

$$\boldsymbol{\mu}_i=\frac{\boldsymbol{D}^{\mathrm{T}}\boldsymbol{w}_i}{\boldsymbol{w}_i^{\mathrm{T}}\boldsymbol{1}}$$

令 $\boldsymbol{Z}_i=\boldsymbol{D}-\boldsymbol{1}\cdot\boldsymbol{\mu}_i^{\mathrm{T}}$ 为簇 C_i 的居中数据矩阵。令 $\boldsymbol{z}_{ji}=\boldsymbol{x}_j-\boldsymbol{\mu}_i\in\mathbb{R}^d$ 表示 $\boldsymbol{Z}_i$ 中的第 j 个居中点。我们可以将 $\boldsymbol{\Sigma}_i$ 紧凑地表示为外积形式：

$$\boldsymbol{\Sigma}_i=\frac{\sum_{j=1}^{n}w_{ij}\boldsymbol{z}_{ji}\boldsymbol{z}_{ji}^{\mathrm{T}}}{\boldsymbol{w}_i^{\mathrm{T}}\boldsymbol{1}} \tag{13.12}$$

考虑成对属性的情况，维度 X_a 和 X_b 之间的协方差可估计为：

$$\sigma_{ab}^{i}=\frac{\sum_{j=1}^{n}w_{ij}(x_{ja}-\mu_{ia})(x_{jb}-\mu_{ib})}{\sum_{j=1}^{n}w_{ij}}$$

其中 x_{ja} 和 μ_{ia} 分别代表 $\boldsymbol{x}_j$ 和 $\boldsymbol{\mu}_i$ 在第 a 个维度的值。

最后，每个簇的先验概率 $P(C_i)$ 与一维的情况是一样的 [公式 (13.10)]，表示如下：

$$P(C_i)=\frac{\sum_{j=1}^{n}w_{ij}}{n}=\frac{\boldsymbol{w}_i^{\mathrm{T}}\boldsymbol{1}}{n} \tag{13.13}$$

13.3.3 节中给出了对 $\boldsymbol{\mu}_i$[公式 (13.11)]、$\boldsymbol{\Sigma}_i$[公式 (13.12)] 和 $P(C_i)$[公式 (13.13)] 进行重新估计的形式化推导。

4. EM 聚类算法

多元 EM 聚类算法的伪代码在算法 13.3 中给出。在初始化 $\boldsymbol{\mu}_i$、$\boldsymbol{\Sigma}_i$ 和 $P(C_i)$（$i=1,\cdots,k$）之后，重复期望和最大化步骤直到收敛。关于收敛性测试，我们检测是否 $\sum_i\|\boldsymbol{\mu}_i^t-\boldsymbol{\mu}_i^{t-1}\|^2\leqslant\epsilon$，其中 $\epsilon>0$ 是收敛阈值，t 表示迭代次数。换句话说，迭代过程持续直到簇均值变化很小为止。

算法13.3 EM 算法

$\textsc{Expectation-Maximization}$ $(\boldsymbol{D}, k, \epsilon)$:

1 $t \leftarrow 0$
  //初始化
2 随机初始化 $\boldsymbol{\mu}_1^t, \cdots, \boldsymbol{\mu}_k^t$
3 $\boldsymbol{\Sigma}_i^t \leftarrow \boldsymbol{I}, \forall i = 1, \cdots, k$
4 $P^t(C_i) \leftarrow \frac{1}{k}, \forall i = 1, \cdots, k$
5 **repeat**
6 　$t \leftarrow t + 1$
  　//期望步骤
7 　**for** $i = 1, \cdots, k$ 且 $j = 1, \cdots, n$ **do**
8 　　$w_{ij} \leftarrow \frac{f(\boldsymbol{x}_j|\boldsymbol{\mu}_i, \boldsymbol{\Sigma}_i) \cdot P(C_i)}{\sum_{a=1}^k f(\boldsymbol{x}_j|\boldsymbol{\mu}_a, \boldsymbol{\Sigma}_a) \cdot P(C_a)}$ //后验概率 $P^t(C_i|\boldsymbol{x}_j)$
  　//最大化步骤
9 　**for** $i = 1, \cdots, k$ **do**
10 　　$\boldsymbol{\mu}_i^t \leftarrow \frac{\sum_{j=1}^n w_{ij} \cdot \boldsymbol{x}_j}{\sum_{j=1}^n w_{ij}}$ //重新估计均值
11 　　$\boldsymbol{\Sigma}_i^t \leftarrow \frac{\sum_{j=1}^n w_{ij}(\boldsymbol{x}_j - \boldsymbol{\mu}_i)(\boldsymbol{x}_j - \boldsymbol{\mu}_i)^{\mathrm{T}}}{\sum_{j=1}^n w_{ij}}$ //重新估计协方差矩阵
12 　　$P^t(C_i) \leftarrow \frac{\sum_{j=1}^n w_{ij}}{n}$ //重新估计先验概率
13 **until** $\sum_{i=1}^k \left\|\boldsymbol{\mu}_i^t - \boldsymbol{\mu}_i^{t-1}\right\|^2 \leqslant \epsilon$

例 13.5（二维中的 EM） 图 13-5 给出了 EM 算法在二维鸢尾花数据集上运行的情况，其中两个属性为前两个主成分。数据集包含 $n = 150$ 个数据点，运行 EM 的时候令 $k = 3$，同时给出每个簇的完整协方差矩阵。初始的簇参数为 $\boldsymbol{\Sigma}_i = \begin{pmatrix} 1 & 0 \\ 0 & 1 \end{pmatrix}$ 以及 $P(C_i) = 1/3$，均值选择为：

$$\boldsymbol{\mu}_1 = (-3.59, 0.25)^{\mathrm{T}} \qquad \boldsymbol{\mu}_2 = (-1.09, -0.46)^{\mathrm{T}} \qquad \boldsymbol{\mu}_3 = (0.75, 1.07)^{\mathrm{T}}$$

簇均值（以黑色显示）及联合概率密度函数在图 13-5a 中给出。

EM 算法迭代 36 次后收敛（$\epsilon = 0.001$）。聚类的一个中间阶段如图 13-5b 所示（t=1）。最后一次迭代（t=36），如图 13-5c 所示，3 个簇已被正确区分，参数如下：

$$\boldsymbol{\mu}_1 = (-2.02, 0.017)^{\mathrm{T}} \qquad \boldsymbol{\mu}_2 = (-0.51, -0.23)^{\mathrm{T}} \qquad \boldsymbol{\mu}_3 = (2.64, 0.19)^{\mathrm{T}}$$

$$\boldsymbol{\Sigma}_1 = \begin{pmatrix} 0.56 & -0.29 \\ -0.29 & 0.23 \end{pmatrix} \quad \boldsymbol{\Sigma}_2 = \begin{pmatrix} 0.36 & -0.22 \\ -0.22 & 0.19 \end{pmatrix} \quad \boldsymbol{\Sigma}_3 = \begin{pmatrix} 0.05 & -0.06 \\ -0.06 & 0.21 \end{pmatrix}$$

$$P(C_1) = 0.36 \qquad P(C_2) = 0.31 \qquad P(C_3) = 0.33$$

为了展现完整的协方差矩阵与对角协方差矩阵的不同，我们在鸢尾花主成分数据集上按独立性假设去执行 EM 算法，共进行了 $t = 29$ 次迭代后收敛。最终的簇参数为：

$$\boldsymbol{\mu}_1 = (-2.1, 0.28)^{\mathrm{T}} \quad \boldsymbol{\mu}_2 = (-0.67, -0.40)^{\mathrm{T}} \quad \boldsymbol{\mu}_3 = (2.64, 0.19)^{\mathrm{T}}$$

$$\boldsymbol{\Sigma}_1 = \begin{pmatrix} 0.59 & 0 \\ 0 & 0.11 \end{pmatrix} \quad \boldsymbol{\Sigma}_2 = \begin{pmatrix} 0.49 & 0 \\ 0 & 0.11 \end{pmatrix} \quad \boldsymbol{\Sigma}_3 = \begin{pmatrix} 0.05 & 0 \\ 0 & 0.21 \end{pmatrix}$$

$$P(C_1) = 0.30 \qquad P(C_2) = 0.37 \qquad P(C_3) = 0.33$$

图 13-6b 给出了聚类的结果，以及每个簇的正态密度函数的等值线（以等值线不重叠的形式绘出）。完整的协方差矩阵在图 13-6a 中给出，是图 13-5c 在二维平面上的投影。C_1 中的点显示为方块，C_2 中的点显示为三角形，C_3 中的点显示为圆圈。

可以观察到，对角假设可以生成与轴平行的正态密度等值线，而用完整的协方差矩阵生成的是旋转的等值线。完整协方差矩阵的聚类结果要好得多，这可以通过观察分类错误的点（白点）的数目看出来。使用完整协方差矩阵，只有 3 个点分类错误，而使用对角协方差矩阵，25 个点分类错误，其中 15 个来自`iris-virginica`（白底三角），10 个来自`iris-versicolor`（白底方块）。对应`iris-setosa`的点在两个聚类中都没有错误。

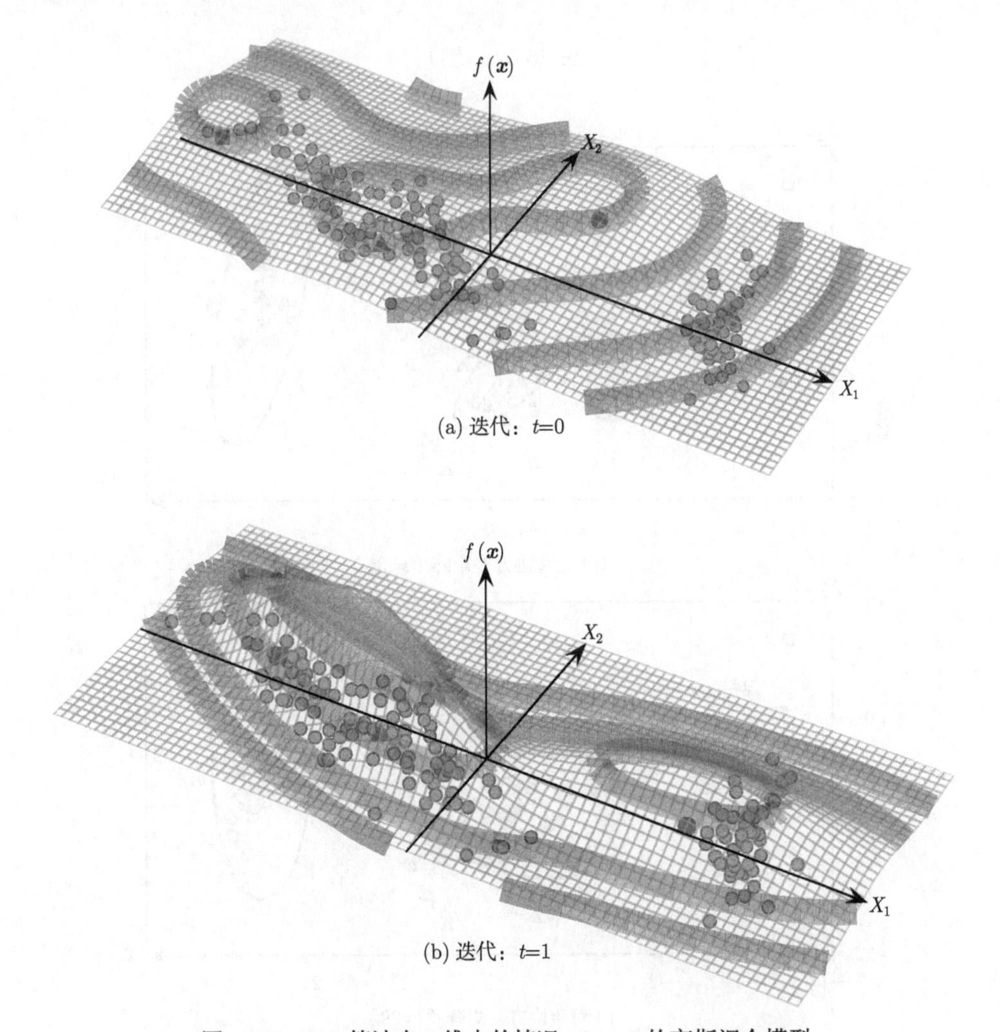

图 13-5 EM 算法在二维中的情况：$k = 3$ 的高斯混合模型

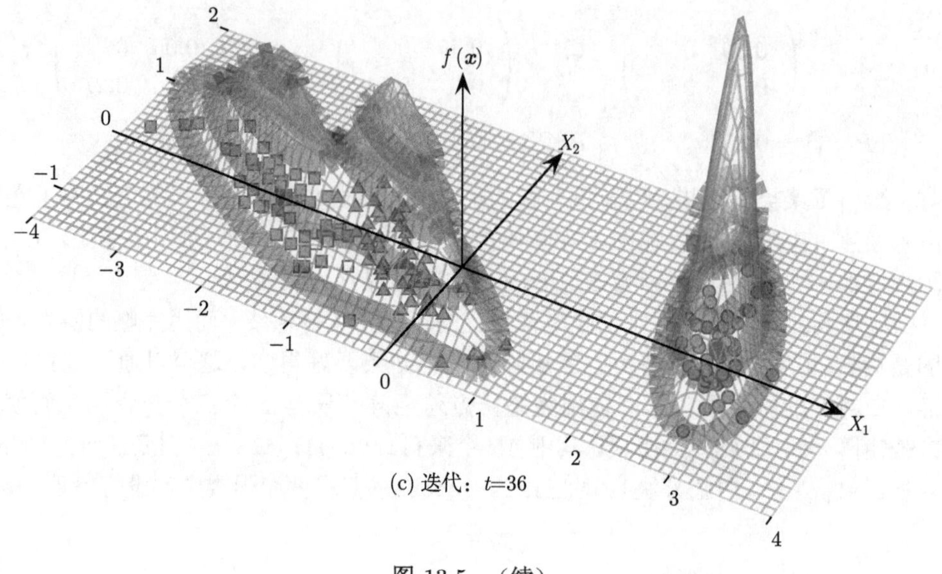

(c) 迭代：t=36

图 13-5 （续）

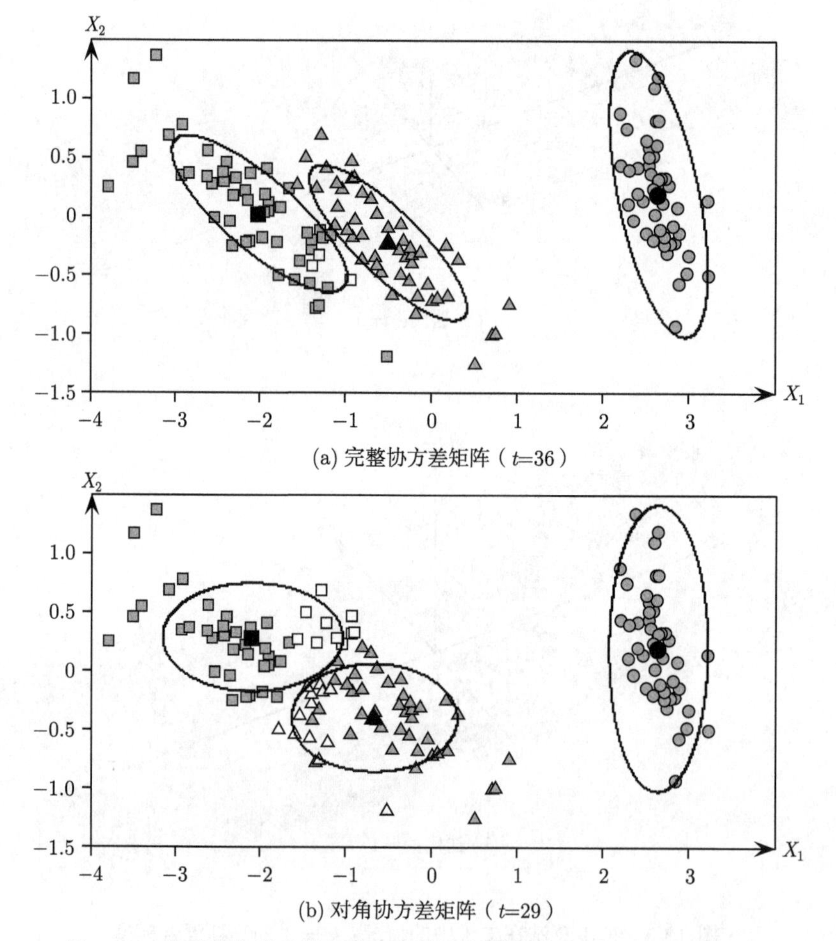

(a) 完整协方差矩阵（t=36）

(b) 对角协方差矩阵（t=29）

图 13-6 鸢尾花主成分数据集：完整协方差矩阵 vs. 对角协方差矩阵

5. 计算复杂度

在期望步骤中，为计算簇后验概率，我们需要求 $\boldsymbol{\Sigma}_i$ 的逆并计算其行列式 $|\boldsymbol{\Sigma}_i|$，这总共需要 $O(d^3)$ 的时间。处理 k 个簇需要的时间为 $O(kd^3)$。在期望步骤中，计算密度 $f(\boldsymbol{x}_j|\boldsymbol{\mu}_i,\boldsymbol{\Sigma}_i)$ 需要 $O(d^2)$ 的时间，处理 n 个点 k 个簇总共需要 $O(knd^2)$ 的时间。在最大化步骤中，时间主要用于更新 $\boldsymbol{\Sigma}_i$，处理所有 k 个簇共需要 $O(knd^2)$ 的时间。EM 算法的计算复杂度因此为 $O(t(kd^3+nkd^2))$，其中 t 为迭代的数目。若使用对角协方差矩阵，则 $\boldsymbol{\Sigma}_i$ 的逆和行列式可以在 $O(d)$ 的时间内算出来。因为每个点的密度计算需要 $O(d)$ 的时间，所以期望步骤所需的时间为 $O(knd)$。最大化步骤也需要 $O(knd)$ 的时间来重新估计 $\boldsymbol{\Sigma}_i$。因此，使用对角协方差矩阵的总时间为 $O(tnkd)$。EM 算法的 I/O 复杂度为 $O(t)$ 次完全的数据扫描，因为每次迭代中我们都要读入所有的点的集合。

6. K-means 作为 EM 的特例

尽管我们假设簇服从正态混合模型，EM 算法可以与其他模型结合起来计算簇密度分布 $P(\boldsymbol{x}_j|C_i)$。例如，K-means 可以看作 EM 算法的一个特例，按如下方式得到：

$$P(\boldsymbol{x}_j|C_i)=\begin{cases}1 & C_i=\arg\min\limits_{C_a}\left\{\|\boldsymbol{x}_j-\boldsymbol{\mu}_a\|^2\right\}\\ 0 & \text{其他情况}\end{cases}$$

利用公式 (13.9)，后验概率 $P(C_i|\boldsymbol{x}_j)$ 为：

$$P(C_i|\boldsymbol{x}_j)=\frac{P(\boldsymbol{x}_j|C_i)P(C_i)}{\sum_{a=1}^k P(\boldsymbol{x}_j|C_a)P(C_a)}$$

可以看到，若 $P(\boldsymbol{x}_j|C_i)=0$，则 $P(C_i|\boldsymbol{x}_j)=0$。否则，若 $P(\boldsymbol{x}_j|C_i)=1$，则 $P(\boldsymbol{x}_j|C_a)=0$（$a\neq i$），因此 $P(C_i|\boldsymbol{x}_j)=\frac{1\cdot P(C_i)}{1\cdot P(C_i)}=1$。综上，可得后验概率为：

$$P(C_i|\boldsymbol{x}_j)=\begin{cases}1 & \boldsymbol{x}_j\in C_i \text{ 即 } C_i=\arg\min\limits_{C_a}\left\{\|\boldsymbol{x}_j-\boldsymbol{\mu}_a\|^2\right\}\\ 0 & \text{其他情况}\end{cases}$$

很明显，K-means 的簇参数为 $\boldsymbol{\mu}_i$ 和 $P(C_i)$；我们可以忽略协方差矩阵。

13.3.3 极大似然估计

本节会推导出簇参数 $\boldsymbol{\mu}_i$、$\boldsymbol{\Sigma}_i$ 和 $P(C_i)$ 的极大似然估计。我们对每个对数似然函数求对应参数的导数，并令导数为 0。

某个参数 $\boldsymbol{\theta}_i$ 关于某个簇 C_i 的对数似然函数 [公式 (13.8)] 的偏导数给出如下：

$$\begin{aligned}\frac{\partial}{\partial\boldsymbol{\theta}_i}\ln(P(\boldsymbol{D}|\boldsymbol{\theta}))&=\frac{\partial}{\partial\boldsymbol{\theta}_i}\left(\sum_{j=1}^n\ln f(\boldsymbol{x}_j)\right)\\&=\sum_{j=1}^n\left(\frac{1}{f(\boldsymbol{x}_j)}\cdot\frac{\partial f(\boldsymbol{x}_j)}{\partial\boldsymbol{\theta}_i}\right)\end{aligned}$$

$$
\begin{aligned}
&= \sum_{j=1}^{n}\left(\frac{1}{f(\boldsymbol{x}_j)}\sum_{a=1}^{k}\frac{\partial}{\partial\boldsymbol{\theta}_i}\Big(f(\boldsymbol{x}_j|\boldsymbol{\mu}_a,\boldsymbol{\Sigma}_a)P(C_a)\Big)\right)\\
&= \sum_{j=1}^{n}\left(\frac{1}{f(\boldsymbol{x}_j)}\cdot\frac{\partial}{\partial\boldsymbol{\theta}_i}\Big(f(\boldsymbol{x}_j|\boldsymbol{\mu}_i,\boldsymbol{\Sigma}_i)P(C_i)\Big)\right)
\end{aligned}
$$

最后一步的依据是：$\boldsymbol{\theta}_i$ 是第 i 个簇的一个参数，其他簇的混合成分相对 $\boldsymbol{\theta}_i$ 而言是常数。利用 $|\boldsymbol{\Sigma}_i| = \frac{1}{|\boldsymbol{\Sigma}_i^{-1}|}$，公式 (13.6) 中的多元正态密度可写为：

$$
f(\boldsymbol{x}_j|\boldsymbol{\mu}_i,\boldsymbol{\Sigma}_i) = (2\pi)^{-\frac{d}{2}}|\boldsymbol{\Sigma}_i^{-1}|^{\frac{1}{2}}\exp\{g(\boldsymbol{\mu}_i,\boldsymbol{\Sigma}_i)\} \tag{13.14}
$$

其中：

$$
g(\boldsymbol{\mu}_i,\boldsymbol{\Sigma}_i) = -\frac{1}{2}(\boldsymbol{x}_j-\boldsymbol{\mu}_i)^{\mathrm{T}}\boldsymbol{\Sigma}_i^{-1}(\boldsymbol{x}_j-\boldsymbol{\mu}_i) \tag{13.15}
$$

因此，对数似然函数的导数可以写为：

$$
\frac{\partial}{\partial\boldsymbol{\theta}_i}\ln\big(P(\boldsymbol{D}|\boldsymbol{\theta})\big) = \sum_{j=1}^{n}\left(\frac{1}{f(\boldsymbol{x}_j)}\cdot\frac{\partial}{\partial\boldsymbol{\theta}_i}\Big((2\pi)^{-\frac{d}{2}}|\boldsymbol{\Sigma}_i^{-1}|^{\frac{1}{2}}\exp\{g(\boldsymbol{\mu}_i,\boldsymbol{\Sigma}_i)\}P(C_i)\Big)\right) \tag{13.16}
$$

接下来，我们会利用如下事实：

$$
\frac{\partial}{\partial\boldsymbol{\theta}_i}\exp\{g(\boldsymbol{\mu}_i,\boldsymbol{\Sigma}_i)\} = \exp\{g(\boldsymbol{\mu}_i,\boldsymbol{\Sigma}_i)\}\cdot\frac{\partial}{\partial\boldsymbol{\theta}_i}g(\boldsymbol{\mu}_i,\boldsymbol{\Sigma}_i) \tag{13.17}
$$

1. 均值的估计

为导出对均值 $\boldsymbol{\mu}_i$ 的极大似然估计，我们要求出关于 $\boldsymbol{\theta}_i = \boldsymbol{\mu}_i$ 的对数似然的导数。根据公式 (13.16)，唯一与 $\boldsymbol{\mu}_i$ 相关的项是 $\{g(\boldsymbol{\mu}_i,\boldsymbol{\Sigma}_i)\}$。利用如下事实：

$$
\frac{\partial}{\partial\boldsymbol{\mu}_i}g(\boldsymbol{\mu}_i,\boldsymbol{\Sigma}_i) = \boldsymbol{\Sigma}_i^{-1}(\boldsymbol{x}_j-\boldsymbol{\mu}_i) \tag{13.18}
$$

并利用公式 (13.17)，关于 $\boldsymbol{\mu}_i$ 的对数似然导数 [公式 (13.16)] 为：

$$
\begin{aligned}
\frac{\partial}{\partial\boldsymbol{\mu}_i}\ln(P(\boldsymbol{D}|\boldsymbol{\theta})) &= \sum_{j=1}^{n}\left(\frac{1}{f(\boldsymbol{x}_j)}(2\pi)^{-\frac{d}{2}}|\boldsymbol{\Sigma}_i^{-1}|^{\frac{1}{2}}\exp\{g(\boldsymbol{\mu}_i,\boldsymbol{\Sigma}_i)\}P(C_i)\boldsymbol{\Sigma}_i^{-1}(\boldsymbol{x}_j-\boldsymbol{\mu}_i)\right)\\
&= \sum_{j=1}^{n}\left(\frac{f(\boldsymbol{x}_j|\boldsymbol{\mu}_i,\boldsymbol{\Sigma}_i)P(C_i)}{f(\boldsymbol{x}_j)}\cdot\boldsymbol{\Sigma}_i^{-1}(\boldsymbol{x}_j-\boldsymbol{\mu}_i)\right)\\
&= \sum_{j=1}^{n}w_{ij}\boldsymbol{\Sigma}_i^{-1}(\boldsymbol{x}_j-\boldsymbol{\mu}_i)
\end{aligned}
$$

其中用到了公式 (13.14) 和公式 (13.9)，且

$$
w_{ij} = P(C_i|\boldsymbol{x}_j) = \frac{f(\boldsymbol{x}_j|\boldsymbol{\mu}_i,\boldsymbol{\Sigma}_i)P(C_i)}{f(\boldsymbol{x}_j)}
$$

令对数似然的偏导数等于零向量，并在两边同乘以 $\boldsymbol{\Sigma}_i$，得：

$$\sum_{j=1}^{n} w_{ij}(\boldsymbol{x}_j - \boldsymbol{\mu}_i) = \boldsymbol{0}, \text{意味着}$$

$$\sum_{j=1}^{n} w_{ij}\boldsymbol{x}_j = \boldsymbol{\mu}_i \sum_{j=1}^{n} w_{ij}, \text{因此}$$

$$\boldsymbol{\mu}_i = \frac{\sum_{j=1}^{n} w_{ij}\boldsymbol{x}_j}{\sum_{j=1}^{n} w_{ij}} \tag{13.19}$$

这与公式 (13.11) 中使用的重估计方程完全一致。

2. 协方差矩阵的估计

为重新估计协方差矩阵 $\boldsymbol{\Sigma}_i$，我们要求出公式 (13.16) 关于 $\boldsymbol{\Sigma}_i^{-1}$ 的偏导数，并对项 $|\boldsymbol{\Sigma}_i^{-1}|^{\frac{1}{2}}\exp\{g(\boldsymbol{\mu}_i, \boldsymbol{\Sigma}_i)\}$ 的微分应用乘积法则。

对于任意的方阵 $\boldsymbol{A}$，有 $\frac{\partial|\boldsymbol{A}|}{\partial\boldsymbol{A}} = |\boldsymbol{A}|\cdot(\boldsymbol{A}^{-1})^{\mathrm{T}}$，因此 $|\boldsymbol{\Sigma}_i^{-1}|^{\frac{1}{2}}$ 关于 $\boldsymbol{\Sigma}_i^{-1}$ 的导数为：

$$\frac{\partial|\boldsymbol{\Sigma}_i^{-1}|^{\frac{1}{2}}}{\partial\boldsymbol{\Sigma}_i^{-1}} = \frac{1}{2}\cdot|\boldsymbol{\Sigma}_i^{-1}|^{-\frac{1}{2}}\cdot|\boldsymbol{\Sigma}_i^{-1}|\cdot\boldsymbol{\Sigma}_i = \frac{1}{2}\cdot|\boldsymbol{\Sigma}_i^{-1}|^{\frac{1}{2}}\cdot\boldsymbol{\Sigma}_i \tag{13.20}$$

接下来，对于方阵 $\boldsymbol{A} \in \mathbb{R}^{d\times d}$ 和向量 $\boldsymbol{a}, \boldsymbol{b} \in \mathbb{R}^d$，有 $\frac{\partial}{\partial\boldsymbol{A}}\boldsymbol{a}^{\mathrm{T}}\boldsymbol{A}\boldsymbol{b} = \boldsymbol{a}\boldsymbol{b}^{\mathrm{T}}$。因此 $\exp\{g(\boldsymbol{\mu}_i, \boldsymbol{\Sigma}_i)\}$ 关于 $\boldsymbol{\Sigma}_i^{-1}$ 的导数可由公式 (13.17) 得到：

$$\frac{\partial}{\partial\boldsymbol{\Sigma}_i^{-1}}\exp\{g(\boldsymbol{\mu}_i, \boldsymbol{\Sigma}_i)\} = -\frac{1}{2}\exp\{g(\boldsymbol{\mu}_i, \boldsymbol{\Sigma}_i)\}(\boldsymbol{x}_j - \boldsymbol{\mu}_i)(\boldsymbol{x}_j - \boldsymbol{\mu}_i)^{\mathrm{T}} \tag{13.21}$$

对公式 (13.20) 和公式 (13.21) 应用乘积法则，得：

$$\begin{aligned}
&\frac{\partial}{\partial\boldsymbol{\Sigma}_i^{-1}}|\boldsymbol{\Sigma}_i^{-1}|^{\frac{1}{2}}\exp\{g(\boldsymbol{\mu}_i, \boldsymbol{\Sigma}_i)\} \\
&\quad = \frac{1}{2}|\boldsymbol{\Sigma}_i^{-1}|^{\frac{1}{2}}\boldsymbol{\Sigma}_i\exp\{g(\boldsymbol{\mu}_i, \boldsymbol{\Sigma}_i)\} - \frac{1}{2}|\boldsymbol{\Sigma}_i^{-1}|^{\frac{1}{2}}\exp\{g(\boldsymbol{\mu}_i, \boldsymbol{\Sigma}_i)\}(\boldsymbol{x}_j - \boldsymbol{\mu}_i)(\boldsymbol{x}_j - \boldsymbol{\mu}_i)^{\mathrm{T}} \\
&\quad = \frac{1}{2}\cdot|\boldsymbol{\Sigma}_i^{-1}|^{\frac{1}{2}}\cdot\exp\{g(\boldsymbol{\mu}_i, \boldsymbol{\Sigma}_i)\}\left(\boldsymbol{\Sigma}_i - (\boldsymbol{x}_j - \boldsymbol{\mu}_i)(\boldsymbol{x}_j - \boldsymbol{\mu}_i)^{\mathrm{T}}\right)
\end{aligned} \tag{13.22}$$

将公式 (13.22) 代入公式 (13.16)，可得关于 $\boldsymbol{\Sigma}_i^{-1}$ 的对数似然函数的导数如下：

$$\begin{aligned}
&\frac{\partial}{\partial\boldsymbol{\Sigma}_i^{-1}}\ln(P(\boldsymbol{D}|\boldsymbol{\theta})) \\
&\quad = \frac{1}{2}\sum_{j=1}^{n}\frac{(2\pi)^{-\frac{d}{2}}|\boldsymbol{\Sigma}_i^{-1}|^{\frac{1}{2}}\exp\{g(\boldsymbol{\mu}_i, \boldsymbol{\Sigma}_i)\}P(C_i)}{f(\boldsymbol{x}_j)}\left(\boldsymbol{\Sigma}_i - (\boldsymbol{x}_j - \boldsymbol{\mu}_i)(\boldsymbol{x}_j - \boldsymbol{\mu}_i)^{\mathrm{T}}\right) \\
&\quad = \frac{1}{2}\sum_{j=1}^{n}\frac{f(\boldsymbol{x}_j|\boldsymbol{\mu}_i, \boldsymbol{\Sigma}_i)P(C_i)}{f(\boldsymbol{x}_j)}\cdot\left(\boldsymbol{\Sigma}_i - (\boldsymbol{x}_j - \boldsymbol{\mu}_i)(\boldsymbol{x}_j - \boldsymbol{\mu}_i)^{\mathrm{T}}\right) \\
&\quad = \frac{1}{2}\sum_{j=1}^{n}w_{ij}\left(\boldsymbol{\Sigma}_i - (\boldsymbol{x}_j - \boldsymbol{\mu}_i)(\boldsymbol{x}_j - \boldsymbol{\mu}_i)^{\mathrm{T}}\right)
\end{aligned}$$

令导数等于 $d \times d$ 的零矩阵 $\mathbf{0}_{d\times d}$，我们可以求解 $\boldsymbol{\Sigma}_i$：

$$\sum_{j=1}^{n} w_{ij}\left(\boldsymbol{\Sigma}_i - (\boldsymbol{x}_j - \boldsymbol{\mu}_i)(\boldsymbol{x}_j - \boldsymbol{\mu}_i)^{\mathrm{T}}\right) = \mathbf{0}_{d\times d}, \text{意味着}$$

$$\boldsymbol{\Sigma}_i = \frac{\sum_{j=1}^{n} w_{ij}(\boldsymbol{x}_j - \boldsymbol{\mu}_i)(\boldsymbol{x}_j - \boldsymbol{\mu}_i)^{\mathrm{T}}}{\sum_{j=1}^{n} w_{ij}} \tag{13.23}$$

因此，可以看到协方差矩阵的极大似然估计是以公式 (13.12) 的带权外积形式给出。

3. **估计先验概率：混合参数**

为得到混合参数的极大似然估计或先验概率 $P(C_i)$，我们要求出对数似然 [公式 (13.16)] 的关于 $P(C_i)$ 的偏导数。然而，对于约束 $\sum_{a=1}^{k} P(C_a) = 1$ 我们要引入一个拉格朗日乘子 α。求导数如下：

$$\frac{\partial}{\partial P(C_i)}\left(\ln(P(\boldsymbol{D}|\boldsymbol{\theta})) + \alpha\left(\sum_{a=1}^{k} P(C_a) - 1\right)\right) \tag{13.24}$$

对数似然 [公式 (13.16)] 关于 $P(C_i)$ 的偏导数为：

$$\frac{\partial}{\partial P(C_i)} \ln(P(\boldsymbol{D}|\boldsymbol{\theta})) = \sum_{j=1}^{n} \frac{f(\boldsymbol{x}_j|\boldsymbol{\mu}_i, \boldsymbol{\Sigma}_i)}{f(\boldsymbol{x}_j)}$$

因此，公式 (13.24) 的导数等于：

$$\left(\sum_{j=1}^{n} \frac{f(\boldsymbol{x}_j|\boldsymbol{\mu}_i, \boldsymbol{\Sigma}_i)}{f(\boldsymbol{x}_j)}\right) + \alpha$$

令导数为零，两边同乘以 $P(C_i)$，可得：

$$\sum_{j=1}^{n} \frac{f(\boldsymbol{x}_j|\boldsymbol{\mu}_i, \boldsymbol{\Sigma}_i)P(C_i)}{f(\boldsymbol{x}_j)} = -\alpha P(C_i)$$

$$\sum_{j=1}^{n} w_{ij} = -\alpha P(C_i) \tag{13.25}$$

对公式 (13.25) 在所有簇上求和，可以得到：

$$\sum_{i=1}^{k}\sum_{j=1}^{n} w_{ij} = -\alpha \sum_{i=1}^{k} P(C_i)$$

$$\text{或者} n = -\alpha \tag{13.26}$$

最后一步利用了 $\sum_{i=1}^{k} w_{ij} = 1$。将公式 (13.26) 代入公式 (13.25)，可以给出对 $P(C_i)$ 的极大似然估计如下：

$$P(C_i) = \frac{\sum_{j=1}^{n} w_{ij}}{n} \tag{13.27}$$

这与公式 (13.13) 是吻合的。

可以看到，关于簇 C_i 的所有 3 个参数 $\boldsymbol{\mu}_i$、$\boldsymbol{\Sigma}_i$ 和 $P(C_i)$ 都依赖于权值 w_{ij}，与 $P(C_i|\boldsymbol{x}_j)$ 相对应。公式 (13.19)、公式 (13.23) 和公式 (13.27) 因此并不表示最大化对数似然函数的闭合解（closed-form solution）。相反，我们使用迭代的 EM 算法，在期望步骤中计算 w_{ij}，并在最大化步骤中重新估计 $\boldsymbol{\mu}_i$、$\boldsymbol{\Sigma}_i$ 和 $P(C_i)$。接下来详细讨论 EM 的框架。

13.3.4 EM 方法

直接最大化对数似然函数 [公式 (13.8)] 很难，因为混合项出现在对数内部。问题在于，对于任意点 $\boldsymbol{x}_j$，我们并不知道它属于哪个正态或者混合成分。假设我们知道这个信息，即假设每个点 $\boldsymbol{x}_j$ 有一个关联的值，该值表明了生成这个点的簇。那么我们会看到，给定这样的信息的情况下，最大化对数似然会容易得多。

与簇标签对应的类别属性可以建模为一个向量随机变量 $\boldsymbol{C}=(C_1,C_2,\cdots,C_k)$，其中 C_i 是一个伯努利随机变量（关于类别变量的建模，请参见 3.1.2 节）。若一个给定点是由簇 C_i 生成的，则 $C_i=1$，否则 $C_i=0$。参数 $P(C_i)$ 给出概率 $P(C_i=1)$。由于每一个点只能由一个簇生成，若对于某个给定点，$C_a=1$，则 $C_i=0\ (i\neq a)$。因此 $\sum_{i=1}^k P(C_i)=1$。

对于每个点 $\boldsymbol{x}_j$，令其簇向量为 $\boldsymbol{c}_j=(c_{j1},\cdots,c_{jk})^{\mathrm{T}}$。$\boldsymbol{c}_j$ 仅有一个分量为 1。若 $c_{ji}=1$，则意味着 $C_i=1$，即簇 C_i 生成了点 $\boldsymbol{x}_j$。$\boldsymbol{C}$ 的概率质量函数为：

$$P(\boldsymbol{C}=\boldsymbol{c}_j)=\prod_{i=1}^{k}P(C_i)^{c_{ji}}$$

给定每个点 $\boldsymbol{x}_j$ 的簇信息 $\boldsymbol{c}_j$，$\boldsymbol{X}$ 的条件概率密度函数为：

$$f(\boldsymbol{x}_j|\boldsymbol{c}_j)=\prod_{i=1}^{k}f(\boldsymbol{x}_j|\boldsymbol{\mu}_i,\boldsymbol{\Sigma}_i)^{c_{ji}}$$

鉴于只有一个簇可以生成 $\boldsymbol{x}_j$，不妨设其为 C_a，即 $c_{ja}=1$，以上表达式可以简化为 $f(\boldsymbol{x}_j|\boldsymbol{c}_j)=f(\boldsymbol{x}_j|\boldsymbol{\mu}_a,\boldsymbol{\Sigma}_a)$。

对 $(\boldsymbol{x}_j,\boldsymbol{c}_j)$ 是从向量随机变量 $\boldsymbol{X}=(X_1,\cdots,X_d)$ 和 $\boldsymbol{C}=(C_1,\cdots,C_k)$（$d$ 个数据属性，k 个簇属性）的联合分布中得到的一个随机抽样。$\boldsymbol{X}$ 和 $\boldsymbol{C}$ 的联合密度函数为：

$$f(\boldsymbol{x}_j,\boldsymbol{c}_j)=f(\boldsymbol{x}_j|\boldsymbol{c}_j)P(\boldsymbol{c}_j)=\prod_{i=1}^{k}\left(f(\boldsymbol{x}_j|\boldsymbol{\mu}_i,\boldsymbol{\Sigma}_i)P(C_i)\right)^{c_{ji}}$$

对于给定簇信息的输入数据，对数似然为：

$$\begin{aligned}
\ln P(\boldsymbol{D}|\boldsymbol{\theta})&=\ln\prod_{j=1}^{n}f(\boldsymbol{x}_j,\boldsymbol{c}_j|\boldsymbol{\theta})\\
&=\sum_{j=1}^{n}\ln f(\boldsymbol{x}_j,\boldsymbol{c}_j|\boldsymbol{\theta})\\
&=\sum_{j=1}^{n}\ln\left(\prod_{i=1}^{k}\left(f(\boldsymbol{x}_j|\boldsymbol{\mu}_i,\boldsymbol{\Sigma}_i)P(C_i)\right)^{c_{ji}}\right)\\
&=\sum_{j=1}^{n}\sum_{i=1}^{k}c_{ji}\left(\ln f(\boldsymbol{x}_j|\boldsymbol{\mu}_i,\boldsymbol{\Sigma}_i)+\ln P(C_i)\right)
\end{aligned}\tag{13.28}$$

1. 期望步骤

在期望步骤中，我们计算公式 (13.28) 中给定的带标签数据的对数似然的期望值。该期望值基于缺失的簇信息 $\boldsymbol{c}_j$，该信息将 $\boldsymbol{\mu}_i$、$\boldsymbol{\Sigma}_i$、$P(C_i)$ 以及 $\boldsymbol{x}_j$ 看作固定值。由于期望的线性性，对数似然的期望值为：

$$E[\ln P(\boldsymbol{D}|\boldsymbol{\theta})] = \sum_{j=1}^{n}\sum_{i=1}^{k} E[c_{ji}]\Big(\ln f(\boldsymbol{x}_j|\boldsymbol{\mu}_i, \boldsymbol{\Sigma}_i) + \ln P(C_i)\Big)$$

期望值 $E[c_{ji}]$ 可以计算如下：

$$\begin{aligned} E[c_{ji}] &= 1\cdot P(c_{ji}=1|\boldsymbol{x}_j) + 0\cdot P(c_{ji}=0|\boldsymbol{x}_j) = P(c_{ji}=1|\boldsymbol{x}_j) = P(C_i|\boldsymbol{x}_j) \\ &= \frac{P(\boldsymbol{x}_j|C_i)P(C_i)}{P(\boldsymbol{x}_j)} = \frac{f(\boldsymbol{x}_j|\boldsymbol{\mu}_i, \boldsymbol{\Sigma}_i)P(C_i)}{f(\boldsymbol{x}_j)} \\ &= w_{ij} \end{aligned} \tag{13.29}$$

因此，在期望步骤中，我们用 $\boldsymbol{\theta} = \{\boldsymbol{\mu}_i, \boldsymbol{\Sigma}_i, P(C_i)\}_{i=1}^{k}$ 来估计每一个点关于每个簇的后验概率或权值 w_{ij}。根据 $E[c_{ji}] = w_{ij}$，对数似然函数的期望值可以重写为：

$$E[\ln P(\boldsymbol{D}|\boldsymbol{\theta})] = \sum_{j=1}^{n}\sum_{i=1}^{k} w_{ij}\Big(\ln f(\boldsymbol{x}_j|\boldsymbol{\mu}_i, \boldsymbol{\Sigma}_i) + \ln P(C_i)\Big) \tag{13.30}$$

2. 最大化步骤

在最大化步骤中，我们最大化对数似然的期望值 [公式 (13.30)]。求关于 $\boldsymbol{\mu}_i$、$\boldsymbol{\Sigma}_i$ 或 $P(C_i)$ 的导数，可以忽略其他簇的项。

公式 (13.30) 的关于 $\boldsymbol{\mu}_i$ 的导数为：

$$\begin{aligned} \frac{\partial}{\partial \boldsymbol{\mu}_i} \ln E[\ln P(\boldsymbol{D}|\boldsymbol{\theta})] &= \frac{\partial}{\partial \boldsymbol{\mu}_i} \sum_{j=1}^{n} w_{ij} \ln f(\boldsymbol{x}_j|\boldsymbol{\mu}_i, \boldsymbol{\Sigma}_i) \\ &= \sum_{j=1}^{n} w_{ij}\cdot \frac{1}{f(\boldsymbol{x}_j|\boldsymbol{\mu}_i, \boldsymbol{\Sigma}_i)} \frac{\partial}{\partial \boldsymbol{\mu}_i} f(\boldsymbol{x}_j|\boldsymbol{\mu}_i, \boldsymbol{\Sigma}_i) \\ &= \sum_{j=1}^{n} w_{ij}\cdot \frac{1}{f(\boldsymbol{x}_j|\boldsymbol{\mu}_i, \boldsymbol{\Sigma}_i)} \cdot f(\boldsymbol{x}_j|\boldsymbol{\mu}_i, \boldsymbol{\Sigma}_i)\boldsymbol{\Sigma}_i^{-1}(\boldsymbol{x}_j - \boldsymbol{\mu}_i) \\ &= \sum_{j=1}^{n} w_{ij}\boldsymbol{\Sigma}_i^{-1}(\boldsymbol{x}_j - \boldsymbol{\mu}_i) \end{aligned}$$

其中利用了以下结论：

$$\frac{\partial}{\partial \boldsymbol{\mu}_i} f(\boldsymbol{x}_j|\boldsymbol{\mu}_i, \boldsymbol{\Sigma}_i) = f(\boldsymbol{x}_j|\boldsymbol{\mu}_i, \boldsymbol{\Sigma}_i)\boldsymbol{\Sigma}_i^{-1}(\boldsymbol{x}_j - \boldsymbol{\mu}_i)$$

该结论是从公式 (13.14)、公式 (13.17) 和公式 (13.18) 得到的。令对数似然的期望值的导数为零向量，且两边同乘以 $\boldsymbol{\Sigma}_i$，可得：

$$\boldsymbol{\mu}_i = \frac{\sum_{j=1}^{n} w_{ij}\boldsymbol{x}_j}{\sum_{j=1}^{n} w_{ij}}$$

这与公式 (13.11) 相符。

利用公式 (13.22) 与公式 (13.14)，可以得到公式 (13.30) 关于 $\boldsymbol{\Sigma}_i^{-1}$ 的导数如下：

$$\begin{aligned}\frac{\partial}{\partial \boldsymbol{\Sigma}_i^{-1}} \ln E[P(\boldsymbol{D}|\boldsymbol{\theta})] &= \sum_{j=1}^{n} w_{ij} \cdot \frac{1}{f(\boldsymbol{x}_j|\boldsymbol{\mu}_i, \boldsymbol{\Sigma}_i)} \cdot \frac{1}{2} f(\boldsymbol{x}_j|\boldsymbol{\mu}_i, \boldsymbol{\Sigma}_i)\big(\boldsymbol{\Sigma}_i - (\boldsymbol{x}_j - \boldsymbol{\mu}_i)(\boldsymbol{x}_j - \boldsymbol{\mu}_i)^{\mathrm{T}}\big) \\ &= \frac{1}{2}\sum_{j=1}^{n} w_{ij} \cdot \big(\boldsymbol{\Sigma}_i - (\boldsymbol{x}_j - \boldsymbol{\mu}_i)(\boldsymbol{x}_j - \boldsymbol{\mu}_i)^{\mathrm{T}}\big)\end{aligned}$$

令以上导数等于 $d \times d$ 零矩阵，求解 $\boldsymbol{\Sigma}_i$ 可以得到：

$$\boldsymbol{\Sigma}_i = \frac{\sum_{j=1}^{n} w_{ij} (\boldsymbol{x}_j - \boldsymbol{\mu}_i)(\boldsymbol{x}_j - \boldsymbol{\mu}_i)^{\mathrm{T}}}{\sum_{j=1}^{n} w_{ij}}$$

这与公式 (13.12) 是一致的。

对约束 $\sum_{i=1}^{k} P(C_i) = 1$ 使用拉格朗日乘子 α，并注意到在对数似然函数中 [公式 (13.30)]，项 $\ln f(\boldsymbol{x}_j|\boldsymbol{\mu}_i, \boldsymbol{\Sigma}_i)$ 是一个关于 $P(C_i)$ 的常数，可以得到：

$$\begin{aligned}\frac{\partial}{\partial P(C_i)} \left(\ln E[P(\boldsymbol{D}|\boldsymbol{\theta})] + \alpha \left(\sum_{i=1}^{k} P(C_i) - 1 \right) \right) &= \frac{\partial}{\partial P(C_i)} \left(w_{ij} \ln P(C_i) + \alpha P(C_i) \right) \\ &= \left(\sum_{j=1}^{n} w_{ij} \cdot \frac{1}{P(C_i)} \right) + \alpha\end{aligned}$$

令导数为零，可得：

$$\sum_{j=1}^{n} w_{ij} = -\alpha \cdot P(C_i)$$

使用同公式 (13.26) 一样的推导，得：

$$P(C_i) = \frac{\sum_{j=1}^{n} w_{ij}}{n}$$

这与公式 (13.13) 中的重估计公式一致。

13.4 补充阅读

K-means 算法于 20 世纪 50 年代和 60 年代在不同背景下被提出；早期研究这一方法的工作包括 MacQueen (1967)、Lloyd (1982) 和 Hartigan (1975)。核 K-means 方法首先是由 Schölkopf, Smola, and Müller (1996) 提出的。EM 算法是由 Dempster, Laird, and Rubin (1977) 提出的。关于 EM 的一篇很好的综述，参见 McLachlan and Krishnan (2008)。关于基于代表点的一种可扩展和增量式的聚类方法（还可以产生层次式聚类），可参见 Zhang, Ramakrishnan, and Livny (1996)。

Dempster, A. P., Laird, N. M., and Rubin, D. B. (1977). "Maximum likelihood from incomplete data via the EM algorithm." *Journal of the Royal Statistical Society*, Series B, 39 (1): 1–38.

Hartigan, J. A. (1975). *Clustering Algorithms.* New York: John Wiley & Sons.

Lloyd, S. (1982). "Least squares quantization in PCM." *IEEE Transactions on Information Theory*, 28 (2): 129–137.

MacQueen, J. (1967). "Some methods for classification and analysis of multivariate observations." *In Proceedings of the 5th Berkeley Symposium on Mathematical Statistics and Probability*, vol. 1, pp. 281–297, University of California Press, Berkeley.

McLachlan, G. and Krishnan, T. (2008). *The EM Algorithm and Extensions*, 2nd ed. Hoboken, NJ: John Wiley & Sons.

Schölkopf, B., Smola, A., and Müller, K.-R. (1996). *Nonlinear component analysis as a kernel eigenvalue problem.* Technical Report No. 44. Tübingen, Germany: Max-Planck-Institut für biologische Kybernetik.

Zhang, T., Ramakrishnan, R., and Livny, M. (1996). "BIRCH: an efficient data clustering method for very large databases." *ACM SIGMOD Record*, 25 (2): 103–114.

13.5 习题

Q1. 给定以下点：2、4、10、12、3、20、30、11、25。假设 $k=3$，且随机选择初始均值为 $\mu_1=2$、$\mu_2=4$、$\mu_3=6$。给出使用 K-means 算法并进行一次迭代之后所获得的簇，同时给出下一次迭代的新均值。

Q2. 给定表 13-1 中的数据点，以及它们属于两个簇的概率。假设这些点是由两个一元正态分布混合生成的。回答下列问题。

(a) 求均值 μ_1 和 μ_2 的极大似然估计。

(b) 假设 $\mu_1=2$、$\mu_2=7$，且 $\sigma_1=\sigma_2=1$。求点 $x=5$ 属于簇 C_1 和 C_2 的概率。可以假设每个簇的先验概率是相等的（比如 $P(C_1)=P(C_2)=0.5$），且先验概率 $P(x=5)=0.029$。

表 13-1 Q2 的数据集

x	$P(C_1\|x)$	$P(C_2\|x)$
2	0.9	0.1
3	0.8	0.1
7	0.3	0.7
9	0.1	0.9
2	0.9	0.1
1	0.8	0.2

Q3. 给定表 13-2 中的二维点。假设 $k = 2$，且起初点的划分为：$C_1 = \{\boldsymbol{x}_1, \boldsymbol{x}_2, \boldsymbol{x}_4\}$ 和 $C_2 = \{\boldsymbol{x}_3, \boldsymbol{x}_5\}$。回答如下问题。

(a) 应用 K-means 算法直到收敛，即簇不再发生变化，其中，分别使用 (1) 常用的欧几里得距离或L_2范数作为点之间的距离，定义为 $\|\boldsymbol{x}_i - \boldsymbol{x}_j\|_2 = \left(\sum_{a=1}^{d}(x_{ia} - x_{ja})^2\right)^{1/2}$，以及 (2) 曼哈顿距离或$L_1$范数，定义为 $\|\boldsymbol{x}_i - \boldsymbol{x}_j\|_1 = \sum_{a=1}^{d}|x_{ia} - x_{ja}|$。

(b) 假设两个维度是彼此独立的，应用 EM 算法（$k = 2$）。演示期望步骤和最大化步骤的一次完整执行。假设 $P(C_i|x_{ja}) = 0.5$，$a = 1, 2$，$j = 1, \cdots, 5$。

表 13-2　Q3 的数据集

	X_1	X_2
$\boldsymbol{x}_1$	0	2
$\boldsymbol{x}_2$	0	0
$\boldsymbol{x}_3$	1.5	0
$\boldsymbol{x}_4$	5	0
$\boldsymbol{x}_5$	5	2

Q4. 给定表 13-3 中的类别型数据库。使用 EM 算法找出 $k = 2$ 个簇。假设每个属性都是独立的，且每个属性的域都为 $\{A, C, T\}$。假设起初时点划分为 $C_1 = \{\boldsymbol{x}_1, \boldsymbol{x}_4\}$ 和 $C_2 = \{\boldsymbol{x}_2, \boldsymbol{x}_3\}$。假设 $P(C_1) = P(C_2) = 0.5$。

表 13-3　Q4 的数据集

	X_1	X_2
$\boldsymbol{x}_1$	A	T
$\boldsymbol{x}_2$	A	A
$\boldsymbol{x}_3$	C	C
$\boldsymbol{x}_4$	A	C

给定一个簇，则一个属性值的概率为：

$$P(x_{ja}|C_i) = \frac{\text{符号}x_{ja}\text{在簇}C_i\text{中出现的次数}}{C_i\text{中对象的个数}}, \ a = 1, 2$$

给定一个簇，则一个点的概率为：

$$P(\boldsymbol{x}_j|C_i) = \prod_{a=1}^{2} P(x_{ja}|C_i)$$

对所有的对象进行硬分，而不去求每个簇的均值。也就是说，在期望步骤中计算 $P(C_i|\boldsymbol{x}_j)$，在最大化步骤中将点 $\boldsymbol{x}_j$ 赋给 $P(C_i|\boldsymbol{x}_j)$ 值最大的簇，从而生成一个新的划分。演示 EM 算法的一次完整迭代，并给出结果的簇。

Q5. 给定表 13-4 中的点，假设有两个簇 C_1 和 C_2，且 $\boldsymbol{\mu}_1 = (0.5, 4.5, 2.5)^{\mathrm{T}}$，$\boldsymbol{\mu}_2 = (2.5, 2, 1.5)^{\mathrm{T}}$。在初始化阶段，将每个点赋给距离最近的均值，并计算协方差矩阵 $\boldsymbol{\Sigma}_i$ 和先验概率 $P(C_i)$（$i = 1, 2$）。哪一个簇更可能生成了 $\boldsymbol{x}_8$？

表 13-4　Q5 的数据集

	X_1	X_2	X_3
$\boldsymbol{x}_1$	0.5	4.5	2.5
$\boldsymbol{x}_2$	2.2	1.5	0.1
$\boldsymbol{x}_3$	3.9	3.5	1.1
$\boldsymbol{x}_4$	2.1	1.9	4.9
$\boldsymbol{x}_5$	0.5	3.2	1.2
$\boldsymbol{x}_6$	0.8	4.3	2.6
$\boldsymbol{x}_7$	2.7	1.1	3.1
$\boldsymbol{x}_8$	2.5	3.5	2.8
$\boldsymbol{x}_9$	2.8	3.9	1.5
$\boldsymbol{x}_{10}$	0.1	4.1	2.9

Q6. 考虑表 13-5 中的数据，回答下列问题。

(a) 计算核矩阵 $\boldsymbol{K}$，使用如下核：

$$K(\boldsymbol{x}_i, \boldsymbol{x}_j) = 1 + \boldsymbol{x}_i^{\mathrm{T}} \boldsymbol{x}_j$$

(b) 假设初始的簇赋值为 $C_1 = \{\boldsymbol{x}_1, \boldsymbol{x}_2\}$，$C_2 = \{\boldsymbol{x}_3, \boldsymbol{x}_4\}$。使用核 K-means，那么下一步 $\boldsymbol{x}_1$ 会属于哪个簇？

表 13-5　Q6 的数据集

	X_1	X_2	X_3
$\boldsymbol{x}_1$	0.4	0.9	0.6
$\boldsymbol{x}_2$	0.5	0.1	0.6
$\boldsymbol{x}_3$	0.6	0.3	0.6
$\boldsymbol{x}_4$	0.4	0.8	0.5

Q7. 证明如下关于多元正态密度函数的等式成立：

$$\frac{\partial}{\partial \boldsymbol{\mu}_i} f(\boldsymbol{x}_j | \boldsymbol{\mu}_i, \boldsymbol{\Sigma}_i) = f(\boldsymbol{x}_j | \boldsymbol{\mu}_i, \boldsymbol{\Sigma}_i) \boldsymbol{\Sigma}_i^{-1} (\boldsymbol{x}_j - \boldsymbol{\mu}_i)$$

第 14 章　层次式聚类

给定 d 维空间中的 n 个点，层次式聚类的目标是创建一系列嵌套的划分（可以方便地通过一棵树或是簇的层次结构来表示），也称作*系统树图*（dendrogram）。层次结构中的簇可以是粗粒度的，也可以是细粒度的：树的最底层（叶子节点）由各点单独构成的簇组成，而最高层（根节点）为一个包含所有点的簇。这两种情况都是所谓的*平凡聚类*（trivial clustering）。在某个中间层次可以找到有意义的簇。若用户给定了期望的簇数目 k，则我们可以选择有 k 个簇的层次。

挖掘层次式簇的算法主要可分为两类：聚合型（agglomerative）和分化型（divisive）。聚合型策略采用一种自下而上的方式，即以每个点为一个簇，反复地将最相似的簇对合并，直到所有的点都归于一个簇。分化型策略采用自上而下的方法，从包含所有点的一个簇开始，递归地划分簇，直到所有点都在不同的簇中。本章主要关注聚合型策略。第 16 章会在图划分的背景下讨论一些分化型策略。

14.1　预备知识

给定一个数据集 $\boldsymbol{D}=\{\boldsymbol{x}_1,\cdots,\boldsymbol{x}_n\}$，其中 $\boldsymbol{x}_i\in\mathbb{R}^d$，聚类 $\mathcal{C}=\{C_1,\cdots,C_k\}$ 是对 $\boldsymbol{D}$ 的一个划分，即每一个簇是包含若干点的集合 $C_i\subseteq\boldsymbol{D}$，使得每一对簇之间都是不相交的，即 $C_i\cap C_j=\varnothing$（$i\neq j$），且 $\cup_{i=1}^k C_i\subseteq\boldsymbol{D}$。一个聚类 $\mathcal{A}=\{A_1,\cdots,A_r\}$ 被称作嵌套于另一个聚类 $\mathcal{B}=\{B_1,\cdots,B_s\}$，当且仅当 $r>s$，且对于每一个簇 $A_i\in\mathcal{A}$，都存在一个簇 $B_j\in\mathcal{B}$，使得 $A_i\subseteq B_j$。层次式聚类会生成 n 个嵌套的划分序列 $\mathcal{C}_1,\cdots,\mathcal{C}_n$，从平凡的聚类 $\mathcal{C}_1=\{\{\boldsymbol{x}_1\},\cdots,\{\boldsymbol{x}_n\}\}$（每个点自成一个簇）到另一个平凡的聚类 $\mathcal{C}_n=\{\{\boldsymbol{x}_1,\cdots,\boldsymbol{x}_n\}\}$（所有点构成一个簇）。一般来说，聚类 $\mathcal{C}_{t-1}$ 是嵌套在聚类 $\mathcal{C}_t$ 中的。簇系统树图是一棵能够表示这种嵌套结构的有根二叉树，其中，若 $C_i\in\mathcal{C}_{t-1}$ 嵌套于 $C_j\in\mathcal{C}_t$ 中（即 C_i 也嵌套于 C_j 中，或 $C_i\subset C_j$），则二者之间有一条边。由此簇系统树图可以表示嵌套的聚类的完整序列。

例 14.1　图 14-1 给出了对 5 个带标号的点（A、B、C、D、E）进行层次式聚类的例子。系统树图表示了如下的嵌套划分：

聚类	簇	聚类	簇
$\mathcal{C}_1$	$\{A\},\{B\},\{C\},\{D\},\{E\}$	$\mathcal{C}_4$	$\{ABCD\},\{E\}$
$\mathcal{C}_2$	$\{AB\},\{C\},\{D\},\{E\}$	$\mathcal{C}_5$	$\{ABCDE\}$
$\mathcal{C}_3$	$\{AB\},\{CD\},\{E\}$		

其中 $\mathcal{C}_{t-1}\subset\mathcal{C}_t$（$t=2,\cdots,5$）。假设 A 和 B 在 C 和 D 之前合并。

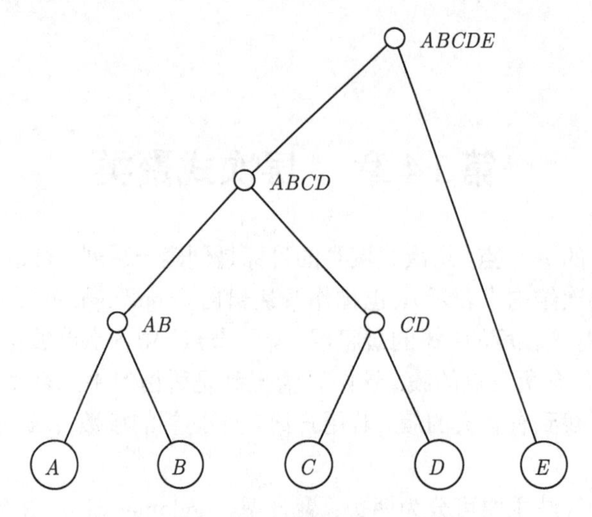

图 14-1 层次式聚类的系统树图

层次式聚类的数目

可能的层次式聚类或者嵌套划分的数目，等于具有 n 个不同标号的叶子节点的二叉有根树（或系统树图）的个数。任意带 t 个节点的（二叉）树有 $t-1$ 条边。同时，任意含 m 个叶子的有根二叉树一共有 $m-1$ 个内部节点。因此，一个包含 m 个叶子节点的系统树图共有 $t=m+m-1=2m-1$ 个节点，从而也就有 $t-1=2m-2$ 条边。为计算不同系统树图拓扑的个数，接下来考虑如何能够通过添加一个叶子来扩展一个包含 m 个叶子的系统树图，即生成一个有 $m+1$ 个叶子的系统树图。我们可以从 $2m-2$ 条边中任意选一条边进行分叉。此外，我们还可以将新的叶子节点添加为一个新的根节点的子节点，从而得到 $2m-2+1=2m-1$ 个新的、包含 $m+1$ 个叶子的系统树图。含 n 个叶子的不同系统树图的总数可以由以下乘积得到：

$$\prod_{m=1}^{n-1}(2m-1)=1\times 3\times 5\times 7\times\cdots\times(2n-3)=(2n-3)!! \tag{14.1}$$

公式 (14.1) 中的下标 m 最大可为 $n-1$，因为乘积的最后一项表示：通过对包含 $n-1$ 个叶子的树图添加一个叶子，可得到包含 n 个叶子的树图的数目。

可能的层次式聚类的总数为 $(2n-3)!!$，该数目随着 n 的增加而快速增长。显然，枚举所有可能的层次式聚类是不可行的。

例 14.2 图 14-2 给出了分别包含 1 个、2 个和 3 个叶子的树的数目。灰色节点为虚拟的根，黑点表示可以添加新叶子的位置。包含一个叶子的树只有一种情况，如图 14-2a 所示。将其扩展为包含两个叶子的树也只有一种方式，如图 14-2b 所示。扩展后的树有 3 个地方可以添加新的叶子，每种情况都列于图 14-2c。可以进一步看到，包含 3 个叶子的每一棵树都有 5 个位置可以添加新的叶子，以此类推，这和公式 (14.1) 中计算层次式聚类数目的公式是相符的。

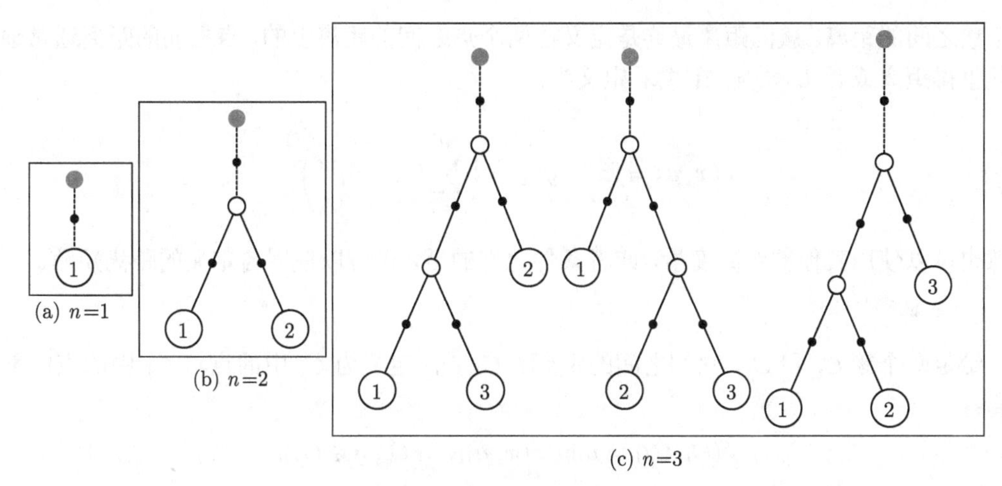

图 14-2 层次式聚类的数目

14.2 聚合型层次式聚类

在聚合型层次式聚类中，我们以每个点为一簇开始计算。我们迭代地将两个最近的簇合并，直到所有的点都落在一个簇内，如算法 14.1 中给出的伪代码所示。形式上来说，给定一组簇 $\mathcal{C} = \{C_1, C_2, \cdots, C_m\}$，找到**最近的**簇对 C_i 和 C_j，并将它们合并为一个新的簇 $C_{ij} = C_i \cup C_j$。接下来更新簇的集合，移除 C_i 和 C_j 并添加 C_{ij}，即 $\mathcal{C} = (\mathcal{C} \setminus \{C_i, C_j\}) \cup \{C_{ij}\}$。重复这一过程，直到 $\mathcal{C}$ 只包含一个簇。由于每一步中簇的数目都会减 1，该过程会生成一个由 n 个嵌套聚类构成的序列。具体而言，若给定某个数值 k，我们可以在恰好剩下 k 个簇的时候停止合并的过程。

算法14.1 聚合型层次式聚类算法

```
AGGLOMERATIVECLUSTERING(D, k):
1 C ← {C_i = {x_i} | x_i ∈ D}   //各个分簇中的每一个点
2 Δ ← {δ(x_i, x_j): x_i, x_j ∈ D}   //计算距离矩阵
3 repeat
4 |  找出最近的一组簇 C_i, C_j ∈ C
5 |  C_ij ← C_i ∪ C_j   //合并分簇
6 |  C ← (C \ {C_i, C_j}) ∪ {C_ij}   //更新分簇
7 |  更新距离矩阵Δ以反映出新的聚类分簇
8 until |C| = k
```

14.2.1 簇间距离

该算法中一个主要的步骤是确定最近的簇对。接下来的段落中将讨论不同的距离度量，例如单链（single link）、完全链（complete link）、组平均（group average）等，用于计算任意

两个簇之间的距离。簇间距离最终是定义在两个点之间的距离上的，点之间的距离通常通过欧几里得距离或者 L_2 范数来计算，定义为：

$$\delta(\boldsymbol{x}, \boldsymbol{y}) = \|\boldsymbol{x} - \boldsymbol{y}\|_2 = \left(\sum_{i=1}^{d}(x_i - y_i)^2\right)^{\frac{1}{2}}$$

当然也可以使用其他的距离度量，或者条件允许的话，也可以使用自定义的距离矩阵。

1. **单链**

给定两个簇 C_i 和 C_j，它们之间的距离 $\delta(C_i, C_j)$ 定义为 C_i 中的点与 C_j 中的点的最小距离：

$$\delta(C_i, C_j) = \min\{\delta(\boldsymbol{x}, \boldsymbol{y}) | \boldsymbol{x} \in C_i, \boldsymbol{y} \in C_j\}$$

之所以称作**单链**（single link）是因为，如果选择两个簇的点之间的最小距离，并将这些点连接起来，那么（通常）在两个簇之间只会存在一条链接，因为其他的点对距离都更大。

2. **完全链**

这里将两个簇之间的距离定义为 C_i 中的点与 C_j 中的点之间的最大距离：

$$\delta(C_i, C_j) = \max\{\delta(\boldsymbol{x}, \boldsymbol{y}) | \boldsymbol{x} \in C_i, \boldsymbol{y} \in C_j\}$$

之所以称作**完全链**（complete link）是因为，如果将两个簇中的距离小于等于 $\delta(C_i, C_j)$ 的点都连接起来，那么所有的点对都会被连接，即得到一个完全链接。

3. **组平均**

这里两个簇之间的距离定义为 C_i 中的点与 C_j 中的点的平均距离：

$$\delta(C_i, C_j) = \frac{\sum_{\boldsymbol{x} \in C_i} \sum_{\boldsymbol{y} \in c_j} \delta(\boldsymbol{x}, \boldsymbol{y})}{n_i \cdot n_j}$$

其中 $n_i = |C_i|$ 代表簇 C_i 中的点的数目。

4. **均值距离** (mean distance)

这里两个簇之间的距离定义为两个簇的均值或中心点之间的距离：

$$\delta(C_i, C_j) = \delta(\boldsymbol{\mu}_i, \boldsymbol{\mu}_j) \tag{14.2}$$

其中 $\boldsymbol{\mu}_i = \frac{1}{n_i}\sum_{\boldsymbol{x} \in C_i} \boldsymbol{x}$。

5. **最小方差：沃德方法** (Ward's method)

两个簇之间的距离定义为将两个簇合并时平方误差和（sum of squared errors，SSE）的增量。一个给定簇 C_i 的 SSE 定义为：

$$\mathrm{SSE}_i = \sum_{\boldsymbol{x} \in C_i} \|\boldsymbol{x} - \boldsymbol{\mu}_i\|^2$$

可以重写为：

$$
\begin{aligned}
\mathrm{SSE}_i &= \sum_{\boldsymbol{x} \in C_i} \|\boldsymbol{x} - \boldsymbol{\mu}_i\|^2 \\
&= \sum_{\boldsymbol{x} \in C_i} \boldsymbol{x}^{\mathrm{T}}\boldsymbol{x} - 2\sum_{\boldsymbol{x} \in C_i} \boldsymbol{x}^{\mathrm{T}}\boldsymbol{\mu}_i + \sum_{\boldsymbol{x} \in C_i} \boldsymbol{\mu}_i^{\mathrm{T}}\boldsymbol{\mu}_i \\
&= \left(\sum_{\boldsymbol{x} \in C_i} \boldsymbol{x}^{\mathrm{T}}\boldsymbol{x}\right) - n_i \boldsymbol{\mu}_i^{\mathrm{T}}\boldsymbol{\mu}_i
\end{aligned} \tag{14.3}
$$

一个聚类 $\mathcal{C} = \{C_1, \cdots, C_m\}$ 的 SSE 为:

$$
\mathrm{SSE} = \sum_{i=1}^{m} \mathrm{SSE}_i = \sum_{i=1}^{m} \sum_{\boldsymbol{x} \in C_i} \|\boldsymbol{x} - \boldsymbol{\mu}_i\|^2
$$

沃德度量定义两个簇 C_i 和 C_j 之间的距离为将它们合并为 C_{ij} 时 SSE 值的净变化，即:

$$
\delta(C_i, C_j) = \Delta\mathrm{SSE}_{ij} = \mathrm{SSE}_{ij} - \mathrm{SSE}_i - \mathrm{SSE}_j \tag{14.4}
$$

将公式 (14.3) 代入公式 (14.4)，可以得到沃德度量的一个简化表达式，注意由于 $C_{ij} = C_i \cup C_j$ 且 $C_i \cap C_j = \varnothing$，我们有 $|C_{ij}| = n_{ij} = n_i + n_j$，因此:

$$
\begin{aligned}
\delta(C_i, C_j) &= \Delta\mathrm{SSE}_{ij} \\
&= \sum_{\boldsymbol{z} \in C_{ij}} \|\boldsymbol{z} - \boldsymbol{\mu}_{ij}\|^2 - \sum_{\boldsymbol{x} \in C_i} \|\boldsymbol{x} - \boldsymbol{\mu}_i\|^2 - \sum_{\boldsymbol{y} \in C_j} \|\boldsymbol{y} - \boldsymbol{\mu}_j\|^2 \\
&= \sum_{\boldsymbol{z} \in C_{ij}} \boldsymbol{z}^{\mathrm{T}}\boldsymbol{z} - n_{ij}\boldsymbol{\mu}_{ij}^{\mathrm{T}}\boldsymbol{\mu}_{ij} - \sum_{\boldsymbol{x} \in C_i} \boldsymbol{x}^{\mathrm{T}}\boldsymbol{x} + n_i\boldsymbol{\mu}_i^{\mathrm{T}}\boldsymbol{\mu}_i - \sum_{\boldsymbol{y} \in C_j} \boldsymbol{y}^{\mathrm{T}}\boldsymbol{y} + n_j\boldsymbol{\mu}_j^{\mathrm{T}}\boldsymbol{\mu}_j \\
&= n_i\boldsymbol{\mu}_i^{\mathrm{T}}\boldsymbol{\mu}_i + n_j\boldsymbol{\mu}_j^{\mathrm{T}}\boldsymbol{\mu}_j - (n_i + nj)\boldsymbol{\mu}_{ij}^{\mathrm{T}}\boldsymbol{\mu}_{ij}
\end{aligned} \tag{14.5}
$$

最后一步的依据是 $\sum_{\boldsymbol{z} \in C_{ij}} \boldsymbol{z}^{\mathrm{T}}\boldsymbol{z} = \sum_{\boldsymbol{x} \in C_i} \boldsymbol{x}^{\mathrm{T}}\boldsymbol{x} + \sum_{\boldsymbol{y} \in C_j} \boldsymbol{y}^{\mathrm{T}}\boldsymbol{y}$。注意到:

$$
\boldsymbol{\mu}_{ij} = \frac{n_i\boldsymbol{\mu}_i + n_j\boldsymbol{\mu}_j}{n_i + n_j}
$$

于是可以得到:

$$
\boldsymbol{\mu}_{ij}^{\mathrm{T}}\boldsymbol{\mu}_{ij} = \frac{1}{(n_i + n_j)^2}(n_i^2\boldsymbol{\mu}_i^{\mathrm{T}}\boldsymbol{\mu}_i + 2n_in_j\boldsymbol{\mu}_i^{\mathrm{T}}\boldsymbol{\mu}_j + n_j^2\boldsymbol{\mu}_j^{\mathrm{T}}\boldsymbol{\mu}_j)
$$

将以上代入公式 (14.5)，最终得到:

$$
\begin{aligned}
\delta(C_i, C_j) &= \Delta\mathrm{SSE}_{ij} \\
&= n_i\boldsymbol{\mu}_i^{\mathrm{T}}\boldsymbol{\mu}_i + n_j\boldsymbol{\mu}_j^{\mathrm{T}}\boldsymbol{\mu}_j - \frac{1}{(n_i + n_j)}(n_i^2\boldsymbol{\mu}_i^{\mathrm{T}}\boldsymbol{\mu}_i + 2n_in_j\boldsymbol{\mu}_i^{\mathrm{T}}\boldsymbol{\mu}_j + n_j^2\boldsymbol{\mu}_j^{\mathrm{T}}\boldsymbol{\mu}_j) \\
&= \frac{n_i(n_i + n_j)\boldsymbol{\mu}_i^{\mathrm{T}}\boldsymbol{\mu}_i + n_j(n_i + n_j)\boldsymbol{\mu}_j^{\mathrm{T}}\boldsymbol{\mu}_j - n_i^2\boldsymbol{\mu}_i^{\mathrm{T}}\boldsymbol{\mu}_i - 2n_in_j\boldsymbol{\mu}_i^{\mathrm{T}}\boldsymbol{\mu}_j - n_j^2\boldsymbol{\mu}_j^{\mathrm{T}}\boldsymbol{\mu}_j}{n_i + n_j} \\
&= \frac{n_in_j(\boldsymbol{\mu}_i^{\mathrm{T}}\boldsymbol{\mu}_i - 2\boldsymbol{\mu}_i^{\mathrm{T}}\boldsymbol{\mu}_j + \boldsymbol{\mu}_j^{\mathrm{T}}\boldsymbol{\mu}_j)}{n_i + n_j} \\
&= \left(\frac{n_in_j}{n_i + n_j}\right)\|\boldsymbol{\mu}_i - \boldsymbol{\mu}_j\|^2
\end{aligned}
$$

沃德度量因此是均值距离度量的一个带权版本，因为如果使用欧几里得距离，公式 (14.2) 中的平均距离可以重写为：

$$\delta(\boldsymbol{\mu}_i, \boldsymbol{\mu}_j) = \|\boldsymbol{\mu}_i - \boldsymbol{\mu}_j\|^2 \tag{14.6}$$

可以看到唯一的不同在于，沃德度量给两个均值之间的距离赋了一个权值，该权值为簇大小的调和平均数（harmonic mean）的一半，其中两个数 n_1 和 n_2 的调和平均数为 $\dfrac{2}{\dfrac{1}{n_1}+\dfrac{1}{n_2}} = \dfrac{2n_1n_2}{n_1+n_2}$。

例 14.3（单链）　考虑图 14-3 所示的单链聚类，其中数据集包含 5 个点，任意两点之间的距离在图的左下角给出。起初每个点自成一簇。最近的点对为 (A,B) 和 (C,D)，距离均为 $\delta=1$。先合并 A 和 B，然后得到一个新的距离矩阵。本质上来说，我们要计算新的簇 AB 和其他所有簇的距离。例如，$\delta(AB,E)=3$，因为 $\delta(AB,E)=\min\{\delta(A,E),\delta(B,E)\}=\min\{4,3\}=3$。接下来将 C 和 D 合并，因为它们变为最近的簇，于是又得到新的距离矩阵。之后，合并 AB 和 CD；最后 E 与 $ABCD$ 合并。在各个距离矩阵中，我们用圆圈标示出每次迭代中的最小距离，而这是由合并两个最近的簇所导致的。

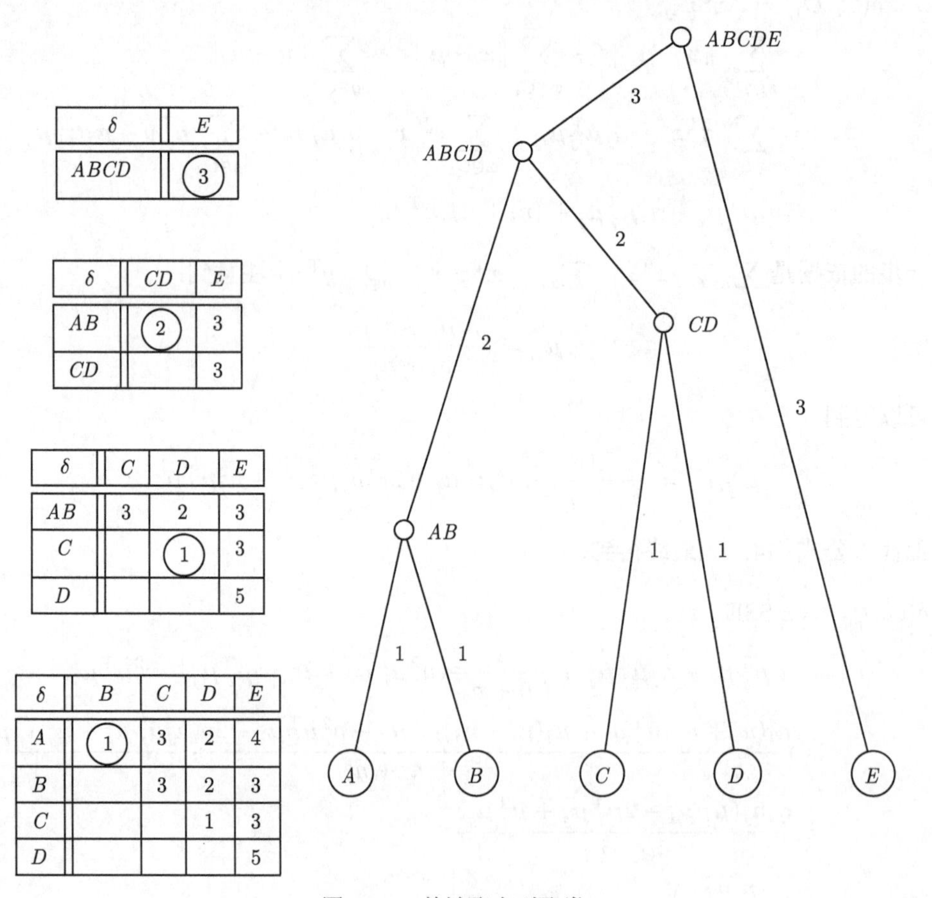

δ	E
$ABCD$	3

δ	CD	E
AB	2	3
CD		3

δ	C	D	E
AB	3	2	3
C		1	3
D			5

δ	B	C	D	E
A	1	3	2	4
B		3	2	3
C			1	3
D				5

图 14-3　单链聚合型聚类

14.2.2 更新距离矩阵

每当两个簇 C_i 和 C_j 合并为 C_{ij} 时，都需要更新距离矩阵，通过重新计算新创建的簇 C_{ij} 到其他所有簇 C_r（$r \neq i, r \neq j$）的距离。Lance-Williams 公式给出了对所有的簇邻近度重新计算距离的通用公式如下：

$$\delta(C_{ij}, C_r) = \alpha_i \cdot \delta(C_i, C_r) + \alpha_j \cdot \delta(C_j, C_r) + \beta \cdot \delta(C_i, C_j) + \gamma \cdot |\delta(C_i, C_r) - \delta(C_j, C_r)| \quad (14.7)$$

其中系数 α_i、α_j、β 和 γ 依度量不同而不同。令 $n_i = |C_i|$ 表示簇 C_i 的基数；对应于不同距离度量的系数如表 14-1 所示。

表 14-1 关于簇邻近度的 Lance-Williams 公式

度量	α_i	α_j	β	γ
单链	$\frac{1}{2}$	$\frac{1}{2}$	0	$-\frac{1}{2}$
完全链	$\frac{1}{2}$	$\frac{1}{2}$	0	$\frac{1}{2}$
组平均	$\frac{n_i}{n_i+n_j}$	$\frac{n_j}{n_i+n_j}$	0	0
均值距离	$\frac{n_i}{n_i+n_j}$	$\frac{n_j}{n_i+n_j}$	$\frac{-n_i \cdot n_j}{(n_i+n_j)^2}$	0
沃德度量	$\frac{n_i+n_r}{n_i+n_j+n_r}$	$\frac{n_j+n_r}{n_i+n_j+n_r}$	$\frac{-n_r}{n_i+n_j+n_r}$	0

例 14.4 考虑图 14-4 中的二维鸢尾花主成分数据集，图中给出了使用完全链方法得到的层次式聚类的结果，其中 $k=3$。表 14-2 给出了将聚类结果与真实的鸢尾花类型（聚类中未使用）进行比较的列联表。可以观察到，一共有 15 个点聚类错误；这些点在图 14-4 中以白色显示。iris-setosa类分得较好，另外两类较难区分。

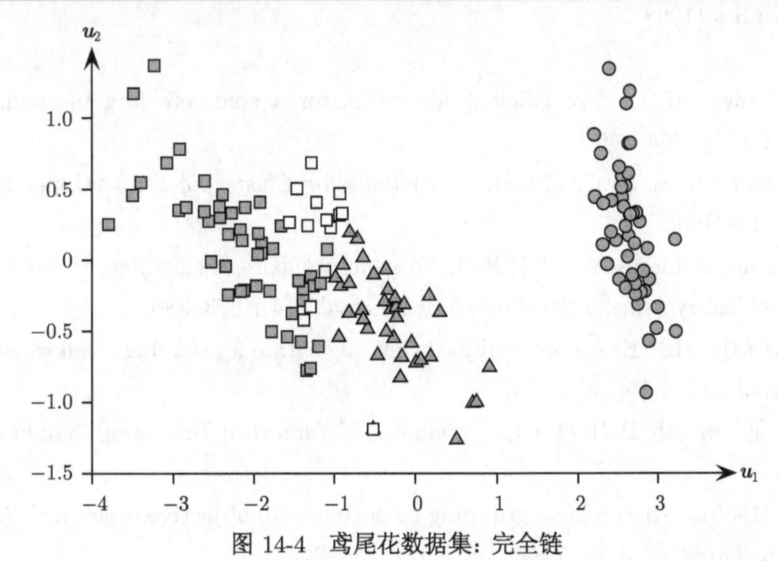

图 14-4 鸢尾花数据集：完全链

14.2.3　计算复杂度

在聚合型聚类中，需要计算每个簇到其他簇的距离，每一步中簇的数目减 1。起初需要 $O(n^2)$ 的时间来创建成对距离矩阵（除非是作为输入提供给算法）。

在每一个合并步骤中，要计算合并得到的簇到其他簇的距离，而其他簇之间的距离保持不变。这意味着在步骤 t 一共要计算 $O(n-t)$ 个距离。另一个主要的操作是要从距离矩阵中找出最近的簇对。我们可以将 n^2 个距离的信息保存在一个堆数据结构中，这样就可以在 $O(1)$ 的时间内找出最小的距离；创建堆需要 $O(n^2)$ 的时间。每次删除/更新堆中的距离需要 $O(\log n)$ 的时间；所有合并步骤共需要 $O(n^2 \log n)$ 的时间。因此，层次式聚类的计算复杂度为 $O(n^2 \log n)$。

表 14-2　列联表 vs. 鸢尾花类型

	iris-setosa	iris-virginica	iris-versicolor
C_1（圆圈）	50	0	0
C_2（三角形）	0	1	36
C_3（正方形）	0	49	14

14.3　补充阅读

层次式聚类有着悠久的历史，尤其是在分类法或者分类系统，以及系统发生学中；可以参考 Sokal and Sneath (1963)。距离更新的通用 Lance-Williams 公式见于 Lance and Williams (1967)。沃德度量出自 Ward (1963)。单链和完全链度量、复杂度为 $O(n^2)$ 的高效方法分别见于 Sibson (1973) 和 Defays (1977)。关于层次式聚类的深入讨论以及聚类的一般性讨论，参见 Jain and Dubes (1988)。

Defays, D. (Nov. 1977). "An efficient algorithm for a complete link method." *Computer Journal*, 20 (4): 364–366.

Jain, A. K. and Dubes, R. C. (1988). *Algorithms for Clustering Data.* Upper Saddle River, NJ: Prentice-Hall.

Lance, G. N. and Williams, W. T. (1967). "A general theory of classificatory sorting strategies 1. Hierarchical systems." *The Computer Journal*, 9(4): 373–380.

Sibson, R. (1973). "SLINK: An optimally efficient algorithm for the single-link cluster method." *Computer Journal*, 16(1): 30–34.

Sokal, R. R. and Sneath, P. H. (1963). *Principles of Numerical Taxonomy.* San Francisco:W.H. Freeman.

Ward, J. H. (1963). "Hierarchical grouping to optimize an objective function." *Journal of the American Statistical Association*, 58 (301): 236–244.

14.4 习题

Q1. 考虑表 14-3 中所示的五维类别型数据。

表 14-3 Q1 的数据

点	X_1	X_2	X_3	X_4	X_5
$\boldsymbol{x}_1$	1	0	1	1	0
$\boldsymbol{x}_2$	1	1	0	1	0
$\boldsymbol{x}_3$	0	0	1	1	0
$\boldsymbol{x}_4$	0	1	0	1	0
$\boldsymbol{x}_5$	1	0	1	0	1
$\boldsymbol{x}_6$	0	1	1	0	0

类别型数据点之间的相似度，可以通过计算不同属性匹配与不匹配的数目来得到。令 n_{11} 表示 $\boldsymbol{x}_i$ 和 $\boldsymbol{x}_j$ 均为 1 的属性的数目，令 n_{10} 表示 $\boldsymbol{x}_i$ 为 1 而 $\boldsymbol{x}_j$ 为 0 的属性的数目。以类似方式定义 n_{01} 和 n_{00}。衡量相似度的列联表给出如下：

		$\boldsymbol{x}_j$	
		1	0
$\boldsymbol{x}_i$	1	n_{11}	n_{10}
	0	n_{01}	n_{00}

定义如下相似度度量。

- 简单匹配系数（Simple matching coefficient）：$\mathrm{SMC}(\boldsymbol{x}_i, \boldsymbol{x}_j) = \frac{n_{11}+n_{00}}{n_{11}+n_{10}+n_{01}+n_{00}}$。
- Jaccard 系数：$\mathrm{JC}(\boldsymbol{x}_i, \boldsymbol{x}_j) = \frac{n_{11}}{n_{11}+n_{10}+n_{01}}$。
- Rao 系数：$\mathrm{RC}(\boldsymbol{x}_i, \boldsymbol{x}_j) = \frac{n_{11}}{n_{11}+n_{10}+n_{01}+n_{00}}$。

找出在如下场景中由层次式聚类算法得到的簇系统树图。

(a) 使用单链和 RC。

(b) 使用完全链和 SMC。

(c) 使用组平均和 JC。

Q2. 给定图 14-5 中的数据集，给出采用单链层次式聚合型聚类方法得到的系统树图，使用 L_1 范数作为两点之间的距离：

$$\delta(\boldsymbol{x}, \boldsymbol{y}) = \sum_{a=1}^{2} |x_{ia} - y_{ia}|$$

只要有机会，就合并具有最小字典序标签的簇。给出树中簇的合并顺序，当仅剩下 $k = 4$ 个簇的时候停止。给出每一步的完整距离矩阵。

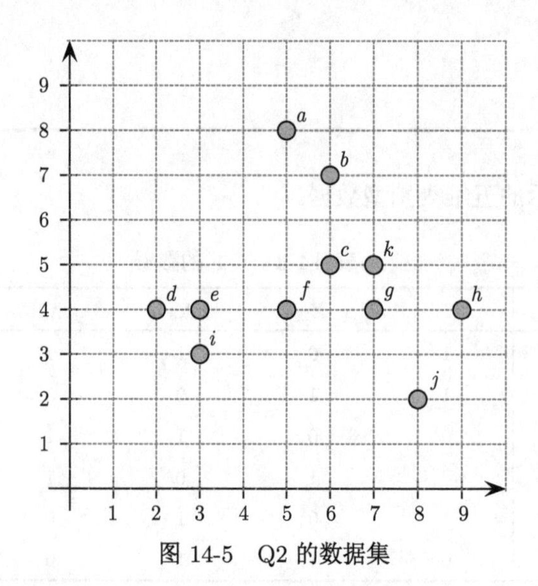

图 14-5　Q2 的数据集

Q3. 根据表 14-4 的距离矩阵，使用平均链方法生成层次式簇。给出合并距离阈值。

表 14-4　Q3 的数据集

	A	B	C	D	E
A	0	1	3	2	4
B		0	3	2	3
C			0	1	3
D				0	5
E					0

Q4. 证明在 Lance-Williams 公式 [公式 (14.7)] 中：

(a) 若 $\alpha_i = \frac{n_i}{n_i+n_j}$、$\alpha_j = \frac{n_j}{n_i+n_j}$、$\beta = 0$，以及 $\gamma = 0$，则可得组平均度量；

(b) 若 $\alpha_i = \frac{n_i+n_r}{n_i+n_j+n_r}$、$\alpha_j = \frac{n_j+n_r}{n_i+n_j+n_r}$、$\beta = \frac{-n_r}{n_i+n_j+n_r}$，以及 $\gamma = 0$，则可得沃德度量。

Q5. 若将每一个点当成一个定点，并在两个距离小于某个阈值的节点间添加边，则单链方法对应一个闻名的图算法。描述这一基于图的算法，层次式地将节点进行聚类（使用单链度量），并使用更高的距离阈值。

第 15 章　基于密度的聚类

基于代表的聚类方法，例如 K-means 和期望最大化，适用于寻找椭圆形的簇，或最多是凸的簇。然而，对于非凸的簇，如图 15-1 所示，之前的方法难以寻找到真正的簇，因为来自两个不同簇的点之间的距离可能比同一个簇中两个点的距离还小。本章中考虑的基于密度的方法能够挖掘这样的非凸簇。

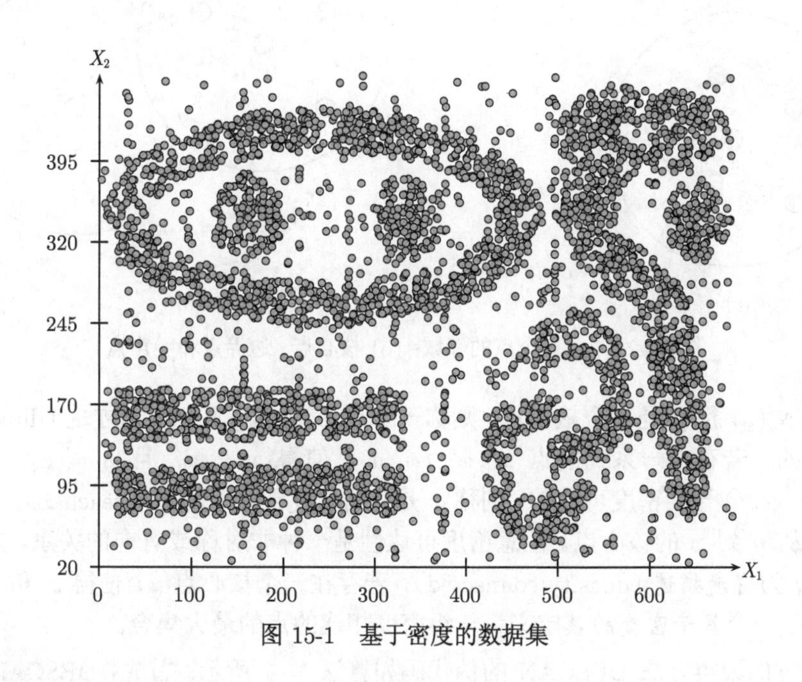

图 15-1　基于密度的数据集

15.1　DBSCAN 算法

基于密度的聚类使用点的局部密度来确定簇，而不是仅凭点之间的距离。对一个点 $\boldsymbol{x} \in \mathbb{R}^d$，我们定义一个半径为 ϵ的球，称之为 $\boldsymbol{x}$ 的ϵ邻域，给出如下：

$$N_\epsilon(\boldsymbol{x}) = B_d(\boldsymbol{x}, \epsilon) = \{\boldsymbol{y} | \delta(\boldsymbol{x}, \boldsymbol{y}) \leqslant \epsilon\}$$

这里 $\delta(\boldsymbol{x}, \boldsymbol{y})$ 表示点 $\boldsymbol{x}$ 和 $\boldsymbol{y}$ 之间的距离，通常假设为欧几里得距离，即 $\delta(\boldsymbol{x}, \boldsymbol{y}) = \|\boldsymbol{x} - \boldsymbol{y}\|_2$。不过也可以使用其他的距离度量。

对于任意的 $\boldsymbol{x} \in \boldsymbol{D}$，若在它的 ϵ 邻域内至少有 minpts 个点，则称 $\boldsymbol{x}$ 是一个*核心点*（core point）。换句话说，若 $|N_\epsilon(\boldsymbol{x})| \geqslant$ minpts，则 $\boldsymbol{x}$ 是一个核心点，其中 minpts 是一个用户定义的局部密度或频率阈值。*边界点*（border point）定义为不满足 minpts 阈值的点，即

$|N_\epsilon(\boldsymbol{x})| < \text{minpts}$，但它同时又属于某个核心点 $\boldsymbol{z}$ 的 ϵ 邻域，即 $\boldsymbol{x} \in N_\epsilon(\boldsymbol{z})$。最后，若一个点既不是核心点，也不是边界点，则称之为**噪声点**或者奇异点（outlier）。

例 15.1　图 15-2a 给出了点 $\boldsymbol{x}$ 的 ϵ 邻域（使用欧几里得距离度量）。图 15-2b 给出了 3 种不同类型的点，其中 $\text{minpts} = 6$。这里 $\boldsymbol{x}$ 是一个核心点，因为 $|N_\epsilon(\boldsymbol{x})| = 6$；$\boldsymbol{y}$ 是一个边界点，$|N_\epsilon(\boldsymbol{y})| < \text{minpts}$，且它属于核心点 $\boldsymbol{x}$ 的邻域，即 $\boldsymbol{y} \in N_\epsilon(\boldsymbol{x})$。最后，$\boldsymbol{z}$ 是一个噪声点。

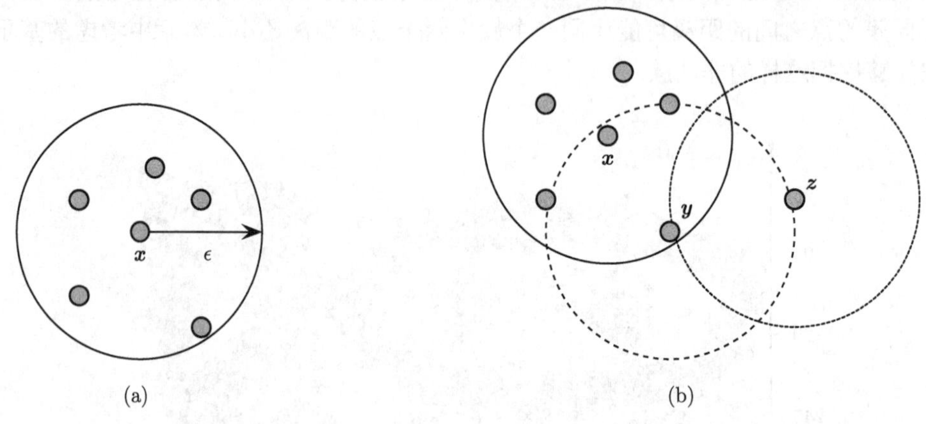

图 15-2　(a) 一个点的邻域；(b) 核心点、边界点和噪声点

若 $\boldsymbol{x} \in N_\epsilon(\boldsymbol{y})$ 且 $\boldsymbol{y}$ 是一个核心点，则称一个点 $\boldsymbol{x}$ 是从 $\boldsymbol{y}$ **直接密度可达**（directly density reachable）的。若存在一系列的点 $\boldsymbol{x}_0, \boldsymbol{x}_1, \cdots, \boldsymbol{x}_l$，使得 $\boldsymbol{x} = \boldsymbol{x}_0$ 且 $\boldsymbol{y} = \boldsymbol{x}_l$，且 $\boldsymbol{x}_i$ 是从 $\boldsymbol{x}_{i-1}$（$i = 1, \cdots, l$）直接密度可达的，则称 $\boldsymbol{x}$ 是从 $\boldsymbol{y}$ **密度可达**（density reachable）的。也就是说，有一组从 $\boldsymbol{y}$ 到 $\boldsymbol{x}$ 的核心点。注意密度可达性是一种非对称或有向的关系。定义任意两个点 $\boldsymbol{x}$ 和 $\boldsymbol{y}$ 为**密度相连**（density connected），若存在一个核心点 $\boldsymbol{z}$，使得 $\boldsymbol{x}$ 和 $\boldsymbol{y}$ 都是从 $\boldsymbol{z}$ 密度可达的。一个**基于密度的簇**定义为一组密度相连的点的最大集合。

基于密度的聚类方法 DBSCAN 的伪代码如算法 15.1 所示。首先，DBSCAN 计算数据集 $\boldsymbol{D}$ 中每一个点 $\boldsymbol{x}_i$ 的 ϵ 邻域 $N_\epsilon(\boldsymbol{x}_i)$，并检查它是否是一个核心点（第 2~5 行）。它还给所有点设置簇标识符 $\text{id}(\boldsymbol{x}_i) = \varnothing$，以表示这些点没有赋给任何一个簇。接下来，从每一个未分配的核心点开始，该方法递归地找出它所有的密度连通的点，并分派给同一个簇（第 10 行）。某些边界点可能从多个簇的核心点可达；这时可以任意赋给其中一个簇，或是同时赋给所有的簇（若允许簇的重叠）。不属于任何簇的点作为奇异点或噪声点处理。

DBSCAN 也可以看作在图中搜索连通分支的方法，图的定点对应数据集中的核心点，若两个顶点间的距离小于 ϵ（即它们都在对方的 ϵ 邻域中），则它们之间有一条（无向）边。该图的连通分支对应于各个簇的核心点。接下来，每一个核心点将处于它邻域内的边界点都收入它的簇。

DBSCAN 的一个局限在于，它对于 ϵ 的选择非常敏感，尤其是在各个簇的密度相差悬殊的时候。若 ϵ 太小，则较稀疏的簇容易被当成噪声。若 ϵ 太大，则较密集的簇会被合并到一起。换句话说，若各个簇的局部密度不同，则单个 ϵ 值可能不足以胜任。

算法15.1 基于密度的聚类算法

DBSCAN (D, ϵ, minpts):

1 核心点 $\leftarrow \varnothing$
2 **foreach** $x_i \in D$ **do** //找出核心点
3 | 计算 $N_\epsilon(x_i)$
4 | $\mathrm{id}(x_i) \leftarrow \varnothing$ // x_i 的分簇标识符
5 | **if** $N_\epsilon(x_i) \geqslant$ minpts **then** 核心点 $\leftarrow$ 核心点 $\cup \{x_i\}$
6 $k \leftarrow 0$ //分簇标识符
7 **foreach** $x_i \in$ 核心点，其中 $\mathrm{id}(x_i) = \varnothing$ **do**
8 | $k \leftarrow k+1$
9 | $\mathrm{id}(x_i) \leftarrow k$ //将 x_i 分配给第 k 个分簇
10 | DensityConnected (x_i, k)
11 $\mathcal{C} \leftarrow \{C_i\}_{i=1}^k, C_i \leftarrow \{x \in D \mid \mathrm{id}(x) = i\}$
12 噪声点 $\leftarrow \{x \in D \mid \mathrm{id}(x) = \varnothing\}$
13 边界点 $\leftarrow D \setminus \{$核心点 $\cup$ 噪声点$\}$
14 **return** $\mathcal{C}$，核心点，边界点，噪声点

DensityConnected (x, k):

15 **foreach** $y \in N_\epsilon(x)$ **do**
16 | $\mathrm{id}(y) \leftarrow k$ //将 y 分配给第 k 个分簇
17 | **if** $y \in$ 核心点 **then** DensityConnected (y, k)

例 15.2 图 15-3 显示了在图 15-1 中的数据集上应用 DBSCAN 算法发现的簇。对于参数值 $\epsilon = 15$ 和 minpts = 10（参数调试之后得到的），DBSCAN 得到一个近似完美且包含所有 9 个簇的聚类。不同的簇以不同的符号及颜色表示，噪声点以加号表示。

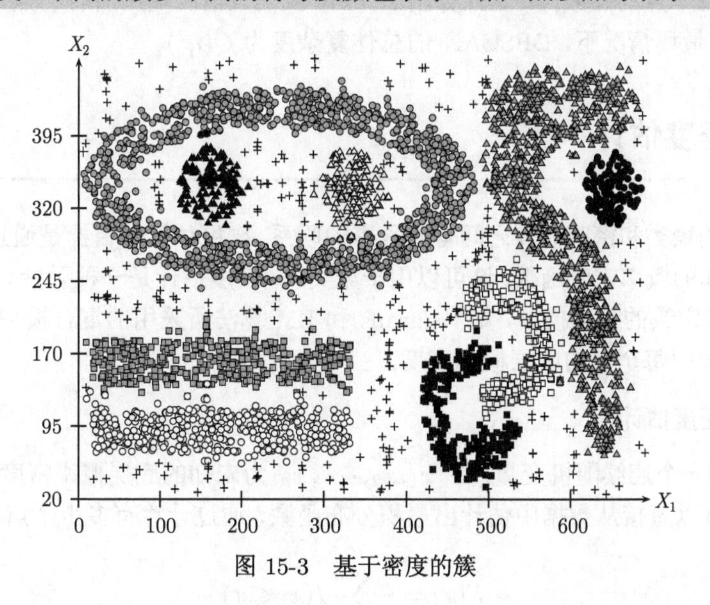

图 15-3 基于密度的簇

例 15.3 图 15-4 给出了在二维鸢尾花数据集（包含萼片长度和萼片宽度属性）上使用 DBSCAN 两种参数设定所得到的聚类结果。图 15-4a 给出了 $\epsilon = 0.2$ 且 $\text{minpts} = 5$ 时的结果。3 个簇分别用不同的形状表示：圆圈、方块、三角。加阴影的点是核心点，每一个簇的边界点都是无阴影的白点。噪声点以加号表示。图 15-4b 显示了使用更大的邻域半径 $\epsilon = 0.36$ 和 $\text{minpts} = 3$ 的聚类结果。由此找到了两个簇，对应于两个点密集区域。

对于这个数据集，参数的调优不是那么容易，并且 DBSCAN 并不能有效地发现 3 个鸢尾花类。例如图 15-4a 中，它将太多的点（其中有 47 个）识别为噪声。DBSCAN 能够找到两个主要的密集点区域，并将`iris-setosa`（三角）和其他鸢尾花类型区别开来，如图 15-4b 所示。进一步增加邻域半径，使其大于 $\epsilon = 0.36$，所有点都会并入一个大的簇。

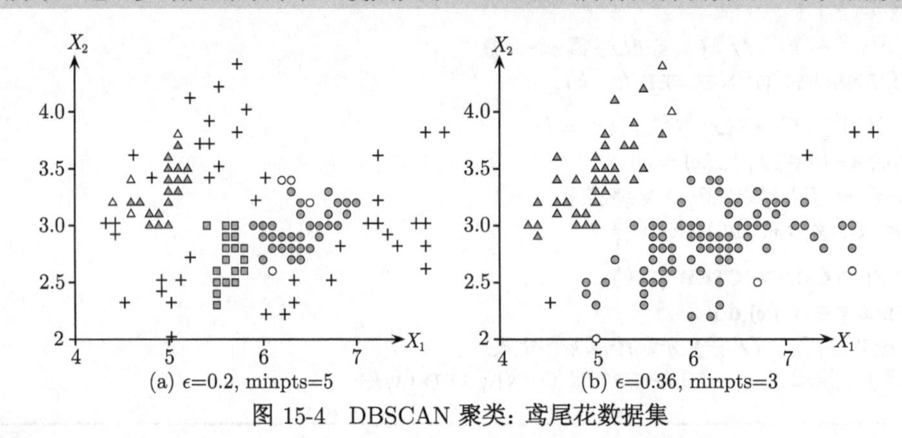

图 15-4 DBSCAN 聚类：鸢尾花数据集

计算复杂度

DBSCAN 的主要开销在于计算每个点的 ϵ 邻域。若维数不是太高，则这些计算可以通过使用一个空间索引结构在 $O(n \log n)$ 的时间内有效完成。当维数很高的时候，需要 $O(n^2)$ 的时间来计算每个点的邻域。一旦计算出 $N_\epsilon(\boldsymbol{x})$，我们只需要遍历所有的点来找出密度连通的簇。因此，在最坏情况下，DBSCAN 的总体复杂度为 $O(n^2)$。

15.2 核密度估计

基于密度的聚类和密度估计之间有着紧密的联系。密度估计的目标是通过找到点密集的区域来确定未知的概率密度函数，这可以用于聚类。核密度估计是一种无参（nonparametric）技术，不需要假定簇的概率模型，如 K-means 和 EM 算法所采用的混合模型；相反，它尝试直接推断数据集中每个点的底层概率密度。

15.2.1 一元密度估计

假设 X 是一个连续随机变量，令 $x_1, x_2, \cdots, x_n$ 为未知的底层概率密度函数 $f(x)$ 的随机样本。我们可以直接从数据中估计出累积分布函数，通过计算有多少个点小于等于 x：

$$\hat{F}(x) = \frac{1}{n}\sum_{i=1}^{n} I(x_i \leqslant x)$$

其中 I 是一个指示器函数（indicator function）：当其参数为真的时候值为 1，否则为 0。可以通过求 $\hat{F}(x)$ 的导数来估计密度函数，考虑一个中心为 x、宽度为 h 的小窗口，即：

$$\hat{f}(x)=\frac{\hat{F}(x+\frac{h}{2})-\hat{F}(x-\frac{h}{2})}{h}=\frac{k/n}{h}=\frac{k}{nh} \tag{15.1}$$

其中 k 是中心为 x、宽度为 h 的小窗口（即在闭区间 $[x-\frac{h}{2},x+\frac{h}{2}]$ 内）中的点的数目。因此，密度估计是窗口中的点的比例（k/n）除以窗口的大小（h）。这里，h 扮演着“影响”的角色，即一个较大的 h 在一个较大的窗口内通过考虑很多点来估计概率密度，可以起到平滑估计的效果。另一方面，若 h 较小，则只有与 x 非常接近的点会被考虑进来。通常来讲，我们想要一个较小的 h，但又不能太小，否则窗口内会没有点，我们也就无法得到概率密度的准确估计。

核估计子（kernel estimator）

核密度估计依赖于一个非负、对称且积分为 1 的*核函数*K，即：$K(x)\geqslant 0$，$K(-x)=K(x)$（对于所有 x），且 $\int K(x)\mathrm{d}x=1$。因此，K 实际上是一个概率密度函数。注意不要将 K 与第 5 章中的半正定核混淆。

离散核 公式 (15.1) 中的密度估计 $\hat{f}(x)$ 可以用核函数重写如下：

$$\hat{f}(x)=\frac{1}{nh}\sum_{i=1}^{n}K\left(\frac{x-x_i}{h}\right)$$

其中*离散核*（discrete kernel）函数 K 计算宽度为 h 的窗口内的点的数目，定义如下：

$$K(z)=\begin{cases}1 & |z|\leqslant\dfrac{1}{2}\\ 0 & \text{其他情况}\end{cases} \tag{15.2}$$

可以看到，若 $|z|=|\frac{x-x_i}{h}|\leqslant\frac{1}{2}$，则点 x_i 位于中心为 x、宽度为 h 的窗口内，因为：

$$\begin{aligned}|\frac{x-x_i}{h}|\leqslant\frac{1}{2}\ \text{表示}\ -\frac{1}{2}\leqslant\frac{x_i-x}{h}\leqslant\frac{1}{2}\text{，或}\\ -\frac{h}{2}\leqslant x_i-x\leqslant\frac{h}{2}\text{，最后}\\ x-\frac{h}{2}\leqslant x_i\leqslant x+\frac{h}{2}\end{aligned}$$

例 15.4 图 15-5 给出了使用离散核进行核密度估计在不同影响参数 h 下的结果（对应一维的鸢尾花数据集，其中包含萼片长度属性）。x 轴画出了 $n=150$ 个数据点。由于几个点有着相同的值，它们以堆叠的方式显示，其中堆叠的高度表示了该值的频率。

当 h 较小时（如图 15-5a 所示），密度函数有着许多局部极大点或模式。然而，当 h 从 0.25 增加到 2 时，模式的数目减小，直到 h 大到足以生成一个单模分布，如图 15-5d 所示。可以观察到，离散核会生成一个不平滑（或锯齿状）的密度函数。

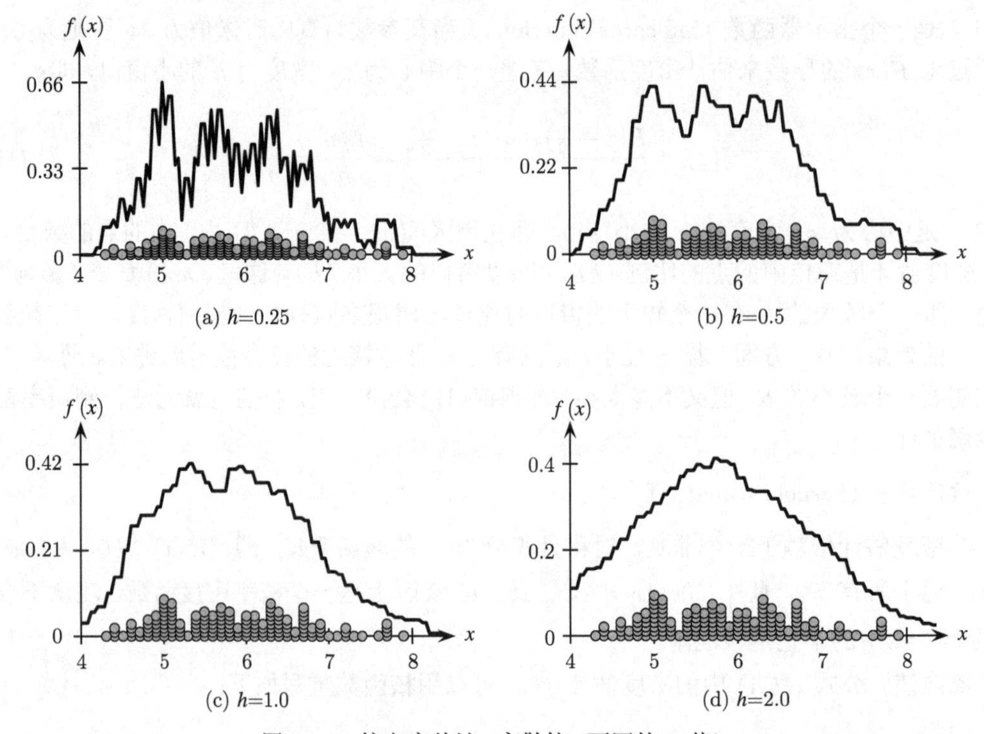

图 15-5　核密度估计：离散核（不同的 h 值）

高斯核　窗口宽度 h 是表示密度估计的展开或平滑度的一个参数。若 h 值变得过大，则会得到一个更平均的值。但若 h 值过小，则窗口中没有足够的点。此外，公式 (15.2) 中的核函数的影响变化较为剧烈。窗口（$|z| \leqslant \frac{1}{2}$）内的点，对概率估计 $\hat{f}(x)$ 有 $\frac{1}{hn}$ 的净贡献。另一方面，窗口（$|z| > \frac{1}{2}$）之外的点的贡献为 0。

除了离散核之外，我们可以使用高斯核来定义更为平滑的影响变化：

$$K(z) = \frac{1}{\sqrt{2\pi}} \exp\left\{-\frac{z^2}{2}\right\}$$

因此，可得：

$$K\left(\frac{x - x_i}{h}\right) = \frac{1}{\sqrt{2\pi}} \exp\left\{-\frac{(x - x_i)^2}{2h^2}\right\}$$

这里 x（窗口的中心）是作为均值存在的，h 是标准差。

例 15.5　图 15-6 给出了对一维鸢尾花数据集（关于萼片长度）使用高斯核的一元密度函数，以及递增的参数值 h 对应的图。数据点在 x 轴上以堆叠的方式显示，其中堆叠的高度表示值频率。

随着 h 从 0.1 增加到 0.5，可以看到 h 增加时对密度函数的平滑作用。例如，$h = 0.1$ 时，有许多局部极大点，而 $h = 0.5$ 时，只有一个密度峰值。与图 15-5 所示的离散核的情况相比，可以看到高斯核明显能够产生更为平滑的估计，不会有不连续的情况。

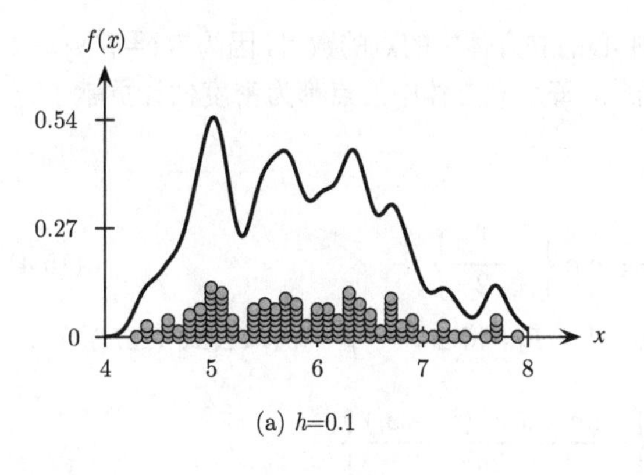

(a) h=0.1

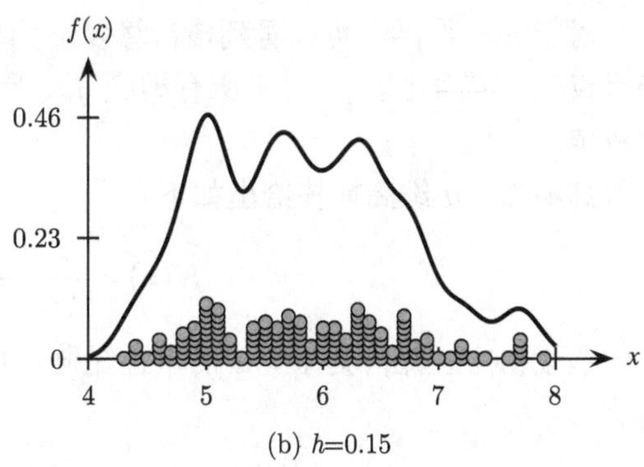

(b) h=0.15

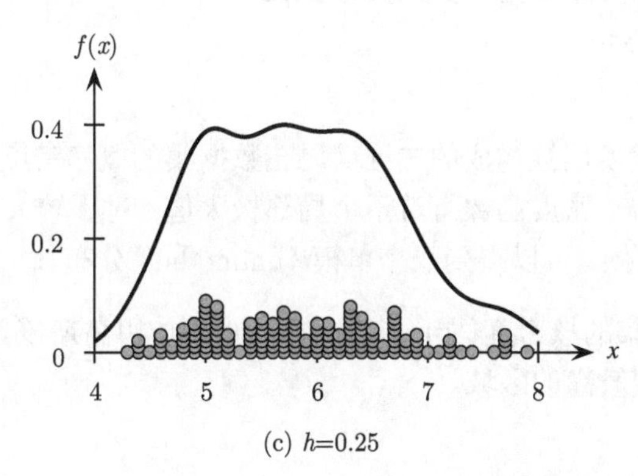

(c) h=0.25

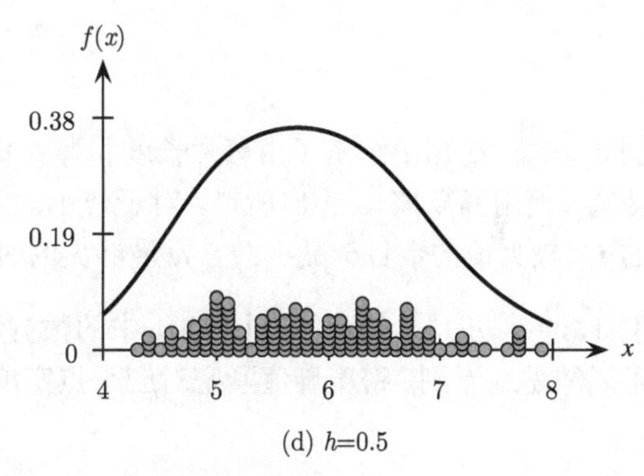

(d) h=0.5

图 15-6 核密度估计：高斯核（不同的 h 值）

15.2.2 多元密度估计

为估计在一个 d 维点 $\boldsymbol{x}=(x_1,x_2,\cdots,x_d)^{\mathrm{T}}$ 上的概率密度，定义 d 维的“窗口”为 d 维空间中的一个超立方体，即一个以 $\boldsymbol{x}$ 为中心且边长为 h 的超立方体。这样一个 d 维超立方体的体积为：

$$\mathrm{vol}(H_d(h))=h^d$$

于是，密度可以估计为以 $\boldsymbol{x}$ 为中心的 d 维窗口中的点重除以超立方体的体积：

$$\hat{f}(\boldsymbol{x})=\frac{1}{nh^d}\sum_{i=1}^{n}K\left(\frac{\boldsymbol{x}-\boldsymbol{x}_i}{h}\right) \tag{15.3}$$

其中多元核函数满足条件 $\int K(\boldsymbol{z})\mathrm{d}\boldsymbol{z}=1$。

离散核 对于任意的 d 维向量 $\boldsymbol{z}=(z_1,z_2,\cdots,z_d)^{\mathrm{T}}$，$d$ 维空间中的离散核函数定义为：

$$K(\boldsymbol{z})=\begin{cases}1 & |z_j|\leqslant\dfrac{1}{2}\text{，对于所有维度 } j=1,\cdots,d\\ 0 & \text{其他情况}\end{cases}$$

对于 $\boldsymbol{z}=\frac{\boldsymbol{x}-\boldsymbol{x}_i}{h}$，可以看到核计算以 $\boldsymbol{x}$ 为中心的立方体中的点的数目，因为 $K(\frac{\boldsymbol{x}-\boldsymbol{x}_i}{h})=1$ 当且仅当 $|\frac{x_j-x_{ij}}{h}|\leqslant\frac{1}{2}$（对于所有维度 j）。因此，每个立方体中的点都为密度估计贡献了 $\frac{1}{n}$ 的权值。

高斯核　d 维高斯核给出如下：

$$K(\boldsymbol{z})=\frac{1}{(2\pi)^{d/2}}\exp\left\{-\frac{\boldsymbol{z}^{\mathrm{T}}\boldsymbol{z}}{2}\right\} \tag{15.4}$$

其中假设协方差矩阵为 $d\times d$ 的单位矩阵，即 $\boldsymbol{\Sigma}=\boldsymbol{I}_d$。将 $\boldsymbol{z}=\frac{\boldsymbol{x}-\boldsymbol{x}_i}{h}$ 代入公式 (15.4), 可以得到

$$K(\boldsymbol{z})=\frac{1}{(2\pi)^{d/2}}\exp\left\{-\frac{(\boldsymbol{x}-\boldsymbol{x}_i)^{\mathrm{T}}(\boldsymbol{x}-\boldsymbol{x}_i)}{2h^2}\right\}$$

每个点为密度估计贡献的权值，与它同 $\boldsymbol{x}$ 的距离除以宽度参数 h 成反比。

$$\frac{\boldsymbol{x}-\boldsymbol{x}_i}{h}$$

例 15.6　图 15-7 给出了由萼片长度和萼片宽度属性构成的二维鸢尾花数据集的概率密度函数（使用高斯核）。不出所料，对于较小的 h，密度函数有若干个局部极大值；对于较大的 h，极大值的数目会减小；当 h 足够大的时候，可以得到一个单模（unimodal）分布。

例 15.7　图 15-8 给出了对图 15-1 中的数据集的核密度估计，其中 $h=20$ 且使用高斯核。可以清楚地看到，密度峰值紧密对应于点密度较高的区域。

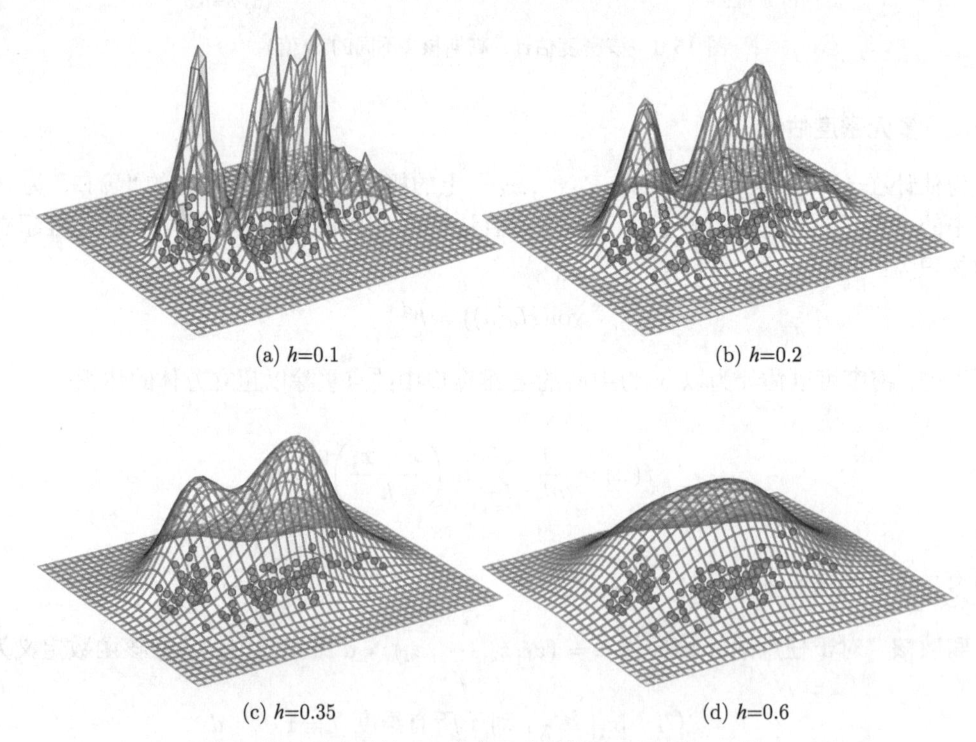

(a) h=0.1　(b) h=0.2　(c) h=0.35　(d) h=0.6

图 15-7　密度估计：二维鸢尾花数据集（不同的 h 值）

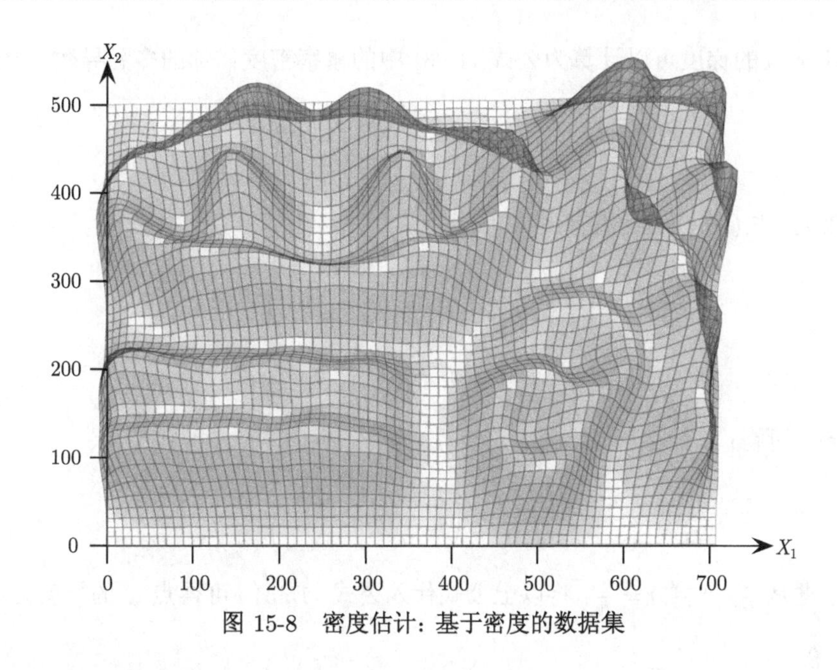

图 15-8 密度估计: 基于密度的数据集

15.2.3 最近邻密度估计

在前面的密度估计公式中，我们隐式地（通过固定 h）固定了超立方体的体积，并使用了核函数来找出位于固定体积区域内的点的数目/权值。另一种密度估计的方法是固定 k（即估计密度所需的点的数目），并允许封闭区域的体积变化，以包含所有的 k 个点。这一方法称作密度估计的 k 最近邻（KNN）方法。同核密度估计一样，KNN 密度估计也是一个无参方法。

给定邻居的数目 k，估计 $\boldsymbol{x}$ 处的密度如下：

$$\hat{f}(\boldsymbol{x}) = \frac{k}{n\mathrm{vol}(S_d(h_{\boldsymbol{x}}))}$$

其中 $h_{\boldsymbol{x}}$ 是 $\boldsymbol{x}$ 到它的第 k 个最近邻居的距离，$\mathrm{vol}(S_d(h_{\boldsymbol{x}}))$ 是以 $\boldsymbol{x}$ 为中心、$h_{\boldsymbol{x}}$ 为半径的 d 维超球体 $S_d(h_{\boldsymbol{x}})$ 的体积 [公式 (6.4)]。换句话说，宽度（半径）$h_{\boldsymbol{x}}$ 现在是一个依赖于 $\boldsymbol{x}$ 和 k 的变量。

15.3 基于密度的聚类: DENCLUE

在核密度估计的基础之上，我们可以发展一种基于密度的通用的聚类方法。基本的想法是，通过梯度优化来找到密度分布中的峰，然后找出密度在一个给定阈值之上的区域。

1. 密度吸引子和梯度

若点 $\boldsymbol{x}^*$ 是概率密度函数 f 的一个局部极大点，则称其为密度吸引子（density attractor）。一个密度吸引子可以从 $\boldsymbol{x}$ 开始，通过梯度下降的方法来找到。总体思路是计算密度梯度，即梯度增加最大的方向，并小步往梯度方向移动，直到到达一个局部最大点。

某个点 $\boldsymbol{x}$ 处的梯度可以计算为公式 (15.3) 中的概率密度估计的多元导数，给出为：

$$\nabla \hat{f}(\boldsymbol{x}) = \frac{\partial}{\partial \boldsymbol{x}} \hat{f}(\boldsymbol{x}) = \frac{1}{nh^d} \sum_{i=1}^{n} \frac{\partial}{\partial \boldsymbol{x}} K\left(\frac{\boldsymbol{x} - \boldsymbol{x}_i}{h}\right) \tag{15.5}$$

对于高斯核 [公式 (15.4)]，我们有：

$$\begin{aligned}\frac{\partial}{\partial \boldsymbol{x}} K(\boldsymbol{z}) &= \left(\frac{1}{(2\pi)^{d/2}} \exp\left\{-\frac{\boldsymbol{z}^{\mathrm{T}}\boldsymbol{z}}{2}\right\}\right) \cdot -\boldsymbol{z} \cdot \frac{\partial \boldsymbol{z}}{\partial \boldsymbol{x}} \\ &= K(\boldsymbol{z}) \cdot -\boldsymbol{z} \cdot \frac{\partial \boldsymbol{z}}{\partial \boldsymbol{x}}\end{aligned}$$

令 $\boldsymbol{z} = \frac{\boldsymbol{x}-\boldsymbol{x}_i}{h}$，可得：

$$\frac{\partial}{\partial \boldsymbol{x}} K\left(\frac{\boldsymbol{x} - \boldsymbol{x}_i}{h}\right) = K\left(\frac{\boldsymbol{x} - \boldsymbol{x}_i}{h}\right) \cdot \left(\frac{\boldsymbol{x}_i - \boldsymbol{x}}{h}\right) \cdot \left(\frac{1}{h}\right)$$

这一步的依据是 $\frac{\partial}{\partial \boldsymbol{x}}(\frac{\boldsymbol{x}-\boldsymbol{x}_i}{h}) = \frac{1}{h}$。将以上公式代入公式 (15.5)，可得点 $\boldsymbol{x}$ 的梯度为：

$$\nabla \hat{f}(\boldsymbol{x}) = \frac{1}{nh^{d+2}} \sum_{i=1}^{n} K\left(\frac{\boldsymbol{x} - \boldsymbol{x}_i}{h}\right) \cdot (\boldsymbol{x}_i - \boldsymbol{x}) \tag{15.6}$$

该公式可以看作由两部分组成：向量 $(\boldsymbol{x}_i - \boldsymbol{x})$ 和标量影响值 $K(\frac{\boldsymbol{x}-\boldsymbol{x}_i}{h})$。对于每一个点 $\boldsymbol{x}_i$，首先计算离开 $\boldsymbol{x}$ 的方向，即向量 $(\boldsymbol{x}_i - \boldsymbol{x})$。接下来，使用高斯核值 $K(\frac{\boldsymbol{x}-\boldsymbol{x}_i}{h})$ 对其进行缩放。最后，向量 $\nabla \hat{f}(\boldsymbol{x})$ 是 $\boldsymbol{x}$ 处的净影响，如图 15-9 所示，即差向量的带权和。

若一个爬山过程在 $\boldsymbol{x}$ 处开始，并收敛到 $\boldsymbol{x}^*$，则称 $\boldsymbol{x}^*$ 是 $\boldsymbol{x}$ 的一个**密度吸引子**，或 $\boldsymbol{x}$ 被**密度吸引到** $\boldsymbol{x}^*$。也就是说，存在一个点的序列 $\boldsymbol{x} = \boldsymbol{x}_0 \to \boldsymbol{x}_1 \to \cdots \to \boldsymbol{x}_m$，从 $\boldsymbol{x}$ 开始并于 $\boldsymbol{x}_m$ 结束，使得 $\|\boldsymbol{x}_m - \boldsymbol{x}^*\| \leqslant \epsilon$，即 $\boldsymbol{x}_m$ 收敛于吸引子 $\boldsymbol{x}^*$。

一般的方法是使用梯度下降来计算 $\boldsymbol{x}^*$，即从 $\boldsymbol{x}$ 开始，迭代地在每个时间步 t 按照如下规则进行更新：

$$\boldsymbol{x}_{t+1} = \boldsymbol{x}_t + \delta \cdot \nabla \hat{f}(\boldsymbol{x}_t)$$

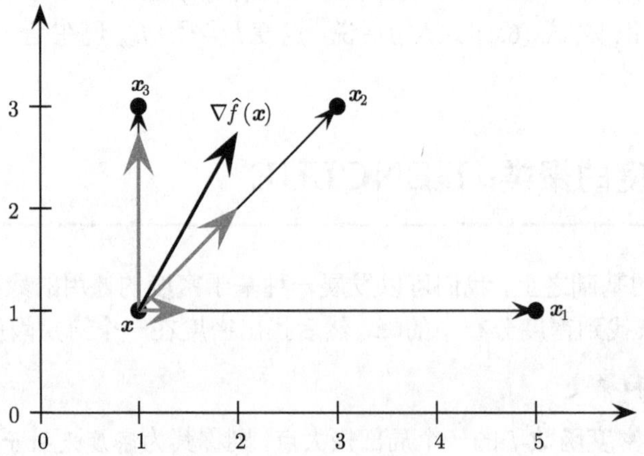

图 15-9　梯度向量 $\nabla \hat{f}(\boldsymbol{x})$（加粗的黑色向量）可由差向量 $\boldsymbol{x}_i - \boldsymbol{x}$（灰色向量）的和获得

其中 $\delta > 0$ 是步长。也就是说，每一个中间点都是通过在梯度向量的方向移动一小步得到的。但是梯度下降方法的收敛速度可能很慢。因此，我们可以令梯度 [公式 (15.6)] 等于零向量，从而直接优化移动方向：

$$\nabla \hat{f}(\boldsymbol{x}) = \mathbf{0}$$

$$\frac{1}{nh^{d+2}} \sum_{i=1}^{n} K\left(\frac{\boldsymbol{x}-\boldsymbol{x}_i}{h}\right) \cdot (\boldsymbol{x}_i - \boldsymbol{x}) = \mathbf{0}$$

$$\boldsymbol{x} \cdot \sum_{i=1}^{n} K\left(\frac{\boldsymbol{x}-\boldsymbol{x}_i}{h}\right) = \sum_{i=1}^{n} K\left(\frac{\boldsymbol{x}-\boldsymbol{x}_i}{h}\right) \boldsymbol{x}_i$$

$$\boldsymbol{x} = \frac{\sum_{i=1}^{n} K(\frac{\boldsymbol{x}-\boldsymbol{x}_i}{h}) \boldsymbol{x}_i}{\sum_{i=1}^{n} K(\frac{\boldsymbol{x}-\boldsymbol{x}_i}{h})}$$

上式左右两边都涉及点 $\boldsymbol{x}$；不过，可以利用这一点来得到以下的迭代更新规则：

$$\boldsymbol{x}_{t+1} = \frac{\sum_{i=1}^{n} K(\frac{\boldsymbol{x}_t-\boldsymbol{x}_i}{h}) \boldsymbol{x}_i}{\sum_{i=1}^{n} K(\frac{\boldsymbol{x}_t-\boldsymbol{x}_i}{h})} \tag{15.7}$$

其中 t 代表当前迭代，$\boldsymbol{x}_{t+1}$ 为当前向量 $\boldsymbol{x}_t$ 更新后的值。这一直接更新方法本质上是每一个点 $\boldsymbol{x}_i \in \boldsymbol{D}$ 对当前点 $\boldsymbol{x}_t$ 的影响值（根据核函数 K 计算出来）的带权平均值。这一直接更新规则使得爬山过程收敛速度要快得多。

2. **中心定义的簇**

给定一个簇 $C \subseteq \boldsymbol{D}$，若所有的点 $\boldsymbol{x} \in C$ 都被密度吸引到一个唯一的密度吸引子 $\boldsymbol{x}^*$，使得 $\hat{f}(\boldsymbol{x}^*) \geqslant \xi$，其中 ξ 是一个用户定义的最小密度阈值，则称它为**中心定义的簇**（center-defined cluster），即：

$$\hat{f}(\boldsymbol{x}^*) = \frac{1}{nh^d} \sum_{i=1}^{n} K\left(\frac{\boldsymbol{x}^*-\boldsymbol{x}_i}{h}\right) \geqslant \xi$$

3. **基于密度的簇**

一个任意形状的簇 $C \subseteq \boldsymbol{D}$ 是一个**基于密度的簇**（density-based cluster），若存在一组密度吸引子 $\boldsymbol{x}_1^*, \boldsymbol{x}_2^*, \cdots, \boldsymbol{x}_m^*$，使得：

(1) 每个点 $\boldsymbol{x} \in C$ 都被吸引到某个吸引子 $\boldsymbol{x}_i^*$；

(2) 每个密度吸引子的密度都大于 ξ，即 $\hat{f}(\boldsymbol{x}_i^*) \geqslant \xi$；

(3) 任意两个密度吸引子 $\boldsymbol{x}_i^*$ 和 $\boldsymbol{x}_j^*$ 都是**密度可达的**，即存在一条从 $\boldsymbol{x}_i^*$ 到 $\boldsymbol{x}_j^*$ 的路径，使得所有在该路径上的点 $\boldsymbol{y}$ 都有 $\hat{f}(\boldsymbol{y}) \geqslant \xi$。

4. **DENCLUE 算法**

DENCLUE 算法的伪代码在算法 15.2 中给出。第一步是计算数据集中每个点 $\boldsymbol{x}$ 的密度吸引子 $\boldsymbol{x}^*$（第 4 行）。若 $\boldsymbol{x}^*$ 处的密度大于最小密度阈值 ξ，则将该吸引子加入到吸引子集合 $\mathcal{A}$。对应的数据点 $\boldsymbol{x}$ 也加入到被 $\boldsymbol{x}^*$ 吸引的点的集合 $R(\boldsymbol{x}^*)$（第 9 行）。在第二步中，DENCLUE 找出所有吸引子的最大子集 $C \subseteq \mathcal{A}$，使得 C 的任意一对吸引子都是互相密度可达的（第 11 行）。这些互相可达的吸引子的最大子集构成了每个基于密度的簇的种子。

最后，对于每个 $\boldsymbol{x}^* \in C$，我们将所有被吸引到 $\boldsymbol{x}^*$ 的点 $R(\boldsymbol{x}^*)$ 加入对应的簇，从而形成最后的聚类结果 $\mathcal{C}$。

FINDATTRACTOR函数实现了公式 (15.7) 中的直接更新规则对应的爬山过程，可以做到快速收敛。为进一步加速影响值计算，可以只计算 $\boldsymbol{x}_t$ 的最近邻的核值。我们可以使用一个空间索引结构对数据集 $\boldsymbol{D}$ 进行索引，这样就可以快速计算在某个半径 r 内 $\boldsymbol{x}_t$ 的所有最近邻。对于高斯核，我们可以设置 $r = h \cdot z$，其中 h 是影响参数，相当于标准差，z 确定了标准差的数目。令 $B_d(\boldsymbol{x}_t, r)$ 代表 $\boldsymbol{D}$ 中位于半径为 r、以 $\boldsymbol{x}_t$ 为中心的 d 维球内的所有点的集合。于是，基于最近邻的更新规则可以表达为：

$$\boldsymbol{x}_{t+1} = \frac{\sum_{\boldsymbol{x}_i \in B_d(\boldsymbol{x}_t, r)} K(\frac{\boldsymbol{x}_t - \boldsymbol{x}_i}{h}) \boldsymbol{x}_i}{\sum_{\boldsymbol{x}_i \in B_d(\boldsymbol{x}_t, r)} K(\frac{\boldsymbol{x}_t - \boldsymbol{x}_i}{h})}$$

上式用于算法 15.2 中的第 20 行。当数据维数不是很高的时候，这可以带来显著的加速比。然而，随着维数的增加，效果也随之大打折扣。这是由于两方面的原因。第一，为了求 $B_d(\boldsymbol{x}_t, r)$，每一次查询需要对数据进行一次线性扫描，需要 $O(n)$ 的时间。第二，由于维数灾难（curse of dimensionality，见第 6 章），几乎所有的点看上去都和 $\boldsymbol{x}_t$ 差不多近，因此抵消了计算最近邻的效果。

算法15.2　DENCLUE 算法

```
   DENCLUE (D, h, ξ, ε):
1  A ← ∅
2  foreach x ∈ D do  //找到密度吸引子
4  |  x* ← FINDATTRACTOR(x, D, h, ε)
5  |  if f̂(x*) ≥ ξ then
7  |  |  A ← A ∪ {x*}
9  |  |  R(x*) ← R(x*) ∪ {x}
11 C ← {最小 C ⊆ A | ∀x*_i、x*_j ∈ C、x*_i 和 x*_j 是互相密度可达的}
12 foreach C ∈ C do  //基于密度的簇
13 |  foreach x* ∈ C do C ← C ∪ R(x*)
14 return C

   FINDATTRACTOR (x, D, h, ε):
16 t ← 0
17 x_t ← x
18 repeat
20 |  x_{t+1} ← Σ_{i=1}^n K((x_t − x_i)/h)·x_t / Σ_{i=1}^n K((x_t − x_i)/h)
21 |  t ← t + 1
22 until ‖x_t − x_{t−1}‖ ≤ ε
24 return x_t
```

例 15.8　图 15-10 显示了 DENCLUE 聚类在二维鸢尾花数据集（包含萼片长度和萼片宽度属性）上应用的情况。参数为 $h = 0.2$ 和 $\xi = 0.08$，并使用高斯核。聚类通过设定图 15-7b 中的概率密度函数的阈值为 $\xi = 0.08$ 获得。两个峰对应于两个最终的簇。`iris-setosa`区分得比较好，但是其他两类鸢尾花很难区分。

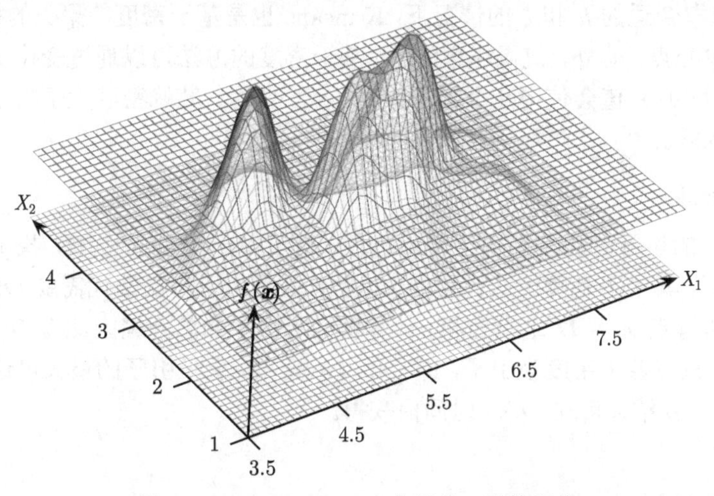

图 15-10　DENCLUE：鸢尾花二维数据集

例 15.9　图 15-11 显示了 DENCLUE 聚类在图 15-1 中的基于密度的数据集上应用的情况。使用的参数为 $h = 10$ 和 $\xi = 9.5 \times 10^{-5}$，并使用高斯核，由此可以得到 8 个簇。图像是通过在 ξ 处截断概率密度函数获得的，只有位于阈值之上的部分才画出。大部分簇正确地识别了出来，只是右下角的两个半圆形簇被错误地合并到了一起。

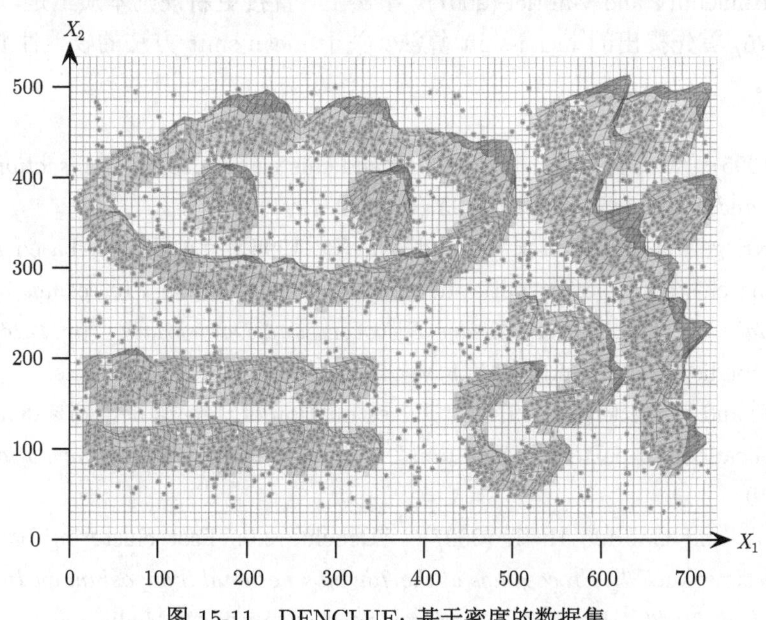

图 15-11　DENCLUE：基于密度的数据集

5. DENCLUE：特例

可以证明，DBSCAN 是基于通用核密度估计的聚类方法 DENCLUE 的一种特例。若令 $h=\epsilon$ 且 $\xi=\text{minpts}$，并使用一个离散核，则 DENCLUE 会得到与 DBSCAN 一样的簇结果。每个密度吸引子对应一个核心点，连通核心点的集合定义了基于密度的簇的吸引子集合。还可以证明，在选取合适的 h 和 ξ 的情况下，K-means 也是基于密度的聚类的特例，且密度吸引子对应于簇中心点。此外，值得注意的是，基于密度的方法可以通过变化 ξ 阈值，生成层次式簇。例如，减小 ξ 值会使得几个簇合并到一起。同时，若峰密度大于减小了的 ξ 值，则可能会生成新的簇。

6. 计算复杂度

DENCLUE 的运行时间主要用于爬山过程。对于每一个点 $\boldsymbol{x} \in \boldsymbol{D}$，找出密度吸引子需要 $O(nt)$ 的时间，其中 t 是爬山迭代的最大次数。这是由于每次迭代需要 $O(n)$ 的时间来计算影响函数在所有点 $\boldsymbol{x}_i \in \boldsymbol{D}$ 之上的和。计算密度吸引子的总开销因此为 $O(n^2t)$。假设对于合理的 h 和 ξ，只有若干密度吸引子，即 $|\mathcal{A}|=m \ll n$。求吸引子的最大可达子集的开销为 $O(m^2)$，且最后的簇结果可在 $O(n)$ 时间内获得。

15.4　补充阅读

核密度估计是由 Rosenblatt (1956) 和 Parzen (1962) 分别提出的。关于核密度估计方法的完整详细描述可参见 Silverman (1986)。基于密度的 DBSCAN 算法在 Ester 等人 (1996) 中有介绍。DENCLUE 方法首次由 Hinneburg and Keim (1998) 提出，速度更快的直接更新方法见于 Hinneburg and Gabriel (2007)。事实上，直接更新规则本质上是 Fukunaga and Hostetler (1975) 首先提出的 mean-shift 算法。关于 mean-shift 方法的收敛性质和推广参见 Cheng (1995)。

Cheng, Y. (1995). “Mean shift, mode seeking, and clustering.” *IEEE Transactions on Pattern Analysis and Machine Intelligence*, 17 (8): 790–799.

Ester, M., Kriegel, H.-P., Sander, J., and Xu, X. (1996). “A density-based algorithm for discovering clusters in large spatial databases with noise.” *In Proceedings of the 2nd International Conference on Knowledge Discovery and Data Mining* (pp. 226–231), edited by E. Simoudis, J. Han, and U. M. Fayyad. Palo Ato, CA: AAAI Press.

Fukunaga, K. and Hostetler, L. (1975). “The estimation of the gradient of a density function, with applications in pattern recognition.” *IEEE Transactions on Information Theory*, 21 (1): 32–40.

Hinneburg, A. and Gabriel, H.-H. (2007). “Denclue 2.0: Fast clustering based on kernel density estimation.” *In Proceedings of the 7th International Symposium on Intelligent Data Analysis* (pp. 70–80). New York: Springer Science+Business Media.

Hinneburg, A. and Keim, D. A. (1998). “*An efficient approach to clustering in large multimedia databases with noise.*" *In Proceedings of the 4th International Conference on Knowledge Discovery and Data Mining* (pp. 58–65), edited by R. Agrawal and P. E. Stolorz. Palo Alto, CA: AAAI Press.

Parzen, E. (1962). On estimation of a probability density function and mode. *The Annals of Mathematical Statistics*, 33 (3): 1065–1076.

Rosenblatt, M. (1956). "Remarks on some nonparametric estimates of a density function." *The Annals of Mathematical Statistics*, 27 (3): 832–837.

Silverman, B. (1986). *Density Estimation for Statistics and Data Analysis.* Monographs on Statistics and Applied Probability. Boca Raton, FL: Chapman and Hall/CRC.

15.5 习题

Q1. 考虑图 15-12，并回答以下问题。假设点之间使用欧几里得距离，且 $\epsilon = 2$、minpts $= 3$。

(a) 列出所有的核心点。

(b) a 是否从 d 直接密度可达？

(c) o 是否从 i 密度可达？列出可达链上的中间点或是可达链断裂处的点。

(d) 密度可达是否为一种对称关系？即，若 x 从 y 密度可达，是否意味着 y 从 x 也密度可达？为什么？

(e) l 是否和 x 密度连通？分别给出使得它们密度连通的链上的点或者使得链断裂的点。

(f) 密度连通是否是一种对称关系？

(g) 给出基于密度的簇和噪声点。

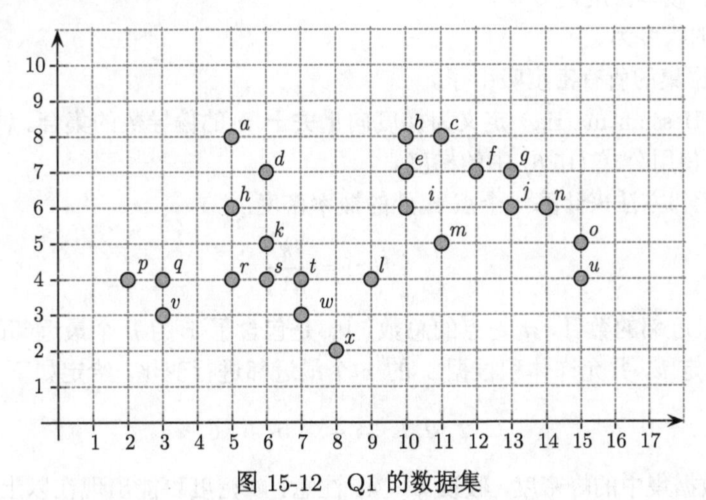

图 15-12 Q1 的数据集

Q2. 考虑图 15-13 中的点，定义如下的距离度量。

$$L_\infty(\boldsymbol{x}, \boldsymbol{y}) = \max_{i=1}^{d}\{|x_i - y_i|\} \quad L_{\min}(\boldsymbol{x}, \boldsymbol{y}) = \min_{i=1}^{d}\{|x_i - y_i|\}$$

$$L_{\frac{1}{2}}(\boldsymbol{x},\boldsymbol{y})=\left(\sum_{i=1}^{d}|x_i-y_i|^{\frac{1}{2}}\right)^2 \quad L_{pow}(\boldsymbol{x},\boldsymbol{y})=\left(\sum_{i=1}^{d}2^{i-1}(x_i-y_i)^2\right)^{1/2}$$

(a) 使用 $\epsilon=2$、$\text{minpts}=5$ 和 L_∞ 距离，找出所有的核心点、边界点和噪声点。

(b) 画出半径为 $\epsilon=4$ 的球的形状，使用 $L_{\frac{1}{2}}$ 距离。使用 $\text{minpts}=3$，给出用 DBSCAN 找出的所有簇。

(c) 使用 $\epsilon=1$、$\text{minpts}=6$ 和 $L_{\min}$，找出所有的核心点、边界点和噪声点。

(d) 使用 $\epsilon=4$、$\text{minpts}=3$ 和 L_{pow}，给出用 DBSCAN 找出的所有簇。

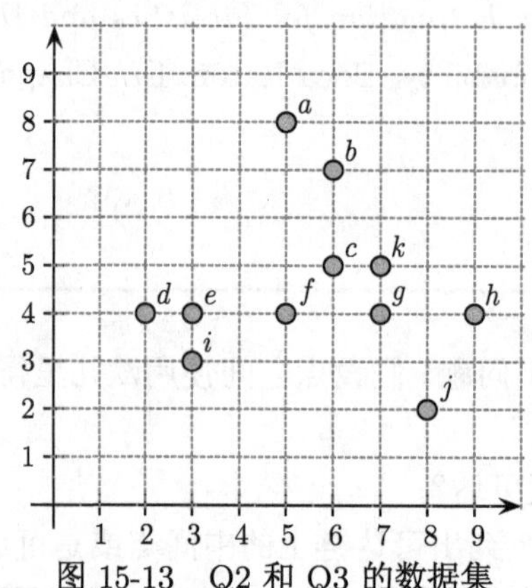

图 15-13　Q2 和 Q3 的数据集

Q3. 考虑图 15-13 中的点，定义如下的两个核：

$$K_1(\boldsymbol{z})=\begin{cases}1 & L_\infty(\boldsymbol{z},\boldsymbol{0})\leqslant 1\\ 0 & \text{其他情况}\end{cases} \qquad K_2(\boldsymbol{z})=\begin{cases}1 & \sum_{j=1}^{d}|z_j|\leqslant 1\\ 0 & \text{其他情况}\end{cases}$$

使用 K_1 和 K_2，回答以下问题，假设 $h=2$。

(a) e 点处的概率密度是多少？

(b) e 点处的梯度为？

(c) 列出数据集的所有密度吸引子。

Q4. 黑塞矩阵（Hessian matrix）定义为梯度向量关于 $\boldsymbol{x}$ 的偏导数的集合。高斯核的黑塞矩阵是什么？使用公式 (15.6) 中的梯度。

Q5. 使用 k 最近邻方法来计算一个点 x 处的概率密度：

$$\hat{f}(x)=\frac{k}{nV_x}$$

其中 k 是最近邻的数目，n 是点的总数，V_x 是包含了 x 的 k 个最近邻的体积。也就是说，我们固定 k，并允许体积根据 x 的 k 个最近邻进行变化。给定如下点：

$$2、2.5、3、4、4.5、5、6.1$$

找出这个数据集中的峰密度，假设 $k=4$。注意：峰密度可能出现在以上给定的点之外。同时，一个点也是它自身的最近邻。

第 16 章　谱聚类和图聚类

本章考虑在图数据上进行聚类，即给定一个图，利用各个边及其权值（代表相邻节点间的相似性）对节点进行聚类。图聚类与划分型层次式聚类相关，因为许多方法利用节点间的成对相似性矩阵，将节点划分为若干簇。接下来会看到，图聚类与基于图的矩阵的谱分解有着很强的联系。最后，若相似性矩阵是半正定的，则可以将其当作一个核矩阵，于是图聚类又和基于核的聚类相关。

16.1　图和矩阵

给定由 $\mathbb{R}^d$ 中的 n 个点构成的数据集 $\boldsymbol{D}=\{\boldsymbol{x}_i\}_{i=1}^n$，令 $\boldsymbol{A}$ 代表这些点之间的 $n\times n$ 的成对**相似性矩阵**：

$$\boldsymbol{A}=\begin{pmatrix} a_{11} & a_{12} & \cdots & a_{1n} \\ a_{21} & a_{22} & \cdots & a_{2n} \\ \vdots & \vdots & \cdots & \vdots \\ a_{n1} & a_{n2} & \cdots & a_{nn} \end{pmatrix} \tag{16.1}$$

其中 $\boldsymbol{A}(i,j)=a_{ij}$ 表示点 $\boldsymbol{x}_i$ 和 $\boldsymbol{x}_j$ 之间的相似性。我们要求相似性是对称且非负的，即 $a_{ij}=a_{ji}$ 且 $a_{ij}\geqslant 0$。矩阵 $\boldsymbol{A}$ 可以看作一个带权（无向）图 $G=(V,E)$ 的**带权邻接矩阵**，其中每个顶点是一个数据点，且每条边连接一对点，即：

$$\begin{aligned} V&=\{\boldsymbol{x}_i|i=1,\cdots,n\} \\ E&=\{(\boldsymbol{x}_i,\boldsymbol{x}_j)|1\leqslant i,j\leqslant n\} \end{aligned}$$

此外，相似性矩阵 $\boldsymbol{A}$ 还给出了每条边的权值，即 a_{ij} 表示边 $(\boldsymbol{x}_i,\boldsymbol{x}_j)$ 的权值。若所有的相似性均为 0 或 1，则 $\boldsymbol{A}$ 代表顶点间的邻接关系。

对于顶点 $\boldsymbol{x}_i$，令 d_i 表示该顶点的**度**，定义为：

$$d_i=\sum_{j=1}^n a_{ij}$$

定义图 G 的**度数矩阵** $\boldsymbol{\Delta}$ 为 $n\times n$ 的对角矩阵：

$$\boldsymbol{\Delta}=\begin{pmatrix} d_1 & 0 & \cdots & 0 \\ 0 & d_2 & \cdots & 0 \\ \vdots & \vdots & \ddots & \vdots \\ 0 & 0 & \cdots & d_n \end{pmatrix}=\begin{pmatrix} \sum_{j=1}^n a_{1j} & 0 & \cdots & 0 \\ 0 & \sum_{j=1}^n a_{2j} & \cdots & 0 \\ \vdots & \vdots & \ddots & \vdots \\ 0 & 0 & \cdots & \sum_{j=1}^n a_{nj} \end{pmatrix}$$

$\boldsymbol{\Delta}$ 可以简写为 $\boldsymbol{\Delta}(i,i)=d_i$，$1\leqslant i\leqslant n$。

例 16.1　图 16-1 给出了鸢尾花数据集的相似度图。数据集中 $n=150$ 个点 $\boldsymbol{x}_i \in \mathbb{R}^4$ 均表示为图 G 中的一个节点。为创建边，首先使用高斯核 [公式 (5.10)] 计算点之间的成对相似性：

$$a_{ij} = \exp\left\{-\frac{\|\boldsymbol{x}_i - \boldsymbol{x}_j\|^2}{2\sigma^2}\right\}$$

其中 $\sigma = 1$。每条边 $(\boldsymbol{x}_i, \boldsymbol{x}_j)$ 的权值为 a_{ij}。接着，对每个节点 $\boldsymbol{x}_i$，根据相似度值计算 q 个最近邻，定义为：

$$N_q(\boldsymbol{x}_i) = \{\boldsymbol{x}_i \in V : a_{ij} \leqslant a_{iq}\}$$

其中 a_{iq} 代表 $\boldsymbol{x}_i$ 和它的第 q 个最近邻之间的相似度。我们使用 $q=16$，则每个节点记录了至少 15 个最近邻（不包括节点本身），对应 10% 的节点。在节点 $\boldsymbol{x}_i$ 和 $\boldsymbol{x}_j$ 之间添加一条边，当且仅当两个节点*互为最近邻*，即 $\boldsymbol{x}_j \in N_q(\boldsymbol{x}_i)$ 且 $\boldsymbol{x}_i \in N_q(\boldsymbol{x}_j)$。最后，若生成的图是不连通的，则在任意两个连通分支间添加 q 个最相似的边（权值最高）。
生成的鸢尾花相似度图见图 16-1。一共有 $|V| = n = 150$ 个节点和 $|E| = m = 1730$ 条边。相似度 $a_{ij} \geqslant 0.9$ 的边以黑色显示，其余边以灰色显示。尽管对所有节点都有 $a_{ii} = 1.0$，图中不显示自边或自环。

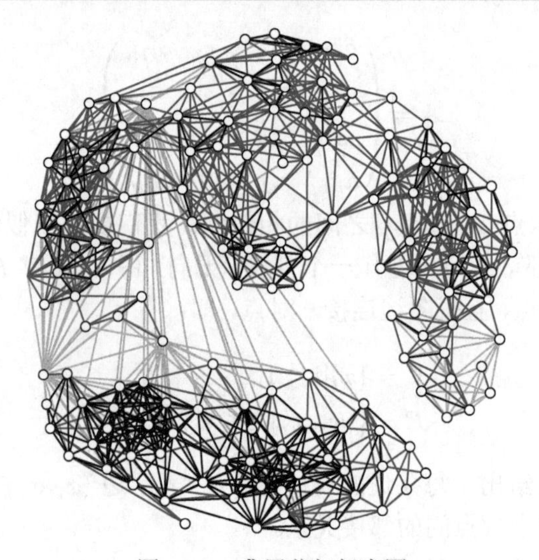

图 16-1　鸢尾花相似度图

1. 归一化邻接矩阵

归一化邻接矩阵（normalized adjacency matrix）可以通过将邻接矩阵的每一行都除以对应节点的度数来得到。给定图 G 的带权邻接矩阵 $\boldsymbol{A}$，它的归一化邻接矩阵定义为：

$$\boldsymbol{M} = \boldsymbol{\Delta}^{-1}\boldsymbol{A} = \begin{pmatrix} \frac{a_{11}}{d_1} & \frac{a_{12}}{d_1} & \cdots & \frac{a_{1n}}{d_1} \\ \frac{a_{21}}{d_2} & \frac{a_{22}}{d_2} & \cdots & \frac{a_{2n}}{d_2} \\ \vdots & \vdots & \ddots & \vdots \\ \frac{a_{n1}}{d_n} & \frac{a_{n2}}{d_n} & \cdots & \frac{a_{nn}}{d_n} \end{pmatrix} \tag{16.2}$$

由于假设 $\boldsymbol{A}$ 中的元素都是非负的，这意味着 $\boldsymbol{M}$ 的每个元素 m_{ij} 也是非负的，因为 $m_{ij}=\frac{a_{ij}}{d_i}\geqslant 0$。考虑 $\boldsymbol{M}$ 第 i 行的元素的和，有：

$$\sum_{j=1}^{m} m_{ij}=\sum_{j=1}^{m}\frac{a_{ij}}{d_i}=\frac{d_i}{d_i}=1 \tag{16.3}$$

即 $\boldsymbol{M}$ 每一行的元素的和为 1。这意味着 1 是 $\boldsymbol{M}$ 的一个特征值。事实上，$\lambda_1=1$ 是 $\boldsymbol{M}$ 的最大特征值，且其他特征值满足性质 $|\lambda_i|\leqslant 1$。同样，若 G 是连通的，则对应于 λ_1 的特征向量是 $\boldsymbol{u}_1=\frac{1}{\sqrt{n}}(1,1,\cdots,1)^{\mathrm{T}}=\frac{1}{\sqrt{n}}\mathbf{1}$。由于 $\boldsymbol{M}$ 不是对称的，它的特征向量也不一定是正交的。

例 16.2 考虑图 16-2 中所示的图，其邻接矩阵和度数矩阵为：

$$\boldsymbol{A}=\begin{pmatrix}0&1&0&1&0&1&0\\1&0&1&1&0&0&0\\0&1&0&1&0&0&1\\1&1&1&0&1&0&0\\0&0&0&1&0&1&1\\1&0&0&0&1&0&1\\0&0&1&0&1&1&0\end{pmatrix}\qquad \boldsymbol{\Delta}=\begin{pmatrix}3&0&0&0&0&0&0\\0&3&0&0&0&0&0\\0&0&3&0&0&0&0\\0&0&0&4&0&0&0\\0&0&0&0&3&0&0\\0&0&0&0&0&3&0\\0&0&0&0&0&0&3\end{pmatrix}$$

归一化后的邻接矩阵为：

$$\boldsymbol{M}=\boldsymbol{\Delta}^{-1}\mathbf{A}=\begin{pmatrix}0&0.33&0&0.33&0&0.33&0\\0.33&0&0.33&0.33&0&0&0\\0&0.33&0&0.33&0&0&0.33\\0.25&0.25&0.25&0&0.25&0&0\\0&0&0&0.33&0&0.33&0.33\\0.33&0&0&0&0.33&0&0.33\\0&0&0.33&0&0.33&0.33&0\end{pmatrix}$$

$\boldsymbol{M}$ 的特征值按照降序排列如下：

$$\lambda_1=1\qquad \lambda_2=0.483\qquad \lambda_3=0.206\qquad \lambda_4=-0.045$$
$$\lambda_5=-0.045\qquad \lambda_6=-0.539\qquad \lambda_7=-0.7$$

对应于 $\lambda_1=1$ 的特征向量为：

$$\boldsymbol{u}_1=\frac{1}{\sqrt{7}}(1,1,1,1,1,1,1)^{\mathrm{T}}=(0.38,0.38,0.38,0.38,0.38,0.38,0.38)^{\mathrm{T}}$$

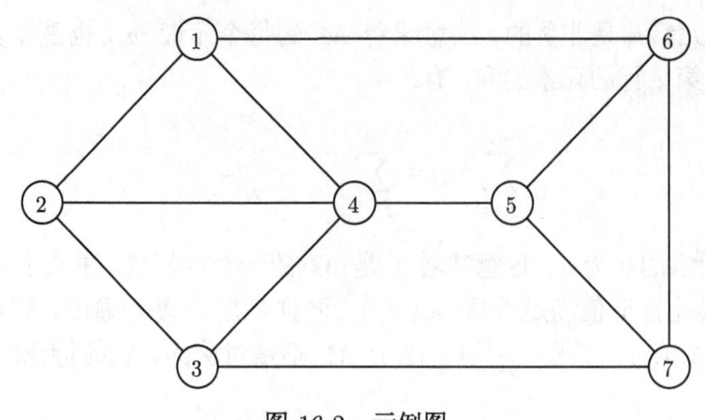

图 16-2　示例图

2. 图的拉普拉斯矩阵

图的拉普拉斯矩阵（Laplacian matrix）定义为：

$$
\begin{aligned}
\boldsymbol{L} &= \boldsymbol{\Delta} - \boldsymbol{A} \\
&= \begin{pmatrix} \sum_{j=1}^n a_{1j} & 0 & \cdots & 0 \\ 0 & \sum_{j=1}^n a_{2j} & \cdots & 0 \\ \vdots & \vdots & \ddots & \vdots \\ 0 & 0 & \cdots & \sum_{j=1}^n a_{nj} \end{pmatrix} - \begin{pmatrix} a_{11} & a_{12} & \cdots & a_{1n} \\ a_{21} & a_{22} & \cdots & a_{2n} \\ \vdots & \vdots & \cdots & \vdots \\ a_{n1} & a_{n2} & \cdots & a_{nn} \end{pmatrix} \\
&= \begin{pmatrix} \sum_{j\neq 1} a_{1j} & -a_{12} & \cdots & -a_{1n} \\ -a_{21} & \sum_{j\neq 2} a_{2j} & \cdots & -a_{2n} \\ \vdots & \vdots & \ddots & \vdots \\ -a_{n1} & -a_{n2} & \cdots & \sum_{j\neq n} a_{nj} \end{pmatrix}
\end{aligned} \tag{16.4}
$$

值得注意的是，$\boldsymbol{L}$ 是一个对称的半正定矩阵，对于任意的 $\boldsymbol{c} \in \mathbb{R}^n$，有：

$$
\begin{aligned}
\boldsymbol{c}^{\mathrm{T}}\boldsymbol{L}\boldsymbol{c} &= \boldsymbol{c}^{\mathrm{T}}(\boldsymbol{\Delta} - \boldsymbol{A})\boldsymbol{c} = \boldsymbol{c}^{\mathrm{T}}\boldsymbol{\Delta}\boldsymbol{c} - \boldsymbol{c}^{\mathrm{T}}\boldsymbol{A}\boldsymbol{c} \\
&= \sum_{i=1}^n d_i c_i^2 - \sum_{i=1}^n \sum_{j=1}^n c_i c_j a_{ij} \\
&= \frac{1}{2}\left(\sum_{i=1}^n d_i c_i^2 - 2\sum_{i=1}^n \sum_{j=1}^n c_i c_j a_{ij} + \sum_{j=1}^n d_j c_j^2\right) \\
&= \frac{1}{2}\left(\sum_{i=1}^n \sum_{j=1}^n a_{ij} c_i^2 - 2\sum_{i=1}^n \sum_{j=1}^n c_i c_j a_{ij} + \sum_{i=1}^n \sum_{j=1}^n a_{ij} c_j^2\right) \\
&= \frac{1}{2}\sum_{i=1}^n \sum_{j=1}^n a_{ij}(c_i - c_j)^2 \\
&\geqslant 0，因为 a_{ij} \geqslant 0 且 (c_i - c_j)^2 \geqslant 0
\end{aligned} \tag{16.5}
$$

这说明 $\boldsymbol{L}$ 一共有 n 个非负实数特征值，并可依如下方式降序排列：$\lambda_1 \geqslant \lambda_2 \geqslant \cdots \geqslant \lambda_n \geqslant 0$。由于 $\boldsymbol{L}$ 是对称的，它的特征向量是正交的。此外，根据公式 (16.4)，可以看到第一列（以

及第一行）是其余列（行）的线性组合。也就是说，若 L_i 表示 $\boldsymbol{L}$ 的第 i 列，则可以观察到 $L_1+L_2+L_3+\cdots+L_n=\mathbf{0}$。这意味着 $\boldsymbol{L}$ 的秩最大为 $n-1$，且最小的特征值为 $\lambda_n=0$，对应的特征向量为 $\boldsymbol{u}_n=\frac{1}{\sqrt{n}}(1,1,\cdots,1)^{\mathrm{T}}=\frac{1}{\sqrt{n}}\mathbf{1}$（假设图是连通的）。若图是非连通的，则等于 0 的特征值的数量代表图中连通分支的数目。

例 16.3 考虑图 16-2，该图的邻接矩阵和度数矩阵在例 16.2 中给出。该图的拉普拉斯矩阵为：

$$\boldsymbol{L}=\boldsymbol{\Delta}-\boldsymbol{A}=\begin{pmatrix}3&-1&0&-1&0&-1&0\\-1&3&-1&-1&0&0&0\\0&-1&3&-1&0&0&-1\\-1&-1&-1&4&-1&0&0\\0&0&0&-1&3&-1&-1\\-1&0&0&0&-1&3&-1\\0&0&-1&0&-1&-1&3\end{pmatrix}$$

$\boldsymbol{L}$ 的 7 个特征值为：

$$\lambda_1=5.618\quad\lambda_2=4.618\quad\lambda_3=4.414\quad\lambda_4=3.382$$
$$\lambda_5=2.382\quad\lambda_6=1.586\quad\lambda_7=0$$

$\lambda_7=0$ 对应的特征向量是：

$$\boldsymbol{u}_7=\frac{1}{\sqrt{7}}(1,1,1,1,1,1,1)^{\mathrm{T}}=(0.38,0.38,0.38,0.38,0.38,0.38,0.38)^{\mathrm{T}}$$

图的归一化对称拉普拉斯矩阵定义为：

$$\begin{aligned}\boldsymbol{L}^s&=\boldsymbol{\Delta}^{-1/2}\boldsymbol{L}\boldsymbol{\Delta}^{-1/2}\\&=\boldsymbol{\Delta}^{-1/2}(\boldsymbol{\Delta}-\boldsymbol{A})\boldsymbol{\Delta}^{-1/2}=\boldsymbol{\Delta}^{-1/2}\boldsymbol{\Delta}\boldsymbol{\Delta}^{-1/2}-\boldsymbol{\Delta}^{-1/2}\boldsymbol{A}\boldsymbol{\Delta}^{-1/2}\\&=\boldsymbol{I}-\boldsymbol{\Delta}^{-1/2}\boldsymbol{A}\boldsymbol{\Delta}^{-1/2}\end{aligned}\tag{16.6}$$

其中 $\boldsymbol{\Delta}^{1/2}$ 是对角矩阵 $\boldsymbol{\Delta}^{1/2}(i,i)=\sqrt{d_i}$，且 $\boldsymbol{\Delta}^{-1/2}$ 是对角矩阵 $\boldsymbol{\Delta}^{-1/2}(i,i)=\frac{1}{\sqrt{d_i}}$（假设 $d_i\neq 0$，$1\leqslant i\leqslant n$）。换句话说，归一化拉普拉斯矩阵为：

$$\begin{aligned}\boldsymbol{L}^s&=\boldsymbol{\Delta}^{-1/2}\boldsymbol{L}\boldsymbol{\Delta}^{-1/2}\\&=\begin{pmatrix}\frac{\sum_{j\neq 1}a_{1j}}{\sqrt{d_1d_1}}&-\frac{a_{12}}{\sqrt{d_1d_2}}&\cdots&-\frac{a_{1n}}{\sqrt{d_1d_n}}\\-\frac{a_{21}}{\sqrt{d_2d_1}}&\frac{\sum_{j\neq 2}a_{2j}}{\sqrt{d_2d_2}}&\cdots&-\frac{a_{2n}}{\sqrt{d_2d_n}}\\\vdots&\vdots&\ddots&\vdots\\-\frac{a_{n1}}{\sqrt{d_nd_1}}&-\frac{a_{n2}}{\sqrt{d_nd_2}}&\cdots&\frac{\sum_{j\neq n}a_{nj}}{\sqrt{d_nd_n}}\end{pmatrix}\end{aligned}\tag{16.7}$$

类似于公式 (16.5) 的推导，可以证明 $\boldsymbol{L}^s$ 也是半正定的，因为对于任意的 $\boldsymbol{c}\in\mathbb{R}^d$，有：

$$\boldsymbol{c}^{\mathrm{T}}\boldsymbol{L}^s\boldsymbol{c}=\frac{1}{2}\sum_{i=1}^{n}\sum_{j=1}^{n}a_{ij}\left(\frac{c_i}{\sqrt{d_i}}-\frac{c_j}{\sqrt{d_j}}\right)^2\geqslant 0 \tag{16.8}$$

此外，若 L_i^s 表示 $\boldsymbol{L}^s$ 的第 i 列，则由公式 (16.7) 可得：

$$\sqrt{d_1}L_1^s+\sqrt{d_2}L_2^s+\sqrt{d_3}L_3^s+\cdots+\sqrt{d_n}L_n^s=\mathbf{0}$$

也就是说，第一列是其他列的线性组合，这意味着 $\boldsymbol{L}^s$ 的秩最多为 $n-1$，且最小的特征值为 $\lambda_n=0$，对应的特征向量 $\frac{1}{\sqrt{\Sigma_i d_i}}(\sqrt{d_1},\sqrt{d_2},\cdots,\sqrt{d_n})^{\mathrm{T}}=\frac{1}{\sqrt{\Sigma_i d_i}}\boldsymbol{\Delta}^{1/2}\mathbf{1}$。由于 $\boldsymbol{L}^s$ 是半正定的，可以得出结论：$\boldsymbol{L}^s$ 有 n 个（不一定不同的）正实数特征值 $\lambda_1\geqslant\lambda_2\geqslant\cdots\geqslant\lambda_n=0$。

例 16.4　继续例 16.3。图 16-2 中的图的归一化对称拉普拉斯矩阵为：

$$\boldsymbol{L}^s=\begin{pmatrix}1&-0.33&0&-0.29&0&-0.33&0\\-0.33&1&-0.33&-0.29&0&0&0\\0&-0.33&1&-0.29&0&0&-0.33\\-0.29&-0.29&-0.29&1&-0.29&0&0\\0&0&0&-0.29&1&-0.33&-0.33\\-0.33&0&0&0&-0.33&1&-0.33\\0&0&-0.33&0&-0.33&-0.33&1\end{pmatrix}$$

$\boldsymbol{L}^s$ 的 7 个特征值为：

$$\lambda_1=1.7\qquad\lambda_2=1.539\quad\lambda_3=1.405\quad\lambda_4=1.045$$
$$\lambda_5=0.794\quad\lambda_6=0.517\quad\lambda_7=0$$

对应于 $\lambda_7=0$ 的特征向量为：

$$\begin{aligned}\boldsymbol{u}_7&=\frac{1}{\sqrt{22}}(\sqrt{3},\sqrt{3},\sqrt{3},\sqrt{4},\sqrt{3},\sqrt{3},\sqrt{3})^{\mathrm{T}}\\&=(0.37,0.37,0.37,0.43,0.37,0.37,0.37)^{\mathrm{T}}\end{aligned}$$

归一化非对称拉普拉斯矩阵定义为：

$$\begin{aligned}\boldsymbol{L}^a&=\boldsymbol{\Delta}^{-1}\boldsymbol{L}\\&=\boldsymbol{\Delta}^{-1}(\boldsymbol{\Delta}-\boldsymbol{A})=\boldsymbol{I}-\boldsymbol{\Delta}^{-1}\boldsymbol{A}\\&=\begin{pmatrix}\frac{\sum_{j\neq 1}a_{1j}}{d_1}&-\frac{a_{12}}{d_1}&\cdots&-\frac{a_{1n}}{d_1}\\-\frac{a_{21}}{d_2}&\frac{\sum_{j\neq 2}a_{2j}}{d_2}&\cdots&-\frac{a_{2n}}{d_2}\\\vdots&\vdots&\ddots&\vdots\\-\frac{a_{n1}}{d_n}&-\frac{a_{n2}}{d_n}&\cdots&\frac{\sum_{j\neq n}a_{nj}}{d_n}\end{pmatrix}\end{aligned} \tag{16.9}$$

考虑对称拉普拉斯矩阵 $\boldsymbol{L}^s$ 的特征值等式：

$$\boldsymbol{L}^s\boldsymbol{u} = \lambda\boldsymbol{u}$$

两边同乘以 $\boldsymbol{\Delta}^{-1/2}$，可得：

$$\begin{aligned}
&\boldsymbol{\Delta}^{-1/2}\boldsymbol{L}^s\boldsymbol{u} = \lambda\boldsymbol{\Delta}^{-1/2}\boldsymbol{u}\\
&\boldsymbol{\Delta}^{-1/2}(\boldsymbol{\Delta}^{-1/2}\boldsymbol{L}\boldsymbol{\Delta}^{-1/2})\boldsymbol{u} = \lambda\boldsymbol{\Delta}^{-1/2}\boldsymbol{u}\\
&\boldsymbol{\Delta}^{-1}\boldsymbol{L}(\boldsymbol{\Delta}^{-1/2}\boldsymbol{u}) = \lambda(\boldsymbol{\Delta}^{-1/2}\boldsymbol{u})\\
&\boldsymbol{L}^a\boldsymbol{v} = \lambda\boldsymbol{v}
\end{aligned}$$

其中 $\boldsymbol{v} = \boldsymbol{\Delta}^{-1/2}\boldsymbol{u}$ 是 $\boldsymbol{L}^a$ 的一个特征向量，且 $\boldsymbol{u}$ 是 $\boldsymbol{L}^s$ 的一个特征向量。此外，$\boldsymbol{L}^a$ 的特征值集合与 $\boldsymbol{L}^s$ 相同，这说明 $\boldsymbol{L}^a$ 也是一个半正定矩阵，有 n 个特征值 $\lambda_1 \geqslant \lambda_2 \geqslant \cdots \geqslant \lambda_n = 0$。从公式 (16.9) 可以看到，若 L_i^a 代表 $\boldsymbol{L}^a$ 的第 i 列，则 $L_1^a + L_2^a + \cdots + L_n^a = 0$，这说明 $\boldsymbol{v}_n = \frac{1}{\sqrt{n}}\boldsymbol{1}$ 是对应于最小特征值 $\lambda_n = 0$ 的特征向量。

例 16.5 图 16-2 中的图的归一化非对称拉普拉斯矩阵为：

$$\boldsymbol{L}^a = \boldsymbol{\Delta}^{-1}\boldsymbol{L} = \begin{pmatrix}
1 & -0.33 & 0 & -0.33 & 0 & -0.33 & 0\\
-0.33 & 1 & -0.33 & -0.33 & 0 & 0 & 0\\
0 & -0.33 & 1 & -0.33 & 0 & 0 & -0.33\\
-0.25 & -0.25 & -0.25 & 1 & -0.25 & 0 & 0\\
0 & 0 & 0 & -0.33 & 1 & -0.33 & -0.33\\
-0.33 & 0 & 0 & -0.33 & 1 & -0.33\\
0 & 0 & -0.33 & 0 & -0.33 & -0.33 & 1
\end{pmatrix}$$

$\boldsymbol{L}^a$ 的特征值和 $\boldsymbol{L}^s$ 的相同，即：

$$\begin{aligned}
&\lambda_1 = 1.7 \quad \lambda_2 = 1.539 \quad \lambda_3 = 1.405 \quad \lambda_4 = 1.045\\
&\lambda_5 = 0.794 \quad \lambda_6 = 0.517 \quad \lambda_7 = 0
\end{aligned}$$

对应于 $\lambda_7 = 0$ 的特征向量为：

$$\boldsymbol{u}_7 = \frac{1}{\sqrt{7}}(1,1,1,1,1,1,1)^{\mathrm{T}} = (0.38,0.38,0.38,0.38,0.38,0.38,0.38)^{\mathrm{T}}$$

16.2 基于图的割的聚类

一个图的*k*路割（k-way cut）是对顶点集的划分或聚类 $\mathcal{C} = \{C_1, \cdots, C_k\}$，使得对于所有 i，有 $C_i \neq \varnothing$；对于所有 i 和 j，有 $C_i \cap C_j = \varnothing$；$V = \cup_i C_i$。我们要求 $\mathcal{C}$ 优化某个目标函数，使得一个簇内的节点有着较高的相似度，而来自不同簇的节点有着较低的相似度，这是符合直觉的。

给定一个带权图 G 及其相似度矩阵 [公式 (16.1)]，令 $S,T \subseteq V$ 为顶点的任意两个子集。我们用 $W(S,T)$ 表示一个节点在 S 内、另一个节点在 T 内的所有边的权值的和，即：

$$W(S,T) = \sum_{v_i \in S} \sum_{v_j \in T} a_{ij}$$

给定 $S \subseteq V$，用 $\bar{S}$ 表示与之互补的顶点集合，即 $\bar{S} = V - S$。图中的一个（**顶点**）**割**（vertext cut）定义为将 V 划分为 $S \subset V$ 和 $\bar{S}$。**割的权值**（cut weight）定义为 S 和 $\bar{S}$ 中的顶点构成的边的权值之和，即 $W(S,\bar{S})$。

给定一个包含 k 个簇的聚类 $\mathcal{C} = \{C_1, \cdots, C_k\}$，一个簇 C_i 的**大小**（size）定义为簇中节点的数目，即 $|C_i|$。一个簇 C_i 的**容量**（volume）定义为所有包含顶点在簇内的边的权值之和：

$$\mathrm{vol}(C_i) = \sum_{v_j \in C_i} d_j = \sum_{v_j \in C_i} \sum_{v_r \in V} a_{jr} = W(C_i, V)$$

令 $\boldsymbol{c}_i \in \{0,1\}^n$ 为**簇指示向量**（cluster indicator vector），记录 C_i 的顶点–簇从属关系，定义为：

$$c_{ij} = \begin{cases} 1 & v_j \in C_i \\ 0 & v_j \notin C_i \end{cases}$$

由于一个聚类会产生成对的不相交的簇，因此马上有：

$$\boldsymbol{c}_i^{\mathrm{T}} \boldsymbol{c}_j = 0$$

更进一步，簇的大小可以写为：

$$|C_i| = \boldsymbol{c}_i^{\mathrm{T}} \boldsymbol{c}_i = \|\boldsymbol{c}_i\|^2$$

以下等式允许用矩阵运算来表达一个割的权值。先推导出所有一端在 C_i 中的边的权值之和的表达式。这些边包括簇内边（边的两端都在 C_i 内）和簇外边（边的另一端在另一个簇 $C_{j \neq i}$ 内）。

$$\begin{aligned} \mathrm{vol}(C_i) = W(C_i, V) &= \sum_{v_r \in C_i} d_r = \sum_{v_r \in C_i} c_{ir} d_r c_{ir} \\ &= \sum_{r=1}^{n} \sum_{s=1}^{n} c_{ir} \boldsymbol{\Delta}_{rs} c_{is} = \boldsymbol{c}_i^{\mathrm{T}} \boldsymbol{\Delta} \boldsymbol{c}_i \end{aligned} \tag{16.10}$$

考虑所有内部边的权值和：

$$\begin{aligned} W(C_i, C_i) &= \sum_{v_r \in C_i} \sum_{v_s \in C_i} a_{rs} \\ &= \sum_{r=1}^{n} \sum_{s=1}^{n} c_{ir} a_{rs} c_{is} = \boldsymbol{c}_i^{\mathrm{T}} \boldsymbol{A} \boldsymbol{c}_i \end{aligned} \tag{16.11}$$

用公式 (16.10) 减去公式 (16.11)，可以得到所有外部边的权值和如下：

$$\begin{aligned} W(C_i, \overline{C_i}) &= \sum_{v_r \in C_i} \sum_{v_s \in V - C_i} a_{rs} = W(C_i, V) - W(C_i, C_i) \\ &= \boldsymbol{c}_i (\boldsymbol{\Delta} - \boldsymbol{A}) \boldsymbol{c}_i = \boldsymbol{c}_i^{\mathrm{T}} \boldsymbol{L} \boldsymbol{c}_i \end{aligned} \tag{16.12}$$

例 16.6 考虑图 16-2。假设 $C_1=\{1,2,3,4\}$ 和 $C_2=\{5,6,7\}$ 为两个簇。它们的簇指示向量分别为：

$$\boldsymbol{c}_1=(1,1,1,1,0,0,0)^{\mathrm{T}} \qquad \boldsymbol{c}_2=(0,0,0,0,1,1,1)^{\mathrm{T}}$$

根据要求，我们有 $\boldsymbol{c}_1^{\mathrm{T}}\boldsymbol{c}_2=0$，且 $\boldsymbol{c}_1^{\mathrm{T}}\boldsymbol{c}_1=\|\boldsymbol{c}_1\|^2=4$ 和 $\boldsymbol{c}_2^{\mathrm{T}}\boldsymbol{c}_2=3$ 给出了两个簇的大小。考虑 C_1 和 C_2 间的割权值。由于两个簇之间一共有 3 条边，我们有 $W(C_1,\overline{C_1})=W(C_1,C_2)=3$。使用例 16.3 中的拉普拉斯矩阵，根据公式 (16.12)，可得：

$$\begin{aligned}
W(C_1,\overline{C_1}) &= \boldsymbol{c}_1^{\mathrm{T}}\boldsymbol{L}\boldsymbol{c}_1 \\
&= (1,1,1,1,0,0,0)\begin{pmatrix} 3 & -1 & 0 & -1 & 0 & -1 & 0 \\ -1 & 3 & -1 & -1 & 0 & 0 & 0 \\ 0 & -1 & 3 & -1 & 0 & 0 & -1 \\ -1 & -1 & -1 & 4 & -1 & 0 & 0 \\ 0 & 0 & 0 & -1 & 3 & -1 & -1 \\ -1 & 0 & 0 & 0 & -1 & 3 & -1 \\ 0 & 0 & -1 & 0 & -1 & -1 & 3 \end{pmatrix}\begin{pmatrix} 1\\1\\1\\1\\0\\0\\0 \end{pmatrix} \\
&= (1,0,1,1,-1,-1,-1)(1,1,1,1,0,0,0)^{\mathrm{T}}=3
\end{aligned}$$

16.2.1 聚类目标函数：比例割与归一割

聚类目标函数可以阐述为针对 k 路割 $\mathcal{C}=\{C_1,\cdots,C_k\}$ 的优化问题。本节中考虑两个常用的最小化目标，即比例割与归一割。描述谱聚类算法之后，16.2.3 节会考虑最大化目标。

1. 比例割

k 路割上的**比例割**（ratio cut）目标定义如下：

$$\min_{\mathcal{C}} J_{rc}(\mathcal{C})=\sum_{i=1}^{k}\frac{W(C_i,\overline{C}_i)}{|C_i|}=\sum_{i=1}^{k}\frac{\boldsymbol{c}_i^{\mathrm{T}}\boldsymbol{L}\boldsymbol{c}_i}{\boldsymbol{c}_i^{\mathrm{T}}\boldsymbol{c}_i}=\sum_{i=1}^{k}\frac{\boldsymbol{c}_i^{\mathrm{T}}\boldsymbol{L}\boldsymbol{c}_i}{\|\boldsymbol{c}_i\|^2} \tag{16.13}$$

其中用到了公式 (16.12)，即 $W(C_i,\overline{C}_i)=\boldsymbol{c}_i^{\mathrm{T}}\boldsymbol{L}\boldsymbol{c}_i$。

比例割试图最小化从簇 C_i 到其他不在簇 $\overline{C}_i$ 中的点的相似度之和，并将每个簇的大小考虑进去。可以观察到，当割的权值最小化且簇较大时，目标函数的值较小。

不幸的是，对于二值簇指示向量 $\boldsymbol{c}_i$，比例割目标是 NP 难的。一种显而易见的松弛方法是允许 $\boldsymbol{c}_i$ 取任意的实数值。在这种情况下，可以将目标重写为：

$$\min_{\mathcal{C}} J_{rc}(\mathcal{C})=\sum_{i=1}^{k}\frac{\boldsymbol{c}_i^{\mathrm{T}}\boldsymbol{L}\boldsymbol{c}_i}{\|\boldsymbol{c}_i\|^2}=\sum_{i=1}^{k}\left(\frac{\boldsymbol{c}_i}{\|\boldsymbol{c}_i\|^2}\right)^{\mathrm{T}}\boldsymbol{L}\left(\frac{\boldsymbol{c}_i}{\|\boldsymbol{c}_i\|}\right)=\sum_{i=1}^{k}\boldsymbol{u}_i^{\mathrm{T}}\boldsymbol{L}\boldsymbol{u}_i \tag{16.14}$$

其中 $\boldsymbol{u}_i=\frac{\boldsymbol{c}_i}{\|\boldsymbol{c}_i\|}$ 是 $\boldsymbol{c}_i\in\mathbb{R}^n$ 方向上的单位向量，即 $\boldsymbol{c}_i$ 可以是任意的实向量。

为最小化 J_{rc}，将其对 $\boldsymbol{u}_i$ 求导，并令其等于零向量。为满足约束条件 $\boldsymbol{u}_i^{\mathrm{T}}\boldsymbol{u}_i = 1$，对每一个簇都引入拉格朗日乘子 λ_i。于是可得：

$$\frac{\partial}{\partial \boldsymbol{u}_i}\left(\sum_{i=1}^{k}\boldsymbol{u}_i^{\mathrm{T}}\boldsymbol{L}\boldsymbol{u}_i + \sum_{i=1}^{n}\lambda_i(1-\boldsymbol{u}_i^{\mathrm{T}}\boldsymbol{u}_i)\right) = \boldsymbol{0}\text{，意味着}$$

$$2\boldsymbol{L}\boldsymbol{u}_i - 2\lambda_i\boldsymbol{u}_i = \boldsymbol{0}\text{, 因此}$$

$$\boldsymbol{L}\boldsymbol{u}_i = \lambda_i\boldsymbol{u}_i \tag{16.15}$$

这意味着 $\boldsymbol{u}_i$ 是拉普拉斯矩阵 $\boldsymbol{L}$ 的一个特征向量，对应于特征值 λ_i。使用公式 (16.15)，可以看到：

$$\boldsymbol{u}_i^{\mathrm{T}}\boldsymbol{L}\boldsymbol{u}_i = \boldsymbol{u}_i^{\mathrm{T}}\lambda_i\boldsymbol{u}_i = \lambda_i$$

这意味着为了最小化比例割目标函数 [公式 (16.14)]，应当选择最小的 k 个特征值及其对应的特征向量，使得：

$$\begin{aligned}\min_{\mathcal{C}} J_{rc}(\mathcal{C}) &= \boldsymbol{u}_n^{\mathrm{T}}\boldsymbol{L}\boldsymbol{u}_n + \cdots + \boldsymbol{u}_{n-k+1}^{\mathrm{T}}\boldsymbol{L}\boldsymbol{u}_{n-k+1} \\ &= \lambda_n + \cdots + \lambda_{n-k+1}\end{aligned} \tag{16.16}$$

其中假设特征值已按 $\lambda_1 \geqslant \lambda_2 \geqslant \cdots \geqslant \lambda_n$ 的方式排序。注意 $\boldsymbol{L}$ 的最小特征值为 $\lambda_n = 0$，最小的 k 个特征值为 $0 = \lambda_n \leqslant \lambda_{n-1} \leqslant \lambda_{n-k+1}$。对应的特征向量 $\boldsymbol{u}_n, \boldsymbol{u}_{n-1}, \cdots, \boldsymbol{u}_{n-k+1}$ 代表了松弛后的簇指示向量。然而，由于 $\boldsymbol{u}_n = \frac{1}{\sqrt{n}}\boldsymbol{1}$，若图是连通的，则无法知道如何将图的节点分开。

2. 归一割

归一割（normalized cut）与比例割类似，只不过它会将每个簇的割权值除以簇的体积，而不是它的大小。目标函数给出为：

$$\min_{\mathcal{C}} J_{nc}(\mathcal{C}) = \sum_{i=1}^{k}\frac{W(C_i,\overline{C}_i)}{\mathrm{vol}(C_i)} = \sum_{i=1}^{k}\frac{\boldsymbol{c}_i^{\mathrm{T}}\boldsymbol{L}\boldsymbol{c}_i}{\boldsymbol{c}_i^{\mathrm{T}}\boldsymbol{\Delta}\boldsymbol{c}_i} \tag{16.17}$$

其中用到了公式 (16.12) 和公式 (16.10)，即 $W(C_i,\overline{C}_i) = \boldsymbol{c}_i^{\mathrm{T}}\boldsymbol{L}\boldsymbol{c}_i$，以及 $\mathrm{vol}(C_i) = \boldsymbol{c}_i^{\mathrm{T}}\boldsymbol{\Delta}\boldsymbol{c}_i$。正如所料，目标函数 $\min_{\mathcal{C}} J_{nc}(\mathcal{C})$ 的值在割权值较小、簇体积较大的时候较小。

类似比例割的情况，如果对 $\boldsymbol{c}_i$ 是二值簇指示向量的条件进行松弛，那么可以获得对归一割目标的最优解。松弛之后，假设 $\boldsymbol{c}_i$ 是一个任意的实向量。对角度数矩阵 $\boldsymbol{\Delta}$ 可以写为 $\boldsymbol{\Delta} = \boldsymbol{\Delta}^{1/2}\boldsymbol{\Delta}^{1/2}$，并且利用 $\boldsymbol{I} = \boldsymbol{\Delta}^{1/2}\boldsymbol{\Delta}^{-1/2}$ 和 $\boldsymbol{\Delta}^{\mathrm{T}} = \boldsymbol{\Delta}$（因为 $\boldsymbol{\Delta}$ 是对角矩阵）的事实，可以用归一化对称拉普拉斯矩阵来重写归一割目标如下：

$$\begin{aligned}\min_{\mathcal{C}} J_{nc}(\mathcal{C}) &= \sum_{i=1}^{k}\frac{\boldsymbol{c}_i^{\mathrm{T}}\boldsymbol{L}\boldsymbol{c}_i}{\boldsymbol{c}_i^{\mathrm{T}}\boldsymbol{\Delta}\boldsymbol{c}_i} \\ &= \sum_{i=1}^{k}\frac{\boldsymbol{c}_i^{\mathrm{T}}(\boldsymbol{\Delta}^{1/2}\boldsymbol{\Delta}^{-1/2})\boldsymbol{L}(\boldsymbol{\Delta}^{-1/2}\boldsymbol{\Delta}^{1/2})\boldsymbol{c}_i}{\boldsymbol{c}_i^{\mathrm{T}}(\boldsymbol{\Delta}^{1/2}\boldsymbol{\Delta}^{1/2})\boldsymbol{c}_i}\end{aligned}$$

$$
\begin{aligned}
&= \sum_{i=1}^{k} \frac{(\boldsymbol{\Delta}^{1/2}\boldsymbol{c}_i)^{\mathrm{T}}(\boldsymbol{\Delta}^{-1/2}\boldsymbol{L}\boldsymbol{\Delta}^{1/2})(\boldsymbol{\Delta}^{1/2}\boldsymbol{c}_i)}{(\boldsymbol{\Delta}^{1/2}\boldsymbol{c}_i)^{\mathrm{T}}(\boldsymbol{\Delta}^{1/2}\boldsymbol{c}_i)} \\
&= \sum_{i=1}^{k} \left(\frac{\boldsymbol{\Delta}^{1/2}\boldsymbol{c}_i}{\|\boldsymbol{\Delta}^{1/2}\boldsymbol{c}_i\|}\right)^{\mathrm{T}} \boldsymbol{L}^s \left(\frac{\boldsymbol{\Delta}^{1/2}\boldsymbol{c}_i}{\|\boldsymbol{\Delta}^{1/2}\boldsymbol{c}_i\|}\right) \\
&= \sum_{i=1}^{k} \boldsymbol{u}_i^{\mathrm{T}}\boldsymbol{L}^s\boldsymbol{u}_i
\end{aligned}
$$

其中 $\boldsymbol{u}_i = \frac{\boldsymbol{\Delta}^{1/2}\boldsymbol{c}_i}{\|\boldsymbol{\Delta}^{1/2}\boldsymbol{c}_i\|}$ 是在 $\boldsymbol{\Delta}^{1/2}\boldsymbol{c}_i$ 方向上的单位向量。使用与公式 (16.15) 相同的方法，可以得出结论：归一割目标可以通过选择归一化的拉普拉斯矩阵 $\boldsymbol{L}^s$ 的 k 个最小的特征值来优化，这些特征值为 $0 = \lambda_n \leqslant \cdots \leqslant \lambda_{n-k+1}$。

归一割目标 [公式 (16.17)] 也可以用归一化非对称拉普拉斯来表示，通过公式 (16.17) 对 $\boldsymbol{c}_i$ 求导，并令结果等于零向量。注意，和 $\boldsymbol{c}_i$ 无关的项对于 $\boldsymbol{c}_i$ 来说相当于常数，于是可得：

$$
\begin{aligned}
\frac{\partial}{\partial \boldsymbol{c}_i}\left(\sum_{j=1}^{k} \frac{\boldsymbol{c}_j^{\mathrm{T}}\boldsymbol{L}\boldsymbol{c}_j}{\boldsymbol{c}_j^{\mathrm{T}}\boldsymbol{\Delta}\boldsymbol{c}_j}\right) = \frac{\partial}{\partial \boldsymbol{c}_i}\left(\frac{\boldsymbol{c}_i^{\mathrm{T}}\boldsymbol{L}\boldsymbol{c}_i}{\boldsymbol{c}_i^{\mathrm{T}}\boldsymbol{\Delta}\boldsymbol{c}_i}\right) &= \boldsymbol{0} \\
\frac{\boldsymbol{L}\boldsymbol{c}_i(\boldsymbol{c}_i^{\mathrm{T}}\boldsymbol{\Delta}\boldsymbol{c}_i) - \boldsymbol{\Delta}\boldsymbol{c}_i(\boldsymbol{c}_i^{\mathrm{T}}\boldsymbol{L}\boldsymbol{c}_i)}{(\boldsymbol{c}_i^{\mathrm{T}}\boldsymbol{\Delta}\boldsymbol{c}_i)^2} &= \boldsymbol{0} \\
\boldsymbol{L}\boldsymbol{c}_i &= \left(\frac{\boldsymbol{c}_i^{\mathrm{T}}\boldsymbol{L}\boldsymbol{c}_i}{\boldsymbol{c}_i^{\mathrm{T}}\boldsymbol{\Delta}\boldsymbol{c}_i}\right)\boldsymbol{\Delta}\boldsymbol{c}_i \\
\boldsymbol{\Delta}^{-1}\boldsymbol{L}\boldsymbol{c}_i &= \lambda_i\boldsymbol{c}_i \\
\boldsymbol{L}^a\boldsymbol{c}_i &= \lambda_i\boldsymbol{c}_i
\end{aligned}
$$

其中 $\lambda_i = \frac{\boldsymbol{c}_i^{\mathrm{T}}\boldsymbol{L}\boldsymbol{c}_i}{\boldsymbol{c}_i^{\mathrm{T}}\boldsymbol{\Delta}\boldsymbol{c}_i}$ 是非对称拉普拉斯矩阵 $\boldsymbol{L}^a$ 的第 i 个特征向量对应的特征值。为最小化归一割目标，我们选择 $\boldsymbol{L}^a$ 的 k 个最小特征值，即 $0 = \lambda_n \leqslant \cdots \leqslant \lambda_{n-k+1}$。

为求得聚类，对于 $\boldsymbol{L}^a$，可以使用对应的特征向量 $\boldsymbol{u}_n, \cdots, \boldsymbol{u}_{n-k+1}$，其中 $\boldsymbol{c}_i = \boldsymbol{u}_i$ 表示实值簇指示向量。然而，注意对于 $\boldsymbol{L}^a$，我们有 $\boldsymbol{c}_n = \boldsymbol{u}_n = \frac{1}{\sqrt{n}}\boldsymbol{1}$ 。此外，对于归一化对称拉普拉斯矩阵 $\boldsymbol{L}^s$，实值簇指示向量为 $\boldsymbol{c}_i = \boldsymbol{\Delta}^{-1/2}\boldsymbol{u}_i$，这同样蕴含 $\boldsymbol{c}_n = \frac{1}{\sqrt{n}}\boldsymbol{1}$。这说明，若图为连通图，则对应于最小特征值 $\lambda_n = 0$ 的特征向量 $\boldsymbol{u}_n$ 并不包含任何关于聚类的有意义的信息。

16.2.2 谱聚类算法

算法 16.1 给出了谱聚类方法的伪代码。假设对应的图是连通的。该方法以一个数据集 $\boldsymbol{D}$ 为输入，并计算相似度矩阵 $\boldsymbol{A}$。$\boldsymbol{A}$ 也可以直接作为输入。根据目标函数的不同，我们选择对应的矩阵 $\boldsymbol{B}$。例如，对于归一割，$\boldsymbol{B}$ 可以为 $\boldsymbol{L}^s$ 或 $\boldsymbol{L}^a$，而对于比例割，我们选择 $\boldsymbol{B} = \boldsymbol{L}$。接下来，计算 $\boldsymbol{B}$ 的最小的 k 个特征值及其特征向量。然而，我们面临的主要问题是特征向量 $\boldsymbol{u}_i$ 不是二值的，因此不能直接将点赋给各个簇。一种解决方法是将 $n \times k$ 的特征向量矩阵看成一个新的数据矩阵：

$$
\boldsymbol{U} = \begin{pmatrix} | & | & & | \\ \boldsymbol{u}_n & \boldsymbol{u}_{n-1} & \cdots & \boldsymbol{u}_{n-k+1} \\ | & | & & | \end{pmatrix} = \begin{pmatrix} \boldsymbol{u}_{n,1} & \boldsymbol{u}_{n-1,1} & \cdots & \boldsymbol{u}_{n-k+1,1} \\ \boldsymbol{u}_{n,2} & \boldsymbol{u}_{n-1,2} & \cdots & \boldsymbol{u}_{n-k+1,2} \\ | & | & \cdots & | \\ \boldsymbol{u}_{n,n} & \boldsymbol{u}_{n-1,n} & \cdots & \boldsymbol{u}_{n-k+1,n} \end{pmatrix} \tag{16.18}
$$

接下来，通过对 $\boldsymbol{U}$ 的每一行进行归一化处理，得到单位向量：

$$\boldsymbol{y}_i = \frac{1}{\sqrt{\sum_{j=1}^{k} u_{n-j+1,i}^2}}(\boldsymbol{u}_{n,i}, \boldsymbol{u}_{n-1,i}, \cdots, \boldsymbol{u}_{n-k+1,i})^{\mathrm{T}} \tag{16.19}$$

这样就生成了新的归一化矩阵 $\boldsymbol{Y} \in \mathbb{R}^{n\times k}$，该矩阵包含缩减为 k 维的空间上的 n 个点：

$$\boldsymbol{Y} = \begin{pmatrix} — & \boldsymbol{y}_1^{\mathrm{T}} & — \\ — & \boldsymbol{y}_2^{\mathrm{T}} & — \\ & \vdots & \\ — & \boldsymbol{y}_n^{\mathrm{T}} & — \end{pmatrix}$$

算法16.1　谱聚类算法

SPECTRAL CLUSTERING ($\boldsymbol{D}, k$):
1 计算相似度矩阵 $\boldsymbol{A} \in \mathbb{R}^{n\times n}$
2 **if** 比例割 **then** $\boldsymbol{B} \leftarrow \boldsymbol{L}$
3 **else if** 归一割 **then** $\boldsymbol{B} \leftarrow \boldsymbol{L}^s$ or $\boldsymbol{L}^a$
4 对 $i = n, \cdots, n-k+1$，求解 $\boldsymbol{B}\boldsymbol{u}_i = \lambda_i \boldsymbol{u}_i$，其中 $\lambda_n \leqslant \lambda_{n-1} \leqslant \cdots \leqslant \lambda_{n-k+1}$
5 $\boldsymbol{U} \leftarrow \begin{pmatrix} \boldsymbol{u}_n & \boldsymbol{u}_{n-1} & \cdots & \boldsymbol{u}_{n-k+1} \end{pmatrix}$
6 $\boldsymbol{Y} \leftarrow$ 使用公式(16.19)对 $\boldsymbol{U}$ 进行归一化处理后的结果
7 通过对 $\boldsymbol{Y}$ 使用 K-means算法实现 $\mathcal{C} \leftarrow \{C_1, \cdots, C_k\}$

现在可以利用 K-means 算法或其他任意的快速聚类算法，将 $\boldsymbol{Y}$ 中的新点聚类为 k 个簇，并且正如所料，在 k 维特征空间中，簇划分得很好。注意，对于 $\boldsymbol{L}$、$\boldsymbol{L}^s$ 和 $\boldsymbol{L}^a$，对应于最小特征值 $\lambda_n = 0$ 的簇指示向量是一个全为 1 的向量，并不能提供任何关于划分节点的有用的信息。聚类的真实信息包含在从第二小的特征值开始所对应的特征向量中。然而，若图是非连通的，则即使最小特征值对应的特征向量也包含了关于聚类的有价值的信息。因此，我们保留公式 (16.18) 中的 $\boldsymbol{U}$ 的所有 k 个特征向量。

严格来说，公式 (16.19) 中的归一化步骤只推荐用于归一化对称拉普拉斯矩阵 $\boldsymbol{L}^s$。这是因为 $\boldsymbol{L}^s$ 和簇指示向量有直接关联，即 $\boldsymbol{\Delta}^{1/2}\boldsymbol{c}_i = \boldsymbol{u}_i$。$\boldsymbol{u}_i$ 的第 j 项对应顶点 v_j，给出如下：

$$u_{ij} = \frac{\sqrt{d_j}c_{ij}}{\sqrt{\sum_{r=1}^{n} d_r c_{ir}^2}}$$

若顶点的度数起伏较大，则度数较小的顶点的 u_{ij} 值会非常小。这会导致 K-means 难以正确聚类这样的顶点。对于 $\boldsymbol{L}^s$，归一化步骤可以缓解这一问题（也可用于帮助达成其他目标）。

计算复杂度

谱聚类算法的计算复杂度为 $O(n^3)$，因为这是计算特征向量需要的时间。然而，若图是稀疏的，则计算特征向量的复杂度为 $O(mn)$，其中 m 是图中边的数量。具体来说，若 $m = O(n)$，则总体复杂度降为 $O(n^2)$。在 $\boldsymbol{Y}$ 上运行 K-means 算法需要 $O(tnk^2)$ 的时间，其中 t 是 K-means 收敛所需的迭代次数。

例 16.7 考虑将归一割方法应用于图 16-2。假设我们想要找出 $k=2$ 个簇。对于例 16.5 中给出的归一化非对称拉普拉斯矩阵，计算特征向量 $\boldsymbol{v}_7$ 和 $\boldsymbol{v}_6$，它们分别对应于两个最小的特征值 $\lambda_7=0$ 和 $\lambda_6=0.517$。由这两个特征向量构成的矩阵为：

$$\boldsymbol{U}=\begin{pmatrix} \boldsymbol{u}_1 & \boldsymbol{u}_2 \\ \hline -0.378 & -0.226 \\ -0.378 & -0.499 \\ -0.378 & -0.226 \\ -0.378 & -0.272 \\ -0.378 & 0.425 \\ -0.378 & 0.444 \\ -0.378 & 0.444 \end{pmatrix}$$

将 $\boldsymbol{u}_1$ 和 $\boldsymbol{u}_2$ 的第 i 个分量看作第 i 个点 $(u_{1i},u_{2i})\in\mathbb{R}^2$，将所有点归一化后，得到新的数据集：

$$\boldsymbol{Y}=\begin{pmatrix} -0.859 & -0.513 \\ -0.604 & -0.797 \\ -0.859 & -0.513 \\ -0.812 & -0.584 \\ -0.664 & 0.747 \\ -0.648 & 0.761 \\ -0.648 & 0.761 \end{pmatrix}$$

例如，第一个点为：

$$\boldsymbol{y}_1=\frac{1}{\sqrt{(-0.378)^2+(-0.226^2)}}(-0.378,-0.226)^{\mathrm{T}}=(-0.859,-0.513)^{\mathrm{T}}$$

图 16-3 画出了新的数据集 $\boldsymbol{Y}$。使用 K-means 将点聚类为 $k=2$ 个簇，即 $C_1=\{1,2,3,4\}$ 和 $C_2=\{5,6,7\}$。

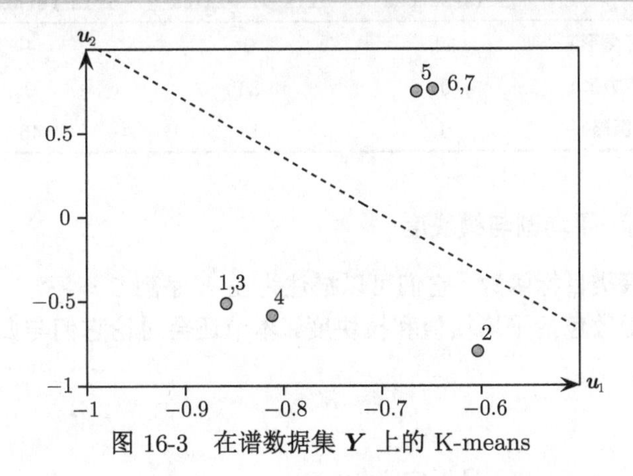

图 16-3 在谱数据集 $\boldsymbol{Y}$ 上的 K-means

例 16.8　对图 16-1 中的鸢尾花图应用谱聚类，使用归一割目标和非对称拉普拉斯矩阵 $\boldsymbol{L}^a$。图 16-4 给出了 $k=3$ 个簇。将它们与真实的鸢尾花类型进行比较（在聚类中未使用），可以得到表 16-1 所示的列联表，展示了正确分类的点的数目（在主对角线上）和错误分类的点的数目（在对角线外）。可以看到，C_1 主要对应`iris-setosa`，C_2 主要对应`iris-virginica`，C_3 主要对应`iris-versicolor`。其中，后两类更难以区分。与真实的鸢尾花类型比较，可知一共有 18 个点分类错误。

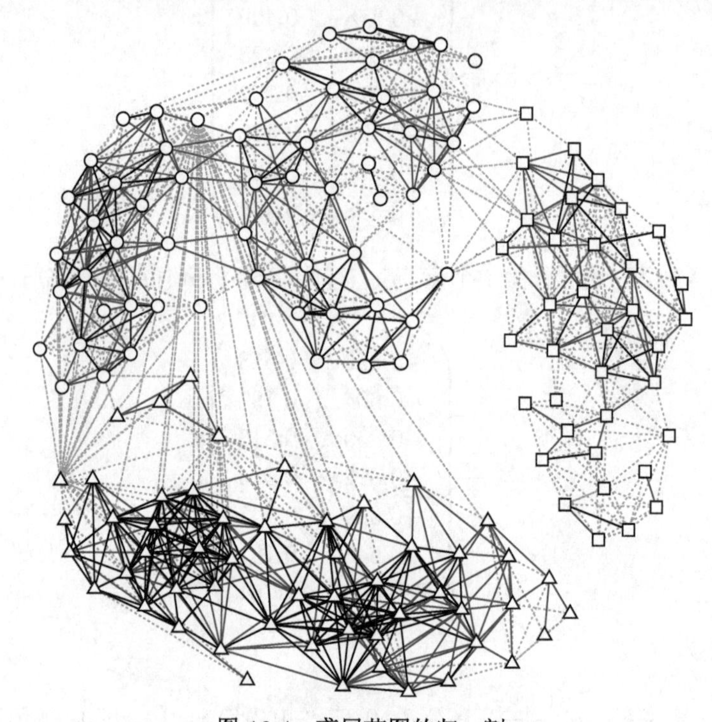

图 16-4　鸢尾花图的归一割

表 16-1　列联表：分簇 vs. 鸢尾花类型

	`iris-setosa`	`iris-virginica`	`iris-versicolor`
C_1（三角形）	50	0	4
C_2（正方形）	0	36	0
C_3（圆圈）	0	14	46

16.2.3　最大化目标：平均割与模块度

现在讨论两个聚类目标函数，它们可以描述为在 k 路割 $\mathcal{C}=\{C_1,\cdots,C_k\}$ 上的最大化问题。这两个目标函数包括平均权值和模块度。本节还会讨论它们与归一割和核 K-means 的联系。

1. **平均权值**

平均权值（average weight）目标定义为：

$$\max_{\mathcal{C}} J_{aw}(\mathcal{C}) = \sum_{i=1}^{k} \frac{W(C_i, C_i)}{|C_i|} = \sum_{i=1}^{k} \frac{\boldsymbol{c}_i^{\mathrm{T}} \boldsymbol{A} \boldsymbol{c}_i}{\boldsymbol{c}_i^{\mathrm{T}} \boldsymbol{c}_i} \tag{16.20}$$

这里利用了等式 $W(C_i, C_i) = \boldsymbol{c}_i^{\mathrm{T}} \boldsymbol{A} \boldsymbol{c}_i$[公式 (16.11)]。与在比例割中最小化簇间边的权值不同，平均权值尝试最大化簇内的权值。针对二值簇指示向量最大化 J_{aw} 也是 NP 难的问题；我们可以松弛对 $\boldsymbol{c}_i$ 的约束条件，假设它的分量可以取任意的实数值。松弛后的目标如下：

$$\max_{\mathcal{C}} J_{aw}(\mathcal{C}) = \sum_{i=1}^{k} \boldsymbol{u}_i^{\mathrm{T}} \boldsymbol{A} \boldsymbol{u}_i \tag{16.21}$$

其中 $\boldsymbol{u}_i = \frac{\boldsymbol{c}_i}{\|\boldsymbol{c}_i\|}$。类似公式 (16.15) 中用到的方法，可以通过选择 $\boldsymbol{A}$ 的 k 个最大特征值和对应的特征向量来最大化目标：

$$\begin{aligned}
\max_{\mathcal{C}} J_{aw}(\mathcal{C}) &= \boldsymbol{u}_1^{\mathrm{T}} \boldsymbol{A} \boldsymbol{u}_1 + \cdots + \boldsymbol{u}_k^{\mathrm{T}} \boldsymbol{A} \boldsymbol{u}_k \\
&= \lambda_1 + \cdots + \lambda_k
\end{aligned}$$

其中 $\lambda_1 \geqslant \lambda_2 \geqslant \cdots \geqslant \lambda_n$。

若假设 $\boldsymbol{A}$ 是从一个对称半正定核得到的带权邻接矩阵，即 $a_{ij} = K(\boldsymbol{x}_i, \boldsymbol{x}_j)$，则 $\boldsymbol{A}$ 也是半正定的，它的特征值为非负实数。通常来讲，若对 $\boldsymbol{A}$ 设置阈值或 $\boldsymbol{A}$ 是无向图的无权邻接矩阵，则就算 $\boldsymbol{A}$ 是对称的，它也可能不是半正定的。这意味着通常 $\boldsymbol{A}$ 可能会有负的特征值（尽管是实数）。由于 J_{aw} 是一个最大化问题，这意味着我们必须只考虑正的特征值和对应的特征向量。

例 16.9 图 16-2 中的图及例 16.3 中的邻接矩阵的特征值如下：

$$\begin{array}{llll}
\lambda_1 = 3.18 & \lambda_2 = 1.49 & \lambda_3 = 0.62 & \lambda_4 = -0.15 \\
\lambda_5 = -1.27 & \lambda_6 = -1.62 & \lambda_7 = -2.25 &
\end{array}$$

可以看到，有些特征值为负，因为 $\boldsymbol{A}$ 是邻接图，且是非半正定的。

平均权值和核 K-means 平均权值目标可以引出核 K-means 和图的割之间的一种有趣的联系。若带权邻接矩阵 $\boldsymbol{A}$ 代表一对点的核值，并有 $a_{ij} = K(\boldsymbol{x}_i, \boldsymbol{x}_j)$，则可以使用核 K-means 的平方误差和目标 [公式 (13.3)] 来进行图聚类。SSE 目标给出为：

$$\begin{aligned}
\min_{\mathcal{C}} J_{sse}(\mathcal{C}) &= \sum_{j=1}^{n} K(\boldsymbol{x}_i, \boldsymbol{x}_j) - \sum_{i=1}^{k} \frac{1}{|C_i|} \sum_{\boldsymbol{x}_r \in C_i} \sum_{\boldsymbol{x}_s \in C_i} K(\boldsymbol{x}_r, \boldsymbol{x}_s) \\
&= \sum_{j=1}^{n} a_{jj} - \sum_{i=1}^{k} \frac{1}{|C_i|} \sum_{v_r \in C_i} \sum_{v_s \in C_i} a_{rs} \\
&= \sum_{j=1}^{n} a_{jj} - \sum_{i=1}^{k} \frac{\boldsymbol{c}_i^{\mathrm{T}} \boldsymbol{A} \boldsymbol{c}_i}{\boldsymbol{c}_i^{\mathrm{T}} \boldsymbol{c}_i} \\
&= \sum_{j=1}^{n} a_{jj} - J_{aw}(\mathcal{C})
\end{aligned} \tag{16.22}$$

可以看到，$\sum_{j=1}^{n} a_{jj}$ 是和聚类无关的，因此最小化 SSE 目标和最大化平均权值目标是一样的。具体来说，若 a_{ij} 表示节点之间的线性核 $\boldsymbol{x}_i^{\mathrm{T}} \boldsymbol{x}_j$，则最大化平均权值目标 [公式 (16.20)]

与最小化 K-means SSE 目标是等价的 [公式 (13.1)]。因此，分别使用 J_{aw} 和核 K-means 的谱聚类代表了解决同一问题的两种不同方法。对于一个 NP 难的问题，核 K-means 通过一种贪心迭代的方式直接优化 SSE 目标函数，而图割的方法则尝试通过优化一个松弛的问题来解决。

2. **模块度**

从非正式角度来讲，模块度（modularity）定义为一个簇内观察到的边的比例与期望的边的比例之差。它度量了同类型的节点（这里是指同一个簇中）相互连接的程度。

无权图　先假设图 G 是无权的，且 $\boldsymbol{A}$ 是它的二值邻接矩阵。簇 C_i 内的边的数目为：

$$\frac{1}{2}\sum_{v_r\in C_i}\sum_{v_s\in C_i} a_{rs}$$

上式带有一个除以 2 的项，因为在求和部分每一条边都计算了两次。对于所有簇而言，观察到同一个簇内的边的所有数目为：

$$\frac{1}{2}\sum_{i=1}^{k}\sum_{v_r\in C_i}\sum_{v_s\in C_i} a_{rs} \tag{16.23}$$

现在计算任意两个顶点 v_r 和 v_s 之间的期望边的数目：假设边随机放置，且允许同一对顶点之间有多条边。令 $|E|=m$ 为图中边的总数。一条边以 v_r 为一个顶点的概率是 $\frac{d_r}{2m}$，其中 d_r 是 v_r 的度数。一条边以 v_r 为一个顶点、以 v_s 为另一个顶点的概率是：

$$p_{rs}=\frac{d_r}{2m}\cdot\frac{d_s}{2m}=\frac{d_r d_s}{4m^2}$$

v_r 和 v_s 之间的边的数目服从二项式分布，在 $2m$ 次尝试中的成功概率为 p_{rs}（因为要选择 m 条边的两个端点）。v_r 和 v_s 之间的边的期望数目为：

$$2m\cdot p_{rs}=\frac{d_r d_s}{2m}$$

簇 C_i 内的边的期望数目为：

$$\frac{1}{2}\sum_{v_r\in C_i}\sum_{v_s\in C_i}\frac{d_r d_s}{2m}$$

所有 k 个簇上，同在一个簇内的边的期望总数为：

$$\frac{1}{2}\sum_{i=1}^{k}\sum_{v_r\in C_i}\sum_{v_s\in C_i}\frac{d_r d_s}{2m} \tag{16.24}$$

上式带有一个除以 2 的项，因为在求和部分每一条边都计算了两次。聚类 $\mathcal{C}$ 的模块度（Q）定义为观察到在同一个簇内的边的比例与期望在同一个簇内的边的比例之差，即公式 (16.24) 减去公式 (16.23) 并除以边的数目：

$$Q=\frac{1}{2m}\sum_{i=1}^{k}\sum_{v_r\in C_i}\sum_{v_s\in C_i}\left(a_{rs}-\frac{d_r d_s}{2m}\right)$$

由于 $2m = \sum_{i=1}^{n} d_i$，可以将模块度重写如下：

$$Q = \sum_{i=1}^{k} \sum_{v_r \in C_i} \sum_{v_s \in C_i} \left(\frac{a_{rs}}{\sum_{j=1}^{n} d_j} - \frac{d_r d_s}{(\sum_{j=1}^{n} d)^2} \right) \tag{16.25}$$

带权图 公式 (16.25) 中关于模块度的定义有一个优势，它可以直接扩展到带权图的情况。假设 $\boldsymbol{A}$ 是一个带权邻接矩阵；我们将一个聚类的模块度解释为簇内边权值观察到的比例和期望比例之间的差。

根据公式 (16.11)，有：

$$\sum_{v_r \in C_i} \sum_{v_s \in C_i} a_{rs} = W(C_i, C_i)$$

根据公式 (16.10)，有：

$$\sum_{v_r \in C_i} \sum_{v_s \in C_i} d_r d_s = \left(\sum_{v_r \in C_i} d_r \right) \left(\sum_{v_s \in C_i} d_s \right) = W(C_i, V)^2$$

还要注意到：

$$\sum_{j=1}^{n} d_j = W(V, V)$$

利用以上等价关系，可以将模块度目标 [公式 (16.25)] 用权值函数 W 表示如下：

$$\max_{\mathcal{C}} J_Q(\mathcal{C}) = \sum_{i=1}^{k} \left(\frac{W(C_i, C_i)}{W(V,V)} - \left(\frac{W(C_i, V)}{W(V,V)} \right)^2 \right) \tag{16.26}$$

现在用矩阵形式来表示模块度目标 [公式 (16.26)]。根据公式 (16.11)，有：

$$W(C_i, C_i) = \boldsymbol{c}_i^{\mathrm{T}} \boldsymbol{A} \boldsymbol{c}_i$$

还要注意到：

$$W(C_i, V) = \sum_{v_r \in C_i} d_r = \sum_{v_r \in C_i} d_r c_{ir} = \sum_{j=1}^{n} d_j c_{ij} = \boldsymbol{d}^{\mathrm{T}} \boldsymbol{c}_i$$

其中 $\boldsymbol{d} = (d_1, d_2, \cdots, d_n)^{\mathrm{T}}$ 是顶点度向量。进一步可得：

$$W(V, V) = \sum_{j=1}^{n} d_j = \mathrm{tr}(\boldsymbol{\Delta})$$

其中 $\mathrm{tr}(\boldsymbol{\Delta})$ 是 $\boldsymbol{\Delta}$ 的迹，即 $\boldsymbol{\Delta}$ 的所有对角项的和。

因此，基于模块度的聚类目标可以写为：

$$\begin{aligned}
\max_{\mathcal{C}} J_Q(\mathcal{C}) &= \sum_{i=1}^{k} \left(\frac{\boldsymbol{c}_i^{\mathrm{T}} \boldsymbol{A} \boldsymbol{c}_i}{\mathrm{tr}(\boldsymbol{\Delta})} - \frac{(\boldsymbol{d}^{\mathrm{T}} \boldsymbol{c}_i)^2}{\mathrm{tr}(\boldsymbol{\Delta})^2} \right) \\
&= \sum_{i=1}^{k} \left(\boldsymbol{c}_i^{\mathrm{T}} \left(\frac{\boldsymbol{A}}{\mathrm{tr}(\boldsymbol{\Delta})} \right) \boldsymbol{c}_i - \boldsymbol{c}_i^{\mathrm{T}} \left(\frac{\boldsymbol{d} \cdot \boldsymbol{d}_i^{\mathrm{T}}}{\mathrm{tr}(\boldsymbol{\Delta})^2} \right) \boldsymbol{c}_i \right) \\
&= \sum_{i=1}^{k} \boldsymbol{c}_i^{\mathrm{T}} \boldsymbol{Q} \boldsymbol{c}_i
\end{aligned} \tag{16.27}$$

其中 $\boldsymbol{Q}$ 是模块度矩阵：

$$\boldsymbol{Q}=\frac{1}{\operatorname{tr}(\boldsymbol{\Delta})}\left(\boldsymbol{A}-\frac{\boldsymbol{d}\cdot\boldsymbol{d}_i^{\mathrm{T}}}{\operatorname{tr}(\boldsymbol{\Delta})}\right)$$

针对二值簇向量 $\boldsymbol{c}_i$，直接最大化目标公式 (16.27) 是困难的，因此我们采用 $\boldsymbol{c}_i$ 的分量，可以取任意实数值的近似。此外，我们要求 $\boldsymbol{c}_i^{\mathrm{T}}\boldsymbol{c}_i=\|\boldsymbol{c}_i\|^2=1$，以保证 J_Q 不会无限制地增加。按照公式 (16.15) 中的方法，可以得出结论：$\boldsymbol{c}_i$ 是 $\boldsymbol{Q}$ 的一个特征向量。然而，由于这是一个最大化问题，我们要选择最大的 k 个特征值（而不是最小的 k 个）及其对应的特征向量：

$$\begin{aligned}\max_{\mathcal{C}} J_Q(\mathcal{C})&=\boldsymbol{u}_1^{\mathrm{T}}\boldsymbol{Q}\boldsymbol{u}_1+\cdots+\boldsymbol{u}_k^{\mathrm{T}}\boldsymbol{Q}\boldsymbol{u}_k\\&=\lambda_1+\cdots+\lambda_k\end{aligned}$$

其中 $\boldsymbol{u}_i$ 是对应于特征值 λ_i 的特征向量，且特征值是排序过的 $\lambda_1\geqslant\cdots\geqslant\lambda_n$。松弛后的簇指示向量为 $\boldsymbol{c}_i=\boldsymbol{u}_i$。注意模块度矩阵 $\boldsymbol{Q}$ 是对称的，但它不是半正定的。这意味着尽管它的特征值是实数，但是也可能为负。同样注意到，若 Q_i 代表 $\boldsymbol{Q}$ 的第 i 列，则有 $Q_1+Q_2+\cdots+Q_n=\boldsymbol{0}$，这意味着 0 也是 $\boldsymbol{Q}$ 的一个特征值，对应的特征向量为 $\frac{1}{\sqrt{n}}\mathbf{1}$。因此，要最大化模块度，我们应只使用正的特征值。

例 16.10 考虑图 16-2。度数向量为 $\boldsymbol{d}=(3,3,3,4,3,3,3)^{\mathrm{T}}$，度数的总和为 $\operatorname{tr}(\boldsymbol{\Delta})=22$。模块度矩阵为：

$$\begin{aligned}\boldsymbol{Q}&=\frac{1}{\operatorname{tr}(\boldsymbol{\Delta})}\boldsymbol{A}-\frac{1}{\operatorname{tr}(\boldsymbol{\Delta})^2}\boldsymbol{d}\cdot\boldsymbol{d}^{\mathrm{T}}\\
&=\frac{1}{22}\begin{pmatrix}0&1&0&1&0&1&0\\1&0&1&1&0&0&0\\0&1&0&1&0&0&1\\1&1&1&0&1&0&0\\0&0&0&1&0&1&1\\1&0&0&0&1&0&1\\0&0&1&0&1&1&0\end{pmatrix}-\frac{1}{484}\begin{pmatrix}9&9&9&12&9&9&9\\9&9&9&12&9&9&9\\9&9&9&12&9&9&9\\12&12&12&16&12&12&12\\9&9&9&12&9&9&9\\9&9&9&12&9&9&9\\9&9&9&12&9&9&9\end{pmatrix}\\
&=\begin{pmatrix}-0.019&0.027&-0.019&0.021&-0.019&0.027&-0.019\\0.027&-0.019&0.027&0.021&-0.019&-0.019&-0.019\\-0.019&0.027&-0.019&0.021&-0.019&-0.019&0.027\\0.021&0.021&0.021&-0.033&0.021&-0.025&-0.025\\-0.019&-0.019&-0.019&0.021&-0.019&0.027&0.027\\0.027&-0.019&-0.019&-0.025&0.027&-0.019&0.027\\-0.019&-0.019&0.027&-0.025&0.027&0.027&-0.019\end{pmatrix}\end{aligned}$$

$\boldsymbol{Q}$ 的特征值为：

$$\begin{array}{llll}\lambda_1=0.0678&\lambda_2=0.0281&\lambda_3=0&\lambda_4=-0.0068\\\lambda_5=-0.0579&\lambda_6=-0.0736&\lambda_7=-0.1024&\end{array}$$

对应于 $\lambda_3=0$ 的特征向量为：

$$\boldsymbol{u}_3=\frac{1}{\sqrt{7}}(1,1,1,1,1,1,1)^{\mathrm{T}}=(0.38,0.38,0.38,0.38,0.38,0.38,0.38)^{\mathrm{T}}$$

模块度作为平均权值 若使用归一化邻接矩阵 $\boldsymbol{M}=\boldsymbol{\Delta}^{-1}\boldsymbol{A}$ 替换公式 (16.27) 中的标准邻接矩阵 $\boldsymbol{A}$，考虑模块度矩阵 $\boldsymbol{Q}$ 会发生什么变化。从公式 (16.3) 可以知道 $\boldsymbol{M}$ 的每一行的和均为 1，即：

$$\sum_{j=1}^{n}m_{ij}=d_i=1,i=1,\cdots,n$$

因此有 $\mathrm{tr}(\boldsymbol{\Delta})=\sum_{i=1}^{n}d_i=n$，且 $\boldsymbol{d}\cdot\boldsymbol{d}^{\mathrm{T}}=\mathbf{1}_{n\times n}$，其中 $\mathbf{1}_{n\times n}$ 是全为 1 的 $n\times n$ 矩阵。于是，模块度矩阵可以写为：

$$\boldsymbol{Q}=\frac{1}{n}\boldsymbol{M}-\frac{1}{n^2}\mathbf{1}_{n\times n}$$

对于有许多的节点的大图，n 很大的情况下，上式的第二项趋向于 0，因为 $\frac{1}{n^2}$ 会变得非常小。因此，模块度矩阵可以合理地近似为：

$$\boldsymbol{Q}\simeq\frac{1}{n}\boldsymbol{M}\tag{16.28}$$

将上式代入模块度目标 [公式 (16.27)]，得到：

$$\max_{\mathcal{C}}J_Q(\mathcal{C})=\sum_{i=1}^{k}\boldsymbol{c}_i^{\mathrm{T}}\boldsymbol{Q}\boldsymbol{c}_i=\sum_{i=1}^{k}\boldsymbol{c}_i^{\mathrm{T}}\boldsymbol{M}\boldsymbol{c}_i\tag{16.29}$$

这里去掉了 $\frac{1}{n}$ 因子，因为它对于一个给定的图来说是一个常数；它只会影响特征值的大小，而不会影响特征向量。

总而言之，若使用归一化邻接矩阵，最大化模块度与选择归一化邻接矩阵 $\boldsymbol{M}$ 的 k 个最大的特征值及其对应的特征向量等价。注意在此种情况下，模块度与平均权值目标和核 K-means 也是等价的，如公式 (16.22) 所示。

归一化模块度作为归一化割 定义归一化模块度目标如下：

$$\max_{\mathcal{C}}J_{nQ}(\mathcal{C})=\sum_{i=1}^{k}\frac{1}{W(C_i,V)}\left(\frac{W(C_i,C_i)}{W(V,V)}-\left(\frac{W(C_i,V)}{W(V,V)}\right)^2\right)\tag{16.30}$$

可以看到，上式与模块度目标 [公式 (16.26)] 的主要区别在于，我们将每个簇除以 $\mathrm{vol}(C_i)=W(C,V_i)$。对上式进行化简，得到：

$$\begin{aligned}J_{nQ}(\mathcal{C})&=\frac{1}{W(V,V)}\sum_{i=1}^{k}\left(\frac{W(C_i,C_i)}{W(C_i,V)}-\frac{W(C_i,V)}{W(V,V)}\right)\\&=\frac{1}{W(V,V)}\left(\sum_{i=1}^{k}\left(\frac{W(C_i,C_i)}{W(C_i,V)}\right)-\sum_{i=1}^{k}\left(\frac{W(C_i,V)}{W(V,V)}\right)\right)\\&=\frac{1}{W(V,V)}\left(\sum_{i=1}^{k}\left(\frac{W(C_i,C_i)}{W(C_i,V)}\right)-1\right)\end{aligned}$$

现在考虑表达式 $(k-1)-W(V,V)\cdot J_{nQ}(\mathcal{C})$，有：

$$
\begin{aligned}
(k-1)-W(V,V)J_{nQ}(\mathcal{C}) &= (k-1)-\left(\sum_{i=1}^{k}\left(\frac{W(C_i,C_i)}{W(C_i,V)}\right)-1\right) \\
&= k-\sum_{i=1}^{k}\frac{W(C_i,C_i)}{W(C_i,V)} \\
&= \sum_{i=1}^{k}1-\frac{W(C_i,C_i)}{W(C_i,V)} \\
&= \sum_{i=1}^{k}\frac{W(C_i,V)-W(C_i,C_i)}{W(C_i,V)} \\
&= \sum_{i=1}^{k}\frac{W(C_i,\overline{C}_i)}{W(C_i,V)} \\
&= \sum_{i=1}^{k}\frac{W(C_i,\overline{C}_i)}{\mathrm{vol}(C_i)} \\
&= J_{nc}(\mathcal{C})
\end{aligned}
$$

换句话说，归一化割目标 [公式 (16.17)] 和归一化模块度目标 [公式 (16.30)] 有如下关联：

$$
J_{nc}(\mathcal{C})=(k-1)-W(V,V)\cdot J_{nQ}(\mathcal{C})
$$

由于 $W(V,V)$ 对于一个给定的图来说是常数，可知求最小归一化割等价于求最大归一模块度。

3. **谱聚类算法**

平均权值和模块度都是最大化目标；因此，对谱聚类应用这些目标函数，需要对算法 16.1 进行细微的修改。矩阵 $\boldsymbol{B}$ 可选为 $\boldsymbol{A}$（若求最大平均权值）或 $\boldsymbol{Q}$（若求模块度的最大值）。接下来要选择 k 个最大的特征值和对应的特征向量，而不是 k 个最小的特征值。由于 $\boldsymbol{A}$ 和 $\boldsymbol{Q}$ 都可能有负的特征值，我们必须只选正的特征值。算法其余部分保持不变。

16.3　马尔可夫聚类

现在考虑一种模拟在有向图上进行随机行走的图聚类方法。该方法的基本直觉是：若节点间的移动能够反映边的权值，则在同一个簇内发生节点间的转移比簇间节点发生转移的可能性要大。这是因为一个簇内的节点有着更高的相似性或权值，而簇间节点的相似度较低。

给定一个图 G 的带权邻接矩阵 $\boldsymbol{A}$，对应的归一化邻接矩阵 [公式 (16.2)] 为 $\boldsymbol{M}=\boldsymbol{\Delta}^{-1}\boldsymbol{A}$。矩阵 $\boldsymbol{M}$ 可以看作 $n\times n$ 的**转移矩阵**（transition matrix），其中每个矩阵项 $m_{ij}=\frac{a_{ij}}{d_i}$ 可以看作从节点 i 跳转到节点 j 的概率。这是因为 $\boldsymbol{M}$ 是一个**行随机**（row stochastic）矩阵或**马尔可夫矩阵**，并满足以下条件：(1) 矩阵元素非负，即 $m_{ij}\geqslant 0$，因为 $\boldsymbol{A}$ 是非负的；(2) $\boldsymbol{M}$ 的行

为概率向量，即行元素之和为 1，原因如下：

$$\sum_{j=1}^{n} m_{ij} = \sum_{j=1}^{n} \frac{a_{ij}}{d_i} = 1$$

矩阵 $\boldsymbol{M}$ 因此是一条**马尔可夫链**（Markov chain）或在图 G 上的一次马尔可夫随机行走的转移矩阵。一条马尔可夫链是在一组状态上（这里指顶点的集合 V）的离散时间随机过程。马尔可夫链在离散时间步 $t=1,2,\cdots$ 从一个节点转移到另一个节点，其中从节点 i 转移到节点 j 的概率为 m_{ij}。令随机变量 X_t 表示在时间步 t 的状态。马尔可夫性质满足 X_t 的概率分布只依赖于 X_{t-1} 的概率分布，即：

$$P(X_t = i | X_0, X_1, \cdots, X_{t-1}) = P(X_t = i | X_{t-1})$$

进一步假设马尔可夫链是**同质的**（homogeneous），即转移概率

$$P(X_t = j | X_{t-1} = i) = m_{ij}$$

与时间步 t 是无关的。

给定节点 i，转移矩阵 $\boldsymbol{M}$ 可以给出在一个时间步内到达任意其他节点 j 的概率。$t=0$ 时从节点 i 开始，考虑在 $t=2$ 时到达节点 j 的概率（即两步之后）。我们用 $m_{ij}(2)$ 表示在两个时间步内从 i 到 j 的概率，可以计算如下：

$$\begin{aligned} m_{ij}(2) = P(X_2 = j | X_0 = i) &= \sum_{a=1}^{n} P(X_1 = a | X_0 = i) P(X_2 = j | X_1 = a) \\ &= \sum_{a=1}^{n} m_{ia} m_{aj} = \boldsymbol{m}_i^{\mathrm{T}} M_j \end{aligned} \tag{16.31}$$

其中 $\boldsymbol{m}_i = (m_{i1}, m_{i2}, \cdots, m_{in})^{\mathrm{T}}$ 表示 $\boldsymbol{M}$ 的第 i 行，$M_j = (m_{1j}, m_{2j}, \cdots, m_{nj})^{\mathrm{T}}$ 表示 $\boldsymbol{M}$ 的第 j 列。

考虑 $\boldsymbol{M}$ 与其自身的乘积：

$$\begin{aligned} \boldsymbol{M}^2 = \boldsymbol{M} \cdot \boldsymbol{M} &= \begin{pmatrix} -\boldsymbol{m}_1^{\mathrm{T}}- \\ -\boldsymbol{m}_2^{\mathrm{T}}- \\ \vdots \\ -\boldsymbol{m}_n^{\mathrm{T}}- \end{pmatrix} \begin{pmatrix} | & | & & | \\ M_1 & M_2 & \cdots & M_n \\ | & | & & | \end{pmatrix} \\ &= \left\{ \boldsymbol{m}_i^{\mathrm{T}} M_j \right\}_{i,j=1}^{n} = \left\{ m_{ij}(2) \right\}_{i,j=1}^{n} \end{aligned} \tag{16.32}$$

公式 (16.31) 和公式 (16.32) 说明 $\boldsymbol{M}^2$ 正是马尔可夫链上两个时间步的转移概率。同样，三步转移矩阵为 $\boldsymbol{M}^2 \cdot \boldsymbol{M} = \boldsymbol{M}^3$。通常来讲，$t$ 个时间步的转移概率矩阵为：

$$\boldsymbol{M}^{t-1} \cdot \boldsymbol{M} = \boldsymbol{M}^t \tag{16.33}$$

图 G 上的一次随机行走因此对应于转移矩阵 $\boldsymbol{M}$ 的连续乘幂。令 π_0 表示时间 $t=0$ 时的初始状态概率向量，即 $\pi_{0i} = P(X_0 = i)$ 是在节点 i 处出发的概率，$i = 1, \cdots, n$。从 π_0 出

发，可以获得 X_t 的状态概率向量如下，即在时间步 t 时位于节点 i 的概率：

$$\begin{aligned}\pi_t^{\mathrm{T}} &= \pi_{t-1}^{\mathrm{T}}\boldsymbol{M}\\ &= (\pi_{t-2}^{\mathrm{T}}\boldsymbol{M})\cdot\boldsymbol{M} = \pi_{t-2}^{\mathrm{T}}\boldsymbol{M}^2\\ &= (\pi_{t-3}^{\mathrm{T}}\boldsymbol{M}^2)\cdot\boldsymbol{M} = \pi_{t-3}^{\mathrm{T}}\boldsymbol{M}^3\\ &= \vdots\\ &= \pi_0^{\mathrm{T}}\boldsymbol{M}^t\end{aligned}$$

两边等价地同时取转置，得：

$$\pi_t = (M^t)^{\mathrm{T}}\pi_0 = (\boldsymbol{M}^{\mathrm{T}})^t\pi_0$$

状态概率向量因此收敛到 $\boldsymbol{M}^{\mathrm{T}}$ 的主特征向量，反映出到达图中任意节点的稳态（steady-state）概率（无论起始点是哪一个）。注意，若图是有向的，则稳态向量等价于归一化声望向量（normalized prestige vector）[公式 (4.6)]。

转移概率膨胀

现在考虑随机行走的一个变种，其中从节点 i 转移到节点 j 的概率中每个元素 m_{ij} 都通过取幂 $r \geqslant 1$ 进行膨胀。给定一个转移矩阵 $\boldsymbol{M}$，定义膨胀算子 Υ：

$$\Upsilon(\boldsymbol{M},r) = \left\{\frac{(m_{ij})^r}{\sum_{a=1}^{n}(m_{ia})^r}\right\}_{i,j=1}^{n} \tag{16.34}$$

膨胀操作会得到一个变形或膨胀的转移概率矩阵，因为所有的元素保持非负，且每一行归一化的和为 1。膨胀算子的净作用是增加高概率转移，并减少低概率转移。

马尔可夫聚类算法

马尔可夫聚类算法（Markov clustering algorithm, MCL）是一种将矩阵扩展（matrix expansion）和膨胀（inflation）步骤交织在一起的迭代算法。矩阵扩展对应于对转移矩阵连续求幂，从而实现更长的随机行走。另一方面，矩阵膨胀提升高概率转移的可能性的同时也减少低概率转移。由于同簇内的节点有着更高的权值，以及更高的转移概率，膨胀算子使得它们更倾向于留在同一簇内，从而限制了随机行走的程度。

MCL 的伪代码在算法 16.2 中给出。该方法以一个图的带权邻接矩阵作为输入。MCL 不需要用户指定簇的数目 k，而是以膨胀参数 $r \geqslant 1$ 作为输入。较大的值会生成数量较多但较小的簇，较小的值会生成数量较少但较大的簇。然而，簇的准确数目无法事先确定。给定邻接矩阵 $\boldsymbol{A}$，MCL 首先添加**自环**（loop）或自边（self-edge），若它们在 $\boldsymbol{A}$ 中不存在。若 $\boldsymbol{A}$ 是一个相似度矩阵，则这一步不是必需的，因为一个节点与其自身最相似，因此 $\boldsymbol{A}$ 的对角线值应当较大。为简明起见，对于无向图，若 $\boldsymbol{A}$ 是邻接矩阵，则添加自边，与每个节点的返回概率相关联。

当转移矩阵收敛的时候，MCL 扩展和膨胀的迭代过程停止。收敛指两次连续迭代中的转移矩阵的差小于某个阈值 $\epsilon \geqslant 0$。矩阵的差以**弗罗贝尼乌斯范数**（Frobenius norm）的形式给出：

$$\|\boldsymbol{M}_t - \boldsymbol{M}_{t-1}\|_F = \sqrt{\sum_{i=1}^{n}\sum_{j=1}^{n}\left(\boldsymbol{M}_t(i,j) - \boldsymbol{M}_{t-1}(i,j)\right)^2}$$

当 $\|\boldsymbol{M}_t - \boldsymbol{M}_{t-1}\|_F \leqslant \epsilon$ 时，MCL 过程终止。

算法16.2 马尔可夫聚类算法（Markov clustering algorithm, MCL）

```
MARKOV CLUSTERING (A, r, ϵ):
1  t ← 0
2  若自边不存在，则将其添加到A中
3  M_t ← Δ^{-1}A
4  repeat
5  |  t ← t+1
6  |  M_t ← M_{t-1} · M_{t-1}
7  |  M_t ← ϒ(M_t, r)
8  until ||M_t − M_{t-1}||_F ≤ ϵ
9  G_t ← 由M_t生成的有向图
10 C ← {G_t中的弱连通分支}
```

1. MCL 图

最终的簇是通过枚举由收敛的转移矩阵 $\boldsymbol{M}_t$ 引入的有向图的弱连通分支来得到的。$\boldsymbol{M}_t$ 引入的有向图表示为 $G_t = (V_t, E_t)$。顶点集合与原始图的顶点集合相同，即 $V_t = V$，边集为：

$$E_t = \{(i,j) | \boldsymbol{M}_t(i,j) > 0\}$$

换句话说，仅当一个节点 i 可以在 t 步扩展和膨胀步骤之内转移到节点 j 时，一条有向边 (i,j) 才存在。若 $\boldsymbol{M}_t(j,j) > 0$，则称节点 j 为**吸引子**（attractor），且当 $\boldsymbol{M}_t(i,j) > 0$ 时，称节点 i 被吸引到吸引子 j。MCL 过程会产生一组吸引子节点 $V_a \subseteq V$，使得其他节点被吸引到至少一个 V_a 中的吸引子。也就是说，对于所有的节点 i，都存在一个 $j \in V_a$，使得 $(i,j) \in E_t$。一个有向图中的强连通分支定义为这样的一个最大子图：在该子图中，所有的顶点对之间都存在一条有向路径。为从 G_t 中提取出各个簇，MCL 首先找出在吸引子集合 V_a 之上的强连通分支 $S_1, S_2, \cdots, S_q$。接下来，对于每一个强连通的吸引子集合 S_j，MCL 找出由所有 $i \in V_t - V_a$ 的节点构成，并被吸引到 S_j 的中的某个吸引子的弱连通分支。若一个节点 i 被吸引到多个强连通分支，则将它添加到每一个这样的簇，从而形成有可能重叠的簇。

例 16.11 我们应用 MCL 方法来找出图 16-2 中的 $k=2$ 个簇。对该图添加自环以获得邻接矩阵：

$$\boldsymbol{A} = \begin{pmatrix} 1 & 1 & 0 & 1 & 0 & 1 & 0 \\ 1 & 1 & 1 & 1 & 0 & 0 & 0 \\ 0 & 1 & 1 & 1 & 0 & 0 & 1 \\ 1 & 1 & 1 & 1 & 1 & 0 & 0 \\ 0 & 0 & 0 & 1 & 1 & 1 & 1 \\ 1 & 0 & 0 & 0 & 1 & 1 & 1 \\ 0 & 0 & 1 & 0 & 1 & 1 & 1 \end{pmatrix}$$

对应的马尔可夫矩阵为：

$$M_0 = \Delta^{-1}A = \begin{pmatrix} 0.25 & 0.25 & 0 & 0.25 & 0 & 0.25 & 0 \\ 0.25 & 0.25 & 0.25 & 0.25 & 0 & 0 & 0 \\ 0 & 0.25 & 0.25 & 0.25 & 0 & 0 & 0.25 \\ 0.20 & 0.20 & 0.20 & 0.20 & 0.20 & 0 & 0 \\ 0 & 0 & 0 & 0.25 & 0.25 & 0.25 & 0.25 \\ 0.25 & 0 & 0 & 0 & 0.25 & 0.25 & 0.25 \\ 0 & 0 & 0.25 & 0 & 0.25 & 0.25 & 0.25 \end{pmatrix}$$

第一次迭代中，使用扩展和膨胀（$r = 2.5$）得到：

$$M_1 = M_0 \cdot M_0 = \begin{pmatrix} 0.237 & 0.175 & 0.113 & 0.175 & 0.113 & 0.125 & 0.062 \\ 0.175 & 0.237 & 0.175 & 0.237 & 0.050 & 0.062 & 0.062 \\ 0.113 & 0.175 & 0.237 & 0.175 & 0.113 & 0.062 & 0.125 \\ 0.140 & 0.190 & 0.140 & 0.240 & 0.090 & 0.100 & 0.100 \\ 0.113 & 0.050 & 0.113 & 0.113 & 0.237 & 0.188 & 0.188 \\ 0.125 & 0.062 & 0.062 & 0.125 & 0.188 & 0.250 & 0.188 \\ 0.062 & 0.062 & 0.125 & 0.125 & 0.188 & 0.188 & 0.250 \end{pmatrix}$$

$$M_1 = \Upsilon(M_1, 2.5) = \begin{pmatrix} 0.404 & 0.188 & 0.062 & 0.188 & 0.062 & 0.081 & 0.014 \\ 0.154 & 0.331 & 0.154 & 0.331 & 0.007 & 0.012 & 0.012 \\ 0.062 & 0.188 & 0.404 & 0.188 & 0.062 & 0.014 & 0.081 \\ 0.109 & 0.234 & 0.109 & 0.419 & 0.036 & 0.047 & 0.047 \\ 0.060 & 0.008 & 0.060 & 0.060 & 0.386 & 0.214 & 0.214 \\ 0.074 & 0.013 & 0.013 & 0.074 & 0.204 & 0.418 & 0.204 \\ 0.013 & 0.013 & 0.074 & 0.074 & 0.204 & 0.204 & 0.418 \end{pmatrix}$$

MCL 在 10 次迭代之后收敛（$\epsilon = 0.001$），最终的转移矩阵为：

$$M = \left(\begin{array}{c|ccccccc} & 1 & 2 & 3 & 4 & 5 & 6 & 7 \\ \hline 1 & 0 & 0 & 0 & 1 & 0 & 0 & 0 \\ 2 & 0 & 0 & 0 & 1 & 0 & 0 & 0 \\ 3 & 0 & 0 & 0 & 1 & 0 & 0 & 0 \\ 4 & 0 & 0 & 0 & 1 & 0 & 0 & 0 \\ 5 & 0 & 0 & 0 & 0 & 0 & 0.5 & 0.5 \\ 6 & 0 & 0 & 0 & 0 & 0 & 0.5 & 0.5 \\ 7 & 0 & 0 & 0 & 0 & 0 & 0.5 & 0.5 \end{array}\right)$$

图 16-5 给出了由收敛后的矩阵 $\boldsymbol{M}$ 得到的有向图，其中当且仅当 $\boldsymbol{M}(i,j) > 0$ 时，存在一条边 (i,j)。$\boldsymbol{M}$ 的非零对角元素是吸引子（带自环的灰色节点）。可以看到 $\boldsymbol{M}(4,4)$、$\boldsymbol{M}(6,6)$、$\boldsymbol{M}(7,7)$ 都大于 0，使得节点 4、6、7 均为吸引子。节点 6 和节点 7 可互达，因此吸引子的等价类为 $\{4\}$ 和 $\{6,7\}$。节点 1、2、3 被吸引到节点 4，节点 5 被吸引到节点 6 和节点 7。因此，构成两个簇的弱连通分支为 $C_1 = \{1,2,3,4\}$ 和 $C_2 = \{5,6,7\}$。

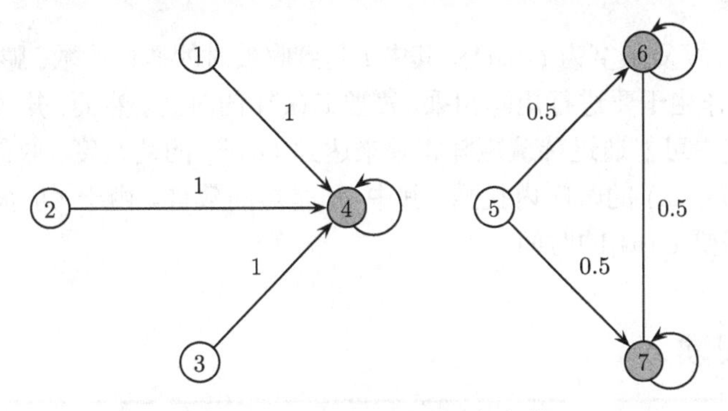

图 16-5 MCL 吸引子和各个簇

例 16.12 图 16-6a 展示了图 16-1 中的鸢尾花图上应用 MCL 算法得到的分簇，其中在膨胀步骤使用 $r = 1.3$。MCL 产生了 3 个吸引子（以灰色显示；忽略自环），可以将图分为 3 个分簇。算法发现的分簇与真实的鸢尾花类型对比的列联表在表 16-2 中给出。一个`iris-versicolor`点被误分入`iris-setosa`对应的 C_1 分簇，14 个`iris-virginica`的点被误分入其他分簇。

注意 MCL 的唯一参数是 r，即膨胀步骤的指数。分簇的数目并没有显式地确定，但较大的 r 值会生成更多的分簇。以上使用的是 $r = 1.3$，因为它正好生成 3 个分簇。图 16-6b 显示了 $r = 2$ 的结果，其中 MCL 生成了 9 个分簇，最上方的分簇有两个吸引子。

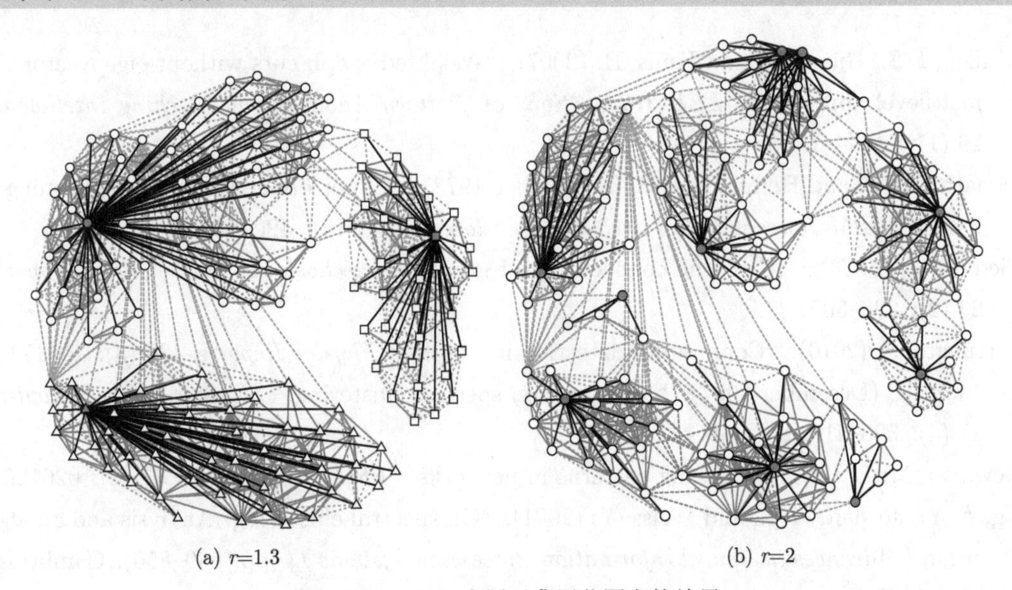

(a) r=1.3　　(b) r=2

图 16-6 MCL 应用于鸢尾花图上的结果

表 16-2　列联表：MCL 分簇 vs. 真实的鸢尾花类型

	iris-setosa	iris-virginica	iris-versicolor
C_1（三角形）	50	0	1
C_2（正方形）	0	36	0
C_3（圆圈）	0	14	49

2. 计算复杂度

MCL 算法的计算复杂度为 $O(tn^3)$，其中 t 是到收敛时的迭代次数。膨胀操作需要 $O(n^2)$ 的时间，而扩展操作由于要进行矩阵相乘，需要 $O(n^3)$ 的时间。然而，矩阵会很快变得稀疏，因此在后续的迭代中可能通过稀疏矩阵相乘来达到 $O(n^2)$ 的复杂度。收敛时，G_t 中的弱连通分支可以在 $O(n+m)$ 的时间内找到，其中 m 是边的数目。由于 G_t 很稀疏，$m=O(n)$，最后的聚类步骤需要 $O(n)$ 的时间。

16.4　补充阅读

图的谱划分由 Donath and Hoffman(1973) 首先提出。拉普拉斯矩阵的第二小特征值的性质，又称为**代数连接性**（algebraic connectivity），在 Fiedler(1973) 中进行了研究。Shi and Malik(2000) 给出了一种递归二部划分方法来寻找 k 个分簇（使用归一割目标）。使用归一化对称拉普拉斯矩阵的归一割的直接 k 路划分方法在 Ng, Jordan, and Weiss (2001) 中提出。谱聚类目标和核 K-means 之间的关联是由 Dhillon, Guan, and Kulis (2007) 建立的。模块度目标由 Newman (2003) 引入，当时被称作**相称度系数**（assortativity coefficient）。使用模块度矩阵的谱算法首先由 Smyth and White (2005) 提出。模块度和归一割之间的关系参见 Yu and Ding (2010)。关于谱聚类技术的一个出色教程参见 Luxburg (2007)。马尔可夫聚类算法最开始是由 van Dongen (2000) 提出的。图聚类方法的全面综述参见 Fortunato (2010)。

Dhillon, I. S., Guan, Y., and Kulis, B. (2007). “Weighted graph cuts without eigenvectors: A multilevel approach.” *IEEE Transactions on Pattern Analysis and Machine Intelligence*, 29 (11): 1944–1957.

Donath, W. E. and Hoffman, A. J. (September 1973). “Lower bounds for the partitioning of graphs.” *IBM Journal of Research and Development*, 17 (5): 420–425.

Fiedler, M. (1973). “Algebraic connectivity of graphs.” *Czechoslovak Mathematical Journal*, 23 (2): 298–305.

Fortunato, S. (2010). “Community detection in graphs.” *Physics Reports*, 486 (3): 75–174.

Luxburg, U. (December 2007). “A tutorial on spectral clustering.” *Statistics and Computing*, 17 (4): 395–416.

Newman, M. E. (2003). “Mixing patterns in networks.” *Physical Review E*, 67 (2): 026126.

Ng, A. Y., Jordan, M. I., and Weiss, Y. (2001). “On spectral clustering: Analysis and an algorithm.” *Advances in Neural Information Processing Systems 14* (pp. 849–856). Cambridge, MA: MIT Press.

Shi, J. and Malik, J. (August 2000). "Normalized cuts and image segmentation." *IEEE Transactions on Pattern Analysis and Machine Intelligence*, 22 (8): 888–905.

Smyth, S. and White, S. (2005). "A spectral clustering approach to finding communities in graphs." *In Proceedings of the 5th SIAM International Conference on Data Mining*, vol. 119, p. 274.

van Dongen, S. M. (2000). "Graph clustering by flow simulation." PhD thesis. The University of Utrecht, The Netherlands.

Yu, L. and Ding, C. (2010). "Network community discovery: solving modularity clustering via normalized cut." *In Proceedings of the 8th Workshop on Mining and Learning with Graphs.* ACM pp. 34–36.

16.5 习题

Q1. 证明：若 Q_i 代表模块度矩阵 $\boldsymbol{Q}$ 的第 i 列，则 $\sum_{i=1}^{n} Q_i = \mathbf{0}$。

Q2. 证明归一化对称与非对称拉普拉斯矩阵 $\boldsymbol{L}^s$[公式 (16.6)] 和 $\boldsymbol{L}^a$[公式 (16.9)] 都是半正定的，并且两个矩阵的最小特征值都是 $\lambda_n = 0$。

Q3. 证明归一化邻接矩阵 $\boldsymbol{M}$[公式 (16.2)] 的最大特征值为 1，且所有的特征值都满足 $|\lambda_i| \leqslant 1$。

Q4. 证明 $\sum_{v_r \in C_i} c_{ir} d_r c_{ir} = \sum_{r=1}^{n} \sum_{s=1}^{n} c_{ir} \boldsymbol{\Delta}_{rs} c_{is}$，其中 $\boldsymbol{c}_i$ 是分簇 C_i 的簇指示向量，$\boldsymbol{\Delta}$ 是图的度数矩阵。

Q5. 对于归一化对称拉普拉斯矩阵 $\boldsymbol{L}^s$，证明对于归一割目标，对应于最小特征值 $\lambda_n = 0$ 的实数值的分簇指示向量为 $\boldsymbol{c}_n = \frac{1}{\sqrt{\sum_{i-1}^{n} d_i}} \boldsymbol{\Delta}^{1/2} \mathbf{1}$。

Q6. 给定图 16-7 中的图，回答下列问题。

(a) 将图聚类为两个分簇，分别使用比例割和归一割。

(b) 使用归一化邻接矩阵 $\boldsymbol{M}$，并将其聚类为两个分簇，分别使用平均权值和核K-means，$\boldsymbol{K} = \boldsymbol{M} + \boldsymbol{I}$。

(c) 使用 MCL 算法对图进行聚类，分别使用膨胀参数 $r = 2$ 和 $r = 2.5$。

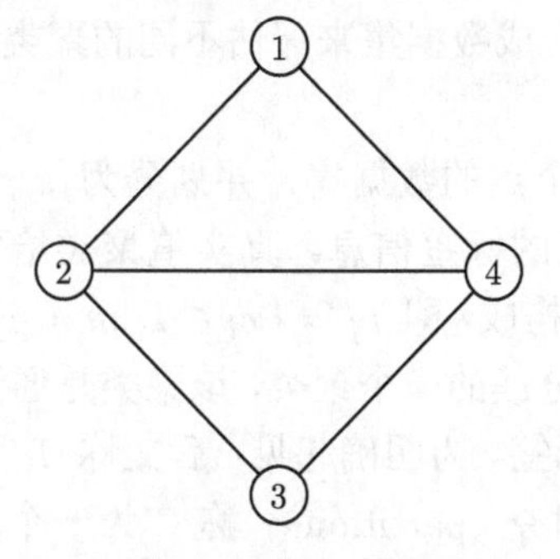

图 16-7 Q6 的图

表 16-3 Q7 的数据

	X_1	X_2	X_3
$\boldsymbol{x}_1$	0.4	0.9	0.6
$\boldsymbol{x}_2$	0.5	0.1	0.6
$\boldsymbol{x}_3$	0.6	0.3	0.6
$\boldsymbol{x}_4$	0.4	0.8	0.5

Q7. 考虑表 16-3。假设表中是一个图中的节点，使用线性核定义带权邻接矩阵 $\boldsymbol{A}$ 如下：

$$\boldsymbol{A}(i,j) = 1 + \boldsymbol{x}_i^{\mathrm{T}} \boldsymbol{x}_j$$

使用模块度目标将数据聚类为两个分簇。

第17章 聚类的验证

由于要求分簇的类型和数据固有的特性不同，聚类方法也有所不同。鉴于聚类算法及其参数的多样性，开发评估聚类结果的客观标准是很重要的。分簇的验证和评估主要包含三个方面的任务：**聚类评价**（clustering evaluation）评估聚类的质量和优度；**聚类稳定性**（clustering stability）要考虑聚类结果对于算法参数（例如分簇的数目）的敏感性；**聚类趋向性**（clustering tendency）评估应用聚类是否合适，即数据本身是否有固有的分组结构。根据以上的验证任务，分别提出了一些有效性度量和统计量，可以分为三个主要类别。

外部验证 外部验证度量采用与数据无关的标准，可以是关于分簇的先验知识或专家知识，例如每个点的类标签。

内部验证 内部验证度量采用从数据自身导出的标准。例如，可以用簇内和簇间距离来得到分簇紧凑度的度量（比如同一个分簇中的点有多相似）和分离度的度量（比如不同分簇中的点距离有多远）。

相对验证 相对验证度量直接比较不同的聚类，尤其是那些用同一算法在不同参数设置下得到的聚类。

本章会分别讨论以上三种度量类型的聚类验证和评估的主要技术。

17.1 外部验证度量

顾名思义，外部验证度量假设事先知道准确的或真实的聚类。真实的分簇标签（即外部信息）用于评估一个给定的聚类。通常我们是不知道准确的聚类的；但外部度量可以用于测试和验证不同的聚类方法。例如，每个数据点都标明了类别的分类数据集可用于评估一个聚类的质量。同样，也可以创建具有已知分簇结构的合成数据集来评估不同的聚类算法（根据不同的方法恢复出已知分组的程度）。

令 $\boldsymbol{D}=\{\boldsymbol{x}_i\}_{i=1}^n$ 为一个包含 d 维空间中 n 个点的数据集，并划分为 k 个分簇。令 $y_i\in\{1,2,\cdots,k\}$ 代表分簇情况的真实值或每个点的标签信息。真实值聚类给定为：$\mathcal{T}=\{T_1,T_2,\cdots,T_k\}$，其中分簇 T_j 由所有标签为 j 的点构成，即 $T_j=\{\boldsymbol{x}_i\in\boldsymbol{D}|y_i=j\}$。同时，令 $\mathcal{C}=\{C_1,\cdots,C_r\}$ 代表将同样的数据集划分为 r 个分簇的一个聚类，该聚类是通过某个聚类算法得到的，令 $\hat{y}_i\in\{1,2,\cdots,r\}$ 代表 $\boldsymbol{x}_i$ 的分簇标签。为明确起见，后文称 $\mathcal{T}$ 为**真实值划分**（ground-truth partitioning），T_i 为其中的一个**划分**（partition）；称 $\mathcal{C}$ 为一个聚类，其中每个 C_i 对应一个分簇。由于假设真实值已知，通常聚类方法会以分簇的准确数目运行，即 $r=k$。不过，为使得讨论更一般化，我们允许 r 与 k 不同。

外部评估度量尝试衡量同一划分中的点在同一分簇中出现的程度，以及不同划分中的点在不同的分簇中出现的程度。通常这两个目标之间有一个权衡，可以显式地表示在度量中，也可以隐式地包含在计算中。所有外部度量都需要一个 $r \times k$ 的**列联表** $\boldsymbol{N}$，该表是根据某个聚类 $\mathcal{C}$ 和真实值分划 $\mathcal{T}$ 生成的，定义如下：

$$\boldsymbol{N}(i,j) = n_{ij} = |C_i \cap T_j|$$

换句话说，计数值 n_{ij} 代表分簇 C_i 和真实值划分 T_j 所共有的点的数目。此外，为明确起见，令 $n_i = |C_i|$ 代表分簇 C_i 中点的数目，$m_j = |T_j|$ 代表划分 T_j 中点的数目。列联表可以从 $\mathcal{T}$ 和 $\mathcal{C}$ 在 $O(n)$ 时间内计算出来：检查划分标签和簇标签 y_i 和 $\hat{y}_i$（对于每一个点 $\boldsymbol{x}_i \in \boldsymbol{D}$）并累计对应的计数值 $n_{y_i\hat{y}_i}$。

17.1.1 基于匹配的度量

1. **纯度**

纯度（purity）量化了一个分簇 C_i 中只包含一个划分的实体的程度。换句话说，它度量了每个分簇有多“纯净”。分簇 C_i 的纯度定义为：

$$\text{purity}_i = \frac{1}{n_i} \max_{j=1}^{k} \{n_{ij}\}$$

聚类 $\mathcal{C}$ 的纯度定义为所有分簇纯度的带权和：

$$\text{purity} = \sum_{i=1}^{r} \frac{n_i}{n} \text{purity}_i = \frac{1}{n} \sum_{i=1}^{r} \max_{j=1}^{k} \{n_{ij}\}$$

其中比例 $\frac{n_i}{n}$ 表示分簇 C_i 中的点所占的比例。$\mathcal{C}$ 的纯度越大，说明它与真实值的吻合度越高。纯度的最大值为 1，指每个簇都是仅由一个划分中的点构成的。若 $r = k$，则纯度值为 1 表示一个完美聚类，即分簇与划分一一对应。不过，即使 $r > k$，纯度也可能为 1（当每个分簇都是一个标准划分的子集时）。若 $r < k$，则纯度不可能为 1，因为至少有一个分簇包含来自多于一个分划的点。

2. **最大匹配**

最大匹配（maximum matching）度量选择分簇和划分之间的某个映射，使得公共点的数目之和最大化（假设给定一个划分，只有一个分簇可以与之匹配）。这与纯度的情况不同，使用纯度时，两个不同的分簇可以对应同一个主划分。

形式层面来讲，我们将列联表看作一个完全带权二部图 $G = (V, E)$，其中每个划分和每个分簇都是一个节点，即 $V = \mathcal{C} \cup \mathcal{T}$，且存在一条边 $(C_i, T_j) \in E$，以及权值 $w(C_i, T_j) = n_{ij}$，对于所有 $C_i \in \mathcal{C}$ 和 $T_j \in \mathcal{T}$。图中的一个**匹配**（matching）M 是 E 的一个子集，使得 M 中的边两两不相邻（即没有共同的顶点）。最大匹配度量定义为 G 中的**最大权匹配**：

$$\text{match} = \arg\max_{M} \left\{ \frac{w(M)}{n} \right\}$$

其中一个匹配 M 的权值为 M 中所有边的权值之和，即 $w(M) = \sum_{e \in M} w(e)$。最大匹配可以在 $O(|V|^2 \cdot |E|) = O((r+k)^2 rk)$ 的时间内计算出来，若 $r = O(k)$，则等价于 $O(k^4)$。

3. F-Measure

给定分簇 C_i，令 j_i 代表包含 C_i 中最多点的划分，即 $j_i = \max_{j=1}^{k}\{n_{ij}\}$。一个分簇 C_i 的**精度**（precision）与其纯度相同：

$$\text{prec}_i = \frac{1}{n_i}\max_{j=1}^{k}\{n_{ij}\} = \frac{n_{ij_i}}{n_i}$$

它度量了 C_i 中来自主划分 T_{j_i} 的点的比例。

分簇 C_i 的**召回**（recall）定义为：

$$\text{recall}_i = \frac{n_{ij_i}}{|T_{j_i}|} = \frac{n_{ij_i}}{m_{j_i}}$$

其中 $m_{j_i} = |T_{j_i}|$。它衡量了划分 T_{j_i} 与分簇 C_i 共同拥有的点的比例。

F-measure 是每一个分簇的精度值和召回值的调和平均数。分簇 C_i 的 F-measure 为：

$$F_i = \frac{2}{\frac{1}{\text{prec}_i} + \frac{1}{\text{recall}_i}} = \frac{2 \cdot \text{prec}_i \cdot \text{recall}_i}{\text{prec}_i + \text{recall}_i} = \frac{2n_{ij_i}}{n_i + m_{j_i}} \tag{17.1}$$

聚类 $\mathcal{C}$ 的 F-measure 为各分簇的 F-measure 的均值：

$$F = \frac{1}{r}\sum_{i=1}^{r} F_i$$

F-measure 尽量在所有分簇的精度值和召回值之间取得平衡。对于一个完美聚类（$r = k$），F-measure 的最大值是 1。

例 17.1 图 17-1 显示了 K-means 算法在鸢尾花数据集（使用前两个主成分作为两个维度）上得到的两个不同聚类。这里 $n = 150$，$k = 3$。通过观察，可以发现图 17-1a 是比图 17-1b 更好的聚类。现在来看如何用基于列联表的度量来评估这两个聚类。

考虑图 17-1a 中的聚类。其中的 3 个分簇用不同的符号来表示：灰色点表示正确的划分，白色点表示分类错误（与鸢尾花类型真实值相比较）。例如，C_3 主要对应于划分 T_3（iris-virginica），但它有 3 个来自 T_2 的点。完整的列联表如下：

	iris-setosa T_1	iris-versicolor T_2	iris-virginica T_3	n_i
C_1（正方形）	0	47	14	61
C_2（圆圈）	50	0	0	50
C_3（三角形）	0	3	36	39
m_j	50	50	50	$n = 150$

为计算纯度，先找到与每个簇重合最大的划分，然后找到对应关系 (C_1, T_2)、(C_2, T_1) 和 (C_3, T_3)。因此，纯度为：

$$\text{purity} = \frac{1}{150}(47 + 50 + 36) = \frac{133}{150} = 0.887$$

这个列联表中的最大匹配度量给出了相同的结果，因为以上列出的对应关系事实上是一个最大权匹配。因此，match = 0.887。

分簇 C_1 包含 $n_1 = 47 + 14 = 61$ 个点，而它对应的划分 T_2 包含 $m_2 = 47 + 3 = 50$ 个点。因此，C_1 的精度和召回为：

$$\text{prec}_1 = \frac{47}{61} = 0.77$$
$$\text{recall}_1 = \frac{47}{50} = 0.94$$

因此 C_1 的 F-measure 为：

$$F_1 = \frac{2 \cdot 0.77 \cdot 0.94}{0.77 + 0.94} = \frac{1.45}{1.71} = 0.85$$

也可以根据公式 (17.1) 直接计算 F_1：

$$F_1 = \frac{2 \cdot n_{12}}{n_1 + m_2} = \frac{2 \cdot 47}{61 + 50} = \frac{94}{111} = 0.85$$

同样，我们可以得到 $F_2 = 1.0$ 和 $F_3 = 0.81$。因此，该聚类的 F-measure 为：

$$F = \frac{1}{3}(F_1 + F_2 + F_3) = \frac{2.66}{3} = 0.88$$

对于图 17-1b 中的聚类，列联表如下所示：

	iris-setosa T_1	iris-versicolor T_2	iris-virginica T_3	n_i
C_1	30	0	0	30
C_2	20	4	0	24
C_3	0	46	50	96
m_j	50	50	50	$n = 150$

对于纯度，每个簇重合最大的划分与对应的分簇为 (C_1, T_1)、(C_2, T_1) 和 (C_3, T_3)。因此，该聚类的纯度值为：

$$\text{purity} = \frac{1}{150}(30 + 20 + 50) = \frac{100}{150} = 0.67$$

可以看到，C_1 和 C_2 都选择了划分 T_1 作为最大重合划分。然而，最大权匹配是不同的，对应关系变为 (C_1, T_1)、(C_2, T_2) 和 (C_3, T_3)，于是可得：

$$\text{match} = \frac{1}{150}(30 + 4 + 50) = \frac{84}{150} = 0.56$$

下面的表格比较了图 17-1 中两个不同的聚类的基于列联表的度量。

	purity	match	F
(a) 好	0.887	0.887	0.885
(b) 差	0.667	0.560	0.658

如预期的一样，图 17-1a 中较好的聚类，其纯度值、最大匹配值和 F-measure 值也更高。

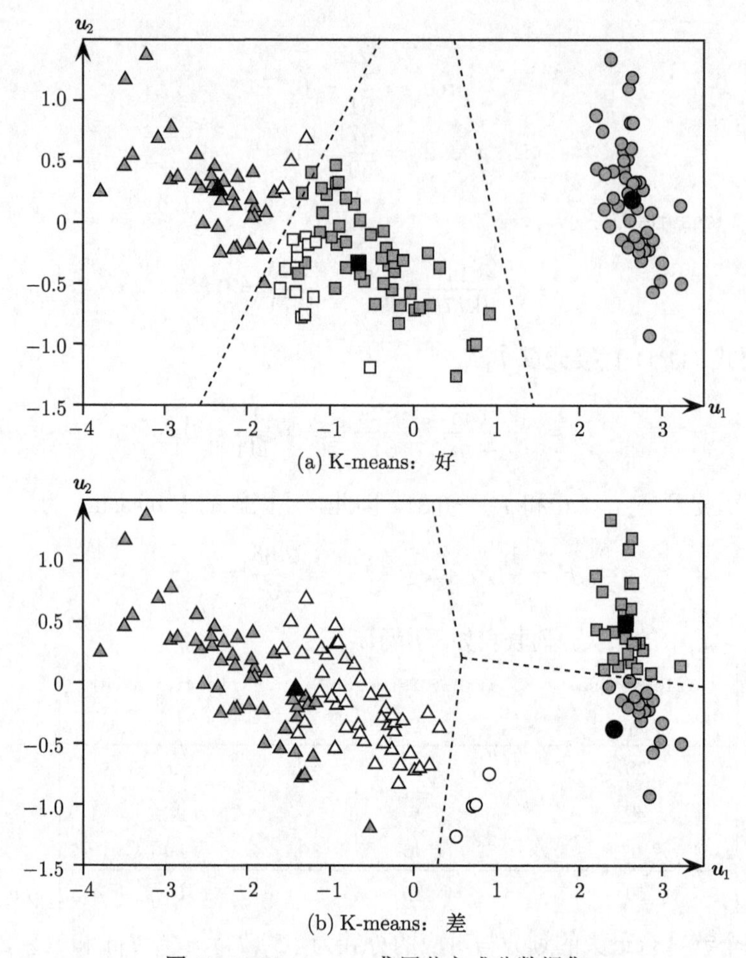

(a) K-means：好

(b) K-means：差

图 17-1 K-means：鸢尾花主成分数据集

17.1.2 基于熵的度量

1. 条件熵（conditional entropy）

一个聚类 $\mathcal{C}$ 的熵定义为：

$$H(\mathcal{C}) = -\sum_{i=1}^{r} p_{C_i} \log p_{C_i}$$

其中 $p_{C_i} = \frac{n_i}{n}$ 是分簇 C_i 的概率。同样，分划 $\mathcal{T}$ 的熵定义为：

$$H(\mathcal{T}) = -\sum_{j=1}^{k} p_{T_j} \log p_{T_j}$$

其中 $p_{T_j} = \frac{m_j}{n}$ 是划分 T_j 的概率。

$\mathcal{T}$ 的分簇熵，即 $\mathcal{T}$ 关于分簇 C_i 的相对熵，定义为：

$$H(\mathcal{T}|C_i) = -\sum_{j=1}^{k} \left(\frac{n_{ij}}{n_i}\right) \log \left(\frac{n_{ij}}{n_i}\right)$$

给定聚类 $\mathcal{C}$，分划 $\mathcal{T}$ 的条件熵定义为以下带权和：

$$H(\mathcal{T}|\mathcal{C}) = \sum_{i=1}^{r} \frac{n_i}{n} H(\mathcal{T}|C_i) = -\sum_{i=1}^{r}\sum_{j=1}^{k} \frac{n_{ij}}{n} \log\left(\frac{n_{ij}}{n_i}\right)$$

$$= -\sum_{i=1}^{r}\sum_{j=1}^{k} p_{ij} \log\left(\frac{p_{ij}}{p_{C_i}}\right) \tag{17.2}$$

其中 $p_{ij} = \frac{n_{ij}}{n}$ 是分簇 i 中的一个点同时也属于划分 j 的概率。一个分簇中的点越是分散到不同的划分中，条件熵就越大。对于一个完美聚类，条件熵的值为 0，而在最坏情况下条件熵的值为 $\log k$。此外，展开公式 (17.2)，可以看到：

$$\begin{aligned}
H(\mathcal{T}|\mathcal{C}) &= -\sum_{i=1}^{r}\sum_{j=1}^{k} p_{ij}(\log p_{ij} - \log p_{C_i}) \\
&= -\left(\sum_{i=1}^{r}\sum_{j=1}^{k} p_{ij}\log p_{ij}\right) + \sum_{i=1}^{r}\left(\log p_{C_i}\sum_{j=1}^{k} p_{ij}\right) \\
&= -\sum_{i=1}^{r}\sum_{j=1}^{k} p_{ij}\log p_{ij} + \sum_{i=1}^{r} p_{C_i}\log p_{C_i} \\
&= H(\mathcal{C},\mathcal{T}) - H(\mathcal{C})
\end{aligned} \tag{17.3}$$

其中 $H(\mathcal{C},\mathcal{T}) = -\sum_{i=1}^{r}\sum_{j=1}^{k} p_{ij}\log p_{ij}$ 是 $\mathcal{C}$ 与 $\mathcal{T}$ 的联合熵。条件熵 $H(\mathcal{T}|\mathcal{C})$ 因此度量了给定聚类 $\mathcal{C}$ 的情况下的残余熵。具体而言，$H(\mathcal{T}|\mathcal{C}) = 0$ 当且仅当 $\mathcal{T}$ 完全由 $\mathcal{C}$ 决定（对应于完美聚类）。另一方面，若 $\mathcal{C}$ 和 $\mathcal{T}$ 相互独立，则 $H(\mathcal{T}|\mathcal{C}) = H(\mathcal{T})$，意味着 $\mathcal{C}$ 没有提供任何关于 $\mathcal{T}$ 的信息。

2. 归一化互信息

互信息（mutual information）旨在量化聚类 $\mathcal{C}$ 和分划 $\mathcal{T}$ 之间共享的信息量，定义为：

$$I(\mathcal{C},\mathcal{T}) = \sum_{i=1}^{r}\sum_{j=1}^{k} p_{ij}\log\left(\frac{p_{ij}}{p_{C_i}\cdot p_{T_j}}\right) \tag{17.4}$$

互信息度量了 $\mathcal{C}$ 和 $\mathcal{T}$ 的联合概率 p_{ij} 和期望联合概率 $p_{C_i}\cdot p_{T_j}$（在独立假设下）之间的相关性。若 $\mathcal{C}$ 和 $\mathcal{T}$ 是彼此独立的，则 $p_{ij} = p_{C_i}\cdot p_{T_j}$，因此 $I(\mathcal{C},\mathcal{T}) = 0$。不过，互信息没有上界。

展开公式 (17.4)，可以发现 $I(\mathcal{C},\mathcal{T}) = H(\mathcal{C}) + H(\mathcal{T}) - H(\mathcal{C},\mathcal{T})$。利用公式 (17.3)，可以得到以下两个等价表达式：

$$I(\mathcal{C},\mathcal{T}) = H(\mathcal{T}) - H(\mathcal{T}|\mathcal{C})$$

$$I(\mathcal{C},\mathcal{T}) = H(\mathcal{C}) - H(\mathcal{C}|\mathcal{T})$$

由于 $H(\mathcal{C}|\mathcal{T}) \geqslant 0$ 以及 $H(\mathcal{T}|\mathcal{C}) \geqslant 0$，可得不等式 $I(\mathcal{C},\mathcal{T}) \leqslant H(\mathcal{C})$ 以及 $I(\mathcal{C},\mathcal{T}) \leqslant H(\mathcal{T})$。考虑以下两个比值，可以得到归一化的互信息：$I(\mathcal{C},\mathcal{T})/H(\mathcal{C})$ 和 $I(\mathcal{C},\mathcal{T})/H(\mathcal{T})$，二者均最大值为 1。**归一化互信息**（normalized mutual information，NMI）可以定义为这两个比值的几何平均数：

$$\mathrm{NMI}(\mathcal{C},\mathcal{T}) = \sqrt{\frac{I(\mathcal{C},\mathcal{T})}{H(\mathcal{C})}\cdot\frac{I(\mathcal{C},\mathcal{T})}{H(\mathcal{T})}} = \frac{I(\mathcal{C},\mathcal{T})}{\sqrt{H(\mathcal{C})\cdot H(\mathcal{T})}}$$

NMI 的取值范围是 $[0,1]$。接近 1 的值表示一个比较好的聚类。

3. 信息差异

这一指标是基于聚类 $\mathcal{C}$ 和真实值分划 $\mathcal{T}$ 的互信息及它们的熵，定义如下：

$$\begin{aligned}\text{VI}(\mathcal{C},\mathcal{T}) &= (H(\mathcal{T}) - I(\mathcal{C},\mathcal{T}) + (H(\mathcal{C}) - I(\mathcal{C},\mathcal{T})) \\ &= H(\mathcal{T}) + H(\mathcal{C}) - 2I(\mathcal{C},\mathcal{T})\end{aligned} \tag{17.5}$$

信息差异（VI）值为 0，当且仅当 $\mathcal{C}$ 与 $\mathcal{T}$ 相同。因此，VI 值越小，聚类 $\mathcal{C}$ 就越好。

利用等式 $I(\mathcal{C},\mathcal{T}) = H(\mathcal{T}) - H(\mathcal{T}|\mathcal{C}) = H(\mathcal{C}) - H(\mathcal{C}|\mathcal{T})$，可以将公式 (17.5) 表达为：

$$\text{VI}(\mathcal{C},\mathcal{T}) = H(\mathcal{T}|\mathcal{C}) + H(\mathcal{C}|\mathcal{T})$$

最后，注意 $H(\mathcal{T}|\mathcal{C}) = H(\mathcal{T}|\mathcal{C}) - H(\mathcal{C})$，VI 的另一个表达为：

$$\text{VI}(\mathcal{C},\mathcal{T}) = 2H(\mathcal{T}|\mathcal{C}) - H(\mathcal{T}) - H(\mathcal{C})$$

例 17.2　继续来看例 17.1，其中比较了图 17-1 所示的两个聚类。对于基于熵的度量，使用 2 作为对数的底；这里的公式对于任意的底都是有效的。

图 17-1a 中的聚类的列联表如下所示：

	iris-setosa T_1	iris-versicolor T_2	iris-virginica T_3	n_i
C_1	0	47	14	61
C_2	50	0	0	50
C_3	0	3	36	39
m_j	50	50	50	$n=150$

考虑簇 C_1 的条件熵：

$$\begin{aligned}H(\mathcal{T}|C_1) &= -\frac{0}{61}\log_2\left(\frac{0}{61}\right) - \frac{47}{61}\log_2\left(\frac{47}{61}\right) - \frac{14}{61}\log_2\left(\frac{14}{61}\right) \\ &= -0 - 0.77\log_2(0.77) - 0.23\log_2(0.23) = 0.29 + 0.49 = 0.78\end{aligned}$$

我们可以用类似方法得到 $H(\mathcal{T}|C_2) = 0$ 和 $H(\mathcal{T}|C_3) = 0.39$。聚类 $\mathcal{C}$ 的条件熵因此为：

$$H(\mathcal{T}|\mathcal{C}) = \frac{61}{150}\cdot 0.78 + \frac{50}{150}\cdot 0 + \frac{39}{150}\cdot 0.39 = 0.32 + 0 + 0.10 = 0.42$$

为计算归一化互信息，注意：

$$\begin{aligned}H(\mathcal{T}) &= -3\left(\frac{50}{150}\log_2\left(\frac{50}{150}\right)\right) = 1.585 \\ H(\mathcal{C}) &= -\left(\frac{61}{150}\log_2\left(\frac{61}{150}\right) + \frac{50}{150}\log_2\left(\frac{50}{150}\right) + \frac{39}{150}\log_2\left(\frac{39}{150}\right)\right) \\ &= 0.528 + 0.528 + 0.505 = 1.561\end{aligned}$$

$$I(\mathcal{C},\mathcal{T}) = \frac{47}{150}\log_2\left(\frac{47\cdot150}{61\cdot50}\right) + \frac{14}{150}\log_2\left(\frac{14\cdot150}{61\cdot50}\right) + \frac{50}{150}\log_2\left(\frac{50\cdot150}{50\cdot50}\right)$$
$$+ \frac{3}{150}\log_2\left(\frac{3\cdot150}{39\cdot50}\right) + \frac{36}{150}\log_2\left(\frac{36\cdot150}{39\cdot50}\right)$$
$$= 0.379 - 0.05 + 0.528 - 0.042 + 0.353 = 1.167$$

因此，NMI 和 VI 的值分别为：

$$\text{NMI}(\mathcal{C},\mathcal{T}) = \frac{I(\mathcal{C},\mathcal{T})}{\sqrt{H(\mathcal{T})\cdot H(\mathcal{C})}} = \frac{1.167}{\sqrt{1.585\times1.561}} = 0.742$$

$$\text{VI}(\mathcal{C},\mathcal{T}) = H(\mathcal{T}) + H(\mathcal{C}) - 2I(\mathcal{C},\mathcal{T}) = 1.585 + 1.561 - 2\cdot1.167 = 0.812$$

同样可以计算图 17-1b 中的聚类的度量，该聚类的列联表如例 17.1 所示。

下表比较了图 17-1 中的两个聚类的基于熵的度量。

	$H(\mathcal{T}\|\mathcal{C})$	NMI	VI
(a) 好	0.418	0.742	0.812
(b) 差	0.743	0.587	1.200

不出所料，图 17-1a 中较好的聚类具有较高的归一互信息值，以及较小的条件熵和信息差异值。

17.1.3 成对度量

给定聚类 $\mathcal{C}$ 和真实值分划 $\mathcal{T}$，成对度量利用划分和簇标签信息对所有点对进行分析。令 $\boldsymbol{x}_i, \boldsymbol{x}_j \in \boldsymbol{D}$ 为任意两个不同的点（$i \neq j$）。对于点 $\boldsymbol{x}_i$，令 y_i 代表真实的划分标签，$\hat{y}_i$ 表示簇标签。如果 $\boldsymbol{x}_i$ 和 $\boldsymbol{x}_j$ 属于同一个分簇，即 $\hat{y}_i = \hat{y}_j$，则称为正事件（positive event），若它们不属于同一个分簇，则称为负事件（negative event）。根据分簇标签和划分标签是否相同，有如下 4 种可能。

- **真阳性**（true positive，TP）：$\boldsymbol{x}_i$ 和 $\boldsymbol{x}_j$ 属于 $\mathcal{T}$ 中的同一个划分，且属于 $\mathcal{C}$ 中的同一个分簇。这是真阳性点对，因为正事件 $\hat{y}_i = \hat{y}_j$ 对应于真实值 $y_i = y_j$。真阳性点对的数目为：

$$\text{TP} = |\{(\boldsymbol{x}_i,\boldsymbol{x}_j) : y_i = y_j \text{且} \hat{y}_i = \hat{y}_j\}|$$

- **假阴性**（false negative，FN）：$\boldsymbol{x}_i$ 和 $\boldsymbol{x}_j$ 属于 $\mathcal{T}$ 中的同一个划分，但不属于 $\mathcal{C}$ 中的同一个分簇。这样的话，负事件 $\hat{y}_i \neq \hat{y}_j$ 与真实值 $y_i = y_j$ 不相应，因此为假阴性点对，所有假阴性点对的数目为：

$$\text{FN} = |\{(\boldsymbol{x}_i,\boldsymbol{x}_j) : y_i = y_j \text{且} \hat{y}_i \neq \hat{y}_j\}|$$

- **假阳性**（false positive，FP）：$\boldsymbol{x}_i$ 和 $\boldsymbol{x}_j$ 不属于 $\mathcal{T}$ 中的同一个划分，但属于 $\mathcal{C}$ 中的同一个分簇。这是假阳性点对，因为正事件 $\hat{y}_i = \hat{y}_j$ 事实上是不成立的，与真实值分划不符，即真实值 $y_i \neq y_j$。假阳性点对的数目为：

$$\text{FP} = |\{(\boldsymbol{x}_i,\boldsymbol{x}_j) : y_i \neq y_j \text{且} \hat{y}_i = \hat{y}_j\}|$$

- **真阴性**（true negative，TN）：$\boldsymbol{x}_i$ 和 $\boldsymbol{x}_j$ 既不属于 $\mathcal{T}$ 中的同一个划分，也不属于 $\mathcal{C}$ 中的同一个分簇。这是真阳性点对，$\hat{y}_i \neq \hat{y}_j$ 且 $y_i \neq y_j$。真阴性点对的数目为：

$$\text{TN} = |\{(\boldsymbol{x}_i, \boldsymbol{x}_j) : y_i \neq y_j \text{且} \hat{y}_i \neq \hat{y}_j\}|$$

由于一共有 $N = \binom{n}{2} = \frac{n(n-1)}{2}$ 对点，可得如下等式：

$$N = \text{TP} + \text{FN} + \text{FP} + \text{TN} \tag{17.6}$$

以上 4 种情况的朴素计算需要 $O(n^2)$ 的时间。不过，可以通过列联表 $\boldsymbol{N} = \{n_{ij}\}$ 更高效地进行计算，其中 $1 \leqslant i \leqslant r$ 且 $1 \leqslant j \leqslant k$。真阳性点对的数目为：

$$\begin{aligned}\text{TP} &= \sum_{i=1}^{r}\sum_{j=1}^{k}\binom{n_{ij}}{2} = \sum_{i=1}^{r}\sum_{j=1}^{k}\frac{n_{ij}(n_{ij}-1)}{2} = \frac{1}{2}\left(\sum_{i=1}^{r}\sum_{j=1}^{k}n_{ij}^2 - \sum_{i=1}^{r}\sum_{j=1}^{k}n_{ij}\right) \\ &= \frac{1}{2}\left(\left(\sum_{i=1}^{r}\sum_{j=1}^{k}n_{ij}^2\right) - n\right)\end{aligned} \tag{17.7}$$

这是因为 n_{ij} 中的每一对点都有相同的分簇标签 (i) 和相同的划分标签 (j)。最后一步的根据是列联表的所有项加起来等于 n，即 $\sum_{i=1}^{r}\sum_{j=1}^{k}n_{ij} = n$。

为计算假阴性点对的总数目，用有相同划分标签的点对数目减去真阳性的数目。由于两个属于同一划分的点 $\boldsymbol{x}_i$ 和 $\boldsymbol{x}_j$ 满足 $y_i = y_j$，若剔除真阳性（即 $\hat{y}_i = \hat{y}_j$）的点对，则留下假阴性（即 $\hat{y}_i \neq \hat{y}_j$）的点对。因此，可得：

$$\begin{aligned}\text{FN} &= \sum_{j=1}^{k}\binom{m_j}{2} - \text{TP} = \frac{1}{2}\left(\sum_{j=1}^{k}m_j^2 - \sum_{j=1}^{k}m_j - \sum_{i=1}^{r}\sum_{j=1}^{k}n_{ij}^2 + n\right) \\ &= \frac{1}{2}\left(\sum_{j=1}^{k}m_j^2 - \sum_{i=1}^{r}\sum_{j=1}^{k}n_{ij}^2\right)\end{aligned} \tag{17.8}$$

最后一步的依据是 $\sum_{j=1}^{k}m_j = n$。

假阳性点对的数目可以类似地通过在同一簇中的点对的数量减去真阳性点对的数量来得到：

$$\text{FP} = \sum_{i=1}^{r}\binom{n_i}{2} - \text{TP} = \frac{1}{2}\left(\sum_{i=1}^{r}n_i^2 - \sum_{i=1}^{r}\sum_{j=1}^{k}n_{ij}^2\right) \tag{17.9}$$

最后，真阴性点对的数目可以通过公式 (17.6) 得到：

$$\text{TN} = N - (\text{TP} + \text{FN} + \text{FP}) = \frac{1}{2}\left(n^2 - \sum_{i=1}^{r}n_i^2 - \sum_{j=1}^{k}m_j^2 + \sum_{i=1}^{r}\sum_{j=1}^{k}n_{ij}^2\right) \tag{17.10}$$

以上 4 个值中的每一个都可以在 $O(rk)$ 的时间内计算出来。由于列联表可在线性时间内获得，计算 4 个值的总时间为 $O(n + rk)$，要好于朴素的 $O(n^2)$ 的边界。接下来考虑基于这 4 个值的成对评估度量。

1. Jaccard 系数

Jaccard 系数度量了真阳性点对的比例（不考虑真阴性点对）。定义如下：

$$\text{Jaccard} = \frac{\text{TP}}{\text{TP} + \text{FN} + \text{FP}} \tag{17.11}$$

对于完美聚类 $\mathcal{C}$（即与分划 $\mathcal{T}$ 完全符合），Jaccard 系数的值为 1，因为在此种情况之下既没有假阳性也没有假阴性。Jaccard 系数关于真阳性和真阴性是不对称的，因为它不考虑真阴性。换句话说，它强调既属于聚类又在真实值分划中出现的点对的相似性，但它会忽略互不相干的点对。

2. Rand 统计量

Rand 统计量度量了所有点对中真阳性和真阴性的比例，定义为：

$$\text{Rand} = \frac{\text{TP} + \text{TN}}{N} \tag{17.12}$$

Rand 统计量是对称的，它度量了 $\mathcal{C}$ 和 $\mathcal{T}$ 相符的点对的比例。完美聚类情况下它的值为 1。

3. Fowlkes-Mallows 度量

定义一个聚类 $\mathcal{C}$ 的*成对精度*（pairwise precision）和*成对召回*（pairwise recall）如下：

$$\text{prec} = \frac{\text{TP}}{\text{TP} + \text{FP}} \qquad \text{recall} = \frac{\text{TP}}{\text{TP} + \text{FN}}$$

精度衡量了正确聚类的点对占同一个簇中所有点对的比例。另一方面，召回衡量了正确标记的点对占同一个划分中所有点对的比例。

Fowlkes-Mallows 度量（FM 度量）定义为成对精度和召回的几何平均数：

$$\text{FM} = \sqrt{\text{prec} \cdot \text{recall}} = \frac{\text{TP}}{\sqrt{(\text{TP} + \text{FN})(\text{TP} + \text{FP})}} \tag{17.13}$$

FM 度量关于真阳性和真阴性是不对称的，因为它不考虑真阴性。它的最大值也为 1，在没有假阳性、没有假阴性的时候取到。

例 17.3 继续来看例 17.1。考虑图 17-1a 中的聚类对应的列联表：

	iris-setosa T_1	iris-versicolor T_2	iris-virginica T_3
C_1	0	47	14
C_2	50	0	0
C_3	0	3	36

使用公式 (17.7)，可以得到真阳性点对的数目如下：

$$\begin{aligned}\text{TP} =& \binom{47}{2} + \binom{14}{2} + \binom{50}{2} + \binom{3}{2} + \binom{36}{2} \\ =& 1081 + 91 + 1225 + 3 + 630 = 3030\end{aligned}$$

使用公式 (17.8)、公式 (17.9) 和公式 (17.10)，得到：

$$\mathrm{FN} = 645 \qquad \mathrm{FP} = 766 \qquad \mathrm{TN} = 6734$$

注意一共有 $N = \binom{150}{2} = 11175$ 个点对。

现在可以计算用于聚类评估的不同成对度量。Jaccard 系数 [公式 (17.11)]、Rand 统计量 [公式 (17.12)] 和 FM 度量 [公式 (17.13)] 分别给出如下：

$$\mathrm{Jaccard} = \frac{3030}{3030+645+766} = \frac{3030}{4441} = 0.68$$

$$\mathrm{Rand} = \frac{3030+6734}{11175} = \frac{9764}{11175} = 0.87$$

$$\mathrm{FM} = \frac{3030}{\sqrt{3675 \cdot 3796}} = \frac{3030}{3735} = 0.81$$

使用例 17.1 中图 17-1b 的聚类的列联表，可以得到：

$$\mathrm{TP} = 2891 \qquad \mathrm{FN} = 784 \qquad \mathrm{FP} = 2380 \qquad \mathrm{TN} = 5120$$

下表比较了图 17-1 中两个聚类的基于列联表的不同度量值。

	Jaccard	Rand	FM
(a)好	0.682	0.873	0.811
(b)差	0.477	0.717	0.657

正如所料，图 17-1a 中的聚类的 3 种度量值都更高。

17.1.4　关联度量

令 $\boldsymbol{X}$ 和 $\boldsymbol{Y}$ 为两个对称 $n \times n$ 矩阵，且 $N = \binom{n}{2}$。令 $\boldsymbol{x}, \boldsymbol{y} \in \mathbb{R}^N$ 分别代表对 $\boldsymbol{X}$ 和 $\boldsymbol{Y}$ 的上三角元素（不包括主对角线元素）通过线性化得到的向量。令 μ_X 代表 $\boldsymbol{x}$ 的逐元素均值，定义为：

$$\mu_X = \frac{1}{N} \sum_{i=1}^{n-1} \sum_{j=i+1}^{n} \boldsymbol{X}(i,j) = \frac{1}{N} \boldsymbol{x}^{\mathrm{T}} \boldsymbol{x}$$

令 $\boldsymbol{z}_x$ 代表居中的 $\boldsymbol{x}$ 向量，定义为：

$$\boldsymbol{z}_x = \boldsymbol{x} - \mathbf{1} \cdot \mu_X$$

其中 $\mathbf{1} \in R^N$ 是全 1 向量。同样，令 μ_Y 代表 $\boldsymbol{y}$ 的逐元素均值，$\boldsymbol{z}_y$ 为居中的 $\boldsymbol{y}$ 向量。

Hubert 统计量定义为 $\boldsymbol{X}$ 和 $\boldsymbol{Y}$ 的平均逐元素乘积：

$$\Gamma = \frac{1}{N} \sum_{i=1}^{n-1} \sum_{j=i+1}^{n} \boldsymbol{X}(i,j) \cdot \boldsymbol{Y}(i,j) = \frac{1}{N} \boldsymbol{x}^{\mathrm{T}} \boldsymbol{y} \tag{17.14}$$

归一化 Hubert 统计量定义为 $\boldsymbol{X}$ 和 $\boldsymbol{Y}$ 的逐元素相关度：

$$\Gamma_n = \frac{\sum_{i=1}^{n-1} \sum_{j=i+1}^{n} (\boldsymbol{X}(i,j) - \mu_X)(\boldsymbol{Y}(i,j) - \mu_Y)}{\sqrt{\sum_{i=1}^{n-1} \sum_{j=i+1}^{n} (\boldsymbol{X}(i,j) - \mu_X)^2 \quad \sum_{i=1}^{n-1} \sum_{j=i+1}^{n} (\boldsymbol{Y}[i] - \mu_Y)^2}} = \frac{\sigma_{XY}}{\sqrt{\sigma_X^2 \sigma_Y^2}}$$

其中 σ_X^2 和 σ_Y^2 是向量 $\boldsymbol{x}$ 和 $\boldsymbol{y}$ 的方差，σ_{XY} 是协方差，定义为：

$$\sigma_X^2 = \frac{1}{N}\sum_{i=1}^{n-1}\sum_{j=i+1}^{n}(\boldsymbol{X}(i,j)-\mu_X)^2 = \frac{1}{N}\boldsymbol{z}_x^{\mathrm{T}}\boldsymbol{z}_x = \frac{1}{N}\|\boldsymbol{z}_x\|^2$$

$$\sigma_Y^2 = \frac{1}{N}\sum_{i=1}^{n-1}\sum_{j=i+1}^{n}(\boldsymbol{Y}(i,j)-\mu_Y)^2 = \frac{1}{N}\boldsymbol{z}_y^{\mathrm{T}}\boldsymbol{z}_y = \frac{1}{N}\|\boldsymbol{z}_y\|^2$$

$$\sigma_{XY} = \frac{1}{N}\sum_{i=1}^{n-1}\sum_{j=i+1}^{n}(\boldsymbol{X}(i,j)-\mu_X)(\boldsymbol{Y}(i,j)-\mu_Y) = \frac{1}{N}\boldsymbol{z}_x^{\mathrm{T}}\boldsymbol{z}_y$$

因此，归一化 Hubert 统计量可以重写为：

$$\Gamma_n = \frac{\boldsymbol{z}_x^{\mathrm{T}}\boldsymbol{z}_y}{\|\boldsymbol{z}_x\|\cdot\|\boldsymbol{z}_y\|} = \cos\theta \tag{17.15}$$

其中 θ 是两个居中向量 $\boldsymbol{z}_x$ 和 $\boldsymbol{z}_y$ 之间的夹角。综上，可得 Γ_n 的取值范围为 $[-1,+1]$。

当 $\boldsymbol{X}$ 和 $\boldsymbol{Y}$ 为任意的 $n\times n$ 的矩阵时，可以修改上述表达式，使它们的取值范围为两个矩阵的全部 n^2 个元素。若选择合适的矩阵 $\boldsymbol{X}$ 和 $\boldsymbol{Y}$，则归一化 Hubert 统计量可以用作一个外部评估度量，下面将会讨论。

1. **离散 Hubert 统计量**

令 $\boldsymbol{T}$ 和 $\boldsymbol{C}$ 为 $n\times n$ 的矩阵，定义如下：

$$\boldsymbol{T}(i,j) = \begin{cases}1 & y_i = y_j,\ i\neq j\\ 0 & \text{其他情况}\end{cases} \qquad \boldsymbol{C}(i,j) = \begin{cases}1 & \hat{y}_i = \hat{y}_j,\ i\neq j\\ 0 & \text{其他情况}\end{cases}$$

同时，令 $\boldsymbol{t},\boldsymbol{c}\in\mathbb{R}^N$ 分别表示由 $\boldsymbol{T}$ 和 $\boldsymbol{C}$ 的上三角元素（不包括对角线元素）构成的 N 维向量，其中 $N=\binom{n}{2}$ 代表不同的点对的数目。最后，令 $\boldsymbol{z}_t$ 和 $\boldsymbol{z}_c$ 代表居中的 $\boldsymbol{t}$ 向量和 $\boldsymbol{c}$ 向量。

离散 Hubert 统计量可以利用公式 (17.14)（令 $\boldsymbol{x}=\boldsymbol{t}$，$\boldsymbol{y}=\boldsymbol{c}$）计算得到：

$$\Gamma = \frac{1}{N}\boldsymbol{t}^{\mathrm{T}}\boldsymbol{c} = \frac{\mathrm{TP}}{N} \tag{17.16}$$

其中 $\boldsymbol{t}$ 的第 i 个元素只有在第 i 对点属于同一划分的时候才为 1；同样，$\boldsymbol{c}$ 的第 i 个元素只有在第 i 对点属于同一分簇的时候才为 1。因此，点乘 $\boldsymbol{t}^{\mathrm{T}}\boldsymbol{c}$ 即真阳性点对的数目，Γ 的值等于真阳性点对的比例。如此一来，聚类 $\mathcal{C}$ 和真实值分划 $\mathcal{T}$ 的符合度越高，Γ 值就越大。

2. **归一离散 Hubert 统计量**

离散 Hubert 统计量的归一化版本即 $\boldsymbol{t}$ 和 $\boldsymbol{c}$ 之间的相关度 [公式 (17.15)]：

$$\Gamma_n = \frac{\boldsymbol{z}_t^{\mathrm{T}}\boldsymbol{z}_c}{\|\boldsymbol{z}_t\|\|\boldsymbol{z}_c\|} = \cos\theta \tag{17.17}$$

注意 $\mu_T = \frac{1}{N}\boldsymbol{t}^{\mathrm{T}}\boldsymbol{t}$ 是属于同一划分（$y_i = y_j$）的点对的比例，不论 $\hat{y}_i$ 与 $\hat{y}_j$ 是否匹配。因此，可得：

$$\mu_T = \frac{\boldsymbol{t}^{\mathrm{T}}\boldsymbol{t}}{N} = \frac{\mathrm{TP}+\mathrm{FN}}{N}$$

与之类似，$\mu_C=\frac{1}{N}\boldsymbol{c}^{\mathrm{T}}\boldsymbol{c}$ 是属于同一分簇（$\hat{y}_i=\hat{y}_j$）的点对的比例，不论 y_i 与 y_j 是否匹配，因此：

$$\mu_C=\frac{\boldsymbol{c}^{\mathrm{T}}\boldsymbol{c}}{N}=\frac{\mathrm{TP}+\mathrm{FP}}{N}$$

将这些代入公式 (17.17) 的分子，可得：

$$\begin{aligned}\boldsymbol{z}_t^{\mathrm{T}}\boldsymbol{z}_c&=(\boldsymbol{t}-\mathbf{1}\cdot\mu_T)^{\mathrm{T}}(\boldsymbol{c}-\mathbf{1}\cdot\mu_C)\\&=\boldsymbol{t}^{\mathrm{T}}\boldsymbol{c}-\mu_C\boldsymbol{t}^{\mathrm{T}}\mathbf{1}-\mu_T\boldsymbol{c}^{\mathrm{T}}\mathbf{1}+\mathbf{1}^{\mathrm{T}}\mathbf{1}\mu_T\mu_C\\&=\boldsymbol{t}^{\mathrm{T}}\boldsymbol{c}-N\mu_C\mu_T-N\mu_T\mu_C+N\mu_T\mu_C\\&=\boldsymbol{t}^{\mathrm{T}}\boldsymbol{c}-N\mu_T\mu_C\\&=\mathrm{TP}-N\mu_T\mu_C\end{aligned}\tag{17.18}$$

其中 $\mathbf{1}\in\mathbb{R}^N$ 是全 1 向量。这里也利用了等式 $\boldsymbol{t}^{\mathrm{T}}\mathbf{1}=\boldsymbol{t}^{\mathrm{T}}\boldsymbol{t}$ 和 $\boldsymbol{c}^{\mathrm{T}}\mathbf{1}=\boldsymbol{c}^{\mathrm{T}}\boldsymbol{c}$。同理，可得：

$$\|\boldsymbol{z}_t\|^2=\boldsymbol{z}_t^{\mathrm{T}}\boldsymbol{z}_t=\boldsymbol{t}^{\mathrm{T}}\boldsymbol{t}-N\mu_T^2=N\mu_t-N\mu_t^2=N\mu_T(1-\mu_T)\tag{17.19}$$

$$\|\boldsymbol{z}_c\|^2=\boldsymbol{z}_c^{\mathrm{T}}\boldsymbol{z}_c=\boldsymbol{c}^{\mathrm{T}}\boldsymbol{c}-N\mu_C^2=N\mu_C-N\mu_C^2=N\mu_C(1-\mu_C)\tag{17.20}$$

将公式 (17.18)、公式 (17.19) 和公式 (17.20) 代入公式 (17.17)，归一化离散 Hubert 统计量可以写为：

$$\Gamma_n=\frac{\frac{\mathrm{TP}}{N}-\mu_T\mu_C}{\sqrt{\mu_T\mu_C(1-\mu_T)(1-\mu_C)}}\tag{17.21}$$

由于 $\mu_T=\frac{\mathrm{TP}+\mathrm{FN}}{N}$ 且 $\mu_C=\frac{\mathrm{TP}+\mathrm{FP}}{N}$，归一化 Γ_n 统计量可以只用 TP、FN 和 FP 的值计算出来。最大值 $\Gamma_n=+1$ 在没有假阳性和假阴性的时候取到，即 FN = FP = 0。最小值 $\Gamma_n=-1$ 在没有真阳性和真阴性的时候取到，即 TP = TN = 0。

例 17.4　继续例 17.3，对于图 17-1a 中的较好聚类，我们有：

$$\mathrm{TP}=3030\quad\mathrm{FN}=645\quad\mathrm{FP}=766\quad\mathrm{TN}=6734$$

根据这些值，可以得到：

$$\mu_T=\frac{\mathrm{TP}+\mathrm{FN}}{N}=\frac{3675}{11175}=0.33$$

$$\mu_C=\frac{\mathrm{TP}+\mathrm{FP}}{N}=\frac{3796}{11175}=0.34$$

根据公式 (17.16) 和公式 (17.21)，Hubert 统计量的值为：

$$\Gamma=\frac{3030}{11175}=0.271$$

$$\Gamma_n=\frac{0.27-0.33\cdot0.34}{\sqrt{0.33\cdot0.34\cdot(1-0.33)\cdot(1-0.34)}}=\frac{0.159}{0.222}=0.717$$

对于图 17-1 中的较差的聚类，我们有：

$$\mathrm{TP}=2891\quad\mathrm{FN}=784\quad\mathrm{FP}=2380\quad\mathrm{TN}=5120$$

离散 Hubert 统计量的值为：

$$\Gamma = 0.258 \qquad \Gamma_n = 0.442$$

可以观察到，好的聚类有更高的值，而归一化后的值有更高的辨识度，即好的聚类比差的聚类有更高的 Γ_n 值，但它们 Γ 的差别并不是那么明显。

17.2 内部度量

内部评估度量不依赖于真实值分划，这种情况常见于对一个给定数据集进行聚类的时候。为评估聚类的质量，内部度量需要利用分簇内的相似度或紧凑度，以及分簇间的分离度，在最大化这两个目标的时候通常需要进行权衡。内部度量基于 $n \times n$ 的**距离矩阵**，通常也称为**近似度矩阵**（proximity matrix）。这一矩阵是关于所有的 n 个点每一对之间的距离的：

$$\boldsymbol{W} = \left\{\delta(\boldsymbol{x}_i, \boldsymbol{x}_j)\right\}_{i,j=1}^{n} \tag{17.22}$$

其中

$$\delta(\boldsymbol{x}_i, \boldsymbol{x}_j) = \|\boldsymbol{x}_i - \boldsymbol{x}_j\|_2$$

是 $\boldsymbol{x}_i, \boldsymbol{x}_j \in \boldsymbol{D}$ 之间的欧几里得距离（也可以使用其他类型的距离）。$\boldsymbol{W}$ 是对称的，因此 $\delta(\boldsymbol{x}_i, \boldsymbol{x}_i) = 0$；通常，在内部度量中，只使用 $\boldsymbol{W}$ 的上三角元素（不包括对角线元素）。

近似度矩阵 $\boldsymbol{W}$ 可看作 n 个点上的带权完全图 G 的邻接矩阵，其中顶点为 $V = \{\boldsymbol{x}_i | \boldsymbol{x}_i \in \boldsymbol{D}\}$，边为 $E = \{(\boldsymbol{x}_i, \boldsymbol{x}_j) | \boldsymbol{x}_i, \boldsymbol{x}_j \in \boldsymbol{D}\}$，边权值 $w_{ij} = \boldsymbol{W}(i, j)$（$\boldsymbol{x}_i, \boldsymbol{x}_j \in \boldsymbol{D}$）。因此，内部评估度量和第 16 章所讨论的图聚类目标有着密切的联系。

对于内部度量，假设我们无法获得一个真实值分划。相反，给定的是一个聚类 $\mathcal{C} = \{C_1, \cdots, C_k\}$，该聚类由 $r = k$ 个分簇构成，其中分簇 C_i 包含 $n_i = |C_i|$ 个点。令 $\hat{y}_i \in \{1, 2, \cdots, k\}$ 代表点 $\boldsymbol{x}_i$ 的簇标签。聚类 $\mathcal{C}$ 可以看作 G 中的一个 k-路割，因为 $C_i \neq \varnothing$（对于所有 i）、$C_i \cap C_j = \varnothing$（对于所有 i 和 j）以及 $\cup_i C_i = V$。给定任意子集 $S, R \subset V$，定义 $W(S, R)$ 为一个顶点在 S 中，另一个顶点在 R 中的所有的边的权值之和，即：

$$W(S, R) = \sum_{\boldsymbol{x}_i \in S} \sum_{\boldsymbol{x}_j \in R} w_{ij}$$

同样，给定 $S \subseteq V$，用 $\bar{S}$ 表示顶点的补集，即 $\bar{S} = V - S$。

内部度量通常是关于簇间和簇内的权值的各种函数。尤其要注意的是，所有分簇的簇内权值之和为：

$$W_{in} = \frac{1}{2} \sum_{i=1}^{k} W(C_i, C_i) \tag{17.23}$$

这里除以 2 是因为每个 C_i 内的边都在求和部分计算了两次。同时，簇间权值之和为：

$$W_{out} = \frac{1}{2} \sum_{i=1}^{k} W(C_i, \overline{C}_i) = \sum_{i=1}^{k-1} \sum_{j>i} W(C_i, C_i) \tag{17.24}$$

同理，这里也除以 2，因为每个边在簇间求和部分计算了两次。不同的簇内边及簇间边的数目，分别表示为 N_{in} 和 N_{out}，定义如下：

$$N_{in} = \sum_{i=1}^{k} \binom{n_i}{2} = \frac{1}{2} \sum_{i=1}^{k} n_i(n_i - 1)$$

$$N_{out} = \sum_{i=1}^{k-1} \sum_{j=i+1}^{k} n_i \cdot n_j = \frac{1}{2} \sum_{i=1}^{k} \sum_{\substack{j=1 \\ j \neq i}}^{k} n_i \cdot n_j$$

注意，不同的点对的总数 N 满足如下等式：

$$N = N_{in} + N_{out} = \binom{n}{2} = \frac{1}{2} n(n-1)$$

例 17.5 图 17-2 给出了与图 17-1 中两个 K-means 聚类对应的图。这里每一个顶点对应于一个点 $\boldsymbol{x}_i \in \boldsymbol{D}$，每一对点之间都存在一条边 $(\boldsymbol{x}_i, \boldsymbol{x}_j)$。这里仅仅显示簇内边（忽略簇间边），以避免杂乱。由于内部度量没有真实值标签作为参考，一个聚类的好坏是通过簇间和簇内统计量来衡量的。

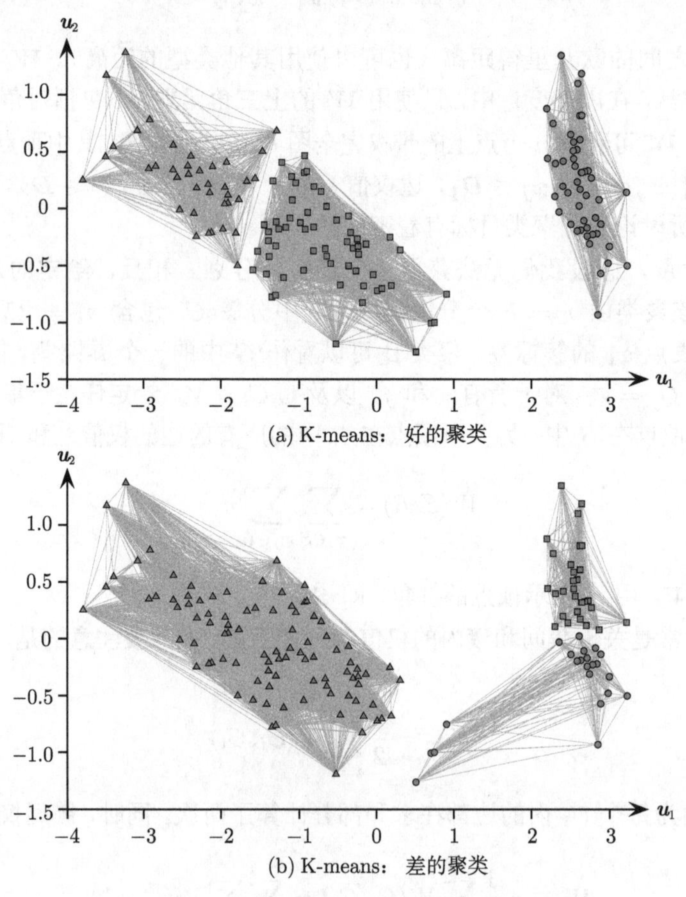

图 17-2 聚类图示：鸢尾花数据集

1. BetaCV 度量

BetaCV 度量是簇内距离均值与簇间距离均值的比值：

$$\text{BetaCV} = \frac{W_{in}/N_{in}}{W_{out}/N_{out}} = \frac{N_{out}}{N_{in}} \cdot \frac{W_{in}}{W_{out}} = \frac{N_{out} \sum_{i=1}^{k} W(C_i, C_i)}{N_{in} \sum_{i=1}^{k} W(C_i, \overline{C}_i)}$$

BetaCV 值越小，聚类的效果就越好，因为它表示簇内距离平均要小于簇间距离。

2. 一致性指标

令 $W_{\min}(N_{in})$ 表示近似度矩阵 $\boldsymbol{W}$ 中最小的 N_{in} 个距离的和，其中 N_{in} 是簇内边（或点对）的总数目。令 $W_{\max}(N_{in})$ 为 $\boldsymbol{W}$ 中最大的 N_{in} 个距离的和。

一致性指标度量了聚类在 k 个分簇中将 N_{in} 个最近的点聚集在一起的程度。定义如下：

$$\text{Cindex} = \frac{W_{in} - W_{\min}(N_{in})}{W_{\max}(N_{in}) - W_{\min}(N_{in})}$$

其中 W_{in} 为所有簇内距离之和 [公式 (17.23)]。一致性指标的取值范围是 [0,1]。一致性指标值越小，聚类效果越好，因为它表示簇内（而非簇间）距离较小的紧凑分簇。

3. 归一化割度量

关于图聚类的归一化割目标 [公式 (16.17)] 也可以用作一种聚类的内部评估度量：

$$\text{NC} = \sum_{i=1}^{k} \frac{W(C_i, \overline{C}_i)}{\text{vol}(C_i)} = \sum_{i=1}^{k} \frac{W(C_i, \overline{C}_i)}{W(C_i, V)}$$

其中 $\text{vol}(C_i) = W(C_i, V)$ 是分簇 C_i 的体积，即所有至少有一个端点在该分簇内的边的总权值。但我们使用的是近似度矩阵或距离矩阵 $\boldsymbol{W}$ 而不是相似度矩阵 $\boldsymbol{A}$，因此归一化割值越高越好。

为说明这一点，我们利用观察到的事实 $W(C_i, V) = W(C_i, C_i) + W(C_i, \overline{C}_i)$，得到：

$$\text{NC} = \sum_{i=1}^{k} \frac{W(C_i, \overline{C}_i)}{W(C_i, C_i) + W(C_i, \overline{C}_i)} = \sum_{i=1}^{k} \frac{1}{\frac{W(C_i, C_i)}{W(C_i, \overline{C}_i)} + 1}$$

可以看到，当所有 k 个 $\frac{W(C_i, C_i)}{W(C_i, \overline{C}_i)}$ 尽可能小的时候（即簇内距离远小于簇间距离的时候，也就是聚类效果比较好的时候），NC 的值最大。NC 的最大可能值是 k。

4. 模块度

图聚类的模块度目标 [公式 (16.26)] 也可以用作聚类的内部度量：

$$Q = \sum_{i=1}^{k} \left(\frac{W(C_i, C_i)}{W(V, V)} - \left(\frac{W(C_i, V)}{W(V, V)} \right)^2 \right)$$

其中：

$$W(V, V) = \sum_{i=1}^{k} W(C_i, V)$$

$$
\begin{aligned}
&= \sum_{i=1}^{k} W(C_i, C_i) + \sum_{i=1}^{k} W(C_i, \overline{C}_i) \\
&= 2(W_{in} + W_{out})
\end{aligned}
$$

上式最后一步是从公式 (17.23) 和公式 (17.24) 得来的。模块度度量了簇内边的权值实际观察到的比例和期望比例之间的差距。由于使用的是距离矩阵，模块度越小，聚类质量就越高，即簇内距离要小于预期。

5. Dunn 指标

Dunn 指标定义为来自不同簇的点对的最小距离与来自同一分簇的点对的最大距离之间的比值，即：

$$
\text{Dunn} = \frac{W_{out}^{\min}}{W_{in}^{\max}}
$$

其中 $W_{out}^{\min}$ 是最小簇间距离：

$$
W_{out}^{\min} = \min_{i,j>i} \{ w_{ab} | \boldsymbol{x}_a \in C_i, \boldsymbol{x}_b \in C_j \}
$$

$W_{in}^{\max}$ 是最大簇内距离：

$$
W_{in}^{\max} = \max_{i} \{ w_{ab} | \boldsymbol{x}_a, \boldsymbol{x}_b \in C_i \}
$$

Dunn 指标越高，聚类效果就越好，因为这意味着不同簇的点间的最小距离也要远远大于同一分簇内的点间的最大距离。然而，Dunn 指标不太敏感，因为最小簇间距离和最大簇内距离并没有涵盖一个聚类的所有信息。

6. Davies-Bouldin 指标

令 μ_i 表示簇均值，给出如下：

$$
\mu_i = \frac{1}{n_i} \sum_{\boldsymbol{x}_j \in C_i} \boldsymbol{x}_j \tag{17.25}
$$

此外，令 σ_{μ_i} 表示围绕簇均值的点的离散程度，表示为：

$$
\sigma_{\mu_i} = \sqrt{\frac{\sum_{\boldsymbol{x}_j \in C_i} \delta(\boldsymbol{x}_j, \mu_i)^2}{n_i}} = \sqrt{\text{var}(C_i)}
$$

其中 $\text{var}(C_i)$ 是分簇 C_i 的总方差 [公式 (1.4)]。

对应分簇对 C_i 和 C_j 的 Davies-Bouldin（DB）度量定义为如下比值：

$$
\text{DB}_{ij} = \frac{\sigma_{\mu_i} + \sigma_{\mu_j}}{\delta(\mu_i, \mu_j)}
$$

DB_{ij} 度量了各分簇的紧凑程度（与簇均值之间的距离相比）。DB 指标因此定义为：

$$
\text{DB} = \frac{1}{k} \sum_{i=1}^{k} \max_{j \neq i} \{ \text{DB}_{ij} \}
$$

也就是说，对每一个分簇 C_i，我们选择能够得到最大的 DB_{ij} 比值的分簇 C_j。DB 值越小，聚类的效果就越好，因为它表示各分簇区分得比较好（即簇间距离比较大），且每个分簇都能较好地由其均值表示（即有着较小的离散度）。

7. 轮廓系数

轮廓系数（silhouette coefficient）是关于分簇的结合度与分离度的度量。该系数基于离最近的其他分簇的点的平均距离与同簇的点的平均距离之差。对于每一个点 $\boldsymbol{x}_i$，它的轮廓系数 s_i 计算为：

$$s_i = \frac{\mu_{out}^{\min}(\boldsymbol{x}_i) - \mu_{in}(\boldsymbol{x}_i)}{\max\{\mu_{out}^{\min}(\boldsymbol{x}_i), \mu_{in}(\boldsymbol{x}_i)\}} \tag{17.26}$$

其中 $\mu_{in}(\boldsymbol{x}_i)$ 是点 $\boldsymbol{x}_i$ 到与它同簇（簇标号为 $\hat{y}_i$）的点的平均距离：

$$\mu_{in}(\boldsymbol{x}_i) = \frac{\sum_{\boldsymbol{x}_j \in C_{\hat{y}_i}, j \neq i} \delta(\boldsymbol{x}_i, \boldsymbol{x}_j)}{n_{\hat{y}_i} - 1}$$

且 $\mu_{out}^{\min}(\boldsymbol{x}_i)$ 为 $\boldsymbol{x}_i$ 到最近的其他分簇中的点的平均距离：

$$\mu_{out}^{\min}(\boldsymbol{x}_i) = \min_{j \neq \hat{y}_i} \left\{ \frac{\sum_{\boldsymbol{y} \in C_j} \delta(\boldsymbol{x}_i, \boldsymbol{y})}{n_j} \right\}$$

一个点的 s_i 值的取值范围是 $[-1, +1]$。接近 $+1$ 的值说明 $\boldsymbol{x}_i$ 更接近同簇的点而远离其他簇的点。接近于 0 的值表示 $\boldsymbol{x}_i$ 靠近两个分簇的边界。最后，接近于 -1 的值表示 $\boldsymbol{x}_i$ 更靠近另一个簇而非它现在所在的簇，即这个点可能被分错簇了。

轮廓系数定义为所有点的 s_i 值的均值：

$$\text{SC} = \frac{1}{n} \sum_{i=1}^{n} s_i \tag{17.27}$$

接近 $+1$ 的值表示一个较好的聚类。

8. Hubert 统计量

Hubert Γ 统计量 [公式 (17.14)]，及其归一化版本 Γ_n[公式 (17.15)]，在令 $\boldsymbol{X} = \boldsymbol{W}$ 为成对距离矩阵的情况下，都可以用作内部评估度量，且定义 $\boldsymbol{Y}$ 为簇均值间距离的矩阵：

$$\boldsymbol{Y} = \left\{ \delta(\mu_{\hat{y}_i}, \mu_{\hat{y}_j}) \right\}_{i,j=1}^{n} \tag{17.28}$$

由于 $\boldsymbol{W}$ 和 $\boldsymbol{Y}$ 都是对称的，Γ 和 Γ_n 都是通过其上三角元素来计算的。

例 17.6 考虑图 17-1 中所示的鸢尾花主成分数据集上的两个聚类，它们对应的图如图 17-2 所示。接下来用内部度量来评估这两个聚类。

图 17-1a 和图 17-2a 所对应的较好的聚类的各分簇大小分别为：

$$n_1 = 61 \qquad n_2 = 50 \qquad n_3 = 39$$

因此，簇内边和簇间边（即点对）的数目为：

$$N_{in} = \binom{61}{2} + \binom{50}{2} + \binom{31}{2} = 1830 + 1225 + 741 = 3796$$

$$N_{out} = 61 \cdot 50 + 61 \cdot 39 + 50 \cdot 39 = 3050 + 2379 + 1950 = 7379$$

一共有 $N = N_{in} + N_{out} = 3796 + 7379 = 11175$ 个不同的点对。

每个簇内的边的权值为 $W(C_i, C_i)$，不同的簇之间的边的权值为 $W(C_i, C_j)$，由此给出如下的簇间权值矩阵：

$$\begin{pmatrix} \begin{array}{c|ccc} W & C_1 & C_2 & C_3 \\ \hline C_1 & 3265.69 & 10402.30 & 4418.62 \\ C_2 & 10402.30 & 1523.10 & 9792.45 \\ C_3 & 4418.62 & 9792.45 & 1252.36 \end{array} \end{pmatrix} \tag{17.29}$$

因此，所有簇内和簇间的权值之和为：

$$W_{in} = \frac{1}{2}(3265.69 + 1523.10 + 1252.36) = 3020.57$$

$$W_{out} = (10402.30 + 4418.62 + 9792.45) = 24613.37$$

BetaCV 度量可以计算为：

$$\text{BetaCV} = \frac{N_{out} \cdot W_{in}}{N_{in} \cdot W_{out}} = \frac{7379 \times 3020.57}{3796 \times 24613.37} = 0.239$$

对于一致性指标，先计算 N_{in} 个最小的和最大的成对距离之和，分别为：

$$W_{\min}(N_{in}) = 2535.96 \qquad W_{\max}(N_{in}) = 16889.57$$

因此，一致性指标为：

$$\text{Cindex} = \frac{W_{in} - W_{\min}(N_{in})}{W_{\max}(N_{in}) - W_{\min}(N_{in})} = \frac{3020.57 - 2535.96}{16889.57 - 2535.96} = \frac{484.61}{14535.61} = 0.0338$$

对于归一割和模块度度量，计算 $W(C_i, \overline{C_i})$、$W(C_i, V) = \sum_{j=1}^{k} W(C_i, C_j)$，以及 $W(V, V) = \sum_{i=1}^{k} W(C_i, V)$，并使用簇间权值矩阵 [公式 (17.29)]：

$$W(C_1, \overline{C_1}) = 10402.30 + 4418.62 = 14820.91$$

$$W(C_2, \overline{C_2}) = 10402.30 + 9792.45 = 20194.75$$

$$W(C_3, \overline{C_3}) = 4418.62 + 9792.45 = 14211.07$$

$$W(C_1, V) = 3265.69 + W(C_1, \overline{C_1}) = 18086.61$$

$$W(C_2, V) = 1523.10 + W(C_2, \overline{C_2}) = 21717.85$$

$$W(C_3, V) = 1252.36 + W(C_3, \overline{C_3}) = 15463.43$$

$$W(V, V) = W(C_1, V) + W(C_2, V) + W(C_3, V) = 55267.89$$

归一割和模块度值分别为：

$$\text{NC} = \frac{14820.91}{18086.61} + \frac{20194.75}{21717.85} + \frac{14211.07}{15463.43} = 0.819 + 0.93 + 0.919 = 2.67$$

$$Q = \left(\frac{3265.69}{55267.89} - \left(\frac{18086.61}{55267.89}\right)^2\right) + \left(\frac{1523.10}{55267.89} - \left(\frac{21717.85}{55267.89}\right)^2\right)$$
$$+ \left(\frac{1252.36}{55267.89} - \left(\frac{15463.43}{55267.89}\right)^2\right)$$
$$= -0.048 - 0.1269 - 0.0556 = -0.2305$$

Dunn 指标可以由两个簇 C_i 和 C_j 之间的点对的最小和最大距离计算出来：

$W^{\min}$	C_1	C_2	C_3
C_1	0	1.62	0.198
C_2	1.62	0	3.49
C_3	0.198	3.49	0

$W^{\max}$	C_1	C_2	C_3
C_1	2.50	4.85	4.81
C_2	4.85	2.33	7.06
C_3	4.81	7.06	2.55

给定的聚类的 Dunn 指标为：

$$\text{Dunn} = \frac{W_{out}^{\min}}{W_{in}^{\max}} = \frac{0.198}{2.55} = 0.078$$

为计算 Davies-Bouldin 指标，先来计算簇均值和方差：

$$\mu_1 = \begin{pmatrix}-0.664\\-0.33\end{pmatrix} \quad \mu_2 = \begin{pmatrix}2.64\\0.19\end{pmatrix} \quad \mu_3 = \begin{pmatrix}-2.35\\0.27\end{pmatrix}$$
$$\sigma_{\mu_1} = 0.723 \quad \sigma_{\mu_2} = 0.512 \quad \sigma_{\mu_3} = 0.695$$

每一对分簇的 DB_{ij} 值为：

DB_{ij}	C_1	C_2	C_3
C_1	—	0.369	0.794
C_2	0.369	—	0.242
C_3	0.794	0.242	—

例如，$\text{DB}_{12} = \frac{\sigma_{\mu_1}+\sigma_{\mu_2}}{\delta(\mu_1,\mu_2)} = \frac{1.235}{3.346} = 0.369$。最后，DB 指标给出如下：

$$\text{DB} = \frac{1}{3}(0.794 + 0.369 + 0.794) = 0.652$$

一个给定点 $\boldsymbol{x}_1$ 的轮廓系数为：

$$s_1 = \frac{1.902 - 0.701}{\max\{1.902, 0.701\}} = \frac{1.201}{1.902} = 0.632$$

所有点的平均值为 $\text{SC} = 0.598$。

Hubert 统计量可以通过对近似度矩阵 $\boldsymbol{W}$[公式 (17.22)] 和 $n \times n$ 的簇均值距离矩阵 $\boldsymbol{Y}$[公式 (17.28)] 的上三角元素的点乘除以不同的点对的数目 N 来计算：

$$\Gamma = \frac{\boldsymbol{w}^{\mathrm{T}}\boldsymbol{y}}{N} = \frac{91545.85}{11175} = 8.19$$

其中 $\boldsymbol{w}, \boldsymbol{y} \in \mathbb{R}^N$ 是包含 $\boldsymbol{W}$ 和 $\boldsymbol{Y}$ 的上三角元素的向量。归一化的 Hubert 统计量可以通过 $\boldsymbol{w}$ 和 $\boldsymbol{y}$ 的相关度得到 [公式 (17.15)]:

$$\Gamma_n = \frac{\boldsymbol{z}_w^{\mathrm{T}}\boldsymbol{z}_y}{\|\boldsymbol{x}_w\| \cdot \|\boldsymbol{z}_y\|} = 0.918$$

其中 $\boldsymbol{z}_w$ 和 $\mathbf{z}_y$ 是分别对应于 $\boldsymbol{w}$ 和 $\boldsymbol{y}$ 的居中向量。

下表归纳了图 17-1 和图 17-2 中的聚类的各种内部度量值。

	越低越好				越高越好				
	BataCV	Cindex	Q	DB	NC	Dunn	SC	Γ	Γ_n
(a) 好	0.24	0.034	−0.23	0.65	2.67	0.08	0.60	8.19	0.92
(b) 差	0.33	0.08	−0.20	1.11	2.56	0.03	0.55	7.32	0.83

尽管内部度量无法参考真实值分划的情况，我们仍然可以观察到较好的聚类有着较高的归一割值、Dunn 指标值、轮廓系数和 Hubert 统计量，同时有着较低的 BetaCV 值、一致性指标值、模块度和 Davies-Bouldin 度量值。这些度量可以区分聚类的好坏。

17.3 相对度量

相对度量用于比较使用同一算法的不同参数得到的聚类结果，例如使用不同的分簇数目 k。

1. 轮廓系数

每一个点的轮廓系数 s_j[公式 (17.26)] 和平均 SC 值 [公式 (17.27)] 可以用于估计数据中的分簇的数目。这种方法将每个簇的 s_j 值按照降序画出，并标出对于一个特定 k 值的 SC 值，以及每个簇的 SC 值：

$$\mathrm{SC}_i = \frac{1}{n_i} \sum_{\boldsymbol{x}_j \in C_i} s_j$$

我们可以选出生成最佳聚类的值 k，使得每个分簇内都有许多具有较高 s_j 值的点，以及较高的 SC 值和 SC_i（$1 \leqslant i \leqslant k$）值。

例 17.7 图 17-3 显示了在鸢尾花主成分数据集上使用 K-means 算法的最佳聚类结果（$k = 2, 3, 4$）的情况，以轮廓系数图的形式给出。每个簇内的点的轮廓系数值 s_i 按照降序画出。平均值（SC）和各簇均值（SC_i，$1 \leqslant i \leqslant k$）和簇大小一起标注在图中。

图 17-3a 显示了 $k = 2$ 时具有最大的平均轮廓系数，即 SC=0.706。该图显示了两个较好分开的簇。分簇 C_1 中的点一开始有着较高的 s_i 值，然后在接近边界点的时候逐渐减小。第二个分簇 C_2 分得更好，因为它的轮廓系数更大，且所有的逐点分值都更高（除了最后 3 个点），这说明几乎所有的点都得到了正确的分类。

图 17-3b 中的轮廓图（$k=3$），对应于图 17-1a 中的“好”聚类。可以看到，图 17-3a 中的簇 C_1 被分为 $k=3$ 情况中的两个分簇，分别是 C_1 和 C_3。这两个分簇都有较多的边界点，而 C_2 所有点的轮廓系数值都较大。

最后，$k=4$ 的轮廓图见图 17-3c。这里 C_3 是一个较好分开的分簇，对应于上面的 C_2，剩余的分簇事实上都是 $k=2$ 时 C_1 的子分簇（见图 17-3a）。分簇 C_1 有两个点的 s_i 值为负数，说明它们可能被误分类了。

由于 $k=2$ 时得到最大的轮廓系数值，且两个分簇都较好地分开，在没有先验知识的情况下，我们选择 $k=2$ 作为该数据集最佳的分簇数目。

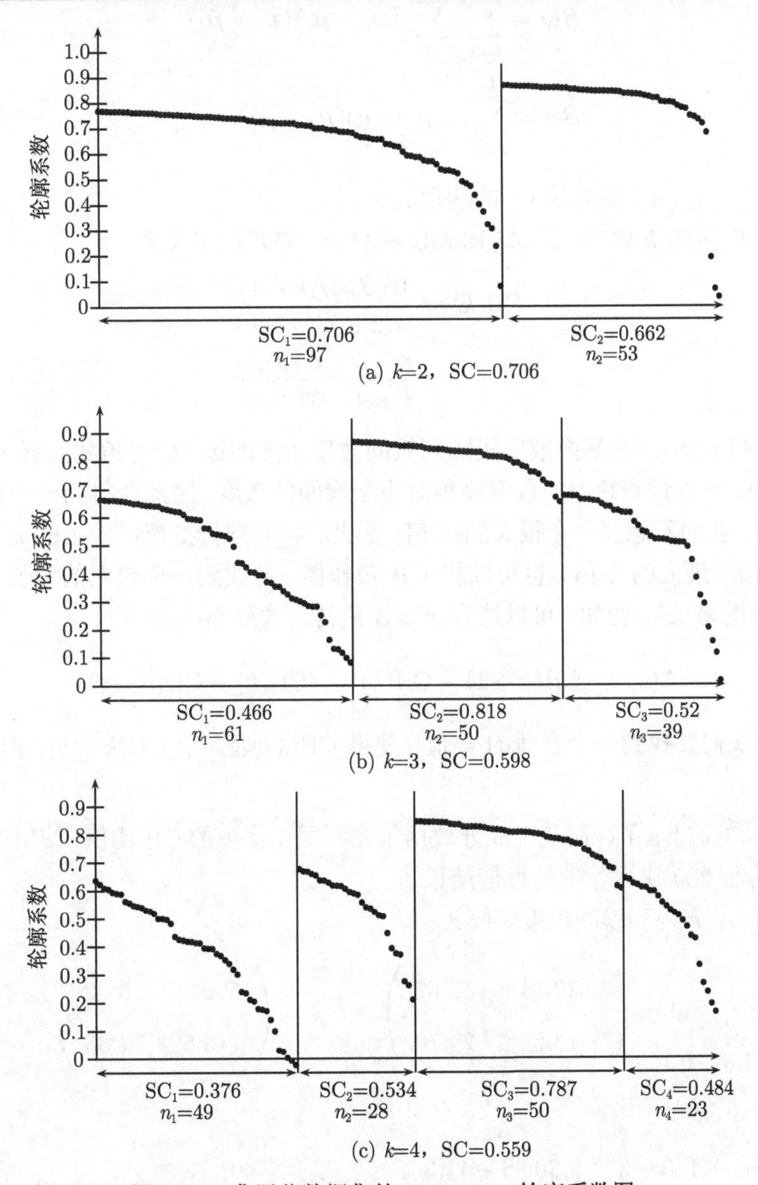

图 17-3 鸢尾花数据集的 K-means：轮廓系数图

2. Calinski-Harabasz 指标

给定数据集 $\boldsymbol{D}=\{\boldsymbol{x}_i\}_{i=1}^n$，$\boldsymbol{D}$ 的散度矩阵（scatter matrix）为：

$$\boldsymbol{S}=n\boldsymbol{\Sigma}=\sum_{j=1}^{n}(\boldsymbol{x}_j-\boldsymbol{\mu})(\boldsymbol{x}_j-\boldsymbol{\mu})^{\mathrm{T}}$$

其中 $\boldsymbol{\mu}=\frac{1}{n}\sum_{j=1}^{n}\boldsymbol{x}_j$ 是均值，$\boldsymbol{\Sigma}$ 是协方差矩阵。散度矩阵可以分解为两个矩阵 $\boldsymbol{S}=\boldsymbol{S}_W+\boldsymbol{S}_B$，其中 $\boldsymbol{S}_W$ 是簇内散度矩阵，$\boldsymbol{S}_B$ 是簇间散度矩阵，分别表示为：

$$\boldsymbol{S}_W=\sum_{i=1}^{k}\sum_{\boldsymbol{x}_j\in C_i}(\boldsymbol{x}_j-\boldsymbol{\mu}_i)(\boldsymbol{x}_j-\boldsymbol{\mu}_i)^{\mathrm{T}}$$

$$\boldsymbol{S}_B=\sum_{i=1}^{k}n_i(\boldsymbol{\mu}_i-\boldsymbol{\mu})(\boldsymbol{\mu}_i-\boldsymbol{\mu})^{\mathrm{T}}$$

其中 $\boldsymbol{\mu}_i=\frac{1}{n_i}\sum_{\boldsymbol{x}_j\in C_i}\boldsymbol{x}_j$ 是分簇 C_i 的均值。

对于一个给定的 k 值，Calinski-Harabasz（CH）方差比定义为：

$$\begin{aligned}\mathrm{CH}(k)&=\frac{\mathrm{tr}(\boldsymbol{S}_B)/(k-1)}{\mathrm{tr}(\boldsymbol{S}_W)/(n-k)}\\&=\frac{n-k}{k-1}\cdot\frac{\mathrm{tr}(\boldsymbol{S}_B)}{\mathrm{tr}(\boldsymbol{S}_W)}\end{aligned}$$

其中 $\mathrm{tr}(\boldsymbol{S}_W)$ 和 $\mathrm{tr}(\boldsymbol{S}_B)$ 是簇内散度矩阵和簇间散度矩阵的迹（即对角线元素之和）。对于一个较好的 k 值，可以预测簇内的散度要相对小于簇间的散度，因此会得到一个较高的 $\mathrm{CH}(k)$ 值。另一方面，我们不想要一个很大的 k 值；因此，$\frac{n-k}{k-1}$ 项会处理掉较大的 k 值。可以选择一个使得 $\mathrm{CH}(k)$ 最大的 k 值，也可以将 CH 值作图，并找到一个较大的增长处（且其后没有或只有很小的增长）。例如，可以选择 $k>3$ 使得下式最小：

$$\Delta(k)=(\mathrm{CH}(k+1)-\mathrm{CH}(k))-(\mathrm{CH}(k)-\mathrm{CH}(k-1))$$

直觉上来讲，我们要找到一个合适的 k 值，使得 $\mathrm{CH}(k)$ 远大于 $\mathrm{CH}(k-1)$，但与 $\mathrm{CH}(k+1)$ 的值相差不大。

例 17.8 图 17-4 显示了鸢尾花主成分数据集在不同 k 值下的 CH 比值，使用的是 K-means 算法，选择的是 200 次运行中的最佳结果。

对于 $k=3$，簇内和簇间散度矩阵为：

$$\boldsymbol{S}_W=\begin{pmatrix}39.14 & -13.62\\ -13.62 & 24.73\end{pmatrix}\quad \boldsymbol{S}_B=\begin{pmatrix}590.36 & 13.62\\ 13.62 & 11.36\end{pmatrix}$$

因此，可得：

$$\mathrm{CH}(3)=\frac{(150-3)}{(3-1)}\cdot\frac{(590.36+11.36)}{(39.14+24.73)}=(147/2)\cdot\frac{601.72}{63.87}=73.5\cdot 9.42=692.4$$

后续的 CH(k) 和 $\Delta(k)$ 的值如下：

k	2	3	4	5	6	7	8	9
CH(k)	570.25	692.40	717.79	683.14	708.26	700.17	738.05	728.63
$\Delta(k)$	—	−96.78	−60.03	−59.78	−33.22	45.97	−47.30	—

若选择某次值下降之前的最高峰，应该是 $k=4$。但 $\Delta(k)$ 暗示 $k=3$ 是最佳的最小值，代表了“曲线拐点”（knee-of-the-curve）。$\Delta(k)$ 的一个缺点是无法计算小于 3 的 k 值，因为 $\Delta(2)$ 依赖于 CH(1)，而这是无定义的。

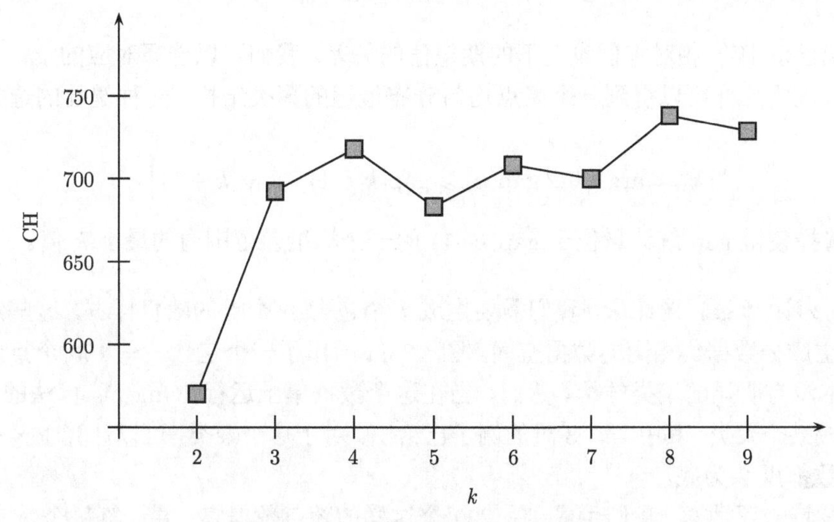

图 17-4 Calinski-Harabasz 方差比

3. gap 统计量

gap 统计量对不同 k 值下的簇间权值 W_{in}[公式 (17.23)] 的和，以及在假设没有明显的聚类结构（构成零假设）的情况下它们的期望值进行了比较。

令 $\mathcal{C}_k$ 为使用给定的聚类算法，且在特定的 k 值时得到的聚类。令 $W_{in}^k(\mathbf{D})$ 代表输入数据集 $\boldsymbol{D}$ 上的 $\mathcal{C}_k$ 所有分簇的簇间权值的和。我们想要在零假设（即所有点都随机放置在与 $\boldsymbol{D}$ 相同的数据空间）之下计算观察到 W_{in}^k 的概率。但 W_{in} 的抽样分布未知。此外，它与分簇的数目 k、点的数目 n 和 $\boldsymbol{D}$ 的其他特性相关。

为得到 W_{in} 的一个经验分布，我们采用蒙特卡罗方法，对抽样过程进行模拟。我们生成 t 个随机样本，每个样本都包含 n 个在与输入数据集 $\boldsymbol{D}$ 相同的 d 维空间中随机分布的点。对于 $\boldsymbol{D}$ 的每一个维度即 X_j，计算它的范围 $[\min(X_j), \max(X_j)]$ 并在给定的范围内均匀地随机生成 n 个点（在第 j 维中）。令 $\mathbf{R}_i \in \mathbb{R}^{n\times d}$，$1 \leqslant i \leqslant t$ 表示第 i 个样本。令 $W_{\text{in}}^k(\mathbf{R}_i)$ 表示一个给定的将 $\mathbf{R}_i$ 聚类为 k 个分簇的簇内权值之和。从每个样本数据集 $\mathbf{R}_i$，我们使用同样的算法，用不同的 k 值生成聚类，并记录簇内权值 $W_{in}^k(\mathbf{R}_i)$。令 $\mu_W(k)$ 和 $\sigma_W(k)$ 代表

不同 k 值下这些簇内权值的均值和标准差：

$$\mu_W(k) = \frac{1}{t}\sum_{i=1}^{t} \log W_{in}^k(\mathbf{R}_i)$$

$$\sigma_W(k) = \sqrt{\frac{1}{t}\sum_{i=1}^{t}\left(\log W_{in}^k(\mathbf{R}_i) - \mu_W(k)\right)^2}$$

其中对 W_{in} 值使用了对数，因为这些值可能很大。

一个给定的 k 值的 gap统计量定义为：

$$\text{gap}(k) = \mu_W(k) - \log W_{in}^k(\boldsymbol{D})$$

它度量了观察值 W_{in}^k 相对零假设之下的期望值的偏差。我们可以选择对应的 gap 统计量最大的 k 值，因为这样可以得到一个离点均匀分布最远的聚类结构。一种健壮的选择 k 值的方法如下：

$$k^* = \arg\min_k \left\{\text{gap}(k) \geqslant \text{gap}(k+1) - \sigma_W(k+1)\right\}$$

这也就是选择使得 gap 统计量位于 gap(k+1) 的一个标准差范围内的最小 k 值。

例 17.9 为计算 gap 统计量，我们需要生成 t 个包含 n 个点的随机样本，这些点都来自与鸢尾花主成分数据集相同的数据空间。图 17-5a 给出了一个包含 $n = 150$ 个点的随机样本，该样本没有明显的聚类结构。然而，当在这个数据集上运行 K-means 算法的时候，它确实会生成某个聚类，其中 $k = 3$ 时的例子已给出。对于这个聚类，可以计算 $\log_2 W_{\text{in}}^k(\mathbf{R}_i)$；所有的对数都以 2 为底。

对于蒙特卡罗抽样，我们生成 $t = 200$ 个这样的随机数据集，并计算每个 k 对应的簇内权值 $\mu_W(k)$ 在零假设下的均值或期望值。图 17-5b 给出了在不同的 k 值下的期望簇内权值，同时也给出了 $\log_2 W_{in}^k$ 从鸢尾花主成分数据集的 K-means 聚类计算得到的观察值。对于鸢尾花数据集和每一个均匀随机样本，运行 100 次 K-means，并选择最佳的聚类，从而计算出 $W_{in}^k(\mathbf{R}_i)$ 的值。可以看到，观察值 $W_{in}^k(\boldsymbol{D})$ 要小于期望值 $\mu_W(k)$。

从这些值可以计算不同 k 值对应的 gap 统计值 gap(k)，参见图 17-5c。表 17-1 列出了 gap 统计量和标准差的值。分簇的最佳数目是 $k = 4$，因为：

$$\text{gap}(4) = 0.753 > \text{gap}(5) - \sigma_W(5) = 0.515$$

然而，若将 gap 检验松弛为两个标准差的范围，则最优值会变为 $k = 3$，因为：

$$\text{gap}(3) = 0.679 > \text{gap}(4) - 2\sigma_W(4) = 0.753 - 2 \cdot 0.0701 = 0.613$$

事实上，选择正确的分簇数目是带有一定主观性的，但 gap 统计量可以帮助做出决定。

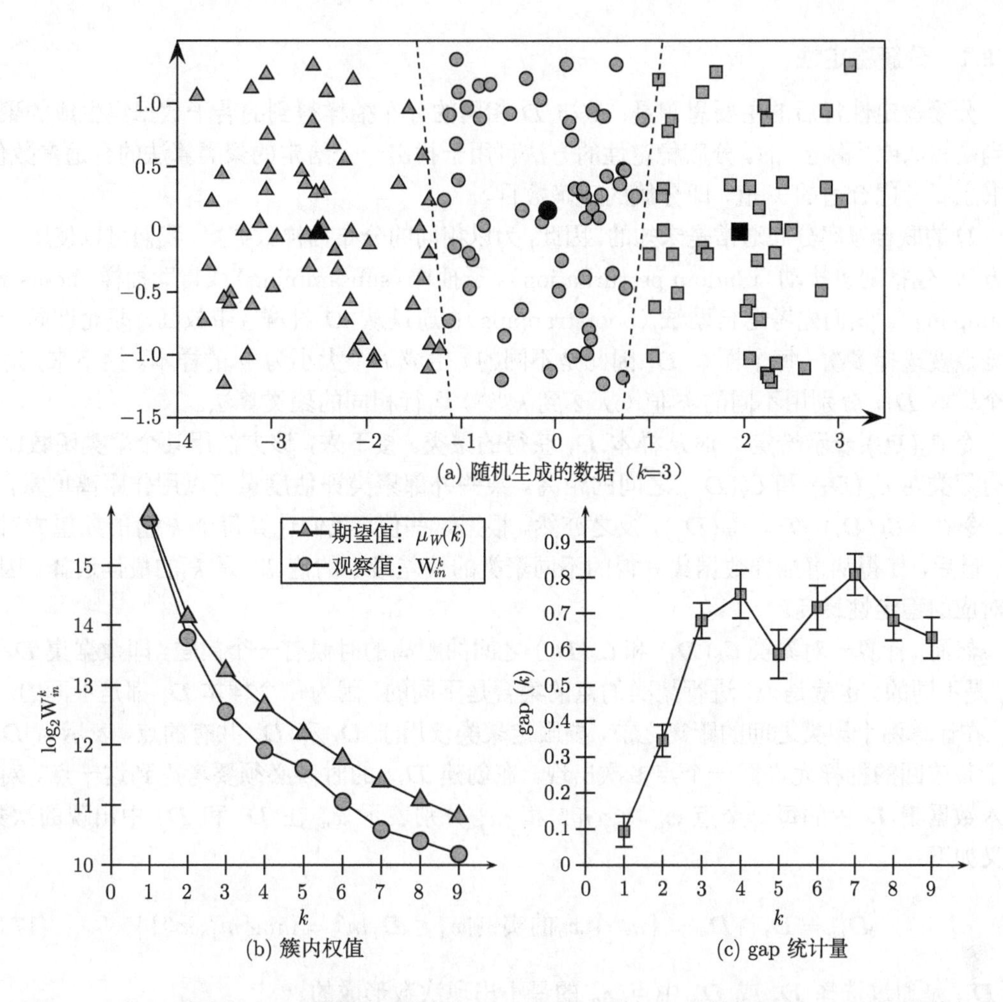

图 17-5 gap 统计量：(a) 随机生成的数据；(b) 不同 k 值对应的簇内权值；(c) gap 统计量表示为关于 k 的函数

表 17-1 gap 统计量表示为关于 k 的函数

k	gap(k)	$\sigma_W(k)$	gap(k) − $\sigma_W(k)$
1	0.093	0.0456	0.047
2	0.346	0.0486	0.297
3	0.679	0.0529	0.626
4	0.753	0.0701	0.682
5	0.586	0.0711	0.515
6	0.715	0.0654	0.650
7	0.808	0.0611	0.746
8	0.680	0.0597	0.620
9	0.632	0.0606	0.571

17.3.1 分簇稳定性

分簇稳定性背后的主要思想是：从与 $\boldsymbol{D}$ 相同的分布抽样得到的若干数据集生成的聚类应当是相似或“稳定”的。分簇稳定性的方法可用于找出一个给定的聚类算法的合适参数值；本书主要考虑合适的 k 值，即分簇的正确数目。

$\boldsymbol{D}$ 的联合概率分布通常是未知的。因此，为以相同的分布抽样数据集，我们可以使用一系列方法，包括随机扰动（random perturbation）、子抽样（subsampling）或自助抽样（bootstrap resampling）。我们先考虑自助法（bootstrapping）：通过从 $\boldsymbol{D}$ 抽样（带放回，即允许同一个数据点被选择多次，每个样本 $\boldsymbol{D}_i$ 因此是不同的）生成 t 个大小为 n 的样本。接下来，对每一个样本 $\boldsymbol{D}_i$，分别用不同的 k 值（从 2 到 $k^{\max}$）运行相同的聚类算法。

令 $\mathcal{C}_k(\boldsymbol{D}_i)$ 表示给定 k 时从样本 $\boldsymbol{D}_i$ 获得的聚类。接下来，该方法用某个聚类函数比较所有聚类对 $\mathcal{C}_k(\boldsymbol{D}_i)$ 和 $\mathcal{C}_k(\boldsymbol{D}_j)$ 之间的距离。某些外部聚类评估度量可以用作距离度量，例如，令 $\mathcal{C}=\mathcal{C}_k(\boldsymbol{D}_i)$，$\mathcal{T}=\mathcal{C}_k(\boldsymbol{D}_j)$，反之亦然。根据这些值，我们计算每个 k 值的期望成对距离。最后，使得从再抽样数据集获得的不同聚类的偏差最小的值 k^* 是 k 的最佳选择，因为它对应的稳定性最高。

然而，计算一对聚类 $\mathcal{C}_k(\boldsymbol{D}_i)$ 和 $\mathcal{C}_k(\boldsymbol{D}_j)$ 之间的距离的时候有一个问题，即数据集 $\boldsymbol{D}_i$ 和 $\boldsymbol{D}_j$ 是不同的。也就是说，进行聚类的点的集合是不同的，因为每个样本 $\boldsymbol{D}_i$ 都是不同的。因此，在计算两个聚类之间的距离之前，要限定聚类仅用于 $\boldsymbol{D}_i$ 和 $\boldsymbol{D}_j$ 共有的点，表示为 $\boldsymbol{D}_{ij}$。由于带放回的抽样允许同一个点多次出现，在创建 $\boldsymbol{D}_{ij}$ 的时候必须要考虑到这一点。对于输入数据集 $\boldsymbol{D}$ 中的每一个点 $\boldsymbol{x}_a$，令 m_i^a 和 m_j^b 分别表示 $\boldsymbol{x}_a$ 在 $\boldsymbol{D}_i$ 和 $\boldsymbol{D}_j$ 中出现的次数。定义如下：

$$\boldsymbol{D}_{ij}=\boldsymbol{D}_i\cap\boldsymbol{D}_j=\left\{m^a\text{个}\boldsymbol{x}_a\text{的实例}|\boldsymbol{x}_a\in\boldsymbol{D},m^a=\min\{m_i^a,m_j^a\}\right\} \tag{17.30}$$

即 $\boldsymbol{D}_{ij}$ 是通过选择 $\boldsymbol{D}_i$ 或 $\boldsymbol{D}_j$ 中点 $\boldsymbol{x}_a$ 的最小出现次数形成的。

算法 17.1 给出了选择最佳 k 值的聚类稳定性方法的伪代码。它的输入包括聚类算法 A、样本数量 t、最大分簇数目 $k^{\max}$ 和输入数据集 $\boldsymbol{D}$。该算法首先生成 t 个样本，并用算法 A 对这些样本进行聚类。接下来，它计算在每一个 k 值上的每一对数据集 $\boldsymbol{D}_i$ 和 $\boldsymbol{D}_j$ 的聚类之间的距离。最后，该方法在第 12 行计算期望成对距离 $\mu_d(k)$。我们假设聚类距离函数 d 是对称的。若 d 不是对称的，则期望差别要在所有有序对上计算，即 $\mu_d(k)=\frac{1}{t(t-1)}\sum_{r=1}^{k}\sum_{j\neq i}d_{ij}(k)$。

除了使用距离函数 d，我们还可以使用相似度度量来计算聚类稳定性。若使用相似度，则在给定 k 的情况下计算两个聚类的相似度之后，可以选择使得期望相似度 $\mu_s(k)$ 最大的最佳 k^* 值。通常，对于契合度较高的 $\mathcal{C}_k(\boldsymbol{D}_i)$ 和 $\mathcal{C}_k(\boldsymbol{D}_i)$ 产生较低值的外部度量可以用作距离函数，而产生较高值的可以用作相似度函数。距离函数的例子有归一化互信息、信息差异和条件熵（非对称的）。相似度函数的例子有 Jaccard 系数、Fowlkes-Mallows 度量、Hubert Γ 统计量，等等。

算法17.1 选择k的聚类稳定性算法

CLUSTERINGSTABILITY $(A, t, k^{\max}, \boldsymbol{D})$:
1 $n \leftarrow |\boldsymbol{D}|$
 // 生成t个样本
2 **for** $i = 1, 2, \cdots, t$ **do**
3 $\boldsymbol{D}_i \leftarrow$ 数据集$\boldsymbol{D}$中的n个样本点（带放回）
 // 对不同的k生成对应的聚类方案
4 **for** $i = 1, 2, \cdots, t$ **do**
5 **for** $k = 2, 3, \cdots, k^{\max}$ **do**
6   $\mathcal{C}_k(\boldsymbol{D}_i) \leftarrow$ 使用算法A将$\boldsymbol{D}_i$聚类分为k个簇
 // 计算对应每个k的聚类的均值差
7 **foreach** 数据集对$\boldsymbol{D}_i, \boldsymbol{D}_j, j > i$ **do**
8 $\boldsymbol{D}_{ij} \leftarrow \boldsymbol{D}_i \cap \boldsymbol{D}_j$ // 使用公式(17.30)创建交集
9 **for** $k = 2, 3, \cdots, k^{\max}$ **do**
10   $d_{ij}(k) \leftarrow d\big(\mathcal{C}_k(\boldsymbol{D}_i), \mathcal{C}_k(\boldsymbol{D}_j), \boldsymbol{D}_{ij}\big)$ // 分簇间的距离
11 **for** $k = 2, 3, \cdots, k^{\max}$ **do**
12 $\mu_d(k) \leftarrow \frac{2}{t(t-1)} \sum_{i=1}^{t} \sum_{j>i} d_{ij}(k)$ // 期望成对距离
 // 选择最佳的k值
13 $k^* \leftarrow \arg\min_k \{\mu_d(k)\}$

例 17.10 我们用 K-means 算法来研究鸢尾花主成分数据集（$n = 150$），生成 $t = 500$ 个自助样本。对于每个数据集 $\boldsymbol{D}_i$ 和每个 k 值，运行 100 次 K-means，并选择最佳聚类。

关于距离函数，我们使用每一对聚类之间的信息差异 [公式 (17.5)]，并使用 Fowlkes-Mallows 度量 [公式 (17.13)] 作为相似度度量的一个例子。使用 VI 度量的成对距离 $\mu_d(k)$ 的期望值和使用 FM 度量的成对相似度 $\mu_s(k)$ 的期望值见图 17-6。两个度量都指出 $k = 2$ 是最佳值，因为在使用 VI 度量的情况下，$k = 2$ 对应聚类对间的最小期望距离；在使用 FM 度量的情况下，$k = 2$ 对应聚类对间的最大期望相似性。

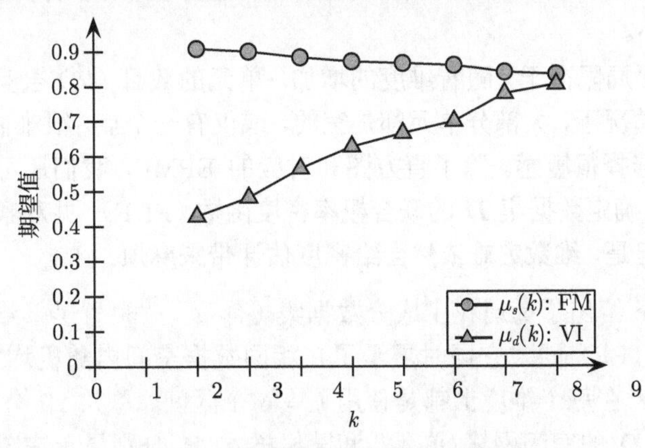

图 17-6 聚类稳定性：鸢尾花数据集

17.3.2 聚类趋向性

聚类趋向性或可聚类性（clusterability）旨在判断数据集 $\boldsymbol{D}$ 是否存在有意义的分组。这样做通常很难，因为首先很难定义什么是一个分簇，例如分区的、层次式的、基于密度的、基于图的，等等。即便确定了分簇的类型，对于一个给定的数据集 $\boldsymbol{D}$，依然很难定义一个合适的零模型（null model，即没有任何聚类结构的模型）。此外，即便判定数据是可聚类的，我们依然要面临判断分簇数目的问题。尽管如此，评估一个数据集的可聚类性仍然值得一试。接下来讨论一些判断数据可聚类性的方法。

1. *空间直方图*（spatial histogram）

一个简单的方法是，将输入数据集 $\boldsymbol{D}$ 的 d 维空间直方图和在同一数据空间内随机生成的样本的直方图进行比较。令 $X_1, X_2, \cdots, X_d$ 表示 d 个维度。给定 b，即每个维度上的区间或级距（bin）的数量，将每个维度 X_j 都划分为 b 个等宽的区间，并计数在 b^d 个 d 维单元（cell）中的每个单元有多少个点。根据这个空间直方图，可以得到数据集 $\boldsymbol{D}$ 的经验联合概率质量函数（EPMF），该函数是对未知的联合概率密度函数的一个估计。EPMF 为：

$$f(\boldsymbol{i}) = P(\boldsymbol{x}_j \in \text{单元}\boldsymbol{i}) = \frac{|\{\boldsymbol{x}_j \in \text{单元}\boldsymbol{i}\}|}{n}$$

其中 $\boldsymbol{i} = (i_1, i_2, \cdots, i_d)$ 表示单元索引，i_j 表示 X_j 维度上的区间索引。

接下来生成 t 个随机样本，每个样本都包含与输入数据集 $\boldsymbol{D}$ 相同的 d 维数据空间中的 n 个点。也就是说，对于每个维度 X_j，计算它的取值范围 $[\min(X_j), \max(X_j)]$，且在该范围内均匀地随机生成值。令 $\boldsymbol{R}_j$ 表示第 j 个这样的随机样本。接下来可以计算对应每个 $\boldsymbol{R}_j$ 的 EPMF$g_j(\boldsymbol{i})$（$1 \leqslant j \leqslant t$）。

最后，计算分布 f 与 g_j（$j = 1, \cdots, t$）的差异大小，利用从 f 到 g_j 的 Kullback-Leibler（KL）差异，定义为：

$$\text{KL}(f|g_j) = \sum_{\boldsymbol{i}} f(\boldsymbol{i}) \log\left(\frac{f(\boldsymbol{i})}{g_j(\boldsymbol{i})}\right) \tag{17.31}$$

只有在 f 与 g_j 分布相同时，KL 差异为 0。使用 KL 差异值，可以计算数据集 $\boldsymbol{D}$ 与一个随机数据集的差异大小。

这一方法的主要局限在于，随着维度的增加，单元的数目（b^d）会呈指数式增长，且在给定样本大小 n 的情况下，大部分单元都是空的，或仅有一个点，很难估计差异。同时这一方法还对参数 b 的选择很敏感。除了直方图和对应的 EPMF，我们还可以使用密度评估方法（参见 15.2 节）来确定数据集 $\boldsymbol{D}$ 的联合概率密度函数（PDF），并观察它和随机数据集的 PDF 之间的差异。但是，维数灾难依然会给密度估计带来麻烦。

例 17.11 图 17-7c 给出了鸢尾花主成分数据集（有 $n = 150$ 个点，维度 $d = 2$）的经验联合概率质量函数（EPMF）。它同时展示了在相同数据空间内随机均匀生成的数据集的 EPMF。两个 EPMF 在每个维度上都是使用 $b = 5$ 个区间、总共 25 个空间单元计算出来的。鸢尾花数据集 $\boldsymbol{D}$ 的空间网格/单元，和随机样本 $\mathbf{R}$ 分别显示在图 17-7a 和图 17-7b

中。单元从 0 开始，自下而上、从左到右编号。因此，左下角的单元格为 0，左上角的为 4，右下角的为 19，右上角的为 24。这些单元索引在图 17-7c 中的 EPMF 图的 x 轴上使用。

我们从零分布生成 $t=500$ 个随机样本，计算 f 到 g_j（$1 \leqslant j \leqslant t$）的 KL 差异（对数的底为 2）。KL 值的分布见于图 17-7d。KL 值的均值 $\mu_{KL}=1.17$，标准差为 $\sigma_{KL}=0.18$，说明鸢尾花数据集确实远离随机生成的数据，因此是可聚类的。

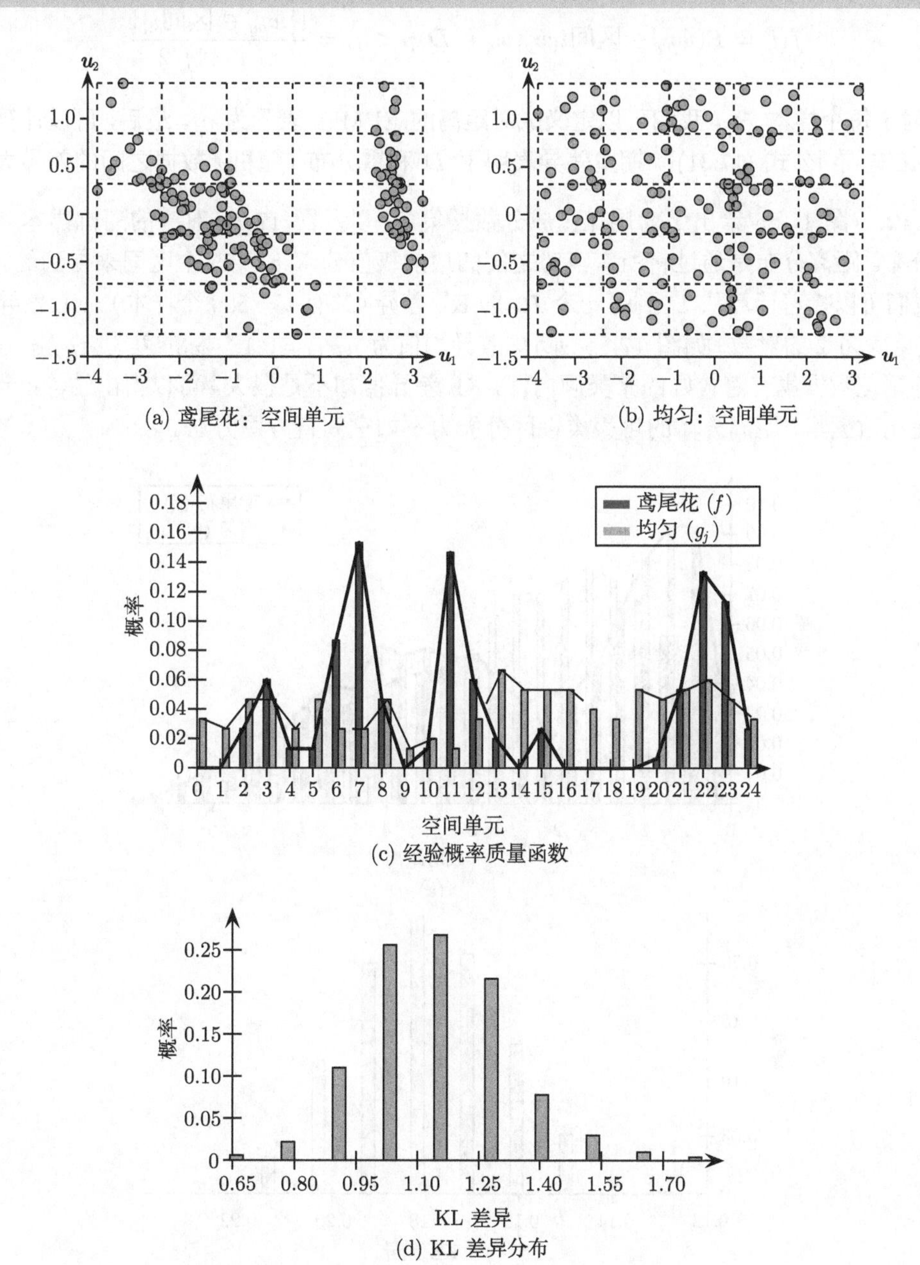

图 17-7 鸢尾花数据集：空间直方图

2. 距离分布

除了估计密度之外，另一种确定可聚类性的方法是对 $\boldsymbol{D}$ 中数据点每一对之间的距离和根据零分布随机生成的样本 $\boldsymbol{R}_i$ 之间的距离进行比较。也就是说，我们从 $\boldsymbol{D}$ 的近似度矩阵 $\boldsymbol{W}$[公式 (17.22)] 通过将距离划分入 b 个区间中来创建 EPMF：

$$f(i) = P(w_{pq} \in \text{区间}i | \boldsymbol{x}_p, \boldsymbol{x}_q \in \boldsymbol{D}, p < q) = \frac{|\{w_{pq} \in \text{区间}i\}|}{n(n-1)/2}$$

同样，对于每个样本 $\boldsymbol{R}_j$，我们可以定义成对距离的 EPMF，表示为 g_j。最后，可以计算 f 和 g_j 的 KL 差异 [公式 (17.31)]。期望差异表明了 $\boldsymbol{D}$ 和零分布（随机）数据之间的差异大小。

例 17.12 图 17-8a 给出了鸢尾花主成分数据集 $\boldsymbol{D}$ 以及图 17-7b 对应的随机样本 $\boldsymbol{R}_j$ 的距离分布。距离分布是通过将所有点对之间的边的权值分入 $b = 25$ 个区间来得到的。

我们可以接着计算从 $\boldsymbol{D}$ 到每一个 $\boldsymbol{R}_j$ 的 KL 差异（共有 $t = 500$ 个样本）。KL 差异的分布（使用底为 2 的对数）如图 17-8b 所示。差异均值为 $\mu_{KL} = 0.18$，标准差为 $\sigma_{KL} = 0.017$。尽管鸢尾花数据集有着较好的聚类倾向性，KL 差异值却不是很大。可以得出结论：至少对于鸢尾花数据集，距离分布的可聚类性区分能力不如空间直方图方法。

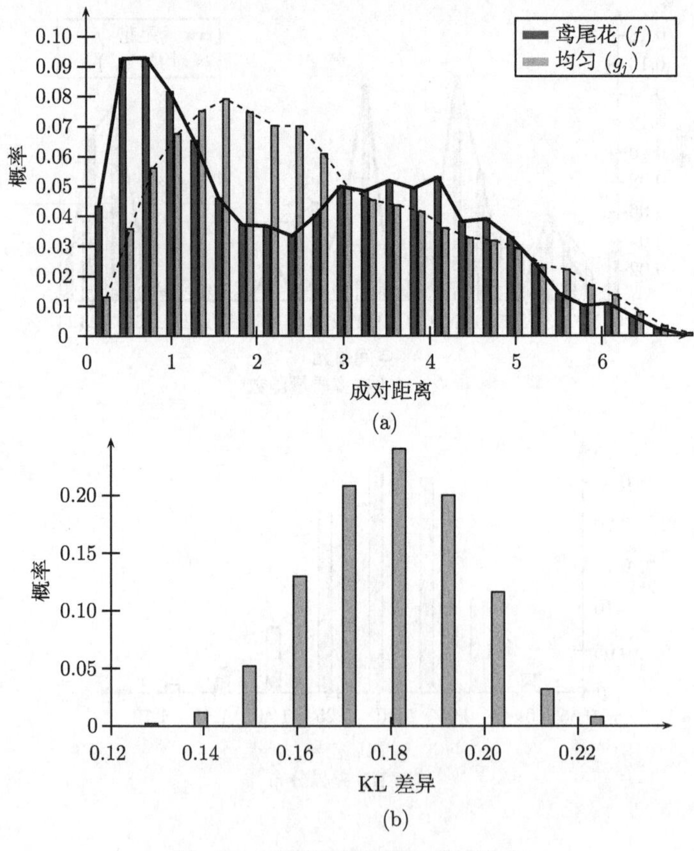

图 17-8 鸢尾花数据集：距离分布

3. Hopkins 统计量

Hopkins 统计量是一种对空间随机性的稀疏抽样检验。给定一个包含 n 个点的数据集 $\boldsymbol{D}$，我们生成 t 个随机子样本 $\boldsymbol{R}_i$（每个子样本包含 m 个点，其中 $m \ll n$）。这些样本的数据空间与 $\boldsymbol{D}$ 相同，在每个维度上随机均匀地生成。此外，我们还直接从 $\boldsymbol{D}$ 中生成 t 个子样本（每个含 m 个点），使用无放回的抽样。令 $\boldsymbol{D}_i$ 代表第 i 个直接子样本。接下来，计算每个 $\boldsymbol{x}_j \in \boldsymbol{D}_i$ 和 $\boldsymbol{D}$ 中每个点之间的最小距离：

$$\delta_{\min}(\boldsymbol{x}_j) = \min_{\boldsymbol{x}_i \in \boldsymbol{D}, \boldsymbol{x}_i \neq \boldsymbol{x}_j} \{\delta(\boldsymbol{x}_j, \boldsymbol{x}_i)\}$$

同样，计算每个 $\boldsymbol{y}_j \in \boldsymbol{R}_i$ 和 $\boldsymbol{D}$ 中的点的最小距离 $\delta_{\min}(\boldsymbol{y}_j)$。

第 i 对样本 $\boldsymbol{R}_i$ 和 $\boldsymbol{D}_i$ Hopkins 统计量（在 d 个维度上）定义：

$$\text{HS}_i = \frac{\sum_{\boldsymbol{y}_j \in \mathbf{R}_i} (\delta_{\min}(\boldsymbol{y}_j))^d}{\sum_{\boldsymbol{y}_j \in \mathbf{R}_i} (\delta_{\min}(\boldsymbol{y}_j))^d + \sum_{\boldsymbol{x}_j \in \boldsymbol{D}_i} (\delta_{\min}(\boldsymbol{x}_j))^d}$$

这一统计量将随机生成的数据点的最近邻分布和 $\boldsymbol{D}$ 中数据点的随机子集的最近邻分布进行比较。若数据具有良好的聚类性，我们期望 $\delta_{\min}(\boldsymbol{x}_j)$ 要小于 $\delta_{\min}(\boldsymbol{y}_j)$，且在这种情况下，$\text{HS}_i$ 趋向于 1。若两个最近邻距离相似，则 HS_i 取值接近于 0.5，这意味着数据近乎随机且没有明显的聚类性。最后，若 $\delta_{\min}(\boldsymbol{x}_j)$ 的值要大于 $\delta_{\min}(\boldsymbol{y}_j)$，则 HS_i 倾向于 0，这意味着点排斥，且无聚类。根据 t 个不同的 HS_i 值，可以通过计算该统计量的均值和方差来判断 $\boldsymbol{D}$ 是否可聚类。

例 17.13 图 17-9 画出了 Hopkins 统计量在 $t = 500$ 对样本上的分布，包括随机均匀生成的 $\mathbf{R}_j$，从输入数据集 $\boldsymbol{D}$ 子抽样得到的 $\boldsymbol{D}_j$。子样本的大小为 $m = 30$，使用了 $\boldsymbol{D}$（即鸢尾花主成分数据集，包含 $n = 150$ 个二维点）中 20% 的点。Hopkins 统计量的均值为 $\mu_{HS} = 0.935$，标准差为 $\sigma_{HS} = 0.025$。给定如此高的统计量值，可以判断鸢尾花数据集有着很好的聚类倾向性。

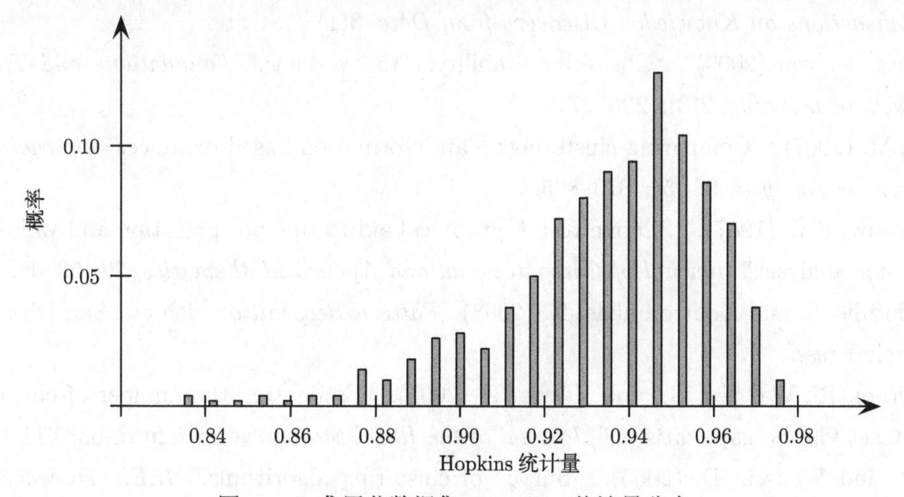

图 17-9 鸢尾花数据集：Hopkins 统计量分布

17.4 补充阅读

关于聚类验证的一个出色的介绍，参见 Jain and Dubes (1988)；该书描述了许多本章中讨论的外部、内部和相对度量，还包括聚类倾向性。其他较好的综述有 Halkidi, Batistakis, and Vazirgiannis (2001) 和 Theodoridis and Koutroumbas (2008)。最近的关于外部度量比较聚类的形式化特性的工作，参见 Amigo 等人 (2009) 和 Meila (2007)。关于轮廓图，参见 Rousseeuw (1987)。gap 统计量参见 Tibshirani, Walther, and Hastie (2001)。关于分簇稳定性的方法的综述，参考 Luxburg (2009)。一个较新的关于可聚类性的综述，参见 Ackerman and Ben-David (2009)。聚类方法的综述参见 Xu and Wunsch (2005) 和 Jain, Murty, and Flynn (1999)。子空间聚类方法的综述参见 Kriegel, Kroger, and Zimek (2009)。

Ackerman, M. and Ben-David, S. (2009). "Clusterability: A theoretical study." *In Proceedings of 12th International Conference on Artificial Intelligence and Statistics.*

Amigó, E., Gonzalo, J., Artiles, J., and Verdejo, F. (2009). "Acomparison of extrinsic clustering evaluation metrics based on formal constraints." *Information Retrieval*, 12(4): 461–86.

Halkidi, M., Batistakis, Y., and Vazirgiannis, M. (2001). "On clustering validation techniques." *Journal of Intelligent Information Systems*, 17(2-3): 107–145.

Jain, A. K. and Dubes, R. C. (1988). *Algorithms for Clustering Data.* Upper Saddle River, NJ: Prentice-Hall.

Jain, A. K., Murty, M. N., and Flynn, P. J. (1999). "Data clustering: A review." *ACM Computing Surveys*, 31(3): 264–223.

Kriegel, H.-P., Kröger, P., and Zimek, A. (2009). "Clustering high-dimensional data: A survey on subspace clustering, pattern-based clustering, and correlation clustering." *ACM Transactions on Knowledge Discovery from Data*, 3(1): 1.

Luxburg, U. von (2009). "Clustering stability: An overview." *Foundations and Trends in Machine Learning*, 2(3): 235–274.

Meilă, M. (2007). "Comparing clusterings – an information based distance." *Journal of Multivariate Analysis*, 98 (5): 873–895.

Rousseeuw, P. J. (1987). "Silhouettes: A graphical aid to the interpretation and validation of cluster analysis." *Journal of Computational and Applied Mathematics*, 20: 53–65.

Theodoridis, S. and Koutroumbas, K. (2008). *Pattern Recognition*, 4th ed. San Diego: Academic Press.

Tibshirani, R., Walther, G., and Hastie, T. (2001). "Estimating the number of clusters in a dataset via the gap statistic." *Journal of the Royal Statistical Society B*, 63: 411–423.

Xu, R. and Wunsch, D. (2005). "Survey of clustering algorithms." *IEEE Transactions on Neural Networks*, 16 (3): 645–678.

17.5 习题

Q1. 证明公式 (17.2) 中的熵度量的最大值是 $\log k$。

Q2. 证明：若 $\mathcal{C}$ 和 $\mathcal{T}$ 是相互独立的，则 $H(\mathcal{T}|\mathcal{C}) = H(\mathcal{T})$，且 $H(\mathcal{C},\mathcal{T}) = H(\mathcal{C}) + H(\mathcal{T})$。

Q3. 证明 $H(\mathcal{T}|\mathcal{C}) = 0$，当且仅当 $\mathcal{T}$ 完全由 $\mathcal{C}$ 决定。

Q4. 证明 $I(\mathcal{C},\mathcal{T}) = H(\mathcal{C}) + H(\mathcal{T}) - H(\mathcal{T},\mathcal{C})$。

Q5. 证明：只有 $\mathcal{C}$ 和 $\mathcal{T}$ 相同的时候，信息差异才为 0。

Q6. 证明归一化离散 Hubert 统计量 [公式 (17.21)] 的最大值在 $\mathrm{FN} = \mathrm{FP} = 0$ 的时候取到，且最小值在 $\mathrm{TP} = \mathrm{TN} = 0$ 时取到。

Q7. 证明 Fowlkes-Mallows 度量可以看作关于 $\mathcal{C}$ 和 $\mathcal{T}$ 的成对指示矩阵的相关度。定义：若 $\boldsymbol{x}_i$ 和 $\boldsymbol{x}_j$（$i \neq j$）在同一个分簇中，则 $\boldsymbol{C}(i,j) = 1$；否则 $\boldsymbol{C}(i,j) = 0$。用类似的方式，对真实值分划定义 $\boldsymbol{T}$。定义 $\langle \boldsymbol{C}, \boldsymbol{T} \rangle = \sum_{i,j=1}^{n} \boldsymbol{C}_{ij} \boldsymbol{T}_{ij}$。证明 $\mathrm{FM} = \frac{\langle \boldsymbol{C}, \boldsymbol{T} \rangle}{\sqrt{\langle \boldsymbol{T}, \boldsymbol{T} \rangle \langle \boldsymbol{C}, \boldsymbol{C} \rangle}}$。

Q8. 证明一个点的轮廓系数取值范围是 $[-1, +1]$。

Q9. 证明散度矩阵可以分解为 $\boldsymbol{S} = \boldsymbol{S}_W + \boldsymbol{S}_B$，其中 $\boldsymbol{S}_W$ 和 $\boldsymbol{S}_B$ 分别是簇内和簇间散度矩阵。

Q10. 考虑图 17-10 中的数据集。计算标签为 c 的点的轮廓系数。

Q11. 描述如何应用 gap 统计量的方法来确定其基于密度的聚类算法（例如 DBSCAN 和 DENCLUE，参见第 15 章）的参数。

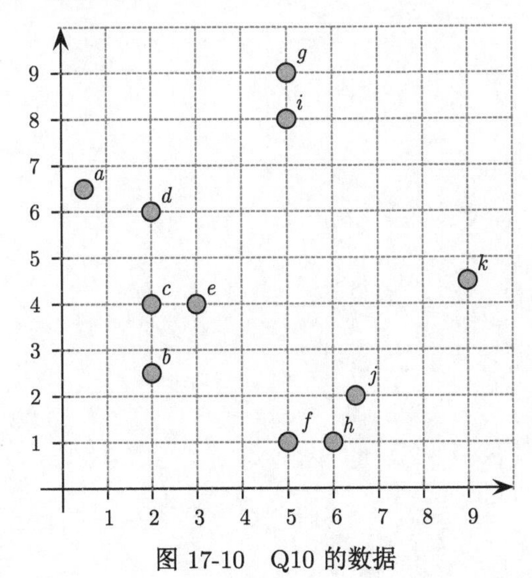

图 17-10 Q10 的数据

第四部分　分　类

第 18 章　基于概率的分类

分类指预测一个给定的无标签点的类标签。本章考虑三种基于概率的分类方法。(完全)贝叶斯分类器(full Bayes classifier)使用贝叶斯定理来预测使得后验概率最大的类标签，主要任务是估计每一个类的联合概率密度函数，并通过多元正态分布来建模。朴素贝叶斯分类器假设各个属性之间是彼此独立的，但在许多实际应用中仍取得了惊人的效果。本章还会描述最近邻分类器，该分类器使用一种无参数的方法来估计密度。

18.1　贝叶斯分类器

令训练数据集 $\boldsymbol{D}$ 包含 n 个 d 维空间中的点 $\boldsymbol{x}_i$，令 y_i 表示每个点的类标签，其中 $y_i \in \{c_1, c_2, \cdots, c_k\}$。贝叶斯分类器直接使用贝叶斯定理来预测一个新的实例 $\boldsymbol{x}$ 的类。它对每个类 c_i 估计后验概率 $P(c_i|\boldsymbol{x})$，并选择具有最大概率的类。$\boldsymbol{x}$ 的预测类为：

$$\hat{y} = \arg\max_{c_i}\{P(c_i|\boldsymbol{x})\} \tag{18.1}$$

可以利用贝叶斯定理，将后验概率用似然(likelihood)和先验概率表示如下：

$$P(c_i|\boldsymbol{x}) = \frac{P(\boldsymbol{x}|c_i) \cdot P(c_i)}{P(\boldsymbol{x})}$$

其中 $P(\boldsymbol{x}|c_i)$ 是似然，定义为假设真实类是 c_i 时观察到 $\boldsymbol{x}$ 的概率。$P(c_i)$ 是类 c_i 的先验概率，$P(\boldsymbol{x})$ 是从 k 个类中的任意一个观察到 $\boldsymbol{x}$ 的概率，即：

$$P(\boldsymbol{x}) = \sum_{j=1}^{k} P(\boldsymbol{x}|c_j) \cdot P(c_j)$$

对一个给定的点，$P(\boldsymbol{x})$ 是固定的，因此贝叶斯规则 [公式 (18.1)] 可以重写为：

$$\begin{aligned}\hat{y} &= \arg\max_{c_i}\{P(c_i|\boldsymbol{x})\} \\ &= \arg\max_{c_i}\left\{\frac{P(\boldsymbol{x}|c_i) \cdot P(c_i)}{P(\boldsymbol{x})}\right\} = \arg\max_{c_i}\{P(\boldsymbol{x}|c_i) \cdot P(c_i)\}\end{aligned} \tag{18.2}$$

换句话说，预测类实质上是由考虑了该类先验概率的似然决定的。

18.1.1　估计先验概率

为了对点进行分类，需要直接从训练数据集 $\boldsymbol{D}$ 估计似然和先验概率。令 $\boldsymbol{D}_i$ 表示 $\boldsymbol{D}$ 中类标签为 c_i 的点构成的子集：

$$\boldsymbol{D}_i = \{\boldsymbol{x}_j \in \boldsymbol{D} | \boldsymbol{x}_j \text{的类标签为} y_j = c_i\}$$

令训练数据集的大小为 $|\boldsymbol{D}| = n$，每个基于类的子集的大小为 $|\boldsymbol{D}_i| = n_i$。类 c_i 的先验概率可以估计如下：

$$\widehat{P}(c_i) = \frac{n_i}{n}$$

18.1.2 估计似然

为估计似然 $P(\boldsymbol{x}|c_i)$，需要估计 $\boldsymbol{x}$ 在所有 d 个维度上的联合概率，即估计 $P(\boldsymbol{x} = (x_1, x_2, \cdots, x_d)|c_i)$。

1. **数值属性**

假设所有的维度都是数值型的，可以通过非参数或参数方法来估计 $\boldsymbol{x}$ 的联合概率。18.3 节会考虑非参数方法。

在参数方法中，通常假设每个类 c_i 都是在某个均值 μ_i 周围正态分布（对应的协方差矩阵是 $\boldsymbol{\Sigma}_i$），均值和协方差矩阵都是由 $\boldsymbol{D}_i$ 估计得到的。对于类 c_i，$\boldsymbol{x}$ 处的概率密度因此为：

$$f_i(\boldsymbol{x}) = f(\boldsymbol{x}|\boldsymbol{\mu}_i, \boldsymbol{\Sigma}_i) = \frac{1}{(\sqrt{2\pi})^d \sqrt{|\boldsymbol{\Sigma}_i|}} \exp\left\{-\frac{(\boldsymbol{x}-\boldsymbol{\mu}_i)^{\mathrm{T}} \boldsymbol{\Sigma}_i^{-1} (\boldsymbol{x}-\boldsymbol{\mu}_i)}{2}\right\} \tag{18.3}$$

由于 c_i 是用连续分布刻画的，任意给定点的概率均为 0，即 $P(\boldsymbol{x}|c_i) = 0$。然而，可以通过考虑一个以 $\boldsymbol{x}$ 为中心的小区间 $\epsilon > 0$ 来计算似然：

$$P(\boldsymbol{x}|c_i) = 2\epsilon \cdot f_i(\boldsymbol{x})$$

后验概率因此为：

$$P(c_i|\boldsymbol{x}) = \frac{2\epsilon \cdot f_i(\boldsymbol{x}) P(c_i)}{\sum_{j=1}^{k} 2\epsilon \cdot f_j(\boldsymbol{x}) P(c_j)} = \frac{f_i(\boldsymbol{x}) P(c_i)}{\sum_{j=1}^{k} f_j(\boldsymbol{x}) P(c_j)} \tag{18.4}$$

此外，由于 $\sum_{j=1}^{k} f_j(\boldsymbol{x}) P(c_j)$ 对于 $\boldsymbol{x}$ 是固定的，可以修改公式 (18.2) 来预测 $\boldsymbol{x}$ 的类别：

$$\hat{y} = \arg\max_{c_i} \{f_i(\boldsymbol{x}) P(c_i)\}$$

为了对一个数值型测试点 $\boldsymbol{x}$ 进行分类，贝叶斯分类器通过样本均值和样本协方差矩阵来估计参数。类 c_i 的样本均值可以估计为：

$$\hat{\boldsymbol{\mu}}_i = \frac{1}{n_i} \sum_{\boldsymbol{x}_j \in \boldsymbol{D}_i} \boldsymbol{x}_j$$

每个类的样本协方差矩阵可以根据公式 (2.30) 估计如下：

$$\widehat{\boldsymbol{\Sigma}}_i = \frac{1}{n_i} \boldsymbol{Z}_i^{\mathrm{T}} \boldsymbol{Z}_i$$

其中 $\boldsymbol{Z}_i$ 是类 c_i 的居中数据矩阵 $\boldsymbol{Z}_i = \boldsymbol{D}_i - \boldsymbol{1} \cdot \widehat{\boldsymbol{\mu}}_i^{\mathrm{T}}$。这些值可以用于确定公式 (18.3) 中的概率密度 $\hat{f}_i(\boldsymbol{x}) = f(\boldsymbol{x}|\hat{\boldsymbol{\mu}}_i, \widehat{\boldsymbol{\Sigma}}_i)$

算法 18.1 给出了贝叶斯分类器的伪代码。给定输入数据集 $\boldsymbol{D}$，本方法估计每个类的先验概率、均值和协方差矩阵。对于测试，给定一个测试点 $\boldsymbol{x}$，它返回具有最大后验概率的类。训练的复杂度主要在于协方差矩阵的计算步骤，该步骤需要 $O(nd^2)$ 时间。

算法18.1　贝叶斯分类器

BAYESCLASSIFIER ($D=\{(\boldsymbol{x}_j, y_j)\}_{j=1}^n$):

1 **for** $i=1,\cdots,k$ **do**
2 　$\boldsymbol{D}_i \leftarrow \{\boldsymbol{x}_j \mid y_j = c_i, j=1,\cdots,n\}$　// 对应每一个类的子集
3 　$n_i \leftarrow |\boldsymbol{D}_i|$　// 基数
4 　$\hat{P}(c_i) \leftarrow n_i/n$　// 先验概率
5 　$\hat{\boldsymbol{\mu}}_i \leftarrow \frac{1}{n_i}\sum_{\boldsymbol{x}_j \in \boldsymbol{D}_i} \boldsymbol{x}_j$　// 均值
6 　$\boldsymbol{Z}_i \leftarrow \boldsymbol{D}_i - \boldsymbol{1}_{n_i}\hat{\boldsymbol{\mu}}_i^{\mathrm{T}}$　// 居中数据
7 　$\widehat{\boldsymbol{\Sigma}}_i \leftarrow \frac{1}{n_i}\boldsymbol{Z}_i^{\mathrm{T}}\boldsymbol{Z}_i$　// 协方差矩阵
8 **return** $\hat{P}(c_i), \hat{\boldsymbol{\mu}}_i, \widehat{\boldsymbol{\Sigma}}_i \ (i=1,\cdots,k)$

TESTING ($\boldsymbol{x}$ **and** $\hat{P}(c_i), \hat{\boldsymbol{\mu}}_i, \widehat{\boldsymbol{\Sigma}}_i$, **for all** $i \in [1,k]$):

9 $\hat{y} \leftarrow \arg\max_{c_i}\{f(\boldsymbol{x}|\hat{\boldsymbol{\mu}}_i, \widehat{\boldsymbol{\Sigma}}_i) \cdot P(c_i)\}$
10 **return** $\hat{y}$

例 18.1　考虑二维鸢尾花数据集，属性为萼片长度和萼片宽度，如图 18-1 所示。类 c_1 对应iris-setosa（显示为圆圈），共有 $n_1 = 150$ 个点；另一个类 c_2（显示为三角形）共有 $n_2 = 100$ 个点。两个类的先验概率为：

$$\widehat{P}(c_1) = \frac{n_1}{n} = \frac{50}{150} = 0.33 \qquad \widehat{P}(c_2) = \frac{n_2}{n} = \frac{100}{150} = 0.67$$

c_1 和 c_2 的均值（用黑色圆圈和三角形表示）为：

$$\hat{\boldsymbol{\mu}}_1 = \begin{pmatrix}5.01\\3.42\end{pmatrix} \qquad \hat{\boldsymbol{\mu}}_2 = \begin{pmatrix}6.26\\2.87\end{pmatrix}$$

对应的协方差矩阵为：

$$\widehat{\boldsymbol{\Sigma}}_1 = \begin{pmatrix}0.122 & 0.098\\0.098 & 0.142\end{pmatrix} \qquad \widehat{\boldsymbol{\Sigma}}_2 = \begin{pmatrix}0.435 & 0.121\\0.121 & 0.110\end{pmatrix}$$

图 18-1 显示了建模两个类的概率密度的多元正态分布的等高线（对应 1% 的峰值密度）。令 $\boldsymbol{x} = (6.75, 4.25)^{\mathrm{T}}$ 为一个测试点（用白色方块表示）。该点对两个类的后验概率可以根据公式 (18.4) 计算如下：

$$\widehat{P}(c_1|\boldsymbol{x}) \propto \hat{f}(\boldsymbol{x}|\hat{\boldsymbol{\mu}}_1, \widehat{\boldsymbol{\Sigma}}_1)\widehat{P}(c_1) = (4.914 \times 10^{-7}) \times 0.33 = 1.622 \times 10^{-7}$$
$$\widehat{P}(c_2|\boldsymbol{x}) \propto \hat{f}(\boldsymbol{x}|\hat{\boldsymbol{\mu}}_2, \widehat{\boldsymbol{\Sigma}}_2)\widehat{P}(c_2) = (2.589 \times 10^{-5}) \times 0.67 = 1.735 \times 10^{-5}$$

由于 $\widehat{P}(c_2|\boldsymbol{x}) > \widehat{P}(c_1|\boldsymbol{x})$，$\boldsymbol{x}$ 的类预测为 $\hat{y} = c_2$。

2. 类别型属性

若属性为类别型，则似然可以用第 3 章所讨论的类别型数据建模方法来计算。令 X_j 为一个类别型属性，其定义域为 $\mathrm{dom}(X_j) = \{a_{j1}, a_{j2}, \cdots, a_{jm_j}\}$，即属性 X_j 可以取 m_j 个

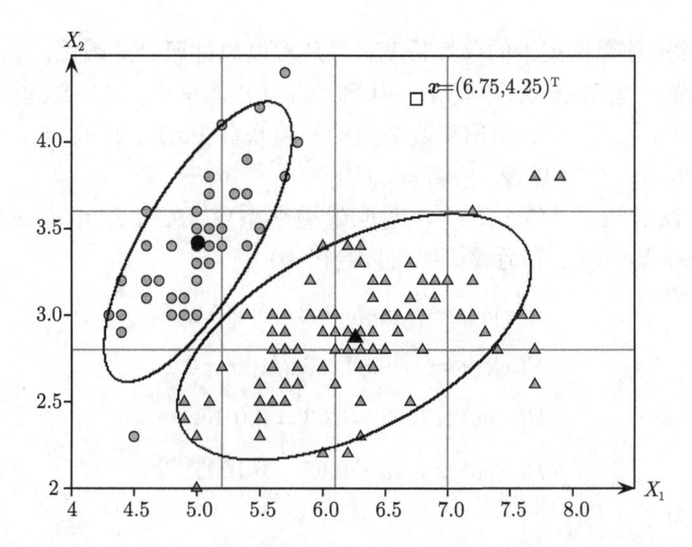

图 18-1 鸢尾花数据集：X_1（萼片长度）vs. X_2（萼片宽度）。类均值以黑色显示；密度等高线也在图中给出。正方形表示测试点 $\boldsymbol{x}$

不同的类别型值。每个类别型属性 X_j 都建模为一个 m_j 维的多元伯努利随机变量 $\boldsymbol{X}_j$，该变量可以取 m_j 个不同的向量值 $\boldsymbol{e}_{j1}, \boldsymbol{e}_{j2}, \cdots, \boldsymbol{e}_{jm_j}$，其中 $\boldsymbol{e}_{jr}$ 是 $\mathbb{R}^{m_j}$ 中的第 r 个标准基向量，且对应于第 r 个符号或值 $a_{jr} \in \mathrm{dom}(X_j)$。整个 d 维数据集建模为向量随机变量 $\boldsymbol{X} = (\boldsymbol{X}_1, \boldsymbol{X}_2, \cdots, \boldsymbol{X}_d)^{\mathrm{T}}$。令 $d' = \sum_{j=1}^{d} m_j$；一个类别型点 $\boldsymbol{x} = (x_1, x_2, \cdots, x_d)^{\mathrm{T}}$ 因此可以表示为 d' 维的二值向量：

$$\boldsymbol{v} = \begin{pmatrix} \boldsymbol{v}_1 \\ \vdots \\ \boldsymbol{v}_d \end{pmatrix} = \begin{pmatrix} \boldsymbol{e}_{1r_1} \\ \vdots \\ \boldsymbol{e}_{dr_d} \end{pmatrix}$$

其中 $\boldsymbol{v}_j = \boldsymbol{e}_{jr_j}$（$x_j = a_{jr_j}$）是 X_j 定义域内的第 r_j 个值。一个类别型点 $\boldsymbol{x}$ 可以从向量随机变量 $\boldsymbol{X}$ 的联合概率质量函数（PMF）得到：

$$P(\boldsymbol{x}|c_i) = f(\boldsymbol{v}|c_i) = f(\boldsymbol{X}_1 = \boldsymbol{e}_{1r_1}, \cdots, \boldsymbol{X}_d = \boldsymbol{e}_{dr_d}|c_i) \tag{18.5}$$

上述的联合 PMF 可以直接从数据 $\boldsymbol{D}_i$ 对每个类 c_i 估计得出：

$$\hat{f}(\boldsymbol{v}|c_i) = \frac{n_i(\boldsymbol{v})}{n_i}$$

其中 $n_i(\boldsymbol{v})$ 是值 $\boldsymbol{v}$ 在类 c_i 中出现的次数。不幸的是，若点 $\boldsymbol{v}$ 处对一个或两个类的概率质量为 0，则会使得后验概率也为 0。为避免此种情况，一种方法是，对向量随机变量 $\boldsymbol{X}$ 的所有可能值引入一个小的先验概率。另一种简单的方法是，对每个值假设一个为 1 的伪计数（pseudo-count），即假设 $\boldsymbol{X}$ 的每个值出现至少一次，然后在类别 c_i 的观察值 $\boldsymbol{v}$ 的实际出现次数上加 1。调整后 $\boldsymbol{v}$ 的概率质量为：

$$\hat{f}(\boldsymbol{v}|c_i) = \frac{n_i(\boldsymbol{v}) + 1}{n_i + \prod_{j=1}^{d} m_j} \tag{18.6}$$

其中 $\prod_{j=1}^{d} m_j$ 给出了 $\boldsymbol{X}$ 的可能值的数目。将算法 18.1 中的代码进行扩展以适用于类别型属性是很容易的，只需要使用公式 (18.6) 对每个类计算联合 PMF。

例 18.2 假设鸢尾花数据集中的萼片长度和萼片宽度属性已经离散化，分别如表 18-1a 和表 18-1b 所示。我们有 $|\text{dom}(X_1)| = m_1 = 4$ 和 $|\text{dom}(X_2)| = m_2 = 3$。这些区间也在图 18-1 中以灰色网格线显示。表 18-2 给出了两个类的经验联合 PMF。和例 18.1 中一样，两个类的先验概率为 $\widehat{P}(c_1) = 0.33$ 以及 $\widehat{P}(c_2) = 0.67$。

考虑一个测试点 $\boldsymbol{x} = (5.3, 3.0)^{\text{T}}$，对应于类别型点 (Short, Medium)，表示为 $\boldsymbol{v} = (\boldsymbol{e}_{12}^{\text{T}} \quad \boldsymbol{e}_{22}^{\text{T}})^{\text{T}}$。每个类的似然和后验概率可以给出为：

$$\widehat{P}(\boldsymbol{x}|c_1) = \hat{f}(\boldsymbol{v}|c_1) = 3/50 = 0.06$$

$$\widehat{P}(\boldsymbol{x}|c_2) = \hat{f}(\boldsymbol{v}|c_2) = 15/100 = 0.15$$

$$\widehat{P}(c_1|\boldsymbol{x}) \propto 0.06 \times 0.33 = 0.0198$$

$$\widehat{P}(c_2|\boldsymbol{x}) \propto 0.15 \times 0.67 = 0.1005$$

因此，预测的类为 $\hat{y} = c_2$。

另一方面，测试点 $\boldsymbol{x} = (6.75, 4.25)^{\text{T}}$ 对应于类别型点 (Long, Long)，表示为 $\boldsymbol{v} = (\boldsymbol{e}_{13}^{\text{T}} \quad \boldsymbol{e}_{23}^{\text{T}})^{\text{T}}$。不幸的是，两个类在 $\boldsymbol{v}$ 处的概率质量都为 0。我们通过伪计数调整 PMF[公式 (18.60)]；注意可能的值的数目为 $m_1 \times m_2 = 4 \times 3 = 12$。每个类的似然和先验概率可以给出为：

$$\widehat{P}(\boldsymbol{x}|c_1) = \hat{f}(\boldsymbol{v}|c_1) = \frac{0+1}{50+12} = 1.61 \times 10^{-2}$$

$$\widehat{P}(\boldsymbol{x}|c_2) = \hat{f}(\boldsymbol{v}|c_2) = \frac{0+1}{100+12} = 8.93 \times 10^{-3}$$

$$\widehat{P}(c_1|\boldsymbol{x}) \propto (1.61 \times 10^{-2}) \times 0.33 = 5.32 \times 10^{-3}$$

$$\widehat{P}(c_2|\boldsymbol{x}) \propto (8.93 \times 10^{-3}) \times 0.67 = 5.98 \times 10^{-3}$$

因此，预测的类为 $\hat{y} = c_2$。

表 18-1 离散化的萼片长度和萼片宽度属性

区间	定义域
[4.3,5.2]	Very Short(a_{11})
(5.2,6.1]	Short(a_{12})
(6.1,7.1]	Long(a_{13})
(7.1,7.9]	Very Long(a_{14})

(a) 离散化的萼片长度

区间	定义域
[2.0,2.8]	Short(a_{21})
(2.8,3.6]	Medium(a_{22})
(3.6,4.4]	Long(a_{23})

(b) 离散化的萼片宽度

3. **挑战**

贝叶斯分类器的主要问题是，缺乏足够的数据来可靠地估计联合概率密度或质量函数，尤其是对于高维数据。例如，对于数值型属性，我们要估计 $O(d^2)$ 的协方差，且随着维度的增加，需要估计的参数数量会更多。对于类别型属性，我们要估计 $\boldsymbol{v}$ 的所有可能值的联合概率 $\prod_j |\text{dom}(X_j)|$。即便每个类别型属性只有两个取值，也需要估计 2^d 个值的概率。然而，$\boldsymbol{v}$ 最多有 n 个不同的值，因此大部分计数都为 0。要应对这些问题，可以在实践中使用缩减的

参数集合，下一节将进行相关的讨论。

表 18-2 每一类的经验（联合）概率质量函数

	类：c_1	X_2			$\hat{f}_{X_1}$
		Short(e_{21})	Medium(e_{22})	Long(e_{23})	
X_1	Very Short(e_{11})	1/50	33/50	5/50	39/50
	Short(e_{12})	0	3/50	8/50	13/50
	Long(e_{13})	0	0	0	0
	Very Long(e_{14})	0	0	0	0
	$\hat{f}_{X_2}$	1/50	36/50	13/50	

	类：c_2	X_2			$\hat{f}_{X_1}$
		Short(e_{21})	Medium(e_{22})	Long(e_{23})	
X_1	Very Short(e_{11})	6/100	0	0	6/100
	Short(e_{12})	24/100	15/100	0	39/100
	Long(e_{13})	13/100	30/100	0	43/100
	Very Long(e_{14})	3/100	7/100	2/100	12/100
	$\hat{f}_{X_2}$	46/100	52/100	2/100	

18.2 朴素贝叶斯分类器

之前看到的完整的贝叶斯方法会遇到很多关于估计的问题，尤其是在维度比较高的情况下。朴素贝叶斯方法提出了一个简单的假设，即所有的属性都是彼此独立的。这样可以得到一个大大简化但实际上出人意料地高效的分类器。独立性假设意味着似然可以分解为每一维上的概率的乘积：

$$P(\boldsymbol{x}|c_i) = P(x_1, x_2, \cdots, x_d|c_i) = \prod_{j=1}^{d} P(x_j|c_i) \tag{18.7}$$

1. 数值型属性

对于数值型属性，默认假设每个属性对每一个类 c_i 都是正态分布的。令 μ_{ij} 和 σ_{ij}^2 表示属性 X_j 关于类 c_i 的均值和方差。类 c_i 在 X_j 维度上的似然为：

$$P(x_j|c_i) \propto f(x_j|\mu_{ij}, \sigma_{ij}^2) = \frac{1}{\sqrt{2\pi}\sigma_{ij}} \exp\left\{-\frac{(x_j - \mu_{ij})^2}{2\sigma_{ij}^2}\right\}$$

同时，朴素假设对应着设置所有 $\boldsymbol{\Sigma}_i$ 中的协方差为 0：

$$\boldsymbol{\Sigma}_i = \begin{pmatrix} \sigma_{i1}^2 & 0 & \cdots & 0 \\ 0 & \sigma_{i2}^2 & \cdots & 0 \\ \vdots & \vdots & \ddots & \\ 0 & 0 & \cdots & \sigma_{id}^2 \end{pmatrix}$$

因此可得：

$$|\boldsymbol{\Sigma}_i| = \det(\boldsymbol{\Sigma}_i) = \sigma_{i1}^2\sigma_{i2}^2\cdots\sigma_{id}^2 = \prod_{j=1}^{d}\sigma_{ij}^2$$

同样，可得：

$$\boldsymbol{\Sigma}_i^{-1} = \begin{pmatrix} \frac{1}{\sigma_{i1}^2} & 0 & \cdots & 0 \\ 0 & \frac{1}{\sigma_{i2}^2} & \cdots & 0 \\ \vdots & \vdots & \ddots & \\ 0 & 0 & \cdots & \frac{1}{\sigma_{id}^2} \end{pmatrix}$$

假设对所有的 j 都有 $\sigma_{ij}^2 \neq 0$，最后可得：

$$(\boldsymbol{x}-\boldsymbol{\mu}_i)^{\mathrm{T}}\boldsymbol{\Sigma}_i^{-1}(\boldsymbol{x}-\boldsymbol{\mu}_i) = \sum_{j=1}^{d}\frac{(x_j-\mu_{ij})^2}{\sigma_{ij}^2}$$

将这些代入公式 (18.3)，可以得到：

$$\begin{aligned} P(\boldsymbol{x}|c_i) &= \frac{1}{(\sqrt{2\pi})^d\sqrt{\prod_{j=1}^{d}\sigma_{ij}^2}}\exp\left\{-\sum_{j=1}^{d}\frac{(x_j-\mu_{ij})^2}{2\sigma_{ij}^2}\right\} \\ &= \prod_{j=1}^{d}\left(\frac{1}{\sqrt{2\pi}\,\sigma_{ij}}\exp\left\{-\frac{(x_j-\mu_{ij})^2}{2\sigma_{ij}^2}\right\}\right) \\ &= \prod_{j=1}^{d}P(x_j|c_i) \end{aligned}$$

这和公式 (18.7) 是等价的。换句话说，根据独立性假设，联合概率分布被分解为每个维度上的概率的乘积。

朴素贝叶斯分类器使用每个类 c_i 的样本均值 $\hat{\boldsymbol{\mu}}_i = (\hat{u}_{i1},\cdots,\hat{u}_{id})^{\mathrm{T}}$ 和一个对角型的样本协方差矩阵 $\widehat{\boldsymbol{\Sigma}}_i = \mathrm{diag}(\sigma_{i1}^2,\cdots,\sigma_{id}^2)$。因此，一共需要估计 $2d$ 个参数，分别对应每个维度 X_j 上的样本均值和样本方差。

算法 18.2 给出了朴素贝叶斯分类器的伪代码。给定一个输入数据集 $\boldsymbol{D}$，该方法估计每个类的先验概率和均值。接下来，它计算每个属性 X_j 的方差 $\hat{\sigma}_{ij}^2$，所有的关于类 c_i 的 d 个方差存储在向量 $\hat{\boldsymbol{\sigma}}_i$ 中。属性 X_j 的方差首先通过居中数据 $\boldsymbol{D}_i$ 来得到，即 $\boldsymbol{Z}_i = \boldsymbol{D}_i - \boldsymbol{1}\cdot\hat{\boldsymbol{\mu}}_i^{\mathrm{T}}$。我们用 Z_{ij} 表示类 c_i 对应属性 X_j 的居中数据。方差给定为 $\hat{\sigma} = \frac{1}{n_i}Z_{ij}^{\mathrm{T}}Z_{ij}$。

训练朴素贝叶斯分类器是很快的，计算复杂度为 $O(nd)$。关于测试，给定一个测试点 $\boldsymbol{x}$，它返回具有最大后验概率的类，该后验概率是通过计算所有维度上的似然的乘积和类先验概率得到的。

算法18.2 朴素贝叶斯分类器

```
NAIVEBAYES (D = {(x_j, y_j)}_{j=1}^n):
1  for i = 1, ···, k do
2  |  D_i ← {x_j | y_j = c_i, j = 1, ···, n}   // 基于类别的子集
3  |  n_i ← |D_i|   // 基数
4  |  P̂(c_i) ← n_i/n   // 先验概率
5  |  μ̂_i ← (1/n_i) Σ_{x_j∈D_i} x_j   // 均值
6  |  Z_i = D_i − 1·μ̂_i^T   // c_i 类的居中数据
7  |  for j = 1, ···, d do   // 基于类别的针对 X_j 的方差
8  |  |_ σ̂_ij^2 ← (1/n_i) Z_ij^T Z_ij   // 方差
9  |_ σ̂_i = (σ̂_i1^2, ···, σ̂_id^2)^T   // 基于类别的属性方差
10 return P̂(c_i), μ̂_i, σ̂_i (i = 1, ···, k)

TESTING (x and P̂(c_i), μ̂_i, σ̂_i, for all i ∈ [1, k]):
11 ŷ ← argmax_{c_i} { P̂(c_i) ∏_{j=1}^d f(x_j | μ̂_ij, σ̂_ij^2) }
12 return ŷ
```

例 18.3 考虑例 18.1。在朴素贝叶斯方法中，先验概率 $\widehat{P}(c_i)$ 和均值 $\hat{\boldsymbol{\mu}}_i$ 不变。主要的不同在于协方差矩阵变为对角的：

$$\widehat{\boldsymbol{\Sigma}}_1 = \begin{pmatrix} 0.122 & 0 \\ 0 & 0.142 \end{pmatrix} \qquad \widehat{\boldsymbol{\Sigma}}_2 = \begin{pmatrix} 0.435 & 0 \\ 0 & 0.110 \end{pmatrix}$$

图 18-2 显示了两个类的多元正态分布的等高线（对应 1% 的峰值密度）。可以看到，对角假设使得等高线为与坐标轴平行的椭圆（对比图 18-1 中完全贝叶斯分类器的情况）。

关于测试点 $\boldsymbol{x} = (6.75, 4.25)^{\mathrm{T}}$，$c_1$ 和 c_2 的后验概率为：

$$\widehat{P}(c_1|\boldsymbol{x}) \propto \hat{f}(\boldsymbol{x}|\hat{\boldsymbol{\mu}}_1, \widehat{\boldsymbol{\Sigma}}_1)\widehat{P}(c_1) = (3.99 \times 10^{-7}) \times 0.33 = 1.32 \times 10^{-7}$$

$$\widehat{P}(c_2|\boldsymbol{x}) \propto \hat{f}(\boldsymbol{x}|\hat{\boldsymbol{\mu}}_2, \widehat{\boldsymbol{\Sigma}}_2)\widehat{P}(c_2) = (9.597 \times 10^{-5}) \times 0.67 = 6.43 \times 10^{-5}$$

由于 $\widehat{P}(c_2|\boldsymbol{x}) > \widehat{P}(c_1|\boldsymbol{x})$，$\boldsymbol{x}$ 的类预测为 $\hat{y} = c_2$。

2. 类别型属性

独立性假设使得公式 (18.5) 中的联合概率质量函数可以简化如下：

$$P(\boldsymbol{x}|c_i) = \prod_{j=1}^{d} P(x_j|c_i) = \prod_{j=1}^{d} f(\boldsymbol{X}_j = \boldsymbol{e}_{jr_j}|c_i)$$

其中 $f(\boldsymbol{X}_j = \boldsymbol{e}_{jr_j}|c_i)$ 是 $\boldsymbol{X}_j$ 的概率质量函数，可以根据 $\boldsymbol{D}_i$ 估计如下：

$$\hat{f}(\boldsymbol{v}_j|c_i) = \frac{n_i(\boldsymbol{v}_j)}{n_i}$$

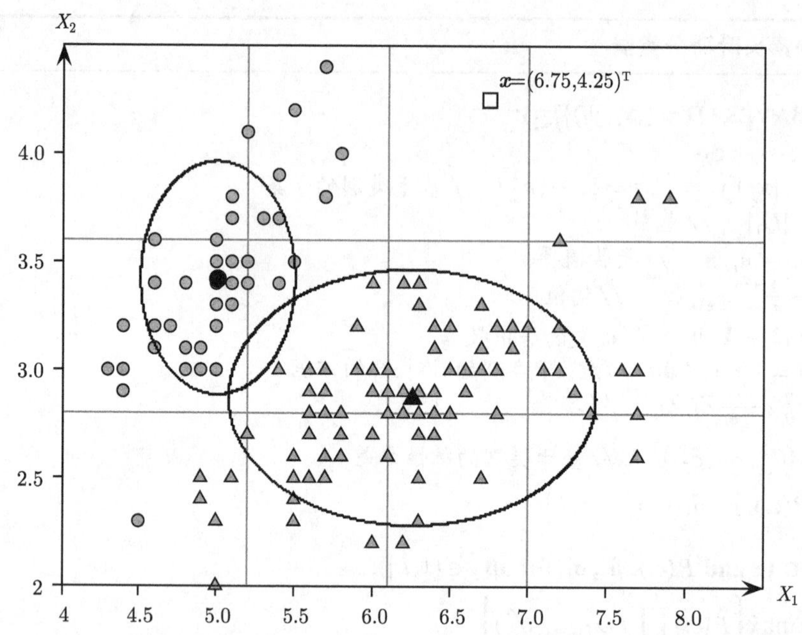

图 18-2 朴素贝叶斯分类器：X_1（萼片长度）vs. X_2（萼片宽度）。类均值以黑色显示；密度等高线也在图中给出。正方形表示测试点 $\boldsymbol{x}$

其中 $n_i(\boldsymbol{v}_j)$ 是关于类 c_i 的属性 X_j 对应于第 r_j 个类别型值 a_{jr_j} 的值 $\boldsymbol{v}_j = \boldsymbol{e}_j r_j$ 的观察频率。同完全贝叶斯方法中的情况一样，若计数值为 0，则可以使用伪计数的方法来获得先验概率。调整后的估计为：

$$\hat{f}(\boldsymbol{v}_j|c_i) = \frac{n_i(\boldsymbol{v}_j)+1}{n_i+m_j}$$

其中 $m_j = |\mathrm{dom}(X_j)|$。扩充算法 18.2 中的代码以适用于类别型属性是很容易的。

例 18.4 继续例 18.2，每个离散化属性关于各类的 PMF 可见表 18-2。具体而言，这些分别对应行和列边缘概率 $\hat{f}_{X_1}$ 和 $\hat{f}_{X_2}$。测试点 $\boldsymbol{x} = (6.75, 4.25)$，对应于 (Long, Long) 或 $\boldsymbol{v} = (\boldsymbol{e}_{13}, \boldsymbol{e}_{23})$，分类如下：

$$\begin{aligned}
\widehat{P}(\boldsymbol{v}|c_1) &= \widehat{P}(\boldsymbol{e}_{13}|c_1)\cdot\widehat{P}(\boldsymbol{e}_{23}|c_1) = \left(\frac{0+1}{50+4}\right)\cdot\left(\frac{13}{50}\right) = 4.81\times 10^{-3}\\
\widehat{P}(\boldsymbol{v}|c_2) &= \widehat{P}(\boldsymbol{e}_{13}|c_2)\cdot\widehat{P}(\boldsymbol{e}_{23}|c_2) = \left(\frac{43}{100}\right)\cdot\left(\frac{2}{100}\right) = 8.60\times 10^{-3}\\
\widehat{P}(c_1|\boldsymbol{v}) &\propto (4.81\times 10^{-3})\times 0.33 = 1.59\times 10^{-3}\\
\widehat{P}(c_2|\boldsymbol{v}) &\propto (8.6\times 10^{-3})\times 0.67 = 5.76\times 10^{-3}
\end{aligned}$$

因此，预测的类为 $\hat{y} = c_2$。

18.3 *K* 最近邻分类器

前面的章节考虑的是估计似然 $P(\boldsymbol{x}|c_i)$ 的参数方法。本节将要考虑一种非参数方法，它不对底层的联合概率密度函数作任何的假设。相反，它直接利用数据样本来估计密度，例如，

使用第 15 章所述的密度估计方法。这里使用 15.2.3 节的最近邻密度估计来说明这一非参数方法，从而得到 K **最近邻**（KNN）分类器。

令 $\boldsymbol{D}$ 为一个包含 n 个点 $\boldsymbol{x}_i \in \mathbb{R}^d$ 的训练数据集。令 $\boldsymbol{D}_i$ 表示类标签为 c_i 的点的子集，其中 $n_i = |\boldsymbol{D}_i|$。给定一个测试点 $\boldsymbol{x} \in \mathbb{R}^d$，以及需要考虑的邻居的数目 K，令 r 代表从 $\boldsymbol{x}$ 到它的第 K 个最近邻居的距离。

考虑以测试点 $\boldsymbol{x}$ 为中心的、半径为 r 的 d 维超球，定义为：

$$B_d(\boldsymbol{x}, r) = \{\boldsymbol{x}_i \in \boldsymbol{D} | \delta(\boldsymbol{x}, \boldsymbol{x}_i) \leqslant r)\}$$

这里 $\delta(\boldsymbol{x}, \boldsymbol{x}_i)$ 是 $\boldsymbol{x}$ 和 $\boldsymbol{x}_i$ 之间的距离，通常假设为欧几里得距离，例如 $\delta(\boldsymbol{x}, \boldsymbol{x}_i) = \|\boldsymbol{x} - \boldsymbol{x}_i\|_2$。其他距离度量也可以使用。假设 $|B_d(\boldsymbol{x}, r)| = K$。

令 K_i 代表 $\boldsymbol{x}$ 中的 K 个最近邻中被标注为类 c_i 的点的数目，即：

$$K_i = \{\boldsymbol{x}_j \in B_d(\boldsymbol{x}, r) | y_j = c_i\}$$

$\boldsymbol{x}$ 处的类条件向量密度可以估计为 c_i 类的点位于超球内的比例除以超球的体积，即：

$$\hat{f}(\boldsymbol{x}|c_i) = \frac{K_i/n_i}{V} = \frac{K_i}{n_i V}$$

其中 $V = \text{vol}(B_d(\boldsymbol{x}, r))$ 是 d 维超球的体积 [公式 (6.4)]。

使用公式 (18.4)，后验概率 $P(c_i|\boldsymbol{x})$ 可以估计为：

$$P(c_i|\boldsymbol{x}) = \frac{\hat{f}(\boldsymbol{x}|c_i)\widehat{P}(c_i)}{\sum_{j=1}^{k} \hat{f}(\boldsymbol{x}|c_j)\widehat{P}(c_j)}$$

然而，由于 $\widehat{P}(c_i) = \frac{n_i}{n}$，我们有：

$$\hat{f}(\boldsymbol{x}|c_i)\widehat{P}(c_i) = \frac{K_i}{n_i V} \cdot \frac{n_i}{n} = \frac{K_i}{nV}$$

因此，后验概率为：

$$P(c_i|\boldsymbol{x}) = \frac{\frac{K_i}{nV}}{\sum_{j=1}^{k} \frac{K_j}{nV}} = \frac{K_i}{K}$$

最后，$\boldsymbol{x}$ 的预测类为：

$$\hat{y} = \arg\max_{c_i}\{P(c_i|\boldsymbol{x})\} = \arg\max_{c_i}\left\{\frac{K_i}{K}\right\} = \arg\max_{c_i} K_i$$

由于 K 是固定的，KNN 分类器预测 $\boldsymbol{x}$ 的类为其 K 个最近邻中的多数类。

例 18.5 考虑图 18-3 中所示的二维鸢尾花数据集。两个类分别为：c_1（圆圈）共 $n_1 = 50$ 个点，c_2（三角形）共 $n_2 = 100$ 个点。

现在用 $K = 5$ 个最近邻分类测试点 $\boldsymbol{x} = (6.75, 4.25)^{\mathrm{T}}$。从 $\boldsymbol{x}$ 到它的第 5 个最近邻 $(6.2, 3.4)^{\mathrm{T}}$ 的距离为 $r = \sqrt{1.025} = 1.012$。图中给出了半径 r 和对应的球。球中包含了 $K_1 = 1$ 个 c_1 类的点和 $K_2 = 4$ 个 c_2 类的点，因此，预测的 $\boldsymbol{x}$ 的类为 $\hat{y} = c_2$。

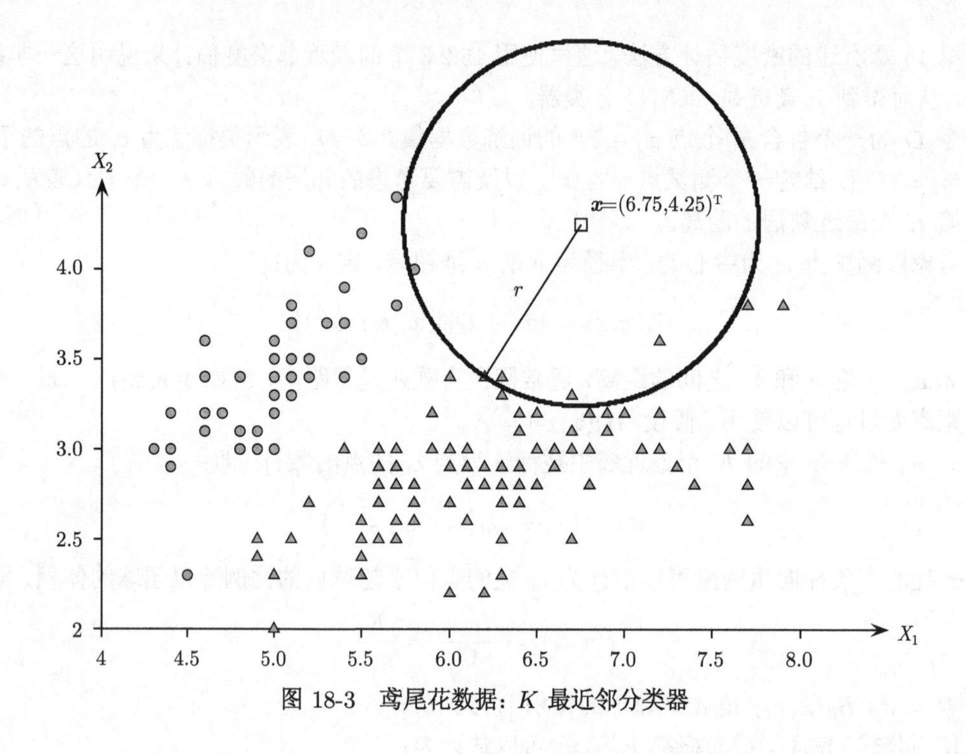

图 18-3 鸢尾花数据：K 最近邻分类器

18.4 补充阅读

尽管独立性假设在真实数据集中通常是无法满足的，朴素贝叶斯分类器在实际中却非常有效。关于朴素贝叶斯分类器和其他分类方法的比较，以及为什么它有效的讨论，参见 Langley, Iba, and Thompson (1992)；Domingos and Pazzani (1997)；Zhang (2005)；Hand and Yu (2001) 以及 Rish (2001)。朴素贝叶斯在信息获取中的来龙去脉可参考 Lewis (1998)。K 最近邻分类方法首见于 Fix and Hodges, Jr. (1951)。

Domingos, P. and Pazzani, M. (1997). “On the optimality of the simple Bayesian classifier under zero-one loss.” *Machine Learning*, 29 (2-3): 103–130.

Fix, E. and Hodges Jr., J. L. (1951). Discriminatory analysis, nonparametric discrimination. *USAF School of Aviation Medicine, Randolph Field, TX, Project 21-49-004, Report 4, Contract AF41(128)-31.*

Hand, D. J. and Yu, K. (2001). “Idiot’s Bayes-not so stupid after all?” *International Statistical Review*, 69 (3): 385–398.

Langley, P., Iba, W., and Thompson, K. (1992). “An analysis of Bayesian classifiers.” *In Proceedings of the National Conference on Artificial Intelligence*, pp. 223–223.

Lewis, D. D. (1998). “Naive (Bayes) at forty: The independence assumption in information retrieval.” *In Proceedings of the 10th European Conference on Machine Learning.* pp. 4–15.

Rish, I. (2001). "An empirical study of the naive Bayes classifier." *In Proceedings of the IJCAI Workshop on Empirical Methods in Artificial Intelligence*, pp. 41–46.

Zhang, H. (2005). "Exploring conditions for the optimality of naive Bayes." *International Journal of Pattern Recognition and Artificial Intelligence*, 19 (2): 183–198.

18.5 习题

Q1. 考虑表 18-3 中的数据集。通过完全和朴素贝叶斯方法将一个新的点 (年龄=23, 车=truck) 进行分类。可以假设车的定义域为 {sports, vintage, suv, truck}。

表 18-3 Q1 的数据

$\boldsymbol{x}_i$	年龄	车	类
$\boldsymbol{x}_1$	25	sports	L
$\boldsymbol{x}_2$	20	vintage	H
$\boldsymbol{x}_3$	25	sports	L
$\boldsymbol{x}_4$	45	suv	H
$\boldsymbol{x}_5$	20	sports	H
$\boldsymbol{x}_6$	25	suv	H

Q2. 给定表 18-4 中的数据集，使用朴素贝叶斯分类器将新的点 $(T, F, 1.0)$ 进行分类。

表 18-4 Q2 的数据

$\boldsymbol{x}_i$	a_1	a_2	a_3	类
$\boldsymbol{x}_1$	T	T	5.0	Y
$\boldsymbol{x}_2$	T	T	7.0	Y
$\boldsymbol{x}_3$	T	T	8.0	N
$\boldsymbol{x}_4$	F	F	3.0	Y
$\boldsymbol{x}_5$	F	T	7.0	N
$\boldsymbol{x}_6$	F	T	4.0	N
$\boldsymbol{x}_7$	F	F	5.0	N
$\boldsymbol{x}_8$	T	F	6.0	Y
$\boldsymbol{x}_9$	F	T	1.0	N

Q3. 考虑类 c_1 和 c_2 的类均值和协方差矩阵如下：

$$\boldsymbol{\mu}_1 = (1, 3) \qquad \boldsymbol{\mu}_2 = (5, 5)$$

$$\boldsymbol{\Sigma}_1 = \begin{pmatrix} 5 & 3 \\ 3 & 2 \end{pmatrix} \qquad \boldsymbol{\Sigma}_2 = \begin{pmatrix} 2 & 0 \\ 0 & 1 \end{pmatrix}$$

使用（完全）贝叶斯方法分类点 $(3,4)^{\mathrm{T}}$，其中假设类分布为正态分布，且 $P(c_1) = P(c_2) = 0.5$。列出所有的步骤。提示：一个 2×2 矩阵 $\boldsymbol{A} = \begin{pmatrix} a & b \\ c & d \end{pmatrix}$ 的逆为 $\boldsymbol{A}^{-1} = \dfrac{1}{\det(\boldsymbol{A})}\begin{pmatrix} d & -b \\ -c & a \end{pmatrix}$。

第 19 章　决策树分类器

令训练数据集 $\boldsymbol{D}=\{\boldsymbol{x}_i,y_i\}_{i=1}^n$ 包含 d 维空间中的 n 个点，其中 y_i 是点 $\boldsymbol{x}_i$ 的类标签。假设各维度或属性 X_j 是数值型或类别型，且一共有 k 个不同的类 $y_i\in\{c_1,c_2,\cdots,c_k\}$。决策树分类器是一个递归的、基于划分的树模型，对每一个点 $\boldsymbol{x}_i$ 预测其类 $\hat{y}_i$。令 $\mathcal{R}$ 代表包含了输入数据集的数据空间。一棵决策树使用平行于坐标轴的超平面，将数据空间 $\mathcal{R}$ 分成两个半空间区域 $\mathcal{R}_1$ 和 $\mathcal{R}_2$；输入数据也被相应分为 $\boldsymbol{D}_1$ 和 $\boldsymbol{D}_2$。每个新生成的区域都递归地被平行于坐标轴的超平面分割（split），直到某个新生成的划分相对较纯，即划分内的点的类别标签较为一致。生成的分割决策的层次式结构构成了决策树模型，其中叶子节点标注为其对应的区域的点的多数类。为分类一个新的测试点，我们要递归地计算它属于哪一个半空间，直到遇到决策树中的一个叶子节点，并用叶子节点的标签作为该点的类标签。

例 19.1　考虑图 19-1a 中所示的鸢尾花数据集，该图对应两个属性：萼片长度（X_1）和萼片宽度（X_2）。分类的任务是要区分对应iris-setosa的 c_1（圆圈）和对应其他类型的鸢尾花的 c_2（三角形）。输入数据集 $\boldsymbol{D}$ 共有 $n=150$ 个数据点，数据空间以矩形给出，$\mathcal{R}=\mathrm{range}(X_1)\times\mathrm{range}(X_2)=[4.3,7.9]\times[2.0,4.4]$。

通过平行于坐标轴的超平面对数据空间 $\mathcal{R}$ 进行递归分割的过程如图 19-1a 所示。在二维空间中，一个超平面即是一条线。对应于超平面 h_0 的第一个分割显示为一条黑线。生成的左半空间和右半空间进一步分通过超平面 h_2 和 h_3 分别进行分割（显示为灰色线）。h_2 底部的半空间进一步通过 h_4 分割，h_3 之上的半空间通过 h_5 分割；三级超平面 h_4 和 h_5 以虚线显示。超平面集合及 6 个叶子区域 $\mathcal{R}_1,\cdots,\mathcal{R}_6$，构成了决策树模型。输入点也就对应地落入这 6 个区域。

考虑测试点 $\boldsymbol{z}=(6.75,4.25)^{\mathrm{T}}$（显示为白色方块）。为预测其类，决策树首先判断它落在 h_0 的哪一边。由于该点落在右半空间，因此决策树接着通过 h_3 判断它位于上半空间。最后，可以看到 $\boldsymbol{z}$ 位于 h_5 的右半空间，并到达叶子区域 $\mathcal{R}_6$。预测的类为 c_2，因为该叶子区域内所有的点（3 个）都属于类 c_2（显示为三角形）。

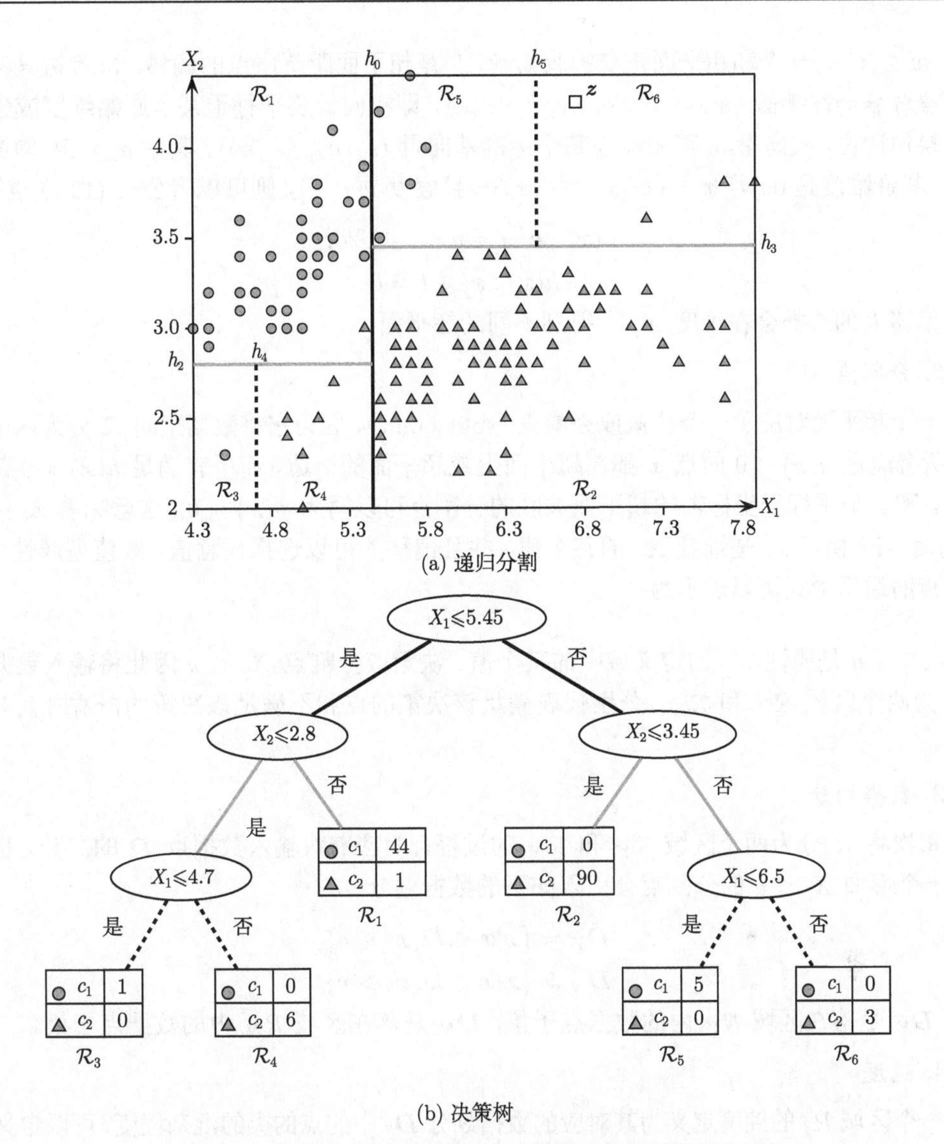

(a) 递归分割

(b) 决策树

图 19-1 决策树：用平行于坐标轴的超平面进行递归分割

19.1 决策树

一棵决策树包含了若干内部节点，每个内部节点都对应于一个超平面或分割点（即给定点落在哪个半空间内）；还包含了若干叶子节点，每个叶子节点对应一个区域或一个数据空间的划分，并标注为多数类。一个区域由落在该区域内的数据点的子集构成。

1. 平行于坐标轴的超平面

一个超平面 $h(\boldsymbol{x})$ 定义为满足如下方程的所有点 $\boldsymbol{x}$：

$$h(\boldsymbol{x}): \boldsymbol{w}^{\mathrm{T}}\boldsymbol{x} + b = 0 \tag{19.1}$$

这里 $\boldsymbol{w} \in \mathbb{R}^d$ 是一个和超平面正交的**权向量**，b 是超平面距离原点的偏移。决策树只考虑**平行于坐标轴的超平面**（axis-parallel hyperplane），即权向量要平行于某个原始维度或坐标轴 X_j。换句话说，权向量 $\boldsymbol{w}$ 可限制为某个标准基向量 $\{\boldsymbol{e}_1, \boldsymbol{e}_2, \cdots, \boldsymbol{e}_d\}$，其中 $\boldsymbol{e}_i \in \mathbb{R}^d$ 的第 j 维是 1，其余维度是 0。若 $\boldsymbol{x} = (x_1, x_2, \cdots, x_d)^{\mathrm{T}}$ 且假设 $\boldsymbol{w} = \boldsymbol{e}_j$，则可以将公式 (19.1) 重写为：

$$h(\boldsymbol{x}) : \boldsymbol{e}_j^{\mathrm{T}}\boldsymbol{x} + b = 0, \text{意味着}$$
$$h(\boldsymbol{x}) : x_j + b = 0$$

其中偏移 b 的选择会在维度 X_j 上得到不同的超平面。

2. **分割点**

一个超平面对应了一个决策或**分割点**（split point），因为它将数据空间 $\mathcal{R}$ 分为两个半空间。所有满足 $h(\boldsymbol{x}) \leqslant 0$ 的点 $\boldsymbol{x}$ 都在超平面上或超平面的一边，而所有满足 $h(\boldsymbol{x}) > 0$ 都在另一边。和一个平行于坐标轴的超平面关联的分割点可以写为 $h(\boldsymbol{x}) \leqslant 0$，这意味着 $x_i + b \leqslant 0$ 或 $x_i \leqslant -b$。由于 x_i 是维度 X_j 的某个值，并且偏移 b 可以选择任意值，数值型属性 X_j 的分割点的通用形式可以表示为：

$$X_j \leqslant v$$

其中 $v = -b$ 是属性 X_j 的定义域中的某个值。决策或分割点 $X_j \leqslant v$ 因此将输入数据空间 $\mathcal{R}$ 分为两个区域 $\mathcal{R}_Y$ 和 $\mathcal{R}_N$，分别代表满足该决策的点和不满足该决策的**所有可能的点的集合**。

3. **数据划分**

每次将 $\mathcal{R}$ 分为两个区域 $\mathcal{R}_Y$ 和 $\mathcal{R}_N$ 的过程都对应着对输入数据点 $\boldsymbol{D}$ 的二分。也就是说，一个形如 $X_j \leqslant v$ 的分割点会引入如下的数据划分：

$$\boldsymbol{D}_Y = \{\boldsymbol{x} | \boldsymbol{x} \in \boldsymbol{D}, x_j \leqslant v\}$$
$$\boldsymbol{D}_N = \{\boldsymbol{x} | \boldsymbol{x} \in \boldsymbol{D}, x_j > v\}$$

其中 $\boldsymbol{D}_Y$ 是落在区域 $\mathcal{R}_Y$ 内的数据点子集，$\boldsymbol{D}_N$ 是落在区域 $\mathcal{R}_N$ 内的数据点子集。

4. **纯度**

一个区域 $\mathcal{R}_j$ 的纯度定义为其对应的数据划分 $\boldsymbol{D}_j$ 中的点的类的混杂程度，可以定义如下：

$$\text{purity}(\boldsymbol{D}_j) = \max_i \left\{ \frac{n_{ji}}{n_j} \right\} \tag{19.2}$$

其中 $n_j = |\boldsymbol{D}_j|$ 是数据区域 $\mathcal{R}_j$ 中数据点的总数，且 n_{ji} 是 $\boldsymbol{D}_j$ 中类标签为 c_i 的点的数目。

例 19.2　图 19-1b 给出了图 19-1a 中对应的用平行于轴的超平面递归地分割空间的决策树。递归分割在满足合适的条件时终止，终止条件通常会考虑区域的大小和纯度。本例中使用的区域大小阈值为 5，纯度阈值为 0.95。也就是说，仅当一个区域包含 5 个以上点且纯度小于 0.95 时，才继续分割该区域。

考虑第一个超平面 $h_1(\boldsymbol{x}) : x_1 - 5.45 = 0$，对应于决策树根部的决策点：

$$X_1 \leqslant 5.45$$

生成的两个半空间被递归地分割为更小的半空间。

例如，区域 $X_1 \leqslant 5.45$ 被超平面 $h_2(\boldsymbol{x}): x_2 - 2.8 = 0$ 进一步分割，对应于决策点：

$$X_2 \leqslant 2.8$$

它形成了根的左子节点。注意，这一超平面仅限于区域 $X_1 \leqslant 5.45$。这是由于每个区域在分割之后都是独立考虑的，即将其当作一个独立的数据集。一共有 7 个点满足条件 $X_2 \leqslant 2.8$，其中 1 个来自类 c_1，其余 6 个来自类 c_2（三角形）。因此，这一区域的纯度为：$6/7 = 0.857$。由于区域中的点多于 5 个，且纯度小于 0.95，通过超平面 $h_4(\boldsymbol{x}): x_4 - 4.7 = 0$ 对其进行进一步分割，得到图 19-1b 所示决策树的最左的决策节点：

$$X_1 \leqslant 4.7$$

回到对应 h_2 的右半空间，即区域 $X_2 > 2.8$，共有 45 个点，只有一个是三角形。区域的大小为 45，但纯度为 $44/45 = 0.98$。由于纯度超过了阈值，该区域不再分割；相反，它成为决策树中的一个叶子节点，且整个空间 $\mathcal{R}_1$ 都标注为多数类 c_1。每个类的频率都记录在叶子节点中，使得该叶子节点的错误率可以计算。例如，可以估计区域 $\mathcal{R}_1$ 的误分类概率为 $1/45 = 0.022$，即该叶子节点的错误率。

5. 类别型属性

除了数值型属性之外，决策树还可以处理类别型数据。对于一个类别型属性 X_j，分割点或决策点为 $X_j \in V$，其中 $V \subset \mathrm{dom}(X_j)$，$\mathrm{dom}(X_j)$ 表示 X_j 的定义域。直观上来讲，这一分割可以看作一个类别型的超平面。它生成两个"半空间"，其中一个区域 $\mathcal{R}_Y$ 包含满足条件 $x_i \in V$ 的点，另一个区域 $\mathcal{R}_N$ 包含满足条件 $x_i \notin V$ 的点。

6. 决策规则

决策树的一个优势是生成的模型较容易解释。具体来说，一棵决策树可以看作一组决策规则。每条规则的先导包含一条指向叶子节点的路径上的内部节点对应的决策，其后继为叶子节点的标签。此外，由于各个区域是相互分离的，且合起来能覆盖整个空间，规则集合可以理解为一组析取。

例 19.3 考虑图 19-1b 中的决策树。它可以理解为如下的析取规则集合，每个叶子区域 $\mathcal{R}_i$ 对应一条规则。

$\mathcal{R}_3$：若 $X_1 \leqslant 5.45$ 且 $X_2 \leqslant 2.8$ 且 $X_1 \leqslant 4.7$，则类标签为 c_1。或

$\mathcal{R}_4$：若 $X_1 \leqslant 5.45$ 且 $X_2 \leqslant 2.8$ 且 $X_1 > 4.7$，则类标签为 c_2。或

$\mathcal{R}_1$：若 $X_1 \leqslant 5.45$ 且 $X_2 > 2.8$，则类标签为 c_1。或

$\mathcal{R}_2$：若 $X_1 > 5.45$ 且 $X_2 \leqslant 3.45$，则类标签为 c_2。或

$\mathcal{R}_5$：若 $X_1 > 5.45$ 且 $X_2 > 3.45$ 且 $X_1 \leqslant 6.5$，则类标签为 c_1。或

$\mathcal{R}_6$：若 $X_1 > 5.45$ 且 $X_2 > 3.45$ 且 $X_1 > 6.5$，则类标签为 c_2。

19.2 决策树算法

决策树模型构建的伪代码如算法 19.1 所示。输入是训练数据集 $\boldsymbol{D}$ 和两个参数 η 和 π，其中 η 是叶子大小阈值，π 是叶子纯度阈值。$\boldsymbol{D}$ 的每一个属性在不同的分割点进行评估。数

值型决策点的形式为 $X_j \leqslant v$，其中 v 为属性 X_j 的值域中的某个值；类别型决策点的形式为 $X_j \in V$，其中 V 为 X_j 的定义域的某个子集。选择最佳的分割点，将数据分为两个子集 $\boldsymbol{D}_Y$ 和 $\boldsymbol{D}_N$，其中 $\boldsymbol{D}_Y$ 包含所有满足分割决策的点 $\boldsymbol{x} \in \boldsymbol{D}$，而 $\boldsymbol{D}_N$ 对应所有不满足分割决策的点。对 $\boldsymbol{D}_Y$ 和 $\boldsymbol{D}_N$ 递归地调用决策树方法。递归划分的过程可用若干终止条件来停止。最简单的条件是根据划分 $\boldsymbol{D}$ 的大小。若 $\boldsymbol{D}$ 中点的数目 n 小于自定义的大小阈值 η，则停止划分过程，并将 $\boldsymbol{D}$ 指定为一个叶子。这一条件可以防止模型过拟合训练数据，即避免对非常小的数据子集进行建模。仅仅依靠大小是不够的，因为若一个划分中的点都属于同一类，则没有必要继续分割。因此，递归划分在 $\boldsymbol{D}$ 的纯度超过纯度阈值 π 的时候也会终止。接下来将会讨论如何选择分割点的细节。

算法19.1 决策树算法

```
DecisionTree (D, η, π):
1  n ← |D|   //划分大小
2  n_i ← |{x_j | x_j ∈ D, y_j = c_i}|   //类 c_i 大小
3  purity(D) ← max_i {n_i / n}
4  if n ≤ η 或 purity(D) ≥ π then   //终止条件
5  |   c* ← argmax_{c_i} {n_i / n}   //多数类
6  |   创建叶子节点，将其标为 c* 类
7  |   return
8  (分割点*, 分值*) ← (∅, 0)   //初始化最佳分割点
9  foreach (属性 X_j) do
10 |   if (X_j 是数值型属性) then
11 |   |   (v, 分值) ← Evaluate-Numeric-Attribute(D, X_j)
12 |   |   if 分值 > 分值* then (分割点*, 分值*) ← (X_j ≤ v, 分值)
13 |   else if (X_j 是类别型属性) then
14 |   |   (V, 分值) ← Evaluate-Categorical-Attribute(D, X_j)
15 |   |   if 分值 > 分值* then (分割点*, 分值*) ← (X_j ∈ V, 分值)
   // 使用分割点*，将 D 划分为 D_Y 和 D_N，并递归调用
16 D_Y ← {x ∈ D | x 满足分割点*}
17 D_N ← {x ∈ D | x 不满足分割点*}
18 创建子节点为 D_Y 和 D_N 的内部分割点
19 DecisionTree(D_Y); DecisionTree(D_N)
```

19.2.1 分割点评估度量

给定一个形如 $X_j \leqslant v$ 或 $X_j \in V$ 的分割点，分别对应数值型或类别型属性，我们需要一个客观的标准来给该分割点打分。直观上来讲，我们想要选择一个能够最好地区分不同类标签的点的分割点。

1. 熵

熵通常用来衡量一个系统中的不规则度或不确定性。在分类的场景中，一个划分若较纯（即大多数点的类别标签相同），则它的熵较低（较有序）。相反，一个划分若不纯（即点的类

混杂，且没有明显占多数的类），则它的熵值较高（较无序）。

一组带标签的点 $\boldsymbol{D}$ 的熵定义如下：

$$H(\boldsymbol{D})=-\sum_{i=1}^{k}P(c_i|\boldsymbol{D})\log_2 P(c_i|\boldsymbol{D}) \tag{19.3}$$

其中 $P(c_i|\boldsymbol{D})$ 是类 c_i 在 $\boldsymbol{D}$ 中的概率，k 是不同类的数目。若一个区域是纯净的，即所有点都来自同一个类，则熵为 0。另一方面，若所有的类混在一起，每个类出现的概率均为 $P(c_i|\boldsymbol{D})=\frac{1}{k}$，则熵的值最大，$H(\boldsymbol{D})=\log_2 k$。

假设一个分割点将 $\boldsymbol{D}$ 分割为 $\boldsymbol{D}_Y$ 和 $\boldsymbol{D}_N$。分割熵为每个划分的带权熵，定义为：

$$H(\boldsymbol{D}_Y,\boldsymbol{D}_N)=\frac{n_Y}{n}H(\boldsymbol{D}_Y)+\frac{n_N}{n}H(\boldsymbol{D}_N) \tag{19.4}$$

其中 $n=|\boldsymbol{D}|$ 是 $\boldsymbol{D}$ 中点的数目，$n_Y=|\boldsymbol{D}_Y|$ 和 $n_N=|\boldsymbol{D}_N|$ 是 $\boldsymbol{D}_Y$ 和 $\boldsymbol{D}_N$ 中点的数目。

为了解分割点是否会使得整体熵值降低， 我们对一个给定的分割点定义*信息增益*（information gain）如下：

$$\text{Gain}(\boldsymbol{D},\boldsymbol{D}_Y,\boldsymbol{D}_N)=H(\boldsymbol{D})-H(\boldsymbol{D}_Y,\boldsymbol{D}_N) \tag{19.5}$$

信息增益越大，说明熵值降得越低，分割点也就越好。我们可以据此对每个分割点进行打分，并选择信息增益最大的那个。

2. 基尼指标

另一个常用于衡量一个分割点的纯度的度量是*基尼指标*（Gini index），定义如下：

$$G(\boldsymbol{D})=1-\sum_{i=1}^{k}P(c_i|\boldsymbol{D})^2 \tag{19.6}$$

若划分是纯净的，则多数类的概率为 1，其余类的概率为 0，因此基尼指标为 0。另一方面，若每类出现概率均等，为 $P(c_i|\boldsymbol{D})=\dfrac{1}{k}$，则基尼指标的值为 $\dfrac{k-1}{k}$。因此，较高的基尼指标值意味着类标签更无序，较小的值意味着更有序。

可以计算一个分割点的带权基尼指标如下：

$$G(\boldsymbol{D}_Y,\boldsymbol{D}_N)=\frac{n_Y}{n}G(\boldsymbol{D}_Y)+\frac{n_N}{n}G(\boldsymbol{D}_N)$$

其中 n、n_Y、n_N 分别表示区域 $\boldsymbol{D}$、$\boldsymbol{D}_Y$、$\boldsymbol{D}_N$ 中点的数目。基尼指标值越低，表示对应的分割点越好。

除熵和基尼指标外，其他度量也可以用于评估分割点。例如，分类和回归树（Classification And Regression Tree，CART）度量定义为：

$$\text{CART}(\boldsymbol{D}_Y,\boldsymbol{D}_N)=2\frac{n_Y}{n}\frac{n_N}{n}\sum_{i=1}^{k}\left|P(c_i|\boldsymbol{D}_Y)-P(c_i|\boldsymbol{D}_N)\right| \tag{19.7}$$

这一度量倾向于选择使得两个分区的类别概率质量函数差别最大的分割点；因此，CART 值越高，分割点越好。

19.2.2　评估分割点

前面一节所考虑的分割点评估度量，例如熵 [公式 (19.3)]、基尼指标 [公式 (19.6)] 和 CART[公式 (19.7)]，都是基于 $\boldsymbol{D}$ 的类概率质量函数（PMF）的，即 $P(c_i|\boldsymbol{D})$，以及所生成的划分 $\boldsymbol{D}_Y$ 和 $\boldsymbol{D}_N$ 的类 PMF，即 $P(c_i|\boldsymbol{D}_Y)$ 和 $P(c_i|\boldsymbol{D}_N)$。注意，我们要为所有可能的分割点计算类 PMF，并分别对它们进行打分，这会使得计算的开销比较大。接下来讨论另一种做法，即如何进行增量式计算。

1. 数值型属性

若 X 是一个数值型属性，则需要评估形如 $X \leqslant v$ 的分割点。即便限制 v 在属性 X 的范围内取值，依然有无限种选择的可能。一种合理的方法是，只考虑样本 $\boldsymbol{D}$ 内 X 的两个相继的不同值的中点。这是由于分割点 $X \leqslant v, v \in [x_a, x_b)$（其中 x_a 和 x_b 是 $\boldsymbol{D}$ 内 X 的两个相继的不同值）生成的数据划分 $\boldsymbol{D}_Y$ 和 $\boldsymbol{D}_N$ 是相同的，因此打分也相同。由于 X 最多有 n 个不同的值，最多共有 $n-1$ 个中点值需要考虑。

令 $\{v_1, \cdots, v_m\}$ 表示所有需要考虑的中点值的集合，且 $v_1 < v_2 < \cdots < v_m$。对于每个分割点 $X \leqslant v$，估计类 PMF 如下：

$$\widehat{P}(c_i|\boldsymbol{D}_Y) = \widehat{P}(c_i|X \leqslant v) \tag{19.8}$$

$$\widehat{P}(c_i|\boldsymbol{D}_N) = \widehat{P}(c_i|X > v) \tag{19.9}$$

令 $I()$ 为一个指示变量，参数为真时值为 1，反之为 0。根据贝叶斯定理，可得：

$$\widehat{P}(c_i|X \leqslant v) = \frac{\widehat{P}(X \leqslant v|c_i)\widehat{P}(c_i)}{\widehat{P}(X \leqslant v)} = \frac{\widehat{P}(X \leqslant v|c_i)\widehat{P}(c_i)}{\sum_{j=1}^{k} \widehat{P}(X \leqslant v|c_j)\widehat{P}(c_j)} \tag{19.10}$$

每个类在 $\boldsymbol{D}$ 中的先验概率可以估计如下：

$$\widehat{P}(c_i) = \frac{1}{n}\sum_{j=1}^{n} I(y_j = c_i) = \frac{n_i}{n} \tag{19.11}$$

其中 y_j 是点 $\boldsymbol{x}_j$ 的类标签，$n = |\boldsymbol{D}|$ 是所有点的数目，n_i 是 $\boldsymbol{D}$ 中 c_i 类的点的数目。定义 N_{vi} 为满足 $x_j \leqslant v$ 的 c_i 类的点的数目，其中 x_j 是数据点 $\boldsymbol{x}_j$ 的属性 X 的值，定义为：

$$N_{vi} = \sum_{j=1}^{n} I(x_j \leqslant v, y_j = c_i) \tag{19.12}$$

$P(X \leqslant v|c_i)$ 可以估计如下：

$$\begin{aligned}\widehat{P}(X \leqslant v|c_i) &= \frac{\widehat{P}(X \leqslant v, c_i)}{\widehat{P}(c_i)} \\ &= \left(\sum_{j=1}^{n} I(x_j \leqslant v, y_j = c_i)\right) \Bigg/ (n_i/n) \\ &= \frac{N_{vi}}{n_i}\end{aligned} \tag{19.13}$$

将公式 (19.11) 和公式 (19.13) 代入公式 (19.10)，并利用公式 (19.8)，可得：

$$\widehat{P}(c_i|\boldsymbol{D}_Y) = \widehat{P}(c_i|\hat{X} \leqslant v) = \frac{N_{vi}}{\sum_{j=1}^{k} N_{vj}} \tag{19.14}$$

$\widehat{P}(X > v|c_i)$ 可以估计如下：

$$\widehat{P}(X > v|c_i) = 1 - \widehat{P}(X \leqslant v|c_i) = 1 - \frac{N_{vi}}{n} = \frac{n_i - N_{vi}}{n_i} \tag{19.15}$$

利用公式 (19.11) 和公式 (19.15)，类 PMF$\widehat{P}(c_i|\boldsymbol{D}_N)$ 为：

$$\widehat{P}(c_i|\boldsymbol{D}_N) = \widehat{P}(c_i|\hat{X} > v) = \frac{\widehat{P}(X > v|c_i)\widehat{P}(c_i)}{\sum_{j=1}^{k} \widehat{P}(X > v|c_j)\widehat{P}(c_j)} = \frac{n_i - N_{vi}}{\sum_{j=1}^{k}(n_j - N_{vj})} \tag{19.16}$$

算法 19.2 给出了数值型属性的分割点评估方法。第 4 行的 for 循环遍历所有的点，并计算中点值 v 和每个类 c_i 满足 $x_j \leqslant v$ 的点的数目 N_{vi}。第 12 行的 for 循环枚举所有可能的分割点 $X \leqslant v$（对应每一个 v），并用信息增益来对其打分 [公式 (19.5)]，记录最佳的分割点和分数并将其返回。任意其他评估度量都可以使用。不过，对于基尼指标和 CART，分值越低越好；而对于信息增益而言，分值越高越好。

算法19.2 评估数值型属性（使用信息增益）

```
EVALUATE-NUMERIC-ATTRIBUTE (D, X):
1  根据属性X，对D进行排序，使得x_j ≤ x_{j+1}, ∀j = 1,···,n−1
2  M ← ∅   // 设置中点
3  for i = 1,···,k do n_i ← 0
4  for j = 1,···,n−1 do
5  |   if y_j = c_i then n_i ← n_i + 1   // 类 c_i 的计数
6  |   if x_{j+1} ≠ x_j then
7  |   |   v ← (x_{j+1} + x_j)/2; M ← M ∪ {v}   // 中点
8  |   |   for i = 1,···,k do
9  |   |   |   N_vi ← n_i   // 满足 x_j ≤ v 且 y_j = c_i 的点的数量
10 if y_n = c_i then n_i ← n_i + 1
   // 评估形如 X ≤ v 的分割点
11 v* ← ∅; 分值* ← 0   // 初始化最佳分割点
12 forall v ∈ M do
13 |   for i = 1,···,k do
14 |   |   P̂(c_i|D_Y) ← N_vi / Σ_{j=1}^{k} N_vj
15 |   |   P̂(c_i|D_N) ← (n_i − N_vi) / Σ_{j=1}^{k} (n_j − N_vj)
16 |   分值 (X ≤ v) ← Gain (D, D_Y, D_N)   // 使用公式(19.5)
17 |   if 分值 (X ≤ v) > 分值* then
18 |   |   v* ← v; 分值* ← 分值 (X ≤ v)
19 return (v*, 分值*)
```

关于计算复杂度，对 X 的值进行初始排序（第 1 行）需要 $O(n\log n)$ 的时间。计算中点和关于每个类的 N_{vi} 需要 $O(nk)$ 的时间（第 4 行）。计算分值的时间代价由 $O(nk)$ 限制，因为中心点 v 的最大可能数目为 n（第 12 行的循环）。因此，评估一个数值型属性的总开销为 $O(n\log n + nk)$。由于 k 通常是一个较小的常数，可以将其忽略，数值分割点评估的总开销为 $O(n\log n)$。

例 19.4（数值型属性） 考虑图 19-1a 中的二维鸢尾花数据集。算法 19.1 中的初始调用中，整个数据集 $\boldsymbol{D}$ 包含 $n = 150$ 个点，并被看作整个决策树的根。我们的任务是找出最佳分割点，其中要考虑两个属性，分别为 X_1（萼片长度）和 X_2（萼片宽度）。有 $n_1 = 50$ 个点标签为 c_1（iris-setosa），另一个类 c_2 有 $n_2 = 100$ 个点。因此可得：

$$\widehat{P}(c_1) = 50/150 = 1/3$$
$$\widehat{P}(c_2) = 100/150 = 2/3$$

数据集 $\boldsymbol{D}$ 的熵 [公式 (19.3)] 因此为：

$$H(\boldsymbol{D}) = -\left(\frac{1}{3}\log_2\frac{1}{3} + \frac{2}{3}\log_2\frac{2}{3}\right) = 0.918$$

考虑关于属性 X_1 的分割点。为评估分割，首先利用公式 (19.12) 计算频率 N_{vi}，相关信息见图 19-2。例如，考虑分割点 $X_1 \leqslant 5.45$。根据图 19-2，可以看到：

$$N_{v1} = 45 \qquad N_{v2} = 7$$

将以上值代入公式 (19.14)，可以得到：

$$\widehat{P}(c_1|\boldsymbol{D}_Y) = \frac{N_{v1}}{N_{v1} + N_{v2}} = \frac{45}{45+7} = 0.865$$
$$\widehat{P}(c_2|\boldsymbol{D}_Y) = \frac{N_{v2}}{N_{v1} + N_{v2}} = \frac{7}{45+7} = 0.135$$

根据公式 (19.16)，可得：

$$\widehat{P}(c_1|\boldsymbol{D}_N) = \frac{n_1 - N_{v1}}{(n_1 - N_{v1}) + (n_2 - N_{v2})} = \frac{50-45}{(50-45)+(100-7)} = 0.051$$
$$\widehat{P}(c_2|\boldsymbol{D}_N) = \frac{n_2 - N_{v2}}{(n_1 - N_{v1}) + (n_2 - N_{v2})} = \frac{100-7}{(50-45)+(100-7)} = 0.949$$

现在可以计算划分 $\boldsymbol{D}_Y$ 和 $\boldsymbol{D}_N$ 的熵如下：

$$H(\boldsymbol{D}_Y) = -(0.865\log_2 0.865 + 0.135\log_2 0.135) = 0.571$$
$$H(\boldsymbol{D}_N) = -(0.051\log_2 0.051 + 0.949\log_2 0.949) = 0.291$$

分割点 $X \leqslant 5.45$ 的熵可以根据公式 (19.4) 得到：

$$H(\boldsymbol{D}_Y, \boldsymbol{D}_N) = \frac{52}{150}H(\boldsymbol{D}_Y) + \frac{98}{150}H(\boldsymbol{D}_N) = 0.388$$

其中 $n_Y = |\boldsymbol{D}_Y| = 52$ 且 $n_N = |\boldsymbol{D}_N| = 98$。分割点的信息增益因此为：

$$\text{Gain} = H(\boldsymbol{D}) - H(\boldsymbol{D}_Y, \boldsymbol{D}_N) = 0.918 - 0.388 = 0.53$$

用类似方法，我们可以对属性 X_1 和 X_2 评估所有的分割点。图 19-3 给出了两个属性的不同分割点的增益值。可以看到 $X \leqslant 5.45$ 是最佳分割点，因此被选为图 19-1b 中的决策树的根。

树的递归生长不断进行，直到生成最终的决策树，各分割点也显示在图 19-1b 中。本例中使用的叶子大小阈值为 5，纯度阈值为 0.95。

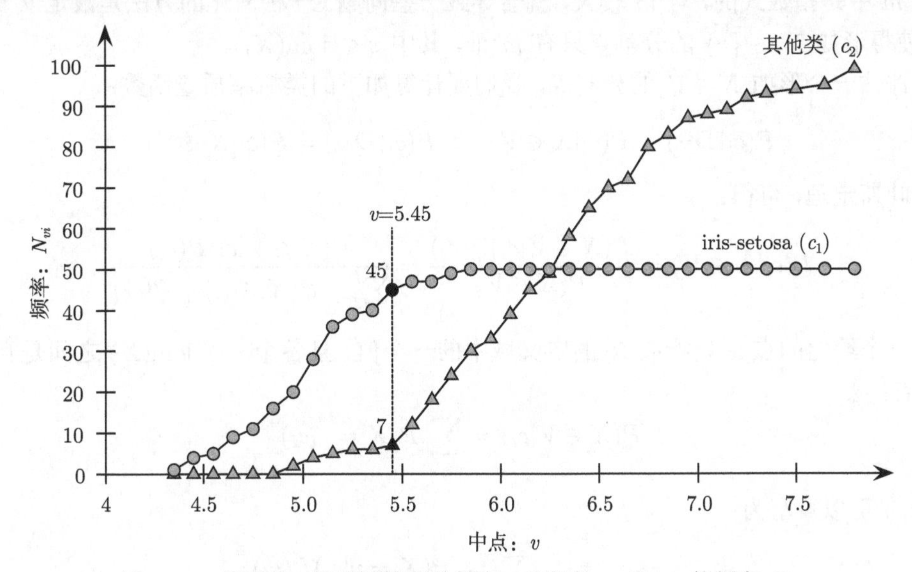

图 19-2 鸢尾花：关于属性萼片长度，对应类 c_1 和 c_2 的频率 N_{vi}

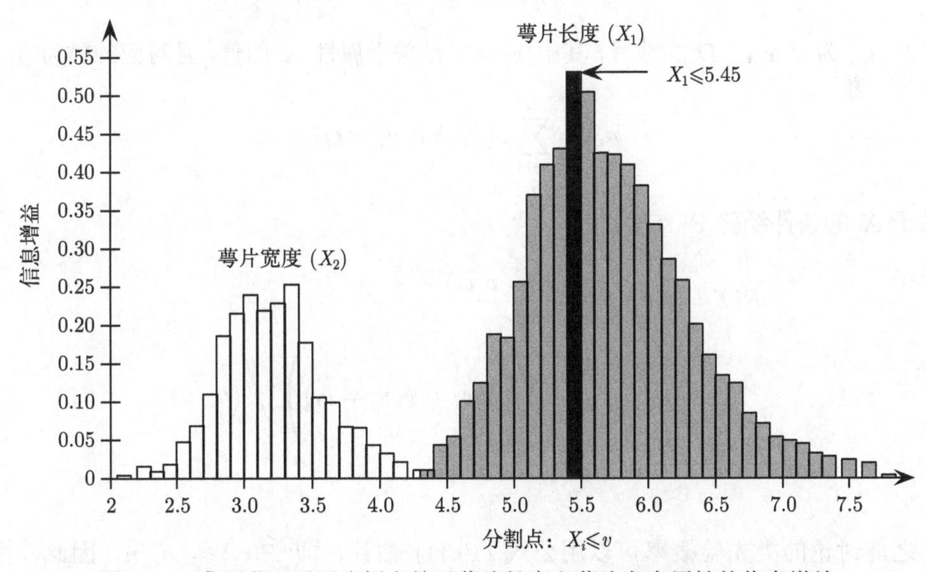

图 19-3 鸢尾花：不同分割点关于萼片长度和萼片宽度属性的信息增益

2. 类别型属性

若 X 是一个类别型属性，则评估形如 $X \in V$ 的分割点，其中 $V \subset \mathrm{dom}(X)$ 且 $V \neq \varnothing$。换句话说，我们会考虑所有 X 的定义域的划分。由于分割点 $X \in V$ 生成的划分与 $X \in \overline{V}$

的相同，其中 $\overline{V}=\text{dom}(X)\backslash V$ 是 V 的补，不同划分的总数目为：

$$\sum_{i=1}^{\lfloor m/2 \rfloor}\binom{m}{i}=O(2^{m-1}) \tag{19.17}$$

这里 m 是 X 定义域中不同值的个数，即 $m=|\text{dom}(X)|$。需要考虑的可能的分割点的数目因此在 m 中是指数式的，若 m 较大，就会导致一些问题。一种简化的方法是限定 V 的大小为 1，使得形如 $X_j\in\{v\}$ 的分割点只有 m 个，其中 $v\in\text{dom}(X_j)$。

为评估一个形如 $X\in V$ 的分割点，我们要计算如下的类概率质量函数：

$$P(c_i|\boldsymbol{D}_Y)=P(c_i|X\in V) \qquad P(c_i|\boldsymbol{D}_N)=P(c_i|X\notin V)$$

根据贝叶斯定理，可得：

$$P(c_i|X\in V)=\frac{P(X\in V|c_i)P(c_i)}{P(X\in V)}=\frac{P(X\in V|c_i)P(c_i)}{\sum_{j=1}^{k}P(X\in V|c_j)P(c_j)}$$

但由于一个给定的点 $\boldsymbol{x}$ 只能取 X 的定义域中的一个值，且各个 $v\in\text{dom}(X)$ 之间是互斥的，因此，有：

$$P(X\in V|c_i)=\sum_{v\in V}P(X=v|c_i)$$

$P(c_i|\boldsymbol{D}_Y)$ 可以重写为：

$$P(c_i|\boldsymbol{D}_Y)=\frac{\sum_{v\in V}P(X=v|c_i)P(c_i)}{\sum_{j=1}^{k}\sum_{v\in V}P(X=v|c_j)P(c_j)} \tag{19.18}$$

定义 n_{vi} 为点 $\boldsymbol{x}_j\in\boldsymbol{D}$ 的数目，其中 $x_j=v$ 是关于属性 X 的值，且对应的类为 $y_j=c_i$：

$$n_{vi}=\sum_{j=1}^{n}I(x_j=v,y_j=c_i) \tag{19.19}$$

各类关于 X 的条件经验 PMF 为：

$$\begin{aligned}\widehat{P}(X=v|c_i)&=\frac{\widehat{P}(X=v,c_i)}{\widehat{P}(c_i)}\\&=\left(\frac{1}{n}\sum_{j=1}^{n}I(x_j=v,y_j=c_i)\right)\Big/(n_i/n)\\&=\frac{n_{vi}}{n_i}\end{aligned} \tag{19.20}$$

注意，之前讨论的类先验概率可以用公式 (19.11) 估计，即 $\widehat{P}(c_i)=n_i/n$。因此，将公式 (19.20) 代入公式 (19.18)，划分 $\boldsymbol{D}_Y$ 关于分割点 $X\in V$ 的类 PMF 为：

$$\widehat{P}(c_i|\boldsymbol{D}_Y)=\frac{\sum_{v\in V}\widehat{P}(X=v|c_i)\widehat{P}(c_i)}{\sum_{j=1}^{k}\sum_{v\in V}\widehat{P}(X=v|c_j)\widehat{P}(c_j)}=\frac{\sum_{v\in V}n_{vi}}{\sum_{j=1}^{k}\sum_{v\in V}n_{vj}} \tag{19.21}$$

与之类似，关于划分 $\boldsymbol{D}_N$ 的类 PMF 为：

$$\widehat{P}(c_i|\boldsymbol{D}_N) = \widehat{P}(c_i|X \notin V) = \frac{\sum_{v \notin V} n_{vi}}{\sum_{j=1}^{k} \sum_{v \notin V} n_{vj}} \tag{19.22}$$

算法 19.3 给出了类别型属性的分割点评估方法。第 4 行的 for 循环遍历所有的点并计算 n_{vi}，即取值为 $v \in \mathrm{dom}(X)$ 且类标签为 c_i 的点的数目。第 7 行的 for 循环枚举所有形如 $X \in V$（$V \subset \mathrm{dom}(X)$）的可能分割点，使得 $|V| \leqslant l$，其中 l 是自定义的参数，代表 V 的最大基数。例如，为控制分割点的数目，还可以限制 V 仅包含一个项，即 $l=1$，则分割点的形式为 $V \in \{v\}$，其中 $v \in \mathrm{dom}(X)$。若 $l = \lfloor m/2 \rfloor$，则需要考虑所有可能的不同划分 V。给定一个分割点 $X \in V$，用信息增益对其打分 [公式 (19.5)]，也可以使用其他的打分方法。记录并返回最佳的分割点和分值。

关于计算复杂度，计算每个类的 n_{vi} 需要 $O(n)$ 的时间（第 4 行）。由于 $m = |\mathrm{dom}(X)|$，最大的划分 V 的数目为 $O(2^{m-1})$，并且由于每个分割点可以在 $O(mk)$ 的时间内计算出来，第 7 行的 for 循环消耗时间 $O(mk2^{m-1})$。因此，评估一个类别型属性的总开销为 $O(n+mk2^{m-1})$。若假设 $2^{m-1} = O(n)$，即限制 V 最大为 $l = O(\log n)$，则类别型分割点评估的总开销为 $O(n \log n)$（忽略 k）。

算法19.3 评估类别型属性（使用信息增益）

```
EVALUATE-CATEGORICAL-ATTRIBUTE (D, X, l):
1  for i = 1, ···, k do
2      n_i ← 0
3      forall v ∈ dom(X) do n_vi ← 0
4  for j = 1, ···, n do
5      if x_j = v 且 y_j = c_i then n_vi ← n_vi + 1   //频率统计量
   // 评估形如 X ∈ V 的分割点
6  V* ← ∅; 分值* ← 0   //初始化最佳分割点
7  forall V ⊂ dom(X), 其中 1 ⩽ |V| ⩽ l do
8      for i = 1, ···, k do
9          P̂(c_i|D_Y) ← Σ_{v∈V} n_vi / Σ_{j=1}^{k} Σ_{v∈V} n_vj
10         P̂(c_i|D_N) ← Σ_{v∉V} n_vi / Σ_{j=1}^{k} Σ_{v∉V} n_vj
11     分值 (X ∈ V) ← Gain (D, D_Y, D_N)   //使用公式(19.5)
12     if 分值(X ∈ V) > 分值* then
13         V* ← V; 分值* ← 分值 (X ∈ V)
14 return (V*, 分值*)
```

例 19.5（类别型属性） 考虑以萼片长度和萼片宽度为属性的二维鸢尾花数据集。假设萼片长度已根据表 19-1 进行离散化。类频率 n_{vi} 也已给出。例如 $n_{a_1 2} = 6$ 表示 $\boldsymbol{D}$ 中一共有 6 个值为 $v = a_1$ 的 c_2 类点。

考虑分割点 $X_1 \in \{a_1, a_3\}$。根据表 19-1，可以用公式 (19.21) 计算关于划分 $\boldsymbol{D}_Y$ 的类 PMF：

$$\widehat{P}(c_1|\boldsymbol{D}_Y) = \frac{n_{a_11} + n_{a_31}}{(n_{a_11} + n_{a_31}) + (n_{a_12} + n_{a_32})} = \frac{39+0}{(39+0)+(6+43)} = 0.443$$

$$\widehat{P}(c_2|\boldsymbol{D}_Y) = 1 - \widehat{P}(c_1|\boldsymbol{D}_Y) = 0.557$$

熵为：

$$H(\boldsymbol{D}_Y) = -(0.443\log_2 0.443 + 0.557\log_2 0.557) = 0.991$$

为计算 $\boldsymbol{D}_N$ 的类 PMF[公式 (19.22)]，我们累积所有值 $v \notin V = \{a_1, a_3\}$ 的频率，即对 $v = a_2$ 和 $v = a_4$ 求和如下：

$$\widehat{P}(c_1|\boldsymbol{D}_N) = \frac{n_{a_21} + n_{a_41}}{(n_{a_21} + n_{a_41}) + (n_{a_22} + n_{a_42})} = \frac{11+0}{(11+0)+(39+12)} = 0.177$$

$$\widehat{P}(c_2|\boldsymbol{D}_N) = 1 - \widehat{P}(c_1|\boldsymbol{D}_N) = 0.823$$

熵为：

$$H(\boldsymbol{D}_N) = -(0.177\log_2 0.177 + 0.823\log_2 0.823) = 0.673$$

根据表 19-1，可以看到 $V \in \{a_1, a_3\}$ 将输入数据 $\boldsymbol{D}$ 划分为两个部分的大小：$|\boldsymbol{D}_Y| = 39 + 6 + 43 = 88, |\boldsymbol{D}_N| = 150 - 88 = 62$。分割的熵因此为：

$$H(\boldsymbol{D}_Y, \boldsymbol{D}_N) = \frac{88}{150}H(\boldsymbol{D}_Y) + \frac{62}{150}H(\boldsymbol{D}_N) = 0.86$$

如同在例 19.4 中指出的，整个数据集 $\boldsymbol{D}$ 的熵为 $H(\boldsymbol{D}) = 0.918$。信息增益因此为：

$$\text{Gain} = H(\boldsymbol{D}) - H(\boldsymbol{D}_Y, \boldsymbol{D}_N) = 0.918 - 0.86 = 0.058$$

所有类别型分割点的分割熵和增益值在表 19-2 中给出，可以看到 $X_1 \in \{a_1\}$ 是离散化属性 X_1 上的最佳分割点。

表 19-1　离散化的萼片长度属性：类频率

区间	v: 值	类频率（n_{vi}）	
		c_1: `iris-setosa`	c_2: `other`
[4.3,5.2]	Very Short(a_1)	39	6
(5.2,6.1]	Short(a_2)	11	39
(6.1,7.0]	Long(a_3)	0	43
(7.0,7.9]	Very Long(a_4)	0	12

表 19-2　关于萼片长度的类别型分割点

V	分割的熵值	信息增益	V	分割的熵值	信息增益
$\{a_1\}$	0.509	0.410	$\{a_1, a_3\}$	0.860	0.058
$\{a_2\}$	0.897	0.217	$\{a_1, a_4\}$	0.667	0.251
$\{a_3\}$	0.711	0.207	$\{a_2, a_3\}$	0.667	0.251
$\{a_4\}$	0.869	0.049	$\{a_2, a_4\}$	0.860	0.058
$\{a_1, a_2\}$	0.632	0.286	$\{a_3, a_4\}$	0.632	0.286

19.3 补充阅读

最早的关于决策树的研究有 Hunt, Marin, and Stone (1966)；Breiman 等人 (1984) 以及 Quinlan (1986)。本章中的描述主要基于 Quinlan (1993) 中讨论的 C4.5 方法，其中有很丰富的细节，例如如何对树进行剪枝以避免过拟合、如何处理缺失的属性值，以及其他实现上的问题。关于简化决策树的综述，参见 Breslow and Aha (1997)。可扩展的实现技术请参考 Mehta, Agrawal, and Rissanen (1996) 和 Gehrke 等人 (1999)。

Breiman, L., Friedman, J., Stone, C. J., and Olshen, R. (1984). *Classification and Regression Trees.* Boca Raton, FL: Chapman and Hall/CRC Press.

Breslow, L. A. and Aha, D. W. (1997). "Simplifying decision trees: A survey." *Knowledge Engineering Review*, 12 (1): 1–40.

Gehrke, J., Ganti, V., Ramakrishnan, R., and Loh, W.-Y. (1999). "BOAT-optimistic decision tree construction." *ACM SIGMOD Record*, 28 (2): 169–180.

Hunt, E. B., Marin, J., and Stone, P. J. (1966). *Experiments in Induction.* New York: Academic Press.

Mehta, M., Agrawal, R., and Rissanen, J. (1996). "SLIQ: A fast scalable classifier for data mining." *In Proceedings of the International Conference on Extending Database Technology* (pp. 18-32). New York: Springer-Verlag.

Quinlan, J. R. (1986). "Induction of decision trees." *Machine Learning*, 1 (1): 81–106.

Quinlan, J. R. (1993). *C4.5: Programs for Machine Learning.* New York: Morgan Kaufmann.

19.4 习题

Q1. 判断下列句子的对错。

(a) 较高的熵值意味着分类中的划分较“纯”。

(b) 一个类别型属性的多路分割通常要比双路分割生成的纯划分更多。

Q2. 给定表 19-3，以纯度阈值为 100% 构建一棵决策树。使用信息增益作为分割点评估度量。接下来对这个点 (年龄=27, 车=Vintage) 进行分类。

表 19-3　Q2 的数据：年龄是数值型属性，车是类别型属性，风险度给出了每个点的类标签 [高（H）或低（L）]

点	年龄	车	风险度
$\boldsymbol{x}_1$	25	Sport	L
$\boldsymbol{x}_2$	20	Vintage	H
$\boldsymbol{x}_3$	25	Sport	L
$\boldsymbol{x}_4$	45	SUV	H
$\boldsymbol{x}_5$	20	Sport	H
$\boldsymbol{x}_6$	25	SUV	H

Q3. CART 度量 [公式 (19.7)] 的最大值和最小值分别是什么？在什么条件下取到？

表 19-4　Q4 的数据

示例	a_1	a_2	a_3	类
1	T	T	5.0	Y
2	T	T	7.0	Y
3	T	F	8.0	N
4	F	F	3.0	Y
5	F	T	7.0	N
6	F	T	4.0	N
7	F	F	5.0	N
8	T	F	6.0	Y
9	F	T	1.0	N

Q4. 给定表 19-4，回答下列问题。

(a) 使用信息增益 [公式 (19.5)]、基尼指标 [公式 (19.6)] 和 CART[公式 (19.7)] 度量，分别给出决策树根部的决策点。给出所有属性的所有分割点。

(b) 若使用示例作为另一个属性的话，对纯度有何影响？这个属性是否应该用于树中的决策？

Q5. 考虑表 19-5。假设进行一次非线性分割（而不是与轴平行的分割）：$AB - B^2 \leqslant 0$。基于熵值（使用 $\log_2$，即以 2 为底的对数）计算这一分割的信息增益。

表 19-5　Q5 的数据

示例	A	B	类
$\boldsymbol{x}_1$	3.5	4	H
$\boldsymbol{x}_2$	2	4	H
$\boldsymbol{x}_3$	9.1	4	L
$\boldsymbol{x}_4$	2	4.5	H
$\boldsymbol{x}_5$	1.5	7	H
$\boldsymbol{x}_6$	7	6.5	H
$\boldsymbol{x}_7$	2.1	2.5	L
$\boldsymbol{x}_8$	8	4	L

第 20 章　线性判别分析

给定带标签的数据集，包含 d 维空间中的点 $\boldsymbol{x}_i$ 及其类标签 y_i，线性判别分析（linear discriminant analysis，LDA）的目标是找到一个向量 $\boldsymbol{w}$，使得各类投影到 $\boldsymbol{w}$ 上之后的分离最大化。回忆一下第 7 章中第一主成分是使得投影点的方差最大的向量。主成分分析和 LDA 之间关键的不同点在于，前者处理的是无标签数据，并要使方差最大，而后者处理的是带标签数据，并要最大化各类之间的差异。

20.1　最优线性判别

假设数据集 $\boldsymbol{D}$ 由 n 个带标签的点 $\{\boldsymbol{x}_i, y_i\}$ 构成，其中 $\boldsymbol{x}_i \in \mathbb{R}^d$ 且 $y_i \in \{c_1, c_2, \cdots, c_k\}$。令 $\boldsymbol{D}$ 表示类标签为 c_i 的点构成的子集，即 $\boldsymbol{D}_i = \{\boldsymbol{x}_j | y_j = ci\}$，同时令 $|\boldsymbol{D}_i| = n_i$ 表示 c_i 类的点的数目。假设一共有 $k=2$ 个类。因此，数据集 $\boldsymbol{D}$ 可以划分为两个子集 $\boldsymbol{D}_1$ 和 $\boldsymbol{D}_2$。

令 $\boldsymbol{w}$ 为一个单位向量，即 $\boldsymbol{w}^{\mathrm{T}}\boldsymbol{w} = 1$。根据公式 (1.7)，任意 d 维点 $\boldsymbol{x}_i$ 在 $\boldsymbol{w}$ 上的投影为：

$$\boldsymbol{x}_i' = \left(\frac{\boldsymbol{w}^{\mathrm{T}}\boldsymbol{x}_i}{\boldsymbol{w}^{\mathrm{T}}\boldsymbol{w}}\right)\boldsymbol{w} = (\boldsymbol{w}^{\mathrm{T}}\boldsymbol{x}_i)\boldsymbol{w} = a_i\boldsymbol{w}$$

其中 a_i 给出了 $\boldsymbol{x}_i'$ 沿着 $\boldsymbol{w}$ 方向的偏移或坐标：

$$a_i = \boldsymbol{w}^{\mathrm{T}}\boldsymbol{x}_i$$

因此，n 个标量 $\{a_1, a_2, \cdots, a_n\}$ 的集合表示了从 $\mathbb{R}^d$ 到 $\mathbb{R}$ 的映射，即从原始的 d 维空间到 1 维空间（沿着 $\boldsymbol{w}$ 的方向）。

例 20.1　考虑图 20-1，图中给出了二维鸢尾花数据集，以萼片长度和萼片宽度作为属性，`iris-setosa`作为类 c_1（圆圈），其余两种鸢尾花作为类 c_2（三角形）。一共有 $n_1 = 50$ 个 c_1 类的点和 $n_2 = 100$ 个 c_2 类的点。图中给出了一个可能的 $\boldsymbol{w}$ 向量及所有点投影到其上的情况。两个类的投影均值以黑色显示。这里 $\boldsymbol{w}$ 是平移过的，使其正好穿过整个数据的均值。可以观察到，$\boldsymbol{w}$ 并不能够很好地区分两个类，因为投影到 $\boldsymbol{w}$ 上的点的类标签都混在一起。最佳的线性判别分析方向如图 20-2 所示。

每个点坐标 a_i 都对应一个原始类 y_i，因此可以为每个类计算投影点的均值如下：

$$\begin{aligned} m_1 &= \frac{1}{n_1}\sum_{\boldsymbol{x}_i \in \boldsymbol{D}_1} a_i = \frac{1}{n_1}\sum_{\boldsymbol{x}_i \in \boldsymbol{D}_1} \boldsymbol{w}^{\mathrm{T}}\boldsymbol{x}_i \\ &= \boldsymbol{w}^{\mathrm{T}}\left(\frac{1}{n_1}\sum_{\boldsymbol{x}_i \in \boldsymbol{D}_1} \boldsymbol{x}_i\right) = \boldsymbol{w}^{\mathrm{T}}\boldsymbol{\mu}_1 \end{aligned}$$

其中 $\boldsymbol{\mu}_1$ 是 $\boldsymbol{D}_1$ 中所有点的均值。同理，可以得到：

$$m_2 = \boldsymbol{w}^{\mathrm{T}}\boldsymbol{\mu}_2$$

换句话说，投影点的均值与均值的投影相同。

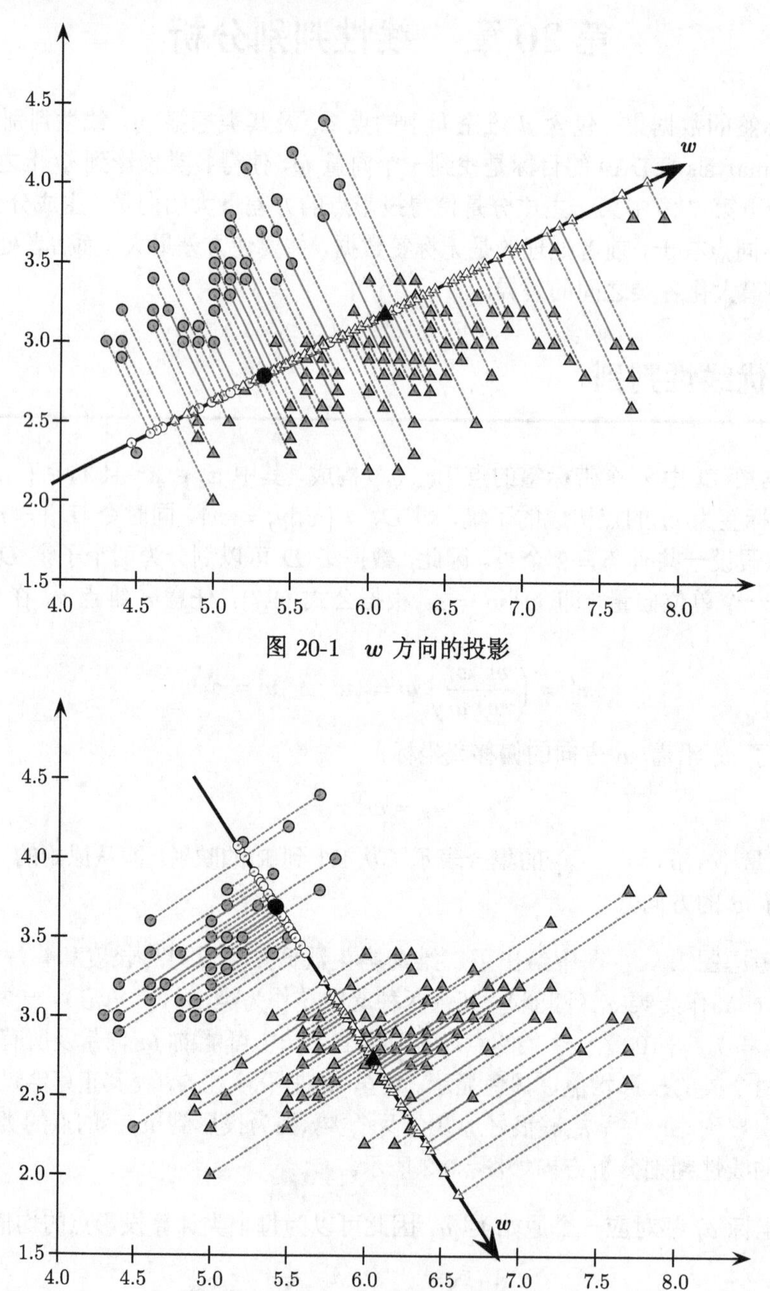

图 20-1　$\boldsymbol{w}$ 方向的投影

图 20-2　线性判别方向 $\boldsymbol{w}$

为最大化类之间的分离，将投影后的均值之间的差值 $|m_1-m_2|$ 最大化是合理的做法。然而，仅仅这样是不够的，每个类中的点投影后方差也不能过大。较大的方差会使得两个类的点间更容易出现重合，从而难以区分开。LDA 通过确保一个类内的投影点的散度（scatter）s_i^2

较小，使得分离最大化，其中散度定义为：

$$s_i^2 = \sum_{\boldsymbol{x}_j \in \boldsymbol{D}_i} (a_j - m_i)^2$$

散度是标准差的平方和，和方差不同，方差是距离均值的平均偏差，换句话说：

$$s_i^2 = n_i \sigma_i^2$$

其中 $n_i = |\boldsymbol{D}_i|$ 是大小，σ_i^2 是关于类 c_i 的方差。

我们可以将两个 LDA 条件合并为一个单一的最大化条件，即最大化均值投影之间的距离和最小化投影散度之和，称为 LDA 目标函数（Fisher LDA objective）：

$$\max_{\boldsymbol{w}} J(\boldsymbol{w}) = \frac{(m_1 - m_2)^2}{s_1^2 + s_2^2} \tag{20.1}$$

LDA 的目标是找到使得 $J(\boldsymbol{w})$ 最大的向量 $\boldsymbol{w}$，即最大化两个均值 m_1 和 m_2 之间的分离度，并将两个类的总散度 $s_1^2 + s_2^2$ 最小化。向量 $\boldsymbol{w}$ 又称作**最优线性判别**（最优 LD）。优化目标 [公式 (20.1)] 位于投影空间中。要求解该目标，我们需要将它用输入数据重写，具体过程在后面描述。

注意，$(m_1 - m_2)^2$ 可以重写为：

$$\begin{aligned}
(m_1 - m_2)^2 &= (\boldsymbol{w}^{\mathrm{T}}(\boldsymbol{\mu}_1 - \boldsymbol{\mu}_2))^2 \\
&= \boldsymbol{w}^{\mathrm{T}}((\boldsymbol{\mu}_1 - \boldsymbol{\mu}_2)(\boldsymbol{\mu}_1 - \boldsymbol{\mu}_2)^{\mathrm{T}})\boldsymbol{w} \\
&= \boldsymbol{w}^{\mathrm{T}}\boldsymbol{B}\boldsymbol{w}
\end{aligned} \tag{20.2}$$

其中 $\boldsymbol{B} = (\boldsymbol{\mu}_1 - \boldsymbol{\mu}_2)(\boldsymbol{\mu}_1 - \boldsymbol{\mu}_2)^{\mathrm{T}}$ 是一个 $d \times d$ 的秩为 1 的矩阵（rank-one matrix），该矩阵被称为**类间散度矩阵**（between-class scatter matrix）。

至于类 c_1 的投影散度，可以计算如下：

$$\begin{aligned}
s_1^2 &= \sum_{\boldsymbol{x}_i \in \boldsymbol{D}_1} (a_i - m_1)^2 \\
&= \sum_{\boldsymbol{x}_i \in \boldsymbol{D}_1} (\boldsymbol{w}^{\mathrm{T}}\boldsymbol{x}_i - \boldsymbol{w}^{\mathrm{T}}\boldsymbol{\mu}_1)^2 \\
&= \sum_{\boldsymbol{x}_i \in \boldsymbol{D}_1} \left(\boldsymbol{w}^{\mathrm{T}}(\boldsymbol{x}_i - \boldsymbol{\mu}_1)\right)^2 \\
&= \boldsymbol{w}^{\mathrm{T}} \left(\sum_{\boldsymbol{x}_i \in \boldsymbol{D}_1} (\boldsymbol{x}_i - \boldsymbol{\mu}_1)(\boldsymbol{x}_i - \boldsymbol{\mu}_1)^{\mathrm{T}} \right) \boldsymbol{w} \\
&= \boldsymbol{w}^{\mathrm{T}}\boldsymbol{S}_1\boldsymbol{w}
\end{aligned} \tag{20.3}$$

其中 $\boldsymbol{S}_1$ 是对应于 $\boldsymbol{D}_1$ 的**散度矩阵**。同样可以得到：

$$s_2^2 = \boldsymbol{w}^{\mathrm{T}}\boldsymbol{S}_2\boldsymbol{w} \tag{20.4}$$

再次注意，散度矩阵本质上与协方差矩阵相同，只不过它记录的不是距离均值的平均差，而是总偏差，即：

$$S_i = n_i \Sigma_i \tag{20.5}$$

结合公式 (20.3) 和公式 (20.4)，公式 (20.1) 中的分子可以重写为：

$$s_1^2 + s_2^2 = \boldsymbol{w}^{\mathrm{T}} \boldsymbol{S}_1 \boldsymbol{w} + \boldsymbol{w}^{\mathrm{T}} \boldsymbol{S}_2 \boldsymbol{w} = \boldsymbol{w}^{\mathrm{T}} (\boldsymbol{S}_1 + \boldsymbol{S}_2) \boldsymbol{w} = \boldsymbol{w}^{\mathrm{T}} \boldsymbol{S} \boldsymbol{w} \tag{20.6}$$

其中 $\boldsymbol{S} = \boldsymbol{S}_1 + \boldsymbol{S}_2$ 表示集合到一起的数据的**类内散度矩阵**（within-class scatter matrix）。由于 $\boldsymbol{S}_1$ 和 $\boldsymbol{S}_2$ 都是 $d \times d$ 的对称半正定矩阵，$\boldsymbol{S}$ 也是如此。

根据公式 (20.2) 和公式 (20.6)，LDA 目标函数 [公式 (20.1)] 重写如下：

$$\max_{\boldsymbol{w}} J(\boldsymbol{w}) = \frac{\boldsymbol{w}^{\mathrm{T}} \boldsymbol{B} \boldsymbol{w}}{\boldsymbol{w}^{\mathrm{T}} \boldsymbol{S} \boldsymbol{w}} \tag{20.7}$$

为求解最优方向 $\boldsymbol{w}$，对目标函数求关于 $\boldsymbol{w}$ 的导数，并令该导数等于 0，这里不需要显式地处理约束 $\boldsymbol{w}^{\mathrm{T}} \boldsymbol{w} = 1$，因为在公式 (20.7) 中，关于 $\boldsymbol{w}$ 的大小的项在分子和分母中会消去。

若 $f(x)$ 和 $g(x)$ 为两个函数，则有：

$$\frac{\mathrm{d}}{\mathrm{d}x}\left(\frac{f(x)}{g(x)}\right) = \frac{f'(x)g(x) - g'(x)f(x)}{g(x)^2}$$

其中 $f'(x)$ 表示 $f(x)$ 的导数。对公式 (20.7) 求关于 $\boldsymbol{w}$ 的导数，并令该导数等于 0，可得：

$$\frac{\mathrm{d}}{\mathrm{d}\boldsymbol{w}} J(\boldsymbol{w}) = \frac{2\boldsymbol{B}\boldsymbol{w}(\boldsymbol{w}^{\mathrm{T}} \boldsymbol{S} \boldsymbol{w}) - 2\boldsymbol{S}\boldsymbol{w}(\boldsymbol{w}^{\mathrm{T}} \boldsymbol{B} \boldsymbol{w})}{(\boldsymbol{w}^{\mathrm{T}} \boldsymbol{S} \boldsymbol{w})^2} = \boldsymbol{0}$$

于是得到：

$$\begin{aligned}
\boldsymbol{B}\boldsymbol{w}(\boldsymbol{w}^{\mathrm{T}} \boldsymbol{S} \boldsymbol{w}) &= \boldsymbol{S}\boldsymbol{w}(\boldsymbol{w}^{\mathrm{T}} \boldsymbol{B} \boldsymbol{w}) \\
\boldsymbol{B}\boldsymbol{w} &= \boldsymbol{S}\boldsymbol{w}\left(\frac{\boldsymbol{w}^{\mathrm{T}} \boldsymbol{B} \boldsymbol{w}}{\boldsymbol{w}^{\mathrm{T}} \boldsymbol{S} \boldsymbol{w}}\right) \\
\boldsymbol{B}\boldsymbol{w} &= J(\boldsymbol{w}) \boldsymbol{S}\boldsymbol{w} \\
\boldsymbol{B}\boldsymbol{w} &= \lambda \boldsymbol{S}\boldsymbol{w}
\end{aligned} \tag{20.8}$$

其中 $\lambda = J(\boldsymbol{w})$。公式 (20.8) 代表了一个**泛化特征值问题**（generalized eigenvalue problem），其中 λ 是 $\boldsymbol{B}$ 和 $\boldsymbol{S}$ 的一个泛化特征值。特征值 λ 满足 $\det(\boldsymbol{B} - \lambda \boldsymbol{S}) = \boldsymbol{0}$。由于这一过程旨在最大化目标 [公式 (20.7)]，$J(\boldsymbol{w}) = \lambda$ 要选最大的泛化特征值，而 $\boldsymbol{w}$ 为对应的特征向量。若 $\boldsymbol{S}$ 是**非奇异**的，即若存在 $\boldsymbol{S}^{-1}$，则公式 (20.8) 可以得到常见的特征值–特征向量等式如下：

$$\begin{aligned}
\boldsymbol{B}\boldsymbol{w} &= \lambda \boldsymbol{S}\boldsymbol{w} \\
\boldsymbol{S}^{-1}\boldsymbol{B}\boldsymbol{w} &= \lambda \boldsymbol{S}^{-1}\boldsymbol{S}\boldsymbol{w} \\
(\boldsymbol{S}^{-1}\boldsymbol{B})\boldsymbol{w} &= \lambda \boldsymbol{w}
\end{aligned} \tag{20.9}$$

因此，若存在 $\boldsymbol{S}^{-1}$，则关于矩阵 $\boldsymbol{S}^{-1}\boldsymbol{B}$，$\lambda = J(\boldsymbol{w})$ 是一个特征值，而 $\boldsymbol{w}$ 是一个特征向量。为最大化 $J(\boldsymbol{w})$，我们要找到最大的特征值 λ，而对应的主特征向量 $\boldsymbol{w}$ 就给出了最佳的线性判别向量。

算法 20.1 给出了线性判别分析的伪代码。这里假设一共有两个类，且 $\boldsymbol{S}$ 是非奇异的（即存在 $\boldsymbol{S}^{-1}$）。向量 $\boldsymbol{1}_{n_i}$ 是全 1 向量，维度与相应的类对应，即 $\boldsymbol{1}_{n_i} \in \mathbb{R}^{n_i}$，$i = 1,2$。将 $\boldsymbol{D}$ 分为

$\boldsymbol{D}_1$ 和 $\boldsymbol{D}_2$ 之后，LDA 接着计算类间和类内散度矩阵 $\boldsymbol{B}$ 和 $\boldsymbol{S}$。最优 LD 向量是 $\boldsymbol{S}^{-1}\boldsymbol{B}$ 的主特征向量。关于计算复杂度，计算 $\boldsymbol{S}$ 需要 $O(nd^2)$ 的时间，计算主特征值–特征向量对在最坏情况下需要 $O(d^3)$ 的时间。因此，总时间为 $O(d^3+nd^2)$。

算法20.1 线性判别分析

LINEARDISCRIMINANT ($\boldsymbol{D}=\{(\boldsymbol{x}_i, y_i)\}_{i=1}^n$):

1 $\boldsymbol{D}_i \leftarrow \{\boldsymbol{x}_j \mid y_j=c_i, j=1,\cdots,n\}, i=1,2$ //对应每一个类的子集
2 $\boldsymbol{\mu}_i \leftarrow$ 均值 $(\boldsymbol{D}_i), i=1,2$ //类均值
3 $\boldsymbol{B} \leftarrow (\boldsymbol{\mu}_1-\boldsymbol{\mu}_2)(\boldsymbol{\mu}_1-\boldsymbol{\mu}_2)^{\mathrm{T}}$ //类间散度矩阵
4 $\boldsymbol{Z}_i \leftarrow \boldsymbol{D}_i-\mathbf{1}_{n_i}\boldsymbol{\mu}_i^{\mathrm{T}}, i=1,2$ //居中类矩阵
5 $\boldsymbol{S}_i \leftarrow \boldsymbol{Z}_i^{\mathrm{T}}\boldsymbol{Z}_i, i=1,2$ //类散度矩阵
6 $\boldsymbol{S} \leftarrow \boldsymbol{S}_1+\boldsymbol{S}_2$ //类内散度矩阵
7 $\lambda_1, \boldsymbol{w} \leftarrow$ 特征值$(\boldsymbol{S}^{-1}\boldsymbol{B})$ //计算主特征向量

例 20.2（线性判别分析） 考虑例 20.1 中的二维鸢尾花数据集（其中属性为萼片长度与萼片宽度）。类 c_1 对应iris-setosa，有 $n_1=50$ 个点；类 c_2 有 $n_2=100$ 个点。两个类的均值和它们之间的差为：

$$\boldsymbol{\mu}_1=\begin{pmatrix}5.01\\3.42\end{pmatrix} \qquad \boldsymbol{\mu}_2=\begin{pmatrix}6.26\\2.87\end{pmatrix} \qquad \boldsymbol{\mu}_1-\boldsymbol{\mu}_2=\begin{pmatrix}-1.256\\0.546\end{pmatrix}$$

类间散度矩阵为：

$$\boldsymbol{B}=(\boldsymbol{\mu}_1-\boldsymbol{\mu}_2)(\boldsymbol{\mu}_1-\boldsymbol{\mu}_2)^{\mathrm{T}}=\begin{pmatrix}-1.256\\0.546\end{pmatrix}\begin{pmatrix}-1.256 & 0.546\end{pmatrix}=\begin{pmatrix}1.587 & -0.693\\-0.693 & 0.303\end{pmatrix}$$

类内散度矩阵为：

$$\boldsymbol{S}_1=\begin{pmatrix}6.09 & 4.91\\4.91 & 7.11\end{pmatrix} \qquad \boldsymbol{S}_2=\begin{pmatrix}43.5 & 12.09\\12.09 & 10.96\end{pmatrix} \qquad \boldsymbol{S}=\boldsymbol{S}_1+\boldsymbol{S}_2=\begin{pmatrix}49.58 & 17.01\\17.01 & 18.08\end{pmatrix}$$

$\boldsymbol{S}$ 是非奇异的，它的逆为：

$$\boldsymbol{S}^{-1}=\begin{pmatrix}0.0298 & -0.028\\-0.028 & 0.0817\end{pmatrix}$$

因此，可得：

$$\boldsymbol{S}^{-1}\boldsymbol{B}=\begin{pmatrix}0.0298 & -0.028\\-0.028 & 0.0817\end{pmatrix}\begin{pmatrix}1.587 & -0.693\\-0.693 & 0.303\end{pmatrix}=\begin{pmatrix}0.066 & -0.029\\-0.100 & 0.044\end{pmatrix}$$

使得两个类 c_1 和 c_2 区分得最清楚的方向是对应 $\boldsymbol{S}^{-1}\boldsymbol{B}$ 最大特征值的主特征向量。其解为：

$$J(\boldsymbol{w})=\lambda_1=0.11$$
$$\boldsymbol{w}=\begin{pmatrix}0.551\\-0.834\end{pmatrix}$$

图 20-2 画出了最优的线性判别方向 $\boldsymbol{w}$，该向量平移到数据的均值位置。两个类的均值的投影以黑色显示。可以清楚地观察到，沿着 $\boldsymbol{w}$ 的方向，圆圈成组出现并距离三角形较远。除了一个奇异点 $(4.5, 2.3)^{\mathrm{T}}$ 外，c_1 中的点都完美地与 c_2 的点区分开。

对于两个类的情况，若 $\boldsymbol{S}$ 是非奇异的，则可以不用计算特征值和特征向量就直接求出 $\boldsymbol{w}$。注意 $\boldsymbol{B} = (\boldsymbol{\mu}_1 - \boldsymbol{\mu}_2)(\boldsymbol{\mu}_1 - \boldsymbol{\mu}_2)^{\mathrm{T}}$ 是一个 $d \times d$ 的秩为 1 的矩阵，且 $\boldsymbol{Bw}$ 指向与 $(\boldsymbol{\mu}_1 - \boldsymbol{\mu}_2)$ 相同的方向，因为：

$$\begin{aligned}\boldsymbol{Bw} &= \left((\boldsymbol{\mu}_1 - \boldsymbol{\mu}_2)(\boldsymbol{\mu}_1 - \boldsymbol{\mu}_2)^{\mathrm{T}}\right)\boldsymbol{w} \\ &= (\boldsymbol{\mu}_1 - \boldsymbol{\mu}_2)\left((\boldsymbol{\mu}_1 - \boldsymbol{\mu}_2)^{\mathrm{T}}\boldsymbol{w}\right) \\ &= b(\boldsymbol{\mu}_1 - \boldsymbol{\mu}_2)\end{aligned}$$

其中 $b = (\boldsymbol{\mu}_1 - \boldsymbol{\mu}_2)^{\mathrm{T}}\boldsymbol{w}$ 是一个标量乘子。

于是公式 (20.9) 可以重写为：

$$\begin{aligned}\boldsymbol{Bw} &= \lambda\boldsymbol{Sw} \\ b(\boldsymbol{\mu}_1 - \boldsymbol{\mu}_2) &= \lambda\boldsymbol{Sw} \\ \boldsymbol{w} &= \frac{b}{\lambda}\boldsymbol{S}^{-1}(\boldsymbol{\mu}_1 - \boldsymbol{\mu}_2)\end{aligned}$$

由于 $\dfrac{b}{\lambda}$ 只是标量，可以求解最佳线性判别如下：

$$\boldsymbol{w} = \boldsymbol{S}^{-1}(\boldsymbol{\mu}_1 - \boldsymbol{\mu}_2) \tag{20.10}$$

一旦求出方向 $\boldsymbol{w}$，我们可以将其归一化为一个单位向量。因此，在只有两个类的情况下，不去求特征值或特征向量，而是直接根据公式 (20.10) 求出 $\boldsymbol{w}$。直观上来讲，将各类分得最清楚的方向可以看作对两个类均值连起来的向量 $(\boldsymbol{\mu}_1 - \boldsymbol{\mu}_2)$ 做一个线性变换（用 $\boldsymbol{S}^{-1}$）。

例 20.3　继续来看例 20.2，可以直接计算 $\boldsymbol{w}$ 如下：

$$\begin{aligned}\boldsymbol{w} &= \boldsymbol{S}^{-1}(\boldsymbol{\mu}_1 - \boldsymbol{\mu}_2) \\ &= \begin{pmatrix} 0.066 & -0.029 \\ -0.100 & 0.044 \end{pmatrix}\begin{pmatrix} -1.246 \\ 0.546 \end{pmatrix} = \begin{pmatrix} -0.0527 \\ 0.0798 \end{pmatrix}\end{aligned}$$

归一化之后，可得：

$$\boldsymbol{w} = \frac{\boldsymbol{w}}{\|\boldsymbol{w}\|} = \frac{1}{0.0956}\begin{pmatrix} -0.0527 \\ 0.0798 \end{pmatrix} = \begin{pmatrix} -0.551 \\ 0.834 \end{pmatrix}$$

注意，尽管和例 20.2 相比，$\boldsymbol{w}$ 的符号是相反的，但它们代表同样的方向，只有标量乘子不同。

20.2 核判别分析

核判别分析和线性判别分析类似，都要找到一个最大化各类之间分离的方向。不同的是，它是通过使用核函数在特征空间内完成的。

给定数据集 $\boldsymbol{D}=\{(\boldsymbol{x}_i,y_i)\}_{i=1}^n$，其中 $\boldsymbol{x}_i$ 是输入空间中的一个点且 $y_i\in\{c_1,c_2\}$ 是类标签，令 $\boldsymbol{D}_i=\{\boldsymbol{x}_j|y_j=c_i\}$ 表示类 c_i 对应的数据子集，且 $n_i=|\boldsymbol{D}_i|$。此外，令 $\phi(\boldsymbol{x}_i)$ 表示特征空间中的对应点，K 为核函数。

核 LDA 的目标是要在特征空间中找到方向向量 $\boldsymbol{w}$ 使得：

$$\max_{\boldsymbol{w}} J(\boldsymbol{w})=\frac{(m_1-m_2)^2}{s_1^2+s_2^2} \tag{20.11}$$

其中 m_1 和 m_2 是均值的投影，s_1^2 和 s_2^2 是散度值的投影（在特征空间中）。我们首先证明 $\boldsymbol{w}$ 可以表示为特征空间中的点的线性组合，然后可以用核矩阵来表示 LDA 目标函数。

1. 最优 LD：特征点的线性组合

类 c_i 的均值在特征空间中为：

$$\boldsymbol{\mu}_i^\phi=\frac{1}{n_i}\sum_{\boldsymbol{x}_j\in\boldsymbol{D}_i}\phi(\boldsymbol{x}_j) \tag{20.12}$$

类 c_i 在特征空间中的协方差矩阵为：

$$\boldsymbol{\Sigma}_i^\phi=\frac{1}{n_i}\sum_{\boldsymbol{x}_j\in\boldsymbol{D}_i}\left(\phi(\boldsymbol{x}_j)-\boldsymbol{\mu}_i^\phi\right)\left(\phi(\boldsymbol{x}_j)-\boldsymbol{\mu}_i^\phi\right)^{\mathrm{T}}$$

类似对公式 (20.2) 的推导，可以得到特征空间中的类间散度矩阵：

$$\boldsymbol{B}_\phi=(\boldsymbol{\mu}_1^\phi-\boldsymbol{\mu}_2^\phi)(\boldsymbol{\mu}_1^\phi-\boldsymbol{\mu}_2^\phi)^{\mathrm{T}}=\boldsymbol{d}_\phi\boldsymbol{d}_\phi^{\mathrm{T}} \tag{20.13}$$

其中 $\boldsymbol{d}_\phi=\boldsymbol{\mu}_1^\phi-\boldsymbol{\mu}_2^\phi$ 是两个类均值向量之间的差。同样，利用公式 (20.5) 和公式 (20.6)，可以得到特征空间中的类内散度矩阵：

$$\boldsymbol{S}_\phi=n_1\boldsymbol{\Sigma}_1^\phi+n_2\boldsymbol{\Sigma}_2^\phi$$

$\boldsymbol{S}_\phi$ 是一个 $d\times d$ 的对称半正定矩阵，其中 d 是特征空间的维度。根据公式 (20.9) 可以得出结论，特征空间中的最优 LD $\boldsymbol{w}$ 是主特征向量，并满足如下表达式：

$$(\boldsymbol{S}_\phi^{-1}\boldsymbol{B}_\phi)\boldsymbol{w}=\lambda\boldsymbol{w} \tag{20.14}$$

其中假设 $\boldsymbol{S}_\phi$ 是非奇异的。令 δ_i 表示第 i 个特征值，$\boldsymbol{u}_i$ 为 $\boldsymbol{S}_\phi$ 的第 i 个特征向量，$i=1,\cdots,d$。$\boldsymbol{S}_\phi$ 的特征分解为 $\boldsymbol{S}_\phi=\boldsymbol{U}\boldsymbol{\Delta}\boldsymbol{U}^{\mathrm{T}}$，其逆为 $\boldsymbol{S}_\phi^{-1}=\boldsymbol{U}\boldsymbol{\Delta}^{-1}\boldsymbol{U}^{\mathrm{T}}$。这里 $\boldsymbol{U}$ 是由 $\boldsymbol{S}_\phi$ 的特征向量作为列构成的矩阵，Δ 是 $\boldsymbol{S}_\phi$ 的特征值构成的对角矩阵。逆 $\boldsymbol{S}_\phi^{-1}$ 可以表达为谱的和：

$$\boldsymbol{S}_\phi^{-1}=\sum_{r=1}^d\frac{1}{\delta_r}\boldsymbol{u}_r\boldsymbol{u}_r^{\mathrm{T}} \tag{20.15}$$

将公式 (20.13) 和公式 (20.15) 代入公式 (20.14)，可以得到：

$$\lambda \boldsymbol{w} = \left(\sum_{r=1}^{d} \frac{1}{\delta_r} \boldsymbol{u}_r \boldsymbol{u}_r^{\mathrm{T}}\right) \boldsymbol{d}_\phi \boldsymbol{d}_\phi^{\mathrm{T}} \boldsymbol{w} = \sum_{r=1}^{d} \frac{1}{\delta_r} \left(\boldsymbol{u}_r (\boldsymbol{u}_r^{\mathrm{T}} \boldsymbol{d}_\phi)(\boldsymbol{d}_\phi^{\mathrm{T}} \boldsymbol{w})\right) = \sum_{r=1}^{d} b_r \boldsymbol{u}_r$$

其中 $b_r = \frac{1}{\delta_r}(\boldsymbol{u}_r^{\mathrm{T}} \boldsymbol{d}_\phi)(\boldsymbol{d}_\phi^{\mathrm{T}} \boldsymbol{w})$ 是一个标量。使用类似于公式 (7.32) 的推导，$\boldsymbol{S}_\phi$ 的第 r 个特征向量可以表示为特征点的线性组合，即 $\boldsymbol{u}_r = \sum_{j=1}^{n} c_{rj} \phi(\boldsymbol{x}_j)$，其中 c_{rj} 是一个标量系数。因此，可以将 $\boldsymbol{w}$ 重写为：

$$\begin{aligned}
\boldsymbol{w} &= \frac{1}{\lambda} \sum_{r=1}^{d} b_r \left(\sum_{j=1}^{n} c_{rj} \phi(\boldsymbol{x}_j)\right) \\
&= \sum_{j=1}^{n} \phi(\boldsymbol{x}_j) \left(\sum_{r=1}^{d} \frac{b_r c_{rj}}{\lambda}\right) \\
&= \sum_{j=1}^{n} a_j \phi(\boldsymbol{x}_j)
\end{aligned}$$

其中 $a_j = \sum_{r=1}^{d} b_r c_{rj} / \lambda$ 是关于特征点 $\phi(\boldsymbol{x}_j)$ 的一个标量值。因此，方向向量 $\boldsymbol{w}$ 可以表示为特征空间中的点的线性组合。

2. 用核矩阵表示的 LDA 目标函数

现在用核矩阵来重写公式 (20.11) 中的核 LDA 目标函数。将公式 (20.12) 中的类 c_i 的均值投影到 LD 方向 $\boldsymbol{w}$，可得：

$$\begin{aligned}
m_i = \boldsymbol{w}^{\mathrm{T}} \boldsymbol{\mu}_i^\phi &= \left(\sum_{j=1}^{n} a_j \phi(\boldsymbol{x}_j)\right)^{\mathrm{T}} \left(\frac{1}{n_i} \sum_{\boldsymbol{x}_k \in \boldsymbol{D}_i} \phi(\boldsymbol{x}_k)\right) \\
&= \frac{1}{n_i} \sum_{j=1}^{n} \sum_{\boldsymbol{x}_k \in \boldsymbol{D}_i} a_j \phi(\boldsymbol{x}_j)^{\mathrm{T}} \phi(\boldsymbol{x}_k) \\
&= \frac{1}{n_i} \sum_{j=1}^{n} \sum_{\boldsymbol{x}_k \in \boldsymbol{D}_i} a_j K(\boldsymbol{x}_j, \boldsymbol{x}_k) \\
&= \boldsymbol{a}^{\mathrm{T}} \boldsymbol{m}_i
\end{aligned} \tag{20.16}$$

其中 $\boldsymbol{a} = (a_1, a_2, \cdots, a_n)^{\mathrm{T}}$ 是权向量，且

$$\boldsymbol{m}_i = \frac{1}{n_i} \begin{pmatrix} \sum_{\boldsymbol{x}_k \in \boldsymbol{D}_i} K(\boldsymbol{x}_1, \boldsymbol{x}_k) \\ \sum_{\boldsymbol{x}_k \in \boldsymbol{D}_i} K(\boldsymbol{x}_2, \boldsymbol{x}_k) \\ \vdots \\ \sum_{\boldsymbol{x}_k \in \boldsymbol{D}_i} K(\boldsymbol{x}_n, \boldsymbol{x}_k) \end{pmatrix} = \frac{1}{n_i} \boldsymbol{K}^{c_i} \boldsymbol{1}_{n_i} \tag{20.17}$$

其中 $\boldsymbol{K}^{c_i}$ 是核矩阵的 $n \times n_i$ 子集，其中的列对应于 $\boldsymbol{D}_i$ 中的点，$\boldsymbol{1}_{n_i}$ 是一个全为 1 的 n_i 维向量。长度为 n 的向量 $\boldsymbol{m}_i$ 因此保存了 $\boldsymbol{D}$ 中每个点相对于 $\boldsymbol{D}_i$ 中的点的平均核值。

均值在特征空间中的投影之差可以重写为：

$$
\begin{aligned}
(m_1 - m_2)^2 &= (\boldsymbol{w}^{\mathrm{T}}\boldsymbol{\mu}_1^{\phi} - \boldsymbol{w}^{\mathrm{T}}\boldsymbol{\mu}_2^{\phi})^2 \\
&= (\boldsymbol{a}^{\mathrm{T}}\boldsymbol{m}_1 - \boldsymbol{a}^{\mathrm{T}}\boldsymbol{m}_2)^2 \\
&= \boldsymbol{a}^{\mathrm{T}}(\boldsymbol{m}_1 - \boldsymbol{m}_2)(\boldsymbol{m}_1 - \boldsymbol{m}_2)^{\mathrm{T}}\boldsymbol{a} \\
&= \boldsymbol{a}^{\mathrm{T}}\boldsymbol{M}\boldsymbol{a}
\end{aligned} \tag{20.18}
$$

其中 $\boldsymbol{M} = (\boldsymbol{m}_1 - \boldsymbol{m}_2)(\boldsymbol{m}_1 - \boldsymbol{m}_2)^{\mathrm{T}}$ 是类间散度矩阵。

同时还可以计算每个类投影后的散度 s_1^2 和 s_2^2，仅使用核函数，具体过程如下：

$$
\begin{aligned}
s_1^2 &= \sum_{\boldsymbol{x}_i \in \boldsymbol{D}_1} \left\| \boldsymbol{w}^{\mathrm{T}}\phi(\boldsymbol{x}_i) - \boldsymbol{w}^{\mathrm{T}}\boldsymbol{\mu}_1^{\phi} \right\|^2 \\
&= \sum_{\boldsymbol{x}_i \in \boldsymbol{D}_1} \left\| \boldsymbol{w}^{\mathrm{T}}\phi(\boldsymbol{x}_i) \right\|^2 - 2 \sum_{\boldsymbol{x}_i \in \boldsymbol{D}_1} \boldsymbol{w}^{\mathrm{T}}\phi(\boldsymbol{x}_i) \cdot \boldsymbol{w}^{\mathrm{T}}\boldsymbol{\mu}_1^{\phi} + \sum_{\boldsymbol{x}_i \in \boldsymbol{D}_1} \left\| \boldsymbol{w}^{\mathrm{T}}\boldsymbol{\mu}_1^{\phi} \right\|^2 \\
&= \left(\sum_{\boldsymbol{x}_i \in \boldsymbol{D}_1} \left\| \sum_{j=1}^{n} a_j \phi(\boldsymbol{x}_j)^{\mathrm{T}} \phi(\boldsymbol{x}_i) \right\|^2 \right) - 2 \cdot n_1 \cdot \left\| \boldsymbol{w}^{\mathrm{T}}\boldsymbol{\mu}_1^{\phi} \right\|^2 + n_1 \cdot \left\| \boldsymbol{w}^{\mathrm{T}}\boldsymbol{\mu}_1^{\phi} \right\|^2 \\
&= \left(\sum_{\boldsymbol{x}_i \in \boldsymbol{D}_1} \boldsymbol{a}^{\mathrm{T}}\boldsymbol{K}_i\boldsymbol{K}_i^{\mathrm{T}}\boldsymbol{a} \right) - n_1 \cdot \boldsymbol{a}^{\mathrm{T}}\boldsymbol{m}_1\boldsymbol{m}_1^{\mathrm{T}}\boldsymbol{a} \quad \text{利用公式 (20.16)} \\
&= \boldsymbol{a}^{\mathrm{T}} \left(\left(\sum_{\boldsymbol{x}_i \in \boldsymbol{D}_1} \boldsymbol{K}_i\boldsymbol{K}_i^{\mathrm{T}} \right) - n_1\boldsymbol{m}_1\boldsymbol{m}_1^{\mathrm{T}} \right) \boldsymbol{a} \\
&= \boldsymbol{a}^{\mathrm{T}}\boldsymbol{N}_1\boldsymbol{a}
\end{aligned}
$$

其中 $\boldsymbol{K}_i$ 是核矩阵的第 i 列，$\boldsymbol{N}_1$ 是类 c_1 的类散度矩阵。令 $K(\boldsymbol{x}_i, \boldsymbol{x}_j) = K_{ij}$。$\boldsymbol{N}_1$ 可以用矩阵更紧凑地表示如下：

$$
\begin{aligned}
\boldsymbol{N}_1 &= \left(\sum_{\boldsymbol{x}_i \in \boldsymbol{D}_1} \boldsymbol{K}_i\boldsymbol{K}_i^{\mathrm{T}} \right) - n_1\boldsymbol{m}_1\boldsymbol{m}_1^{\mathrm{T}} \\
&= (\boldsymbol{K}^{c_1})(\boldsymbol{I}_{n_1} - \frac{1}{n_1}\mathbf{1}_{n_1 \times n_1})(\boldsymbol{K}^{c_1})^{\mathrm{T}}
\end{aligned} \tag{20.19}
$$

其中 $\boldsymbol{I}_{n_1}$ 是 $n_1 \times n_1$ 的恒等矩阵，且 $\mathbf{1}_{n_1 \times n_1}$ 是 $n_1 \times n_1$ 的矩阵，它的所有元素皆为 1。

采用类似方法，可以得到 $s_2^2 = \boldsymbol{a}^{\mathrm{T}}\boldsymbol{N}_2\boldsymbol{a}$，其中：

$$
\boldsymbol{N}_2 = (\boldsymbol{K}^{c_2})(\boldsymbol{I}_{n_2} - \frac{1}{n_2}\mathbf{1}_{n_2 \times n_2})(\boldsymbol{K}^{c_2})^{\mathrm{T}}
$$

其中 $\boldsymbol{I}_{n_2}$ 是 $n_2 \times n_2$ 的恒等矩阵，且 $\mathbf{1}_{n_2 \times n_2}$ 是 $n_2 \times n_2$ 的矩阵，它的所有元素皆为 1。

因此，投影后的散度的和为：

$$
s_1^2 + s_2^2 = \boldsymbol{a}^{\mathrm{T}}(\boldsymbol{N}_1 + \boldsymbol{N}_2)\boldsymbol{a} = \boldsymbol{a}^{\mathrm{T}}\boldsymbol{N}\boldsymbol{a} \tag{20.20}
$$

其中 $\boldsymbol{N}$ 是 $n \times n$ 的类内散度矩阵。

将公式 (20.18) 和公式 (20.20) 代入公式 (20.11)，可以得到核 LDA 最大化的条件：

$$
\max_{\boldsymbol{w}} J(\boldsymbol{w}) = \max_{\boldsymbol{a}} J(\boldsymbol{a}) = \frac{\boldsymbol{a}^{\mathrm{T}}\boldsymbol{M}\boldsymbol{a}}{\boldsymbol{a}^{\mathrm{T}}\boldsymbol{N}\boldsymbol{a}}
$$

注意以上的所有表达式都只涉及核函数。权向量 $\boldsymbol{a}$ 是对应于以下泛化特征值问题的最大特征值的特征向量：

$$\boldsymbol{M}\boldsymbol{a} = \lambda_1 \boldsymbol{N}\boldsymbol{a} \tag{20.21}$$

若 $\boldsymbol{N}$ 是非奇异的，则 $\boldsymbol{a}$ 是对应于如下系统的最大特征值的主特征向量：

$$(\boldsymbol{N}^{-1}\boldsymbol{M})\boldsymbol{a} = \lambda_1 \boldsymbol{a}$$

类似于线性判别分析中的情况 [公式 (20.10)]，当只有两个类的时候，我们不需要求解特征向量，因为可以直接获得 $\boldsymbol{a}$：

$$\boldsymbol{a} = \boldsymbol{N}^{-1}(\boldsymbol{m}_1 - \boldsymbol{m}_2)$$

一旦求得 $\boldsymbol{a}$，可以将 $\boldsymbol{w}$ 归一化为一个单位向量，通过满足以下条件：

$$\boldsymbol{w}^{\mathrm{T}}\boldsymbol{w} = 1$$

即

$$\sum_{i=1}^{n}\sum_{j=1}^{n} a_i a_j \phi(\boldsymbol{x}_i)^{\mathrm{T}}\phi(\boldsymbol{x}_j) = 1$$

或

$$\boldsymbol{a}^{\mathrm{T}}\boldsymbol{K}\boldsymbol{a} = 1$$

换句话说，如果对 $\boldsymbol{a}$ 缩放 $\dfrac{1}{\sqrt{\boldsymbol{a}^{\mathrm{T}}\boldsymbol{K}\boldsymbol{a}}}$，那么可以保证 $\boldsymbol{w}$ 是一个单位向量。

最后，我们可以将任意的点 $\boldsymbol{x}$ 投影到判别向量方向上，表示如下：

$$\boldsymbol{w}^{\mathrm{T}}\phi(\boldsymbol{x}) = \sum_{j=1}^{n} a_j \phi(\boldsymbol{x}_j)^{\mathrm{T}}\phi(\boldsymbol{x}) = \sum_{j=1}^{n} a_j K(\boldsymbol{x}_j, \boldsymbol{x}) \tag{20.22}$$

算法 20.2 给出了核判别分析的伪代码。算法首先计算 $n \times n$ 的核矩阵 $\boldsymbol{K}$，以及对应于每一类的 $n \times n_i$ 核矩阵 $\boldsymbol{K}^{c_i}$。计算类间散度矩阵 $\boldsymbol{M}$ 和类内散度矩阵 $\boldsymbol{N}$ 之后，得到权向量 $\boldsymbol{a}$，即 $\boldsymbol{N}^{-1}\boldsymbol{M}$ 的主特征向量。最后一步对 $\boldsymbol{a}$ 进行缩放，使得 $\boldsymbol{w}$ 归一化为单位长度。核判别分析的复杂度为 $O(n^3)$，主要的步骤包括计算 $\boldsymbol{N}$ 和求解 $\boldsymbol{N}^{-1}\boldsymbol{M}$ 的主特征向量，每个都需要 $O(n^3)$ 的时间。

算法20.2　核判别分析

KernelDiscriminant ($\mathbf{D} = \{(\boldsymbol{x}_i, y_i)\}_{i=1}^{n}, K$):

1 $\boldsymbol{K} \leftarrow \{K(\boldsymbol{x}_i, \boldsymbol{x}_j)\}_{i,j=1,\cdots,n}$　//计算 $n \times n$ 的核矩阵

2 $\boldsymbol{K}^{c_i} \leftarrow \{\boldsymbol{K}(j,k) \mid y_k = c_i, 1 \leqslant j,k \leqslant n\}, i = 1,2$　//类核矩阵

3 $\boldsymbol{m}_i \leftarrow \frac{1}{n_i}\boldsymbol{K}^{c_i}\mathbf{1}_{n_i}, i = 1,2$　//类均值

4 $\boldsymbol{M} \leftarrow (\boldsymbol{m}_1 - \boldsymbol{m}_2)(\boldsymbol{m}_1 - \boldsymbol{m}_2)^{\mathrm{T}}$　//类间散度矩阵

5 $\boldsymbol{N}_i \leftarrow \boldsymbol{K}^{c_i}(\boldsymbol{I}_{n_i} - \frac{1}{n_i}\mathbf{1}_{n_i \times n_i})(\boldsymbol{K}^{c_i})^{\mathrm{T}}, i = 1,2$　//类散度矩阵

6 $\boldsymbol{N} \leftarrow \boldsymbol{N}_1 + \boldsymbol{N}_2$　//类内散度矩阵

7 $\lambda_1, \boldsymbol{a} \leftarrow$ 特征值$(\boldsymbol{N}^{-1}\boldsymbol{M})$　//计算权向量

8 $\boldsymbol{a} \leftarrow \dfrac{\boldsymbol{a}}{\sqrt{\boldsymbol{a}^{\mathrm{T}}\boldsymbol{K}\boldsymbol{a}}}$　//将 $\boldsymbol{w}$ 归一化为单位向量

例 20.4（核判别分析） 考虑包含萼片长度和萼片宽度属性的二维鸢尾花数据集。图 20-3a 给出将点投影到前两个主成分上的情况。所有的点分为两类：c_1（圆圈）对应 iris-versicolor，c_2 对应其他两种鸢尾花类型。这里 $n_1 = 50$ 且 $n_2 = 100$，一共有 $n = 150$ 个点。

由于 c_1 被 c_2 的点所包围，无法找到一个好的线性判别。因此，我们使用核判别分析，并使用齐次二次核：

$$K(\boldsymbol{x}_i, \boldsymbol{x}_j) = (\boldsymbol{x}_i^{\mathrm{T}} \boldsymbol{x}_j)^2$$

通过公式 (20.21) 求解 $\boldsymbol{a}$，得到：

$$\lambda_1 = 0.0511$$

此处没有列出 $\boldsymbol{a}$，因为它在 $\mathbb{R}^{150}$ 中。图 20-3a 给出在最佳核判别上的投影的等值线。等值线是通过公式 (20.22) 获得的，即对不同的标量值 c 求解 $\boldsymbol{w}^{\mathrm{T}} \phi(\boldsymbol{x}) = \sum_{j=1}^{n} a_j K(\boldsymbol{x}_j, \boldsymbol{x}) = c$。等值线是双曲线型的，因此围绕中心成对出现。例如，原点 $(0,0)^{\mathrm{T}}$ 两边的第一条曲线是同一等值线，即两条曲线上的点投影到 $\boldsymbol{w}$ 上的值相同。可以看到，从中点数第 4 条开始的等值线或曲线对与类 c_2 相对应，而前面 3 条等值线主要对应类 c_1，因此齐次二次核有着较好的判别性。

若将所有点 $\boldsymbol{x}_i \in \boldsymbol{D}$ 投影到 $\boldsymbol{w}$ 上的情况作图，会得到更清晰的结论，如图 20-3b 所示。可以发现，$\boldsymbol{w}$ 能较好地区分这两个类；所有的圆圈（c_1）都集中于坐标轴的左边，而三角形（c_2）都分布在右边。投影均值以白色显示。两个类投影后的散度和均值如下：

$$m_1 = 0.338 \quad m_2 = 4.476$$

$$s_1^2 = 13.862 \quad s_2^2 = 320.934$$

$J(\boldsymbol{w})$ 的值为：

$$\begin{aligned} J(\boldsymbol{w}) &= \frac{(m_1 - m_2)^2}{s_1^2 + s_2^2} \\ &= \frac{(0.338 - 4.476)^2}{13.862 + 320.934} \\ &= \frac{17.123}{334.796} \\ &= 0.0511 \end{aligned}$$

不出所料，这和以上的 $\lambda_1 = 0.0511$ 相符。

通常来讲，我们不想或很难获得一个显式的判别向量 $\boldsymbol{w}$，因为它位于特征空间中。但由于输入空间中每个点 $\boldsymbol{x} = (x_1, x_2)^{\mathrm{T}} \in \mathbb{R}^2$ 都通过齐次二次核映射到特征空间中的点 $\phi(\boldsymbol{x}) = (\sqrt{2}x_1x_2, x_1^2, x_2^2)^{\mathrm{T}} \in \mathbb{R}^3$，在此例中可以对特征空间进行可视化，如图 20-4 所示。每个点 $\phi(\boldsymbol{x})$ 到判别向量 $\boldsymbol{w}$ 上的投影在图中给出，其中

$$\boldsymbol{w} = 0.511x_1x_2 + 0.761x_1^2 - 0.4x_2^2$$

在 $\boldsymbol{w}$ 上的投影和图 20-3b 所示的相同。

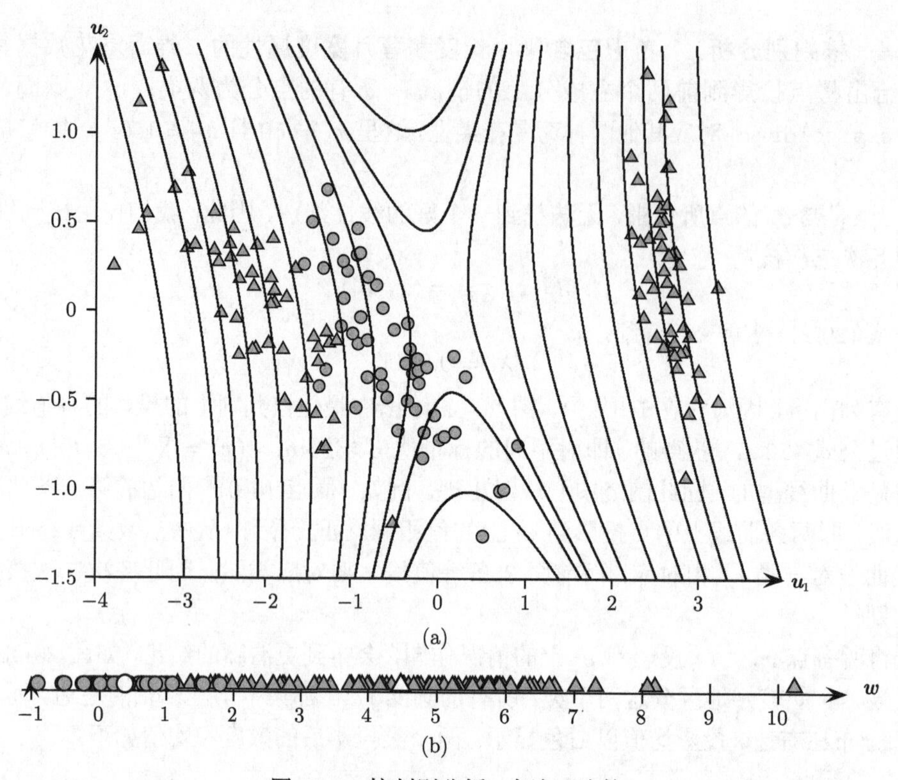

图 20-3 核判别分析：齐次二次核

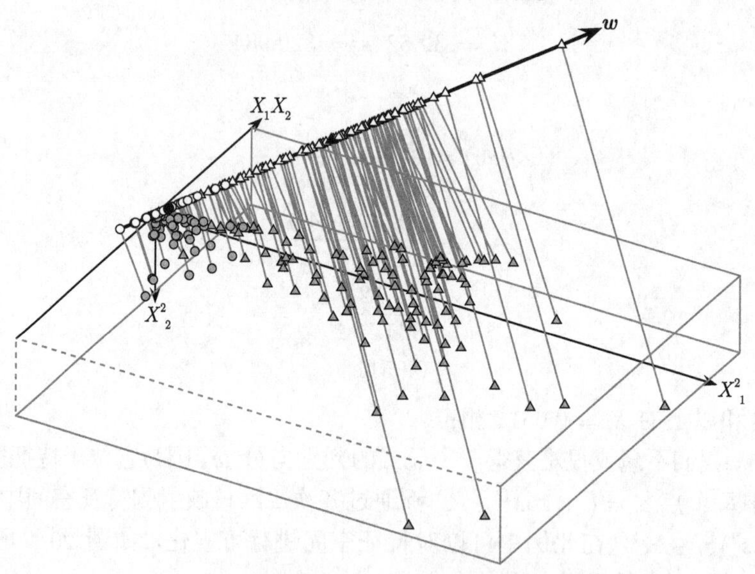

图 20-4 齐次二次核特征空间

20.3 补充阅读

线性判别分析由 Fisher (1936) 引入。它的核判别分析扩展由 Mika 等人 (1999) 提出。关于 2 个类的 LDA 方法可以推广到 $k > 2$ 个类，并且可通过找出最优的 $k-1$ 维子空间投影来区分 k 个类，详见 Duda, Hart, and Stork (2012)。

Duda, R. O., Hart, P. E., and Stork, D. G. (2012). *Pattern Classification*. New York: Wiley-Interscience.

Fisher, R. A. (1936). "The use of multiple measurements in taxonomic problems." *Annals of Eugenics*, 7 (2): 179–188.

Mika, S., Ratsch, G., Weston, J., Scholkopf, B., and Mullers, K. (1999). "Fisher discriminant analysis with kernels." *In Proceedings of the IEEE Neural Networks for Signal Processing Workshop*, IEEE, pp. 41–48.

20.4 习题

Q1. 考虑表 20-1 中提供的数据，回答下列问题。

(a) 计算 $\boldsymbol{\mu}_{+1}$ 和 $\boldsymbol{\mu}_{-1}$，以及 $\boldsymbol{B}$（类间散度矩阵）。

(b) 计算 $\boldsymbol{S}_{+1}$ 和 $\boldsymbol{S}_{-1}$，以及 $\boldsymbol{S}$（类内散度矩阵）。

(c) 找出区分各类的最佳方向 $\boldsymbol{w}$，使用如下事实：矩阵 $\boldsymbol{A} = \begin{pmatrix} a & b \\ c & d \end{pmatrix}$ 的逆为 $\boldsymbol{A}^{-1} = \dfrac{1}{\det(\boldsymbol{A})}\begin{pmatrix} d & -b \\ -c & a \end{pmatrix}$。

(d) 找到方向 $\boldsymbol{w}$ 后，找出 $\boldsymbol{w}$ 能够将两个类分得最清楚的点。

表 20-1　Q1 的数据集

i	$\boldsymbol{x}_i$	y_i
$\boldsymbol{x}_1$	(4,2.9)	1
$\boldsymbol{x}_2$	(3.5,4)	1
$\boldsymbol{x}_3$	(2.5,1)	−1
$\boldsymbol{x}_4$	(2,2.1)	−1

Q2. 给定图 20-5 中所示的带标签点（来自两个不同的类），以及类间散度矩阵的逆为：

$$\begin{pmatrix} 0.056 & -0.029 \\ -0.029 & 0.052 \end{pmatrix}$$

找出最优的线性判别线 $\boldsymbol{w}$，并在图上画出。

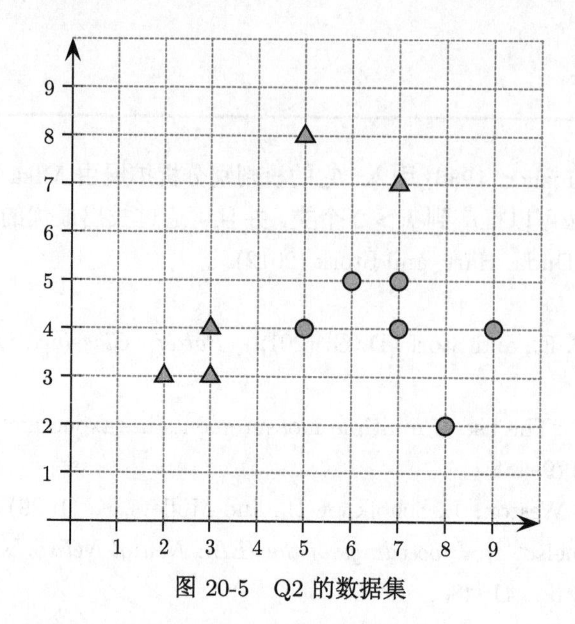

图 20-5　Q2 的数据集

Q3. 最大化公式 (20.7) 中的目标，要求显式地考虑约束 $\boldsymbol{w}^{\mathrm{T}}\boldsymbol{w}=1$，即为该约束使用一个拉格朗日乘子。

Q4. 证明公式 (20.19) 的等式成立，即：

$$\boldsymbol{N}_1=\left(\sum_{\boldsymbol{x}_i\in\boldsymbol{D}_1}\boldsymbol{K}_i\boldsymbol{K}_i^{\mathrm{T}}\right)-n_1\boldsymbol{m}_1\boldsymbol{m}_1^{\mathrm{T}}=(\boldsymbol{K}^{c_1})(\boldsymbol{I}_{n_1}-\frac{1}{n_1}\mathbf{1}_{n_1\times n_1})(\boldsymbol{K}^{c_1})^{\mathrm{T}}$$

第21章　支持向量机

本章将会讨论支持向量机（Support Vector Machine，SVM），一种基于最大间隔的线性判别（maximum margin linear discriminant）的分类方法，即目标是找到最优的超平面，使得该超平面能够最大化类之间的间隔（margin）。此外，还可以使用核技巧来找到最优的类间非线性决策边界，对应着某个高维“非线性”空间的一个超平面。

21.1　支持向量和间隔

令 $\boldsymbol{D} = \{(\boldsymbol{x}_i, y_i)\}_{i=1}^n$ 为一个分类数据集，一共包含 n 个 d 维空间中的点。此外，假设一共只有两种类标签，即 $y_i \in \{+1, -1\}$，分别代表正类和负类。

1. **超平面**

d 维空间上的一个超平面定义为所有满足方程式 $h(\boldsymbol{x}) = 0$ 的点 $\boldsymbol{x} \in \mathbb{R}^d$ 的集合，其中 $h(\boldsymbol{x})$ 是**超平面函数**（hyperplane function），定义如下：

$$h(\boldsymbol{x}) = \boldsymbol{w}^{\mathrm{T}}\boldsymbol{x} + b = w_1x_1 + w_2x_2 + \cdots + w_dx_d + b \tag{21.1}$$

这里，$\boldsymbol{w}$ 是一个 d 维的**权向量**（weight vector），且 b 是一个标量，称为偏置（bias）。对于超平面上的点，我们有：

$$h(\boldsymbol{x}) = \boldsymbol{w}^{\mathrm{T}}\boldsymbol{x} + b = 0 \tag{21.2}$$

超平面因此定义为所有满足 $\boldsymbol{w}^{\mathrm{T}}\boldsymbol{x} = -b$ 的点。为理解 b 所扮演的角色，假设 $w_1 \neq 0$ 并令 $x_i = 0$（$i > 1$），可以得到超平面与第一个轴相交的截距，根据公式 (21.2)，可得：

$$w_1x_1 = -b \quad \text{或} \quad x_1 = \frac{-b}{w_1}$$

换句话说，点 $\left(\frac{-b}{w_1}, 0, \cdots, 0\right)$ 位于超平面上。以类似方式，可以得到超平面与其他每个轴相交的截距为 $\frac{-b}{w_i}$（前提是 $w_i \neq 0$）。

2. **分割超平面**

一个超平面将原始的 d 维空间分为两个**半空间**（half-space）。一个数据集是**线性可分的**（linearly separable），若每个半空间都仅包含一个类中的点。若输入数据集是线性可分的，则可以找到一个**分割超平面** $h(\boldsymbol{x}) = 0$，使得所有标签为 $y_i = -1$ 的点都有 $h(\boldsymbol{x}_i) < 0$，且所有标签为 $y_i = +1$ 的点都有 $h(\boldsymbol{x}_i) > 0$。事实上，超平面函数 $h(\boldsymbol{x})$ 起到了一个线性分类器或者线性判别的作用，它预测了任意给定点 $\boldsymbol{x}$ 的类 y，根据如下决策规则：

$$y = \begin{cases} +1 & h(\boldsymbol{x}) > 0 \\ -1 & h(\boldsymbol{x}) < 0 \end{cases} \tag{21.3}$$

令 $\boldsymbol{a}_1$ 和 $\boldsymbol{a}_2$ 为位于超平面上的任意两个点。根据公式 (21.2) 有：

$$h(\boldsymbol{a}_1) = \boldsymbol{w}^{\mathrm{T}}\boldsymbol{a}_1 + b = 0$$
$$h(\boldsymbol{a}_2) = \boldsymbol{w}^{\mathrm{T}}\boldsymbol{a}_2 + b = 0$$

两者相减，可以得到：

$$\boldsymbol{w}^{\mathrm{T}}(\boldsymbol{a}_1 - \boldsymbol{a}_2) = 0$$

这说明权向量 $\boldsymbol{w}$ 是和超平面正交的，因为它和超平面上的任意向量 $(\boldsymbol{a}_1 - \boldsymbol{a}_2)$ 都是正交的。换句话说，权向量 $\boldsymbol{w}$ 定义了与超平面正交的方向，从而固定了超平面的取向，而偏置 b 确定了超平面在 d 维空间中的偏移。由于 $\boldsymbol{w}$ 和 $-\boldsymbol{w}$ 都是和超平面正交的，令 $y_i = 1$ 时 $h(\boldsymbol{x}_i) > 0$，$y_i = -1$ 时 $h(\boldsymbol{x}_i) < 0$，从而去除不确定性。

3. 点到超平面的距离

考虑一个点 $\boldsymbol{x} \in \mathbb{R}^d$，使得 $\boldsymbol{x}$ 不在超平面上。令 $\boldsymbol{x}_p$ 为 $\boldsymbol{x}$ 在超平面上的正交投影，并令 $\boldsymbol{r} = \boldsymbol{x} - \boldsymbol{x}_p$，如图 21-1 所示，可以将 $\boldsymbol{x}$ 重写为：

$$\boldsymbol{x} = \boldsymbol{x}_p + \boldsymbol{r}$$
$$\boldsymbol{x} = \boldsymbol{x}_p + r\frac{\boldsymbol{w}}{\|\boldsymbol{w}\|} \tag{21.4}$$

其中 r 是点 $\boldsymbol{x}$ 到点 $\boldsymbol{x}_p$ 的**直接距离**（direct distance），即 r 给出了 $\boldsymbol{x}$ 距离 $\boldsymbol{x}_p$ 偏移了多少个单位权向量 $\frac{\boldsymbol{w}}{\|\boldsymbol{w}\|}$。若偏移 r 与 $\boldsymbol{w}$ 的方向相同，则它是正的，反之为负的。

将公式 (21.4) 代入超平面函数 [公式 (21.1)]，得：

$$\begin{aligned}
h(\boldsymbol{x}) &= h\left(\boldsymbol{x}_p + r\frac{\boldsymbol{w}}{\|\boldsymbol{w}\|}\right) \\
&= \boldsymbol{w}^{\mathrm{T}}\left(\boldsymbol{x}_p + r\frac{\boldsymbol{w}}{\|\boldsymbol{w}\|}\right) + b \\
&= \underbrace{\mathbf{w}^{\mathrm{T}}\boldsymbol{x}_p + b}_{h(\boldsymbol{x}_p)} + r\frac{\boldsymbol{w}^{\mathrm{T}}\boldsymbol{w}}{\|\boldsymbol{w}\|} \\
&= \underbrace{h(\boldsymbol{x}_p)}_{0} + r\|\boldsymbol{w}\| \\
&= r\|\boldsymbol{w}\|
\end{aligned}$$

最后一步的依据是 $h(\boldsymbol{x}_p) = 0$，因为 $\boldsymbol{x}_p$ 位于超平面。使用以上结果，可以得到一个点到超平面的直接距离的表达式：

$$r = \frac{h(\boldsymbol{x})}{\|\boldsymbol{w}\|}$$

为获得距离（非负的），可以方便地用点的类标签 y 乘以 r，因为若 $h(\boldsymbol{x}) < 0$，则类为 -1；若 $h(\boldsymbol{x}) > 0$，则类为 1。一个点 $\boldsymbol{x}$ 到超平面 $h(\boldsymbol{x}) = 0$ 的距离因此为：

$$\delta = yr = \frac{yh(\boldsymbol{x})}{\|\boldsymbol{w}\|} \tag{21.5}$$

具体而言，对于原点 $\boldsymbol{x} = \boldsymbol{0}$，直接距离为：

$$r = \frac{h(\mathbf{0})}{\|\boldsymbol{w}\|} = \frac{\boldsymbol{w}^{\mathrm{T}}\mathbf{0} + b}{\|\boldsymbol{w}\|} = \frac{b}{\|\boldsymbol{w}\|}$$

如图 21-1 所示。

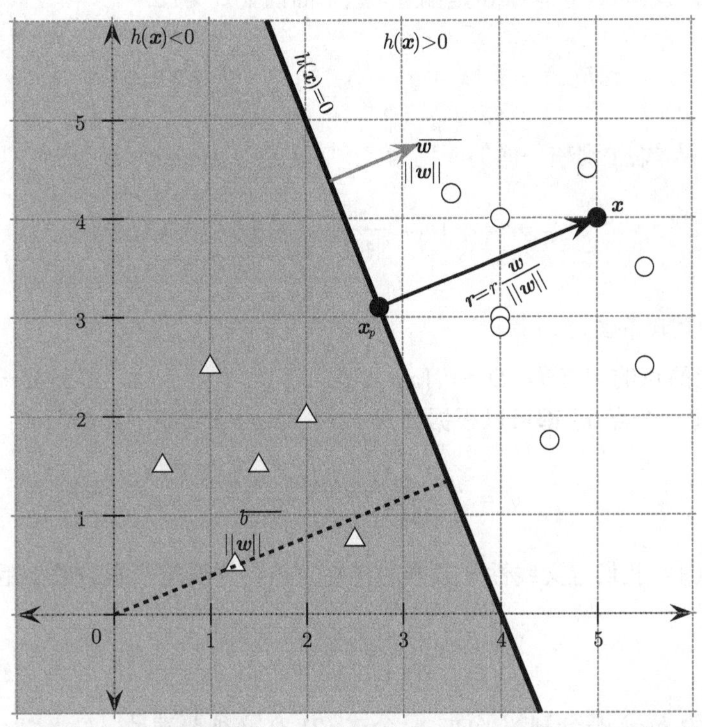

图 21-1　二维中的一个分割超平面的几何关系。标签为 +1 的点以圆圈显示，标签为 −1 的点以三角形显示。超平面 $h(\boldsymbol{x}) = 0$ 将整个空间分为两个半空间。阴影区域由所有满足 $h(\boldsymbol{x}) < 0$ 的点构成，无阴影区域由所有满足 $h(\boldsymbol{x}) > 0$ 的点构成。单位权向量 $\frac{\boldsymbol{w}}{\|\boldsymbol{w}\|}$（灰色）与超平面垂直。原点到超平面的直接距离为 $\frac{b}{\|\boldsymbol{w}\|}$

例 21.1　考虑图 21-1 中所示的例子。在这个二维的例子中，超平面只是一条直线，定义为满足下式的所有点 $\boldsymbol{x} = (x_1, x_2)^{\mathrm{T}}$ 的集合：

$$h(\boldsymbol{x}) = \boldsymbol{w}^{\mathrm{T}}\boldsymbol{x} + b = w_1x_1 + w_2x_2 + b = 0$$

可以得到：

$$x_2 = -\frac{w_1}{w_2}x_1 - \frac{b}{w_2}$$

其中 $-\frac{w_1}{w_2}$ 是直线的斜率，$-\frac{b}{w_2}$ 是第二个维度上的截距。

考虑超平面上的任意两个点，$\boldsymbol{p} = (p_1, p_2) = (4, 0)$ 和 $\boldsymbol{q} = (q_1, q_2) = (2, 5)$。斜率为：

$$-\frac{w_1}{w_2} = \frac{q_2 - p_2}{q_1 - p_1} = \frac{5 - 0}{2 - 4} = -\frac{5}{2}$$

这说明 $w_1 = 5$ 且 $w_2 = 2$。给定超平面上的任意一个点，比如 $(4, 0)$，可以直接计算偏移 b:

$$b = -5x_1 - 2x_2 = -5 \cdot 4 - 2 \cdot 0 = -20$$

因此，$\boldsymbol{w} = \binom{5}{2}$ 是权向量，$b = -20$ 是偏置，超平面的公式为：

$$h(\boldsymbol{x}) = \boldsymbol{w}^{\mathrm{T}}\boldsymbol{x} + b = (5 \quad 2)\begin{pmatrix} x_1 \\ x_2 \end{pmatrix} - 20 = 0$$

可以证实，从原点$\mathbf{0}$到超平面的距离为：

$$\delta = yr = -1r = \frac{-b}{\|\boldsymbol{w}\|} = \frac{-(-20)}{\sqrt{29}} = 3.71$$

4. **超平面的间隔和支持向量**

给定带标签的点的训练集 $\boldsymbol{D} = \{\boldsymbol{x}_i, y_i\}_{i=1}^n, y_i \in \{+1, -1\}$，并给定一个分割超平面 $h(\boldsymbol{x}) = 0$，对于每一个点 $\boldsymbol{x}_i$ 都可以根据公式 (21.5) 找出它到超平面的距离：

$$\delta_i = \frac{y_i h(\boldsymbol{x}_i)}{\|\boldsymbol{w}\|} = \frac{y_i(\boldsymbol{w}^{\mathrm{T}}\boldsymbol{x}_i + b)}{\|\boldsymbol{w}\|}$$

在所有的 n 个点中，我们定义线性分类器的间隔为点到分割超平面的最小距离，给出如下：

$$\delta^* = \min_{\boldsymbol{x}_i}\left\{\frac{y_i(\boldsymbol{w}^{\mathrm{T}}\boldsymbol{x}_i + b)}{\|\boldsymbol{w}\|}\right\} \tag{21.6}$$

注意 $\delta^* \neq 0$，因为 $h(\boldsymbol{x})$ 是分割超平面，且公式 (21.3) 必须要满足。

所有取到这个最小距离的点（或向量）称作超平面的**支持向量**（support vector）。换句话说，一个支持向量 $\boldsymbol{x}^*$ 是一个正好位于分类器间隔上的点，因此满足条件：

$$\delta^* = \frac{y^*(\boldsymbol{w}^{\mathrm{T}}\boldsymbol{x}^* + b)}{\|\boldsymbol{w}\|}$$

这里 y^* 是 $\boldsymbol{x}^*$ 的类标签。分子 $y^*(\boldsymbol{w}^{\mathrm{T}}\boldsymbol{x}^* + b)$ 给出了支持向量到超平面的绝对距离，而分母 $\|\boldsymbol{w}\|$ 使其变为关于 $\boldsymbol{w}$ 的相对距离。

5. **典型超平面**

考虑超平面的公式 [公式 (21.2)]。两边同乘以某个标量 s，可以得到一个等价超平面：

$$sh(\boldsymbol{x}) = s\boldsymbol{w}^{\mathrm{T}}\boldsymbol{x} + sb = (s\boldsymbol{w})^{\mathrm{T}}\boldsymbol{x} + (sb) = 0$$

为获得唯一或**典型**（canonical）的超平面，我们选择合适的标量 s，使得一个支持向量到超平面的绝对距离为 1，即：

$$sy^*(\boldsymbol{w}^{\mathrm{T}}\boldsymbol{x}^* + b) = 1$$

这意味着：

$$s = \frac{1}{y^*(\boldsymbol{w}^{\mathrm{T}}\boldsymbol{x}^* + b)} = \frac{1}{y^* h(\boldsymbol{x}^*)} \tag{21.7}$$

因此，假设这里讨论的分割超平面都是典型的，即都经过缩放，使得对于一个给定的支持向量 $\boldsymbol{x}^*$，$y^*h(\boldsymbol{x}^*)=1$，且间隔为：

$$\delta^*=\frac{y^*h(\boldsymbol{x}^*)}{\|\boldsymbol{w}\|}=\frac{1}{\|\boldsymbol{w}\|}$$

对应典型超平面和每个支持向量 $\boldsymbol{x}_i^*$（类标签为 y_i^*），我们有 $y_i^*h(\boldsymbol{x}_i^*)=1$，而对于任意不是支持向量的点，我们有 $y_ih(\boldsymbol{x}_i)>1$，因为根据定义，它和超平面之间的距离一定远大于支持向量和超平面之间的距离。因此，对于数据集 $\boldsymbol{D}$ 中的所有 n 个点，可得如下不等式集合：

$$y_i(\boldsymbol{w}^{\mathrm{T}}\boldsymbol{x}_i+b)\geqslant 1(\boldsymbol{x}_i\in\boldsymbol{D}) \tag{21.8}$$

例 21.2 图 21-2 给出了一个超平面的支持向量和间隔的说明。分割超平面的公式为：

$$h(\boldsymbol{x})=\begin{pmatrix}5\\2\end{pmatrix}^{\mathrm{T}}\boldsymbol{x}-20=0$$

考虑支持向量 $\boldsymbol{x}^*=(2,2)^{\mathrm{T}}$（类标签为 $y^*=-1$）。为找出典型超平面公式，我们要用标量 s 对权向量和偏置进行缩放，根据公式 (21.7) 得到：

$$s=\frac{1}{y^*h\boldsymbol{x}^*}=\frac{1}{-1\left(\binom{5}{2}^{\mathrm{T}}\binom{2}{2}-20\right)}=\frac{1}{6}$$

因此，缩放后的权向量为：

$$\boldsymbol{w}=\frac{1}{6}\begin{pmatrix}5\\2\end{pmatrix}=\begin{pmatrix}5/6\\2/6\end{pmatrix}$$

缩放后的偏置为：

$$b=\frac{-20}{6}$$

超平面的典型形式为：

$$\begin{aligned}h(\boldsymbol{x})&=\begin{pmatrix}5/6\\2/6\end{pmatrix}^{\mathrm{T}}\boldsymbol{x}-20/6\\&=\begin{pmatrix}0.833\\0.333\end{pmatrix}^{\mathrm{T}}\boldsymbol{x}-3.33\end{aligned}$$

典型超平面的间隔为：

$$\begin{aligned}\delta^*&=\frac{y^*h(\boldsymbol{x}^*)}{\|\boldsymbol{w}\|}=\frac{1}{\sqrt{(\frac{5}{6})^2+(\frac{2}{6})^2}}\\&=\frac{6}{\sqrt{29}}=1.114\end{aligned}$$

在本例中，一共有 5 个支持向量（阴影点），即 $(2,2)^{\mathrm{T}}$ 和 $(2.5,0.75)^{\mathrm{T}}$（$y=-1$，显示为三角形），以及 $(3.5,4.25)^{\mathrm{T}}$、$(4,3)^{\mathrm{T}}$ 和 $(4.5,1.75)^{\mathrm{T}}$（$y=+1$，显示为圆圈），如图 21-2 所示。

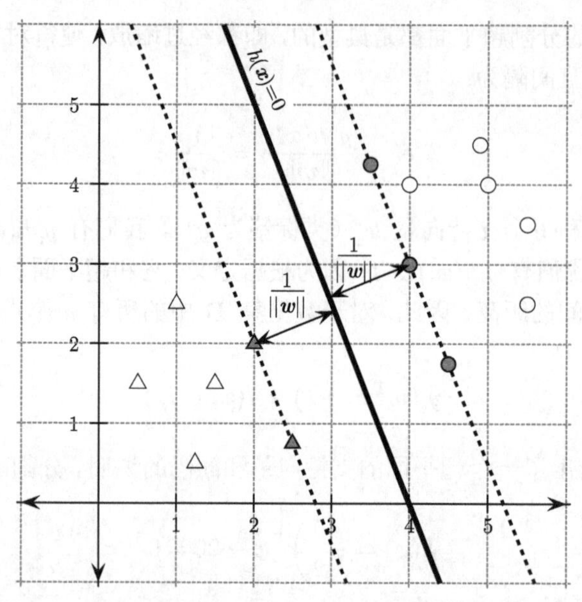

图 21-2　一个分割超平面的间隔：$\frac{1}{\|\boldsymbol{w}\|}$ 为间隔，阴影点为支持向量

21.2　SVM：线性可分的情况

给定数据集 $\boldsymbol{D}=\{\boldsymbol{x}_i,y_i\}_{i=1}^n$（$\boldsymbol{x}_i\in\mathbb{R}^d,y_i\in\{+1,-1\}$），先假设这些点是线性可分的，即存在一个能够完美区分每个点的类的分割超平面。换句话说，所有 $y_i=+1$ 的点都在超平面的一侧（$h(\boldsymbol{x})>0$），而所有 $y_i=-1$ 的点都在超平面的另一侧（$h(\boldsymbol{x})<0$）。显然，在线性可分的情况下，事实上可以找到无限个可能的分割超平面，那么应该选择哪个？

1. **最大间隔超平面**

SVM 的基本思想是选择典型超平面，该超平面由权向量 $\boldsymbol{w}$ 和偏置 b 确定，使得它的间隔在所有可能的分割超平面中最大。若 δ_h^* 代表超平面 $h(\boldsymbol{x})=0$ 的间隔，则目标是要找到最优超平面 h^*：

$$h^*=\arg\max_h\{\delta_h^*\}=\arg\max_{\boldsymbol{w},b}\left\{\frac{1}{\|\boldsymbol{w}\|}\right\}$$

SVM 的任务是找到最大化间隔 $\frac{1}{\|\boldsymbol{w}\|}$ 的超平面，满足公式 (21.8) 中的 n 个约束，即 $y_i(\boldsymbol{w}^{\mathrm{T}}\boldsymbol{x}_i+b)\geqslant 1$（$\boldsymbol{x}_i\in\boldsymbol{D}$）。注意，为最大化间隔 $\frac{1}{\|\boldsymbol{w}\|}$，可以最小化 $\|\boldsymbol{w}\|$。事实上，我们可以得到一个等价的最小化描述如下：

$$\text{目标函数}\quad \min_{\boldsymbol{w},b}\left\{\frac{\|\boldsymbol{w}\|^2}{2}\right\}$$

$$\text{线性约束}\quad y_i(\boldsymbol{w}^{\mathrm{T}}\boldsymbol{x}_i+b)\geqslant 1,\forall\boldsymbol{x}_i\in\boldsymbol{D}$$

我们可以使用标准的优化算法，直接求解以上带 n 个线性约束的**原始**（primal）凸最小化问题，21.5 节中会详细讲述。然而，更常见的情况是求解**对偶问题**（dual problem），可以使用**拉格朗日乘子**来求解。主要思想是对每一个约束引入一个拉格朗日乘子 α_i，最优解要满足 Karush-Kuhn-Tucker（KKT）条件：

$$\alpha_i\Big(y_i(\boldsymbol{w}^{\mathrm{T}}\boldsymbol{x}_i+b)-1\Big)=0$$

$$\text{且}\ \alpha_i \geqslant 0$$

将所有的 n 个约束引入新的目标函数，即**拉格朗日函数**（Lagrangian），于是变为：

$$\min L=\frac{1}{2}\|\boldsymbol{w}\|^2-\sum_{i=1}^{n}\alpha_i\Big(y_i(\boldsymbol{w}^{\mathrm{T}}\boldsymbol{x}_i+b)-1\Big) \tag{21.9}$$

对应 $\boldsymbol{w}$ 和 b，L 应取最小值；对应 α_i，L 应取最大值。

对 L 分别求关于 $\boldsymbol{w}$ 和 b 的导数，并令其为 0，可以得到：

$$\frac{\partial}{\partial \boldsymbol{w}}L=\boldsymbol{w}-\sum_{i=1}^{n}\alpha_i y_i \boldsymbol{x}_i=\boldsymbol{0}\ \text{或}\ \boldsymbol{w}=\sum_{i=1}^{n}\alpha_i y_i \boldsymbol{x}_i \tag{21.10}$$

$$\frac{\partial}{\partial b}L=\sum_{i=1}^{n}\alpha_i y_i=0 \tag{21.11}$$

以上方程给出了关于选择最优权向量 $\boldsymbol{w}$ 的重要直觉。具体而言，公式 (21.10) 说明 $\boldsymbol{w}$ 可以表示为一组数据点 $\boldsymbol{x}_i$ 的线性组合，而拉格朗日乘子 $\alpha_i y_i$ 是线性组合的系数。此外，公式 (21.11) 说明带符号的拉格朗日乘子 $\alpha_i y_i$ 的和应等于 0。

将这些代入公式 (21.9)，可以得到对偶拉格朗日目标函数，可以由拉格朗日乘子来决定：

$$\begin{aligned}
L_{\text{dual}} &= \frac{1}{2}\boldsymbol{w}^{\mathrm{T}}\boldsymbol{w}-\boldsymbol{w}^{\mathrm{T}}\underbrace{\left(\sum_{i=1}^{n}\alpha_i y_i \boldsymbol{x}_i\right)}_{\boldsymbol{w}}-b\underbrace{\sum_{i=1}^{n}\alpha_i y_i}_{0}+\sum_{i=1}^{n}\alpha_i \\
&= -\frac{1}{2}\boldsymbol{w}^{\mathrm{T}}\boldsymbol{w}+\sum_{i=1}^{n}\alpha_i \\
&= \sum_{i=1}^{n}\alpha_i-\frac{1}{2}\sum_{i=1}^{n}\sum_{j=1}^{n}\alpha_i\alpha_j y_i y_j \boldsymbol{x}_i^{\mathrm{T}}\boldsymbol{x}_j
\end{aligned}$$

于是对偶目标给出如下：

$$\begin{aligned}
&\textbf{目标函数}\quad \max_{\alpha} L_{\text{dual}}=\sum_{i=1}^{n}\alpha_i-\frac{1}{2}\sum_{i=1}^{n}\sum_{j=1}^{n}\alpha_i\alpha_j y_i y_j \boldsymbol{x}_i^{\mathrm{T}}\boldsymbol{x}_j \\
&\textbf{线性约束}\quad \alpha_i \geqslant 0, \forall i \in \boldsymbol{D}, \sum_{i=1}^{n}\alpha_i y_i=0
\end{aligned} \tag{21.12}$$

其中 $\boldsymbol{\alpha}=(\alpha_1,\alpha_2,\cdots,\alpha_n)^{\mathrm{T}}$ 是包含拉格朗日乘子的向量。L_{dual} 是一个凸二次规划问题（注意 $\alpha_i\alpha_j$ 项），可以使用标准的优化技术求解。参见 21.5 节基于梯度的对偶形式求解。

2. 权向量和偏置

一旦得到 $\alpha_i(i=1,\cdots,n)$ 的值，就可以求解权向量 $\boldsymbol{w}$ 和偏置 b。注意，根据 KKT 条件，我们有：

$$\alpha_i\Big(y_i(\boldsymbol{w}^{\mathrm{T}}\boldsymbol{x}_i+b)-1\Big)=0$$

对应于两种情况：

(1) $\alpha_i=0$

(2) $y_i(\boldsymbol{w}^{\mathrm{T}}\boldsymbol{x}_i+b)-1=0$，即 $y_i(\boldsymbol{w}^{\mathrm{T}}\boldsymbol{x}_i+b)=1$

这是一个很重要的结果，因为若 $\alpha_i>0$，则 $y_i(\boldsymbol{w}^{\mathrm{T}}\boldsymbol{x}_i+b)=1$，因此点 $\boldsymbol{x}_i$ 一定是支持向量。另一方面，若 $y_i(\boldsymbol{w}^{\mathrm{T}}\boldsymbol{x}_i+b)>1$，则 $\alpha_i=0$。这说明若该点不是支持向量，则 $\alpha_i=0$。

一旦知道所有点的 α_i，就可以用公式 (21.10) 计算权向量，但只需要对支持向量求和：

$$\boldsymbol{w}=\sum_{i,\alpha_i>0}\alpha_i y_i\boldsymbol{x}_i \tag{21.13}$$

换句话说，$\boldsymbol{w}$ 是通过支持向量的线性组合得到的，其中 $\alpha_i y_i$ 表示权值。其余的点（$\alpha_i=0$）不是支持向量，因此与 $\boldsymbol{w}$ 无关。

为计算偏置 b，首先为每个支持向量计算一个解 b_i 如下：

$$\begin{aligned}&\alpha_i\Big(y_i(\boldsymbol{w}^{\mathrm{T}}\boldsymbol{x}_i+b)-1\Big)=0\\&y_i(\boldsymbol{w}^{\mathrm{T}}\boldsymbol{x}_i+b)=1\\&b_i=\frac{1}{y_i}-\boldsymbol{w}^{\mathrm{T}}\boldsymbol{x}_i=y_i-\boldsymbol{w}^{\mathrm{T}}\boldsymbol{x}_i\end{aligned} \tag{21.14}$$

b 可以看作所有支持向量对应的解的平均值：

$$b=\mathrm{avg}_{\alpha_i>0}\{b_i\} \tag{21.15}$$

3. SVM 分类器

给定最优的超平面函数 $h(\boldsymbol{x})=\boldsymbol{w}^{\mathrm{T}}\boldsymbol{x}+b$，对于任意新给定的点 $\boldsymbol{z}$，它的类预测为：

$$\hat{y}=\mathrm{sign}(h(\boldsymbol{z}))=\mathrm{sign}(\boldsymbol{w}^{\mathrm{T}}\boldsymbol{z}+b) \tag{21.16}$$

其中 $\mathrm{sign}(\cdot)$ 函数在参数为正的时候返回 $+1$，参数为负的时候返回 -1。

例 21.3 这里继续使用图 21-2 中的示例数据集。该数据集一共有 14 个点，如表 21-1 所示。

求解 L_{dual} 二次规划得到如下的非零拉格朗日乘子，从而决定了支持向量：

$\boldsymbol{x}_i$	x_{i1}	x_{i2}	y_i	α_i
$\boldsymbol{x}_1$	3.5	4.25	+1	0.0437
$\boldsymbol{x}_2$	4	3	+1	0.2162
$\boldsymbol{x}_4$	4.5	1.75	+1	0.1427
$\boldsymbol{x}_{13}$	2	2	−1	0.3589
$\boldsymbol{x}_{14}$	2.5	0.75	−1	0.0437

其他的点都有 $\alpha_i=0$，因此它们不是支持向量。利用公式 (21.13)，可以计算超平面的权向量：

$$\begin{aligned}\boldsymbol{w} &= \sum_{i,\alpha_i>0} \alpha_i y_i \boldsymbol{x}_i \\ &= 0.0437\begin{pmatrix}3.5\\4.25\end{pmatrix} + 0.2162\begin{pmatrix}4\\3\end{pmatrix} + 0.1427\begin{pmatrix}4.5\\1.75\end{pmatrix} - 0.3589\begin{pmatrix}2\\2\end{pmatrix} - 0.0437\begin{pmatrix}2.5\\0.75\end{pmatrix} \\ &= \begin{pmatrix}0.833\\0.334\end{pmatrix}\end{aligned}$$

最终的偏置是每个支持向量的偏置的平均值 [公式 (21.14)]：

$\boldsymbol{x}_i$	$\boldsymbol{w}^{\mathrm{T}}\boldsymbol{x}_i$	$b_i = y_i - \boldsymbol{w}^{\mathrm{T}}\boldsymbol{x}_i$
$\boldsymbol{x}_1$	4.332	−3.332
$\boldsymbol{x}_2$	4.331	−3.331
$\boldsymbol{x}_4$	4.331	−3.331
$\boldsymbol{x}_{13}$	2.333	−3.333
$\boldsymbol{x}_{14}$	2.332	−3.332
$b = \operatorname{avg}\{b_i\}$		−3.332

因此，最优超平面为：

$$h(\boldsymbol{x}) = \begin{pmatrix}0.833\\0.334\end{pmatrix}^{\mathrm{T}} \boldsymbol{x} - 3.332 = 0$$

这与例 21.2 中的典型超平面相符。

表 21-1 对应图 21-2 的数据集

$\boldsymbol{x}_i$	x_{i1}	x_{i2}	y_i
$\boldsymbol{x}_1$	3.5	4.25	+1
$\boldsymbol{x}_2$	4	3	+1
$\boldsymbol{x}_3$	4	4	+1
$\boldsymbol{x}_4$	4.5	1.75	+1
$\boldsymbol{x}_5$	4.9	4.5	+1
$\boldsymbol{x}_6$	5	4	+1
$\boldsymbol{x}_7$	5.5	2.5	+1
$\boldsymbol{x}_8$	5.5	3.5	+1
$\boldsymbol{x}_9$	0.5	1.5	−1
$\boldsymbol{x}_{10}$	1	2.5	−1
$\boldsymbol{x}_{11}$	1.25	0.5	−1
$\boldsymbol{x}_{12}$	1.5	1.5	−1
$\boldsymbol{x}_{13}$	2	2	−1
$\boldsymbol{x}_{14}$	2.5	0.75	−1

21.3　软间隔 SVM：线性不可分的情况

目前为止，我们都假设数据集是完美线性可分的。现在考虑各类之间相互有一定程度的重叠，在这种情况下，一个完美的分割是不可能的，如图 21-3 所示。

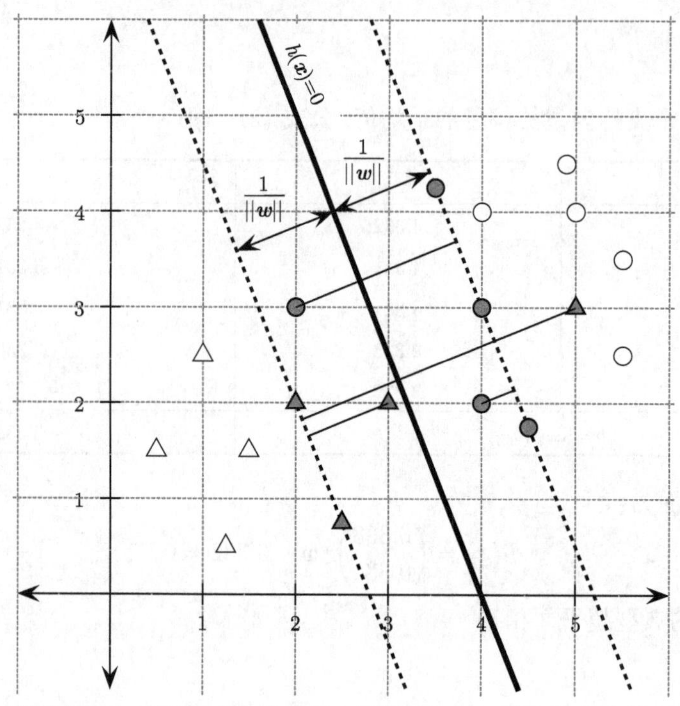

图 21-3　软间隔超平面：阴影点是支持向量。间隔是 $\frac{1}{\|\boldsymbol{w}\|}$。带正松弛值的点也显示在图中（用细黑线表示）

还记得当数据集中的点为线性可分时，可以找到一个分割超平面，使得所有的点都满足条件 $y_i(\boldsymbol{w}^{\mathrm{T}}\boldsymbol{x}_i+b)\geqslant 1$。通过在公式 (21.8) 中引入*松弛变量*$\xi_i$，SVM 可以处理非线性可分点：

$$y_i(\boldsymbol{w}^{\mathrm{T}}\boldsymbol{x}_i+b)\geqslant 1-\xi_i$$

其中 $\xi_i\geqslant 0$ 是点 $\boldsymbol{x}_i$ 的松弛变量，表明这个点不符合线性可分条件的程度，即这个点可能不再是距离超平面至少 $\dfrac{1}{\|\boldsymbol{w}\|}$ 的了。松弛值可以表示以下三类点。若 $\xi_i=0$，则对应的点 $\boldsymbol{x}_i$ 距离超平面至少 $\dfrac{1}{\|\boldsymbol{w}\|}$。若 $0<\xi_i<1$，则该点位于间隔内并且依然分类正确，即还正确地处在超平面的一侧。若 $\xi_i\geqslant 1$，则该点分类错误，并出现在了超平面的另一侧。

在非线性可分（通常也称为*软间隔*）的情况下，SVM 分类的目标是找到最大化间隔且最小化松弛项的超平面。新的目标函数为：

$$\begin{aligned}&\textbf{目标函数}\quad \min_{\boldsymbol{w},b,\xi_i}\left\{\frac{\|\boldsymbol{w}\|^2}{2}+C\sum_{i=1}^{n}(\xi_i)^k\right\}\\&\textbf{线性约束}\quad y_i(\boldsymbol{w}^{\mathrm{T}}\boldsymbol{x}_i+b)\geqslant 1-\xi_i,\xi_i\geqslant 0,\forall\boldsymbol{x}_i\in\boldsymbol{D}\end{aligned}\tag{21.17}$$

其中 C 和 k 为表示误分类代价的常量。项 $\sum_{i=1}^{n}(\xi_i)^k$ 给出了**误损**（loss），即对偏离线性可分情况的估计。标量 C 通常根据经验选定，是一个**正则化常量**（regularization constant），用于权衡最大化间隔（对应于最小化 $\frac{\|\boldsymbol{w}\|^2}{2}$）和最小化误损（对应于最小化松弛项之和 $\sum_{i=1}^{n}(\xi_i)^k$）。例如，若 $C\to 0$，则误损分量实质上消失，目标变为最大化间隔。另一方面，若 $C\to\infty$，则间隔不再起作用，目标函数会最小化误损。常量 k 决定了误损的形式。通常 k 设为 1 或者 2。若 $k=1$，则称为**铰链误损**（hinge loss），目标是要最小化松弛变量之和；若 $k=2$，则称为**二次误损**（quadratic loss），目标是最小化松弛变量的平方之和。

21.3.1 铰链误损

假设 $k=1$，则可以通过引入拉格朗日乘子 α_i 和 β_i 计算公式 (21.17) 中优化问题的拉格朗日函数。引入的拉格朗日算子在最优解处满足如下的 KKT 条件：

$$\begin{aligned}\alpha_i\Big(y_i(\boldsymbol{w}^{\mathrm{T}}\boldsymbol{x}_i+b)-1+\xi_i\Big)=0,\alpha_i\geqslant 0\\ \beta_i(\xi_i-0)=0,\beta_i\geqslant 0\end{aligned}\tag{21.18}$$

拉格朗日函数于是给定为：

$$L=\frac{1}{2}\|\boldsymbol{w}\|^2+C\sum_{i=1}^{n}\xi_i-\sum_{i=1}^{n}\alpha_i\Big(y_i(\boldsymbol{w}^{\mathrm{T}}\boldsymbol{x}_i+b)-1+\xi_i\Big)-\sum_{i=1}^{n}\beta_i\xi_i\tag{21.19}$$

上式可转换为对偶拉格朗日函数，通过对 $\boldsymbol{w}$、b 和 ξ_i 分别求偏导数，并令偏导数为 0：

$$\begin{aligned}&\frac{\partial}{\partial\boldsymbol{w}}L=\boldsymbol{w}-\sum_{i=1}^{n}\alpha_iy_i\boldsymbol{x}_i=\boldsymbol{0}\ \text{或}\ \boldsymbol{w}=\sum_{i=1}^{n}\alpha_iy_i\boldsymbol{x}_i\\ &\frac{\partial}{\partial b}L=\sum_{i=1}^{n}\alpha_iy_i=0\\ &\frac{\partial}{\partial\xi_i}L=C-\alpha_i-\beta_i=0\ \text{或}\ \beta_i=C-\alpha_i\end{aligned}\tag{21.20}$$

将这些代入公式 (21.19)，得到：

$$\begin{aligned}L_{\text{dual}}&=\frac{1}{2}\boldsymbol{w}^{\mathrm{T}}\boldsymbol{w}-\boldsymbol{w}^{\mathrm{T}}\left(\underbrace{\sum_{i=1}^{n}\alpha_iy_i\boldsymbol{x}_i}_{\boldsymbol{w}}\right)-b\underbrace{\sum_{i=1}^{n}\alpha_iy_i}_{0}+\sum_{i=1}^{n}\alpha_i+\sum_{i=1}^{n}\underbrace{(C-\alpha_i-\beta_i)\xi_i}_{0}\\ &=\sum_{i=1}^{n}\alpha_i-\frac{1}{2}\sum_{i=1}^{n}\sum_{j=1}^{n}\alpha_i\alpha_jy_iy_j\boldsymbol{x}_i^{\mathrm{T}}\boldsymbol{x}_j\end{aligned}$$

对偶目标因此为：

$$\begin{aligned}&\textbf{目标函数}\quad\max_{\boldsymbol{\alpha}}L_{\text{dual}}\sum_{i=1}^{n}\alpha_i-\frac{1}{2}\sum_{i=1}^{n}\sum_{j=1}^{n}\alpha_i\alpha_jy_iy_j\boldsymbol{x}_i^{\mathrm{T}}\boldsymbol{x}_j\\ &\textbf{线性约束}\quad 0\leqslant\alpha_i\leqslant C,\forall i\in\boldsymbol{D},\sum_{i=1}^{n}\alpha_iy_i=0\end{aligned}\tag{21.21}$$

注意，上式中目标与线性可分情况下的对偶拉格朗日函数 [公式 (21.12)] 相同。然而，二者关于 α_i 的约束不同，因为现在要求 $\alpha_i+\beta_i=C$，同时 $\alpha_i \geqslant 0$ 且 $\beta_i \geqslant 0$，这说明 $0 \leqslant \alpha_i \leqslant C$。21.5 节描述了求解这一对偶目标函数的梯度上升方法。

权向量和偏置

如前所述，一旦求出了 α_i，$\alpha_i=0$ 的点不是支持向量，只有 $\alpha_i>0$ 的点为支持向量，由此覆盖了所有点 $\boldsymbol{x}_i$，可得：

$$y_i(\boldsymbol{w}^{\mathrm{T}}\boldsymbol{x}_i+b)=1-\xi_i \tag{21.22}$$

注意，现在支持向量包含所有间隔之上的点，即松弛为零（$\xi_i=0$）和松弛为正（$\xi_i>0$）的所有点。

如前，可以得到支持向量的权向量：

$$\boldsymbol{w}=\sum_{i,\alpha_i>0}\alpha_i y_i \boldsymbol{x}_i \tag{21.23}$$

还可以利用公式 (21.20) 求解 β_i：

$$\beta_i=C-\alpha_i$$

将公式 (21.18) 的 KKT 条件中的 β_i 替换为上面的表达式，可以得到：

$$(C-\alpha_i)\xi_i=0 \tag{21.24}$$

因此，对于 $\alpha_i>0$ 的支持向量，有两种情况要考虑。

(1) $\xi_i>0$，这说明 $C-\alpha_i=0$，即 $\alpha_i=C$。

(2) $C-\alpha_i>0$，即 $\alpha_i<C$。这时，根据公式 (21.24)，一定有 $\xi_i=0$。换句话说，这些正是那些处在间隔上的支持向量。

利用间隔上的支持向量，即 $0<\alpha_i<C$ 和 $\xi_i=0$，可以求出 b_i：

$$\begin{aligned}
&\alpha_i\Big(y_i(\boldsymbol{w}^{\mathrm{T}}\boldsymbol{x}_i+b)-1\Big)=0\\
&y_i(\boldsymbol{w}^{\mathrm{T}}\boldsymbol{x}_i+b)=1\\
&b_i=\frac{1}{y_i}-\boldsymbol{w}^{\mathrm{T}}\boldsymbol{x}_i=y_i-\boldsymbol{w}^{\mathrm{T}}\boldsymbol{x}_i
\end{aligned} \tag{21.25}$$

为得到最终的偏置 b，可以对所有的 b_i 值取平均值。根据公式 (21.23) 和公式 (21.25)，无需显式地计算每个点的松弛项 ξ_i 就可以计算出权向量 $\boldsymbol{w}$ 和偏置项 b。

一旦确定了最优超平面，SVM 模型可以预测一个新的点 $\boldsymbol{z}$ 的类如下：

$$\hat{y}=\mathrm{sign}(h(\boldsymbol{z}))=\mathrm{sign}(\boldsymbol{w}^{\mathrm{T}}\boldsymbol{z}+b)$$

例 21.4　考虑图 21-3 所示的数据点。除了表 21-1 中的 14 个点之外，额外加了 4 个新的点，列表如下：

$\boldsymbol{x}_i$	x_{i1}	x_{i2}	y_i
$\boldsymbol{x}_{15}$	4	2	+1
$\boldsymbol{x}_{16}$	2	3	+1
$\boldsymbol{x}_{17}$	3	2	−1
$\boldsymbol{x}_{18}$	5	3	−1

令 $k=1$ 且 $C=1$，则求解 L_{dual} 可以得到如下的支持向量和拉格朗日值 α_i：

$\boldsymbol{x}_i$	x_{i1}	x_{i2}	y_i	α_i
$\boldsymbol{x}_1$	3.5	4.25	+1	0.0271
$\boldsymbol{x}_2$	4	3	+1	0.2162
$\boldsymbol{x}_4$	4.5	1.75	+1	0.9928
$\boldsymbol{x}_{13}$	2	2	−1	0.9928
$\boldsymbol{x}_{14}$	2.5	0.75	−1	0.2434
$\boldsymbol{x}_{15}$	4	2	+1	1
$\boldsymbol{x}_{16}$	2	3	+1	1
$\boldsymbol{x}_{17}$	3	2	−1	1
$\boldsymbol{x}_{18}$	5	3	−1	1

其他的所有点都不是支持向量，对应 $\alpha_i=0$。利用公式 (21.23) 来计算超平面的权向量：

$$
\begin{aligned}
\boldsymbol{w} &= \sum_{i,\alpha_i>0} \alpha_i y_i \boldsymbol{x}_i \\
&= 0.0271\begin{pmatrix}3.5\\4.25\end{pmatrix} + 0.2162\begin{pmatrix}4\\3\end{pmatrix} + 0.9928\begin{pmatrix}4.5\\1.75\end{pmatrix} - 0.9928\begin{pmatrix}2\\2\end{pmatrix} - \\
&\quad 0.2434\begin{pmatrix}2.5\\0.75\end{pmatrix} + \begin{pmatrix}4\\2\end{pmatrix} + \begin{pmatrix}2\\3\end{pmatrix} - \begin{pmatrix}3\\2\end{pmatrix} - \begin{pmatrix}5\\3\end{pmatrix} \\
&= \begin{pmatrix}0.834\\0.333\end{pmatrix}
\end{aligned}
$$

最终的偏置是根据公式 (21.25) 得到的每个支持向量对应的偏置的平均值。注意，我们只计算正好位于间隔之上的每个点的偏置。这些支持向量满足 $\xi_i=0$ 且 $0<\alpha_i<C$。换句话说，我们不计算 $\alpha_i=C=1$ 的支持向量的偏置，包括点 $\boldsymbol{x}_{15}$、$\boldsymbol{x}_{16}$、$\boldsymbol{x}_{17}$ 和 $\boldsymbol{x}_{18}$。从剩余的支持向量可得：

$\boldsymbol{x}_i$	$\boldsymbol{w}^{\mathrm{T}}\boldsymbol{x}_i$	$b_i=y_i-\boldsymbol{w}^{\mathrm{T}}\boldsymbol{x}_i$
$\boldsymbol{x}_1$	4.334	−3.334
$\boldsymbol{x}_2$	4.334	−3.334
$\boldsymbol{x}_4$	4.334	−3.334
$\boldsymbol{x}_{13}$	2.334	−3.334
$\boldsymbol{x}_{14}$	2.334	−3.334
$b=\text{avg}\{b_i\}$		−3.334

因此，最优超平面给出如下：

$$h(\boldsymbol{x}) = \begin{pmatrix} 0.834 \\ 0.333 \end{pmatrix}^{\mathrm{T}} \boldsymbol{x} - 3.334 = 0$$

可以看到，这和例 21.3 中找到的典型超平面本质上是一样的。

看一看本例中的松弛变量是有帮助的。注意，所有 $\xi_i = 0$ 的点都不是支持向量，或正好位于间隔上的支持向量。因此，只有其余的支持向量的松弛为正，松弛可以直接根据公式 (21.22) 计算如下：

$$\xi_i = 1 - y_i(\boldsymbol{w}^{\mathrm{T}}\boldsymbol{x}_i + b)$$

因此，对于所有不在间隔上的支持向量，有：

$\boldsymbol{x}_i$	$\boldsymbol{w}^{\mathrm{T}}\boldsymbol{x}_i$	$\boldsymbol{x}^{\mathrm{T}}\boldsymbol{x}_i + b$	$\xi_i = 1 - y_i(\boldsymbol{w}^{\mathrm{T}}\boldsymbol{x}_i + b)$
$\boldsymbol{x}_{15}$	4.001	0.667	0.333
$\boldsymbol{x}_{16}$	2.667	−0.667	1.667
$\boldsymbol{x}_{17}$	3.167	−0.167	0.833
$\boldsymbol{x}_{18}$	5.168	1.834	2.834

同预想的一样，松弛变量 $\xi_i > 1$ 对应于误分类的点（位于超平面错误一侧的点），即 $\boldsymbol{x}_{16} = (3,3)^{\mathrm{T}}$ 和 $\boldsymbol{x}_{18} = (5,3)^{\mathrm{T}}$。其他的两个点都分类正确，但位于间隔之内，因此满足 $0 < \xi_i < 1$。松弛变量的总和为：

$$\sum_i \xi_i = \xi_{15} + \xi_{16} + \xi_{17} + \xi_{18} = 0.333 + 1.667 + 0.833 + 2.834 = 5.667$$

21.3.2 二次误损

二次误损即目标函数中 $k = 2$[公式 (21.17)] 的情况。在本例中，可以丢掉正约束 $\xi_i \geqslant 0$，因为：(1) 松弛项之和 $\sum_{i=1}^n \xi_i^2$ 总是正的；(2) 即便真的出现了负的松弛值，也会在优化的过程中被排除在外，因为 $\xi_i = 0$ 会导致更小的主目标值，且在 $\xi_i < 0$ 时，它依然满足约束 $y_i(\boldsymbol{w}^{\mathrm{T}}\boldsymbol{x}_i + b) \geqslant 1 - \xi_i$。换句话说，优化过程会将任意的负松弛变量替换为 0。因此，使用二次误损的 SVM 目标如下所示。

$$\textbf{目标函数} \quad \min_{\boldsymbol{w}, b, \xi_i} \left\{ \frac{\|\boldsymbol{w}\|^2}{2} + C \sum_{i=1}^n \xi_i^2 \right\}$$

$$\textbf{线性约束} \quad y_i(\boldsymbol{w}^{\mathrm{T}}\boldsymbol{x}_i + b) \geqslant 1 - \xi_i, \forall \boldsymbol{x}_i \in \boldsymbol{D}$$

拉格朗日函数因此为：

$$L = \frac{1}{2}\|\boldsymbol{w}\|^2 + C\sum_{i=1}^n \xi_i^2 - \sum_{i=1}^n \alpha_i \Big(y_i(\boldsymbol{w}^{\mathrm{T}}\boldsymbol{x}_i + b) - 1 + \xi_i \Big) \tag{21.26}$$

将其分别对 $\boldsymbol{w}$、b 和 ξ_i 求微分，并令其分别为 0，可以分别得到条件如下：

$$\boldsymbol{w} = \sum_{i=1}^n \alpha_i y_i \boldsymbol{x}_i, \quad \sum_{i=1}^n \alpha_i y_i = 0, \quad \xi_i = \frac{1}{2C}\alpha_i$$

将上述条件代入公式 (21.26)，得到对偶目标函数：

$$
\begin{aligned}
L_{\text{dual}} &= \sum_{i=1}^{n}\alpha_i - \frac{1}{2}\sum_{i=1}^{n}\sum_{j=1}^{n}\alpha_i\alpha_j y_i y_j \boldsymbol{x}_i^{\mathrm{T}}\boldsymbol{x}_j - \frac{1}{4C}\sum_{i=1}^{n}\alpha_i^2 \\
&= \sum_{i=1}^{n}\alpha_i - \frac{1}{2}\sum_{i=1}^{n}\sum_{j=1}^{n}\alpha_i\alpha_j y_i y_j \left(\boldsymbol{x}_i^{\mathrm{T}}\boldsymbol{x}_j + \frac{1}{2C}\delta_{ij}\right)
\end{aligned}
$$

其中 δ 是 Kronecker delta 函数，定义为：若 $i=j$，则 $\delta_{ij}=1$，反之为 0。因此，对偶目标函数为：

$$
\begin{aligned}
&\max_{\boldsymbol{\alpha}} L_{\text{dual}} \sum_{i=1}^{n}\alpha_i - \frac{1}{2}\sum_{i=1}^{n}\sum_{j=1}^{n}\alpha_i\alpha_j y_i y_j \left(\boldsymbol{x}_i^{\mathrm{T}}\boldsymbol{x}_j + \frac{1}{2C}\delta_{ij}\right) \\
&\text{满足约束 } \alpha_i \geqslant 0, \forall i \in \boldsymbol{D} \text{ 且 } \sum_{i=1}^{n}\alpha_i y_i = 0
\end{aligned}
\tag{21.27}
$$

一旦使用 21.5 节中的方法求解出 α_i，可以得到权向量和偏置如下：

$$
\begin{aligned}
\boldsymbol{w} &= \sum_{i,\alpha_i>0}\alpha_i y_i \boldsymbol{x}_i \\
b &= \text{avg}_{i,C>\alpha_i>0}\{y_i - \boldsymbol{w}^{\mathrm{T}}\boldsymbol{x}_i\}
\end{aligned}
$$

21.4 核 SVM：非线性情况

通过第 5 章所提到的核技巧，线性 SVM 方法可以用于带非线性决策边界的数据集。概念上来讲，是通过一个非线性的变化 ϕ 将原始的 d 维输入空间中的点 $\boldsymbol{x}_i$ 映射为一个高维特征空间中的点 $\phi(\boldsymbol{x}_i)$。注意，特征空间中的一个线性决策表面可能对应着输入空间中的一个非线性表面。此外，核技巧使得我们可以通过输入空间中计算的核函数来进行各种操作，不需要显式地将点映射到特征空间中。

例 21.5 考虑图 21-4 中的数据点的集合。这里没有可以将点分开的线性分类器。不过，有一个完美的二次分类器可以将两类点分开。给定二维空间中的两个维度 X_1 和 X_2 的输入空间，若将每个点 $\boldsymbol{x}=(x_1,x_2)^{\mathrm{T}}$ 变换为特征空间中的一个点。该特征空间的维度包括 $(X_1,X_2,X_1^2,X_2^2,X_1X_2)$。通过变换 $\phi(\boldsymbol{x})=(\sqrt{2}x_1,\sqrt{2}x_2,x_1^2,x_2^2,\sqrt{2}x_1x_2)^{\mathrm{T}}$，可以找到输入空间中的一个分割超平面。对于这个数据集，将特征空间中的超平面映射回原始输入空间是可能的，图中显示为将两类点（圆圈和三角形）分开的一个椭圆（粗黑线）。支持向量是位于间隔（虚线椭圆）上的阴影点。

为了在非线性 SVM 分类中使用核技巧，需要证明所有的操作都只需要使用核函数：

$$
K(\boldsymbol{x}_i,\boldsymbol{x}_j)=\phi(\boldsymbol{x}_i)^{\mathrm{T}}\phi(\boldsymbol{x}_j)
$$

令原始的数据库为 $\boldsymbol{D}=\{\boldsymbol{x}_i,y_i\}_{i=1}^{n}$。对每个点应用 ϕ，可以得到特征空间中的新数据集 $\boldsymbol{D}_\phi=\{\phi(\boldsymbol{x}_i),y_i\}_{i=1}^{n}$。

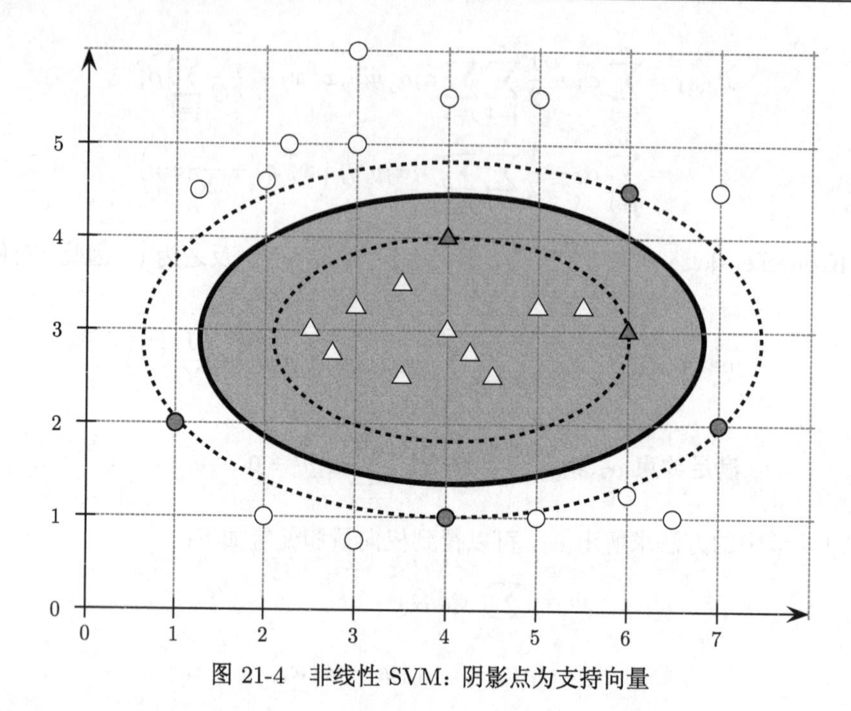

图 21-4　非线性 SVM：阴影点为支持向量

特征空间中的 SVM 目标函数 [公式 (27.17)] 给出如下：

$$\begin{aligned}&\textbf{目标函数}\quad \min_{\boldsymbol{w},b,\xi_i}\left\{\frac{\|\boldsymbol{w}\|^2}{2}+C\sum_{i=1}^{n}(\xi_i)^k\right\}\\&\textbf{线性约束}\quad y_i(\boldsymbol{w}^{\mathrm{T}}\phi(\boldsymbol{x}_i)+b)\geqslant 1-\xi_i,\xi_i\geqslant 0,\forall i\in\boldsymbol{D}\end{aligned}\tag{21.28}$$

其中 $\boldsymbol{w}$ 是权向量，b 是偏置，ξ_i 是松弛变量（都是特征空间中的）。

1. **铰链误损**

关于铰链误损，特征空间中的拉格朗日函数 [公式 (21.21)] 为：

$$\begin{aligned}\max_{\boldsymbol{\alpha}} L_{\text{dual}}&=\sum_{i=1}^{n}\alpha_i-\frac{1}{2}\sum_{i=1}^{n}\sum_{j=1}^{n}\alpha_i\alpha_j y_i y_j \phi(\boldsymbol{x}_i)^{\mathrm{T}}\phi(\boldsymbol{x}_j)\\&=\sum_{i=1}^{n}\alpha_i-\frac{1}{2}\sum_{i=1}^{n}\sum_{j=1}^{n}\alpha_i\alpha_j y_i y_j K(\boldsymbol{x}_i,\boldsymbol{x}_j)\end{aligned}\tag{21.29}$$

上式要满足约束 $0\leqslant\alpha_i\leqslant C$，且 $\sum_{i=1}^{n}\alpha_i y_i=0$。注意，对偶拉格朗日函数只依赖于特征空间中两个向量的点积 $\phi(\boldsymbol{x}_i)^{\mathrm{T}}\phi(\boldsymbol{x}_j)=K(\boldsymbol{x}_i,\boldsymbol{x}_j)$，因此可以使用核矩阵 $\boldsymbol{K}=\{K(\boldsymbol{x}_i,\boldsymbol{x}_j)\}_{i,j=1,\cdots,n}$。21.5 节描述了基于随机梯度的求解对偶目标函数的方法。

2. **二次误损**

关于二次误损，对偶拉格朗日函数 [公式 (21.27)] 对应于核的一个变换。定义一个新的核函数 K_q 如下：

$$K_q(\boldsymbol{x}_i,\boldsymbol{x}_j)=\boldsymbol{x}_i^{\mathrm{T}}\boldsymbol{x}_j+\frac{1}{2C}\delta_{ij}=K(\boldsymbol{x}_i,\boldsymbol{x}_j)+\frac{1}{2C}\delta_{ij}$$

这只会影响核矩阵 $\boldsymbol{K}$ 的对角线元素，因为 $\delta_{ij} = 1 iff i = j$，否则为 0。因此，对偶拉格朗日函数为：

$$\max_{\boldsymbol{\alpha}} L_{\text{dual}} = \sum_{i=1}^{n} \alpha_i - \frac{1}{2} \sum_{i=1}^{n} \sum_{j=1}^{n} \alpha_i \alpha_j y_i y_j K_q(\boldsymbol{x}_i, \boldsymbol{x}_j) \tag{21.30}$$

约束为 $\alpha_i \geqslant 0$，且 $\sum_{i=1}^{n} \alpha_i y_i = 0$。以上的优化可以用与铰链误损相同的方法计算，只需要对核进行简单的修改。

3. 权向量和偏置

特征空间中的 $\boldsymbol{w}$ 可以求解如下：

$$\boldsymbol{w} = \sum_{\alpha_i > 0} \alpha_i y_i \phi(\boldsymbol{x}_i) \tag{21.31}$$

由于 $\boldsymbol{w}$ 直接使用 $\phi(\boldsymbol{x}_i)$，通常我们无法或不愿意直接显式地计算 $\boldsymbol{w}$。但接下来会看到，对点进行分类是不需要显式地计算 $\boldsymbol{w}$ 的。

现在来看如何通过核操作来实现偏置的计算。利用公式 (21.25)，计算 b 为所有在间隔上的支持向量对应的偏置的平均值，即满足 $0 < \alpha_i < C$，以及 $\xi_i = 0$：

$$b = \text{avg}_{i, 0<\alpha_i<C}\{b_i\} = \text{avg}_{i, 0<\alpha_i<C}\{y_i - \boldsymbol{w}^{\mathrm{T}} \phi(\boldsymbol{x}_i)\} \tag{21.32}$$

用公式 (21.31) 中的 $\boldsymbol{w}$ 进行替换，可以得到 b_i 的新表达式如下：

$$\begin{aligned} b_i &= y_i - \sum_{\alpha_j > 0} \alpha_j y_j \phi(\boldsymbol{x}_i)^{\mathrm{T}} \phi(\boldsymbol{x}_i) \\ &= y_i - \sum_{\alpha_j > 0} \alpha_j y_j K(\boldsymbol{x}_j, \boldsymbol{x}_i) \end{aligned} \tag{21.33}$$

注意，b_i 是特征空间中两个向量的点乘的函数，因此它可以通过输入空间中的核函数来计算。

4. 核 SVM 分类器

我们可以预测一个新的点 $\boldsymbol{z}$ 的类如下：

$$\begin{aligned} \hat{y} &= \text{sign}(\boldsymbol{w}^{\mathrm{T}} \phi(\boldsymbol{z}) + b) \\ &= \text{sign}\left(\sum_{\alpha_i > 0} \alpha_i y_i \phi(\boldsymbol{x}_i)^{\mathrm{T}} \phi(\boldsymbol{z}) + b \right) \\ &= \text{sign}\left(\sum_{\alpha_i > 0} \alpha_i y_i K(\boldsymbol{x}_i, \boldsymbol{z}) + b \right) \end{aligned}$$

可以看到，$\hat{y}$ 只利用了特征空间中的点乘。

根据以上的推导，可以看到，为训练和测试 SVM 分类器，映射点 $\phi(\boldsymbol{x}_i)$ 并不会单独用到。事实上，所有的操作都可以用核函数 $K(\boldsymbol{x}_i, \boldsymbol{x}_j) = \phi(\boldsymbol{x}_i)^{\mathrm{T}} \phi(\boldsymbol{x}_j)$ 表示出来。因此，任意的非线性的核函数都可以用于在输入空间进行非线性分类。这样的非线性核可以是多项式核 [公式 (5.9)]、高斯核 [公式 (5.10)]，等等。

例 21.6　考虑图 21-4 所示的样例数据集，一共有 29 个点。尽管计算特征空间中超平面的一个显式表示并将其映射回输入空间通常代价太高或不可行（根据选择的核的不同），我们会同时演示 SVM 在输入和特征空间中的应用以帮助理解。

我们使用一个非齐次的多项式核 [公式 (5.9)]，其次数为 $q=2$，即：

$$K(\boldsymbol{x}_i,\boldsymbol{x}_j)=\phi(\boldsymbol{x}_i)^{\mathrm{T}}\phi(\boldsymbol{x}_j)=(1+\boldsymbol{x}_i^{\mathrm{T}}\boldsymbol{x}_j)^2$$

使用 $C=4$，求解输入空间中的 L_{dual} 对偶规划 [公式 (21.30)]，可以得到如下的 6 个支持向量，以（灰色）阴影点显示在图 21-4 中。

$\boldsymbol{x}_i$	$(x_{i1},x_{i2})^{\mathrm{T}}$	$\phi(\boldsymbol{x}_i)$	y_i	α_i
$\boldsymbol{x}_1$	$(1,2)^{\mathrm{T}}$	$(1,1.41,2.83,1.4,2.83)^{\mathrm{T}}$	+1	0.6198
$\boldsymbol{x}_2$	$(4,1)^{\mathrm{T}}$	$(1,5.66,1.41,16,1,5.66)^{\mathrm{T}}$	+1	2.069
$\boldsymbol{x}_3$	$(6,4.5)^{\mathrm{T}}$	$(1,8.49,6.36,36,20.25,38.18)^{\mathrm{T}}$	+1	3.803
$\boldsymbol{x}_4$	$(7,2)^{\mathrm{T}}$	$(1,9.90,2.83,49,4,19.80)^{\mathrm{T}}$	+1	0.3182
$\boldsymbol{x}_5$	$(4,4)^{\mathrm{T}}$	$(1,5.66,5.66,16,16,15.91)^{\mathrm{T}}$	−1	2.9598
$\boldsymbol{x}_6$	$(6,3)^{\mathrm{T}}$	$(1,8.49,4.24,36,9,25.46)^{\mathrm{T}}$	−1	3.8502

对于非齐次二次核，映射 ϕ 将输入点 $\boldsymbol{x}_i$ 映射到特征空间中如下：

$$\phi(\boldsymbol{x}=(x_1,x_2)^{\mathrm{T}})=\left(1,\sqrt{2}x_1,\sqrt{2}x_2,x_1^2,x_2^2,\sqrt{2}x_1x_2\right)^{\mathrm{T}}$$

上面的表格给出了所有映射之后的在特征空间中的点。例如，$\boldsymbol{x}_1=(1,2)^{\mathrm{T}}$ 变换为：

$$\phi(\boldsymbol{x}_i)=(1,\sqrt{2}\cdot 1,\sqrt{2}\cdot 2,1^2,2^2,\sqrt{2}\cdot 1\cdot 2)^{\mathrm{T}}=(1,1.41,2.83,1,2,2.83)^{\mathrm{T}}$$

利用公式 (21.31) 计算超平面的权向量：

$$\boldsymbol{w}=\sum_{i,\alpha_i>0}\alpha_i y_i\phi(\boldsymbol{x}_i)=(0,-1.413,-3.298,0.256,0.82,-0.018)^{\mathrm{T}}$$

根据公式 (21.32) 计算偏置，得到：

$$b=-8.841$$

对于二次多项式核，输入空间中的决策边界对应于一个椭圆。在本例中，椭圆的中心为 (4.046,2.907)，长半轴的长度是 2.78，短半轴的长度是 1.55。得到的椭圆形决策边界如图 21-4 所示。要强调的一点是，本例中显式地将所有的点变换到特征空间，目的仅仅是为了演示基本思想。核方法让我们可以只用核函数就达到相同的目的。

21.5　SVM 训练算法

现在把注意力放在求解 SVM 优化问题的算法上。本节会考虑求解对偶及原始形式的简单优化方法。值得注意的是，这些方法并不是最高效的。但由于它们相对简单，可以作为更复杂的方法的基础。

本节中的 SVM 算法并不显式地处理偏置 b，而是将每个点 $\boldsymbol{x}_i \in \mathbb{R}^d$ 映射为 $\boldsymbol{x}_i' \in \mathbb{R}^d$ 如下：

$$\boldsymbol{x}_i' = (x_{i1}, \cdots, x_{id}, 1)^{\mathrm{T}} \tag{21.34}$$

此外，还将权向量映射到 $\mathbb{R}^{d+1}$，其中 $w_{d+1} = b$，使得：

$$\boldsymbol{w} = (w_1, \cdots, w_d, b)^{\mathrm{T}} \tag{21.35}$$

超平面的公式 [公式 (21.1)] 因此为：

$$h(\boldsymbol{x}') : \boldsymbol{w}^{\mathrm{T}}\boldsymbol{x}' = 0$$

$$h(\boldsymbol{x}') : \begin{pmatrix} w_1 & \cdots & w_d & b \end{pmatrix} \begin{pmatrix} x_{i1} \\ \vdots \\ x_{id} \\ 1 \end{pmatrix} = 0$$

$$h(\boldsymbol{x}') : w_1 x_{i1} + \cdots + w_d x_{id} + b = 0$$

接下来的讨论中，假设偏置项已经包含在 $\boldsymbol{w}$ 中，且每个点都已经被映射到 $\mathbb{R}^{d+1}$[公式 (21.34) 和公式 (21.35)]。因此，$\boldsymbol{w}$ 的最后一个分量即为偏置 b。将所有点映射到 $\mathbb{R}^{d+1}$ 的另一个结果是，约束 $\sum_{i=1}^{n} \alpha_i y_i = 0$ 不再适用于公式 (21.21)、公式 (21.27)、公式 (21.29) 和公式 (21.30) 中的对偶形式，因为公式 (21.17) 中给定的 SVM 的线性约束中不再有显式的偏置项 b。新的约束集合为：

$$y_i \boldsymbol{w}^{\mathrm{T}} \boldsymbol{x} \geqslant 1 - \xi_i$$

21.5.1 对偶解法：随机梯度上升

这里只考虑铰链误损，因为二次误损可以通过改变核来处理，如公式 (21.30) 所示。关于铰链误损的对偶优化目标 [公式 (21.29)] 为：

$$\max_{\boldsymbol{\alpha}} J(\boldsymbol{\alpha}) = \sum_{i=1}^{n} \alpha_i - \frac{1}{2} \sum_{i=1}^{n} \sum_{j=1}^{n} \alpha_i \alpha_j y_i y_j K(\boldsymbol{x}_i, \boldsymbol{x}_j)$$

上式要满足约束 $0 \leqslant \alpha_i \leqslant C, i = 1, \cdots, n$。这里 $\boldsymbol{\alpha} = (\alpha_1, \alpha_2, \cdots, \alpha_n)^{\mathrm{T}} \in \mathbb{R}^n$。

我们考虑 $J(\boldsymbol{\alpha})$ 中有关拉格朗日乘子 α_k 的项：

$$J(\alpha_k) = \alpha_k - \frac{1}{2} \alpha_k^2 y_k^2 K(\boldsymbol{x}_k, \boldsymbol{x}_k) - \alpha_k y_k \sum_{\substack{i=1 \\ i \neq k}}^{n} \alpha_i y_i K(\boldsymbol{x}_i, \boldsymbol{x}_k)$$

目标函数在 $\boldsymbol{\alpha}$ 处的梯度或变化率可以表示为 $J(\boldsymbol{\alpha})$ 关于 $\boldsymbol{\alpha}$ 的偏导数，即关于每个 α_k 的偏导数：

$$\nabla J(\boldsymbol{\alpha}) = \left(\frac{\partial J(\boldsymbol{\alpha})}{\partial \alpha_1}, \frac{\partial J(\boldsymbol{\alpha})}{\partial \alpha_2}, \cdots, \frac{\partial J(\boldsymbol{\alpha})}{\partial \alpha_n} \right)^{\mathrm{T}}$$

其中第 k 个分量的梯度可以通过求 $J(\alpha_k)$ 关于 α_k 的导数得到：

$$\frac{\partial J(\boldsymbol{\alpha})}{\partial \alpha_k} = \frac{\partial J(\alpha_k)}{\partial \alpha_k} = 1 - y_k \left(\sum_{i=1}^{n} \alpha_i y_i K(\boldsymbol{x}_i, \boldsymbol{x}_k) \right) \tag{21.36}$$

由于想要最大化目标函数 $J(\boldsymbol{\alpha})$，我们需要朝着梯度 $\nabla J(\boldsymbol{\alpha})$ 的方向移动。从某个初始的 $\boldsymbol{\alpha}$ 开始，梯度上升方法更新它的值如下：

$$\boldsymbol{\alpha}_{t+1} = \boldsymbol{\alpha}_t + \eta_t \nabla J(\boldsymbol{\alpha}_t)$$

其中 $\boldsymbol{\alpha}_t$ 是在第 t 步的估计值，η_t 是步长。

在随机梯度上升方法中，每一步不是对整个 $\boldsymbol{\alpha}$ 向量进行更新，而是对每个分量 α_k 独立进行更新，并马上利用新的值更新其他分量。这样做收敛速度会更快。第 k 个分量的更新规则为：

$$\alpha_k = \alpha_k + \eta_k \frac{\partial J(\boldsymbol{\alpha})}{\partial \alpha_k} = \alpha_k + \eta_k \left(1 - y_k \sum_{i=1}^{n} \alpha_i y_i K(\boldsymbol{x}_i, \boldsymbol{x}_k)\right) \tag{21.37}$$

其中 η_t 是步长，同时还要确认满足约束 $\alpha_k \in [0, C]$。因此，在以上的更新步中，若 $\alpha_k < 0$，则将其重置为 $a_k = 0$；若 $\alpha_k > C$，则重置为 $\alpha_k = C$。随机梯度上升方法的伪代码在算法 21.1 中给出。

算法21.1　对偶SVM 算法：随机梯度上升

```
   SVM-DUAL (D, K, C, ϵ):
 1 foreach x_i ∈ D do x_i ← (x_i, 1)^T   // 映射到 ℝ^{d+1}
 2 if 误损 = hinge then
 3 │  K ← {K(x_i, x_j)}_{i,j=1,…,n}   // 核矩阵，铰链误损
 4 else if 误损 = quadratic then
 5 └  K ← {K(x_i, x_j) + (1/2C) δ_ij}_{i,j=1,…,n}   // 核矩阵，二次误损
 6 for k = 1, …, n do η_k ← 1 / K(x_k, x_k)   // 设置步长
 7 t ← 0
 8 α_0 ← (0, …, 0)^T
 9 repeat
10 │  α ← α_t
11 │  for k = 1, …, n do
   │  │  // 对α的第k个分量进行更新
12 │  │  α_k ← α_k + η_k (1 − y_k Σ_{i=1}^{n} α_i y_i K(x_i, x_k))
13 │  │  if α_k < 0 then α_k ← 0
14 │  └  if α_k > C then α_k ← C
15 │  α_{t+1} ← α
16 │  t ← t + 1
17 until ‖α_t − α_{t−1}‖ ⩽ ϵ
```

为决定步长 η_k，理想情况下，我们想要它的值使得 α_k 处的梯度趋向于 0，在满足如下条件时发生：

$$\eta_k = \frac{1}{K(\boldsymbol{x}_k, \boldsymbol{x}_k)} \tag{21.38}$$

为了理解这一点，注意，只有 α_k 更新的时候，其他的 α_i 并不发生变化。因此，新的 $\boldsymbol{\alpha}$ 只有 α_k 一处发生变化，根据公式 (21.36)，有：

$$\frac{\partial J(\boldsymbol{\alpha})}{\partial \alpha_k} = \left(1 - y_k \sum_{i \neq k} \alpha_i y_i K(\boldsymbol{x}_i, \boldsymbol{x}_k)\right) - y_k \alpha_k y_k K(\boldsymbol{x}_k, \boldsymbol{x}_k)$$

代入公式 (21.37) 中 α_k 的值，可得：

$$\begin{aligned}
\frac{\partial J(\boldsymbol{\alpha})}{\partial \alpha_k} &= \left(1 - y_k \sum_{i \neq k} \alpha_i y_i K(\boldsymbol{x}_i, \boldsymbol{x}_k)\right) - \left(\alpha_k + \eta_k \left(1 - y_k \sum_{i=1}^{n} \alpha_i y_i K(\boldsymbol{x}_i, \boldsymbol{x}_k)\right)\right) K(\boldsymbol{x}_k, \boldsymbol{x}_k) \\
&= \left(1 - y_k \sum_{i \neq k} \alpha_i y_i K(\boldsymbol{x}_i, \boldsymbol{x}_k)\right) - \eta_k K(\boldsymbol{x}_k, \boldsymbol{x}_k) \left(1 - y_k \sum_{i=1}^{n} \alpha_i y_i K(\boldsymbol{x}_i, \boldsymbol{x}_k)\right) \\
&= \Big(1 - \eta_k K(\boldsymbol{x}_k, \boldsymbol{x}_k)\Big) \left(1 - y_k \sum_{i=1}^{n} \alpha_i y_i K(\boldsymbol{x}_i, \boldsymbol{x}_k)\right)
\end{aligned}$$

将公式 (21.38) 中的 η_k 代入，我们有：

$$\frac{\partial J(\boldsymbol{\alpha})}{\partial \alpha_k} = \left(1 - \frac{1}{K(\boldsymbol{x}_k, \boldsymbol{x}_k)} K(\boldsymbol{x}_k, \boldsymbol{x}_k)\right) \left(1 - y_k \sum_{i=1}^{n} \alpha_i y_i K(\boldsymbol{x}_i, \boldsymbol{x}_k)\right) = 0$$

在算法 21.1 中，为了更好地收敛，我们根据公式 (21.38) 选择 η_k。该方法不断地更新 $\boldsymbol{\alpha}$ 的值，直到目标函数的变化值小于一个给定的阈值 ϵ。由于以上的讨论是基于任意两点的一个通用核函数，通过设置 $K(\boldsymbol{x}_i, \boldsymbol{x}_j) = \boldsymbol{x}_i^{\mathrm{T}} \boldsymbol{x}_j$ 可以对应线性不可分的情况。该方法的计算复杂度是每次迭代 $O(n^2)$。

注意，一旦得到了最终的 $\boldsymbol{\alpha}$，就可以对一个新的点 $\boldsymbol{z} \in \mathbb{R}^{d+1}$ 进行分类如下：

$$\hat{y} = \mathrm{sign}\Big(h(\phi(\boldsymbol{z}))\Big) = \mathrm{sign}\Big(\boldsymbol{w}^{\mathrm{T}} \phi(\boldsymbol{z})\Big) = \mathrm{sign}\left(\sum_{\alpha_i > 0} \alpha_i y_i K(\boldsymbol{x}_i, \boldsymbol{z})\right)$$

例 21.7（对偶 SVM：线性核） 图 21-5 给出了鸢尾花数据集中的 $n = 150$ 个点，两个属性为萼片长度和萼片宽度。目标是要区分`iris-setosa`（圆圈）和其他的鸢尾花类型（三角形）。我们用算法 21.1 训练 SVM 分类器，其中使用了线性核 $K(\boldsymbol{x}_i, \boldsymbol{x}_j) = \boldsymbol{x}_i^{\mathrm{T}} \boldsymbol{x}_j$，收敛阈值 $\epsilon = 0.0001$，使用铰链误损。其中还用到了两个不同的 C 值，超平面 h_{10} 对应 $C = 10$，h_{1000} 对应 $C = 1000$。超平面给出如下：

$$\begin{aligned}
h_{10}(\boldsymbol{x}):&\quad 2.74x_1 - 3.74x_2 - 3.09 = 0 \\
h_{1000}(\boldsymbol{x}):&\quad 8.56x_1 - 7.14x_2 - 23.12 = 0
\end{aligned}$$

超平面 h_{10} 的间隔较大，但它的松弛也较大；它误分类了一个圆圈。另一方面，超平面 h_{1000} 有着较小的间隔，但它的松弛也较小；它是一个分割超平面。这一例子说明，C 值越大就越强调较小的松弛。

例 21.8（对偶 SVM：二次核） 图 21-6 显示鸢尾花数据集的 $n=150$ 个点投影到两个主成分上的情况。目标是要区分iris-versicolor（圆圈）和其他的鸢尾花类型（三角形）。图中画出了使用线性核 $K(\boldsymbol{x}_i,\boldsymbol{x}_j)=\boldsymbol{x}_i^{\mathrm{T}}\boldsymbol{x}_j$ 及非齐次二次核 $K(\boldsymbol{x}_i,\boldsymbol{x}_j)=(1+\boldsymbol{x}_i^{\mathrm{T}}\boldsymbol{x}_j)^2$ 的决策边界，其中 $\boldsymbol{x}_i\in\mathbb{R}^{d+1}$[公式 (21.34)]。使用算法 21.1 中的梯度上升方法找到两种情况下的最优超平面，其中 $C=10$，$\epsilon=0.0001$，并使用铰链误损。

使用线性核的最优超平面 h_l（用灰色表示）为：

$$h_l(\boldsymbol{x}):0.16x_1+1.9x_2+0.8=0$$

同预期一样，h_l 无法将两个类分开。另一方面，使用二次核的最优超平面 h_q（黑色椭圆部分）为：

$$h_q(\boldsymbol{x}):\boldsymbol{w}^{\mathrm{T}}\phi(\boldsymbol{x})=1.86x_1^2+1.87x_1x_2+0.14x_1+0.85x_2^2-1.22x_2-3.25=0$$

其中 $\boldsymbol{x}=(x_1,x_2)^{\mathrm{T}}$，$\boldsymbol{w}=(1.86,1.32,0.099,0.85,-0.87,-3.25)^{\mathrm{T}}$，$\phi(\boldsymbol{x})=(x_1^2$，$\sqrt{2}x_1x_2$，$\sqrt{2}x_1,x_2^2$，$\sqrt{2}x_2,1)^{\mathrm{T}}$。

超平面 h_q 可以很好地将两类分开。这里显式地重构 $\boldsymbol{w}$ 是为了便于说明 $\boldsymbol{w}$ 的最后一个元素给出了偏置项 $b=-3.25$。

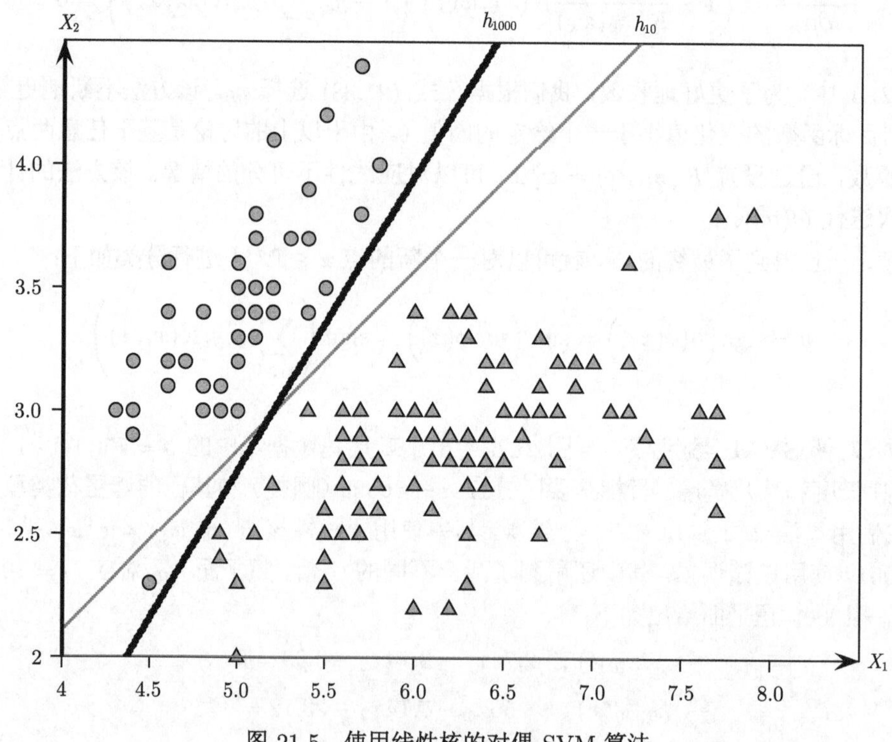

图 21-5 使用线性核的对偶 SVM 算法

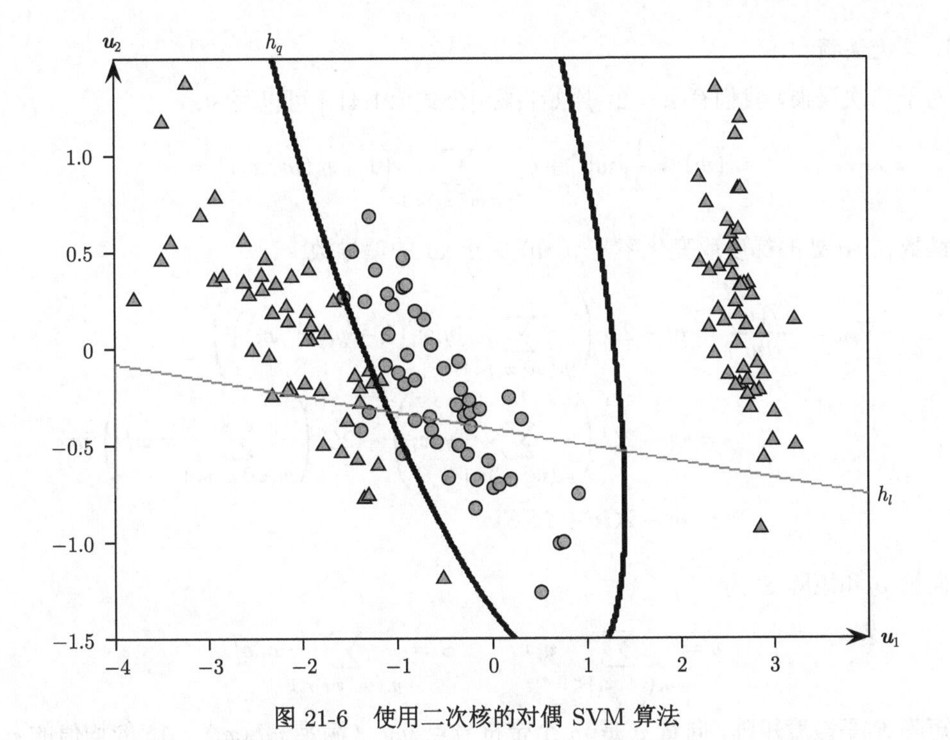

图 21-6 使用二次核的对偶 SVM 算法

21.5.2 原始问题解：牛顿优化

对偶方法是最常用的训练 SVM 的方法，但也可以使用原始问题解来训练。

考虑线性但不可分的情况所对应的原始问题优化函数 [公式 (21.17)]。对于前面讨论的 $\boldsymbol{w}, \boldsymbol{x}_i \in \mathbb{R}^{d+1}$，我们要最小化目标函数：

$$\min_{\boldsymbol{w}} J(\boldsymbol{w}) = \frac{1}{2}\|\boldsymbol{w}\|^2 + C\sum_{i=1}^{n}(\xi_i)^k \tag{21.39}$$

要满足线性约束：

$$y_i(\boldsymbol{w}^{\mathrm{T}}\boldsymbol{x}_i) \geqslant 1 - \xi_i, \xi_i \geqslant 0, i = 1, \cdots, n$$

重新排列上式，可以得到关于 ξ_i 的表示：

$$\begin{aligned} &\xi_i \geqslant 1 - y_i(\boldsymbol{w}^{\mathrm{T}}\boldsymbol{x}_i), \xi_i \geqslant 0, \text{意味着} \\ &\xi_i = \max\{0, 1 - y_i(\boldsymbol{w}^{\mathrm{T}}\boldsymbol{x}_i)\} \end{aligned} \tag{21.40}$$

将公式 (21.40) 代入目标函数公式 (21.39)，可以得到：

$$\begin{aligned} J(\boldsymbol{w}) &= \frac{1}{2}\|\boldsymbol{w}\|^2 + C\sum_{i=1}^{n}\max\left\{0, 1 - y_i(\boldsymbol{w}^{\mathrm{T}}\boldsymbol{x}_i)\right\}^k \\ &= \frac{1}{2}\|\boldsymbol{w}\|^2 + C\sum_{y_i(\boldsymbol{w}^{\mathrm{T}}\boldsymbol{x}_i)<1}\Big(1 - y_i(\boldsymbol{w}^{\mathrm{T}}\boldsymbol{x}_i)\Big)^k \end{aligned} \tag{21.41}$$

最后一步的根据是公式 (21.40)，因为 $\xi_i > 0$，当且仅当 $1 - y_i(\boldsymbol{w}^{\mathrm{T}}\boldsymbol{x}_i) > 0$，即 $y_i(\boldsymbol{w}^{\mathrm{T}}\boldsymbol{x}_i) < 1$。不幸的是，$k = 1$ 的铰链误损公式是不可微的。不过，仍然可以对铰链误损进行可微的近似，因此这里讨论二次误损形式。

1. 二次误损

对于二次误损，我们有 $k=2$，原始目标 [公式 (21.41)] 可以写为：

$$J(\boldsymbol{w})=\frac{1}{2}\|\boldsymbol{w}\|^2+C\sum_{y_i(\boldsymbol{w}^{\mathrm{T}}\boldsymbol{x}_i)<1}\left(1-y_i(\boldsymbol{w}^{\mathrm{T}}\boldsymbol{x}_i)\right)^2$$

目标函数在 $\boldsymbol{w}$ 处的梯度或变化率是 $J(\boldsymbol{w})$ 关于 $\boldsymbol{w}$ 的偏导数：

$$\begin{aligned}\nabla_{\boldsymbol{w}}=\frac{\partial J(\boldsymbol{w})}{\partial \boldsymbol{w}}&=\boldsymbol{w}-2C\left(\sum_{y_i(\boldsymbol{w}^{\mathrm{T}}\boldsymbol{x}_i)<1}y_i\boldsymbol{x}_i\left(1-y_i(\boldsymbol{w}^{\mathrm{T}}\boldsymbol{x}_i)\right)\right)\\&=\boldsymbol{w}-2C\left(\sum_{y_i(\boldsymbol{w}^{\mathrm{T}}\boldsymbol{x}_i)<1}y_i\boldsymbol{x}_i\right)+2C\left(\sum_{y_i(\boldsymbol{w}^{\mathrm{T}}\boldsymbol{x}_i)<1}\boldsymbol{x}_i\boldsymbol{x}_i^{\mathrm{T}}\right)\boldsymbol{w}\\&=\boldsymbol{w}-2C\boldsymbol{v}+2C\boldsymbol{S}\boldsymbol{w}\end{aligned}$$

其中向量 $\boldsymbol{v}$ 和矩阵 $\boldsymbol{S}$ 为：

$$\boldsymbol{v}=\sum_{y_i(\boldsymbol{w}^{\mathrm{T}}\boldsymbol{x}_i)<1}y_i\boldsymbol{x}_i\qquad \boldsymbol{S}=\sum_{y_i(\boldsymbol{w}^{\mathrm{T}}\boldsymbol{x}_i)<1}\boldsymbol{x}_i\boldsymbol{x}_i^{\mathrm{T}}$$

注意矩阵 $\boldsymbol{S}$ 是散度矩阵，向量 $\boldsymbol{v}$ 是 m 个带符号点 $y_i\boldsymbol{x}_i$（满足 $y_ih(\boldsymbol{x}_i)<1$）的均值的 m 倍。

黑塞矩阵定义为 $J(\boldsymbol{w})$ 关于 $\boldsymbol{w}$ 的二阶偏导数矩阵，给出为：

$$\boldsymbol{H}_{\boldsymbol{w}}=\frac{\partial\nabla_{\boldsymbol{w}}}{\partial\boldsymbol{w}}=\boldsymbol{I}+2C\boldsymbol{S}$$

由于我们想要最小化目标函数 $J(\boldsymbol{w})$，我们要沿着梯度相反的方向移动。关于 $\boldsymbol{w}$ 的牛顿优化更新规则为：

$$\boldsymbol{w}_{t+1}=\boldsymbol{w}_t-\eta_t\boldsymbol{H}_{\boldsymbol{w}_t}^{-1}\nabla_{\boldsymbol{w}_t}\tag{21.42}$$

其中 $\eta_t>0$ 是表示第 t 次迭代时的步长的标量值。通常需要一个线搜索方法（line search method）来找到最优步长 η_t，而通常默认值 $\eta_k=1$ 可用于二次误损。

训练原始问题的线性不可分 SVM 的牛顿优化算法在算法 21.2 中给出。步长 η_k 默认设置为 1。计算出 $\boldsymbol{w}_t$ 处的梯度和黑塞矩阵之后（第 6~9 行），使用牛顿更新规则得到新的权向量 $\boldsymbol{w}_{t+1}$（第 10 行）。迭代一直进行到权向量的变化很小为止。计算 $\boldsymbol{S}$ 需要 $O(nd^2)$ 个步骤；计算梯度 ∇、黑塞矩阵 $\boldsymbol{H}$ 和更新权向量 $\boldsymbol{w}_{t+1}$ 需要 $O(d^2)$ 的时间；求黑塞矩阵的逆需要 $O(d^3)$ 次操作，因此最坏情况下每次迭代的计算复杂度为 $O(nd^2+d^3)$。

例 21.9（原始问题 SVM） 图 21-7 绘出了对二维鸢尾花数据集（属性为萼片长度和萼片宽度）使用对偶和原始方法得到的超平面。这里使用 $C=1000$、$\epsilon=0.0001$ 和二次误损函数。对偶解 h_d（灰线）和原始问题解 h_p（粗黑线）几乎是相同的，它们分别给出如下。

$$h_d(\boldsymbol{x}):7.47x_1-6.34x_2-19.89=0$$

$$h_p(\boldsymbol{x}):7.47x_1-6.34x_2-19.91=0$$

算法21.2 原始问题SVM 算法：牛顿优化和二次误损

SVM-PRIMAL $(\boldsymbol{D}, C, \epsilon)$:

1 **foreach** $\boldsymbol{x}_i \in \boldsymbol{D}$ **do**

2 $\quad \boldsymbol{x}_i \leftarrow \begin{pmatrix} \boldsymbol{x}_i \\ 1 \end{pmatrix}$ // 映射到 $\mathbb{R}^{d+1}$

3 $t \leftarrow 0$

4 $\boldsymbol{w}_0 \leftarrow (0, \cdots, 0)^{\mathrm{T}}$ // 初始化 $\boldsymbol{w}_t \in \mathbb{R}^{d+1}$

5 **repeat**

6 $\quad \boldsymbol{v} \leftarrow \sum_{y_i(\boldsymbol{w}_t^{\mathrm{T}} \boldsymbol{x}_i)<1} y_i \boldsymbol{x}_i$

7 $\quad \boldsymbol{S} \leftarrow \sum_{y_i(\boldsymbol{w}_t^{\mathrm{T}} \boldsymbol{x}_i)<1} \boldsymbol{x}_i \boldsymbol{x}_i^{\mathrm{T}}$

8 $\quad \nabla \leftarrow (\boldsymbol{I} + 2C\boldsymbol{S})\boldsymbol{w}_t - 2C\boldsymbol{v}$ // 梯度

9 $\quad \boldsymbol{H} \leftarrow \boldsymbol{I} + 2C\boldsymbol{S}$ // 黑塞矩阵

10 $\quad \boldsymbol{w}_{t+1} \leftarrow \boldsymbol{w}_t - \eta_t \boldsymbol{H}^{-1} \nabla$ // 牛顿更新规则 [公式(21.42)]

11 $\quad t \leftarrow t + 1$

12 **until** $\|\boldsymbol{w}_t - \boldsymbol{w}_{t-1}\| \leqslant \epsilon$

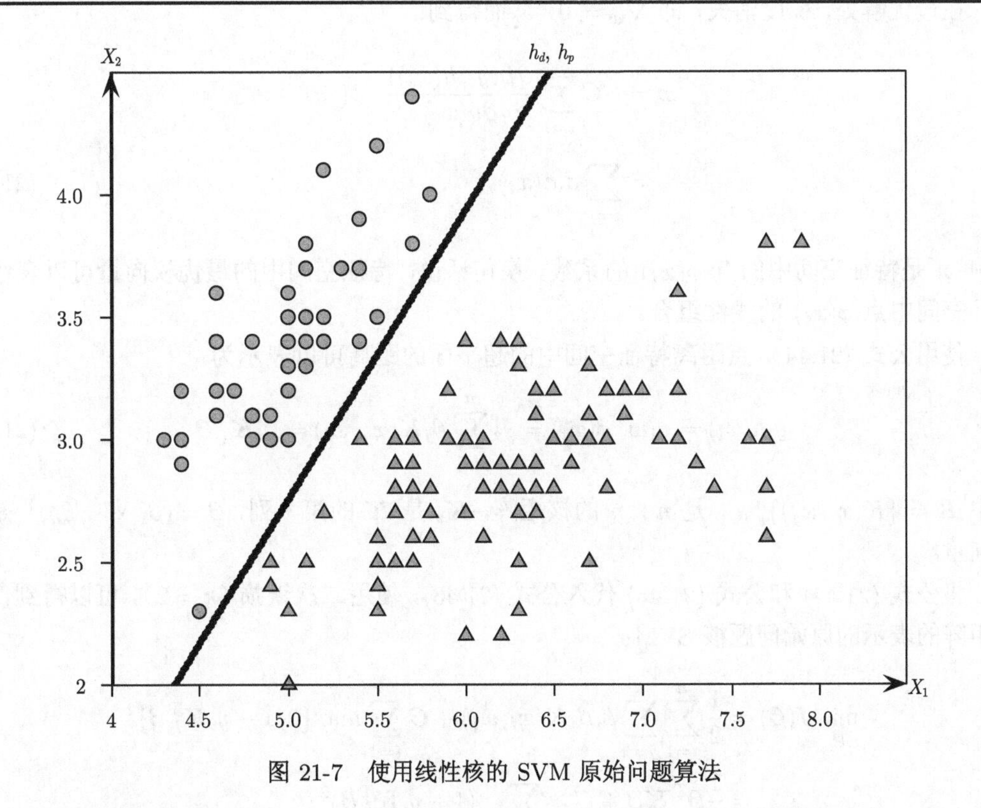

图 21-7 使用线性核的 SVM 原始问题算法

2. 原始问题核 SVM

前面讨论了原始问题 SVM 的线性但不可分的情况。现在将该方法推广用于学习核 SVM，同样使用二次误损。

令 ϕ 表示从输入空间到特征空间的一个映射，每个输入点 $\boldsymbol{x}_i$ 都映射到特征点 $\phi(\boldsymbol{x}_i)$。令 $K(\boldsymbol{x}_i, \boldsymbol{x}_j)$ 表示核函数，且 $\boldsymbol{w}$ 表示特征空间中的权向量。特征空间中的超平面为：

$$h(\boldsymbol{x}) : \boldsymbol{w}^{\mathrm{T}}\phi(\boldsymbol{x}) = 0$$

利用公式 (21.28) 和公式 (21.40)，特征空间原始问题目标函数可以重写为：

$$\min_{\boldsymbol{w}} J(\boldsymbol{w}) = \frac{1}{2}\|\boldsymbol{w}\|^2 + C\sum_{i=1}^{n} L(y_i, h(\boldsymbol{x}_i)) \tag{21.43}$$

其中 $L(y_i, h(\boldsymbol{x}_i)) = \max\{0, 1 - y_i h(\boldsymbol{x}_i)\}^k$ 是误损函数。

$\boldsymbol{w}$ 处的梯度为：

$$\nabla_{\boldsymbol{w}} = \boldsymbol{w} + C\sum_{i=1}^{n} \frac{\partial L(y_i, h(\boldsymbol{x}_i))}{\partial h(\boldsymbol{x}_i)} \cdot \frac{\partial h(\boldsymbol{x}_i)}{\partial \boldsymbol{w}}$$

其中：

$$\frac{\partial h(\boldsymbol{x}_i)}{\partial \boldsymbol{w}} = \frac{\partial \boldsymbol{w}^{\mathrm{T}}\phi(\boldsymbol{x}_i)}{\partial \boldsymbol{w}} = \phi(\boldsymbol{x}_i)$$

在最优解处，梯度消失，即 $\nabla_{\boldsymbol{w}} = \boldsymbol{0}$，从而得到：

$$\begin{aligned}
\boldsymbol{w} &= -C\sum_{i=1}^{n} \frac{\partial L(y_i, h(\boldsymbol{x}_i))}{\partial h(\boldsymbol{x}_i)} \cdot \phi(\boldsymbol{x}_i) \\
&= \sum_{i=1}^{n} \beta_i \phi(\boldsymbol{x}_i)
\end{aligned} \tag{21.44}$$

其中 β_i 是特征空间中的点 $\phi(\boldsymbol{x}_i)$ 的系数。换句话说，特征空间中的最优权向量可以表达为特征空间中点 $\phi(\boldsymbol{x}_i)$ 的线性组合。

使用公式 (21.44)，点距离特征空间中的超平面的距离可以表示为：

$$y_i h(\boldsymbol{x}_i) = y_i \boldsymbol{w}^{\mathrm{T}}\phi(\boldsymbol{x}_i) = yi\sum_{j=1}^{n} \beta_j K(\boldsymbol{x}_j, \boldsymbol{x}_i) = y_i \boldsymbol{K}_i^{\mathrm{T}}\boldsymbol{\beta} \tag{21.45}$$

其中 $\boldsymbol{K} = \{K(\boldsymbol{x}_i, \boldsymbol{x}_j)\}_{i,j=1}^{n}$ 是 $n \times n$ 的核矩阵，$\boldsymbol{K}_i$ 是 $\boldsymbol{K}$ 的第 i 列，$\boldsymbol{\beta} = (\beta_1, \cdots, \beta_n)^{\mathrm{T}}$ 是系数向量。

将公式 (21.44) 和公式 (21.45) 代入公式 (21.43)，使用二次误损（$k = 2$），可以得到仅用核矩阵的表示的原始问题核 SVM：

$$\begin{aligned}
\min_{\boldsymbol{\beta}} J(\boldsymbol{\beta}) &= \frac{1}{2}\sum_{i=1}^{n}\sum_{j=1}^{n} \beta_i\beta_j K(\boldsymbol{x}_i, \boldsymbol{x}_j) + C\sum_{i=1}^{n} \max\{0, 1 - y_i \boldsymbol{K}_i^{\mathrm{T}}\boldsymbol{\beta}\}^2 \\
&= \frac{1}{2}\boldsymbol{\beta}^{\mathrm{T}}\boldsymbol{K}\boldsymbol{\beta} + C\sum_{y_i \boldsymbol{K}_i^{\mathrm{T}}\boldsymbol{\beta} < 1} (1 - y_i \boldsymbol{K}_i^{\mathrm{T}}\boldsymbol{\beta})^2
\end{aligned}$$

$J(\boldsymbol{\beta})$ 关于 $\boldsymbol{\beta}$ 的梯度为：

$$\nabla_{\boldsymbol{\beta}} = \frac{\partial J(\boldsymbol{\beta})}{\partial \boldsymbol{\beta}} = \boldsymbol{K}\boldsymbol{\beta} - 2C \sum_{y_i \boldsymbol{K}_i^{\mathrm{T}} \boldsymbol{\beta} < 1} y_i \boldsymbol{K}_i (1 - y_i \boldsymbol{K}_i^{\mathrm{T}} \boldsymbol{\beta})$$
$$= \boldsymbol{K}\boldsymbol{\beta} + 2C \sum_{y_i \boldsymbol{K}_i^{\mathrm{T}} \boldsymbol{\beta} < 1} (\boldsymbol{K}_i \boldsymbol{K}_i^{\mathrm{T}}) \boldsymbol{\beta} - 2C \sum_{y_i \boldsymbol{K}_i^{\mathrm{T}} \boldsymbol{\beta} < 1} y_i \boldsymbol{K}_i$$
$$= (\boldsymbol{K} + 2C\boldsymbol{S})\boldsymbol{\beta} - 2C\boldsymbol{v}$$

其中向量 $\boldsymbol{v} \in \mathbb{R}^n$ 和矩阵 $\boldsymbol{S} \in \mathbb{R}^{n \times n}$ 给定为：

$$\boldsymbol{v} = \sum_{y_i \boldsymbol{K}_i^{\mathrm{T}} \boldsymbol{\beta} < 1} y_i \boldsymbol{K}_i \qquad \boldsymbol{S} = \sum_{y_i \boldsymbol{K}_i^{\mathrm{T}} \boldsymbol{\beta} < 1} \boldsymbol{K}_i \boldsymbol{K}_i^{\mathrm{T}}$$

此外，黑塞矩阵为：

$$\boldsymbol{H}_{\boldsymbol{\beta}} = \frac{\partial \nabla_{\boldsymbol{\beta}}}{\partial \boldsymbol{\beta}} = \boldsymbol{K} + 2C\boldsymbol{S}$$

现在可以使用牛顿优化最小化 $J(\boldsymbol{\beta})$，更新规则为：

$$\boldsymbol{\beta}_{t+1} = \boldsymbol{\beta}_t - \eta_t \boldsymbol{H}_{\boldsymbol{\beta}}^{-1} \nabla_{\boldsymbol{\beta}}$$

注意，$\boldsymbol{H}_{\boldsymbol{\beta}}$ 是奇异的，即若它不存在逆，则在它的对角线上加一个小的岭（ridge），使其规范化，即按如下方式使 $\boldsymbol{H}$ 可逆：

$$\boldsymbol{H}_{\boldsymbol{\beta}} = \boldsymbol{H}_{\boldsymbol{\beta}} + \lambda \boldsymbol{I}$$

其中 $\lambda > 0$ 是某个较小的正岭值。

一旦找到 $\boldsymbol{\beta}$，就可以轻松地对任意测试点 $\boldsymbol{z}$ 进行分类如下：

$$\hat{y} = \mathrm{sign}\Big(\boldsymbol{w}^{\mathrm{T}} \phi(\boldsymbol{z})\Big) = \mathrm{sign}\left(\sum_{i=1}^{n} \beta_i \phi(\boldsymbol{x}_i)^{\mathrm{T}} \phi(\boldsymbol{z})\right) = \mathrm{sign}\left(\sum_{i=1}^{n} \beta_i K(\boldsymbol{x}_i, \boldsymbol{z})\right)$$

原始问题中核 SVM 的牛顿优化算法在算法 21.3 中给出。步长 η_k 默认设置为 1，同线性的情况相同。每次迭代中，该方法首先计算梯度和黑塞矩阵（第 7~10 行）。接下来，牛顿更新规则用于获得更新的系数向量 $\boldsymbol{\beta}_{t+1}$（第 11 行）。迭代进行直到 $\boldsymbol{\beta}$ 的变化很小。最坏情况下该方法每次迭代的计算复杂度为 $O(n^3)$。

算法21.3 原始问题核SVM 算法：牛顿优化和二次误损

SVM-PRIMAL-KERNEL $(\boldsymbol{D}, K, C, \epsilon)$:

1 **foreach** $\boldsymbol{x}_i \in \boldsymbol{D}$ **do**

2 $\quad \boldsymbol{x}_i \leftarrow \begin{pmatrix} \boldsymbol{x}_i \\ 1 \end{pmatrix}$ // 映射到 $\mathbb{R}^{d+1}$

3 $\boldsymbol{K} \leftarrow \{K(\boldsymbol{x}_i, \boldsymbol{x}_j)\}_{i,j=1,\cdots,n}$ //计算核矩阵

4 $t \leftarrow 0$

5 $\boldsymbol{\beta}_0 \leftarrow (0, \cdots, 0)^{\mathrm{T}}$ // 初始化 $\boldsymbol{\beta}_t \in \mathbb{R}^n$

6 **repeat**

7 $\boldsymbol{v} \leftarrow \sum_{y_i(\boldsymbol{K}_i^{\mathrm{T}}\boldsymbol{\beta}_t)<1} y_i \boldsymbol{K}_i$

8 $\boldsymbol{S} \leftarrow \sum_{y_i(\boldsymbol{K}_i^{\mathrm{T}}\boldsymbol{\beta}_t)<1} \boldsymbol{K}_i \boldsymbol{K}_i^{\mathrm{T}}$

9 $\nabla \leftarrow (\boldsymbol{K}+2C\boldsymbol{S})\boldsymbol{\beta}_t - 2C\boldsymbol{v}$　//梯度

10 $\boldsymbol{H} \leftarrow \boldsymbol{K}+2C\boldsymbol{S}$　//黑塞矩阵

11 $\boldsymbol{\beta}_{t+1} \leftarrow \boldsymbol{\beta}_t - \eta_t \boldsymbol{H}^{-1}\nabla$　//牛顿更新规则

12 $t \leftarrow t+1$

13 **until** $\|\boldsymbol{\beta}_t - \boldsymbol{\beta}_{t-1}\| \leqslant \epsilon$

例 21.10（原始问题 SVM：二次核）　图 21-8 绘出了对投影到前两个主成分上的鸢尾花数据集使用对偶方法和原始方法得到的超平面。本例中的任务和例 21.8 相同，是要将iris-versicolor和其他类型区分开。由于线性核不适用于这个任务，此处采用二次核。设 $C=10$ 且 $\epsilon=0.0001$，并使用二次误损函数。对偶解 h_d（黑色等值线）和原始解 $h_p()$（灰色等值线）给定如下：

$$h_d(\boldsymbol{x}): 1.4x_1^2 + 1.34x_1x_2 - 0.05x_1 + 0.66x_2^2 - 0.96x_2 - 2.66 = 0$$

$$h_p(\boldsymbol{x}): 0.87x_1^2 + 0.64x_1x_2 - 0.5x_1 + 0.43x_2^2 - 1.04x_2 - 2.398 = 0$$

这两个解虽不同，但比较接近，尤其是靠左边的决策边界。

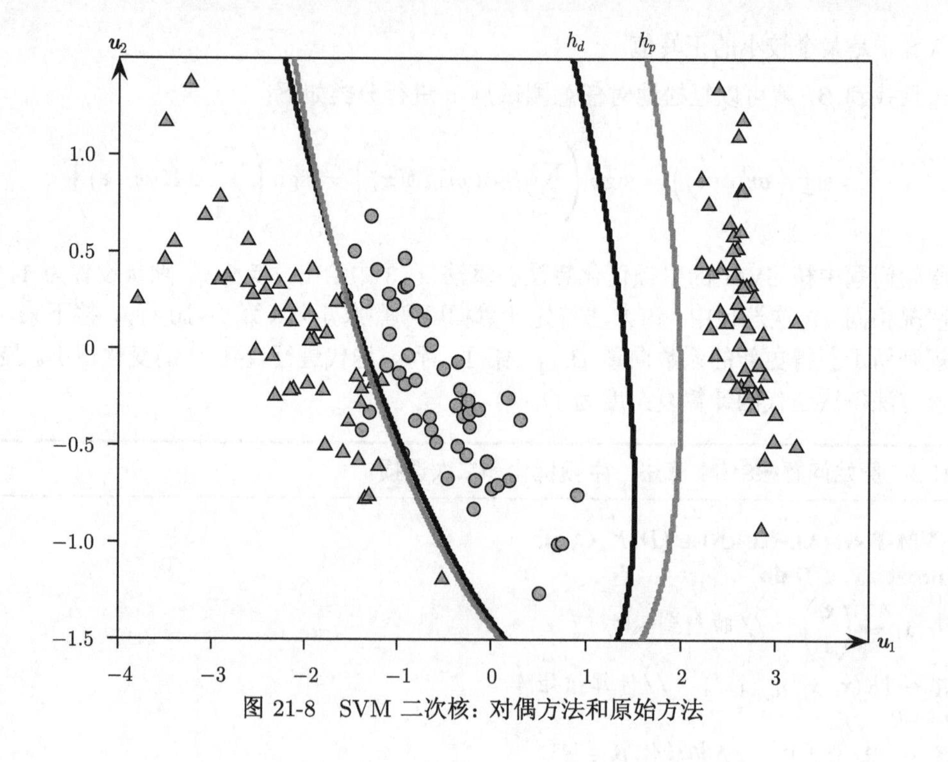

图 21-8　SVM 二次核：对偶方法和原始方法

21.6 补充阅读

支持向量机的出处参见 Vapnik(1982)。特别之处在于，它介绍了泛化地构造最优超平面的方法。对 SVM 使用核技巧的介绍见于 Boser, Guyon, and Vapnik (1992)，对不可分的数据应用软间隔 SVM 方法由 Cortes and Vapnik (1995) 提出。关于 SVM 和其实现技术的介绍，参见 Cristianini and Shawe-Taylor (2000) 和 Schollkopf and Smola (2002)。原始问题训练参见 Chapelle (2007)。

Boser, B. E.,Guyon, I.M., and Vapnik, V. N. (1992). “Atraining algorithm for optimal margin classifiers.” *In Proceedings of the 5th Annual Workshop on Computational Learning Theory*, ACM, pp. 144–152.

Chapelle, O. (2007). “Training a support vector machine in the primal.” *Neural Computation*, 19 (5): 1155–1178.

Cortes, C. and Vapnik, V. (1995). “Support-vector networks.” *Machine Learning*, 20 (3): 273–297.

Cristianini, N. and Shawe-Taylor, J. (2000). *An Introduction to Support Vector Machines and Other Kernel-based Learning Methods.* Cambridge University Press.

Schölkopf, B. and Smola, A. J. (2002). *Learning with Kernels: Support Vector Machines, Regularization, Optimization and Beyond.* Cambridge, MA: MIT Press.

Vapnik, V. N. (1982). *Estimation of Dependences Based on Empirical Data*, vol. 41. New York: Springer-Verlag.

21.7 习题

Q1. 考虑图 21-9 中的数据集，包含两个类 c_1（三角形）和 c_2（圆圈）。回答下列问题。

(a) 找出两个超平面 h_1 和 h_2 的公式。

(b) 给出 h_1 和 h_2 的所有支持向量。

(c) 根据间隔的计算，哪个超平面能更好地区分这两个类？

(d) 找出关于这个数据集的最佳分割超平面的公式，并给出对应的支持向量。可以考虑每个类的凸壳，以及两个类边界处可能的超平面，而无需求解拉格朗日函数。

Q2. 给定表 21-2 中的 10 个点，以及它们对应的类和拉格朗日乘子 α_i，回答下列问题。

(a) SVM 超平面 $h(\boldsymbol{x})$ 的公式为？

(b) $\boldsymbol{x}_6$ 与该超平面的距离为？是否处在分类器的间隔之内？

(c) 使用以上获得的 $h(\boldsymbol{x})$，对点 $\boldsymbol{z}=(3,3)^{\mathrm{T}}$ 进行分类。

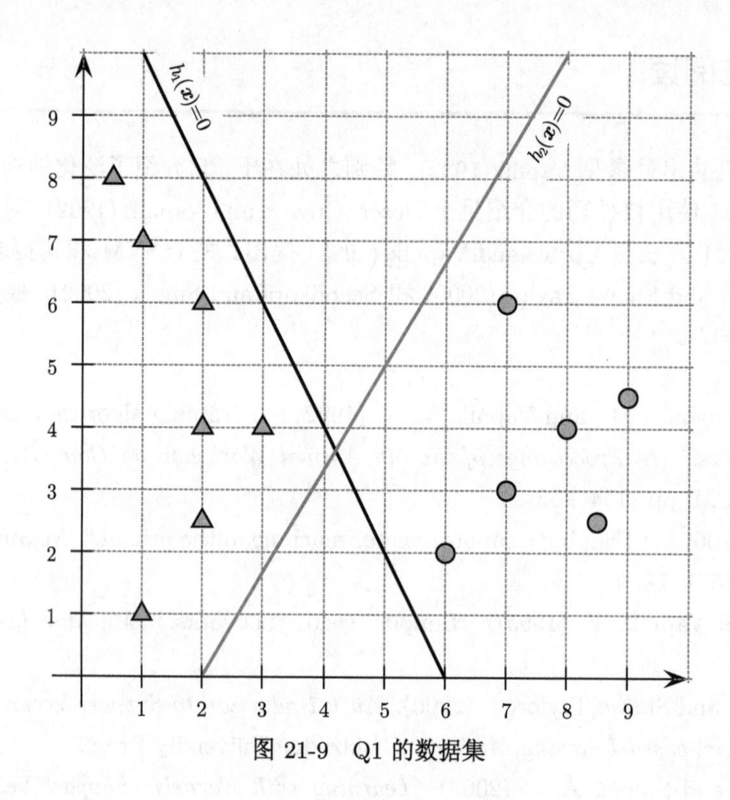

图 21-9　Q1 的数据集

表 21-2　Q2 的数据集

i	x_{i1}	x_{i2}	y_i	α_i
$\boldsymbol{x}_1$	4	2.9	1	0.414
$\boldsymbol{x}_2$	4	4	1	0
$\boldsymbol{x}_3$	1	2.5	−1	0
$\boldsymbol{x}_4$	2.5	1	−1	0.018
$\boldsymbol{x}_5$	4.9	4.5	1	0
$\boldsymbol{x}_6$	1.9	1.9	−1	0
$\boldsymbol{x}_7$	3.5	4	1	0.018
$\boldsymbol{x}_8$	0.5	1.5	−1	0
$\boldsymbol{x}_9$	2	2.1	−1	0.414
$\boldsymbol{x}_{10}$	4.5	2.5	1	0

第22章　分类的评估

前面的章节已经讨论了几种不同的分类器，例如决策树、完全贝叶斯分类器、朴素贝叶斯分类器、最近邻分类器、支持向量机，等等。通常，我们可以将分类器看作模型或函数 M，对于给定的输入样本 $\boldsymbol{x}$，预测其类标签为：

$$\hat{y} = M(\boldsymbol{x})$$

其中 $\boldsymbol{x} = (x_1, x_2, \cdots, x_d)^{\mathrm{T}} \in \mathbb{R}^d$ 是一个 d 维空间中的点，且 $\hat{y} \in \{c_1, c_2, \cdots, c_k\}$ 是预测的类。

建立分类模型 M 需要一个*训练集*，其中每个点的类都已知。根据不同的假设，可以使用不同的分类器来建立模型 M。例如，支持向量机利用最大间隔超平面来构建 M；而贝叶斯分类器直接为每个类 c_j 计算了后验概率 $P(c_j|\boldsymbol{x})$，并预测 $\boldsymbol{x}$ 的类为后验概率最大的类，即 $\hat{y} = \arg\max_{c_j}\{P(c_j|\boldsymbol{x})\}$。一旦训练好了模型 M，就能在一个独立的*测试集*（已知每个点的真实类标签）上评估它的性能。最后，该模型可以部署用于预测新的未知点的类。

本章会讨论评估一个分类器的方法，并对几个分类器进行比较。首先定义分类器准确度的评价指标，然后讨论如何确定期望误差的边界，最后讨论如何评估分类器的性能并进行比较。

22.1　分类性能度量

令 $\boldsymbol{D}$ 为包含 n 个 d 维空间中的点的测试集，$\{c_1, c_2, \cdots, c_k\}$ 代表包含 k 个类标签的集合，M 为一个分类器。对于 $\boldsymbol{x}_i \in \boldsymbol{D}$，令 y_i 表示其真实类标签，$\hat{y}_i = M(\boldsymbol{x}_i)$ 表示其预测类标签。

1. *错误率*

错误率（error rate）是分类器做出的不正确的预测在测试集中所占的比例，定义为：

$$\text{Error Rate} = \frac{1}{n}\sum_{i=1}^{n} I(y_i \neq \hat{y}_i) \tag{22.1}$$

其中 I 是一个指示函数，若参数为真，则取值为 1，反之为 0。错误率是对误分类概率的一个估计。错误率越低，分类器就越好。

2. *正确率*

一个分类器的正确率（accuracy）是正确的预测占测试集的比例：

$$\text{Accuracy} = \frac{1}{n}\sum_{i=1}^{n} I(y_i = \hat{y}_i) = 1 - \text{Error Rate} \tag{22.2}$$

正确率给出了分类器做出正确预测的概率；因此，正确率越高，分类器就越好。

例 22.1　图 22-1 给出了二维鸢尾花数据集，两个属性为萼片长度和萼片宽度。其中共有 150 个点，包含 3 个类（每个类 50 个点）：`iris-setosa`（c_1；圆圈）、`iris-versicolor`（c_2；方块）和`iris-virginica`（c_3；三角形）。数据集被划分为训练和测试数据集，比例为 80:20。因此，训练集有 120 个点（以浅灰色显示），测试集 $\boldsymbol{D}$ 有 $n=30$ 个点（以黑色显示）。可以看到，尽管 c_1 比较容易同其他两个类区分开来，c_2 和 c_3 却不容易区分。事实上，某些点被同时标注为 c_2 和 c_3（例如，点 $(6,2.2)^{\mathrm{T}}$ 出现了两次，标注为 c_2 和 c_3）。

我们用完全贝叶斯分类器（参见第 18 章）对测试点进行分类，每个类都用一个正态分布来建模，对应的均值（白色）和密度等值线（对应一个和两个标准差）也绘于图 22-1 中。该分类器错误区分了 30 个测试点中的 8 个，因此得到：

$$\text{Error Rate} = 8/30 = 0.267$$

$$\text{Accuracy} = 22/30 = 0.733$$

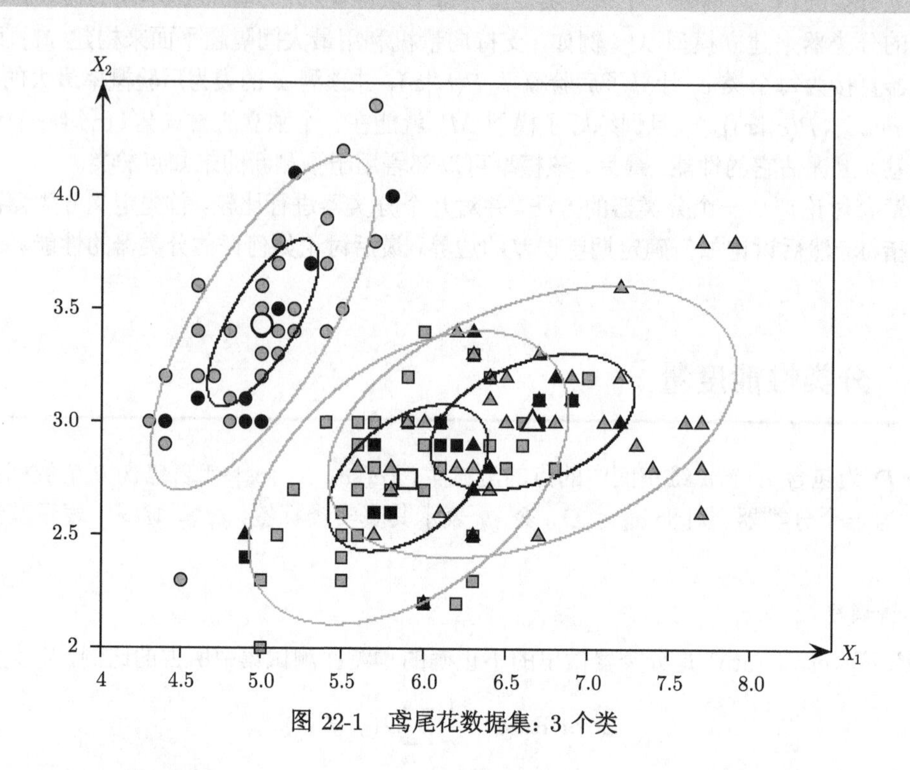

图 22-1　鸢尾花数据集：3 个类

22.1.1　基于列联表的度量

错误率（以及正确率）是全局度量，它不显式地考虑产生错误的类的具体情况。可以通过对测试集的每一个类的预测与真实值的符合情况列表来得到更多的信息。令 $\mathcal{D}=\{\boldsymbol{D}_1,\boldsymbol{D}_2,\cdots,\boldsymbol{D}_k\}$ 表示根据点的类标签对测试点进行的分划，其中：

$$\boldsymbol{D}_j=\{\boldsymbol{x}_i\in\boldsymbol{D}|y_i=c_j\}$$

令 $n_i=|\boldsymbol{D}_i|$ 表示真实类 c_i 的大小。

令 $\mathcal{R} = \{\boldsymbol{R}_1, \boldsymbol{R}_2, \cdots, \boldsymbol{R}_k\}$ 表示基于预测的类标签对测试点进行的一个分划，即：

$$\boldsymbol{R}_j = \{\boldsymbol{x}_i \in \boldsymbol{D} | \hat{y}_i = c_j\}$$

令 $m_j = |\boldsymbol{R}_j|$ 表示预测为 c_j 类的点的数目。

$\mathcal{R}$ 和 $\mathcal{D}$ 引入了一个 $k \times k$ 的列联表 $\boldsymbol{N}$，通常也称为**混淆矩阵**（confusion matrix），定义如下：

$$\boldsymbol{N}(i,j) = n_{ij} = |\boldsymbol{R}_i \cap \boldsymbol{D}_j| = |\{\boldsymbol{x}_a \in \boldsymbol{D} | \hat{y}_a = c_i \text{ 且 } y_a = c_j\}|$$

其中 $1 \leqslant i, j \leqslant k$。计数值 n_{ij} 表示预测类标签为 c_i，但真实标签为 c_j 的点的数目。因此，n_{ii}（$1 \leqslant i \leqslant k$）表示分类器的预测结果与真实标签 c_i 相符的数目。剩余的计数值 n_{ij}（$i \neq j$）是分类器预测值与真实值不同的数目。

1. **正确率/精度**

分类器 M 关于类 c_i 的**正确率**（accuracy）或**精度**（precision）给定为所有被预测为 c_i 类的点中预测正确的点的比例：

$$\text{acc}_i = \text{prec}_i = \frac{n_{ii}}{m_i}$$

其中 m_i 是分类器 M 预测为 c_i 的点的数目。类 c_i 的正确率越高，分类器就越好。

一个分类器的总体精度或正确率是各类正确率的带权均值：

$$\text{Accuracy} = \text{Precision} \sum_{i=1}^{k} \left(\frac{m_i}{n}\right) \text{acc}_i = \frac{1}{n} \sum_{i=1}^{k} n_{ii}$$

这和公式 (22.2) 中的表达式是一样的。

2. **覆盖率/召回率**

某个类 c_i 的**覆盖率**（coverage）或**召回率**（recall）是该类中所有点预测准确的比例：

$$\text{coverage}_i = \text{recall}_i = \frac{n_{ii}}{n_i}$$

其中 n_i 是类 c_i 中的点的数目。覆盖率越高，分类器就越好。

3. F-measure

通常对于分类器而言，会面临精度和召回率之间的权衡。例如，若预测所有的测试点都属于类 c_i，则有 $\text{recall}_i = 1$，但这样精度 prec_i 会非常低。另一方面，可以只预测几个最有信心的点属于类 c_i，这样可以使得精度很高，但是召回率 recall_i 会很低。理想状况下，我们想要精度和召回率都尽可能地高。

每个类的 F-measure都试图平衡精度和召回率，它是通过计算类 c_i 的和谐平均数得到的：

$$F_i = \frac{2}{\dfrac{1}{\text{prec}_i} + \dfrac{1}{\text{recall}_i}} = \frac{2 \cdot \text{prec}_i \cdot \text{recall}_i}{\text{prec}_i + \text{recall}_i} = \frac{2n_{ii}}{n_i + m_i}$$

F_i 的值越高，分类器就越好。

分类器 M 的总体 F-measure 是各类的 F-measure 的平均值：

$$F = \frac{1}{k} \sum_{i=1}^{r} F_i$$

一个完美分类器对应着 F-measure 的最大值 1。

例 22.2　考虑图 22-1 中所示的二维鸢尾花数据集。例 22.1 中看到的错误率是 26.7%。然而，错误率度量没有给出更难分辨的类或实例的信息。根据图中各类的正态分布，很明显贝叶斯分类器对 c_1 的效果很好，但要区分某些位于 c_2 和 c_3 的决策边界的测试用例时，可能会遇到问题。这些相关信息可以通过测试集的混淆矩阵来体现，如表 22-1 所示。可以观察到，c_1 中的所有 10 个点都分类正确。同时，c_2 的 10 个点中有 7 个分类正确，c_3 中的 10 个点中有 5 个分类正确。

根据混淆矩阵，可以计算各类的精度（或准确度）如下：

$$\text{prec}_1 = \frac{n_{11}}{m_1} = 10/10 = 1.0$$
$$\text{prec}_2 = \frac{n_{22}}{m_2} = 7/12 = 0.583$$
$$\text{prec}_3 = \frac{n_{33}}{m_3} = 5/8 = 0.625$$

总体准确度和例 22.1 中所列出的相符：

$$\begin{aligned}\text{Accuracy} &= \frac{(n_{11}+n_{22}+n_{33})}{n}\\ &= \frac{(10+7+5)}{30} = 22/30 = 0.733\end{aligned}$$

各类的召回率（或覆盖率）为：

$$\text{recall}_1 = \frac{n_{11}}{n_1} = 10/10 = 1.0$$
$$\text{recall}_2 = \frac{n_{22}}{n_2} = 7/10 = 0.7$$
$$\text{recall}_3 = \frac{n_{33}}{n_3} = 5/10 = 0.5$$

根据以上的结果，可以计算各类的 F-measure 值：

$$F_1 = \frac{2\cdot n_{11}}{(n_1+m_1)} = 20/20 = 1.0$$
$$F_2 = \frac{2\cdot n_2}{(n_2+m_2)} = 14/22 = 0.636$$
$$F_3 = \frac{2\cdot n_{33}}{(n_3+m_3)} = 10/18 = 0.556$$

因此，该分类器的整体 F-measure 值为：

$$F = \frac{1}{3}(1.0+0.636+0.556) = \frac{2.192}{3} = 0.731$$

表 22-1 鸢尾花数据集测试集的列联表

预测类	真实类			
	iris-setosa(c_1)	iris-versicolor(c_2)	iris-virginica(c_3)	
iris-setosa(c_1)	10	0	0	$m_1 = 10$
iris-versicolor(c_2)	0	7	5	$m_2 = 12$
iris-virginica(c_3)	0	3	5	$m_3 = 8$
	$n_1 = 10$	$n_2 = 10$	$n_3 = 10$	$n = 30$

22.1.2 二值分类：正类和负类

当只有 $k = 2$ 类时，称类 c_1 为正类，c_2 为负类。对应的 2×2 的混淆矩阵（如表 22-2 所示）中的各个元素对应的名称如下。

- **真阳性**（true positive，TP），分类器准确地预测为正类的点的数目：

$$\mathrm{TP} = n_{11} = |\{\boldsymbol{x}_i | \hat{y}_i = y_i = c_1\}|$$

- **假阳性**（false positive，FP），被分类器预测为属于正类，但实际属于负类的点的数目：

$$\mathrm{FP} = n_{12} = |\{\boldsymbol{x}_i | \hat{y}_i = c_1 \text{且} y_i = c_2\}|$$

- **假阴性**（false negative，FN），被分类器预测为属于负类，但实际属于正类的点的数目：

$$\mathrm{FN} = n_{21} = |\{\boldsymbol{x}_i | \hat{y}_i = c_2 \text{且} y_i = c_1\}|$$

- **真阴性**（true negative，TN），被分类器准确地预测为属于负类的点的数目：

$$\mathrm{TN} = n_{22} = |\{\boldsymbol{x}_i | \hat{y}_i = y_i = c_2\}|$$

表 22-2 两个类的混淆矩阵

预测类	真实类	
	正类 (c_1)	负类 (c_2)
正类 (c_1)	True Positive(TP)	False Positive(FP)
负类 (c_2)	False Negative(FN)	Ture Negative(TN)

1. **错误率**

二值分类的错误率 [公式 (22.1)] 可以表示为错误预测的比例：

$$\text{Error Rate} = \frac{\mathrm{FP} + \mathrm{FN}}{n}$$

2. **准确率**

二值分类的准确率 [公式 (22.2)] 可以表示为正确预测的比例：

$$\text{Accuracy} = \frac{\mathrm{TP} + \mathrm{TN}}{n}$$

以上是关于分类器性能的全局度量。我们可以得到各类相关的度量如下。

3. **各类的精度**

正类和负类的精度为：

$$\mathrm{prec}_P = \frac{\mathrm{TP}}{\mathrm{TP}+\mathrm{FP}} = \frac{\mathrm{TP}}{m_1}$$

$$\mathrm{prec}_N = \frac{\mathrm{TN}}{\mathrm{TN}+\mathrm{FN}} = \frac{\mathrm{TN}}{m_2}$$

其中 $m_i = |\boldsymbol{R}_i|$ 是分类器 M 预测为属于类 c_i 的点的数目。

4. **敏感性：真阳性率**

真阳性率，也称为**敏感性**（sensitivity），是正类中所有点被正确预测的比例，即正类的召回率：

$$\mathrm{TPR} = \mathrm{recall}_P = \frac{\mathrm{TP}}{\mathrm{TP}+\mathrm{FN}} = \frac{\mathrm{TP}}{n_1}$$

其中 n_1 是正类的大小。

5. **特异性：真阴性率**

真阴性率，也称为**特异性**（specificity），就是负类的召回率：

$$\mathrm{TNR} = \mathrm{specificity} = \mathrm{recall}_N = \frac{\mathrm{TN}}{\mathrm{FP}+\mathrm{TN}} = \frac{\mathrm{TN}}{n_2}$$

其中 n_2 是负类的大小。

6. **假阴性率**

假阴性率定义为：

$$\mathrm{FNR} = \frac{\mathrm{FN}}{\mathrm{TP}+\mathrm{FN}} = \frac{\mathrm{FN}}{n_1} = 1 - \mathrm{sensitivity}$$

7. **假阳性率**

假阳性率定义为：

$$\mathrm{FPR} = \frac{\mathrm{FP}}{\mathrm{FP}+\mathrm{TN}} = \frac{\mathrm{FP}}{n_2} = 1 - \mathrm{specificity}$$

例 22.3 考虑投影到两个主成分上的鸢尾花数据集，如图 22-2 所示。本例中的任务是要将`iris-versicolor`（类 c_1，圆圈）和其他两类鸢尾花（类 c_2，三角形）区分开来。c_1 中的点和 c_2 中的点交织在一起，使得线性分类很困难。数据集被随机地分割为 80% 的训练集（灰色）和 20% 的测试集（黑色）。因此，训练集一共有 120 个点，测试集有 $n = 30$ 个点。

在训练集上应用朴素贝叶斯分类器（每个类一个正态分布），可以得到对每个类的均值、协方差矩阵和先验概率的预测：

$$\widehat{P}(c_1) = 40/120 = 0.33 \qquad \widehat{P}(c_2) = 80/120 = 0.67$$

$$\hat{\mu}_1 = (-0.641 \quad -0.204)^{\mathrm{T}} \qquad \hat{\mu}_2 = (0.27 \quad 0.14)^{\mathrm{T}}$$

$$\widehat{\boldsymbol{\Sigma}}_1=\begin{pmatrix}0.29 & 0\\ 0 & 0.18\end{pmatrix}\quad \widehat{\boldsymbol{\Sigma}}_2=\begin{pmatrix}6.14 & 0\\ 0 & 0.206\end{pmatrix}$$

每个类的均值（白色）和正态分布的等值线也在图中绘出；其中给出了沿每个坐标轴一到两个标准差的等值线。

对于每一个测试点，使用以上的参数估计（参见第 18 章）对其进行分类。朴素贝叶斯分类器误分类 30 个点中的 10 个，因此错误率和准确率为：

$$\text{Error Rate} = 10/30 = 0.33$$

$$\text{Accuracy} = 20/30 = 0.67$$

该二值分类问题的混淆矩阵如表 22-3 所示。根据该表，可以计算不同的性能度量如下：

$$\text{prec}_P = \frac{\text{TP}}{\text{TP}+\text{FP}} = \frac{7}{14} = 0.5$$

$$\text{prec}_N = \frac{\text{TN}}{\text{TN}+\text{FN}} = \frac{13}{16} = 0.8125$$

$$\text{recall}_P = \text{sensitivity} = \text{TPR} = \frac{\text{TP}}{\text{TP}+\text{FN}} = \frac{7}{10} = 0.7$$

$$\text{recall}_N = \text{specificity} = \text{TNR} = \frac{\text{TN}}{\text{TN}+\text{FP}} = \frac{13}{20} = 0.65$$

$$\text{FNR} = 1 - \text{sensitivity} = 1 - 0.7 = 0.3$$

$$\text{FPR} = 1 - \text{specificity} = 1 - 0.65 = 0.35$$

可以看到，正类的精度很低。真阳性率也较低，而假阳性率较高。因此，朴素贝叶斯分类器对于这一测试集不是特别有效。

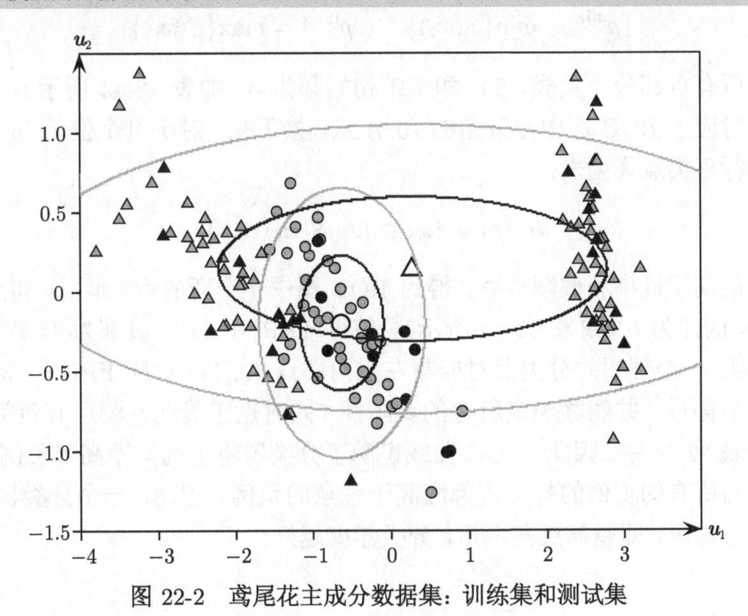

图 22-2 鸢尾花主成分数据集：训练集和测试集

表 22-3　鸢尾花主成分数据集：二值分类的列联表

	真实类		
预测类	正类 (c_1)	负类 (c_2)	
正类 (c_1)	TP=7	FP=7	$m_1 = 14$
负类 (c_2)	TN=3	TN=13	$m_2 = 16$
	$n_1 = 10$	$n_2 = 20$	$n = 30$

22.1.3　ROC 分析

接受者操作特征（Receiver Operating Characteristic，ROC）分析是一种常见于仅有两类时评估分类器性能的策略。ROC 分析要求分类器对测试数据中的每个点对正类输出一个打分值。这些打分值可以用于对各个点按降序进行排列。例如，我们可以使用后验概率 $P(c_1|\boldsymbol{x}_i)$ 作为分值（例如贝叶斯分类器）。对于 SVM 分类器，可以使用距离超平面的带符号距离作为打分值，因为较大的正距离表示预测为 c_1 类较有信心，较大的负距离则表示极低的预测为 c_1 的置信度（即预测为 c_2 的置信度较高）。

通常，一个二值分类器选择某个为正的打分阈值 ρ，并将所有打分值大于 ρ 的点分为正类，其余的点分为负类。然而，这样选择一个阈值多少有些随意。与此不同，ROC 分析针对所有可能的 ρ 值画出分类器的性能。尤其对于每个 ρ 值，它以假阳性率（1-特异性）为 x 轴坐标，以真阳性率（敏感性）为 y 轴坐标作图。由此得到的曲线称为ROC曲线，或分类器的ROC图。

令 $S(\boldsymbol{x}_i)$ 代表分类器 M 关于点 $\boldsymbol{x}_i$ 的正类预测的真实打分值。令测试数据集 $\boldsymbol{D}$ 上观察到的最大和最小打分阈值为：

$$\rho^{\min} = \min_i\{S(\boldsymbol{x}_i)\} \qquad \rho^{\max} = \max_i\{S(\boldsymbol{x}_i)\}$$

起初，我们将所有点都分为负类。TP 和 FP 初始都为 0（如表 22-4a 所示），因此 TPR 和 FPR 都为 0，对应于 ROC 图中左下角的 (0,0) 点。接下来，对于每个位于 $[\rho^{\min}, \rho^{\max}]$ 中的不同 ρ 值，进行正类点集列表：

$$\boldsymbol{R}_1(\rho) = \{\boldsymbol{x}_i \in \boldsymbol{D} : S(\boldsymbol{x}_i) > \rho\}$$

我们计算对应的真阳性率和假阳性率，得到 ROC 图中一个新的点。最后，将所有点分为正类。FN 和 TN 因此为 0（如表 22-4b 所示），使得 TPR 和 FPR 值都为 1，对应 ROC 图右上角的 (1,1) 点。一个理想的分类器对应与左上角的点 (0, 1)，对应 FPR=0 和 TPR= 1, 即该分类器没有假阳性，并能够确定所有的真阳性（同时也正确地预测所有负类中的点）。这种情况也列在表 22-4c 中。因此，ROC 曲线说明了分类器将正例排序高于负例的程度。一个理想的分类器对所有的正例的打分值都应高于任意的负例。因此，一个分类器对应的 ROC 曲线越接近理想情况，即越靠近左上角，分类器就越好。

表 22-4 不同情况下的 2 × 2 混淆矩阵

	真实值	
预测值	正类	负类
正类	0	0
负类	FN	TN

(a) 起始点：均为负类

	真实值	
预测值	正类	负类
正类	TP	FP
负类	0	0

(b) 终止点：均为正类

	真实值	
预测值	正类	负类
正类	TP	0
负类	0	TN

(c) 理想分类器

1. ROC 曲线下面积

ROC 曲线之下的面积，或称为 AUC，可以用作分类器性能的度量。由于图的总面积为 1，AUC 的取值范围是 [0,1]，值越高越好。AUC 值事实上是一个分类器将一个随机测试正例排序高于一个随机测试负例的概率。

2. ROC/AUC 算法

算法 22.1 给出了绘制 ROC 曲线的步骤以及计算 AUC 的步骤。算法的输入是测试数据集 $\boldsymbol{D}$ 及分类器 M。第一步是针对正类 c_1 对每个测试点 $\boldsymbol{x}_i \in \boldsymbol{D}$ 预测分值 $S(\boldsymbol{x}_i)$。接下来，每一对 $(S(\boldsymbol{x}_i), y_i)$，即分值和真实类标签构成的元组，按照分值降序排列（第 3 行）。初始化时，将正分值阈值设置为 $\rho = \infty$（第 7 行）。第 8 行中的 for 循环按照顺序检查每一对 $(S(\boldsymbol{x}_i), y_i)$，且对每个不同的打分值设置 $\rho = S(\boldsymbol{x}_i)$，并将点

$$(\mathrm{FPR}, \mathrm{TPR}) = \left(\frac{\mathrm{FP}}{n_2}, \frac{\mathrm{TP}}{n_1}\right)$$

在图上画出。

在对每个测试点进行检查时，根据测试点 $\boldsymbol{x}_i$ 的真实类标签 y_i 调整真阳性和假阳性值。若 $y_1 = c_1$，则真阳性值加 1，否则假阳性值加 1（第 15~16 行）。for 循环的最后，我们将 ROC 曲线的终止点绘于图上（第 17 行）。

每当 ROC 图上添加一个新的点，就计算对应的 AUC 值。算法记录前一次的真阳性值和假阳性值，$\mathrm{FP}_{\mathrm{prev}}$ 和 $\mathrm{TP}_{\mathrm{prev}}$，即前一次的打分阈值 ρ。给定当前的 FP 和 TP 值，计算由以下四个点定义的曲线下面积：

$$(x_1, y_1) = \left(\frac{\mathrm{FP}_{\mathrm{prev}}}{n_2}, \frac{\mathrm{TP}_{\mathrm{prev}}}{n_1}\right) \quad (x_2, y_2) = \left(\frac{\mathrm{FP}}{n_2}, \frac{\mathrm{TP}}{n_1}\right)$$

$$(x_1, 0) = \left(\frac{\mathrm{FP}_{\mathrm{prev}}}{n_2}, 0\right) \qquad (x_2, 0) = \left(\frac{\mathrm{FP}}{n_2}, 0\right)$$

这四个点构成一个梯形，其中 $x_2 > x_1$ 且 $y_2 > y_1$，否则为一矩形。TRAPEZOID-AREA函数计算梯形的面积为 $b \cdot h$，其中 $b = |x_2 - x_1|$ 是梯形的底的长度，$h = \frac{1}{2}(y_2 + y_1)$ 是梯形的平均高度。

算法22.1　ROC 曲线和AUC

```
ROC-CURVE(D, M):
1  n_1 ← |{x_i ∈ D | y_i = c_1}|   // 正类的大小
2  n_2 ← |{x_i ∈ D | y_i = c_2}|   // 正类的大小
   // 将所有的点分类、打分并排序
3  L ← 按照分值降序排列 {(S(x_i), y_i) : x_i ∈ D}
4  FP ← TP ← 0
5  FP_prev ← TP_prev ← 0
6  AUC ← 0
7  ρ ← ∞
8  foreach (S(x_i), y_i) ∈ L do
9      if ρ > S(x_i) then
10         绘出点 (FP/n_2, TP/n_1)
11         AUC ← AUC + TRAPEZOID-AREA((FP_prev/n_2, TP_prev/n_1), (FP/n_2, TP/n_1))
12         ρ ← S(x_i)
13         FP_prev ← FP
14         TP_prev ← TP
15     if y_i = c_1 then TP ← TP + 1
16     else FP ← FP + 1
17 绘出点 (FP/n_2, TP/n_1)
18 AUC ← AUC + TRAPEZOID-AREA((FP_prev/n_2, TP_prev/n_1), (FP/n_2, TP/n_1))

TRAPEZOID-AREA((x_1, y_1), (x_2, y_2)):
19 b ← |x_2 − x_1|   // 梯形的底的长度
20 h ← 1/2 (y_2 + y_1)   // 梯形的平均高度
21 return (b · h)
```

例 22.4　考虑例 22.3 中关于鸢尾花主成分数据集的二值分类问题。测试数据集 $\boldsymbol{D}$ 共有 $n=30$ 个点，其中 $n_1=10$ 个点在正类中，$n_2=20$ 个点在负类中。

我们使用朴素贝叶斯分类器计算每个测试点属于正类（c_1，iris-versicolor）的概率。分类器关于测试点 $\boldsymbol{x}_i$ 的打分值因此为 $S(\boldsymbol{x}_i)=P(c_1|\boldsymbol{x}_i)$。按降序排序后的打分值及对应的真实类标签如表 22-5 所示。

测试数据集的 ROC 曲线在图 22-3 中给出。考虑正打分值阈值 $\rho=0.71$。若将所有打分值大于该阈值的点分为正类，则有如下的真阳性及假阳性计数值：

$$\mathrm{TP}=3 \qquad \mathrm{FP}=2$$

因此假阳性率为 $\dfrac{\mathrm{FP}}{n_2}=2/20=0.1$，真阳性率为 $\dfrac{\mathrm{TP}}{n_1}=3/10=0.3$。这对应于 ROC 曲线中的点 (0.1, 0.3)。ROC 曲线中的其他点以类似的方式获得，如图 22-3 所示。整体曲线下面积为 0.775。

表 22-5 排序后的打分值和真实类标签

$S(\boldsymbol{x}_i)$	0.93	0.82	0.80	0.77	0.74	0.71	0.69	0.67	0.66	0.61
y_i	c_2	c_1	c_2	c_1	c_1	c_1	c_2	c_1	c_2	c_2

$S(\boldsymbol{x}_i)$	0.59	0.55	0.55	0.53	0.47	0.30	0.26	0.11	0.04	2.97e-03
y_i	c_2	c_2	c_1	c_1	c_1	c_1	c_1	c_2	c_2	c_2

$S(\boldsymbol{x}_i)$	1.28e-03	2.55e-07	6.99e-08	3.11e-08	3.109e-08
y_i	c_2	c_2	c_2	c_2	c_2

$S(\boldsymbol{x}_i)$	1.53e-08	9.76e-09	2.08e-09	1.95e-09	7.83e-10
y_i	c_2	c_2	c_2	c_2	c_2

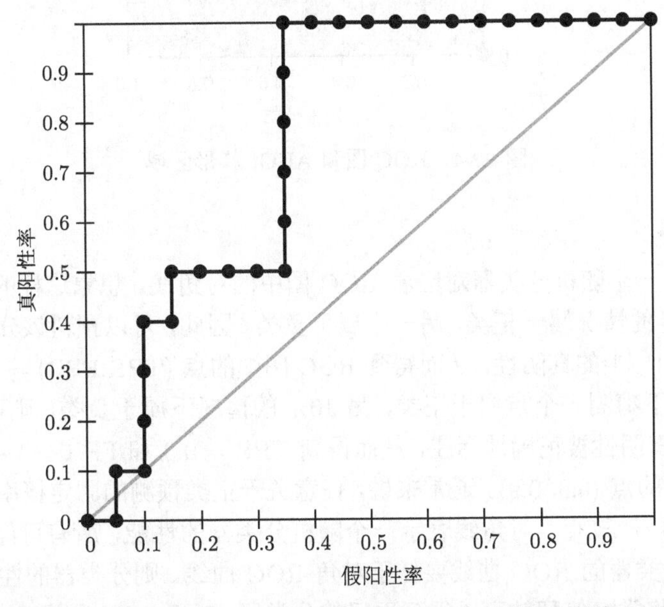

图 22-3 鸢尾花主成分数据集的 ROC 图，包括朴素贝叶斯分类器（黑线）和随机分类器（灰线）的 ROC 曲线

例 22.5（AUC） 为说明在计算 AUC 时为何需要引入梯形，考虑以下排序后的打分值及其对应的真实类，针对某一有 $n = 5$、$n_1 = 3$、$n_2 = 2$ 的测试数据集。

$$(0.9, c_1), (0.8, c_2), (0.8, c_1), (0.8, c_1), (0.1, c_2)$$

算法 22.1 得到如下的加入 ROC 图的点，以及运行时的 AUC。

ρ	FP	TP	(FPR,TPR)	AUC
∞	0	0	(0,0)	0
0.9	0	1	(0,0.333)	0
0.8	1	3	(0.5,1)	0.333
0.1	2	3	(1,1)	0.833

图 22-4 给出了 ROC 图，其中阴影区域表示 AUC。可以观察到，每当至少一个正类点和至少一个负类点取到同样的打分值时，就会得到梯形。总 AUC 为 0.833，是由左边的梯形区域（0.333）和右边的矩形区域（0.5）合并得到的。

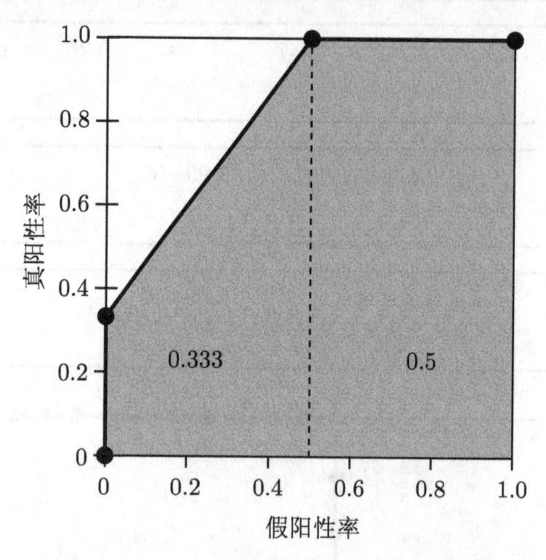

图 22-4　ROC 图和 AUC：梯形区域

3. 随机分类器

有意思的是，一个随机分类器对应着 ROC 图中的对角线。想象这样的分类器，它随机猜测一个点有一半的情况属于正类，另一半属于负类。因此，可以预料该分类器可以正确找到一半的真阳性和一半的真阴性，从而得到 ROC 图中的点 (TPR,FPR) = (0.5,0.5)。但若分类器 90% 的情况下猜测一个点属于正类，另 10% 的情况下属于负类，则可以预料 90% 的真阳性和 10% 的真阴性被正确地标注，从而得到 TPR = 0.9 和 FPR = 1−TNR = 1−0.1 = 0.9，即 ROC 图中的点 (0.9, 0.9)。通常来讲，任意关于正类预测的固定概率（例如 r），会得到 ROC 空间中的 (r,r) 点。对角线表示一个随机分类器的性能，所有可能的正类预测以 r 为阈值。若任意分类器的 ROC 曲线要低于对角 ROC 曲线，则分类器的性能要差于随机猜测。这种情况下，将类赋值翻转可以得到更好的分类器。对角 ROC 曲线对应的随机分类器的 AUC 值为 0.5。因此，若任意分类器的 AUC 值小于 0.5，则说明其性能要差于随机分类器。

例 22.6　除了朴素贝叶斯分类的 ROC 曲线之外，图 22-3 还给出了随机分类器（灰色对角线）的 ROC 图。可以看到，朴素贝叶斯分类器的性能要远好于随机分类器。它的 AUC 值为 0.775，大于随机分类器的 0.5。但一开始的时候，朴素贝叶斯分类器的性能要差于随机情况，因为得分最高的点是从负类开始的。因此，ROC 曲线可以看作对一个平滑曲线（在数据集非常大的情况下可以得到，比如无穷大）的离散近似。

4. 类不均衡

值得指出的是，ROC 对类倾斜现象不敏感。这是由于 TPR（预测一个正类点为正）的概率，和 FPR（预测一个负类点为正）的概率，并不依赖于正类和负类大小之间的比值。这是一个好的性质，因为无论对于均衡的分类（各类的点数目相对均等）还是倾斜的分类（一个类中的点的数目比其他类都多），ROC 曲线都没有什么差别。

22.2 分类器评估

本节讨论如何使用某个性能度量 θ 来评估一个分类器 M。通常，输入数据集 $\boldsymbol{D}$ 被随机地分离为一个独立的训练集和测试集。训练集用于学习模型 M，测试集用于评估性能 θ。但是，我们对这样得到的分类性能有多少信心？毕竟所得到的结果可能是由于输入数据集的随机划分带来的，例如，测试集正好包含的都是特别容易（或特别难）进行分类的点，从而得到很好（或很差）的分类器性能。因此，固定的、预定义的数据集划分不适用于分类器性能的评估。同时也要注意，通常 $\boldsymbol{D}$ 自身是一个由（未知）真实联合概率密度函数 $f(\boldsymbol{x})$ 代表的总体得到的 d 维的多源随机样本。理想情况下，我们想要知道所有从 f 得到的测试集之上的性能度量的期望 $E(\theta)$。但由于 f 是未知的，我们要根据 $\boldsymbol{D}$ 来估计 $E(\theta)$。交叉验证和重抽样是两种常见的计算给定的性能度量期望值和方差的方法，接下来将对它们进行讨论。

22.2.1 K 折交叉验证

交叉验证将数据集 $\boldsymbol{D}$ 等分为 K 个大小相等的部分（称为折），即 $\boldsymbol{D}_1, \boldsymbol{D}_2, \cdots, \boldsymbol{D}_k$。每个折 $\boldsymbol{D}_i$ 分别轮流作为测试集，其余的折为训练集 $\boldsymbol{D} \backslash \boldsymbol{D}_i = \cup_{j \neq i} \boldsymbol{D}_j$。在 $\boldsymbol{D} \backslash \boldsymbol{D}_i$ 上训练模型 M 之后，我们在测试集 $\boldsymbol{D}_i$ 上评估其性能，从而得到第 i 个性能度量 θ_i。性能度量的期望值因此可以估计为：

$$\hat{\mu}_\theta = E[\theta] = \frac{1}{K} \sum_{i=1}^{K} \theta_i \tag{22.3}$$

它的方差为：

$$\hat{\sigma}_\theta^2 = \frac{1}{K} \sum_{i=1}^{K} (\theta_i - \hat{\mu}_\theta)^2 \tag{22.4}$$

算法 22.2 给出了 K 折交叉验证的伪代码。对数据集 $\boldsymbol{D}$ 随机重排后，将其等分为 K 折（最后一折可能大小略有不同）。接下来，每个数据折 $\boldsymbol{D}_i$ 都用于测试在 $\boldsymbol{D} \backslash \boldsymbol{D}_i$ 上训练得到的模型 M_i 的性能 θ_i，然后输出估计的 θ 的均值和方差。注意，K 折交叉验证可以重复多次；初始的随机重排可以保证每次的折都不一样。

算法22.2 K 折交叉验证

```
CROSS-VALIDATION(K, D):
1 D ← 随机重排 D
2 {D_1, D_2, ···, D_K} ← 将 D 等分为 K 折
3 foreach i ∈ [1, K] do
4 |  M_i ← 在 D \ D_i 上训练分类器
5 |  θ_i ← 在 D_i 上估计 M_i 的均值和方差
6 μ̂_θ = (1/K) Σ_{i=1}^K θ_i
7 σ̂²_θ = (1/K) Σ_{i=1}^K (θ_i − μ̂_θ)²
8 return μ̂_θ, σ̂²_θ
```

通常 K 选择 5 或者 10。特别指出，若设置 $K=n$，则称为**留一交叉验证**（leave-one-out cross-validation），对应测试集仅由一个单点构成的情况，而剩余的数据均用于训练。

例 22.7　考虑例 22.1 中的二维鸢尾花数据集，其中共有 $k=3$ 个类。我们用 5 折交叉验证评估完全贝叶斯分类器的错误率，得到如下每一折的错误率：

$$\theta_1=0.267 \quad \theta_2=0.133 \quad \theta_3=0.233 \quad \theta_4=0.367 \quad \theta_5=0.167$$

根据公式 (22.3) 和公式 (22.4)，错误率的均值和方差为：

$$\hat{\mu}_\theta=\frac{1.167}{5}=0.233 \qquad \hat{\sigma}_\theta^2=0.00833$$

我们可以重复整个交叉验证方法多次，每次都对输入点进行重排，从而可以计算平均错误率和方差的均值。对鸢尾花数据集执行 10 次 5 折交叉验证，可以得到期望错误率为 0.232，方差的均值为 0.00521，两个估计的方差都小于 10^{-3}。

22.2.2　自助抽样

另一种估计分类器的期望性能的方法是自助抽样（bootstrap resampling）方法。该方法不将输入数据集 $\boldsymbol{D}$ 划分为相互独立的折，而是从 $\boldsymbol{D}$ 中取出 K 个大小为 n 的样本（带放回）。每个样本 $\boldsymbol{D}_i$ 的大小都和 $\boldsymbol{D}$ 一样，并有若干个重复的点。考虑一个点 $\boldsymbol{x}_j\in\boldsymbol{D}$ 没有被选入第 i 个自助样本 $\boldsymbol{D}_i$ 的概率。由于进行的是带放回的抽样，一个给定的点被选中的概率为 $p=\frac{1}{n}$，因此，没有选中的概率为：

$$q=1-p=\left(1-\frac{1}{n}\right)$$

由于 $\boldsymbol{D}_i$ 有 n 个点，$\boldsymbol{x}_j$ 在 n 次尝试之后仍未被选中的概率为：

$$P(\boldsymbol{x}_i\notin\boldsymbol{D}_i)=q^n=\left(1-\frac{1}{n}\right)^n\simeq e^{-1}=0.368$$

另一方面，$\boldsymbol{x}_j\in\boldsymbol{D}$ 的概率为：

$$P(\boldsymbol{x}_i\in\boldsymbol{D}_i)=1-P(\boldsymbol{x}_j\notin\boldsymbol{D}_i)=1-0.368=0.632$$

这说明每个自助样本包含 $\boldsymbol{D}$ 中 63.3% 的点。

算法22.3　自助抽样方法

```
BOOTSTRAP-RESAMPLING(K, D):
1 for i ∈ [1, K] do
2     D_i ← D中的大小为n 的样本（带放回）
3     M_i ← 在D_i上训练得到的分类器
4     θ_i ← 在 D 上评估M_i
5 μ̂_θ = 1/K ∑_{i=1}^K θ_i
6 σ̂_θ^2 = 1/K ∑_{i=1}^K (θ_i − μ̂_θ)^2
7 return μ̂_θ, σ̂_θ^2
```

自助样本可以用于评估分类器的性能：在每个样本 $\boldsymbol{D}_i$ 上训练分类器，然后使用完整的输入数据集 $\boldsymbol{D}$ 作为测试集，如算法 22.3 所示。性能度量 θ 的期望值和方差可以通过公式 (22.3) 和公式 (22.4) 获得。然而需要注意的是，这里的估计可能会偏乐观，因为训练集和测试集的重合度比较高（63.2%）。交叉验证方法不会有这方面的问题，因为它的训练集和测试集是分开的。

例 22.8 此处继续使用例 22.7 中的鸢尾花数据集，不过现在用自助抽样来估计完全贝叶斯分类器的错误率，使用 $K = 50$ 个样本。错误率的抽样分布如图 22-5 所示。错误率的期望值和方差为：

$$\hat{\mu}_\theta = 0.213, \quad \hat{\sigma}_\theta^2 = 4.815 \times 10^{-4}$$

由于训练集和测试集之间的重合，这里获得的估计要比例 22.7 中通过交叉验证获得的估计要更乐观。

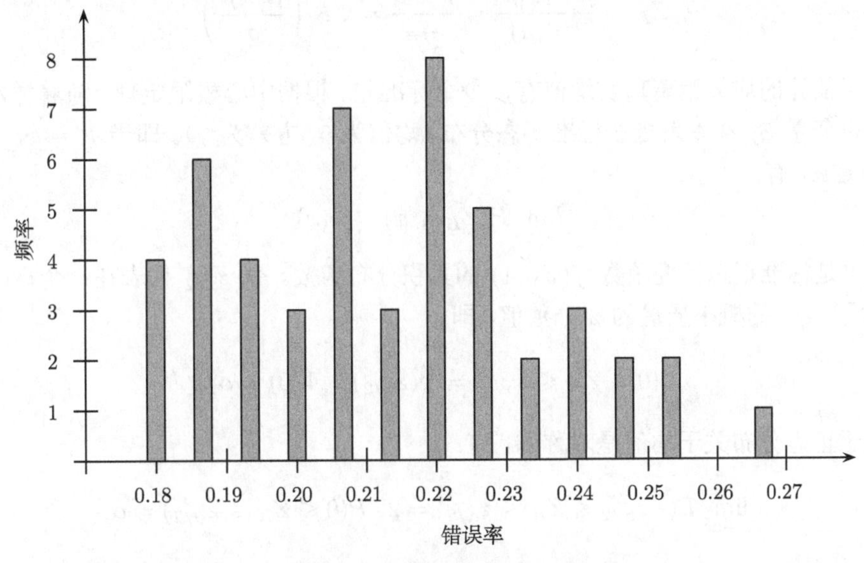

图 22-5 错误率的抽样分布

22.2.3 置信区间

对一个选定的性能度量的期望值和方差进行估计之后，我们想要得到这一估计偏离真实值的置信度边界。

为回答这一问题，我们使用中心极限定理（central limit theorem），该定理指大量独立同分布（independent and identically distributed, IID）的随机变量之和近似于正态分布，无论每个随机变量的具体分布是什么。令 $\theta_1, \theta_2, \cdots, \theta_K$ 为 IID 随机变量的序列，分别代表 K 折交叉验证或 K 个自助样本上的错误率，或其他某个性能度量。假设每个 θ_i 都有一个有限的均值 $E[\theta_i] = \mu$ 和有限的方差 $\text{var}(\theta_i) = \sigma^2$。

令 $\hat{\mu}$ 表示样本均值：

$$\hat{\mu} = \frac{1}{K}(\theta_1 + \theta_2 + \cdots + \theta_K)$$

根据期望的线性性，我们有：

$$E[\hat{\mu}] = E\left[\frac{1}{K}(\theta_1 + \theta_2 + \cdots + \theta_K)\right] = \frac{1}{K}\sum_{i=1}^{K} E[\theta_i] = \frac{1}{K}(K\mu) = \mu$$

利用独立随机变量方差的线性性，且 $\mathrm{var}(aX) = a^2 \cdot \mathrm{var}(X)$（$a \in \mathbb{R}$），$\hat{\mu}$ 的方差为：

$$\mathrm{var}(\hat{\mu}) = \mathrm{var}\left(\frac{1}{K}(\theta_1 + \theta_2 + \cdots + \theta_K)\right) = \frac{1}{K^2}\sum_{i=1}^{K} \mathrm{var}(\theta_i) = \frac{1}{K^2}(K\sigma^2) = \frac{\sigma^2}{K}$$

因此，$\hat{\mu}$ 的标准差为：

$$\mathrm{std}(\hat{\mu}) = \sqrt{\mathrm{var}(\hat{\mu})} = \frac{\sigma}{\sqrt{K}}$$

我们对 $\hat{\mu}$ 的 z 分数分布感兴趣，它自身也是一个随机变量：

$$Z_K = \frac{\hat{\mu} - E[\hat{\mu}]}{\mathrm{std}(\hat{\mu})} = \frac{\hat{\mu} - \mu}{\frac{\sigma}{\sqrt{K}}} = \sqrt{K}\left(\frac{\hat{\mu} - \mu}{\sigma}\right)$$

Z_K 给出了估计的均值距离真实均值有多少个标准差。根据中心极限定理，随着样本大小的增加，随机变量 Z_K分布渐近于标准正态分布（均值为 0，方差为 1）。即当 $K \to \infty$ 时，对于任意的 $x \in \mathbb{R}$，有：

$$\lim_{K\to\infty} P(Z_K \leqslant x) = \Phi(x)$$

其中 $\Phi(x)$ 是标准正态密度函数 $f(x|0,1)$ 的累积分布函数。令 $z_{\alpha/2}$ 代表在一个标准正态分布中包含了 $\alpha/2$ 的概率质量的 z 分数值，即：

$$P(0 \leqslant Z_K \leqslant z_{\alpha/2}) = \Phi(z_{\alpha/2}) - \Phi(0) = \alpha/2$$

同时，由于正态分布关于均值是对称的，有：

$$\lim_{K\to\infty} P(-z_{\alpha/2} \leqslant Z_K \leqslant z_{\alpha/2}) = 2 \cdot P(0 \leqslant Z_K \leqslant z_{\alpha/2}) = \alpha \tag{22.5}$$

注意：

$$\begin{aligned}
-z_{\alpha/2} \leqslant Z_K \leqslant z_{\alpha/2} &\Rightarrow -z_{\alpha/2} \leqslant \sqrt{K}\left(\frac{\hat{\mu} - \mu}{\sigma}\right) \leqslant z_{\alpha/2} \\
&\Rightarrow -z_{\alpha/2}\frac{\sigma}{\sqrt{K}} \leqslant \hat{\mu} - \mu \leqslant z_{\alpha/2}\frac{\sigma}{\sqrt{K}} \\
&\Rightarrow \left(\hat{\mu} - z_{\alpha/2}\frac{\sigma}{\sqrt{K}}\right) \leqslant \mu \leqslant \left(\hat{\mu} + z_{\alpha/2}\frac{\sigma}{\sqrt{K}}\right)
\end{aligned}$$

将以上代入公式 22.5，可以得到估计值 $\hat{\mu}$ 关于真实均值 μ 的边界：

$$\lim_{K\to\infty} P\left(\hat{\mu} - z_{\alpha/2}\frac{\sigma}{\sqrt{K}} \leqslant \mu \leqslant \hat{\mu} + z_{\alpha/2}\frac{\sigma}{\sqrt{K}}\right) = \alpha \tag{22.6}$$

因此，对于任意给定的置信水平 α，可以计算真实均值 μ 落在 $\alpha\%$ 的置信区间内（$\hat{\mu} - z_{\alpha/2}\frac{\sigma}{\sqrt{K}}, \hat{\mu} + z_{\alpha/2}\frac{\sigma}{\sqrt{K}}$）的概率。换句话说，尽管我们不知道真实的均值 μ，但可以得到一个具有高可信度的区间估计（例如，设置 $\alpha = 0.95$ 或 $\alpha = 0.99$）。

1. **未知方差**

以上的分析假设已经知道了真实的方差 σ^2，但实际上通常不是这样的。不过，可以用样本方差来替代 σ^2：

$$\hat{\sigma}^2 = \frac{1}{K}\sum_{i=1}^{K}(\theta_i - \hat{\mu})^2 \tag{22.7}$$

由于 $\hat{\sigma}^2$ 是关于 σ^2 的一致点估计，即随着 $K \to \infty$，$\hat{\sigma}^2$ 在概率 1 处收敛，也称为**几乎必然收敛**（converges almost surely）于 σ^2。根据中心极限定理，以下定义的随机变量 Z_K^* 按分布收敛于标准正态分布：

$$Z_K^* = \sqrt{K}\left(\frac{\hat{\mu} - \mu}{\hat{\sigma}}\right) \tag{22.8}$$

因此，我们有：

$$\lim_{K\to\infty} P\left(\hat{\mu} - z_{\alpha/2}\frac{\hat{\sigma}}{\sqrt{K}} \leqslant \mu \leqslant \hat{\mu} + z_{\alpha/2}\frac{\hat{\sigma}}{\sqrt{K}}\right) = \alpha \tag{22.9}$$

换句话说，$\left(\hat{\mu} - z_{\alpha/2}\frac{\hat{\sigma}}{\sqrt{K}}, \hat{\mu} + z_{\alpha/2}\frac{\hat{\sigma}}{\sqrt{K}}\right)$ 是 μ 的 $\alpha\%$ 置信区间。

例 22.9 考虑例 22.7，其中使用了 5 折交叉验证（$K = 5$）来评估完全贝叶斯分类器的错误率，错误率的估计期望值和方差为：

$$\hat{\mu}_\theta = 0.233 \qquad \hat{\sigma}_\theta^2 = 0.00833 \qquad \hat{\sigma}_\theta = \sqrt{0.00833} = 0.0913$$

令置信度为 $\alpha = 0.95$。标准正态分布的 95% 的概率密度位于距离均值 $z_{\alpha/2} = 1.96$ 个标准差的范围内。因此，在大样本的情况下，有：

$$P\left(\mu \in \left(\hat{\mu}_\theta - z_{\alpha/2}\frac{\hat{\sigma}_\theta}{\sqrt{K}}, \hat{\mu}_\theta + z_{\alpha/2}\frac{\hat{\sigma}_\theta}{\sqrt{K}}\right)\right) = 0.95$$

由于 $z_{\alpha/2}\frac{\hat{\sigma}_\theta}{\sqrt{K}} = \frac{1.96\times 0.0913}{\sqrt{5}} = 0.08$，可得：

$$P\Big(\mu \in (0.233 - 0.08, 0.233 + 0.08)\Big) = P\Big(\mu \in (0.153, 0.313)\Big) = 0.95$$

换句话说，在 95% 的置信度下，真实的期望错误率位于区间 (0.153, 0.313) 内。

若想要更大的置信度，例如 $\alpha = 0.99$，则对应的 z 分数值为 $z_{\alpha/2} = 2.58$，因此 $z_{\alpha/2}\frac{\hat{\sigma}_\theta}{\sqrt{K}} = \frac{2.58\times 0.0913}{\sqrt{5}} = 0.105$。$\mu$ 的 99% 置信区间因此更宽 (0.128, 0.338)。

然而，$K = 5$ 并不是一个很大的样本数量，因此以上的置信区间并不十分可靠。

2. **小样本数量**

公式 (22.9) 中的置信区间只在 $K \to \infty$ 的时候适用。我们想要得到对小样本来说更精确的置信区间。考虑随机变量 $V_i(i = 1, \cdots, K)$，定义如下：

$$V_i = \frac{\theta_i - \hat{\mu}}{\sigma}$$

此外，考虑它们的平方和：

$$S = \sum_{i=1}^{K} V_i^2 = \sum_{i=1}^{K}\left(\frac{\theta_i - \hat{\mu}}{\sigma}\right)^2 = \frac{1}{\sigma^2}\sum_{i=1}^{K}(\theta_i - \hat{\mu})^2 = \frac{K\hat{\sigma}^2}{\sigma^2} \tag{22.10}$$

最后一步采用了公式 (22.7) 中的样本方差定义。

若假设各 V_i 和标准正态分布是独立同分布的，则和 S 服从自由度为 $K-1$ 的卡方分布，表示为 $\chi^2(K-1)$，因为 S 是 K 个随机变量 V_i 的平方和。自由度为 $K-1$，因为每个 V_i 都和 $\hat{\mu}$ 相关，而 θ_i 的和是固定的。

考虑公式 (22.8) 中的随机变量 Z_K^*。我们有：

$$Z_K^* = \sqrt{K}\left(\frac{\hat{\mu}-\mu}{\hat{\sigma}}\right) = \left(\frac{\hat{\mu}-\mu}{\hat{\sigma}/\sqrt{K}}\right)$$

上式的分子和分母同时除以 $\sigma/\sqrt{K}$，可得：

$$Z_K^* = \left(\frac{\hat{\mu}-\mu}{\sigma/\sqrt{K}}\Big/\frac{\hat{\sigma}/\sqrt{K}}{\sigma/\sqrt{K}}\right) = \left(\frac{\frac{\hat{\mu}-\mu}{\hat{\sigma}/\sqrt{K}}}{\hat{\sigma}/\sigma}\right) = \frac{Z_K}{\sqrt{S/K}} \tag{22.11}$$

最后一步使用了公式 (22.10)，因为：

$$S = \frac{K\hat{\sigma}^2}{\sigma^2} \quad \text{意味着} \quad \frac{\hat{\sigma}}{\sigma} = \sqrt{S/K}$$

假设 Z_K 服从标准正态分布，且 S 服从自由度为 $K-1$ 的方差分布，于是 Z_K^* 的分布正是自由度为 $K-1$ 的 t 分布。因此，在小样本的情况下，我们不用标准正态分布来得到置信区间，而是使用 t 分布。具体而言，我们选择值 $t_{\alpha/2,K-1}$，使得自由度为 $K-1$ 的累积 t 分布函数包含 $\alpha/2$ 的概率质量，即：

$$P(0 \leqslant Z_K^* \leqslant t_{\alpha/2,K-1}) = T_{K-1}(t_{\alpha/2}) - T_{K-1}(0) = \alpha/2$$

其中 T_{K-1} 是自由度为 $K-1$ 的 t 分布的累积分布函数。由于 t 分布关于均值是对称的，有：

$$P\left(\hat{\mu} - t_{\alpha/2,K-1}\frac{\hat{\sigma}}{\sqrt{K}} \leqslant \mu \leqslant \hat{\mu} + t_{\alpha/2,K-1}\frac{\hat{\sigma}}{\sqrt{K}}\right) = \alpha \tag{22.12}$$

真实均值 μ 的 $\alpha\%$ 置信区间因此为：

$$\left(\hat{\mu} - t_{\alpha/2,K-1}\frac{\hat{\sigma}}{\sqrt{K}} \leqslant \mu \leqslant \hat{\mu} + t_{\alpha/2,K-1}\frac{\hat{\sigma}}{\sqrt{K}}\right)$$

该区间同时依赖于 α 和样本大小 K。

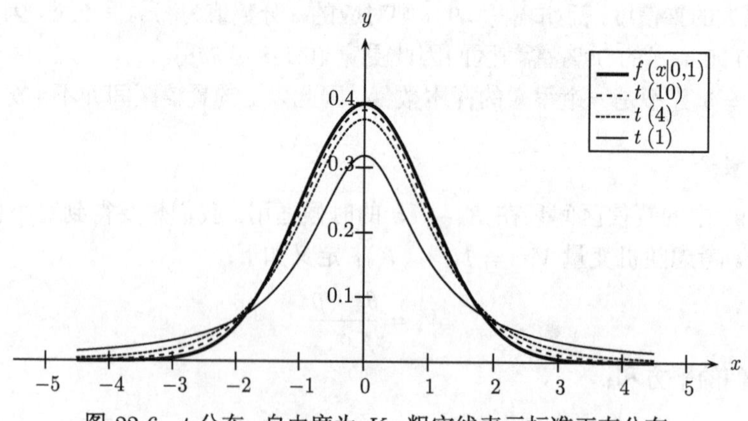

图 22-6　t 分布：自由度为 K。粗实线表示标准正态分布

图 22-6 给出了对应不同 K 值的 t 分布密度函数。它还给出了标准正态密度函数。可以看到，与正态分布相比，t 分布有更多的概率聚集在尾部。此外，随着 K 增大，t 分布快速地按分布收敛于标准正态分布，和大样本的情况一致。因此，对于较大的样本，可以使用通常的 $z_{\alpha/2}$ 阈值。

例 22.10 考虑例 22.9。对于 5 折交叉验证，估计的错误率均值为 $\hat{\mu}_\theta = 0.233$，估计的方差为 $\hat{\sigma}_\theta = 0.0913$。

由于样本数目较小（$K = 5$），可以使用 t 分布来得到更好的置信度区间。对于 $K-1=4$ 的自由度和 $\alpha = 0.95$，我们使用学生 t 分布的分位点函数得到 $t_{\alpha/2,K-1} = 2.776$。因此：

$$t_{\alpha/2,K-1}\frac{\hat{\sigma}_\theta}{\sqrt{K}} = 2.776 \times \frac{0.0913}{\sqrt{5}} = 0.113$$

95% 的置信区间因此为：

$$(0.233 - 0.113, 0.233 + 0.113) = (0.12, 0.346)$$

这比例 22.9 中大样本情况下得到的过于乐观的置信区间 (0.153,0.313) 要宽得多。

对于 $\alpha = 0.99$，有 $t_{\alpha/2,K-1} = 4.604$，因此：

$$t_{\alpha/2,K-1}\frac{\hat{\sigma}_\theta}{\sqrt{K}} = 4.604 \times \frac{0.0913}{\sqrt{5}} = 0.188$$

99% 的置信度间因此为：

$$(0.233 - 0.188, 0.233 + 0.188) = (0.045, 0.421)$$

这也比例 22.9 中大样本情况下得到的置信区间 (0.128, 0.338) 要宽得多。

22.2.4 分类器比较：配对 t 检验

本节会讨论一种可以检验两个不同分类器 M^A 和 M^B 的分类性能是否存在显著差异的方法。我们想要评估哪一个分类器在给定的数据集 $\boldsymbol{D}$ 上有着更好的分类性能。

我们可以使用 K 折交叉验证（或自助抽样）对分类器的性能进行评估，还可以对它们在每个折上的性能进行评估，前提是两个分类器的折相同。也就是说，可以进行一个**配对检验**，其中两个分类器在同样的数据上进行训练和测试。令 $\theta_1^A, \theta_2^A, \cdots, \theta_K^A$ 和 $\theta_1^B, \theta_2^B, \cdots, \theta_K^B$ 分别代表 M_A 和 M_B 的性能值。为判断两个分类器的性能有何异同，定义随机变量 δ_i 为它们在第 i 个数据集上的性能：

$$\delta_i = \theta_i^A - \theta_i^B$$

现在考虑对差的期望值和方差的估计：

$$\hat{\mu}_\delta = \frac{1}{K}\sum_{i=1}^{K}\delta_i \qquad \hat{\sigma}_\delta^2 = \frac{1}{K}\sum_{i=1}^{K}(\delta_i - \hat{\mu}_\delta)^2$$

我们可以建立一个假设检验框架，来判断 M^A 和 M^B 之间是否在统计上存在显著差异。零假设 H_0 是它们的性能是一样的，即真实期望差别为 0，而备择假设 H_a 是它们的性能不一样，即真实的期望差值 μ_δ 不为 0：

$$H_0: \mu_\delta = 0 \qquad H_a: \mu_\delta \neq 0$$

定义关于估计的期望差值的 z 分数随机变量如下：

$$Z_\delta^* = \sqrt{K}\left(\frac{\hat{\mu}_\delta - \mu_\delta}{\hat{\sigma}_\delta}\right)$$

类似公式 (22.1) 中的结果，Z_δ^* 服从自由度为 $K-1$ 的 t 分布。然而在零假设下有 $\mu_\delta = 0$，因此：

$$Z_\delta^* = \frac{\sqrt{K}\hat{\mu}_\delta}{\hat{\sigma}_\delta} \sim t_{K-1}$$

其中 $Z_\delta^* \sim t_{K-1}$ 表示 Z_δ^* 服从自由度为 $K-1$ 的 t 分布。

给定置信度水平 α，可以得到如下结论：

$$P(-t_{\alpha/2,K-1} \leqslant Z_\delta^* \leqslant t_{\alpha/2,K-1}) = \alpha$$

换句话说，若 $Z_\delta^* \notin (-t_{\alpha/2,K-1}, t_{\alpha/2,K-1})$，则能够以 $\alpha\%$ 的置信度拒绝零假设。在本例中，我们可以得出结论：M^A 和 M^B 的性能有着显著差异。另一方面，若 Z_δ^* 确实落在以上置信区间内，则我们接受零假设：M^A 和 M^B 事实上有着相同的性能。配对 t 检验的伪代码如算法 22.4 所示。

例 22.11 考虑例 22.1 中的二维鸢尾花数据集，其中共有 $k=3$ 个类。我们用 5 折交叉验证比较朴素贝叶斯分类器（M^A）和完全贝叶斯分类器（M^B）。使用错误率作为性能度量，可以得到以下的错误率值和它们在每一折上的差别：

$$\begin{pmatrix} i & 1 & 2 & 3 & 4 & 5 \\ \theta_i^A & 0.233 & 0.267 & 0.1 & 0.4 & 0.3 \\ \theta_i^B & 0.2 & 0.2 & 0.167 & 0.333 & 0.233 \\ \delta_i & 0.033 & 0.067 & -0.067 & 0.067 & 0.067 \end{pmatrix}$$

估计的差异期望值和方差为：

$$\hat{\mu}_\delta = \frac{0.167}{5} = 0.033 \qquad \hat{\sigma}_\delta^2 = 0.00333 \qquad \hat{\sigma}_\delta = \sqrt{0.00333} = 0.0577$$

z 分数值为：

$$Z_\delta^* = \frac{\sqrt{K}\hat{\mu}_\delta}{\hat{\sigma}_\delta} = \frac{\sqrt{5}\times 0.033}{0.0577} = 1.28$$

根据例 22.10，对于 $\alpha = 0.95$ 和 $K-1=4$ 的自由度，有 $t_{\alpha/2,K-1} = 2.776$。因为：

$$Z_\delta^* = 1.28 \in (-2.776, 2.776) = (-t_{\alpha/2,K-1}, t_{\alpha/2,K-1})$$

我们无法拒绝零假设，因此接受零假设 $\mu_\delta = 0$，即对于该数据集，朴素贝叶斯分类器和完全贝叶斯分类器没有显著的差别。

算法22.4 基于交叉验证的配对*t*检验

```
PAIRED t-TEST(α, K, D):
1  D ← 随机打乱 D
2  {D_1, D_2, ···, D_K} ← 将 D 分划为 K 个相等的部分
3  foreach i ∈ [1, K] do
4  |   M_i^A, M_i^B ← 在 D\D_i 上训练两个不同的分类器
5  |   θ_i^A, θ_i^B ← 在 D_i 上评估 M_i^A 和 M_i^B
6  |   δ_i = θ_i^A − θ_i^B
7  μ̂_δ = (1/K) Σ_{i=1}^{K} δ_i
8  σ̂_δ^2 = (1/K) Σ_{i=1}^{K} (δ_i − μ̂_δ)^2
9  Z_δ^* = √K μ̂_δ / σ̂_δ
10 if Z_δ^* ∈ (−t_{α/2,K−1}, t_{α/2,K−1}) then
11 |   若两个分类器性能相似，则接受零假设 H_0
12 else
13 |   若两个分类器的性能区别显著，则拒绝零假设 H_0
```

22.3 偏置–方差分解

给定一个训练集 $\boldsymbol{D}=\{\boldsymbol{x}_i, y_i\}_{i=1}^n$，其中包含 n 个点 $\boldsymbol{x}_i\in\mathbb{R}^d$ 以及对应的类标签 y_i；还有一个学习好的分类模型 M，用来预测一个给定测试点 $\boldsymbol{x}$ 的类别。前文所描述的不同性能度量，主要关注通过列表分类错误的点来最小化预测错误。但在许多应用中，错误的预测通常有着不同的代价。*误损函数*（loss function）给出了将真实类 y 预测为 $\hat{y}=M(\boldsymbol{x})$ 的代价或罚分。一个常用的分类误损函数是*零一误损*，定义为：

$$L(y, M(\boldsymbol{x}))=I(M(\boldsymbol{x})\neq y)=\begin{cases}0 & M(\boldsymbol{x})=y\\ 1 & M(\boldsymbol{x})\neq y\end{cases}$$

因此，若预测准确，则零一误损分配一个 0 代价；否则分配一个 1 代价。另一个常用的误损函数是*平方误损*，定义为：

$$L(y, M(\boldsymbol{x}))=(y-M(\boldsymbol{x}))^2$$

其中假设各类都是离散值，但不是类别型的。

1. **期望误损**

一个理想的或最佳的分类器应当最小化误损函数。对一个测试用例 $\boldsymbol{x}$ 而言，真实类是未知的，因此学习一个分类模型的目标可以转换为最小化期望误损：

$$E_y[L(y, M(\boldsymbol{x}))|\boldsymbol{x}]=\sum_y L(y, M(\boldsymbol{x}))\cdot P(y|\boldsymbol{x}) \tag{22.13}$$

其中 $P(y|\boldsymbol{x})$ 是给定测试点 $\boldsymbol{x}$ 对应类 y 的条件概率，E_y 表对不同的 y 值取期望值。

最小化期望零一误损对应于最小化错误率。这可以通过用零一误损展开公式 (22.13) 来得到。令 $M(\boldsymbol{x})=c_i$，则有：

$$
\begin{aligned}
E_y[L(y,M(\boldsymbol{x}))|\boldsymbol{x}] &= E_y[I(y\neq M(\boldsymbol{x}))|\boldsymbol{x}] \\
&= \sum_y I(y\neq C_i)\cdot P(y|\boldsymbol{x}) \\
&= \sum_{y\neq c_i} P(y|\boldsymbol{x}) \\
&= 1-P(c_i|\boldsymbol{x})
\end{aligned}
$$

因此，为最小化期望误损，我们选择最大化后验概率的类 c_i，即 $c_i=\text{argmax}_y P(y|\boldsymbol{x})$。根据公式 (22.1) 的定义，错误率是期望零一误损的估计，因此这样也就最小化了错误率。

2. *偏置和方差*

平方误损函数的期望误损提供了关于分类问题的重要信息，因为它可以被分解为偏置项和方差项。直观上来讲，一个分类器的*偏置*指它预测的决策边界与真实决策边界的系统性偏差，而一个分类器的*方差*指在不同训练集上学习到的边界的偏差。由于 M 依赖于训练集，给定一个测试点 $\boldsymbol{x}$，可以将其预测值表示为 $M(\boldsymbol{x},\boldsymbol{D})$。考虑期望平方误损如下：

$$
\begin{aligned}
E_y\left[L\left(y,M(\boldsymbol{x},\boldsymbol{D})\right)|\boldsymbol{x},\boldsymbol{D}\right] =& E_y\left[\Big(y-M(\boldsymbol{x},\boldsymbol{D})\Big)^2|\boldsymbol{x},\boldsymbol{D}\right] \\
=& E_y\left[\Big(y\underbrace{-E_y[y|\boldsymbol{x}]+E_y[y|\boldsymbol{x}]}_{\text{加减同一项}}-M(\boldsymbol{x},\boldsymbol{D})\Big)^2|\boldsymbol{x},\boldsymbol{D}\right] \\
=& E_y\left[(y-E_y[y|\boldsymbol{x}])^2|\boldsymbol{x},\boldsymbol{D}\right]+E_y\left[\Big(M(\boldsymbol{x},\boldsymbol{D})-E_y[y|\boldsymbol{x}]\Big)^2|\boldsymbol{x},\boldsymbol{D}\right] \\
&+E_y\left[2(y-E_y[y|\boldsymbol{x}])\cdot\Big(E_y[y|\boldsymbol{x}]-M(\boldsymbol{x},\boldsymbol{D})\Big)|\boldsymbol{x},\boldsymbol{D}\right] \\
=& E_y\left[(y-E_y[y|\boldsymbol{x}])^2|\boldsymbol{x},\boldsymbol{D}\right]+(M(\boldsymbol{x},\boldsymbol{D})-E_y[y|\boldsymbol{x}])^2 \\
&+2\Big(E_y[y|\boldsymbol{x}]-M(\boldsymbol{x},\boldsymbol{D})\Big)\cdot\underbrace{(E_y[y|\boldsymbol{x}]-E_y[y|\boldsymbol{x}])}_{0} \\
=& \underbrace{E_y\left[(y-E_y[y|\boldsymbol{x}])^2|\boldsymbol{x},\boldsymbol{D}\right]}_{\text{var}(y|\boldsymbol{x})}+\underbrace{(M(\boldsymbol{x},\boldsymbol{D})-E_y[y|\boldsymbol{x}])^2}_{\text{平方误差}} \qquad (22.14)
\end{aligned}
$$

以上利用了这一事实：对于任意的随机变量 X 和 Y，以及对于任意常量 a，有 $E[X+Y]=E[X]+E[Y]$、$E[aX]=aE[X]$ 以及 $E[a]=a$。公式 (22.14) 中的第一项是给定 $\boldsymbol{x}$ 时 y 的方差。第二项是预测值 $M(\boldsymbol{x},\boldsymbol{D})$ 和期望值 $E_y[y|\boldsymbol{x}_i]$ 之间的平方误差。由于这一项依赖于训练集，可以通过对所有可能的训练集大小 n 取平均值来摆脱这一依赖。一个给定测试点 $\boldsymbol{x}$ 在所有训练集上的平均或期望平方误差为：

$$
\begin{aligned}
&E_{\boldsymbol{D}}\left[(M(\boldsymbol{x},\boldsymbol{D})-E_y[y|\boldsymbol{x}])^2\right] \\
=&E_{\boldsymbol{D}}[(M(\boldsymbol{x},\boldsymbol{D})\underbrace{-E_{\boldsymbol{D}}[M(\boldsymbol{x},\boldsymbol{D})]+E_{\boldsymbol{D}}[M(\boldsymbol{x},\boldsymbol{D})]}_{\text{加减相同项}}-E_y[y|\boldsymbol{x}])^2] \\
=&E_{\boldsymbol{D}}[(M(\boldsymbol{x},\boldsymbol{D})-E_{\boldsymbol{D}}[M(\boldsymbol{x},\boldsymbol{D})])^2]+E_{\boldsymbol{D}}[(E_{\boldsymbol{D}}[M(\boldsymbol{x},\boldsymbol{D})]-E_y[y|\boldsymbol{x}])^2]
\end{aligned}
$$

$$+2(E_{\boldsymbol{D}}[M(\boldsymbol{x},\boldsymbol{D})]-E_y[y|\boldsymbol{x}])\cdot\underbrace{(E_{\boldsymbol{D}}[M(\boldsymbol{x},\boldsymbol{D})]-E_{\boldsymbol{D}}[M(\boldsymbol{x},\boldsymbol{D})])}_{0}$$

$$=\underbrace{E_{\boldsymbol{D}}[(M(\boldsymbol{x},\boldsymbol{D})-E_{\boldsymbol{D}}[M(\boldsymbol{x},\boldsymbol{D})])^2]}_{\text{方差}}+\underbrace{(E_{\boldsymbol{D}}[M(\boldsymbol{x},\boldsymbol{D})]-E_y[y|\boldsymbol{x}])^2}_{\text{偏置}} \tag{22.15}$$

这说明一个给定测试点的期望平方误差可以分解为偏置和方差项。结合公式 (22.14) 和公式 (22.15)，所有测试点 $\boldsymbol{x}$ 和所有大小为 n 的训练集 $\boldsymbol{D}$ 上的期望平方误损分解为如下的噪声、方差和偏置项：

$$\begin{aligned}
&E_{\boldsymbol{x},\boldsymbol{D},y}[(y-M(\boldsymbol{x},\boldsymbol{D}))^2]\\
=&E_{\boldsymbol{x},\boldsymbol{D},y}[(y-E_y[y|\boldsymbol{x}])^2|\boldsymbol{x},\boldsymbol{D}]+E_{\boldsymbol{x},\boldsymbol{D}}[(M(\boldsymbol{x},\boldsymbol{D})-E_y[y|\boldsymbol{x}])^2]\\
=&\underbrace{E_{\boldsymbol{x},y}[(y-E_y[y|\boldsymbol{x}])^2]}_{\text{噪声}}+\underbrace{E_{\boldsymbol{x},\boldsymbol{D}}[(M(\boldsymbol{x},\boldsymbol{D})-E_{\boldsymbol{D}}[M(\boldsymbol{x},\boldsymbol{D})])^2]}_{\text{平均方差}}+\\
&\underbrace{E_{\boldsymbol{x}}[(E_{\boldsymbol{D}}[M(\boldsymbol{x},\boldsymbol{D})]-E_y[y|\boldsymbol{x}])^2]}_{\text{平均偏置}}
\end{aligned} \tag{22.16}$$

因此，所有测试点和训练集上的期望平方误损可以分解为三个项：噪声、平均偏置和平均方差。噪声项是所有测试点 $\boldsymbol{x}$ 上的平均方差 $\mathrm{var}(y|\boldsymbol{x})$。它表示一个与模型无关的固定开销，因此在比较不同的分类器时可以忽略。因此，每个分类器的误损都由方差和偏置项来表示。通常来讲，偏置表明了模型 M 是否正确。它还反映了对决策边界的域的假设。例如，若决策边界是非线性的，且我们用了一个线性分类器，则偏置值会比较高，即在不同的训练集上得到的结果都不太正确。另一方面，一个非线性的（或更复杂的）分类器更能够捕捉到正确的决策边界，因此偏置较小。但是，这不意味着一个复杂的分类器就会更好，因为还要考虑方差项，方差项用来度量分类器决策的不一致性。一个复杂的分类器会引入更复杂的决策边界，这会更容易导致过拟合的问题，即它尝试去建模训练数据中的细微差别，从而对训练集的小变化很敏感，导致较高的方差。

总体而言，期望误损可以和高偏置或高方差联系到一起，通常两者之间需要权衡，即理想情况下我们倾向于选择一个偏置可接受（反映定义域或数据集相关的假设）且方差尽可能小的分类器。

例 22.12 图 22-7 解释了偏置和方差之间的权衡，使用的数据集是鸢尾花主成分数据集，共有 $n=150$ 个点，$k=2$ 个类（$c_1=+1$，$c_2=-1$）。通过自助抽样来构建 $K=10$ 个训练数据集，并使用一个齐次二次核来训练 SVM 分类器，正则化常数 C 从 10^{-2} 到 10^2 不等。

C 控制松弛变量的权值（与超平面的间隔相反，见 21.3 节）。较小的 C 值强调间隔，而较大的 C 值要最小化松弛项。图 22-7a、图 22-7b 和图 22-7c 显示 SVM 模型的方差随着 C 的增加而增大，这可以从变化的决策边界看出来。图 22-7d 给出了对应不同 C 值的平均方差和平均偏置，以及期望误损。偏置方差权衡是也是可以清楚地看到的，随着偏置减小，方差会增大。$C=1$ 时，期望误损最小。

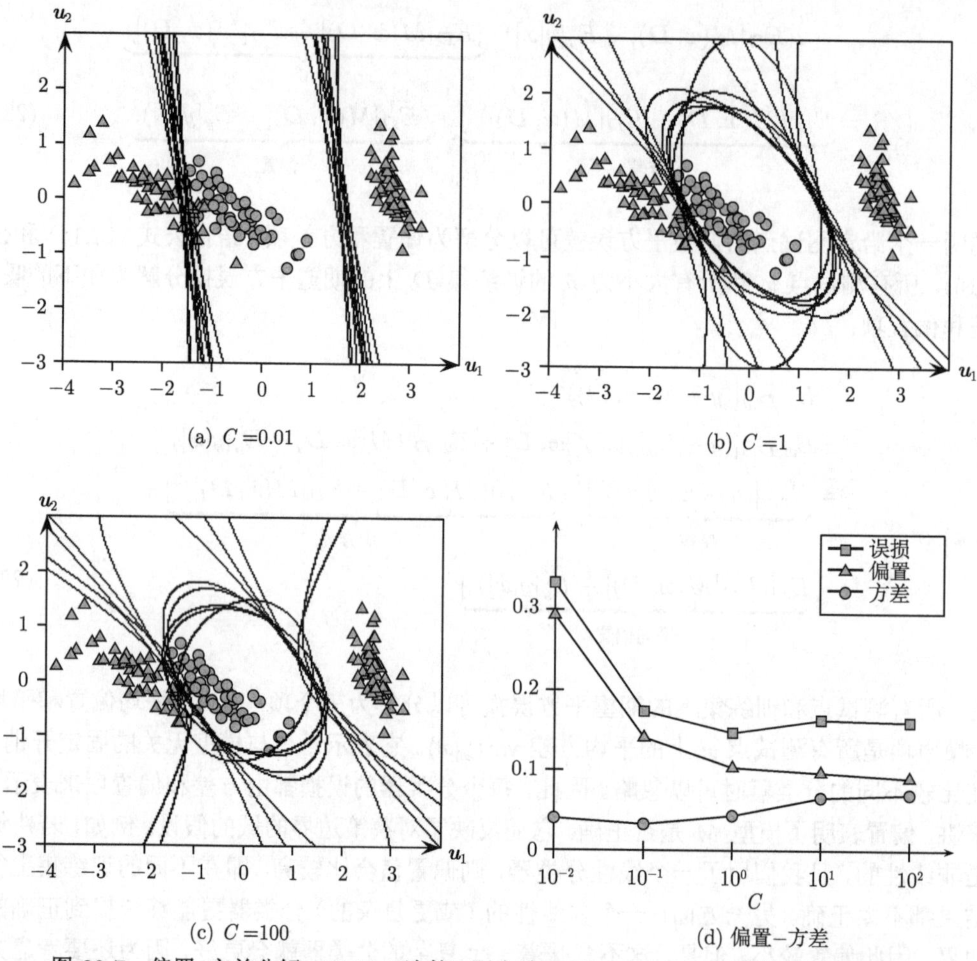

图 22-7 偏置–方差分解：SVM 二次核。图中给出了 $K=10$ 个自助样本的决策边界

合成分类器

若训练集的微小变动会引起预测或决策边界的大变化，则称一个分类器是*不稳定*的。高方差的分类器本质上就是不稳定的，因为它们通常会过拟合数据。另一方面，高偏置方法通常弱拟合数据，因此通常有着较低的方差。无论何种情况下，学习的目标都是要通过降低方差或偏置来减少分类错误（最好是能够同时降低方差和偏置）。组合方法使用在不同数据子集上训练的多个*基底分类器*（base classifiers）的输出来创建一个*合成分类器*。根据训练数据选择的方法和基底分类器稳定性的不同，合成分类器可以降低方差和偏置，从而得到更好的总体性能。

1. 装袋法

装袋法（bagging），又称为*自助聚合*（Bootstrap Aggregation），是一种利用来自输入训练集 $\boldsymbol{D}$ 的多个自助样本（带放回）来创建略有不同的训练集 $\boldsymbol{D}_i$（$i=1,2,\cdots,K$）的合成分类方法。不同的分类器 M_i 经过了学习，其中 M_i 是从 $\boldsymbol{D}_i$ 训练得到的。给定任意测试点 $\boldsymbol{x}$，首先用 K 个基底分类器分别对其进行分类。令预测 $\boldsymbol{x}$ 的类为 c_j 的分类器的数目为：

$$v_j(\boldsymbol{x}) = \left|\{M_i(\boldsymbol{x}) = c_j | i = 1, \cdots, K\}\right|$$

合成分类器定义为 $\boldsymbol{M}^K$，用多数投票的方式来预测一个测试点 $\boldsymbol{x}$ 的类：

$$\boldsymbol{M}^K(\boldsymbol{x}) = \underset{c_j}{\operatorname{argmax}}\{v_j(\boldsymbol{x}) | j = 1, \cdots, k\}$$

对于二值分类，假设类为 $\{+1, -1\}$，合成分类器 $\boldsymbol{M}^K$ 可以简化为：

$$\boldsymbol{M}^K(\boldsymbol{x}) = \operatorname{sign}\left(\sum_{i=1}^{K} M_i(\boldsymbol{x})\right)$$

装袋法可以减小方差，特别是基底分类器不稳定时，这是多数投票的平均作用所致。但它对偏置没有什么影响。

例 22.13 图 22-8a 给出了装袋法的平均效应，数据集是例 22.12 中的鸢尾花主成分数据集。图中给出了使用 $C = 1$ 的齐次二次核 SVM 的决策边界。基底 SVM 分类器是在 $K = 10$ 个自助样本上训练得到的。合成的（平均）分类器加粗显示。

图 22-8b 给出了对应不同 K 值的合成分类器情况，保持 $C = 1$。某些 K 值对应的零一误损和平方误损如下表所示。

K	零一误损	平方误损
3	0.047	0.187
5	0.04	0.16
8	0.02	0.10
10	0.027	0.113
15	0.027	0.107

最差的训练性能是 $K = 3$ 的情况（粗灰线），最优的训练性能是 $K = 8$ 的情况（粗黑线）。

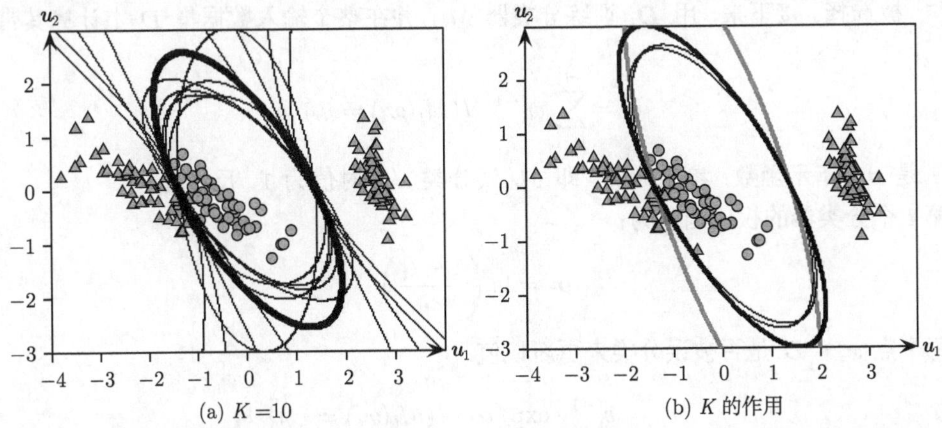

图 22-8 装袋法：合成分类器；(a) 使用 $K = 10$ 个自助样本；(b) 对应不同 K 值的平均决策边界

2. boosting

boosting 是另一种合成技巧，也是在不同的样本上训练基底分类器。不过，其核心思想是精心选择样本以*提升*（boost）较难分类的实例的性能。从一个初始的训练样本 $\boldsymbol{D}_1$ 开始，

先训练季度分类器 M_1，得到它的训练误差率。然后，以更高的概率选择被误分类的实例来构建下一个样本 $\boldsymbol{D}_2$，并训练 M_2，得到其错误率。接着以更高的概率选择难以被 M_1 和 M_2 分类的实例，构建 $\boldsymbol{D}_3$。重复这一过程 K 次。因此，不像装袋法使用从输入数据集得到的独立的随机样本，boosting 使用带权的或偏置的样本来构造不同的训练集合，每一个当前样本都依赖于之前的样本。最后，合成的分类器通过对 K 个基底分类器 $M_1, M_2, \cdots, M_k$ 的输出的带权投票来得到。

boosting 在基底分类器较弱的时候有特别好的提升效果。弱基底分类器的性能仅稍高于随机分类器。基本的思想是，尽管 M_1 并不对所有的测试实例有好的效果，但 M_2 可能帮助应对分类 M_1 不起作用的情况；M_3 可以更好地分类 M_1 和 M_2 失败的情况，以此类推。因此，boosting 可以降低偏置。每一个弱分类器都有较高的偏置（仅稍好于随机猜测），但最后合成的分类器的偏置要小得多，因为不同的弱分类器在输入空间的不同区域学习分类实例。boosting 的变种包括基于不同的实例权值计算方式、不同的基底分类器集成方式，等等。现在讨论的*自适应*Boosting（AdaBoost），是非常流行的一种方法。

自适应 Boosting（AdaBoost） 令 $\boldsymbol{D}$ 为输入训练集，包含 n 个点 $\boldsymbol{x}_i \in \mathbb{R}^d$。boosting 过程重复 K 次。令 t 表示当前迭代次数，α_t 表示第 t 个分类器 M_t 的权值。令 w_i^t 表示 $\boldsymbol{x}_i$ 的权值，$\boldsymbol{w}^t = (w_1^t, w_2^t, \cdots, w_n^t)^{\mathrm{T}}$ 表示第 t 次迭代在所有点上的权向量。事实上，$\boldsymbol{w}$ 是一个概率向量，所有分量相加为 1。初始时所有点有着相同的权值，即

$$\boldsymbol{w}^0 = \left(\frac{1}{n}, \frac{1}{n}, \cdots, \frac{1}{n}\right)^{\mathrm{T}} = \frac{1}{n}\mathbf{1}$$

其中 $\mathbf{1} \in \mathbb{R}^n$ 是一个全为 1 的 n 维向量。

AdaBoost 的伪代码如算法 22.5 所示。在第 t 次迭代中，训练样本 $\boldsymbol{D}_t$ 通过使用分布 $\boldsymbol{w}^{t-1}$ 的带权再抽样获得，即获取一个带放回、大小为 n 的样本，使得第 i 个点根据它的概率 w_i^{t-1} 被选择。接下来，用 $\boldsymbol{D}_t$ 训练分类器 M_t，并在整个输入数据集 $\boldsymbol{D}$ 上计算其带权错误率 ϵ_t：

$$\epsilon_t = \sum_{i=1}^{n} w_i^{t-1} \cdot I(M_t(\boldsymbol{x}_i) \neq y_i)$$

其中 I 是一个指示函数：参数为真（即 M_t 误分类 $\boldsymbol{x}_i$）时值为 1，反之为 0。

第 t 个分类器的权值因此为：

$$\alpha_t = \ln\left(\frac{1-\epsilon_t}{\epsilon_t}\right)$$

根据每个点 $\boldsymbol{x}_i \in \boldsymbol{D}$ 是否被误分类来更新权值：

$$w_i^t = w_i^{t-1} \cdot \exp\left\{\alpha_t \cdot I(M_t(\boldsymbol{x}_i) \neq y_i)\right\}$$

因此，若预测的类与真实类相同，即 $M_t(\boldsymbol{x}_i) = y_i$，则 $I(M_t(\boldsymbol{x}_i) \neq y_i) = 0$，点 $\boldsymbol{x}_i$ 的权值不变。另一方面，若点被误分类，即 $M_t(\boldsymbol{x}_i) \neq y_i$，则有 $I(M_t(\boldsymbol{x}_i) \neq y_i) = 1$，且：

$$w_i^t = w_i^{t-1} \cdot \exp\{\alpha_t\} = w_i^{t-1} \exp\left\{\ln\left(\frac{1-\epsilon_t}{\epsilon_t}\right)\right\} = w_i^{t-1}\left(\frac{1}{\epsilon_t} - 1\right)$$

算法22.5 自适应Boosting：AdaBoost

```
ADABOOST(K, D):
1  w^0 ← (1/n)·1 ∈ R^n
2  t ← 1
3  while t ⩽ K do
5      D_t ← 利用 w^{t-1} 对 D 进行带放回的带权再抽样
6      M_t ← 在 D_t 上训练得到的分类器
7      ε_t ← Σ_{i=1}^n w_i^{t-1} · I(M_t(x_i) ≠ y_i)   //数据集D上的带权错误率
8      if ε_t = 0 then break
9      else if ε_t < 0.5 then
10         α_t = ln((1-ε_t)/ε_t)   //分类器权值
11         foreach i ∈ [1, n] do
               // 更新点的权值
12             w_i^t = { w_i^{t-1}                    if M_t(x_i) = y_i
                       { w_i^{t-1} ((1-ε_t)/ε_t)      if M_t(x_i) ≠ y_i
14         w^t = w^t / (1^T w^t)   //归一化权值
15         t ← t + 1
16 return {M_1, M_2, ···, M_K}
```

可以发现，若错误率 ϵ_t 较小，则 $\boldsymbol{x}_i$ 的权值增加较多。直观上来讲，若一个点被一个较好的分类器（错误率低）误分类，则它更有可能被选入下一个训练数据集。另一方面，若基底分类器的错误率接近于 0.5，则权值只有一个小的变化，因为一个差的分类器（错误率高）会误分类许多实例。注意，对于一个二值分类问题，0.5 的错误率对应于一个随机分类器（即做出随机猜测）。因此，我们要求一个基底分类器至少要有稍优于随机猜测的错误率，即 $\epsilon_t < 0.5$。若错误率 $\epsilon_t \geqslant 0.5$，则 boosting 方法丢弃该分类器，并返回到第 5 行重试另一个数据样本，当然也可以通过翻转二值预测。值得强调的是，对于一个多类问题（$k > 2$），$\epsilon_t < 0.5$ 是一个相较于只有两个类（$k = 2$）明显更强的要求，因为在多类的情况下，一个随机分类器的错误率为 $\dfrac{k-1}{k}$。同时注意，若基底分类器的错误率 $\epsilon_t = 0$，则可以停止 boosting 迭代。

一旦各点的权值都完成了更新，我们重新对权值进行归一化，使得 $\boldsymbol{w}^t$ 仍是一个概率向量（第 14 行）：

$$\boldsymbol{w}^t = \frac{\boldsymbol{w}^t}{\mathbf{1}^{\mathrm{T}}\boldsymbol{w}^t} = \frac{1}{\sum_{j=1}^n w_j^t}(w_1^t, w_2^t, \cdots, w_n^t)^{\mathrm{T}}$$

合成分类器 给定经过提升的分类器 $M_1, M_2, \cdots, M_k$，以及它们对应的权值 $\alpha_1, \alpha_2, \cdots, \alpha_K$，一个测试用例 $\boldsymbol{x}$ 的类通过带权多数投票获得。令 $v_j(\boldsymbol{x})$ 表示 K 个分类器上关于类 c_j 的带权投票：

$$v_j(\boldsymbol{x}) = \sum_{t=1}^{K} \alpha_t \cdot I(M_t(\boldsymbol{x}) = c_j)$$

由于 $I(M_t(\boldsymbol{x}) = c_j)$ 仅在 $M_t(\boldsymbol{x}) = c_j$ 时为 1，变量 $v_j(\boldsymbol{x})$ 得到的是类 c_j 在 K 个基底分类器

中的得分数（考虑分类器的权值）。合成分类器，表示为 $\boldsymbol{M}^K$，可以预测 $\boldsymbol{x}$ 如下：

$$\boldsymbol{M}^K(\boldsymbol{x}) = \underset{c_j}{\operatorname{argmax}} \{v_j(\boldsymbol{x}) | j = 1, \cdots, k\}$$

在二值分类的情况下，类为 $\{+1, -1\}$，合成分类器 $\boldsymbol{M}^K$ 可以更简洁地表示为：

$$\boldsymbol{M}^K(\boldsymbol{x}) = \operatorname{sign}\left(\sum_{t=1}^{K} \alpha_t M_t(\boldsymbol{x})\right)$$

例 22.14　图 22-9a 演示了在鸢尾花主成分数据集上运行 boosting 方法的情况，使用线性 SVM 作为基底分类器。正则化常数 $C = 1$。每次迭代 t 学习到的超平面为 h_t，因此分类器模型为 $M_t(\boldsymbol{x}) = \operatorname{sign}(h_t(\boldsymbol{x}))$。从训练集上的错误率可知，没有哪个单独的线性超平面可以很好地区分各类：

M_t	h_1	h_2	h_3	h_4
ϵ_t	0.280	0.305	0.174	0.282
α_t	0.944	0.826	1.559	0.935

然而，当结合后续超平面（权值为 α_t）的决策时，我们发现合成分类器 $\boldsymbol{M}^K(\boldsymbol{x})$ 的错误率随着 K 的增加而减小。

合成模型	$\boldsymbol{M}^1$	$\boldsymbol{M}^2$	$\boldsymbol{M}^3$	$\boldsymbol{M}^4$
训练错误率	0.280	0.253	0.073	0.047

可以看到，例如合成分类器 $\boldsymbol{M}^3$，包含 h_1、h_2 和 h_3，已经捕捉到了两个类的非线性决策边界的本质特征，错误率仅为 7.3%。增加 boosting 的步数可以进一步降低训练误差。

为评估合成分类器在独立的测试数据集上的性能，我们使用 5 折交叉验证，并绘出评价测试和训练误差率关于 K 的函数的图，如图 22-9b 所示。可以看到，随着基底分类器的数目 K 的增加，训练和测试错误率都在下降。然而，当训练错误率降为 0 时，测试误差不小于 0.02（$K = 110$）。这说明 boosting 可以有效减少偏置。

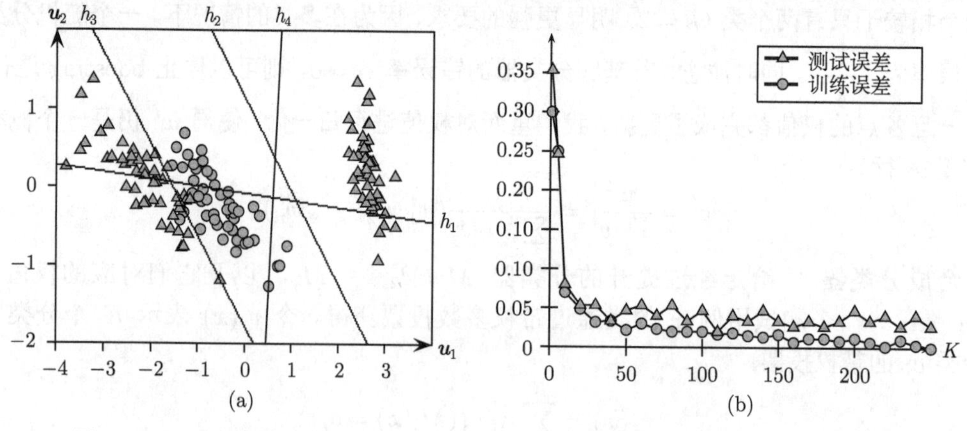

图 22-9　(a) 线性核 SVM 的 boosting；(b) 平均测试和训练误差，5 折交叉验证

装袋法可看作 AdaBoost 的一个特例 装袋法可以看作 AdaBoost 的一个特例，其中所有 K 次迭代都有 $w^t = \frac{1}{n}\mathbf{1}$且$\alpha_t = 1$。这种情况下，带权再抽样变为常规的带放回再抽样，一个测试用例的预测类等同于简单多数投票。

22.4 补充阅读

ROC 应用于分类器性能分析，由 Provost and Fawcett (1997) 提出，关于 ROC 分析的很好的入门介绍，参见 Fawcett(2006)。关于自助法、交叉验证和其他评估分类精度的深入讨论，请参考 Efron and Tibshirani(1993)。对于许多数据集，简单规则如一级决策树可以得到很好的性能，具体参见 Holte (1993)。关于多个数据集上分类器的比较和综述，参见 Demšar (2006)。关于分类的偏置、方差和零一误损的讨论见于 Friedman (1997)；平方和零一误损的偏置和方差的分解统一形式参见 Domingos (2000)。装袋法的概念由 Breiman(1996) 提出，自适应 Boosting 由 Freund and Schapire (1997) 提出。随机森林是一种基于树的非常有效的集成方法，具体内容参见 Breiman (2001)。关于不同分类算法的综述，参见 Japkowicz and Shah(2011)。

Breiman, L. (1996). "Bagging predictors." *Machine Learning*, 24 (2): 123–140.

Breiman, L. (2001). "Random forests." *Machine Learning*, 45 (1): 5–32.

Demšar, J. (2006). "Statistical comparisons of classifiers over multiple data sets." *The Journal of Machine Learning Research*, 7: 1–30.

Domingos, P. (2000). "A unified bias-variance decomposition for zero-one and squared loss." *In Proceedings of the National Conference on Artificial Intelligence*, 564–569.

Efron, B. and Tibshirani, R. (1993). *An Introduction to the Bootstrap*, vol. 57. Boca Raton, FL: Chapman & Hall/CRC.

Fawcett, T. (2006). "An introduction to ROC analysis." *Pattern Recognition Letters*, 27 (8): 861–874.

Freund, Y. and Schapire, R. E. (1997). "A decision-theoretic generalization of on-line learning and an application to boosting." *Journal of Computer and System Sciences*, 55 (1): 119–139.

Friedman, J. H. (1997). "On bias, variance, 0/1-loss, and the curse-of-dimensionality." *Data Mining and Knowledge Discovery*, 1 (1): 55–77.

Holte, R. C. (1993). "Very simple classification rules perform well on most commonly used datasets." *Machine Learning*, 11 (1): 63–90.

Japkowicz, N. and Shah, M. (2011). *Evaluating Learning Algorithms: A Classification Perspective*. New York: Cambridge University Press.

Provost, F. and Fawcett, T. (1997). "Analysis and visualization of classifier performance: Comparison under imprecise class and cost distributions." *In Proceedings of the 3rd Inter-*

national Conference on Knowledge Discovery and Data Mining, Menlo Park, CA, 43–48.

22.5　习题

Q1. 判断下列句子真假。

(a) 一个分类模型必须要在训练集上达到（总体上）100% 的准确率。

(b) 一个分类模型必须要在训练集上达到（总体上）100% 的覆盖率。

Q2. 给定表 22-6a 中的训练数据和表 22-6b 中的测试数据，回答以下问题。

表 22-6　Q2 的数据集

X	Y	Z	类
15	1	A	1
20	3	B	2
25	2	A	1
30	4	A	1
35	2	B	2
25	4	A	1
15	2	B	2
20	3	B	2

(a) 训练数据

X	Y	Z	类
10	2	A	2
20	1	B	1
30	3	A	2
40	2	B	2
15	1	B	1

(b) 测试数据

(a) 使用二值分割和基尼指标，为评估度量建立完整的决策树（见第 19 章）。

(b) 计算分类器在测试数据上的准确率，并给出每个类的准确率和覆盖率。

Q3. 证明在二值分类中，boosting 中的合成分类器的多数投票可以表示为：

$$\boldsymbol{M}^K(\boldsymbol{x}) = \operatorname{sign}\left(\sum_{t=1}^{K} \alpha_t M_t(\boldsymbol{x})\right)$$

Q4. 考虑图 22-10 中所示的二维数据集，其中带标签的点分为两类：c_1（三角形）和 c_2（圆圈）。假设从不同的自助样本中学到了 6 个超平面。找出每个超平面在整个数据集上的错误率。然后，计算关于期望错误率的 95% 置信区间，使用表 22-7 中给出的 t 分布关于不同自由度的关键值（critical value）。

表 22-7　t 检验的关键值

自由度	1	2	3	4	5	6
$t_{\alpha/2}$	12.7065	4.3026	3.1824	2.7764	2.5706	2.4469

Q5. 考虑某个分类器的正类的概率 $P(+1|x_i)$，并给出真实类标签 y_i：

	x_1	x_2	x_3	x_4	x_5	x_6	x_7	x_8	x_9	x_{10}
y_i	+1	−1	+1	+1	−1	+1	−1	+1	−1	−1
$P(+1\|x_1)$	0.53	0.86	0.25	0.95	0.87	0.86	0.76	0.94	0.44	0.86

绘出这个分类器的 ROC 曲线。

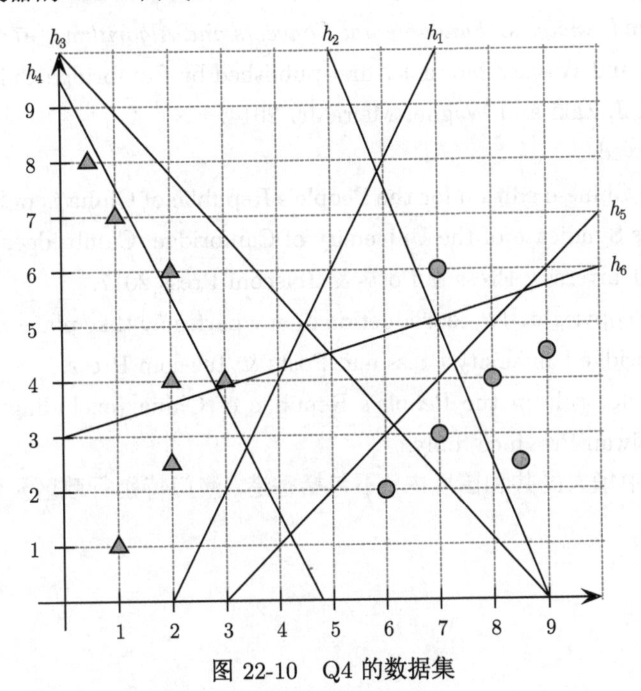

图 22-10 Q4 的数据集

版 权 声 明

Data Mining and Analysis: Fundamental Concepts and Algorithms (978-0-521-76633-3) by Mohammed J. Zaki and Wagner Meira Jr. first published by Cambridge University Press 2014.

This simplified Chinese edition for the People's Republic of China is published by arrangement with the Press Syndicate of the University of Cambridge, Cambridge, United Kingdom.